"十二五"普通高等教育本科国家级规划教材

制浆造纸机械与设备（上）

（第四版）

Pulp and Paper Machinery anel Equipment

(Volume 1) (Fourth Edition)

陈克复　主　编

骆莲新　刘　苇　张　峰　孙广卫　杨仁党
杨　飞　徐　峻　曾劲松　朱文远　张　辉　参　编

中国轻工业出版社

图书在版编目（CIP）数据

制浆造纸机械与设备．上/陈克复主编．—4版．—北京：中国轻工业出版社，2020.10
“十二五”普通高等教育本科国家级规划教材
ISBN 978-7-5184-0929-7

Ⅰ．①制…　Ⅱ．①陈…　Ⅲ．①制浆设备-高等学校-教材②造纸机械-高等学校-教材　Ⅳ．①TS73

中国版本图书馆CIP数据核字（2020）第115026号

责任编辑：林　媛
策划编辑：林　媛　　责任终审：滕炎福　　封面设计：锋尚设计
版式设计：霸　州　　责任校对：燕　杰　　责任监印：张　可

出版发行：中国轻工业出版社（北京东长安街6号，邮编：100740）
印　　刷：三河市国英印务有限公司
经　　销：各地新华书店
版　　次：2020年10月第4版第1次印刷
开　　本：787×1092　1/16　印张：28.5
字　　数：730千字
书　　号：ISBN 978-7-5184-0929-7　定价：85.00元
邮购电话：010-65241695
发行电话：010-85119835　传真：85113293
网　　址：http://www.chlip.com.cn
Email：club@chlip.com.cn
如发现图书残缺请与我社邮购联系调换
141552J1X401ZBW

第四版前言

制浆造纸机械与设备水平的提高将推动我国制浆造纸业的发展，特别是对产品质量、清洁生产水平、建设规模、经济效益及社会环境效益的影响发挥着关键作用。自《制浆造纸机械与设备》（上、下）（第三版）于2011年出版以来，我国制浆造纸业与制浆造纸装备制造业继续坚持原始创新、集成创新和引进消化吸收再创新相结合，建设产学研科技研发平台，发展具有自主知识产权的先进适用技术与装备，使我国制浆造纸装备的生产规模与技术水平又进一步提高，我国制浆造纸业正逐步走向对环境友好的造纸强国。为了让《制浆造纸机械与设备》这套教材更好地适应我国造纸工业发展的需要，更好地适应高等学校相关专业教学的需要，在中国轻工业出版社的支持下，我们在第三版的基础上重新编写了《制浆造纸机械与设备》（上、下）（第四版），以供广大造纸科技工作者和工程技术人员学习参考，并作为高等学校相关专业的教学用书。

本书分上、下两册出版，由华南理工大学、南京林业大学、天津科技大学、陕西科技大学、大连工业大学、广西大学、齐鲁工业大学等高校多年负责教学工作并具有丰富经验的教师编写。各章节编写工作具体分工如下：

上册：陈克复：绪论；骆莲新：第一章、第九章；刘苇：第二章；张峰：第三章；孙广卫：第四章；杨仁党：第五章；杨飞：第六章；徐峻：第七章；曾劲松：第八章；朱文远、张辉：第十章。

下册：朱文远、张辉：第一章、第二章（除第四、五、六节以外）、第十二章、第十三章；冯郁成：第三章；李荣刚：第二章（第四、五、六节）、第四章；侯顺利：第五章；孙广卫：第六章；侯庆喜：第七章、第八章；赵传山：第九章；张宏：第十章（第五节四、五、六部分由张云学编写）、第十一章（第一节一、二部分，第二节四、七部分由孟彦京编写）。

全书由华南理工大学教授陈克复院士担任主编。在编写过程中，得到李金鹏、王斌，刘三丰、张毅、郭俊等支持，在此表示感谢。

作者

2020年4月

目　　录

绪　论

现代造纸业是与国民经济和社会事业发展关系密切的重要基础原材料产业。造纸业具有资金技术密集、技术涉及面广、规模效益显著等特点，其产业关联度高，市场容量大，是拉动林业、农业、化工、印刷、包装、机械制造等产业发展的重要力量，是我国国民经济中具有可持续发展特点的重要产业。制浆造纸机械业是为制浆造纸提供专用生产装备、备品配件和安装、维修服务的专业性机械行业，制浆造纸机械与设备的产量、水平、质量对我国造纸业的生产建设规模、技术装备水平、产品质量档次、生产成本及经济效益起着决定性的作用。目前，我国制浆造纸机械行业已发展到能够为中等规模以上的制浆造纸企业提供较高水平的成套专用装备，并随着我国造纸业的高速发展而得到发展。但是，我国制浆造纸机械行业的发展还落后于我国造纸业的发展，仍然成为制约我国造纸业产品升级和竞争力提高的主要因素之一，特别是在“十二五”期间，我国造纸业通过深度结构调整和转型升级并取得初见成效的情况下，更急需国产制浆造纸机械与设备的支持。因此，发展制浆造纸机械与设备，研究与开发制浆造纸新技术新装备，已成为国内造纸工程技术人员及科技工作者的迫切任务。我们希望编写的第四版这一套教材能为实现这一目标发挥重要作用。

一、制浆造纸机械与设备的技术特征

1. 制浆造纸机械与设备是造纸业的工艺技术载体

制浆造纸工艺技术融入在制浆造纸机械与设备的研发当中，成为实现机械与设备产品关键技术的核心，同时又可以认为，制浆造纸机械与设备是造纸业的工艺技术载体，没有这一载体，造纸业的工艺过程难以进行，工艺技术也无法实现。

2. 制浆造纸机械与设备具有多类型、多品种、单台单线、车间和工厂成套等特点

由于造纸业工艺技术涉及面广，就促使制浆造纸机械与设备也涉及面广，种类繁多，结构各异，可以单台单线，也可组装集成为一整套系统，组成小产能生产线，也可组成大产能生产线。

3. 科技创新在制浆造纸机械与设备整体技术水平的提高中发挥重大作用

科技创新可分为三个方面：原始创新、集成创新、引进消化吸收再创新，在提高制浆造纸机械与设备整体技术水平中，上述三方面的科技创新并存。要发展具有自主知识产权的国产制浆造纸机械与设备，没有科技创新是无法实现的。

4. 在依靠科技创新提升制浆造纸产业中，节能减排、清洁生产技术装备成为关键技术装备

我国制浆造纸业不断发展，而国家对环保要求越来越严格，因此节能减排任务重，清洁生产技术的实施刻不容缓，实现节能减排清洁生产的新技术新装备就成为提升制浆造纸产业的关键技术核心，它的实施将使造纸业出现现代造纸业的新面貌。

5. 现代造纸业的机械与设备需要不断提高信息化、智能化水平，提高安全保障能力

提高信息化、智能化水平，提高安全保障能力是提高制浆造纸机械与设备科技含量的体现，是提高竞争力的保障。

二、制浆造纸机械与设备的类型

制浆造纸机械与设备虽然涉及制浆造纸工程专用机械与设备、通用化工机械与设备、水力机械与设备及环保机械与设备等几大领域，种类繁多，结构各异，但是按照它们的结构特征和用途，制浆造纸机械与设备可归纳为下列几大类型。

1. 输送类

原料的输送、纸浆的输送，水、蒸汽及化学品的输送是制浆造纸厂的重要操作部门，其动力消耗占全厂总动力消耗的20%以上。其中，原料输送设备有原料运输机、气力运输机、送料螺旋；纸浆输送设备有低浓浆泵、中浓浆泵及高浓浆泵等，中浓混合器及高浓混合器也可以认为属于纸浆输送设备；水泵、风机及药液泵等分别用来输送水、汽及工艺过程所需要的各种化学品。

2. 容器类

制浆造纸工程中属于容器类的设备有化学反应设备，例如：蒸煮锅、蒸煮器、漂白塔、吸收塔等；有混合贮存设备，例如贮浆塔、贮料槽、计量罐、高位槽、喷放锅（塔）、配料罐（槽）等；有物料特殊处理设备，如流浆箱、脱墨槽等，还有锅炉、碱回收炉等，虽然用途和结构不同，但都具有容器类外壳，统属于容器类设备。烘缸、卷纸缸等，由于是厚壁容器，也可归属于容器类设备，甚至也可把水力碎浆机看为容器类设备。

3. 辊筒类

造纸机的胸辊、案辊、伏辊、驱网辊、引纸辊、导毯辊、压榨辊、压光辊、卷纸辊等，都属于辊筒类设备。造纸机、压光机、复卷机、切纸机等分别有各种类型的辊筒，这些辊筒都有一定的工艺用途，有些辊筒则完全是为了某一特定的工艺目的而设置的。

4. 滤网筛板类

原料筛选设备、原料除尘设备、纸浆筛选设备、过滤设备、洗浆机、浓缩机、脱水机以及其他各类型的筛选过滤装置，要么具有过滤网、脱水网，要么具有筛板，都具有分离作用，可归纳为滤网筛板类设备。

5. 离心盘磨类

这类机械与设备典型的有打浆机、盘磨机、热分散机等，靠磨盘的相对运动及由此引起的离心作用来处理物料。另外，各类除渣器是靠离心运动来分离纸浆中的杂质，也可以认为是离心类的设备。

上述5类机械与设备是制浆造纸工程的主干设备，除此之外，剩下的就是一些辅助设备了。因此，可以说，制浆造纸机械与设备既具有特殊性，又具有通用性。

三、我国制浆造纸机械与设备的发展

近些年来，我国制浆造纸装备制造业重视科技创新，推动了我国制浆造纸装备制造能力和科技水平的提高，缩小了与国际先进水平的差距，并在部分领域达到国际先进水平。例如：原料组分的连续分离技术与装备，连续蒸煮及氧脱木素协调技术与装备，满足大产能漂白生产的二氧化氯制备系统，近中性脱墨技术与装备，综合废水深度处理技术与装备，中高浓度打浆技术及盘磨机，大产能废纸处理系统，现代化高速文化造纸机及纸板机，QCS、DCS、MCC、PLC等运行自控和故障自诊断系统，等等。

总体上我国制浆造纸装备制造业还明显落后于国外先进企业，但是近些年来我国成套装备的自主创新能力越来越强，设备的运行稳定性和可靠性不断提高，先进装备所占有的产能比例越来越大，并在逐步替代一般或落后的设备。同时，我国制浆造纸装备制造业开始走出国门，稳步推进国际化布局，开拓国外市场，使我国制造造纸专用装备出口台套数量整体呈现增长的势头。

四、继续研发实施污染防治技术与装备

尽管我国制浆造纸工业清洁生产水平的提高已促使污染防治工作取得显著成效，但继续研发实施污染防治技术与装备仍然是重要任务。

2017 年国家环境保护部发布了《造纸工业污染防治技术政策》，仍然把进一步解决制浆造纸工业的污染问题放在重要位置，针对不同的生产工艺过程，提出要重点研发实施的相关技术与装备。在本套教材中，结合目前行业的实际情况，我们提出如下的技术装备作为实现污染防治的重点。

（一）制浆过程中污染防治技术与装备

·组分连续分离的立式蒸煮技术与装备

·氧或臭氧深度脱木素技术与装备

·无元素氯（ECF）漂白及全无氯（TCF）漂白技术与装备

·纤维分级处理技术与装备

·大产能中高浓碎浆技术与装备

·大产能近中性脱墨技术与装备

（二）水污染治理技术与装备

·充分利用黑液的生物质能源提取技术与装备

·化机浆制浆废水的资源化利用技术与装备

·综合废水深度处理技术与装备

·白水高效回收利用技术与装备

·废水分级回用及水封闭循环利用技术与装备

（三）大气污染治理技术与装备

·充分利用生物质气体的能源提取技术与装备

·碱法制浆过程的恶臭气体回收处理技术与装备

·碱回收系统的恶臭气体回收处理技术与装备

·各类燃烧炉外排烟气高效环保处理技术与装备

（四）固体废物处理技术装备

·利用废料（废渣）的生物质能源提取技术与装备

·备料废渣（筛异物）化学机械法制浆技术与装备

·碱回收系统苛化白泥利用（处理）技术与装备

·脱墨污泥无害化处理技术与装备

·综合废水处理系统污泥利用（处理）技术与装备

·在生产实际中有些装备还是要通过研发提高其技术水平，如低能耗，少污染的非木材制浆技术装备、造纸生产过程高效节能节水技术装备、污泥高效脱水技术装备、半纤维素及木质素综合利用技术装备。另外，燃烧炉大气污染物减排技术、高效低污染制浆造纸用化学品新产品研发应用技术、高效脱水器材应用技术等都是制浆造纸行业要解决的问题。

五、现代化高速造纸机的核心技术与装备仍是研发重点

1999—2019 年 20 年间，我国投产 246 条造纸机生产线，产能为 7797 万 t，其中 2010—2019 年近 10 年新投产的造纸机就占 76%，即 186 条生产线，产能占 72%，可以看出近 10 年造纸机的装机容量迅速发展，体现了我国造纸业的发展。

从目前已投产造纸机的产品看，大部分为包装用纸和纸板，产能超过 10 万 t/a 的就有 159 条，而且大部分包装纸造纸机的产能集中在 30～50 万 t/a，达到 4880 万 t。其次是文化纸造纸机和铜版纸造纸机，占据每年近千万吨的产能。

国际先进造纸机具有单机生产规模大、装备水平高、工艺技术先进等优点，近年来，国际上最先进的、单机产能最大的造纸机均被我国引进，促进了我国造纸现代化水平快速提高。近 10 年，我国进口造纸机生产线条数和产能虽然与前 10 年比明显下降，但也引进了 65 条装备，大部分是大型造纸机，主要也是包装纸造纸机和文化纸造纸机。

我国经过 5 年的努力，已于几年前建成国产第一台文化纸造纸机，车速达 1470m/min，幅宽 5.6m，使我国制造高速造纸机实现零的突破。但总体来说与国外先进制造企业比较，我国现代高速造纸机的整体技术水平差距还较大，从而影响我国制浆造纸装备制造业的发展，也影响我国制浆造纸业的发展。

近些年，我国造纸机制造业要面对的核心技术与装备的重点仍然是下列几方面：纸浆高速流送技术与装备，智能型白水稀释水力式流浆箱技术与装备，高速夹网成形技术与成形器，靴式宽压区压榨技术与压榨装备，高效、节能干燥技术与装备，高速造纸机机电一体化系统集成技术与装备，工业互联网智能化云系统应用技术。

六、国产制浆造纸大产能成套装备仍是奋斗目标

在本套教材第三版的绪论中提出对成套装备今后的重点是提高技术配置水平，向大型、高速、高效、高自动化的方向发展，主要目标是：

单线配置年产 10 万 t 或以上的非木纤维制浆生产线全套设备（全无氯漂白或无元素氯漂白）；单线配置年产 30 万 t 或以上废纸制浆生产线及年产 15 万 t 或以上废纸脱墨浆生产线全套设备；年产 30 万 t 或以上、以低能耗间歇式蒸煮系统为主题的化学木（竹）浆制浆生产线全套设备（全无氯漂白或无元素氯漂白）；单线配置年产 20 万 t 以上高得率化机浆生产全套设备；单线配置年生产能力 20 万 t 或以上文化纸生产线全套设备；单线配置年产 30 万 t 或以上的纸板生产线全套设备；单机年生产能力 5 万 t 以上的卫生纸机；与纸和纸板生产线相匹配的高性能浆料流送系统全套设备；与纸和纸板生产线相匹配的高速切纸机，自动包装系统设备；相匹配的 DCS、QCS 等控制系统。实现上述成套装备的国产化仍然是我们的目标。

随着科学技术的发展，我国制浆造纸机械与设备现代化程度、自动化及智能化程度越来越高，所具有的新型性及先进性更加明显，体现出高速、高质、高效及对环境友好的特点。但是，另一方面，我国仍有些制浆造纸企业还在应用比较落后的机械与设备，阻碍了我国制浆造纸业节能减排、清洁生产的实施，也影响了我国造纸业整体技术水平的提高。因此，广大造纸科技工作者仍任重道远。为了让我国造纸业的广大科技人员及生产工作者、高等院校造纸领域相关专业的广大师生能尽快地了解制浆造纸机械与设备的发展过程，尽快地掌握和应用现代制浆造纸工程的新技术新设备，以适应我国造纸工业发展的需要，是我们重新编著

《制浆造纸机械与设备》（上、下）（第四版）这一套教材的动力。

参考文献

[1]　国家发展和改革委员会.《造纸产业发展政策》，2007. 10.

[2]　陈克复，主编. 制浆造纸机械与设备（上）[M]. 3 版. 北京：中国轻工业出版社，2011. 6.

[3]　钱桂敬. 在 2016 年中国纸业高层峰会上的讲话 [J]. 纸业通讯，2016，(4)：6.

[4]　环境保护部. 造纸工业污染防治技术政策 [J]. 纸业通讯，2017，(8)：1.

[5]　中国造纸协会. 关于造纸工业“十三五”发展的意见 [J]. 纸业通讯，2017，(7)：7.

[6]　周立峰，等. 我国制浆造纸装备产业发展形势分析及创新竞争力研究 [M]//中国造纸学会. 中国造纸年鉴：2019. 北京：中国轻工业出版社，2019：35.

第一章　备料机械与设备

第一节　概　　述

一、备料概述

备料，顾名思义就是为蒸煮或磨浆准备合格的原料。造纸原料品种多样，主要造纸原料除木材外，还有草类原料，如稻草、麦草、芦苇、芒秆、蔗渣等。这些制浆造纸原料在蒸煮或磨浆之前，要先进行备料，除去树皮、苇鞘、苇膜、蔗髓、泥砂等杂质，使原料质量均一，并切成一定的大小和形状以利于后面作业。备料所用设备类型较多。

备料的方法按使用原料的种类，可分为木材纤维原料备料和非木材纤维原料备料。

二、木材备料

制浆用的木材原料有原木、废材、边材原料和板皮等。不同的制浆方法，对原木的质量要求不同，备料的过程和采用设备也有所不同。如制备磨石磨木浆，备料要求把木段锯断成与磨木机料箱长度相适应的木段，直径较大的原木还要劈开，并且树皮要剥干净，同时要除去树节；而对木片磨木浆和化学浆的备料则要求提供具有一定形状和大小的木片，并且要求除去树皮、木屑、砂土等杂质。传统的木片备料过程如图 1-1 所示，该工艺过程大体包括：剥皮、锯木、除节与劈木、削片、筛选等，因而需要相应的机械与设备。

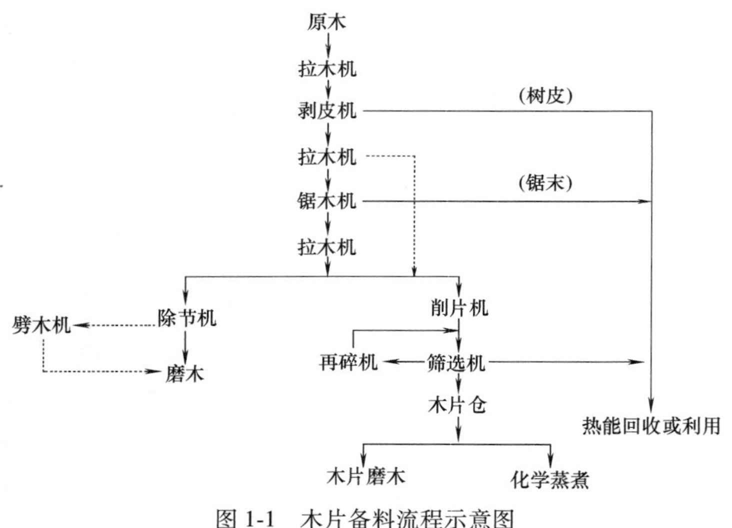

图 1-1　木片备料流程示意图

三、非木材备料

草类原料的备料是为蒸煮提供一定长度的草料，除去草料中的部分或大部分穗、节、髓、谷粒以及混杂在草料中的一些尘土、砂石等杂质。非木材纤维原料备料又分为干法备料、湿法备料和干湿法备料。

（一）干法备料

传统的备料方法是干法备料，其基本过程是切断、除髓、除尘、筛分、尘气处理等过程。但由于其品种繁多、特性各异，故备料的工艺流程及设备不尽相同。图 1-2 为稻麦草干法备料生产流程示意图。

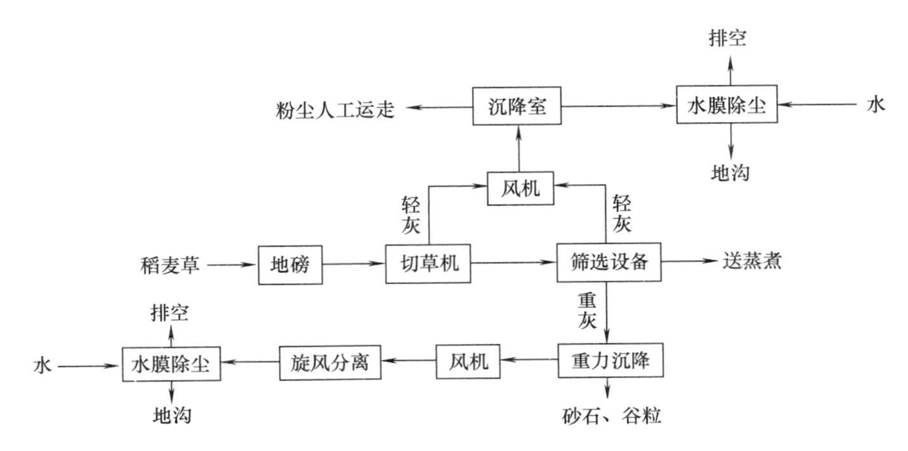

图 1-2　稻麦草干法备料生产流程示意图

稻麦草经过预处理，尽量除去草料中的根、叶、穗、霉烂部分、泥砂等。处理后的草料通过运输带连续地喂入切草机，切成草片。然后将草片及杂质风送或运输带送至辊式除尘机（或双锥除尘机），除去砂石、谷粒等较重杂质、并分离出细末尘土等较轻杂质，净化后的草片经输送机送至蒸煮。

切草机、辊式除尘机（或双锥除尘机）排出的轻杂质，可以采用抽风吸尘，再经沉降室、水膜除尘器进行处理。辊式除尘机排出的重杂质，先经重力沉降筒分离出谷粒，再经两级除尘方式加以去除收集，第一级采用旋风分离器、第二级采用水膜除尘器。

干法备料优点是设备投资少，能耗低，操作简单，维修方便。缺点主要是除尘效果较差，对大气环境的污染较重，操作环境卫生条件差。

（二）湿法备料

湿法备料是在原料处理过程中增加了水洗工序，主要由水力碎解机和脱水设备等组成。其典型流程见图 1-3。整捆的麦草由运输带直接送入水力碎解机中，在底刀和强大的涡流作用下，草捆被打散、撕裂和切断（草片的长度约 30cm）。碎草片穿过筛孔由草料泵输送至螺旋脱水机，脱水至 10%~15% 的浓度，再将草料送入压榨机进一步压榨脱水，出料浓度约为 30%；不能通过筛孔的重杂质由排渣机连续排出。

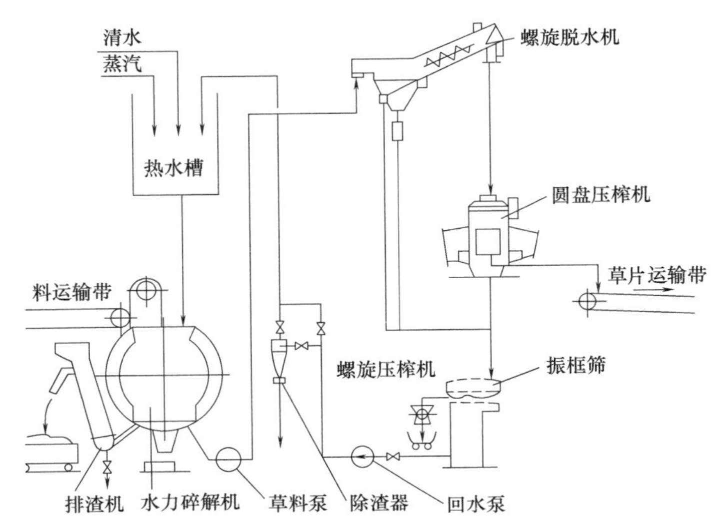

图 1-3　麦草湿法备料工艺流程

湿法备料优点是除尘效率较高，原料较干净，操作环境好，但废水污染负荷大，能耗较高。

（三）干湿法备料

草类原料的干、湿法备料各有其优缺点。目前出现了干湿法相结合的备料方法。干湿法备料可以得到洁净的料片，并使备料的环境污染问题比较易于解决。

第二节　木材备料机械与设备

一、剥　皮　机

由于树皮纤维含量低，灰分、杂质多，会对制浆过程有不利影响，大多数木浆厂的备料要先行去皮。

去皮可采用不同的方法，通常有人工去皮、机械去皮和化学去皮。

人工去皮是由人工用去皮刀剔除树皮。由于劳动生产率低，劳动强度大，冬季冻结时，去皮更加困难，小型企业去皮多采用此法。

机械去皮主要在大、中型企业采用，它的设备类型很多，按其工作原理可分为：摩擦剥皮、刀式剥皮、水力剥皮及挤压剥皮。摩擦剥皮机是应用最广泛的一类剥皮机，它又可分为原木与原木摩擦和原木与金属相互摩擦两大类。刀式剥皮机剥皮木材损耗率比较高，劳动生产率低，但能有效地剥去大直径原木的结合得比较牢固的树皮。水力剥皮机由于动力消耗过大已不采用。随着木片工业的发展，林区将进行全树剥皮，挤压去皮也将会在一些企业中获得应用。

化学去皮是利用化学药品对未砍伐的树木进行化学处理，使树木死去，易于剥皮。此法在北方对鱼鳞松、铁杉、白杨、桦木等最有效，但在南方潮湿地区和对其他一些材种，则不甚适宜。

国内制浆造纸企业主要采用摩擦式圆筒剥皮机和滚刀式剥皮机。

（一）圆筒剥皮机

圆筒剥皮机是摩擦式剥皮机的一种，靠原木在圆筒内相互碰撞摩擦进行去皮，故称之为圆筒剥皮机。圆筒剥皮机是当前各国广泛用于木段或原木剥皮的主要设备，是一种比较经济的剥皮方法。

1. 工作原理

圆筒剥皮机的传动机构通过齿轮驱动圆筒绕水平轴旋转，筒内木段随着圆筒转动并被提升到一定高度之后跌落下来，使筒内木段之间和木段与提升器、筒壁、刀轴或剥具之间反复产生强烈的碰撞、摩擦等作用，进而原木表面的树皮受到冲击、挤压、剪切而被剥离。

原木在圆筒内的受力情况与圆筒的转速和圆筒的填满系数有直接关系。原木随圆筒运动所受到的离心力和它本身的重力相等时的圆筒体的转速，称为临界转速 n_k。在正常的填满系数的条件下，圆筒转速在 $0.4n_k$ 以下时，筒内原木成间歇式崩落；在 $(0.4\sim0.8)n_k$ 时，筒内原木成连续式崩落；在 $(0.8\sim0.85)n_k$ 时，筒内原木开始向上抛，即从崩落式向瀑布式过渡（图 1-4）。

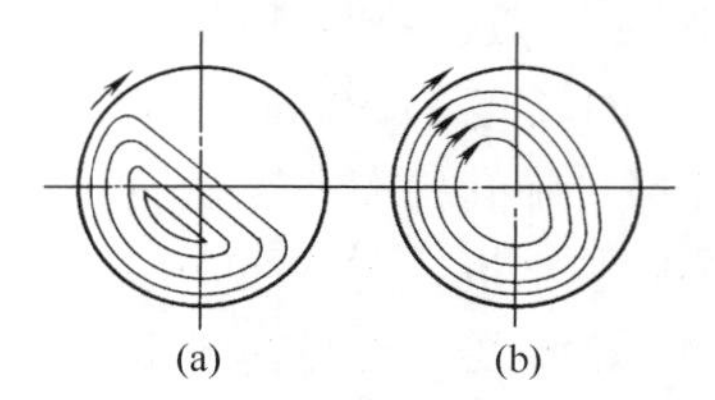

图 1-4　原木在圆筒内的运动状态
（a）崩落式　（b）瀑布式

原木在圆筒内的运动状态从崩落式过渡到瀑布式时，由于冲击载荷和挤压力继续上升，而剪切应力急剧下降，对剥皮作用产生不良的影响，同时木材受到顺纹和横纹剪切，原木的损耗有所增加，因此，圆筒的转速在正常填满系数下一般不超过 0.8n_k。当填满系数低时，例如为 0.4 时，而转速达到（0.7~0.75）n_k时，原木开始从崩落式向瀑布式过渡。

2. 主要类型

圆筒剥皮机有间歇操作与连续操作两种类型，现在工厂主要使用连续式圆筒剥皮机。

连续操作的圆筒剥皮机按原木长度可分为长原木剥皮机和短原木剥皮机，前者又称为平行式圆筒剥皮机，后者又称为翻滚式剥皮机。按操作条件还可分为湿法圆筒剥皮机和干法圆筒剥皮机。

（1）长原木剥皮机和短原木剥皮机

连续式短原木剥皮机圆筒的直径应大于原木的长度。原木在圆筒内作无规则的滚动，从圆筒的一端逐步移向另一端，在相互的碰撞和摩擦中使树皮剥离。这种剥皮机主要用于除去磨木机用的原木的外皮或内皮，也可用于弯曲度较大的原木及树皮比较难剥落的硬木。它的去皮效果较好，剥净度可达 95%~98%，损失率约 1.0%~1.5%，且设备结构简单，管理维修方便，所需操作人员少。其缺点是设备笨重噪声大，且占地面积大，原木两端因碰撞而会造成损伤，易夹带泥沙等杂物而影响纸浆质量。

连续式长原木剥皮机所用原木的直径较大，长度较长（接近或超过圆筒的直径），原木在圆筒内沿着筒体轴线方向移动，同时绕自身轴线滚动。在相同圆筒容积和转速下，长原木剥皮机较短原木剥皮机的生产能力高 30%，且原木两端损伤少，原木的损耗有所降低。

（2）湿法圆筒剥皮机和干法圆筒剥皮机

连续式剥皮机按操作条件又可分为干法和湿法两类。在湿法圆筒剥皮机中，将水加到圆筒前面（即进料端）的钢板内，以协助松动树皮，圆筒的其余部分开有缝口，以便使剥去的树皮，在木段持续前进过程中掉落下来。在干法圆筒剥皮机中，圆筒的全长都开有排出树皮的缝口。

干法圆筒剥皮机的长度比湿法圆筒剥皮机要长，而且转速要高；干法圆筒剥皮机的优点是脱除的树皮可直接送入树皮锅炉中燃烧。从湿法圆筒剥皮机出来的树皮必须收集在一个水槽中，在燃烧前进行脱水和压缩；其最终废水处理比较困难且费用较大。

3. 结构

国内制浆厂目前多采用连续式湿法短原木圆筒剥皮机（图 1-5）。它对原木品种的适应性较广，剥皮的干净度基本能达到造纸工业的要求，原木的损耗较低，便于维护和管理。

连续式剥皮机由圆筒体、滚圈及支承、传动装置、水槽和进出料闸板等部分组成。原木从圆筒的进料端连续投入，经剥皮的原木从圆筒的另一端连续溢出。剥皮机的生产能力和原木剥皮的干净程度可以通过改变投料量和出料闸板的高度来调节。

（1）圆筒体

圆筒体是剥皮机的主要部件，它的直径根据剥皮的方式（平行式或翻滚式）、原木的长度以及生产能力来决定。对翻滚式圆筒剥皮机，直径不宜过小，以免影响原木在筒体内作无规律的滚动，筒体的直径一般不小于 2m。筒体的总长度根据生产能力决定，一般为直径的 3~3.5 倍，也有再长一些的。当圆筒所需长度较长时，可以把整台设备分成二段或三段，每段的结构大致相同。

圆筒体通常用钢板卷制或用型钢焊成栅状环。前者为平板型结构，在圆筒内壁沿纵向设置数目不等的断面呈尖角或圆弧等形状的钢梁，称为提升器，使原木段随圆筒旋转而提升。

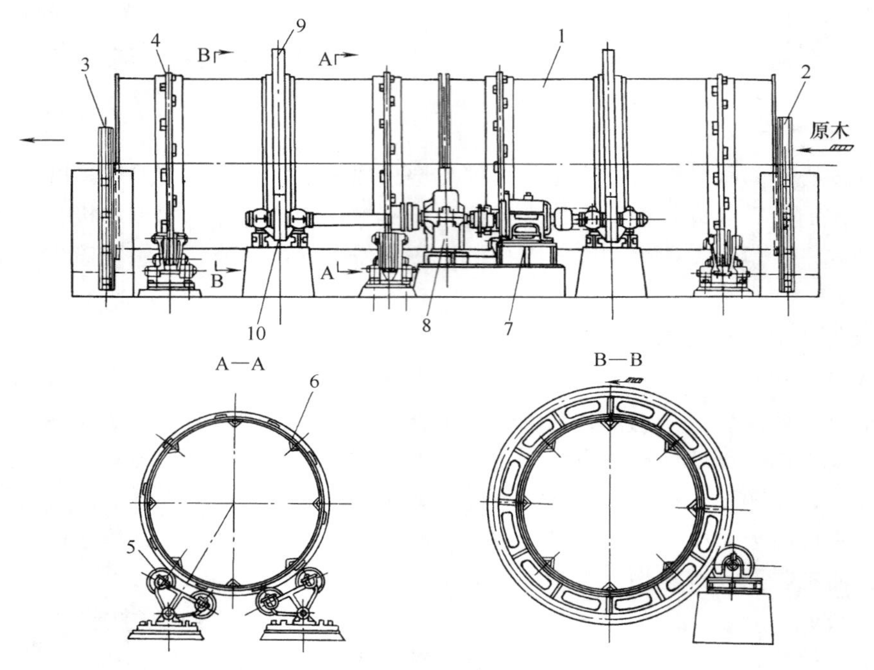

图 1-5　连续式短原木剥皮机

1—剥皮圆筒　2—投木槽　3—出木槽　4—滚圈　5—托轮　6—提升器
7—电动机　8—减速器　9—从动齿轮　10—主动齿轮

它可以增加圆筒的强度和刚度，保护筒壁免受原木过大的冲击，还起到剥皮的作用。后者为栅板结构，它是由称为剥皮梁的专用型钢焊接而成。栅板型结构的圆筒体的内壁的形状主要决定于剥皮梁的截面形状，剥皮梁的截面形状有半圆形、圆形、M 形等，其所起作用与提升器一样。提升器的形状可按下述原则选用：a. 容易提升和翻转原木；b. 去皮效果好，原木损伤少；c. 具有较大刚度，不易变形。

筒体的每一段是一个独立的整体。两段之间留有 50mm 宽的间隙，容许每一段筒体在转动时有一定的轴向位移。筒体的每一段有两个滚圈，滚圈通过衬板与筒体联成一体。滚圈在筒体上的位置以考虑筒体运转时的平稳性和筒体满载时的挠度来确定。

（2）支撑装置

圆筒剥皮机工作时，满负荷质量达数十吨，全部质量通过滚圈由支撑装置承担。目前新的圆筒剥皮机采用了水力轴承装置（图 1-6）。

水力轴承是设在圆筒滚圈下部的一个包角通常为 120°的弧形槽，其周边嵌有耐磨的密封衬，与滚圈构成弧形密封空腔，内注压力为 0. 2～0. 25MPa 的清水，压力水不断地渗入滚圈与密封衬之间形成水膜，并不断溢出外面流入水槽中，

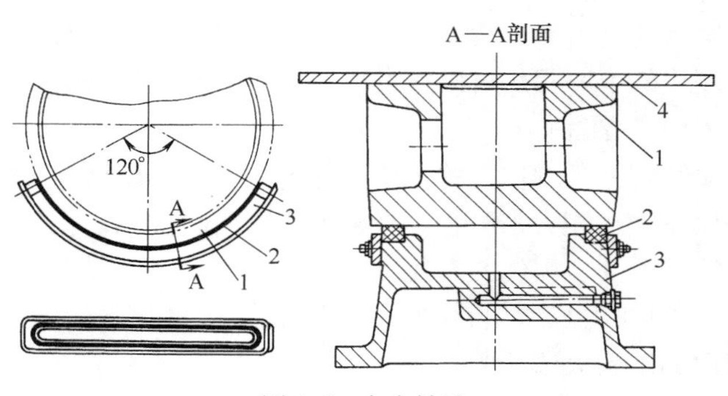

图 1-6　水力轴承

1—滚圈　2—轴衬　3—轴承座　4—固定装置

这样圆筒体实际是支撑在水膜上，即为水力轴承。

水力轴承能否正常工作，取决于水膜形成的状态。当水压不稳定或滚圈与密封衬接触不良，水则从间隙处大量流入水槽中，槽内水压波动，不能形成均匀的水膜。因此，要求滚圈、密封衬及轴承座等的制造和安装十分精确，滚圈与密封衬的间隙最大允许量为0.2mm。

（3）传动装置

由于剥皮机圆筒的回转速度慢，所以电动机的转矩需通过减速后才能传到圆筒，最后一级传动采用齿轮传动，一般多采用渐开线齿轮，而水力轴承剥皮机则在圆筒上安装着滚销齿轮（图1-7）。

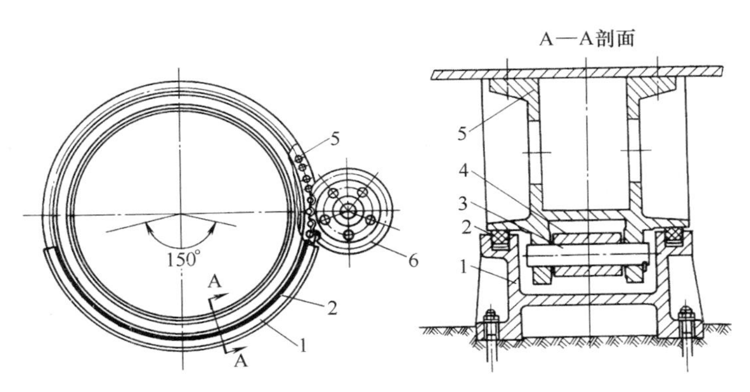

图1-7　滚销齿轮及其保护室

1—保护室　2—密封环　3—柱销　4—套筒　5—齿轮　6—星形轮

大齿轮上每一个齿都是由套筒和柱销构成，而主动的小齿轮实际上是一个链轮，它和大齿轮啮合时，工作情况与链传动相似。采用滚销齿轮的优点：a. 适合于有冲击的低速重载的工作条件；b. 当套筒磨损后可以更换，不需要更换整个齿轮，减少更换修理的时间；c. 齿轮的制造比较容易。

传动齿轮回转时，必须通过剥皮机的水槽，为了防止树皮及污物落入套筒滚子附近，防止套筒滚子及其他零件与水接触，在圆筒的下方设有保护室（图1-7），其形状与水力轴承相似，由铸造的弧形凹槽密封环和大齿轮两边凸肩形成密封的保护室。由于密封环与回转的齿轮凸肩紧密接触，防止了水槽中的水流入保护室。保护室与大齿轮的包角为150°，齿轮工作时就从保护室经过。

4. 生产能力计算

圆筒剥皮机的生产能力与木材的种类、原木的长短、原木的直径、原木的质量（是否弯曲、多节、爆裂）、原木的湿度和泡浸时间等有关。生产上可用下式估算：

$$q_V = 0.13DnL \tag{1-1}$$

式中　q_V——生产能力，原木，m^3/h

D——圆筒直径，m

n——圆筒转速，r/min

L——圆筒长度，m

5. 枝桠材圆筒剥皮机

枝桠材的剥皮是比较困难的，目前国际上尚无完善的方法。我国自己试制出的BG型干法间歇式圆筒剥皮机和LB型及BBP_{112}型干法连续式圆筒剥皮机，专门用于枝桠材剥皮，如

表 1-1 所示。

表 1-1　　国产圆筒剥皮机技术参数

型号	能力/(m^3/h)	工作形式	直径/m	长度/m	转数/(r/min)	功率/kW	刀轴	适用材种
ZMB_1	20~25	连续	2.4	9	7.65	55	无	原木段
BBP_{2600G}	2	连续	0.13~0.5	2.6	60	37.7	螺旋刀	枝桠材
LB	12.5~15	连续	2.35	6	12	45	螺旋刀	枝桠材
BG	2~2.5	间歇	1.8	1.8	24~26	16	扁刀 13 把	枝桠材

（二）刀式剥皮机

刀式剥皮机是利用刀辊或刀盘把原木树皮削去的一种剥皮机。目前木浆厂使用的滚刀式剥皮机是我国制造的，已成为国家定型产品，在我国东北各木浆厂使用较多。

滚刀式剥皮机由翻转机构、刀辊小车和刀辊等组成，如图 1-8 所示。

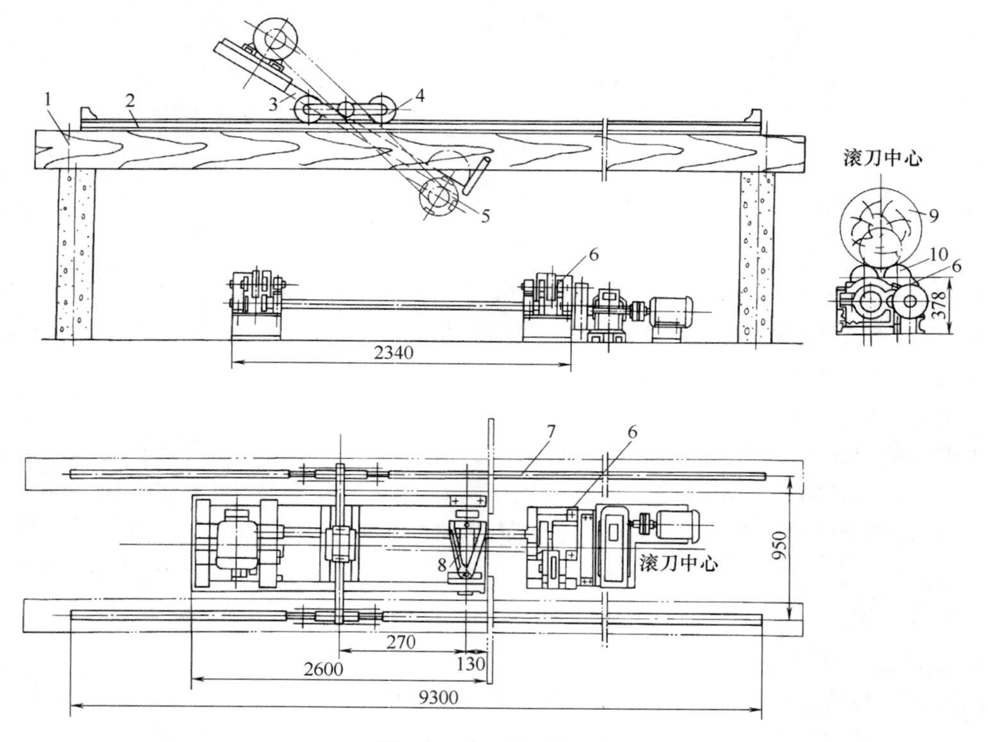

图 1-8　滚刀式剥皮机

1—门架　2—轨道　3—机架　4—滑轮　5—刀辊　6—翻转机构　7—轨道　8—剥皮刀　9—原木　10—齿轮

1. 工作原理

如图 1-8 所示，原木放置在两组齿轮上，利用旋转的滚刀沿原木轴向削除一道树皮，然后启动翻转机构把原木翻转一个角度，再削去一道树皮，如此直至整根原木被削干净为止。滚刀布置在原木上方的小行车上，它由两个工人拖动小行车沿两条轨道行走而移动。

2. 结构

（1）翻转机构

放置原木并使它翻转的机构称为翻转机构。它由一对齿形托轮（由电动机通过减速器带动转动）和一对平托轮支承原木，工作时电动机通过减速机构驱动齿形托轮翻转原木。

（2）刀辊移动小车

由槽钢焊接成的长方形机架并装有 4 个轮子组成的机构，机架的一端安装电动机，另一端安装刀辊，机架中部有支点，使电动机和刀辊绕支点摆动，并相互平衡。工作时小车的四个轮子在轨距约为 950~1100mm 的轨道上行走，轨道架空在翻转机构上方。

（3）辊刀（刀辊）

由两个端盘和数把剥皮刀组成，刀片与刀辊轴线成 23°的螺旋线方向安装。刀刃口与刀辊中心线的距离形成两端大、中间小一些的弧形。这样可减少剥皮的损失和动力消耗，工作比较平稳。刀刃角为 35°~45°。

3. 技术参数

滚刀式剥皮机的主要技术参数见表 1-2。

表 1-2　　滚刀式剥皮机主要技术参数

型号	ZMB_{11}	型号	ZMB_{11}
处理原木直径/mm	200~500	滚刀转速/(r/min)	1440
处理原木长度/mm	2000~7000	原木翻转机构转速(r/min)	5
小车轨迹/mm	950	电机功率/kW	翻木 1.1　滚刀 3.5
滚刀盘规格/mm	ϕ260×400(双刀)	外形尺寸(长×宽×高)/mm	10000×2660×2300

滚刀式剥皮机是在我国多年的生产实践基础上自己创造的一种设备。它具有结构简单、维修方便、操作容易的特点；但劳动生产率比较低，剥皮损失率比较高（一般为 3%~4%），劳动强度大。

二、锯　木　机

进厂原木的直径和长度一般都没有严格的限制。为适应削片机、磨石磨木机等设备对原木的要求，往往需要将部分大径原木锯开，将部分过长原木锯断，如磨木机要求原木长度 0.6m 或 1.2m，普通削片机要求原木长度 2~2.5m。

锯木机通常有单圆锯、多圆锯和带锯三种。锯木机的选择视工厂规模的大小、制浆设备的不同而异。单圆锯一般用于中小纸厂和原木长度变化的场合；多圆锯适用于大型纸厂，锯木长度不能任意变化；带锯适用于处理大径材（直径在 ϕ350mm 以上）。但由于带锯锯木效率不高，设备庞大，仅在个别工厂应用。

三、削　片　机

为了适应化学木浆、高得率化学木浆以及木片磨木浆的生产需要，要对原木、枝丫材或板皮进行削片，并要求削出的木片长短厚薄一致、整齐。木片的规格一般为：长 15~20mm，厚 3~5mm，宽度虽不限，但也不希望超过 20mm。原木木片合格率要求大于 85%，板皮木片合格率要求大于 75%。

削片机按机械结构可分为两类：切削刀装在圆盘上的盘式削片机和切削刀装在圆柱形鼓上的鼓式削片机。盘式削片机主要用于切削原木，削出木片质量较好，在制浆造纸厂采用得较多，而鼓式削片机对木料品种适应性广，可用于板皮等各种木料。

盘式削片机按刀盘上的刀数分为：普通削片机（4~6 把刀）和多刀削片机（8~16 把刀）两种。这两种削片机喂料方式又有斜口喂料和平口喂料（或称水平喂料）两种。长原木的削片，一般采用平口喂料，短原木和板皮的削片可采用斜口喂料，亦可采用平口喂料。

盘式削片机按主要切削物对象可分为原木削片机、板皮削片机和枝丫材削片机等，其喂料装置有相应的差别。

国内常用削片机类型如表 1-3 所示。

表 1-3　　国内常用的削片机类型

类型		简图	工作原理	特点
盘式削片机	普通削片机	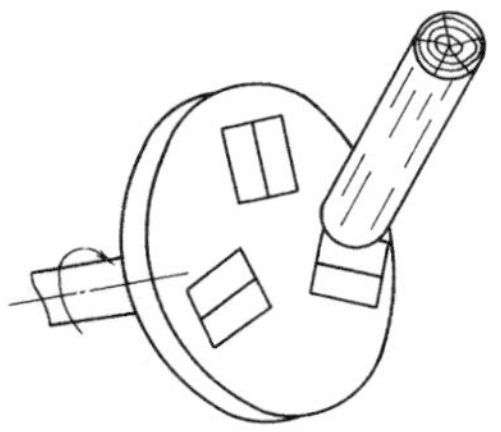	原木被旋转刀盘上的飞刀和固定在机座上的底刀剪切成木片，又被楔形刀刃挤压，剪切成木条，进而分裂成木片	间断切削，必须斜喂料。生产能力小、木片质量差、碎屑多、振动噪声大、消耗功率大、电流不稳定
	多刀削片机	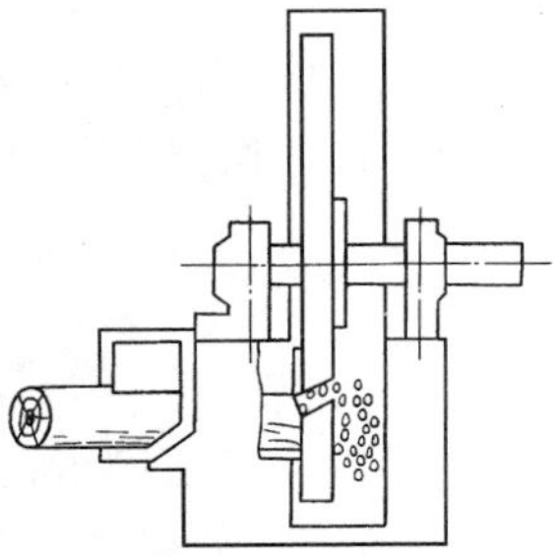 平面刀盘 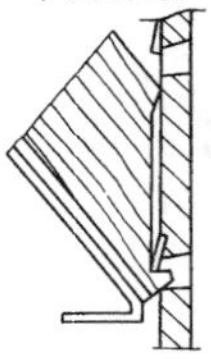	基本原理同上，由于刀数增加，形成了两把刀以上同时切入的连续切削过程	连续切削，自动进料，可采用平喂料，较普通削片机能力大，木片合格率高
		螺旋面刀盘 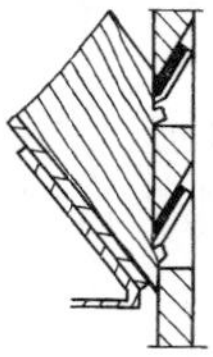	基本原理同上，采用了等螺距的螺旋面刀盘，使木片长度保持一致	较平面刀盘多刀削片机削出的木片均匀，生产能力大，木片合格率高，木屑量少，振动小，省动力，易维修，使用较多
	板皮削片机	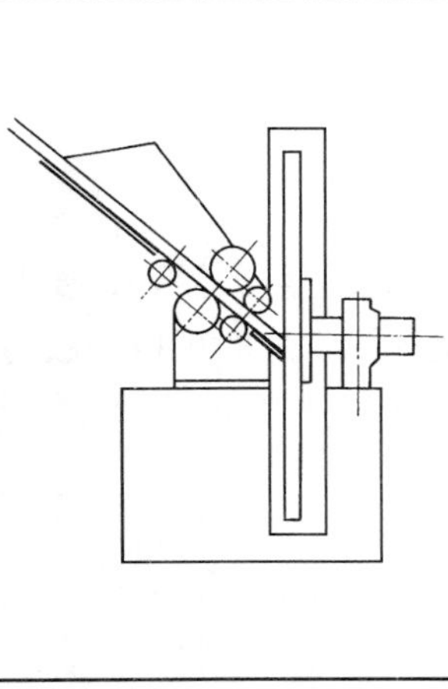	基本原理同上，采用喂料辊强制喂料，以保证板皮喂料速度	木片合格率低，喂料机构复杂

续表

类型		简图	工 作 原 理	特　　点
盘式削片机	枝丫材削片机		基本原理同上,设备小型化移动式,便于木区流动作业	手工操作无进出料配套装置,木片合格率低,产量低
鼓式削片机			木材受旋鼓形辊上飞刀与机体上的底刀剪切形成木片。依靠成对的喂料辊夹持进料	对原料形状适应性广,木片合格率稍低,结构紧凑

（一）**盘式削片机**

普通削片机与多刀削片机的结构相似。图 1-9 为斜口喂料普通削片机的结构示意图。它主要由刀盘、喂料槽、外壳和传动装置等部分组成。

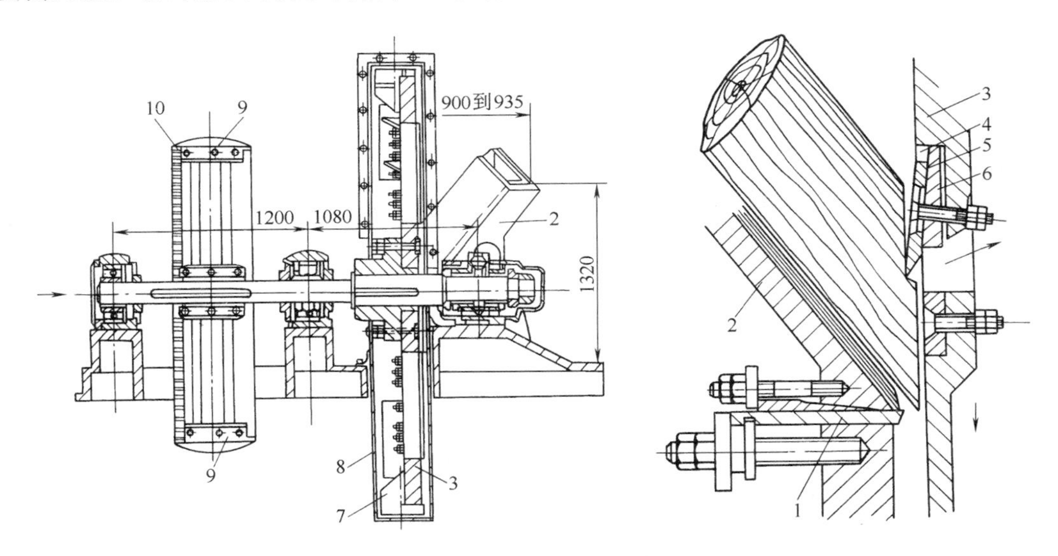

图 1-9　斜口喂料普通削片机

1—喂料槽底刀　2—喂料槽　3—刀盘　4—调整垫块　5—飞刀片
6—楔形垫块　7—叶片　8—机壳　9—皮带轮　10—传动装置

1. 结构

(1) 刀盘

刀盘是削片机的主要部件。它是一个直径为 1600～4000mm、厚 100～150mm 的铸钢圆盘。上面装有若干把削片刀，供切削原木之用。此外沉重的刀盘还起着惯性轮的作用，稳定切削过程，对于大型多刀削片机，往往还有一个与刀盘相平衡的惯性轮，这样可以使削片机振动小，电机负荷较均匀，动力容量较小。

削片刀安装在刀盘面向喂料槽的一面。普通削片机削片刀在刀盘上的安装位置为自辐射位置向前倾斜8°~15°角。在刀盘上，沿削片刀刀刃方向开有宽100mm的长缝，缝的长度与削片刀的长度相同。为了调整削片刀刃口的位置，在削片刀的底面有一块楔形垫块，它们一起被一组埋头螺钉固定在刀盘上，在长缝的另一侧装有一块定位板，又称为下刀，供保护缝口之用。从原木削下的木片通过长缝至刀盘的后面。

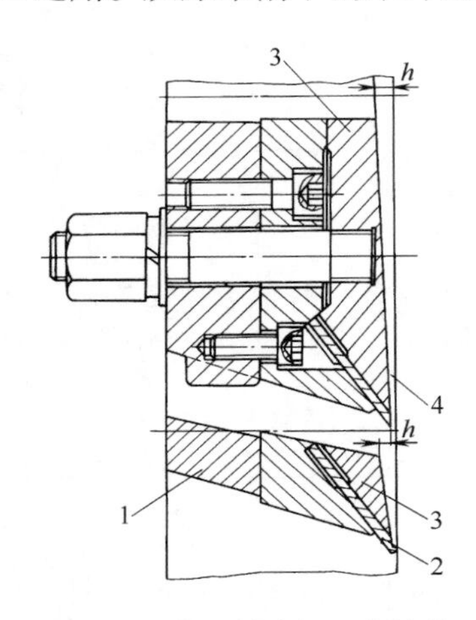

图 1-10　多刀削片机刀盘结构
1—刀盘　2—削片刀　3—扇形压刀板　4—刀盘的装刀面

多刀削片机削片刀在刀盘上的安装情况见图1-10。由于多刀削片机的刀数较多，故不能采用普通削片刀的安装方法，其削片刀一般在辐射位置安装。刀盘的装刀面为等螺距的螺旋面，由多块磨光的扇形压力板及倾斜装设的削片刀组成。刀刃凸出的距离就是扇形板的螺距 h。削片刀借扇形板夹紧，后者用螺钉固定在刀盘上，装卸方便。

削片刀一般采用碳素工具钢或合金钢制造，削片刀呈矩形，长600~700mm，宽200mm，厚20~25mm。刀片上开有多个长形透孔，供安装时前后调整固定使用，削片刀的刀刃角一般为34°~39°角，冬季采用39°~40°角；多刀片机则采用35°12′~37°22″。另有一种双刀刃角的刀片，第一刀刃角为40°~42°，第二刀刃角为28°~32°角，这种刀片较耐用，而且有利于提高削片合格率，适用于处理质硬的木材。

出料口在上方的削片机，其刀盘周围还有翘片，用于打碎大片和送出木片，出料口在下方的削片机则不需翘片，木片直接落到下面的出料胶带运输机上。

（2）喂料槽

喂料槽俗称虎口。其截面形状有圆形，方形和多边形等几种。小型削片机一般采用圆形，普通削片机采用方形者为多，平口喂料的大型多刀削片机常用多边形进料口（见图1-11）。

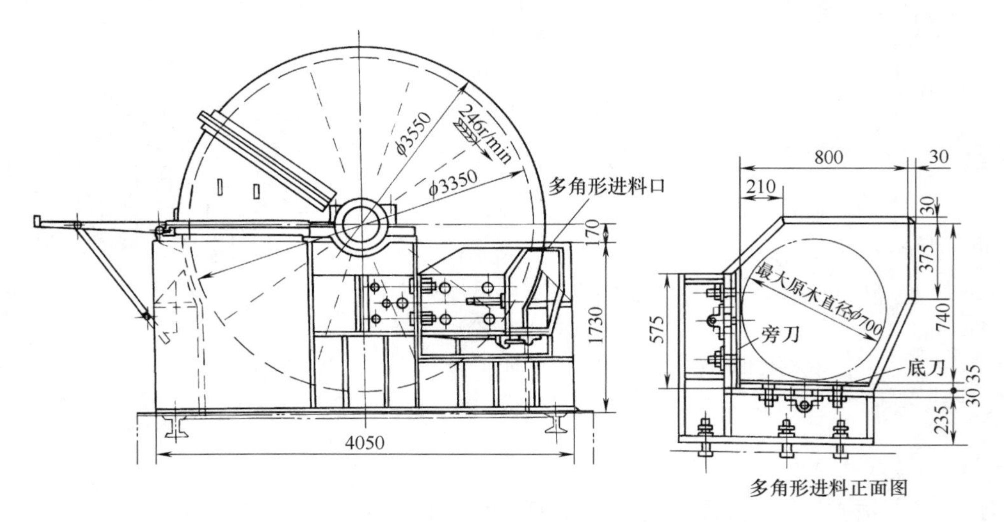

图 1-11　平口喂料多刀削片机的进料口与底刀位置

斜口喂料槽与刀盘间的几何关系见图 1-12。设 $X—O—Z$ 为刀盘平面，O 为削片刀刃口上某一点，$Y—O—X$ 为过刀刃上 O 点且垂直 O 点运动方向的平面，OA 为喂料槽的轴线，那么：

ε——投木角，即喂料槽轴线 OA 在 $Y—O—Z$ 平面的投影与刀盘的夹角

α_1——虎口角，即投木角的余角

α_2——投木偏角，喂料槽轴线与 $Y—O—Z$ 平面的夹角

ω——木片斜角，喂料槽轴线与刀盘的夹角

对于斜口喂料削片机，一般只给出投木角 ε 和投木偏角 α_2 来表示削片机的特征。而实际上原木的被切削状态可以通过木片斜角 ω 完全反映出来。这三个角的关系可以从图 1-12 求得。

根据每个角的定义，从图 1-12 可以得出：

$$\sin\omega = \sin\varepsilon\cos\alpha_2 = \cos\alpha_1\cos\alpha_2 \quad (1\text{-}2)$$

如果是水平喂料的多刀削片机，$\varepsilon = 90°$，则：

$$\sin\omega = \cos\alpha_2 \quad (1\text{-}3)$$

即说明了木片斜角只与投木偏角有关。平口喂料是用喂料辊组成的喂料槽（即辊送机）。喂料槽的位置可以在刀盘轴线以上的位置，也可以在刀盘轴线以下的位置。由于是水平安装，因此，喂料槽与刀盘间只有一个夹角，即投木偏角。斜口喂料槽的位置一般设置在刀盘轴线上。

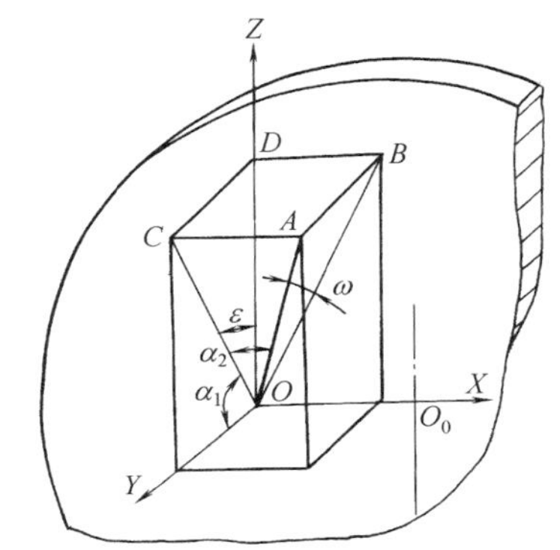

图 1-12　喂料槽与刀盘之间的几何关系

斜口喂料槽的下方或平口喂料槽的端部装有底刀。因为底刀在削片时受力最大，容易损坏，故刀刃角特别大。普通削片机底刀刀刃角为 85°~90°角，多刀削片机一般为 45°角。为了保护普通削片机的底刀刀刃，在底刀上盖有一块固定在进料口内的角度为 40°~45°的大三角板。大三角板的刀口与底刀的刀口是吻合一致的。在削片过程中，削片刀除与底刀起切削作用外，还与喂料槽侧部的旁刀起切削作用。旁刀刀刃角普通削片机为 60°~65°，多刀削刀机为 88°。为了保护普通削片机的旁刀，在旁刀上也盖有一块刀刃角为 35°~40°的小三角板，旁刀口与小三角板的刀口也是吻合的。旁刀与削片刀的距离和底刀与削片刀的距离都是 0. 3~0. 5mm。旁刀的作用主要是防止和减少产生长木片。

在用削片机切削板皮或竹子时，喂料槽需要放置由喂料刺辊及其传动系统组成的强制喂料机构，借以避免或减少板皮等在虎口跳动，影响切削质量。

（3）机壳

刀盘外面装有封闭的外壳。采用上出料时，在机壳上方沿切线方向接一风管，刀盘周边上装有翘片，把木片吹至分离室。这种高速输送方式易造成木片过度破碎。一般削片机采用下出料，削落的木片直接落在刀盘下方的胶带输送机上即被送出。

（4）传动装置

削片机经三角胶带由电动机带动，转速高的削片机也可由电机直接带动。为了节约换刀时间，大都设有制动装置，使刀盘在停机后能迅速地停止转动。

2. 工作原理

（1）原木的切削和木片的形成

如图 1-13 所示，由于削片刀上刀片的刀刃有一定的角度，原木被切削成椭圆形木饼的

同时也受到刀片切削面对原木纵向的作用分力（剪切力）以及刀牙或刀盘阻碍，木饼就会不断地沿木纹分裂成木片。

图 1-13　原木分裂成木片

（2）原木的移动及切削速度

原木沿刀片的安刀面向刀盘移动，其牵引力不仅仅是原木自身的重力，还由于存在着安刀角而产生。假如安刀角为 0°，原木的移动完全依靠自身的重力，据计算这种移动最多只有 2mm，距削片机的速度的要求相差甚远。设置了安刀角，刀片切入原木时，安刀面就把原木较快地拉向刀盘，而且安刀角越大，拉力越大，原木向刀盘的移动速度就越大。但是，安刀角过大，会使原木过早地到达圆盘面，引起碰撞而跳回，最好的安刀角是正好使原木在第二把刀切入时刚到圆盘面（见图 1-14）。

（3）多刀削片机及螺旋面刀盘的削片原理

由于普通削片机的刀数少，刀的间距大，容易产生上面所说的原木在喂料螺旋中跳动的情况，影响削片的质量。多刀削片机的出现就解决了这一问题。多刀削片机，由于刀的间距小，在第一刀尚未离开原木之前，第二把刀就已切入原木，这样就形成连续切削，同时也使电机负荷稳定。要使两把刀同时切入原木，就要求相邻两刀距离必须小于原木存在的最小直径。即：

$$\frac{2\pi R}{N} \leqslant \frac{D}{\sin\varepsilon}$$

式中　R——切削半径，mm

N——刀片个数，个

D——原木直径，mm

ε——投木角，水平喂料，$\varepsilon = 90°$

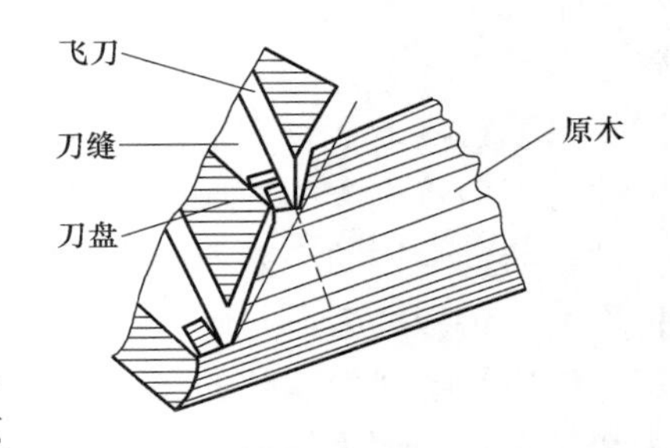

图 1-14　多刀削片机连续切削情况

由于刀片在刀盘上是呈辐射状的，越近刀盘中心，两把刀片的间距就越小。如果在整个刀片上安刀角不变，若靠近刀片中心的原木刚好在第二把刀切入时到达刀盘，则远离刀盘中心的原木早已到达刀盘，这样会引起原木的回跳。所以进一步将刀盘设计成螺旋面，使安刀角自靠近刀盘中心到远离刀盘中心轴逐渐变小（如由 4 变为 2），这样克服了上述缺点。同时，木片受刀盘纵向压缩力减小，木片的质量也得以提高。在用削片机削板皮和竹子时，为了避免和减少板皮等在喂料槽中的跳动，稳定木片和竹片的质量，往往要设置强制喂料机构，而这种带螺旋面的多刀削片机可以不用机械喂料。

3. 影响木片质量的因素

（1）原木的质量和水分

原木直径大小及质量优劣要搭配均匀，以保证木片合格率。小原木、短原木在喂料槽中易跳动，产生大量短片和碎末，使木片中三角块增多，影响木片的合格率。原木水分高，有利于提高木片合格率，但在北方寒冷地区，冬季易冰冻，水分以 25%～35% 为宜，水分过高易冰冻硬脆，削片时产生大量碎末。夏季水分以 35%～45% 为宜，若水分过低，木材发脆，削片时碎末也多，影响木片合格率。

(2) 削片机的有关参数

木片的质量好坏，很重要的因素是安装在刀盘上削片刀的刀距是否合适，刀距尺寸是否一致。当其他参数不变时，木片的长度主要由刀距大小而定，又因木片长度与厚度有一定关系，即木片越长则越厚。为了得到高质量的合格木片，首先应保持标准刀距及其一致性，才能切出长短厚薄均一的木片。其次应按工艺要求“对刀”，使每一把削片刀距离底刀、旁刀的间隙都在 0.3~0.5mm 之间，并在保持削片刀与底刀不碰的情况下，此间隙越小越好。如果刀距大小不一致，则只能按照刀距大的刀片来调整与底刀的间隙。这样，刀距小的刀片与底刀间的间隙就大，切削时长条木片和碎小木片增多。

(3) 削片刀刀刃角

削片刀刀刃角的大小对木片的质量也有直接影响。当其他参数不变时，过大的刀刃角切削阻力大，木片容易变碎，木片受损伤的程度增加。因此，削片刀钢质较好时，宜用较小的刀刃角。刀刃角一般为 34°~42°。使用多刀削片机的工厂，一般采用 35°22′~37°12′的角度。

4. 盘式削片机的生产能力计算

削片机的瞬时最大生产能力就是削片机在某一时间内切完一根最大直径、最大长度的原木的能力 $q_{V,\max}$。这既是设计削片机最大负荷的依据，也是选择配套设备，如木片筛、运输机等的依据。最大生产能力的理论值为：

$$q_{V,\max}=\frac{\pi}{4}d^2lZn \tag{1-4}$$

式中 $q_{V,\max}$——瞬时最大生产能力的理论值，实积 m^3/min

d——削片机能切削的原木最大直径，m

l——木片的长度，m

n——刀盘的转速，r/min

Z——削片刀数目

削片机操作中，由于原木直径大小不一，投料的不连续性和切削时原木的跳动，削片机的实际生产能力 q_V 为：

$$q_V=\phi q_{V,\max} \tag{1-5}$$

式中 ϕ——生产能力降低系数

投进削片机的原木直径与喂料槽的截面尺寸有密切关系，所以也有用喂料槽的截面尺寸来计算削片机的实际生产能力。

为说明喂料槽的填满程度，先假想原木完全填满喂料槽，这时的极限生产能力 $q_{V,0}$ 为：

$$q_{V,0}=AlZn \tag{1-6}$$

式中 $q_{V,0}$——极限生产能力，实积 m^3/min

A——喂料槽的截面积，m^2

其余符号含义同前。

实际操作中，原木不可能完全填满喂料槽，再加上投料不连续，实际生产能力 q_V 为：

$$q_V=Kq_{V,0}=KAlZn \tag{1-7}$$

式中 q_V——公称生产能力，实积 m^3/min

K——削片机的生产能力有效系数，一般取 $K=0.14\sim0.20$

5. 国产盘式削片机技术参数

国产盘式削片机技术参数见表 1-4。

表 1-4　国产盘式削片机主要技术参数

型号		ZMX$_{1}$	ZMX$_{11}$	ZMX$_{2}$	ZMX$_{3}$	ZMX$_{4}$	ZMX$_{12}$	BX$_{177}$	BX$_{1710}$	BX$_{1112}$	BX$_{1216}$	BX$_{6106}$	BX$_{6107}$
原木料		板皮，小径材、枝丫材	ϕ250 以下原木	ϕ300 以下原木	ϕ500 以下原木	ϕ700 以下原木	板皮	枝丫材、板皮、小径材	枝丫材、板皮、小径材	原木小径材	原木、小径材	枝丫材	枝丫材
生产能力实积/(m^3/h)		5.5～8	20～28	30～50	60～100	180～240	6～9	3～4	5～13	15～20	25～45	2～4	4～6
刀盘直径/mm		ϕ950	ϕ1270	ϕ1670	ϕ2600	ϕ3350	ϕ1600	ϕ650	ϕ950	ϕ1220	ϕ1600	ϕ620	ϕ710
飞刀数量/把		6	16	6	8	10	3	6	6	4	6	3	3
刀盘转速/(r/min)		730	980	590	290	246	450	980	980	740	625	700	800
		螺旋面	螺旋面	螺旋面	螺旋面	螺旋面	平面	螺旋面	螺旋面	平面	平面	螺旋面	螺旋面
喂料方式		平或斜	斜	平或斜	平	平	强制喂料	斜	斜	平	平	斜	平或斜
喂料口尺寸/mm		205×190	317.5×317.5	419×362	550×550	800×740	320×225	150×130	205×190	750×400	383×545	130×125	180×180
出料方式		向上	向上	向上	向上及向下	向下	向上	向上	向上	向上及向下	向上及向下	向下	向上
主电机	型号	Y280M-6	JR136-6	JR158-10	YR500-20/1730	YR215/39-24	JR81-4						
	功率/kW	55	240	310	500	800	45	45	55	75～110	200～250	12 匹柴油机或 13～15kW	40
	转速/(r/min)	980	980	590	293	250	1440						
设备质量/kg		2500	8300	16000	37000	55500	4700	1640	2800	4500	8700	600	900
外形尺寸(长×宽×高)/mm		2380×2440×1500	3800×2520×2215	4500×2800×2760	1270×3200×3015	7200×5640×3680	3300×3700×2717	2190×1620×882	2550×1600×1650	3000×1506×1614	3756×1855×2093	1950×750×1100	2000×850×1200
生产单位		辽阳造纸机械厂		辽阳造纸机械厂	辽阳造纸机械厂	辽阳造纸机械厂	辽阳造纸机械厂	镇江林机厂	镇江林机厂	镇江林机厂	镇江林机厂	南平市机械研究所	南平市机械研究所

（二）鼓式削片机

鼓式削片机具有对各种不同原料的适应性，可用于将各种小木径、枝丫材、板皮、板条和其他木材加工剩余物切削成一定规格的木片，且生产出的木片质量较好，既可用于制浆造纸厂，也可作为刨花板、纤维板工厂备料工段制片的主机。

1. 工作原理

首先刀鼓上旋转的飞刀（图 1-15）与其斜下方的底刀把原料切断成木片，并通过鼓下方装在机体上的筛板排出体外，然后借气流、胶带、链斗等运输机送往木片仓。未能通过筛板的大块木料借刀辊的旋转受到再碎。

该削片机机座由铸钢件及钢板焊成，是整台机器的支承基础，承受运行中的主要载荷。喂料装置包括喂料辊及进料胶带。胶带上装有金属探测器，当木料中混有金属物时供料系统将会自动停车。喂料辊组由上下两组尖齿形喂料辊组成，各辊均由电动机单独驱动。两根下喂料辊平行地固定在机座上，两根上喂料辊在支承臂上可绕支承轴上下运动来压紧并带动原料前进。切削机构为一由高强度钢板焊成的圆柱形转鼓，两把削片刀被压力板固定在刀鼓的形成线上。刀鼓斜下方设有固定在底刀座里的底刀，底刀座可以从机身侧面抽出。在刀鼓与底刀的外面包围着一圈由钢板制成带有方形孔的筛板，可阻止不合格的大块料片排出。由手动泵、液压缸、蓄能器等组成的液压系统用来开启罩盖及调节上喂料辊的压重。

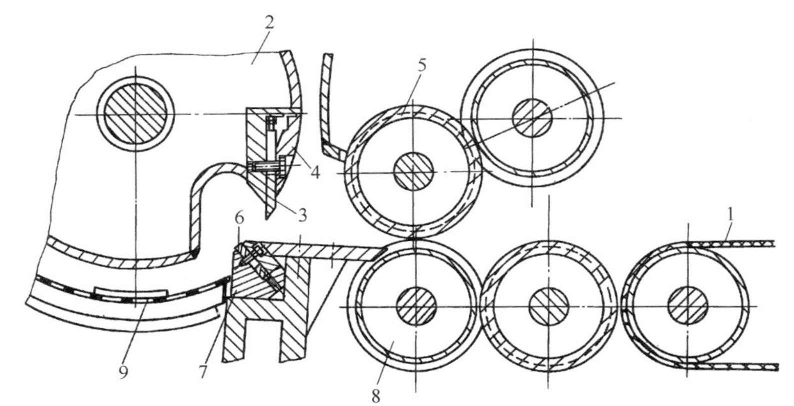

图 1-15　BX 型鼓式削片机主要结构

1—进料胶带　2—刀鼓　3—飞刀　4—压力板　5—上喂料辊
6—底刀　7—底刀座　8—下喂料辊　9—筛板

2. 技术参数

BX 型鼓式削片机主要参数见表 1-5。

表 1-5　BX 型鼓式削片机主要技术参数

型　号	BX_{213}	BX_{215}	BX_{216}	BX_{216A}	BX_{218}	BX_{218B}	BX_{2113}	BX_{2116}
刀鼓直径/mm	300	500	650	650	800	800	1300	1600
刀数/把	2	2	2	3	2	2	2	2
进料口尺寸/mm	120×300	140×400	180×500	100×500	225×680	240×850	400×700	600×1250
刀鼓转速/(r/min)	730	592	590	836	650	440	500	350
进料速度/(m/min)	38	37.4	37	37.4	37	28	38	38
加工木料最大直径/mm	90	105	120	棉秆等非木质纤维	160	棉秆等非木质纤维	230	600
木片长度/mm	26	30	30	15	30	30	38	30
生产能力/(m^3/h)	3(t/h)	7	10	2(t/h)	15~20	15	36	185
主电动机功率/kW	30	45	55	45	115	90	200	710
喂料辊电动机功率/kW	1.1×2	3×2	3×2	3×2	4×2	4×2	7.5×2	18.5×2

四、筛选与再碎设备

削片机生产的木片合格率一般为75%~85%左右，需经木片筛将大片、长条、木节、木屑等从合格木片中分离出来。分离出来的粗大木片、长木条等需经再碎或重削。

木片筛分为圆筛和平筛两类。圆筛具有结构简单、设备维修容易的优点，但占地面积大，且筛选有效面积小，筛孔易堵塞，故新厂较少采用。平筛是利用不同筛孔的筛板在高频振动或低频摇动的条件下使木屑、木片和长条等得以分开。平筛又分为振动式和摇摆式两种。振动式平筛目前已很少采用。目前国内大多采用摇摆式木片平筛。

上述传统的木片筛主要是按照木片尺寸大小来筛分。研究表明：影响蒸煮质量的关键因素是木片的厚度。据测定，提高木片厚度的均匀性可以减少除节机废渣，提高细浆得率，降低活性碱及漂白化学品消耗。所以已发展了按木片厚度筛选的盘式木片筛。

（一）摇摆式平筛

摇摆式平筛是在平行于筛板的平面上做摇摆运动的一种筛。摇摆式平筛的结构如图1-16所示，两个筛体用钢丝绳吊在机架上，每个筛体上设有三层长方形筛网，网与水平线有一定倾斜角度，使木片便于向低端流出。装有偏重体的主轴，一端支承在与筛体连接的横梁上，一端支承在机架的轴承上。电动机带动主轴转动时，由于偏重的惯性作用，使两边的筛体作水平摇晃摆动，利用在低频摆动下筛板上的不同筛孔分离大片及木屑。留在上层筛网上的大片送到再碎系统再碎或重新削片。留在中下层网上的合格木片送蒸煮使用。通过下层网的碎末另作他用。

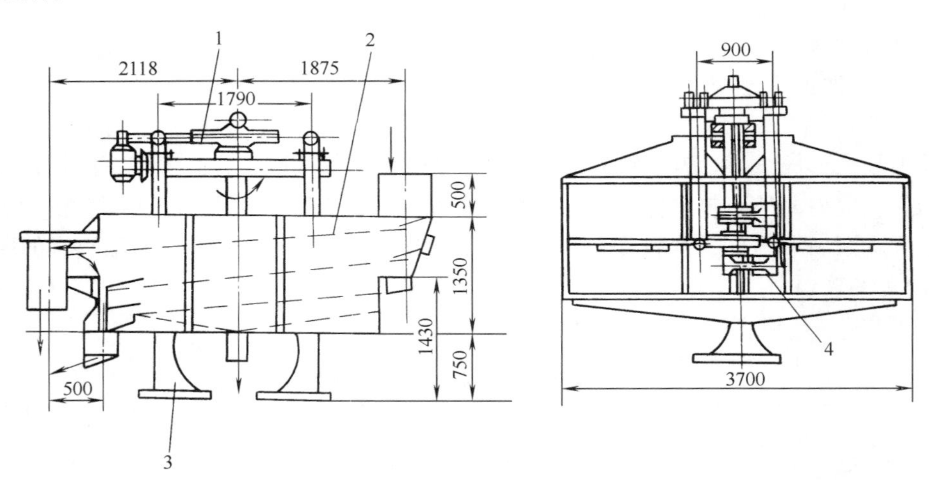

图1-16　摇摆式平筛

1—传动部分　2—筛体　3—机架　4—偏重体

摇摆式平筛具有结构紧凑、运行可靠和生产能力大等优点，是目前国内使用最多的一种木片筛。其主要技术特征见表1-6。

（二）盘式木片筛

盘式木片筛是国际上新发展的按木片厚度筛选的设备，主要用于筛选木片，也可以用来筛选苇片。它具有不会堵塞、单位面积处理物料量大、动力消耗小、分离效果好、结构简单、维修方便、使用寿命较长等优点。目前国内已有浆厂使用盘式木片筛。

表 1-6　　　　摇摆式平筛主要技术特征

技术特征	ZMS_1	ZMS_2	技术特征	ZMS_1	ZMS_2
生产能力/(m^3/h)		85(堆积)	频率/(r/min)	200(惯性轮转数)	
筛面积/m^2	2.4	4.8	主轴转速/(r/min)		175~180
上层筛孔/mm	50×30	50×25.40×40	外形尺寸(长×宽×高)/mm	1800×1500×360	4500×3800×3300
中层筛孔/mm		12×12	设备质量/kg	800	5900
下层筛孔/mm	$\phi5$	$\phi5$	电动机/kW	41.1	47
振幅/mm	40~120	90			

盘式木片筛有多根装有圆形或梅花形盘的转轴。轴的中心线在同一倾斜平面内的称为平型盘式筛，轴的中心线所构成的平面成为 V 形交叉面时称为 V 形盘式筛。

如图 1-17 所示，V 形盘式筛一般由 10 组圆盘形成 V 字形筛面，每组圆盘集中串联在一根轴上，V 形筛面的每边与水平面成 35°角。V 形筛面本身安装成水平或自进料槽到出料口成 5°~10°角。由于转轴与转轴靠得很近，使盘面互相交错，所以盘与盘之间的缝即决定了通过此缝的合格木片厚度。轴与轴及盘片之间的间隙，可根据物料品种及筛选要求调整，使合格木片与木屑或合格木片与过厚木片分离。转轴上的盘向相同方向旋转，使木片朝一方流动。V 形筛木片总的运行方向是与轴同向的，但平型筛则不同，木片总的运行方向是与轴的方向相垂直的。

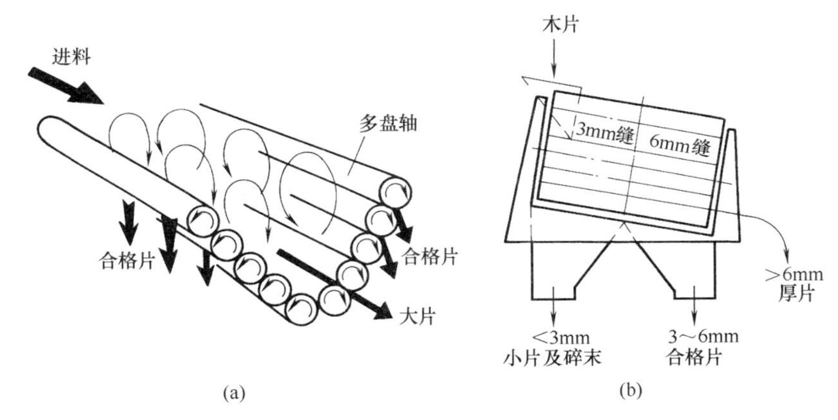

图 1-17　V 形盘式筛
(a) 原理示意图　(b) 外貌图

木片采用盘式木片筛的筛选流程如图 1-18 所示。

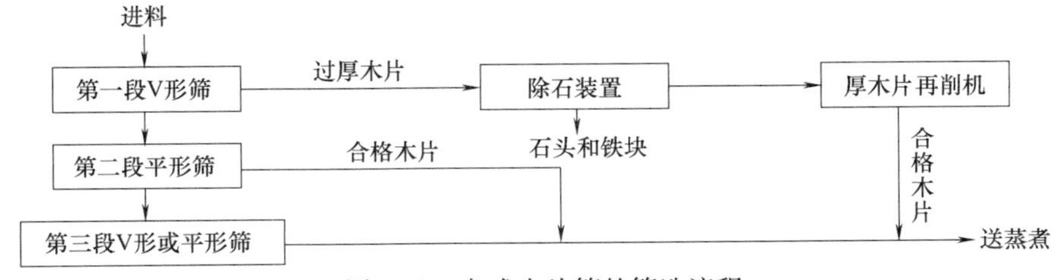

图 1-18　盘式木片筛的筛选流程

各段盘式木片筛的各项数据和参数见表 1-7 和表 1-8。

表 1-7　　各段盘式木片筛有关尺寸示例

项　目	第一段筛 V 形筛+9mm	第二段筛平型筛+3mm	第三段筛平型筛+1.5mm
圆盘直径/mm	483	379	141
筛缝长(即轴向间距)/mm	130	104	18
圆盘厚度/mm	4.8	4.8	4.8
圆盘间间距/mm	9	3	1.5
每根轴上的盘数	110	70	70
每台筛的轴数	12	12	14

表 1-8　　各段盘式木片筛运行参数示例

项　目	第一道筛 V 形筛	第二道筛平型筛	第三道筛平型筛
圆盘转速/(r/min)	47	85	147
圆盘圆周线速/(m/min)	71	101	65
“V”形角(与水平面)	36°	—	—
轴倾斜角	4°	—	—

（三）木片再碎机

从木片筛筛分出来的粗大木片和长条需要再碎或重削成合格木片，送回木片筛再筛选。

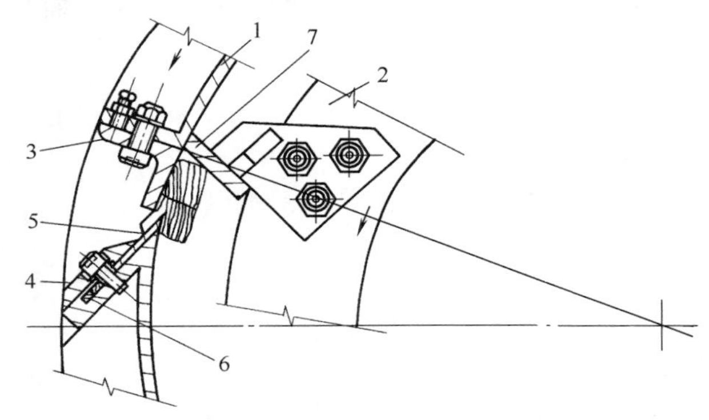

图 1-19　双转子式木片切薄机
1—装有切削刀的鼓形低速转子　2—装有推叶的高速转子　3—可调节的导板　4—压力板　5—切削刀　6—巴氏合金垫块　7—推叶

再碎设备有锤式和刀式两类。使用锤式再碎机，再碎效果差，设备零件磨损大；送回削片机重削，可减少再碎设备，但树节分不出来，影响蒸煮质量，已很少采用。目前使用较多的是直径为 1m 左右的小型盘式削片机，常被用于重削粗大木片，且能满足生产要求，但因木片在被切削时无法定向，形成不规则切削，所以质量不很好，更不能将厚片切薄。

随着对木片质量要求的重视，已发展了对过厚木片的切薄机械。图 1-19 所示是一种新开发出来的双转子式木片切薄机。其工作原理是：木片进入一个形如转鼓而带有切削刀的低速转子（~150r/min）中，以高速（~300r/min）转动的带推叶的转子带动木片在低速转子内作回转运动。木片回转产生的离心加速度大于重力加速度，木片在离心力作用下，紧贴在低速转子的内壁上。高低速两个转子的转动方向一样，但因推叶转得快，在离心力作用下，木片贴附在低速转子内壁上可看成是平卧的木片，在被推过低速转子的刀片位置时即被切薄。木片厚度的减少量或削出木片的厚度等于刀片前方导板端凹入的深度。当木片转到下一刀片位置时，这一过程又被重复，木片不断被切薄，直到其厚度能通过切削刀与导板间的缝隙为止。

第三节　非木材备料机械与设备

用非木材原料制浆时，其备料的目的是将其切成一定的长度（10~30mm），并利用纤维素含量较多的部位，其他部分如穗、叶和鞘质及夹带的泥沙经过筛选及除尘设备除去，以降低化学品的消耗，改善纸浆的滤水性，提高产品质量。

一、切料设备

非木材原料的切料设备，大致可以分为刀辊式和刀盘式两大类。稻草、麦草等原料切断采用刀辊式切草机；芦苇、芒秆等原料切断采用刀盘式苇机。这些非木材原料所用的切断设备，不像削片机那样主要依靠削片刀的牵引力使原料移向刀盘，而是采用机械的方法——强制机械喂料，把原料送入切料机构。

（一）切草机

刀辊式切草机用于将成捆的草类原料如稻草、麦草切成草段（片）。它由刀辊、底刀、喂料辊、进出料胶带和传动装置组成（图1-20）。

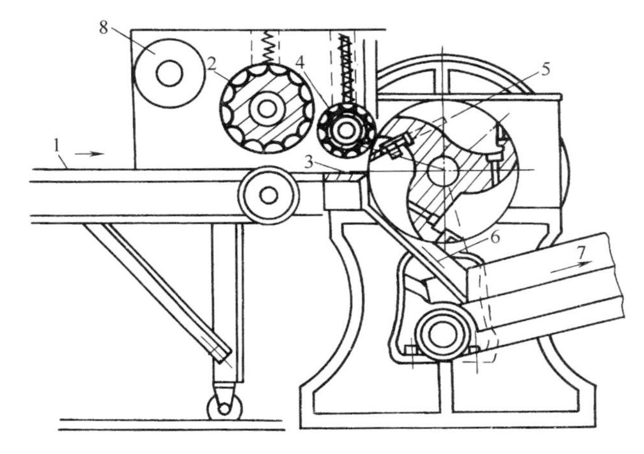

图 1-20　刀辊式切草机

1—进料输送带　2—第二喂料辊　3—底刀　4—第三喂料辊　5—飞刀　6—挡板　7—输送带　8—第一喂料辊

1. 工作原理

草料由进料胶带送入一对轴线直立设置的和一个轴线水平设置的喂料辊组成的喂料口，后者压住草料并转动着不断将草料送到第二、三水平喂料辊下，继而被喂入刀辊上的飞刀和机座上的底刀之间，切成长 15~35mm 的草片，并由出料胶带送出。

2. 主要结构

刀辊式切草机主要有送料胶带、喂料装置、刀辊、飞刀及底刀等部件。

刀辊由铸钢制成，辊上装有三把与辊轴线成 4°~7°角的飞刀。飞刀由中碳钢或低合金钢制成。为保证刀刃锋利和耐用，刀刃角一般为 30°~35°角。底刀由中碳钢制成。底刀要求耐冲击和耐磨，其刀刃角在 80°~85°角之间。

3. 生产能力计算

生产能力可按式（1-8）计算：

$$q_m = 60Kbdv\rho \tag{1-8}$$

式中　q_m——切草机生产能力，kg/h

K——供料不均衡系数，一般取 0. 8

b——喂料辊宽度，m

d——料层厚度，一般取 0. 2~0. 3m

v——喂料速度，m/min

ρ——原料的堆积密度，kg/m³

几种原料的 ρ（kg/m³）值如下：

稻草 55~65；高粱秆 60~65；麦草 65~75；玉米秆 60~65；芒秆 70~75；芦苇 70~75。

国产刀辊式切草机主要技术特征见表 1-9。

表 1-9　　切草机主要技术特征

项　目	ZCQ_1	ZCQ_2	ZCQ_3	ZCQ_4	ZCQ_6
生产能力/(t/h)	2~3	4~5	7~8	12-15	20~24
刀辊规格/mm	ϕ400×390	ϕ430×690	ϕ430×680	ϕ650×690	ϕ730×1200
刀辊转数/(r/min)		300	400	550	500
飞刀数/把	3	3	3	3	5
电动机功率/kW	13	30	55	75	132

（二）切苇机

切苇机是一种刀盘式切料机，由喂料装置、切断装置及传动装置组成（图 1-21）。

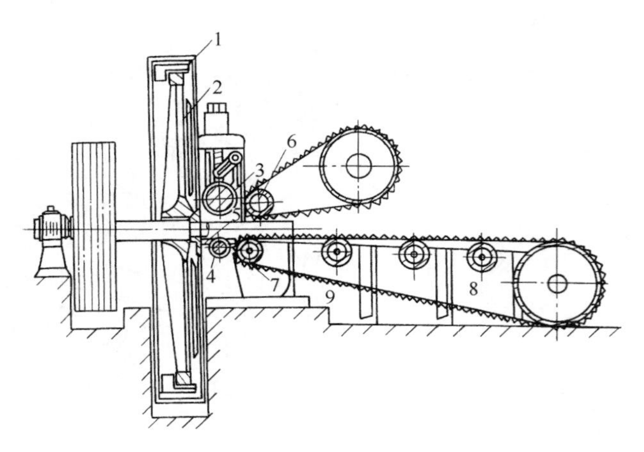

图 1-21　切苇机

1—刀盘　2—飞刀　3—上压辊　4—下压辊　5—底刀　6—上链辊　7—下链辊　8—上链带　9—下链带

（1）喂料装置

喂料装置包括上下链带和上下压辊。苇捆由运输带送来，经剪腰后送入上下链带把原料逐渐地压紧，然后送入上下压辊之间。原苇经过展平和压紧被推至刀盘切断。下压辊安装在固定轴承上，由喂料电动机传动。上压辊安装在加压弹簧下面，当原苇层的厚度波动时，上辊可以上下浮动并维持一定的压紧力。喂料机构既能喂进原苇，又能退出原苇。

（2）切断装置

切断装置包括底刀和装有 4~5 把飞刀的刀盘。底刀为 L 形，水平地安装在机架上。刀盘是一个铸钢辐轮。飞刀呈偏心圆弧形，安装在刀盘的弧形辐轮上（图 1-22）。飞刀由厚 8~10mm 碳素钢板制成，刀刃角以 20°~22°角为宜，刀刃制造可用高速工具钢焊接在 Q235 钢板上，或由低碳钢经表面渗碳而成。

切苇时，刀盘上的飞刀从靠近刀盘中心一端开始切削原苇，然后再沿刀盘的径向连续向外切削，着力点随着刀盘回转而径向移动。同直刀刃比较，弧形刀的瞬时工作刀刃长度较短，切削时间延长了，工作平稳，效率较高。

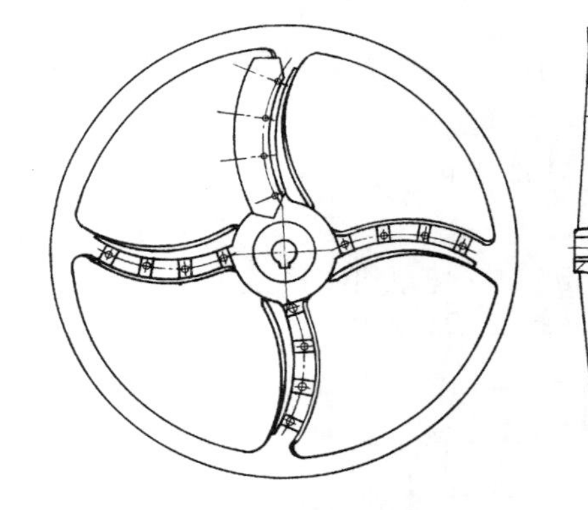

图 1-22　盘式切苇机刀盘

国产切苇机主要技术特征见表 1-10。

（三）切竹机

切竹机按机械结构可分为：

① 切削刀装在刀盘上的刀盘式切竹机，其中又按刀盘相对于水平面的安装角度分为与水平面成垂直安装的直刀盘式切竹机和与水平面成倾角的斜刀盘式切竹机。

② 切削刀装在空心转鼓上的鼓式切竹机，其结构与用于木材的鼓式削片机结构相同。

③ 切削刀装在实心刀辊上的刀辊式切竹机。

对未经处理的大原竹多选用刀盘式切机，也可选用鼓式切竹机。当原料为由原竹劈开的长条竹片及小径竹、杂竹时，可选用刀辊式切竹机，生产规模较大时，可选用盘式或鼓式切竹机。

表 1-10　　国产切苇机主要技术特征

项　目	ZCQ_{11}	ZCQ_{12}	项　目	ZCQ_{11}	ZCQ_{12}
生产能力/(t/h)	14	25~30	压苇直径/mm	200~300	200~600
切苇长度/mm	24.4	20	飞刀数/把	4	5
送苇速度/(m/min)	24.4	28	切料长度/mm	24.4	20
刀盘直径/mm	2200	2400	电机功率/kW	75+11	130+15

1. 直刀盘式切竹机

这种切竹机是由普通原木削片机发展而成，在国内大中型竹浆厂中被广泛采用。但由于竹子的直径小，不能形成刀盘上有两把刀同时切入的连续切削，故难以产生足够的切削牵引力，必须采用强制喂料方式。其强制喂料机构可采用齿辊式或链板式。刀盘端面上按辐射状安装 5 把飞刀，切成的竹片沿着刀口下面的长缝从刀盘背面排出。削出的竹片没有斜的切口。切断长度可由刀盘转速与喂料速度调节，一般竹片长度为 10~25mm。

齿辊式强制喂料机构设有三根喂料齿辊，下喂料辊固定在机架上。其正上方装置有较大直径的上喂料辊。此对喂料辊有夹持竹子强制进给和轧裂原竹的作用。第三根喂料辊设置在底刀前方，能压紧竹子保持进给均匀以保证切削竹片的质量。两根上喂料辊的两端轴承均固定在轴架臂上，而后者则铰接在传动过桥轴上，使两个上喂料辊可随料层高度变化而浮动，在机架两侧与轴架臂上装有加压弹簧使上喂料辊压紧竹子。

链板式强制喂料机构是新近的改进型式。其结构同前述的切苇机喂料机构相似，可用于喂送成捆的细竹、杂竹等原料。

在使用维护方面应注意：a. 在进料输送机上需装置金属探测仪；b. 喂料时，将原竹铺开，且厚薄均匀，应前后交错，连续进料；c. 飞、底刀间隙控制在 2~3mm；d. 轴承允许温升在 50~60°C 范围内。

2. 刀辊式切竹机

这种切竹机主要用于小直径竹子。当切削大原竹等大径竹子时，需用配套辅机——压竹机压溃后再切削。刀辊式切竹机有两对喂料辊：第一对起压裂竹子的作用，第二对起压紧传递作用。刀辊结构与刀辊式切草机相似，三把飞刀与轴线成 5°42′38″倾角安装。刀辊上方有罩，切竹时产生的尘埃由罩内负压吸走送到除尘净化系统去。

国产切竹机主要技术特征见表 1-11。

表 1-11　　国产切竹机主要技术特征

项　目	ZMX_{13}	ZMX_{21}	ZMX_{22}
名称	ϕ2500 刀盘式切竹机	刀辊式切竹机	刀辊式切竹机
适应原料品种	毛竹、也可切竹片杂竹等	ϕ150mm 以下原竹、竹片、小杂竹等	ϕ150mm 以下原竹、竹片、小杂竹等
生产能力/(t/h)	7~10(水分 20%)	2~3(绝干)	5~7(水分 20%)
切断长度/mm	24~25	17.8	25
飞刀数/把	5	3	3
电动机功率/kW	115+7.5	45	55+7.5

二、筛选除尘设备

（一）草片筛选除尘设备

切断后的草类原料中含有草叶、草鞘、穗、尘土、泥砂、稻谷、麦粒等杂质，须经筛选、除尘等净化处理将其分离除去，以降低药品消耗，提高成浆质量。目前国内使用的有辊式除尘机和双锥草片除尘机。

1. 辊式除尘机

（1）工作原理

图 1-23 为辊式除尘机示意图，它由若干个辊筒组成，辊筒的圆柱面上有一系列的螺旋线排列的羊角形的齿棒。辊子下面装有圆弧形的筛板，辊子上面加罩，两侧加板构成一封闭壳体。草片从除尘机的一端送入，随着辊子的转动，草片被拨动、打散、翻滚，使草叶、尘土经上吸尘抽走，较重的泥沙、稻粒等经筛板落入灰斗，利用螺旋和风机排走除去。筛选净化后的均整草片，送去蒸煮。

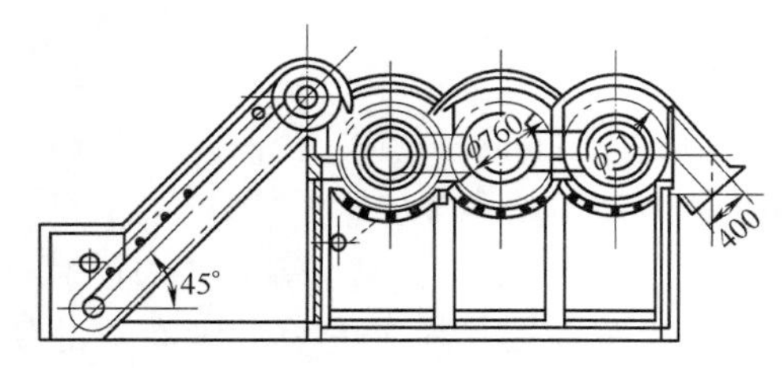

图 1-23　辊式除尘机示意图

（2）主要结构

主要由转鼓、筛板、辊罩、集尘斗等组成。

① 转鼓。转鼓用 8mm 厚的钢板卷焊而成。辊面按螺旋线形式焊有羊角齿棒。羊角齿的螺旋排列，由辊面中间向两边呈 30°角和由两边向中间排列，使草片在向前拨动中形成散开—收拢—散开—收拢方式进行筛选。羊角齿高出辊面约 125mm，为了防止松动，每个羊角齿下面都设有止退垫圈。转鼓的转速须逐个增大 1%～2%，以防止草料在转鼓之间造成堵塞。

② 筛板。筛板在转鼓下面呈半圆形，由厚 1. 5～2mm 钢板冲钻制成．筛孔 $\phi6\sim\phi8$mm，孔距 8～10mm，作等边三角形排列。为防止草片堵塞筛孔，有利于草片分散，入口处第一个羊角转鼓下边可用无孔板，其余各辊均配有筛板。羊角齿与筛板间距以 10mm 左右为宜。

③ 辊罩。辊罩由钢板和角铁制成，辊罩两端侧面在每一转鼓轴穿出处，均设有密封装置，以防止草片和灰尘外扬。在头尾两道转鼓的辊罩内，各装有挡草板，以阻止草片回流。

④ 集尘斗。筛板下设有集尘斗和排尘口，从筛板落下的谷粒、尘埃、砂砾等杂物，可以用人工清除或抽风机吸走。

国产辊式除尘机有 3 种，主要技术参数见表 1-12。

表 1-12　　国产辊式除尘机主要技术参数

项　目	ZCC_1 型	ZCC_2 型	ZCC_3 型	ZCC_4 型	ZCC_6 型
生产能力/(t/h)		4～5	7～8	12～15	20～24
辊子数	4 辊	6 辊	8 辊	8 辊	6 辊
转鼓规格/mm	$\phi750\times\phi750$	$\phi750\times\phi970$	$\phi750\times\phi970$	$\phi750\times\phi970$	$\phi1120\times\phi1960$
筛板厚度/mm	3	3	3	3	3
筛板孔径/mm	$\phi6,\phi8$	$\phi6,\phi8,\phi10$	$\phi6,\phi8,\phi10$	$\phi6,\phi8,\phi10$	$\phi6,\phi8,\phi10$
动力/kW	5. 5	11	12	15	22
配置	3t/h 切草机	5t/h 切草机	ZCQ 刀辊切草机	ZCQ 刀辊切草机	ZCQ 刀辊切草机

2. 双锥草片除尘机

双锥草片除尘机是在转鼓转动筛、锥形筛的基础上发展起来的新型草片筛。两锥形筛鼓可并联，亦可串联使用。

图 1-24 所示为并联式的双锥草片除尘机，在其壳体内设有两固定锥形带孔筛筒，在水平方向上大小头同向地平行排列。筛筒中心有轴，轴上装有叶片，草片从筛筒小头处加入，在筒内被翻动推进，重杂质等通过筛筒落下，干净的草片从筛筒大头排出。串联式的双锥草片除尘机的两筛筒则大小头相对并列，其中的转轴上装有锥形转鼓，转鼓表面按螺旋线焊有螺旋片和叶片。固定筛筒下面设有杂质输送螺旋。草片从进料筛筒的小头加入，锥形转鼓上的螺旋片推动草片前进，叶片同时搅动使草片局部扬起。因草片和谷物、泥沙的相对密度不同，且下落时有速度差，即相对密度大的杂质比草片先落下，并通过筛孔由螺旋输送器送出。叶片在旋转中产生一定风压推动草片前进，有风选效应。草片到达筛筒大头时由通道过渡到出料筛筒的小端，再次筛选。为防止堵塞，出料筛筒内的锥形转鼓转速较进料地高，净化后的草片从出料筛筒大头排出。

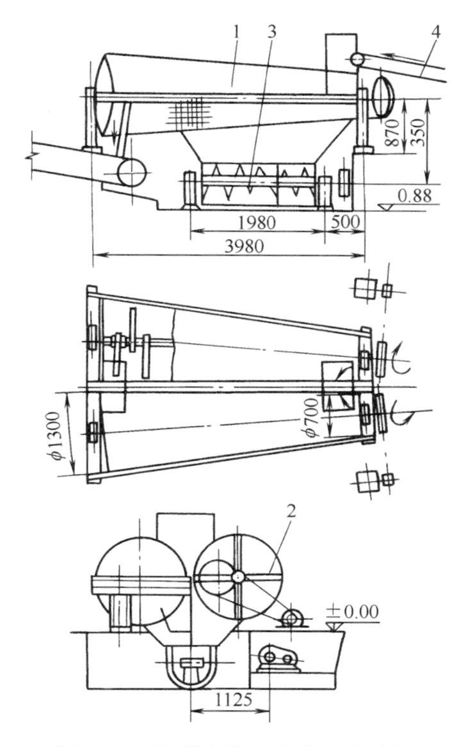

图 1-24　并联式的双锥草片除尘机

1—筛鼓　2—轴辊　3—螺旋输送机　4—胶带输送机

双锥草片除尘机具有结构简单，制造容易，安装、操作方便，适应性广，除尘效果好，草片损失少等优点。国产双锥草片除尘机主要技术特征见表 1-13。

表 1-13　　双锥草片除尘机主要技术特征

项　目	ZCC_{21}（串联）	ZCC_{22}（串联）
生产能力/（t/h）	4～5	7～8
转鼓直径/mm	φ250/φ850×2450	φ320/φ960×2500
转鼓上螺旋片外径×长度/mm	φ700/φ1300×2450	φ790/φ1230×2500
筛板孔径/mm	φ8、φ7、φ6 三段排列	同左
主电机/kW	15	18.5
出杂螺旋电机/kW	3	

在使用维护方面注意：

① 转鼓上螺旋片顶端与筛板间的距离要适当。过大影响筛选效率，过小草片损失大，且不安全，一般为 20～50mm。

② 原料水分不能过大。过大容易造成堵塞，并影响除尘效果。一般在 20%以下。

③ 抽风机风压大小对除尘效率和谷粒回收作用影响很大。一般控制在 294～392Pa。

3. 净化系统及其设备

稻麦草在切断及筛选过程中产生大量杂质和尘埃要经除尘系统的处理后排入大气。除尘系统要处理从筛选设备下部排出的砂石、谷粒、草节等相对密度较大的杂质，即重灰系统和处理含尘气体的轻灰系统。重灰经重力式谷粒回收器分离出谷物、砂石后，气流经旋风分离器一次除尘后，再入水膜除尘器净化，最后排入大气。轻灰经沉降室一级除尘后再入水膜除尘器净化，然后排入大气。因此，该系统的主要设备有：重力沉降式谷粒分离器、水膜除尘器、旋风除尘器及袋式除尘器等。

图 1-25 为我国某企业自主研制的麦草制浆的新备料流程和设备。可使麦草除尘率达到 25%～30%，即比老式备料系统的除尘效率提高了约 1.5 倍。该流程使黑液中硅含量降低了 50%；黑液黏度同时也降低了 50%。蒸煮和漂白的药品消耗减少 10%以上（相对量）；有利于降低纸浆中杂细胞和细小纤维含量，提高了浆料滤水性和黑液提取率；同时提高了纸浆得率和浆质量（白度、强度），取得了明显的环境效益和经济效益。

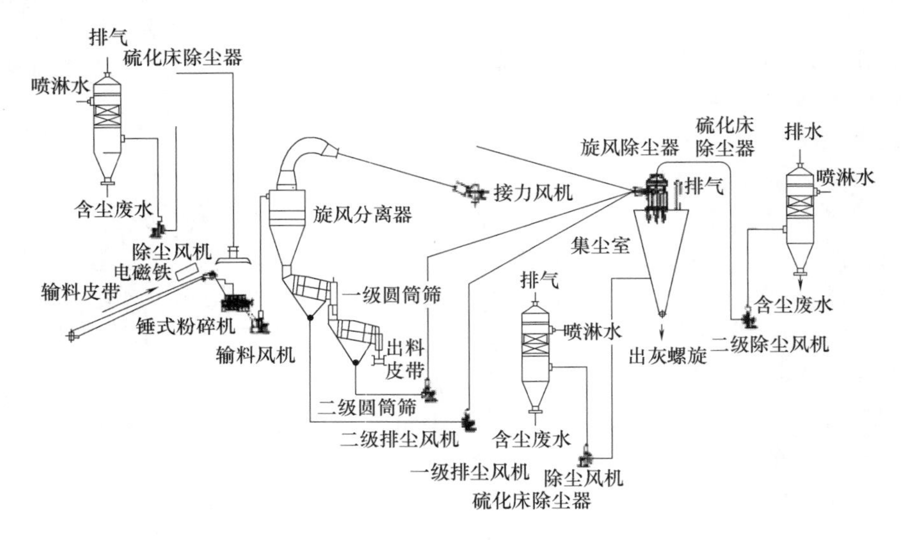

图 1-25　新型麦草备料流程图

（二）苇片筛选除尘设备

芦苇适合于造纸的部分主要是苇秆，而从切苇机出来的苇片，夹杂有苇膜、苇鞘、苇穗、苇末和尘土等，这些杂质均对蒸煮过程和纸浆质量产生不良影响。因此，必须在切苇后加以筛选与除尘。

目前苇片干法备料流程中使用的设备，多为旋风分离器、圆筛与苇片风选除尘机三者串联使用；如仅使用前一项或二项时则除尘效果甚差。

1. 苇片旋风分离器

苇片旋风分离器主要用于分离苇片、重于苇片的物料和苇膜等轻杂质，使后者从内筒中心管排出到集尘室或水膜除尘器作净化处理。由于芦苇品种质量及相对密度等的差别，选用旋风分离器的尺寸也不相同。其尺寸可按气流入口速度 $v=20\sim25\mathrm{m/s}$，及输送苇片的气流量 $q_V=0.9\sim1\mathrm{m^3/s}$ 为主要依据来决定入口管的直径，再按图 1-26选定其他尺寸。

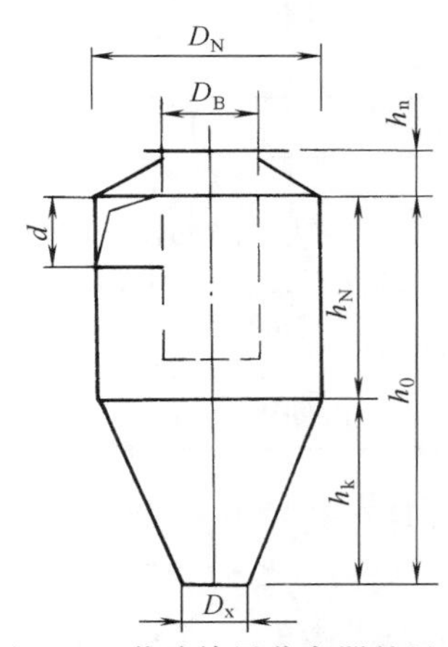

图 1-26　苇片旋风分离器的尺寸
入口管径 d　入口方孔 $1.17d\times1.17d$
上锥体高 $h_n=0.3d$　内圆筒直径 $D_B=3.5d$　外圆筒直径 $D_N=5d$
外圆筒高 $h_N=5.1d$　下锥体高 $h_k=5d$　排出口 $D_X=1.5d$

2. 苇片圆筛

从旋风分离器来的苇片，一般再通过圆筛进行筛选，进一步除去尘土碎末，但苇穗、苇膜、苇末等很轻的杂质仍难以分离干净。苇片圆筛按传动方式分为托轮式和芯轴式，按筛的形状分为圆柱形和圆锥形。国产苇片圆筛主要有两种：ZCS_1 型苇片圆筛及 ZCS_2 型苇片圆筛。

国产苇片圆筛主要技术特征见表 1-14。

表 1-14　　苇片圆筛主要技术特征

项　目	ZCS_1	ZCS_2
生产能力/(t/h)	14	20~30
筛鼓规格/mm	ϕ1800×4250	ϕ1760/ϕ1260×3800
传动方式/mm	芯轴	托轮
前筛孔尺寸/mm	15×1.5	ϕ6~ϕ8
后筛孔直径/mm	ϕ3	ϕ3~ϕ4
动力/kW	7.5	5.5

3. 风选机

风选机主要用以除去苇穗、苇叶和苇芯等杂质。目前多采用百叶式苇片风选除尘机。

百叶式苇片风选除尘机是在负压操作条件下工作的一种除尘设备。其原理是利用苇片各组分相对密度、形状和受风面积的不同，因而其临界速度不同和风力输送速度各异的原理，达到风选净化的目的，如图 1-27 所示。

国产百叶式苇片风选除尘机主要技术特征见表 1-15。

表 1-15　　百叶式苇片风选除尘机主要技术特征

项目名称	参数	项目名称	参数
生产能力/(t/h)	~14	给料螺旋直径/mm	400
百叶间吸尘风速/(m/s)	4~5	动力/kW	3
百叶斜面与水平夹角/(°)	50°	除尘机配套风机风量/(m^3/h)	24300
百叶数/片	3 片	风压/Pa	1300

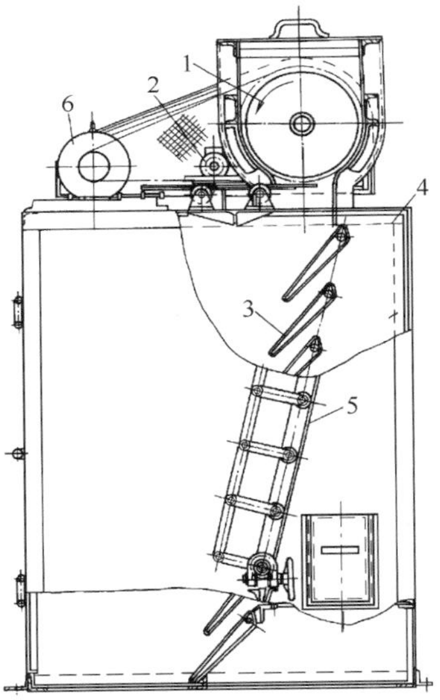

图 1-27　百叶式苇片风选除尘机
1—加料螺旋　2—进料调节装置　3—百叶导流片　4—机壳　5—叶片角度调节杆　6—电动机

(三) 竹片筛选设备

竹片要求长度一般为 10~25mm，竹片筛用于筛分切竹机切出的竹片，除去其中的大片、竹头、碎屑等。目前应用较多的是圆筒式竹片筛。

双层圆筒式竹片筛设有双层转动的圆筒形筛鼓，竹片在筛鼓内前进，通过两层大小不同的筛孔分离出大片和竹屑。

双层圆筒式竹片筛的筛筒是倾斜安装的，两筒的外缘上都有 6 档内外角钢圈，而在主轴上穿有 6 档各有 4 条辐条的毂圈。内外筛网就固定在内外角钢圈上。上下两半壳体围绕筛筒，设有进料口及大片、合格片、竹屑三个出口。竹片由进料口送入内筛筒，合格片及竹屑通过筛孔落入外层筛筒上，大片留在内层筛筒，由其下端出料口排出。竹屑通过外层筛孔排出，由壳体下部所附的两锥形斗排出；合格片留在外层筛筒里面从下端出料口排出。

国产双层圆筒式竹片筛是国内常用的竹片筛，其主要技术特征见表 1-16。

表 1-16　　双层圆筒式竹片筛主要技术特征

项目名称	参数	项目名称	参数
生产能力(竹片虚积)/(m^3/h)	60	内筛筒规格/mm	ϕ1536×ϕ5000
筛筒转速/(r/min)	13.2	动力/kW	10
外筛筒规格/mm	ϕ2225×ϕ5000		

（四）甘蔗渣除髓设备

蔗渣中含有 30%的蔗髓。蔗髓不但使蒸煮和漂白过程中要多消耗化学药品，而且使纸浆的物理强度、白度和纸张的印刷性能等质量指标都受到影响。因此，在备料过程尽可能把蔗髓除去。

现行蔗渣的储存为散堆（也称湿法储存），因而除髓方法有半湿法和湿法两种，半湿法除髓是对糖厂来的新鲜蔗渣在水分 50%左右的条件下进行。此法一般在糖厂进行，使用的设备为除髓机（图 1-28），除髓率最高可达 25%。湿法除髓是把蔗渣用水稀释至浓度 5%左右，用水洗设备如水力洗浆机等进行水洗后脱水而达到除髓的目的。目前国内大部分工厂采用二级除髓，即第一级在糖厂用半湿法，第二级在纸浆厂用湿法，总除髓率在 40%以上。

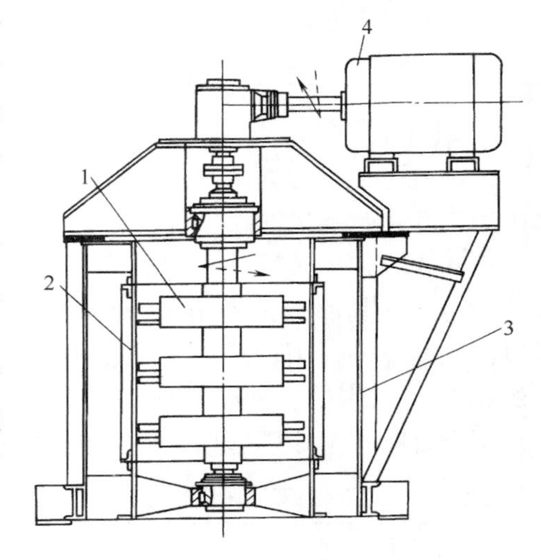

图 1-28　立式除髓机
1—转子　2—筛板　3—机体　4—传动机构

除髓机如图 1-28 所示，除髓机中心高速旋转的立轴上下装有三组转子，转子上有多排按螺旋线排列的飞锤，其外围筛板分区加工成不同尺寸的筛孔。蔗渣刚落入除髓机时，纤维束是无定向的，在高速旋转的转子所产生的离心力以及重力的共同作用下，纤维束成直立定向排列，并沿螺旋线盘旋而下，通过转子和筛鼓之间的净化处理区。由于筛鼓是固定的。转子一方面推动纤维束沿螺旋线前进，同时还使纤维束本身自转，互相揉搓，直至松散开来，这样髓便同纤维分离，并通过筛孔排出。纤维则因呈直立定向排列，通不过筛孔，在筛鼓内部收集下来，达到除髓的目的。

立式结构使筛板得到充分的利用。蔗渣靠自身的重力，进出料很顺畅。蔗渣在除髓机内停留间很短，不至于受到飞锤的反复锤磨，从而大大地减轻了纤维的损伤。同时，也克服了锤式除髓机容易堵塞的现象。国产立式除髓机组主要技术特征见表 1-17。

表 1-17　　立式除髓机组主要技术特征

项　目	ZCC_{13}	H_{2117}	H_{2119}
设备名称	ϕ1150 立式除髓机	ϕ1150 新型立式除髓机	ϕ950 立式除髓机
生产能力/(t/d)(绝干)	250~300	250~300	11~14
蔗渣松散计量机：			
辊轴转数/(r/min)	10~14	10~14	11~14
动力/kW	4	4	4

续表

项　目	ZCC_{13}	H_{2117}	H_{2119}
立式除髓机：			
筛鼓规格/mm	$\phi1165\times1200$	$\phi1165\times1280$	$\phi974\times900$
筛孔/mm	$\phi3\sim\phi4.5$	$\phi4\sim\phi5$	$\phi4\sim\phi4.5$
除髓率/%	20~30	25~30	20~30
动力/kW	180	200	115

（五）棉秆除尘设备

棉秆的备料主要包括干切、筛选除杂、湿法洗净三个主要程序：

进料胶带输送机→棉秆切断破碎联合机→棉秆筛→袋式除尘器→皮带输送机→水洗机→斜螺旋脱水机→送蒸煮

1. 棉秆切断破碎联合机

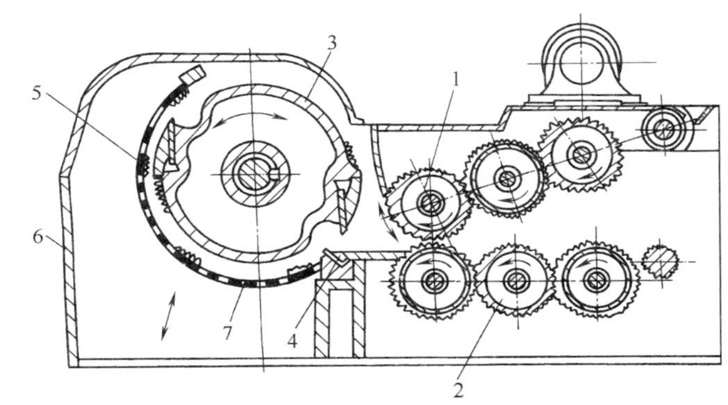

图 1-29　棉秆切断破碎联合机

1—上喂料辊组　2—下喂料辊组　3—装 2 把飞刀的刀辊　4—底刀盒　5—破碎装置　6—机座　7—筛板

棉秆切断破碎联合机是一台具有将整株棉秆切断成棉秆片和将直径过大的棉秆片磋裂破碎功能的设备。如图 1-29 所示，该机由喂料装置和切断破碎部分组成。喂料装置包括有三对由液压机构控制的喂料辊，上面三根喂料辊可以随送来的棉秆层厚度变化而上下浮动，并由液压系统保持上喂料辊对棉秆的恒定压力。三对喂料辊所形成的喂料空间距离为 250mm，当料层增厚时，上辊面绕支点抬高时，距离增加到 360mm。该距离超过了一般切草机喂料口高度和切苇机的进料链带开启高度。这是为了适应蓬松的棉秆难以进料所采取的一个措施。而切削部分采用了较大切削能力的鼓形刀辊，切断质量比切草机有较大提高。该机对棉秆的破碎是利用刀辊部分的转动带动棉秆，依靠底板上的两把副底刀对棉秆施以剪力，将切断后的粗大棉秆破碎。另外，还增设了装在刀辊与底板上的破碎齿板，也同样起到破碎作用。破碎后的棉秆片通过筛板落到设备下方，由胶带输送机送入棉秆筛。该机主要技术特征见表 1-18。

表 1-18　　棉秆切断破碎联合机主要技术特征

生产能力/(t/h)	6~8(风干原棉秆)	进料口尺寸(高×宽)/mm	(50~360)×680
切断长度/mm	<50	筛孔直径/mm	$\phi60$
棉秆片厚度/mm	<10	动力/kW	刀辊 100，喂料 8
刀刃回转直径/mm	800		

在使用维护上应注意：

① 被切削的棉秆捆直径以 $\phi600$mm 左右为宜；

② 紧固飞刀和底刀必须使用能准确表示力矩的测力扳手和增扭器，飞刀紧固螺栓的拧紧力矩为 490N · m；底刀紧固螺栓的拧紧力矩为 400N · m；

③ 两片飞刀必须同时更换，两片刀刃磨削量应一致，以保证两把刀质量一致避免振动。飞、底刀磨刃后应利用随机提供的专用调整架调整刀的宽度，既方便又准确，装刀时不须再调整；

④ 飞刀和底刀的紧固螺栓必须用制造厂提供的特别高强度螺栓，不得用普通紧固螺栓代替。

2. 棉秆筛

棉秆筛可将韧皮中的大部分固体粒状胶质以及秆芯部的髓从棉秆片中分离，并连同其他杂质筛除出去。如图 1-30 所示，6 个串联的圆柱形齿辊上装有锤状钢齿，对进入齿辊与筛板之间的棉秆片产生强力的摩擦、搓揉、打击、疏散作用，韧皮中的固体粒状胶质、棉秆芯中的髓、枝丫上残留的棉荚、料捆中的泥土、砂粒等杂质就同棉秆片分离，连同加工过程中产生的碎屑，均通过各辊下方的筛板孔进入出灰斗，由螺旋输送机排出机外。运行中扬起的轻质灰尘，由抽风机抽出送袋式除尘器处理。棉秆筛的主要技术特征见表 1-19。

表 1-19　　棉秆筛主要技术特征

生产能力/(t/h)	6~8(风干棉秆片)	动力/kW	17
齿辊直径/mm	φ750	附袋式除尘器型号	(LFS~85)反吹风双袋式
齿辊数	6		

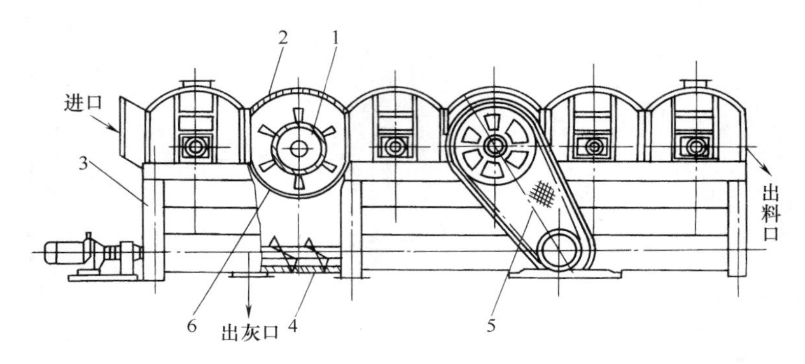

图 1-30　棉秆筛

1—齿辊　2—辊罩　3—机架　4—出料螺旋　5—传动装置　6—筛板

3. 棉秆片水洗系统

棉秆片水洗系统由水洗机、斜螺旋脱水机、重物捕集器及水循环系统四部分组成（图 1-31）。在水洗机内转动的洗鼓叶片不断地拨动棉秆片，并把它压到水面以下去洗涤，砂石、

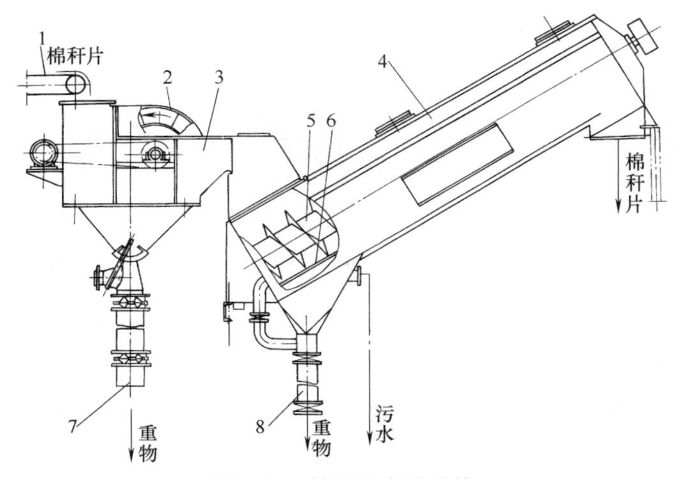

图 1-31　棉秆片水洗系统

1—进料胶带输送机　2—洗鼓　3—水洗机槽体　4—螺旋脱水机槽体　5—螺旋辊　6—滤板　7,8—重物捕集器

金属等杂物沉入水槽下方的重物捕集器内。捕集器上部与下部各设一气动闸板阀，上阀常开，下阀常闭；在定时地排放重物时，自控系统将自动关闭上阀，开启下阀，使重杂物顺管道排到楼下的收集器内，随即两阀又恢复原状态。棉秆片经洗涤后，不断被旋转叶片抛入斜置的螺旋脱水机下端，在被螺旋辊提升的过程中，水分由下方的滤板流到槽体下部排出，并保持槽中一定水位，洗后的棉秆片由上方出料口排出。棉秆片中残留的砂石、金属等重物，又一次得以在槽体中沉降，由另一重物捕集器收集与排放。洗涤水经两台并联的锥形除砂器处理，干净的水被注入水洗槽内重新使用，补充水在离心泵进水管路上加上。棉秆片水洗系统的主要技术特征见表 1-20。

表 1-20　　棉秆片水洗系统主要技术特征

洗涤能力(虚积棉秆片)/(m³/h)	50	斜螺旋脱水机	
		螺旋规格(直径×总长)/mm	φ685×4000
总配用功率(包括循环水泵、水洗机)/kW	~30	配用功率/kW	5.5
		重物捕集器直径/mm	DN300 及 DN200
水洗机		水循环系统	
容量/m³	0~2	锥形除砂器台数	2
洗鼓直径/mm	φ1020	锥形除渣器公称直径/mm	φ300
配用功率/kW	3		

三、湿法备料设备

非木材原料的湿法备料是一种比较先进的工艺过程，能有效地除去原料中的杂物及有害成分，显著提高原料的质量，提高成浆和纸页的物理强度，降低蒸煮和漂白的药液消耗，减轻污染，便于洗漂和废液回收等。

（一）稻麦草湿法备料设备

稻麦草湿法备料可分为：湿切、湿净化和干切、湿净化两种。

① 湿切、湿净化就是利用特制的水力碎草机将整根草秆撕断撕裂并把草叶撕碎，然后把碎草片与泥砂等杂质分离，取得干净的湿草片送蒸煮使用。这种方法省去了切草、筛选等过程及避免了由此带来的飞尘污染环境。

② 干切、湿净化是切草和干法除尘后的草片用特制水力碎草机将草叶撕碎并洗去之，湿草片经脱水、挤干后送蒸煮使用。这种方法已在埃及、斯里兰卡等国采用。主要是由联邦德国的 BKMI 公司为这些国家进行设计的。

我国在 20 世纪 70 年代也曾研制试验过，取得了一定成果。目前趋于采用湿切、湿净化方法。

图 1-32 为国内从瑞典桑茨-德菲布雷特（Sunds Defibrator）公司引进的 NACO 法湿切、湿净化的生产流程。整捆草料投入水力碎草机中，利用转子的旋转冲击及与底部磨板的磨削和剪切作用，将整根草秆疏解裂断并把草叶撕碎。撕碎的草料连同水一起经过筛板从碎草机底部泵送至斜螺旋脱水机脱水，然后再经过双锥盘压榨机进一步挤压脱水，最后干度达 20%~25%。碎草机顶上有一台除绳装置，底下有一杂物捕集器，石头、铁器等较粗杂物留在筛板上进入杂物捕集器由出渣口的刮板输送机排出，而一些细小泥沙则在螺旋脱水机里同草片分离。挤压出来的污水经过净化除杂后循环使用。这种湿切、湿净化备料的优点是净化干净彻底，能将草片撕裂，除去部分硅及其他水溶性物质，对随后工段带来好处。但该法的

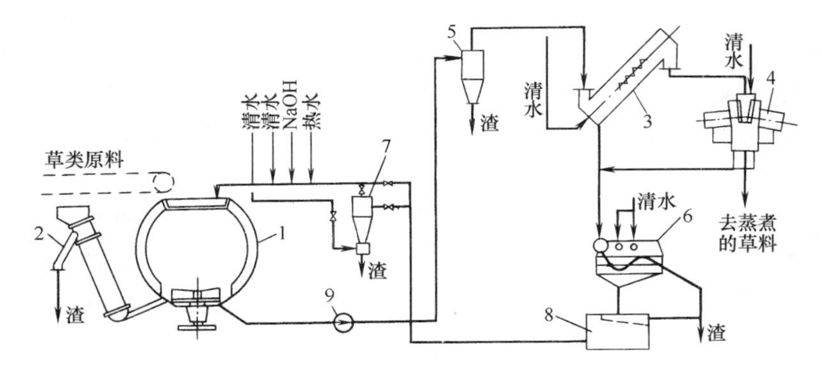

图 1-32　稻麦草湿法备料流程

1—水力碎草机　2—刮板输送机　3—斜螺旋脱水机　4—双锥盘脱水机　5—重物收集器
6—曲筛　7—除渣器　8—回水池　9—泵

主要缺点是水电消耗高。

1. 水力碎草机

水力碎草机如图 1-33 所示，是由球形壳体和叶轮等组成。壳体上部为球体，下部为锥体，设有放浆管、排水管、冲洗水管及排渣孔等；底部是开有 ϕ15mm 散孔的筛板，并设置耐磨齿板；底部中心是叶轮主轴轴承座，不锈钢叶轮用螺栓固定在主轴上端的盘上。叶轮与筛板的间距 4~6mm。叶轮转动的离心力及球形壳体能产生剧烈的上、下对流搅拌，使草料得到充分的洗涤和脱蜡。叶轮的机械作用力将草料撕成碎片，随后水力作用使碎解的草料层之间有速度差，产生内部摩擦，使草料进一步疏解。

2. 斜螺旋脱水机

螺旋脱水机呈 25°倾斜安装。倾斜壳体内有一螺旋，其中心轴设有洗涤水喷嘴，螺旋之外为一形为 U 状的滤板，滤孔直径为 ϕ2. 8mm。草料从脱水机底端送入，在向上输送的过程中被滤板脱水。草料中的泥沙、尘埃及被碎解的草叶、草穗、杂草的碎屑，也都随着废水穿过筛板排出，因而草片得到较好的清洗和净化。

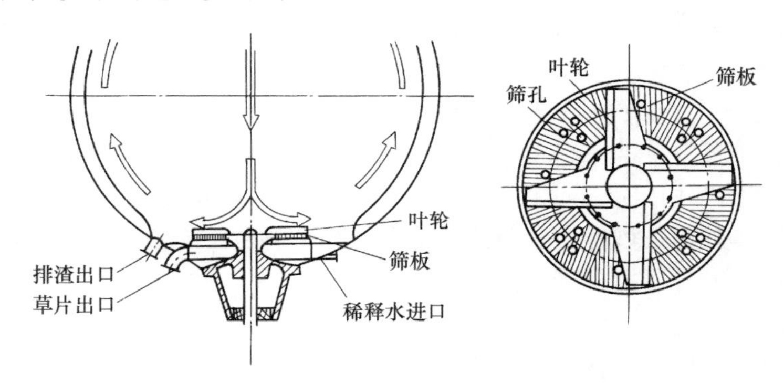

图 1-33　水力碎草机

3. 双锥盘压榨机

它有两个各自倾斜安装而表面开孔的锥形圆盘，分别由液压机驱动旋转。湿草料从两锥盘距离较大的上方加入，随两盘旋转间距缩小而压榨脱水，同时加入清水洗涤草料。在两盘距较小的出口处有卸料齿辊，将压榨脱水后的草料剥落。

（二）芦苇（芒秆）湿法备料设备

芦苇湿法备料多采用干切、湿净化方案。其生产流程如图 1-34 所示。

料仓下的调速螺旋输送机把苇片送进球形的苇片洗涤器。其底部的旋转叶轮使苇片同 20~50℃的循环水混合（有时还加少量 NaoH 溶液），成为浓度 6%的悬浮液，进行疏解和洗

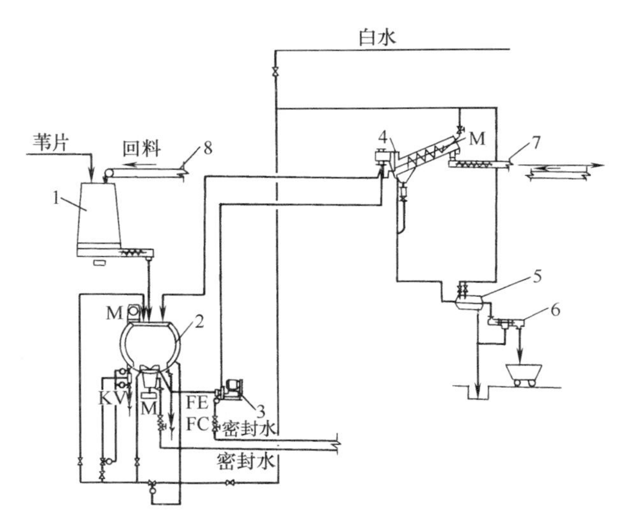

图 1-34　芦苇湿地备料生产流程

1—料仓　2—洗涤器　3—苇片泵　4—斜螺旋脱水机
5—振动筛　6—压榨螺旋　7—螺旋输送机　8—带式输送机

涤，然后由苇片泵输送到斜螺旋脱水机。砂石、铁屑等重杂质在洗涤器底部由一对定时控制系统组成的排渣装置排出。斜螺旋脱水机的结构和稻麦草湿法备料中的斜螺旋脱水机类似。洗涤后的20%浓度的苇片直接送去蒸煮。排出的洗涤水与杂质送振框平筛脱水分离，污水通过锥形除砂器净化后循环使用。

（三）蔗渣湿法备料设备

我国造纸科技工作者通过不断创新及学习国外先进技术，研究出下面两类适合我国国情的蔗渣湿法备料流程与设备。

第一，如图 1-35 所示，其生产流程如下：

蔗渣→输送机→蔗渣洗涤机→耙齿脱水机→压榨机→送蒸煮

该湿法备料系统主要包括 U 形洗涤脱水机、耙齿脱水机和压榨机等设备。松散蔗渣经输送机送进 U 形洗涤脱水机进行浮选洗涤，去除大块的石头、铁器及部分泥砂，经洗涤后的蔗渣进入耙齿脱水机进行脱水，脱水后的干度约为 10%～12%，随后再经过压榨机进行压榨脱水，进一步去除残髓、残糖及可溶物，同时进一步疏解纤维束。经过洗涤压榨处理的蔗渣干度可达 40%左右。这种流程装置常用于间歇蒸煮系统。

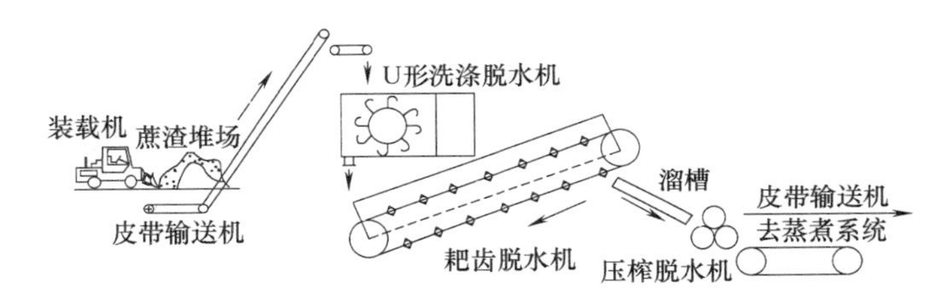

图 1-35　蔗渣湿法备料示意图（一）

蔗渣洗涤机是一个双沟道的水槽，每条沟道内装有 4～5 个梳状搅拌辊。梳状搅拌辊就是在辊轴上装有成排的弧形扒爪的辊子。在出口沟道中的搅拌辊扒爪上，有轴向的连接板，形成拨动流体混合物流动的辊筒。有 4 台电动机分别驱动，蔗渣通过漂洗和搅拌后有效地除去了石块、泥砂等杂物，大部分水在机内循环使用，砂石经收集器按控制程序自动排放。

耙齿脱水机一个底部开有孔向上倾斜的溜槽，溜槽上安装有循环转动的链条，链条上固定有耙齿用于刮送洗涤机出来蔗渣并通过溜槽上孔洞脱水。

压榨机通常为二辊或三辊压榨机，通过榨辊间施加压力压榨进一步去除水分，该设备能有效除去水分并疏解纤维束，使原料更适于制造高质量的纸浆。该机旋转部分可维修更换，设备维修方便。

第二，如图 1-36 所示，其生产流程如下：

蔗渣→输送机→蔗渣水洗机→水力洗渣机→压榨机→送蒸煮

蔗渣从湿法堆场通过输送机送到水洗机进行初步水洗，除去相对密度大的砂石、铁屑等重杂质，然后进入水力洗渣机，蔗渣在水力碎解机中的浓度在 4%～5%之间，通过水力作用

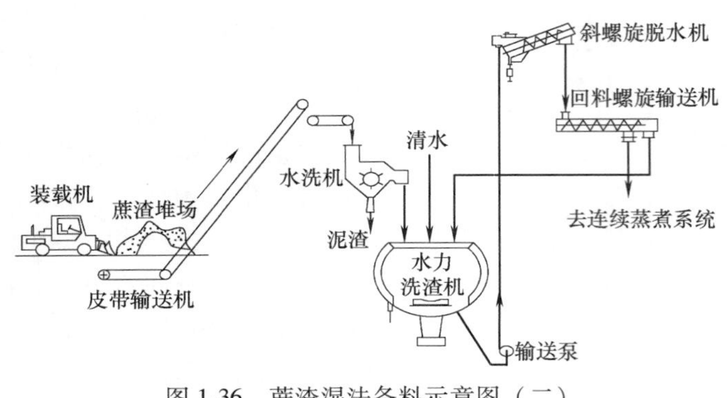

图 1-36　蔗渣湿法备料示意图（二）

进一步洗去蔗髓，经水力洗渣机洗后蔗渣被物料泵抽送到倾斜式螺旋脱水机脱水，蔗渣脱水后干度可达 13%～15%左右，脱水机可以是一台，也可以是多台，取决于脱水效果能否满足蒸煮系统螺旋喂料器的喂料要求。整个湿法除髓过程中物料输送是一个连续均衡过程，配有连锁控制，操作自动化程度比较高，该系统还包括较为完善的污水处理回用装置，以尽量降低清水补充量。这种流程装置应用于连续蒸煮系统。

（四）竹子湿法备料设备

竹子湿法备料方法是美国 PEADCO 公司提出的，它主要由竹子撕裂、洗涤及湿法除髓等 3 个基本部分组成。其主要关键设备是将竹或已切好的竹片撕碎的机械，而后两部分的设备则同上面介绍的蔗渣 Peadco 湿法除髓流程中所用设备相同。

国内开发的竹子撕裂机是属锤式破碎机类，它可以把约 2m 长的竹子或竹片撕碎成丝状或竹签状。竹子撕裂机一般同水平喂料装置组成机组，如图 1-37 所示；也可以在用于撕裂竹片时用上喂料方式（见图 1-38）。其主轴上固定有多个钢板盘，在三根穿过钢板盘的销轴上装有三排锤头，组成转子，锤头之间、锤头与机架之间留有 10mm 以下的间隙。转子的下半周的撕、筛部分分为两段。靠进料口一段为撕碎齿条，呈阶梯形排列，撕碎齿条的数量可根据撕碎要求调整。紧接着的另一段为筛条，筛条数可根据撕碎齿条数量变化而增减，筛缝为 22～24mm。竹子在机内受到高速回转的锤头冲击，并在锤头顶端与撕碎齿条的间隙中受到切断、撕碎。撕碎后的竹丝从筛缝中排出。

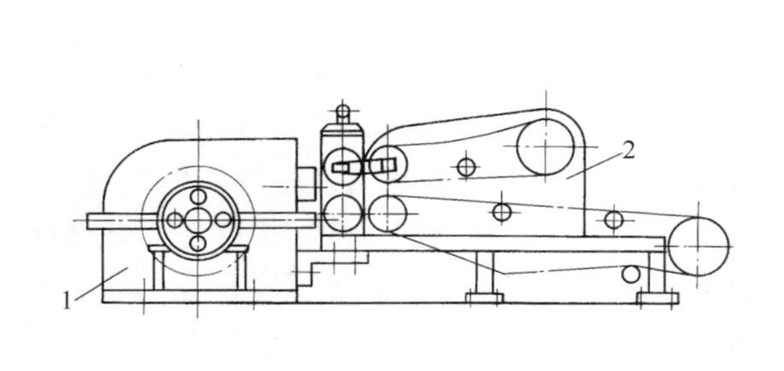

图 1-37　带水平喂料装置的竹子撕碎机
1—竹子撕碎机　2—水平喂料装置

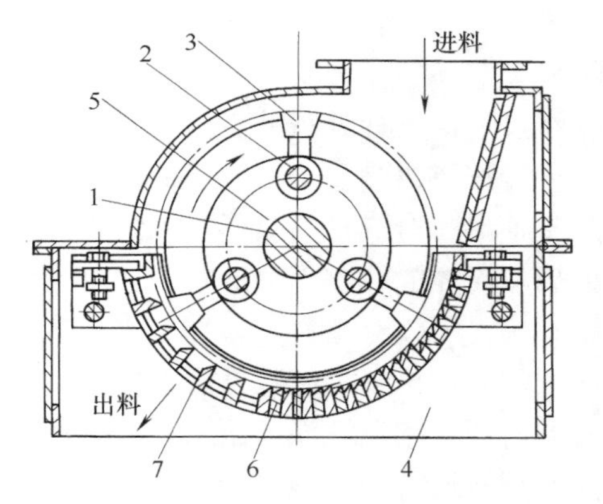

图 1-38　上喂料的竹子撕碎机
1—主轴　2—销轴　3—锤头　4—机架
5—钢板盘　6—撕碎齿条　7—筛条

竹丝湿法备料在国外已在一些纸厂得到应用。巴西 LTAPAGA 纸厂就是一家多年应用 PEADCO 技术的竹浆厂。根据该厂多年的生产实践表明：竹丝比未经撕裂的竹片直接蒸煮效果好，表现在蒸煮时间缩短，蒸煮碱耗降低，浆的质量提高，设备寿命延长等方面。但该备料方式也存在备料损失大，电耗量高的缺点。

第四节　备料机械与设备的发展

为了更有效地利用好制浆造纸的资源，更好地适应高质量制浆的要求，首先必须提高原料的质量。备料作为制浆前的原料处理工段起着重要的作用。可以通过优化和改进现有原料备料处理工艺，自主创新研发备料设备，达到改善原料质量、提高资源利用效率以及节材、节能、节水、减排的目的。

一、我国备料设备行业的发展

目前，我国生产制浆造纸备料设备的企业已有30多家，专业生产备料设备的有10余家，约7~8家供货商占了90%以上的备料设备市场份额。“十一五”期间，产品品种有近百种，生产厂家增加了近一倍，但大多规模很小。备料设备行业的规模、技术进步、自主创新能力、产品水平、制造能力等都有了明显的发展，较大程度地缩小了与国际先进备料设备之间的差距。备料设备行业的规模、技术进步、自主创新能力、产品水平、制造能力等都有了明显的发展，较大程度地缩小了与国际先进备料设备之间的差距。其中部分适合我国国情的非木材干法备料技术设备，十余年来一直居国际领先水平，干湿法备料和木材备料设备也达到或接近国际先进水平，已初步显示出了与国外公司在竞争中的优势，将减少或完全替代进口备料设备。

木材备料设备，逐渐采用国产的木片筛、再碎机和盘式粗筛等木材备料设备。鼓式削片机已接近国际先进技术水平，可以替代进口。研制的BX218D、BX2116鼓式削片机，更适合我国木材资源结构的变化。BX2116鼓式削片机的生产能力为180m^3/h，BX2120鼓式削片机的生产能力为190m^3/h，这两种规格的生产能力比较大，可以满足较大规模的木材备料需求。

非木材备料设备，主要有专利产品刀辊切料机和辊式振动筛除尘机，以及配套的干法备料生产线和干湿法备料生产线得到了广泛的推广应用。正常运行的干法备料生产线几百条和干湿法备料生产线几十条，都必须配套刀辊切料机和除尘机。该设备适用于稻麦草、棉秆、红麻、白麻、芦竹、小杂竹等非木材原料，用于板皮、枝丫材、废单板（胶合板下脚料）的切断、除尘效果也很好。

废纸备料设备，专利产品废纸散包干法筛选系统，针对废纸打包密实、品种复杂、废物杂质多的特点，将打包密实的废纸散开成片状，干法高效筛除轻、重杂质，同时实现高效拣选分类，大大减轻了拣选工人的劳动强度，节省了人工，改善了工作环境，减轻后续设备的负荷和磨损，提高成浆的洁净度，稳定纸品质量，提高分类废纸、废物的利用和升值空间。

二、备料设备的展望

备料技术设备不但要将原料加工成制浆造纸所需的形状和尺寸规格，而且还要将对制浆造纸无用和有害的物质清除出去，以减少后续设备的负荷和磨损，降低能耗，减少化学药品浪费，减轻治理污染负荷，提高浆纸质量，增加经济效益、环保效益和社会效益，这应该是备料技术和设备的根本任务。我国从造纸大国转化为造纸强国，备料设备就必须要有一个大的飞跃，必须要依靠自主创新，研发高效、节能、环保、自动化程度高的大型备料设备。

（1）非木材制浆造纸现代化必须向20万t/a甚至更大的规模发展

非木材备料设备的研发，要以大型、高效为目标，与20万t/年以上的生产能力规模配套。以刀辊切料机和辊式振动筛除尘机为主要设备配套的干法备料生产线和干湿法备料生产线的生产能力，应该提高到50~60t/h，同时要提高切料合格率，保证除尘除杂的除净率，提高自动化程度，增强设备的可靠性，延长使用寿命。备料由人工上料改用机械上料，减少人力物力的浪费，提高效率，减少占地面积。

（2）盘式削片机应该采用螺旋面刀盘

国际上大规格的盘式削片机刀盘直径是3300mm，目前，国产盘式削片机的刀盘直径是3350mm，生产能力已可满足需求。盘式削片机的关键是应该采用螺旋面刀盘，要保证削片质量，减少浪费。其实，我国目前大部分造纸企业都是收购商业木片，进厂后再筛选、大片再碎、水洗、脱水。大直径的原木用于造纸的较少，所以大规格的盘式削片机需求量并不大。

（3）多功能木片筛和木片厚度筛的研发

生产实践证明，影响蒸煮质量的因素并不是木片的大小，而是木片的厚度，蒸煮不透的是那些过厚的木片，所以，应该将过厚的木片筛选出来。多功能木片筛和木片厚度筛已在研发当中，不久将提供给制浆造纸企业使用验证，进一步完善后可推广应用。多功能木片筛的性能是把大小不合格的木片和厚度不合格的木片筛选出来，同时把木屑和沙尘筛选出来，这些功能在一台设备上完成。

木片厚度筛是专门筛选厚度过大的木片的，需要与普通的木片筛串联使用，把大小不合格的木片、厚度不合格的木片、木屑和沙尘分别在两台设备上筛选出来。

（4）环保方面

不论是木材纤维、非木材纤维还是二次纤维（废纸原料），也不管采用干法备料还是干湿法备料，都必须将对制浆造纸无用和有害的沙石、尘土、树皮、草叶等物质清除干净，从源头上解决污染的产生。整条备料生产线应该密封，不得有泄漏。备料车间内不能尘土飞扬，遍地尘埃，应实现清洁生产，改善备料车间的工作环境。

作为服务于造纸行业的备料设备行业，伴随着造纸行业的飞速发展也有了长足的进步，但面对造纸工业大型化、自动化与智能化的发展要求，备料设备仍有一定的差距，但发展前景非常广阔，今后一段时间仍是良好的发展机遇期。采用先进的备料生产工艺和设备，可以最大限度实现物质和能量的循环综合使用，符合制浆造纸行业清洁生产评价指标体系要求和循环经济——减量化、再利用、资源化的要求。

参考文献

[1] 陈克复，主编. 制浆造纸机械与设备（上）[M]. 3版. 北京：中国轻工业出版社，2011.

[2] 中国轻工总会，编. 轻工业技术装备手册（第1卷）[M]. 北京：机械工业出版社，1995.

[3] 邝守敏，主编. 制浆工艺及设备 [M]. 北京：中国轻工业出版社，2000.

[4] G. A. 斯穆克，著. 制浆造纸工程大全 [M]. 曹邦威，译. 北京：中国轻工业出版社，2001.

[5] 黄石茂，伍健东. 制浆与废纸处理设备 [M]. 北京：化学工业出版社，2002.

[6] 黎锡流. 甘蔗糖厂综合利用 [M]. 北京：化学工业出版社，1998.

[7] 王忠厚. 制浆造纸设备与操作 [M]. 2版. 北京：中国轻工业出版社，2008.

[8] 李忠正，主编. 禾草类纤维制浆造纸 [M]. 北京：中国轻工业出版社，2013.

第二章　化学制浆机械与设备

第一节　概　　述

一、化学制浆及其设备分类

（一）化学法制浆及其对设备的基本要求

1. 化学法制浆

化学法制浆是指利用化学药剂在特定的条件下处理植物纤维原料，使其中的绝大部分木素溶出，纤维彼此分离，成为纸浆的生产过程。采用化学药剂处理植物纤维原料的过程称为蒸煮。蒸煮过程中所用的设备即为蒸煮设备。

化学法制浆要求尽可能多地脱除植物纤维原料中使纤维黏合在一起的胞间层木素，使纤维细胞分离或易于分离，同时要求纤维素尽可能少地溶出，并且适当地保留半纤维素。化学法制浆的工艺流程一般如图 2-1 所示。

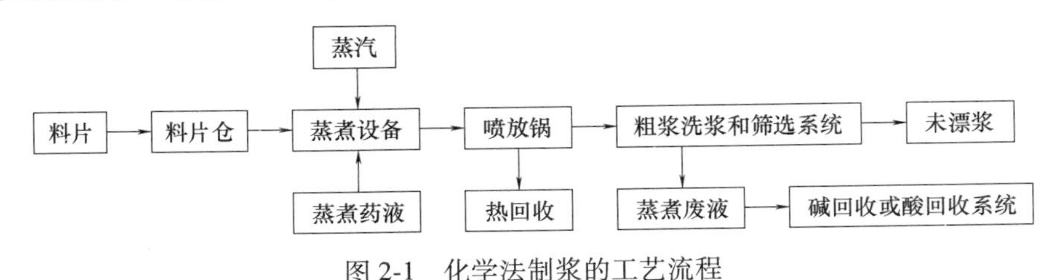

图 2-1　化学法制浆的工艺流程

2. 对蒸煮设备的基本要求

蒸煮设备的功能是提供化学反应场所，实现植物纤维原料的化学蒸煮反应，而化学反应需要有时间、温度、浓度等条件。所以，蒸煮设备应当具有以下基本要求：

① 作为反应容器，能够满足耐化学腐蚀，耐压力等要求，具有一定的体积以满足产能规模；

② 有物料（包括原料、药液、蒸汽、浆料、废液等）的进口、出口、管路系统和控制装置等；对于连续蒸煮器需满足逆（带）压给料，对于间歇式可常压给料；

③ 具有相应的料液混合装置，实现物料反应过程中料液的充分混合，确保药液浓度均匀，保证反应过程均匀而持续地进行；

④ 有安全系统，包括压力、流量等显示及释压装置。

（二）化学制浆设备的分类及特性

植物纤维原料的品种各异，蒸煮化学品的种类和用量不同，且生产规模不一，因此，化学法制浆设备的结构与形式多种多样。按照所用蒸煮药剂的种类划分，常用的化学法制浆包括碱法制浆和亚硫酸盐法制浆两大类；按照蒸煮的操作过程划分，一般可将化学法制浆设备分为间歇式和连续式两大类。现主要针对间歇式和连续式两类制浆设备进行介绍。

（1）间歇式制浆设备

间歇式化学法制浆设备的主体为蒸球和立式蒸煮锅。蒸球是一种较古老的蒸煮设备，为回转式，多用于中小型制浆厂烧碱法、硫酸盐法、中性或碱性亚硫酸盐法制浆；立式蒸煮锅为立式固定设备，由于蒸煮药液的腐蚀性以及蒸煮工艺特点的不同，蒸煮锅的材质、结构形式和容积也大不相同，蒸煮锅又可分为硫酸盐法蒸煮锅和亚硫酸盐法蒸煮锅。蒸煮锅的容积一般较大，多用于大中型浆厂。间歇式化学法制浆设备除主体设备以外，还需要配备必要的附属设备，如循环泵、药液循环加热器、喷放仓、废热回收设备等。

间歇式蒸煮器因其间歇生产，相对生产效率较低、蒸煮质量不够均匀（批处理特性），尤其是蒸球生产的本身物料液混合不均匀；但该设备投资少，工艺灵活，适用于中小企业或特种浆料的生产。

（2）连续式制浆设备

连续式化学制浆设备按主体蒸煮设备可分为塔式（立式）连续蒸煮器、横管式、斜管式连续蒸煮器。塔式连续蒸煮器高度一般比较高，产能较大，多用于大中型木浆厂，是目前世界上应用最为普遍的一种蒸煮设备。

由于蒸球产能低，蒸煮质量不均匀等缺点，目前较少采用。我国制浆造纸工业所使用的化学法制浆设备，无论间歇式蒸煮器、塔式连续蒸煮器，还是横管式连续蒸煮器，均有所使用，本章仅讨论这三种蒸煮设备。

二、化学法制浆设备的选型

化学法制浆设备的选型主要依据植物纤维原料的种类、制浆方法、生产规模、投资额度等。蒸煮设备的容积和个数取决于生产规模、蒸煮设备的型式、设备费用、全厂生产的综合平衡情况。

规模在300t/d以下的木浆生产线最好选用大、中型的间歇式蒸煮器，这是因为在300t/d以下时，间歇式蒸煮器的投资费用比连续蒸煮器低13%~20%；木浆产量在300t/d以上时，一般选择连续蒸煮器。非木材纤维原料纸浆的生产一般选用连续蒸煮器，这主要是因为连续蒸煮器生产的纸浆质量较稳定，且产量系数［$t/(m^3 \cdot d)$］远大于间歇式蒸煮器。

（一）间歇式化学法制浆设备的选择

对于间歇式蒸煮器，生产规模决定立式蒸煮锅的锅容。假设生产规模为每小时粗浆产量q_m（风干浆；单位：kg/h），则蒸煮设备的有效容积V_e为：

$$V_e = q_m / A \tag{2-1}$$

式中A为蒸煮设备1m^3容积下1h的粗浆产量［风干浆质量，$kg/(m^3 \cdot h)$］。该值取决于每m^3蒸煮设备的装料量、粗浆得率，以及间歇蒸煮的循环周期，可由式（2-2）计算：

$$A = \frac{\rho Y_\beta}{90t} \tag{2-2}$$

式中　ρ——单位容积装锅量，kg绝干原料/m^3。立式蒸煮锅的单位容积装锅量见表2-1

Y_β——纤维原料蒸煮后的粗浆得率，按绝干计，%

t——间歇式蒸煮设备的蒸煮循环周期，h。按蒸煮工艺规定，该值等于原料装锅、送液、升温、保温、放气、放锅等工序所用时间的总和

90——纸浆绝干质量换算成风干质量的系数

将式（2-2）代入式（2-1）中，可得：

$$V_e = \frac{90 q_m t}{Y_\beta \rho} \tag{2-3}$$

表 2-1　　立式蒸煮锅单位容积装锅量

原料品种	装锅量/(kg 绝干/m^3)	原料品种	装锅量/(kg 绝干/m^3)
红松	150~190	芦苇	140
白松	150~190	干蔗渣	100
马尾松	150~160	楠竹	180~200

蒸煮锅装料时并不能够完全装满，故实际容积 V_a应为：

$$V_a=\frac{V_e}{\varphi}=\frac{90q_m t}{\rho Y_\beta \varphi} \tag{2-4}$$

式中　φ——充满系数。间歇式蒸煮锅的充满系数通常为 0.8~0.9

蒸煮锅的实际容积决定之后，选择蒸煮锅个数时，除了要保证生产均衡和生产调度方便外，还应尽量降低供汽、供水、供电的高峰负荷。因此，选用每台蒸煮锅的生产能力最好不超过全厂纸浆总产量的 1/3~1/2，一般以 2~3 台为宜；选用蒸煮锅时，要对全厂的供汽、供水、供电能力要求高一些，因为在其生产过程中，会对全厂的能源供给系统产生较大的波动。

（二）连续式化学法制浆设备的选择

连续蒸煮器的实际容积 V_α计算公式（2-5）与式（2-4）相似，即

$$V_\alpha=\frac{90q_m t'}{\rho Y_\beta \varphi'} \tag{2-5}$$

式中　t'——原料通过连续蒸煮器的时间，h，包括浸渍、升温、保温等工序时间

φ'——连续蒸煮器的充满系数，其值因蒸煮锅空间的位置、结构形式而异。立式连续蒸煮锅，φ'值为 0.9~0.95；横管式连续蒸煮器，φ'值为 0.5~0.75

q_m——每小时粗浆产量，按风干浆计，kg/h

Y_β——纤维原料蒸煮后的粗浆得率，按绝干计，%

对于单一浆种的生产企业，一般情况下根据生产规模选用一台连续蒸煮器。蒸煮管长度和直径可根据蒸煮工艺和制造工艺来确定。在设计时，可同时做出几种方案，从蒸煮工艺、制造工艺、经济性，以及维护、维修等各方面进行综合考虑以确定出较合理的方案。

第二节　间歇式蒸煮器

一、硫酸盐法蒸煮锅

目前，我国硫酸盐法制浆厂多采用立式蒸煮锅蒸煮木片、竹子、荻、芦苇等原料。立式蒸煮锅的主要优点包括：容积大、产量和劳动生产率较高，但也存在着附属设备多、构造复杂、制造要求高、设备投资费用大的缺点。

硫酸盐法制浆的蒸煮循环周期短，一般为 4~5h。如果采用自动锅盖、全压喷放和蒸煮过程的自动化控制，循环周期可缩短至 3~4h。因此，要使锅内迅速升温，硫酸盐法蒸煮锅的锅容不宜过大。我国常用的锅容有 50m^3、75m^3和 110m^3三种规格。国外也有采用较大锅容的，如 125m^3和 160m^3。

硫酸盐法蒸煮锅是用 20G 锅炉钢板压力成形后焊接而成的薄壁压力容器，主要由锅体、锅盖、装锅器、喷放阀、药液循环加热装置以及支座等组成。图 2-2 所示为 75m^3硫酸盐法蒸煮锅。

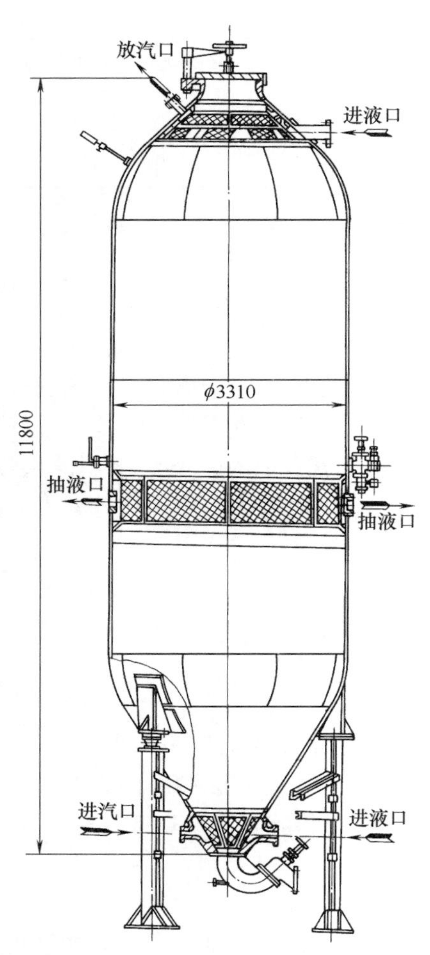

图 2-2　75m³硫酸盐法蒸煮锅

（一）锅体

蒸煮锅的锅体分上、中、下三部分：上部多为球形与锥形组合体，也有椭圆形的；中部为圆筒形；下部也为球形与锥形组合体。

蒸煮锅的高度、直径以及上、下锥角的大小是蒸煮锅外形尺寸的重要指标。高度与直径的比值过大，会使一定锅容的蒸煮锅高度过高，增加厂房的基建投资；而比值过小，则容易造成循环药液在整个锅的横截面上分布不均，甚至形成串流，导致锅内物料升温不均匀，最终使成浆质量不均匀，降低纸浆得率。通常硫酸盐法蒸煮锅的高度与直径之比在 3. 3~4 之间。

蒸煮锅的上锥角一般取 90°左右，下锥角为 60°左右。上、下锥角的大小对蒸煮锅装料、送液、通汽、放锅等操作均有一定的影响。如上锥角过大，锅顶部难以装满物料并压实，导致装锅量降低；下锥角过大则容易使放锅时锅内剩浆，而且直接通汽时会造成锅底部加热不均匀。反之，如上、下锥角都过小，则会造成锅体高度增大。上、下锥体与中部圆筒壳体之间的连接应采用圆弧过渡，以减小或消除边缘应力。过渡部分母线的曲率半径一般等于或大于圆筒部分的半径。

目前，硫酸盐法蒸煮锅都采用焊接的结构。锅壳的强度尺寸可根据压力容器设计规范计算。由于蒸煮锅的高度较高，计算锅壳厚度时，计算压力除考虑最高工作压力外，还需考虑各部位的液体压力。由于各部位的计算压力不同，故锅壳各部分的壁厚也不相同。不同厚度间的连接应平滑过渡，以降低边缘应力。

为将蒸煮药液从锅内抽出进行循环加热，在锅圆筒部或圆筒与下锥体之间过渡部分的直径两端设有对称的两个抽出药液接管，并在对应的内壁上装设环形滤网，用以抽液时阻止料片或浆料的抽出。滤网在锅壳上的固定结构如图 2-3 所示。

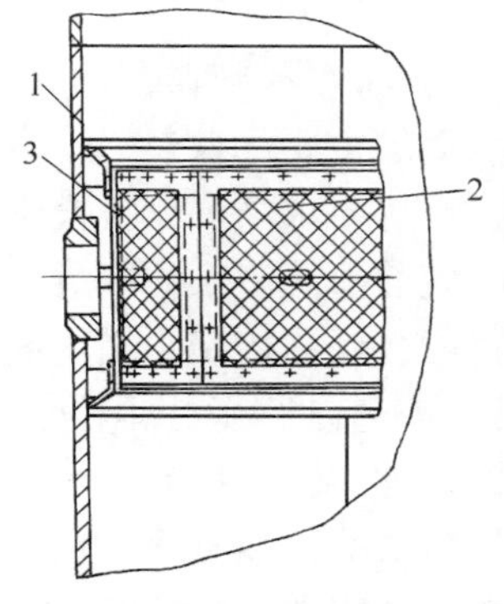

图 2-3　锅壳圆筒部滤网结构
1—锅壳　2—滤网　3—滤网架

锅壳内壁上焊有滤网架，滤网上下端用两个短圆锥形圆孔罩板焊在锅壳上，滤网用螺钉或焊接方法固定在滤网架和罩板上。一般锅壳与滤网之间的距离取 120~130mm。滤网用 4~6mm 钢板制造，开孔为 ϕ3~8mm，最好为倒锥形孔，防止料片或其他杂物堵塞网孔。为保证药液有充分的循环量，滤网的有效过滤面积应为循环管入口截面的 10 倍以上。

锅壳上锥部内壁面装有两组锥形滤网，上面一组用于排气时防止锅内料片被带出，下面一组滤网用于把循环加热系统送来的药液分布到蒸煮锅整个截面上。两组滤网也是用螺钉固定在焊接于锅壳壁上的滤网架上，如图 2-4 所示。

上锥体上端同上锅颈对接，纤维原料即由此装入锅内。上锅颈通常为整体铸钢件，也有采用组合件，即上锅颈圆筒部分为钢板焊接，法兰为铸钢件。上锅颈的直径通常为 700~800mm，视锅容、放汽滤网位置、锅盖形式等而定。

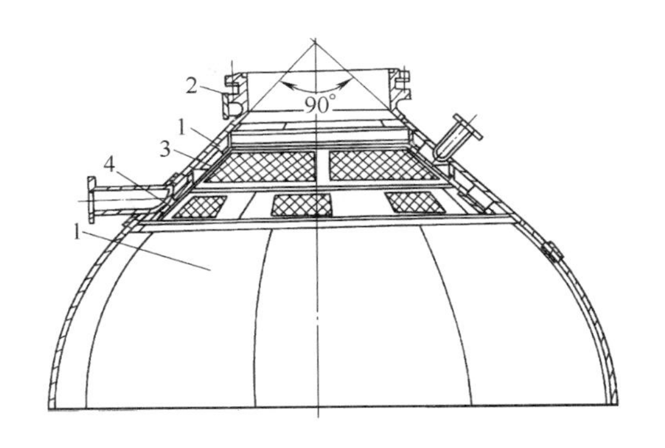

图 2-4　蒸煮锅上锥部

1—上锥壳　2—上锅颈　3—放汽滤网　4—送液滤网

下锥体与下锅颈相连接，如图 2-5 所示。下锅颈也是整体铸钢件，其内表面有固定于滤网架上的滤网。下锅颈侧面有两根接管，其中一根较粗的接管用于送入循环加热系统加热后的药液，另一根用于送入蒸汽，作为升温时辅助加热之用。下锅颈下口连接放料弯管、放料阀和放料管路。下锅颈下口直径随放料弯管结构不同而不同，但是放料阀及放料管直径应根据浆料在 10~20min 时间内排净来决定。通常放料管直径在 200~350mm 之间，具体数值视锅容而定。

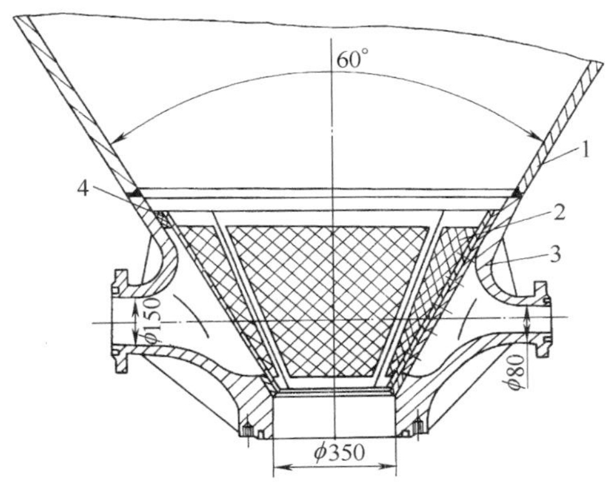

图 2-5　蒸煮锅下锥部结构

1—下锥壳　2—滤网　3—下锅颈　4—滤网架

（二）药液循环及加热系统

蒸煮锅按照加热方式的不同，可分为直接加热强制循环和间接加热强制循环两种。国内浆厂多采用间接加热强制循环，并辅以直接加热的方法。间接加热能保持锅内稳定的液比和较高的药液浓度，有利于缩短蒸煮时间，保证纸浆质量均匀；同时，蒸煮后得到的黑液浓度较高，有利于降低碱回收系统的蒸汽消耗量。此外，装锅时可借助药液强制循环装置增加装锅量，从而提高蒸煮锅的单锅产量。硫酸盐法蒸煮锅常用的间接加热循环系统有两种形式：圆筒下部抽液循环系统和中部抽液循环系统。

图 2-6 所示为下部抽液循环系统。整个循环系统由加热器、循环泵和循环管路组成。循环泵 2 将药液经装在锅下部过渡部分的环形抽液滤网 1 抽出，而后泵入加热器 3，用蒸汽间接加热。加热后的药液大部分（约 2/3）沿管子 4 送入锅顶部的喷洒头 5 喷出，其余部分沿管子 6 送入锅底部。这种循环方式使锅内药液强制循环方向与自然对流方向相反，药液混合较完善，而且蒸煮锅上部温度较高，而下部压力较大，彼此配合，使蒸煮均匀。但也存在缺点，即，抽液滤网装在锅下部，在蒸煮滤水性能差的纤维原料时，会造成蒸煮后期药液循环量减少，易堵塞滤网，放料困难。

图 2-7 为中部抽液循环系统。锅内药液用循环泵经锅内中部环形滤网由锅颈两端的循环管抽出，送入加热器，以蒸汽间接加热。加热后的药液大致分为相等的两部分，一部分送入锅顶部经喷洒头喷出，另一部分送入锅底部。这种循环系统由于滤网位置较高，网孔不易堵塞，保证了循环泵在整个蒸煮升温期间满载运行；同时，由于较大量药液送回锅底部，使下

部的物料始终保持疏松状态，从而使各部物料升温均匀，且易放料。因此，目前多采用这种循环系统。

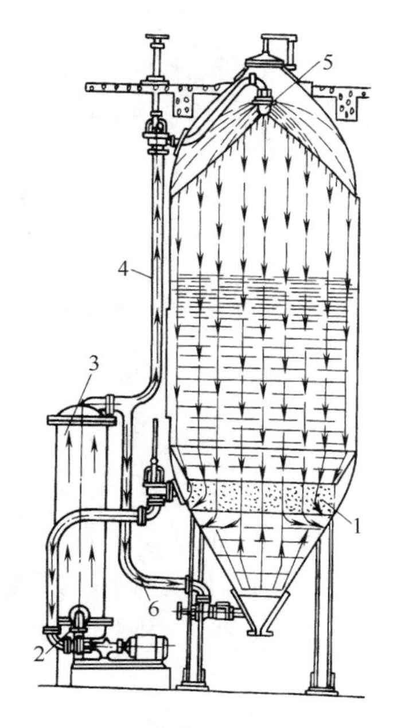

图 2-6　蒸煮锅圆筒下部抽液循环系统

1—滤网　2—循环泵　3—加热器

4,6—上、下部循环管　5—喷洒头

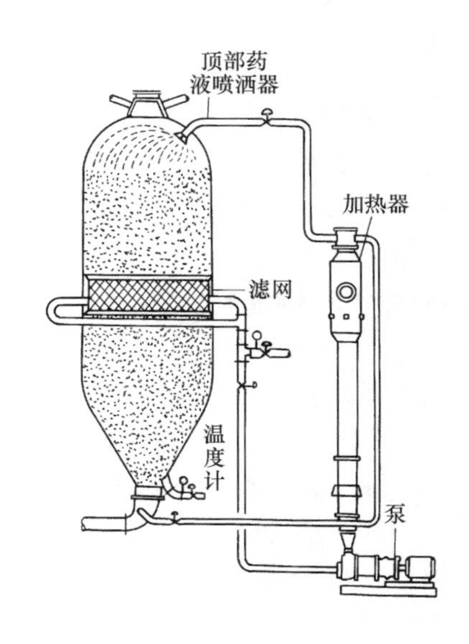

图 2-7　蒸煮锅圆筒中部抽液循环系统

循环泵是保证药液循环并使循环系统稳定运行的重要设备。循环泵一般采用双吸式离心泵，叶轮转速不高，扬程一般为 10~20m，因为所需压头仅用于克服循环管路和加热器阻力以及不太大的送液高度。泵的输送能力应能使锅内药液每小时循环 8~12 次。循环泵承受的压力略高于锅内压力，约为 0. 9~1. 2MPa，故材料、泵壳壁厚应按此条件确定。泵轴、叶轮以及泵壳一般用耐热耐碱的不锈钢制造。泵轴一般用水冷填料函密封，也有采用双端面机械密封。为补偿管路由于温度反复变化而发生的伸缩，循环泵可安装于弹性基础板上，或在循环管路上装设温度补偿装置。

强制循环加热系统所用加热器的加热面积，一般要求达到 $1m^3$ 锅容有 $0.7 \sim 0.9m^2$ 左右，如表 2-2 所示。我国生产的 $50m^3$、$75m^3$、$110m^3$ 的蒸煮锅，可分别配用 $40m^2$、$50m^2$、$90m^2$ 的加热器。常用的加热器有三种，即双程套管式加热器、列管式加热器和 U 形管式加热器。目前，新型的蒸煮锅加热循环系统已开始采用板壳式加热器。

表 2-2　　硫酸盐法蒸煮锅循环系统的配套装备

蒸煮锅锅容/m^3	配用药液加热器面积/m^2	每 m^3 锅容配用的加热器面积/m^2	配用药液循环泵			蒸煮锅药液每小时循环次数(以每 $1m^3$ 锅容用 $0.6m^3$ 蒸煮液计算)
			型号	流量/(m^3/h)	扬程/m	
50	40	0. 8	ZBY21	212	16	7
75	65	0. 87	ZBY22	525	22. 5	11. 7
110	90	0. 82	ZBY22	366	24. 8	8
135	110	0. 815	APP43-250 *	525	22. 5	8
				1260	26	15. 6

* 该循环泵为芬兰 Ahlstrom 公司产品。

（三）蒸煮锅锅盖

蒸煮锅的锅盖有多种形式，旧式锅盖多采用平板式或带折边的球形盖。锅盖与锅颈法兰压紧面常用平压紧面或凹凸式压紧面，用装在上锅颈周围的铰链螺栓拧紧。由于锅盖较重，且启闭频繁，故锅盖均吊装于支撑在锅颈侧面的悬臂曲杆提升回转机构上。螺栓打开后，转动手轮可借助固定于手轮轮毂上的螺母与悬吊锅盖的螺杆而使锅盖升降。推动悬臂曲杆可将锅盖移转。所以，锅盖的启闭劳动强度大，所需时间长，目前多改用自动锅盖。国内应用较多的是自压紧式自动锅盖，国外还有一种更为简便的球阀盖。自动锅盖在保证安全操作的前提下，既大大缩短了启闭时间，操作方便，又便于实现锅盖启闭的遥控。

自压紧式自动锅盖是我国硫酸盐法蒸煮锅应用较多的一种自动锅盖。它由锅盖颈、锅盖、回转机构、闭锁装置、密封圈、气动或液压传动机构等组成。锅盖的启闭是通过气（液）压缸拖动齿条使立轴上的齿轮转动固定在锅盖上的扇形齿轮来实现的，其结构如图 2-8 所示。关闭锅盖时，锅盖先绕回转机构轴线公转 90°，使锅盖大螺母上固定的半圆夹紧环（Ⅱ）与锅颈上固定的半圆夹紧环（Ⅰ）相连接而卡住大螺母法兰与锅颈法兰，而后锅盖继续绕本身轴线自转 15°而轻轻压住锅盖颈的上法兰压紧面凹槽中的 π 形密封胀圈，造成预密封。当锅内压力升高时，通过锅盖颈内沿周围布置的八个连通密封胀圈槽的通孔，将胀圈向上紧压于锅盖压紧面上，从而保证蒸煮锅上锅口的密封，因而称之为自压紧式。

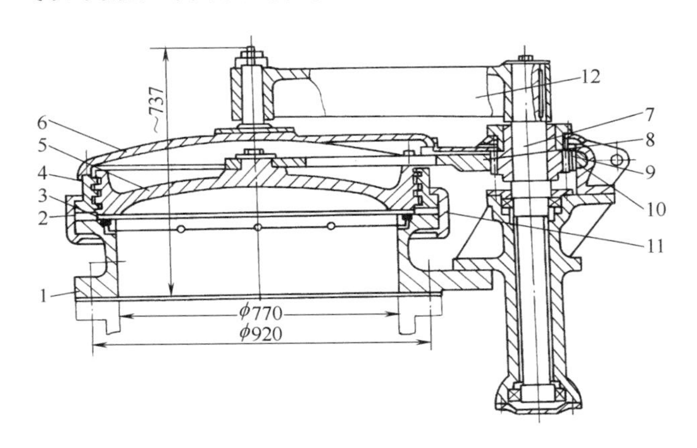

图 2-8　自压紧式自动锅盖

1—锅盖颈　2—半圆夹紧环Ⅰ　3—π 形密封胀圈　4—方牙大螺母　5—锅盖　6—上盖　7—立轴　8—扇形齿轮　9—齿轮　10—齿条　11—半圆夹紧环Ⅱ　12—悬臂托架

（四）蒸煮锅支座

蒸煮锅连同锅内物料与蒸煮液的质量，完全由蒸煮锅的耳式支座支撑在地面的支柱上。根据锅容的不同，耳式支座的数量可分为 4~6 个。由于蒸煮锅是间歇操作，温度升降频繁，为适应热胀冷缩的变化而不产生较大的局部应力，耳式支座不是完全固定在支柱上，而是允许支座和支柱有相对的位移。例如，一台有 4 个耳式支座的蒸煮锅，一般可将其中一个耳式支座固定在支座上，其余 3 个耳式支座支撑在支柱上，螺栓不必拧紧。在锅体热胀冷缩时，使支座能在支柱上产生微小的位移。

（五）蒸煮锅的主要技术参数

国产蒸煮锅的主要技术参数如表 2-3 所示。

二、亚硫酸盐法衬砖蒸煮锅

目前，虽然亚硫酸盐法蒸煮在国内外还有应用，但已经不再发展了。大型的酸性亚硫酸盐浆厂多采用立式蒸煮锅，因此，仍有必要对立式酸性亚硫酸盐法蒸煮设备进行简要的介绍。

表 2-3　　国产蒸煮锅的主要技术参数

型　　号	ZJG_1	ZJG_2	ZJG_3	ZJG_4
锅容/m^3	50	75	110	135
最高工作压力/MPa	0.8	0.8	0.8	0.8
水压试验/MPa	1.5	1.5	1.5	1.5
最高工作温度/℃	175	175	175	175
锅体内径/mm	3000	3250	3600	3600
锅体总高/mm	9923	11726	13956	18096
上锅口直径/mm	770	770	770	770
下锅口直径/mm	350	350	350	350
下锅口距地面高度/mm	1262	1317		1170
喷放口直径/mm	200	200	200	200
锅体材料	20R			16MnR
设备净质量/kg	25360	38946	42069	44500

酸性亚硫酸盐蒸煮液对锅炉钢具有强烈的腐蚀性，因此与蒸煮液相接触的锅壳内表面必须有耐酸保护层。目前，酸性亚硫酸盐法蒸煮锅所采用的保护层材料有两类：一类是用耐酸陶瓷砖或用不透性石墨砖（或称炭砖）作衬里，我国的酸性亚硫酸盐法蒸煮锅多采用耐酸陶瓷砖作衬里；另一类是用耐酸薄钢板（3~5mm）作衬里，或直接用不锈钢复合钢板制造。

立式酸性亚硫酸盐蒸煮锅均采用焊接结构，锅容较硫酸盐蒸煮锅大，我国通常使用的为110~220m^3，国外应用的锅容较大，为300~400m^3。表2-4为部分大、中型酸性亚硫酸盐蒸煮锅的规格。

表 2-4　　大、中型酸性亚硫酸盐蒸煮锅的主要规格

蒸煮锅主要尺寸		衬里(耐酸砖层)厚度/mm	容积/m^3	容量(产浆)/t	蒸煮液/m^3
直径/m	高/m				
4.3	14.6	230	140	10	77
5.0	16.5	255	213	15	136
5.2	17.0	255	254	18	160
5.3	21.0	255	326	21	197

立式酸性亚硫酸盐法蒸煮锅主要由锅体、衬里和药液加热循环装置构成，其结构如图2-9所示。蒸煮锅耐酸砖衬里结构有两种方式：一种为薄衬里方式，西欧各国多采用此种类型；另一种为厚衬里方式，北美各国多采用这种类型。我国酸性亚硫酸盐蒸煮锅耐酸砖衬里均采用薄衬里方式，如图2-10所示。

酸性亚硫酸盐蒸煮锅药液循环加热有直接加热强制循环和间接加热强制循环两种。较广泛采用的是间接加热强制循环系统，其中以底部抽液循环系统应用最广，即药液从锅下部抽出，加热后再分别送回顶部和底部。其中80%左右的药液从锅上部注入，其余从锅下部注入。这种循环系统能使锅内物料在各个截面上的温度均匀，故能保证上、下部浆料质量均匀。

三、不锈钢衬里蒸煮锅

采用耐酸砖衬里的蒸煮锅虽然多年来成功地应用于亚硫酸盐法蒸煮，但要保证锅壳与瓷

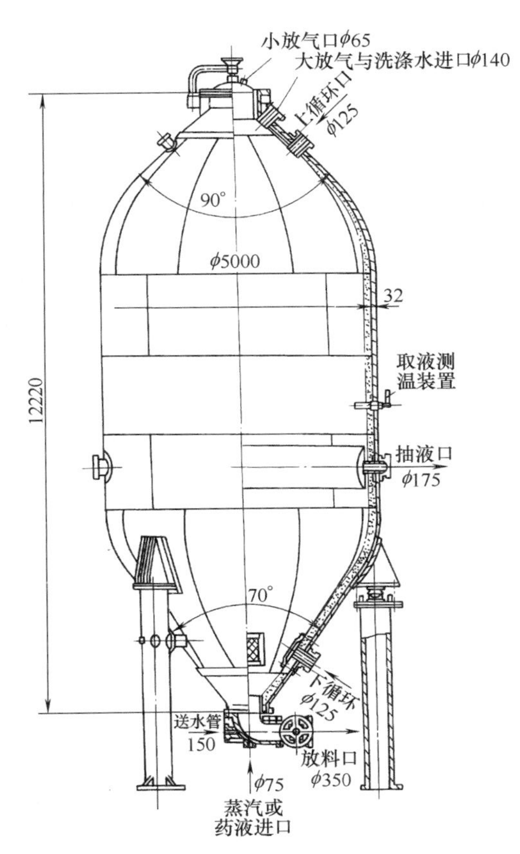

图 2-9　亚硫酸盐砖衬蒸煮锅

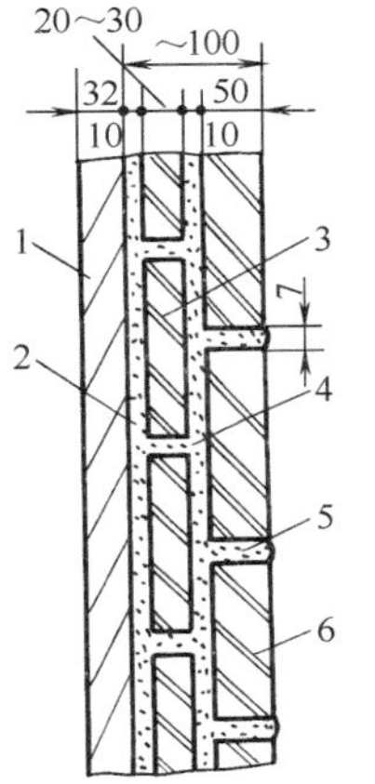

图 2-10　亚硫酸盐法蒸煮锅砖衬结构
1—锅壳　2,4—耐酸灰胶泥层
3—背转　5—合成树脂胶泥　6—面砖

砖衬里协同受力，须对锅壳结构设计、制造、衬里材料、衬里施工、蒸煮运行条件等提出一系列严格的要求，衬砖蒸煮锅还存在许多不可避免的缺陷，如砖衬使有效锅容减小 10%～18%，砖的剥离造成纸浆污染，维修工作量大等，另外不能适应过高压力和温度的强力蒸煮。所以，国内外开始使用不锈钢作为保护层（衬里）的亚硫酸盐蒸煮锅。对于硫酸盐法蒸煮锅，由于采用了现代化碱回收装置，白液成分发生了一些变化，特别是当白液中硫化物含量增加时，会造成硫酸盐法蒸煮锅较明显的腐蚀，因此，国外也有采用不锈钢衬里的硫酸盐法蒸煮锅。

（一）不锈钢衬里蒸煮锅的形式

不锈钢作衬里的蒸煮锅有三种形式：冷拉法不锈钢蒸煮锅、普通碳素钢内衬不锈钢薄板的蒸煮锅、复合钢板蒸煮锅。

冷拉法整体不锈钢蒸煮锅采用较厚的不锈钢板焊接而成。蒸煮锅焊接完成后，锅内充水加压，使锅壳在超压下经过一定时间产生永久变形，如工作压力为 1.0MPa 的蒸煮锅升压至 2.2～2.4MPa，并保持 4h。处理后的锅壳金属组织得到强化，锅容可增加 10%左右，壁厚减少 10%左右。这种蒸煮锅的壁厚大约为同样参数下使用的复合钢板蒸煮锅壁厚的 75%。这种蒸煮锅由于价格高而使用不多。

不锈钢薄衬里蒸煮锅是采用厚度为 3～5mm 的不锈钢以焊接方式衬于碳素钢锅壳内表面

上。因为不锈钢热胀系数大于碳素钢 50%左右，蒸煮过程中温度升高会使焊缝之间的不锈钢衬里鼓起，造成焊缝附近的应力集中，以致出现裂纹或引起焊缝区域的应力腐蚀。在温度周期性变化条件下，易引起金属疲劳而使衬里破裂。为保证衬里可靠工作，通常采用以下三种衬里方式：

① 衬条法，即将长 1000mm、宽 150~200mm 的不锈钢用对接或搭接法焊接在锅壳内表面，但焊接衬里的工作量大；

② 将大张成型的不锈钢板用电铆点焊法点焊于锅壳上，板与板采用对接或搭接，焊点间距通常为 25~100mm；然而，上述两种方法由于焊缝或焊点较多，难以保证焊缝金属全部具有适当的化学成分，因而每一焊点或焊缝都有可能成为腐蚀中心；

③ 袋式衬里，将不锈钢板材事先拼焊在一起，卷制成型，装入锅壳内，然后在锅壳内表面上按一定间距焊上许多 6~7mm 厚、直径 50mm 左右的小圆盘，整个衬里两端焊在圆筒过渡部分的两个耐酸钢环形件上，衬里与锅壳上钢盘的装配间隙约为 1.6mm 左右；再在袋式衬里内注水，并升压至 1.5 倍的设计压力，使衬里层产生一定的塑性变形；当水压撤出后，锅壳与衬里之间留下一个窄缝。蒸煮过程中，用真空泵保持锅壳与衬里之间为真空。这种衬里能较好地保证焊缝质量，且耐腐蚀性能好。不锈钢薄板衬里多用于原有蒸煮锅的改造。

新建的亚硫酸盐法蒸煮锅多用复合钢板制造。复合钢板是由复层（不锈钢）与基层（碳素钢或低合金钢）用热轧法制成的。复层厚度 3~5mm，基层厚度由设计压力确定。目前，国内制造的复合钢板蒸煮锅有：170m^3、200m^3、220m^3。如图 2-11 所示为我国设计的 170m^3复合钢板蒸煮锅。国外采用的锅容较大，最大的可达到 330m^3。

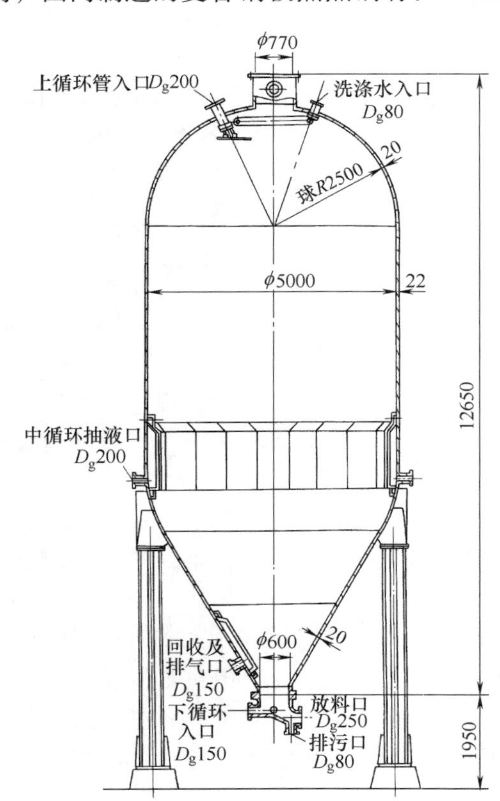

图 2-11　170m^3复合钢板蒸煮锅

（二）复合钢板蒸煮锅的结构特点

复合钢板蒸煮锅为全焊接结构，外轮廓形状与传统的蒸煮锅相似，但下锥角一般较小，约在 55°~60°之间，高度与直径比通常为 2.4~2.8。从节省材料角度考虑，直径较小的复合钢板蒸煮锅上部多采用半球形封头。

亚硫酸盐蒸煮液腐蚀性较强，复合钢板蒸煮锅强度计算可只考虑基层钢板厚度，复层可不计入。焊缝系数与单层设备相同。

复合钢板蒸煮锅的接管，若直径小于 100mm 或受腐蚀严重的接管，均采用与复层材质相同的整体不锈钢管。直径大于 100mm 的接管多采用普通钢管内衬不锈钢套管，或用复合钢板卷制。

接管法兰常用碳素钢制造，但须保护压紧面不受介质腐蚀。直径在 200mm 以下的接管法兰，可在碳素钢法兰上堆焊一层不锈钢，厚度应在加工后为 3~4mm。管径在 200mm 以上的接管法兰，可在碳素钢上焊上一个不锈钢钢环，再加工出压紧面。这两种防护方法对整体不锈钢接管或碳素钢接管内衬不锈钢套管都适用。

蒸煮锅的内部装置，如循环滤网等，应设计成可拆的，且便于检查和维修复层表面及焊缝，同时需注意防止形成死角或停滞区。

复合钢板蒸煮锅药液循环加热系统，一般不用直接加热。因为直接通汽时，会造成锅壳不同部位的温度差，在这种腐蚀介质条件下容易出现电位差，从而引起电化学腐蚀，特别是靠近汽管的附近。

蒸煮锅各部件制造与装配时锅壳内产生的残余应力会增强腐蚀破坏的强度。因此，除焊后热处理以消除残余应力外，须在制造厂进行整体试装配，防止现场组装时出现不应有的偏差，锅体偏心载荷也是不允许的。蒸煮锅复层表面须严格抛光、钝化，抛光前须消除复层与焊缝的缺陷，不允许有凹坑及缺口的存在，这些缺陷的存在会造成局部腐蚀破坏。复层每年须抛光一次，防止结垢而造成的局部腐蚀。

（三）复合钢板蒸煮锅的运行与维护

复合钢板蒸煮锅除结构设计、制造、装配质量对其使用寿命有影响外，蒸煮锅的运行也对其寿命有很大的影响。

国内复合钢板蒸煮锅的锅壳复层多采用铬镍钼奥氏体不锈钢，这种不锈钢可产生一层钝化膜，具有很高的稳定性，能耐多种腐蚀介质的作用，但在非氧化性酸性介质（如盐酸、硫酸等）中极不稳定，因此如果蒸煮液中 Cl^- 和 SO_4^{2-} 含量大时，将导致复层的腐蚀。药液中氯化物含量须低于 50mg/L，硫酸盐含量低于 1500mg/L。氯化物含量较高时，需采用超低碳不锈钢。

复合钢板蒸煮锅复层的保护极其重要，常用的保养方法包括：

① 尽量防止放锅后长时间停顿待料，因为放锅后停车期间，水蒸气会在锅体上方结露，残余 SO_2 在空气中自动氧化成 SO_3，会溶于露水中。当其沿锅壁下流时，锅温将使水分蒸发，使硫酸浓度增大，呈现水流状腐蚀。因此，每次放锅后，需用温水或酸性冷凝水冲洗蒸煮锅和循环系统。

② 停机时间少于 24h，应打开锅盖，用风机使锅内通风（上口入，下口出），抽出含有 SO_2 的空气。如果停机时间超过 24h，应将锅内注满温水。

③ 大放汽后，尽量不长时间将纸浆闷在锅中，不能往锅内注水，以防止温度降低而产生水流状腐蚀。

④ 复层表面不允许有垢层沉积。一方面，借冲洗防止锅垢形成；另一方面，须经常检查各部分复层，如发现有垢层形成，须及时用不锈钢刮刀刮除。如垢层形成时间过长，已导致垢层下的钝化膜变黑或出现凹坑腐蚀，应立即进行局部抛光和钝化处理。

⑤ 不锈钢复层表面的轻微腐蚀会引起后续的腐蚀迅速扩大，因此，对于复合钢板蒸煮锅的维护须有严格的日常检查和定期检查制度，及时消除所发现的腐蚀破坏，复层局部腐蚀不超过 0.4mm 时，可先抛光，然后用钝化膏钝化。钝化膏配方为：硝酸 150mL、水 350mL、重铬酸钾 20g、滑石粉 600g、淀粉 200g。通过强氧化作用产生钝化膜。当局部腐蚀深度达到 0.4~0.5mm 时，须将腐蚀部位清理到无腐蚀痕迹的纯金属，再以不锈钢焊条补焊，然后抛光、钝化处理。至于大面积腐蚀破坏，则须用不锈钢板重新衬里。

⑥ 发现局部生锈和凝固废液，可以用水洗净，然后用酸洗膏酸洗，再钝化。酸洗膏的配方为：盐酸 40mL、硝酸 150mL、水 300mL、滑石粉 500g、淀粉 150g。

四、立式间歇式蒸煮锅的附属设备

（一）装锅器

料片靠重力自然装锅时，由于不能均匀分布于锅内截面上，而且装料较疏松，锅容不能得到充分利用。提高装锅量，即提高装入蒸煮锅内料片的紧密度，改善料片在锅内的分布，可以增加每立方米锅容的产浆量。因此，许多工厂都采用装锅器装料。装锅器的种类较多，常用的有机械装锅器、蒸汽装锅器、液体装锅器和简易装锅器。

1. 机械装锅器

如图 2-12 所示为机械装锅器。料片经漏斗通过回转盘而落入蒸煮器。回转盘是通过减速器、齿轮箱与电动机连接而转动，以此可以控制装锅速度。一般转速为 20~30r/min。联轴器下端固定有 4 个分布板，与锅口的倾斜角度为 20°~35°。采用机械装锅器可提高装锅量 10%~40%。

2. 蒸汽装锅器

蒸汽装锅器有移动式和固定式两种。为减少装卸移动的麻烦，现都使用固定式装锅器。图 2-13 所示为一种固定式蒸汽装锅器。在蒸煮锅的锅颈内固定着环形放气滤网。在滤网内固定着截面为直角三角形的环形空间，即蒸汽分配室，蒸汽分配室侧壁上接有进汽管，而其下面的环形板上沿圆周焊有 20~24 个蒸汽喷嘴，喷嘴中心线同开孔中心线形成一定的倾斜角，从而使各个喷嘴中喷射出的蒸汽流构成一个预定的回转双曲面。

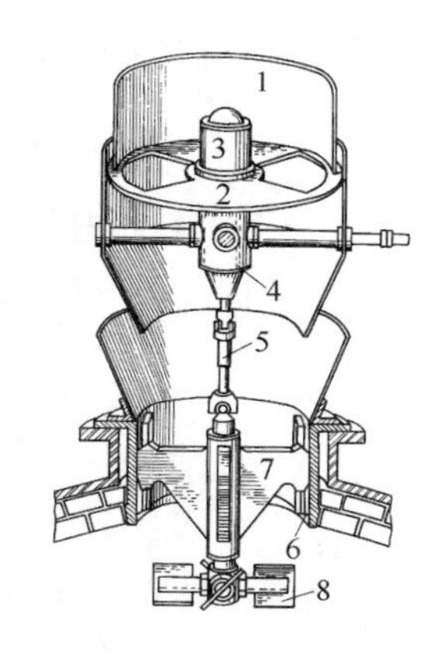

图 2-12　机械装锅器
1—漏斗　2—回转盘　3—减速器　4—齿轮箱　5—联轴器　6—分布板　7—支架　8—导板

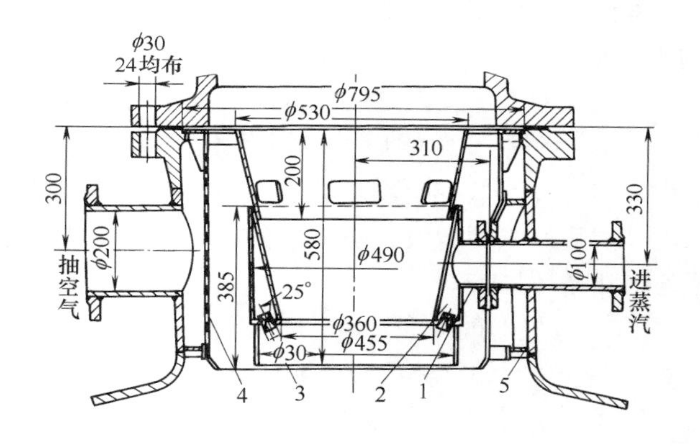

图 2-13　蒸汽装锅器及其在上锅颈中的配置
1—进汽管　2—蒸汽分配室　3—蒸汽喷嘴　4—放汽滤网　5—上锅颈

当向蒸煮锅中装料时，料片一落入蒸汽装锅器，即为喷嘴喷射出的气流挟带住，使料片下落动能增大，将其在锅中压实，并使之均匀分布于整个锅截面上；同时，又使料片升温，排除其中所含的部分空气，有利于药液渗入料片内部。蒸汽装锅器所用蒸汽压力为 0.25~0.35MPa，每吨浆的蒸汽消耗约为 0.10~0.20t。这种装锅器可使装锅量提高 25%~30%。

蒸汽装锅器的结构特征对于料片在蒸煮锅内各截面上的压实程度和成浆质量的均匀性有很大影响。装锅器喷射出来的气流在锅体内构成一个回转双曲面，其沿锅轴线方向上的高度是上自喷口处起，下到双曲面同锅体内圆接触之点为止的高度。为使锅内上部和中、下部的料片都能被气流吹布均匀，通常要使装锅器的蒸汽喷口形成的回转双曲面能包容尽可能大的高度。装锅器内一圈倾角相同的喷嘴喷射出的蒸汽所形成的回转双曲面高度 h（见图 2-14）可近似地由式（2-6）计算：

$$h=\frac{R\cos^2\varphi}{\tan\alpha_1}+\frac{R'\cos\varphi}{\tan\alpha_1}(\mathrm{m}) \tag{2-6}$$

式中　R——喷嘴喷口距锅体轴线的径向距离，m

R'——锅体圆柱部分的内径，m

φ，α_1——分别为喷嘴倾角在水平面上和径向平面上的投影

通常，装锅器在结构上可采用两种方法实现上式要求。一种是用双联式装锅器，它有两个独立的蒸汽分配室和两圈不同倾角的喷嘴，其中一圈喷嘴所形成的双曲面底面位于锅体圆筒部下部，另一组喷嘴所形成的双曲面底面位于圆筒部上部。先用前者往圆筒部装料，再用后者往上锥部装料。第二种是组合式装锅器，它只有一个分配室，沿分配室底面相间装设两组不同倾角的喷嘴，两组喷嘴在送汽时分别形成两个回转双曲面，料片通过上面一个双曲面的缩颈区之后，部分为下面一个双曲面上的气流挟带送走，从而保证料片在沿锅高度上的各个截面中均匀分布。

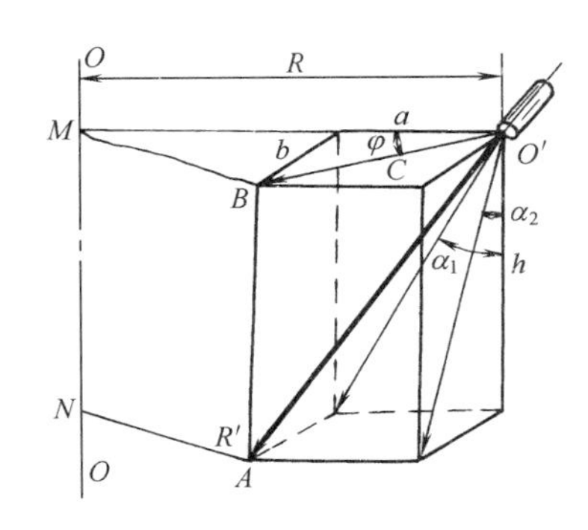

图 2-14　蒸汽装锅器计算图

（二）喷放装置

喷放装置是承接蒸煮器喷放出来的浆料的中间贮浆容器，包括喷放仓、喷放锅和喷放池。小型蒸煮器配有喷放池或喷放仓，大型蒸煮器可配套喷放锅。喷放锅（或喷放仓）的总容积一般为蒸煮器总容积的 1.5~1.8 倍，每台喷放锅（喷放仓）的容积应为每台蒸煮器容积的 2.5~3 倍。

1. 喷放仓

喷放仓为高浓贮浆容器，顶部及底部均为锥形，中部为圆筒形。浆料从圆筒上部切线进入锅内，废气由顶部排汽口排出，下部有环形稀释管，锥底装有出料螺旋输送器。此设备多为中小型草浆厂选用。

2. 喷放锅

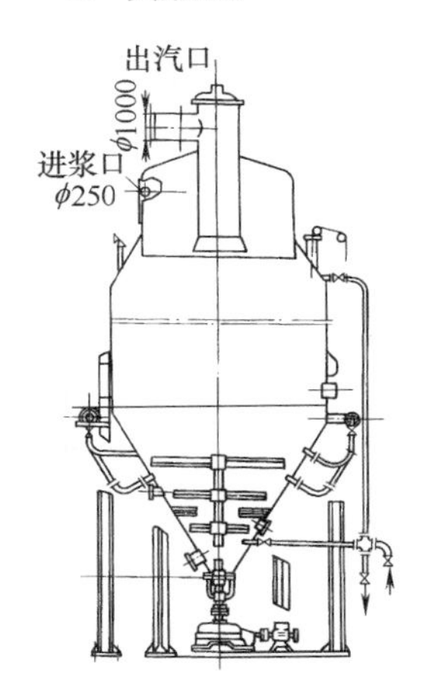

图 2-15　锥底喷放锅

喷放锅为大型贮浆容器。喷放锅的结构可分为锥底和平底两种。以前多用锥底喷放锅，后来多采用平底喷放锅，因为平底喷放锅的搅拌装置传动简单，维修方便，造价低廉，安装容易，所占空间较小。

锥底喷放锅的结构如图 2-15 所示。顶部为气液分离器，在锥形底部上端的环形管上装有若干喷嘴，以便稀释浆料。在锥底下端装有螺旋式搅拌装置，转速为 110r/min 左右。浆料由喷放管沿切线方向进入喷放锅顶部的进浆口，从浆料中分离出来的废气由顶端排汽管排出，可送至热回收系统。浆料在底部侧端排浆管排出。

锥底喷放锅是一个高浓贮浆器，贮浆浓度一般为 11%~14%。国内一些浆厂使用时，多从喷放锅的锥形环形管注入稀黑液，把

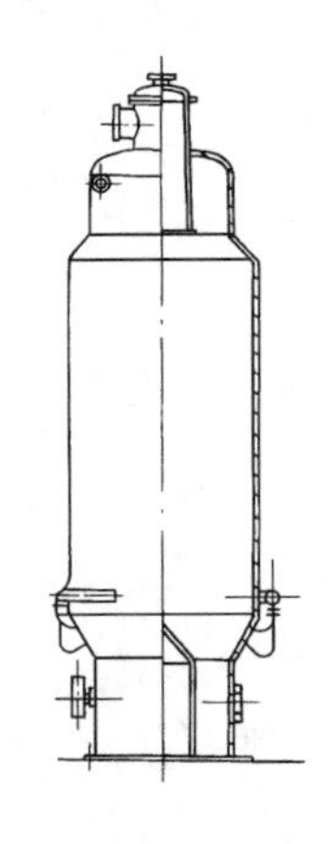

图 2-16 平底喷放锅

浆料稀释到 2.5%~3%的浓度，再用浆泵送往洗浆机洗浆。国产锥底喷放锅主要有 150m³、225m³、330m³ 3 种规格。

平底喷放锅的结构如图 2-16 所示。锅顶部为浆汽分离部分，中下部为圆筒形主体，最底部为平底。浆料从喷放锅顶部进浆口沿切线方向进入，废气从排汽管口排出至热回收系统，浆料落入锅内贮存。浆汽分离部分的顶端装有呼吸阀或安全薄片，锅内压力超过定值时，呼吸阀会自动卸压以确保安全。底部有一台或两台螺旋推进器。当锅容大于 300m³时，通常设有一台大直径的推进器或两台螺旋推进器。在后一种情况下，锅底中心部位都设有一个锥体，使输出区呈环形空间以利于浆料流动和均匀稀释。为使浆料稀释均匀，稀释区的容积应可满足 3~5min 的浆料通过量，且推进器的循环量应为浆料排放量的 5~10 倍。

3. 喷放锅的技术参数

喷放锅的技术参数主要包括锅容、设计压力、锅体尺寸、搅拌器尺寸，以及配套电动机功率等，如表 2-5 所示。

表 2-5　　喷放锅的技术参数

型号	平底				锥底		
	ZJP1	ZJP2	ZJP3	ZJP500			ZJP9
容积/m³	80	150	225	500	150	225	330
设计压力/MPa	0.11	0.11	0.11	0.09	0.25	0.25	0.25
锅体直径/mm	3350	5000	5600	7000	5000	5600	6500
锅体高度/m	12.9	16.0	17.0	19.2	16.5	19.5	21.4
进浆口直径/mm	150	200	200	200	200	200	250
出浆口直径/mm	175	300	350	300	300	350	400
推进搅拌器直径/mm	686	686	1000	1500			
推进搅拌器转数/(r/min)	250	250	180	118	20	20	20
电动机功率/kW	11	15	22	75	14	20	20

（三）废气余热回收装置

浆料在热喷放时，每吨浆闪蒸的蒸汽量为 1t，这部分热量可冷凝为热水加以利用。余热回收方法有直接利用法和间接利用法。其中，直接利用法是蒸汽与冷水直接接触，变成污热水，多用于配碱或粗浆洗涤；间接利用法是将污热水经过热交换器把热量传递给清水，得到清洁热水，用于洗浆和漂白。

采用喷放的大、中型纸浆厂，一般采用间接利用法。图 2-17 所示为喷射式冷凝器热回收系统。从喷放锅来的废气，从切线方向进入浆汽分离器，分离后的浆料回到喷放锅，废气进入喷射式冷凝器，热量被冷水吸收。污热水经过过滤

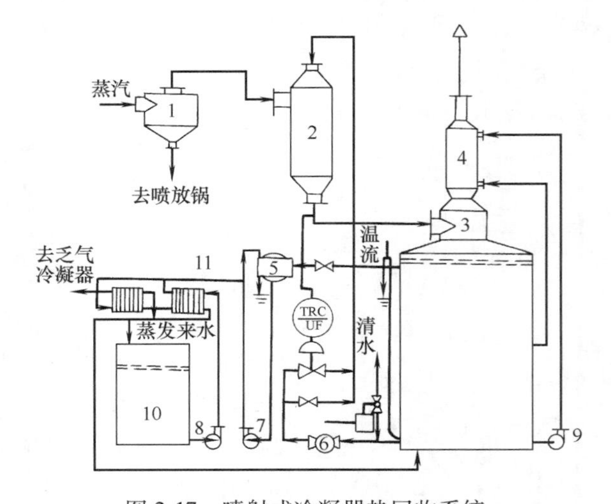

图 2-17 喷射式冷凝器热回收系统

1—浆汽分离器 2—喷射式冷凝器 3—污水槽 4—后位冷凝器 5—过滤机 6—污水循环泵 7—热污水泵 8—温水泵 9—冷污水泵 10—温水槽 11—板式换热器

器进入热交换器，污热水冷却后回污水槽，清洁热水存入温水槽中后送洗浆或漂白工段。

废气余热回收系统的余热回收率可达 75%，洗浆用水可达 85℃。浆汽分离器和喷射式冷凝器是系统中利用热能的主导设备，其常用规格如表 2-6 所示。

表 2-6　热回收浆汽分离器及喷射式冷凝器规格

项　目	浆汽分离器		喷射式冷凝器
	ZJF_{12}	ZJF_{15}	ZJF_{16}
器体内径/mm	2500	1150	1400
器体高度/mm	4700	5228	5450
进汽口直径/mm	600	—	—
出汽口直径/mm	800	—	—
出浆口直径/mm	200	—	—
冷凝能力/(kg/min)	—	1200	1800
配用喷放锅容积/m^3	—	225	330

第三节　塔式连续蒸煮设备

塔式卡米尔（Kamyr）连续蒸煮设备是现代化制浆工业的主导设备。它实现了间歇式蒸煮设备的装锅、送液、升温、蒸煮、保温及放料全过程在同一时间内的连续化。

连续蒸煮器与间歇式蒸煮器各具特色。普遍认为，连续蒸煮的优点在于：a. 对大型蒸煮设备而言，连续蒸煮器的基建投资和运行费用较低；b. 单位锅容产浆量高，相对占地面积小；c. 能耗较低，且汽、电消耗均衡，避免了高峰负荷；d. 耗人力较少，但对于高度自动化的间歇式蒸煮设备，两者相差不大；e. 蒸煮均匀性好，甚至在蒸煮大木片时，筛渣也较少。但两种蒸煮方法纸浆的得率和强度无显著差别。连续蒸煮的缺点在于：a. 生产的灵活性和可靠性不如间歇蒸煮；b. 在使用细碎的木片时，对生产的影响，连续蒸煮大于间歇蒸煮；c. 松节油回收率较低。

目前，连续蒸煮器的形式主要有塔式（立式）、横管式、斜管式三种。塔式又可分为单塔式和双塔式；横管式可分为一、二、三管式；斜管式可分为单斜管和双斜管式。

一、塔式连续蒸煮器的类型和流程

塔式连续蒸煮器是在间歇立式蒸煮锅基础上发展起来的，在国内外应用最广泛的一种连续蒸煮设备。自 1950 年，第一套卡米尔连续蒸煮器投入工业化生产以来，连续蒸煮技术的应用和发展非常迅速，到 20 世纪 90 年代末，全世界硫酸盐纸浆总产量的 65%是用连续蒸煮器生产出来的。目前，国内外大型的硫酸盐木浆厂在新建和较大规模扩建时，多采用连续蒸煮器。

连续蒸煮器经历了多个重大的技术发展阶段，如图 2-18 所示。1957 年卡米尔（Kamyr）公司发展了冷喷放技术，即向蒸煮器底部注入 70~80℃的稀黑液，使纸浆喷放时的温度降低到 85℃左右，从而改善了纸浆的强度特性。1962 年，卡米尔公司又研究成功了锅内高温置换扩散洗涤（逆流），大大提高了洗涤效率，简化了洗浆设备。此后，几乎所有的连续蒸煮器都安装有高温置换扩散洗涤。1983 年，由瑞典制浆造纸研究所和瑞典皇家工学院（KTH Royal Institute of Technology）共同开发的第一套改良的连续蒸煮（Modified continuous cooking，MCC）在芬兰投入运行。MCC 显著提高了脱木素的选择性和纸浆的强度，使得深度脱木素成为了可能。20 世纪 80 年代末，卡米尔公司又在 MCC 的基础上成功开发出延伸的改良连续蒸煮（Extendedmodified continuous cooking，EMCC），将 MCC 的洗涤区改作逆流蒸煮/洗涤区，实现了等温蒸煮（Iso-thermal cooking，ITC™），并于 20 世纪 90 年代初投入商业运行。此后，黑液预浸渍（Black liquor impregnation，BLI™）与改良连续蒸煮相结合的蒸煮技术——低固形物连续蒸煮（Lo-solids cooking，LSC™）技术也相继开发出来，并投入生产。20 世纪 90 年代末，克瓦纳（Kvaerner）公司（后于 2006 年被 Metso 公司收购）推出了紧凑型蒸煮技术（Compact Cooking™），进一步优化了硫酸盐法蒸煮动力学，同时简化了设备及整个蒸煮系统。在此基础上，2003 年，Metso 公司开发出了第二代紧凑型蒸煮技术（Compact Cooking™ G2）。目前，已有近 50 个系统投入运行，帮助世界各地的浆厂获得质量优异的纸浆、最大限度地提高纸浆得率、降低渣浆率以及降低蒸汽和电力消耗。2018 年，Valmet 公司（2013 年 12 月，由 Metso 制浆、造纸和电力业务从 Metso 集团拆分而成立的新公司）推出了改善灵活性、改进汽蒸和洗涤、易于维护的第三代紧凑型连续蒸煮技术（Compact Cooking™ G3）。

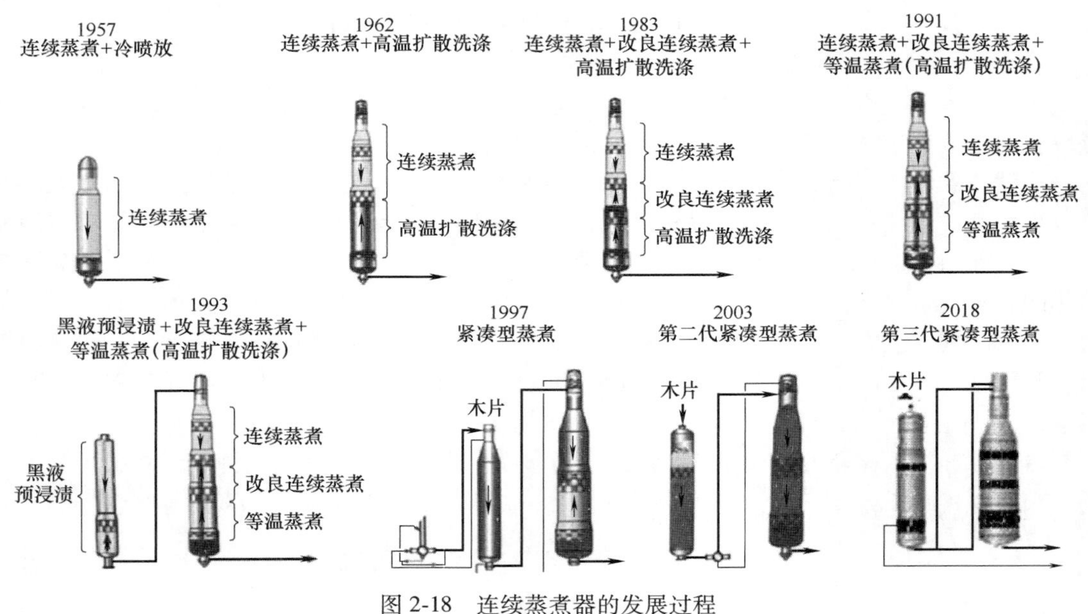

图 2-18　连续蒸煮器的发展过程

塔式连续蒸煮器的类型主要有：单塔液相型蒸煮器、单塔汽-液相型蒸煮器、双塔汽-液相型蒸煮器和双塔液相型蒸煮器。

（一）单塔液相型蒸煮器

单塔液相型蒸煮器是工业化生产中使用最早、最普遍的一种形式，如卡米尔液相型蒸煮器。它的特点是蒸煮塔内充满药液，液比较大，塔内压力保持在较蒸煮温度所对应的饱和蒸汽压高 0.30~0.40MPa。这样能保证塔内各部分必要的温度，并防止从塔内滤网抽液时汽化。塔内压力是由从塔底送入的稀黑液量来保持的。这种蒸煮器可用于硫酸盐木浆蒸煮，该蒸煮器的蒸煮过程和升温基本上仿照间歇式进行，其工艺流程如图 2-19 所示。

木片经电磁除铁器和木片筛处理后，经气封 1 进入一个带有蒸汽喷嘴的缓冲木片仓 2，木片在 90℃或略高些的温度下停留 10~15min。木片仓振动器 3 将木片送入木片计量器 4，

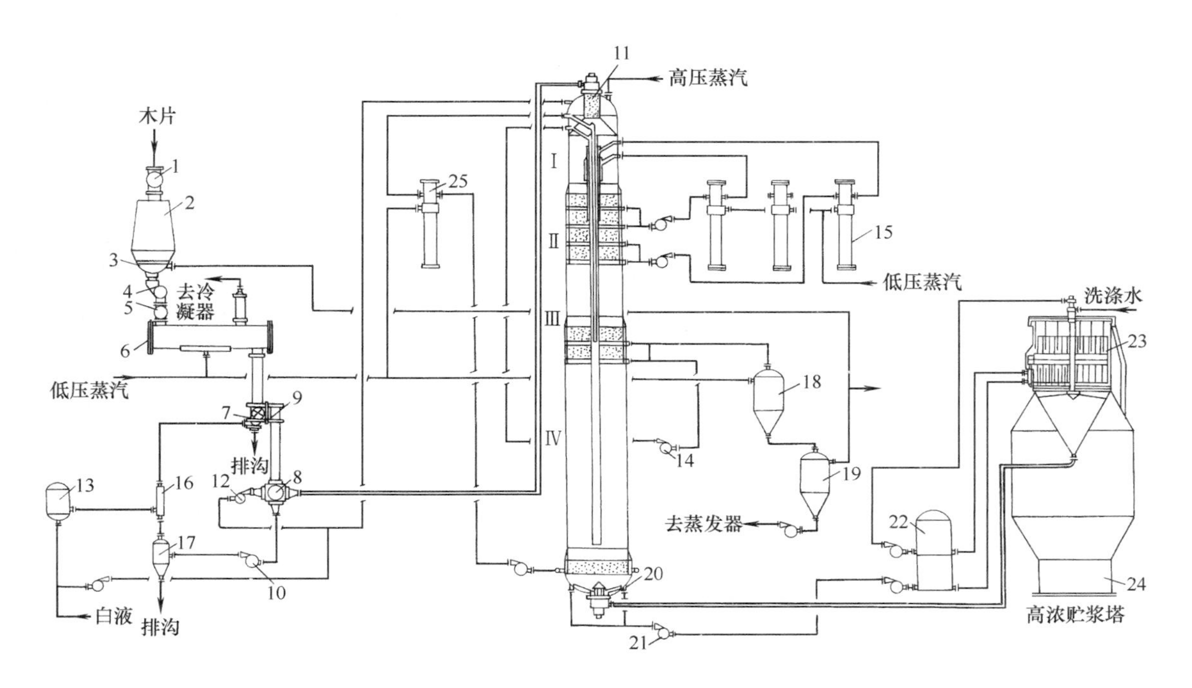

图 2-19　卡米尔单塔带两段置换扩散洗涤器的液相型蒸煮器

1—气封　2—木片仓　3—振动器　4—木片计量器　5—低压进料器　6—汽蒸罐　7—杂物分离器　8—高压进料器　9—溜槽　10—循环泵　11—顶部分离器　12—顶部循环泵　13—液位平衡槽　14—蒸煮塔　15—药液加热器　16—在线排水器　17—砂石分离器　18，19—闪急蒸发罐　20—刮料器　21—出料装置　22—两段滤液槽　23—两段置换扩散洗涤塔　24—高浓贮浆塔　25—洗液加热器

改变计量器的转速可以调节设备的生产量。所需蒸汽主要来自蒸煮器 14 的闪急蒸汽。木片在汽蒸罐 6 内分离出的松节油等挥发物，同空气与多余蒸汽一起排入冷凝器冷凝，回收松节油。

预汽蒸后的木片由汽蒸罐推入溜槽 9，进入一台附加的杂物分离器 7 和高压进料器 8，高压进料器连接两条循环管路。直立的循环管路由循环泵 10 泵送的药液将木片由溜槽冲入高压进料器转子垂直方向的空腔内，药液通过空腔底部的滤网被抽走。当高压进料器的转子转到水平位置时，木片被顶部循环泵 12 送来的药液送到蒸煮锅的顶部分离器 11 内。在这里，大部分药液通过分离器滤网由顶部循环泵送回高压进料器，木片和部分药液被分离器螺旋送入蒸煮锅内。

从高压进料器底部滤网分离出来的药液被循环泵 10 送到砂石分离器 17，除砂石后送回木片溜槽，多余的药液送往液位平衡槽 13，其作用是控制木片溜槽内的液位。补充的白液与液位平衡槽内的药液混合后被补充药液泵送往蒸煮锅顶部。

木片从蒸煮塔顶部缓慢地下降到高压浸渍区Ⅰ，在 115℃下浸渍大约 40min，然后再下降到上加热区Ⅱ。在此处，药液从过滤带抽出，经药液加热器 15 加热后，由中心分配管送回蒸煮塔内。在此区间，木片温度由 115℃上升至 155℃。在下加热区，同样从过滤带抽出，药液经过加热后送回下加热区，此时木片温度进一步上升到 170℃左右。每一加热区上下两节滤网在加热过程中轮流交替工作，从而利用木片下移时对滤网表面的擦拭作用而使滤网保持清洁。这种交替工作是由自动转换阀来实现的。

木片加热后，进入蒸煮区Ⅲ，在此处停留 1.5~2.0h 左右，由于蒸煮是放热反应，在此区间温度将继续上升 4℃左右。蒸煮区温度和时间可根据成浆的质量要求加以调整。

木片通过蒸煮区后即进入到热扩散区Ⅳ。温度为 70~80℃的黑液（作为洗涤液）被泵入塔底部冷却区，一部分将木片冷却至 90~100℃，再经排料装置排出；另一部分则由泵从塔底的滤网抽出，经加热器加热到 120~130℃后，由中心分配管回到原来抽液的区段内，然后以相对于木片移动的方向上升，进行逆流置换扩散洗涤，如图 2-20 所示。当洗涤液上升到洗涤区上端的下部滤网时，用泵抽出，经中心分配管送到蒸煮区下端，将与木片一起下行的浓黑液置换出来，由上部滤网抽出到闪急蒸发罐回收蒸汽，然后送往蒸发工段。热回收分成两段，闪急蒸发罐 18 产生的蒸汽用于 120℃的木片预汽蒸；来自闪急蒸发罐 19 的蒸汽用于木片仓的常压预汽蒸或制取热水。热置换扩散洗涤时间需要 1.5~4h。

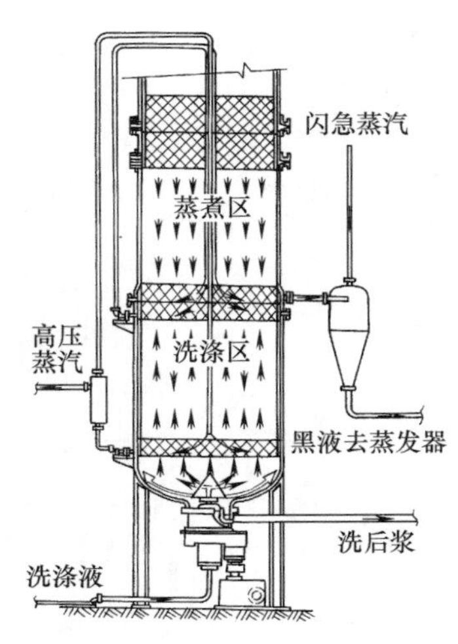

图 2-20　逆流置换扩散洗涤

在蒸煮塔底部，借助缓慢转动的叶片（该叶片固定在出口装置轴套的悬臂上）将冷却了的未分离成单根纤维的软化木片连续离解为纸浆纤维。然后，浆料借助蒸煮塔内的高压排出，送到一段或两段置换扩散洗涤器（图 2-21）进一步洗涤。

（二）单塔汽-液相型蒸煮器

20 世纪，单塔液相型蒸煮较普遍地应用于硫酸盐法蒸煮时，一种可用于酸性亚硫酸氢盐法、亚硫酸盐法、中性亚硫酸盐半化学法以及预水解硫酸盐法蒸煮的单塔汽-液相型蒸煮器被开发出来。这种单塔汽-液相蒸煮器的结构与液相型基本相似，所不同的是以反向式顶部分离器取代了液相型蒸煮器的顶部分离器。这样，由高压进料器经上循环管送来的木片在未进入蒸煮塔之前就同药液分离。在蒸煮塔顶保持了一个气相空间，使经过浸渍的木片能用直接通汽迅速加热到蒸煮温度，这就意味着在蒸煮塔内不再设有专门的浸渍区。在这种汽-液相型蒸煮中，木片预浸渍只限于顶部循环液和在反向式顶部分离器中停留的 3~4min 时间。汽相部分通常调整为在蒸煮器外壳顶以下 2m。药液液位保持低于料位 1~2m。

图 2-21　置换扩散洗涤器的结构

由于在蒸煮塔顶部有汽相空间，惰性气体积聚的问题随之解决，这对制造硫酸盐法溶解浆是很重要的，因为在预水解时要生成 CO_2。

（三）双塔汽-液相型蒸煮器

双塔汽-液相型蒸煮器是在单塔汽-液相型蒸煮器的基础上发展起来的，即在高压进料器与蒸煮塔之间增加了一台立式高压预浸渍塔。

图 2-22 为 Kvaerner 公司开发的一种双塔汽-液相型蒸煮器。木片由高压进料器先送入降

流式高压预浸渍塔顶部，预浸渍塔内的温度大约为110℃，压力为蒸煮器压力加液柱静压力即1.4MPa，使其在通过预浸渍塔期间，在最小液比和高压低温下进行较长时间的浸渍，对以各种木片规格制取低筛渣率、高均一性的纸浆，提供了良好的浸渍条件。浸渍塔顶部设有同液相型蒸煮塔一样的分离器，底部设有盘式刮料器及假底。当木片下行至底部时，由盘式刮料器将木片通过假底刮入最下面的排料室，由此借循环泵用循环药液冲至蒸煮锅的反向式顶部分离器。

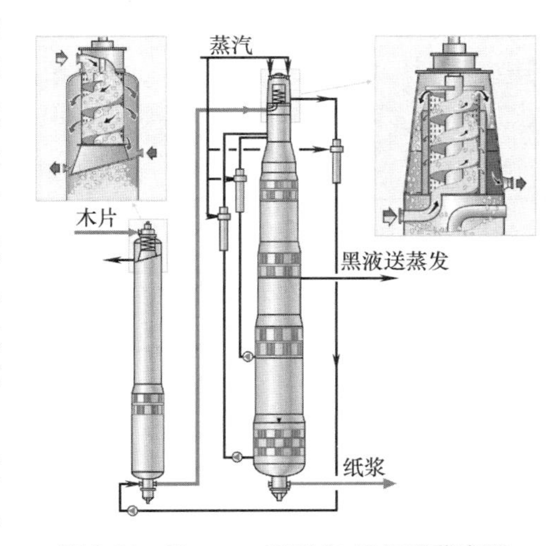

图 2-22　Kvaerner 双塔汽-液相型蒸煮器

这样的改进使得双塔汽-液相型蒸煮器的蒸煮效率大为提高，它克服了单塔液相型蒸煮器难以保持大循环量加热的问题。

这种双塔汽-液相型蒸煮器诞生于20世纪70年代初，不过起初主要用于亚硫酸盐法和预水解硫酸盐法蒸煮。

（四）双塔液相型蒸煮器

第一套双塔液相型蒸煮器的商业化运行是在1978年。1975年到1995年期间，新安装的日产1000t或以上的连续蒸煮器基本上均是双塔式液相型或汽-液相型蒸煮器。

双塔液相型蒸煮器的预浸渍是在一个单独的预浸渍器中进行的，蒸煮器的顶部没有上述三种系统的木片/输送液螺旋式分离器，而是以顶部的筛网替代，如图2-23所示。所有的加热都是在药液循环回路中间接进行。该系统最适用于蒸煮高密度、分离性能好的针叶木。低密度的针叶木则不适用该系统，因为木片的下落速度较药液的上升速度快大约10s才能保证良好的分离。我国青山纸业股份有限公司日产500t的连续蒸煮器即采用了该类型的蒸煮系统。

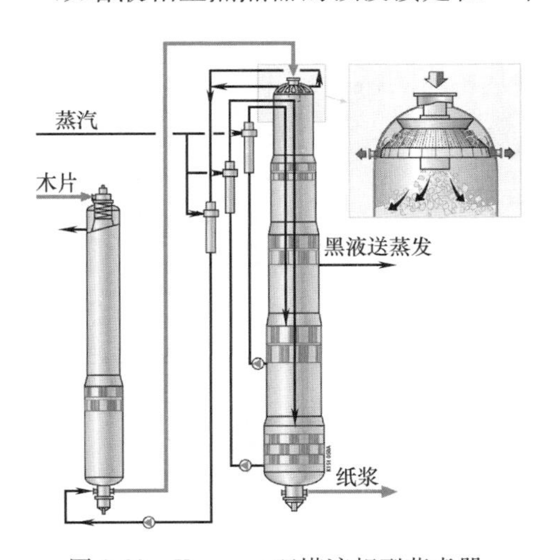

图 2-23　Kvaerner 双塔液相型蒸煮器

上述4种类型的连续蒸煮设备都有其各自的优缺点和适用性。表2-7列出了上述4种型式连续蒸煮系统技术特点的比较。但不论哪种形式的蒸煮系统，其蒸煮工艺方法大体相同，通常称之为传统连续蒸煮，其工艺流程如图2-24所示。它们的特点是：木片依次经过预浸渍区、蒸煮区、高温逆流洗涤区和冷喷放区而后成浆；预浸渍区有的在蒸煮器顶部，有的在单独的预浸渍器中预浸渍时间从几分钟到几十分钟不等；典型的蒸煮时间是1.5~2.0h，高温逆流洗涤时间为1.5~4.0h，蒸煮药液在木片进入蒸煮区之前全部加完。

（五）改良型连续蒸煮器

20世纪80年代，来自环境保护方面的压力使得制浆工业不得不寻找一种低污染、低能耗的发展道路。降低蒸煮后粗浆的卡伯值（Kappa）被认为是降低漂白化学品用量、减少环境污染的最有效的途径，从而导致了低卡伯值蒸煮方法的产生。自20世纪80年代后期开始，先后有 5 种连续蒸煮改良技术和设备问世，并投入生产运行。这 5 种技术分别为：改良的连续蒸煮（MCC）（图 2-24）、延伸的改良型连续蒸煮（EMCC）、等温连续蒸煮（ITC）（图 2-24）、黑液预浸渍的连续蒸煮（BLI）和低固形物连续蒸煮（Lo-Solids）。

表 2-7　　四种蒸煮系统技术特点比较

蒸煮系统技术特点	单塔液相型	单塔汽-液相型	双塔汽-液相型	双塔液相型
适用范围	1000t/d 以下针叶木蒸煮	阔叶木	针叶木	高密度针叶木
主要设备	1 台蒸煮器，较大加热器，蒸煮器的顶部分离器	1 台蒸煮器，较小的加热器，蒸煮器的顶部分离器	1 台蒸煮器，1 台预浸渍器，较小的加热器，蒸煮器的顶部分离器	1 台蒸煮器，1 台预浸渍器，较大加热器，无顶部分离器
加热设备	间接加热	直接加热为主，间接加热为辅	直接加热为主，间接加热为辅	间接加热
优缺点	加热面积大，大流量循环麻烦多，无冷凝水稀释作用	加热器面积小，大流量循环麻烦少，冷凝水稀释蒸煮液	适应性强，操作可靠，成浆性能质量好	无顶部分离器，最适于高密度针叶木

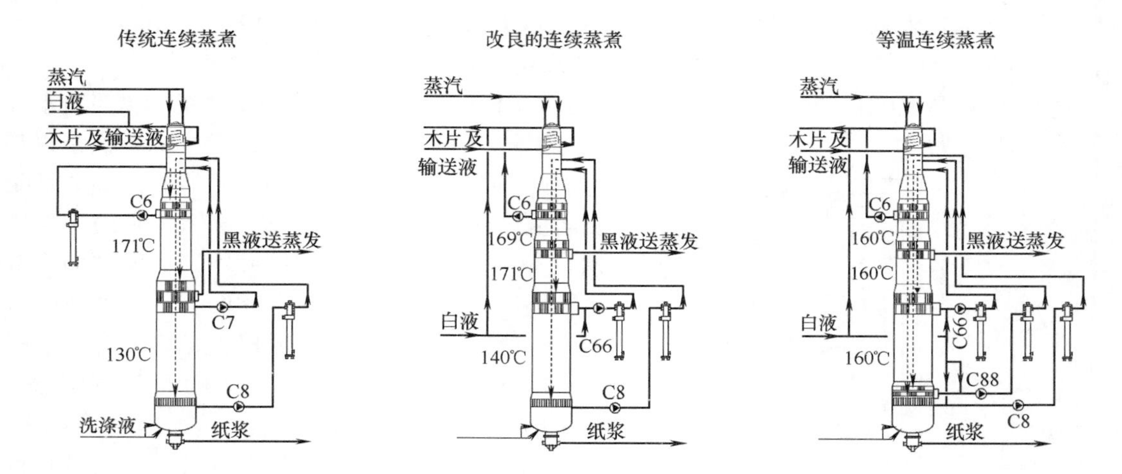

图 2-24　传统型、改良型以及等温连续蒸煮示意图

MCC 蒸煮理论最早提出于 20 世纪 60 年代，但一直没有取得令人满意的效果，直到 1985 年，第一台卡米尔 MCC 在芬兰 Varkaus 硫酸盐法制浆厂成功投入运行后，MCC 技术才得以广泛地推广。MCC 是将蒸煮区划分为两个区域，即在常规蒸煮的基础上增加了一个逆流蒸煮区，它布置在原顺流蒸煮区的下方。在顺流蒸煮区的温度采用 169℃，在逆流蒸煮区的温度采用 171℃，然后依然进行逆流置换扩散洗涤并进行冷喷放，逆流洗涤区的温度大约 140℃。针叶木硫酸盐浆的卡伯值能达到 25。MCC 技术降低了预浸渍初期的碱浓，增加了蒸煮后期的碱浓，使得纸浆硬度降低大约 10 个卡伯值，而浆的性能不变。虽然，MCC 技术原先是为双塔系统而开发的，但为单塔蒸煮系统采用 MCC 技术做了成功的改造。

延伸的改良型连续蒸煮（EMCC）技术，是将 MCC 中的逆流蒸煮部分延伸到了逆流置换扩散洗涤区。由于蒸煮时间的延长，蒸煮温度可以适当降低（针叶木可为 160℃），这有利于提高蒸煮的均匀性。采用 EMCC 技术，纸浆硬度可以在 MCC 基础上继续降低 2~3 个卡伯值，而浆的质量保持不变，针叶木硫酸盐浆的卡伯值甚至可以降至 17。

等温连续蒸煮（ITC）技术是 20 世纪 90 年代发展起来的制浆技术。ITC 是在 EMCC 基础上，通过增大高温洗涤循环加热器、循环泵从筛网中抽出药液的能力，而在整个蒸煮器中形成较低温度（155℃）条件下的等温蒸煮过程。由于 ITC 循环提高了蒸煮后期上升液流量和循环量，使得蒸煮器周边和中心部位的温度分布一致，蒸煮更为均匀。实践表明，在保持纸浆性能的前提下，ITC 技术比 EMCC 可再降低 3~5 个卡伯值。1993 年，第一台 ITC 制浆生产线在瑞典投产。我国云南云景林纸股份有限责任公司和南宁凤凰纸业有限公司均采用了 ITC 蒸煮技术。

低固形物连续蒸煮（Lo-Solids）技术，如图 2-25所示，也是 20 世纪 90 年代发展起来的制浆技术，适用于各种针叶木、阔叶木以及针叶木/阔叶木混合原料的蒸煮。其主要目的是最大限度地降低在大量脱木素阶段溶解的固形物的浓度，以提高纸浆的强度和可漂性，因而采取了多级（或多段）蒸煮废液的抽出以及相应的多种白液补充和滤液（洗涤液）稀释的方法。蒸煮过程中溶解的有机物、有效碱以及硫化物浓度，通过调整抽出液和补充液的相对流量来实现。Lo-Solids 蒸煮的温度可以降低到 155℃，粗浆卡伯值能够达到 20。

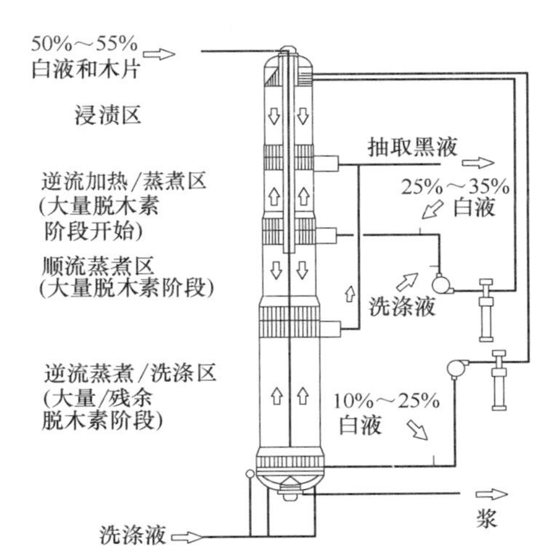

图 2-25　具有 2 个抽取点和 2 个洗涤液加入点的单体液相蒸煮器——低固形物蒸煮（Lo-Solids）示意图

注：箭头表示液体流动方向。

近年来，芬兰安德里兹（Andritz）公司开发了一种具有增压输送（TurboFeed™）的单塔 Lo-Solids®蒸煮技术，其工艺流程如图 2-26 所示。来自再沸器的清洁蒸汽可将木片仓中的木片加热到大约 100℃，从木片仓排出的乏汽通过木片仓冷凝器冷凝，避免了臭味的排出。采用增压输送（TurboFeed™）系统省去了传统高压喂料系统中的高压进料器、蒸煮器顶部循环泵、在线滤液器、输送液平衡槽以及补充液体泵等装置，降低了设备投资和维修费用。木片泵将木片及输送液泵入顶部反向式分离器后，木片进入蒸煮锅的汽蒸区。此时，中压蒸汽可将其加热到大约 140℃。下降至穿过浸渍区后，木片进入蒸煮塔上部液体抽提区，此时上部药液被抽出，木片与来自蒸煮加热循环的新鲜升流药液接触，从而使木片被加热到 155~160℃。白液与塔内药液抽提区抽出液混合后，经抽出的黑液加热后，被送入蒸煮循环管路中。这部分液体置换来自浸渍区的液体后，其中一部分升流并加热来自浸渍区的木片，其余的液体与木片一起降流到蒸煮区。通过蒸煮区后，其余的药液可通过底部抽提区抽出。整个塔内蒸煮的时间大约 3h。

（六）紧凑型连续蒸煮器

紧凑型连续蒸煮技术（Compact Cooking™）是 1997 年由克瓦纳（Kvaerner）制浆设备公司开发的一种新的硫酸盐制浆技术，即第一代紧凑型连续蒸煮技术。紧凑型蒸煮系统主要包括紧凑型喂料系统、预浸渍器和蒸煮器等，属于双塔结构。图 2-27 为紧凑型连续蒸煮（Compact Cooking™）流程的示意图。

紧凑型连续蒸煮技术有三个主要特点：采用黑液预浸渍（在低塔中进行），优化的蒸煮

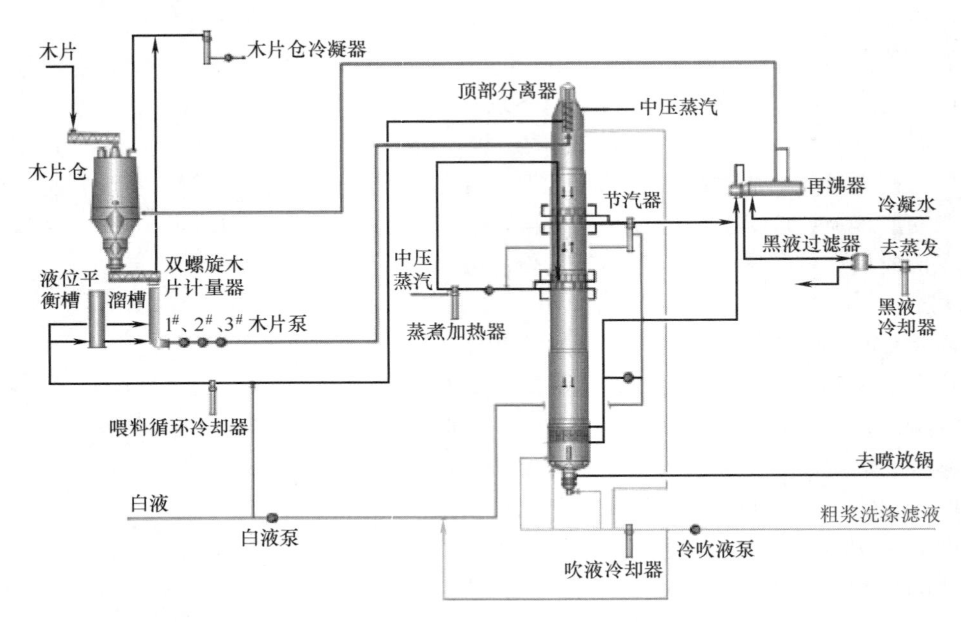

图 2-26 Andritz 公司 TurboFeed™单塔 Lo-Solids®蒸煮器

过程药液浓度分布，以及低温蒸煮（在高塔中进行，蒸煮桉木时最高温度为 140～150℃），通过蒸煮条件的进一步优化，大大保护了原料中碳水化合物的降解和溶出，使得成浆得率、黏度和强度以及可漂性比 ITC 技术又有了新的提高。我国海南金海浆纸业有限公司年产 100 万 t 漂白硫酸盐阔叶木浆的制浆生产线，其蒸煮系统采用了紧凑型蒸煮技术（Compact Cooking™），设计生产能力为 3500 风干 t/d，蒸煮器底部直径为 12.5m，高度为 71m。蒸煮器喂料速度为 30m³/min，木片预汽蒸温度为 100℃、时间 10min，预浸渍温度为 120～130℃、时间 45min，蒸煮温度为 140～150℃、时间 6h。蒸煮后的纸浆得率为 50%，比等温连续蒸煮（ITC）提高了 1%～2%，每吨浆蒸煮汽耗降至 500kg/t 浆以下，减少了 50%以上。

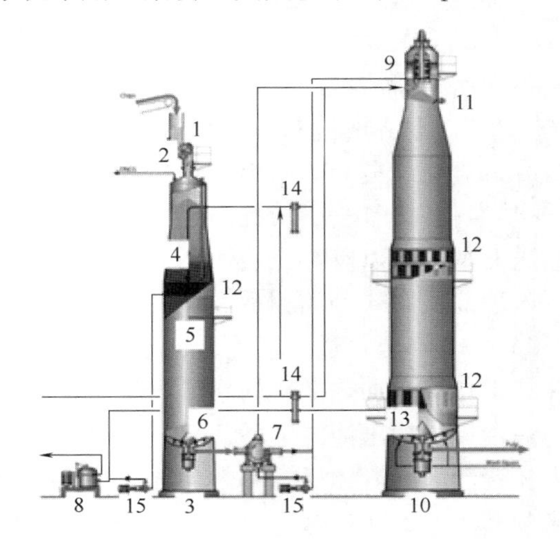

图 2-27 紧凑型连续蒸煮（Compact Cooking™）流程示意图

1—木片计量器缓冲槽 2—木片计量器 3—预浸渍塔 4—预浸渍塔—顶部分离器 5—预浸渍塔—预浸渍区 6—预浸渍塔—卸料装置 7—高压喂料器 8—筛浆机 9—蒸煮塔—顶部分离器 10—蒸煮塔 11—木片料位指示器 12—抽提筛板 13—蒸煮塔—卸料装置 14—热交换器 15—木片泵

与第一代紧凑型蒸煮技术相比，第二代紧凑型蒸煮技术具有如下特点：

① 更低的蒸煮温度，蒸煮针叶木时可以降到 150℃，蒸煮阔叶木时可以降到 140℃，减少了半纤维素的溶出，提高了浆料得率；

② 预浸渍温度更低，预浸渍时间更长，最大限度地减少了碳水化合物的溶出，降低了粗渣率，提高了纸浆得率；

③ 根据需要可以实现快速的初段黑液提取；

④ 根据不同种类的木片，在预浸渍和蒸煮过程中，可以改变液比，采取最优化的用碱量，

从而得到高质量的纸浆。

贵州省年产 20 万 t 的硫酸盐竹浆生产线以及山东省年产 100 万 t 的硫酸盐木浆生产线，均采用了此技术。

预浸渍塔是一个独立的常压容器（低塔），如图 2-28 所示，它综合了预汽蒸和预浸渍的功能。预浸渍塔上部起到了一个木片仓的功能，能够提供一定的停留时间进行预汽蒸和减少喂料变化的冲击。从蒸煮塔上部筛板抽提出的黑液和白液混合后，通过中心管加入预浸渍塔抽提筛板的上面，并保持一定的液位。预浸渍塔中木片和液体的温度大约是 100℃，为了在预浸塔中获得合适的温度，加入的液体可被热交换器加热或冷却。在预浸渍塔中的液比比较高，这样可以保持预浸渍过程中碱的浓度一致，预浸渍效果均匀稳定。

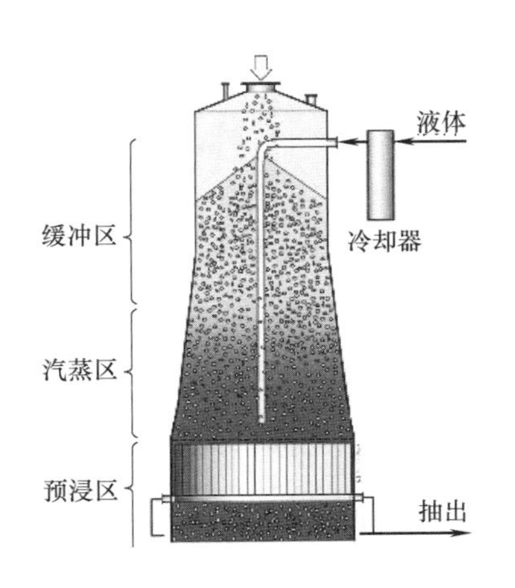

图 2-28　木片的预汽蒸和预浸渍

输送木片的液体的循环是通过预浸渍塔的液位泵，将输送液经由喂料器的高压侧把喂料器中的木片输送到位于蒸煮塔顶部的分离器来实现循环的，如图 2-29 所示。经过蒸煮器的顶部分离器螺旋和筛框的挤压，木片和蒸煮药液实现分离，由蒸煮器顶部分离器返回的输送液中不再含有木片，这个循环称为输送循环。

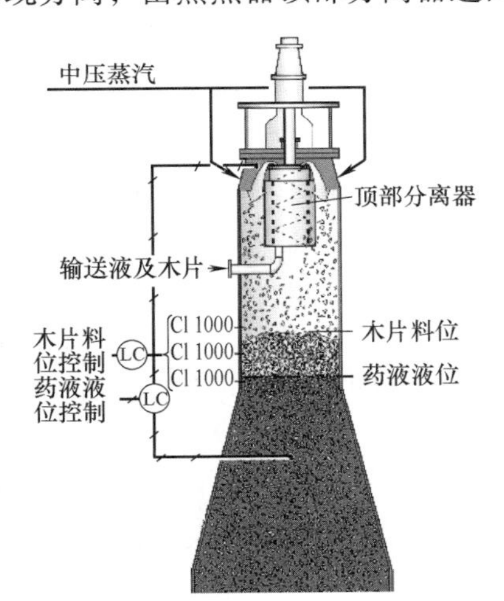

图 2-29　蒸煮塔中木片料位和药液液位的控制

在蒸煮塔顶部有一个气相区域，中压蒸汽在此处可被直接加入，用来进一步加热木片和蒸煮液来满足蒸煮所需的温度。直接用蒸汽加热木片可以在整个蒸煮塔中获得均匀的温度。另外，中压蒸汽可以给蒸煮塔增压。当出现蒸煮温度较低，中压蒸汽难以维持蒸煮器需要的压力时，可以通过压缩空气来提高蒸煮塔内的压力。

在蒸煮器顶部分离器的下部，白液被加入到蒸煮塔内。当木片在蒸煮塔内从顶部分离器下落到木片堆时，白液被送入设在分离器筛框下面的环形管，通过管道上的喷嘴呈放射状向下喷撒到木片上。因为有一部分木片料柱在药液上方，在蒸煮塔内木片被浸没的程度和下移的速度可以通过调节木片和液体之间的料位和液位差来控制。木片的料位越高，在下部液体中浸没的木片就越多。这是控制料柱通过蒸煮系统一个非常有效的方法。蒸煮塔的顶部是料位所在的部位，该区域比较窄，料位变化反应比较灵敏。

木片料柱依靠自身的重量在蒸煮塔中慢慢向下移动。在下移过程中，木片需通过两个有筛板的区域。蒸煮塔被上下两层抽提筛板分成三个区域：上蒸煮区、下蒸煮区和逆流洗涤区。上抽提筛板把上下两个蒸煮区分开，洗涤区在下抽提筛板下部。从上抽提筛板抽出的黑液，可以作为热的液体送入预浸渍塔、输送循环或送往蒸发工段。下抽提筛板靠近蒸煮塔底部。从下蒸煮区来的黑液和从洗涤区来的置换滤液被从这里抽出。这个抽提流量用来控制下蒸煮区的液比。从下抽提筛板抽出的黑液，可用来加热白液或经过黑液过滤机回收黑液中的纤维之后送往蒸发工段。在蒸煮器底部的逆流洗涤区，来自粗浆洗涤系统的滤液被高压泵送到蒸煮塔底部，如图 2-30 所示。通过垂直和水平的管道进入蒸煮塔底部并穿过卸料刮板。在木片或粗浆下降到蒸煮塔出口的过程中，洗涤液垂直置换木片或粗浆周围的液体，然后洗涤滤液从蒸煮塔的底部筛板抽提出来。洗涤液也可以通过蒸煮塔器内的中心管从上部添加，这种洗涤方式称为放射状洗涤。洗涤液的温度在进入蒸煮塔前可以通过洗涤液冷却器来进行调节。蒸煮塔底部旋转的卸料刮板能够通过打碎已蒸解的木片料柱且将其引到蒸煮塔的卸料口来帮助料柱的下降。

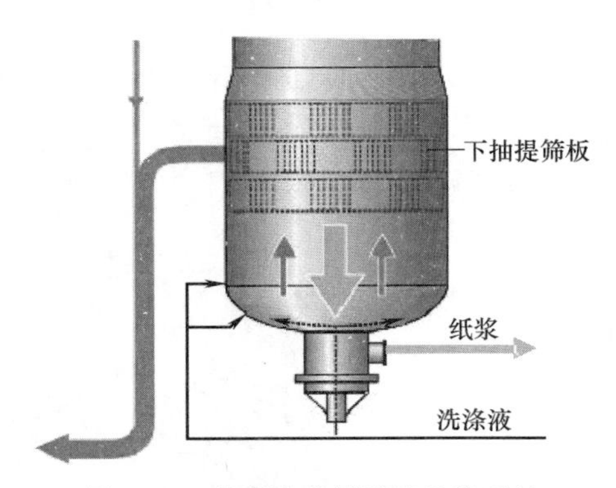

图 2-30　蒸煮塔底部逆流洗涤系统

蒸煮塔内的木片在压力 0.5～0.6MPa、温度 140～150℃的碱性条件作用下，经历 3～4h 之后，完成了整个蒸煮过程。蒸煮后的粗浆依靠蒸煮塔内的压力，由卸料口排出。由于经过了蒸煮塔底部的逆流洗涤系统，卸料口处的粗浆浓度可降为 10%～13%，粗浆温度降至 90～95℃。

2016 年，加拿大新布伦瑞克省的 Irving 制浆造纸公司采用了新的紧凑型连续蒸煮技术制浆生产线，替代了 14 台间歇式蒸煮器，针叶木浆的产量达到 1866t 风干浆/d。采用的双塔蒸煮器整合了传统木片预蒸仓、浸渍器和闪蒸系统的基本特征，ImpBin 木片浸渍系统为木片提供了良好的液体浸渍，蒸煮得率提高，浆渣非常少。在较低的反应温度下，氧脱木素效率提高了 5%至 10%，在进入漂白工段浆料卡伯值相同的情况下，二氧化氯和氢氧化钠的消耗量下降了 15%至 20%。这些化学品的节省归功于蒸煮器中不可缺的纸浆洗涤区，减少了黑液的残留，并进一步降低了下一工段脱木素和漂白操作中的化学品消耗，工厂的排水质量也更好了，能源消耗也大幅下降。

与第二代紧凑型蒸煮技术相比，第三代紧凑型蒸煮设备占地空间更小，易于维护，蒸煮系统布置更加紧凑，最大限度地降低了管道和平台等外围系统的成本，并在以下方面得到了改进：a. 改进了预浸渍塔的设置，可提高针叶木松节油的回收量，且预浸塔无异味；b. 设置三个蒸煮区，在蒸煮过程中可以调节温度和用碱量，具有更高的灵活性；c. 改善了碱液分布，蒸煮后获得的纸浆更加清洁，可漂性能更好；d. 设置三个径向洗涤区域，洗涤更彻底，减少后期漂白化学品的用量；e. 筛板清洁，易于维护。

二、塔式连续蒸煮器的进料器

（一）高压进料器

高压进料器是塔式连续蒸煮器的关键设备，用于将料片定量且均匀地从低压的溜槽送入高压的蒸煮器转子的空腔内，然后借助高压输送液将腔内的木片送入蒸煮器的顶部螺旋式分离器（或分离筛网）。高压进料器的通常结构如图 2-31 所示。进料器圆筒形外壳 1 为铸钢结构，它有两个水平接管和两个直立接管。上部接管 5 与溜槽相接，供木片和药液进入料腔之用；下部接管 8 与溜槽循环泵吸入管相接，供从料腔中抽出药液之用。左边接管 6 与上循环泵压出管相接，供将循环药液送进料腔之用；右边接管 7 经上循环管路与蒸煮器顶部分离器（或分离筛网）相接，供高压药液将料腔中的木片送入蒸煮器顶部之用。

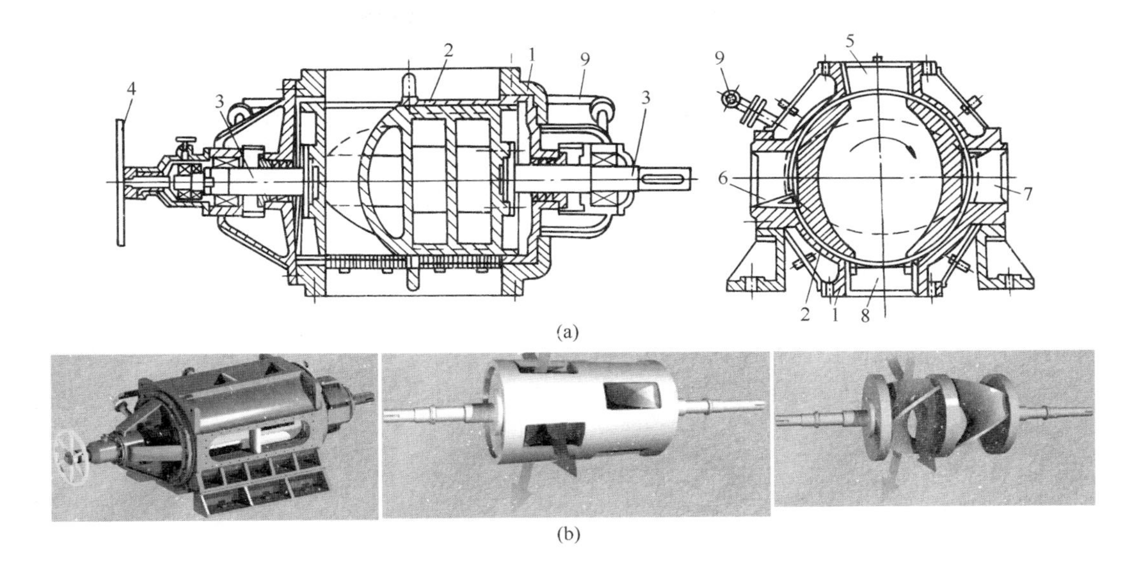

图 2-31　Kamyr 高压进料器

（a）传统式　（b）改进式

1—圆筒形外壳　2—锥形转子　3—转子传动轴　4—手轮　5~8—接管　9—平衡管线

锥形转子 2 由铬钢铸成，它有 4 个穿过轴线的料腔。料腔沿转子轴向排列而互不相通。4 个料腔中两个为一组，每组中两个料腔相互垂直，两组料腔相错 45°。这样配置料腔，使得当一个料腔处于直立位置在装料片时，同组另一个处于水平位置的料腔内的木片则为上循环泵压出的高压药液送入到蒸煮器顶部。由于两组料腔相错 45°，所以能够连续将木片送入蒸煮器内。料腔为一个异形体形状，保持料腔内截面面积不变，可以消除因截面积变化而引起的冲击振动，从而保证转子连续稳定的运转。转子的锥度一般为 1∶20，其直径与长度根据生产能力而定。手轮 4 用于调节锥形转子与圆筒形外壳内衬套之间的间隙。在高压进料器的高压侧口与低压侧口之间的环向间隙中，由于压力差的存在，高压侧的药液会通过环向间隙向低压侧泄漏。适当量的泄漏可以在转子与衬套间起到润滑作用，减少相互间的机械摩擦和动力消耗。由于转子与衬套之间的腐蚀与磨损，可根据转子表面的磨损程度和热胀情况，通过转动手轮 4 使转子做适当的轴向移动（最大轴向移动量一般为 50mm），以调节转子与衬套间的间隙。当转子表面磨损量达到 1.3mm 时，仍能够继续保持锥形转子与衬套间的间隙处于正常状态。转子与外壳衬套间的正常间隙一般不超过 0.05mm。

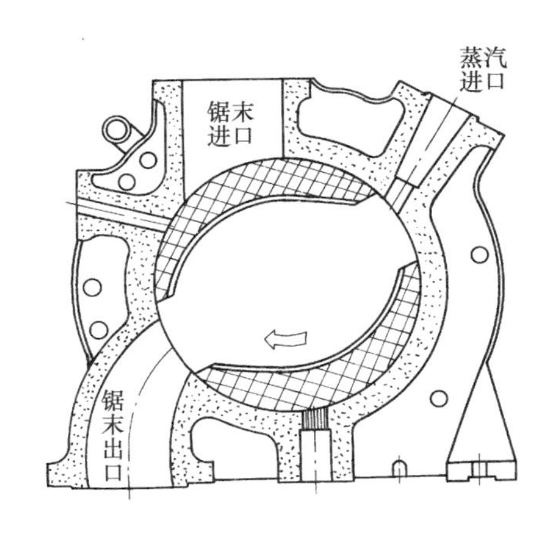

图 2-32　用于锯末连续蒸煮系统的“哮喘”式高压进料器

高压进料器两端用平衡管 9 相连通，以平衡转子两端部的轴向压力。正常运行时，转子温度要高于外壳。为使转子与衬套间保持必要的间隙，防止咬合，外壳上装有蒸汽夹套。开车前需要用低压蒸汽预热 30~40min，预先使外壳膨胀。

Kamyr 锯末连续蒸煮系统中采用一种“哮喘”式的高压进料器，如图 2-32 所示。这种高压进料器使用高压蒸汽将原料吹送到蒸煮器顶部。进料器转子有两条相互垂直但互不相通的料腔。当某一料腔处于直立位置时，即由溜槽往料腔中装料；转过 60°后，当料腔的开口对着蒸煮锅时，从“哮喘”阀来的高压蒸汽将原料吹入蒸煮锅内，它每次打开的时间约为 1s（由此称之为哮喘式进料器）；转子继续回转，在到达直立位置之前，该料腔内的残余蒸汽可通过外壳上的接管及平衡管引入低压浸渍器内。这样，转子每转一圈可喂料 4 次。

（二）低压进料器

对于 Kamyr 连续蒸煮系统，低压进料器（图 2-33）是将木片计量器送来的木片连续均匀地送入汽蒸室，并作为汽蒸室的密封装置。它由铸钢外壳 1 和锥形格仓转子 2 构成。转子两端支承于铸钢端盖轴承架中的轴承上。为防止木片落入转子与外壳之间，进料器的侧壁上装有固定底刀。外壳侧面有接管，用于将转子格仓中的乏汽排入料仓中加热木片。

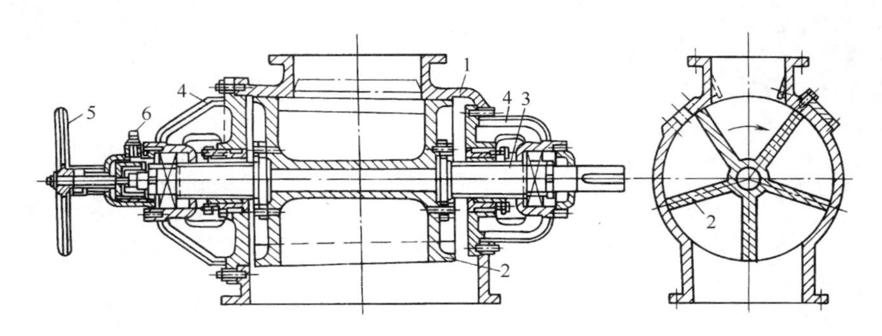

图 2-33　Kamyr 低压进料器

1—外壳　2—锥形转子　3—轴　4—端盖　5—手轮　6—定位螺钉

锥形转子用铸钢制成，其工作表面需进行多层堆焊，底层用镍，上面两层用含 13%～15%铝的铝青铜堆焊，最后进行精加工。转子锥度为 1：20。根据转子表面的磨损程度，以及转子受热情况，转子可借手轮 5 调节其轴向位置，调节后用定位螺钉 6 固定住。转子轴向位移量最大可达 60mm，当转子工作表面磨损量达到 1. 5mm 时，仍能消除转子与外壳之间过大的间隙。正常工作时，此间隙应小于 0. 05mm。工作时转子表面速度约为 0. 9m/s 左右。

进料器在试车前应在 0. 26MPa 压力下进行水压试验。操作时，须在汽蒸室通汽之前开动，否则可能因为转子受热不均衡而导致启动困难。

（三）转子进料器

转子进料器是埃斯科（ESCO）公司连续蒸煮器的关键设备，其作用与 Kamyr 连续蒸煮器的高压进料器相同，但在具体结构上有其特点。图 2-34 为 ESCO 转子进料器。转子设有 13 个料腔，每个料腔的隔板上装有一把容易调节和替换的耐磨刮刀。由于刮刀数量多，所以当转子运行时至少同时有四把刀和壳体接触而起着密封蒸汽的作用。壳体和刮刀均采用特殊的合金钢制造，具有很高的硬度，既耐磨又耐腐蚀，而且抗划痕。转子及进料器凡是与木片、药液

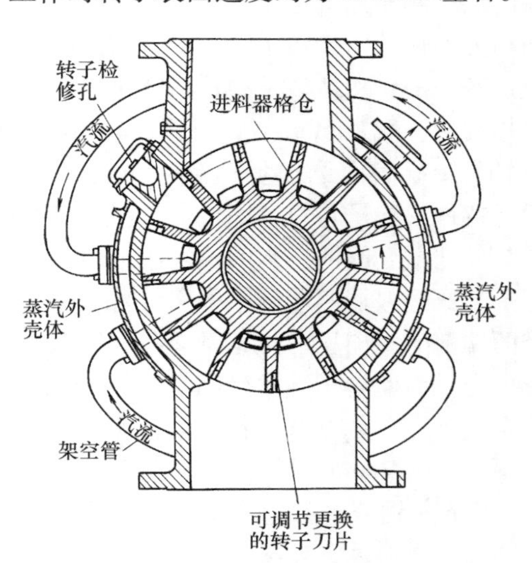

图 2-34　ESCO 转子进料器

接触处均用不锈钢制造。

为了保证转子和外壳始终呈同心状态，防止转子两侧压力不均而造成转子与壳体咬住，除了设有蒸汽压力平衡管外，还专门设计了蒸汽夹套，使转子和壳体保持同心膨胀。

可利用检查口更换调节刮刀，一般为 6 个月换一次。

（四）增压输送式（TurboFeed®）木片泵

2002 年，芬兰安德里兹（Andritz）公司推出了增压输送式木片处理与输送系统（TurboFeed® Chip Conditioning and Delivery System），即采用了多级木片泵逐级增压的方式向蒸煮器顶部输送木片的技术，如图 2-35所示。由木片仓经木片计量器和溜槽来的木片与输送液一起进入到 1# 木片泵中，经过两级加压后，由 3# 木片泵将木片与输送液一起送入蒸煮器顶部。与单台木片泵相比，由于该系统中的木片多经历了两次木片泵的机械作用，因而木片的尺寸大小略微发生了一些变化，但生产实践表明，采用该系统生产出的纸浆质量几乎没有变化。

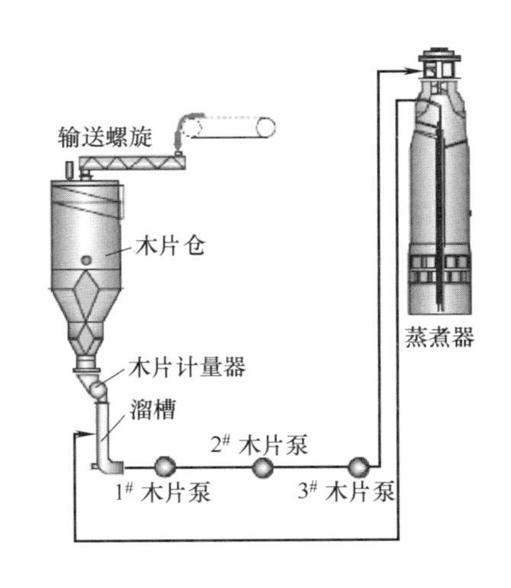

图 2-35　Andritz 公司的 TurboFeed®系统

木片泵的基本结构如图 2-36 所示。木片泵的输送原理与中浓浆泵类似，它有一个厚度较大的变径螺旋式的叶轮，其前端（亦即先接触木片及输送液的部分）相当于一个湍流发生器。木片与输送液进入离心泵送区之前，在叶轮前端叶片的扰动和搅拌作用下，以输送液为载体的木片流完全处于湍流状态，亦即实现了流体化，从而到达离心泵送区时，在叶轮的作用下，木片流带着足够大的动能从木片泵出口排出。

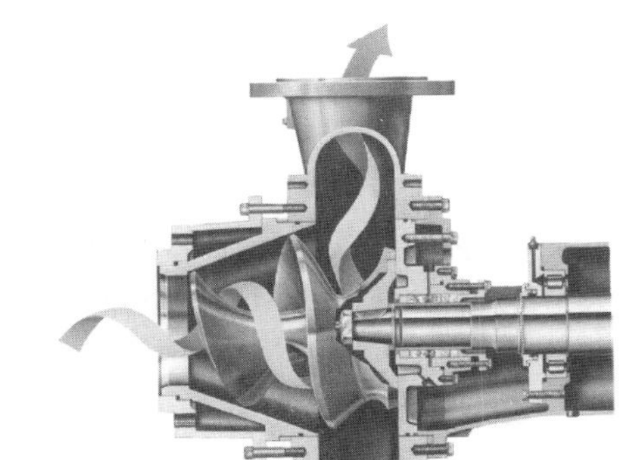

图 2-36　木片泵的结构示意图

增压输送式（TurboFeed®）木片处理与输送系统降低了设备的投资费用和维护费用，提高了操作的稳定性，消除了高压进料器生产能力方面的瓶颈问题，该系统现已达到 3200 风干 t/d。

三、塔式连续蒸煮器的蒸煮塔

塔式连续蒸煮器的蒸煮塔是一个能承受 1.0～1.4MPa 的压力容器。塔的本体可分为顶部分离器、浸渍、升温加热、蒸煮、逆流置换扩散洗涤、冷却和排料装置等组成部分。汽-液相蒸煮塔在其上部还有一个汽蒸区。

蒸煮塔的壳体根据药液的腐蚀性程度可采用普通钢板和复合钢板制造。塔体由几段不同直径的圆筒体组成。塔内均设有抽出药液的滤网，对于较小产能的蒸煮塔，滤网可用 5mm 厚的不锈钢板制造，有长约 50mm、宽 1.5mm 的条缝型滤孔。由于蒸煮塔体直径都比较大，如年产 10 万 t 的蒸煮塔下部塔体直径可达 ϕ5.5m 以上，年产 100 万 t 的蒸煮塔下部塔体直径可达到 ϕ12.5m，上部直径 ϕ5.2m，为了保证各截面上温度、药液浓度的均匀一致，塔体中心设有不同长度的同心套管，使循环药液分别回流到各个对应区域的截面上。

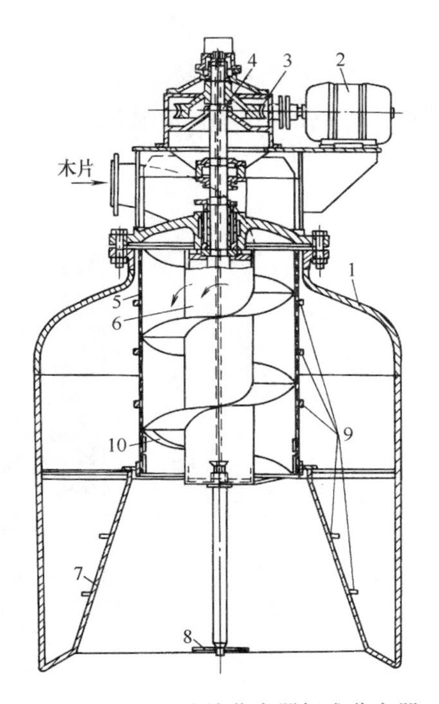

图 2-37 Kamyr 连续蒸煮器标准分离器
1—锅体 2—蜗轮传动电机 3—蜗轮 4—螺旋轴 5—滤网 6—螺旋 7—导向圆锥 8—料位指示器 9,10—加强筋

塔体顶部装有顶部分离器，用以分离木片和输送液。Kamyr 液相型蒸煮塔的顶部采用了标准分离器，其结构如图 2-37 所示。标准分离器中充满了液体，在液相压力下工作。分离器由直立螺旋 6、空心轴 4、电动机 2 以及圆筒滤网 5 组成。滤网由 6mm 厚的不锈钢制造，缝宽 2mm、缝距 6. 5mm。螺旋叶片与滤网间隙控制在 0. 5mm 以内。从高压进料器送入分离器的木片和药液，其中药液大部分穿过环形滤网进入滤液室，而后又被抽回到输送循环管路中；而木片与小部分药液则被分离器的螺旋叶片送入蒸煮塔内。

在汽-液相蒸煮塔的顶部采用了内置式反向顶部分离器，如图 2-38 所示。分离器主要由顶部螺旋、顶部筛板、液体收集器以及驱动装置组成。液体和木片通过高压喂料器上行到安装在蒸煮塔顶部的顶部分离器，从其底部入口进入，液体随木片穿过顶部分离器，木片从液体中分离，液体再返回至高压喂料器及预浸渍塔。在反向式顶部分离器中，当螺旋输送器移送木片时，顶部循环液通过圆筒形筛板的垂直缝抽出，其他多余药液则随之向上，在超过分离器边缘后，被直接蒸汽吹入蒸煮塔。由汽相区温度控制的蒸汽流量，可对来料进行均一的加热。

蒸煮塔底部一般都设有喷液稀释和粗浆连续冷喷放系统，如图 2-39 所示。用于塔底部的稀释和洗涤液体用冷吹液泵从下述三个位置泵入塔内：在蒸煮塔最下端靠近洗涤滤网处，有一圈环绕塔体的水平蒸煮器稀释管（图 2-39 中最下一排环管），稀释管上均匀分布着通入塔内的稀释喷嘴，首先，稀释和洗涤液体通过这些喷嘴进入塔内；其次，通过逆流洗涤管从均匀分布在塔底部并通入塔内的稀释喷嘴（一般 4~8 个）；最后，通过置于塔底部旋转刮料器内管道上的喷嘴。这些加入到塔内的稀释和洗涤液体，除了提供给高温洗涤区外，在塔底

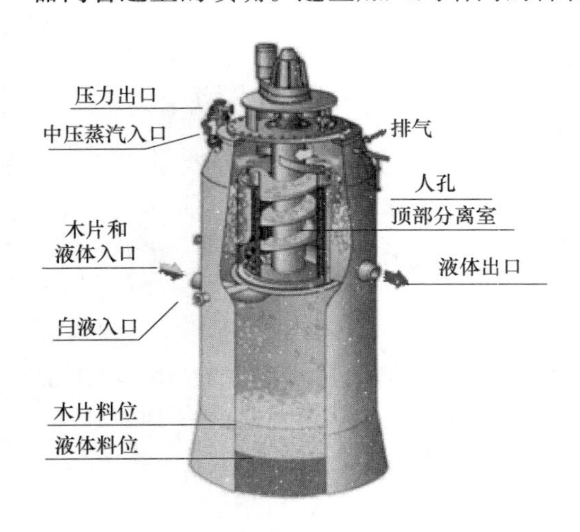

图 2-38 内置式反向顶部分离器

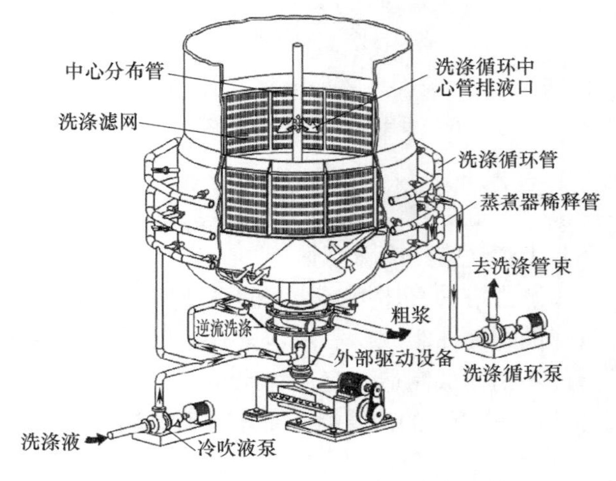

图 2-39 Kamyr 连续蒸煮器的底部结构

部主要是为了冷却和稀释即将从塔体排出的粗浆，使粗浆喷放时的浓度控制在 9%～13%，也即中等浓度的范围，温度 85～95℃。

塔底部的排料装置用于连续排料，它由焊有叶片的刮料器和锥形分配头构成。旋转的刮料器有两个主要功能：一是将已蒸解的木片破碎成粗浆，二是将稀释降温后的粗浆刮到塔底中部的排料口，然后借助塔内的高压将粗浆排出塔内送入喷放锅。刮料器由电动机经减速箱减速后，由蜗轮拖动，转速为 1.65～6r/min。

四、塔式连续蒸煮器的其他设备

（一）木片计量器

木片计量器用于测量木片的体积流量，并根据不同的连续蒸煮工艺，将木片均匀地从料仓送入与木片计量器相连接的设备，如汽蒸罐、预浸渍塔、低压进料器等，或通过溜槽进入到木片泵中。蒸煮器的产量是由木片喂料量决定并通过木片计量器测量，通过改变输送木片的速度来改变产量，根据木片密度和喂料转速来计算进入反应塔的木片绝干量，由此控制白液的加入总量。木片计量器有不同的结构形式，图 2-40 为格仓式木片计量器。它主要由外壳、格仓转子、端盖等组成。在外壳上有进料口 4 和视镜 5，视镜便于观察进料情况。格仓格子分成若干个小格，当木片从入口 4 进入转子后，转子转动 90°，可供低压进料器给料一次，每转动一周可给料 4 次，它的转速可根据纸浆产量自动调节，一般为 7～12r/min。当转子出现故障或卡料时，可打开检查孔 6 检查和清理。

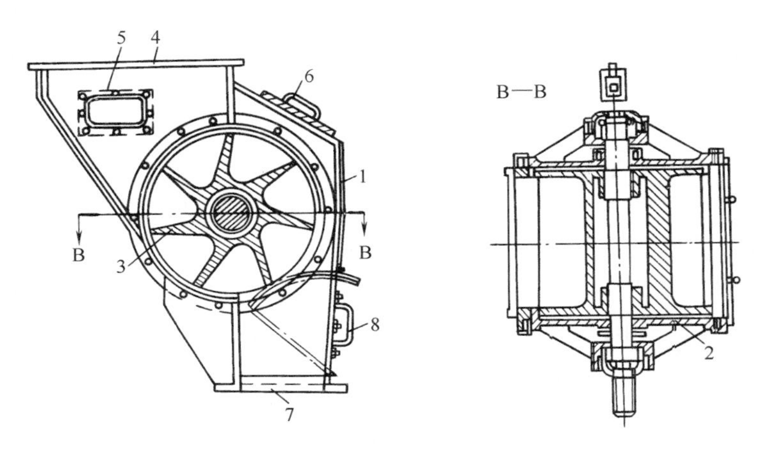

图 2-40　木片计量器

1—外壳　2—端盖　3—不锈钢转子　4—进料口　5—视镜
6—检查孔　7—出料口　8—木片取样装置

除格仓式的木片计量器外，还有一种双螺旋式的木片计量器。它是由一对不同旋向的同步相向旋转的螺旋和外壳以及传动机构组成。由于两个反向螺旋将计量器内分形成了若干个固定体积的空间，当螺旋运转时，计量器便将木片以固定的体积流量输送到下一工序中。木片计量器的最高转速取决于木片的特性和蒸煮塔的生产能力。

（二）汽蒸罐

汽蒸罐（图 2-41）是 Kamyr 连续蒸煮系统中木片预处理的主要设备之一，用于预汽蒸料片，将料片中的空气驱逐出去，以利于蒸煮液的渗透。它是一个稍有倾斜布置的卧式推进搅拌容器。外壳和螺旋输送器用不锈钢制造，中心轴用碳钢钢管表面衬不锈钢板制成。低压进料器送来的料片被转速 3～7r/min 的主轴慢慢输送和搅拌，同时加进 0.07～0.15MPa 的低压蒸汽，将料片加热到 100～120℃，然后经排料口排入溜槽。汽蒸罐内的未凝蒸汽排入过滤器，滤出细小的料片，不凝汽接入木片仓。

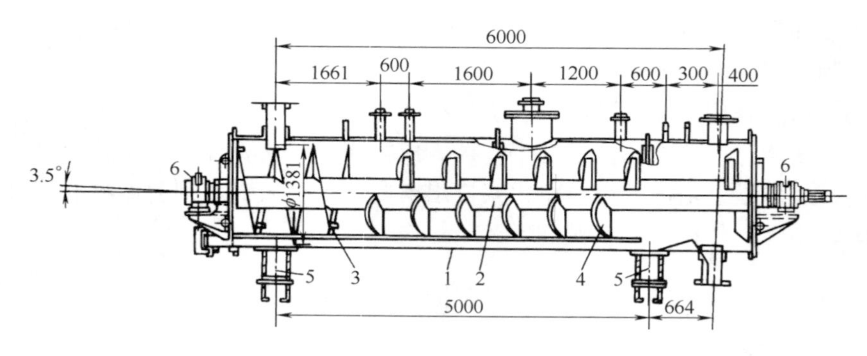

图 2-41　Kamyr 汽蒸罐

1—壳体　2—主轴　3—螺旋叶片　4—搅拌叶片　5—支架　6—轴承

（三）溜槽

在 Kamyr 连续蒸煮系统中，溜槽为矩形截面的上下两节直立的不锈钢壳体，中间用膨胀节连接成一个整体。溜槽将汽蒸罐出口与高压进料器的进料口连通。溜槽上下节都设有循环药液进口管和视孔。溜槽侧壁装有放射性料位计的传感器，当溜槽中的料片达到最高料位时，即向操作台发出光信号，此时应立即停送料片。

溜槽内的液位通过连接液位槽的管路上的调节阀调节。保持恒定的液位，是塔式连续蒸煮器系统运行的必要条件。液位过低时，由汽蒸罐来的蒸汽使高压进料器转子料腔内装不满料片，待该料腔转到水平位置时，将使循环管路发生水击；液位过高时，会使落入溜槽中的料片浮起不易冲入料腔。溜槽的工作压力为 0.22MPa。

Kvaerner 公司连续蒸煮系统中的溜槽与 Kamyr 公司的基本相似，如图 2-42 所示。当木片与输送药液冲入高压进料器料腔时，由于木片输送液循环泵的抽吸作用，会对溜槽中的药液产生瞬时的压力降。为避免此时溜槽内药液的沸腾，溜槽内的压力至少要高于输送药液饱和蒸汽压力 30~60kPa。

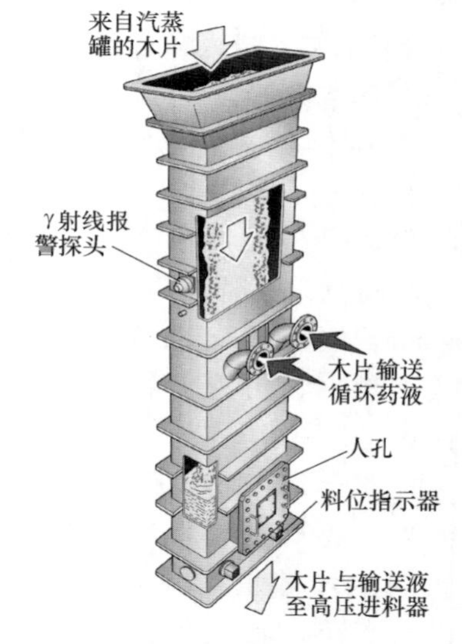

图 2-42　Kvaerner 木片溜槽

在 Andritz 公司低固形物蒸煮（Lo-Solids）系统中，溜槽用于连接木片计量器的出口与木片泵（相当于低压进料器或高压进料器）的进口。它是由一段等径的复合不锈钢直管与一个变径的复合不锈钢弯管焊接在一起的，弯管直径较大的一端与直管相连，弯管直径较小的一端与木片泵入口相接。溜槽的工作压力为 0.27MPa。

第四节　管式连续蒸煮设备

管式连续蒸煮设备主要包括横管式连续蒸煮器和斜管式连续蒸煮器。国外横管式连续蒸煮器有潘迪亚（Pandia）、获菲布莱特（Defibrator）和格林柯（Grenco）等类型，其中以 Pandia 最为常用。斜管式连续蒸煮器主要是美国鲍尔（BAUER）公司研制的 M&D 斜管式连续蒸煮器。

Pandia 连续蒸煮器是美国 Black-Clawson 公司于 1948 年研制成功的，原来主要用于生产阔叶木中性亚硫酸盐法半化学浆。由于 Pandia 连续蒸煮器很适合非木材纤维原料的蒸煮，国外较大型的蔗渣和草浆厂多采用这种设备，我国已经有一些浆厂采用这种设备用于竹浆、芦苇浆和麦草浆的生产。就单台蒸煮器的生产能力而言，Pandia 连续蒸煮器比 Kamyr 连续蒸煮器要小，国外目前实际使用最大的为 300t/d。Pandia 连续蒸煮器是采用非木材纤维原料化学法或半化学法制浆最主要的连续蒸煮设备，应用较为广泛，目前全世界有超过 200 家的浆厂在使用这种连续蒸煮器。

我国自第一台国产 10t/d 横管式连续蒸煮器和引进的第一台 50t/d 横管式连续蒸煮器于 20 世纪 70 年代初投产以来，横管式连续蒸煮器已迅速国产化。天津轻工业机械厂从瑞典 Sunds Defibrator 公司引进了 50~150t/d 的横管式连续蒸煮器，可生产化学浆（烧碱法、硫酸盐法及中性亚硫酸盐法）或半化学浆，若配用热磨机也可适用于木片 CTMP 浆的生产；2006 年，300t/d 的横管式连续蒸煮器正式投放国内市场，填补了国内制浆设备方面的一个空白，其中螺旋喂料器规格为 711mm（28in）、762mm（30in），配套 PLC、DCS，其浆料得率和运行效率已达到国际先进水平。

横管式连续蒸煮器属于高温快煮的蒸煮设备，即原料进入密闭的蒸煮设备后，即被直接蒸汽迅速加热到较高的温度（150~160℃），蒸煮周期较短，根据原料品种、浸渍条件、成浆质量的要求不同，蒸煮时间不超过 1h。

斜管式连续蒸煮器对原料的适应性较为广泛，可以用于木片、木屑，以及竹子等非木材纤维原料，生产出高质量的本色浆。在使用多种原料时，可改变生产控制条件来适应，甚至每 8h 可改变一次原料品种。该设备的布置及排列有较大的灵活性，适用于多种制浆方法，如硫酸盐法、中性亚硫酸盐法、半化学浆法，冷碱法以及磺化机械浆（SCMP）等。其单台设备的生产能力为 50~300t/d。目前，世界各地约有 40 台斜管式连续蒸煮器在运行，以软木和硬木片或锯末生产本色浆和漂白浆。

一、横管式连续蒸煮器简介

国际上常见的横管连续蒸煮工艺流程主要有以下三种型式：

① 软质非木纤维原料的连续蒸煮器，适用于密度小、可压缩性大、易形成料塞及药液吸收性强的原料，如稻麦草、蔗渣和芦苇等，该系统采用卧式螺旋预汽蒸器、大压缩比螺旋喂料器及喷淋混合的方式施加药液；

② 硬质非木纤维原料的连续蒸煮器，该蒸煮器采用立式活底料仓预汽蒸、小压缩比螺旋喂料器及压力浸渍器浸渍药液，更适用于药液吸收性较差的竹片、棉秆、木片等；

③ 采用双喷放横管连续蒸煮器流程，此流程属于美国 Peadco 公司专有技术，适用于蔗渣、麦草、竹丝为原料的蒸煮。

图 2-43 为软质非木材纤维原料的连续蒸煮流程图。经湿法备料脱水后的草料进入螺旋输送机 1，草料经螺旋输送机的第一个出料口并通过鼓式计量器 2 定量地进入连续蒸煮系统，约剩余 5%的草料通过螺旋输送机第二出口回湿法备料的碎草机中。草料经鼓式计量器连续定量地送入预汽蒸螺旋输送机 3 内，经预汽蒸螺旋输送机顶部上的喷嘴，将蒸煮药液喷洒到草料上，由两条浆式螺旋进行混合，使草料受到均匀的浸渍，同时草料受到低压蒸汽的预热至约 85℃，在此草料中的空气得以排除。浸渍后的草料连续均匀地进入螺旋喂料器 4 中。螺旋喂料器的作用是将草料连续均匀地送入压力约 1.0MPa 的蒸煮管 6 内，并作为压力

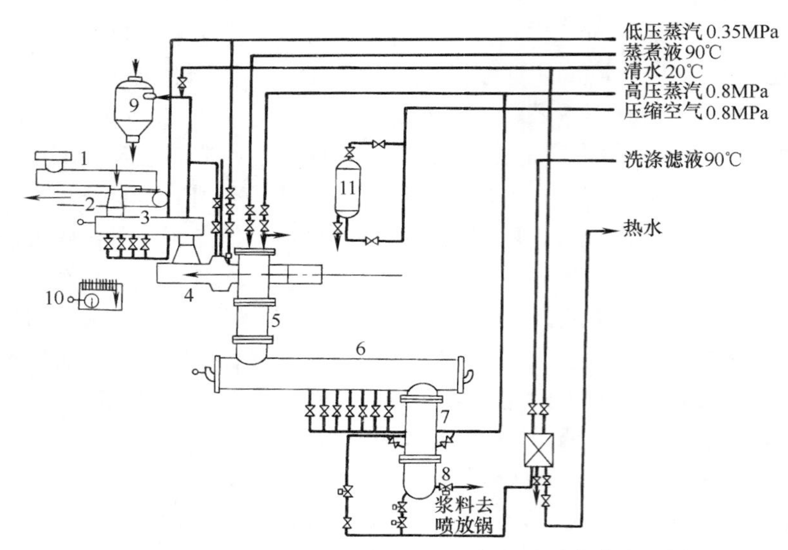

图 2-43　适用于软质非木材纤维原料的连续蒸煮流程图

1—螺旋输送机　2—鼓式计量器　3—预汽蒸螺旋输送机　4—螺旋喂料器　5—T 形管　6—蒸煮管　7—中间管　8—卸料器（带喷放阀）　9—旋风分离器　10—润滑器　11—储气罐

密封装置。原料通过螺旋喂料器后被压成“料塞”。螺旋喂料器是横管式连续蒸煮的关键设备，如果草料量太小，料塞形成不紧密，密封不住蒸煮管的气压，就可能出现反喷现象——即草料被蒸煮管中的蒸汽反吹出来，这样将无法继续生产。为了避免反喷现象发生，在 T 形管 5 上设有防反喷的锥形阀头。当草料少到一定的程度，喂料器的功率降到某一值时，说明有可能要出现反喷，这时喂料器的功率变送器将给防反喷装置一个指令，锥形阀头会迅速堵住出口，防止反喷发生；当料塞紧密到适当值时，阀头会自动打开。在 T 形管的上方还设有蒸煮药液和蒸汽入口，当料塞落入蒸煮管后由于迅速吸液和吸热，而恢复原有体积，并进入 175℃左右的蒸煮阶段，蒸煮管中的螺旋输送器翻动并推动草料前行。经过 175℃，15~20min 蒸煮后，成浆在中间管 7、卸料器 8 中用洗浆工段送来的稀黑液稀释并冷却到 100℃以下，然后喷放到喷放锅中再送至洗浆工段。

对于竹片等硬质非木材纤维原料，由于原料吸收药液的性能差，而采用压力浸渍的方法施加药液，其特点是采用双螺旋计量器计量，在预汽蒸螺旋输送机中对原料低压汽蒸软化，而后在立式浸渍器中进行药液的浸渍，经蒸煮后喷放。对于双喷放连续蒸煮系统，则采用双蒸煮管，由第一蒸煮管喷放到第二蒸煮管降压继续蒸煮，然后成浆再喷放至喷放锅。

二、横管式连续蒸煮器的螺旋喂料器

螺旋喂料器是横管式连续蒸煮器最关键的设备，它决定着整个系统的运行稳定性。螺旋喂料器的作用是在系统进料的同时使料片被压缩形成料塞来封住蒸煮管中蒸汽压力的反冲。对于不同原料的物理特性，如形状、大小、内摩擦系数、流动性等，对螺旋喂料器的设计都有很大的影响。

螺旋喂料器有两种基本结构形式：饥饿型和充满型。饥饿型喂料器进料溜槽的截面较大，喂料螺旋的几何压缩比为 3.5∶1，螺旋直径较大，通常采用定速电机，由计量器控制定量给料，其供料特点是向喂料螺旋的供料量少于螺旋的推送量，料片在进料溜槽中不允许停留和堆积。饥饿型喂料器适用于稻麦草、芦苇、蔗渣、经粉碎的棉秆和竹丝等流动性较差、容重小、易于“架桥”堵塞的料片。而充满型喂料器恰好与之相反，喂料螺旋的几何压缩比为 1.8∶1，螺旋直径、进料溜槽均比饥饿型小得多，它要求进料溜槽充满一定的料片量，还装有振动器，并采用调速电机。充满型喂料器具有计量功能，能完成充满、成塞和适应不同产量的要求，适用于木片、竹片、荻苇片等。

螺旋喂料器主要由喂料螺旋、锥形壳体、料塞管和传动装置等组成，如图 2-44 所示。

喂料螺旋在结构上分成输送段、压缩段和光轴段三段。输送段起计量和喂料作用，它的设计确定了喂料的能力，它通常设计成定外径螺旋叶片、变螺距、变螺旋根径的结构；压缩段起输送、压缩料片进而脱水和增加料塞密度的作用，它设计成变外径，变螺旋根径和变螺距的结构。不同原料应选用不同的压缩比，所谓压缩比即喂料螺旋压缩段第一个与最后一个螺距的螺旋槽容积之比。压缩比［式（2-7）］可参照图 2-45 求得。

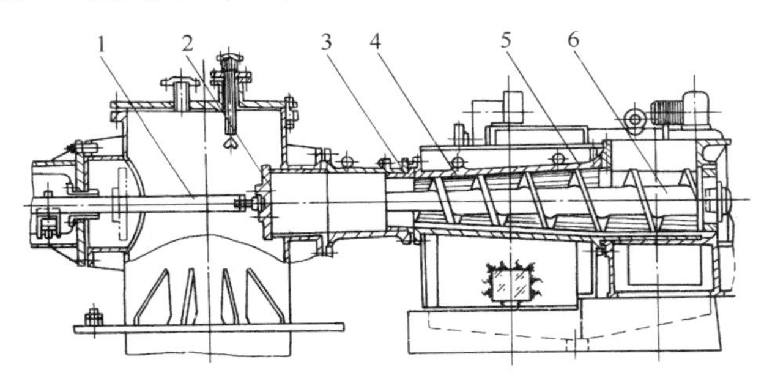

图 2-44　横管式连续蒸煮器进料装置
1—阀杆　2—阀头　3—料塞管　4—防滑条
5—锥形壳体　6—喂料螺旋

$$I=V_1/V_2=A_1d_1/A_2d_2 \tag{2-7}$$

式中　I——压缩比

V_1、V_2——喂料螺旋压缩段进入端与出料端空腔容积

A_1、A_2——同上螺旋槽进入端与出料端截面积

d_1、d_2——同上螺旋槽截面积的重心位置所在的理论直径

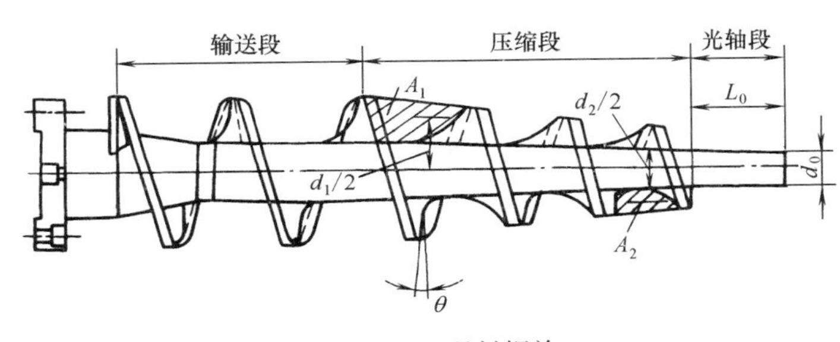

图 2-45　喂料螺旋

喂料螺旋的直径、螺距、锥度和长度取决于压缩比，而压缩比主要同原料的密度、软硬及可压缩性有关。一般认为，密度小、可压缩性大、易形成料塞的稻麦草、蔗渣、竹丝、芦苇等原料，应选用压缩比较大（3∶1~3.5∶1）的大压缩比、短料塞管的螺旋喂料器；而对于竹片、木片等密度大、可压缩性小、不易成塞的原料时，则应选用压缩比较小（1.8∶1~2∶1）的小压缩比、长料塞管的螺旋喂料器；对于密度介于上述两类原料之间的芒秆、棉秆等原料，应根据具体条件通过试验确定，其压缩比介于 3∶1~2∶1 之间。螺距一般取螺旋直径的 0.8 倍，目前一般采用长螺旋小锥度，以有利于料塞的形成。

光轴段的作用是为了形成密实程度较高的环形料塞，以封堵来自蒸煮管蒸汽和浆料的反喷。光轴直径约为料塞直径的 1/3，光轴段长径比约为 1~1.5。

喂料螺旋用铸钢制成。由于挤压原料，磨损较严重，故喂料螺旋压缩段的螺旋工作表面与光轴段表面应喷焊 2~3mm 厚的耐磨硬质合金以提高其耐磨性能，而螺旋槽表面应保持光滑以防止料塞转动。由于喂料螺旋需经常修理更换，螺旋体本身均单独制造，其与传动轴之间一般多采用凸凹槽联轴器联接，对中轴心线后用柱销定位，借螺栓的数量与刚度保持螺旋不至悬垂。此种结构设计允许超载能力为设计负荷的一倍以上。传动轴由于承受较大的轴向载荷，常用两套双列向心球面滚柱轴承和一套单列圆锥滚柱轴承支承。

喂料螺旋装于机壳内。机壳用铸钢制成。为便于装配和检修，机壳设计成水平剖分式。

机壳内表面开有防滑槽，在槽内镶有防滑条块，用以防止原料压缩时周向滑动。为防止防滑条过度磨损，防滑条表面也须有耐磨合金堆焊，并进行机械加工。防滑条可用 2Cr13 或 3Cr13 钢制成，磨损后可更换。防滑条数目一般为 6~10 条，沿机壳内径均布，防滑条宽约 15~20mm，凸出机壳内表面高度一般为 2mm 左右，原料为木片时可以略高些。喂料螺旋与机壳内防滑条之间的间隙应保持在 0.1~0.8mm。在上半个机壳未装配之前，检查螺旋与下半个机壳之间的间隙。机壳下半部分还应开有阶梯形小孔或梯形栅缝，小孔有效直径一般取 5~10mm，以利料塞挤压脱水，机壳小端的开孔率应大些。

机壳与扩散管连接，扩散管内装有一段直径不变的接管，喂料螺旋前端的光轴段延伸其中，用以使原料压缩后在此管中造塞，称料塞管。在料塞管中料塞连续形成，又连续被推入扩散管。料塞管内壁又分为光管和带防滑槽的两种。料塞管内径按喂料螺旋小端直径决定，料塞管长度对螺旋喂料器正常工作影响极大。料塞管太短时，难以形成紧密的料塞，容易发生反喷；相反，如果料塞管太长，不但会消耗过多的动力，还容易引起堵塞，加剧螺旋轴、机壳和料塞管的磨损，加剧纤维损伤，从而降低成浆的强度。因此，料塞管的长度必须根据原料的具体条件通过试验才能确定。一般硬质原料应增加料塞管的长度，软质原料相对来说应短一些。

料塞管的理论计算长度可按式（2-8）计算：

$$L=0.576\frac{D}{Kf_k}\cdot\tan\frac{p_1}{p_2} \tag{2-8}$$

式中 L——料塞管长度，cm

D——料塞管内径，cm

K——旁压系数，一般取 0.8~1.0，对软质料片取大值

f_k——动态摩擦因数，一般取 0.45~0.50，对软质料片取较小值

p_1——螺旋推进压力，MPa

p_2——蒸着管内最大工作压力，MPa

按上述计算所得的 L 值一般偏大，需要在试生产时按现场实际情况逐次切短修正。最佳长度是使料塞能够连续形成，且不产生反喷，而动力消耗最小。

经螺旋喂料器推出的原料湿含量一般在 50% 以下。湿含量大小与螺旋压缩比、料塞管长度有关。螺旋喂料器转速一般为 30~90r/min，原料为木片时取较小值，为草片时取较大值。要调节适当的喂料量，可由调节变速器而变动螺旋转速来实现。

喂料螺旋的转速可按式（2-9）计算，并在实测产量后最后确定。

$$n=\frac{q_m}{1.44Y\cdot\beta\cdot\rho\cdot V} \tag{2-9}$$

式中 n——喂料螺旋转速，r/min

q_m——粗浆产量，t/d

β——综合填充系数（包括填充系数和打滑系数），饥饿型常取 $\beta=0.3\sim0.6$，充满型取 $\beta=0.7\sim0.8$

ρ——料片堆积密度，kg/m^3

V——靠近输送段的锥形压缩段的一个整螺距的螺槽腔容积，m^3

Y——粗浆得率

料塞密度约为 400~500kg/m^3。饥饿型在形成料塞前的料片密度大致为 149kg/m^3，充满

型在形成料塞前的料片密度大致为 189kg/m^3，要使此参数提高到 400~500kg/m^3，需要通过喂料螺旋的螺槽腔体积的减小，使螺槽腔内料片得到有效的压缩来实现。在料塞的形成过程中，径向上的压缩量通常低于轴向上的压缩量。要增加径向上的压缩量，需通过调整螺槽的高度来达到。

螺旋喂料器所需用功率常按经验公式（2-10）计算如下：

$$P = 1.6\frac{q_m C P_{d,t}}{Y} \tag{2-10}$$

式中　P——螺旋喂料器需用功率，kW

q_m——粗浆产量，t/d

C——按不同型号选取的常数

$P_{d,t}$——按平均每天每吨喂送料片量计所需配备的功率，一般取 $P_{d,t}$=0.3~0.5kW/(t·d)

Y——粗浆得率

实际配置的电机功率均大于上述计算值一倍以上，以保证连续运行的可靠性。

螺旋喂料器的主要参数如表 2-8 所示。

表 2-8　　螺旋喂料器的主要参数

类　型		饥饿型		充满型	
螺旋直径/in(mm)		17(432)	23(584)	12(305)	13.5(343)
电动机功率/kW	最小	90	150	110	110
	最大	200	225	225	250
最高转速/(r/min)		100	75	155	150
每转输送量/L		17.4	52.1	9.26	10.2
单位供料量所需功率/(kW/t)		0.3~0.5	0.3~0.5	0.4~0.5	0.4~0.5

三、横管式连续蒸煮器的蒸煮管

蒸煮管是横管式连续蒸煮器的主要部件。料片经前面处理后，进入蒸煮管内继续与药液一起被搅拌混合均匀，并按规定的压力和温度直接通汽，加热到一定时间直到蒸煮成浆，然后被推送到卸料器。

国际上蒸煮管在向着大管径方向发展，在一套横管式连续蒸煮器中的蒸煮管根数一般不超过 3 根。蒸煮管通常支承于两个支架上，这在结构上应能够消除热膨胀的影响，一般一端固定于一支架上，另一端松装于另一支架。最上一根蒸煮管与 T 形管的接管上设有膨胀节。

蒸煮管结构如图 2-46 所示。蒸煮管内的螺旋均配备单独的传动装置，便于进行调速以适应蒸煮过程的需要。螺旋叶片已出现变径变距的新结构，螺旋叶片是一段大、一段小相继组成。这种结构的螺旋可使蒸煮管内料片的填充系数达 75%，并能保证料片得到均匀地搅拌和蒸煮。每根蒸煮管的螺旋轴上对着排料口装有 4~6 片拨料叶

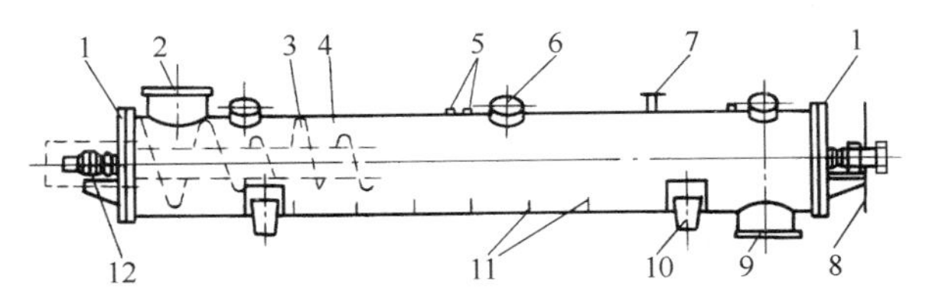

图 2-46　蒸煮管

1—端盖　2—进料管　3—推料螺旋　4—壳体　5—仪表接孔　6—手孔　7—备用排汽管　8—传动链轮　9—出料管　10—支座　11—进汽管　12—轴承

片。拨料叶片的作用是拨散、搅匀料片，防止排料口附近积存体积较大且较密实的料块。对于稻麦草、龙须草和棉秆等原料，拨料叶片的片数应沿蒸煮流程的反方向逐管递减。通常双管连蒸器，第 1 管有 4 片拨料叶，第 2 管有 6 片拨料叶。

蒸煮管的长度一般为 8～15m，直径为 500～1500mm。蒸煮管长度受螺旋长度的限制，因为螺旋两轴头支承于蒸煮管端盖的轴承座上，中间无支承，蒸煮管将因本身重量产生较大挠度。螺旋外径与蒸煮管内表面间的间隙通常取 15～20mm。为防止已浸药液原料沿管壁周向滑动，在蒸煮管下部约 150°范围内沿轴向焊有四条厚度为 10～12mm 的防滑条，使螺旋外径与防滑条间的间隙保持在 3～8mm。

连续蒸煮器的生产能力与蒸煮管的有效容积成如式（2-11）关系：

$$V_e = \frac{q_{m,o}t}{1.44\rho_i Y} \tag{2-11}$$

式中 V_e——蒸煮管的有效容积，等于理论计算容积乘以 0.75 填充系数

$q_{m,o}$——绝干粗浆量，t/d

t——蒸煮时间，min，由生产经验或试验确定

ρ_i——料片在蒸煮管内的平均堆积密度，kg/m³，对木片、竹片取 240kg/m³，草片取 170～200kg/m³

Y——粗浆得率

由式（2-11）计算容积后，按表 2-9 选用。一根蒸煮管容积不够时，可采用二根或三根。

表 2-9　蒸煮管的主要参数

型　　号	TS0041-S TS0042-C	TS0043-S TS0044-C	TS0045-S TS0046-C
蒸煮管内径/mm	1220	1370	1520
蒸煮管长度/mm	9150	9150	9150
容积/m³	8.3	10.5	13.2
有效容积/m³	6.23	7.9	9.9
进料端螺旋(外径×螺距)/mm	φ1168×406	φ1320×410	φ1470×410
螺旋轴转速/(r/min)	0～2	0～2	0～2
螺旋根径/mm	φ356	φ406	φ406

蒸煮管内螺旋的转速可按式（2-12）计算：

$$n = \frac{q_{m,o}}{1.31Y\rho_i(D^2 - d^2)S \cdot \phi} \tag{2-12}$$

式中 n——蒸煮管内螺旋转速，r/min

$q_{m,o}$、Y——同上式

ρ_i——料片在蒸煮管进料端的堆积密度，kg/m³，对于蔗渣、麦草、苇片（经湿法备料、螺旋进料器后），在第一根蒸煮管为 150～200kg/m³，在第二根蒸煮管为 200～250kg/m³；对于竹丝，在第一根蒸煮管为 215kg/m³，在第二根蒸煮管为 280kg/m³

D——螺旋叶进料端外径，m

d——螺旋叶进料端根径，m

S——螺距，m

ϕ——填充系数，取 0.4~0.5

蒸煮管螺旋的最高转速，可为计算所得转速的 1.5~2 倍。有时某一管中蒸煮时间不需要太长时，亦可加快转速使蒸煮时间缩短。

蒸煮管螺旋的需用功率，对表 2-9 所述的三种规格的蒸煮管，其螺旋配用直流电机功率在理论上 11kW 已足够，但为了保证长期连续运行的可靠性，实际配用为 20~22kW。

四、横管式连续蒸煮器的其他设备

（一）计量器

横管式连续蒸煮器正常运转的一个十分重要的条件是均匀、连续、定量地供料。计量器的选择对整个系统影响很大，如选择不当，不但会影响计量的准确性，甚至会影响均匀连续进料，诱发螺旋喂料器发生堵塞、反喷。

横管式连续蒸煮器应用于非木材纤维原料时，大多采用双销鼓、双波轮或双螺旋式计量器。它们都配有变速传动装置，通过调节其转速达到计量并控制供料量的目的。

1. 双波轮计量器

国内设计的双波轮计量器（图 2-47）适用于蔗渣、稻麦草、龙须草、芦苇、荻苇等非木材纤维原料。它是由外壳、缓冲料槽、波轮鼓、弧形挡板、刮刀和出料口等组成。来自中间料仓的料片，由顶部进入缓冲料槽，依靠重力作用自然下落，通过两个波轮鼓之间的容腔实现对料片的计量，然后经出料口进入预汽蒸螺旋输送机。在缓冲料槽中，要求保持有一定的料位，以确保计量器的计量容腔充满料片，保证计量的准确性。缓冲料槽的有效容积为计量器每转计量能力的 1.0~1.5 倍，一般采用倒锥形料槽，其高宽比为 1.5~2.0。波轮鼓是起计量作用的主要部件，其横截面为星形，其计量容腔沿圆周均布，一般设计选择 8 格计量容腔。弧形挡板的内径与波轮鼓外沿的间隙一般为 5mm 左右。刮刀的作用是防止原料自下部随转鼓回流波轮鼓两边。刮刀共有 4 个，对称安装在壳体下部出料口两侧。

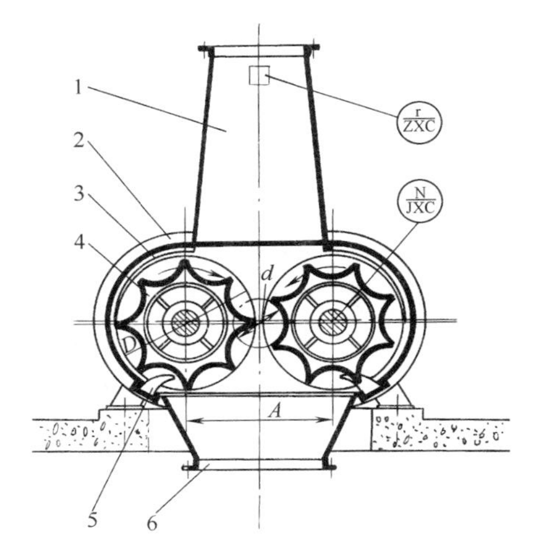

图 2-47　双波轮计量器结构示意图
1—缓冲料槽　2—壳体　3—弧形挡板　4—波轮鼓　5—刮刀　6—出料口

电动机通过减速装置带动波轮鼓，依靠过桥齿轮的传动，使两个波轮鼓同步反向旋转。传动装置可以在一定范围内无级调速。波轮鼓的转速通常为 1~3r/min。

双波轮计量器的计量能力可按式（2-13）计算：

$$q_{m,o}=1131d^2bZ\rho\phi n \tag{2-13}$$

式中　$q_{m,o}$——按每日 24h 计的绝干料片计量能力，kg/d

d——波轮每格计量腔的当量直径，m，$d=\sqrt{D^2+L^2-2DL\cos\dfrac{\alpha}{2}}$

D——波轮直径，m

L——两波轮中心距，m

α——波轮每格计量腔所包含的圆心角，(°)，$\alpha=360°/Z$

Z——一个波轮上的格数

b——波轮面宽，m

ρ——绝干料片堆积密度，kg/m^3

ϕ——料片在计量腔中的充满系数，一般为 0.8~1.0，视原料选定，蔗渣、稻麦草可取 $\phi=1$；荻苇 $\phi=0.9$；芒秆 $\phi=0.88\sim0.85$

n——波轮转速，r/min

当设计用于荻苇、芒秆料片的计量器上部缓冲料槽时，应注意使料槽宽度小于两波轮中心距 L，以避免料片被挤压。国产双波轮计量器的主要技术参数见表 2-10。

表 2-10　国产双波轮计量器的主要技术参数

名　称	波轮鼓尺寸（直径×面宽）/mm		
	ϕ650×660	ϕ900×760	ϕ980×840
波轮转速/(r/min)	1~3	1~3	0.3~0.4
电机功率/kW	4	5.5	7.5
调整方式	调速电机	调速电机	调速电机
配用的横管连续蒸煮器能力/(t/d)	15	30	50
计量能力/(m^3/r)	0.26	0.46	0.65
原料	麦草、蔗渣	麦草、龙须草	芦苇、芒秆

2. 双螺旋计量器

双螺旋计量器（图 2-48）主要适用于硬质料片如木片和竹片等的计量，也可用于软质料片如蔗渣、芦苇等。它是由两根回转方向相反的螺旋和外壳组成。为保证料片均匀下落到计量器内，进料口尺寸较大，且进口处螺距递增，而进口处螺旋轴直径朝着料片前进方向递减。在出料口处螺旋尾部设计应使最后一个螺旋翼直径逐渐缩小或使螺旋成为松散棒，以使出口处料片较为均匀松散地排出。国产双螺旋计量器技术参数如表 2-11 所示。

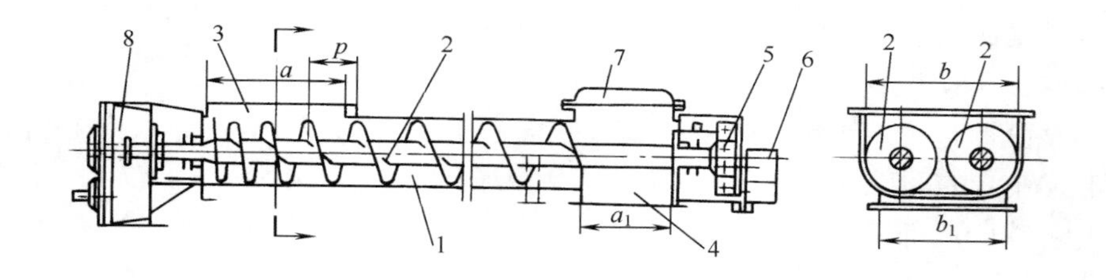

图 2-48　双螺旋计量器

1—壳体　2—计量螺旋　3—进料口　4—出料口　5—轴承　6—测速及断链报警装置　7—检视盖　8—传动装置

表 2-11　国产双螺旋计量器的主要技术参数

螺旋尺寸/mm（外径×内径×螺距）	进料口(a×b)尺寸/mm	出料口(a_1×b_1)尺寸/mm	进出口中心距/mm	螺旋转数/(r/min)	电机功率/kW
305×107×220	600×160	186×660	1200	5~80	15

双螺旋计量器的计量能力可按式（2-14）计算：

$$q_{m,o}=2262(D^2-d^2)S\rho n\phi \tag{2-14}$$

式中　$q_{m,o}$——每日24h计的绝干料片计量能力，kg/d

D——螺旋翼缘外径，m

d——螺旋轴径，m

S——螺旋片导程，m

ρ——料片堆积密度，kg/m^3；湿法备料麦草取80~90kg/m^3，蔗渣取115kg/m^3，芦苇取90~130kg/m^3，竹片取150~200kg/m^3，棉秆取100~150kg/m^3，木片取130~200kg/m^3

n——螺旋转数，r/min，通常取10~55

ϕ——填充系数，对木片一般取0.75

（二）T形管

T形管（图2-49）是由螺旋喂料器送出的料塞同药液及蒸汽的汇合处，T形管中设有防止从螺旋喂料器反喷的装置。它适用于软质非木纤维原料，与饥饿型螺旋喂料器配套使用。

T形管外形是一个十字形铸钢阀壳，一端与扩散管法兰连接，下部与蒸煮管的进料接管连接。对着扩散管有一密封活塞（防反喷阀头），由气缸经活塞杆拖动。当螺旋喂料器送出的料塞紧密性降低时，气缸气路上的电磁阀打开，压缩空气即进入气缸活塞后面，推动密封活塞紧压于扩散管阀盘上，而将扩散管封闭。当料塞紧密性达到要求时，电磁阀关闭，而将压缩空气送入气缸活塞的另一侧，密封活塞即退回原来位置，料塞又继续送入料塞接管中。T形管的技术参数如表2-12所示。

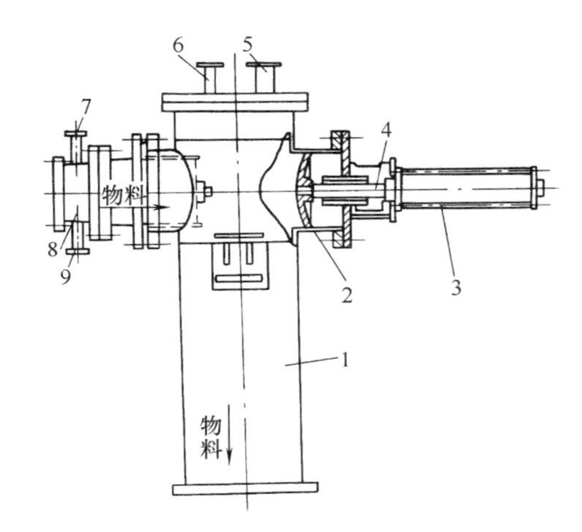

图2-49　T形管

1—T形管体　2—防反喷阀头　3—气缸　4—活塞杆　5—进汽管　6—进药液管　7—松散物料备用的进药液管　8—与螺旋喂料器连接的扩散管　9—支承喂料器底板的支座

（三）压力浸渍器

压力浸渍器是与充满型螺旋喂料器配套使用的，相当于上述T形管的加药加汽装置。来自螺旋喂料器的呈压缩状态的料片进入压力浸渍器后，由于迅速吸入蒸煮药液，体积膨胀，从而改进了纸浆的质量，减少了浆渣。

表2-12　　T形管的主要技术参数

型　　号		TSOO31	TSOO32
规格尺寸（内径×高）/mm		ϕ720×2585	ϕ915×2585
公称容积/m^3		1.1	1.7
防反喷用气缸	设计压力/MPa	1	1
	（内径×行程）/mm	ϕ200×762	ϕ320×950
配用的螺旋喂料器直径/mm		ϕ432	ϕ584
配用的横管式连续蒸煮器产浆能力/（t/d）		50~100	100~200

压力浸渍器（图2-50）内有一台立式双螺旋提升机，装在加高了的壳体（T形管）中，

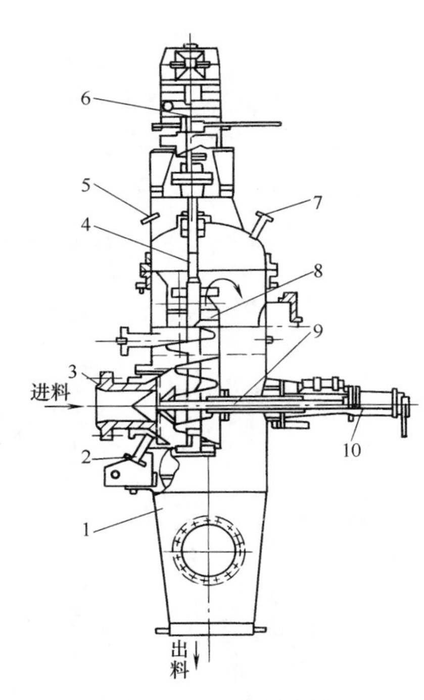

图 2-50　压力浸渍器
1—外壳　2,5—进药液管　3—与螺旋喂料器连接口　4—提升螺旋　6—提升螺旋的传动　7—进汽管　8—浸渍区壳体　9—防反喷阀　10—气缸

它也有气动活塞防反喷装置，其锥形阀头与料塞为常闭方式。来自螺旋喂料器的料塞出来即被阀头破碎。气缸压力按需控制，一般为 0.5MPa，阀头位置由限位开关调节控制。浸渍器内液位高度约为总高度的 80%，并配有液位和温度监控仪表。料片在 50～80℃的药液中浸渍 1～1.5min，借浸渍器的高度和提升螺旋的转速来控制。浸渍器的壳体与螺旋喂料器底板相铰接，浸渍器入口与螺旋喂料器出口管间有填料密封结构，这种连接方式可消除温差造成的应力。

压力浸渍器的生产能力主要决定于提升螺旋的转速，转速越快，生产能力越大。目前，生产能力为 200t/d 以下的横管式连续蒸煮器只有一种规格。其主要参数如下：浸渍区总容积 V 为 1.05m^3，有效浸渍容积 V_ε 为 0.84m^3，浸渍螺旋每转提升能力 V_S 为 0.0567m^3，进入物料量的计算公式（2-15）为：

$$q_{V,\mathrm{in}}=\frac{q_m}{1.44\rho Y} \tag{2-15}$$

式中　$q_{V,\mathrm{in}}$——进入物料量，m^3/min
q_m——粗浆产量，t/d
ρ——物料堆积密度，kg/m^3
Y——粗浆得率

提升螺旋的理论转速为式（2-16）：

$$n=\frac{q_{V,\mathrm{in}}}{V_S}\quad(\mathrm{r/min}) \tag{2-16}$$

浸渍时间为式（2-17）：

$$t=V_\varepsilon/q_{V,\mathrm{in}}\quad(\mathrm{min}) \tag{2-17}$$

（四）卸料器

卸料器（图 2-51）安装在蒸煮管的出浆口，用于清除喷放阀进口的孔板，保证浆料连续不断从蒸煮管排出。

卸料器有卧轴和立轴两种型式。卧轴式卸料器用于热喷放，热喷放时浆料浓度为 10%～12%，温度为 160℃左右。而立轴式卸料器用于冷喷放，冷喷放时用洗浆工段来的稀黑液冷却至 90～95℃，同时稀释浆料至 5%～6%的浓度。

卧轴式卸料器内有刮板搅拌器把浆料推送至喷放阀。它通常安装在地面基础上，为减少水平方向的温差应力，它应靠近蒸煮管固定支座端。为减少垂直方向的温差应力，在卸料器底座和基础板之间放置了 4 处碟形弹簧。

立轴式卸料器内有在水平面内转动的搅拌器和排杂（金属、石块等）装置。搅拌器连续地清除孔板出浆口不被堵塞，还使浆料与外来稀释黑液混合均匀。黑液有分上下两个进口，保证了重杂物的分离、收集和排出。立轴式卸料器整体地悬挂装设在蒸煮管上。卸料器的技术参数如表 2-13 所示。

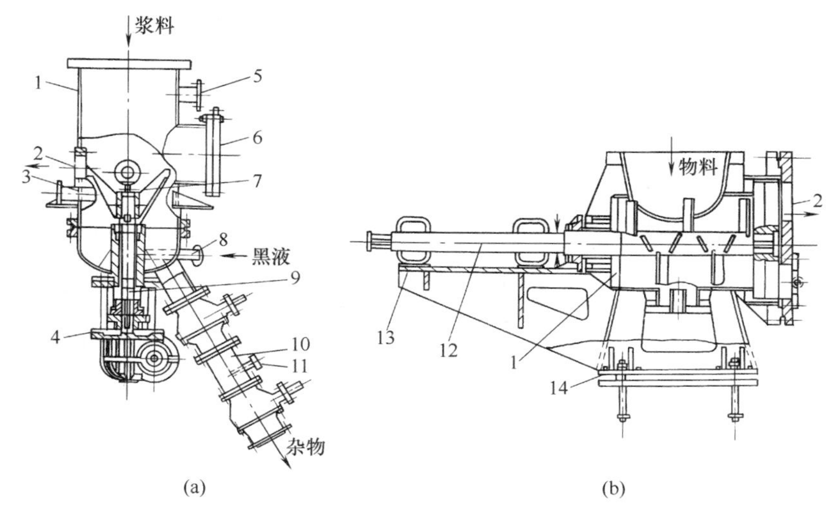

图 2-51　卸料器

（a）立轴式卸料器　（b）卧轴式卸料器

1—壳体　2—出浆口（接孔板喷放阀）　3,8—黑液进入管　4—叶轮传动部件　5—液位计接口　6—手孔　7—刮板叶轮　9—立轴　10—排杂装置　11—进水管　12—卧轴　13—轴承　14—碟形弹簧

表 2-13　卸料器的主要技术参数

型　号	立轴式	卧轴式	
	TS0054-0	TS0055-0(s)	TS0056-0(0)
公称规格(内径×高或长)/mm	φ720×1660	φ484×889	
公称容积(全容积)/m^3	0.6(0.65)	0.15	
充满系数	—	0.7	
搅拌器转速/(r/min)	30	100	
电动机功率/kW	7.5	—	
减速机速比	1∶50	—	

（五）喷放阀

横管式连续蒸煮器采用的喷放阀主要有两种：孔板喷放阀和弯管喷放阀。

孔板喷放阀（图2-52）与卸料器配套使用来连续排放蒸煮管内的浆料，其结构与卡米尔连续蒸煮器所用的孔板喷放阀一样，是具有摆动扇形阀板的闸阀。用摆动扇形阀板4调节排浆口5的大小。喷放阀壳体3是用钢板焊制的管子，管子轴线同法兰偏心，以装设阀板调节机构。喷放阀壳体内衬耐磨衬套。用蜗杆1及扇形蜗轮通过传动轴2调节扇形阀板的位置，以调节排浆口的开启程度。

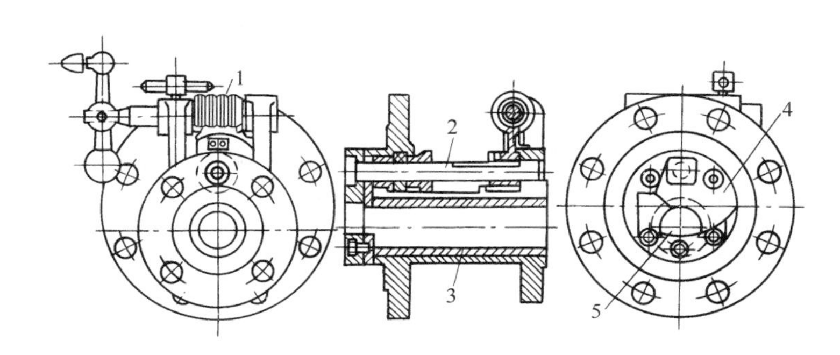

图 2-52　孔板喷放阀

1—蜗杆　2—传动轴　3—阀体　4—扇形阀板　5—排浆口

孔板喷放阀的主要技术参数见表2-14。

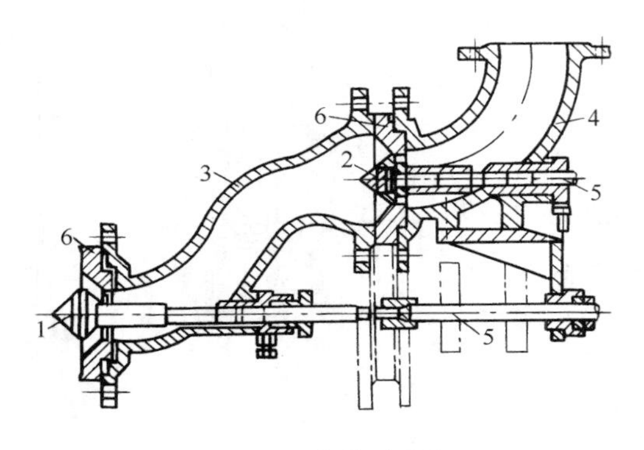

图2-53　弯管喷放阀

1,2—锥形阀芯　3,4—阀体　5—阀杆　6—阀座

表2-14　孔板喷放阀的主要技术参数

型　号		TS0057-0
阀口直径/mm		$\phi66$
执行机构	气缸直径/mm	$\phi75$
	气缸行程/mm	150
	工作气压/MPa	0.6

弯管喷放阀又称S形排料阀，多用于半化学浆的蒸煮热喷放，即由蒸煮管排出的浆料，用出料螺旋送入热磨机中进行热磨，而后再由弯管喷放阀排入喷放锅中。

弯管喷放阀（图2-53）由阀体、阀芯、阀杆和阀座等组成。阀体为两段异形铸钢弯管3及4组成，两段弯管的两端均有法兰。蒸煮管排料管法兰与弯管3法兰之间和弯管3与4的法兰之间各装有一个阀座6，阀杆5上的锥形阀芯1及2分别压于两个阀座上。电机经减速箱拖动两个凸轮，从而推动两根摆杆，再分别推动两根阀杆行进，而其回程则由压缩弹簧推动。活塞杆行程约为8~12mm，每分钟往复40~45次。运转时，阀芯1及2轮流打开与关闭。阀芯1打开时，阀芯2关闭，浆料即由排料管压入弯管3内；而后阀芯1关闭，阀芯2打开，由于压力突然降低，弯管内的浆料借蒸煮系统的余压及水分闪急汽化而自行喷入喷放锅中。所以，其工作为间断式。放料速度由调节传动装置来改变。

五、横管式连续蒸煮器的运行与控制

（一）开机前的准备和开机顺序

在启动横管连续蒸煮器时，喷放锅应先作好开机前的准备工作，即锅内没有超浆位、搅拌器开启。

开机可按下列步骤进行：

① 检查润滑油系统各处油位，启动润滑油泵。

② 检查动力源：压缩空气（0.8~1.0MPa）、蒸汽（0.35和1.2MPa）、清水、电源。

③ 关闭防反喷阀最小气压0.65MPa，关闭喷放阀。

④ 检查立轴式卸料器密封水（压力为1.0MPa），启动卸料器。

⑤ 开始加热蒸煮管，慢开蒸汽阀，然后开启。

⑥ 启动稀黑液泵和加压泵，向立轴式卸料器加入稀黑液，检查和调定流量、温度，设定立轴式卸料器的低液位。

⑦ 启动蒸煮管，设定转速、控制电流及检查并调定管内温度（100℃左右）。

⑧ 启动螺旋喂料器，设定电动机负荷应在低负荷。

⑨ 启动预蒸螺旋，检查螺旋转速。通过预汽蒸螺旋给喂料螺旋加料。开动计量器约10min，然后关停。如料塞被吹走，将防反喷阀扳到手动位置，再启动计量器约10min，用来形成料塞。检查电机负荷，显示高负荷，料塞形成。

⑩ 料塞形成后，开启连续加热蒸煮管到正常压力，显示正常温度。当蒸煮管温度达到

170℃时，先后开启喂料螺旋和预汽蒸螺旋。适当加蒸汽预热，检查预蒸螺旋有无蒸汽泄漏，然后加入热的蒸煮药液。

⑪ 开启螺旋输送机加入料片，开启供料及回料皮带机。当螺旋输送机送料时，慢慢开动计量器，由 2r/min 慢慢增速，直到需要产量，打开预汽蒸管进液阀。

⑫ 开启横管式连续蒸煮系统高压部分并使其连续运行。检查蒸煮管转速、管内温度、进卸料器稀黑液量、计量器转速和进蒸煮管药液流量。检查喷放阀，当液位增加时，打开喷放阀。

（二）连续运行的控制

横管式连续蒸煮器是由一系列输送机械组成的多机组合连续作业系统。各个部位必须按照预定要求协调运转，否则生产难以平稳工作。配备先进可靠的仪表控制是确保协调运转的有效保证。

国产横管式连续蒸煮器采用了先进可靠的计算机和可编程序控制器连锁控制，主要有如下特点：

① 连锁控制可以保证各部位按预先设定的运行程序协调工作。如系统中任何部位出现故障或任何参数发生变化，控制系统会马上依此控制其他部位或参数相应协调动作或改变。

② 螺旋喂料器配有电机负荷变速器，将电机负荷变为电信号，并通过控制开关控制防反喷阀的动作。

③ 主要设备配有断链保护（零速开关），万一传动链或皮带断裂，传感器立即发出信号，及时按设定程序停机或运行，避免发生故障。

④ 喷放阀的动作由控制系统根据中间管料位计的检测信号来控制，可以保证蒸煮管的压力稳定。

⑤ 整个系统采用集中控制，中心控制室位于螺旋喂料器附近，便于操作人员直观掌握喂料器的实际运行情况。

⑥ 在连续运行时，对以下参数必须连续控制：进料量、各介质（蒸汽、水、密封水、药液）、压缩空气、电源的有关参数、纸浆的质量参数、轴承、各电动机负荷及其他设备的参数。

（三）常见故障及其分析处理

螺旋喂料器是横管式连续蒸煮系统最关键的设备，其工作状态决定着整个系统能否正常工作。螺旋喂料器最常见的故障是打滑、堵塞和反喷。现针对三种故障进行说明：

（1）打滑

就是物料和螺旋轴一起转动而物料不向前推进，不能形成新料塞，并将旧料塞推入 T 形管或压力浸渍器内的现象。物料水分过高，或挤压段滤水孔面积不足或滤水孔堵塞，挤压出来的滤液不能及时排出；由于物料含水分不均匀，导致物料的摩擦特性（包括物料之间的内摩擦和物料与螺旋及壳体之间的外摩擦）发生变化；由于防反喷阀打开时的螺旋喂料器的低负荷点定得太高，或形成料塞时物料的摩擦系数高，会造成料塞太紧太硬，螺旋轴及防滑条过度磨损；喂料器本身设计、制造和安装有缺陷等也会产生打滑现象。打滑不但会中止供料，还会诱发堵塞或反喷。

（2）堵塞

堵塞的特征往往是电机负荷迅速上升，进料不畅或停止。造成堵塞的原因可能是来料不均匀或过多；料塞管过长，导致形成的料塞过密过硬；控制防反喷阀回退的电机负荷上控制点设定太高，形成紧密料塞后，阀头不能及时退离；设备过度磨损失去防滑作用；物料打滑不能向前推进；有大块硬物进入喂料器内等。

出现堵塞时可短暂等待观察能否自行消失。但如果电机过度超载或设备发出不正常声音，应立即按连锁控制程序停机处理。排除喂料器堵塞时可先试着短时反转电机，如不能排除尤其是当料塞不能被破碎时，应排汽降压，拆机处理。

系统其他部位也有可能发生堵塞。计量器、螺旋预汽蒸器、浸渍器等发生堵塞大多是由于有大块或过长异物进入，或来料过长缠绕在螺旋轴上或者填充系数过高所至。蒸煮管堵塞可能是由于大块或过长且不能煮烂的异物进入、填充系数过高、多管之间速度不匹配。喷放阀堵塞则大多是由于大块或过长硬物进入引起的。排除设备堵塞时要排汽降压，安全操作。

（3）反喷

反喷是料塞强度下降导致管内蒸汽和浆料回喷出来的现象。它不但会影响正常生产，还危及操作人员的人身安全。反喷可能是由于物料供应不足或中断；料塞管太短不能形成紧密料塞；物料在喂料器内打滑或堵塞不能连续形成新料塞；螺旋轴过度摆动降低料塞强度；物料性质发生变化不能形成紧密料塞；蒸煮管一侧压力过高等。发生喂料器反喷时，首先应检查防反喷阀气缸内空气压力是否为 0.6~0.8MPa，料片输送系统到螺旋喂料器的各输送设备运转是否正常，相应地调整使料塞能正常形成。如蒸煮管内压力在反喷时降到使下限位开关动作，则可待蒸汽压力上升到正常水平后重新启动蒸煮管、预汽蒸螺旋、螺旋喂料器和供料系统。

（四）设备保养维修

为了保证横管式连续蒸煮器有足够长的使用寿命，且始终处于良好的工作状态，对设备精心保养和及时维修是十分重要的。维修人员应经常定期检查各关键部位，如密封、轴承、传动装置、润滑、控制仪表、阀门、密封水和冷却水、压缩空气等的工作状态、定期更换或注入润滑剂、及时修复或更换损坏的零部件以及仪表、阀门等。

螺旋喂料器是横管式连续蒸煮系统中工作条件最为恶劣的设备，在物料压缩成紧密料塞过程中，机壳、螺旋轴和料塞管将受到剧烈的摩擦作用而不断受到磨损。为了保证螺旋喂料器的正常工作，必须定期修理或更换受磨损的螺旋轴、机壳和料塞管。一般当螺旋轴末端叶片与防滑条之间间隙加大至 8~10mm 时，或者当打滑、反喷次数异常增加时，就应更换、修复被磨损的零部件。

为了不影响正常生产，所有易损件都应有足够的备件，并备有合适的保养和维修工具。

喂料螺旋轴的修复方法是：如磨损太严重，则先焊一层或几层与螺旋材质相同的焊层（如果磨损不太严重，这一步可以省去），使其轮廓复原至原来尺寸。堆焊时应采用样板反复检查，堆焊后应保证有足够的外径车削加工余量和叶片侧面打磨余量；第二步是在车床上加工外圆和用砂轮打磨叶片侧面；第三步是堆焊或喷焊 2~3mm 厚的硬质合金硬层，堆焊或喷焊时应注意控制温度、速度及硬层厚度以免产生裂纹；最后是在磨床上磨外缘和尾部轴端及用砂轮打磨叶片侧面。修复后必须保证有足够的形状和尺寸精度以满足装配要求，外表面应尽量打磨光滑，从而降低对物料的摩擦阻力。机壳和料塞管也是采用堆焊的方法修复。

六、斜管式连续蒸煮设备

与传统的横管式连续蒸煮器相比，斜管式连续蒸煮器具有如下优点：

① 动力消耗少；

② 蒸汽可以循环使用两次，预热蒸汽用于预热进料器，故比横管式连续蒸煮器节省蒸汽；

③ 在一根管子内完成汽相及液相蒸煮过程，并且两相工艺条件可以进行调整，而横管式连续蒸煮器是在汽相条件下蒸煮；

④ 斜管式连续蒸煮器可以适应迅速改变原料品种，在不增加设备的条件下只需改变链板的速度、蒸煮温度、压力等即可，而横管式连续蒸煮器的喂料器螺旋的压缩比是与所使用的原料相对应的，如果采用纤维特性相差较远的不同原料，应首先考虑用斜管进行蒸煮；

⑤ 其格仓式转子给料器对料片没有很大的挤压，不致损伤纤维，纸浆强度较好；

⑥ 设备较横管式连续蒸煮器紧凑，操作、调控比较方便。

（一）斜管式连续蒸煮系统工艺流程

M&D 型斜管式连续蒸煮工艺流程如图 2-54 所示。

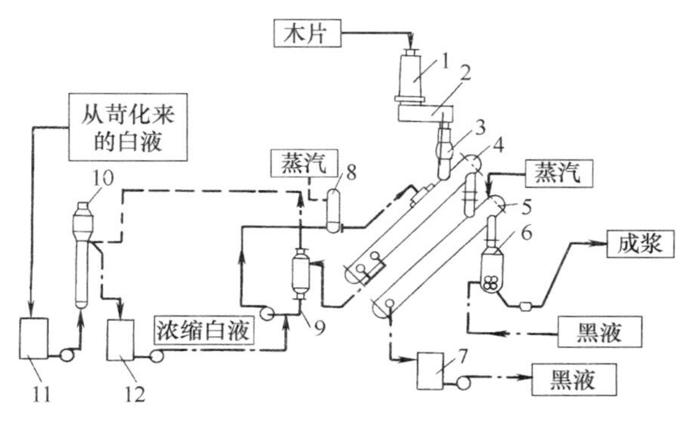

图 2-54　M&D 型斜管式连续蒸煮工艺流程

1—汽蒸式喂料器　2—脱气装置　3—格仓转子喂料器　4—浸渍管　5—汽相蒸煮管　6—冷喷放装置　7—黑液槽　8—药液加热器　9—药液闪急槽　10—白液蒸发器　11—白液槽　12—浓白液槽

料片经计量后进入汽蒸式喂料器，它设有料位指示器，可按料位高度自动控制喂料器的转速以控制料片加入量。料片从喂料器 1 进入脱气装置 2，利用高压转子喂料器的乏汽进行脱气和预热。预热温度为 100～130℃，时间为 3～5min。脱气时挥发出的松节油经捕集器回收。脱气预热后的料片经格仓转子喂料器 3 进入浸渍管 4 进行浸渍。浸渍管与水平线成 45°倾角，通过隔板分隔成上下两个半圆形浸渍室。浸渍室内装有特制的无端链条刮板将木片由上刮下，再由下刮上，完成浸渍过程。浸渍温度为 140～160℃，浸渍时间为 15～35min，可用直接加热或间接加热。在浸渍过程中，料片均匀地吸收药液后进入蒸煮管 5 进行汽相蒸煮，蒸煮温度为 170～185℃，时间为 15～25min，成浆后经冷喷放装置 6 送入喷放锅。

浸渍管 4 设有药液循环系统。药液通过下部的滤网进入闪急槽 9，然后和补充白液混合，送入加热器 8 达到所要求的温度后，送回浸渍管。蒸煮管 5 用于汽相蒸煮，所以没有药液循环系统。

上述流程是采用双管硫酸盐汽相蒸煮的一般情况。在生产工艺条件变化时，此种设备可以有多种排列方式。例如可用单根管进行液相-汽相蒸煮，生产本色浆和半化学浆。在两根管子之间如果装设一个高压转子喂料器，则可以进行分级蒸煮。

（二）斜管式连续蒸煮系统的主要设备

斜管式连续蒸煮系统的设备主要包括：给料、汽蒸和脱气装置、浸渍管、高压喂料器、蒸煮管，以及喷放装置等。

1. 给料、汽蒸、脱气装置

如图 2-55 所示，加料槽呈偏斜圆锥形，使料片易于落下而不发生堵塞。其下方的螺旋进料器是一根变径变距螺旋，能保持给料槽料片均匀松散地被送进，调节螺旋转速即可控制料片的通过量。来自高压转子喂料器和喷放锅的乏汽从切线方向进入圆筒形蒸汽分配器 1，使一部分乏汽朝下直接加热即将送出的料片，一部分经蒸汽导管 2 和挡板 7 去加热加料槽 8 的料片，另一部分蒸汽则通过滤网加热料片。加热过程中从料片排出的空气及挥发性气体连

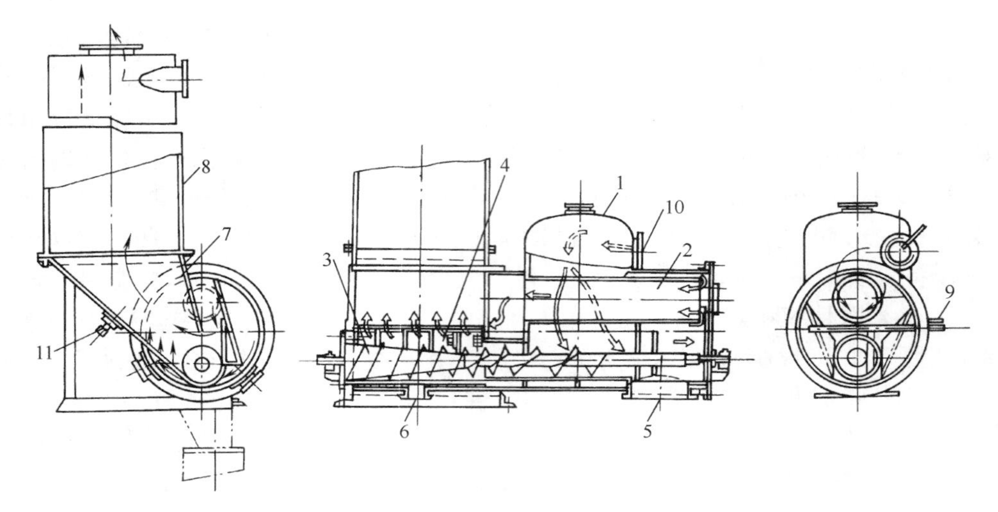

图 2-55 给料、汽蒸、脱气装置

1—圆筒形蒸汽分配器 2—蒸汽导管 3—螺旋进料器 4—通汽滤网 5—木片出口 6—冷凝水排出口 7—挡板 8—料槽 9—定位开关 10—蒸汽入口 11—振动器

同余汽一起从加料槽上方排出。蒸汽产生的冷凝水从冷凝水排出口 6 排走。除加料槽本体用碳钢制造外，其余主要部件均采用不锈钢制造。

2. 高压转子喂料器

高压转子喂料器（图 2-56）装在给料、汽蒸、脱气装置与斜管式浸渍器之间，作用是将料片从常温常压条件下送入高温高压条件，并尽可能减少蒸汽损失。

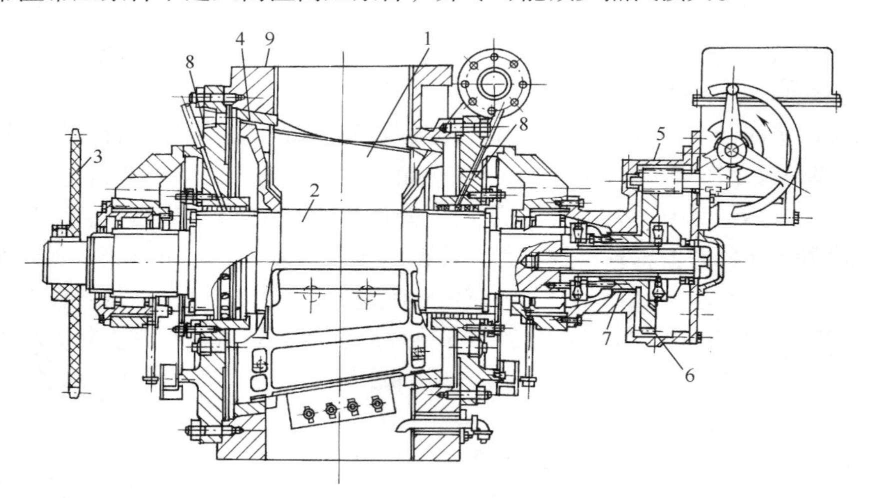

图 2-56 高压转子喂料器

1—锥形转子 2—转轴 3—链轮 4—耐磨衬套 5—小齿轮 6—齿轮 7—螺杆 8—冲洗用蒸汽入口 9—壳体

锥形转子 1 固定在转轴 2 上，由链轮 3 驱动。转轴 2 支承在两个滚子轴承上。壳体的锥部衬用耐磨衬套 4 可以在磨损后更换，转子用不锈钢制造。在正常运行期间，一旦转子和壳体之间的间隙过大，可以借电机传动或手轮通过小齿轮 5 带动齿轮 6，经螺杆 7 使转轴 2 作轴向移动，从而达到调节间隙的作用。

转子圆周上有若干个料袋，每个料袋的圆周面积大致等于喂料口和出料口的断面积。每当一个料袋排出料片又回到料片入口处之前，袋中的余汽就排入预汽蒸、给料、脱气装置，一方面利用余热，同时也防止阻碍料片落入料袋。在喂料器出口端及两侧端盖处设有清洗用蒸汽入口，连续清洗卡在中间的细小木屑等物。

由于高压转子喂料器采用均匀松散的送料方式，因而与横管式连续蒸煮器需要形成料塞比较：a. 不会发生反喷现象；b. 节省动力，一般一个横管喂料器需 186. 4kW 时，而高压转子喂料器只有 22. 4kW；c. 松散原料比料塞便于蒸煮液的浸透等。

M&D 斜管式连续蒸煮器的高压转子喂料器共有 5 种规格，如表 2-15 所示。

表 2-15　　M&D 斜管式连续蒸煮器高压转子喂料器规格

转子规格/mm（进口尺寸×出口尺寸×直径）	转子每个料袋容积/L	生产能力/（m^3/d）	功率/kW
152×203×406	8. 5	215	3. 7
203×254×533	22. 5	570	5. 5
304×356×608	43	1140	7. 5
456×504×838	155	5700	22
504×559×914	225	7100	30

3. 蒸煮管及管内刮板袋装置

斜管式连续蒸煮器的蒸煮管为圆筒形长管，与水平面呈 45°倾斜安装（图 2-57）。蒸煮管内沿着管轴方向设有隔板将蒸煮管分为上、下两室，并装有特制的刮板运输机在两室中升降移动。

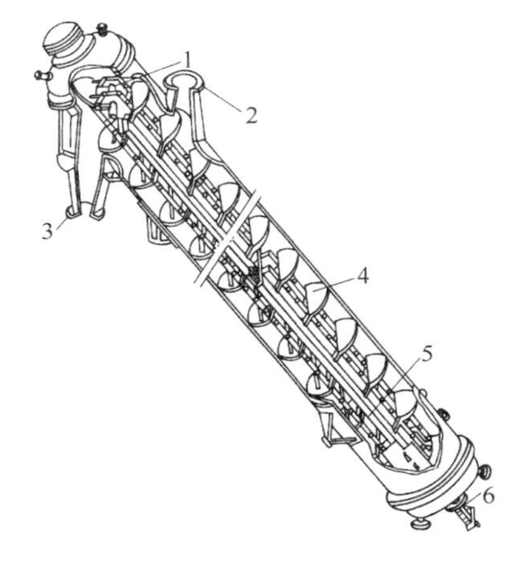

图 2-57　斜蒸煮管

1—传动轴　2—料片入口　3—料片出口　4—刮板　5—隔板　6—张紧器

料片和药液在蒸煮管内用几排蒸汽喷嘴直接加热。喷嘴是嵌装在中间隔板中且低于蒸煮管内液位的一些小管，小管沿中间隔板全宽上钻有许多直径 4~6mm 的小孔。这种加热装置能使料片迅速升温。蒸煮管可视需要配置药液循环系统。

蒸煮管壳体、封头采用不锈钢复合钢板制造，中间隔板、刮板运输机零件均用不锈钢，链条、导轨表面堆焊耐磨合金。

蒸煮管上端通常固定支承于基础上，而下端则用滚子支承在斜面上以补偿工作状态时所产生的热膨胀，也有些蒸煮管安装成下端固定而上端活动的形式。管内的刮板与壳体之间无间隙，通过软质防滑条摩擦密封滑动。

4. 冷喷放装置

斜管式连续蒸煮器通常采用冷喷放的形式，其结构见图 2-58。其上部有一段短接管，用以延长浆料的保温时间，并起到缓冲喷放装置的作用。纸浆从蒸煮管经浆料入口 1 喷入，稀黑液从喷嘴 3 喷入，冷却并稀释浆料。喷放装置的底部装有桨叶式搅拌器使浆料浓度保持均匀。

第五节　现代置换蒸煮技术简介

传统的间歇式蒸煮器最大的缺点是汽耗高，用汽量大，没有合理地利用蒸煮结束时锅内

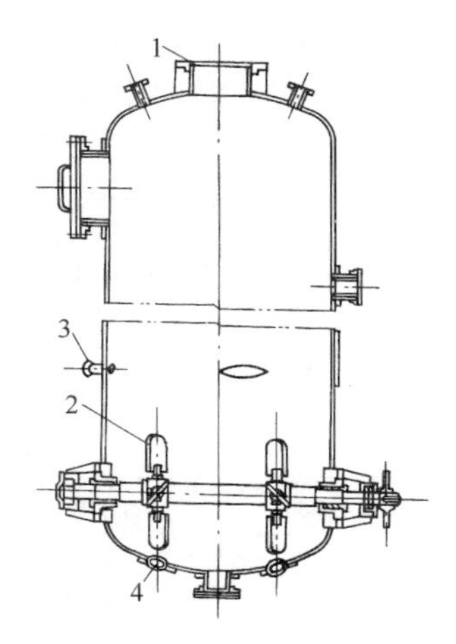

图 2-58　冷喷放装置
1—浆料入口　2—搅拌桨叶
3—稀黑液喷嘴　4—浆料出口

高温物料的热能。这些热能以大放汽或喷放时闪急蒸发的形式放出，并可在洗浆及漂白中使用，但另一部分热量随废气散发掉，污染环境。为了降低蒸煮的能耗和减少空气污染，近年来，国外出现了崭新的低能耗间歇式置换蒸煮技术，即在蒸煮器内进行热置换，以冷喷放方式放料。这样不但降低了蒸煮能耗，而且缩短了蒸煮周期，纸浆强度还可以得到改善。

经过 20 多年来的发展，已开发出多种形式的间歇式置换蒸煮技术，如快速置换加热（Rapid Displacement Heating，RDH）、超级间歇蒸煮（SuperBatch）、Enterbatch、冷喷放（Cold Blow），以及近年来出现的置换蒸煮系统（Displacement Digester System，DDS）。由于这些技术是由不同公司开发的，有其共同的蒸煮原理，但又有各自的特点。本章主要对 RDH、SuperBatch 和 DDS 三种蒸煮技术进行介绍。

一、快速置换加热间歇蒸煮技术

快速置换加热（RDH），是美国 Beloit 公司 20 世纪 80 年代开发的一种具有黑液预处理过程的低能耗制浆技术。该技术已在美国、加拿大和中国的一些制浆造纸企业使用。广东鼎丰纸业有限公司（原广宁纸浆厂）是我国第一家引进该项技术的厂家，原设计有 3 台 120m^3 的蒸煮锅，年产竹浆量 5 万 t。

RDH 蒸煮系统的操作程序如图 2-59 所示。

RDH 的基本原理是蒸煮终了时，蒸煮锅内的热黑液用洗浆机的滤液置换。蒸煮后的纸浆先被洗涤并冷却至闪蒸点以下，然后用压缩空气将其喷放至喷放锅。置换出来的热黑液或温黑液用于后面的蒸煮中预热料片和加热白液。

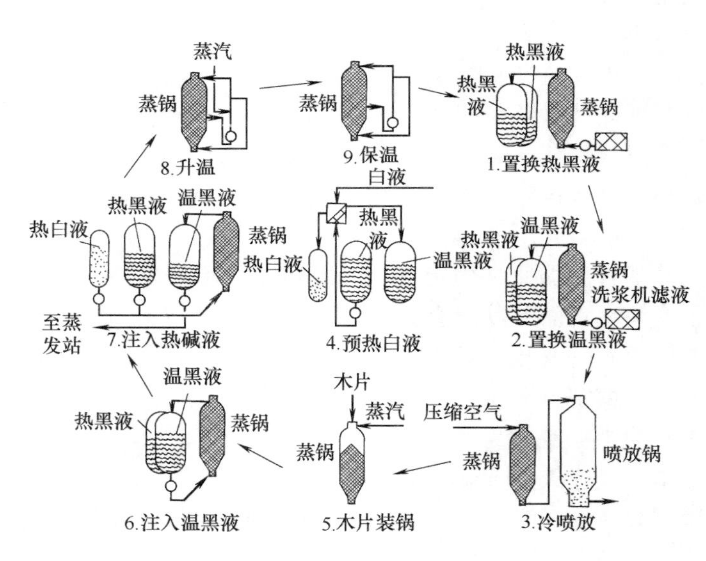

图 2-59　快速置换加热的操作程序

快速置换加热的过程是从每次蒸煮的蒸煮末期开始，至下一次蒸煮末期结束，完成了一次蒸煮的快速置换加热，该过程按 9 个步骤顺序进行。

① 置换热黑液。快速置换加热间歇蒸煮与传统的间歇蒸煮不同，它在整个蒸煮过程中蒸煮锅内充满碱液。当蒸煮结束时，将 80℃的洗浆机滤液泵入蒸煮锅底部，把 165℃的热黑液置换出来，并从蒸煮锅顶部压出，进入专设的热黑液贮存槽中。

② 置换温黑液。继续用80℃的洗浆机滤液置换锅内高温黑液。当出蒸煮锅的黑液温度降到105℃时，送入温黑液贮存槽。加入的滤液总量相当于下一步洗浆的稀释因子。蒸煮锅中完成的洗浆过程与一段洗浆机的洗浆过程相当，洗后纸浆通常冷却至80~90℃。

③ 冷喷放。蒸煮结束后，通常待纸浆温度降至80~90℃时进行冷喷放。在新建的纸浆厂中，一般用浆泵抽送至喷放锅；在老厂改造中，往往因现有的蒸煮锅底部与地面距离太近，缺少设置浆泵与管道的空间，只好采用压缩空气进行冷喷放。

④ 预热白液。用平均约165℃的热黑液连续加热存于贮存器中的白液。特制的热交换器系由316L型不锈钢制成密封的焊接管，排列成双层挡板式。热白液（约157℃）贮存于带压的贮存槽中，被冷却的黑液则送去温黑液槽。

⑤ 木片装锅。木片装锅必须准确，密度均匀，使置换液循环通畅，并达到最大的产浆量。由于循环置换液有时含有空气或皂类污染物，装锅时以采用蒸汽装锅器为宜，不仅可增加装锅量，并使大部分热量为木片所吸收。阔叶木片因其材质密度大，通常不必采用装锅器。

⑥ 注入温黑液。将温黑液泵入蒸煮锅底部，达到以下三个目的：a. 预热木片，以提高节能效果；b. 用温黑液浸渍木片，改善纸浆的强度，减少有效碱的净消耗量；c. 驱除蒸煮锅内的空气。

⑦ 注入热黑液和热白液。将热白液和热黑液泵入蒸煮锅，把温黑液置换出来，木片很快达到155℃，置换出的温黑液先贮存而后送至蒸发站。温黑液贮存槽设有特制的撇皂器，使所有的皂化物被撇除，然后，再泵送至蒸发站。送到蒸发站的黑液温度约90℃。

⑧ 升温。将蒸汽直接加入蒸煮锅的热循环管路，使蒸煮锅内碱液升温，并逐步达到所要求的最高温度（对于针叶木，一般约170℃，随蒸煮规程而定）。也可采用较低的温度而延长蒸煮时间，可更多地减少能量消耗。该系统的温升只有20℃左右，通常不采用蒸汽在蒸煮锅外间接加热。因此，不必为此而增设加热器。

⑨ 保温。在蒸煮全过程中，不断地进行碱液循环。蒸煮锅内达到所规定的最高蒸煮温度后进行保温，直至达到*H*—因子要求的目标，便完成了此次蒸煮，然后，再进行热黑液置换，重复下一个蒸煮周期。

从上述RDH蒸煮系统的操作过程可以看出，由于几度快速置换加热和热交换，因此大幅度节约了蒸汽，其节约1.0MPa蒸汽70%~80%。RDH蒸煮系统能够深度脱木素从而降低纸浆卡伯值的原因，主要是由于在浸渍阶段使用了黑液。黑液的硫化度要比白液高很多，这将有利于木片中木素的磺化，从而为随后的白液蒸煮大量脱木素创造了条件。

区别于传统的间歇式蒸煮系统和连续式蒸煮系统，在RDH蒸煮系统中，各类白液槽、黑液槽、蒸煮锅，以及与之相配套的药液泵和浆泵等设备的数量明显增多。RDH蒸煮系统的产能取决于蒸煮锅的体积和数量。

二、超级间歇蒸煮技术

超级间歇蒸煮（SuperBatch）由一些蒸煮器和一系列贮液槽组成的槽罐区构成，如图2-60所示。

槽罐区包括各种黑液槽、白液槽、浸渍液罐、置换液罐、皂化物分离槽、纸浆喷放罐等，中间黑液槽和白液槽用于平衡不同蒸煮阶段时的药液流量。SuperBatch的特点是蒸煮结束时，按照工艺规定，从蒸煮锅内置换出一定体积的热黑液送到一个贮存槽中，锅内剩余的

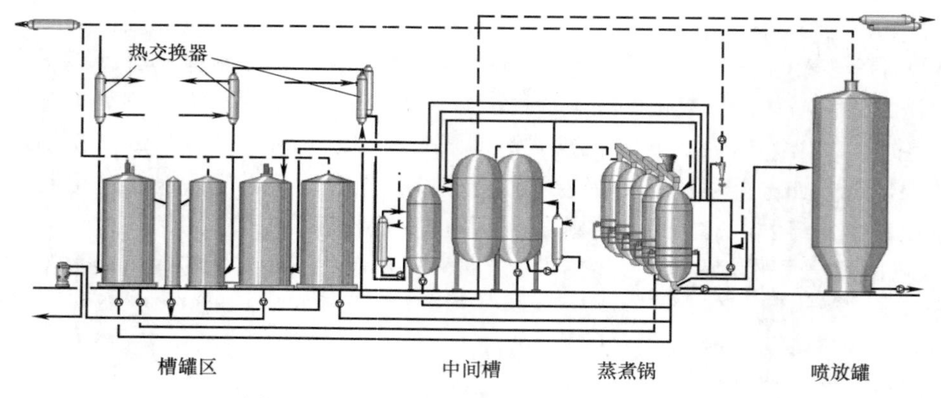

图 2-60　超级间歇蒸煮车间生产流程示意图

黑液用浓度和温度比较低的洗涤液置换出来，送到另一个黑液槽中。初始黑液浸渍的温度为80~90℃。与 RDH 蒸煮技术相比，SuperBatch 的最大特点是在预浸渍后采用了专利的热黑液处理工艺，实现了高温快速脱木素，降低了纸浆的卡伯值，提高了纸浆的强度。

1992 年，第一条工业化的 SuperBatch 生产线在芬兰 Enocell 厂投产，产量为 1770t/d。2004 年，德国 Stendal 浆厂年产 60 万 t 漂白浆生产线和智利 Valdivia 浆厂年产 75 万 t 浆生产线均采用了 SuperBatch 技术。

SuperBatch 的蒸煮锅高度通常为 15~22m，容积为 200~400m^3，底部为圆锥形或半球形。蒸煮器及配套的循环系统一般设计压力为 1.2~1.4MPa，最高设计温度为 210℃，蒸煮器顶部的锅盖阀和底部的卸料阀均为可遥控的球形阀。在蒸煮器颈部（即上圆锥部的顶端）设有脱气滤板，通过该滤板后的连接管线可将蒸煮锅内的挥发性气体引入热液槽，然后再引到松节油回收系统。蒸煮锅顶部设有多孔板的液体置换滤板，蒸煮锅内的液体自下而上通过该滤板过滤后从锅顶部引出进入到黑液槽中，从而置换锅内的液体，回收锅内的热量。蒸煮锅底部的不同高度上设有环形的稀释管，稀释管上安装有许多与锅内连通的喷嘴。通过稀释到一定的纸浆浓度后，锅内的纸浆便可通过离心浆泵泵入喷放罐。通常多台蒸煮锅可共用一台离心浆泵，SuperBatch 蒸煮系统采用两台蒸煮锅共用一台浆泵。

蒸煮器结构材料为不锈钢或复合不锈钢，可选用 SS2377 不锈钢，它比常规的 AISI306 或 AISI316 具有更高的强度性能。黑液槽和白液槽都属于低压容器，白液槽由于温度较高，一般采用 AISI316 的不锈钢材料。

在超级间歇蒸煮（SuperBatch）的基础上又出现了 SuperBatch-K 蒸煮技术，其主要目的是为了减少针叶木蒸煮黑液在蒸发车间的钙结垢问题。这种蒸煮工艺中，在稀黑液被送往蒸发车间之前，利用蒸煮后的余热来加热这种含有钙的黑液。此外，SuperBatch-K 技术在其他工艺方面也有改进：

① 部分蒸煮终点置换用的洗涤液由来自浸渍段的黑液所替代，用洗浆稀黑液进行温充，洗浆稀黑液的溶解固形物浓度约为 10%~12%，代替溶解固形物浓度高于 15%的稀黑液。因此，使得整个循环中蒸煮液中溶解的固形物浓度更低。第二黑液贮存槽的稀黑液被直接送往蒸发工段，用回收热量来加热白液。稀黑液的温度通过黑液/水换热器来进一步控制。稀黑液温度的控制会影响送往蒸发工段的所有黑液。SuperBatch-K 蒸煮技术具有更高效的温度控制。

② SuperBatch 中，第一和第二黑液贮存罐是立式的压力容器，而 SuperBatch-K 中由单台

卧式压力罐取而代之。这样设计增强了松节油的回收，同时使整个系统变得更加简单。

③ SuperBatch-K 蒸煮技术降低了蒸煮液的固形物浓度。单一卧式黑液贮罐中，黑液进入气相区域，发生闪蒸和冷凝作用，促进了松节油的分离。与双黑液贮存罐系统中的第一黑液贮罐相比，单一卧式黑液贮罐的黑液温度较低。换热器可用来控制进入蒸煮器的热充黑液的温度，而 SuperBatch 中的换热器主要用于开机启动时的加热。表 2-16 为 SuperBatch 与 SuperBatch-K 罐槽设置的对比。

表 2-16　SuperBatch 与 SuperBatch-K 罐槽设置的对比

项　目	SuperBatch	SuperBatch-K
贮液槽	热黑液 1(最初的),160℃	热黑液,145℃
	热黑液 2(第二段的),120℃	热白液,150℃
	热白液,150℃	
液罐	2~4	2(阔叶木原料,1 个)
针叶木皂化物分离	从蒸煮车间冷却的 HBL2 黑液,在第一洗涤段	在第一洗涤段
黑液热回收	由 HBL 储槽 2 的黑液传递给白液	由 HBL 储槽的黑液传递给白液
药液加热	HBL 储槽 1 循环	热黑液送入蒸煮器
	HWL 储槽循环	

注：HWL—热白液；HBL—热黑液；温度为针叶木蒸煮实例。

连续控制蒸煮液浓度的间歇蒸煮（Continuous batch cooking，CBC）置换间歇蒸煮技术的进一步发展，将间歇操作的优点与罐区连续制备蒸煮液相结合。如图 2-61 所示，该蒸煮系统由许多槽罐组成，槽罐中装着配制好的用于蒸煮的各种溶液，如预浸渍黑液和蒸煮液等。蒸煮过程中，通过这些罐中液体的循环，不断向蒸煮器中添加化学药品，采用直接通蒸汽或间接加热的方式进行加热，以调整蒸煮液浓度和温度。CBC 工艺技术使用的设备少，有利于节省投资成本，简化操作和过程控制。特定的蒸煮药液管理系统缩短了蒸煮周期，提高了蒸煮能力，保证了纸浆质量和产量。从奥地利奈丁斯多夫的 CBC 工艺所得数据和结果来看，这种工艺可应用于现代化项目和新厂的投产。CBC 与其他置换蒸煮的根本区别在于：黑液热充之后，锅内蒸煮液可通过蒸煮液罐（CL）进行循环，并连续不断地进行间接加热和补加白液，由于新鲜碱液能够连续不断地供入蒸煮器中，蒸煮期间的碱液浓度可以始终维持在比较平稳的状态。

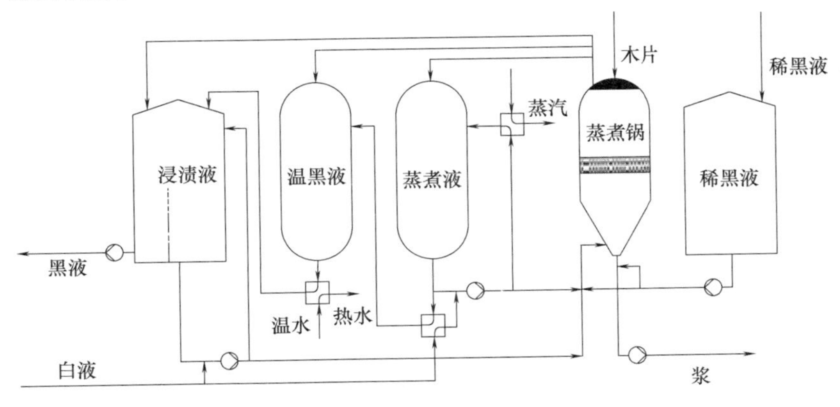

图 2-61　CBC 工艺流程图

三、置换蒸煮系统

置换蒸煮系统（Displacement Digester System，DDS）是在原 Beliot RDH 蒸煮系统的基础上，CPL 公司研发的一种新的制浆技术，是目前世界上最先进的一种间歇式蒸煮技术。DDS 工艺采用与传统硫酸盐法蒸煮相同的蒸煮化学药品，但蒸煮的机理完全不同。与传统蒸煮相比，该工艺增加了许多工艺步骤与设备，含有更多的控制逻辑。

DDS 秉承了 RDH 的优点，如不需要喷放的热回收系统，降低了粗渣率，减少了后续漂白过程的化学品消耗，蒸煮过程可近似看作一段洗浆，通过蒸煮可得到低卡伯值、高强度的本色浆等。DDS 秉承了 RDH 的优点，并针对 RDH 的不足之处进行了改进，其中一个是拥有了更加稳定、可靠的槽罐区，靠在热、温黑液槽内增加特殊的隔板来实现；另外一个是先进的控制技术，如模拟预测控制、多变量控制等，减少了对蒸煮操作的影响，更好地解决了偏流、槽罐区液位的预测、放锅过程堵塞预测等技术问题，确保了卡伯值的波动更小，纸浆质量更均匀一致，蒸汽消耗只有 0.5~0.8t/t 浆（传统的间歇式蒸煮的蒸汽消耗可达 1.8~2.4t/t 浆）。

DDS 工艺的基本原理：在蒸煮的最后阶段，经过蒸煮锅底部把来自洗浆工段的滤液泵入蒸煮锅内，并通过蒸煮锅顶部的滤板将蒸煮锅内用过的热液回收。首先，从蒸煮锅顶部出来的热黑液先被送到热黑液外槽，当温度开始下降（通常在一定体积下），回收的液体被从热黑液槽外槽切换到热黑液内槽；当温度在下降时，回收的液体被从热黑液内槽切换到温黑液外槽，这样不断地进行回收直至把滤液槽中的滤液（来自洗浆工段）全部泵入蒸煮锅内。

DDS 置换蒸煮技术具有诸多优势：

① 从根本上解决了传统蒸煮系统能耗高、污染负荷大、生产效率低等突出问题，节能减排效果显著，环保意义重大；

② 能有效提高蒸煮质量，获得高质量的浆料，如成浆卡伯值低、强度好、得率高，洗涤效果好，降低了蒸汽及化学品的消耗，对环境友好等，为企业带来了良好的经济与环境效益；

③ 工艺灵活，传统间歇式蒸煮系统容易被改造成 DDS 置换蒸煮系统，而 DDS 置换蒸煮系统自身也易被改进，能快速进行产品与设备的切换；

④ 对木片质量适应能力强，可适用于国内质量差、波动频繁、合格率低的原料，且成浆卡伯值波动少，易扩大新系统的产量。

DDS 置换蒸煮技术是制浆技术的重要发展方向，对于我国制浆造纸工业的转型升级具有重要的价值。我国多家制浆造纸企业采用了该项工艺技术。例如，四川永丰纸业是世界上第一条成功运行的全竹浆 DDS 置换蒸煮生产线。广东鼎丰纸业率先引进了 RDH 系统，并于 2004 年升级改造为 DDS 系统。湖南泰格林纸集团永州湘江纸业 15 万 t/a 薄型包装纸项目的制浆生产线采用了低能耗的间歇蒸煮-DDS™置换蒸煮和两段氧脱木素技术，配置 3 台 175m³ 立式蒸煮锅，以南方马尾松为主要纤维原料，生产本色/微漂硫酸盐木浆。

近年来，山东汶瑞机械有限公司在置换蒸煮的基础上，从蒸煮工艺、设备配置和自动化控制等方面进行，自主研发了节能高效间歇置换蒸煮（Energy Efficient Batch Displacement Cooking，EDC）技术，与常规立锅间歇蒸煮相比，具有环保，生产效率高，工艺灵活性强，蒸煮质量好等优点，是适合年产 5 万~30 万 t 的竹、木浆的蒸煮项目。

第六节　化学法制浆设备能耗分析

一、蒸煮设备能耗分析

一个制浆造纸综合厂，消耗热能最多的有三个工段：化学浆的蒸煮、黑液的多效蒸发和抄纸。研究不同蒸煮设备的能耗对于提高能量效率、节能减排具有十分重要的意义。

对我国蒸煮设备的不同厂家制浆能耗进行调查的结果如表 2-17 所示。调查的范围是从原料送入蒸煮工段开始（不包括备料），至喷放后制得的含水粗浆（称为液体浆），包括蒸汽的热回收。

表 2-17　　不同制浆设备与方法制浆能耗的对比

蒸煮器形式		立锅酸法	立锅碱法	卡米尔连蒸	横管连蒸
装锅量		36t 木片/锅	13t 木片/锅	—	—
原料		白松、杨木	马尾松	阔叶木	麦草
方法		亚硫酸氢钙	硫酸盐法	硫酸盐法	烧碱-蒽醌法
热耗	/(GJ/t 浆)	5.52	5.21	2.43	7.88
	/(t 标煤/t 浆)	0.188	0.178	0.083	0.266
电耗	/(kW·h/t 浆)	43.34	52.82	26.11	90.08
	/(t 标煤/t 浆)	0.005	0.007	0.003	0.010
总计/(t 标煤/t 浆)		0.193	0.185	0.086	0.276
热效率/%		80.50	72.71	75.14	65.99
能量效率/%		79.16	71.39	74.50	64.87

由表 2-17 可以看出，同样制得达到纤维分离点的粗浆，不同蒸煮设备的能耗差别较大，按照能耗由小到大的顺序排列依次为：立式连蒸<碱法立锅<酸法立锅。卡米尔连续蒸煮器的能耗比间歇蒸煮设备的低 50%左右。

依照输入能量所占份额的多少，按照由大到小的顺序，卡米尔连蒸是：洗涤水（51.11%）>蒸汽（22.33%）>药液（18.13%）；碱法立锅是：蒸汽（50.98%）>药液（21.45%）>洗涤水（18.68%）；酸法立锅是：蒸汽（60.29%）>洗涤水（30.10%）>药液（4.76%）。从这些数据可以计算出，蒸汽、药液和洗涤水这三种物质已经占总输入能量的 90%以上，但是要注意，并不都是蒸汽输入的能量最多，卡米尔连蒸输入能量最多的是洗涤水。所以，对洗涤水和药液的有关热参数也要给予充分的重视。

输出能量分为有效能量和损失能量。对于具有间接加热的立锅（包括碱法和酸法），其生蒸汽的冷凝水所带回的热量大约要占输出能量的 10%左右，能量的大小要看冷凝水的温度水平，温度越高，回送的能量越多；或者做好保温，以较高温度回送锅炉；或者做好这部分冷凝水的充分利用；否则就会增加散热损失。达到纤维分离点的浆料所携带的有效热量，对于卡米尔连蒸来说占输出热能的 53.02%，对于碱法立锅来说占输出热能的 28.67%，对于酸法立锅来说占输出热能的 66.19%，虽然是输出能量中所占份额最多的一项，但相互间的差距比较大。究其原因主要是输出浆料的浓度和温度水平，温度越高，携带的热量就越多；浓度越低，含水量越多，携带的热量也就越多。

卡米尔连蒸与碱法立锅的体系边界相似，即独立体系包含了蒸煮和黑液提取。从表 2-17 可以看出，卡米尔连蒸的热效率（75.14%）和能量效率（74.50%）都要高于碱法立锅的热效率（72.71%）和能量效率（71.39%）。这充分说明了先进的设备不仅蒸汽的需要量大幅度减少，而且热效率和能量效率也都相应的要提高 2~3 个百分点。酸法立锅体系的热效率和能量效率比起卡米尔的效率还要高的一个主要原因是它的体系边界不完全相同，没有包含洗涤（酸液提取），而且出系统的浆料浓度过低，所以导致计算浆料携带的有效能量过高。

二、蒸煮节能技术

（一）DDS 间歇置换蒸煮节能技术

新一代 DDS 间歇式置换蒸煮技术特别适合生产能力在 20 万 t/a 以下的制浆厂，其节能效果体现在以下几个方面：

① 均一液相循环蒸煮汽耗低。整个蒸煮过程是在全液相下循环升温，原料与药液在锅内各部位置换完全，反应均匀，汽耗较常规间歇蒸煮低，成浆均一性好、质量稳定、卡伯值低、强度和得率高。

② 蒸煮综合效率高，有利于下游工序节能。蒸煮后的粗浆中残余木素含量低，有利于降低漂白工段能耗；蒸煮系统所产生的黑液黏度低、浓度高，有利于碱回收系统的黑液蒸发和燃烧过程的节能。

③ 冷喷放、置换回收黑液热量节能。用洗选稀黑液置换锅内高浓高温黑液，降低锅内浆料的温度到 100℃以下，减少热能损失。置换回收黑液贮存于热黑液槽及温黑液槽：热黑液可用于换热器加热白液，温黑液回用于加热工艺水，使耗汽量由传统的 2.0t/t 风干浆下降到 0.65t/t 风干浆左右，节能达到 65%以上；黑液波美度由传统蒸煮的 8°Bé 提高到 10~12°Bé，节约蒸汽耗用量 50~60g/t 风干浆。

（二）添加蒸煮助剂节能

制浆过程中添加化学助剂可以促进药液渗透，使蒸煮均匀，从而增加制浆得率，降低吨浆能耗，降低原料消耗，提高生产效率。在众多的蒸煮助剂中，蒽醌化合物是常用的一种。近年，新的蒸煮助剂不断被开发，例如美国能源部资助的化学药品 Chemstone OAE-11。据报道，这种助剂既可用于阔叶木，也可用于针叶木，可以防止细小纤维被过度蒸煮。使用这种助剂可缩短蒸煮时间，每蒸煮 1t 木片可以节能 132MJ，同时还可以使得率增加 2%~5%，减少筛渣，降低漂白药品用量及含硫化合物的排放量。磷酸酯是另一种新的蒸煮助剂，在硫酸盐蒸煮中加入这种助剂可以提高木素脱除率，从而提高纸浆得率和漂白浆的白度，并保护纸浆的黏度。采用这种助剂估计可节能 8%~10%，得率约增加 4%~6%。

（三）连续蒸煮控制系统节能

改进蒸煮器性能可以明显减少生产损失，降低操作成本和对环境的负面影响程度，同时可以提高纸浆的产量和质量。控制系统可以使生产工艺优化。例如，由美国能源局赞助的一种可用来计算各种木片通过连续蒸煮器时的物料平衡、能量平衡和扩散模拟的计算机模型，有助于强化工艺的改进。这种模型在 Texas 一家工厂第一次应用就使得制浆工艺的温度有所降低，节约了约 1%的能耗。

（四）间歇蒸煮器改造以节约能耗

较小的工厂要安装较大的间歇蒸煮器，但操作上可能效率较低；特种浆厂和那些需要生产各种不同纸浆的工厂也不适合采用连续蒸煮。对于间歇蒸煮有几种方法可以降低能耗，例如间接加热和冷喷放。间接加热是用 1 根中央管把蒸煮液从蒸煮锅抽出，经过外部一个热交换器，再从两个不同位置送回蒸煮锅内。这可以减少直接蒸汽用量，估计可以节能 3165

MJ/t 浆。但是，这需要有热交换器的额外维修费用。冷喷放系统是在蒸煮结束时用未漂浆洗浆废液把热蒸煮废液置换出来，蒸煮废液的热被回收用于随后的蒸煮加热，可以减少用来加热蒸煮药液和木片的蒸汽用量。回收的黑液可以用来预热和浸渍装锅的木片，或加热白液或过程用水。据估计，日产 1000t 的工厂，每年可节能约 200 万美元，但这一措施需要增加的设备费用也较高，例如泵，黑液贮槽等。

（五）蒸煮锅喷放闪蒸热回收节约能耗

在硫酸盐化学浆厂，热浆和蒸煮液在放锅时会产生蒸汽。对于间歇蒸煮，蒸汽一般以热水形式贮存在槽内；对于连续蒸煮，抽出的黑液流到一个槽内进行闪蒸。这些过程所回收的热可以用来预汽蒸木片，加热水甚至蒸发黑液。Georgia-Pacific 公司位于 Arkansas 州 Crossett 工厂进行能源审计时，建议该厂两条平行间歇蒸煮生产线改进喷放热回收。当时该厂用 1 个冷却塔将喷放蒸汽收集槽过量的热除去，用 1 个蒸汽加热器产生热水用于漂白车间。审计组建议安装新的热交换器重新布置水流管线，这样可以关闭冷却塔和蒸汽加热器，估计可节省可观的燃料和天然气，每年可节省 235 万美元，1 年就可以收回投资费用。惠好公司在华盛顿州的 Longview 工厂建议增加蒸煮热回收系统，估计每年可节约天然气费用达 28 万美元。

参 考 文 献

[1] 陈克复. 制浆造纸机械与设备（上）[M]. 3 版. 北京：中国轻工业出版社，2011.

[2] Johan Gullichsen and Hannu Paulapuro. Papermaking Science and Technology（19 Books）[M]. Finnish Paper Engineers' Association and TAPPI，2000.

[3] 詹怀宇. 制浆原理与工程 [M]. 4 版. 北京：中国轻工业出版社，2019.

[4] 刘秋娟. 几种典型现代制浆生产线 [J]. 天津造纸，2017，39（03）：36-40.

[5] 张明，等. 低能耗的间歇蒸煮技术 DDS 置换蒸煮系统 [J]. 中华纸业，2008，29（17）：55-57.

[6] 时圣涛，江庆生，姜艳丽. DDS 间歇置换蒸煮的特色 [J]. 中国造纸，2011，30（09）：44-49.

[7] 宋明信，等. 一种纸浆立式蒸煮锅 [P]. 中国发明专利，ZL200410057306. 7.

[8] 陈松涛，等. 稻麦草置换蒸煮新工艺 [P]. 中国发明专利，ZL200410036082. 1.

[9] 刘秉钺. 制浆造纸节能新技术 [M]. 北京：中国轻工业出版社，2010.

[10] 蔚志苹，等. 不同蒸煮设备的能耗分析 [J]. 中华纸业，2011，(20)：10-12.

[11] 邝仕均. 制浆造纸工业的节能技术 [J]. 中国造纸，2010，28（10）：56-63.

[12] 张辉. 国产制浆造纸装备的最新进展 [J]. 中国造纸，2014，32（4）：63-69.

[13] 刘秋娟. 改良的间歇蒸煮技术 SuperBatch-K 和 CBC [J]. 天津造纸，2016，4：31-33.

[14] 夏银凤，等. 深度脱木素与低能耗 DDS 置换蒸煮 [J]. 造纸科学与技术，2012，31（3）：10-13.

[15] 陈安江，马焕星，邱振宝，等. 节能高效间歇置换蒸煮技术及装备 [J]. 中华纸业，2013（21）：41-49.

第三章　高得率制浆机械与设备

第一节　概　　述

高得率制浆设备现今主要包括磨石磨木机、磨浆机和搓丝机。

自1940年，德国克勒尔（Keller）首次发明磨石磨木机以来，至今已有140多年的历史。磨木机是高得率制浆设备的起源，磨木机主要由磨石、送木段进磨木机的喂料装置、将木段加压于石面的机械装置、浆的移送装置和刻石装置5个部分所组成。磨石磨木浆是将已经剥皮并锯断成一定长度的木段压在旋转的和被不断喷着水的圆筒形磨石面上磨成浆的。磨木机的形式种类较多，根据压送原木机构的特征和加压方式，可分为机械加压与水力加压两大类：按生产操作的方式，又可分为间歇与连续操作两类，按结构形式可分为链式磨木机、袋式磨木机、库式磨木机、环式磨木机。近年来，还发展了压力、温控磨木机。

高得率制浆设备在过去30年间已获得很大进展。在1960年以前，实际上全部高得率纸浆都是用磨木机生产的，到1990年，50%以上的高得率纸浆是由磨浆机生产出来。

快速转向磨浆机的最初动力是因为它有三个明显的优点：a. 可利用锯材厂废料（木片和锯屑）以替代木段；b. 较高的纸浆强度性能；c. 设备综合效率高。

在近年来磨浆机取得中心地位的同时，必须强调，磨浆机属于刀式磨浆机。在磨浆过程中，纤维原料受到磨片刀齿较强的切、砍作用，纤维变短，浆的强度性能受到影响；而且随着磨片刀齿的不断磨损，浆的质量也会进一步恶化；同时，由于磨片刀齿一般是由耐磨耐腐蚀的金属材料制成，所以造价较高，更换成本较大；尤其是其能耗大，其输入的大部分能量都转化为热能，能量利用率很低。

搓丝机突破了传统磨浆设备磨浆机等刀式磨浆机的原理和结构，依据动态挤压摩擦学全新磨浆理论，利用同向平行啮合旋转的螺纹元件完成磨浆功能，实现了真正意义上的纤维轴向挤压。挤压机械制浆方法是依据木材轴向受压时产生的皱曲作用能使纤维分离，即利用木材轴向受压磨浆时，在电能消耗低的基础上生产出纤维长而结合力好的浆的理论而产生的。这是在磨浆技术方面的一个重大突破。以搓丝机为关键设备形成的制浆工艺称为挤压机械制浆（EMP Extruder Mechanical Pulping）方法。挤压机械制浆已经被证实“正是人们长期以来所追求的机械制浆技术上的重大突破”。

搓丝机由于其特殊的结构，除了具有良好的磨解功能外，还具有浓缩、较好的自洁性能和高效混合等功能。由于其磨浆质量好、能耗低、用水量少和排污少等优良特性而受到国内外学者和制浆造纸行业的高度重视，被称之为是继第二代磨浆机之后的第三代磨浆机械，具有广阔的应用前景。但搓丝机本身不能一次生产出合乎质量要求的纸浆，尚需接着用常压磨浆机进行精磨使其达到质量要求。

第二节　盘式磨浆机

一、概　　述

20世纪50年代初期在用磨浆机处理磨石磨木浆筛渣的基础上，发展成一种将木片在磨浆机中直接磨碎成浆的新的机械制浆设备，称为盘磨机械浆（RMP）设备，又称木片磨木浆（CRP）设备。20 世纪 60 年代初，为了提高磨浆机械浆的强度，减少纤维束和碎片含量，在木片进磨浆机之前先经短时间汽蒸使之软化，发展成为预热机械浆（TMP）。TMP 越来越大的能耗，引发了对节能 TMP 设备的深入研究。1984 年，芬兰制浆造纸研究院进行了高速磨浆机的试验（为节能考虑），并导致 Andritz（安德里兹）高速 TMP 过程（即 RTS 过程）的开发。1994 年，第一台高速 TMP 设备在瑞士的 Perlen 投入运行，同年，Sunds Defibrator（桑斯）在瑞典的 Ortviken 也安装了类似的设备。到今天为止，根据原料性质和所要生产的产品特征，对化学预处理过程作了各种各样的变化，而发展成为名目繁多的新的制浆方法。例如，化学预热机械浆（CTMP）、漂白化学预热机械浆（BCTMP）、碱性过氧化氢化学机械浆（APMP）、改良后碱性过氧化氢化学机械浆（P-RC-APMP）等。

图 3-1 为盘式磨浆机高得率制浆典型生产流程图。

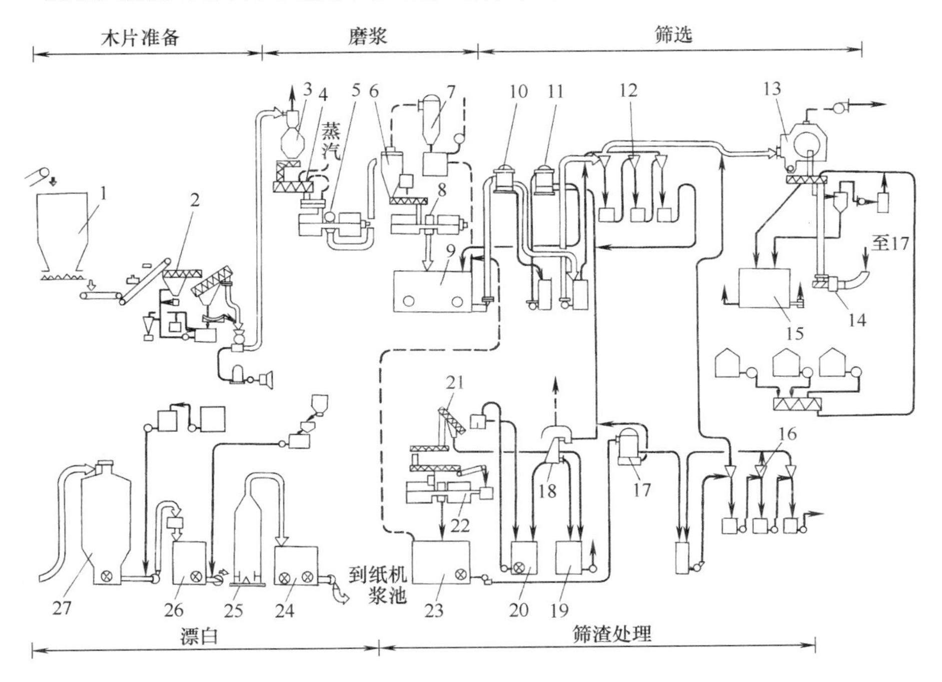

图 3-1　盘磨机械浆典型生产流程

1—木片仓　2—木片洗涤机　3—过渡贮料器　4—木片预热器　5—一段磨浆机　6—浆气分离器　7—冷凝器　8—二段磨浆机　9—磨后浆池　10—一段筛　11—二段筛　12—除渣器　13—浓缩机　14—高浓浆泵　15—滤液池　16—除渣器　17—尾渣筛　18—曲筛　19—滤水池　20—磨前浆渣池　21—浆渣脱水器　22—浆渣磨浆机　23—磨后浆渣池　24—漂后贮浆池　25—漂白塔　26—中和池　27—高浓贮浆塔

二、盘式磨浆机的结构与类型

盘式磨浆机主要由装有磨片的磨盘、主传（转）动轴、外壳、间隙压力调节机构、轴承冷却系统和保护系统、进出浆口和电机等构成（如图 3-2）。物料在盘中心进入，在高速转盘巨大离心力的作用下，从磨盘中心向圆周方向运动，穿过盘齿间隙最后流向出口。按结构可分为单盘磨、双盘磨和三盘磨三种。单盘磨又可分为悬臂式结构和通轴式两种如图 3-3 所示。

图 3-2 盘式磨浆机的结构

（一）单盘磨

单盘磨由 1 个定盘和 1 个动盘组成，由 1 台电动机带动转轴上的动盘旋转进行磨浆，浆料由定盘中心孔进磨，动盘转速 1500～1800r/min，磨盘间隙通过液压系统或齿轮电动机进行调节，一个磨盘旋转，另一磨盘固定不动。旋转的磨盘可采用悬臂结构，磨盘安在主轴的末端，也有的是将旋转的磨盘装在主轴中部，两端由轴承支撑。

木片利用环绕主轴上的螺旋带喂入磨浆机。喂料螺旋可以单独传动也可以随主轴转动。Andritz 公司的 SB150/170 单盘磨如图 3-4，其技术规格如表 3-1；Sunds Defibrator（Valmet）公司的技术规格如表 3-2。

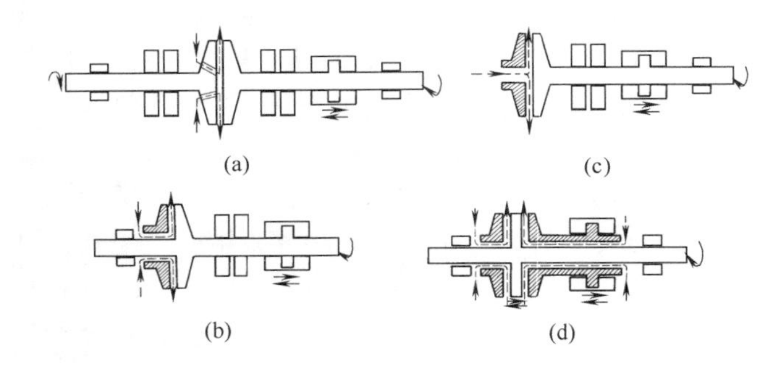

图 3-3 磨浆机的主要形式
（a）双盘磨 （b）通轴式单盘磨 （c）悬臂式单盘磨 （d）三盘磨

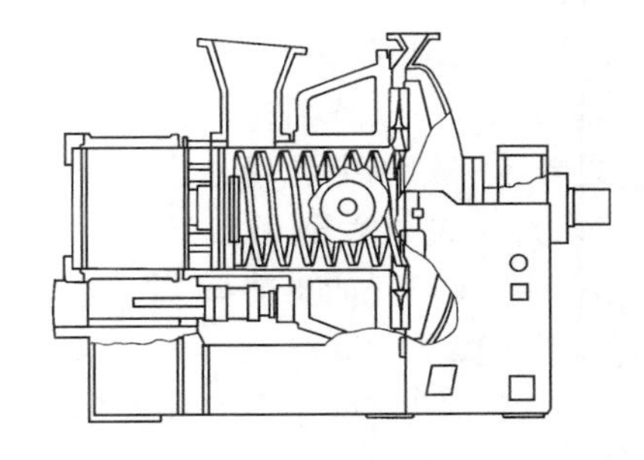

图 3-4 Andritz 公司的 SB150/170 单盘磨

表 3-1 Andritz 公司单盘磨技术规格

型 号	磨盘直径/mm	最高转速/(r/min)	电机功率/kW
SB150	1520	1500	1000
SB170	1680	2300	1400

表 3-2 Sunds Defibrator（Valmet）公司单盘磨技术规格

型 号	磨盘直径/mm	最高转速/(r/min)	电机功率/kW
RGP244	1180	1500	2500
RGP250	1270	1500	5000
RGP256	1422	1500	7000
RGP262	1575	1500	10000
RGP268	1728	1500	15000

（二）双盘磨

双盘磨由两个转向相反的动盘组成，各由 1 台电动机带动，转速为 2400～3000r/min，通过双螺杆进料器强制进料，利用线速传感器（LVTD），可准确控制磨盘间隙，两个磨盘都装在悬臂上，作反方向旋转。

木片通过同轴的喂料螺旋由一个转盘的中心口喂入，也有由一磨盘斜方向喂入的。

图 3-5 为 Andritz 公司的双盘磨，其技术规格如表 3-3 所示。

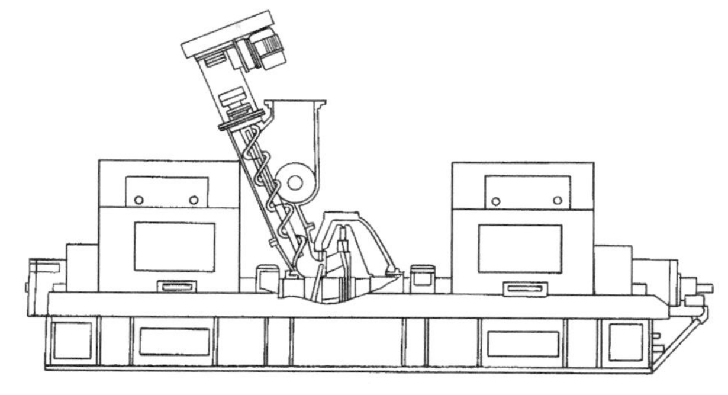

图 3-5　Andritz 公司的 SB160/190 双盘磨

图 3-6 为 Sunds Defibrator（Valmet）公司的双盘磨，其主要技术特征如表 3-4 所示。

表 3-3　Andritz 公司双盘磨技术规格

型　号	SB160 双	SB190 双
功率/kW	2×10000	2×13000
标准磨盘直径/mm	1600	1850
质量/t	100	150

表 3-4　Sunds Defibrator（Valmet）公司双盘磨技术规格

型式	转速/(r/min)	磨盘直径/mm	电机功率/kW
RSA1000	1500	1100	2×1100
RSA1300	1500	1300	2×2200
RSA1300	1500	1300	2×3000
RSA1500	1500	1500	2×6500
RGP 65 DD	1500	1600	2×7000

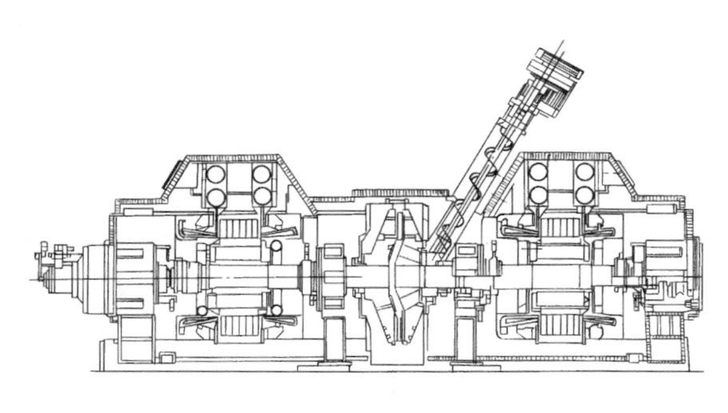

图 3-6　Sunds Defibrator（Valmet）公司的双盘磨

（三）三盘磨

三盘磨由 2 个定盘和中间 1 个动盘组成，动盘两侧具有两齿面，分别与 2 个定盘组成 2 个磨浆室，即使转速很高，也不存在动盘偏斜问题，磨浆过程产生的蒸汽，可由 2 个进料口和 1 个出料口排出。轴向联动的 2 个定盘，通过液压系统，可调整间隙和对动盘施加负荷，这种构型的磨浆机不需使用大的推力轴承。这是由两台单盘磨结合而成的，但和单盘磨有很大不同，它的旋转的磨夹在两个固定的磨盘中间，因此在同样直径下，磨浆面积提高了一倍。由于两边固定的盘磨对着中间转盘加压的力相互抵消，因此实际上不存在轴推力，磨盘也不会变形，在任何操作条件下都能保持良好平行度。

图 3-7 为 Andritz 公司的三盘磨，表 3-5 为其技术规格。

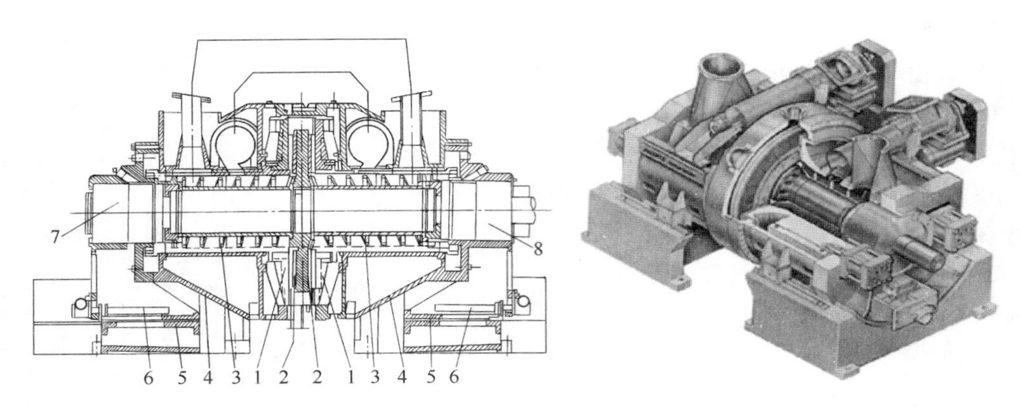

图 3-7　Andritz 公司的三盘磨结构示意图

1—磨盘底座　2—磨盘　3—带式喂料器　4—对称的磨浆机外壳　5—底座
6—回缩机构　7—磨浆机末端轴承座　8—磨浆机传动侧轴承座

表 3-5　　Andritz 公司三盘磨技术规格

型号	TWIN 45-C(P)	TWIN 50-C(P)	型号	TWIN 45-C(P)	TWIN 50-C(P)
磨盘直径/mm	1143	1270	最高速度/(r/min)	1800	1800
最大功率/kW	6500	10000	质量/t	18	27

单盘磨产量较低，但其设计与制造简单，成本较低，仍有一定市场；双盘磨在 20 世纪 70 年代发展较快。由于磨浆机所作的功，是在磨盘的刀缘上完成的，单位时间内刀缘与纤维接触次数越多，则纤维经受处理的程度越大，浆的强度提高越大。因此磨浆机转速越高，则运转中齿刀作用于纤维的频率越高；另一方面，提高转速与增大磨盘直径，均可提高磨浆机的单机生产能力。因此，不论单盘磨或双盘磨，都有向高速、大直径发展的趋向，迄今，已出现最大盘径 2082mm、动力 26000kW 的磨浆机。但提高转速会使磨浆机产生很大离心力，影响磨盘间浆料的正常分布，并使设备产生稳定性问题。三盘磨的开发，从增加磨浆面积入手，在不提高转速及增大盘径情况下，磨浆面积增加 2 倍，既有利于产量提高，也有利于改进磨浆质量，同时便于热能回收。

（四）带锥形区盘式磨浆机

为了克服大直径磨盘所带来的问题，Sunds Defibrator（Valmet）公司发展了“锥形区”的概念，即在磨盘的外圈有一和磨盘成 75^0的磨浆区，由于增设外圆周锥形区，不用过大增加转子圆盘外径，可使磨浆的磨盘面积增大。如 RGP-70CD 的磨浆机的磨浆面积相当于普通 1778mm 磨浆机，而其线速度只相当于 1473mm 的磨浆机。图 3-8 为 RGP-70CD 带锥形区盘式磨浆机的剖面图，表 3-6 为其技术参数。

表 3-6　　Sunds Defibrator（Valmet）公司 RGP-CD 技术规格

型式	转速/(r/min)	磨盘面积/m^2	电机功率/MW
RGP-70CD	1500/1800	2.4	15/17
RGP-76CD	1500/1800	2.7	19/23
RGP-82CD	1500/1800	3.2	22/26

通常使用的平面圆盘磨浆机磨碎的纸浆是借与其圆盘直径和旋转速度成比例的离心力排出的。磨盘内的纸浆移动速度是通过磨盘纹型及磨盘加工面的锥度来调整，磨浆中发生的蒸

汽流也给纸浆的流动速度以很大的影响。带锥形区盘式磨浆机的离心力和蒸汽流，则和平面圆盘磨浆机对纸浆的作用是不同的。在锥形区相对密度大的纤维部分被挤压到定子磨盘一侧，越过在磨盘沟里的几个磨齿向外周部移动离心力不是作为排出力而是将纸浆向定子磨盘上推压，作为磨碎的补助力在起作用，使磨盘内的停留时间要长。另一方面，磨浆中发生的蒸汽，是沿转子磨盘的沟底部自由地流出去，蒸汽量对纸浆的移动几乎不发生关系，不会引起排料逆流（往回顶料）。此外，由于锥形区的磨盘间隙是与转子轴形成15°的角度，故可提高4倍精度的调整。转子圆盘的轴向移动1mm，相当于锥形区的磨盘间隙0.26mm。同时在锥形区磨盘间的磨浆压力大部分是朝半径方向互相抵消，因此与磨浆面积和磨浆负荷的增大相比较，轴向推力荷重的增加很小。

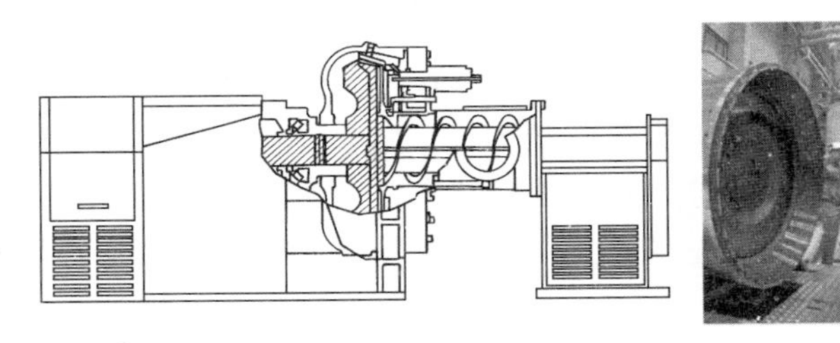

图3-8　Sunds Defibrator（Valmet）锥形磨浆机RGP-70 CD

三、盘式磨浆机的结构设计及运行安全

对磨浆过程的研究表明，木片磨浆的机理是：当木片进入两个相对高速转动的磨盘之间时，木片便在磨盘机械力的作用下，部分受到磨纹的辗磨，大部分是由于木片或纤维本身的相互摩擦和挤磨而制成机械浆。在木片磨浆过程中，先是木片在磨盘的破碎区被破碎成火柴杆状的小木杆，然后进入磨碎区被磨成木丝，最后在磨盘的精磨区被分离成纤维并细纤维化。在磨碎过程中，由于强烈的摩擦作用而产生大量的热，木片在高温下加热，木素容易软化，纤维能在比较不受损伤的情况下分离出来，因而迅速地制得所需要的浆料。

实验和生产实践证明，磨浆过程必须在浓度15%~35%条件下进行，才有良好的效果。浓度较低，只能产生纤维短小和强度低的浆料。但如果浓度过高，则会使浆料过热，大量水分蒸发，局部浆料过干，导致浆料在高温下颜色变深，甚至焦化。因而，对木片磨浆机首先要依据这一基本的工艺要求来进行结构设计。

（一）磨浆机结构设计的要求

① 物料必须连续而均匀地供入磨浆机。因此要有连续均匀的进料机构。一般可采用螺旋进料，强制送进。

② 在两个磨盘表面间的物料必须布满整个盘面空间，并连续运动。因此要有良好的磨盘结构来实现这种连续运动，并将木片连续磨制成合格的浆料而离开磨盘。

③ 浆料的质量必须稳定。在其他条件相同的情况下，主要因素之一是磨盘必须耐磨，更换的周期越长越好。现在普遍采用的是合金磨盘。

④ 磨浆过程中必须保持一定的磨浆浓度。因此磨浆机壳体内装有喷水管，使磨碎区内有最适宜的磨浆浓度。一般可掌握在木片与水的混合物中含有25%~33%的绝干木片的浓度，水分在大量的吸热过程中通过磨盘，并被湿浆和蒸汽带走。

⑤ 磨浆机在操作过程中，必须使磨盘施加于磨盘面间的物料上的压力相对稳定，并保持磨盘面间有一个恒定的均匀的间隙。稳定的压力和恒定的间隙关系到磨浆的产量、质量和动力消耗，因此必须有压力和间隙的调节装置。

⑥ 通过磨盘磨成的浆料到了磨盘的壳体（磨室）空间后必须迅速通畅地排出，才能保

持磨浆过程的连续进行。因此必须设有适宜的排料口或者专门的排料机构。

⑦ 必须保证设备运转时高度平稳，磨盘间隙不受其他因素所影响而保持恒定。为此，主轴和磨室壳体要有足够的刚度；转盘磨盘要有足够的动平衡；磨浆机的机座要紧固，运转时设备的振动力通过机座直接为基础所吸收，磨浆机运转前后机座必须保持恒定的温度；磨浆机在运转时，轴承和相对转动的部位所产生的热量必须及时引出，充分冷却。此外，在结构设计上对零件的加工精度和装配精度需提出严格的要求；在材料选择方面，要注意到热胀系数对设备精度的影响。

⑧ 设备的结构要紧凑，且便于对磨室的检查、磨盘的更换和浆料的抽取。

（二）磨浆机正常运行的保安措施

① 磨浆机主传动电机负荷过大、过小的报警；

② 磨浆机主轴承润滑情况的报警；

③ 电机和主轴承超温的报警（一般电机以 105℃ 为限，轴承以 40℃ 为限）；

④ 电机冷却水中断时的报警；

⑤ 磨浆机产生异常振动时主电机自动停车的报警；

⑥ 双盘磨操作时，发生其中一个磨盘带着另一个磨盘同向转动时的自动报警。

四、盘式磨浆机的主要构件

（一）磨盘

1. 选择磨盘的标准

① 能磨出质量好的浆；

② 电耗低；

③ 磨盘的吨浆成本低。

2. 磨盘的设计

目前磨盘的设计还是凭经验摸索出来的，无规律可循，也没有一种对各种木材和浆料都适用的磨盘，磨盘通常分破碎区、过渡区和精磨区。破碎区用的磨碎木片，其磨齿粗而稀；精磨区磨齿细而密。典型的磨盘如图 3-9 所示。

当木片喂入磨浆机时，先经破碎区磨成火柴杆状，然后通过过渡区和精磨区。

磨齿是用以对纤维施加压力的，沟槽则用以让纤维膨胀并作为输送水和蒸汽的通道。一般磨齿和沟槽的宽度不得超过纤维的长度。有的磨盘设有浆挡，其作用是抑制浆料的流动，迫使纤维进入齿面受到磨碎作用。浆挡最好呈螺旋状排列，其高度由中心到外部逐渐增加。

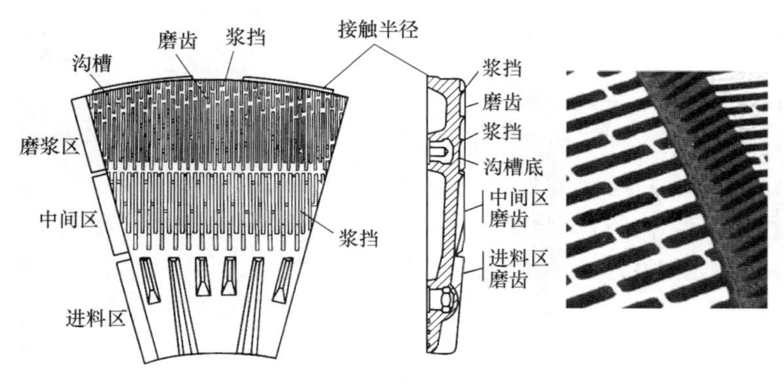

图 3-9　典型的磨盘

设计磨盘的另外两个指标是填充状态曲线（billing state curve）和比体积曲线（specific volume curve）。填充状态曲线是指两磨盘接触时沟槽空间与磨盘半径的关系。比体积曲线的含义与填充状态曲线相似，但是是指在磨浆间隙下的空间总体积。从图 3-10 和图 3-11 可以看到

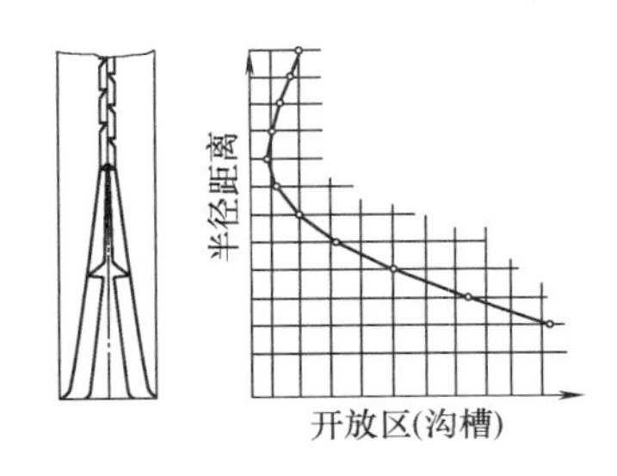

图 3-10　填充状态曲线

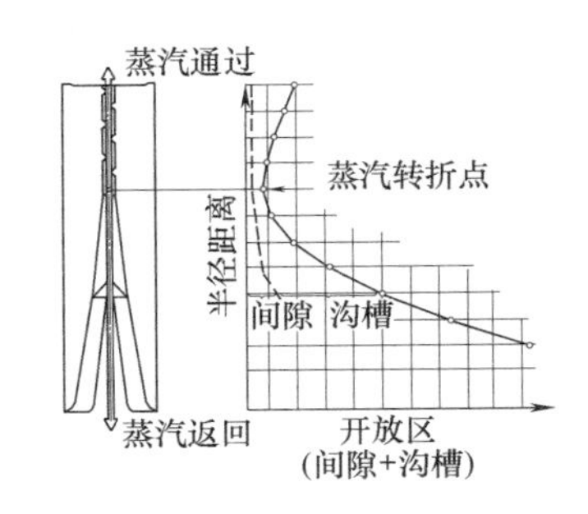

图 3-11　比体积曲线

曲线上最窄的一点的蒸汽速度为 0，称转折点。离开这一点磨浆所产生的蒸汽分别向磨盘内外流动，这转折点离磨盘中心越远，越多的蒸汽以和纤维流动方向相反的方向反喷。实际上，应使大部分蒸汽随纤维排出，以利均匀喂料，但反喷的蒸汽量难以控制。

盘磨有一定的锥度，通常精磨区锥度小，过渡区锥度大，而两段或多段磨浆的磨盘锥度逐渐减小，如有的公司一段磨两磨浆区的锥度分别为 1∶160 和 1∶300，而二段磨两磨浆区的锥度为 1∶100 和 1∶300。

盘磨和平行度对成浆质量影响很大，一般圆周上的平行度偏差不得大于 0.05mm，否则纤维和蒸汽会从间隙大的地方逸出，使磨浆机产生振动降低成浆质量。

3. 磨盘的结构

磨盘是磨浆机中组成研磨副的关键部件，直接对磨浆质量、产量和能耗产生影响。在结构上可分为整体磨盘与组合磨盘两种，按用途可分为一段磨盘、二段磨盘或精磨磨盘、粗磨磨盘。磨盘一般有装在主轴上或固定的盘体和直接同纸浆接触，产生研磨作用的磨片的构成。磨片通常可分为整体式磨片和组合式磨片两种。一般都采用组合式磨片，其磨片的数目为 4~8 块或更多些，数目的多少根据磨盘直径的大小而异，磨片可直接装在盘体上或通过整圆的盘托与盘体结合，磨盘上直接对纸浆起作用的是磨片上的磨纹。磨片是磨浆机的“心脏”，其齿型设计、选择的合理与否，将直接影响到纤维的质量和生产率。磨片结构参数主要包括齿宽、齿高、齿槽宽、齿角度、挡浆环的设置及齿纹排列等。

磨齿一般有直形齿和弧形齿两种，如图 3-12 所示。在一定长度的线段上，弧形齿较直形齿要长。在刀齿齿数一定的情况下，弧形齿可以提高磨片的每秒切断长。磨齿齿纹可分为扇块分区齿和圆环分区齿两大类。扇块分区齿是在一个扇块区域内设置平行等距刀齿，刀齿角度是不同的，是由小到大逐渐变化的。若扇块分区数过少，相应的扇块区域大，则分排的部分刀齿角度将过大，超出刀齿角度的一般要求。若扇块分区过多，扇块区域小，则不同长度刀齿数过多，将给设计制造带来不必要的麻烦。不同规格磨片的扇块分区数，可以按照刀齿角度的要求，通过几何计算来确定。圆环分区

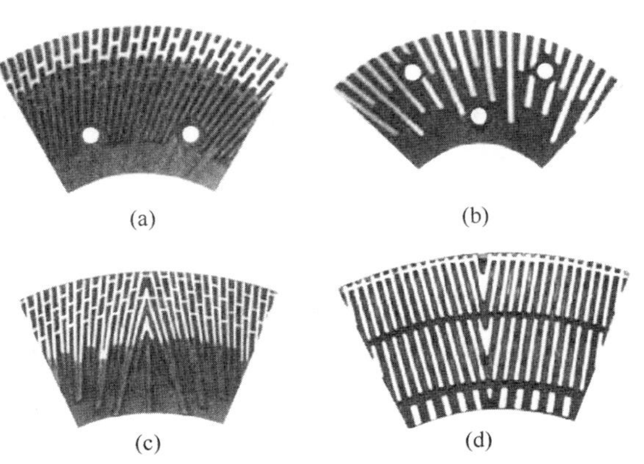

图 3-12　磨盘磨齿齿纹排列

（a）圆环分区弧形齿　（b）圆环分区直长齿
（c）扇块分区弧形齿　（d）扇块分区直长齿

齿是在一个圆环磨面的通盘上直接设置从内到外的直长齿或弧形齿，会出现内齿槽过于狭窄、外齿槽过于宽大（内外齿宽一致的情况下）不利于纤维流通的问题。采取由内向外划分若干圆环设置刀齿，即圆环分区设置刀齿，就能缓解这一问题。此外，圆环分区后，在保证通盘每秒切断长不变的前提下，内环区刀齿齿槽就可设宽些，外环区齿槽设置较窄些，以使纤维由内向外分布流畅圆满。

高浓操作的磨盘磨纹在中心区域，中间区域至边缘区域各段是不相同的。中心区域对物料起破碎作用，称为破碎区；中间区域起磨浆作用，称为磨浆区域粗磨区；边缘区域起精磨作用，称为精磨区。

磨盘的磨纹布置要求及参考尺寸如下：

① 磨纹的分区布置。应能适应物料从粗变细的规律，而且能够在磨盘正、反转运行时使物料顺畅地通过磨区。

② 凸起的齿纹和凹下的齿槽尺寸。必须从大到小逐渐缩小。破碎区，齿纹宽度为 8~16mm，齿槽宽度为 16~32mm；磨浆区，齿纹宽度为 2~4mm，齿槽宽度为 3~5mm；精磨区齿纹宽度根据磨浆工艺的需要和制造技术有的可达到 1~1.5mm。

③ 磨纹的梯度。磨片设计成有斜度的目的：一是避免机械能量突然增加和齿面的局部磨损；二是使原料容易进入并减轻喂料负载；三是有利于保证成浆的质量，使磨浆变化过程是一个渐进式并非跳跃式的过程。根据磨盘直径大小设置 1~3 个梯度，破碎区梯度 6°~15°；磨浆区梯度 3°~7.5°；精磨区梯度 0°~0.5°。磨盘直径 900mm 以下的只设一个梯度，一般为 6°~12°。

4. 磨片失效与磨盘的材料

磨片材质决定磨片表面结构和使用寿命，齿型几何尺寸决定传递给木片和纤维的能量和机械作用。因此，要求磨片具有高的可靠性和适用性，高的综合机械性能，高的强度和硬度，高的耐磨性和耐蚀性，足够的韧性和耐冲击性，高的冶金质量及铸造性能，高的尺寸精度和高的动静平衡要求。从而保证其使用寿命，最大限度地降低磨片失效及故障的发生。

磨片失效大致分为齿面磨损、磨齿断裂、气蚀和腐蚀等。齿面磨损包括齿边缘磨损、齿面磨损、磨粒磨损、冲蚀磨损和齿面疲劳磨损，其中齿边缘磨损是指磨齿边缘的钝化磨圆。气蚀是磨片受蒸汽中不断形成与溃灭的气泡在瞬间产生的极大冲击力及高温的反复作用下，齿面材料的特殊疲劳点蚀现象。腐蚀是金属与环境介质之间产生化学和电化学作用的结果，在磨片表面产生松脆的腐蚀物，在磨片相对运动时被磨掉，露出新鲜表面再被腐蚀，很快腐蚀物又被磨掉的循环过程。磨齿断裂与机械事故相关联：

① 磨浆机自动控制与系统失灵或违章操作，在断浆情况下造成磨片碰撞，钢碰钢产生高温，由于突然进浆，温差太大，使高碳莱氏体材质的磨片炸裂、退火，磨齿崩断，碰撞区齿整块大面积铲平。

② 系统严重振动，或磨盘偏载使局部齿条在冲击载荷的作用力下断齿，随之由磨盘旋转产生连锁反应，强度和韧性差的齿条受到破坏。

③ 较大硬质异物夹杂在木片和浆流中，进入磨机与磨齿发生巨大撞击，磨齿受力超出自身承载能力而断裂。

④ 疲劳断齿由于材料中存在的初始缺陷（裂纹、夹杂物、磨削烧伤、残余应力），在一定条件下发生临界扩展所致，或是磨齿承受超过材料疲劳极限的反复弯曲应力而发生的。通常首先沿受力侧齿根内部产生裂纹，此后逐渐沿齿根或向斜上方发展而致断。

从磨片的磨损机理可以看出，理想的磨片材质要有较高的硬度（一般不低于 55HRC）及适当的断裂韧性和较好的耐腐蚀性。其显微组织应是高硬度的马氏体结合韧性好、较耐腐蚀且与碳化物结合较好的残余奥氏体基体组织。碳化物数量要多且粒径大，并成弥散状均匀分布。目前用得最多的磨盘的材料是镍铬冷硬铸铁、高铬白口铁和不锈钢。镍铬冷硬铸铁是磨片较早开发的铁基材质，其基体主要是珠光体，碳化物呈网状，严重割裂基体，导致其脆性大，韧性差，零件更换周期短，性价比低，严重影响生产效率。高铬白口铁是一种耐磨的镍铬白口铁，耐磨性最好，但容易腐蚀；不锈钢磨盘耐腐蚀，但价格昂贵。为了在使用寿命和单位成本之间取得折衷，Andritz 公司发展了两种高铬白口铁：Hi-C 和 K 合金磨盘：Hi-C 白口铁含铬 25%~26%，K 合金白口铁含铬 18%。

为了尽可能延长更换磨片的周期，提高劳动生产率，以及稳定磨浆的质量，在设计磨盘时，要注意选择优良的耐磨的磨片材料。表 3-7 示出直径 1270mm 磨浆机一种磨片材料的成分。它是一种含有适当比例的镍铬特种合金钢，通常硬度 75HRC 左右。

表 3-7　　直径 1270 磨浆机磨片材料成分

成 分	中心区磨片		中间区磨片		精磨区磨片	
	正面	背面	正面	背面	正面	背面
C	0.27	0.14	0.21	0.23	0.23	0.29
Si	0.45	0.68	0.59	0.64	0.58	0.66
Mn	0.86	0.81	0.25	0.28	0.42	0.42
S	0.028	0.018	0.009	0.027	0.030	0.027
Cr	19.45	19.50	15.85	15.70	16.70	16.80
Ni	5.35	5.35	0.20	1.95	1.95	1.95
Mo	1.26	1.16	0.53	0.53	0.32	0.47

此外，适当的材料热处理，改变材料组织的微观结构，对提高和改善磨片材料特性和使用性能也是至关重要的。如图 3-13 所示为经过热处理的（左）和未热处理的（右）高铬白口铁磨片使用一定时间的图片，从图片上明显看出未热处理的（右）高铬白口铁磨片出现锯齿状齿面磨损。图 3-14 所示为适当的热处理（左）和不适当的热处理（右）条件处理的不锈钢磨片图片。不适当的热处理（右）条件处理的不锈钢磨片破碎区磨齿出现了粗糙气蚀缺陷。

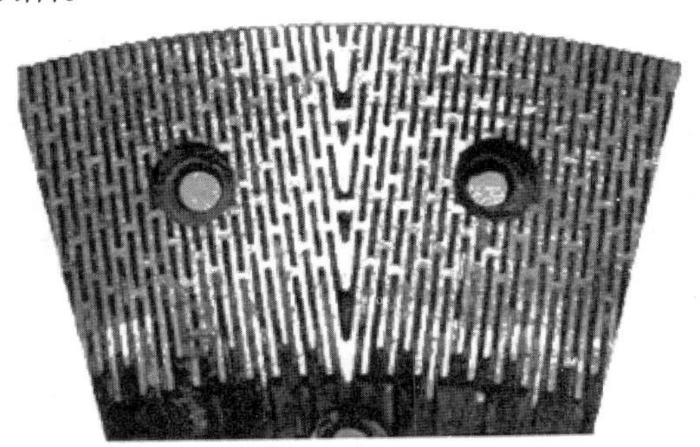

图 3-13 经过热处理的（左）和未热处理的（右）高铬白口铁磨片

5. 磨盘设计的改进

当讨论齿盘的设计时，首先要观察在磨盘内流体的流动特性。当增加齿盘圆周速度时，

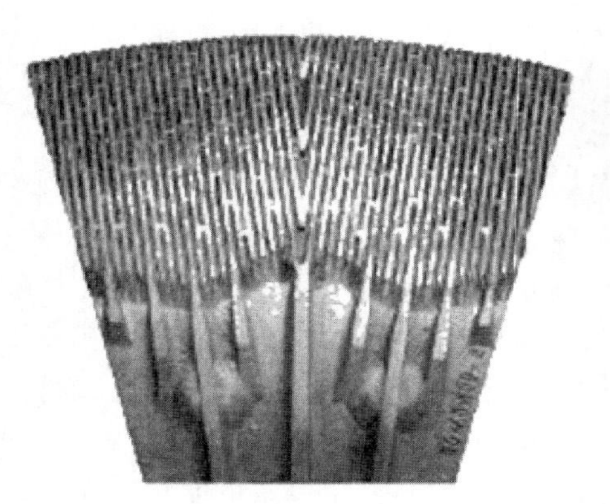

图 3-14　适当的热处理（左）和不适当的热处理（右）条件处理的不锈钢磨片

泵送损失或“空载”动力消耗要增大，如图 3-15 所示。在不同齿盘转速下三盘磨的空载动力损失见图 3-16。齿沟面积控制着穿过齿盘流体的流动特性。齿磨损后会降低通过磨盘的流量。为解决流体流动所消耗的能量问题，设计齿盘时可使用沟浅的齿盘，当然这会缩短使用寿命，或者降低齿盘圆周速度，这可采用低转数马达或装设减速装置，但这又增加投资费用和加大维护工作量，一种好的办法是将齿盘设计成小的圆周速度。

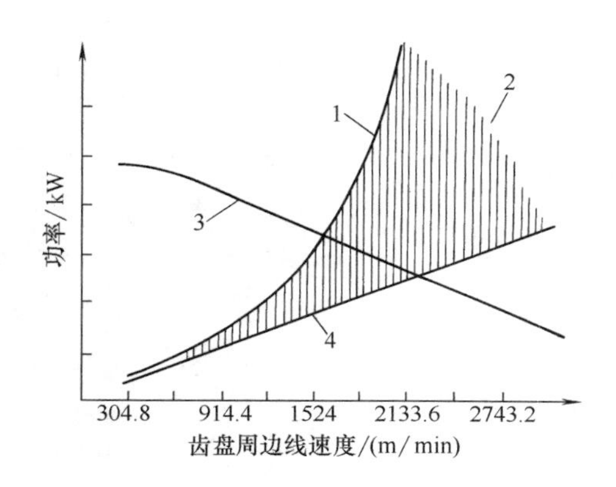

图 3-15　齿盘圆周速度对动力消耗影响
1—总功率　2—功率损失　3—效率　4—净磨浆功率

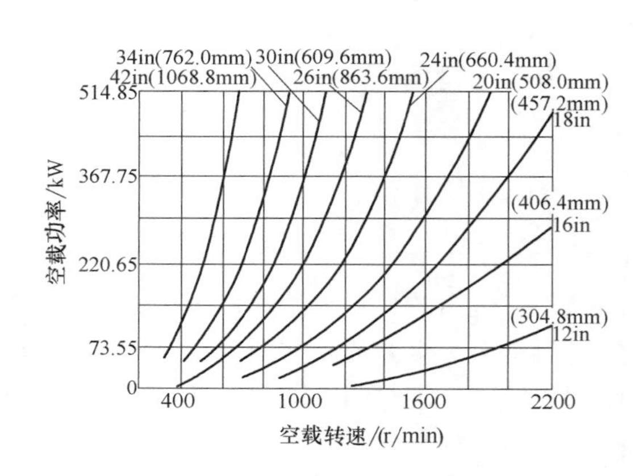

图 3-16　三磨盘转速对“空载”动力损失的影响

高浓磨浆时，在磨浆区会产生大量蒸汽，如果蒸汽不尽快排出，会产生很大的蒸汽压力，蒸汽压力是产生冲击载荷的主要原因，还会导致运动载荷的控制不稳定。蒸汽的高速径向流动和巨大离心力的共同作用会使浆料过早地离开研磨表面，降低磨浆效果。但如果蒸汽过快地排出，部分纤维的水分又会过早地耗干。因此在保证磨浆质量的同时应尽快地促进蒸汽的排出。传统的高浓盘磨机磨片磨齿成径向放射状排列，为了阻止纸浆因巨大的离心力而过快地甩出磨浆区，在齿槽中设置有许多的挡坝，虽延长了浆料在磨浆区的停留时间却不利于蒸汽的排出，因此得不到满意的磨浆效果。理想的是设计一种新型磨片，既有利于蒸汽的排出，又能延长浆料在磨浆区的停留时间，提高磨片的磨浆能力和磨齿的强度及耐用性，达到满意的磨浆效果。图 3-17 为 Z 形磨齿新型高浓磨盘磨片结构图。磨齿的 Z 形如图所示，中间有一段倾斜形状的磨齿与纵向的磨齿相连呈 Z 形，也就是在 Z 形的弯曲部分设置一个斜面挡条，在径向的磨齿之间无任何挡条，Z 形磨齿的弯曲部分也可以延长浆料的停留时间，使浆料得到充分的研磨，同时产生的大量蒸汽也有足够的空间排出磨浆区，从而得满意的磨浆效果。

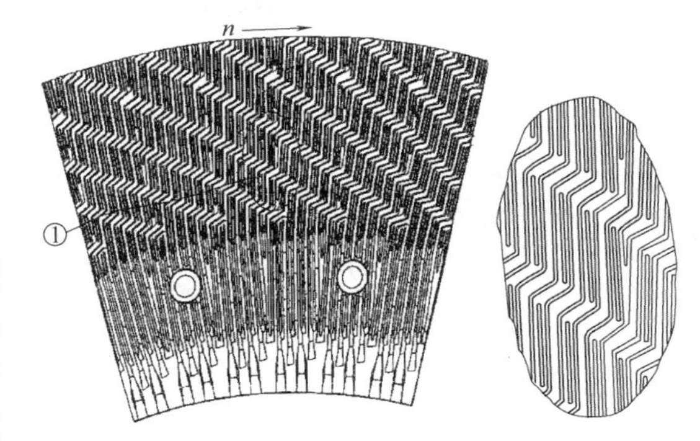

图 3-17　Z 形磨齿新型高浓磨盘磨片结构

（二）磨盘间隙的调整和测量控制装置

1. 磨盘间隙的调整

磨浆机在操作过程中，必须使磨盘施加于磨盘面间的物料上的压力相对稳定，并保持磨盘间有一个恒定的均匀的间隙，所谓磨盘间隙（plate gap），是指磨浆机在工作过程中，动磨片和定磨片在研磨区内齿表面之间的距离。稳定的压力和恒定的间隙关系到磨浆的产量、质量和动力消耗，因此必须有压力和间隙的调节装置保证设备高度平稳运行时磨盘间隙不受其他因素所影响而保持恒定。从磨盘机的工作原理不难理解，纸浆质量的指标很大程度就由磨浆机磨盘的工作间隙大小和间隙恒定决定，如果间隙不稳定，浆的质量波动就大，在高速转动的磨浆机工作时，甚至极有可能导致严重的设备故障，因而磨浆机左右两磨盘的工作间隙的测量和控制是极为重要的。盘磨机工作间隙的测量和控制也就是转动磨盘的轴向位置动态测试和控制问题。通常磨盘间隙控制在 0.2~0.5mm 之间，对纤维分离程度要求特别高时，磨盘间隙要求控制在 0.15mm，对磨盘间隙的控制精度要求也比较高，一般要求的控制精度达到 0.01mm。

磨浆机磨盘间隙的调整可以用机械或液压方式来实现。

机械加压系统是利用齿轮电机使两磨盘靠近，直至达到所要求的传动电流为止。现在械加压系统已很少使用。

液压加压系统可用定位式或压力式来调整磨盘间隙。采用定位式加压时，在达到一定电流后将液压系统锁住，使磨盘定位，这样磨盘间隙和机械加压系统一样是固定的。

压力式液压加压系统，液压压力保持恒定，由于磨浆机外壳内的压力与两磨盘之间的磨浆压力有直接关系，因此能自动控制磨浆压力。这种加压系统能随通过量的微小变化而予以补偿，在输入的功率保持一定时，能自动改变磨盘间隙。

2. 磨浆机磨盘间隙的测量与控制

磨浆机两齿盘间间隙对浆料的得率、能耗和浆料质量均有很大影响。这就使得磨盘间隙成为了所有磨浆设备以及测量和控制方案中的主要控制参数。尽管磨浆机在工作开始时都可以按照要求调整好磨盘初始间隙，但是在研磨过程中，由于磨片的齿表面受到多种形式的磨损，使研磨齿的高度连续降低，从而造成磨盘间隙不断扩大。要保持磨盘间隙的稳定，就应当对磨盘间隙进行实时精确的测量，并及时进行调整。因此，实时精确地连续地测量研磨过程中磨盘实际间隙是保证磨浆机始终在最佳盘间隙下进行工作，保持磨盘间隙稳定的前提条件。

目前有间接和直接测量两种装置。间接测量装置通常是在磨盘定盘外壳上安装游标尺或位移传感器，当定盘在轴向移动时带动定片移动，从而使磨浆间隙得到调整，只要测量定盘轴向移动值可以间接得知磨浆间隙值。直接测量装置是克服了间接测量法在定盘轴向不动时，因磨片自然磨损带来的间隙增加因素未被测量的缺点。直接测量装置是直接在磨浆区内部动、定磨片表面设置测量位移传感器的系统，可直接反映磨浆面上的间距，是实时测量间隙数值的信号装置。

图 3-18 所示为 sunds 公司 RSP 系列磨浆机安装在定盘上用于磨盘间隙实时测量的位移传感器 TDC（thetrue disc clearance）与 AGS（the adjustable Gap Sensor）。TDC（磨盘真实间隙）传感器中配备了温度测量元件，可以为操作者提供过程中磨浆机内部的温度信息，可连续显示和控制磨片之间的真实间隙和磨区温度。AGS 可调间隙传感器是一个集成的磨盘磨区状况传感元件。是这一领域的新产品。它是一个非常灵敏的传感器，配备有测量真实盘缝隙的 TDC 装置、测量端、温度计，还有一个高频振动加速计以及一个控制测量端移动的步进电动机。它不但会连续显示和控制磨片之间的真实间隙和磨区温度，还可测量振动值。同时，其测头是可移动的，可实现实时在线自我校正。

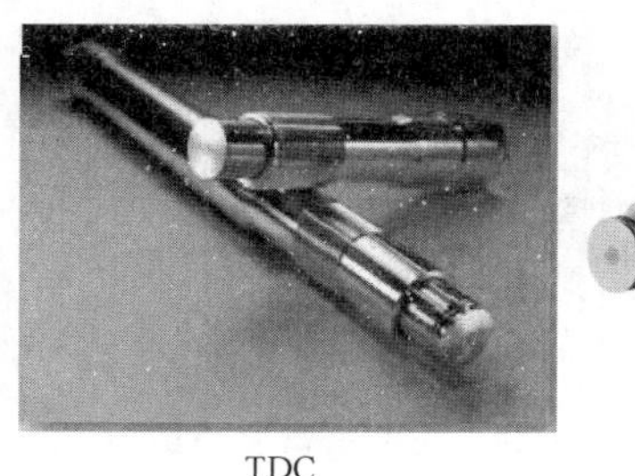

TDC

AGS

图 3-18　sunds 公司 RSP 系列磨浆机磨盘间隙实时测量的位移传感器

（三）**盘式磨浆机的转子**

转子是磨浆机的关键部分，它包括主轴、磨盘和轴承。在电机和磨盘同轴安装的磨浆机内，还包括电机。设计转子时必须考虑磨浆机的动态特征和振动频率。磨浆机的主轴是承载磨盘的，还必须考虑启动时的瞬时扭矩。

磨盘以过盈配合固定在轴上，以克服启动和运转时的扭矩。如果磨盘位于主轴的一端，则采用锥形配合。启动磨浆机时轴的瞬时扭矩最大，当加速到额定速度的 40%~45%时，达到最大值，最大扭矩可达正常运转时额定扭矩的 6~8 倍。在高速旋转时产生很大的离心力，使磨盘外圈向背面弯曲。增加磨盘厚度可减少这种变形，但也提高了磨盘重量，相应地就必须加大主轴直径。

主轴和动磨盘的装配目前有两种方法：有键锥面配合和无键锥面配合。锥面配合精度高，传动扭矩大。采用主轴与转动磨盘通过锥面直接连接的结构（见图 3-19），或在此结构基础上，在转动磨盘锥孔与主轴锥面之间增加键连接，在锥面过盈连接的同时，键连接进一

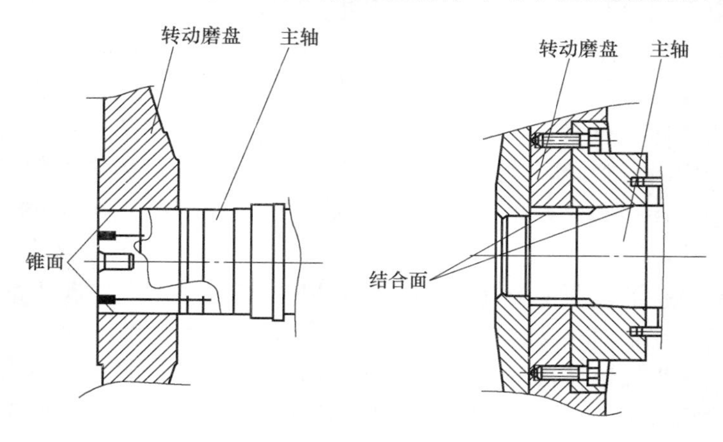

图 3-19　磨浆机主轴与转动磨盘连接的结构

步增强了承受扭矩的能力。主轴与转动磨盘锥面直接连接的锥度为1∶30。该结构主轴的轴头为锥面，在锥面上开环形油槽，并与轴头端面油口相连。转动磨盘为锥孔，并具有与主轴锥度相配合的精度。安装时利用高压液压工具使转动磨盘内孔变形胀大，同时施加轴向压力，使转动磨盘与主轴紧密过盈连接。主轴与转动磨盘的联合式连接结构（见图3-19），在与转动磨盘连接的主轴端部加工成锥面与矩形花键，在转动磨盘内孔也同样加工成锥面和花键。采用的锥度为1∶10。该结构的主轴和转动磨盘的连接前端为花键，后端为锥面。当它们连接时，锥面作为定位面，保证转动磨盘端面对主轴轴线跳动精度要求，矩形花键连接用以分离纤维时传递足够扭矩。这种联合式连接结构制造容易，装卸方便，传递扭矩大，定位准确，频繁拆卸精度不变。

磨盘的弯曲变形在一定程度上可采用带锥度磨盘的形式予以补偿。但磨盘的变形随磨浆机磨浆时负荷的大小而不同，也就是说磨浆负荷大时须要较大的锥度，这就带来一些困难，因为磨浆机刚起动时都不能满负荷运转的。三盘磨由于转盘夹在二定盘之间旋转，因此不存在磨盘变形问题。

磨浆机主轴配有径向轴承和止推轴承。径向轴承用以承载转子的重量，而止推轴承则抵消加压装置造成的轴向负荷和磨浆时产生的蒸汽的压力。除三盘磨外，其他形式的磨浆机都必须要止推轴承，在大多数情况下，止推轴承都位于轴的外侧，即远离磨盘一侧，这样比较灵活。因为在负荷作用下轴将延伸，止推轴承装在靠近磨盘一侧时，止推距离较短，在负荷作用下反应较快。采用通轴的单盘磨，止推轴承装在轴的两端，推力均匀地分布在两个较小的止推轴承上。

磨浆机轴承一般的工作温度为65～93℃，要用低黏度油润滑。磨浆机对润滑的要求很高，新型磨浆机有集中润滑系统。润滑油经冷却至40～45℃后进入轴承。冷却过的润滑油不仅能提供保护油膜，而且能将轴承内的热量带走。为了防止润滑油中断供应而损坏轴承，磨浆机的电机和润滑油系统连锁。有些磨浆机设有备用电池，在电源故障时润滑油也不致中断。

（四）磨浆机的传动

当今磨浆机的驱动电机越来越大。因为安装大型但数量较少的设备可节省投资和一些辅助设备的费用。所有双盘磨的电机都是和磨浆机结合成一个整体的，驱动功率小于3675kW的平盘磨也用这种结构。但大型单盘磨的电机则用齿轮联轴器和磨浆机联接，这样可以使用标准电机。磨浆机将扭矩和推力吸收到磨浆机的机架内，电机和磨浆机结合成一个整体的磨浆机，电机已在制造厂预组装好，可以作为一台完整的设备装在厂房里，比较容易，而且由于它轴承较少，维护也比较简单。

盘磨机可用感应电机或同步电机传动。小型盘磨机通常用感应电机驱动，因为它的用电量占全厂用电量的比例很小，因此对功率因数的校正意义不大，而且1800r/min的感应电机比同步电机便宜。感应电机只有在满负荷下运行才有较高的效率，而在低负荷时效率和功率因数都大大降低。可以在电机或起动器上安装电容器，来修正功率因数，但功率因数不会超过97%。同步电机则相反，在任何负载条件下效率都一样高。它可以设计出很高的功率因数，这样不仅保证磨浆机功率的有效利用，并可改善整个工厂的功率因数，同时可降低运转费用。

五、盘式磨浆机的磨浆节能技术

盘磨机在磨浆设备中使用量占绝对优势，但能耗较高，据统计，约占制浆造纸企业能耗的 30%。因此，如何在发挥高浓盘磨机磨浆效能的同时，较大幅度地降低它的动力消耗，减小污染，成为当今国内外工程界所关注的问题。

（一）盘磨机操作参数对磨浆能耗的影响

1. 磨浆浓度

研究发现：随着磨浆浓度增加，纸浆各项强度指标均大幅度提高，相同的磨浆能耗输入，获得强度性能相同的纸浆时，高浓磨浆的能量输入速率较快，可以大大缩短磨浆过程。所以适当提高磨浆浓度，在保证磨浆质量的前提下，可以提高磨浆效率，降低磨浆能耗。

2. 磨盘间隙

磨盘间隙是影响盘磨机能耗的重要因素之一。过大的磨盘间隙会造成浆料在磨盘之间集聚过多，导致浆料研磨不充分，易产生过多的纤维梗，虽然能耗有所降低，但是产品的外观质量不好。过小的磨盘间隙，磨盘之间浆料较少，剪切挤压效果好，纤维变细，磨浆质量较好，但磨盘间隙小，磨浆阻力增大，发热量大，磨浆功耗随之增加。一般盘磨机工作时，动、定磨盘的间隙一般为纤维直径的 3~4 倍，控制在 0.2~0.5 之间。根据工艺要求，最佳盘磨间隙需要根据经验和实验确定。如果一次磨浆达不到要求，可以分几次磨浆，逐步达到工艺要求，但总体来说，减少磨浆次数，有利于降低能耗。

3. 磨盘转速

盘磨机回转速度高速化是磨浆高速化的研究方向。据报道将盘磨的转速从 1200r/min 提高到 1800r/min，在纸浆质量相同的情况下，可节能 20%~25%。随着磨盘转速的增加，单位绝干浆料消耗的磨浆总能耗和有用能耗均减少。因此，当生产相同数量的纸浆，高速磨浆比低速磨浆所需的磨浆时间更短，所以总能耗也相应减少。实验研究：当 254mm（10in）盘磨机的线速度在 1200m/min 时，主要是对纤维起切断作用，帚化作用很少；330mm（13in）盘磨机当其线速度为 1500m/min 时，纤维被切断与被帚化的量相当；当 381mm（15in）盘磨机线速度达到 1800m/min 时，主要是对纤维起帚化作用，切断的纤维很少；当 457mm（18in）盘磨机线速度达到 2100m/min 时，对纤维有良好的疏解作用。提高磨盘转速，既能保证磨浆质量和效率，又能在一定程度上降低磨浆能耗。

4. 磨盘直径

盘磨机磨浆功耗、泵送功耗和摩擦功耗均与磨盘直径有关，增加磨盘直径，上述 3 部分功耗依次按磨盘外径刀的 5 次方、2 次方和 4 次方增大。目前在国外生产的盘磨机大都在 1524mm（60in）左右（最大直径可达 2000mm，即 82in），而国内生产的盘磨机以 1270mm（50in）以下的中、小型为主。

（二）磨片结构对磨浆能耗的影响

磨片是磨浆机的“心脏”，其齿纹参数对能耗的影响是齿高、齿宽、齿槽宽、齿槽深、齿纹倾角、挡坝和齿纹结构综合作用的结果，另外，磨片材质的耐磨性和磨盘直径也对能耗有一定的影响。有资料表明：通过磨片齿纹参数的合理设计及磨片材质的合理选择，可降低磨浆能耗的 10%~25%。

1. 等角螺线磨片

针对传统磨盘存在的进浆顺畅性和成浆质量长期稳定性等问题，国内提出了等角螺线磨片，如图 3-20 所示。根据需要，磨盘也可以是只有某个磨区采用这种排布形式，但该区的磨齿必须与等角螺线的部分轨迹重合。从理论上分析，这种磨盘能使浆料顺利进入磨浆区，从而改善进浆口堵塞状况，减少能量损失，减少主轴振动，节约能耗。

2. 动压磨浆磨片

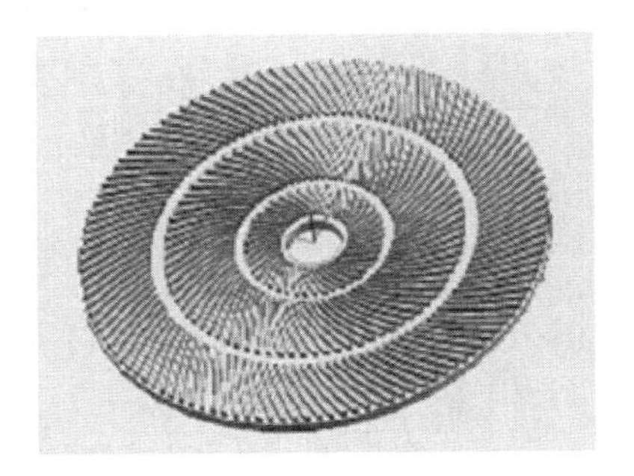
图 3-20　等角螺线磨片结构

动压磨浆磨片是将动片齿面统一改造成带有一定角度的斜面（角度为 3°~22°），如图 3-21 所示。当磨片工作时，进入间隙的纸浆量必然大于流出间隙的纸浆量，从而在磨片间形成一个承压实现动压磨浆。斜面会使液体产生与齿顶斜面垂直的动压力，通过力学分析，会增大对纤维的剪切力。于是，齿纹的直接作用退为第二位，纤维切断量减少，而纤维与纤维之间的内部作用力增强，在磨浆时这种内部作用力即表现为更强的内摩擦作用，促进了纤维的分丝帚化作用。通过适当增加动片和定片的间隙以及浆料流量可提高生产效率、降低能耗、减小噪音、延长设备寿命。

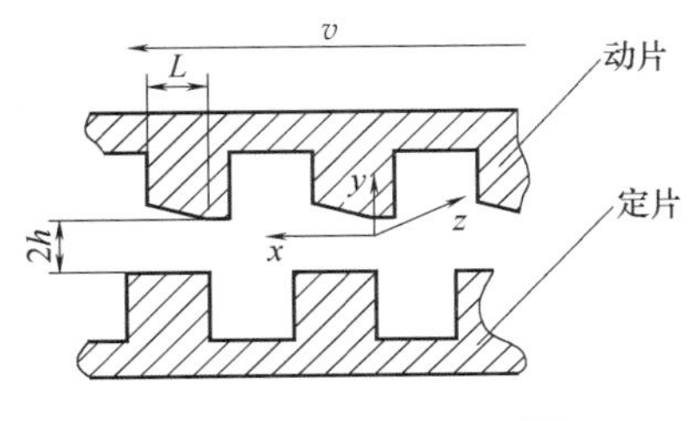

图 3-21　斜齿面磨片结构

3. 工型磨齿磨片

工型磨片摈弃了传统的直线形磨齿，把磨齿做成如图 3-22 所示的形状，与传统的磨齿相比，磨齿总的长度提高，数量增加，单位能耗却大大减少。该磨盘磨齿由 3 部分组成，上下两部分平行且相等，中间的部分与它们相垂直，中间部分和上下部分的高度比例大约是 1. 8~1，宽度相同。磨片的尺寸不同，磨齿的尺寸也可以进行变化。上下两部分的尺寸可以在 1. 75~10. 5m 之间进行变化，宽度可以在 1~6m 之间进行变化。与传统的直线形磨齿相比，磨齿上下两部分不仅可以提高磨浆能力，同时也能够降低能耗。

4. ANDRITZ MDF Spiral 磨片

ANDRITZ 公司为适应机械浆的市场需求，开发了高效的 ANDRITZ MDF Spiral 磨片，如图 3-23 所示。该磨片能够使磨齿交叉角度保持恒定在 30°，从而在整个磨浆过程中，木片在相同的条件下得以分解，保证了纤维质量。同时，采用 ANDRITZ Spiral 技术和双区设计相结合的方式，使磨片更容易适应产量的变化，在不同的产量下，有效降低磨浆能耗 5%，（如图 3-24 所示）达到最好的磨浆效果。

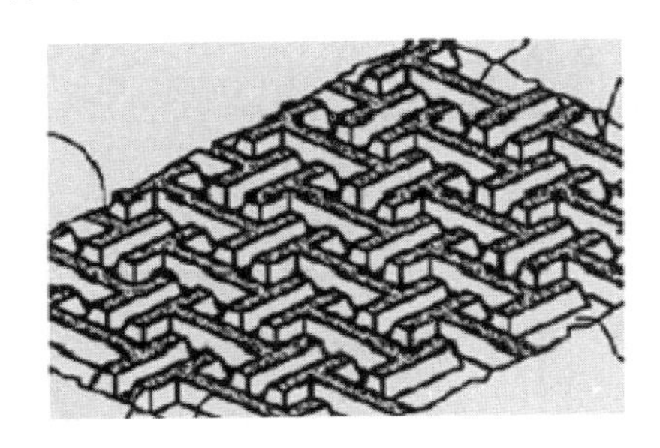
图 3-22　工型磨齿磨片结构

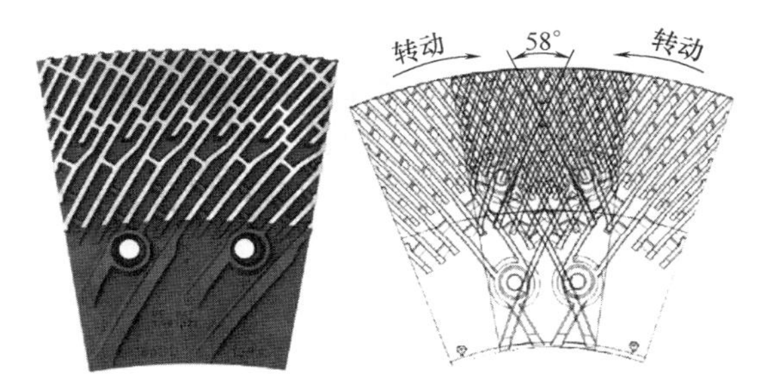

图 3-23　ANDRITZ MDF Spiral 磨片

5. FiberMaxX^{TM}磨片

2001 年，Andritz 公司开发出了 FiberMaxX-EX^{TM}磨片（如图 3-25 所示），通过实验分析，得出结论：和标准 FiberMaxX-EX^{TM}磨片相比，FiberMaxX-EX^{TM}磨片的使用可使磨浆机的总能耗降低 12. 5%，产能提高 12%。

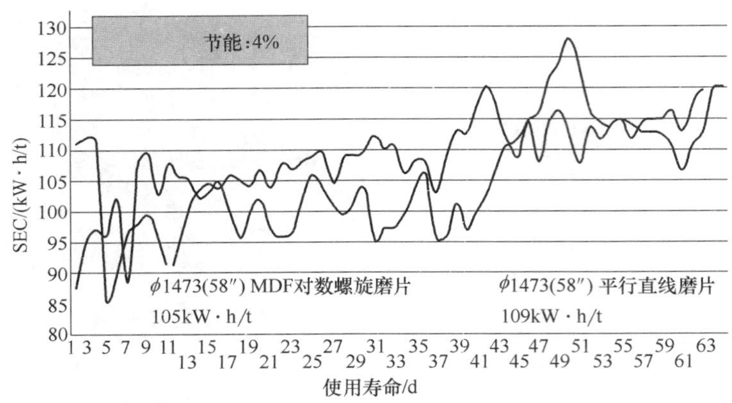

图 3-24　MDF 对数螺旋磨片与平行直线磨片单位能耗对比图

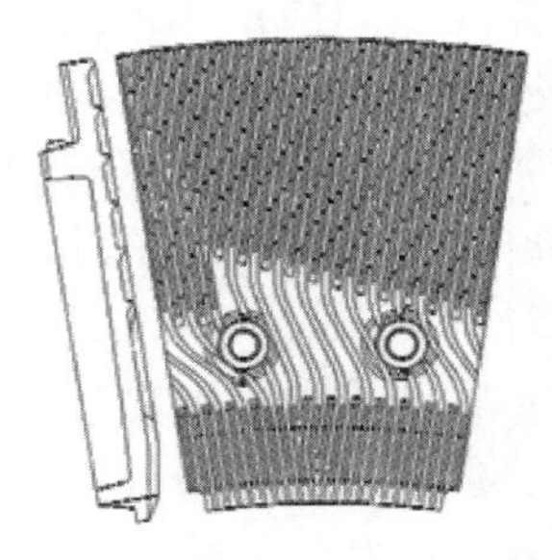

图 3-25　FiberMaxX-EXTM 磨片

6. 带磨粒的磨片

2011 年，赫尔辛基大学、坦佩雷大学和美卓公司合作提出：通过激光熔覆工艺技术，在磨齿上镶嵌一定数量和尺寸的磨粒（如图 3-26 所示），以增加齿纹的磨浆作用，从而更加高效地破坏纤维细胞壁，并且通过实验得出：在正常磨条件下，该磨片的使用比传统磨片至少节能 10%，同时对纸浆和纸张性能负面影响最小。

图 3-26　带磨粒的磨盘

（三）节能型盘式磨浆机

1. 节能式双盘磨浆机

与传统磨浆机同向转动不同，节能式双盘磨浆机（如图 3-27 所示）的主要特点是逆向输出主轴（逆向被动磨盘）和顺向输出主轴（顺向转动磨盘）的旋转方向相反，这样对物料的研磨更加完全，从而提高了磨浆效率，大大减小了电能消耗。

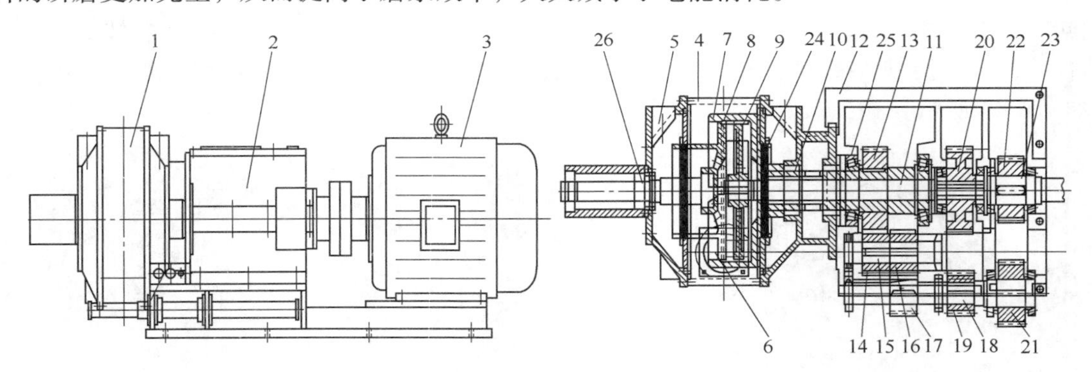

图 3-27　节能式双盘磨浆机结构示意图

1—磨浆机构　2—变速机构　3—电机　4—磨盘主腔体　5—进料口　6—出料口　7—逆向主动磨盘　8—逆向被动磨盘　9—顺向转动磨盘　10—逆向输出主轴　11—顺向输出主轴　12—正反旋转变速箱体　13—第一齿轮　14—第二齿轮　15—短轴　16—第三齿轮　17—第四齿轮　18—传动轴　19—第五齿轮　20—第六齿轮　21—第七齿轮　22—第八齿轮　23—电机输入轴　24—高压耐磨密封圈　25—轴承　26—密封装置

2. Twin 66 RTS™磨浆机

Twin 66 RTS™磨浆机是 Andritz 公司研发的新型盘磨机，采用三盘双磨区结构，如

图 3-28所示。中间盘为连接到转轴上的动盘，两侧为定盘，木片从两边入口分别从轴向进入到磨区的中心，从磨盘间隙向外排出到喷放管线。与 Andritz 公司的传统磨浆机相比，Twin 66 RTS™磨浆机的磨浆温度、压力和磨盘转速更高，磨浆效果好，产能高。同时，该机可自动调节浆的浓度，微调磨盘间隙，磨盘光电显示，配有磨盘间隙快速进退机构，保证磨浆的质量与灵活控制。Twin 66 RTS™磨浆机通常被用在首段磨浆，与传统的 TMP 相比，该磨浆机的使用可降低能耗 15%～25%。

图 3-28　Twin 66 RTS™磨浆机

第三节　搓　丝　机

一、概　　述

搓丝机源于塑料和食品工业使用的双螺杆挤压机，是利用塑料挤出工程原理和现代造纸制浆理论而开发的一种高得率、多功能、节能型的清洁机械制浆设备。它具有磨浆质量好、能耗低、用水量少、减少排污、有利于环境保护等优点，是一种具有广泛应用前景的新一代磨浆设备。搓丝机将纤维分离、化学药品浸渍、蒸煮、洗涤、漂白和纤维的切断等多个复杂的工艺过程汇集在磨浆机内完成。

双螺杆挤压搓丝机可完成如下功能：

① 磨解。两根相互啮合的螺杆就像一台高效率的螺杆泵一样将浆料强制性的定向（纤维轴向）挤压和输送，浆料在挤碾区纤维轴向受到较大的挤压力和揉搓作用，有利于纤维轴向产生裂纹，强化了药液渗透和纤维分离作用，完成磨浆功能。

② 化学浸渍。利用该机可进行多种化学处理并能将药液注入壳体不同的工作区域。它是高效率的高浓混合器，浆料通过挤碾区时被强有力地揉搓。同时，温度和压力的作用可使浆料在高浓下加快化学反应。

③ 洗涤。该机在高压区装有有效的过滤器，可对化学机械浆或半化学浆磨解的同时进行洗涤，可按工艺要求设置多段洗涤区。高的挤压力和有效的揉搓作用可实现高效率的洗涤，同时还可节约清水、降低排污量。

④ 漂白。可作为高浓反应器完成浆料和漂液的高浓混合。具有高浓（25%～40%）、高效、快速漂白的优点，并可节约漂白剂和其他化学药品。

1975 年法国 Clextral 公司首先对双螺杆挤压机进行技术开发，力图用于制浆造纸业。1983 年 6 月 C-E Bauer 公司进行了双螺杆挤压机用于制浆的工业生产试验，处理原料为南方松和杨木木片，生产出的机械浆外观上类似 TMP 系统第一段压力磨磨出来的浆料，但纤维分离的更好，纤维束含量比传统 TMP 少 30%；经高浓磨浆机精浆后，其浆料性能类似 TMP，但节约磨浆能耗 30%。为区别于其他制浆方法而将之称为 EMP（Extruder Mechanical Pulping）。20 世纪 90 年代初期，法国 Clextral 公司成功地将双螺杆挤压机应用于制浆工业生

图 3-29　法国 Clextral（克莱斯特罗）公司制造的 BiVi 搓丝机

产，并将此设备称之为 Bivis（Bi-双，Vis-螺杆）。如图 3-29 所示。

20 世纪 90 年代中期，我国天津、昆山某造纸厂曾分别引进一条生产线，用于生产棉短绒和三级棉漂白浆料，抄造证券和钞票等高级漂白纸张。20 世纪 80 年代末，国内学者开始关注并研究挤压机械法制浆，20 世纪 90 年代末期实现了挤压机械法制浆实验设备的国产化，国内搓丝机基本上是借鉴和消化国外 BIVIS 机的结构，设计和开发了国产设备。目前主要有两种结构型式：一种是完全参照国外设备结构进行设计的；另一种是国产化的搓丝机，两者虽然外形差别较大，但都可以实现相同的磨浆效果和辅助功能。

二、搓丝机的工作机理与特征

搓丝机采用无刀式磨浆元件，利用动态挤压原理，通过纤维物料间相互揉搓，完成纤维分离。它的基本结构是由两个相互平行、彼此啮合、转向相同的特殊螺杆和与其配合的机壳组成的机构，由于搓丝机两个螺杆的几何参数相同、转向相同，所以在啮合区除中心连线之外，各点的相对速度不同，所以产生的剪切速度不同。又由于螺杆的纵向总是敞开的，物料能通过这些间隙从啮合区出来，流到另一根螺杆的螺槽中去，其结果是物料流的换位，在空间呈∞形向前推进。正向螺旋的主要作用是输送和压缩物料，到反向螺旋杆处，正、反向螺旋的相互作用形成挤压区，迫使物料从反向螺杆的开槽处挤出，从而被剪切揉碎成一定长度的纤维状。反向螺旋套磨浆元件本身无正向输送能力，物料的正输送是以压力损失为代价。压力降的大小不仅影响磨浆质量，而且涉及扭矩大小和功率消耗。浆料在正向输送元件和反向输送元件作用下，形成高压区，纤维物料之间产生很大摩擦力，导致纤维间的分离，进而使之分丝帚化、压溃。在此压力作用下，浆料纤维才通过反螺棱上的开孔正向输送。磨浆压力的大小和浆料浓度、反螺旋套几何尺寸因素有关，可以根据需要加以调节，压力最大值可达 8~10MPa。这样高的压力和剪切力相结合，会使被处理物料纤维吸收足够能量，内部产生很大的应力，加之纤维的取向作用，使纤维轴向受力大，促使内部细纤维之间联结的断裂，提高了纤维的柔软性和可塑性，甚至使之帚化、分丝、压溃。在挤压过程中还可以加注药剂和蒸汽，使物料在机械作用的同时发生化学反应，以提高纸浆的质量。

两根螺杆是啮合型结合，两根螺杆轴线间的距离小于两根螺杆外径之和。一根螺杆的螺棱插到另一根螺杆的螺槽中。由于螺槽纵向开放，物料可以由一根螺杆流到另一根螺杆。物料在输送段有正位移输送，也有摩擦、黏性拖曳输送。由进料口进入的浆料沿着螺槽向前输送到下方楔形区，然后被另一根螺杆托起，并在机筒表面的拖曳下沿另一根螺杆向前强制输送，在螺棱间隙中产生挤压力和剪切力。在啮合区中，剪切力是由不同位置各点存在的速度方向和数值上的差异所产生。图 3-30 为楔形区内间隙（啮合区）螺棱间剪切速率分析图。

在左侧螺杆上的点 A，旋转速度为 $v_1=R_1\omega$，此点在右侧螺杆上的旋转速度为 $v_2=R_2\omega$，两个速度的矢量差就是点 A 在一个螺旋面相对于另一个螺旋面的剪切速度。据此，楔形间隙中任意点 A 处剪切速度值为 $v_{平均}=2\omega R_0$，其中，ω 为螺杆角速度，R_0为点 A 到间隙中心的距离。楔形间隙中的剪切过程可以看成是，在一个定盘与另一个与其相平行的、以角速度 2ω 绕点 O 转动的动盘之间产生的。据此，纤维质点在楔形区内相对运动的轨迹是以顶点 O 为中心的圆周运动［见图3-30（c）］。因此，间隙中心无剪切速度和剪切力。分析指出，如果搓丝机和磨浆机速度、直径相同，则螺旋辊间隙中的平均剪切力比磨浆机小2~3倍。如现在已经研制成功的国产 SM76 型搓丝机和 ZDPHϕ600mm 磨浆机的生产能力相近，但二者的转速和直径相差很大。SM76 型搓丝机螺旋辊直径 ϕ76mm、转速 300r/min，ZDPHϕ600mm 磨浆机磨片直径 ϕ600mm，转速为 1480r/min。可见，搓丝机的剪切力远小于磨浆机。故对纤维的切断作用小，可保留磨浆纤维长度。

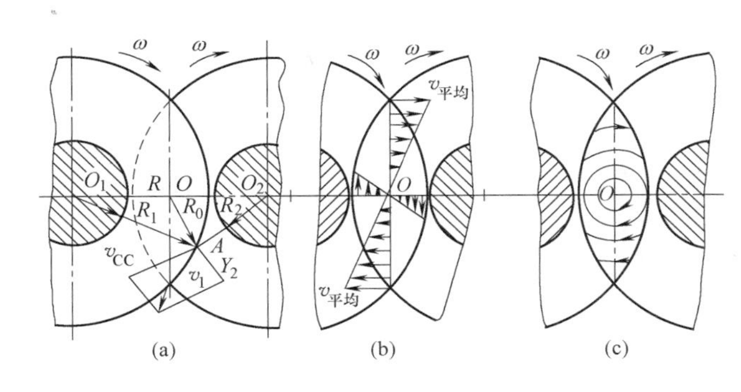

图 3-30　搓丝机楔形区内间隙（啮合区）螺棱间剪切速率分析图

物料在搓丝机输送过程中的流动状态如图 3-31 所示。物料在两根螺杆间沿螺槽呈“∞”形流动［见图 3-31（a）（b）］，直到反压区。同向旋转的双螺杆在绕两根螺杆“∞”形的通道上的任何一点均无汇集物料的趋势，螺杆四周压力相等。两根螺杆间无使其变形的力，即在啮合区没有压延效应，这样可降低螺杆及机筒的磨损。因此，两根螺杆之间及螺杆与机筒之间可保持较小的距离，也不会造成严重磨损，同向旋转双螺旋辊有良好的自洁性能。这是因为在侧间隙中一根螺旋辊螺棱的侧面以恒定速度在切向扫过另一根螺旋辊螺棱的侧面；在压延间隙中，一根螺旋辊螺棱顶部以恒定速度在切向扫过另一根螺旋辊螺槽的底部。这两种“扫过”运动阻止了物料滞留或黏附在间隙中，使之有良好输送的自洁性能。与此同时，输送和磨解的物料层在两根螺杆啮合处尚有物料的换位作用［见图 3-31（c）］。物料在螺杆间处理机会均等，磨浆质量均匀。

物料在正推送过程中，正螺旋套对纤维物料定向（纤维轴向）挤压和输送；反螺旋套在反向推送挤压时，也有这种定向作用。这就实现了纤维的轴向挤压。特别是在反向螺旋套豁口处，当纤维物料在高压下高速通过时，由于长条形纤维物料的两端所受剪应力不同，剪

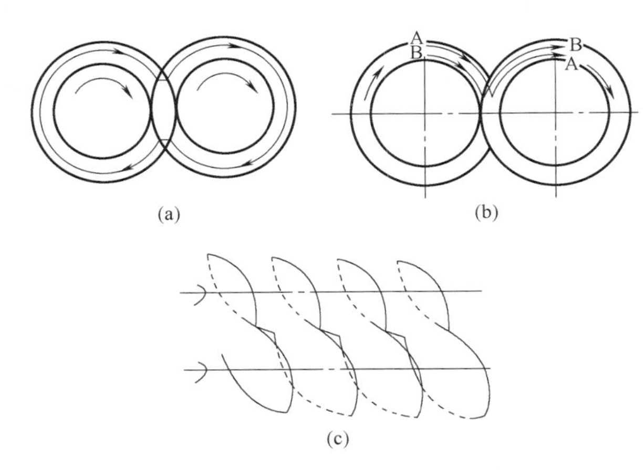

图 3-31　物料流动和纤维取向示意图

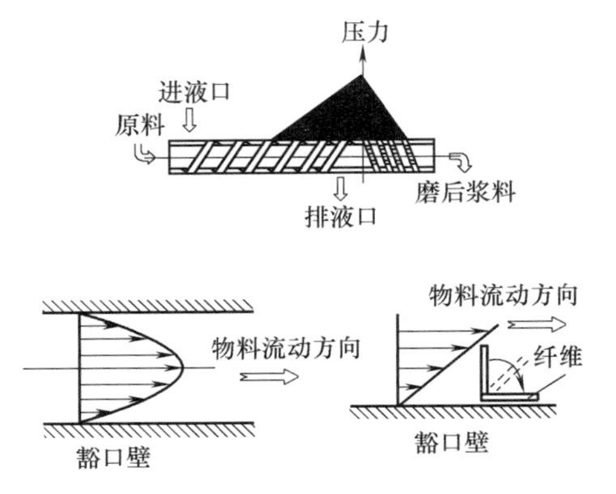

图 3-32　搓丝机输送过程物料的流动示意图

应力的差值使其一端受力，直至纤维轴向平行于流动方向，进入下一段正向输送区，这更有利于纤维轴向挤压（图 3-32 所示）。

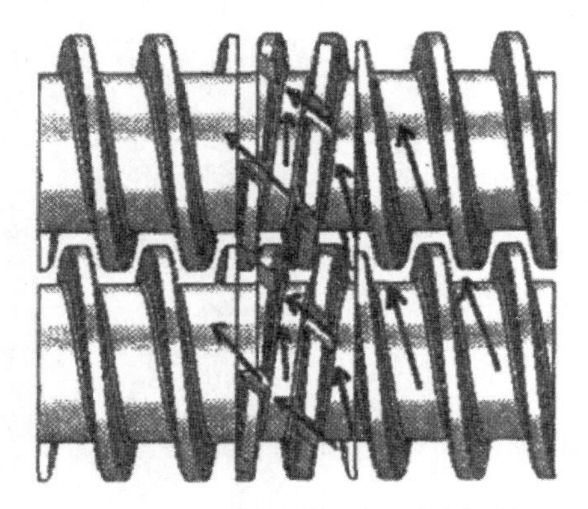

图 3-33　螺槽的分流作用示意图

啮合区两螺旋辊纵向和横向皆开放，于是，在一根螺旋辊的螺棱和另一螺槽间的四周留有通道。来自一根螺旋辊的物料不仅绕“∞”形螺旋通道前进，而且要通过四周留有的通道，这种流经不同路线的浆料流动可以实现良好的混合。这样来自一根螺旋辊一个螺槽的每股浆料流要分成两股，而进入另一根螺旋辊的两个螺槽中，且与来自不同螺槽的另外的浆料流汇合在一起，所产生的混合浆料流然后在下一个啮合点再被分开（图 3-33）。则在螺旋辊转 n 转后，就有这种物料的连续分流和汇合 $2n$ 次。这就产生了高混合效能，有利于浆料均匀磨解，以及与所加入的水、药液或蒸汽的混合。

三、搓丝机的结构组成

双螺杆挤压搓丝机由电机、特殊齿轮动力分配箱、组合式螺杆、剖分式机体、喂料器、液压系统、药液（或水）注入系统、废液回收系统、机座等组成。如图 3-34 所示。

双螺杆挤压搓丝机磨浆区域由两条组合式的螺旋辊和剖分式的机体组成。在上下机体上分别安装有多组药液加入与回收用滤板（可另用作蒸汽入口、黑液回收出口或洗涤水出入口），机体内侧衬有高硬度耐磨层衬套，衬套利用螺钉固定在机筒上面。机体可以很方便地利用液压系统打开上盖用于清理里面的浆料或维修更换工作部件。螺旋辊由一系列螺旋转子组成，在结构上采用积木式结构组成，从进料端算起，分别是输送螺旋转子、强送螺旋转子、正压螺旋转子和反压螺旋转子，其中每台设备一般有 2~4 组正压螺旋转子和反压螺旋转子组成有效磨浆区域。图 3-35 为一种搓丝机主要工作部件图。

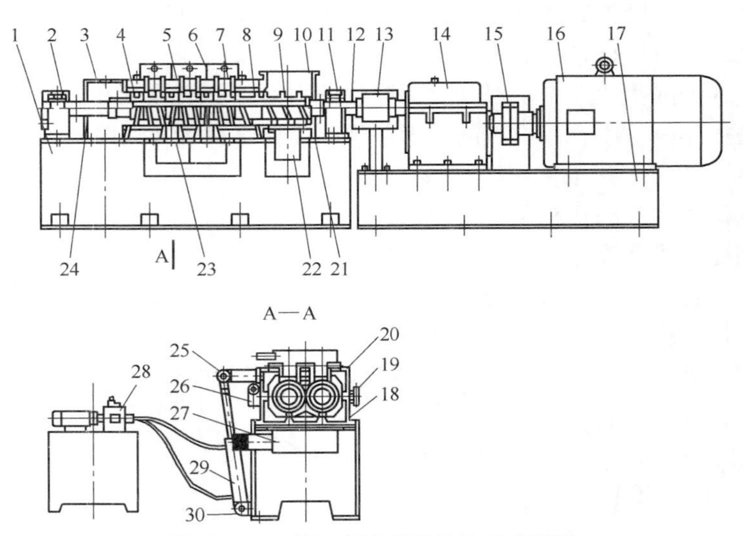

图 3-34　一种国产搓丝机结构组成简图

1—主机底座　2—尾部轴承组件　3—出料口上体　4—反压螺旋转子　5—正压螺旋转子　6—加液槽　7—滤板组件　8—强送螺旋转子　9—输送螺旋转子　10—进料口上体　11—头部轴承组件　12—主轴　13,15—联轴器　14—特殊同步齿轮箱　16—电动机　17—电机底座　18—机筒座　19—紧固螺栓　20—机筒盖　21—进料口下体　22—集液槽　23—滤板组件　24—出料口下体　25—液压打开装置　26,30—铰链　27—出液槽　28—液压站　29—液压缸

1. 搓丝机的螺旋转子的结构

搓丝机是通过强制性迫使物料在经过组合式螺旋转子与机体耐磨套组成的高压磨浆区域的过程中，实现了磨浆功能。螺旋转子主要由花键主轴、输送螺旋转子、强送螺旋转子、正压螺旋转子和反压螺旋转子按一定的要求和顺序通过积木组合方式串联在一起。工作过程中，两条结构完全相同的螺旋辊相互啮合在一起，共同组成磨浆区域。这种积木组合螺旋转子可以利用有限的螺旋转子元件实现多种组合，以满足不同产品的需要。在生产使用中，必须根据造纸纤维原料的不同，合理设计螺旋转子的结构和参数。如图 3-36 所示为一种搓丝机的螺旋转子结构组成图。

图 3-35　一种搓丝机主要工作部件图

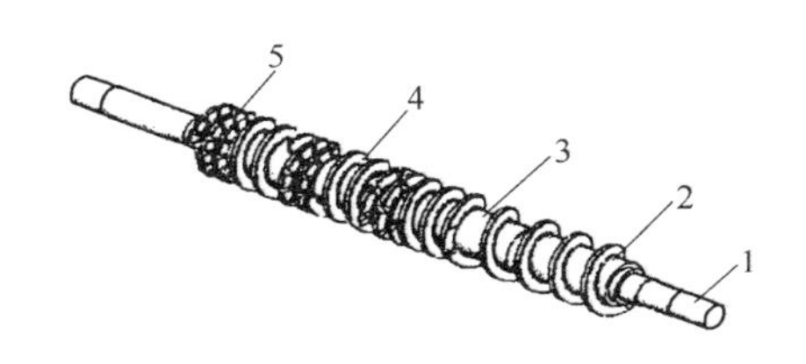

图 3-36　一种搓丝机的螺旋转子结构图
1—花键主轴　2—输送螺旋转子　3—强送螺旋转子　4—正压螺旋转子　5—反压螺旋转子

（1）输送螺旋转子

输送螺旋转子用于将纤维原料输送到强送螺旋转子之中。根据生产能力和原料的喂料特点合理确定螺旋外径和螺距。

（2）强送螺旋转子

强送螺旋转子用于将来自输送螺旋转子的纤维原料输送强制性输送到磨浆区域，实现磨浆处理。其螺距一般为输送螺旋转子螺距的 1. 1～1. 35 倍，保证物料能够强制性快速送入磨浆区域。

（3）正压螺旋转子

纤维原料在相互啮合的正压螺旋转子当中进行磨浆处理，同时将来自强送螺旋转子或上组反压螺旋转子的浆料强制通过下组反压螺旋转子。其螺距一般为输送螺旋转子螺距的 0. 6～0. 8 倍，较输送段有一定压缩比，保证物料在磨浆区域受到一定的挤压作用，形成高压区，加大物料间的相互摩擦作用，加速纤维的分丝帚化效果。

（4）反压螺旋转子

反压螺旋转子用于对纤维浆料起到阻滞作用，当纤维浆料通过反压螺旋转子的过浆槽时实现细化和混合作用。由于反压螺旋转子对物料流动有显著的阻碍作用，因此应适当缩小转子螺距，减小螺旋升角。开槽尺寸和数量可以根据生产能力和磨浆质量确定，其开槽角度与轴线一般呈 30°～45°夹角，呈螺旋状设计。为保证各齿根部位的强度，开槽形状应以“U”形设计。各种螺旋转子的结构特征见图 3-37 所示。

2. 螺旋转子的材料选择

双螺杆搓丝机的螺旋转子是在低速重载条件下，依靠自身螺旋的挤压和纤维间的摩擦作用实现磨浆处理，不仅承受来物料中硬杂质的磨料磨损和因循环交变应力引起的疲劳磨损，同时也承受着不同酸碱度浆料带来的冲蚀磨损和腐蚀磨损，因此对螺旋转子材料固有性能的研究尤为重要。

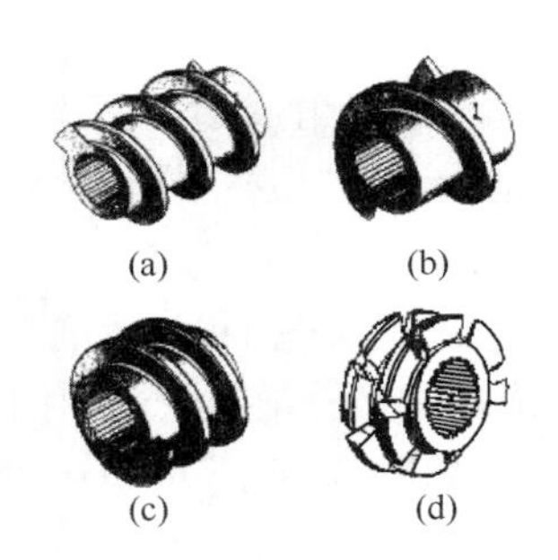

图 3-37　各种螺旋转子的结构图
（a）输送螺旋转子　（b）强送螺旋转子
（c）正压螺旋转子　（d）反压螺旋转子

螺旋转子的使用工况及工艺条件、材料基体的耐磨组织结构以及硬度、韧性、强度等各种性能指标的优化组合，已成为双螺杆磨浆机螺旋转子用耐磨材料性能研究的焦点。当前，双螺杆磨浆机螺旋转子生产中应用比较广泛，使用相对稳定的有如下几种典型耐磨材料主要有高铬合金铸铁、耐磨球墨铸铁、沉淀硬化不锈钢等。高铬铸铁可以得到很好的耐磨性，但机械加工难度较大，反压螺旋转子在使用过程中容易出现断齿现象。抗磨球墨铸铁具有较高的强度、韧度和抗磨性，综合机械性能优越，但在酸性环境下耐腐蚀性能不好。沉淀硬化不锈钢综合力学性能指标优良，另外该材料耐酸性好，切削性好，但产品制作成本很高，而且在铸造过程中容易出现硬质点，给机械加工造成相当大的难度。

当前，在借鉴国外有关技术的基础上，通过使用复合材料，采用普通中碳钢材料作为基体材料，在螺旋转子的外工作面上熔覆高硬度耐磨合金层的处理工艺，兼顾了螺旋转子对材料韧性、高耐磨性和可加工性等性能的要求，使双螺杆搓丝机螺旋转子的综合机械性能有了很大提高，将成为一定时期内该领域的发展方向。

3. 机筒与衬套

为了便于经常地观察物料在各个压区的形态、物料的填充程度以及螺旋转子的磨损情况，常把机筒加工成一个剖分式的机壳，在机筒盖和机筒座上分别开有若干个细小的排水孔，这些孔分布在正反向螺纹联接处靠近正向螺纹所对应的机壳（压区）。上下机筒均采用整体铸造的形式，并且机筒两边设置了锁紧和液压装置。而衬套采用组合式，衬套通过螺钉连接的方式固定到机筒上，并且衬套和螺旋转子一样，也必须采用耐磨、耐腐蚀的材料。机筒的端面形状如图 3-38 所示。

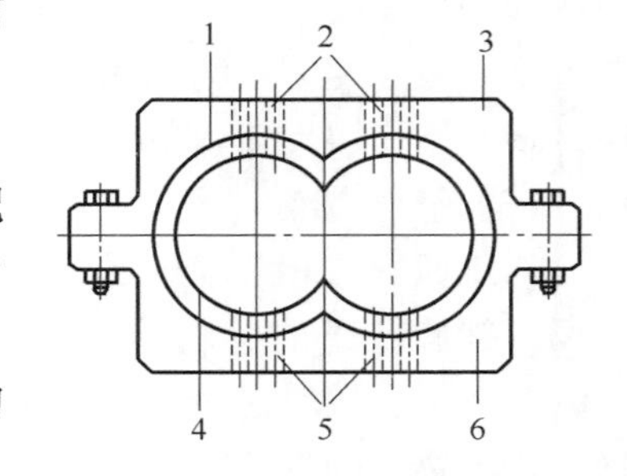

图 3-38　搓丝机的机筒和衬套的结构
1—上衬套　2—上出液口　3—机筒盖
4—下衬套　5—下出液口　6—机筒座

4. 搓丝机传动系统

搓丝机传动系统既有减速功能，又有动力和扭矩分配功能，是一种特殊的传动系统双螺杆挤出机。传动系统由减速部分、扭矩分配部分组成，这两部分的功能虽有不同，但它们紧密联系，有时还相互制约。传动系统的传动结构布局目前大致可分为两种传动形式：

（1）两箱传动型

减速部分、扭矩分配部分分别独立，即形成减速箱与扭矩分配箱（图 3-39）。其特点为：减速部分与扭矩分配部分分开，减速部分、扭矩分配部分独立设计，使设计结构简单，对于同样的承载能力，减速部分可适当加大，承载能力也相应增加，还可以对两部分的齿轮强度进行分别计算。但双螺杆传动系统需要承受由机头传来的轴向力，由于输出轴中心距的限制，承受轴向力的两个止推轴承组一个在减速部分之前，另一个在减速部分之后，势必造成传动部分输出轴一长一短，并且同时承受扭矩和轴向力，这样对于长轴而言，其受力扭转角增大、挠度增大，同时由于传动装置由两部分组成，增加了装配难度，并且占地面积增加。此结构适用于大功率且双螺杆中心距较大的机组。这种减速箱布置有可能采用标准减速器代替减速箱部分，因而简化了扭矩分配部分的设计制造工作量，但占用空间体积较大。

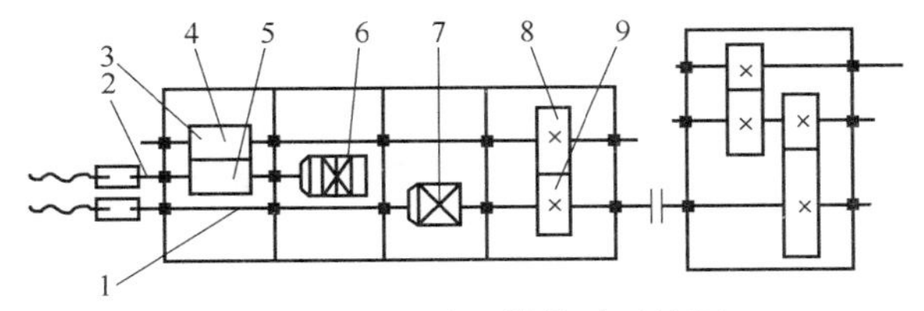

图 3-39　两厢式三轴传动系统图
1—输出轴　2—输出轴　3—辅助轴
4,5,8,9—齿轮　6,7—止推轴承组件

（2）单箱传动型

减速部分与扭矩分配部分合一（图 3-40）。其优点是：结构紧凑，占地面积小，齿轮受力小；可提高齿轮的承载能力，齿轮接触强度及弯曲强度的安全系数增大；保证双螺杆受力均匀；采用两箱合一立体对称结构，虽然由于结构限制而增加了设计与加工的难度，但是由于采用单箱设计，可以将两止推轴承尽量靠近，使两轴所受扭转、挠度变形基本一致。将减速部分和扭矩分配部分合在一起的结构用得较为普遍。

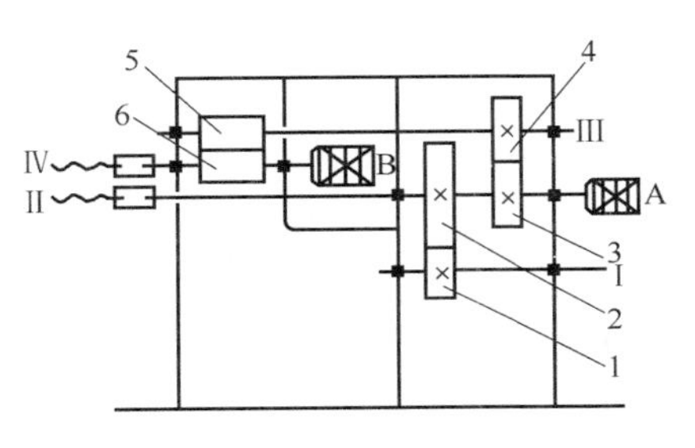

图 3-40　单箱式三轴传动系统图
Ⅰ—输入轴　Ⅱ、Ⅳ—输出轴　Ⅲ—辅助轴
1~6—齿轮　A,B—止推轴承组件

目前搓丝机传动系统中的齿轮均为渐开线齿廓。但随着电机功率的增大，传动系统的功率损耗成为阻碍搓丝机生产能力提高的主要因素。目前在一些高速、重载、大功率的齿轮传动设计中，已提出将渐开线齿廓改变成圆弧齿廓以提高齿轮传动的承载能力和传动平稳性。因此，将圆弧齿廓替代搓丝机传动系统中齿轮的渐开线齿廓是搓丝机传动系统一个重要的发展方向。

第四节　高得率制浆的附属设备

一、木片洗涤设备

木片洗涤机用以清除本片中的砂石、木节、金属杂物等，以利于磨浆机正常运行、延长磨盘使用寿命、提高木片含水率和使木片具有较均匀的水分。采用热水洗涤，还有助于软化木片，有利于以后磨浆工艺的进行。木片洗涤机按分离杂物的主要部件不同分为转鼓式、螺旋式和锥形转子式 3 个类型。

1. 转鼓式木片洗涤机

这种洗涤机的结构如图 3-41 所示。其杂物收集器及除渣器均配有自动定时排渣闸阀。在木片脱水输送螺旋下的锥形槽内设有液位控制装置，保持槽内的一定液位。

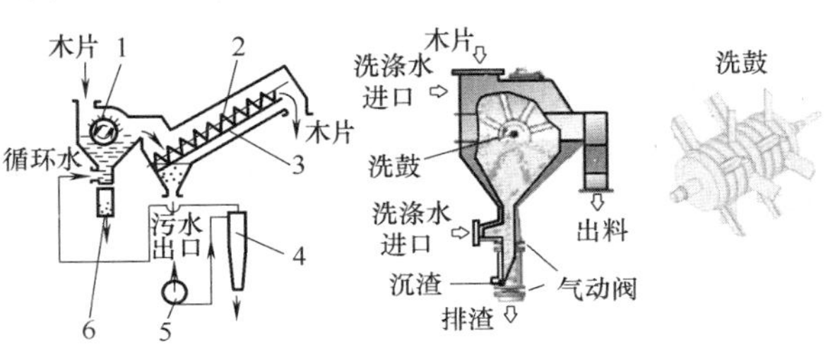

图 3-41　转鼓式木片洗涤机
1—转鼓式杂物分离器　2—木片脱水输送螺旋
3—筛板　4—除渣器　5—循环水泵　6—杂物收集器

表 3-8　　芬兰意尔哈木片洗涤机类型及技术特征

型号		JCW300	JCW600	型号	JCW300	JCW600
外形尺寸/mm	A	1600	2200	转鼓电动机功率/kW	7.5	7.5
	B	2700	3600	转鼓转速/(r/min)	25	25
	C	3000	3900	输送杂物螺旋	2.2	2.2
	D	950	1100	电动机功率/kW		
	E	600	1200	输送杂物螺旋		
	F	500	500	转速/(r/min)	25	25
	G	1050	1350	生产能力/(m^3/h)	140	200
	H	1350	1650	质量(包括水)/t	4	8

2. 螺旋式木片洗涤机

如图 3-42 所示，这是一种具有螺旋式分离器的洗涤设备。它的主要部件是具有特殊结构的使杂物与木片分离的螺旋式分离器。这根螺旋在它的轴上焊有许多金属棒状物或金属板条，旋转时有效地把木片打入水中，两螺旋叶片则把木片向前推进。

3. 锥形转子木片洗涤机系统

锥形转子木片洗涤机的系统如图 3-43 所示。它主要由锥形转子木片洗涤机（杂物分离机）、脱水筛、水槽、木片输送螺旋和循环水的净化系统组成。后者包括有除渣器、斜筛、泵等。洗涤系统中，与水接触的部件都用不锈钢制成，脱水筛机架用冷轧钢板制成并摊上环氧树脂，筛板是不锈钢的。

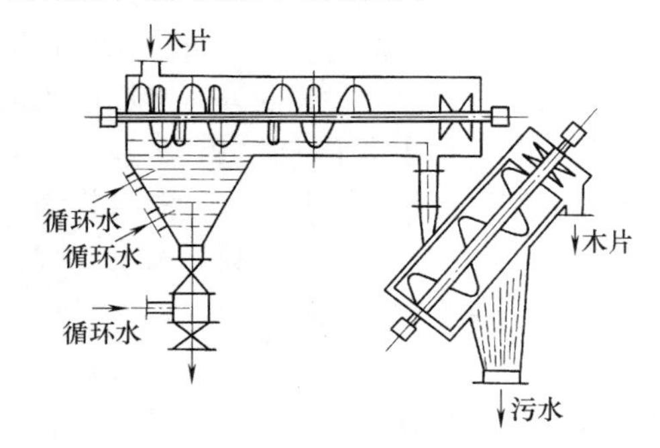

图 3-42　具有螺旋式分离器的洗涤设备

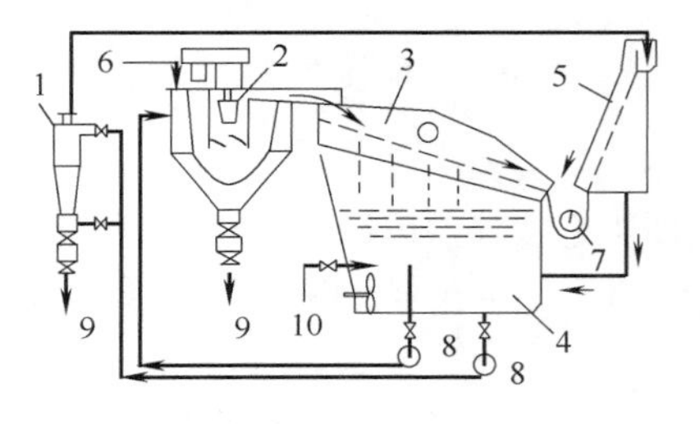

图 3-43　锥形转子木片洗涤机系统

1—除渣器　2—锥形转子木片洗涤机　3—木片脱水筛
4—水槽　5—斜筛　6—木片加入口　7—洗后木片输送
8—循环水泵　9—杂物收集槽　10—补充新鲜水

木片沿洗涤机壳壁进入洗涤机内。由于循环水切向进入洗涤机壳体以及锥形转子的旋转运动，使木片迅速地随水流的涡旋运动而走向锥形壳的底部，然后向中心升起，在离心力和激烈湍流的作用下使杂物从木片中分离出来。洗涤后的木片经中心管随水流溢出而进入脱水筛脱水。各种重杂物沿壳体内壁走向底部的收集管，通过两个阀门定时轮流开闭而把杂物排出至杂物收集槽。

二、加　料　器

制备盘磨机械浆生产流程中常用的加料器有螺旋加料器和格仓加料器两种，一般安装于预热器（汽蒸室）或预热浸渍器之前。

1. 螺旋加料器

图 3-44 表示一种国产的螺旋加料器。

螺旋加料器的主要技术参数如下：密封料塞管形成的料塞重度，≥4500~5000N/m³；螺旋压缩比，对于木片为 1.7∶1，对于草片为（2.5~4）∶1；进料含水率，对于木片 40%~50%；螺旋转速为 20~70r/min（对于木片取小值）；在螺旋全长范围内的螺距数目，5~6 个（沿料片前进方向，开头两个螺距为等距，且螺旋直径相同，形成螺旋圆柱段，接着 3~4 个螺距逐渐减小，且螺叶直径也逐渐缩小，形成螺旋的圆锥段）；螺距与螺叶直径比例，一般取 0.8；螺旋机壳内防滑筋条宽度为 15~20mm；螺旋与机壳内防滑筋条之间的间隙为 0.1~0.8mm。

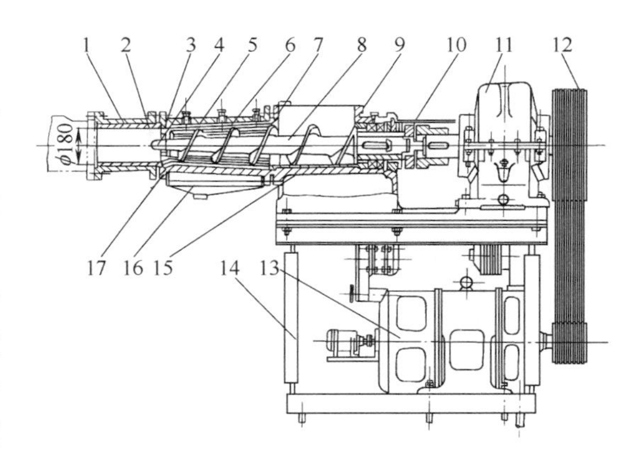

图 3-44　一种国产的螺旋加料器

1—料塞外管　2—料塞内称管　3—垫圈　4—螺旋轴头部　5—螺旋管上体　6—筋条　7—螺旋叶　8—螺旋轴　9—加料口　10—连轴器　11—减速器　12—带轮　13—调速电动机　14—弹性支架　15—基座　16—水槽　17—螺旋管下体

2. 格仓加料器

格仓加料器分低压格仓加料器和高压格仓加料器两种。

（1）低压格仓加料器

该加料器用于将经计量器来的料片均匀而连续地送入预热器，并对预热器起密封作用。低压格仓加料器的工作压力一般低于 0.15MPa，加料器装配后须进行试水压，水压力为 0.26MPa。

其结构如图 3-45、图 3-46 所示。它由铸钢外壳和锥形格仓转子构成。加料口的侧壁上装有底刀，有利于物料进入仓格内。外壳侧面有废汽引出口，通过接管将格仓中的废汽导入料斗中加热物料。

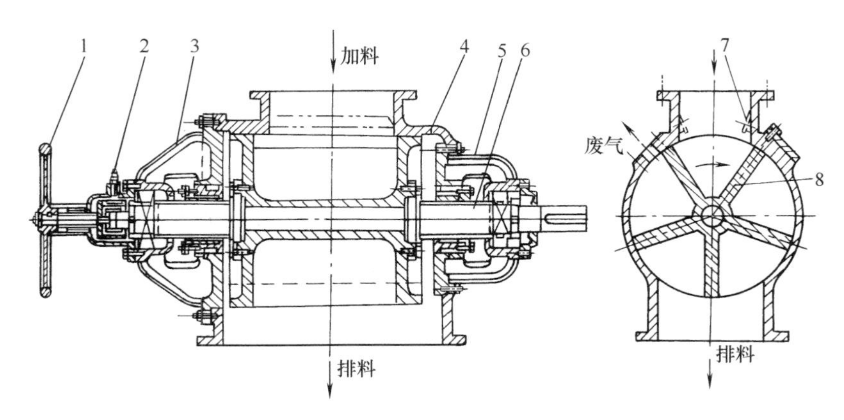

图 3-45　低压格仓加料器

1—调节手轮　2—定位螺钉　3,5—端盖　4—壳体　6—转子轴　7—底刀　8—锥形格仓转子

锥形格仓转子的锥度常取 1∶20，轴向位移量最大 60mm。格仓转子与锥形外壳的间隙小于 0.05mm。格仓转子表面线速度为 0.9m/s 左右。当转子工作表面磨损，可通过调节手轮作轴向位移进行补偿。

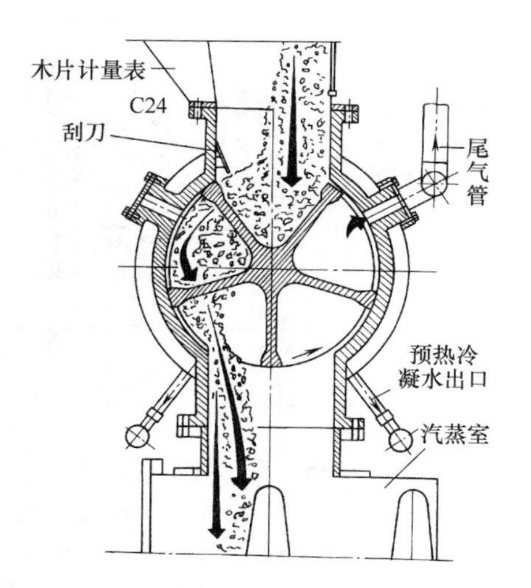

图 3-46 低压格仓加料器工作原理图

（2）高压格仓加料器

高压格仓加料器的工作压力大于 0.2MPa，它在结构上的特点是仓格多而结构刚度大，在仓格间设有压力平衡管。仓格数为 7 时，设一根平衡管，仓格数在 10 以上，设二根以上平衡管。平衡管内径为 25~30mm。

三、汽 蒸 器

汽蒸器的作用在于使物料进入磨浆机之前进行蒸汽加热，使之软化和湿润，以节省磨浆动力和提高磨浆质量。木片的预汽蒸可以在常压下进行，也有在压力下进行的。

常压预汽蒸通常是在木片仓内进行。图 3-47 为一种常压预汽蒸的木片仓。蒸汽由木片仓底部经蒸汽分配管均匀地送入木片仓内，自上而下的木片经汽蒸后从底部排出。为了防止木片搭桥，并保证排料均匀，底部有振动器。

在压力下汽蒸时，汽蒸室的进出口处都要加以密封。进口处可用柱塞螺旋喂料器或格仓喂料器密封，柱塞螺旋喂料通常以 1∶2 的压缩比率在汽蒸室的入口形成料塞。它以变速电机驱动，动力消耗大，对木片松密度的变化比较敏感。密度太大会造成堵塞，密度太小形成的料塞太松会造成反喷。

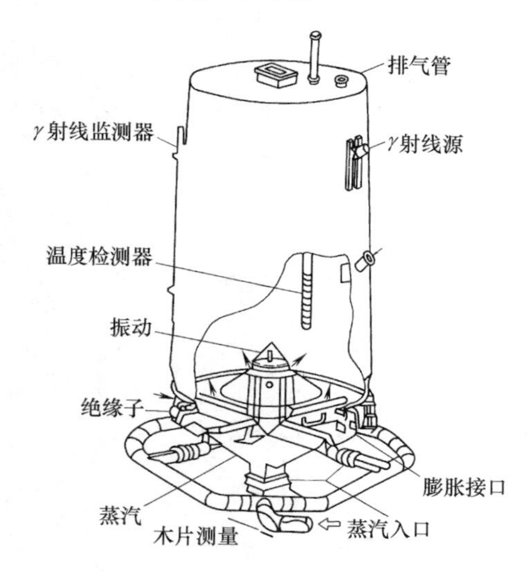

图 3-47 常压预汽蒸木片仓

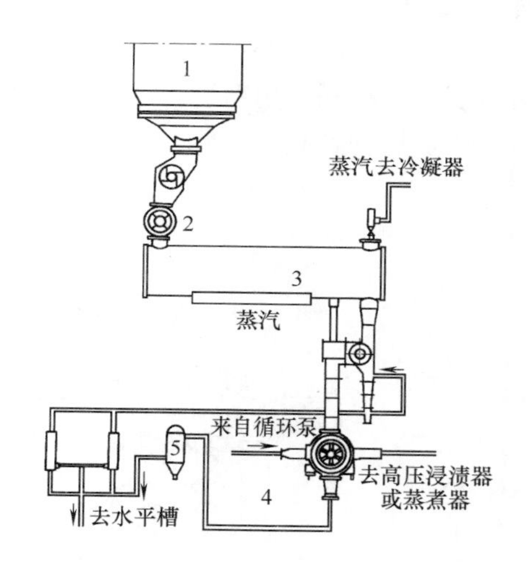

图 3-48 卧式汽蒸系统
1—木片仓 2—喂料器 3—汽蒸管
4—高压给料器 5—汽水分离器

图 3-48 所示为卧式汽蒸系统。它由木片仓、喂料器、汽蒸管等组成。从木片仓 1 将木片经格仓喂料器 2 喂入带有低速螺旋的汽蒸管 3 内，由于低速螺旋会造成排料的波动，因此，木片在进磨浆机之前要经一高速螺旋以均匀进料量。

四、挤压疏解机

挤压疏解机是化机浆工艺中对原料进行机械处理的核心设备。在 CTMP、APMP 等化机浆生产工艺中，挤压疏解机被广泛应用于原料的预处理。原料经过疏解机的变径螺旋挤压撕裂后，可除去木片中的部分水分、空气和树脂等物质，使原料更充分均匀地吸收化学药品。

该设备工作部分如图 3-49 所示，主要由组合轴承箱、机座、滤鼓、传动轴、变径螺旋轴、出料口和背压装置组成，由带筛孔的圆筒形滤鼓和变径螺旋轴构成压缩空间用于压缩物料，出料口处由一个气动控制的背压装置用于调整出口压力使物料形成料塞，并防止浸渍药液倒灌。传动端由电机、减速机和联轴器将动力输送到传动轴上。经过洗涤脱水和汽蒸后的木片均匀地输送到设备进料口，因变径螺旋的推进，出料容积逐渐变小，使木片受到挤压，木片原有的结构组织被破坏，规则有序结构疏松的木质被压溃破坏揉搓变形成为木丝状，并被高度压缩成为一个紧密的木丝团状物料输出，在出料口部或浸渍器内向物料喷加药液，物料被推入浸渍器中充分浸渍药液，并被连续输送到后续工段。国产安丘汶瑞公司 JS 系列挤压疏解机参数表见表 3-9。

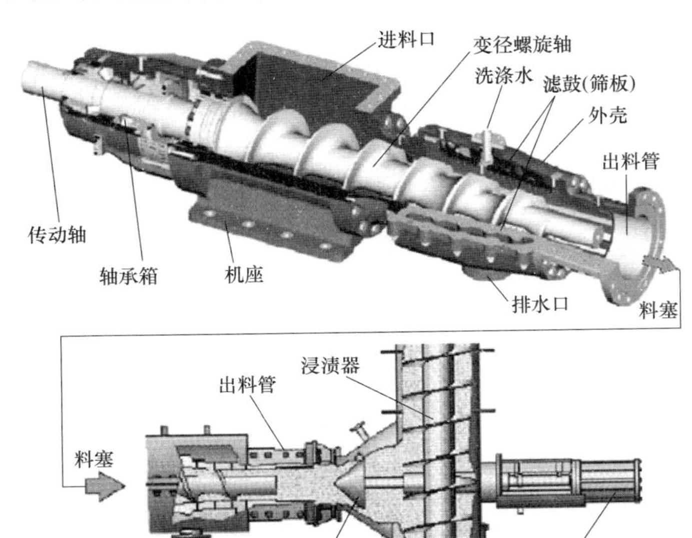

图 3-49　挤压疏解机工作部分结构图

表 3-9　　国产安丘汶瑞公司 JS 系列挤压疏解机参数表

螺旋直径/mm	300	400	500
生产能力/(t/d)	30～80	100～250	300～750
电机功率/kW	200～350	350～600	600～800
压缩比	3：1～4：1		
进料干度	30～35%		
出料干度	约 60%		
额定转速/(r/min)	40～100		

五、浸　渍　器

CTMP 和 CMP 制浆设备中都要配有用药液泡浸料片的装置，称为浸渍器。

浸渍器有卧管式、斜管式和立管式三个类型。

1. 卧管式浸渍器

卧管式浸渍器，它由两根水平安装的蒸煮管组成。最高蒸汽压力约 1MPa，蒸汽温度为 180℃。药液在 T 形管顶部加入，通过管内的输送螺旋使料片与药液均匀混合。

2. 立管压胀式浸渍器

图 3-50 是瑞典 Sunds Defibrator 立管压胀式浸渍装置。木片从加料口加入，经螺旋进料器挤压，木片中的空气被挤出后，木片变得密实。这样的木片在离开螺旋进料器进入木片浸渍提升螺旋时就无约束地自由膨胀。随着螺旋转动向上提升的过程中，木片均匀地吸收加进去的化学药液，然后从浸渍提升螺旋的顶部落入。预热器的蒸汽加热腔中。这些经过热和化学药物综合处理的木片进入磨浆机的磨区，就更容易把纤维分离出来，而对纤维的损伤可减到最低程度，提高了浆料质量和降低磨浆能耗。

图 3-51 为 Sunds defibrator 公司的挤压-浸渍器。木片经螺旋喂料器挤压脱水，并挤出木片中能溶于水的成分后进入立式浸渍管，膨胀吸收化学药液，再由双螺旋提升机往上提，超出液面，滤出多余药液后排到另一螺旋输送器，进入下一工序。

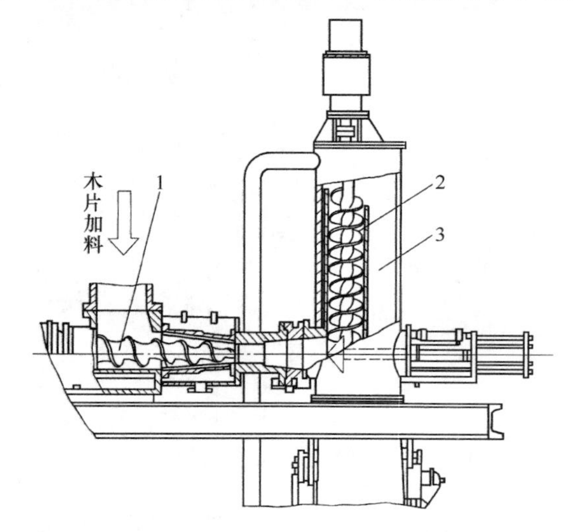

图 3-50 Sunds Defibrator 公司压胀式（PREX）预浸渍装置
1—螺旋进料器 2—浸渍提升螺旋 3—预热器（蒸煮器）

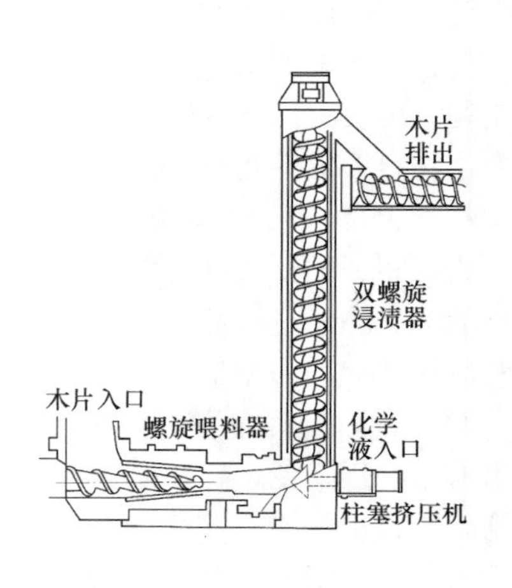

图 3-51 Sunds defibrator 公司的挤压-浸渍器

3. 斜管浸渍器

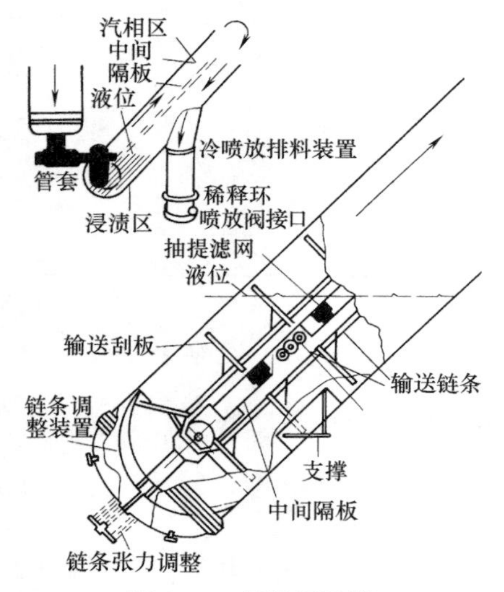

图 3-52 斜管浸渍器

图 3-52 为斜管浸渍器，它是一压力容器，内有螺旋输送器，保持一定液位使木片在压力下在化学药液中浸渍一定时间。浸渍液面上部是脱水区，把木片中多余的药液排出。

六、木片磨浆机械浆的热回收设备

木片磨浆机械法制浆的电耗很高，而所用的电大部分都在磨浆过程中以热能的形式散发出来，并产生蒸汽。据研究，消耗于磨浆的能量 95%以废热蒸汽的形式散发出来，因此，热能的回收具有十分重要的意义。

图 3-53 所示为罗斯（Ross）TMP 热回收系统。回收的蒸汽，用于直接与间接加热白水与清水外，还用于木片加热及空气加热，热空气用于纸机通风系统和锅炉给水等处。图 3-54 为另一回收新鲜蒸汽，用于纸

机干燥的流程。该系统由于设置了2台蒸发器，进行低温低压蒸发，有较好的热回收效率。压力旋风器和再沸器是木片磨浆机械浆热回收系统中两个主要的设备。

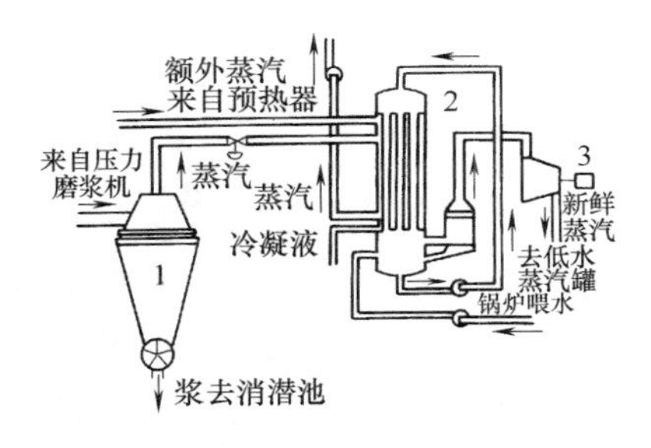

图3-53 Rossenblad热回收系统
1—压力旋风分离器 2—蒸汽发生器 3—压缩器

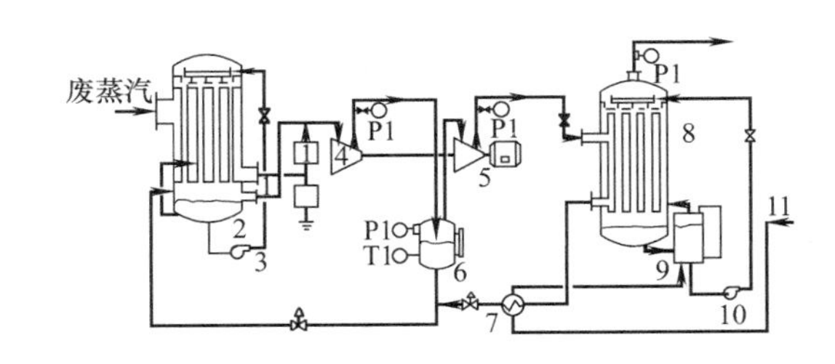

图3-54 Cyclotherm热回收系统
1—空气安全阀 2—蒸发器 3—冷凝循环泵 4—第一段压缩机 5—第二段压缩机 6—冷凝缓冲罐 7—冷凝液预热器 8—蒸汽产生器 9—冷凝液水平罐 10—冷凝液循环泵 11—冷凝液

1. 压力旋风分离器（也称压力浆汽分离器）

它是与普通旋风分离器不同的新型旋风分离器（图3-55）。它的底部装有柱塞排料螺旋，一方面起排料作用，另一方面起密封、防止分离器内浆料喷出的作用。它的筒体下部有一根低速旋转的直立锥形螺旋，用以压紧浆料和防止筒体内壁挂浆或搭桥，使高压蒸汽顺畅地流出并减少高压蒸汽中夹带的纤维。

2. 降膜式再沸器

图3-56为降膜式再沸器结构示意图。再沸器用来把夹带纤维的蒸汽净化并用其热量得到洁净的蒸汽，较普遍采用的是降膜式再沸器，这种再沸器有两套热交换器，一套为主，即降膜式交换器，用来把压力旋风器来的蒸汽加热并经升温的洁净水，使在管外的水膜，流到器壳底部排除；另一套为供洁净水加热之用的列管式热交换器，由第一套热交换器中未凝结的蒸汽作为供热体来释放热量。因蒸汽进入器体时流速减慢，携带的纤维就分离出来。供入再沸器的洁净水经初步加热后进入器体内被刚引入器体的蒸汽再次加热，并被循环泵压送到第一套热交换器上部，沿蒸汽管外壁成膜状流下。不凝气在该交换器下方自动排出并调节排放流量，以保持热交换器的高效率。在器体顶部有自动洗涤系统，苛性洗涤水自动喷入，不影响运行作业，对进入的洁净水的电导率有自动监测系统，并间歇地排出。

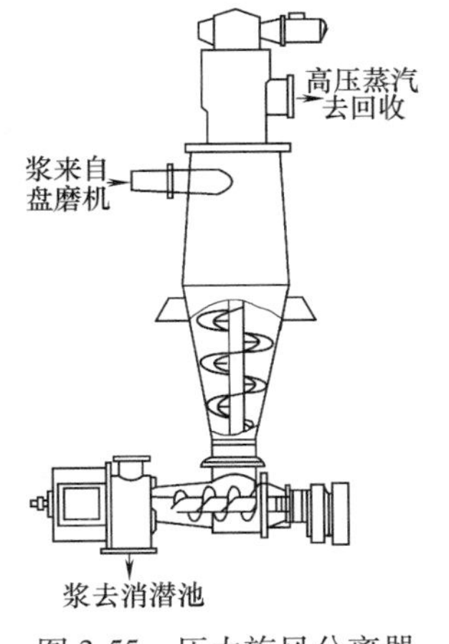

图3-55 压力旋风分离器

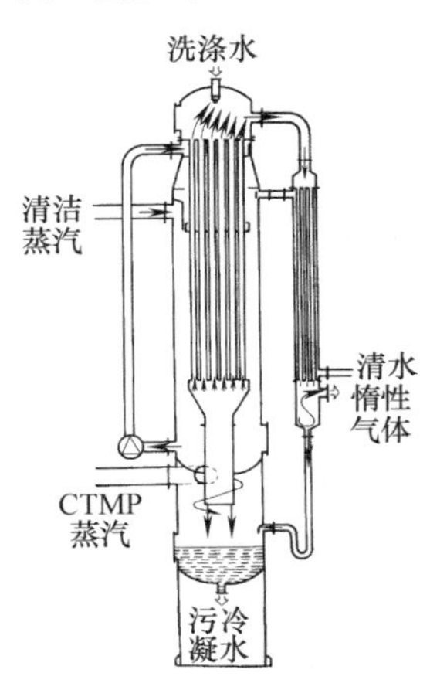

图3-56 降膜式再沸器

第五节　高得率制浆设备的发展

一、盘式磨浆机的技术发展趋势

1. 提高磨浆质量和降低单位能耗技术发展的主目标

磨浆质量对能否有效利用好各种纤维原料、提高纸产品质量具有重要地位，磨浆能耗占制浆造纸生产总能耗的比例很高。因此，提高磨浆质量、降低单位能耗是盘式磨浆机未来研究的主目标。要实现该目标必须实现向大型化、高效化、高浓化磨浆方向发展，并辅之更先进的自动控制手段来实现。单机大型化有利于提高磨浆过程微观连续性，进而可提高磨浆质量、降低能耗、提高磨浆浓度、节省成本。提高磨浆浓度可改善磨浆方式（即磨浆主要发生在浆料纤维之间而不是浆料与磨片之间），进而提高磨浆质量、节能降耗。

2. 利用现代高技术手段对磨浆区动态实况研究

利用现代信号检测技术直接动态精确测量磨区实际磨浆间隙，改变传统上参照工作电流间接衡量与调节间隙。利用现代高技术手段对磨浆微观机理进一步深入研究，促进磨片特征设计和运行控制参数的改进。以上两方面研究同时可使自动控制参数模式由传统上表观参数控制向磨区磨浆直接参数控制的转变，进而可实现提高磨浆质量、降低能耗的目标。

3. 新型磨片材料与制造的研究

以提高磨浆性能和磨片的经济性及使用寿命为主要目标的新型磨片材料仍是今后研究的重要内容。

4. 安全可靠运行的研究

盘式磨浆机大型化、自动化、复杂化的提高使其安全可靠运行对生产非常重要。研究采用智能化专家诊断系统进行在线监测与排除问题。目前研究的磨浆机在线故障诊断原理主要是将利用计算机控制的在线监测手段获得的盘式磨浆机振动、磨片加速度、磨片间隙、密封冷却水压力与流量、润滑油站等参数进行分析对比，实现综合安全监控。另外，盘间隙调节机构除了能按照工况设定点的系统功率和电流进行自动控制作进退盘外，还从安全角度安置了位置行程极限（低限和高限）开关。采用高频加速度传感器测量盘式磨浆机的振动和转速，实现对高速、高负荷运行盘式磨浆机的运行状态跟踪研究。该手段已成为磨浆机在线状态监测与故障诊断的有效技术手段。

二、搓丝机的技术发展趋势

目前，国内外对搓丝机的研究和开发取得了阶段性的成果，并投入生产应用。整体来讲，呈现以下发展趋势：

① 针对不同造纸原料的磨浆特性和处理工艺，需要开发具有不同螺旋辊结构和辅助功能的搓丝机，进一步扩大应用范围；

② 以搓丝机为主体设备，设计和开发相关配套设施，不断完善双螺杆制浆系统所要求的工艺与设备，重点解决节约电耗、水耗和环保问题；

③ 对关键技术进行科技攻关，重点解决易损件的使用寿命问题，尤其是螺旋转子的材质选择、加工精度和耐磨性处理，打破国外公司的技术垄断；

④ 努力形成系列化和标准化生产制造，开发大规格的双螺杆制浆系统，满足规模效益的需求，通过关键零部件的标准化生产降低制造成本；

⑤ 采用控制系统加强对整个制浆系统运行状况的实时监控，根据工艺操作要求，使该系统始终处于最优工作状态并保证系统的安全生产；

⑥ 采用绿色设计，提高设备制造所用材料的可循环利用率。

参考文献

[1] 陈克复. 制浆造纸机械与设备（上）［M］. 3版. 北京：中国轻工业出版社，2011.

[2] （加拿大）G. A. 斯穆克，著. 制浆造纸工程大全［M］. 曹邦威，译. 北京：中国轻工业出版社，2001.

[3] Johan Gullichsen. Papermaking Science and Technology(Book 5)[M]. Finnish Paper Engineers' Association and TAPPI, 1999.

[4] 中国轻工总会，编. 轻工业技术装备手册［M］. 北京：机械工业出版社，1995.

[5] 邓中明. 双螺杆磨浆机构参数化设计系统的研究［D］. 天津：天津科技大学，2006.

[6] 王泽刚. 双螺杆磨浆机螺旋转子的研究与开发［D］. 济南：山东大学，2006.

[7] 刘小平. 双螺杆磨浆机传动系统的研究与设计［D］. 天津：天津科技大学，2005.

[8] 张辉，李忠正. 盘式磨浆机技术研究进展与趋势［J］. 中国造纸，2007（10）.

[9] 王强，陈嘉川. 高得率制浆技术的发展及装备［J］. 天津造纸，2009（1）.

[10] 董继先，职艳芳. 高浓盘磨机新型磨片［J］. 中华纸业，2008（18）：74-75.

[11] ANDRITZ MDF Spiral 磨片产品说明书［S］. 奥地利 ANDRITZ 有限公司，2011.

[12] 孙伯祥. 节能式双盘磨浆机：中国，20397870［P］. 2013. 03. 20.

第四章　洗涤与浓缩机械及设备

第一节　概　　述

一、洗涤与浓缩的目的和原理

（一）洗涤与浓缩的目的

在化学浆的制备过程中，一般需经蒸煮、筛选和漂白等工序。在蒸煮和漂白工序中，蒸煮剂和漂白剂与木素及部分碳水化合物进行化学反应将其溶解在溶液中成为废液，把纸浆与废液分离的过程称为洗涤。洗涤的目的首先在于充分洗净纸浆，满足后续工段对纸浆的要求；其次要从蒸煮后的纸浆中提取具有尽可能高的浓度和温度的蒸煮废液（黑液或红液），供给后续阶段进行药品回收再利用，对于洗涤漂白后的纸浆则要尽量降低清水的用量，减少后续水处理负荷。

提高纸浆浓度的操作过程称为浓缩。浓缩的目的，主要是为了满足下一工序对纸浆浓度的要求，同时也可降低对贮存设备的容积要求，降低输送、搅拌的动力消耗，稳定和调节生产过程，有时也兼有进一步洗净纸浆的作用。

（二）洗涤与浓缩原理

为了得到洗净的纸浆，可以采用在洗涤过程加入洗液，使纸浆浓度降低，然后再将纸浆浓缩，通过重复多次这样的一个过程来洗涤纸浆。为了减少洗涤废液回收成本，更为科学的方法是先对蒸煮后的纸浆浓缩以提取废液，然后再采用先稀释再浓缩的洗涤方法。因此，现有的洗涤设备一般均带有浓缩作用，本书中将洗涤与浓缩设备一起介绍。

在纸浆中废液的分布情况是（以蒸煮后纸浆为例）：总液量中有70%~80%存在于纤维之间，15%~20%存在于细胞腔内孔道里，5%左右存在于纤维细胞壁内。根据废液在纸浆中存在的3种不同形式，可以分别采用过滤、挤压或置换等方法去除。

常规洗浆设备的洗涤一般是一个稀释、扩散、混合、过滤的过程。洗涤时，纸浆与加入的洗液接触后，由于纸浆中溶质的浓度高于洗液中溶质的浓度，从而发生溶质从高浓度向低浓度的扩散，为了加快扩散速度，可以采用混合的方法，加强对流作用，促进纸浆与洗液的湍动，使分子扩散加快，扩散的结果使纸浆中的总液体量增多，液体浓度下降，但纸浆溶质的总量并未减少，需要通过洗浆机的过滤、挤压等作用减少液体量达到洗浆的目的。在这个过程中扩散和过滤作用对洗浆效果影响最大。对于扩散来说，纤维内外废液浓度差是扩散的推动力，当纤维内外浓度差逐渐减少后扩散就很慢，除此之外纸浆的种类、硬度、温度、黏度等对扩散也有影响。过滤时，滤层两侧的压力差是影响过滤作用的主要因素，因为纸浆被挤压后浓度越高，浆中残留的废液越少，浆洗的就越干净，而其他影响因素往往是由纸浆性质决定且不可改变的，所以要提高洗涤效果从过滤方面主要是提高滤层两侧的压力差，如在洗浆机上用挤压辊及各种各样的挤压浓缩机等。

现代设备更注重置换洗涤作用。置换洗涤不需要对纸浆和洗液进行混合，它是用洗液取代纸浆中的原有液体，其置换出来的液体平均溶质浓度远高于置换后纸浆中液体的平均溶质浓度。置换过程中纸浆随着过滤床移动并逐渐形成浆层，洗液在浆层两侧压力差作用下从浆层表层均匀加入，从纤维空隙通道中穿过，把纸浆中原有液体从浆层另一侧的滤网中压滤出来。影响置换洗涤效果的因素主要同上面的影响扩散作用的因素一样。置换时也会发生扩散和过滤作用。

浓缩在洗涤工段中一般通过过滤、抽滤和挤压三种方法实现。

二、对洗涤设备的基本要求和衡量指标

在现代洗涤工段中，洗涤设备除了要具有高的洗净效果外，还必须节水、节能，提取的废液不但要求浓度高，温度也要高，同时设备处理能力、运行稳定性、自控程度等也必须符合现代大型工厂的需要。总的来说，衡量一台或一组洗涤设备性能好坏可以从下面所述内容综合考察。

（一）对洗涤设备的要求

1. 洗涤设备的洗净度要高

洗净度表示纸浆的洗净程度，即洗涤后纸浆中除了纤维和水外其余杂质含量的多少。洗净度高是对一台好的洗涤设备的最基本要求。

2. 洗涤设备清水用量少

现代洗涤工艺一般采用逆流多段洗涤，清水只用于最后一段洗涤或者前段部分喷淋洗涤。总的来说，洗涤设备每洗净 1t 绝干浆需要用清热水量大概在 $5\sim10m^3$之间，不同洗浆设备所需用水量差别较大，其原因在于洗涤设备的洗涤原理及设备具体洗涤工艺不同。如真空洗浆机，主要依靠稀释过滤和置换洗涤，其用水量在 $9m^3$左右，而新式双辊洗浆机用水量仅为 $4m^3$左右。在相同洗净度下，洗涤用水量越少意味着提取的黑液浓度高，碱回收蒸发工段蒸汽用量少，同时用于洗涤工段输送纸浆的总体能耗少。

3. 洗涤设备能源消耗少

现代洗涤设备体积庞大，处理能力高，电耗高，尤其是一些带有挤压功能的洗涤设备，电耗往往是不带挤压设备的 2~3 倍。不过，在设计和选用洗浆设备时，不单单要考虑单机能耗，还需综合考虑整个洗涤工段洗涤设备及附属设备的整体能耗情况，如浆泵、风机等。

4. 洗涤设备投资费用、基建费用和维护费用尽可能少

为了提高洗涤效率，现代洗涤设备都非常重视置换和扩散洗涤方法，据此设计出来的洗涤设备，其结构相对来说复杂、精密，附属配件多，设备成本高，维修复杂，需要更为专业的检修人员。一些洗浆机还有一些特殊的安装要求，如真空洗浆机安装时要考虑其水腿的有效高度，对基建提出特殊要求。

5. 洗涤浓缩过程纸浆纤维流失少

无论洗涤（提取）还是浓缩设备，都存在过滤；无论是网式过滤还是孔（缝）板式过滤废液，或多或少有流失纤维。如果密封设计或操作不当会造成纤维流失较大，必须尽可能减少流失。

6. 洗涤设备容易实现良好的自动控制

现代工厂需要能够更容易实现自动控制的洗涤设备。洗涤设备的自控系统必须能够在洗净纸浆的前提下，稳定运行整组或单台洗涤设备，确保工艺参数稳定，也要有处理特殊情况的快速响应能力。洗涤系统自动控制理念已经经历了几个阶段，包括黑液浓度控制、残碱控制和目前广泛使用的稀释因子控制。

此外，对于洗涤浓缩设备来说，运行过程中稳定性也是考察洗涤设备的重要因素指标，影响稳定性的常见问题有密封件的磨损、真空度降低、纸浆搅动产生泡沫、纸浆糊网或不上网，滤网破损等。作为洗涤、浓缩机械与设备的设计与开发，需要千方百计地提高液体穿透浆层的过滤动力、单位设备体积的过滤面积和减少过滤阻力；除此之外，浆液过滤分离的界面材料与方式也很重要。

（二）衡量洗涤设备的性能指标

1. 残碱量

一般用残碱量作为衡量洗涤设备洗净度的指标，有两种表示方法：

① 以洗涤后随纸浆所带走清液中所含残碱量或残酸量（Na_2Og/L 或 H_2SO_4g/L）表示。一般要求洗后木浆残碱量小于 0.05g/L，残酸量小于 0.01g/L，荻苇浆残碱小于 0.25g/L。

② 以洗涤后每吨风干浆所带走的残碱量（Na_2Okg/t）表示。一般木浆洗涤后纸浆残碱量在 1kg/t 风干浆以下。

洗净度高低并不能综合体现一台洗浆设备的整体性能好坏，需要结合其他指标衡量。

2. 洗涤效率和黑液提取率

洗涤效率（η）是指在洗涤过程中从纸浆中除去的溶解固形物量与洗前纸浆废液中所含溶解固形物量之比。

$$\eta=\frac{w_0V_0-w_1V_1}{w_0V_0}\times100(\%) \tag{4-1}$$

式中　w_0，w_1——洗涤前后纸浆中液体所含溶解固形物浓度，%

V_0，V_1——洗涤前后单位绝干浆所含液体体积，m^3

η 越高，则纸浆洗涤越干净，废液跑、冒、滴、漏越少，则提取率越高。

黑液提取率（η'）与洗涤效率类似，是指洗涤之后，送碱回收蒸发车间的黑液中溶解固形物量与洗涤前纸浆废液中所含溶解固形物量之比。

$$\eta'=\frac{w_0V_0-w_1V_1-m}{w_0V_0}\times100(\%) \tag{4-2}$$

式中　m——送蒸煮锅和喷放锅中黑液所含溶解固形物的量，kg 或 t

3. 置换比

置换作用效果明显的洗涤设备还可以用置换比来衡量置换作用强弱。

置换比表示被洗涤的纸浆中原有的废液被洗涤液置换的百分数。假设置换出来的废液完全不与加入的洗涤液相混合，加入系统液体量与排出系统液体量相等。

若设　V_0、w_0——洗涤前纸浆内所含废液体积和固形物浓度，m^3，%

V_2、w_2——排除液体的体积和固形物浓度，m^3，%

V_3、w_3——洗涤液的体积和固形物浓度，m^3，%

V_1、w_1——洗涤后纸浆内所含废液体积和固形物浓度，m^3，%

K——置换比

根据假设有：$w_2=w_0$，$V_2=V_3=KV_0$，$V_1=V_0$，

对系统进行固形物含量平衡计算得

$V_0w_0+KV_0w_3=V_0w_1+KV_0w_0$

整理得

$$K=\frac{w_0-w_1}{w_0-w_3} \tag{4-3}$$

在理想条件下，洗涤液应完全置换纸浆中的废液，洗涤后纸浆所含废液的浓度等于洗涤液的浓度，这时置换比为1。而实际上纸浆中残留的废液浓度总是高于理想值，因而残留液体的浓度可看作是一定量的洗涤液和一定量原始废液的混合浓度。

在多段逆流洗浆系统中，第一段置换比为0.8~0.92，中间段为0.5~0.7，末段用热水洗涤时可达0.55~0.7。

4. 稀释因子

除了绝对用水量外，工厂还经常用稀释因子（D）来反映洗涤用水量的大小。

$$D = W_W - W_P \tag{4-4}$$

式中　W_W——洗涤每吨风干浆洗涤用水量，m^3/t 风干浆

W_P——洗涤后每吨风干浆含水量，m^3/t 风干浆

稀释因子大，纸浆洗净度高，但废液浓度低，送碱回收黑液浓度低，蒸发负荷高；反之如果稀释因子太小，虽然废液浓度高，但纸浆有可能洗不干净。所以，对于任何一种纸浆及所对应的洗浆机来说，稀释因子都有一个最佳的范围，国内稀释因子一般为木浆1~3，草浆2~4。

三、洗涤、浓缩机械与设备的分类及演变

由于洗涤与浓缩机械和设备的类型繁多，分类的方法也各不相同，有按设备的工作原理和工作特性分类，有按设备在过滤中产生压力差大小和生产方法分类，也有按设备出口浓度大小和洗涤原理进行分类，为了研究方便，本书是按设备的结构和工作原理进行分类的，可以分为4大类。

（一）转鼓式洗涤、浓缩机械与设备

转鼓式洗涤、浓缩机械与设备是把表面铺有滤网的转鼓放置在浆槽中构成的一种洗涤、浓缩机械与设备。同时为了把纸浆洗净或为了使滤网清洁，还设有洗液（或清水）喷淋装置。这类设备的特点是：固液分离装置是一个连续旋转的转鼓，固液分离的动力是转鼓内外压力差，其可由液位差、真空或压缩空气产生。这类设备主要有：圆网浓缩机、落差式浓缩机、真空洗浆机和压力洗浆机等。

圆网浓缩机和落差式浓缩机主要用于各类纸浆的简单浓缩使用，设备结构简单，安装使用灵活，可根据具体工艺安排在各个工段中浓度变化较小的地方使用，其浓度变化范围一般在2%~5%之间。真空洗浆机是目前国内用于非木材原料洗浆的主流设备，部分工厂也用于木浆和竹浆的洗涤，对蒸煮和漂白后的纸浆洗涤都适用。

（二）网式洗涤、浓缩机械与设备

网式洗涤、浓缩机械与设备是用一个比较长的滤网作为固液分离装置，为了洗净纸浆和保持滤网清洁，一般在网上设置多道洗液（或清水）喷淋装置，在网回程中设置洗网装置。固液分离的推动力是滤网两面压力差，其也是由液位差、真空或压缩空气或机械挤压力产生的。这类设备主要有：弧网式浓缩机、水平带式真空洗浆机和双网挤压浓缩机等。

弧网式浓缩机占地面积小，工艺安排灵活，主要用于白水回收，也可用于各种纸浆浓缩，但由于处理量小，浓缩后纸浆浓度不高，且不易密封，一般不作为主要浓缩设备使用。水平带式真空洗浆机用于草浆和木浆洗涤皆可，相比于真空洗浆机，在投资上很有优势，且纤维损失量少。双网挤压浓缩机属于高浓浓缩设备，一般可用作高浓漂白和废纸浆热分散之前的浓缩设备使用。

（三）挤压式洗涤、浓缩机械与设备

挤压式洗涤、浓缩机械与设备主要以机械直接挤压的方法，使容积不断减小而使纸浆不断受到挤压作用以达到固液分离的目的，其多以多孔板或缝板作为滤网，由于机械挤压力比较大，一般进出浆浓度比较高，浓缩脱水时无扩散作用，用作蒸煮后纸浆洗涤时两台设备之间需配置中间槽，以便稀释和扩散用。这类设备主要有：螺旋挤压浓缩机、双辊洗浆机、环式双筒挤压浓缩机、偏心旋转式挤压浓缩机和双锥盘挤压浓缩机等。其进浆浓度多在3%以上，出浆浓度可达35%左右。由于近年来蒸煮废液提取率不断提高及高浓漂白、高浓打浆等技术的发展需要，使挤压式洗涤、浓缩机械与设备得到了迅速发展。

我国自行研制的单螺旋挤压浓缩机可用于各种纸浆的黑液提取和压榨脱水，用于黑液提取时可放置在喷放锅之后，纸浆出浆浓度可达到35%以上，用于压榨脱水可放置在洗浆之后。

双辊洗浆机主要用在大型木浆厂中，国内目前年产 90 万 t 以上的木浆厂基本使用此设备。其处理量大，进浆浓度适应范围大，出浆浓度高。

环式双筒挤压浓缩机、偏心旋转式挤压浓缩机和双锥盘挤压浓缩机使用量国内较少。

（四）置换洗涤机械与设备

置换洗涤机械与设备主要是通过洗涤液置换纸浆中原有含污染物较多的废液，使纸浆含污染物减少而得以洗净纸浆。这类设备主要特点是纸浆经受洗涤时间长，同时受到洗涤的纸浆比较多，洗涤过程中扩散作用进行得比较彻底，洗涤效果好。这类设备主要包括常压和压力置换洗涤塔，KMW 型置换压榨洗浆机及鼓式置换洗浆机等。

常压置换洗涤塔和压力置换洗涤塔目前主要与塔式连续蒸煮设备配套，用于洗涤木浆，置换作用效果好，洗涤效率在90%以上，但由于筛环等部件结构较为复杂，维修不便。

鼓式置换洗浆机可用于40~90 万 t 的木浆洗涤用，也可用于竹浆洗涤，洗涤效率高，设备运行稳定，但由于其成本高，用于产量相对较少的竹浆洗涤时成本回收时间长。

第二节　转鼓式洗涤、浓缩机械与设备

一、圆网浓缩机

普通圆网浓缩机又称圆网脱水机，主要是供净化后的纸浆、抄纸车间的损纸纸浆和纸机的浓白水等脱水浓缩之用，在国内广泛使用，其进浆浓度0.2%~1.0%，出浆浓度3%~6%，适宜线速度25~30m/min。

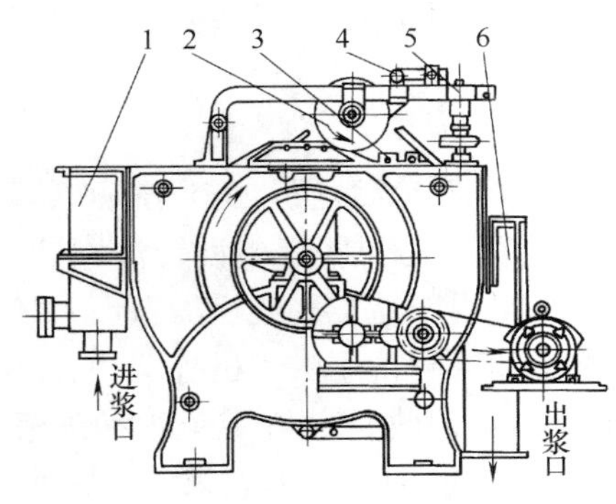

图 4-1　圆网浓缩机的基本结构
1—进浆箱　2—压辊　3—喷水管
4—刮刀　5—调压装置　6—出浆箱

圆网浓缩机的脱水机理主要是靠网笼内外液位差进行的，其次是压辊与网笼之间的挤压力脱水，其结构如图 4-1 所示。圆网浓缩机主要由网笼和网槽组成。网笼是圆网浓缩机的主要部件。在一根主轴上平行装上若干个辐轮，辐轮的周边上有均匀分布的凹口，在凹口上平行主轴方向装上一系列的黄铜棒，然后在黄铜棒上绕上直径为 3~5mm 的黄铜线，构成网笼。在网笼上铺上 8~12 目的内网，再铺上 40~80 目的外网作为滤网。这种网笼结构较复杂，但滤水性能好。由于网笼经常与纸浆接触，易被腐蚀，过去多用铜合金制造，为节约有色金属，现多用塑料等材料作

衬里防腐。

为使网笼结构简化，也有只在幅轮上铺设多孔钢板代替铜丝和内网，这种网笼强度大，可用于侧压浓缩机和双圆网挤压浓缩机的网笼。

网槽过去多用木板或混凝土制成，现在是多用钢板焊接而成的，要求刚度高，网槽与网笼中心偏离 80~100mm。在圆网浓缩机上还装有压辊和刮刀，压辊支承在网槽的侧板上，由网笼带动。压辊由钢板卷制表面包胶而成，辊面硬度为 60~65 度（肖氏）。压辊直径为网笼直径的 1/3~1/4。压辊的压力可以用手轮调节，线压力一般为 8~23N/cm。压辊配有刮刀，刀刃紧贴辊面，以剥落浆层。

圆网浓缩机在操作时主要注意两点：一是要保持浆位稳定，防止溢浆和糊网；二是要注意密封带的紧固以防止纸浆流失。

由于普通圆网浓度机受本身结构的局限，使其进出纸浆浓度均较低，只能用于低浓纸浆的浓缩。为扩大其使用范围，对其结构进行一些变动和改进。

最新设计的圆网浓缩机网笼质量更轻，用变速电机调节最佳线速，网槽改为改良逆流式，便于调节内外液位差，生产能力提高。

1. 侧压浓缩机

在转鼓进浆侧形成高浆位的浆槽，在出浆槽的低位处设一压辊。这个压辊既起挤压纸浆和卸料作用，又起封闭浆槽作用，如图 4-2 所示。这就形成了通常所说的侧压浓缩机。由于网内外液位差大，脱水推动力大，进出浆浓度大，生产能力高。除了可用于浓缩外，还可用于软的化学浆和漂白浆的洗涤。目前侧压浓缩机逐渐被真空洗浆机所替代。

图 4-2 侧压浓缩机的基本结构图

2. 双圆网挤压浓缩机

是在圆网浓缩机的基础上发展起来的一种相对节能和高效浓缩设备。其机械结构如图 4-3 所示。由两只直径相同的固定网笼和浮动加压网笼组成脱水挤压装置。纸浆由管道分别进入两个浆槽中，流经圆网的底部，向两个圆网中间的接触压力区移动。两个网笼反向旋转。纸浆因为液位静压力被过滤从而在网笼上形成湿浆层，同时大量的滤液进入圆网内。圆网内的水位要比两个网笼接触线低 100mm 以上，滤液经浆槽靠底部的排液管排出圆网。纸浆被两个圆网的接触压力所挤压，形成饼状，并被剥浆辊剥落。

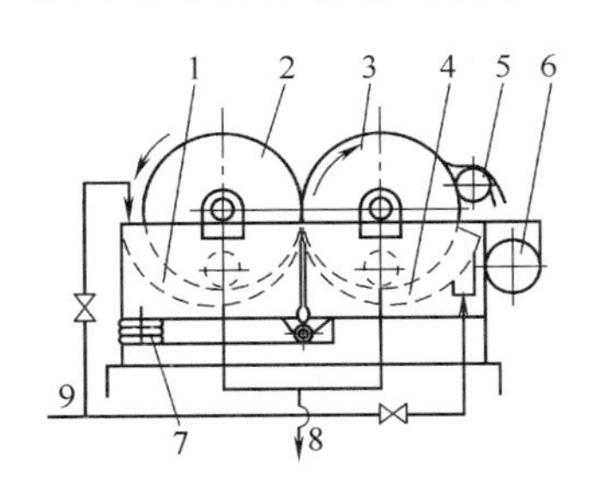

图 4-3 双圆网挤压浓缩机的结构
1,4—浆槽 2,3—圆网 5—剥浆辊
6—螺旋输送机 7—膜式空气弹簧
8—排液 9—进浆管

其特点是：

① 脱水速率高，纸浆中的水同时受到浆槽内外不同液面的过滤脱水和两个圆网接触部分的挤压脱水作用，出浆浓度可达 30%。

② 滤水面积大，设备结构紧凑，建造成本低。

③滤液中纤维含量少。

3. 内滤式圆网浓缩机

由我国造纸机械厂根据同类产品使用经验而开发制造。纸浆由槽体端部进入转鼓内部，浆位约为转鼓直径的 80%，在重力作用下滤液通过转鼓滤网进入网槽内，通过网槽下部的滤液排出口排到滤液槽中，脱水后的纸浆吸附沉积在转鼓内表面，在重力及喷淋水作用下与转鼓内表面分离，达到固液分离的目的。浓缩后的纸浆被转鼓内的螺旋叶片导流推送下，由进浆口向出浆口移动，由出浆口进入浆槽中。其生产能力可通过调节进浆流量、转鼓转速和转鼓内纸浆液位来控制。

内流式圆网浓缩机的结构如图 4-4 所示。主要由转鼓、槽体、端部密封装置、机罩、喷淋装置及传动装置组成。

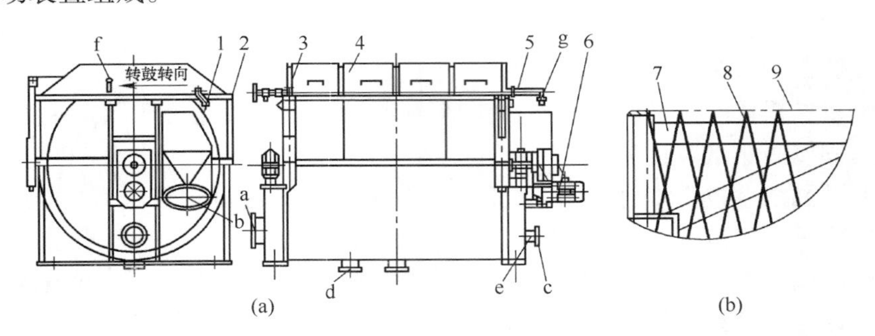

图 4-4　内流式圆网浓缩机的结构

（a）结构　（b）网笼与螺旋叶片的关系

1—转鼓　2—槽体　3—端部密封　4—机罩　5—喷淋装置　6—传动　7—网笼框架　8—螺旋叶片

9—向外部依次是衬网、滤网及编织网　a—进浆口　b—出浆口　c—排污口　d—滤液出口

e—排污口冲洗水　f—端部密封带冲洗口　g—喷淋水进口

二、落差式浓缩机

落差式浓缩机又称无阀过滤机、短管式浓缩机。由于其真空度比较低，主要用于筛选后纸料的浓缩，也可用于漂白后纸浆的洗涤。操作工艺条件：进浆浓度 0.7%～1.0%，出浆浓度 8%～12%，转鼓线速度 3.5～4.5m/min。

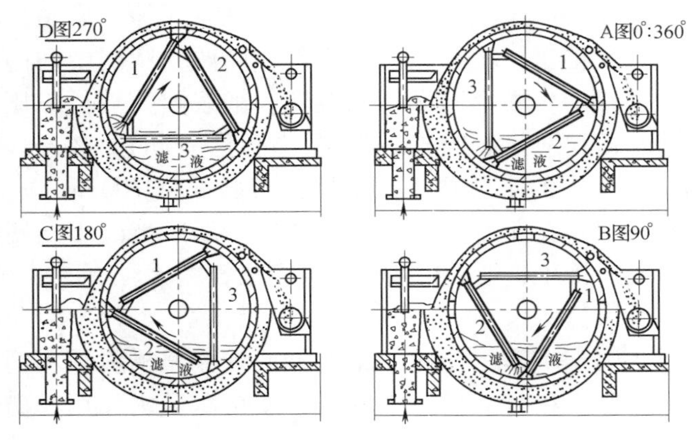

图 4-5　落差式浓缩机工作原理

（一）工作原理

落差式浓缩机的工作原理是利用较低液位差和液位落差所造成的真空取代重力来吸附纸浆，并使纸浆过滤脱水的。其工作过程如图 4-5 所示。

纸浆进入浆槽后，当转鼓的某个小室进入浆槽的浆位以下时（图 4-5A），纸浆即在液位差作用下开始脱水，并在滤网上形成一层浆层，随着转鼓的继续旋转，液位差逐渐增大，滤网上的浆层也逐渐增厚（见图 4-5B），当短腿管回转到水平位置时（图 4-5D 中的管 3），管内便充满了液体。当超过水平位置后，管内的滤液就开始流出，并产生真空抽吸作用，继续增加吸附浆层厚度，当浆层离开液面后（如图 4-5C 中的管 1）不再吸附纸浆而小室中的滤液则不断通过短管流出，随着短管升高，流速加快使真空度也提高，从而对浆层进行强制脱水。

（二）落差式浓缩机的结构

落差式浓缩机的结构如图 4-6 所示。

转鼓式落差浓缩机的主要部件，一般是由不锈钢板焊接而成，表面与内圆筒之间有若干个密封的蜂窝式小室构成。每个小室有独立的排液管 1~2 根。这些短管顺着转鼓的回转方向后倾一个角度，与转鼓半径成一定夹角，在转鼓内的排列是均匀地沿着转鼓内圆筒壁上的轴线方向，形成等距离的三个螺旋线排列着的（见图 4-7）。转鼓的表面铺上孔径为 10mm 的不锈钢板作为过滤衬板，再铺上 40 目的外网作为滤网。

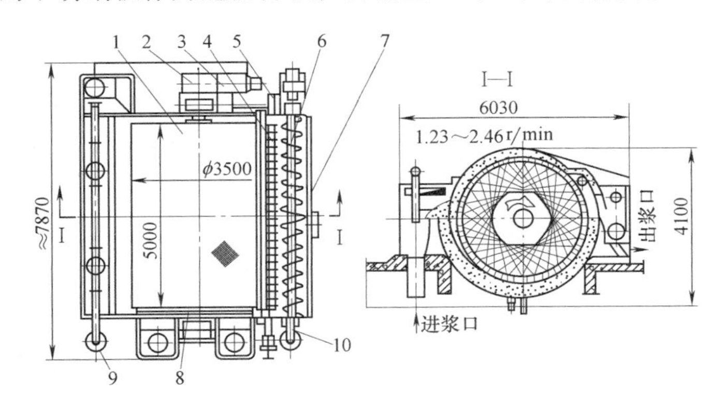

图 4-6　落差式浓缩机的结构

1—转鼓　2—主减速器　3—主电机　4—刮浆辊　5—摆动式洗网装置　6—螺旋输送器　7—槽体　8—密封装置　9,10—稀释水管

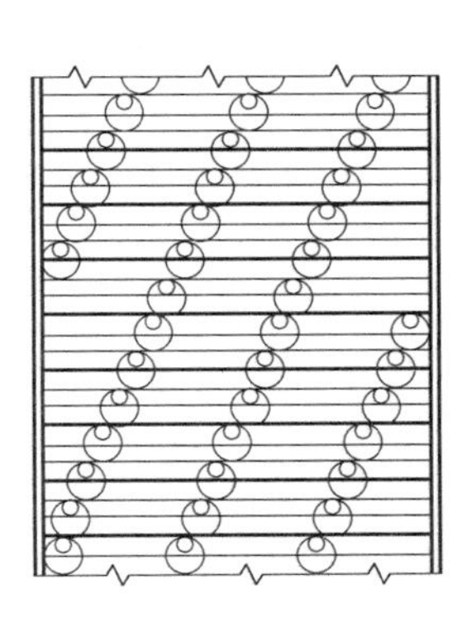

图 4-7　转鼓内 3 个螺旋线“落差”管分布图

剥浆辊是用不锈钢板焊接而成的，可以是表面包胶的平辊，也可以是沟纹辊，为了有利于剥浆其线速度应比转鼓线速度高 5%~6%，所以应有独立的传动装置。

三、鼓式真空洗浆机

鼓式真空洗浆机目前仍然是国内大中型纸厂普遍使用的洗涤设备，具有洗涤效率高，稀释因子小，废液提取浓度高等优点。用于洗涤硫酸盐法木浆、竹浆、苇浆等已积累了很多经验，是一种具有较好效果和成熟可靠的设备，也是纸浆漂白后常用的洗涤设备。现在国产最大规格的真空洗浆机为 120m^2，转鼓规格 ϕ4500×8500mm。用于洗浆的工艺条件，木浆进浆浓度为 0.8%~1.5%，草浆为 1.0%~3.5%，出浆浓度 10%~15%，水腿内黑液流速 1.5~5.0m/s，真空度 26.7~40.0kPa。

（一）鼓式真空洗浆机的工作原理

鼓式真空洗浆机的鼓体由辐射方向的隔板分成若干个互不相通的小室，每个小室均通过滤液管与分配阀动片上均匀分布的孔相连接。随着转鼓的转动，小室通过分配阀上的静片可以分别依次接通自然过滤区（Ⅳ），真空过滤区（Ⅰ），真空洗涤区（Ⅱ）和剥浆区（Ⅲ），从而完成过滤上网、抽吸、洗涤、吸干和卸料等过程，其工作原理如图 4-8 所示。

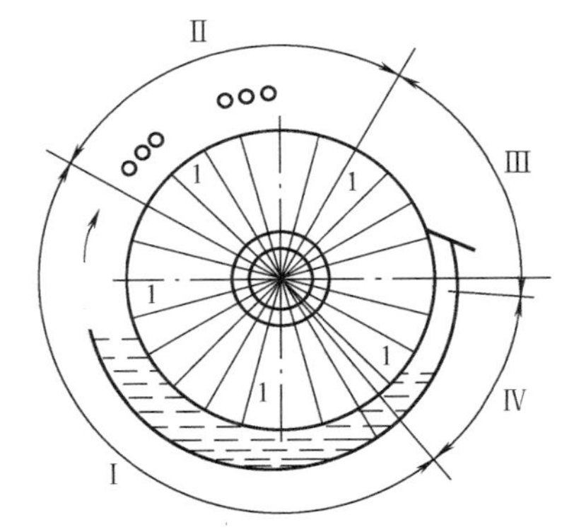

图 4-8　鼓式真空洗浆机工作原理图

当小室 1 下旋进入稀释的纸料中时，恰与大气相同的自然过滤区（Ⅳ）相通，这时靠浆液的静压使部分滤

液滤入小室，排除小室内部分空气，并在网面形成浆层。小室 1 继续转动，深入到液面下方，同时与真空过滤区（Ⅰ）相通，在高压差下强制吸滤，增加浆层厚度，并在转出液面后继续将网面上的浆层吸干，完成稀释脱水过程。小室继续向上转，与真空洗涤区（Ⅱ）相通，将喷淋液管喷在浆层表面的洗涤液吸入鼓内，完成置换洗涤操作。小室继续转动，向下与剥浆区（Ⅲ）相通，使小室内真空度消失，以便于剥下纸浆，这样周而复始便完成了洗涤操作。

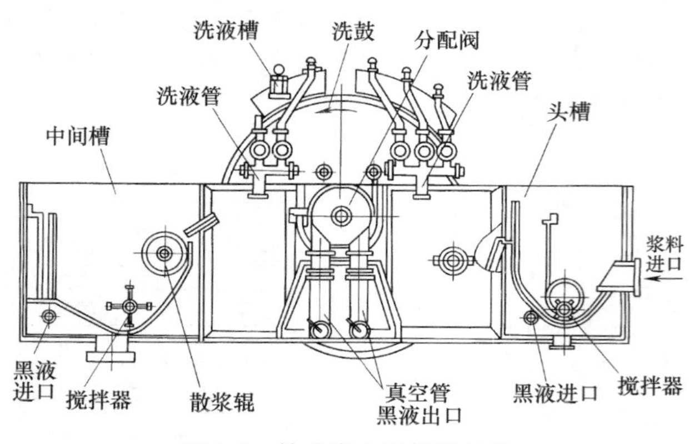

图 4-9　鼓式真空洗浆机结构

（二）鼓式真空洗浆机的结构

鼓式真空洗浆机由转鼓、分配阀、槽体、压辊、洗涤液喷淋装置、卸料装置、水腿及其真空系统等部分组成，如图 4-9 所示。

1. 转鼓

转鼓是真空洗浆机的重要部件之一，其作用是过滤、洗涤纸浆，并在鼓面上形成浆层。以第一代真空洗浆机为例，转鼓的加工制造方法主要有两种方法，一种为袋式铸造结构，另一种为焊接的袋式结构和管式结构，见图 4-10。

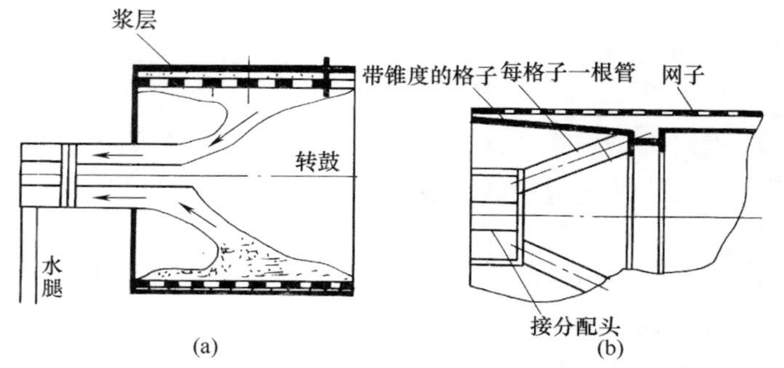

图 4-10　第一代真空洗浆机转鼓结构
（a）铸造式　（b）焊接式

铸造式转鼓由于受铸造工艺的限制，不便于铸造大型转鼓，从而就无法生产大规格的洗浆机，同时这种铸造转鼓也很笨重，动力消耗大，小室容积大，滤液流速慢真空度低，洗涤效率低，现已很少采用。焊接结构的转鼓中的袋式结构与铸造的相似，但小室的体积可根据需要制作，以满足不同的要求。而管式转鼓鼓面是用不锈钢板焊接成带锥度的小室，避免由于滤液逐步增加而超过正常流速，发生湍流作用使阻力增大；每个小室长度中段配一薄壁不锈钢管，不锈钢管吸滤管另一端与分配阀体相连通，每个小室只有一根管子，采用这种结构的转鼓管道上无任何弯头，可以减少管道阻力，同时空气不易渗入，可以获得较大滤液流速，形成较高的真空度，从而提高洗涤效率。

另外，还可灵活设计小室的容积和吸管直径，以适应于各种纸浆在不同工艺条件下的洗涤。因此现在的真空洗浆机转鼓普遍采用焊接结构。

转鼓结构的合理性与否对上浆、脱水和洗涤效果影响很大。鼓面上小室数目一般在 20~40 个为佳，转鼓直径为 2.6~4.5m，鼓面直径大者取大值，否则取小值。小室和通往分配阀的腔道的大小和形状对转鼓内滤液和气体的排除有直接的影响，在设计制造时应注意以下几点：

① 小室的容积应与滤液量相适应，小室在旋转时进入真空区以前，应在自然过滤区内

靠自然液位差过滤，其滤液量应能完全充满小室，以排除其中的全部气体，再进入真空区，这样可以避免小室内的气体进入真空系统而降低真空度，影响洗涤效果。

② 小室的腔道是排液、抽气的通道，大小要合适，排液排气的阻力损失要小，并且要有一个比较适宜的流体流速，不因转鼓的转动而引起排液困难。所以小室的容积和腔道的截面不宜过小。在设计制造时要以洗浆的工艺条件为依据，如纸浆的滤水性、上网浆层厚度、转速、上浆浓度等。

③ 小室与腔道形状力求简单，各部分过渡圆滑，不易造成沉积堵塞，施工方便。当转鼓宽度大时，可以两端排液。

最早的转鼓表面铺有一层多孔滤板，厚度 8mm 左右，材料为不锈钢、碳素钢或塑料，孔的形状多为圆形，孔径 10~12mm，孔距 14mm，其作用是承托滤网，而后再铺上 5~12 目内网和 40~60 目的不锈钢、塑料等外网。在这种平面多孔滤板中，因受结构的影响，开孔率最大仅为 47%，滤网的孔与滤板上的无孔区域紧贴，会形成死区，大大减弱了过滤效果，所以在新式鼓式真空洗浆机中普遍采用不锈钢波纹式滤板代替原平面滤板，如图 4-11 所示。波纹板与滤网呈线接触，接触面积接近于零，极大增加了滤网的有效过滤面积，加速了滤液与滤网的分离，防止了“糊网”现象的发生，波纹板上开有过滤小室，在转动方向的后面可有效防止滤液“反吐”问题，从而可提高出浆浓度和洗净度。

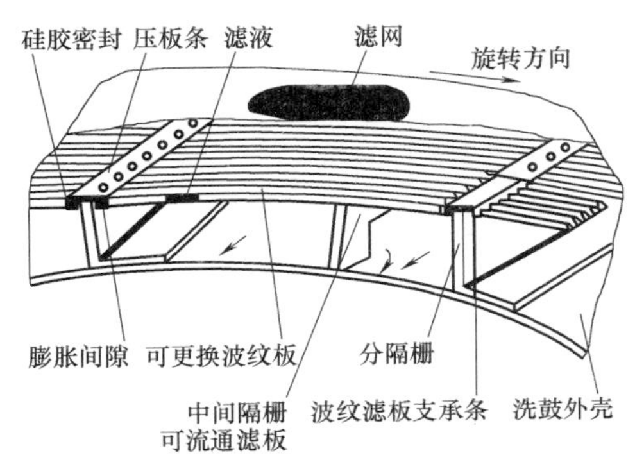

图 4-11　波纹滤板结构图

另外，国内有许多纸厂用真空洗浆机洗涤纸浆时需要高液位运行，转鼓上浮现象特别严重，导致鼓体两端板变形、轴承受曲、轴毂端螺栓断裂，甚至发生分配阀密封不严而使真空失效。现在解决这一问题的有效方法是，在鼓体中间筒体内增加一圆形筒，其上设有进水管和排气管，使用现场充满水后用丝堵密封，可有效解决上浮问题。

2. 分配阀及其新发展

分配阀是一个换向阀，又称分配头。目前在真空洗浆机上使用的分配阀有两种形式：锥形的和平面形的。

（1）锥形分配阀及其新发展

由于老式平面分配阀滤液是从轴心多孔轴颈排出，受到制作成本和轴承支撑的限制，尺寸不能做的很大，排液孔不能太多，故其只能适于小规格洗浆机，所以在 20 世纪 90 年代研制成功三区锥形分配阀，结构如图 4-12（a）所示。

阀体在转鼓的一端与转鼓连成一体，工作时阀体随转鼓一起旋转，相当于平面形分配阀的动片，转鼓上每个小室均在阀体上有一个出口。阀芯是锥形体，其是固定不动的，相当于平面形分配阀的静片和阀体。由于将自然过滤区和真空过滤区合并为一个过滤区，所以有三个接口，剥浆区分别与过滤区、洗涤区之间有“死区”隔开，严格密封，过滤区和洗涤区都是真空区，中间有半死区相互隔开。“死区”的作用是在转鼓每转一周洗浆机便相继完成过滤、洗涤和剥浆三个工艺过程。

锥形分配阀阀芯呈 10°锥形，制造时必须保证其与转鼓上的锥形座之间的同心度，若偏

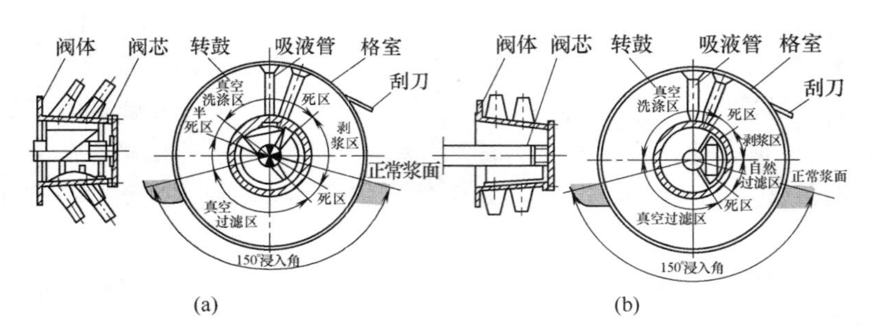

(a) (b)

图 4-12　真空洗浆机锥形分配阀

(a) 三区锥形分配阀结构　(b) 两区锥形分配阀结构

差过大，会造成真空度不稳定，甚至形不成真空。在安装时要保证阀芯与阀座之间有 0.5～0.8mm 的间隙，以弥补一定的偏心量，同时也可利用液密封，减少磨损。

锥形分配阀与老式平面分配阀相比，其展开面积约为相同直径平面阀表面积的 3.2 倍，滤液管在锥形阀表面便于布置，吸滤管与阀体结合处的管径可适当扩大，使滤液通过分配阀排液比较畅通。这种分配阀适于 $50m^2$以下的真空洗浆机使用。

20 世纪末我国又研制出新式锥形分配阀，其结构如图 4-12（b）所示。其主要改进有两点：

① 分配阀由三区改为二区，将原过滤区与洗涤区合为一个区，只设剥浆区和真空区，二区之间有“死区”隔开，这样滤液与洗涤液由同一水腿管排出，增加了水腿管内液体的流量和流速，提高洗涤区的真空度，增加洗涤效果；取消了死区，延长了纸浆过滤和置换洗涤时间，有利提高纸浆的洗净度。

② 鼓内排液管由倾斜管连接改为垂直管连接，从而可以减少滤液流动阻力，提高流速，减少滤液管内结垢，可适于 $60m^2$以下的真空洗浆机使用。

（2）平面分配阀及其新进展

平面形分配阀是由一块随转鼓一起转动的动片和固定不动的阀体及静片组成。动片和静片是分配阀的阀片。阀体用弹簧紧压在转鼓的轴颈端面上。转鼓的每一个小室在动片上有一个出口。阀体静片上最初有 4 个接口，分别接通大气、真空系统、吸气系统或大气。分配阀的动片、静片材质为铸铁、不锈钢、胶木等。其二者的硬度不同，且接触面要经过研磨，以保证腔道之间、腔道与外界的良好密封。

图 4-13 所示为在国内老式小型真空洗浆机上常用的一种较好的平面型分配阀。其主要特点是：阀体宽大、直径 610mm、宽度 300mm，阀内腔道大而畅通，能满足排液要求。分配阀动片有 24 个接口，静片有 4 个接口。

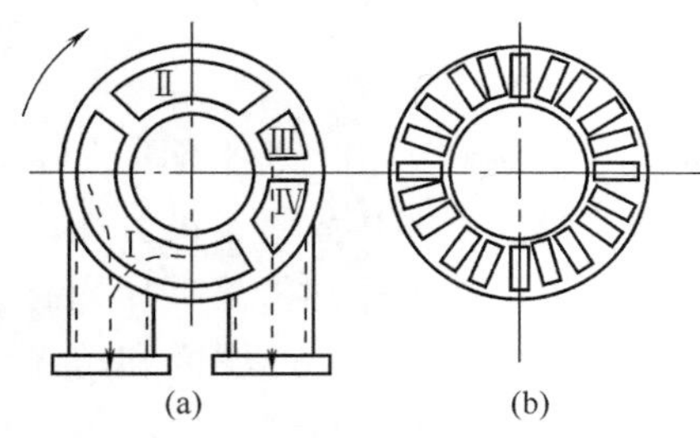

(a) (b)

图 4-13　真空洗浆机平面型分配阀

(a) 阀体和静片　(b) 动片

阀体上的Ⅲ区为卸料区，接通大气或吹气系统。该区占圆心角 18°～20°。卸料区位置的高低主要是从增加Ⅰ、Ⅱ区长度和方便卸料操作方面考虑，图示位置比较合适。Ⅳ区为自然过滤区，接通大气。小室转到该区段时逐渐浸入浆位以下，在网面形成浆层，滤液进入小室内，排除空气，以便不带或少带空气进入真空区，为提高真空区的真空度创造条件。

这区段的大小主要依据滤液进入并充满小室所需

的时间来考虑。所以对于不同的纸浆浓度、浆层厚度、转速等所要求的自然过滤区段的长度是不同的，一般情况下该区段占圆心角30°左右，对于滤水性好的木浆可以小一些，对于滤水性差的草浆应适当大一些。

Ⅰ区为真空抽吸区，接真空系统。Ⅰ区有两个作用，位于液面以下一段起吸滤作用称为吸滤区。该区标志着从自然过滤过渡到真空吸滤。若加大吸滤区必然缩小自然过滤区，本应自行排至大气的小室中的空气只能由真空抽吸排出，从而增加了真空系统的负荷，但可在短时间内形成较厚浆层，减少纤维流失，使纸浆上网容易，并可降低上网浆位。位于液面以上的一段起倾倒滤液的作用，称为倾液区，该区尚有把浆层吸干的作用。Ⅰ区与Ⅱ区在何处分界由下列几点决定：

① 要使Ⅰ区的浆层被抽吸至适当干度后再过渡到洗涤区；

② 从分配阀的排液腔道大小和形状来比较其两个腔道排液能力和滤液量与洗涤液量的比例来分配Ⅰ区和Ⅱ区的比例；

③ 过滤液和洗涤液是否要分开及Ⅰ区Ⅱ区的真空度是否一致等，所以Ⅰ区与Ⅱ区的变化范围是很大的，也有把Ⅰ、Ⅱ区合为一个真空区的。

Ⅱ区为洗涤区，也接真空系统。这区的真空度可等于或高于Ⅰ区的真空度，适当提高Ⅱ区的长度，可提高置换作用时间，从而提高洗涤效率。

为了满足大规格鼓式真空洗浆机排液要求，国内现在已研制出新式平面分配阀，并已在 $120m^2$ 的大型鼓式真空洗浆机中成功使用，如图4-14所示。

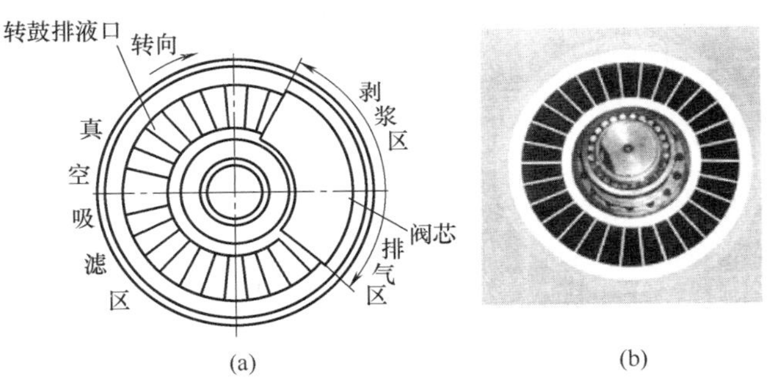

图4-14　新式鼓式真空洗浆机平面分配阀及辐式滤液出口图
（a）平面分配阀　（b）平面分配阀辐式滤液出口

这种新式平面分配阀与老式平面分配阀的主要不同点是：a. 动片与静片之间的间隙可调，为0.1~0.25mm，利用液膜密封，减少摩擦，延长阀片寿命；b. 静片的角度可调，以适应多种纸浆的洗涤；c. 静片由老式的4个接口变为新式的2个接口，分别为真空区和剥浆与排气区。这些改动使分配阀的结构更简单，加工制作、安装、维修更方便，更主要的是转鼓内滤液流道由原管式改为辐板式，滤液流道的截面积大大增加，流动阻力大大减小，提高了滤液流速。此外，滤液流出不经中心轴，而是从中心轴的底部排出，制作尺寸不受限制，可以适应大规格洗浆机的要求。

3. 浆槽

在多台串联的真空洗浆机组中，浆槽也是一个重要部件，其结构对纸浆与洗涤液的混合影响很大，从而对洗涤效果有很大影响。浆槽有头槽、鼓槽、中间槽和尾槽。

头槽是用钢板焊成的，如图4-15所示。

图4-15（a）为传统进浆槽结构，纸浆从一个 $\phi 300mm$ 的进浆管进入槽体的前半部，稀释液从槽底夹层处送来，经搅拌混合均匀后从隔板下端进入槽的后半部，再溢流进入鼓槽。隔板的作用是防止未搅散的浆块直接漂浮入鼓槽，以影响洗涤效果。

这种进浆槽仍存在以下一些问题：a. 搅拌效果差、上网困难。主要原因是搅拌空间大，

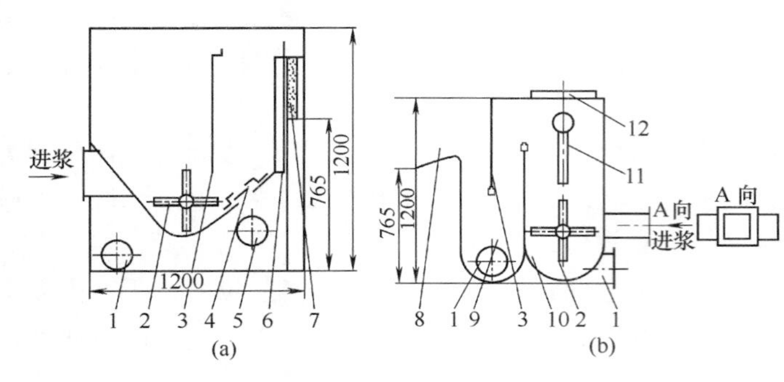

图 4-15 真空洗浆机进浆槽
（a）传统型 （b）改进型
1—清扫口 2—搅拌辊 3—隔板 4—逆止门 5—加黑液管 6—排气管 7—堰板 8—整流区 9—沉降区 10—搅拌区 11—树枝状加液管 12— 密封式观察盖

纤维团不易分散，产生掉网、堆浆等现象；b. 泡沫多，因浆槽为敞开式，搅拌时易带入空气，产生泡沫；c. 稀释液难以与纸浆混合均匀；d. 无沉降功能，浆中的重硬物进入浆槽中易损坏滤网。

针对这些问题，有的工厂将其进行改进，结构如图 4-15（b）。主要优点如下：a. 设置密封搅拌室，空间小、深度大，搅拌速度高，分散效果好，且不产生泡沫；b. 加液稀释为上部插入式的“树枝状”加液，加液均匀；c. 设置硬物沉降区，保护滤网，浆平稳有序，使上网区连续稳定。从而消除掉网、堆浆、起泡沫等现象。

中间槽位于两台洗浆机之间，如图 4-16 所示，其作用是：把前一台洗浆机卸下的纸浆稀释并搅均匀，给纸浆均匀上网创造条件；使纤维细胞壁内的废液与稀释液发生扩散作用。

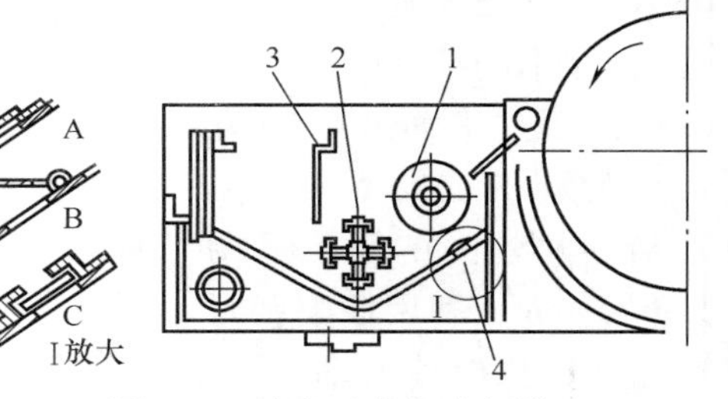

图 4-16 真空洗浆机中间槽
1—喂料辊 2—搅拌辊 3—垂直挡板 4—稀释液入口
A～C 稀释液入口形式

为了防止从前一台洗浆机剥下的浆块不经打散就直接漂浮入后一台洗浆机，或者产生浆块沉积，造成堆浆等问题，设置拦浆板和喂料辊。喂料辊安装在洗浆机的进浆端，由若干个椭圆形的圆盘以一定角度安装在一根钢轴上构成。喂料辊能把落下浆块压下去，把它撕裂，不产生浮浆。运转时不会带入空气。搅拌辊位于槽底，它由一根钢轴和装在上面的许多小棒组成，打散浆块，并使浆液混合均匀。由于其在液面以下，在转速较高时也不会产生气泡。

4. 剥浆装置

传统的真空洗浆机采用剥浆辊剥浆，剥浆辊是一根钢管包胶辊，辊面成锯齿形，硬度 80～94 度（肖氏），直径 140mm，辊线速度比网面的线速度快 7%～20%，太慢来不及剥浆，太快时会撕裂浆层。剥浆辊要有自己的传动装置。这种剥浆装置由于剥浆辊与转鼓转向相反，间隙为 3～5mm，且若洗鼓上的浆层中有 3mm 以上的硬物则易损坏滤网，而且有剥浆不净，浆层厚度受限等缺点，所以现在洗浆机中广泛使用空气刮刀剥浆，其工作原理和结构如图 4-17 所示。

新式空气刮刀剥浆装置设有刀架，具有支撑刮刀、托料和密封的作用，利用刮刀轴调节刀架，使刮刀形成一定角度，有利于卸料。在刮刀与转鼓间有一定间隙，供卸料气流通过；刀架上有风机进气入口，再加上环体、槽体、刮刀和槽体间的连接橡胶、纸浆共同形成气流腔室，使气流从刮刀与转鼓间隙冲出卸料。空气刮刀系统除滤网、连接橡胶外，其余都是用金属制作，可以采用刮刀进行辅助剥浆。

5. 洗涤液喷淋装置

根据洗涤原理，良好的洗涤液喷淋装置淋下的洗涤液应成均匀的带状，既不溅坏浆层又不带入大量的空气。一台洗浆机一般配3~5组喷淋装置。喷淋装置布置的原则是：第一组喷淋装置应布置在洗涤区刚开始的位置上，第二组应布置在第一组淋下的洗涤液刚好被吸干的位置上，依此布置以下几组。

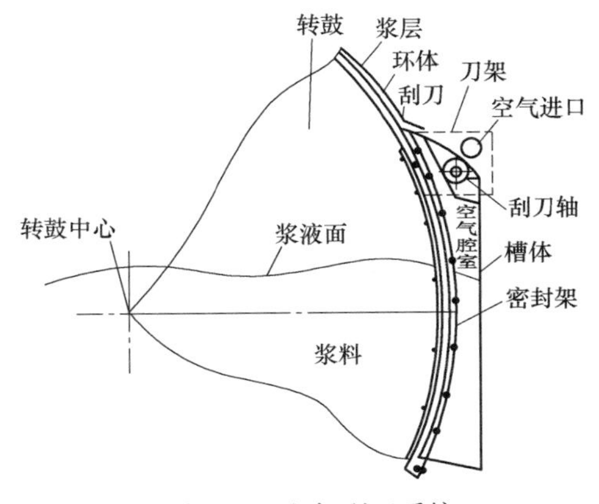

图 4-17　空气刮刀系统

每组喷淋装置都设有一个调节洗涤液流量的阀门，以调节洗涤液的喷淋量。淋液过多会降低出浆浓度，淋液不足，会因空气的进入而降低鼓内真空度，造成洗涤液不能充分置换浆层中的废液，降低洗涤效果。现在真空洗浆机上广泛使用鸽尾型喷嘴喷淋装置。这种喷淋洗涤方法的主要缺点是：喷淋液在浆层中停留时间很短（约 5s），同时喷淋液又不均匀，未喷上洗液的浆层暴露于大气而产生泡沫受不到洗涤作用，洗涤效果差。一个好设想是建立浸没洗涤或连续布液洗涤，结构如图 4-18 所示，图 4-18（a）是在浆槽内设计一个浸没洗涤区，直接在浆槽内进行槽内洗涤。因洗涤液浸没浆层，在高位液面操作下，出浆浓度高，过滤速度快，洗涤效率高。这种设想在后面的鼓式置换洗浆机中得到了实现。

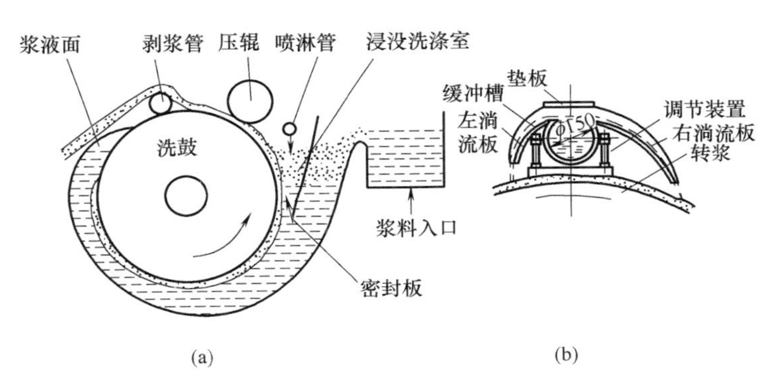

图 4-18　真空洗浆机新式洗涤装置结构示意图
（a）浸没洗浆机示意图　（b）连续布液洗涤装置

图 4-18（b）所示的为连续布液的洗涤装置，其是由一较大管径圆管制成的缓冲槽，喷淋液从两边缓慢溢流进入左右淌流板，形成均一瀑布状喷淋流，对纸浆进行连续而均匀的洗涤，不破坏浆层，明显提高洗净度。

6. 水腿管及真空系统

真空洗浆机主要依靠水腿产生真空，有时辅以其他设备产生真空。所用真空度一般不超过 53. 3kPa。水腿内滤液的流速和阻力对生产能力和效率影响很大，为获得必要的真空度，水腿管需要满足以下几点：

① 洗浆机需高位安装，一般应安装标高为 12m 左右，使水腿管的有效长度在 10m 以上。

② 滤液在管内要具有足够的流速，水腿管之所以能抽真空是因为滤液在水腿管中的流动达到一定速度后能把气体吸进去，以气液混合体迅速流动的形式抽走气体。水腿管内流速应根据水腿管径和纸浆种类适当安排，推荐滤液在水腿管内的流速见表 4-1，流速太高则水腿管径将缩小，使流阻增加，流体部分汽化使真空度降低，影响洗涤效果。所以草浆可低一

些，木浆和漂后浆可高一些。

表 4-1　　水腿直径与滤液在水腿管内的流速

水腿直径/mm	150	250	350	450	600
流动速度/(m/s)	1.4~2.1	1.7~2.5	2.1~3.2	3.14.2	3.8~5.0

③ 水腿管应尽量垂直安装，避免采用水平段，减少弯头数量，以减少阻力。若确因场地限制不能垂直安装时，则水平段始端与分配阀之间的距离应保持在3m以上一段垂直段。另外为了减少阻力损失，可以在黑液槽内设一个旋风分离器，如图4-19所示，水腿管在高出黑液槽液面200~300mm处，以切线方向进入旋风分离器，并做旋转运动，由于离心力的作用，使空气上升排出，这样不仅减少排液阻力，且泡沫少。

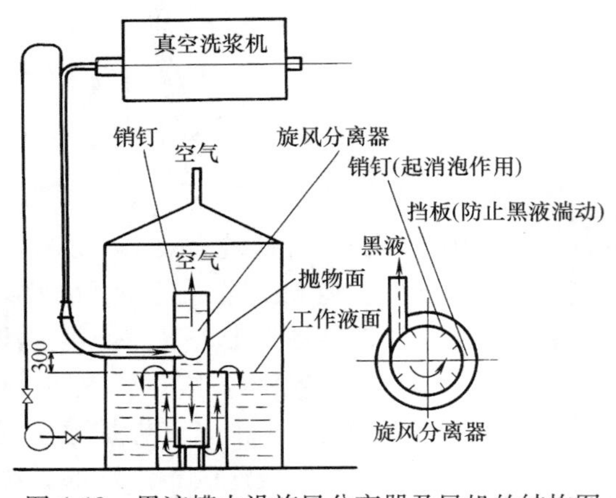

图 4-19　黑液槽内设旋风分离器及风机的结构图

真空洗浆机洗浆时有真空过滤区和真空洗涤区，这两个区的滤液可用两个水腿分别排出，也可以合并为一个水腿排液。若用两个水腿，过滤区的滤液经过主水腿排出，可以减少空气的进入，从而减少泡沫，真空度高；洗涤液由副水腿排出，并用一加速泵，向副水腿中注入本段滤出液，提高洗涤区的真空度和出浆浓度，从而提高洗涤效率，若采用一个水腿，应使过滤区水腿成直立的，而洗涤区水腿为斜的布置最为合理。采用水腿管抽真空具有设备简单、电耗低、便于维护管理等。对于滤水性能好的木浆和漂后浆等可用滤液通过水腿产生的自然真空来洗涤。对于滤水性差的草浆其滤出的废液量不足以满足水腿管对其流量的要求，不能产生足够高的真空度，必须用人为的方法来提高其真空度，方法是：

① 用一台加液泵向水腿内注射本段的滤出废液，加大流量来提高真空度是一种好办法，操作维修方便，动耗少，不需要复杂的真空系统。

② 用附属设备产生真空。过去普遍采用真空泵在水腿管上部抽真空，可以明显提高真空度，从而提高了洗浆效果，应注意必须把抽空管设置在水腿管碟阀以上，以减少泡沫。但其也有许多缺点：动耗大，噪声大，黑液流失大。所以近年来采用风机产生真空是一种较为理想的方法，其结构如图4-19所示，旋液分离器上部接有风机抽真空，使黑液带入的空气泡沫很快与黑液分离，被风机抽走，由于旋液分离器内负压，使泡沫气体体积迅速膨胀而极易破裂消除。为了减少滤液流失，旋液分离器高出黑液槽，其上部可设多孔板或折流挡板，在风机进口管上设套管通冷水回收热量，风机排出的气体可用于空气剥浆刮刀用压缩空气，从而减少动耗，增加滤液提取量。

7. 新式国产鼓式真空洗浆机

我国自行研制的新式洗浆机（又称第五代）已经广泛应用于草浆、竹浆和部分木浆生产线，运行情况良好，已可完全取代国外产品。

单台洗浆机主要由转鼓、槽体、分配阀、洗涤装置、剥浆装置、传动装置和螺旋输送机等组成，串联洗浆机还有压料装置和搅拌装置。设备基本结构见图4-20。

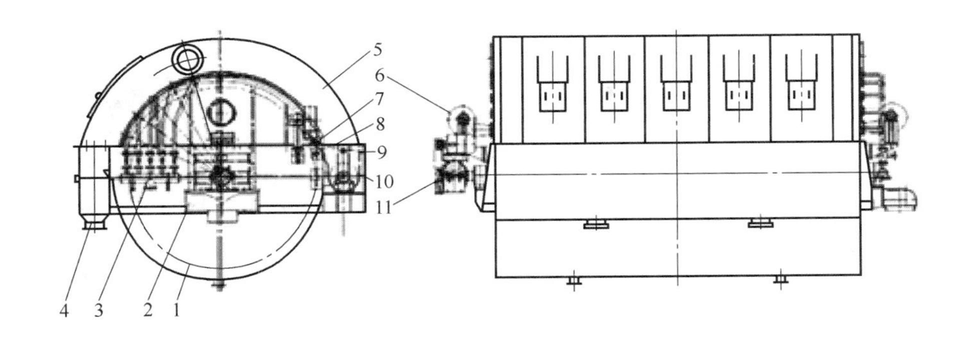

图 4-20　国产新型鼓式真空洗浆机

1—转鼓　2—分配阀　3—洗涤装置　4—槽体　5—机罩　6—风机系统　7—剥浆装置　8—洗网水管　9—药液管　10—螺旋输送机　11—传动装置

第五代洗浆机鼓体采用锥形格室技术［见图 4-21（a）］，减小了滤液流动过程中的阻力影响，提高了滤液流速，增大了滤液流通量，解决了滤液“倒灌”现象，提高了生产能力，单位面积产量提高 30%左右。

第五代洗浆机的平面阀芯由以前整体结构的二点支撑技术改进为采用分体结构、多点固定技术［见图 4-21（b）］。阀芯分体设计，利于保证平面度，减小变形；多点固定，不易松动，平面阀间隙保持稳定，有利于真空度的稳定。解决了运行过程中分配阀间隙易变动、设备真空度低且不稳定现象，提高了运行真空度，下料干度及洗净度得到保证，真空度提高了约 0.01MPa，下料干度增大了约 3%。同时，空气刮刀加设悬挂支架，保证刀片与鼓间隙，提高剥浆效果。机罩由弧形改为凸形加强结构，改后外形美观，强度提高。槽体两端密封方法兰也改为分体结构，维护检修方便。

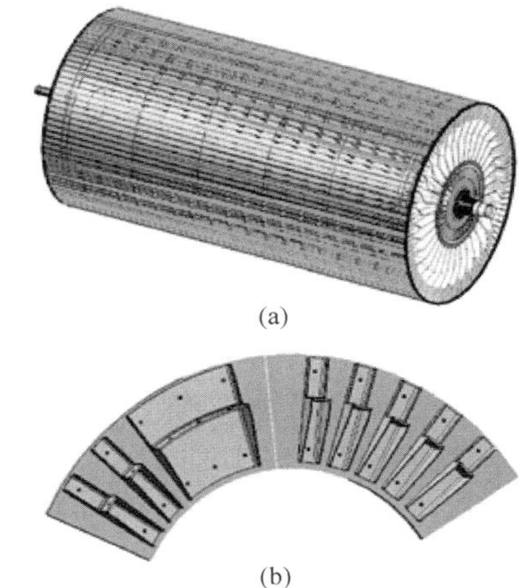

图 4-21　国产新型真空洗浆机鼓体和分配阀

（a）锥形格式鼓体

（b）分体多点固定分配阀

第五代洗浆机根据使用工段不同，主体材质可采用碳钢型、不锈钢型、衬胶型等多种型式。

目前市场产品有 35~120m^2 各种型号，其处理量用于麦草浆：提取工段为 1.5~2t/(d·m^2)，漂白为 2~2.5t/(d·m^2)；竹浆：提取为 6~6.5t/(d·m^2)，漂白为 7~7.5t/(d·m^2)；用于针叶木浆：提取为 8~8.5t/(d·m^2)，漂白为 9~9.5t/(d·m^2)。

（三）鼓式真空洗浆机的使用示例

1. 鼓式真空洗浆机在竹材化学浆 ECF 漂白系统中的应用

图 4-22 为鼓式真空洗浆机用于竹材化学浆 ECF 整体工艺流程图。

喷放锅中的纸浆，经压力除节后，良浆进入四段串联真空洗浆机组进行纸浆洗涤，洗后粗浆经氧脱木素，进入一级三段压力筛，筛选后纸浆进入二串联真空洗浆机组进行洗涤。洗涤后的纸浆先后经过 D_0、Eop、D_1 三段漂白，每段漂白中间，采用一台鼓式真空洗浆机进行纸浆洗涤，洗后漂白硫酸盐竹浆由螺旋输送机送入漂后漂白贮浆塔中贮存。

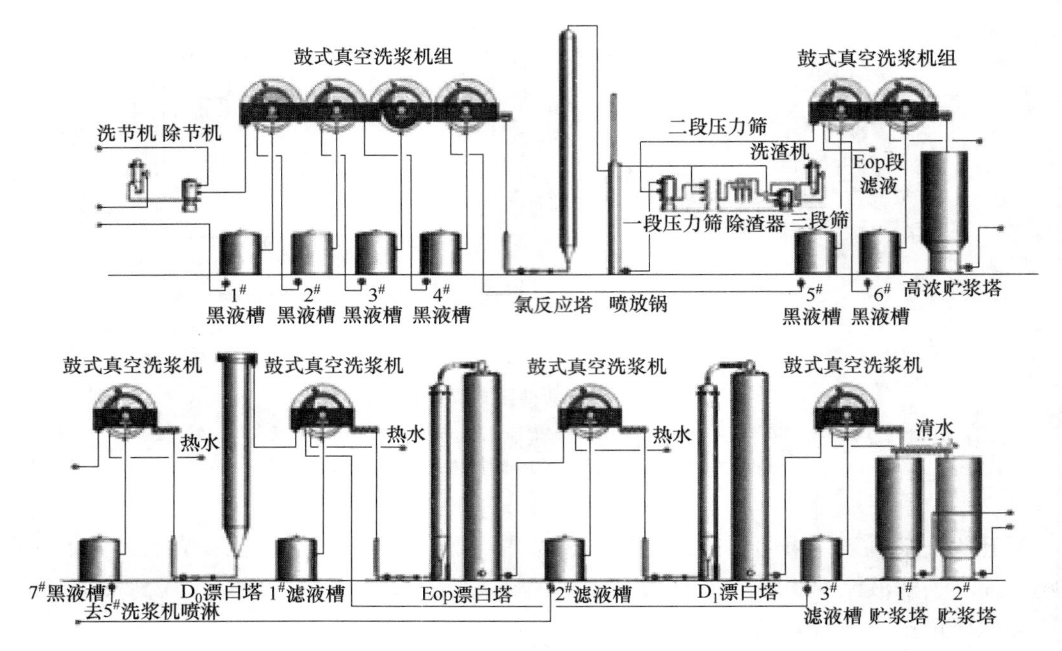

图 4-22　鼓式真空洗浆机用于竹材化学浆 ECF 整体工艺流程图

整个系统共采用十台平面阀鼓式真空洗浆机进行纸浆的洗涤，各段洗浆机配置如下：

① 粗浆洗选工段。ZXV120，转鼓规格 ϕ4500×8500，电机功率 37kW，设备主体材质为碳钢。

② 氧脱木素段。ZXV120，转鼓规格 ϕ4500×8500，电机功率 30kW，设备主体材质为 304。

③ 洗涤浓缩段。ZXV100，转鼓规格 ϕ4000×8200，电机功率 30kW，设备主体材质为 316L。

④ D_0、D_1段。ZXV90，转鼓规格 ϕ4000×7200，电机功率 30kW，设备材质为 2205，波纹板支座采用高钼合金，主体材质为双相不锈钢。

⑤ EOP 段。ZXV90，转鼓规格 ϕ4000×7200，电机功率 30kW，设备主体材质为 316L。

整个蒸煮后洗涤工段，黑液提取率在 96%以上，稀黑液浓度 8. 1~8. 3°Bé，稀黑液温度 80~82℃，由于竹材化学浆纸浆相对草类原料更容易洗涤，因此，以上洗涤设备还可根据具体洗涤效果适当调整，如将蒸煮后的四段逆流洗涤改为三段逆流洗涤。

2. 鼓式真空洗浆机在苇浆漂白浆生产系统上的应用

图 4-23 为国产苇浆漂白浆生产工艺方框图，该生产系统为产量 18 万 t/a，浆白度 85% ISO，漂白工艺采用 O_2-D_0-E_O-D_1。

整套工艺前述与竹浆制作工艺相仿，在氧脱木素前增加了双辊挤浆以更好地脱除废液。由于采用的真空洗浆机过滤面积较竹浆小，洗浆机台数相对增加，但在生产安排上可以更加灵活。

整套工艺采用 16 台平面阀真空洗浆机，各个工段的洗浆机具体配置如下：

① 提取工段。洗浆机组 6 台：过滤面积 100m^2，转鼓规格 ϕ4000×8000，主体材质 Q235-B，电机功率 22kW。

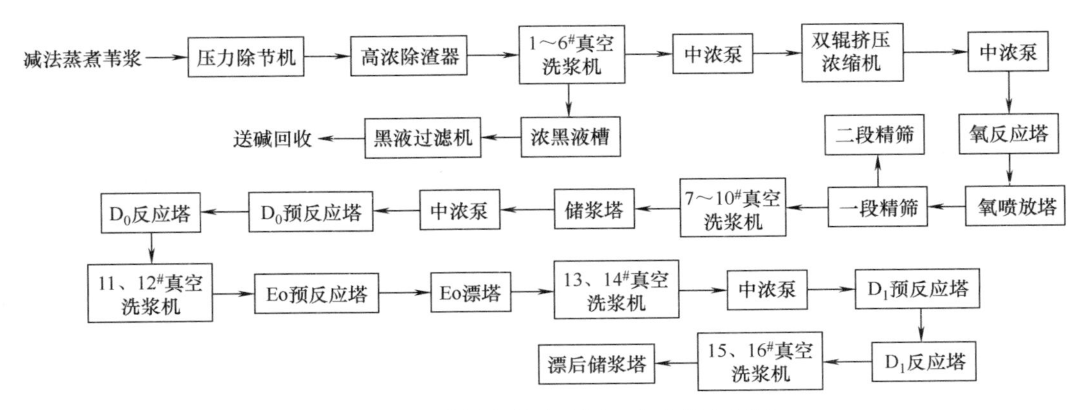

图 4-23　苇浆漂白浆洗选漂工艺流程方框图

② 氧脱木素段。4 台，过滤面积 100m^2，转鼓规格 ϕ4000×8000，物料接触部分 SS304，电机功率 22kW。

③ D_0、D_1 段。每段 2 台，过滤面积 75m^2，转鼓规格 ϕ4000×6000，主要材质 2205，电机功率 18. 5kW。

④ Eo 段。2 台，过滤面积 75m^2，转鼓规格 ϕ4000×6000，纸浆接触部分材质为 SS304，电机功率 18. 5kW。

四、压力洗浆机

压力洗浆机是一种新型洗浆设备。其主要特点是：在密封和正压下操作，对进浆量与浓度适应性大，不易掉网、堆浆；可采用 80～85℃ 的较高洗涤温度，可减少热损，提高黑液温度；不易产生滤液汽化和泡沫，酸法浆也不会逸出 SO_2 污染大气。设备可布置在较低的二楼楼面上，可以采用先洗后筛流程，提高提取率。但也存在动耗大等缺点。目前这种设备用于洗涤木浆效果较好，也可用于洗涤芦苇、芒杆浆。洗涤的主要工艺条件：进鼓槽纸浆浓度第一台为 0. 9%～1. 1%，第二台以后为 1. 0%～1. 4%，鼓槽内风压为 5～11kPa，转鼓内风压 0～0. 3kPa，洗涤水温度 80～85℃，黑液提取率 95%～98%，出浆浓度 12%～18%。

（一）压力洗浆机的工作原理

压力洗浆机用风机产生的风压加压在密封于大气中的浆层，使洗鼓内外形成压差，使纸浆在洗鼓滤网上压滤脱液。图 4-24为压力洗浆机的工作原理。

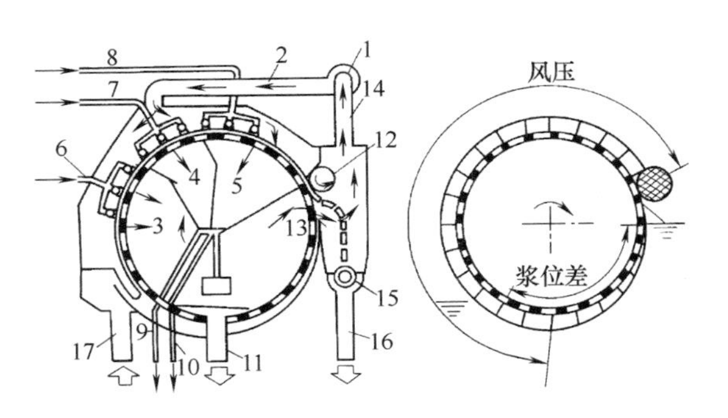

图 4-24　压力洗浆机的工作原理

1—风机　2—风管　3～5—三个洗涤区的滤液槽　6～8—洗涤液　9～11—滤液排出管　12—密封辊　13—剥浆口　14—回风管　15—碎浆螺旋　16—出浆管　17—进浆管

风机产生的压力气流经风管进入鼓槽内，产生正压，进入浆槽内的纸浆在气压和液位差的作用下，脱液并在网上形成浆层，随转鼓进入洗涤区后，喷液管将不同浓度的洗涤液喷淋在洗鼓的浆层上，由于鼓内外压差，浆料中的废液得到置换，使浆层脱出废液。废液经不同浓度的滤液槽通过排液管送到滤液槽中。密封辊用于将压力区与出浆区分隔开，防止压力气流从密封辊一侧逸出，使洗浆区保持正压，满足洗浆的要求。从废液中分离出来的气在剥浆口处将洗后浆层剥落，并再进入风机入口循环使用。剥离的浆层经破碎机破碎后输出。

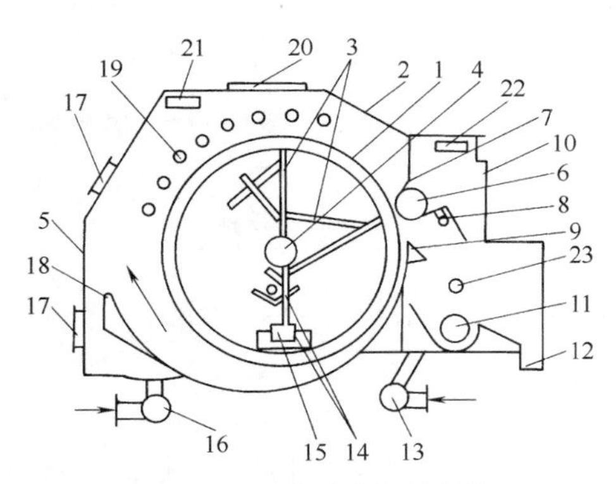

图 4-25　压力洗浆机的结构

1—洗鼓　2,5—上、下半壳体　3—黑夜盘和调节拉杆　4—主轴　6—密封辊　7—密封胶布　8—密封辊用刮刀　9—刮刀　10—挂板　11—碎浆螺旋　12,16—出、进浆口　13,14—黑夜进、出口　15—平衡锤　17—人孔　18—溜浆板　19—喷洗管　20—检修盖　21,22—进、出风口　23—喷水管

（二）压力洗浆机的结构

压力洗浆机的结构如图 4-25 所示，它是由转鼓以及把转鼓密封起来的鼓槽、密封辊和外壳组成的。转鼓是由不锈钢板焊接的辐轮结构，转鼓的外周铺有孔径为 8mm 的多孔不锈钢板，并再覆盖滤网。在转鼓两侧的外圆周处有精加工的不锈钢圈凸缘和浆槽两侧相对应的两个不锈钢圈凸缘相配合，用一根约 25mm 方形的尼龙密封带作密封介质形成密封，将洗鼓内腔和浆槽隔开。转鼓内有装在主轴滑动轴承壳体上的两个废液盘。根据操作需要，废液盘可借拉杆调节黑液的接受量。喷液管分为两组，每组 4 根喷液管，第一组的淋液来自本段洗浆机的废液盘，第二组的喷淋液则来自下一段洗浆机。为了使卸料区与带压区隔开，在转鼓的卸料侧有一个密封辊，它用气动装置升降，装置上有限制压辊升降位置的螺母，以防辊子压坏滤网。

在密封辊的上部有一块橡皮布，用于密封高压气流，密封辊是由转鼓主轴减速箱驱动的中间轴通过链轮传动，其线速度与鼓面浆层的线速度一致。洗浆机的鼓槽和外壳一般是用不锈钢板焊接而成。

（三）压力洗浆机的新进展

目前，有一种即利用压力气流脱液，又利用水腿所产生的真空脱液的 HP 型压力洗浆机；其结构和工作原理如图 4-26 所示。

转鼓的圆周上设有若干个滤液小室，通过密封滑块控制转鼓在不同弧段洗浆。风机产生的压力气流进入密封室对浆层施加压力，同时在第一与第四滑块之间借排液水腿产生真空，在这两种压力作用下使纸浆过滤脱水和洗涤置换脱水，且出浆浓度和洗浆能力都较高。

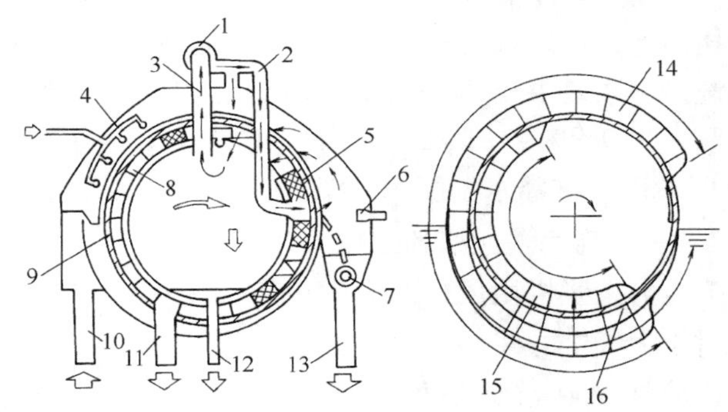

图 4-26　HP 型压力洗浆机的结构

1—风机　2—剥浆用的压力气流　3—返回风机的气流　4—洗涤液管　5—密封滑块　6—稀释水管　7—碎浆螺旋　8—滤液小室　9—洗鼓滤网　10,13—进出浆口　11,12—滤液排出管　14—风机气流施加于浆层压力　15—水腿产生真空　16—液位差产生的静压

在剥浆处无密封辊，而是用在剥浆点设的两个密封滑块之间，风机的部分压力气流从转鼓内侧朝外吹落浆层，同时也起到清洗滤网的作用。这种压力洗浆机据报道既可用于木浆的洗涤，也可用于滤水性差的草浆洗涤。

美国推出一种压板式压力洗浆机，其结构和工作原理如图 4-27 所示。

转鼓共分成4个区：成形、压实、洗涤和脱水区，分别使浆层形成、挤压脱水、置换洗涤和浓缩脱水。要洗的纸浆送入一逐渐缩小的进浆箱，以恒定压力和横向均匀流量进入到成形区，脱水并在转鼓上形成均匀浆层，再被转鼓带入压实区，被压板逐渐压实而脱出浆中大部分废液，随后被置换洗涤液置换出浆中残留的废液，进入脱水区后，浆层中残留的置换液被一低压风机提供的压缩空气压缩而脱除，当浆层进入到剥浆区时蒸汽剥浆装置将其吹入浆槽中。

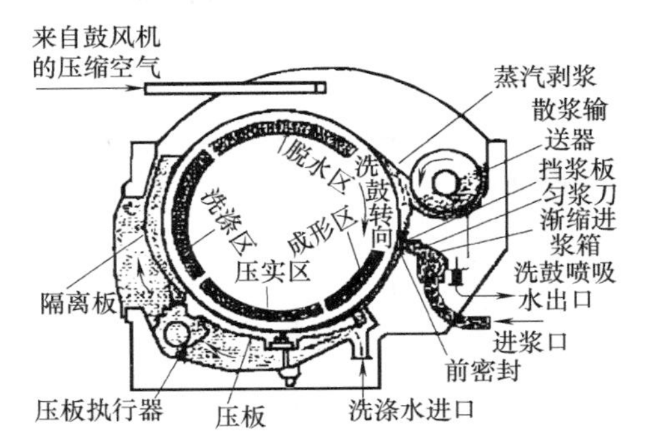

图4-27　压板式压力洗浆机的结构和工作原理

第三节　水平网式洗涤、浓缩机械与设备

一、水平带式真空洗浆机

水平带式真空洗浆机（又简称带式洗浆机）与传统的鼓式洗浆机相比具有许多明显的优越性，也被许多厂家采用并进行了进一步发展，其可以用于各种纸浆的废液提取和漂后洗涤。带式洗浆机的主要操作工艺条件：进浆浓度2.0%~4.0%（一般木浆取高值，草浆取低值），出浆浓度12%~17%，稀释因子1.5~2.6，提取率95%以上，热水温度70~80℃，过滤压差9.8~29.4kPa。

（一）水平带式真空洗浆机的工作原理

水平带式真空洗浆机是在一张水平网上利用逆流置换洗涤原理进行纸浆洗涤的，主要用于蒸煮后浆料洗涤。喷放锅内的纸浆用浓废液稀释成3%左右的浓度进入网前箱，保持唇口横向均匀的流量进入网部，纸浆首先在成形部借助于重力和真空抽吸力作用进行脱水，浓缩到10%~12%浓度，而后顺着网子运行的方向依次经过1~5段逆流置换洗涤。第五段采用70℃以上的热水作为洗涤液，从其网下方真空箱出来的稀废液泵送第四段作喷洗液，第四段真空箱出来的稀废液泵送第三段作喷洗液，依此往前递推至第一段止。在此过程中纸浆中的废液经过置换作用、扩散作用和过滤作用而被清洁的热水所洗净。纸浆离开第五段时的浓度达12%~17%，由第一段出来的废液送往回收工段，形成段的废液送往喷放锅作为稀释纸浆用。喷淋液通过浆层的推动力是真空箱内和气罩空间的压力差，真空箱内的真空度是由排液水腿和真空设备共同产生的。

（二）水平带式真空洗浆机的结构

水平带式真空洗浆机的结构类似于一台长网纸机的网部，脱水元件全部为湿真空箱，过滤面是由一无端的紧贴真空吸水箱板面移动的橡胶履带和一无端滤网组成，由履带牵引。履带和滤网在其下方回程中借助于导网辊使履带与滤网分开。此外还有与其配套的网前箱、洗涤液喷淋装置、废液收集装置、传动系统、真空系统及传动辊和尾辊（张紧辊）等，采用C形悬臂机构更换履带和滤网。洗浆机结构如图4-28所示。

1. 网前箱

网前箱的作用是以稳定的浓度和进浆量向洗浆机供应纸浆，从而稳定洗浆机的正常操作，其结构类似于纸机的敞开式流浆箱，用搅拌辊代替匀浆辊，其改进结构形式如图4-29所示。据介绍这种改进结构的搅拌辊的转速可达320r/min，并增加溢流次数以提高浆流匀

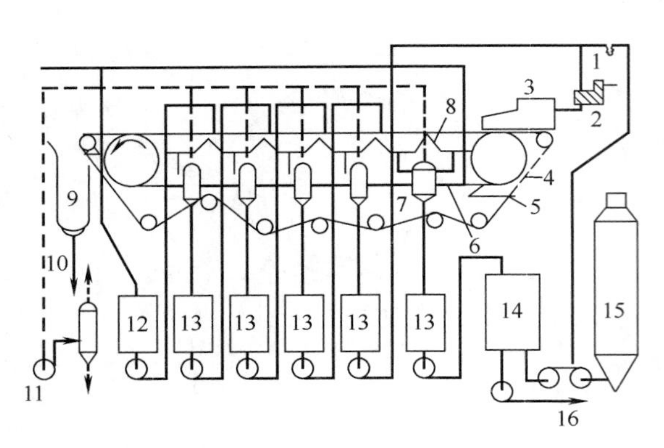

图 4-28 水平带式真空洗浆机的结构

1—调浆箱 2—振动平筛 3—流浆箱 4—滤网 5—喷水管 6—履带 7—气液分离罐 8—真空箱 9—出浆槽 10—去贮浆槽 11—真空泵 12—清热水槽 13—黑液槽 14—浓黑液贮槽 15—喷放锅 16—送蒸发

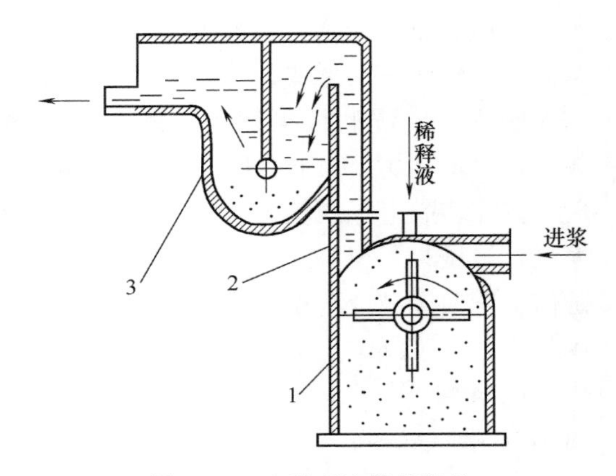

图 4-29 改进型流浆箱结构

1—搅拌器 2—蜗壳 3—布浆箱体

度，搅拌器完全密封以防空气混入而产生泡沫，加设废液稀释管以便调浓，使用效果甚佳。

2. 滤网和履带

滤网一般为聚酯网，网目根据纤维种类而定，一般针叶木等长纤维浆为 35~40 目，草类等短纤维浆为 50~60 目。

履带是一条无端的带子，用内衬聚酯纤维帘子布外包耐热 S-76 合成橡胶制成的，履带与滤网的接触面上带有横向、纵向 V 形沟槽，在 3~5 个纵向沟槽上开一定孔径的直通吸滤孔，以便在与滤网接触时形成一个空间，产生真空，使滤液通过沟槽经直通吸滤孔进入到真空箱内以达到脱水的目的。

履带是由橡胶制成的，在刚使用时因受张力作用会发生变形，而履带上的通孔眼必须对准真空箱的“U”槽，才能保持废液畅通，为洗涤创造最佳条件，所以其滤孔是在纸厂经连续运行 72h 以上，定型后打孔的。孔径一般为 12mm 通孔，也有用 $\phi25$、$\phi12$ 阶梯孔和 $\phi16$ 通孔的。

工厂的生产实践表明：适当增加履带的开孔率，可减少滤液的流阻，提高脱液能力，所以有的工厂将履带的开孔率由原 10% 提高到 17%，获得很好脱液性能。打孔的位置、间距如图 4-30 所示。

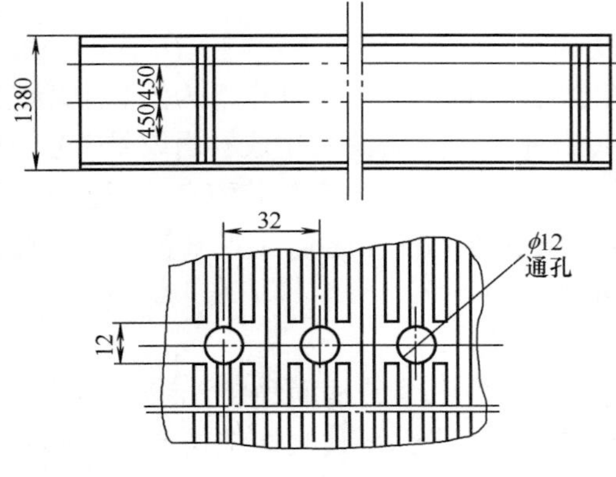

图 4-30 履带打孔示意图

3. 真空箱和喷淋装置

真空箱类似造纸机的低真空箱，板面为高密度聚乙烯，开有 180×30mm 的长缝。箱体一般应高一些，尤其是对无废液收集槽而用于碱法浆的黑液提取时更应高一些，以便消泡用。

喷淋液装置的性能对洗涤效果有很大的影响，因为纸浆中的废液是靠喷淋的洗涤液来置换出来而达到洗净的。理想的喷淋洗涤液应是呈均匀的水幕状喷淋到浆层上，尽量减少对浆层的干扰和冲击，从而使操作过程稳定。目前带式真空洗浆机常用的喷淋液装置有喷淋管式和溢流槽式，喷淋管即为一根在喷淋方向上钻有许多小孔的水管，显然喷淋管不能形成均匀水幕状喷淋液，且对浆层冲击大，不是理想的喷淋装置，但其结构简单，加工方便。溢流槽式喷淋装置是目前比较理想的喷淋装置，其构造如图4-31所示。其工作过程是：洗涤液由进液口1进入到长方管2中后经4个落液管落入到钻孔的横管4中，经其均匀地喷淋到集液槽5中，经间板6稳定后由导流板均匀地并以水幕状喷淋到浆层中去。

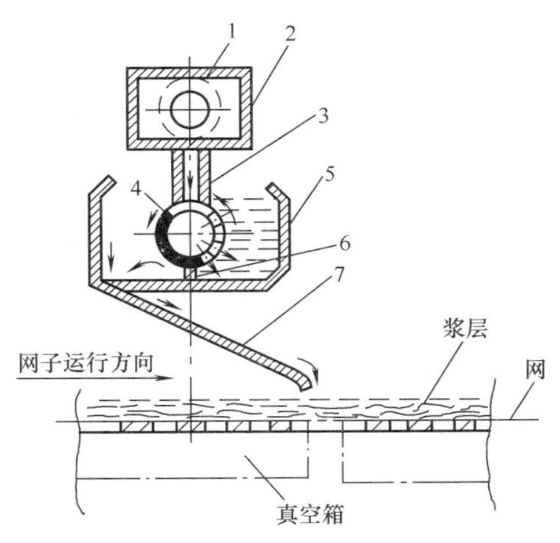

图4-31　洗涤液喷淋装置

1—设在传动侧进液口　2—架在网架上长方管　3—落液管（条数4条）　4—钻孔横管　5—集液槽　6—间板　7—导流板

4. 废液收集槽及真空系统

废液收集槽的作用是密封真空箱流出液的水腿，并收集废液，使废液在收集槽中静置停留3~5min，以便让液相中气体跑掉，避免产生泡沫对洗涤效果和操作带来不利影响。所以一般情况下在水平带式真空洗浆中应有废液收集槽，但有时也可不设废液收集槽，而采用图4-32所示的结构，在一楼楼面设一小型气液分离器，废液以切线进入分离器内，有利于气液分离，真空系统产生的外加能量由原来的阻碍水腿管产生真空而变为帮助水腿管产生真空，在同样条件下可增加真空度0.01MPa，并减少碱损，增加提取率。

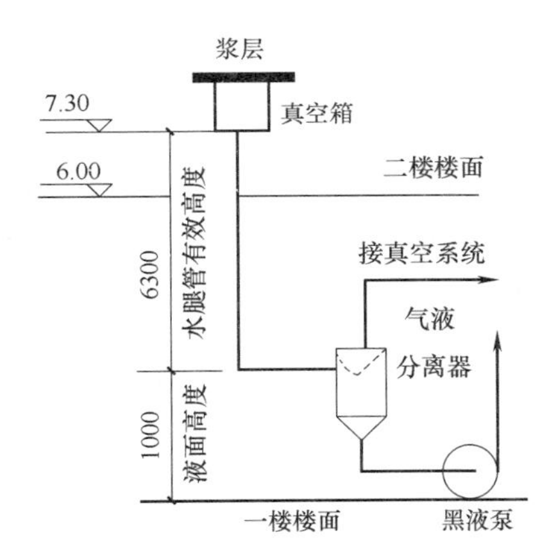

图4-32　水平带式真空洗浆机设置气液分离器流程

水平带式真空洗浆机洗涤时产生真空主要是通过强制方法产生的，一般是要求真空度高的机台采用真空泵，而对要求真空度低的机台可用风机。而现在的发展趋势用风机较多，它的好处是可与密闭气罩配合使空气循环使用，以减少对环境的污染，降低动耗。

（三）水平带式真空洗浆机的特点及使用时注意事项

1. 水平带式真空洗浆机的特点

① 操作简单。操作一台多段水平带式真空洗浆机比操作一台单段鼓式洗浆机还简单。操作者只需保持适当的进入流浆箱纸浆浓度和供料速度及在给定纸浆供应速率下的适当的洗涤水量即可保证其在最佳操作条件下操作，不会出现鼓式洗浆机常出现的冒槽、前槽堆浆或浆不上网等现象。

② 稀释因子小。一般只有1.5左右，滤液浓度高，可使蒸发设备减少30%，并降低蒸汽消耗，节省回收设备投资和运行管理费用。

③ 投资少。一台水平带式真空洗涤浆机的造价仅为一列相同能力的4台串联的鼓式洗浆机组造价的1/2~1/3，而其系统的总投资（包括厂房建筑费用）仅相当于鼓式洗浆机系统的1/3~1/5，且其经常性的生产费用也较低，但其洗涤效果则基本相近。

④ 占地面积少。由于各段之间不需混合稀释，设备紧凑，占地少，另外因滤液浓度高，

泡沫少，需要滤液槽体积小，甚至可以不需要中间滤液槽，所以占地面积少。

⑤ 细小纤维流失小。由于是一次上浆形成较厚滤层，其余各段为置换洗涤，不破坏滤层，故纤维流失少，废液中所含细小纤维也少，所以可以不经过滤而直接送去回用。

⑥ 洗涤效率高。因水平带式真空洗浆机完成一个洗涤过程只需稀释一次，混合浓缩一次，所以其总面积利用率高，洗涤效果好，而且滤网在回程中被高压水反正面冲洗，消除糊网问题，使洗涤效率高。目前国内水平带式真空洗浆机用于洗涤草浆的提取率在90%以上，木浆达96%以上。

2. 使用时注意事项

① 稳定的上浆量是一切洗浆设备稳定操作的基本条件。上浆量是纸浆体积流量和浓度的乘积，所以要使上网纸浆的流量和浓度都稳定。若上网浓度过高，不仅会因网上浆层过厚而洗不净，还会因上网纸浆分布不均匀，使网上浆层不平整，且有“浆洞”，降低真空箱真空度，并产生泡沫，造成纸浆洗不净。若上网浓度过低，会造成网上浆层薄，产量低，且也会因漏气而产生泡沫，同时也使废液浓度低。所以上网浓度一般要控制在2%~4%，上网浆量对滤水性好的木浆可达2600g/m^2，对滤水差的草浆为1000g/m^{2}左右。

② 对于真空箱和废液槽的液位均需稳定。若液位不稳定，不仅会造成真空度不稳定，且喷淋液会时小时大，造成洗涤不均匀，严重时会出现抽空或满槽现象，若出现抽空时，抽液泵吸进空气产生泡沫不利过滤，若出现满槽时，废液易进入风机或真空泵，造成因超负荷跳闸事故。一般真空箱和废液槽的液位控制在其高度的1/3~1/2为宜。

③ 真空度是置换洗涤的推动力，一般控制在5.5~7.0kPa之间，且应逐渐增大。在一定条件下提高真空度，可加快过滤速度，提高洗涤效率。但若真空度过高，对透气性好的纸浆需要用较大能力的真空泵才能满足要求，动耗大。对滤水性差的纸浆，会因浆层被压缩的过紧密而使过滤阻力增大，降低洗涤效率。

④ 洗涤水温度高，可降低废液的黏度，加快废液扩散和过滤速度。但洗涤水温度过高，产生的蒸汽分压高，会降低真空箱真空度。而洗涤水温度也不易过低，一般应控制在75℃左右。洗涤水用量过大滤液浓度低，过小洗不净，一般控制洗涤因子在1.5左右为宜。

⑤ 履带打滑，会使运转不正常，这可能是因张紧力不足，或履带与辊之间有滤液造成摩擦力不足，或因履带跑偏或浆层过厚使过滤阻力大而造成真空度过大造成的。这时可根据具体情况采取具体措施。如张紧履带，在主动辊面上开一定数量的沟槽、降低真空度等。

⑥ 纸浆未洗净或出现表面洗净而底面未洗净现象，一般都是各种原因造成滤水性能差，使洗涤液难以穿透浆层所致。这时可适当减少浆层厚度，提高洗涤水温度，降低车速，增大真空度和加大洗涤水用量等来解决。

（四）水平带式真空洗浆机的新进展

1. 不锈钢螺旋网水平带式真空洗浆机

这是我国造纸工作者在水平带式真空洗浆机的基础上开发出较适于草浆洗涤及废液提取的一种先进设备，其结构如图4-33所示。

据介绍这种洗浆机即保持了水平带式洗浆机的优点，又克服了胶带开孔率低，换带时间长，跑浆跑液等问题。滤带是用不锈钢制成的，且为有端的，开孔率大于45%，滤液通过阻力小，滤带强度大，寿命长，换带方便。滤网为30目聚酯网，由钢带牵引运行，滤带和滤网均由托辊支承，并在吸滤箱内运行，密封性好。吸滤箱是由低碳钢板焊接而成的封闭箱体，钢带下由高压风机抽吸形成负压，整机设有6只互不相通的横向洗涤箱，第一只为成形

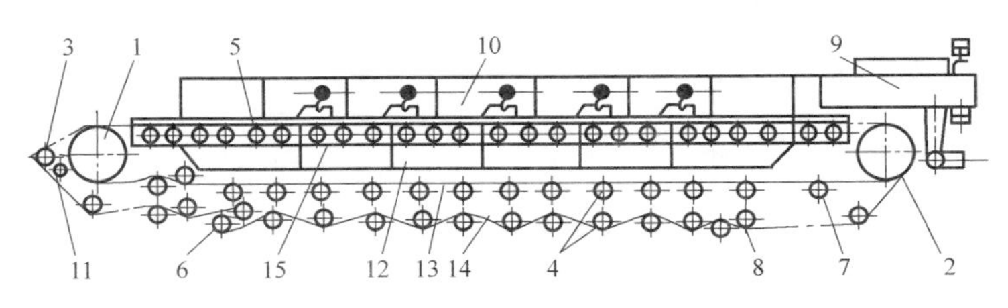

图 4-33　螺旋网水平带真空洗浆机结构

1—传动辊　2—网带张紧辊　3—导网辊　4—托网辊　5—吸滤箱托网辊　6—滤网张紧辊　7—钢带调偏辊　8—滤网调偏辊　9—流浆箱　10—洗涤箱　11—冲网水管　12—贮液槽　13—螺纹网带　14—滤网　15—吸滤箱

段，其余 5 只为逆流置换洗涤段。

2. 水平长网双辊洗浆机

这种洗浆机是将水平长网洗浆机与双辊挤压浓缩机功能集于一体的一种新型洗浆机，结构如图 4-34 所示。其实际上是在原水平长网真空洗浆机的基础上增加一条上网和一个传动辊，与原主传动辊构成双辊挤压区。主传动辊和传动辊直径 ϕ1000mm，结构为在辊体上焊接高 25mm，间距 40mm，厚度 5mm 的不锈钢环，外包一层厚 2.5mm，孔径 ϕ6mm，开孔率 20%～50%的不锈钢滤板形成的，实现垂直脱水，由于采用双辊挤压脱水代替真空脱水，可以减少前部真空段的真空度（仅为 6～7kPa），从而减小动耗，减小对网的磨损。进浆浓度 1.5%～3.5%，出浆浓度大于 20%。

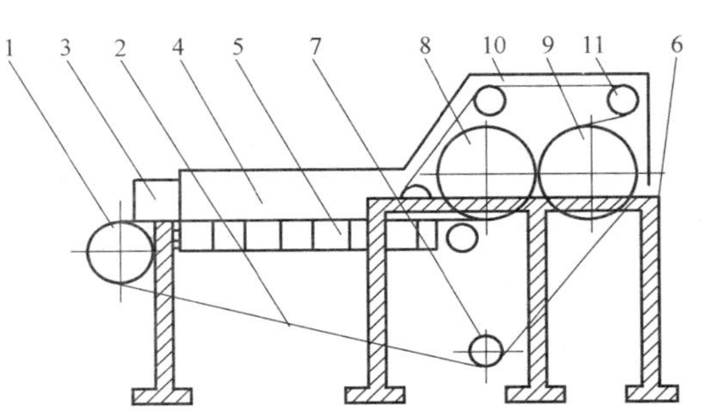

图 4-34　水平长网双辊洗浆机结构

1,11—张紧辊　2—下网　3—流浆箱　4—气罩　5—真空吸滤箱　6—机架　7—校正辊　8—传动辊　9—主传动辊　10—上网

二、双网挤压浓缩机

双网挤压浓缩机又称双网压滤机，夹网式压滤机。它是约在 1960 年前后由奥地利的 Andritz 等公司研制出的一种用于造纸工业的纸浆和废纸脱墨污泥等脱水的设备。由于具有脱水性能好、效率高、能耗低、占地面积小，尤其适应于中高浓制浆新工艺的需要等优点，所以国外许多厂家现在都在制造这类设备，我国国产双网挤压浓缩机最初主要用于粗浆筛选后纸浆的浓缩和补充洗涤，高浓漂白前、打浆前和粗渣再磨前纸浆脱水用。现在经过改进也可用蒸煮后纸浆的洗涤用。国产双网挤压浓缩机的进浆浓度为 4%～6%，出浆浓度可达 35%，产量可达 350t/d。国外的双网挤压浓缩机进浆浓度为 3%～12%，出浆浓度 35%左右。

（一）双网挤压浓缩机的工作原理

当网前箱以一定的速度和浓度将纸浆喷射到网上之后，纸浆一般是先在一张网面上利用自身重力进行脱水，而后进入由双网逐渐合拢的楔形脱水区在网的挤压力和真空箱的抽吸力作用下双面脱水，再利用网在导辊等的包绕段上的张力，在 S 形回转区逐渐增大挤压力脱水，最后通过数对压辊或由强力挠性带同压辊形成的宽压区压榨脱水。

双网挤压浓缩机脱水时间长，压区长，压力差逐渐加大，可获得很高的浓缩比和出浆浓度。

（二）双网挤压浓缩机的结构

图 4-35 为一种典型的双网挤压浓缩机结构。双网挤压浓缩机类似于长网或夹网造纸机的网部和压榨部结合为一体的一种浓缩洗涤设备，所以其很多部件都可以选用造纸机的部件。

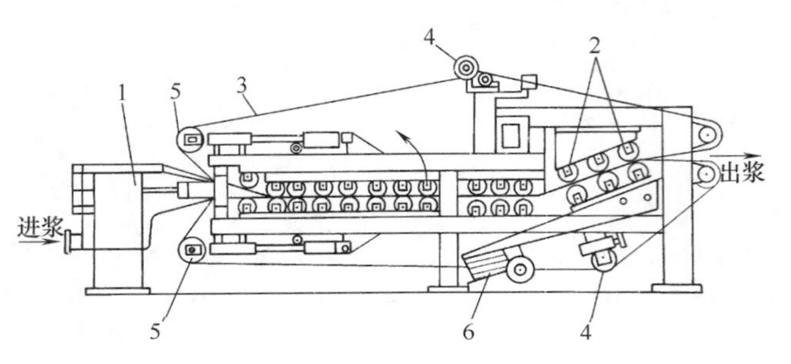

图 4-35　典型的双网挤压浓缩机结构

1—流浆箱　2—压榨辊　3—无端网
4—校正辊　5—张紧辊　6—加压装置

① 机架。机架是由左、右侧板和横梁等部件组成的焊接结构。机架是挤压浓缩机的主件，它支撑各种辊子、张紧装置、清洗装置和拖动滤网运行，完成脱水、洗涤功能。对各辊的平行度和轴辊两端轴颈的同轴度要求非常高，机架在机械加工和焊接过程中必须考虑到变形问题，采取严格的加工工序。

② 胶辊。挤压浓缩机的脱水辊、张紧辊、校正辊、压辊等表面全都包有橡胶覆层，橡胶硬度为 85 度（肖氏）。包胶目的除了防腐蚀之外，主要是使胶辊具有弹性，保护滤网和减少因浆层厚度的变化对脱水效率的影响。辊径的选择主要考虑对网寿命和脱水率的影响，在 S 形脱水区在满足滤网寿命的条件下，应尽量选直径小的辊，若在该区辊数多时，辊径由大到小排列有利于脱水，对于压榨辊应尽量选用较大直径的辊为佳。

③ 滤网校正和张紧装置。校正装置的作用是为了防止滤网跑偏造成滤网撕裂。校正装置一般采用气动自动控制调整和手动补偿校正及电气对网跑偏超位、断电的自动控制系统。气动控制系统是由接触板、气动控制阀、连接架等组成。执行机构是由气鼓、手动校正机构、校正辊、轴承座、支架、管路等组成。接触板始终与运行的滤网接触。滤网正常运行时，气动控制阀及两端气鼓处于充气状态，轴承座处于中立位置。当滤网向左或向右跑偏超过一定范围时，气动控制阀控制气鼓左端或右端充气，另一端气鼓放气，使轴承座上的校正辊一端前后移动，来校正滤网的位置。当滤网跑偏未被及时发现和校正时，滤网超位，电器接触开关自动断电，停止运行，保护滤网。张紧装置用液压或气压控制。张紧辊两端的轴承座是与气（液）压缸活塞杆相连接，同步进行滤网的张紧或松开。

（三）双网挤压浓缩机的特点及使用时注意事项

1. 双网挤压浓缩机的特点

① 利用双网两面脱水，挤压和压榨脱水，脱水区长，压力差逐渐增大，生产能力大，出浆浓度高，废液提取率对草浆达 90%以上，电耗低。

② 适应于废液黏度大，滤水困难的草类浆的废液提取，不会产生在其他洗涤设备中因为滤水困难而产生跑浆现象。

③ 适应中高浓制浆新工艺的需要，如在高浓漂白、高浓打浆、浆渣高浓再磨、废纸的高浓热分散等工序前，用一台双网挤压浓缩机就可代替原先低浓过滤设备和高浓挤浆设备。

④ 设备结构简单，占地面积小，造价低，不需要安装在高位，厂房投资大大降低。

⑤ 若有硬杂物进入浆层内会损坏滤网和压辊等，所以在纸浆进入挤压浓缩机前要经高浓除渣和筛选等处理。

2. 使用时注意事项

① 保证上网纸浆浓度稳定，并应设法除去浆中的硬杂物。

② 防止网子跑偏，张紧压力应适宜。洗网水压必须大于 0.2MPa，以保证网面清洁和滤水效果。

③ 上浆厚度应控制在 30~40mm 左右为宜，太厚影响洗涤效果，甚至产生跑浆。

④ 停机时应保证滤网放松，并用清水将设备冲洗干净。

（四）带洗涤效果的双网挤压浓缩机

为了扩大这种高效双网挤压浓缩机的使用范围，针对蒸煮后纸浆洗涤的特殊要求，国外研制出一些适用于蒸煮后纸浆洗涤的双网挤压浓缩机。

1. 用于多段逆流洗浆的双网挤压浓缩机

适于多段逆流洗涤的双网挤压浓缩机的结构类型比较多，图 4-36 所示是其中比较有代表性的几种结构图。其机内 5 段逆流洗涤流程如图 4-37（a）所示。

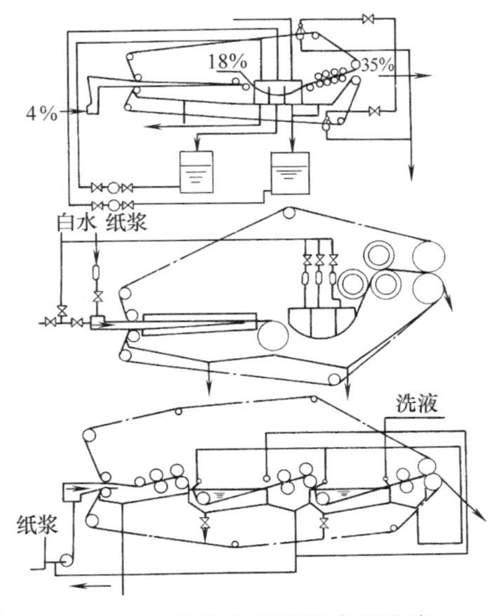

图 4-36　几种典型逆流多段洗涤新型双网挤压浓缩机的结构

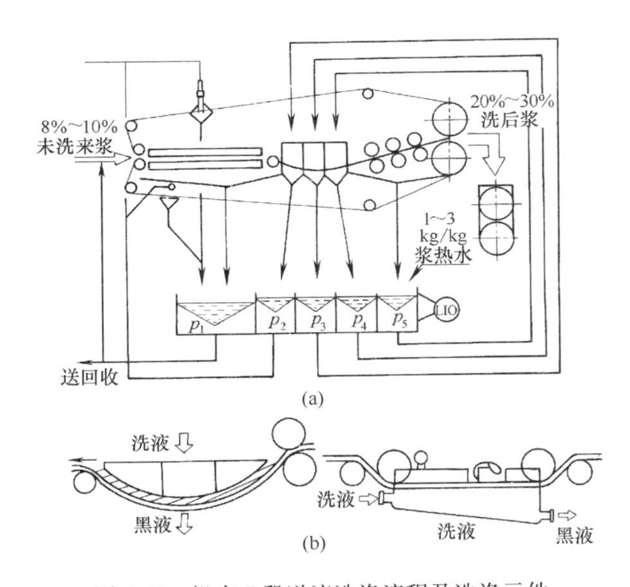

图 4-37　机内 5 段逆流洗涤流程及洗涤元件
（a）机内 5 段逆流洗涤流程　（b）逆流扩散置换洗涤元件

这类双网挤压浓缩机的工作原理是：蒸煮锅来的纸浆被稀释至一定浓度后，由流浆箱均匀喷射到挤压浓缩机的楔形区内，在双网逐渐合拢的楔形挤压下和真空抽吸下脱水，然后利用网的张力在 S 形回旋区挤压脱水，再向网上逆流多段喷淋洗涤液或在回旋区之间使双网浸入逆流洗涤液槽进行扩散、置换洗涤，最后再经压力置换洗涤而完成洗涤过程。逆流扩散置换洗涤元件如图 4-37（b）所示。

2. 双网置换压榨洗浆机

奥地利的 Andritz 公司在 1994 年以后又推出一种新型的双网置换压榨洗浆机，是唯一把置换洗涤和压榨洗涤有机结合起来的洗浆机，其结构如图 4-38 所示。

这种洗浆机相当于把水平带式真空洗浆机与双网挤压浓缩机结合为一体，前半部为置换洗涤，后半部为压榨洗涤。由于出浆浓度可达 37%，与真空洗浆机用相同的稀释因子（DF）时，其清水消耗量不足真空洗浆机的一半，如稀释因子为 1.5m^3/t 时，真空洗浆机需用 8~10m^3/t 清水，而本机只需 3~4m^3/t 清水。

为了获得最好的置换洗涤和废液提取效果，在压榨洗涤段前用二至四段置换洗涤是必要的。其工作过程是：3%～10%浓度的纸浆由一个特殊的网前箱送到滤网上，经预脱水后浆层再在二至四段逆流置换洗涤区洗涤。在预脱水区、置换洗涤区必须由鼓风机产生一低真空度以利于置换洗涤。为了减少对环境的冲击，大部分空气又循环进入到洗浆机罩内，只有少部分外排以保持洗浆机罩内少许负压，避免泄漏。置换洗涤后的浆层再经 2～4 道压榨后出浆浓度达 35%以上。洗涤清水是加到压榨区前的最后一道置换洗涤区，进入浆层的干净滤液大部分在压区中被压榨出来。把压榨区的滤液与最后置换洗涤区的滤液合到一起用于前段置换洗涤，从而可以用较低的 DF，获得高的置换率。由于双网置换压榨洗浆机具有非常高的出浆浓度，所以其洗涤效率比其他任何单台洗浆机都高，如只有两个洗涤区约相当于两道常规洗浆机的洗涤，有四道置换洗涤区可以代替三台常规洗浆机。

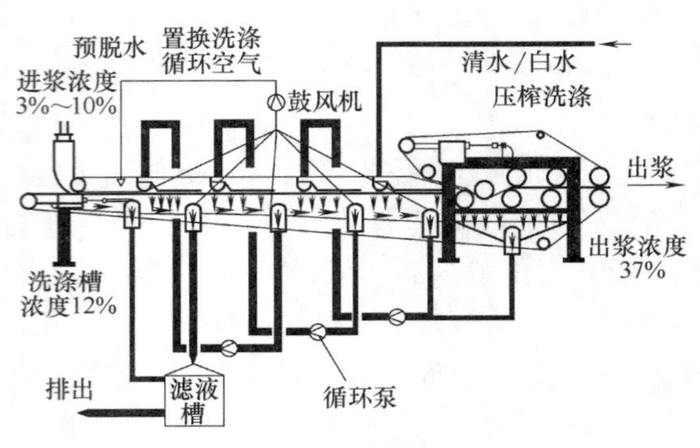

图 4-38　最新双网置换压榨洗浆机

第四节　挤压式洗涤、浓缩机械与设备

一、螺旋挤压浓缩机

螺旋挤压浓缩机又称螺旋压榨机，早期的螺旋挤压浓缩机只适于中、小型纸厂使用，经过多年的改进现今生产的新型螺旋挤压浓缩机已可以在大型纸厂中使用，结构形式有单螺旋和双螺旋两种。

（一）单螺旋挤压浓缩机

单螺旋挤压浓缩机是最早的用于纸浆废液提取的高浓设备，早期的单螺旋挤压浓缩机存在许多问题已被淘汰了，国内学者在消化吸收国外同类产品先进技术的基础上于 2005 年研制出适于大中型纸厂提取草浆废液的单螺旋挤压浓缩机，进浆浓度 8%～12%，出浆浓度 30%～40%，生产能力：化木浆 60～350t/d，草浆 50～320t/d，黑液浓度 12～15°Bé（15℃时），黑液温度 80～100℃。

1. 单螺旋挤压浓缩机的工作原理

纸浆由进浆口送入，借助于输送螺旋向前推进作用而进入到变径变距的压缩螺旋段，使纸浆前进方向的空间逐渐缩小而受到挤压作用脱水，脱出的水穿过滤鼓从排液口排出，前进的纸浆进入到螺旋轴上的光轴段受到截流作用而聚积，达到要求浓度时被向前推进，在调节锥盘和螺旋间隙处排出。

2. 单螺旋挤压浓缩机的结构

单螺旋挤压浓缩机主要由变径变距螺旋轴、滤水鼓、背压装置、外壳、传动装置组成的。其结构如图 4-39 所示。

① 变径变距螺旋轴。是由等径变距的叶片和锥形轴组成，如图 4-39（b）所示。第一段为输送段，螺距不变而轴径变大，主要起推送纸浆作用；中间部分为锥形变螺距轴，可以增大压缩比；接近出口处有一段叶片的间断段，作用是使纸浆在此聚积，达到要求浓度才能被

推前进，保证提高浆浓和黑液提取率。由于间断处磨损严重，故在间断处前后叶片均喷焊耐磨材料硬质合金，螺旋叶片按压缩比增大逐渐加厚，在螺旋轴的最后段为光轴段，其与背压装置一起提高出浆浓度。螺旋一般为焊接结构，也有铸造结构，材料多为碳素钢、铸铁、球墨铸铁等。

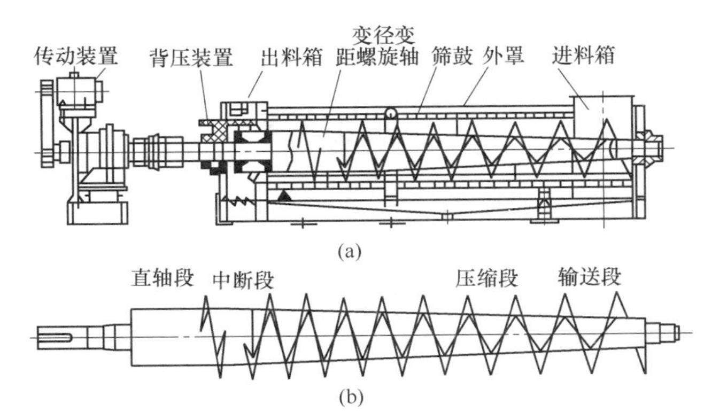

图 4-39　单螺旋挤压浓缩机及变径变距螺旋轴的结构

（a）单螺旋挤压浓缩机　（b）变径变距螺旋轴

② 滤水鼓。分为进口段、压缩段和出料段，为不锈钢板框架结构。钢骨架的支撑使整个滤鼓成圆筒形，框架结构拼接后加工内孔再敷上滤网。滤网是用不锈钢板加工而成的，其上开有 ϕ3. 5mm 的锥形孔，孔距为 2~3 倍孔径。压缩段后在滤网外敷大孔厚加强滤板，防止滤板挤压变形，单个滤水鼓两半结合后加工内孔，两半组合时加定位销，以控制变形和较高的同轴度。

③ 背压装置。该装置由套在螺旋轴末端上的锥盘及其液压控制装置组成，安装在纸浆出口处，只有纸浆达到要求的浓度时浆塞才能推开锥盘排出。

3. 新型单螺旋挤压浓缩机的特点

① 由于螺旋转速极低，用于提取滤水性能较差的碱法麦草浆的黑液提取时也不会产生纸浆打滑现象，且剪切力小，不会影响纸浆的打浆度。又由于螺距大转速低，纸浆中硬杂物受到挤压作用而自动到螺旋叶片的空间中去，不会损坏滤网及叶片。

② 设计采用光轴段对纸浆截流结构，使出浆浓度高且均匀。

③ 生产能力大，黑液提取率高，浓度高，温度高。

（二）双螺旋挤压浓缩机

双螺旋挤压浓缩机是国内 20 世纪末研制成功的、并不断改进、完善的新型高浓压力挤压黑液提取设备。其具有结构简单，占地面积小，进出浆浓度高，单位产浆量过滤黑液量少，提取的黑液浓度和温度高等特点，适应各种木、草浆废液提取。操作条件：进浆浓度 8%~12%，出浆浓度 30%~45%，3 台串联废液提取率达 85%~95%。

1. 双螺旋挤压浓缩机工作原理

纸浆由进浆口进入筛鼓，通过左右螺旋的旋转作用，纸浆由一端推向另一端，由于左右螺旋的螺距由宽变窄，螺旋叶槽由深变浅，故纸浆在运动中不断受到纵横向递增的挤压力作用，使废液通过滤鼓排出而与纸浆分离，脱水后的纸浆从出料口排出。

2. 双螺旋挤压浓缩机的结构

双螺旋挤压浓缩机的主要特点是采用了左、右螺旋轴并列，其螺旋叶片相互叠合，沿左右螺旋轴的外圆套有对开式结构的滤水鼓，如图 4-40 所示。

（1）进浆室与机壳

由型钢及钢板焊接而成，为方便螺旋轴的装拆，均设成上下分体结构，机壳上部有活门，便于观察和清理滤板之用，下部有排液、排料口，上下分体通过螺栓连为一体。

（2）双螺旋轴

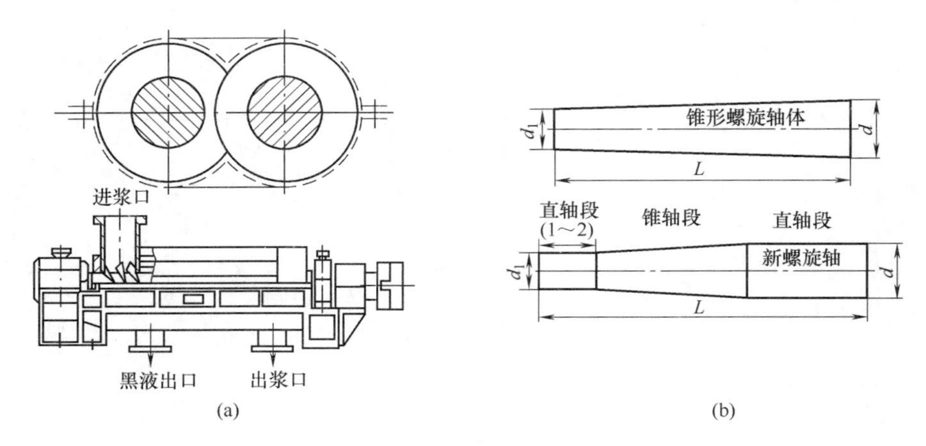

图 4-40　双螺旋挤压浓缩机的结构
（a）双螺旋挤浆机结构　（b）螺旋轴体工作部分简图

采用螺旋轴轴体和叶片一起整体铸造结构，可以减少叶片开裂脱落现象。材料采用耐磨性好的铸铬钢，并在叶片外缘焊接一层耐磨不锈钢，以提高寿命。叶片采用外径不变，螺距不断变小的结构，螺旋轴体采用如图 4-40（b）所示的螺旋轴结构，在进出料口端各有一段轴径不变长度 1～2 个螺距的直轴段，中间一段锥体段，这样可保证挤压浓缩机的前部分充满系数接近于 1，提高对纸浆挤压脱水效率，在出料段采用直轴段可以大大减少排料的径向力，不仅可避免滤鼓变形、胀裂，而且排料畅通，防止堵浆。

压缩比建议为 1∶3～1∶6，螺旋轴长度理论上为外径的 4～5 倍，实际上应根据不同纸浆的滤水性能和生产能力计算出来。两根螺旋轴分别为左、右螺旋成对组合，且转速相等，方向相反。这就使纸浆在运行时可能形成的周向力相互得到制约，以避免堵塞而引起纸料在机体内打滑，从结构上保证了操作的可靠性。

（3）滤水鼓

滤水鼓是用厚度为 2.5～5mm 不锈钢板卷制的，制成对开式结构，钻有 2～2.8mm 的圆形孔，孔距 4～5mm。用点焊方式固定在网架座和网架盖上，网架是铸钢骨架结构，用以支撑挤压过程中滤鼓正常脱水。叶片外径与滤鼓间距为 1.5～2mm。

（4）传动

以电磁调速电机通过三角带传动至减速机和联轴器，带动螺旋轴转动，而右螺旋则通过左辊齿轮啮合从动，保证其转速相等、方向相反。

二、双辊洗浆机

双辊洗浆机是一种高压高浓带有置换和挤压作用的纸浆洗涤设备，由于其提取的黑液浓度高、温度高而在近年来得到迅速发展。最初于 20 世纪 60 年代在我国造纸厂使用的双辊沟纹挤压浓缩机已被淘汰了，现在已发展了许多新型双辊洗浆机，特别适于我国草浆的黑液提取，现介绍如下。

传统的鼓式洗浆机的洗涤方法是用稀释、浓缩作用和置换作用，置换洗涤设备只用置换一个要素。由瑞典 sunds defibrator 公司推出的新型双辊置换压榨洗浆机是集稀释脱水、置换、压榨三要素于一体的洗涤设备，是目前最理想的纸浆洗涤设备之一，被国内外纸厂广泛使用。用于洗涤化学木浆的工艺条件是：进浆浓度 3%～9%，浆槽内压力 0.02～0.14MPa，压区最大压力 11.5MPa，出浆浓度 20%~40%。

1. 新型双辊洗浆机的工作原理

新型双辊洗浆机分为两种类型：A 型为具有稀释脱水、置换和挤压三要素的洗浆机，适用于打浆度 25~35°SR，滤水性较差的苇浆、麦草浆等浆种的黑液提取，本书称双辊洗浆机，以区别于没有置换功能的双辊挤压浓缩机；B 型为具有稀释脱水、挤压两要素的挤浆机（类似于前文说的双圆网挤浆机），适用于打浆度 15~25°SR，滤水性较好的木浆、竹浆、棉浆等的黑液提取，即双辊挤压浓缩机。其工作原理如图 4-41 所示。

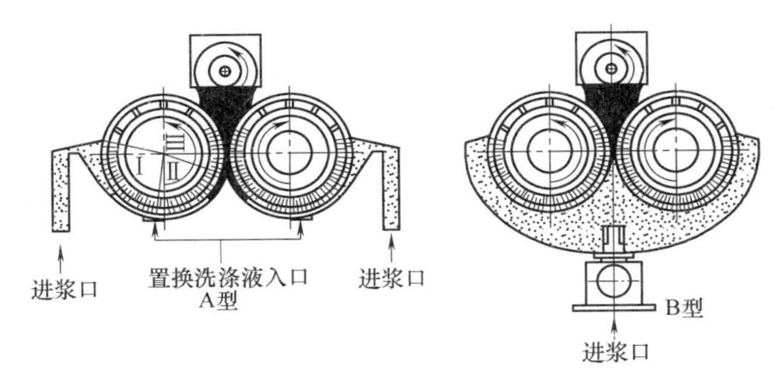

图 4-41　新型双辊洗浆机的工作原理

Ⅰ—脱水区　Ⅱ—置换区　Ⅲ—压榨区

A 型双辊洗浆机的工作原理：在 A 型双辊洗浆机内，压榨辊的工作情况可分为三个区：Ⅰ脱水区，Ⅱ置换区，Ⅲ压榨区。当纸浆在 2%~5%的浓度下，由浆泵以 0.02~0.06MPa 的压力下打到洗浆机的两侧进浆口进入到洗浆机的浆槽后，在进浆压力和液位差压力作用下，开始在压辊Ⅰ区脱水，浆中废液通过辊面上的滤孔进入辊内，然后经辊两端开口排出。辊面上形成连续浆层，浆层的厚度受进浆的浓度、温度、浆槽压力和压辊的转速影响。随着压榨辊的转动，到达置换区Ⅱ时，纸浆浓度约为 10%左右。在置换区纸浆与洗涤液接触，置换出浆中原有废液，这种置换作用一直进行到纸浆进入压榨区为止。在压榨区Ⅲ，纸浆被挤压到 30%~40%的要求浓度，在压区的上部由出料撕碎输料螺旋将纸浆送到机外。

B 型双辊挤压浓缩机的工作原理：纸浆是从底部的进浆口进入浆槽的。适当浓度的纸浆在浆泵的作用下，以 0.02~0.15MPa 的压力从浆槽底部布浆管的多个口进入到浆槽内时，靠近压辊的纸浆中的废液在进浆压力的作用下，通过辊面上的滤孔进入辊内，纸浆在辊面形成一层浆层，浆层随压辊转动进入两辊之间，浆层被挤压进一步脱水，然后进入出料破碎螺旋，被撕碎并输送到机外。

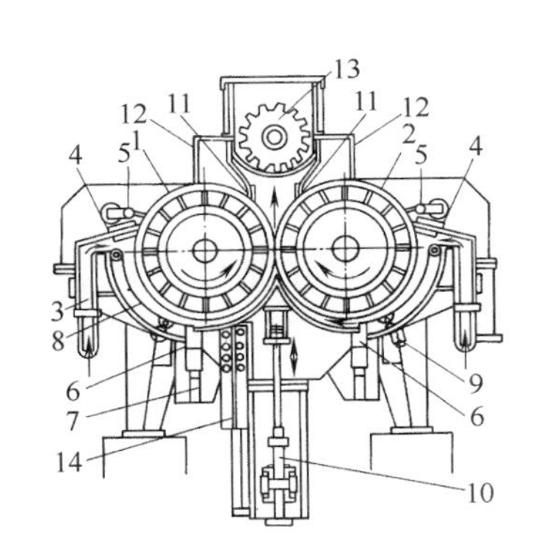

图 4-42　新型双辊洗浆机的结构

1—固定辊　2—移动辊　3—进浆槽　4—进浆刮刀　5—带有清洗毛刷的高压喷淋管　6—洗涤液进口　7—手动调节升降的液压缸　8—弧板　9—弧形板调节与固定螺栓　10—山形底板升降液压缸　11—出浆刮刀　12—罩板　13—出浆破碎螺旋　14—升降位置标尺与滑轨

2. 新型双辊洗浆机的结构

新型双辊洗浆机的结构如图 4-42 所示。

① 压榨脱水辊。两个压榨脱水辊是同步反向旋转的，两辊都有中空直通轴，轴上焊有多道肋板，在肋板表面铺有可以承受重载的辊壳。在辊壳上有可供滤液排出的呈辐射状排布的滤液沟槽，在纵向排液沟槽外表面上焊有若干个环形加强圈紧箍，再在其表面铺有焊接在辊体上的小孔滤板，即构成压辊。滤板厚度 1.5~3.5mm，孔径 $\phi 1$~2mm，孔中心距 3.8~4.0mm，开孔率大于 25%。其中一个辊是固定的，另一个位置是可以调节的，以改变两辊之间的间隙。两辊间的挤压力是通过保险阀控制的，以便在超

载时保护两压辊。为了防止泄漏，两个压辊是通过自动调节密封槽密封的，两个辊之间是通过液压作用相互挤压进行密封的。压辊的材料是用不锈钢制成。压辊直径有 600mm、900mm、1200mm 三种，辊宽 1500~4500mm，压辊间隙 0~19mm。

② 浆槽体。槽体由固定和升降两部分组成，均用不锈钢板焊接而成，固定槽体有安装压辊的轴承座，并设有进浆管和纸浆分布管，浆流是通过限制板调节的，以便获得均匀分布的纸浆悬浮液。升降槽体位于槽体的底部，以便内部清洗和检修。其本身带有升降机构（液压缸）来完成槽体的升降。必须确保两槽体之间有良好的密封。

③ 出浆装置。由出浆螺旋和两只出浆刮刀组成。出浆螺旋位于两压辊的上部，由壳体、螺旋轴和传动装置组成。壳体由不锈钢板焊接而成，要求变形小，刚度好，螺旋轴上的螺旋叶片由两部分组成，位于两压辊上部的叶片边缘带有锯齿，以便在输送浆料时有效地将高浓成片状的浆料撕碎，两压辊外的叶片无锯齿，为输送叶片，螺旋由电机通过三角带减速机驱动。螺旋直径 450mm、580mm。出浆刮刀位于压辊上部，出料螺旋两侧，作用是把压辊上的浆层刮下来，以便螺旋输送到浆槽中，刮刀材料为聚四氟乙烯。

④ 密封装置。由纵向密封和端面密封装置组成。纵向密封装置是由进浆刮刀、底板、压辊组成的。固定辊侧的进浆刮刀是用螺栓手动调节与压辊的压紧力来保证密封的；移动辊侧的进浆刮刀是通过气胎由压缩空气来调节气胎内压力，从而调节刮刀与辊面压紧力来密封的。端部密封位于压辊两端，其作用是使槽体内的纸浆与过滤后的黑液分开，主要由两个半圆环的密封圈和半圆形气胎及密封座组成，密封圈靠气压推向两辊两端的环形板上，保证槽体内的纸浆不外漏。

⑤ 压辊喷水管。用于清洁辊面。喷水压力 0.3~0.6MPa，可用从压榨处来的含有纤维的白水作为喷淋水，因为在喷洗管中间有一刷轴，用气缸带动刷轴转动清洁管内壁及喷嘴，不会堵塞，喷淋水处设有气动开关阀，由用户根据需要设定喷淋时间及时间间隔。

⑥ 辊的液压传动和速度控制。每个压榨辊都是由二台液压马达驱动的，液压马达在整个速度范围之间给出恒定的转矩，这对获得好的脱水效果是非常重要的。压辊的转速是由油泵的供油量控制的，而液压马达的油压是通过过滤器控制装置操纵盘控制的。油压大小取决于转矩，它是随着通过压区间隙的浆层厚度的变化而变化的。

3. 新型双辊洗浆机的特点

① 新型双辊洗浆机是集稀释脱水、置换和压榨脱水三要素为一体的洗浆机，即在低浓到中浓阶段采用压力过滤方法脱水，在中浓阶段采用压力置换方法洗涤浆层，排出存在于浆层固体纤维骨架间的废液，在中浓到高浓阶段采用双辊挤压方法压缩浆层脱水，从而能够有效地除去纸浆中可溶性固形物，尤其是 COD 除去率更高，可降低漂白化学品消耗。

② 进出浆浓度高，使洗涤耗水量比一般中浓洗浆机低 1/2 左右，吨浆废液量为 5m^3 以下，麦草浆黑液浓度大于 8°Bé，不仅污染小，且输送等设备容量降低，不需要真空系统，动耗降低，后续漂白浓度易控制。

③ 设备容易操作控制，对产量变化不敏感，对高固含量不敏感，容易开机和维护。

④ 设备产量大，单位过滤面积的生产能力比真空洗浆机高 4~5 倍，单机产量最大可达 3000t/d，可满足超大型纸浆厂只建一条纸浆生产线的要求。设备结构紧凑，占地面积小，建筑费用低。

⑤ 设备适应范围广，可用黑浆和漂后浆洗涤，既可用于木浆的洗涤，也可用于草浆的洗涤，大中小型纸厂均可采用，洗涤木浆用 2 台串联，洗涤草浆用 3 台串联时，黑液提取率

可达 95%~98%。

⑥ 浆料中的硬杂物易损坏压辊，所以在生产中要求：原料切碎后要用除铁器除去铁丝，通过备料系统除去石块、泥沙等杂物，粗浆进入洗浆机前需先筛选，以除去粗大硬杂物。

4. 国产新型双辊洗浆机及应用

新型双辊洗浆机洗涤后的浆料 COD 浓度显著降低，洗涤效率、洗涤质量、生产能力均大幅提高，近些年，造纸企业的新建及技术改造项目选用双辊洗浆机明显增加。目前国内年产 100 万 t 的木浆厂基本使用此设备。

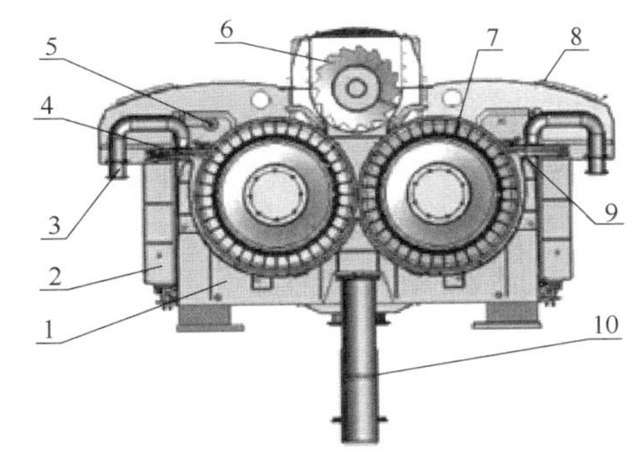

图 4-43　SJA2272 型国产双辊挤浆机结构原理图

1—中底　2—槽体　3—布浆装置　4—固定压榨辊　5—喷淋装置　6—破碎螺旋　7—移动压榨辊　8—机罩　9—纵向密封装置　10—升降装置

国产新型双辊洗浆机经过几十年的发展，已取得了显著的成就，所生产的产品已经销往国际市场。其中 SJA2272 型，其主要结构如图 4-43。

其主要由槽体、中底、纵向密封装置（下刮刀）、压榨辊、破碎螺旋输送机（带上刮刀）、喷淋装置、齿轮箱、机罩、马达及液压泵站等几部分组成。双辊挤浆机主传动形式采用液压马达传动。采用压力折流布浆，在生产能力规格、稳定可靠性、能耗及效率方面已达国际先进水平。该设备具有自动化程度高、操作简便、运行可靠、生产能力大、出浆浓度高、运行成本低、投资省、单位产量占地面积少、节约用水、易于实现人工智能等优势，既可应用于黑液提取，也可应用于漂白浆料洗涤浓缩；既可应用于草浆，也可应用于木浆。该机已在印尼某公司在原 3600t 风干浆/d 漂白化学木浆生产线的扩建上成功使用，其他型号机型也有在国内新建浆厂采用。

另一种 XJ557 紧凑型双辊洗浆机，采用螺旋布浆。其结构和工作原理如图 4-44。每个压榨辊分为三个区，即脱水区、置换洗涤区、压榨区。进浆浓度 3%~8%时，出浆浓度高达 32%~35%。该机筛板开孔率至 23%，在 270°的角度内均有洗涤作用，再加上布浆螺旋的均匀布浆效果，以及置换洗涤是在提高浓度时进行，经压榨后的浆料浓度较高，所以该机的洗涤效果较好。其主要特点体现在：独创的布浆螺旋的设计，充分利用了辊面，并提高了进浆浓度范围；紧凑型的设计，防止了内部结垢；高的出浆浓度，节省了化学品用量；自动化程度高，以及可开启的侧盖、底座，方便日常维护；先脱水后置换洗涤的特性，使浆料的品质进一步提升。若用于未漂白桉木浆料洗涤时，产能达 3000t 风干浆/d。该机已在海南金海浆纸有限公司木浆生产线上应用。

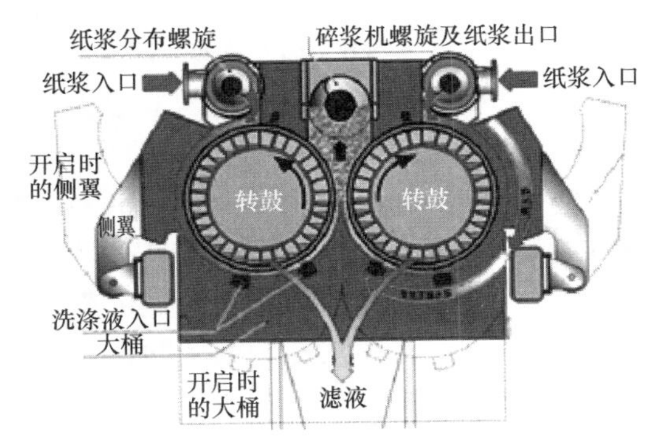

图 4-44　XJ557 型国产双辊洗浆机工作原理

三、其他形式的挤压浓缩设备

（一）环式双筒挤压浓缩机

环式双筒挤压浓缩机又称双鼓浓缩机、CPA 型浓缩机和双筒偏心挤压浓缩机等。它只能用于纸浆的浓缩而不能用于纸浆的洗涤。如高浓盘磨机前浆料的脱水，各种浆料的筛渣进入高浓盘磨机前的脱水等。进浆浓度 1%～3%，出浆浓度 25%～35%。

1. 工作原理及特性

环式双筒挤压浓缩机的工作原理与双辊挤压浓缩机相似，当要脱水的浆料进入内外辊筒形成的间隙区后，首先在浆料液位差的作用下，在内、外辊筒上自然过滤脱水，在辊面形成浆层，继之随辊筒旋转进入内外辊筒形成的挤压区受到挤压脱水，并经挤压后的浆层大部分附着在内辊筒表面上，小部分附着在外辊筒表面上，二者均被刮刀剥至螺旋输送机内，打散后送出机外。进入内辊筒的滤液经两侧管道进入滤液槽，与外辊筒的滤液汇集，并经滤液排出口排出。

环式双筒挤压浓缩机的特性是：

① 由于两个辊筒套装起来，使把浆层带进压区的腔道变得平缓，有效挤压区增长，在同样的速度下，浆层受到的挤压时间长，脱水效果好。

② 在挤压脱水之前，浆料在两个辊之间经过一个很长的过滤区形成的浆层厚。这样就把自然过滤与挤压脱水有机地结合起来，提高脱水效果，进浆浓度低，出浆浓度高。

③ 设备紧凑，占地少，操作简便，运转可靠，维修量少。

2. 环式双筒挤压浓缩机的结构

环式双筒挤压浓缩机的结构如图 4-45 所示，它的主要部件为一大一小的辊筒。小辊筒偏心地套装在大辊筒内。辊筒的两端与槽壁上的端环之间的缝隙是用尼龙密封带密封。

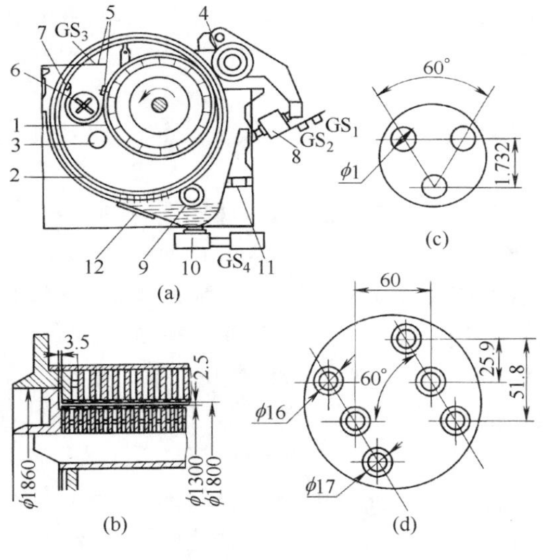

图 4-45 环式双筒挤压浓缩机的结构
（a）结构示意 （b）双筒压区断面 （c）内外辊筒滤孔排列 （d）外辊筒与压辊接触面滤孔排列
1,2—内、外滤筒 3—浆料入口 4—压辊 5—钢丝刮刀 6—出浆螺旋 7—排水管 8—气压缸 9—托辊 10—滤液出口阀 11—溢流浆管 12—检查孔

（1）内、外辊筒

内外辊筒的筒体均是一个不锈钢骨架，厚度约 50mm。内外两辊筒的挤压面上均铺有 3mm 厚的不锈钢板，钻有梅花形排列的 ϕ1mm 滤孔，孔距 2mm。如图 4-45（c）所示。外辊筒与压辊接触的外周铺有 7mm 厚的不锈钢板，开有 ϕ16/17mm 锥孔，与圆周边缘呈 60°螺旋线排列，轴向孔距 60mm，如图 4-45（d）所示。

内辊筒通过轴颈安装在槽壁托架的轴承内，由传动机构带动转动。外辊筒是依靠内辊筒和外支承辊及压辊来支承的，并靠与内辊筒之间的摩擦力来运转的。

（2）压辊

在内外辊筒相切所形成的压区的外面设有一个压辊，其作用主要是对内外辊所形成的压区之间的浆层产生一个挤压或压滤压力，使浆层脱水，并有支承、固定外辊筒的作用。压辊是一个直径 500mm 的不锈钢辊。

（3）刮刀

与内辊筒接触的刮刀一般是用酚醛树脂板制成的，它是装在系紧于槽体山墙上的轴承中。轴承的安装孔是椭圆形的，能对刮刀进行粗调和平行度的调整。刮刀与内辊筒之间间隙的精调可借助于弹簧支承的调整螺丝来进行，间隙约为 1mm。

与外辊筒接触的刮刀为一被夹持器拉紧的钢丝绳，夹持器有椭圆形孔，用于调节钢丝绳与外辊壁的间隙。

（二）偏心旋转式挤压浓缩机

偏心旋转式挤压浓缩机是国内某机械厂研制出的一种高效挤浆机，可用于蒸煮后纸浆废液提取洗涤和高浓漂白、高浓打浆前纸浆的浓缩脱水之用。进浆浓度 3%~7%，出浆浓度对于草浆可达 20%~30%。

1. 偏心旋转式挤压浓缩机的工作原理

该设备为容积式固液相分离设备，工作过程中是通过对浆料产生的挤压过滤作用，达到脱水的目的。浆料以 3%~7%的低浓进入挤浆机过滤挤压空间后，首先在重力作用下由内外筛板双面脱水，并在筛板表面形成纤维网络滤层，随后在刮板的牵引下进入到由内外筛鼓偏心安装所形成的牛角道形的挤压脱液腔内，脱液腔的间隙由 65mm 逐渐减小到 15mm，浆料容积随转鼓旋转而不断缩小，浆料受到挤压力逐渐增加，在这个挤压力作用下，使浆料中的液体连续通过转鼓上和机壳上的滤板进行双面脱水，达到需要的浓度后由出料口排出。

2. 偏心旋转式挤压浓缩机的结构

偏心旋转式挤压浓缩机的结构如图 4-46 所示，由两个不同心的圆柱面作为内、外筛板构成牛角形挤压脱液腔，内筛板、刮板和驱动轴构成同步转动的转鼓，刮板在内筛板的径向是等角分布，并向前倾斜 30°左右的倾角，刮板的一端穿过内筛板面深入到挤压脱水腔内，并与外筛板内表面接触，刮板的另一端通过滚轮始终保持与一个固定凸轮缘相接触。

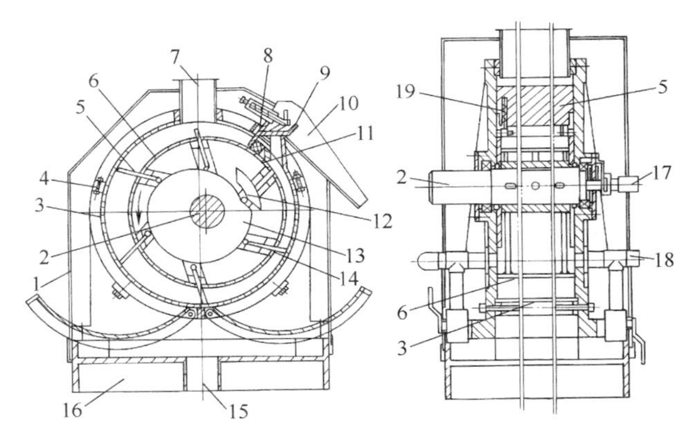

图 4-46　偏心旋转式挤压浓缩机的结构

1—机罩壳　2—驱动轴　3—可拆装外筛板　4—外筛板连接螺栓　5—刮板　6—内筛板　7，10—进、出浆口　8—密封清理块　9—脱水干度调节器　11—出浆产板　12—刮板回位导轨　13—凸轮　14—刮板滚轮　15—废液出口　16—底座　17—刮板清理机构　18—内筛板清理机构　19—刮板位移补偿弹簧

在出料口附近有刮板回位导轨，可以引导刮板从脱液腔中缩回到内筛板内。内外筛板的偏心安装使得其间构成的挤压脱水腔成牛角形，楔形区压缩比一般为 1∶4~1∶6。为了顺利排出脱水后的浆料，在出料口处设置出料铲板；在出浆口处还设有密封清理块，其作用是清除附在内外筛板上的浆料，以防筛板被堵，同时具有将进出浆腔分隔成两部分，即将刚进入挤浆机的低浓浆料与脱水后的高浓浆料分隔开。由于在工作过程中，内筛板是与浆料一起旋转的，而外筛板是固定的，所以内筛板与浆料之间是相对静止脱水，其脱水时细小纤维流失少，而外筛板与浆料间是相对运动脱水，其脱水时细小纤维流失大，为了克服这个问题，在设计上一般是使外筛板的开孔率和孔径小于内筛板，其筛板的开孔率和孔径大小，是随着挤浆机的使用位置和浆种不同而不同。为加工、安装、维修等方便，外筛板一般分为 3 片孔板制造，使用时用螺栓连接。

为了使出浆浓度可以按照要求进行调节，在出浆口和挤压脱水腔之间设有脱水干度调整挡板，如要提高出浆浓度，可调紧挡板，反之则调松挡板，为了防止内、外筛板的筛孔被浆料堵塞，设有高压水清洗机构，以便对筛板、刮板等进行清洗。为适应挤压脱水腔空间的变化和补偿刮板与外筛板接触而产生的磨损，在刮板上设有自动位移补偿弹簧。

3. 偏心旋转式挤压浓缩机的特点

① 占地面积小，动力消耗低。实现了封闭脱水和稳定滤层脱水，减少纤维流失，改善工作环境。可用于蒸煮后浆料废液的提取，一次废液提取率可达80%以上，也可用于高浓漂白和高浓打浆前浆料的浓缩。

② 由于是容积式脱水设备，所以，只要进浆浓度稳定，挤浆机的转速一定，可对后续设备进行高浓定量供浆，从而可解决高浓供浆因无法准确控制进浆量，而影响后续设备正常运行的难题。

③ 设备结构简单，操作方便，易损件少，维修量少，设备安装位置无特殊要求。

（三）双锥盘挤压浓缩机

双锥盘挤压浓缩机是日本和加拿大的两家公司在20世纪60年代初推出的浆料洗涤浓缩机，国内2000年前后也研制出同样的产品。主要用于蒸煮后纸浆的废液提取，也可用于浆料浓缩用。进浆浓度8%~12%，出浆浓度35%~45%。浆料在设备内主要受到挤压作用，且挤压时间比双辊挤浆机长，而摩擦作用则比螺旋挤浆机小得多，所以双锥盘挤压浓缩机效率高，动耗小。

1. 双锥盘挤压浓缩机的工作原理

双锥盘挤压浓缩机的工作原理如图4-47所示。

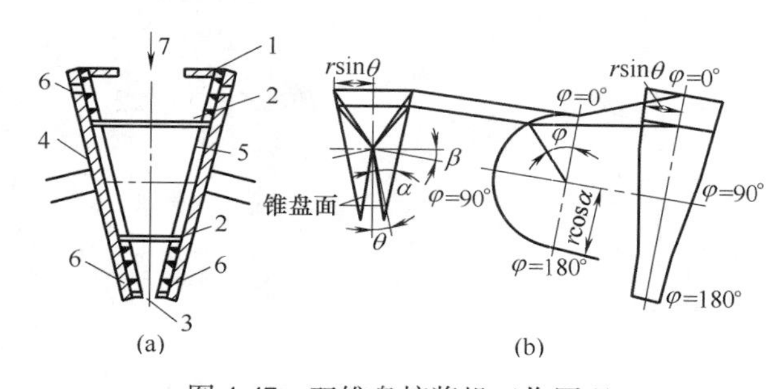

图4-47　双锥盘挤浆机工作原理

（a）平面双锥盘挤浆机工作原理图

（b）锥形面双锥盘挤浆机工作原理图

1—顶壁　2—中心环　3—底壁　4—锥盘

5—滤水板　6— 排液孔　7—进浆

两个挤浆盘是倾斜安装（平面脱水盘）或是顶点连接在一起（锥面脱水盘），使其之间形成锥形空间，挤浆盘表面覆盖着滤水板，在两个挤浆盘之间内部设有中心环，外部设有顶部、底壁板，由中心环、顶壁、底壁板和挤浆盘的滤水面之间形成一个环状锥形通道。浆料由两锥盘最大间隙处进入锥盘内后，随两锥盘一起无搓擦转动，间隙不断减小，浆料受到挤压压力逐渐增大，通过滤水网脱水排出，脱水后的浆料经过最小间隙后从出口排出。

2. 双锥盘挤压浓缩机的结构

双锥盘挤压浓缩机型式有多种，图4-48所示的为一种早期使用的典型双锥盘挤压浓缩机的主体结构。

由图可见，挤浆盘本身不是锥形，而是挤浆盘呈倾斜安装所形成的挤浆空间为锥形的。挤浆盘直径最大可达1.52m，用不锈钢或铸铁铸造而成，表面覆盖有多孔滤水板。挤浆盘分别安装在各自的轴上，两根轴装在同一垂直平面内，轴线各自与水平面成7.5°角。主动盘通过传动装置由主轴带动，可在0.75~10r/min范围内转动。

被动盘是由主动盘带动旋转，并可轴向移动，被动盘的轴上装有弹簧或液压缸，在锥盘挤压浆料时，使浆料受到稳定的压力，过载时起安全作用。

图 4-48 所介绍的挤浆机是用液压通过杠杆装置来调节挤浆盘加压的。

国内于 20 世纪末又研制成功的新型双锥盘挤压浓缩机的结构如图 4-49 所示。

两个挤浆盘挤压面本身为锥形的，其顶点用中心销连接在一起，锥盘盘面上开有许多滤孔，锥盘的轴心线互相倾斜。

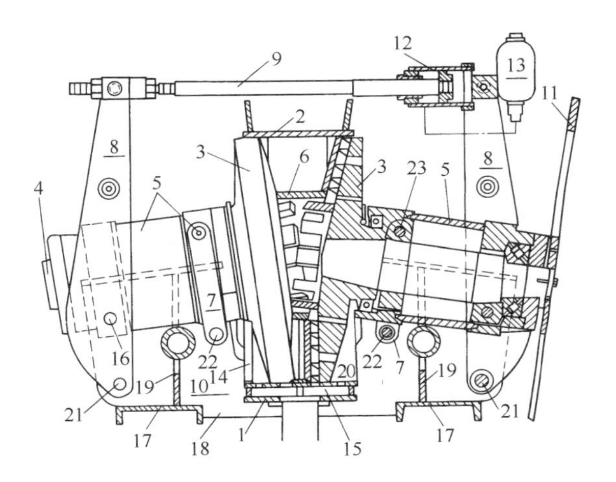

图 4-48　双锥盘挤压浓缩机的结构

1—底壁　2—顶壁　3—带孔锥盘　4—主轴　5—轴承座　6—中心环　7,8—可摇动的杠杆　9—连杆　10—框架　11—链轮　12—水力活塞　13—蓄压器　14—侧壁　15—小室　16,23—销钉　17—基座　18—框架侧板　19—连接板　20—侧板外扩部分　21,22—支点

壳体 4 的内表面为内球面，其中心是球头铰 12，壳体和球头铰通过支撑臂成为一体，2 根芯轴 1 的里端由固定在球头铰的中心销 2 连在一起，以便于芯轴外端沿中心销作相对摆动。锥盘上装有链轮 14，以便驱动锥盘 3 转动。芯轴的外端固定在 L 形力臂 5 上，两力臂又靠连接板 8 相连，调节活塞杆 6 上的调节螺母 7，两个 L 形力臂由于铰连板的作用相对距离发生变化，从而调节锥盘间隙，同时油缸 10 内的油压决定了最小间隙处物料所受的最大挤压力。

双锥盘挤压浓缩机的特点是：浆料在脱水过程中基本上是受垂直挤压，浆料不易损伤，不易堵网，浆料与锥盘间几乎无摩擦，使动耗大大降低；压缩比、挤压力和转速可调，适于不同种类纸浆脱水；提取的黑液浓度高，设备占地面积小，易维护保养。

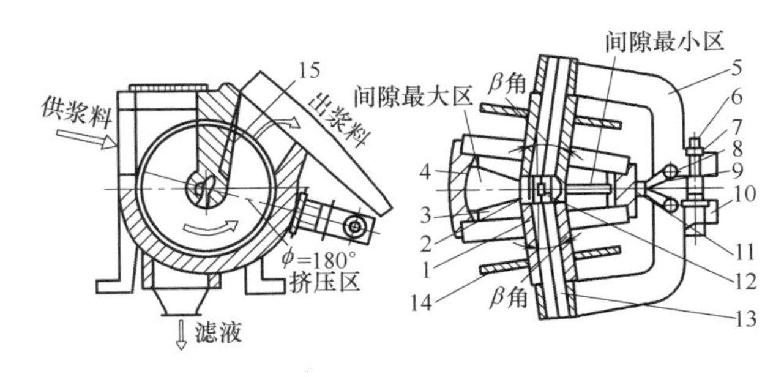

图 4-49　国产新型双锥盘挤压浓缩机的结构

1—芯轴　2—中心销　3—锥盘　4—机壳　5—L 形力臂　6—活塞杆　7—调节螺母　8—连接板　9—导销　10—油缸　11—导向槽　12—球头铰　13—空心轴　14—齿轮　15—刮刀

第五节　置换洗涤机械与设备

置换洗涤器的英文原义是“扩散洗涤器”（Diffuser washer），所以该设备的最初名称为扩散洗涤器。但随着对置换洗涤原理的深入研究，认为这种设备的洗涤过程完全是一个置换过程。也就是说，在各种洗涤方法中所发生的实际扩散作用，以及在各种情况下的扩散速度

完全取决于用该洗涤方法除去可溶性固形物的程度。所以该设备的正确名称应为置换洗涤器。

一、常压置换洗涤塔

常压置换洗涤塔是1965年由瑞典卡米尔公司发明的一种新型高效洗涤设备。它最初用于漂后浆料的洗涤，代替传统的鼓式洗浆机，后来又用于蒸煮后浆料的洗涤。由于其具有许多优点，在世界各国被广泛采用。进浆浓度9%～11%，洗涤效率达90%以上，纸浆温度85～95℃，洗涤液温度70～80℃。若用在卡米尔连续蒸煮器下部洗涤，则洗涤温度可达130～140℃。

（一）常压置换洗涤塔的工作原理

如图4-50所示，未洗浆料由置换洗涤塔的下部进入，缓慢地通过各滤环之间。洗涤水则由上方的轴芯进入，由伸入各滤环之间的分布管流入浆层之中，随着分布管围绕轴心的转动使洗涤水沿滤环分布均匀。进入到浆层中的洗涤液则穿过浆层，向两侧的滤板移动，将浆料内的废液置换出来，进入滤环的空心夹层中，由连接各滤环的径向排液管排出。洗涤好的浆料上升超过滤环上边缘时，被安装在旋臂上的刮刀从顶部刮到浆槽中，在浆槽的出口处进入贮浆池内。为防止滤环堵塞，整个滤环借液压缸的推动，随浆料一道与比浆料稍快的上升速度缓慢上升一定距离后，迅速落回原位，在此瞬间内排液阀关闭，停止排液，使浆层与滤板急剧摩擦和反冲洗液的反冲作用，保持筛面清洁防止堵孔。

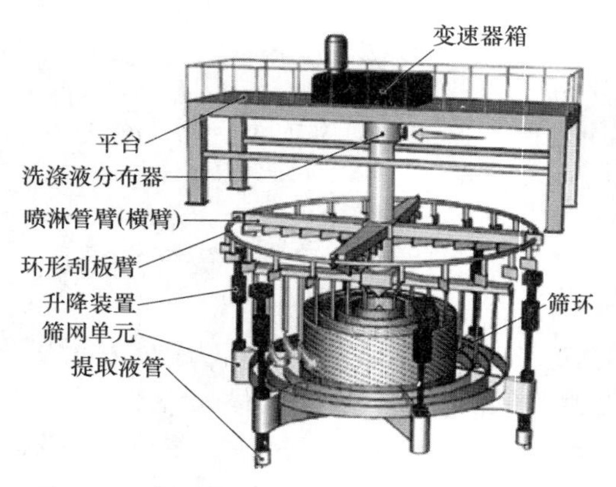

图4-50　常压置换洗涤塔及滤环的工作原理

（二）常压置换洗涤塔的结构

用于蒸煮后浆料的洗涤和用于漂后浆料洗涤所用的置换洗涤塔的基本结构相似，其内部结构如图4-51所示。

单段常压置换洗涤塔主要由滤环、卸料装置、喷洗涤液装置、滤环支撑及排液装置、滤环升降装置及外壳等组成。在常压置换洗涤塔中一般设有3～6个滤环，其是浆料与洗涤废液的分离装置，滤环高度750～1500mm，滤环间距50～60mm。滤环的断面结构如图4-51（b）所示，是一个由两面滤板构成的空心夹层环带，中间的纵向隔板为滤板的骨架，一般用不锈钢板制成；横向隔板的作用是将进入滤环内的滤液分成两种不同浓度；为了防止滤板受压力过大而损坏，在纵向隔板上焊有若干条加强筋（支撑）。滤板滤孔直径为1.52～1.78mm，开孔面积为6%～33%。滤板也有长缝形孔的，长缝滤缝规格为1.52mm×7.7mm，开孔面积约为2.5%。

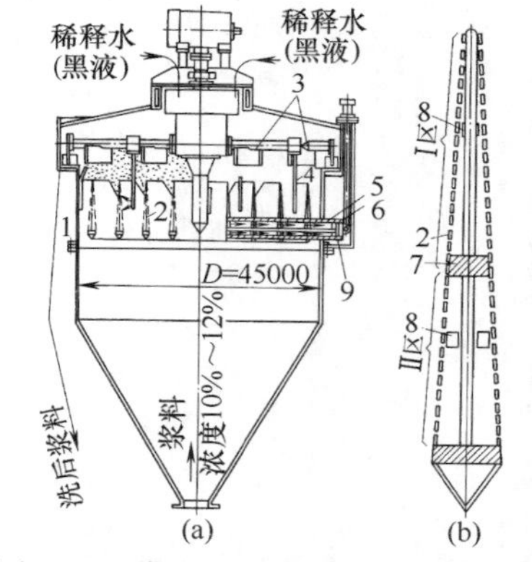

图4-51　常压置换洗涤塔的内部结构

（a）置换洗涤塔　（b）滤环断面

1—外壳　2—滤环　3—卸料刮刀　4—连接管　5—支撑管　6—滤环振动机构　7—滤环隔板　8—支撑　9—支撑隔板

卸料装置是由一个中心旋转的轴、轴上焊接的4根或6根转动横臂及横臂上安装的刮板和圆周刮板这些部分组成的。洗涤后的浆料先由装在转动横臂上的刮浆板刮到圆周，再由圆周刮浆板刮到出浆口输往贮浆槽。喷洗涤液装置是由带中央分配器的总管进液装置（悬挂在装有止推轴承的垂直轴上）和洗涤液喷淋管组成。总管进液装置就是上述卸料装置的转动横臂，其上接有若干个喷淋液管，喷淋管是插入到滤环之间的浆层内的，在电动机的带动下以7~10r/min的速度旋转向各滤板之间的浆层中喷淋洗涤液，旋转喷淋洗涤液可保证在浆料中均匀分布洗涤液，为置换浓废液创造了良好条件。由于圆滤环之间的浆料量由里向外随直径的增大而增加，所以喷淋洗涤液的量也是由内向外增加的。

所有滤环的下部都固定安装在支撑臂上，支撑臂一般只有6根，断面为中空矩形管，兼作洗涤废液排液管，所以称为滤环支撑和排液装置，其之间的关系和各物料流向如图4-52所示。

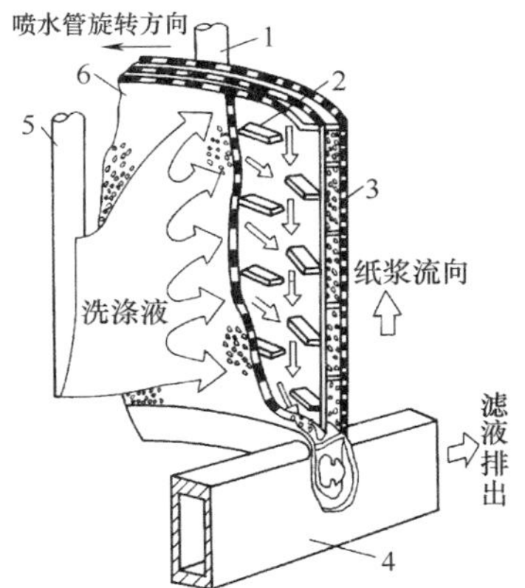

图4-52 滤环局部剖视及浆水流向示意图
1,5—喷水管 2—加强筋
3,6—滤环 4—滤环支撑臂

滤环的升降装置是由滤环支撑臂的末端伸向外侧与液压缸阀杆相连组成的。其作用是：使滤环缓慢地以比浆料稍快的速度运动，升高到规定高度时，停留5~8s后，又借助液压缸的液压作用瞬时下落，依靠浆层的摩擦和滤液反冲清洗滤板，防止滤孔堵塞。为了满足对蒸煮浆料的洗净度和对于滤水性较差浆料的洗涤要求，又设计出了多段常压置换洗涤塔，即在单段洗涤塔的上部再设有第二、第三置换洗涤段，就构成多段常压置换洗涤塔。

（三）常压置换洗涤塔的特点

① 浆料经历的洗涤时间长达5~10min，比传统鼓式洗浆机长10倍左右，洗涤效率高达90%以上。

② 设备全部密封，洗涤时不与空气接触，几乎不产生泡沫，也不会散发臭味，可减少对大气的污染，同时不用消泡器，对树脂含量大的原料也不需使用消泡剂。

③ 和连续蒸煮设备配用，流程上可不设喷放锅和送浆泵简化流程，便于实现遥控和计算机控制。

④ 和真空洗浆机组相比，设备本身价格高，但因其可建在贮浆塔上方或建在室外，节省建筑面积，工程总投资可降低30%。同时动力消耗比较低。

⑤ 稀释因子为2~3，比较高。同时滤环上下往复运动的油压自控系统比较复杂，一旦局部产生故障就会影响整个系统的运行。

二、压力置换洗涤塔

置换洗浆时存在着溶质从吸附于纤维上向洗涤液的横向扩散，优于稀释、扩散、过滤的洗浆过程。置换的动力为过滤压力差，若压力差过小或浆层过厚，则置换过程缓慢，甚至产生溶质的逆向扩散。而常压置换洗涤塔中的过滤压力差主要为浆料中液位差，所以一般情况下压力差比较小，置换过程也比较慢，单位滤板过滤面积生产能力仅为2~3t/(d·m^2)。为了提高置换洗涤器的过滤压力差，卡米尔公司又建造了压力置换洗涤塔，并于1979年正式投产应用。压力置换洗涤塔使洗浆过程在密闭加压下进行，提高了洗浆温度和浓度，充分利用纤维网络的多孔性和稳定性，利用高温纸浆黏度低和扩散快的条件为纸浆与洗涤液的逆流置换创造了良好条件，置换速度快，减少泡沫和热损失。单位滤板过滤面积的生产能力为15~30t/(d·m²)。洗浆浓度10%~11%。最大工作压力为1.033MPa，温度可达150℃。压力置换洗涤塔目前主要用于转鼓式洗浆机或常压置换洗涤塔最终洗涤之前，也可用于卡米尔连续蒸煮锅与喷放锅之间，用作提取浓废液的第一段洗涤设备。

（一）压力置换洗涤塔的结构

压力置换洗涤塔的结构形式按浆料在滤环内外侧流动可分为外流式和内流式两种，浆料可以从塔顶部进入底部排出，或是底部进入从塔顶部排出。图4-53所示为顶部进浆的外流压力置换洗涤塔，图4-54所示为底部进浆的内流压力置换洗涤塔。由图可见压力置换洗涤塔主要由滤环、外壳、卸料装置、液压系统等组成。

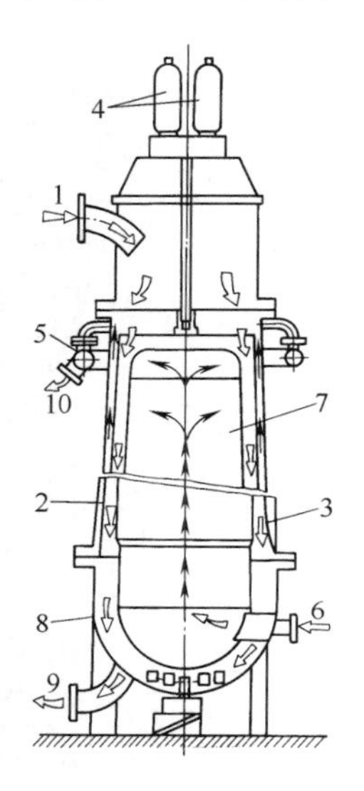

图4-53　外流式压力置换洗涤塔

1,9—浆料进出口　2—外壳　3—圆筒滤板　4—液压传动装置　5—黑液集流管　6—洗涤液入口　7—黑液室　8—卸料器　10—黑液出管

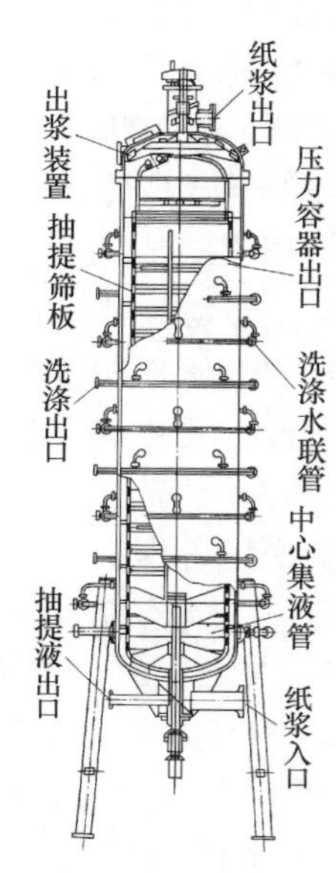

图4-54　内流式压力置换洗涤塔

内流式压力置换洗涤塔的内部结构如图4-55所示，洗涤塔的外壳、洗涤水分布导流板及滤环均用不锈钢板制成。

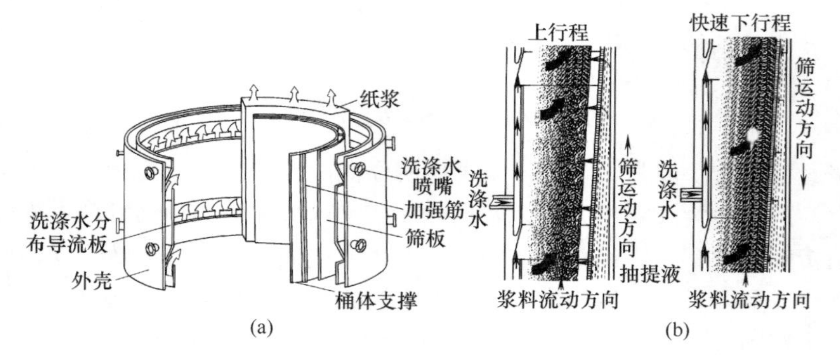

图4-55　内流式压力置换洗涤塔的内部结构

（a）压力置换洗涤塔的内部结构图　（b）浆料和筛板运动方向

① 滤环。滤环的内壁是用不锈钢板卷制成圆筒形，在其外表面上间隔焊上加强筋后，再铺上多孔不锈钢滤板而成的。滤板上开有孔径约 ϕ1.2mm 的滤液孔，开孔率 14%。加强筋的间隙处为滤液通道，滤板与内壁间呈锥形，以便滤环向下快速运动时，滤板内的滤液被强制地逆向通过滤板对滤板有反冲洗作用，防止滤孔堵塞。

② 外壳。外壳也是用不锈钢板卷制成的圆筒形的，在其内壁焊有若干层洗涤液分布导流板，其作用是保证置换液能以垂直的和沿环形方向上均匀地进入浆层中，以便置换洗涤均匀。在外壳的外壁接有一系列洗涤液分配管和喷嘴［如图 4-55（a）］。外流压力置换洗涤塔的内部结构相当于把内流式塔反向卷制而成，即使其滤环成外壳，而使其外壳及洗涤液分布导流板成为内壁。置换洗涤液从塔的内壁加入。

③ 卸料装置。由电机带动刮板旋转而将洗后浆料推送到排浆口处排出塔外的，卸料刮板的转速为 32~64r/min。

④ 液压系统。在洗涤过程中滤环上下运动所需的动力是由液压系统提供的。滤环和一个垂直的连杆相连，连杆与液压缸的活塞连接在一起，液压缸给滤环一个由缓慢上升和快速下落动作过程组成的沿竖直方向循环周期运动，由滤环的快速下落实现对滤板的清洁作用。

液压系统由带泵站的控制台和油站构成，控制台由一个大的贮油槽、过滤器和冷却器组成。油站由液压缸、高、低压油槽及油路换向阀组成。

（二）压力置换洗涤塔的工作原理

以纸浆从下向上流动的内流式压力置换洗涤塔为例。浓度为 10%~11%的纸浆在滤环外侧从下向上流动，具有一定压力的洗涤液先后经塔外侧的一系列分配管、喷嘴后、压力壳体内壁的洗涤液分布导流板最终与浆料接触，洗涤液在高压作用下穿过浆层，置换出的滤液朝内流经滤板，然后向下流出塔外。滤环由塔顶的液压升降装置通过拉杆带动着随浆层上行，其上升速度比浆速快 1.15 倍，在行至最上端后又迅速下降，由于滤板之内的滤液通道是锥形的，滤环在向下运动时将使滤液腔容积不断减小，从而瞬间下降引起滤板内滤液倒流反冲，防止滤板堵塞，同时滤环上下运动还可确保浆料在塔内任何区域都能均匀流动。洗后浆料在塔上部借助出浆装置和压力作用下排到贮浆塔中。

（三）压力置换洗涤塔的特点

与常压置换洗涤塔相比，除了具有常压置换洗涤塔的特点之外，还具有以下优点：

① 设备结构更紧凑；

② 生产能力更大，目前最大产量为 1200t/d；

③ 稀释因子大大降低，在稀释因子为 1.6m^3/t 浆时置换系数达到 0.9；

④ 洗涤时温度更高，最高可达 150℃下操作。

三、KMW 型置换压榨洗浆机

KMW 型置换压榨洗浆机是瑞典卡米尔公司在 20 世纪 80 年代末期推出的一种新型洗浆设备，它是把转鼓式洗浆机和双辊挤浆机的特点结合到一起而形成洗浆设备。这种洗浆机是集脱水、置换和压榨三要素为一体的高效洗浆机，具有与双辊置换洗浆机相似的特点，可用于蒸煮后和漂白后浆料的洗涤。用于洗涤亚硫酸盐浆两段洗涤时，当稀释因子为 1m^3/t 时，平均洗涤效率为 95%，稀释因子为 2.5m^3/t 时，洗涤效率大于 97%。洗涤时主要工艺条件为：进浆浓度 3.5%~5%，槽内压力 0.1MPa，压辊线压力为 300~500kN/m，出浆浓度 30%~45%。

（一）KMW 置换压榨洗浆机的工作原理

在喷放锅中的浆料用稀废液稀释至 3.5%～5%浓度，由浆泵在一定压力下送入压力为 0.1MPa 以上的密闭浆槽中，在液位差和进浆压力作用下，在转鼓上脱水，并形成浆层，滤液通过滤板进入转鼓内的滤液腔道，从端部排出。浆层的浓度达 10%左右，随转鼓进入置换洗涤区，在此与 0.3MPa 的洗涤水或下一洗涤段来的稀废液接触，进行置换洗涤，滤液也从转鼓内的腔道排出。置换洗涤后的浆层则进入压榨区进行最终脱水，过压区后的浆料由刮刀从转鼓上剥离下来，送入螺旋打散器。

（二）KMW 置换压榨洗浆机的结构

KMW 置换压榨洗浆机的结构如图 4-56 所示。转鼓为洗浆机的主要部件，其是在通轴上焊有多道肋板，肋板表面铺设带有圆孔的厚钢板，再铺上孔径为 1mm 的加钼的镍铬钢制成的滤网。

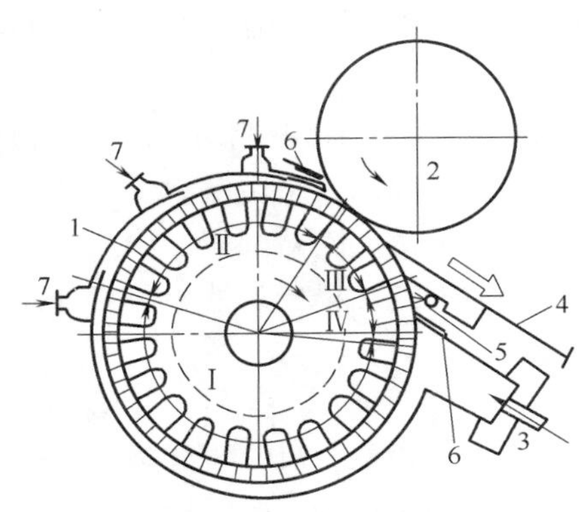

图 4-56　KMW 置换压榨洗浆机的结构
1—滤鼓　2—压辊　3—锥形布浆管　4—出浆刮刀　5—高压喷水管　6—密封　7—洗液进口
Ⅰ—压力过滤区　Ⅱ—压力置换区
Ⅲ—挤压区　Ⅳ—卸料冲网区

浆槽由下面包绕转鼓，其截面沿转鼓回转行程逐渐缩小，最后为一很窄的出口缝隙，保证浆料进入置换洗涤区前迅速脱水。转鼓的上部有一包绕转鼓约 1/4 圆周的洗涤罩，形成置换洗涤区，共有 3 个置换洗涤区。洗涤液沿转鼓全宽经缝隙由每个洗涤区小室排出，与浆料接触。置换洗涤罩与浆槽是连为一体的，以便更好地密封。浆槽和洗涤罩均用耐酸钢制造的。挤压辊为铸铁制造的，辊面上开有小沟，辊径为 900mm，挤压辊固定在活节支架中，可在 3～10mm 范围内调节挤压辊和转鼓的间隙。挤压辊是通过杠杆机构以 300～500kN/m 的压力紧压在转鼓表面上。剥离浆料的刮刀用金属制造，为易于卸料，经空心刮刀支座向顺刮刀安设的喷嘴供水，每米宽转鼓供水量 35L/s。

四、鼓式置换洗浆机

鼓式置换洗浆机简称为 DD 洗浆机，是芬兰奥斯龙公司推出的新型洗浆设备，它是在一个转鼓上分成多段进行洗浆，一台洗浆机即可完成全部的洗涤工作，具有真空洗浆机、水平带式真空洗浆机和压力洗浆机的特性和优点。国内一些纸厂引进该设备洗涤硫酸盐化学木浆，黑液提取率达 96%以上，吨浆碱的损失在 7kg（以 Na_2SO_4 计）左右，达到国内先进水平。洗浆的主要工艺条件：进浆浓度 2.5%～8%，进浆压力 0.03～0.08MPa，出浆浓度 15%。

（一）鼓式置换洗浆机的工作原理

经除节后的未洗浆以适当的浓度和 0.05MPa 的压力泵送入浆层成形区，在进浆压力和无空气干扰下在成形区大量浓缩脱水，并快速而均匀地形成浆层。滤液通过滤板后，经转鼓两端的分配阀流至区间的管路中，进入黑液槽。当成形区的腔室全部被纸浆充满至隔板顶端时，浆层被挤压形成一定厚度的过滤层，当这个腔室转过第一块密封挡板时，过量的纸浆被挡回。在运行时，由于进浆压力和流量基本稳定，因而从成形区进入洗浆段的浆层厚度和紧密程度基本一致，在浓度 10%～12%时进入洗浆段。

在置换洗浆段分四段逆流洗涤，第 4 洗浆段用热水洗涤（100℃），第 3 段用的洗液为第4段泵送来的滤液，第2段的洗液为第3段滤液，以此类推。第1段的滤液进入黑液槽。每一段的洗涤液都是用增压泵增压到一定压力送入的，泵送压力可达0.15MPa，高压力即增加了洗涤效率，同时防止了泡沫的产生。浆层在上述各段逆流洗涤中，浓度仍保持在10%～12%的范围。

洗浆段之后是真空吸滤区，浆层在真空度约0.05MPa的吸滤下增浓至浓度15%～16%，成为滤饼状，进入卸料段后受到一个压缩空气脉冲压力作用将浆层吹落至下方的碎浆式螺旋输送机。吸滤段的滤液也泵送至第3洗浆段作为洗涤液。卸料后的转鼓滤板用0.8～1.0MPa压力的热水冲洗后再进入成形区。

（二）鼓式置换洗浆机的结构

鼓式置换洗浆机的工作原理和内部主要结构如图4-57和图4-58所示。主要由转鼓、封闭罩和密封系统、增压泵、热水泵、封闭挡板、压缩空气和真空系统及各种输液管等组成。

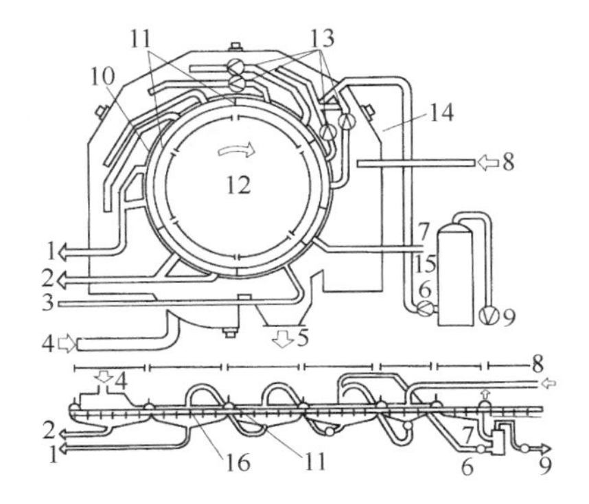

图4-57　鼓式置换洗浆机工作原理

1—从第一洗浆段排出的滤液　2—从成型区排出的滤液　3—加压空气入口　4—进浆　5—出浆口　6—从真空箱回流的滤液　7—从第四洗涤段流入真空箱的滤液　8—洗涤水入口　9—空气出口　10—密封挡板　11—隔板　12—转鼓　13—增压泵　14—密封罩　15—气水分离器　16—滤板

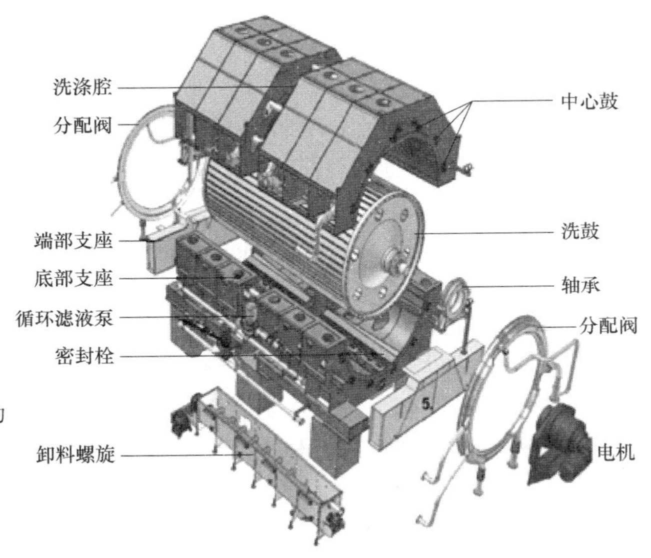

图4-58　鼓式置换洗浆机内部结构图

转鼓是鼓式置换洗浆机的核心部件。转鼓的外表面由不锈钢隔板分隔成若干部分，在相邻的两个隔板之间装有3mm厚，开有孔径为1mm，孔距为2mm的不锈钢过滤板，它们构成了洗浆机的过滤室。固定的密封板附在外壳上，它与转鼓表面的隔板相接触，以进行密封。使用密封板将转鼓表面分成成形段、置换洗涤段、真空吸滤段及卸料段。

密封系统包括段间和端部密封两部分，段间的密封是由转鼓上隔板和密封罩上的密封条构成，密封条由压紧弹簧加压或支撑，借助于涡轮来调整其在转鼓上隔板，从而调整其与转鼓上隔板之间间隙，一般间隙为1～3mm为宜，太大则洗涤液或浆料可进入下一段，太小则产生碰撞，磨损大，动耗大。各段滤液进入转鼓内隔板后流入端部，再经过管道泵进入下一段，所以在端部设有分配阀和密封圈，既起到滤液中转作用，又起到防泄漏的密封作用。如图4-59所示。

该密封圈的密封是通过两条推进的橡胶密封带实现端部密封的，密封带凹侧连接T形骨架（硬质塑料），T形骨架与转动部件接触，每条密封带间带有水环，高压密封水进入水环既可起到减小转鼓传动时的摩擦作用，又可起到防止鼓内的浆液外泄的密封作用和冷却密

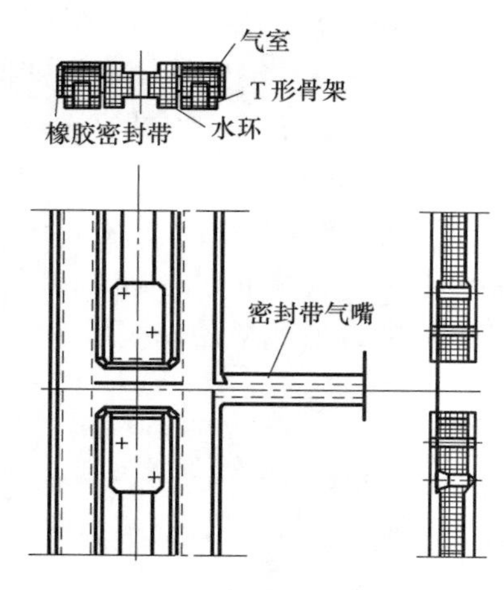

图 4-59　鼓式置换洗浆机端部密封结构示意图

封件的作用，密封带为中空结构，密封带内通入压缩空气，以提高密封带的密封性能及增加密封带的弹性。

（三）鼓式置换洗浆机的特点

① 良好的置换洗涤。目前国际上洗涤设备正向着高浓洗浆方向发展，强化设备的置换洗涤作用。鼓式置换洗浆机是应用置换洗涤理论进行鼓式多段逆流置换洗涤。由于各洗浆段具有良好的完整均匀的浆层和可调节的置换速率，所以其置换洗涤效率高。黑液提取率在96%以上，浓度在 9.0°Bé 以上，碱损在 10kg/t 浆以下（以 Na_2SO_4 计）。

② 洗涤液加压下洗涤。大部分洗浆机是靠在浆层底侧产生的真空而达到置换的。当浆料温度接近沸点时，滤液因真空作用产生闪急蒸发，破坏了真空形成，会造成洗浆困难。而鼓式置换洗浆机的各段置换洗涤液是经增压泵加压后进入置换洗涤段的，置换洗涤液是在压力作用下将浆层中的滤液置换出来，因无真空作用，不会产生闪急蒸发作用，因此可提高洗浆时的浆料温度，洗浆效果好，单位面积产量大。

③ 全封闭无空气洗浆。大部分开放式洗浆机在洗浆过程中，因有大量的空气进入纸浆中而产生大量泡沫，从而极大地影响洗浆机洗浆性能，如图 4-60 所示。在鼓式置换洗浆机中，洗浆滤液具有一定压力，以致在洗浆过程中不可能有空气混入浆中。之前就已被大部分消除。所以可以不用消泡剂和相应的附属设备。

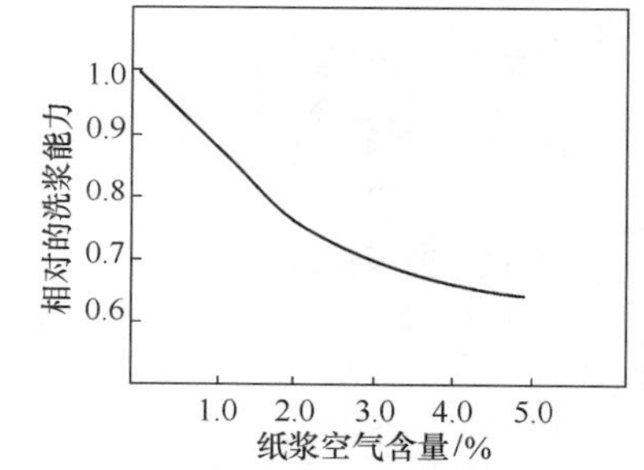

图 4-60　纸浆空气含量对洗浆能力的影响

④ 操作简便。全部洗浆设备为单台鼓式，运转性能好。此外，由于用中浓浆泵与鼓式置换洗浆机配合，中浓浆泵具有除去纸浆中空气的能力，故在纸浆进入洗浆机单台机进行操作，控制反馈速度快，开机后几分钟便可达到稳定的操作状态。对洗涤的条件要求不苛刻，只要浆料的硬度适宜即可进行洗涤。

⑤ 维修量小，设备利用率高。这种洗浆机是全封闭的，密封材料是一个特制的橡胶密封带，寿命较长，不必要经常更换，洗浆机滤网是由 3mm 厚的不锈钢板制成，固定在骨架上的永久性滤网，不需更换。传动设备简单，维修量极小，动力消耗低，设备利用率高。

⑥ 投资省，占地面积小。由于 4 个逆流洗涤段都在一个洗鼓内完成，且各段之间的滤液是由循环增压泵输送的，因此只需一个黑液槽，而省去其他中间槽、泵、管路和阀门等，占地面积非常小，且不受安装高度限制，所以厂房建筑和设备投资都很少。

（四）鼓式置换洗浆机使用时注意事项

① 控制好上网浆料的浓度是正常生产的关键，一般应控制在 2.5%~3.5%为佳，浓度低影响生产能力和过滤速度，影响洗涤质量和稀释因子。浓度大，易产生洗浆机负荷过大，堵浆等现象发生。

② 洗涤水的温度不得低于 60℃，否则将影响洗涤质量和稀释因子。

③ 洗涤浆料的硬度卡伯值不得超过 55。浆料硬度大，滤水过快，易产生洗浆机负荷过

大的现象。

④ 要严格控制压缩空气的压力和密封水的压力。一般情况下，压缩空气的压力不得低于 0.5MPa，密封水的压力不低于 0.6MPa，并要保证水的清洁度。因为压缩空气和水压过小，会产生滤液的泄漏，使浆料进入密封区，使洗浆机的负荷过大，密封水不干净则会损坏密封带。

参考文献

[1] 陈克复. 制浆造纸机械与设备（上）［M］. 3 版. 北京：中国轻工业出版社，2011.

[2] 胡楠. 轻工业技术装备手册［M］. 北京：机械工业出版 1995 年.

[3] G. A. 斯穆克，著. 制浆造纸工程大全［M］. 曹邦威，译. 北京：中国轻工业出版社，2001.

[4] 陈克复. 中高浓制浆造纸技术的理论与实践［M］. 北京：中国轻工业出版社，2007.

[5] 何北海，主编. 制浆原理与工程［M］. 3 版. 北京：中国轻工业出版社，2014.

[6] 龚香玲，等. 内滤式浓缩机的改进［J］. 中国造纸，2007（11）：27-29.

[7] 姚同业，等. 鼓式真空洗浆机在竹材化学浆 ECF 漂白系统中的应用［J］. 中华纸业，2011，32（4）：83-85.

[8] Panu Tikka，et al. Papermaking Science and Technology：Book 6（Part 2）［M］. Published by Paper Engineers' Association，2008.

[9] 张洪成，等.《"十二五"自主装备创新成果》系列报道之三：制浆装备技术［J］. 中华纸业，2016，37（10）：12-16.

[10] 陈安江. 国产鼓式真空洗浆机的现状及发展［J］. 纸和造纸，2017，36（2）：5-10.

[11] 陈振，等. 大型国产置换压榨双辊挤浆机的开发及投产实践［J］. 中国造纸，2014，33（8）：40-45.

第五章　筛选净化机械与设备

第一节　概　　论

一、概　　述

筛选、净化设备的作用就是将杂质与纸浆有效分离，最大限度地减少纸浆悬浮液中不符合工艺要求的杂质数量，以便得到洁净的良浆。

纸浆中杂质的种类很多，典型的有从外界混入浆料的泥砂、金属颗粒、塑料、橡胶、油墨等，以及制浆过程中产生的原料节、纤维束等非纤维性及纤维性杂质。这些杂质如在抄纸前不除去，就会产生严重的纸病，甚至会影响到纸机的运行。例如，长条状属于大的三维结构的杂物如纤维束不除去，不论哪一面都会在纸页的两面突出，易造成纸页的压花或孔洞等纸病；扁平状或细纤维束属于线形状的杂物，尽管不会从纸面凸现，但会影响纸的外观，增加纸的尘埃度，细小的颗粒状的杂物不仅会增加纸页尘埃度，而且会降低纸张的表面亮度。图 5-1 是常见杂质的大致几何尺寸范围。

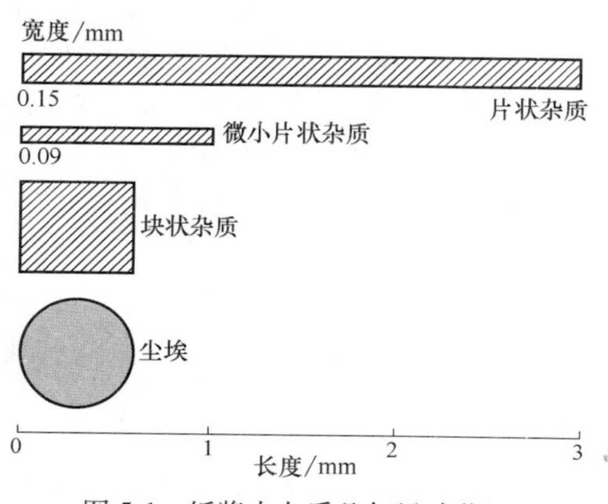

图 5-1　纸浆中杂质几何尺寸范围

根据浆料中杂质的种类，可使用两种方法去除纸浆中的杂质，即筛选和净化。即基于杂质与纤维的形态不同，如长度和宽度，使纸浆通过筛选设备，以及基于杂质与纤维的密度不同或比表面积不同，使纸浆通过净化设备而达到除去杂质的目的。

筛浆机是按阻留粗大杂质的原理工作，具有圆鼓形、圆锥形及平板形的筛板，筛板的开口可以是孔形（圆柱形、圆锥形等），也可以加工成长缝形，孔或缝的大小要适中，以使单根纤维通过，同时要使杂质滞留在筛板表面。良浆借助筛板两侧的静位差和设备自身运动产生的动压头流过筛孔（缝），由筛板阻止的尾浆或称粗渣则被轴向推力或重力排出。筛浆机必须具有防止筛孔被粗渣堵塞的脉冲发生机构，并按这一机构的不同把筛浆机分为离心筛、压力筛和振动筛等类。压力筛筛选技术发展很快，目前已成为现代制浆生产线中的最主要的设备配置。

与筛浆机不同，净化设备没有筛板，主要利用水力学原理，分别以离心力、重力及外力（如进出浆的压力差）或其他作用使杂质从纤维悬浮液中分离出来。沉砂沟、离心除渣器、涡旋除渣器等都属于净化设备。由于废纸制浆的发展，涡旋离心除渣器是除去浆料流中粗大杂质颗粒的关键设备。

近年来，为了简化筛选流程，缩减设备安装位置，生产中已使用了筛浆机与除渣器相结合的混合式筛选设备。如旋翼筛和高浓除渣器结合的旋离筛，除节与筛选相结合的旋鼓式压力筛等属于此类。

二、筛选与净化原理

（一）筛选与净化基本原理

筛选的首要任务是使纸浆悬浮液单根纤维能自由地通过有钻孔或开缝的筛板，而杂质保留在筛板表面，从而达到纸浆与杂质分离的目的。纸浆的分离是一个复杂的流体动力学过程，不仅要求纸浆絮聚团能充分分散成易于通过的单根纤维，而且留在筛板表面的杂质与浆料能有效排除以避免筛板的堵塞。最基本的要求是，在浆料悬浮液中杂质粒子与纤维尽可能地能互不干扰地运动。由此可以认为，纸浆浓度是非常关键的因素。浆料浓度越高，纤维网络絮聚体刚度越大，要求分散絮聚体的剪切速率和剪切应力也应越大。自由絮聚体，可能包含几千根纤维，厚度可达2~3mm，如果这些絮聚体没有立即被分散，就会随同浆渣一起排出。好纤维也会以这种方式依附于杂质表面，并形成比杂质更大的絮聚团，如果没有创造条件使杂质自由运动，那么这些好纤维也会随杂质一起排出。

通过筛框振动与来回往复高频运动，以及筛板和转子的结构变化产生足够大的湍动，可以有效地分散纤维絮聚体。因此，纤维在筛板表面的流动形式是筛选的重要性能，在许多筛选设备中，轴向流、截面流或径向流以及切向流或垂直流对分离的效率影响较大。同样钻孔或筛缝的大小和形式以及转子的结构布置也是很重要的影响因素。

在形态上与纤维大小接近的杂质是不能用筛浆机分离的，但如果密度不同，就可以用水力涡旋原理进行分离。涡旋运动能将流动压力能转化成旋转离心运动，使悬浮在流体中物质依次产生不同的运动形式。只要离心力足够大，杂质与纤维的密度相差较大以及浆料悬浮液呈流体态化状态，那么就能将杂质从浆料中有效分离。

在涡旋离心除渣器中，低浓浆料悬浮液以高速切向进入容器的圆筒体，容器的下部为圆锥体，重量轻的物质排放是位于进浆口的中心部位上方，较重的物质从圆锥体下端旋转排出。

（二）浆料与杂质分离的筛选过程

通过对不同形状的筛板在筛选过程中良浆与粗渣的分离力、筛板进浆侧的流型与纤维网络的形成及再破碎机理、纤维从进浆侧通过筛孔（缝）的运动轨迹以及筛孔（缝）挂浆阻塞等流体水力学现象进行了深入研究，使大家对筛选机理有了新的认识，也为筛浆机的设计提供理论依据，从而促进筛选技术的发展，提高筛选效率的同时能保证有较高的浆料通过量。

1. 纸浆流体的分离力

在筛选过程中，筛板畅通是正常筛选的必要条件。因此，既要保证浆料在筛板两侧压力差作用下能顺利通过筛孔（缝），又要使附在或靠近筛板的粗渣在很短的时间离开筛孔（缝）。同时，仅仅使粗渣沿着与筛板垂直的方向离开筛板还是不够的，还必须使它流向排渣口排出筛外，否则，会引起堵塞，破坏筛选。因此，在压力筛中，纸浆受到以下三种力的作用。

（1）流体径向拉力

良浆在通过筛孔（缝）之前，每个孔（缝）缘附近的流体必须汇聚到孔（缝）口处，并在径向上加速，产生径向加速度。径向加速度是流体径向拉力所引起的，而压力筛的径向拉力主要是靠进浆静压头高于良浆静压头或者用浆泵向筛浆机内送浆来实现的，也就是由筛板两侧的压力差所产生的。径向速度是压力筛中纸浆流最重要的速度，因为适当的流体径向拉力是决定压力筛优劣与生产能力的关键，流体径向拉力太大，不但把纤维和水拉向筛孔（缝），同时也把杂质拉向筛孔（缝），也给杂质提供了通过或堵塞筛孔（缝）的条件。

影响流体径向拉力大小因素除压力差外，还取决于筛板表面的形状。在同样的条件下，齿形筛板、波形筛板产生的流体径向拉力是光滑面筛板的 1.5 倍以上；究其原因是筛板的形式不同，其表面浆料流动的形式差别很大，齿形和波纹筛板能使筛板表面的浆料悬浮液产生湍流旋涡，使含纤维、杂质的絮聚团分散成单一的组分，有利于纤维与杂质的高效分离，如图 5-2 所示。

(a) 光滑普通形缝筛(转子前端)
流向
(b) 齿形缝筛(转子后端)
(c) 波形缝筛(转子前端)
图 5-2　三种缝筛表面的层流状况

此外，筛板厚度也对流体径向拉力有影响。太薄的筛板，良浆侧的流体湍动将干扰进浆侧的流态，从而干扰流体径向拉力，并非筛板越薄越好；太厚的筛板易在孔内产生较大的阻力，不利于浆料的通过，同样影响流体径向拉力，这样就存在最佳筛板厚度，根据经验，如筛孔 ϕ1.2~2.4mm 时，筛板理想厚度为筛孔直径的 2.5 倍。

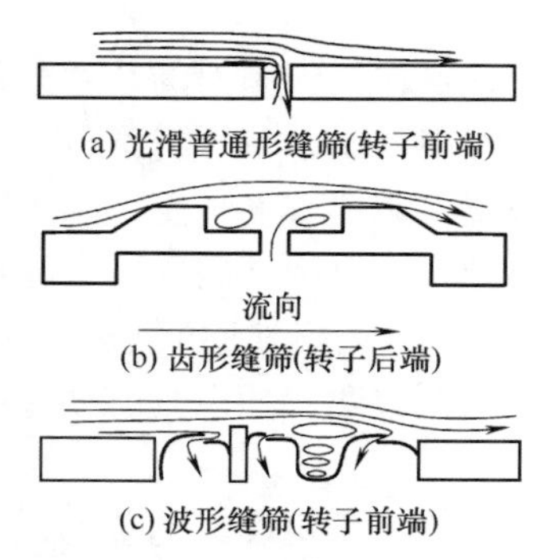

（2）转子转动产生的脉动应力

由转子旋转引起纸浆周期性脉动，脉动产生了局部应力。如图 5-3 所示，对称线为压力零线，脉冲前缘的 A 区域为正压区域，脉冲后缘的 C 区域属负压区域，因此，脉动局部应力的方向与大小也周期性变化。

A
C
B
A
B
C
旋翼
筛外壳
筛板
图 5-3　转子旋转产生的周期性脉动状况

随着旋翼的转速增高，则旋翼前后正压与负压值都会加大，对外流式压力筛来说，正压过大会促使粗渣通过筛孔及引起筛孔堵塞，而负压加大可加强净化筛板的效果。压力脉冲的强度还跟旋翼与筛板之间的间隙有关，通常间隙越小，压力脉冲应力越大，清洁效果就越好。由经验知：当间隙为 2mm 时，转速 200r/min，压力脉冲的幅度为 300Pa（30mm 水柱）；转速为 300r/min 时，为 600Pa（60mm 水柱）；当转速提高到 400r/min 时，压力脉冲强度提高到 2.4kPa（240mm 水柱）。此外，脉动局部应力与流体拉应力的关系视不同类型的压力筛而定，例如对单鼓外流、旋翼在鼓内的压力筛，在 A 区域脉动局部应力与流体拉应力同向，提高了筛选能力，在 C 区域，脉动局部应力与流体拉应力反向起到清洗筛孔（缝）边缘杂质的作用。为了进行有效地清洗，C 区域的脉动局部应力必须远大于流体拉应力，而对内流式压力筛则相反。

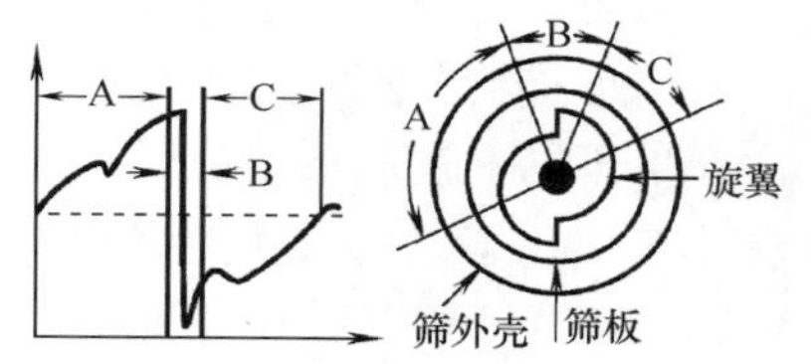

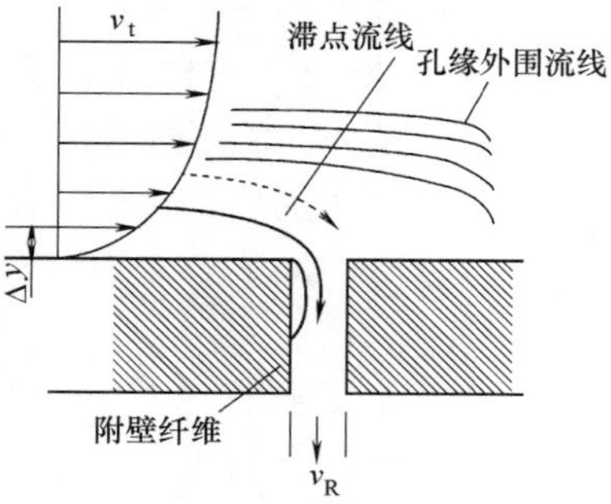

v_t
滞点流线
孔缘外围流线
Δy
附壁纤维
v_R
图 5-4　光滑面筛板表面纸浆流动形成的速度梯度

（3）纸浆表面剪切应力

如图 5-4 所示，当纸浆沿筛板表面作切线流动时，由于筛板表面处速度为零，而在离开表面处的主浆流切线速度很大，在很薄的边界层中会引起很大的速度差，由速度差会产生剪切应力，其大小正比于纸浆切线速度。

筛板表面剪切应力消耗了能量，使筛板表面处的切线速度慢慢降低，因此，从进浆端到排渣端所消耗的能量由旋翼输出的能量进行补充。

2. 纤维从进浆侧通过筛孔（缝）时的运动轨迹

在筛选过程中，纤维流过不同类型的压力筛筛孔时，其行为方式有很大的差别，在正常情况下，正脉动期间纤维会以三种形式通过筛孔（缝）。

① 纤维由头部先进入筛孔（缝）；

② 纤维由尾部先进入筛孔（缝）；

③ 纤维由中间部分先进入筛孔（缝）。

决定纤维以怎样的形式通过筛孔（缝）的主要因素有：a. 筛板表面的流型；b. 纤维的柔软度；c. 纤维与筛板间的径向距离。

图 5-5 描述了纤维头部先进入二种不同筛板开口区的情况。这种现象在光滑型筛板、冲孔型波纹筛板以及齿型筛板上尤为突出。在这种现象中，黏性力起主导作用。

由于浆流的涡流作用使纤维尾部先进入小孔，如图 5-6 所示。线性排列的纤维在阻流棒后来不及调节其自身的方向，涡流就把纤维的尾部拖进了开口区。这种现象在波纹筛板中非常明显。

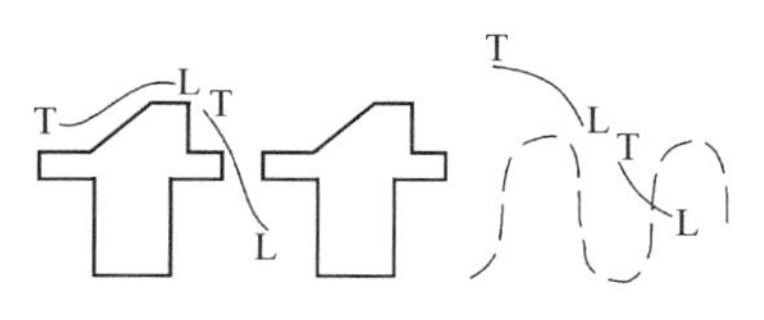

图 5-5　纤维以头部通过两种筛板开孔区域的状况

L—头部　T—尾部

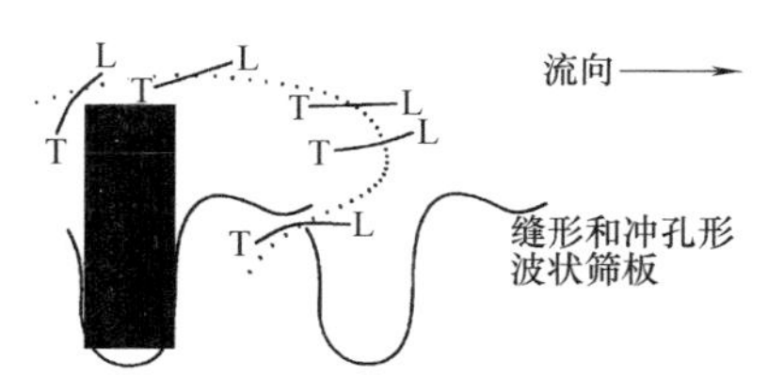

图 5-6　纤维以尾部通过波纹筛板开孔区域的情况

L—头部　T—尾部

如图 5-7 所示，当一根纤维非常接近筛板表面，而浆流流过开孔区时，就有可能使纤维产生弯曲，甚至折叠使纤维的中部先进入开口区。这种现象在光滑形筛板和齿形筛板上最为突出。

3. 筛孔（缝）的挂浆现象

图 5-8 显示了齿形缝状筛板的挂浆现象，这种纤维钉挂现象以两种方式产生。

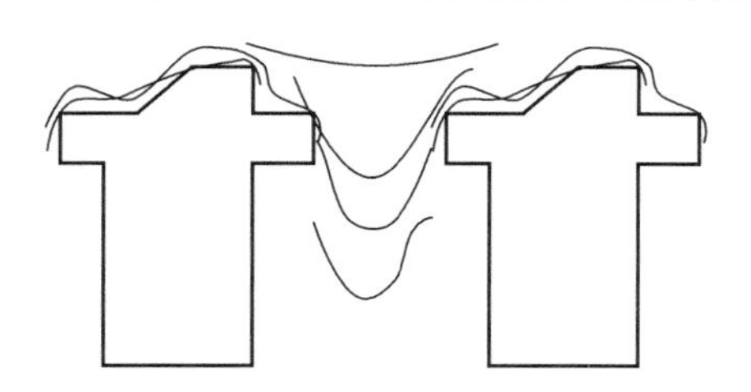

图 5-7　纤维中间部分通过齿形筛板开孔区情况

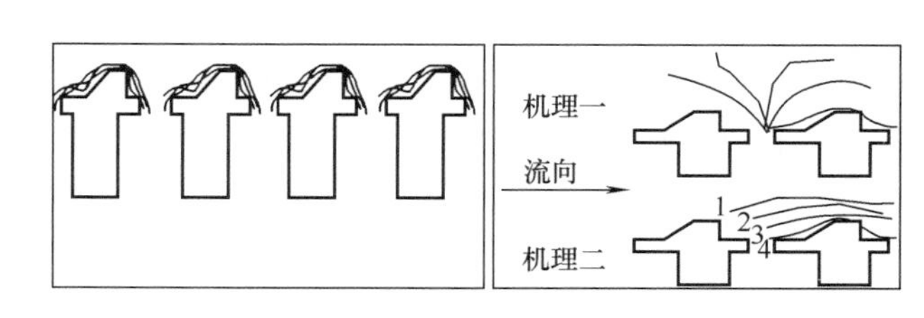

图 5-8　齿形筛板进浆侧挂浆现象与纤维钉挂的方式

1~4—4 种纤维形态

方式一：当纤维与筛板的径向距离较大时，纤维头部进入一缝口，与开孔区的边缘相接触。浆流的连续运动使得纤维尾部向下游流去，最后使之进入旁边另一缝（孔）。

方式二：当纤维比较接近筛板时，纤维两端在两个相邻的缝间停留，而向外的浆流迫使纤维两端进入开孔区。产生挂浆现象。

在冲孔光滑筛板上纤维没有产生大量挂浆现象。同样，因涡流作用，波纹状筛板发生挂浆现象也较少。

挂浆现象降低了筛板开口面积，因此降低了产量。若纤维平均长度小于孔（缝）间距，那么就很少产生纤维的挂浆现象，产量也相应地增加。

4. 进浆侧纤维絮聚团的形成及再破碎

纤维絮聚团是纤维、杂质、絮凝物和碎片在筛孔开口周围无规律地堆积起来的集合体。一旦某种介质粘在或挂在孔（缝）的边缘，纤维等物质就会很快地在粒子周围聚积起来，形成纤维絮聚团。纤维絮聚团的形成过程是非常快的。根据实验观察，最大纤维絮聚团厚度可达2~3mm，这与筛板类型及浆流浓度有关。大多数纤维/絮聚团的厚度一旦达到临界厚度，它就会被主流所粉碎或带走。但必须指出的是，当正脉动力大到能将纤维絮聚团压进筛孔，那么就会导致筛孔堵塞，如图5-9所示。

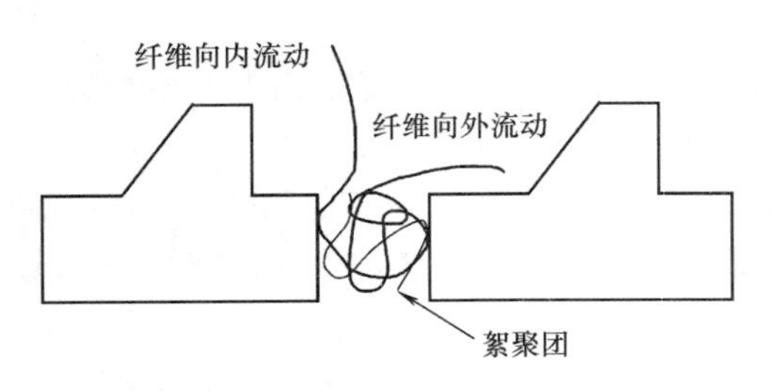

图5-9　孔（缝）边缘处的纤维和杂质絮聚团

5. 纸浆与杂质的分离过程

如图5-10所示，纸浆流的切线速度使纤维或杂质平行于筛板表面，就使切线与径向合成速度的投影方向的有效开口（孔或缝）面积减少，也就是使浆料进入孔（缝）的角度变小，切线速度越大，影响就越厉害，有效开口（孔或缝）面积就越小，进入角度也就越小。浆料的进入角度确定了筛选的水力分离效率，粒子越大，越难通过筛孔（缝），而细小纤维则较易通过。通常切线速度比径向速度大数倍，其进入角度只有几度，如图5-10所示。图中：v_t—纸浆切向速度；v_R—纸浆垂直穿过筛孔的速度（径向速度）；v_A—轴向速度。

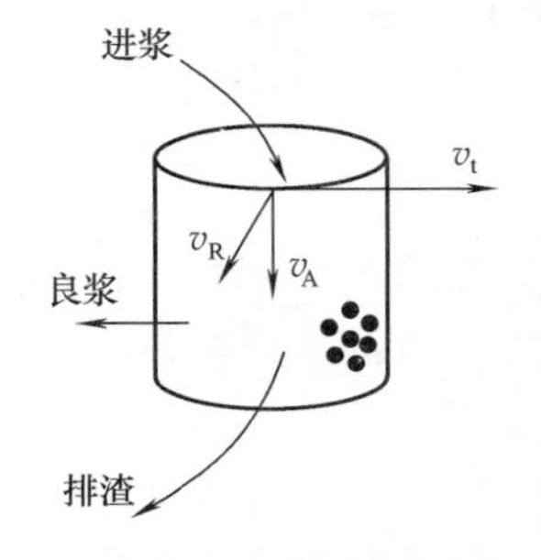

图5-10　筛鼓表面纸浆的受力分析

因此，提高切线速度，对所给定的纤维和杂质要顺利通过筛板所需开口（孔或缝）率就呈线性增大。由于切线速度使筛板的有效开口（孔或缝）面积相对减少是筛选的一个重要机理。

图5-11表明，在v_t与v_R合成速度方向上筛孔（缝）投影宽度很小，大于投影宽度的粗渣通过筛孔的机会小。其次，因分层排列作用，使纤维束呈与筛板平行方向排列，同时使得平行于筛板表面呈圆周方向运动纤维束或类似于刚性的杂质很难旋转为径向接近筛孔（缝），如粗硬纤维和杂质越长越硬，被切向速度带走而总不通过筛板的可能性就越大。再则，即使某一杂质的尺寸小于投影宽度而进入孔（缝）口前缘，也会因瞬间负压被吸落。

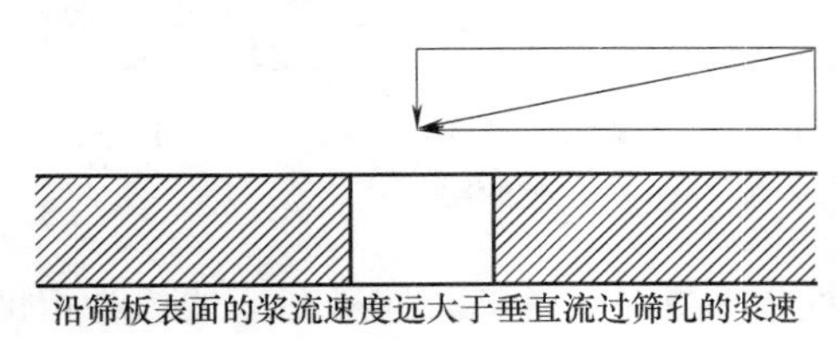

图5-11　筛板表面浆料流动的径向与切向矢量

通常，纸浆平行于筛板速度v_t（切线速度）远远大于垂直通过筛孔（缝）的速度v_R（径向速度，是由旋转离心力、筛板两侧压力差与叶片脉动形成流体径向拉力等共同产生）。其比率是决定杂质分离效率的重要参数，比率v_t/v_R越大，杂质的分离效率就越高。v_t/v_R比率的增大，也会影响良浆纤维通过量，不过由于良浆中纤维是柔软易弯曲的细长状物质，尽管合成速度方向相应缩小了有效开口（孔或缝）面积，纤维照样会沿孔（缝）缘的涡线弯曲地通过筛孔（缝）。如果纸浆中的杂质与纤维相近，把杂质从纸浆中分离出来难度就较大，当然v_t/v_R比率也不能过大，否则良浆纤维通过筛孔（缝）也会带来困难。一般建议 v_R 为 1~2m/s，一般建议 v_t 为 6~7m/s，这样 v_t/v_R 比率在 4~7 范围内较好。

通常浆料轴向速度也比切线速度小很多，而当良浆不断流过筛板时，浆料轴向速度 v_A 将降低；同时，在压力梯度下，水会优先通过筛板，这不仅稀释了良浆，而且使留在筛板的杂质浓度增加。因此为了保证筛选的运行，要尽快使杂质流向排渣口，这就是为何许多压力筛设计成竖式的原因。转子速度与筛板的结构要保证筛板表面的足够剪切应力以破坏筛板表面浆料絮聚体，防止筛板的堵塞，使浆料与杂质能有效分离。

（三）浆料与杂质分离的净化过程

与纤维形状相似的杂质不能用筛浆机去除。但是如果这些杂质的密度与纤维不同，则可利用涡旋除渣器除去。涡旋除渣器就是基于密度差和粒子的形状和大小，并借离心力和流体剪切力的综合作用除去纸浆中的杂质。

锥形除渣器中浆料涡旋离心场是由进浆压力能经切线进浆口转化而来，有时候，如果浆料浓度较高或通过量较小时，需要在圆筒体顶部安装辅助旋转装置以产生足够大旋转离心力，才能保证杂质与良浆的有效分离。

如果进浆速度是 $v_{t,i}$，涡旋半径是 r_i，那么朝着圆锥筒壁的离心加速度可以表示为：

$$a_c = v_{t,i}^2 / r_i \tag{5-1}$$

忽略摩擦阻力，在逆向流锥形除渣器中，最大的切向速度可由进出浆口压差 Δp 获得：

$$v_{t,max} = (2\Delta p/\rho_s)^{1/2} \tag{5-2}$$

式中 ρ_s——浆料的体积质量，t/m^3

那么最大加速度则可以表示为：

$$a_{c,max} = 2\Delta p/(\rho_s \cdot r) \tag{5-3}$$

如果进出口压差是 20kPa，而直径是 50mm，则离心加速度达到 $8000m/s^2$，大约是重力加速度的 800 倍。事实上，由于摩擦力等因素的影响，实际加速度要比理论值小很多。但较高的离心加速度一方面能使杂质从浆料中快速分离出来，提高净化效率；但另一方面，会增加器壁的磨损，减少净化器的使用寿命。

浆料沿切线进入圆筒形除渣器，由于压差的作用，流体产生涡旋离心运动；整个浆料（水、纤维、杂质）在向下的涡旋运动中产生很大的离心力，离心力沿径向向外。浆料悬浮液中某单个粒子在涡旋场中受到离心作用力如式（5-4）所示。

$$F_c = V_p \cdot \rho_p \cdot v_t^2 / r \tag{5-4}$$

式中 F_c——离心力

v_t——切线速度

V_p——粒子体积

ρ_p——粒子密度

r——涡旋半径

由上式可知，在涡旋场中，比重大的杂质所受离心力比纤维和水要大，将从絮聚团的核心中被剥离出来移向外周器壁；同时，不同的旋转半径的浆层间的速度差引起的剪切力也会破坏流体的絮聚，使得纤维与杂质之间能彼此相对移动，从而使更多的密度较大的杂质甩向容器壁。在重力的作用下，粗渣下沉到除渣器底部，并由排渣口排出；良浆由于比重小，越向下运动越被迫靠近容器中心处。若良浆出口和排渣口与大气隔绝，则中心会产生一个真空负压气芯；若排渣口是与大气连通，则此负压会吸进空气形成一个空气芯柱。由于中心负压的作用使良浆下旋到底部后又上旋，并从良浆出口排出。涡旋除渣器净化原理见图 5-12。

离心涡旋场中流体粒子除受到向外的离力力以外，还受到径向向内流动的浮力以及粒子流过物体时产生的流体阻力，阻力的作用会降低离心加速度，从而降低杂质的分离效率。为了维持足够大的离心加速度，锥形除渣器的锥体向下是逐渐缩小的。因此，大多数的锥形除渣器是由圆筒体的顶部和圆锥体的底部组成。

除渣器的直径越小，则形成的离心力越大，则对除去不同形式的小尘粒最有效。如果除渣器主要是除去较大的低密度杂质（如纤维束或浆块），则大直径离心除渣器被证明更有效。关于两种不同直径离心除渣器，其粒子规格和形状对效率的影响比较示于图 5-13。

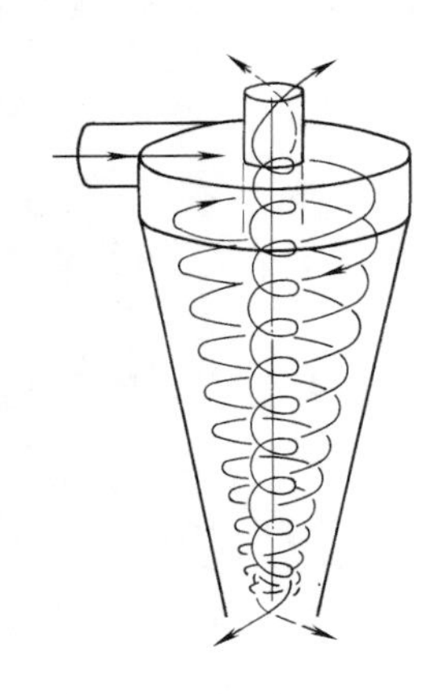

图 5-12　涡旋除渣器的工作原理

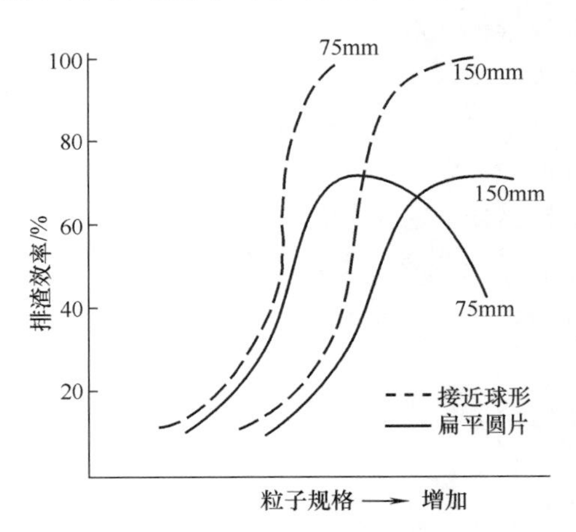

图 5-13　粒子规格和形状对排渣率的影响

注：涡旋净化器规格为 75mm 和 150mm。

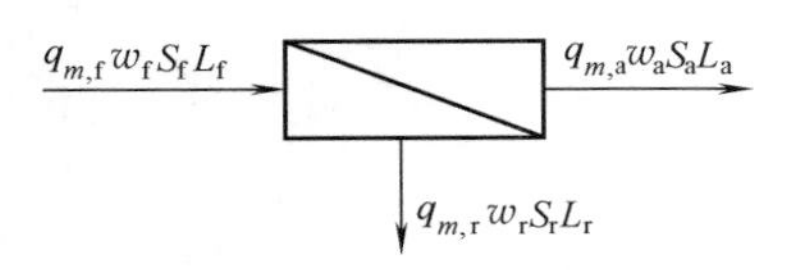

图 5-14　表示了纸浆通过筛选其杂质与良浆分离的示意图

（四）筛选效率的综合评价方法

筛选设备的筛选效果主要表现在粗渣与良浆的分离效果。而分离效果通常是以所达到的分离作用和排出的尾浆量的关系来进行评估的。1981 年，L. Nelson 提出了筛选效果新的评定方法-杂质去除指数法。

图 5-14 描述了纸浆通过筛浆机时杂质与良浆分离的示意图。

设 L_a——良浆中纤维含量，%

S_a——良浆中杂质含量，%

w_a——良浆的浓度，%

$q_{m,a}$——良浆的流量，以质量计，kg/s

L_r——尾渣中纤维含量，%

S_r——尾渣中杂质含量，%

w_r——尾渣的浓度，%

$q_{m,r}$——尾渣流量，以质量计，kg/s

L_f——进浆中纤维含量，%

S_f——进浆中杂质含量，%

w_f——进浆浓度，%

$q_{m,f}$——进浆流量，以质量计，kg/s

以质量计的尾渣率为 R_m（%），可表示为

$$R_m=\frac{q_{m,r}w_r}{q_{m,f}w_f} \tag{5-5}$$

那么可得出

$$1-R_m=\frac{q_{m,a}w_a}{q_{m,f}w_f} \tag{5-6}$$

$$S_f=(1-R_m)S_a+R_mS_r \tag{5-7}$$

$$L_f=(1-R_m)L_a+R_mL_r \tag{5-8}$$

如记 E_r 为杂质去除效率（%），则有

$$E_r=\frac{q_{m,r}w_rS_r}{q_{m,f}w_fS_f}=R_m\cdot\frac{S_r}{S_f} \tag{5-9}$$

筛选效率 E_c（%）为

$$E_c=1-\frac{S_a}{S_f}=\frac{S_f-S_a}{S_f} \tag{5-10}$$

则可定义纸浆中杂质去除指数 Q 为

$$Q=\frac{E_c}{E_r}=\left(1-\frac{S_a}{S_f}\right)\cdot\frac{S_f}{S_rR_m}=1-\frac{S_a}{S_r} \tag{5-11}$$

从上述各式可得出 E_r 及 E_c 与 Q 及 R_m 的关系：

$$E_r=\frac{R_m}{1-Q(1-R_m)} \tag{5-12}$$

$$E_c=\frac{R_mQ}{1-Q(1-R_m)} \tag{5-13}$$

由以上可知，如果良浆中没有杂质，$S_a=0$，则杂质去除指数 $Q=1.0$，筛选效率 $E_c=100\%$，表示尾渣中带走所有的杂质，杂质去除率 $E_r=100\%$，这时可认为筛选效果为 100%，即筛浆机处在最理想的筛选状态；当 $Q=0$ 时，$S_f=S_a=S_r$，进浆含渣量、良浆含渣量及尾浆含渣量一样，此时筛选效率 $E_c=0\%$，杂质去除率 $E_r=R_m$，此时整个筛选过程失败。

过去常用杂质去除效率 E_r 作为判断一台筛浆机的筛选效果好坏的主要参数，认为 E_r 越大越好，但 E_r 与尾渣率 R_m 成正相关系，尾渣率在 E_r 值起了很大作用，这从以上公式也可以看出。因而单纯以 E_r 值作标准来检验筛浆机就不全面，有了 Q、E_c 值就全面了。Q、E_r、E_c 是评价一台筛浆机的依据。

因此，判定一台筛的优劣，筛选效果如何，单纯用杂质去除效率 E_r 来描述是不行的，必须用 Q、E_c、E_r 这三个参数来判别，三个参数的值越接近于 1，说明筛浆机的筛选效果就越好。

第二节　振动式筛浆机

振动式筛浆机又称为振动筛，是由机械部件（如筛板或筛鼓、薄膜或浆槽）产生振动的方法净化筛板，靠压力差迫使良浆通过筛板（鼓）的筛选设备。产生振动的机械有三类：a. 凸轮机构；b. 曲柄连杆机构；c. 偏重块振动器。

振动筛以筛板（鼓）本身振动引起附近浆流发生压力脉冲净化筛板的效果最好，而靠其他机件的振动作用来破坏筛板上的絮聚纤维层的筛浆机，如振膜式平筛及振槽式圆筛等已逐渐被淘汰。

振动筛主要用于筛选长纤维浆（如棉、麻等）和粗浆除节以及除节后浆渣的筛选等方面，且以高频振动筛（平筛或圆筛）为主。国内目前普遍应用的为高频振框式平筛。

高频振框式平筛俗称詹生筛，常用于化学浆与机械浆的除节，故有时又称除节机。此外，它还可用于除去废纸浆中的大块的立体状或扁平状的杂物（如橡胶）及从粗渣中回收

好纤维，减少纤维流失。

高频振框平筛的结构如图 5-15 所示。它由一个支承在减振器上的筛框和混凝土承浆槽组成。筛框的底是一块曲面的不锈钢筛板，筛孔的直径根据筛选工艺要求确定，用于除节时，筛孔采取 $\phi 3 \sim 10$mm，孔距 5 ~ 13mm；但用于草类粗浆一级筛选时孔径可小于 $\phi 3$mm。筛框的振动由偏重振动器产生，振动机构是由一个两端具有轴承的圆筒和一根振动转轴组成，振动转轴套在圆筒内，轴的两头装有偏重物，轴的两端则支撑在圆筒两端的滚动轴承上。振动转轴通过一条中间轴和两个弹性联轴器由电动机直接带动回转，当转轴由电动机驱动后，筛框和振动器一起振动。筛的振幅可以通过改变偏重物的偏心距来调节，振幅一般为 2 ~ 3mm，频率约 20Hz 左右。

图 5-16 是几种常用于高频振框式平筛的减振器形式。

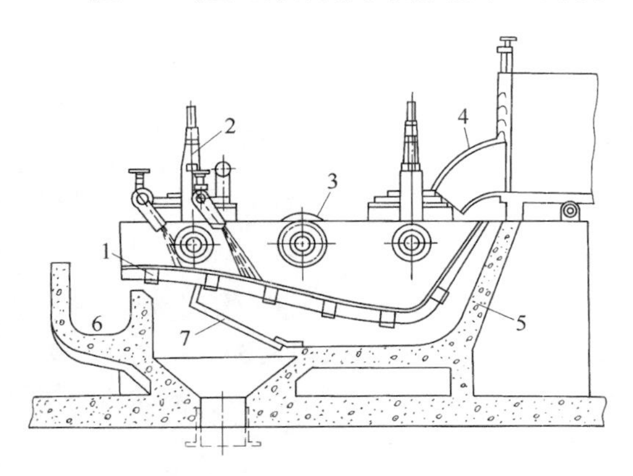

图 5-15　高频振框式平筛

1—筛框　2—弹簧　3—振动器　4—进浆口
5—浆槽　6—粗浆收集槽　7—挡板

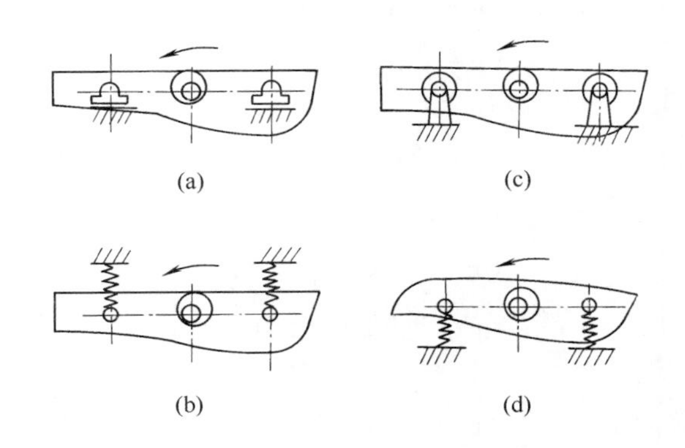

图 5-16　几种常用的减振器形式

（a）橡胶底轨式减振装置　（b）拉力弹簧式减振装置
（c）橡胶法兰盘式减振装置　（d）压力弹簧式减振装置

浆料以一定的压头落到筛框上，良浆在压差作用下通过筛板进入浆料槽，浆槽内设有挡板，使良浆浆位略为淹到筛板，既作为介质阻力使筛框振幅保持一定，又起到淘洗筛板上附于粗渣的好纤维的作用。定向圆形振动器的惯性力推力使粗渣跳落到粗渣收集槽。在粗渣出口处装设有高压喷水口，分离细小纤维，减少纤维的流失。

国产定型的高频振框式平筛的技术参数见表 5-1。

ZSK_5 型高频振框式平筛主要用于废纸浆筛选，频率稍低而振幅稍高，其筛框底部四周用钢板围住，不必要使槽中浆位淹过筛板，即由原来的液体脉冲阻尼改为气体脉冲。采用平面筛板，可配 $\phi 2 \sim 12$mm 筛孔或 $\phi 0.5 \sim 0.75$mm 筛缝。其进浆浓度为 0.5% ~ 1.5%，作为粗渣尾筛的产量为 2 ~ 15t/d。

表 5-1　　$ZSK_{1\sim5}$型高频振框平筛的技术特征

型号	ZSK_1	ZSK_2	ZSK_3	ZSK_5
筛选面积/m^2	0.24	0.9	1.8	1.0
筛框尺寸(长×宽)/mm	800×300	1800×500	1800×1000	2000×500
振动频率/Hz	24	24	24	11.8
振幅/mm	2.44	3~4	4~5	10~12
生产能力/(t/d)	5~10	15~30	30~90	2~25
电动机功率/kW	1.1	3	4~4.5	2.2
电动机转速/(r/min)	1420	1420	1440	710

第三节　离心式筛浆机

离心筛作为粗浆筛选的主要设备已得到广泛应用，根据不同工作原理及生产实践可把离心筛分为 A 型、B 型、C 型，以及在 C 型离心筛基础上改进的 CX 型、KX 型，还有就是我国对 CX 筛的结构进行改进并已定型的 ZSL 型离心筛。CX 型离心筛及 ZSL 型离心筛是目前国内广泛使用的离心筛浆机。

一、离心筛的筛选过程

离心筛的结构特点是卧式外流式，转子在圆形筛鼓内旋转。浆料借助液压差从筛鼓的一端进入；良浆靠压力差加上由转子旋转产生的离心力流过筛板；尾浆（粗渣）由轴向推力从筛浆机的另一端排出。筛孔的清洁主要靠转子叶片后方产生的瞬间负压或环流运动及稀释水的冲刷等作用。

在筛选过程中，离心筛筛鼓附近纸浆受三个方向的作用力，即切向力、径向力与轴向力。在受到这三种外力的作用下，纸浆在筛鼓内呈螺线形环流向排渣口移动的过程中，良浆不断通过筛孔，环形浆流的厚度越来越薄，浆料越来越浓。为了使好纤维在排渣前尽量通过筛孔，并维持一定的浆量和浓度，必须往筛鼓内加入稀释水，阻止浆料的增浓，减少好纤维通过筛板的阻力。通过筛板的纤维由良浆口送往下一工段，而留在筛板表面的粗渣继续向前移动经粗渣口排出。

纸浆可认为是长条形纤维和不同形状的粗杂质在水中的混合悬浮体，当浆流旋转至一定的流速，离心力大于重力时，在筛鼓内浆料形成略带偏心的环流。纤维的比重略大于水，因而合格的纤维多集中在浆环的外层，靠近筛鼓的内壁，容易随水通过筛孔；三维的立体状粗渣及二维的长条状或扁平状粗渣如纤维束等由于比水略轻，因而粗渣多浮在浆环的内层，不易接近筛板而阻留在筛鼓内。与此同时，筛鼓表面的纤维过滤层又进一步阻止粗渣、纤维束通过筛孔，在不断冲稀和叶片的搅拌作用下，纤维过滤层又不断被破坏，不断被其他进浆所更新，而筛孔附近的粗大纤维也得到清除，从而防止筛板发生堵塞。为了防止排渣口浆料的增浓现象，同时也为了减少纤维的损失及保证筛选效果，必须连续往筛浆内加入稀释水，保持整个筛鼓表面浓度一致。

二、CX 型离心筛

图 5-17 是 CX 型离心筛的结构示意图。它由底座、墙板、筛鼓、转子、进浆弯管、轴承座及外壳等组成。圆筒形外壳内装有筛鼓，筛鼓由两块半圆筒形筛板用铆钉固定于两块筛框上，筛框用螺栓组装成整体，筛板上冲有筛孔，筛鼓水平地安装在墙板上；转子通过空心轴安装在两轴承座上，通过三角胶带由电动机带动旋转。

CX 型离心筛结构的主要特点是转子结构的性能优于其他 C 型离心筛。

老式 C 型离心筛的转子直径大，长度短，转子速度难以提高。为使浆料能在筛鼓内分布均匀，转子中央的导流片使转子结构复杂。而且稀释水是从机体的排渣端环形室进入向外喷射的，被稀释的浆料局限于排渣端的粗渣，故大量粗纤维通过筛孔，降低了筛选质量。

CX 型离心筛的转子吸收了国外 KX 型寇文筛转子的优点，并在它的基础上进行了改进，将单头进水双层套管改为两头空心轴进水结构，这样使主轴缩小，而且便于制造。

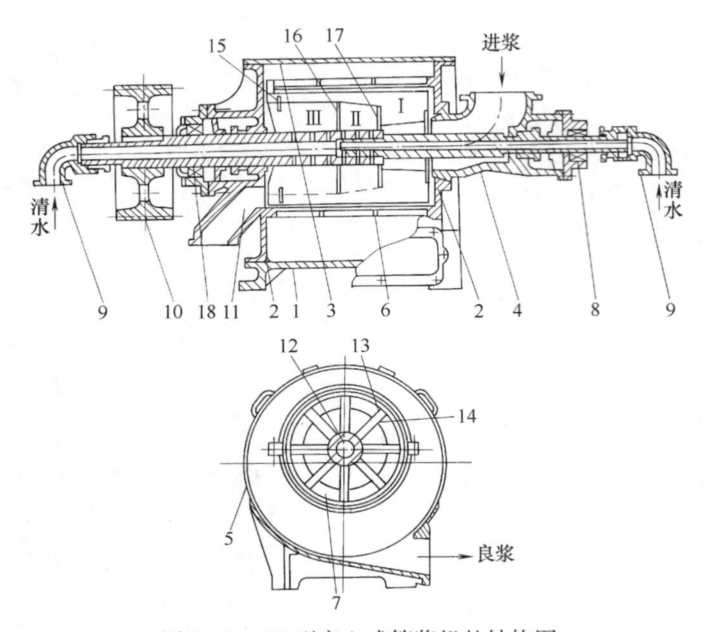

图 5-17　CX 型离心式筛浆机的结构图

1—底座　2—墙板　3—盖板　4—进浆弯管　5—外壳　6—筛鼓　7—转子　8,18—轴承　9—进水弯管　10—三角皮带轮　11—粗渣出口　12—空心轴　13—叶片　14—隔板　15—挡浆环　16—第二圆盘形挡板　17—第一圆盘形挡板

CX 型离心筛的转子由空心轴、叶片、隔板、圆盘形挡板及挡浆环焊接而成（参看图5-17）。转子上各有 6～10 块叶片及隔板，在转子叶片的排渣端有一块挡浆环，它加强了转子叶片的刚度，同时延长浆料在筛鼓内的停留时间，防止浆料过早排出，使尾浆量减少。转子的中部另有两块圆盘形挡板，将筛鼓分成三个筛选区。空心转轴既将整个转子支撑在轴承座上，又将稀释水送入筛鼓内，在空心轴的中部用封板隔开，使它成为两条互不相通的稀释水管。稀释水从空心轴两端通入，经小孔从叶片与隔板之间的隔层中喷出。为便于控制进水量，在两端稀释水管上各安有量程为 0～400kPa 的压力表及调节稀释水量的阀门。

CX 型离心筛的转子直径比相同生产能力的 A 型寇文筛要小，转速要大，尽管直径小，但线速保持不变，因而筛鼓圆周处的环形浆层厚度会增加。这样，当进浆量波动，甚至浆量不足时，也不会显著影响筛选质量。

转子上的两块圆盘形挡板将筛选分成三个区。第一圆盘形挡板上开有一小圆环孔，浆料由外壳进浆侧中央进入第Ⅰ筛选区，大部分浆料直接流动至筛鼓圆周处，良浆经筛孔外流，小部分浆料经小圆环孔直接进入第Ⅱ筛选区，把进入第Ⅱ筛选区的浆料冲稀，以充分利用浆料内的水分，减少稀释水量。这样，良浆的浓度提高了，降低了浓缩机的负荷。第二个圆盘形挡板使浆料在机内停留时间延长，使浆料充分进行筛选。

稀释水从两端的稀释水管进入，分别稀释第Ⅱ、Ⅲ筛选区浆料，水量和水压都可以根据工艺条件由人工单独调整。CX 型筛为两区稀释，稀释面积增加，而且稀释水由叶片与隔板的隔层中直接喷射至筛鼓圆周内壁，更有利于粗渣与良浆的分离，使纤维筛分的效果更好。

进入筛浆机的浆料应有一定的压力，一般进浆浆位到筛浆机中心线间的距离为 1.2～2.4m。因此，在浆料进入筛浆机之前，应设有足够容积的进浆箱。为了控制进浆箱内进浆浆位的稳定，在进浆箱与筛浆机之间的管路上装有阀门，可根据需要进行调整。

CX 型离心筛适用于化学浆、机械浆、废纸浆的筛选。具有生产能力高、筛选效率高、动力消耗低、纤维流失小、操作维护简单等优点。但在实践中发现，CX 型筛在筛选草类浆时，存在叶片易挂浆及排渣不够通畅等缺点，因此出现了 $ZSL_{1\sim4}$ 型离心筛。

三、$ZSL_{1\sim4}$ 型离心筛

$ZSL_{1\sim4}$ 型离心筛是我国在 CX 型离心筛实践的基础上改进设计的新型号，它保留了 CX

型筛直径小、转速高、浆环形成好等特点，克服了 CX 型筛存在的缺点。

$ZSL_{1\sim4}$型离心筛如图 5-18 所示，它与 CX 型筛不同之处是转子叶片之间的楔形区用封板封闭；另外根据筛选草浆的特点，在 CX 型筛中渣浆和浆环容易过厚，故 $ZSL_{1\sim4}$型离心筛取消了中间一块圆盘形挡板。除此之外，新型号在排渣口结构上也进行了改进。CX 型筛排渣口的设计不太合理，粗渣成螺旋线运动到排渣口处要急转 90°才排出，容易堵渣。$ZSL_{1\sim4}$型离心筛排渣口改成可以利用螺旋线运动的惯性力和离心力作用及时通畅地排渣。

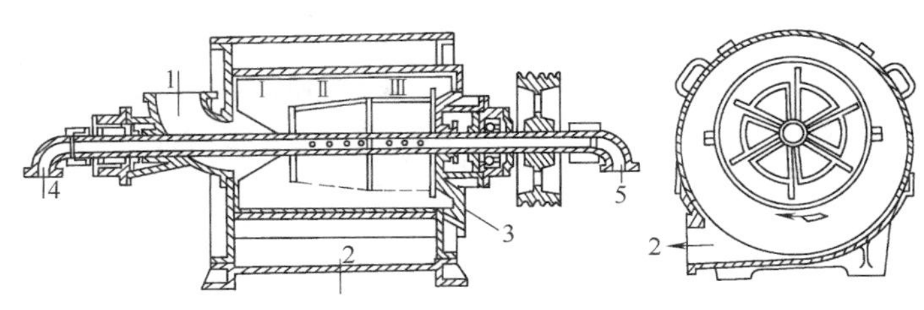

图 5-18　$ZSL_{1\sim4}$离心筛的结构
1—进浆口　2—良浆出口　3—粗渣出口　4—Ⅱ区稀释水进口　5—Ⅲ区稀释水进口

离心筛的结构参数如筛鼓长度与直径之比、转子形状与转速、叶片数量及叶片倾斜度、筛孔的直径及排列以及稀释水管的结构等会直接影响到浆料的筛选效率、筛选能力及日常操作等方面。$ZSL_{1\sim4}$型离心筛现有 4 种规格，主要技术特征见表 5-2。

表 5-2　$ZSL_{1\sim4}$型离心筛的主要技术参数

参数 \ 型号/旧型号	ZSL_1	ZSL_2	ZSL_3	ZSL_4
	CX-0.5	CX-0.9	CX-1.6	CX-2.4
筛选面积/m^2	0.5	0.9	1.6	2.4
筛鼓规格/mm	ϕ340×470	ϕ475×600	ϕ635×800	ϕ743×1065
转子规格/mm	ϕ324×510	ϕ455×655	ϕ610×865	ϕ718×1130
转子转速/(r/min)	750	575	485	450
叶片数/片	6	8	8	10
进浆浓度/%	0.8~3.0	0.8~3.0	0.8~3.0	0.8~3.0
出浆浓度/%	0.6~1.5	0.6~1.5	0.6~1.5	0.6~1.5
电机功率/kW	11	22	40	75
设计产量/(t 风干/d)	10~15	20~40	40~80	100~150

在选用 $ZSL_{1\sim4}$型离心筛时要合理选择筛板，并且必须慎重处理好产量和效率之间的关系：孔径大，产量高，但筛选效果差；孔径小，筛选效率高，但产量低；孔距小，筛板的开孔率大，产量大，但孔距过小易造成筛板的堵塞，同时使筛板的刚度降低，影响筛板的使用寿命。一般说来，筛孔的直径与孔距主要由纤维平均长度及筛选质量决定，同时兼顾原料、制浆方法、浆料打浆度、筛板的加工要求等方面。筛孔一般按等边三角形排列，开孔率为 15%~25%。

第四节　压力式筛浆机

一、压力筛的分类及其发展

压力筛最初从 A 型离心筛发展而来的，属通过式。它的主要特征是密闭条件下压力切向进浆，良浆在压力差作用下通过筛板，粗渣留在筛板表面由水力（粗渣重力、轴向推力等）推向下方排出，筛板的清洁净化靠转子叶片旋转产生的瞬间压力脉冲来实现。

初期的压力筛由于其转子叶片类似飞机的机翼，故又称旋翼式压力筛，旋翼筛是压力筛的最基本的形式，有立式和卧式之分，但生产上普遍使用的是立式旋翼筛。此外，还有其他形式转子、圆筒式压力筛及旋鼓式压力筛（筛鼓旋转而叶片静止）。

按良浆流向、转子形状与安装位置及运动部件（转子或筛鼓）等特征，压力筛可分成如图 5-19 及表 5-3 中所示的类型。

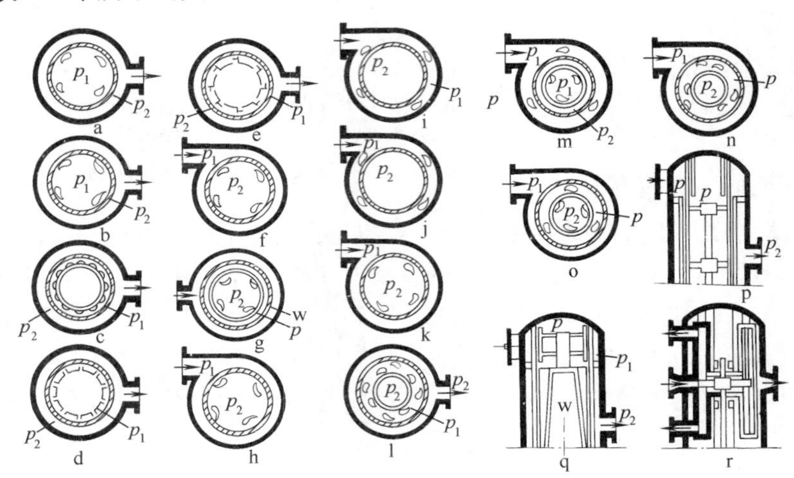

图 5-19　部分压力筛的构造及流向示意图

p_1—进浆压力　p_2—良浆压力　p—两级筛选时的中间压力　W—稀释水，转向均为顺时针，代号说明见表 5-3

表 5-3　按构造和良浆流向区分的各种类型压力筛

良浆流向	转子或筛鼓式	代号*	结构特征	制造厂商或型号名称
单鼓外流	旋翼式	a	旋翼在鼓内	国产 $ZSL_{11\sim13}$型，除节筛
		b	空心旋翼在鼓内，旋翼下端与锥形转盘连通	美国产品
	旋筒式	c	圆柱形旋筒，筒面有螺旋形排列的半球形叶片	芬兰 Karhula，Ahlstrom，德国 Escher Wyss OS 型
		d	圆锥形旋筒，筒面有类似 CX 型离心筛的叶片	加拿大 Hooper PSV 型
		e	圆柱形旋筒，有板状叶片	芬兰 Rauma-Reploa Periflow 筛
单鼓内流	旋翼在鼓内	f	机翼形旋翼	法国 Lamort/日本相川 A 型
		g	板状旋叶	加拿大 Ingersoll-Rand Hi-Q 型
		h	钩状旋叶	国产 $ZSL_{22\sim25}$型
	旋翼在鼓外	i	机翼形旋翼	法国 Lamort SP 型
		j	空心旋翼，旋翼下端与旋转圆环连通	芬兰 Jylha Vaara JSS 型
	旋鼓式	k	静止的叶片装在旋鼓之内	瑞典 Kamyr Uni 100 型、50 型
内外双鼓	旋翼式	l	进浆与旋翼在双鼓之间	芬兰 Ahlstrom，美国 Bird
		m	进浆与旋翼在内鼓之内与外鼓之外	加拿大 Hymac HS 型
		n	旋翼在双鼓之间，双鼓串联两级筛选，良浆内流	法国 Lamort/日本相川 FT 型
		o	旋翼均在两鼓之内，双鼓串联两级筛选，良浆内流	瑞典 Bolton-Emerson

续表

良浆流向	转子或筛鼓式	代号*	结构特征	制造厂商或型号名称
上下双鼓	混合式	p	上鼓旋鼓内流，静止的叶片装在鼓内；下鼓外流，旋翼在鼓内；双鼓串联两级筛选	德国产品
		q	上鼓内流，旋翼在鼓内；下鼓外流，转子上有夹板形翼；双鼓串联两级筛选	加拿大 Hooper PSVC 型
上下各双鼓旋翼式		r	进浆与旋翼在双鼓之间	Magnum 筛

*对应图 5-19 中压力筛的类型。

由于压力筛多为立式安装，所以筛鼓与转子的同心度好，从而可以缩小转子叶片与筛鼓间的间隙，增大冲选筛缝（孔）的脉冲负压，加强筛板的净化效能。因此，相比于离心筛或振动筛，压力筛因有更大的筛板净化能力而可以采用较大的压力差和较高的浓度。尽管如此，老式压力筛（如 ZSL 旋翼筛等）的筛选浓度通常低于 2%，属低浓筛选。近年来由于对筛选机理有新的认识（见第一节），发展研制了许多高浓、高效、低能耗和低水耗的新型压力筛。

虽然国际上销售的新式压力筛形式多样，但目前比较多见的有 PH 与 PS 型高浓压力筛（Black-Clawson 公司的产品），PH 型孔筛，筛选浓度可达 4.5%，PS 缝筛为 2.5%；Modus 压力筛（属 Ahlstrom 公司的产品，进浆浓度 2%~4%）、PSV 压力筛（属 Andritz 公司的产品，纸浆的浓度可达 5%）、TAS、TAP 压力筛（属 Valmet 公司的产品，进浆浓度最高可达 3%）、Delta 压力筛（是 Sunds 公司的产品，进浆浓度 4%左右），等等。此外还有超高浓（7%~15%）压力筛如圆筒式超高浓压力筛、圆盘式超高浓压力筛，等等。目前，我国山东济宁轻机厂也能生产高浓压力筛，这种卧式高浓压力筛的筛选浓度可达 4%左右。

目前，国内外普遍采用压力筛进行纸浆的筛选，特别是在粗浆封闭筛选过程中高浓压力筛的使用可以提高黑液的提取浓度以及降低水耗和能耗，而纸机前选用波纹无脉冲压力筛可以大大减少进入纸机的细小尘埃，同时能消除老式旋翼筛产生的压力脉冲对湿纸页成形的影响，因而它已成为现代化造纸厂尤其是新建厂筛选设备的标准配置。

二、压力筛的工作过程

如前所述，压力筛的类型繁多，但它的基本构造及工作过程大体上是相似的，不同之处是压力脉冲产生的方式、脉冲的强弱及正负脉冲的利用等。下面以外流式旋翼筛为例简单阐述压力筛的筛选过程。

如图 5-20 所示，当浆料以一定压力沿切线方向进入筛鼓内部，将会自上而下的移动，良浆在筛鼓内外压力差作用下通过筛孔。

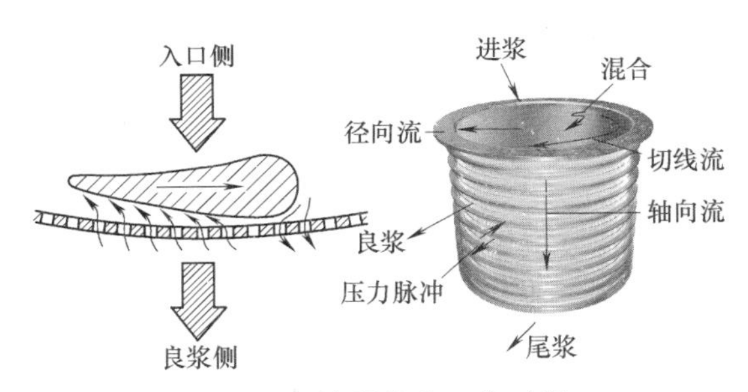

图 5-20　旋翼筛的工作过程

立式旋翼筛转子上一般有 2~3 块叶片，转子叶片旋翼面与筛鼓的间隙很小。当旋翼沿筛鼓表面运动时，旋翼的头部附近浆料所受到的压差增大，随着尾部与筛鼓的间隙渐增，在这一区域内出现局部负压。当产生的负压使筛鼓内外浆料压力的绝对值相等时，浆料停止通过筛孔，当负压继续增加，筛鼓外的良浆即通过筛孔返回筛鼓内，起反冲黏附在筛孔上的浆团和粗大纤维的作用。这样就保证了筛浆机工作的正常进行。旋翼后缘处，造成的负压最大。旋翼经过后，负压渐减，浆料又依靠压力差及另一个旋翼的推动，再次向外流动，开始下一个循环。

旋翼运动引起的负压大小，决定于旋翼断面形状和它与筛鼓内壁的距离。而筛孔畅通程度则与负压大小、旋翼运动速度的平方和旋翼通过的次数成正比。

三、旋　翼　筛

（一）除节筛

压力除节筛的结构形式很多，其中常用的几种除节筛如图 5-21 至图 5-24 所示。

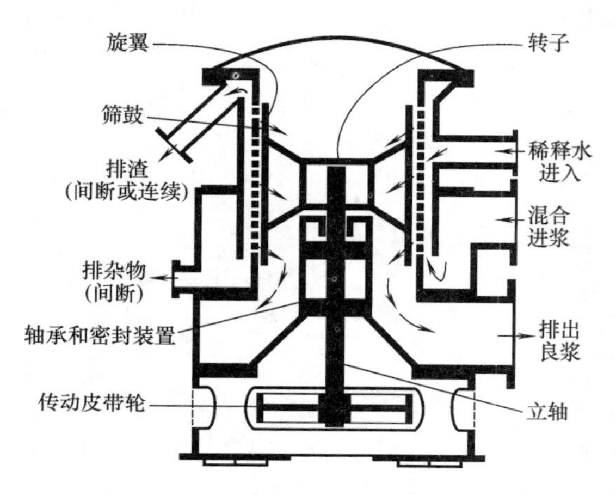

图 5-21　Hi-Q 除节筛（Ingersoll-Rand 公司）

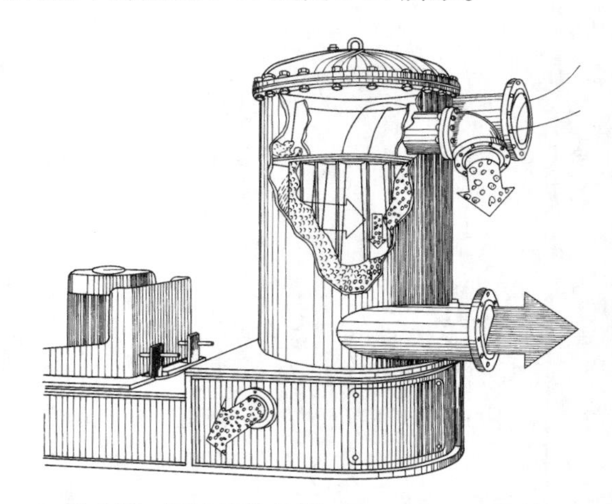

图 5-22　PSV-N 除节筛（S. W. Hooper 公司）

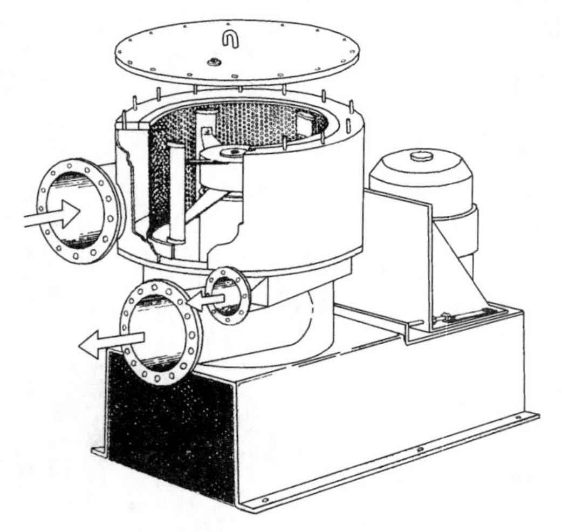

图 5-23　压力除节筛（Black-Clawson 公司）

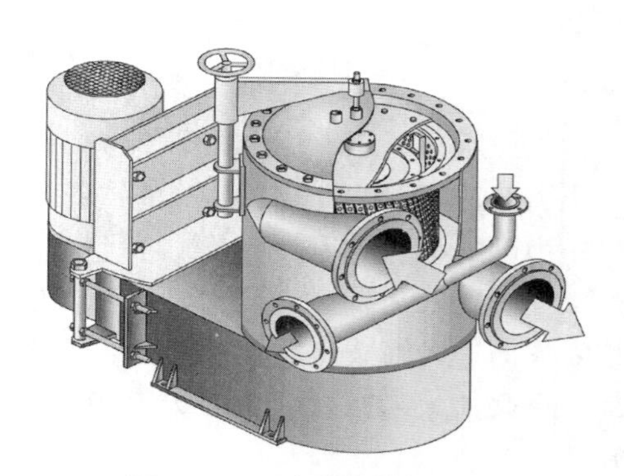

图 5-24　压力除节筛的构造
（Ahlstrom Machinery）

图 5-21 所示的除节机的筛选元件是固定直立的筛鼓，转子旋转，其工作过程是，泵送低浓浆料切线进入筛鼓外室，砂石、金属片及粗大的杂物被离心力从浆料中分离出来，浆料持续不断进入筛鼓与机壳之间的环形通道。良浆经筛孔进入筛鼓，粗渣阻留在筛鼓外。如果

节渣因脱水较快，浓度较高，则需要引入冲洗水，稀释的同时也会将好纤维从节渣中进一步分离出来。筛鼓内安装有带旋翼的转子，旋翼转动会产生径向压力脉冲，防止筛鼓被纤维和浆渣堵塞。良浆在进出口压差作用下从底部出口排出，直接送往粗浆筛选系统。节渣从筛浆机上部排出进入浆渣池，然后进入振动筛浆机回收好纤维，同时有效地脱去粗节中的水分。图 5-25 是另一种类似于振动筛浆机用于节渣浆处理的设备。此外，压力除节筛也可以采取转子固定，筛鼓旋转的方式，其工作示意图见图 5-26。

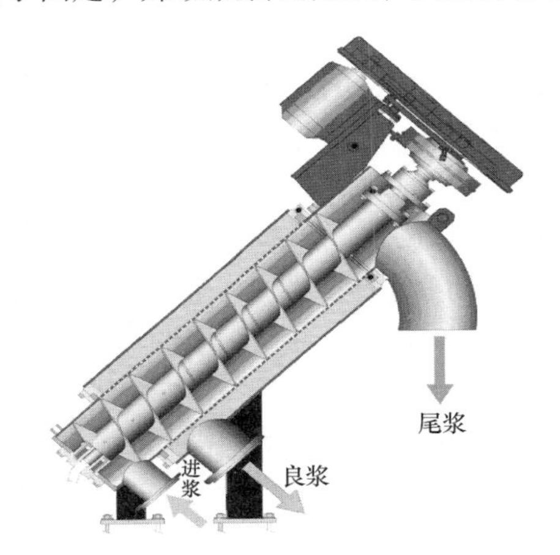

图 5-25　节渣浆处理设备（Sunds Defibrator）

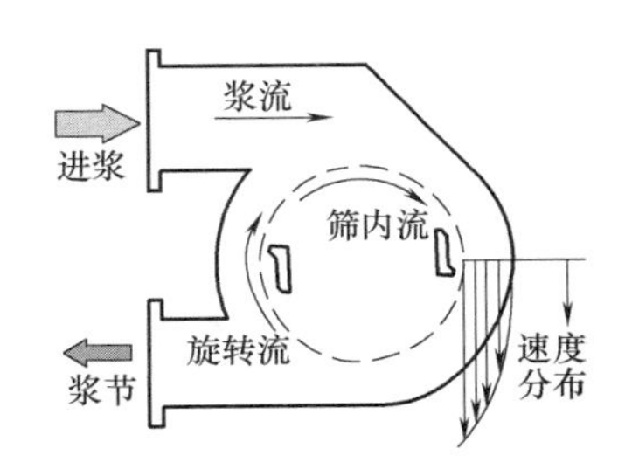

图 5-26　转子固定、筛鼓旋转的除节工作过程

所有新型压力除节筛均适用于热浆筛选，热浆筛选时除节筛良浆可直接送至细筛（筛选机）。压力除节筛所排出的节渣可在第二台除节筛中进一步处理，以除去随节带来的小纤维并脱除黑液。目前，采用压力除节筛代替振筛除节已成为一种趋式。

压力除节筛典型的操作参数是，进浆浓度约 3%~5%，良浆浓度 3%~4.5%，经洗涤后节渣排渣量控制在较低的 5%~6%。

（二）单鼓旋翼筛

$ZSL_{11\sim13}$型单鼓外流型和内流型旋翼筛的结构如图 5-27 所示，它由机体、筛鼓、转子、传动装置及排渣阀门等组成。

1. 机体

机体的外壳为一直立圆筒体，设有原浆进口、良浆出口、尾浆出口及重物杂质排出口。在流动过程中，良浆通过筛鼓由排浆管排出。粗浆、浆团以及其他杂质则落入机件下部的环状槽，经尾浆口排出。比纤维重的杂质则由槽底最低处的排渣口由人工定期排出。

机体用不锈钢制成，也可以用青铜或铸铁制成。铸铁制的机体，其内表面应涂刷酚醛

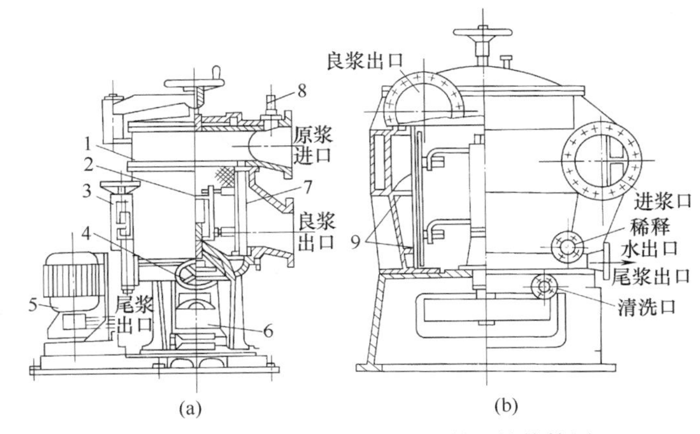

图 5-27　$ZSL_{11\sim13}$型单鼓旋翼筛的结构简图

（a）外流型　（b）内流型

1—机体　2—旋翼　3—排渣阀　4—排渣手轮　5—电动机　6—沉渣箱　7—筛鼓　8—压力表　9—螺旋导流板

树脂或环氧树脂（厚 0.15~0.2mm），或贴挂硬质橡胶（硬度为肖氏 98 度），以保证浆料洁净。机体上部安有压力表，指示机体内进浆压力，还安装有排空气的旋塞，用于排除机体内的空气。

2. 筛鼓

筛鼓是旋翼筛的重要部件之一，对筛鼓的椭圆度和平直度都应有较严格的要求。筛鼓如图 5-28 所示，筛鼓外圆周用 3~4 个青铜环紧固，以增加筛鼓刚性。对筛鼓的椭圆度和平直度应有较严格的要求，否则会直接影响到筛鼓与旋翼间的间隙是否保持一致，影响筛选效率。筛鼓的不圆度误差应不大于 0.5mm。筛鼓的制造和安装，不但直接影响到筛鼓与机体底部的配合，而且也影响到筛鼓与旋翼间的间隙是否能保持一致。我国旋翼筛的筛板用 1.6~2mm 不锈钢板制造，首先按筛鼓的平均直径开料，然后冲孔，喷砂去毛刺。筛鼓的接缝用氩弧焊焊接。考虑到旋翼和筛鼓之间间隙的重要性，据国外资料称，ϕ610mm 筛鼓椭圆度误差不应超过±0.3mm。为了增大筛鼓的刚性，筛板外周用 3~4 个青铜环紧固，筛板放入青铜环内配孔并用紫铜铆钉铆接。

图 5-28　压力筛浆机筛鼓结构图

筛鼓直接坐于机体内，在筛鼓的上环钻有若干螺孔，用螺钉将筛鼓固定在机体上。筛的底部四周必须与机体底部紧密配合，不得有空隙，否则浆料会沿空隙流出，混入筛选室外的良浆中。

筛孔表面要求光滑，为避免挂浆，最好筛孔两边应倒角，但加工麻烦。国外有采用离心铸造法制成的不锈钢筛鼓，厚 9.5mm，筛鼓上钻有 1.2~1.5mm 的筛孔，其外表面孔径扩大至 2.3mm，筛孔呈锥状。

旋翼筛筛鼓的孔眼形状、几何尺寸及排列应根据浆料种类、纤维平均长度、浆料浓度和筛选要求而定。筛鼓孔眼的形状有两种——圆筛孔及长筛缝。大多数老式旋翼筛采用圆筛孔，由于筛缝加工技术的进步，许多新式压力筛大多采用长筛缝。

3. 转子

旋翼筛的净化作用与转子构造有很大的关系。图 5-29 为几种旋翼筛的转子，转子旋翼数一般为 2~3 个。

为使浆料能自上而下移动，每个旋翼均沿浆料运行方向向前倾斜 10°安装。调节螺母可使旋翼沿径向移动，借以调节旋翼外侧与筛鼓内表面之间的间隙。调节范围一般要求在0.5~1.4mm 之间；在实际生产中多采用 0.75mm 左右的间隙。间隙的大小及其均匀一致直接影响到筛选效果；据此对旋翼的加工和安装都应严格要求。旋翼可用不锈钢或青铜制成。框架和转轴则均用不锈钢制成。转子的转速应根据设备大小、旋翼个数及筛孔大小而定，一般采用 250~550r/min。

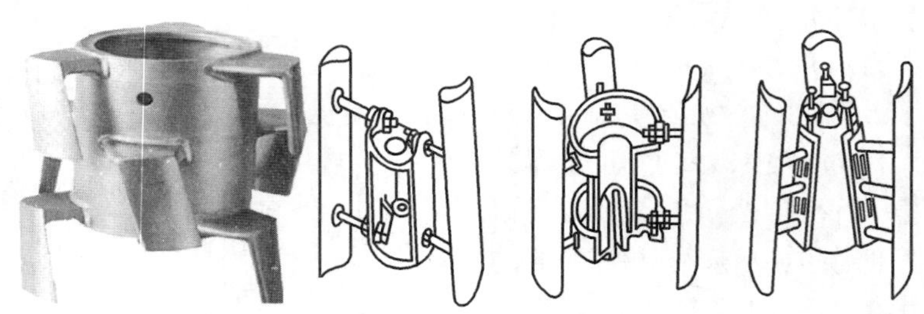

图 5-29　几种旋翼筛转子

4. 传动

旋翼筛的转子是由电动机通过螺旋伞齿轮减速装置带动，以保证转轴和旋翼回转的稳定性。螺旋伞齿轮加工比较复杂，材料又是昂贵的镍铬钢，制造成本较高，因此国内多采用三角胶带传动。

5. 排渣

旋翼筛机体设有两个排渣管。一个位于机体底部，供排除重杂质用，一般采用手动式阀门，但也有采用气动的。每 8h 排渣 1~2 次，以清除集结于底部的重杂质。另一个为尾浆排出管，供排除浆团与粗大纤维之用，位于底部的侧面。尾浆排出管道上设有自动排渣阀门，有采用气动式的，但大多数采用电磁控制阀门。

阀门的开启周期和每次开启的延续时间应根据浆种和操作需要而定。电磁阀门自控线路的设计必须保证两次开启的间隔时间可以在 1.5~30min 范围内调整，而每次开启的延续时间可以在 0.5~15s 范围内调节。一般认为，用于造纸车间时，两次开启的间隔时间应为 12~20min，而每次开启的持续时间为 2~3s。在化学浆车间和磨木车间使用时，两次开启间隔时间为 3~5min，每次开启的持续时间为 3~5s。

国产单鼓旋翼筛主要技术特征见表 5-4。

表 5-4　ZSL 单鼓旋翼筛的技术特征

参数＼型号	外流型			内流型			
	ZSL_{11}	ZSL_{12}	ZSL_{13}	ZSL_{22}	ZSL_{23}	ZSL_{24}	ZSL_{25}
筛鼓规格/mm	$\phi300\times320$	$\phi400\times450$	$\phi600\times620$	$\phi500\times400$	$\phi600\times600$	$\phi690\times748$	$\phi803\times893$
筛鼓面积/m^2	0.3	0.56	1.17	0.06	1.0	1.5	2.0
转子转速/(r/min)	740	546	362	530	440	375	320
旋翼个数/个	2	2	2	4	4	4	4
筛孔直径/mm	1.2~2.4	1.2~2.4	1.2~2.4	~1.6			
电机功率/kW	5.5	7.5	15	22	30	37	45
生产能力/(t/d)	3~5	8~15	20~30	30~40	50~70	75~100	100~150

（三）双鼓旋翼筛

1. 整体结构

图 5-30 是一种内外流式双鼓旋翼筛，它有两个同心装置的筛鼓及 4 个旋翼组成，其进浆及旋翼均在两筛鼓之间。浆料从机体的切线方向进入。经过一个特殊的沟槽旋转上升到顶部，浆料中的重物立即按切线方向从沟槽上的小径重物排渣口排出，以防止筛鼓遭到破坏。浆料进入内外筛鼓之间的筛选室，分两路通过内外筛鼓，汇集到下面的出浆口流出。未通过筛鼓的尾浆在筛选室中继续向下移动，经底部的尾浆口排出。旋翼筛的转子装有两个外旋翼和两个内旋翼，相邻两内外旋翼相互错开 90°。旋翼固定于传动轴顶部的十字叉上。轴由电动机通过三角胶带传动。

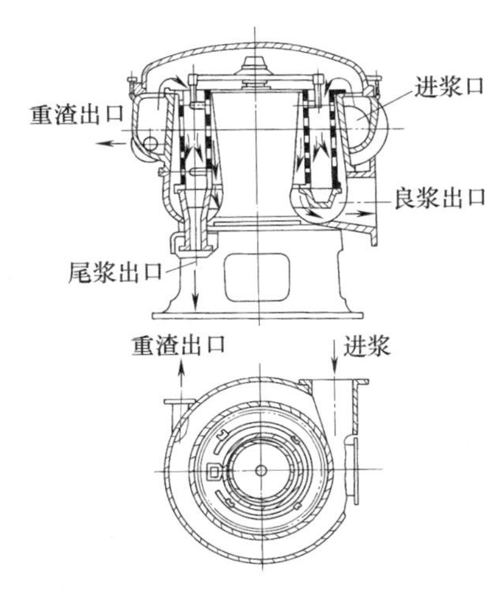

图 5-30　内外流式双鼓旋翼筛的结构和工作原理图

2. 转子

图 5-31 所示为一种内外流双鼓旋翼筛的转子。

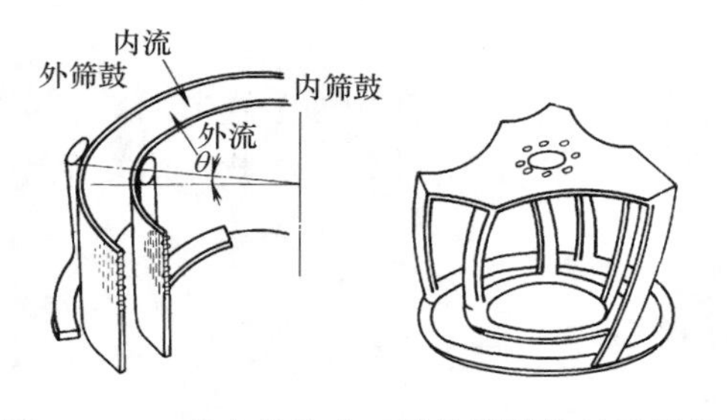

图 5-31　一种内外流式双鼓旋翼筛的转子结构

它的一组旋翼在外筛鼓的外侧，另一组旋翼在内筛鼓的内侧，内外旋翼各三个，相邻两内外旋翼相互错开约 23°。良浆通过内外筛鼓的筛孔，汇集在两鼓之间。由于内外筛鼓之间的距离很小（只有 70mm），所以旋翼错开一定角度后，当旋翼回转时，内外两个旋翼在瞬间同时产生向内或向外的压力脉冲，两鼓之间的良浆随之推波助澜，更有利于冲净筛板。

（四）外流式单鼓旋筒压力筛

图 5-32 所示为一种圆筒形单鼓压力筛。以圆筒形转子代替旋翼，在圆柱形圆筒面上用厚 3mm 的不锈钢冲压出成螺旋形排列的半球形乳突。外流式压力筛中采用这种圆筒形转子，在提高转速时，转子回转产生的搅拌力和离心力都很小，有助于浆料以螺线形向下移动，同时，旋筒面产生的脉冲作用均匀且能保持较高频率。而短而圆的类似铆钉头的乳突不易挂浆，可保持全周各处环流速度均匀。如果速度足够大，还能在乳突处实现浆料“流体化”，极大地降低良浆通过筛孔（缝）的阻力，使良浆与粗渣得到充分的分离。这类筛在木片盘磨机械浆的筛选中常被采用。

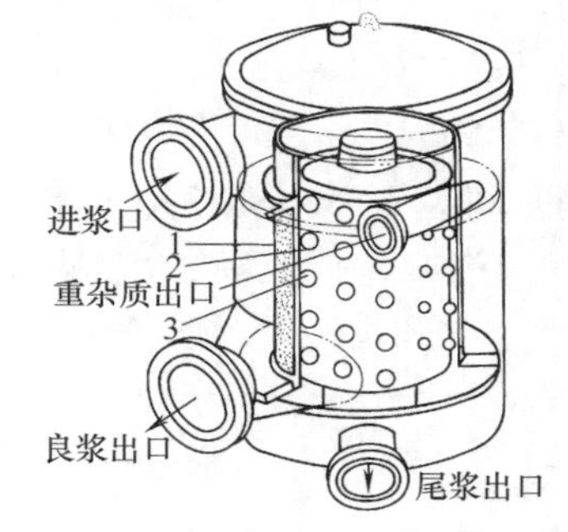

图 5-32　乳突形圆筒外流式单鼓旋筒压力筛
1—筛鼓　2—旋筒　3—乳突

四、旋鼓式压力筛

旋鼓式内流压力筛又称作尤尼筛（UNi）。它的主要设备特征为筛鼓旋转，而转子静止。

（一）结构与原理

旋鼓式内流压力筛的结构与工作原理如图 5-33 所示。浆料在筛选过程中，转子叶片不动而筛鼓转动，这两者的相对运动及由此产生的脉冲作用仍然与旋翼筛相似，即利用叶片产生的正压力使筛孔保持畅通。筛鼓外的浆料成螺旋形运动，则筛鼓的转动缩小了浆流与筛孔之间相对运动速差，比旋转的浆料通过静止的筛孔要容易，即良浆通过筛孔的阻力小，筛鼓单位面积的通过量大。

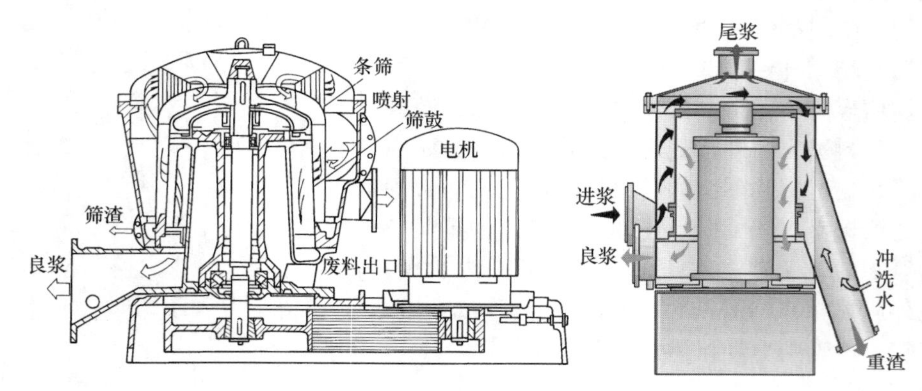

图 5-33　旋鼓式压力筛

（二）筛鼓

旋转的筛鼓略带锥度，在其上方装有整圈栏栅式的棒，构成除节用的粗筛，因此旋鼓筛还起到除节的作用。然后未经筛选的浆料沿切线方向进入筛内，在外室中把金属屑或较重的颗粒杂质分离出来。然后浆料通过此粗筛往上就到圆顶盖的顶部，由中部环形孔下流，使浆料多次转向。这样，可截留住木节，打散纤维束，并使进入筛浆机的流量均匀一致。

筛鼓上小下大成截锥形。当浆流从上向下浆量逐渐减小时，由于筛鼓直径逐渐加大，则线速度和离心力仍能保持较高，有利于阻止粗渣通过筛鼓，并能迅速地将尾浆排出。

旋鼓式的型号及其部分技术参数见表 5-5。

表 5-5　旋鼓筛的技术特征

参数＼型号	100 型	50 型	参数＼型号	100 型	50 型
筛板面积/m^2	100	50	功率/kW	132	30/60
通过量/(L/min)	<2000	4000/6000	进浆压力/MPa	0. 6	0. 2
生产能力/(t/d)	350	50/100	压力降/MPa	0. 3~0. 5	0
转速/(r/min)	1480	970/1480			

五、高浓压力筛

工程上把纸浆筛选浓度达到 2%~5%的压力筛称为高浓压力筛。在筛选过程中，为了提供足够的剪切应力，高浓筛的转子转速很高，要消耗较大的能量，但由于高浓筛具有二个特点，一是纸浆浓度高，二是产量高。筛选每吨绝干浆所通过的流量与低浓筛选相比，减少 50%以上，低浓（小于 2. 0%）筛选每吨绝干浆的纸浆通过量约为 70~140m^3，而高浓（2%~5%）时每吨绝干浆的纸浆通过量仅 30~50m^3。因此，每筛选一吨绝干浆的能耗与低浓筛选相比，却显著减少。另外，由于筛选浓度高，高浓筛选系统不像低浓筛选系统那样，大量的水被循环输送。因此，从整个筛选系统来看，低浓筛选系统所消耗的能量更大。例如，国外日产 500t 的 TMP 和 CTMP 筛选系统，高浓筛选只需要 1000kW 的动力，而低浓筛选却要 1650kW 的动力配置。显然，高浓筛选系统要比低浓筛选系统节省能耗。

工程实践证明：高浓筛选与装置能高效地去除纸浆中的杂质，减少流程中的浓缩设备和节省输送费用，简化工艺流程。之所以高浓筛选装置具有高效率、低能耗的优点，是因为对纸浆悬浮液的筛选及高浓筛选机理的新认识和对构成筛浆机的筛板和转子结构的深入研究的结果。

（一）高浓筛选过程

纸浆筛选的一个重要原则就是利用纸浆悬浮液中纤维、杂质、空气、水各自的动态物理性质在微观和宏观上的差别，使通过筛选设备的纸浆混合悬浮液中各成分产生不同运动方式，从而创造分离条件，达到纤维与杂质分开的目的。正因为纸浆是多相复杂流体，在纸浆与杂质分离过程中，必然有低浓和高浓的限制，如图 5-34 所示。浓度太低，水力负荷大，能耗高；

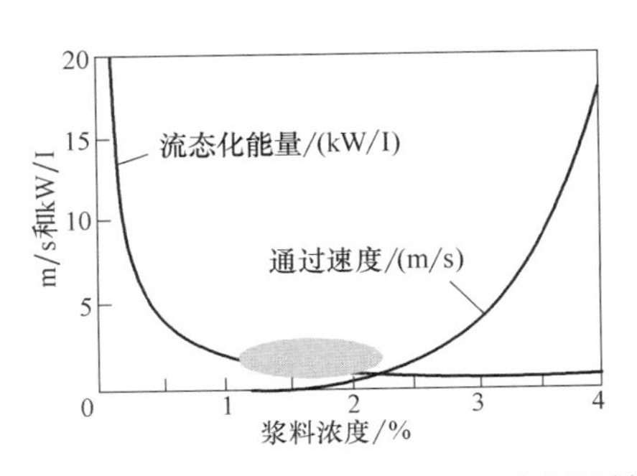

图 5-34　浆料筛选的浓度限制

而浓度高，纤维絮聚网络强度大，当浓度大于2%时，只有提供足够的剪切能量，才能保证纤维与杂质的有效分离。

此外，在传统的低浓筛选中，由于水比良浆更易通过筛孔（缝），故从进浆口到排渣口存在增浓现象，图5-35说明了典型的这种筛选过程。而当浆料浓度增加时，增浓现象更明显，如果尾浆浓度过高，则很难从筛浆机中顺利排出。为了防止增稠，一种常用的方法是加入大量的稀释水，但这样会导致良浆的浓度逐渐降低。

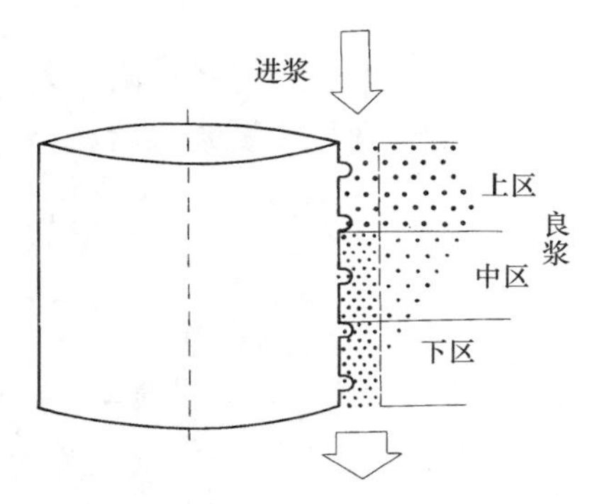

图5-35　典型筛选过程的三个筛浆区

从图5-35也可以看出，由于筛板表面的增浓现象，实际上只有一部分的筛板表面（1/3或1/2）起到有效的筛选作用。而从进浆端到排渣端的筛选表面可分成不同浓度的三个筛选区。在上区，因浓度较低，切线速度高，大部分水和纤维通过筛板，且保持了一定的筛选效率。由于浓度低，转子输入了过量的能量，从而浪费了部分动能。在中区，浓度和切线速度适中，纸浆流所具有能量恰好达到流体化的要求，从而这一区筛选效率高，但生产能力比上区低。在下区，由于浓度增高，切线速度却过低，转子旋转所补给的能量也不能使纸浆流体化，能量被大量消耗，容易形成纤维网络塞体，并导致筛孔（缝）的堵塞。

由于筛板表面的这种增浓现象，使得高浓筛选过程的优化更困难。例如，在其他条件一定的情况下，当进浆浓度为1%时，末端排渣浓度可能为1.3%，此时纤维网络强度变化不是很大；然而如果进浆浓度为3%，则排渣浓度可能达到5%~7%，这时的纤维网络强度呈指数大大增加，那么筛板表面浆料流体化所需的能量要求就相当大，将超出筛选设备所能提供的能量值，导致筛板堵塞，筛浆机仅起到脱水和洗涤的作用。

因此，在高浓筛选时要避免筛板表面的增浓现象，使进浆浓度、良浆浓度及排渣浓度保持一致，整个筛板都得到有效利用，提高筛选效率并降低排渣率。目前已得到应用的Delta压力筛就是通过增宽旋翼作用面，增加真空抽吸长度，使在正压时通过筛孔的大量水处于负压脉冲时又重新返回到进浆侧，这样良浆沿筛板的浓度保持一致，避免筛板表面的增浓现象，如图5-36所示。这样进浆、良浆、粗渣浓度一样，使筛浆机在高浓度下运行将成为可能。

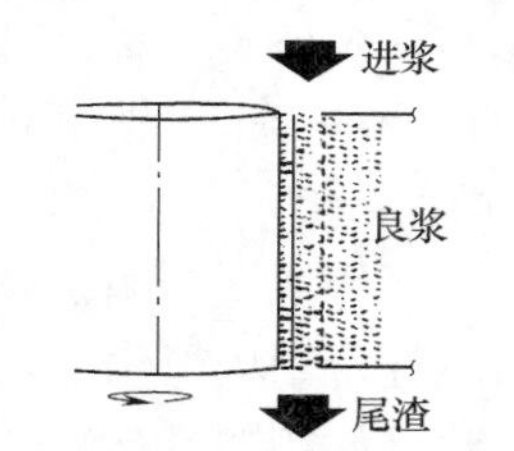

图5-36　无“增浓”现象的筛选过程

此外，高浓度纸浆筛选必须提供分散纸浆纤维网络强度的湍动能量，而引起筛板表面高浓纸浆流体化的湍动也能在纸浆中产生有效的混合，这是与筛选时纤维与杂质分层运动才能有效除渣相矛盾的。因而，高浓筛选时不仅要提供产生流体化的恰当能量，筛板表面还要具有有效的防护装置，有利于杂质的分离。

（二）高浓筛的结构

与普通低浓压力筛一样，高浓压力筛的基本构件是筛板和转子。为了适应纸浆的高浓筛选，高浓压力筛在设计和加工制造时必须考虑以下几个方面：

① 改变转子的结构，给浆料提供一个较长真空负压区，加强对筛板的净化效能；

② 改变筛板的表面形状，增强筛板表面的湍动强度，创造良浆与粗渣分离的条件；

③ 筛板加工时，孔或缝宜采用精加工技术，使其不易堵塞；

④ 因转速高，动力大，须加大筛板的厚度，使其刚性增强。

1. 筛板的结构

基于以上考虑，国内外对筛板的进行了很多的研究，对筛板的优化设计取得了丰富的经验，目前极力推荐高浓压力筛的筛板有齿形筛板和波形筛板，如图 5-37 所示。据报道，与光滑面普通筛板相比，齿形和波状筛板的筛选能力提高 40%～60%左右，如表 5-6 所示，同时净化效率也提高许多。

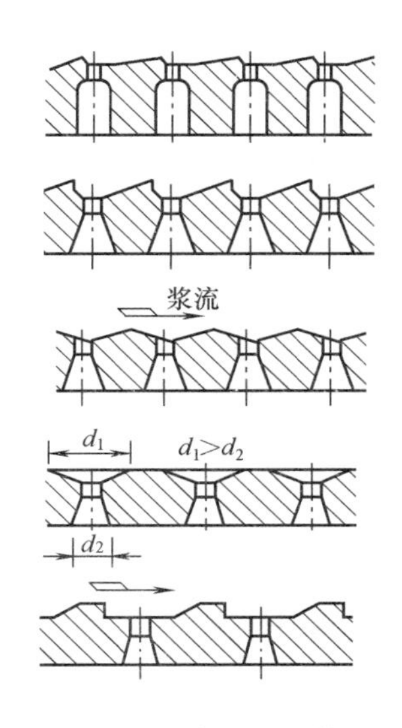

图 5-37　高浓压力筛几种筛板结构型式

从筛选水力学来看，对同样的齿形和波形筛板，孔筛和缝筛在运行操作时是有很大差别的。由于缝比孔筛的开孔率小，从而使筛板两侧的压力差增大；同样地，旋翼产生的前后压力脉冲强度作用更大，对长纤维的通过和消除筛缝的挂浆堵塞有利。缝筛的良浆排出除压力差之外，开缝处的涡流起了重要作用，而孔筛的良浆排出主要依赖于压差和黏性作用。因此良浆更易顺利通过缝筛。有人在同样条件下研究了缝宽 0.254mm 和孔径 1.143mm 的两种波形筛板，发现无论使用何种纸浆，缝筛观察不到纤维网络的形成。而孔筛可观察到纤维絮聚团卡挂在孔缘，须经历几个脉冲才能使它们游离进入主流区。目前常用的缝筛缝宽在 0.20～1.0mm，缝与缝中心距 2～5mm，开孔率较低，不超过 20%，常用在 7%～8%左右，随着筛选技术的发展，为了有效去除细小杂质，许多高浓筛采用更小的缝宽，最小的缝宽已达到 0.15mm 以下。

表 5-6　　在同样压力差 p 和进浆流速 v 条件下，不同筛板的筛选参数比较

筛板种类＼筛选参数	p/kPa	v/(m/s)	K_{max}② /(m^2/s^2)	v'① /(m/s)
光滑面普通筛板	15	30	4.7	1.8
	40	30	8.5	3.8
	80	30	12.5	6.2
齿形和波状筛板	20	30	24.4	3.2
	40	30	24.2	5.8
	80	30	35.9	9.2

注：①v'为良浆通过筛孔（缝）时的流速；②K_{max}为最大湍动能量。

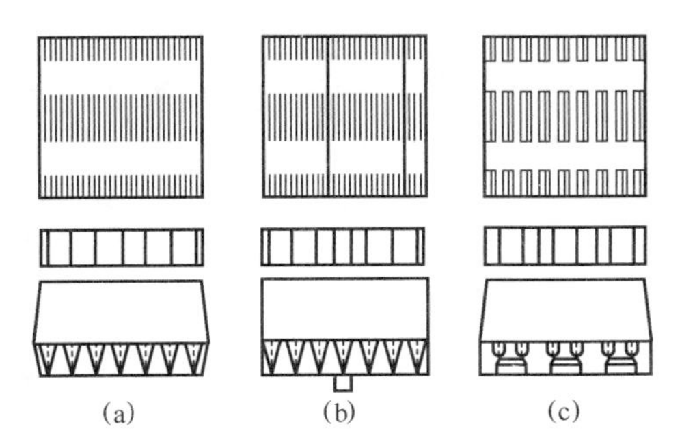
图 5-38　切割加工的缝形筛板
（a）平滑形缝筛板　（b）进浆面加筋的平滑形缝筛板　（c）波形缝筛板

筛缝的宽度越来越窄是由于改进了筛板的加工方法。筛板的加工方法有钻孔、车床切割、激光切割、周向加强筋楔入金属网等。图 5-38 是常用的切割方法加工的缝形筛板。图 5-39 是不同加工方法的孔筛和缝筛。

由于高浓筛选的需要，近期在筛板的加工上有许多突破。图 5-40 为具有周向加强筋的带阻流棒的波形筛板，用若干棒条排列组成筛板，棒间缝的宽度由相邻二棒之间相互位置所限定，所有的棒均焊于周向加强筋，棒与加强筋相应角度就

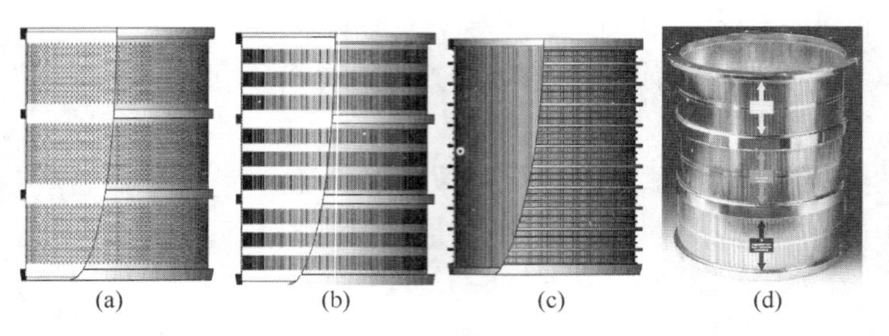

图 5-39　不同加工方法的孔筛和缝筛（Valmet）
（a）孔筛　（b）切割缝筛　（c）楔入波形筛　（d）切割分区湍流齿形筛板

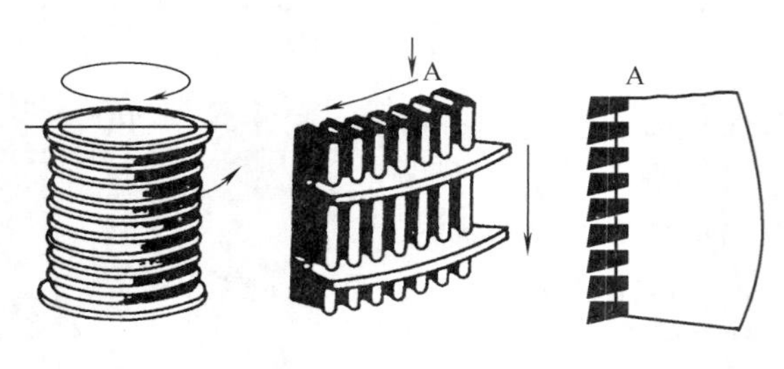

图 5-40　具有周向加强筋的棒式波形筛板

自然形成了筛板的波形表面。把筛板滚压成圆柱体并对应焊接组成筛鼓。相比之下这种筛板筛缝宽度和筛选面积可调节，最小筛缝可达 0.2mm，不存在锐利的缝缘，能量消耗少，制造成本低，但焊接加工需要矫正变形，而且存在大量焊点，故需要消除内应力。

图 5-41 所示为另一种高浓缝筛板的结构与加工方法。其加工过程是先用激光技术加工棒条与加强筋的接触面，在专用设备上把加强筋套入棒条上制成一块筛板，把筛板滚压成圆柱形并焊接加强筋的两端，加工每一节筛板的末端凸缘，并对应焊接组成一台圆柱形筛鼓，最后进行表面处理。国外把这种筛板称为 C-bar 筛板。据资料报道，这种加工方法制造的筛板，其缝宽误差很小，80%的缝宽其误差小于 0.01mm，20%的缝宽其误差小于 0.02mm，缝宽最小可达到 0.1mm。

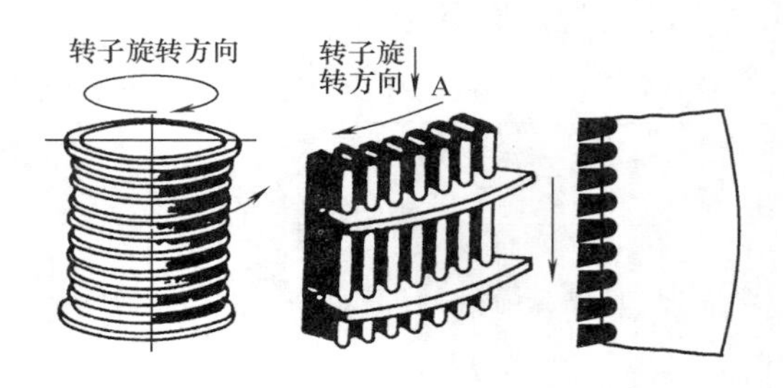

图 5-41　改进了加工方法的棒式波形筛板

2. 旋翼的结构

旋翼的结构和类型也决定着高浓压力筛的筛选能力、净化效能及运行操作过程。

（1）加宽作用面的旋翼

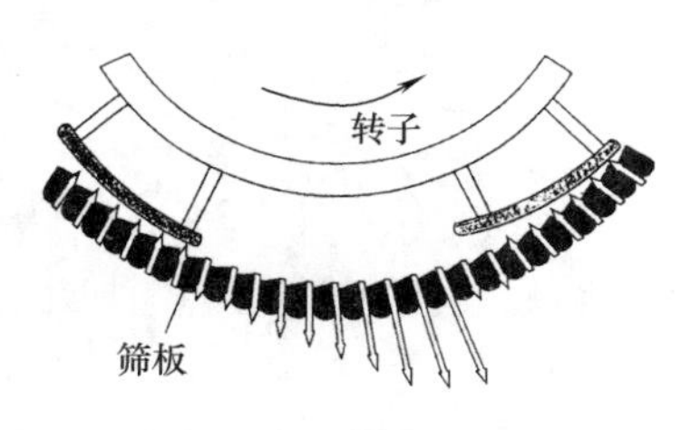

图 5-42　加宽了作用面旋翼的工作过程

由高浓筛选原理可知，加宽旋翼的作用面，扩大旋翼的低压区域，增加回流的水分，就可使筛板两侧的浓度接近。如图 5-42 所示，使用更宽的旋翼，在脉动正周期内，正压时引起的增浓，可由低压区域的倒流来补偿。这样可消除普通压力筛在筛选过程沿筛板表面的增浓现象，从而进浆、良浆及粗渣的浓度达到一致，使浆料在高浓度下筛选，有效地利用了整个筛选区域，提高了筛选能力和筛选效率，减少了动力消耗。

（2）鼓泡形旋翼

在转子表面加工有鼓泡形突块（半球状或楔形状），如图 5-43 所示。由于鼓泡的数量和形状可改变筛选质量和效果，其排列密度可以随筛选过程中纸浆浓度增高而变化。

因此，可根据纸浆处理量、浓度和杂质含量等条件来确定鼓泡的数量、排列方式及形状。一般来说，鼓泡的排列是从上到下越来越密，整个筛选过程可分为进浆、进浆和混合、混合、高效混合等4个区域，浓度越高，混合强度越大，混合强度完全由鼓泡形旋翼产生的脉动决定。这种鼓泡形旋翼使整个筛选区域产生的脉动均匀，使整个区域纸浆流体化，故可实现纸浆的高浓筛选，对化学纸浆，筛选浓度即使在5%也可进行有效操作。因而，高浓筛选（2%～5%）与普通低浓压力筛相比，生产能力可提高2～3倍，净化效率也得到提高。

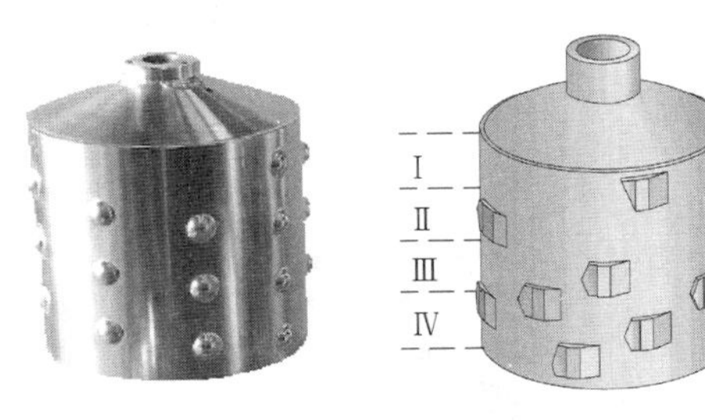

图5-43　半球状或楔形状鼓泡形旋翼

Ⅰ—进浆区　Ⅱ—进浆和混合区

Ⅲ—混合区　Ⅳ—高级混合区

（3）多叶片旋翼

图5-44所示为一种塔形转子的多叶片旋翼。这种旋翼叶片数较多且相互错开，使筛板全周产生许多均匀的局部小脉冲，而塔形转子不但能使叶片产生的脉动沿轴线均匀，而且能增加浆流的径向压力，使纸浆在高浓条件下筛选成为可能。

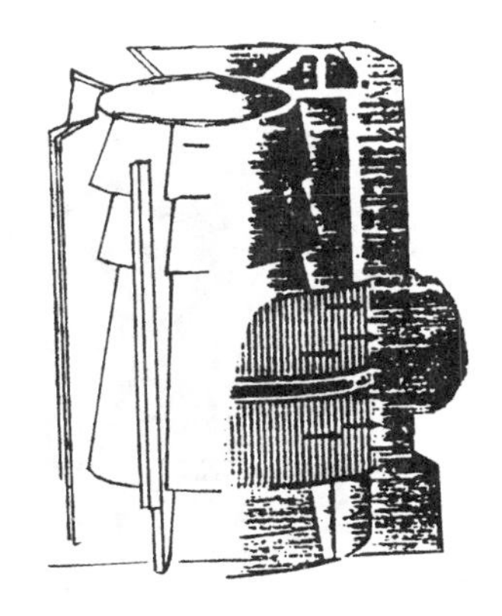

图5-44　塔形转子的多叶片旋翼

此外，适用于高浓筛选的旋翼还有齿形旋翼，如图5-45所示，这种旋翼的叶片为齿条形，旋翼宽度小，在整个筛浆过程中具有破碎浆团、分离絮聚的作用，适用于各种纸浆的粗浆筛选，特别是比较脏的粗浆。还有一种真空薄片式旋翼，又称为VF转子，这种旋翼带有浆流分配器，能使纸浆在压力筛内分布均匀，并能避免筛板局部超负荷的现象。图5-46是另两种能避免筛选增浓的偏心旋翼和步进旋翼。

3. 高浓压力筛的使用

由于高浓筛浆机节约用水，节省动力消耗和杂质去除效率高，故它具有很好的发展前景，现已广泛地应用于废纸浆、化学浆及机械浆的筛选，此外还可用作纤维分级设备。

（1）Modus高浓压力筛及其使用

Modus高浓压力筛是奥斯龙（Ahlstrom）公司的产品，有C、F、H 3种类型，图5-47和图5-48所示的是F筛即缝筛，应用VF转子或鼓泡形旋翼，波形筛板。表5-7表示用于纸机上浆系统的Modus F型筛的技术参数。

图5-45　齿形旋翼

(a)　(b)

图5-46　偏心和步进旋翼

（a）偏心旋翼　（b）步进旋翼

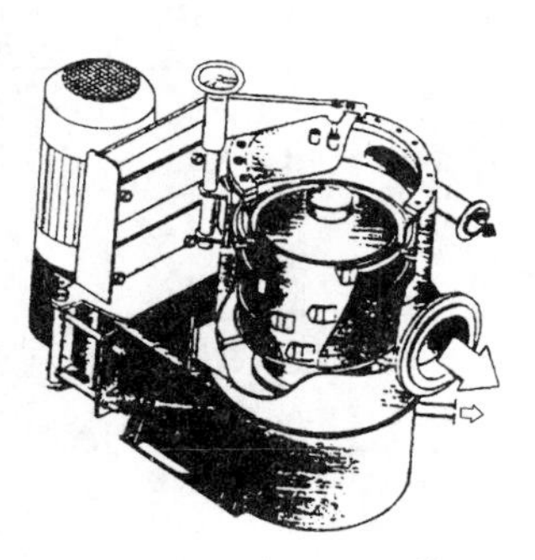
图 5-47 Modus 高浓压力筛（Ⅰ）

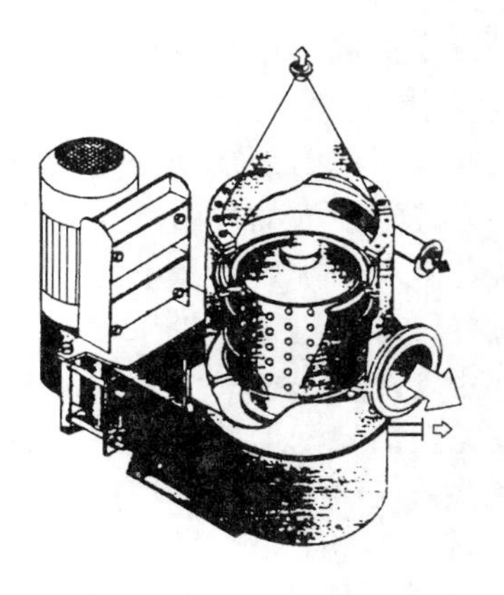
图 5-48 Modus 高浓压力筛（Ⅱ）

（2）Delta 高浓压力筛及其使用

Delta 压力筛是瑞典桑斯（Sunds）公司的产品，其结构如图 5-49 所示，采用波纹筛板，缝宽最小可达 0.1mm，其技术数据如表 5-8 所示。

表 5-7 Modus F 筛的技术数据

技术参数 \ 型号	F1	F2	F3	F4	F5
最大产量/(t/d)	130	230	510	700	1000
进浆浓度/%	2~4				
稀水用量/(L/s)	一般为 0				
最大操作压力/kPa	600				
筛选面积/m^2	0.3	0.64	1.26	2.11	3.25
功率/kW	22~45	37~75	75~132	90~200	132~250

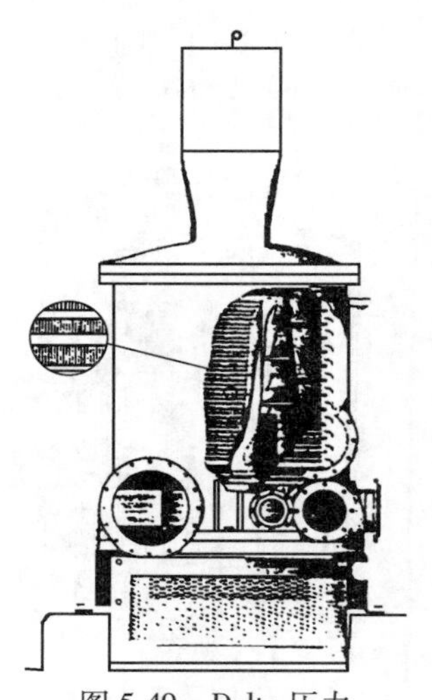
图 5-49 Delta 压力筛的设备结构

（3）卧式高浓压力筛

济宁轻机厂生产的用于废纸浆筛选的卧式高浓压力筛如图 5-50 所示。采用鼓形呈封闭状态的转子，在运行中可避免杂质缠绕，即使在尾渣量较少时也不会堵塞筛孔或缝，且不会使纸浆的游离度下降，因而可在较高浓度下进行筛选。主要规格和技术参数见表 5-9。各型号的高浓压力筛的生产能力取决于废纸浆的品种、筛鼓形式、筛鼓孔（缝）的大小。

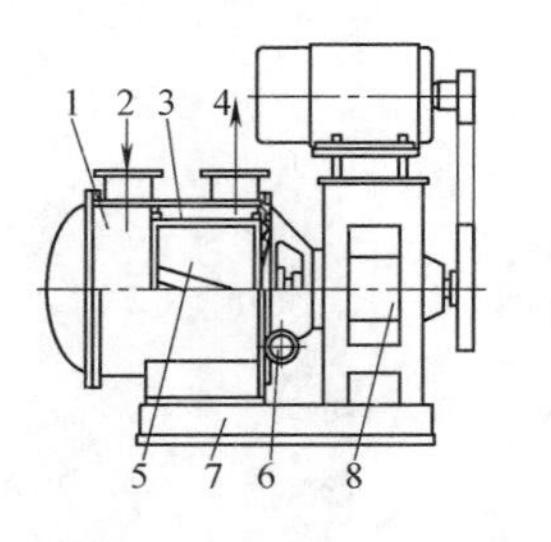

图 5-50 国产高浓卧式压力筛
1—壳体 2—进浆口 3—筛鼓 4—出浆口 5—传动部件 6—尾浆 7—底座 8—转子

表 5-8 Delta 高浓压力筛的设备参数

项目	进浆浓度/%	$1m^2$筛板面积产量	筛缝宽度/mm	功率/kW	筛选效率/%
Delta4	4	100t/d	0.10	90	热熔杂质 100
					粗纤维 75
Delta8	4	220t/d	0.15	160	热熔杂质 100
					粗纤维 65

表 5-9　　卧式高浓压力筛的性能

型号		ZSL41	ZSL42	ZSL43
筛选面积/m^2		0.4	0.7	1.4
筛选浓度/%		1.5~4	1.5~4	1.5~4
压力差/MPa		0.02~0.03	0.02~0.03	0.02~0.03
筛孔规格/mm		ϕ1.4~ϕ3.0	ϕ1.4~ϕ3.0	ϕ1.4~ϕ3.0
筛缝规格/mm		0.35~0.7	0.35~0.7	0.35~0.7
生产能力	孔筛/(t/d)	25~50	45~90	80~150
	缝筛/(t/d)	15~35	25~60	45~100
电机功率/kW		30	45	110

(4) 高浓压力筛作为纤维分级设备的应用

高浓压力筛作为分选设备并用于筛选系统可大大提高筛选效率，因为筛分机的排渣率或长纤维组分通常不小于 40%，远远大于正常的排渣率（10%左右）。图 5-51 是 BC 公司（Black-Clawson）设计的超级筛选净化系统，筛分机的进浆浓度 3%左右，筛选效率可达 60%。

该系统所用的高浓筛分机如图 5-52 所示。根据系统的要求，筛板可选用孔筛或缝筛。浆料以 3%左右的浓度从底部进入，然后上升到筛选区，长纤维组分继续上升至筛浆机顶部而排出，排渣浓度可达到 5%~5.5%；绝大多数短纤维通过筛板成为细浆。缩小上端旋翼与筛板间距可增加顶端纸浆的湍动能量，实现纸浆的流体化，从而使长纤维组分能顺利排出。

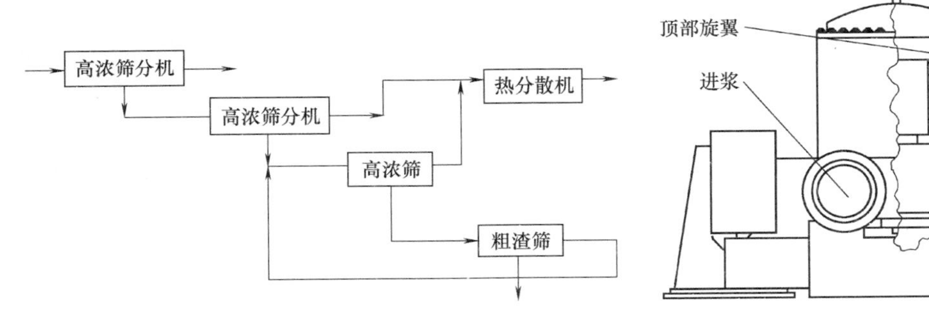

图 5-51　国外某厂 300t/d 的废纸浆超级筛选系统　　图 5-52　高浓压力筛分机

第五节　筛　　板

一、筛孔的形状

浆料在筛选过程中是利用筛孔（缝）来控制使浆料中合格的部分通过，即良浆，不能通过的部分为尾浆，因此，筛孔（缝）是浆料筛选过程中非常重要的因素，筛孔（缝）的大小形状会直接影响通过的纤维和杂质的尺寸与数量。孔（缝）尺寸越小，筛的分离能力越大，良浆质量越好，但生产能力降低，因此筛孔（缝）的选择应根据浆料的种类、杂质的形状、纤维的长度、浆料浓度以及筛选浆料的质量要求来确定。对筛选长纤维如针叶木浆，筛孔孔径多采用 ϕ2.2~3.3mm；而筛选短纤维如草类浆，则采用 ϕ1.0~1.5mm 孔径；

硬浆的筛孔应比软浆大。孔距一般要大于纤维平均长度，这样会很少产生挂浆或糊板现象，筛板的开孔率一般在15%~25%之间。

筛孔（缝）的形状有两种：圆筛孔和长缝筛，圆筛孔生产能力大，处理浆料浓度较高，不易堵塞，能有效地除去浆料中的纤维束和细薄碎片；而长缝筛除去圆形和立体状的杂质比圆孔好。筛选一般可分为粗筛选和精筛选，通常粗筛选时多选用圆筛孔，孔径以 ϕ1.2~1.6mm 适宜，精筛选时多采用长缝筛，筛缝宽度为 ϕ0.15~0.35mm 适宜。

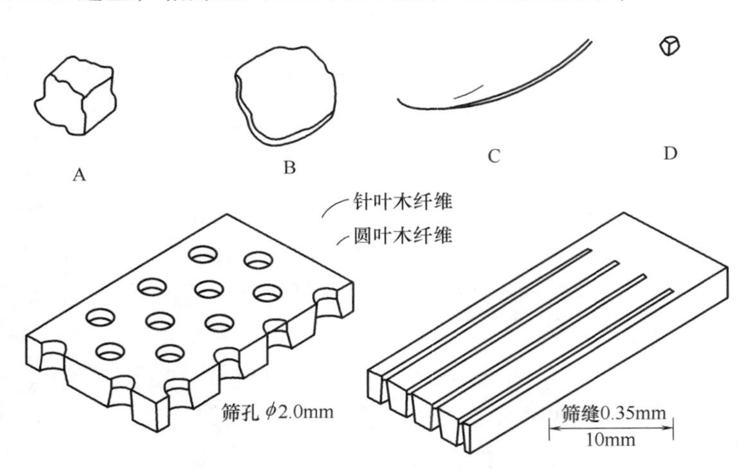

图 5-53　杂质与筛板孔（缝）的形状及大小

杂质的形状和尺寸与筛板孔（缝）的形状和大小的关系见图 5-53 所示，其中 A 为颗粒大的方形杂质，由于其体积大，较易筛除；B 为片状杂质，C 为线状杂质，D 为小颗粒杂质。B 类和 C 类杂质能否通过筛板取决于它们在筛孔或筛缝附近的取向。而 D 类杂质是最不容易除去的杂质。很多小颗粒的杂质根本无法用孔筛除去，只能靠缝宽较小（如 0.2mm 或更小）的缝筛来去除。因此，筛板的孔（缝）的形状和大小是影响筛选效率的决定性因素。

压力筛的圆筛孔的排列有正方形、长方形和六角梅花形，筛鼓的筛孔面积由筛孔直径和筛孔的距离决定，开孔面积与总的筛鼓面积之比称开孔率。筛孔直径一般为 ϕ1~3mm，孔距为 2~10mm，开孔率可达 25%~30%。

长筛缝筛板的筛缝有直缝和横缝，直缝的筛缝长向是与主轴平行的，在立式筛中是与地面垂直的，横缝的长向是与筛鼓的圆周方向平行的，所以与进浆环流相平行的长纤维容易通过筛缝。但考虑到筛选效率、筛板的净化以及结构强度的要求，国内外基本上趋向于采用直缝。根据实践，长筛缝缝宽一般为 0.1~1mm，缝的中心距 2~5mm，多数是 3mm，开孔率多为 7%~8%，最大 20%。由于长筛缝通过面积比孔筛小，而且阻力大，所以生产能力比孔筛筛板通常低 30%~50%。缝宽根据浆种类的不同而选定，在 20 世纪 80 年代，日本就纸机流送部筛选的缝宽作为标准规定，如表 5-10 所示。

表 5-10　　纸机流送部压力筛缝宽

纸浆种类	缝宽/mm	纸浆种类	缝宽/mm
涂布原纸	0.24~0.30	衬纸板的表层	0.40~0.50
印刷书写纸	0.30~0.35	衬纸板的中间层	0.30~0.35
新闻纸	0.35~0.40	衬纸板的里层	0.30~0.35
高级白板纸	0.25~0.35	瓦楞纸	0.45~0.55

在同样筛选效率要求下，孔径约为缝宽的 2.5~3.5 倍。多年的应用经验，长筛缝与圆筛孔在使用上的相当尺寸见表 5-11。

表 5-11 筛孔与筛缝尺寸相当对应表

圆孔径/mm	1.3	1.6	2	2.5	3.0	3.5
长缝宽/mm	0.25	0.35	0.45	0.60	0.75	0.85

二、筛板的结构

筛板是纸浆悬浮液分离过程的载体，是筛浆机的心脏，筛板主要有普通光滑面筛板、齿形筛板和波形筛板（图 5-54）三种形式。当浆料进入普通光滑面筛板内时，一面沿筛鼓内侧从上至下做旋转运动，一面在压力的作用下调转一个直角，通过筛孔流向筛鼓外侧。以至于筛鼓内侧自上至下逐渐增浓，形成逐渐增厚的纤维层，使浆料通过筛孔的阻力增大，流速减慢，良浆浓度下降。为了减少筛鼓内纤维层的形成，只好在低浓（ < 1.5%）下筛选，因此，一般地普通光滑面筛板常用于精选阶段。

20 世纪 80 年代初期人们已经发现，筛板表面由光滑面改变为波形面或齿形面，其筛浆能力可提高 50%左右，筛浆洁净效率也相应提高很多。而且不同波形（齿形）的筛板适合筛选不同种类的浆料。近年来，新型波形筛板的出现使高浓筛选成为可能，因为当浆料进入波形筛板内时，一方面会在筛板孔附近产生湍流或涡流，破坏筛孔附近纤维层的形成；另一方面，由于浆流运动方向的改变和涡流剪切力的作用，有利于筛孔附近纤维的分散，通过筛孔的流量大大增加。所以，波形筛板的筛选浓度比普通光滑面筛板高，浆浓可以达到 2%～5%，波形筛板的生产能力大，但是筛选效率比普通光滑面筛板低。

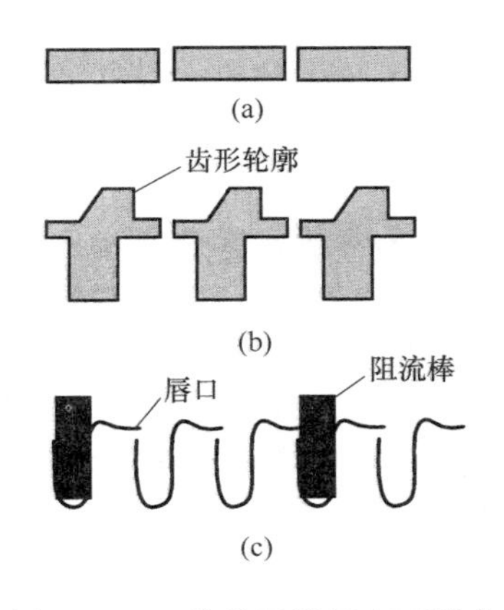

图 5-54 三种常见筛板表面形式
（a）普通光滑面筛板 （b）齿形筛板 （c）波形筛板

国内外对波形筛板进行了很多研究，对波形筛板的优化设计取得了丰富的经验。如齿形孔（缝）板和波形孔（缝）板是目前国外普遍推广的两种筛板，据报道，与普通光滑面筛板比较，其筛选能力，齿形筛板提高 40%～60%，波形筛板提高 30%～50%；洁净效率也相应高得多。

波形筛板跟光滑面筛板的本质区别是波形筛板的表面被加工成起伏不平的特殊几何形状（如锯齿形、阶梯形和负曲面等）。波形筛板的这种特殊的几何形状，破坏了浆料在筛板表面的流线，增加了湍流程度。纤维极易重新取向，并延长了取向时间，同时提高了长纤维的组分得率。波形筛板的狭缝开口在波形后沿斜面上，其开口面积相对增大［图 5-55（a）（b）］，纤维取向后方向正对开口，大大提高了通过筛缝的机率，而平板筛板浆料的流线基本平行于筛板，其有效开孔率远比理论开孔率低得多。

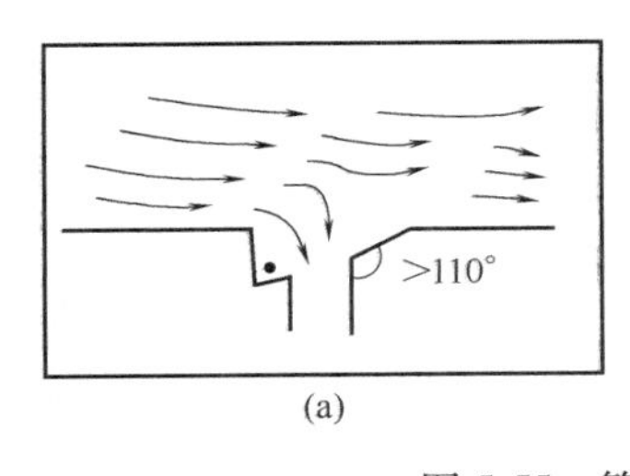

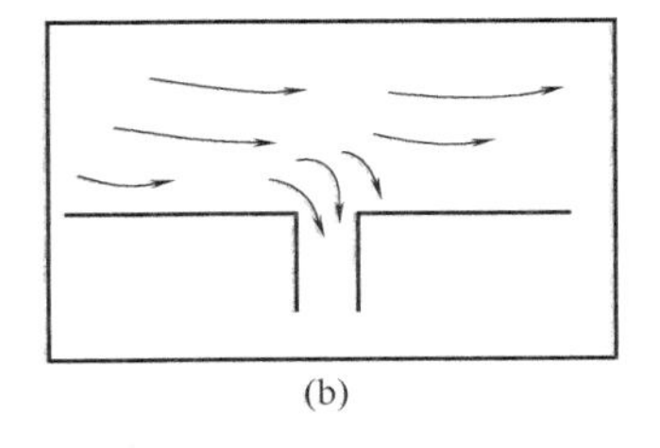

图 5-55 筛板表面形状

从流动机理的角度考虑，对同样的波形筛板，开孔和开缝将会有很大的差别。同样的筛

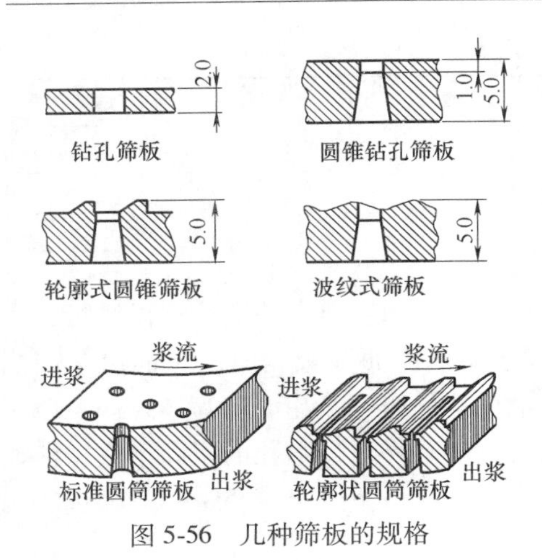

图 5-56　几种筛板的规格

鼓面积下，缝筛比孔筛的开孔率小，从而压力差也相应增大，同样的旋翼产生的前后压力脉冲作用更大，对长纤维的通过，消除筛缝的挂浆堵塞有利。缝筛的良浆排出除压力差之外，开缝处的涡流起了重要作用，而孔筛的良浆排出主要靠压力差和黏性作用，即良浆更易顺利通过缝筛。

筛板厚度也是筛选过程中的一个重要因素。太薄的筛板，良浆侧的流体湍动将干扰进浆侧的流态，从而干扰流体径向拉力，并非筛板越薄越好；太厚的筛板易在孔内产生较大的阻力，不利于浆料的通过，同样影响流体径向拉力，这样就存在最佳筛板厚度，根据经验，如筛孔 ϕ1. 2～2. 4mm 时，筛板理想厚度为筛孔直径的 2. 5 倍，如图 5-56 所示。

第六节　净 化 设 备

筛选是利用杂质（如未蒸解物、纤维束和各种节子等）的尺寸和几何形状与细纤维的不同而使用不同筛选设备予以分离的过程；而净化则利用杂质（如沙子、金属颗粒等）的相对密度与细纤维的不同而使用不同净化设备分离杂质的过程。二者相辅相成，不可分割。纸浆经过粗选和精选后，仍含有少量小纤维束、细砂粒和金属颗粒，必须进行净化排除，以减少纸浆中尘埃。净化在制浆车间及抄纸前进行。

一、涡旋除渣器的种类

离心净化器又称作涡旋除渣器，它由锥体或筒锥体压力容器组成；在锥部或筒部的最大直径处有一个切向进浆口，在大直径一端轴线中心还有一个良浆出口管，在其对面一端或最小直径端是排渣口。它的操作浓度低（0. 3%～1. 5%），但也有例外，如低压差涡流除渣器的操作浓度可以高达 4%，用于废纸浆中除去较大杂质如砂石以便保护后续设备免受大颗粒杂质的磨损；如用在化学制浆流程中，则安装于除节器之前。涡旋除渣器的最重要的用途就是能去除纸浆中的细小杂质，这些细小杂质颗粒的面积小到 1mm^2，长度小于 5mm。

为了能使最细小的杂质颗粒与纤维分离，必须使用直径较小的除渣器。除渣器群是由直径为 50～300mm 的单个除渣器组成，压降在 10～20kPa，单个除渣器的通过量在 1～10L/min。

根据浆流方向可把涡旋除渣器分为正向式、逆向式、全通式，如图 5-57 所示。正向式涡旋除渣器用以除去相对密度大于 1 的重杂质，是目前使用最多的净化装置；逆向除渣器和全通式除渣器主要用于废纸制浆中

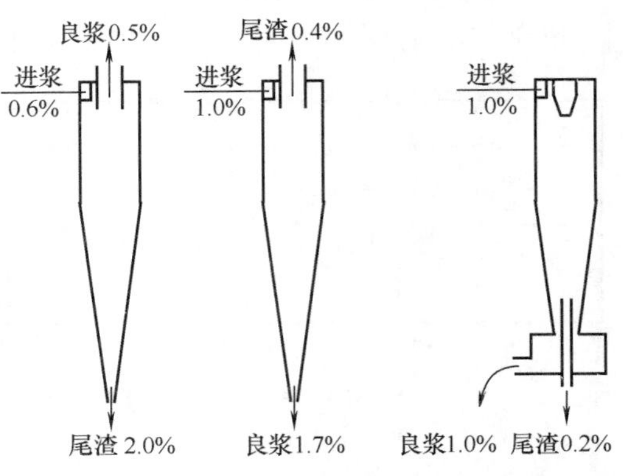

图 5-57　按浆流方向分类的正向式、逆向式和全通式涡旋净化器

除去相对密度小于1的轻杂质。逆向除渣器在20世纪70年代晚期得到普遍应用，但自20世纪80年代以来，由于要求减少压力降和降低水力排渣率，所以逆向式被全通式除渣器取代。图5-58列举出了部分属于这3种形式的涡旋除渣器产品。

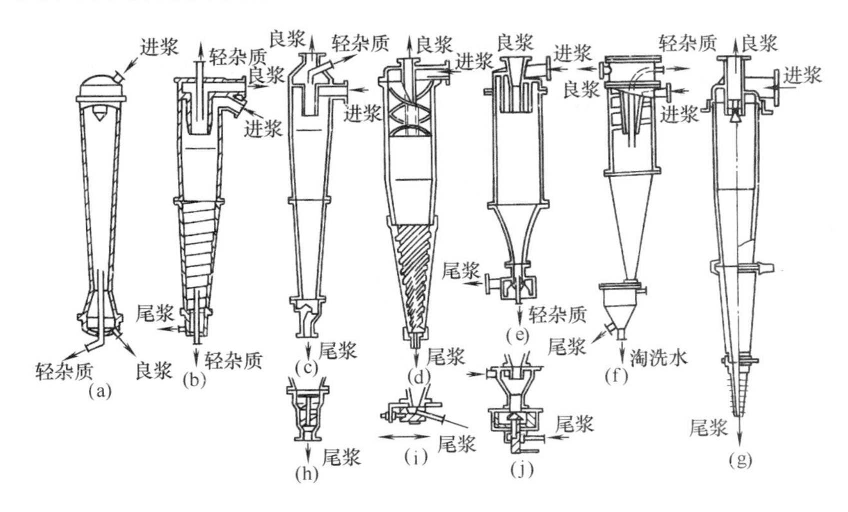

图5-58　部分新式除渣器结构简图

（a）Celleco Cleanpac 250LWR型　（b）瑞典Skardal梯形螺旋壁下锥体　（c）Celleco TW1500型　（d）日本相川产品　（e）瑞典Vorject600型　（f）北京海淀区流体技术研究所的流体杂质分离器　（g）日本勃德三菱178型　（h）G型排渣室　（i）Albia排渣室　（j）Vorject蘑菇形排渣室

二、涡旋除渣器

（一）低压差除渣器

在各种型号的涡旋除渣器中，上柱体直径较大，高度较长，下锥体较短而锥角较大者为低压差除渣器，其结构如图5-59所示。

低压差除渣器进浆压力小，一般为20～25kPa，所以由压力能转化成旋转的速度低，只能除去密度大的杂质。故该类除渣器常串联在锥形除渣器或压力筛等筛选设备之前，以保护后者的排渣口或筛板免受粗大杂质颗粒的损伤和堵塞。

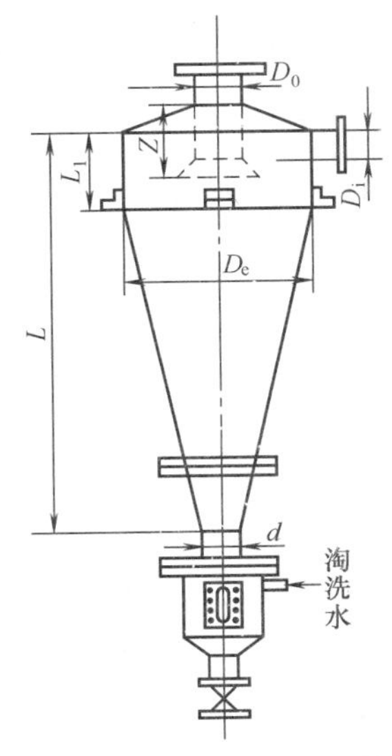

图5-59　低压差除渣器的结构尺寸

（二）高压差涡旋锥形除渣器

与低压差除渣器结构形状相反的称为高压差除渣器，又称作锥形除渣器，其结构如图5-60所示。浆料进入除渣器的压力高，约为300～350kPa，出口压力约为30kPa。旋转直径越小，由压差转化的旋转速度就越大，则越能除去与良浆密度差较小的粗渣。

目前应用的高压差锥形除渣器以鲍尔型为主，我国最常用的主要有600型、606型、620型等系列。每种型号系列又有几种规格，如600型系列又有600D、600E及600EX等；620型系列又可分为622、623及624等。有的型号系列中的各种规格，除进口及出口直径不同外，其他尺寸基本相

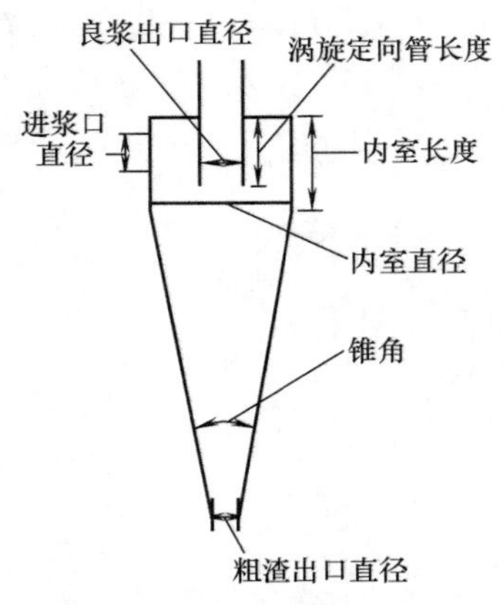

图 5-60 高压差涡旋锥形除渣器结构简图

同，因此部件可以互换。

不同的浆种与不同类型的杂质和尘埃，应选用不同型号和规格的除渣器。细浆料中的杂质是难于分离的，产品对小尘埃要求严格的，应选用小型号的除渣器；净化粗浆料，只要求除掉大尘埃，可选用大型号的除渣器；一般浆料的净化选用中等型号的除渣器。

1. 锥形除渣器结构尺寸分析

（1）顶端直径

由离心力公式（5-4）可知，浆料在除渣器中产生离心力的大小跟涡旋半径成反比。所以同样比例尺寸的除渣器，小直径的比大直径的分选效率高，除掉的杂质粒子较小。因此，一般而言顶端直径 ϕ75mm600、600EX 较 ϕ150mm 的 606 除去的尘埃粒子要小，分选效率要高。

（2）节流比

节流比常用来衡量涡旋除渣器的性能，可用公式（5-14）表示：

$$O=\frac{q_V}{D^2\sqrt{\dfrac{2g\Delta p}{\rho}}} \tag{5-14}$$

式中 O——节流比

q_V——通过除渣器的浆料流量，L/min

D——除渣器筒体（顶端）直径，cm

ρ——纸浆流体密度，g/cm^3

Δp——进出口的压力差，Pa

g——重力加速度，9.8m/s^2

如果除渣器尺寸比例改变，即节流比也就改变，实质上也就改变了除渣器的性能。理论与经验表明，进浆口加大会使通过量 q_V 增大，而压力能转换为旋转速度的百分比则降低了。所以，对于一定尺寸的涡旋除渣器，为了取得最好的除渣效果，就得有一个最佳的节流比。这种节流比一般要通过实验测定，大多数涡旋除渣器的节流比一般在 0.1~0.3 间为最好。

（3）锥体长度

除渣器锥体越长，浆料在锥体内旋转的圈数越多，分离杂质的效果也就越好。除渣效率与锥体长度的关系可用方程式表示：

$$E_r=\frac{2\pi Lvq_{V,S}}{q_Vg}\times 100\% \tag{5-15}$$

式中 E_r——除渣效率,%

L——除渣器长度，m

v——切向速度，m/s

$q_{V,S}$——杂质沉降速率，L/min

q_V——流量，L/min

g——重力加速度，9.8m/s^2

从式（5-15）可看出，在一定范围内选用较长的除渣器，除渣率是高的。但如果过长，超过分离杂质所需要的距离也无必要，过长甚至会产生相反的效果。因如果除渣器过长，浆料在除渣器中涡旋运动的时间增加，这样会使水力能量的损失增加，从而使涡旋中心的速度较低，导致除渣效率下降。

（4）锥角

锥形除渣器的锥角一般为 $\theta=7°\sim10°$。锥角越大，杂质粒子由内壁向锥体的底部下滑就越困难。图 5-61 为锥形壁上一个杂质粒子的受力分析。可以看出，这样一个粒子绕除渣器轴线旋转而产生一个水平方向作用于倾斜壁离心力 F，而离心力有一个沿壁面向上的分力 F_W，阻止粒子沿内壁往锥体的底部沉降。所以锥角越大，对杂质粒子向上托的力也越大，净化效率则越差。反之，如锥角过小，排渣率就大。

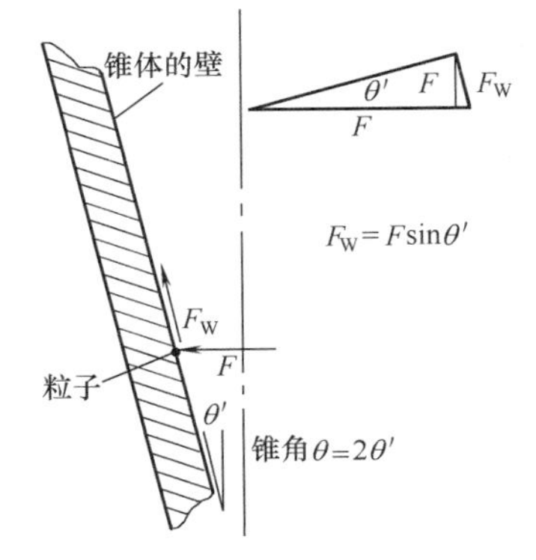

图 5-61　粒子在锥体中所受离心力

（5）良浆出口管

良浆出口管径过大，良浆排出畅通，浆料进入锥体下部的量相应减小，大部分浆料在锥体的上部即向中心集中而向上涌出。出浆管伸入涡旋区的深度决定着浆料向中心集中的开始位置。伸入太浅，一部分浆料在进入除渣器后，很快就进入良浆排出口，这样对杂质的分离是不利的。

据资料介绍，良浆出口管直径与进浆口直径应有一定比例关系，通常良浆出口与进浆口直径之比在 1~2 时对分离较小杂质颗粒有利。

（6）除渣器底部结构

通常锥形除渣器底部结构为锥形不变的锥体。集群式净化系统中小直径的单个除渣器的底部大多采用在除渣器底部内壁制成有一定导程、宽度和深度的单线或多线螺纹。当离心力使重杂质进入螺纹沟槽后，就沿着螺纹线向下移动，减轻了对下锥体的阻流作用。为了保证稳定的净化效率，沟槽的入口必须正确设计，使外壁的界面层能平滑地过渡到沟槽中。这种带螺纹槽的除渣器避免了纤维的过多流失，并使良浆浓度接近于进浆浓度，减少了排渣器堵塞的几率，净化效能也比一般的除渣器要高。

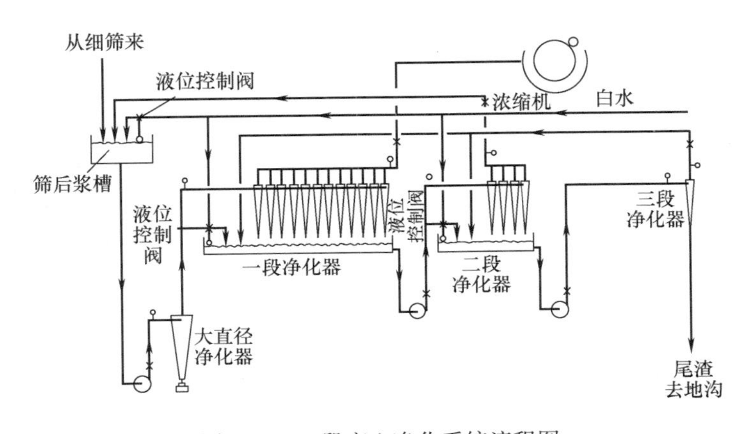

图 5-62　三段离心净化系统流程图

2. 涡旋除渣器的安装与使用

（1）净化器的布置

除渣器跟筛浆机一样通常是串联使用。由于加大尾浆量才能保证有良好的运行效率，所以必须增加段数以浓集浆流中的尘粒，同时使好纤维返回系统。一个三段布置的净化系统示于图 5-62。这种多段布置净化系统的特点是：在第一段着重提高良浆质量，而在后面几段着重减少纤维流失。

一段锥形除渣器的进口压力一般在 0. 3~0. 35MPa，良浆出口压力在 30kPa，以后各段压力可略为递减。进浆浓度少于 1%，以 0.5%~0.7%的除渣效率最好；最后一段的排渣中纤维量要低于 1%，一般在 0.4%左右。

（2）净化器的安装

净化器安装的原则是：节省空间，缩短管路，便于操作。早期的净化器安装采用大量敞式垂直排列，以橡胶软管联接到进浆总管和良浆总管上，并敞开排入尾浆槽，有圆形布置和长列形布置。图 5-63 示出了一列改进后的敞式垂直布置的净化器组。

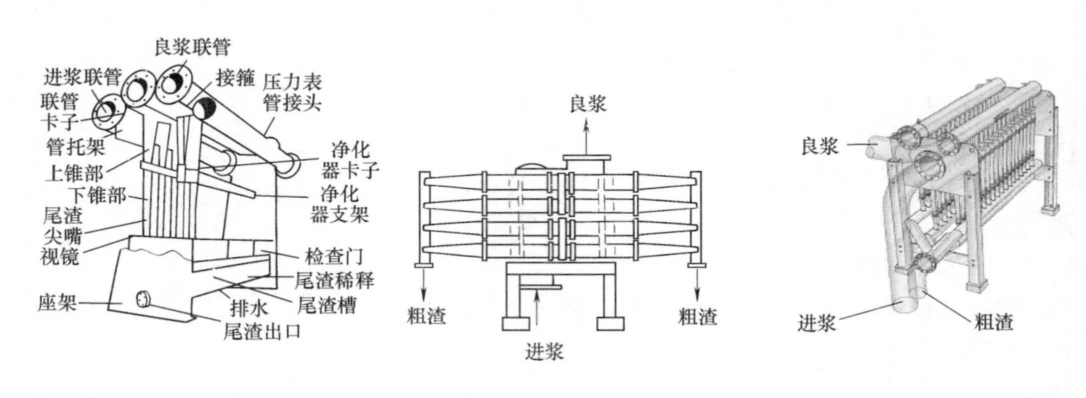

图 5-63　列式净化器的布置图

小直径的涡旋锥形除渣器的通过量小，生产能力低，但能去除细小的尘粒。因此，如使用小直径的除渣器，必须配置大量的这种除渣器单体才能满足生产要求。外罩封闭式安装净化器组出现在 20 世纪 60 年代，如图 5-64 所示，图 5-65 是小直径除渣器单体。

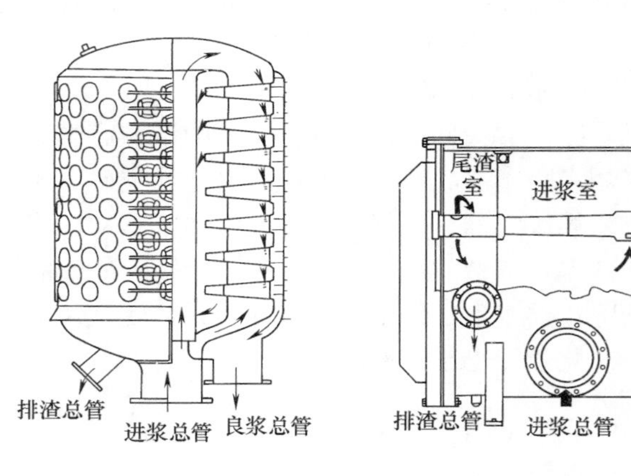

图 5-64　外罩封闭式安装净化器

在这种净化器装置中，每个除渣器单体有共同的进浆室、良浆室和粗渣室，相比以上敞式排列净化器安装更紧凑，占地面积小，通常采用封闭式排渣，能阻止空气进入良浆中，尽管除渣器磨损也不会有浆料泄滤出来。当然，外罩封闭式安装净化器不利于单个除渣器的保养维护，况且单个除渣流量的调整不是很方便。

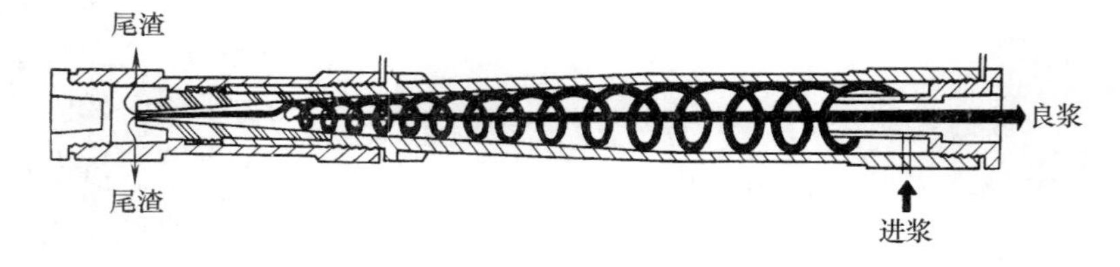

图 5-65　小直径除渣器单体

（3）节浆器的使用

为了减少纤维流失，提高除渣器净化效率，有一种叫节浆器的辅助装置（图 5-66），它连接在锥形除渣器下端的排渣口。节浆器有圆筒形及锥形两种，圆筒形节浆器安装在除渣器本体上下两节圆锥体之间；锥形节浆器则套在除渣器底部。在节浆器侧面切线送入压力为 200kPa 的清水，向除渣器内的涡旋补充能量。由于进入除渣器的清水降低了渣浆的浓度，从而可使纤维与尘埃更好地分离，这样既保证了净化效率，又使尾渣量从 7%～10% 下降至 2.5%～3.0%。

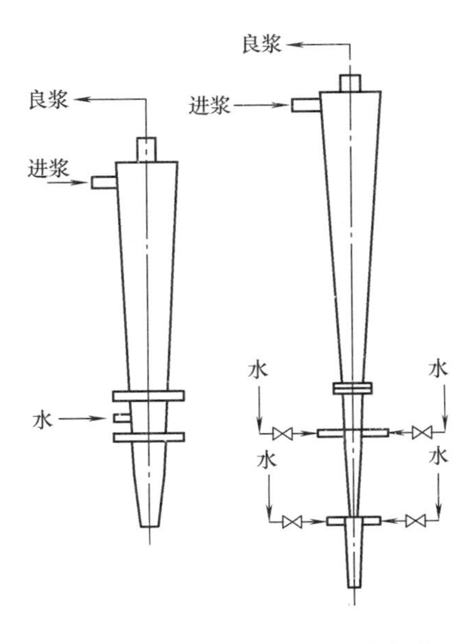

图 5-66　两种节浆器的安装方式

（4）排渣方式的确定

除渣器的排渣有间断排渣和连续排渣两种方式。为了减少排渣量，低压差除渣器和多段排渣的最后一段常采用间断排渣方式，但除渣效率较低；高压差涡旋除渣器多采用连续排渣，连续排渣又可分为敞开式（排向大气）、密封式和半密封式，密封式排渣是为了防止空气进入良浆中。国内大多采用直接向大气排渣，正常情况下粗渣呈伞状旋转喷射出去，但如果操作条件改变或排渣口堵塞，则排渣呈直线下流甚至断续下滴，除渣效率只有伞状排渣的一半。

（5）涡旋除渣器的应用

600 型、600EX 型属于小型号除渣器，它们的排渣口为 $\phi3\sim5$mm，对小于 0.2mm^2 的杂质仍有较好的分离效果，因而主要用于细浆中杂质的分离。600EX 型除渣器的进浆压力约为 300kPa，出浆压力最大不超过 30kPa；纸浆浓度为 0.5%时，它的能力为 120L/min。这两种小型号除渣器尾浆量较大，为了减少尾浆中的好纤维含量，常采用多段串联。

606 型除渣器属中型号的除渣器，选用 $\phi4\sim8$mm 的排渣口，可用于多种纸浆的净化。当浆料入口压力为 300kPa，出口压力 30kPa 的状况下，通过量可达 340L/min。故其单个除渣器的生产能力约是小型号除渣器的 3 倍。当进浆浓度为 0.5%时，606 型号除渣器的除渣效率最高。

620 型除渣器属于大型号除渣器，可选用大直径的排渣口（$\phi8\sim20$mm），生产能力为 830～3200L/min，进浆浓度约为 0.4%～0.6%。623 型除渣器是该型号除渣器中的一种，它对大于 0.5mm^2 的杂质能净化得较干净，而对小于 0.5mm^2 的杂质的效果较差。

640 型除渣器是一种特大型的锥形除渣器，它通常安装在小型号除渣器之前，供纸浆的预净化之用，以除去纸浆中的大个杂质如砂石、树皮、大纤维束等，以免对后续除渣器造成损害。

（三）高浓除渣器

提高纸浆净化浓度有利于减少输送液体的负荷，节省动力消耗，在相同条件下可提高生产能力。但提高纸浆的净化浓度，则纸浆中的纤维密度增大，粗渣与纤维间结合形成的网络强度相应增加，使粗渣从好纤维中分离出来就很难。这主要是因为许多净化设备在结构上不带运动件，纸浆的运动纯粹是由设备本身或液压差产生，因而高浓时难以实现纸浆的“流体化”。

与高浓筛选设备一样，高浓除渣器的除渣浓度大于2%，有时高达6%，除去宽度大于1mm、密度大于1g/cm^{3}的杂质。高、低浓除渣器设备特征比较见表5-12。

表5-12　　低、高浓除渣器设备的主要特征

净化器形式	高浓净化器		低浓净化器	
特征	配转子	无转子	重杂质	轻杂质
首选的流动形式	正向式	正向式	正向式	逆向式/全通式
浓度范围/%	2~4.5(6)	(1~5)2~4.5	0.5~1.5	0.5~1.5
通过量/(L/min)	100~10000	80~10000 (20000)	100~1000 (2000)	100~500 (5000)
单位能耗/kW·h/t	0.5~3	0.5~3	2~10	2~50
压力降/MPa	0.01~0.1	0.04~0.2(0.3)	0.07~0.2(0.4)	0.08~0.2
重力加速度 g/(m/s^2)	<60	<60	<1000	<1000
长度/mm 直径(max)/mm 排渣口直径/mm	3000 300~700 80~120	2000~5000 100~500	 75~300 10~40	 110~450 40~60
排渣率/%	0.1~10	0.1~10	5~30	3~20 (0.2)
排渣方式(非末段)	间歇 连续	间歇	连续	连续
尾渣增稠系数	—	—	5~7	0.2~10
末端排渣方式	间歇	间歇	连续/间歇	连续

注：（）是特殊情况。

高浓除渣器是一种预处理分离设备，因此目前仅限于用于废纸净化的高浓涡旋除渣器，而且只作粗选净化设备使用，即除去废纸中较大而重的粗渣，防止粗大杂质对后续工段设备的磨损。带转子与不带转子的高浓涡旋除渣器如图5-67所示。由于高浓除渣器浓度较高，进浆压力能产生的重力加速度在40g或更高一些，但有时因通过量较低以及浓度较大时，需要附加动力旋转装置，增加浆料旋转的重力加速度，产生足够大的离心力。带转子的高浓除其结构上的特点是主体上部带有由电机带动的旋转叶轮，借以增强浓度为2%~4%的纸浆的旋流作用，分散纤维网络，使粗杂质与纤维分离，粗渣从下部排出，净化效率低。带转子的压力降在10~120kPa，而不带转子的压力降在40~200kPa，有时达到300kPa。

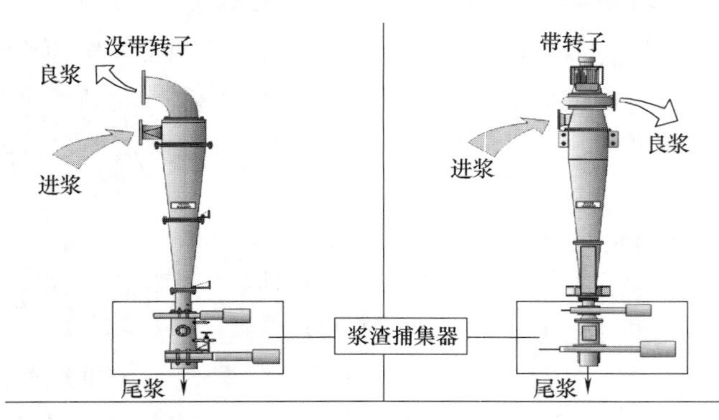

图5-67　早期的高浓涡旋除渣器

图5-68是用于废纸制浆流程中水力碎浆机后除去相对密度大于纸浆的粗渣的高浓涡旋除渣器结构图，又称双锥形涡旋除渣器。它在结构上的特点是主体具有两个锥形旋流管以及

锥管下方带沉渣罐，其净化原理同样是利用浆料产生的离心力。从下锥形部通入压力水，减少纤维下沉，并进一步稀释粗渣，使纤维与杂质分离。处理浆料浓度可达3%~4%，进出口压差小，可清除去粗大的杂质颗粒。

图5-69是用于除废纸浆中的各类重杂质的高浓涡旋除渣器。该设备也是利用涡流离心原理高效净化浆料，浆料以一定的压力沿切线进入高浓除渣器，形成涡流旋转进入内锥管，高压平稳水从内锥管下部进入，上升至玻璃锥管中部，与上面下来的浆料相遇并达到平衡状态。此时浆料被稀释，浓度开始下降，由于平衡水在中心处受到离心力的作用形成低压带，从而使良浆从中心逆流上升，由螺旋室出口流出。涡流产生的离心力使杂质集中在锥管内侧，与浆料分离后下降，落入沉渣罐中，定期排出。

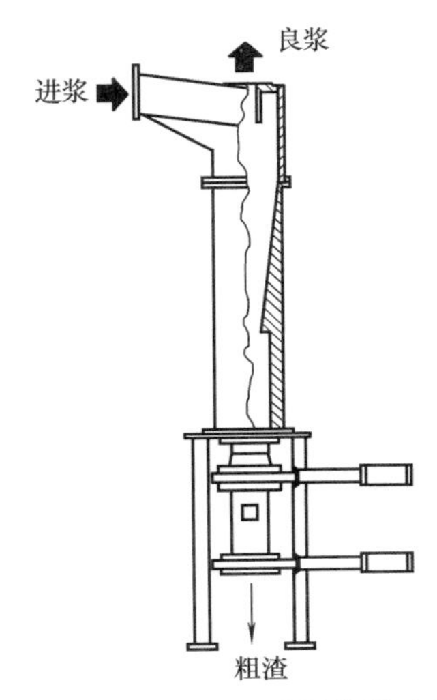

图5-68　高浓双锥形涡旋除渣器

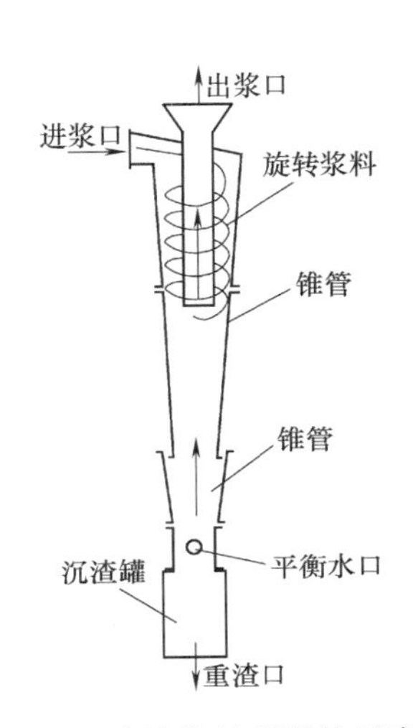

图5-69　高浓除渣器结构示意图

该设备与浆料接触的部分采用不锈钢或陶瓷材料制造，耐酸、耐磨、耐腐蚀。特殊的结构形式适用浓度高，除渣效果好，无需动力配置，使用方便可靠。排渣方式分手动和自动两种形式，自动排渣采用PLC控制。该类型设备的主要性能见表5-13所示。

表5-13　　高浓除渣器的性能和主要参数

型号	ZSC51	ZSC52	ZSC53	ZSC54	ZSC55	ZSC56	ZSC57
通过量/(L/min)	800~900	1200~1300	1600~1800	1800~2600	3000~4500	4500~5800	5800~7500
进浆浓度/%	2~5	2~5	2~5	2~5	2~5	2~5	2~5
进浆压力/MPa	0.2~0.35	0.2~0.35	0.2~0.35	0.2~0.35	0.2~0.35	0.2~0.35	0.2~0.35
出浆压力/MPa	0.01~0.05	0.01~0.05	0.01~0.05	0.01~0.05	0.01~0.05	0.01~0.05	0.01~0.05
排渣方式	手动	手动	自动	手动、自动	手动、自动	手动、自动	手动、自动

（四）轻杂质除渣器

逆向除渣器是20世纪60年代研制的用于除去废纸浆中轻杂质的一种净化设备，其结构原理与常用的正向除渣器完全一样，但在使用上却与正向除渣器相反。

良浆从锥形底部排出，比纤维轻的杂质则从上部中心管排出（逆向式），或从底部另一侧排出（全通式），目的在于除去浆中比纤维更轻的杂质如塑料颗粒、蜡、薄膜等胶黏物。它能排出95%以上的轻杂质，操作方便，效果显著。由于极细的窄缝压力筛的应用（缝的宽度小到10μm），所以轻杂质除渣器的重要性不是很明显。然而，对于塑料泡沫及含蜡的

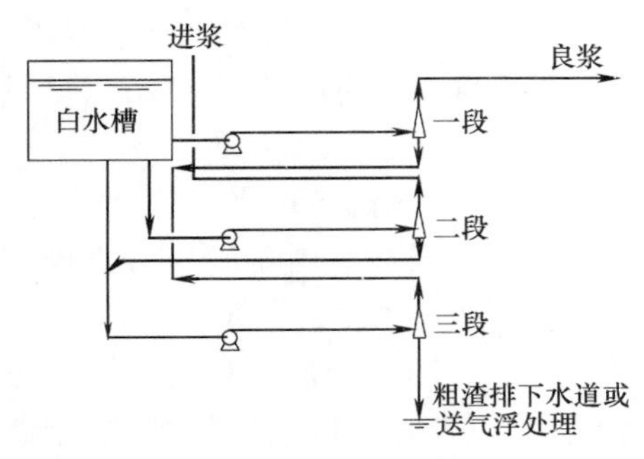

图 5-70　轻杂质除渣器的三段阶梯式排列

胶黏物，其除去效果还是比较显著的。

在逆向除渣器中，粗渣排出量约为进浆量的20%～50%，故粗渣中必须带走部分好纤维，如果某个时候的操作条件发生变化（浆料浓度升高，压力下降等），则粗渣排出口夹带的好纤维将超过20%，甚至可高达50%。因此，逆向除渣器应采取多段串联以减少纤维流失，图 5-70 是逆向除渣器三段阶梯式排列，最后一段的粗渣可排掉或送气浮澄清池处理，其除渣效率可达 70%左右。

参考文献

[1]　陈克复，主编. 制浆造纸机械与设备（上）［M］. 3 版. 北京：中国轻工业出版社，2011.

[2]　杨光誉，陈克复. 新型压力筛的结构［J］. 中国造纸，1997，1：58.

[3]　林思球. 新型压力筛在纸浆筛选中的应用［J］. 中国造纸，1998，3：11.

[4]　陈庆蔚. 当代废纸处理技术［M］. 北京：中国轻工业出版社，1998.

[5]　E. W. 马科隆，T. W. 格雷斯，著. 最新碱法制浆技术［M］. 曹邦威，译. 北京：中国轻工业出版社，1998.

[6]　G. A. 斯穆克，著. 制浆造纸工程大全［M］. 曹邦威，译. 北京：中国轻工业出版社，2001.

第六章　废纸制浆及脱墨机械与设备

第一节　概　　述

在注重环境、生态、能源合理配置和造纸业可持续发展战略的潮流中，全世界的制浆造纸业已全面进入一个全方位大规模使用二次纤维的新时代。大量使用作为社会废料的各种回收的旧纸箱（OCC）、旧报纸（ONP）、旧杂志（OMG）、混合办公室废纸（MOW）、印刷品和工业纸板的边角料，乃至液体饮料纸盒等作为造纸原料，已经有了十分成熟的生产工艺。通过适当的原料搭配，使用先进的制浆工艺、抄纸化学品和现代的纸机，已经能用100%废纸浆生产质量上乘的瓦楞纸、工业卡纸、新闻纸、复印纸等，其中瓦楞纸、箱纸板和新闻纸是成功应用二次纤维的最大宗纸品生产。相应的废纸处理专用设备亦种类齐全，日趋完善。

当今世界上为数众多规模宏大的废纸制浆生产都表明，使用二次纤维可以节约大量木材，具有重要意义。在欧洲就有人将废纸原料市场称为“新的造纸森林”。因为从纤维的角度来说，高质量的废纸实际上是优质的木材原料，而上次制浆造纸过程中耗用的电能、化学品以最终成品的形式蕴藏在成纸中，在本次废纸制浆过程中就免除了部分能量的重复消耗。因此，与其他种类的纸浆生产相比，废纸纸浆生产具有成本低，节电节水，排污负荷低的特点。

一、废纸制浆基本流程

（一）非脱墨废纸制浆

图6-1是广东省东莞市理文造纸厂500t/d瓦楞纸废纸制浆生产线。该生产线全套工艺设备是美国TBC公司的产品。对照脱墨浆生产流程可以看出，碎浆和筛选净化是非脱墨废纸制浆的主要流程。绝大部分用作芯浆的工业纸板废纸制浆生产线不需要脱墨，也不需要漂白过程，但是由于OCC常夹带大量的塑料废料和胶黏物，筛选净化工艺就需要特别加强，并使用热分散设备进一步处理胶黏物。

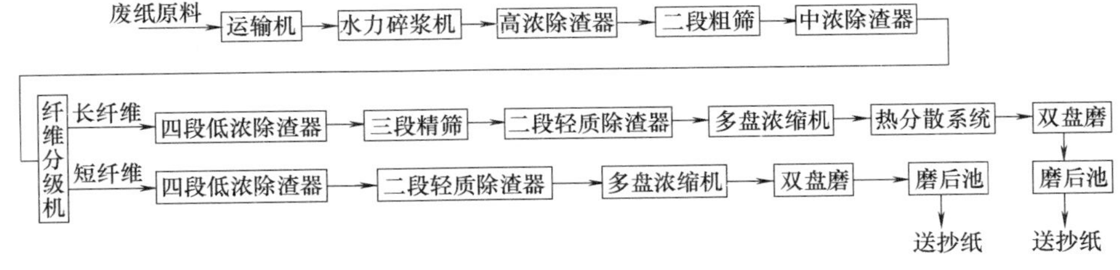

图6-1　广东省东莞市理文造纸厂500t/d瓦楞纸废纸制浆流程

从该流程可见普通废纸制浆的过程是：废纸经过解包，抽除铁丝后，由板式运输机运送到水力碎浆机进行碎解。连续碎解的方式是连续加水和投入废纸原料。碎浆机内的工作浓度维持在4%~4.5%。已经碎解成浆的浆料穿过筛板送往粗浆池，然后用泵送到高浓除渣器和粗筛。比较完善的粗筛是三段布置，筛孔孔径为1.6~2.0mm。浆料经过纤维分级后，长纤维送去低浓磨浆以便进一步提高浆的强度。短纤维可以经过也可以不经过磨浆工序。纤维分级是大型 OCC 废纸浆生产的一个典型工序，经分级出来的长纤维组成一般达 40%～50%。接续的浓缩设备多盘浓缩机一方面把筛选段低浓（1%～1.5%）的浆料浓缩，另一方面又起到洗涤浆料的作用。该生产线使用压榨螺旋把长纤维进一步浓缩到 30%～35%的高浓，然后送到热分散机去进一步处理残余的塑料薄膜和黏胶物。

二次纤维在重新制浆过程中，一些已经多次使用的纤维会因为细胞壁硬化，纤维反复被切断，甚至被粉碎而在筛选净化的过程中被淘汰（筛出）。没有被筛出的大部分二次纤维也会在使用的过程中老化而大幅度降低使用性能。如果总是单一使用同类废纸生产纸浆抄纸的话，其质量一定会明显低于第一次用原生纤维抄造的纸。因此，废纸制浆的配料总是有意投入 20%～30%高一档的废纸。例如生产瓦楞芯纸的原料，除了纸箱的芯层是基本的原料，贴在面层的硫酸盐木浆挂面便成了很好的补充原料。而生产新闻纸用脱墨浆的典型配比是使用 70%旧报纸作为基础原料，30%强度和白度都好得多的杂志纸作为长纤维补充原料。

（二）废纸脱墨制浆

图 6-2 表示芬兰 UPM 公司凯普拉（Kaipola）纸厂的日产 330t 新闻纸用脱墨浆生产流程。该生产线于 1989 年建成，使用 30%OMG 和 70%ONP 生产脱墨浆。这种再生纤维可以以 90%以上的配比在 1500m/min 的新型夹网纸机上生产优质 45g/m^{2}胶印新闻纸。流程中的主要工艺设备堪称当时世界一流的脱墨浆专业设备。

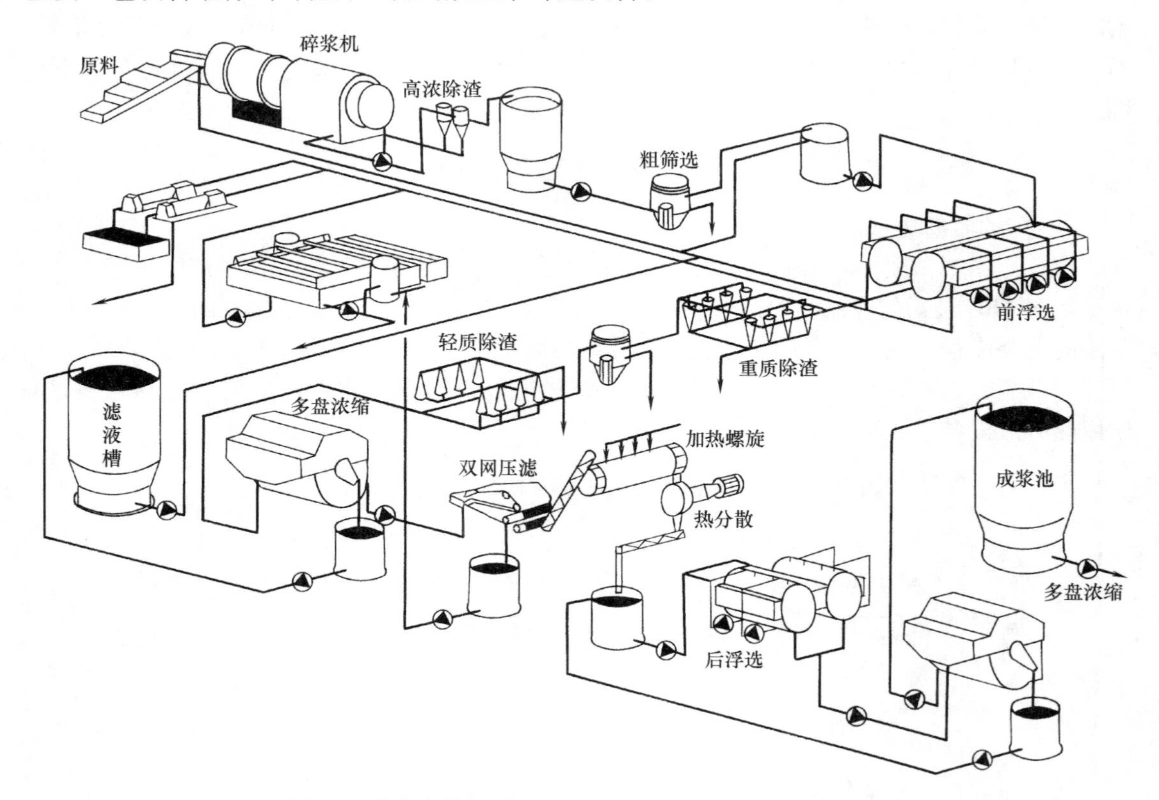

图 6-2　芬兰凯普拉纸厂日产 330t 新闻纸脱墨浆生产流程

从图 6-2 中可以看到，现代新闻纸脱墨浆的典型生产流程为：废纸原料与大量的回用水和必要的化学品，例如与烧碱、过氧化氢混合，在 13%～15%浓度状态下通过强烈的机械搅动，废纸被碎解成为分散的纤维与水的混合物。经过逐步稀释和多种形式搭配的筛选、净化，去除了大部分轻重杂质以后，把浆料送到专用的脱墨设备——浮选槽。通过空气与表面活性剂的联合作用，油墨被规格为0.1~1mm的气泡捕集并浮到液面，绝大部分的印刷油墨得以从浆料分离出来。而后经过浓缩机把浆料浓度提高到30%~35%，用蒸汽加热至80~85℃的高温，接着在热分散机把残存的油墨颗粒分散成更少的、肉眼不再可分辨的细小粒子。然后，重新稀释浆料到合适的低浓度例如1.0%~1.1%，再进行一次后浮选。最后，浆料需再一次浓缩。必要时可在热分散前后或浮选后安排一次氧化型或者还原型漂白。

原料构成的不同，生产纸种的不同，则脱墨流程，设备的搭配会有所不同。但是，各类筛选净化设备和浮选脱墨设备都是流程中的最基本部分。为强化对轻质杂质和黏胶物质的分离，有些新闻纸脱墨浆生产线在浮选段前面增设预筛选，使用缝宽为0.2mm的缝筛。有些流程使用较难脱墨的MOW为原料，而又要求成浆质量特别高，就会安排两次热分散，三次浮选脱墨。此时第三次脱墨完全是为了除去墨类粒子，而不再获得白度的增益。

有些工厂亦有用洗涤法脱墨代替浮选法脱墨。流程中洗涤浓缩设备会更多，而不再有浮选槽。这种流程水耗会比浮选法脱墨的大得多，而且浆料的得率会低一些。

脱墨浆生产线都包括一个或两个水处理回路，将纸机送来的白水和本系统污泥浓缩的滤液分别处理后，用于生产线的稀释点。

大部分废纸脱墨浆生产线的得率为78%~85%。15%~20%的物料是以粗渣、油墨污泥，水处理浮渣等形式排出系统。对成浆灰分要求很低的脱墨浆例如卫生纸，面巾纸的脱墨浆，由于使用洗涤能力很强的浓缩设备，大量灰分和小纤维被洗出，得率会低至70%以下。

二、废纸制浆设备的特点与发展趋势

（一）废纸制浆设备的进展

废纸处理装备技术的研发主要围绕以下几个方面进行：a. 装备如何充分发挥疏解（尽可能减少切断）废纸纤维的作用；b. 尽量不使轻、重杂质碎解成细小颗粒；c. 最大限度地使脱墨浆的油墨和纤维分离除去；d. 降低水耗和电耗；e. 单条生产线的大型化和成套化。

近几年，回收纤维制浆尤其是废纸脱墨浆的生产在我国迅速发展，主要呈现以下几个特点：废纸制浆设备能力、规模不断扩大；转鼓碎浆机在新脱墨线大量采用；由于脱墨浆在生产新闻纸中的使用比例逐步增加，碎浆所用的间歇式水力碎浆机正逐步被碎解较温和的转鼓碎浆机所取代，并且出现了双转鼓（即碎浆区和筛选区使用不同的转鼓）；从单级浮选脱墨到二级浮选脱墨；为了提高浆料白度及降低尘埃度，筛选段添加了预精筛。

近年来，废纸制浆技术设备主要进展有：

① 碎浆设备。如转鼓碎浆机、低能耗高浓水力碎浆机。立式水力碎浆机国内已达$50m^3$的规格，与其配套的有粗渣疏解设备。为增加碎浆时浆料的循环，采用浆槽上增加导流叶片，或在槽体结构上进行改进（如D形连续式水力碎浆机）。配置有螺旋转子的高浓水力碎浆机，能够得到比鼓式碎浆机质量更佳的浆料，但高浓水力碎浆机相对不太适合质量变化的废纸制浆。鼓式碎浆机在去除胶黏物和油墨效率方面优于高浓水力碎浆机，近年来的应用有了较大的发展。

② 筛分设备。如纤维分级机、复式纤维分离机等。筛选设备最大的技术进步是楔形棒筛筐的细缝筛的开发，缝筛的技术进步还包括增加筛缝开口面积，镀铬或者采用新型耐磨的碳化物涂料以延长使用寿命，以及筛筐的翻新等。即使缝宽只有0.10~0.15mm，缝筛也能

在3%～4%的浆浓下正常运行。在压力筛不锈钢筛板进浆面加工的波形开口，使紧靠筛缝进口处浆料流体化，从而提高了浆料通过量和进浆浓度。迄今为止，最小的筛缝已达到0.10mm。

③ 除杂净化设备。如逆向除渣器，通流式除渣器，轻、重杂质除渣器以及回转式除渣器在国内生产应用发展很快。但除渣器结构本身并没有很大的变化，不少公司致力于进浆、良浆、排渣口的改进。

④ 浮选脱墨设备。主要从槽体的大小、形状、空气注入技术、气浮物去除等进行改进和革新，如KBC公司的MAC浮选槽、Metso公司的Optibright浮选槽、Voith公司的Ecoe ll浮选槽以及Andritz公司最新推出的SelectaFlot浮选槽。

⑤ 热分散机。热分散机分成盘式和辊式两种，辊式热分散机又叫搓揉机。使用搓揉机可使纤维卷曲而使成纸透气度增加。而盘式热分散机不会使纤维产生卷曲现象，而且功率传输较高。

目前国内引进的先进废纸脱墨浆成套生产线产能达1360t/d。国产办公废纸处理生产线的成套设备与进口设备仍有一定差距，其中国产高浓过氧化氢漂白设备仍是空白。在国外，废纸处理和废纸脱墨成套设备的单机生产能力大，吨浆能耗少、运行成本低，关键设备已由盘式热分散机发展为更加高效节能的锥盘式热分散机。目前，国内可提供600t/d的OCC生产线成套设备及300t/d的脱墨浆生产线设备，其中鼓式碎浆机、立式碎浆机、高温高浓盘式热分散机及浮选脱墨槽这些关键设备已全部国产化。大型的鼓式（滚筒型）碎浆机最大规格为4000mm，生产能力约500t/d；国产纤维分离机最大规格约为1500mm，生产能力约300t/d；国产外流压力筛规格最大可达5m^2，生产能力约为400t/d；内流压力筛、纤维分离筛最大规格约为3m^2，生产能力约350～400t/d。绝大部分转子和筛鼓我国都能制造，但在材料选用、精度和耐磨性上需进一步提升。

除华一轻机公司（已被美国凯登收购）和福建轻工机械有限公司提供成套废纸处理设备外，近年来，成功研制的废纸制浆新设备有：山东晨钟机械公司的转鼓式碎浆机和ZFM型封闭浮选脱墨槽；福建轻机的ZNV系列螺旋挤浆机、预热进料螺旋器系列、ZGF系列叠型浮选脱墨槽以及中浓粗筛系列；山东汶瑞机械公司的15万t/a中浓纸浆少污染漂白设备（升降流漂白塔、过氧化氢漂白混合器等）；郑州运达造纸设备公司研制开发的废纸散包干法筛选系统以及山东安联轻机公司的高浓除渣器、浮选脱墨槽、压力筛、转鼓式碎浆机、高速洗浆机等。

（二）废纸制浆设备的发展趋势

（1）设备产能大

随着社会生产工业化的进程，规模经济已日益被证实是获取最大利润的有效手段。与单台造纸机生产规模不断增大相适应，单线，单台废纸制浆设备的生产能力也在迅速增长。优质材料的应用，大型机床的先导，令大型废纸制浆设备已易于生产。例如，大型转鼓碎浆机直径可大至ϕ4000mm，处理废纸量可达1500t/d。大型多盘浓缩机，转盘直径达5200mm，日处理浆量可达1000t/d。除了少量设备例如除渣器还是通过单体数量的累加构成生产能力之外，流程上的单台专业设备都已能够达到日产800～1000t浆料的水平。因为规格增大，会相应不同程度的节省一次投资和生产运行成本。

（2）设备材质更耐磨

二次纤维的制浆过程是将纸和纸板作为远程原料。这些远程原料在发挥社会消耗功能例如用作各种商品的包装材料、办公室文印材料、阅读的报纸、杂志等以后，经过机械的、化学的和物理化学过程处理，恢复其再次抄纸所需具备的纤维性质和洁净度。作为从社会上收集起来的各种废纸原料，均含有各种与废纸混杂在一起的废料，例如黏胶带、印刷油墨、钉和书钉、砂石、铁件、玻璃、橡胶、塑料制品等，相当一部分废纸制浆设备要在不同规格层次上把这些废料尽可能彻底地从有用的纤维分离出去。这些设备既要有效地除去杂物，又要经得起这些废料的磨蚀作用。特别是在流程的前部，所有设备接触浆料的部件都会使用或镶衬耐磨材料。

此外，在废纸制浆生产线后部流程的压榨螺旋，热分散机，污泥螺旋等，由于浆料的浓度很高，在强烈的连续的摩擦和能量转移的过程中，亦要求接触的部件表面例如压榨螺旋的螺旋外壳，热分散机的磨盘或啮合齿要有很强的耐磨能力。

（3）设备具有较高的精度

随着机加工的设备和工艺日益发展，废纸制浆设备的加工精度已越来越高。高精度的装备首先带来设备性能的大幅度改善。例如，废纸浆的疏解机、热分散机、磨浆机，由于进刀机构的精细设计和加工效果，刀盘之间的间隙可以得到非常准确的调整控制。又如精筛筛框的缝，0.10~0.15mm 缝宽的选择可以更准确地满足不同物料对筛选品质的要求。精度高的第二个好处是部件工作寿命更长。不少转动部件与固定部件之间是需要安排动态密封的。精确的机加工可令密封面靠得更近，间隙夹杂其他杂物的机会更少。这样密封面的磨蚀就可以大为减少。又如装机容量 1000kW 以上的热分散机，由于轴承位置的直径精度很高，在安装重级轴承例如 22236 型时，要用专用的压力机均匀地压入。这样，在甚高轴功率和很粗重的工作负荷下，轴承的紧固得到可靠保证。既提供了整台设备运行的可靠性，又获得了轴承部位更长的工作寿命。

（4）设备具有多功能

在一台设备上同时完成两种以上工艺功能，可以显著节约设备投资和运行成本。在一些除渣器上，新的设计在筛分和除去重质杂质的同时，可以排除浆料中的气泡和塑料、黏胶等轻质杂质。有些双网压滤机把其中的下网延长，变成附加的多段逆流置换洗涤，这样一台设备就可以同时具备洗涤和浓缩的功能。筛子的研究和演变是废纸制浆设备中工作做得最多的一类设备。筛子的顶盖可以聚集和排除浆料中的空气和轻质杂质。新发展的复合筛在同一台设备中安排一段筛板和一段筛框，把粗筛和精筛结合在同一台设备上，另一种发展是在同一台精筛上安排两段甚至三段筛框，这样也就等于把两段或三段筛子装在同一台设备中。设备的多功能化使得在设备投资、现场安装和动力消耗方面有很大的节约。

（5）设备材质具有耐磨防腐要求

设备材质的选用，大体上视部件结构、设备的功能以及其接触物料的性质而决定。以立式水力碎浆机为例，用于普通 OCC 废纸的碎浆机槽体和支腿都会使用强化的碳钢如 35 号钢。高速旋转的飞刀要承担把动力转移给中浓浆料的任务，经受的扭矩和力矩都很大，则要选用更高品位的钢材。飞刀的前缘、顶面和底面由于要长期连续与废纸中各类硬质杂物，特别经常会与遇到的碎玻璃、铁块接触，则一定会使用耐磨的衬（或镀）NiCr 钢乃至氮化硅材料。当立式碎浆机用于脱墨浆生产线时，一方面要保持浆料的质量，减少铁离子溶进制浆系统，另一方面要耐受脱墨用化学品例如 NaOH、H_2O_2、EDTA 等的腐蚀，槽体就选用 316 或 316L 不锈钢（起码是 321 不锈钢）。

又如重杂质除渣器。重杂质除渣器的功能是通过浆料在锥体内高速旋转所形成的离心力将比重大于1的各种颗粒杂质从浆料中分离出去。长年累月的磨损对除渣器的内壁有很高的耐磨要求。而除渣器工作所需要的出、入口压力差和进浆压力（一般为0.2~0.4MPa）又要求其壳体能承受相应的压力。因此，在靠近流程前段，重杂质含量很高、颗粒的磨损性能很强的情况下，会使用铸铁或不锈钢的外壳，耐磨树脂或 NiCr 钢衬里。尤其在下锥体，重杂质相对含量已经高达50%以上，通常会使用抗磨蚀性极佳的陶瓷衬里。而在流程靠后段的重杂质除渣器，则可以使用优质工程塑料。这样一方面可以满足耐磨的需要，同时可以大幅度减少材料成本和部件的重量。

第二节　废纸输送设备

一、链板式输送设备

链板式运输机是废纸原料提升、运输的基本设备之一。钢制的链板有承载力强、爬升角度大、运行稳定、噪声低的优点。

在废纸制浆生产线中，废纸需要在碎浆机碎解成粗浆。无论立式、卧式或者转鼓碎浆机，由于设备本身尺寸的关系，其落料口对地高差一般为4~6.5m，大型生产线的高差可达7~8m。运输机就成了把废纸原料从仓库地面提升、运输到落料口的基本装置。大型废纸制浆生产线的运输机还兼有连续计量的功能。

废纸原料在仓库地面或预处理间经过剪除铁丝，松捆后，用大型推纸（夹纸）车往连续运行中的运输机上载纸。经松散处理后的废纸容重在300~600kg/m³不等。表示运输机生产能力的指标主要是链板的工作宽度，纸堆的厚度和链板速度。日产500t脱墨浆的B1800mm运输机，当纸层平均厚度为60cm时，链板速度仅1.5m/min。

链板式运输机生产能力计算公式为：

$$q_m = b \cdot d \cdot \rho \cdot v \tag{6-1}$$

式中　q_m——运载能力，kg/min

b——链板工作宽度，m

d——纸堆平均厚度，m

ρ——废纸体积质量，kg/m³

v——链板速度，m/min

（一）链板

图6-3是常用链板式输送机的链板。链板是承载废纸的部件。弯曲的截面设计有4种功能：

① 令链板随传动链在链轮上回转的时候能顺利通过；

② 半圆的曲面有助于链板组成完整的承载面，避免小纸片和细碎杂物漏到运输机底部；

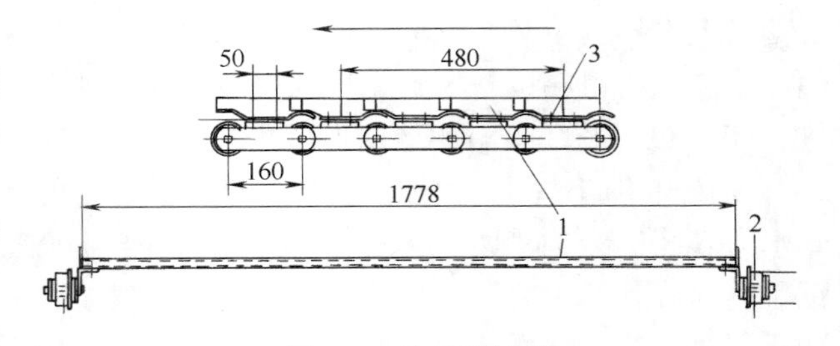

图6-3　链板的结构
1—链板　2—滚轮　3—链节

③ 凸出的曲面令组合起来的运载面大大增加了对纸捆和松散纸层的摩擦力。这样既改善了对物料的拖动，又令爬升角度可以选取更大的数值。这一类板式运输机的最大爬升角可达30°。

④ 凸出的曲面令链板具有更强的刚度。

链板可以用镀锌钢板或普通钢板制造，用螺栓分别固定在相应的链节上。链板厚度为5~8mm。

（二）链条

链条结构与常规斗式提升机的链条相同，根据传递功率的计算确定链节和销轴的材质和断面尺寸。视运输机的宽度，板式运输机可以布置2~4条链条。一个链节上装1~2副内有轴承的滑轮。为了适应长年累月的摩擦，在滑轮和导轨上通常配有连续润滑系统。这种系统可以维持连续和少量的稀油滴注，既能减少运动部件的磨损，保持更长的使用寿命，又能有效地降低传动的功率消耗。

（三）支架、支承和侧板

支架指头架和尾架，与普通皮带运输机的结构相同。但是绝大多数板式运输机都要将废纸送到7~8m的高度，故头架也有相应的高度。为了保持设备运行的稳定性，头架的底座往往比主体机架宽一些，并且安排若干斜撑或十字斜撑，如图6-4所示。

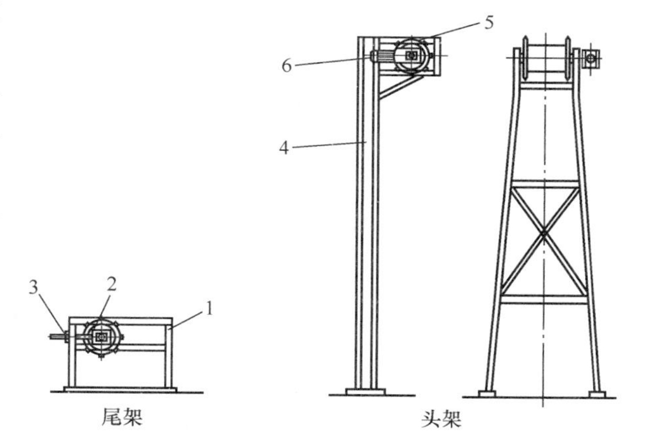

图6-4　头架与尾架

1—尾架　2—链轮　3—张紧机构　4—头架　5—链轮（主动轮）　6—传动马达及减速箱

支撑指支撑链条的导轨。导轨用合适尺寸的型钢制造，同时起链条滑轮的支撑和导向作用。工作宽度大于1m的板式运输机还在链条导轨之间装上衬有低摩擦系数合成塑料条的纵向钢制支撑，以便强化链板的承载刚性。

侧板也是链板式运输机的重要部件。由于废纸虚容重低和安息角小的特点，链板承载面的两侧设置1~1.8m高的侧板，可以有效地提高纸层的平均高度，充分发挥链板单位宽度的废纸输送量。侧板的内侧应平滑，外侧则使用型钢加固。

（四）传动和张紧系统

链板式运输机的主动轮是一个直径较大的链轮，链齿节距恰好是链节的节距。链轮的齿数一般不少于10齿。齿形和材质按常规齿轮设计进行计算。

由于链板运行速度很慢，所以传动第一级通常采用三角皮带减速，第二级采用大减速比的减速箱。

链板式运输机的尾轮也是一个链轮，其节距与主动轮一样，但齿数可以略少。尾轮同时又是张紧轮。简单的张紧系统可以用螺杆张紧的方法，较为先进的张紧系统则采用活塞或气囊加压的方式。

（五）计量装置

大型废纸制浆生产线的工艺过程都由全自动控制系统操作。碎浆原料进入系统的速度也是由PLC或DCS系统控制。板式运输机上的计量装置连续地检测出废纸的通过量，然后经过PLC和DCS控制系统，根据工艺给定值控制板式运输机的链板速度和稳定的投料量。

常用的计量装置有称重测量单元（loading cell）、核子秤等。称重测量单元就装在板式运输的支架上，废纸原料连同机架、链板和链条的重力一起压在测量单元上。测量单元把重量转换成 4~20mA 电讯号，送到控制系统的处理单元。通过实地的系统标定便可给出电流讯号与原料质量的对应关系曲线。

核子秤的工作原理是使用^{60}Co或^{137}Cs放射元素制成的放射源，在放射源的正上方安装一个或两个计数器。当放射源的 β 或 γ 射线穿透纸层的时候，放射强度的衰减对瞬时通过的废纸质量有相关对应关系。把计数器检测的结果转换成数字讯号并送到 DCS 系统，便可实行自动控制。图 6-5 是常用核子秤的结构。图中 2 防护套是钢制的套管，内衬铅板。防护套的上方开了一条缝。射线就从这条缝射向闪烁计数器。铅保护套是一个重要部件。无论使用钴或铯放射元素，长期接触均可危害操作人员健康。有效的铅保护套可令核子称周围 1m 范围内的辐射强度控制在安全数值范围内。但是，在核子称工作期间，其对向计数器的位置要把防护盖旋开，让射线射向计数器。此时，操作人员万不可在核子称的正上方停留。如有维修或处理故障需进入核子称正上方，必须确认防护盖已关闭。图中 3 防护盖是可以旋转的，并且由锁紧机构保证工作位置的可靠性。

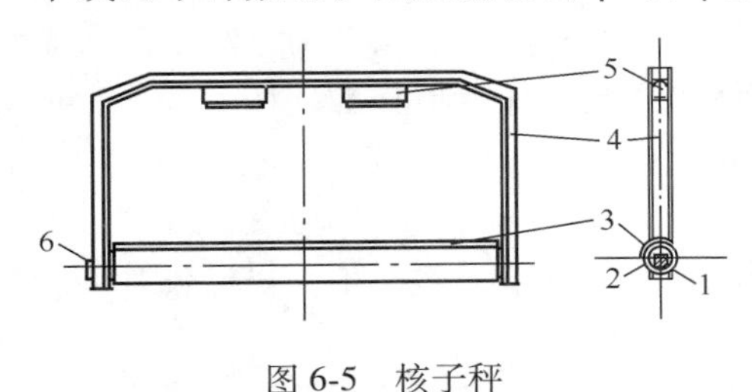

图 6-5　核子秤
1—放射源　2—防护套　3—可旋转的防护盖
4—支架　5—闪烁计数器　6—防护盖锁紧机构

二、带式输送设备

带式运输机使用大型橡胶带作为运载体。与板式运输机相似的是，带式运输机的带宽都有 1m 以上，头轮都是传动轮，而且位于 6~8m 的高度。由于材料强度不一样，橡胶带的单位面积承载量大概只有板式运输机链板的 1/4~1/3。橡胶带又很难造得太宽，因此，相同生产能力的带式运输机运行速度比板式运输机要快 3~5 倍。速度较高亦有利于头轮的功率传递，不然，头轮的直径和包角都要造得很大。

带式运输机的基本构造与板式运输机是十分相似的，也有头架尾架，传动部和张紧系统。侧板则比板式运输机要矮，因为单位长度的承载量远不及链板式运输机，而且带式运输机的运行速度又快得多，纸层的高度只是后者的 1/3~1/2。

此外，带式运输机的最大爬升角也较小。

第三节　废纸碎浆设备

一、立式低浓碎浆机

低浓水力碎浆指工作浓度为 3%~5%的碎浆过程，可以是连续的操作工艺，也可是间歇的操作。低浓碎浆机适用于中小型废纸制浆生产线。

（一）转子

低浓碎浆机的转子同时也是飞刀，一方面与底刀配合起撕碎纸片的作用，同时也起着向浆料传递动能，通过水力的高强湍动与剪切作用强化废纸碎解和提供搅拌作用。转子的叶片同样需要镶衬耐磨材料。由于低浓碎浆物料的翻动和碎浆过程中也存在未充分碎解的成堆废纸冲撞的现象，转子和主轴也要具有足够的强度。

（二）槽体和底刀

低浓碎浆机的槽体多为圆柱形，也有 2~3 个挡浆块。在连续操作的碎浆机需连续不断地加入废纸原料和稀释水，而经过碎解的粗浆则穿过筛板连续地排出槽外。有些生产流程用连通管把良浆先接到槽体旁边的平衡罐，然后用泵把良浆抽走，见图 6-6。这种流程有利于槽内浆料液位的稳定。

槽体的材质视生产线最终成浆要求的不同而选择碳钢或者不锈钢。

（三）筛板

如前所述，碎浆机筛板是废纸生产线第一道分离杂物的部件。低浓碎浆机筛板的筛孔直径要比高浓碎浆机的小，一般为 10~14mm。如果低浓碎浆机用于商品浆板的碎解，筛孔会小一些，一般为 8~12mm。

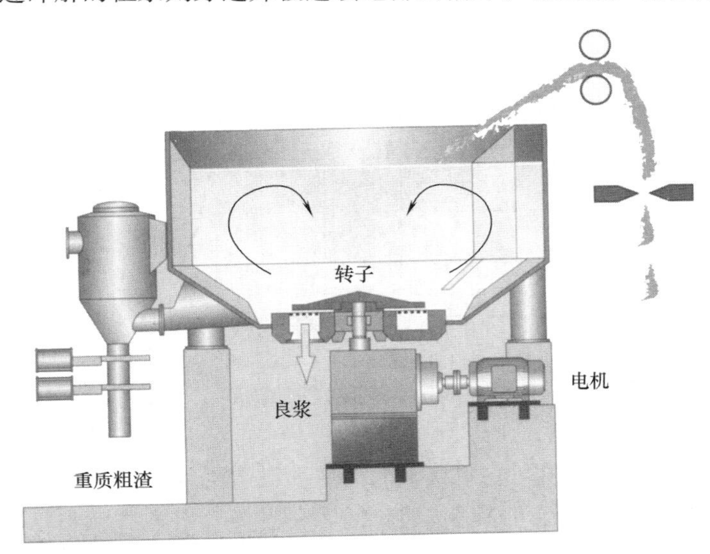

图 6-6　低浓水力碎浆机

（四）排渣绞索

不少废旧纸板混杂各种条形杂物，如铁丝，塑料绳等。如果在碎浆槽里放进一根足够粗的缆绳，例如 ϕ50 的尼龙绳，浆料里面的条形杂物就会在物料的旋转中紧紧地缠绕在缆绳上。在这个过程中还能把部分非条形状的塑料袋，铁片等各种杂质捆绑在一起。把缆绳逐渐向上提，后面的条形杂物会继续编织出新的缆绳（见图 6-6）。这是排除部分杂物的好办法。

表 6-1　Voith 公司低浓碎浆机规格

规格/m^3	26	35	45	60	75	90	110	130
生产能力/（t/d）	200~255	200~350	350~550	450~750	600~850	700~950	850~1150	1100~1300
装机容量/（kW）	315	400	400	500	630	710	900	1100

二、立式高浓碎浆机

高浓碎浆机的工作浓度为 10%~15%。由于碎浆浓度比较高，转子（又称飞刀）的输入能量很大部分是传送给水，通过水体非常强烈的搅动、剪切，以及纸片之间相互摩擦、搓揉，从而快速地完成碎浆功能。高浓碎浆特别适用于需要添加化学品的脱墨浆生产线。碎浆浓度高就等于化学品浓度高，碎浆的化学过程包括油墨的皂化、纤维的润胀、木素的漂白等，其效率可有成倍的提高。由于工作浓度高，在相同绝干物料处理量的情况下，设备需带动的物料总体积比低浓工艺过程要少得多。而且纸捆、纸片之间起润滑作用的水层减少，干物料通过相互紧密强烈的搓揉而加速碎解，凡此种种都令高浓状态下纸片的碎解效率更高，因而更节能。

高浓碎浆机大多数的工作情况是间歇的方式，碎浆周期约 30min。间歇式高浓碎浆的程序举例：

① 注水，5min，其间如有化学药品应在此时一齐注入；

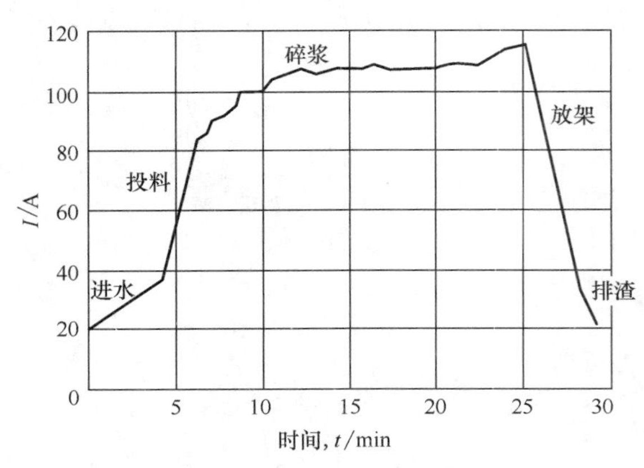

图 6-7　碎浆机工作电流的一个周期

② 投废纸原料，3min；

③ 碎浆 15~18min；

④ 稀释（第二次注水），3min，稀释至泵送的浓度（4%~5%）；

⑤ 放浆，5min。有些流程在放浆的时候继续在放浆管加水稀释。

⑥ 冲洗槽体并排出粗渣，2min。

在碎浆周期中，转子总是在转动。因此，驱动马达的功率输出是周期性地变化的，如图 6-7 所示。

对大型和现代的碎浆工序，上述程序都是处于 PLC 或 DCS 自动控制之中。

水力碎浆机与物料接触的部件一般选用 304 或 316 不锈钢。在处理较低档次原料如 OCC 一类的废纸时亦可选用普通碳钢。

（一）转子

1. 转子的功能

转子同时有三种功能：a. 将动能传送给槽体内的物料；b. 直接对成捆、成片的纸片进行撕碎；c. 将浆料往轴向方向推，以强化槽内物料的搅拌。在高浓的情况下，前一项功能是主要的作用。在装有放浆筛板的碎浆机，转子还可以起到清洗筛孔的作用。转子的转速在 250~400r/min 之间。为了平衡和吸收碎浆槽内物料的巨大翻动，转子和转轴的实际尺寸比单从功率计算所需的尺寸要大得多，以便让它们有更大的质量和惯量。图 6-8 表示一种常见的高浓碎浆机转子。

图 6-8　碎浆机转子

2. 转子的设计

转子设计过程如下：

① 根据实验和实践经验，确定能量转移值。

② 根据碎浆机的工作环境，物料的性质例如酸碱度、工作温度等选取适用的材质。

③ 确定转子的转速和叶片端点线速。

④ 计算转子叶片的受力并通过受力分析，计算叶片的切向和径向截面。

⑤ 根据碎浆机容积的大小，选取转子的惯量系数并据此修正叶片的截面。

⑥ 选择转子与转轴的连接方式。

从转轴端向传动部看，转子的转向一般为顺时针。但也可以作逆时针安排。

为了增加叶片的耐磨性能，叶片的前缘镶衬耐磨材料。常用的耐磨材料有镍铬合金，氮化硅等。在生产过程中当镶衬层磨蚀得差不多的时候，可以在加工厂重新镶衬新的耐磨层。通常叶片是用沉头螺栓固定在轮毂上的，在叶片磨蚀后，可以卸下来换上新的叶片。

为了强化转子的动能传送功能，适应高碎浆浓度的要求，越来越多的供应商将转子的刀盘向轴向延伸，如图 6-9 所示。随同转子叶片一齐制造（铸造或焊接）出来的锥体大大增加了转子与浆料接触的面积。越靠近浆面，需要传递的能量越少，因而锥体的直径逐渐减少。锥体恰好占据着旋转浆料所形成的旋涡，这种设计具有较高的效率。

图 6-9　带锥体的转子

3. 锥体的螺线

锥体的螺线有双线和三线的两种，在锥体的横截面上对称分布。螺距比较大，一般是锥体直径的 2~3 倍。

（二）槽体和底刀

1. 槽体的基本结构

高浓碎浆机的槽体是主要的工作部件之一。通常槽体是圆柱形的，尺寸以计算的生产能力而定。如图 6-10 所示，阴影部分是碎浆机槽体的有效工作容积。对于高浓碎浆机，绝大多数的工作情况是间歇的工作方式。

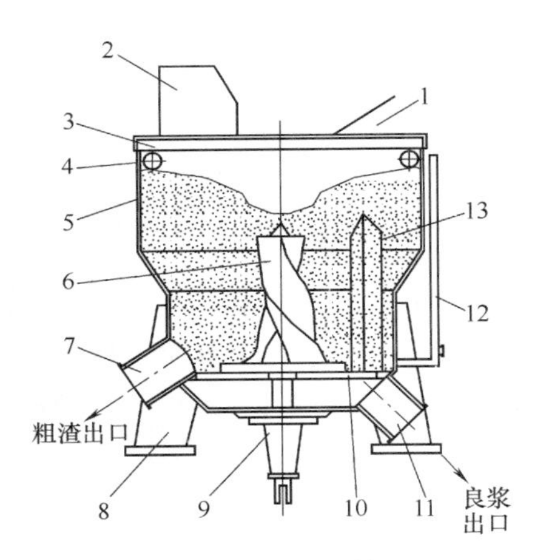

图 6-10　高浓碎浆机

1—观察孔　2—落料口　3—盖子　4—环型喷水管　5—槽体　6—转子　7—排渣口　8—支架　9—轴承副及密封总成　10—筛板　11—良浆出口　12—液位计连通管　13—挡浆块

落料口 2 的位置要考虑纸捆投落时会向前抛落一段距离。要注意不能让未松散的几百公斤重的纸捆直接掉落到转子上。喷水管 4 是在冲洗和排渣时使用的。排渣口 7 和良浆出口 11 各有一段短管，管径大小由工艺人员提供。筛板 10 的筛孔直径和总开孔面积要视处理废纸的种类和生产能力而定，筛孔直径一般为 12~18mm，而开孔面积要比良浆出口截面大 1. 8~2 倍。轴承付要便于加油，而密封总成一般会要外接密封水。液位计连通管 12 用于安装在线液位计，在设备工作期间要连续补注清水以保持连通管的畅通。

2. 槽体有效容积计算方法

槽体有效容积可由式（6-2）决定：

$$V=\frac{q_m \cdot t}{w\times 1440} \tag{6-2}$$

式中　V——有效容积，m^3

q_m——生产能力，绝干投料量，t/d

w——碎浆浓度，%

t——碎浆周期，min

对于要稀释完才放浆的碎浆机，碎浆浓度 w 应取稀释后的放浆浓度。也有供应商将槽体造成上段直径大，下段直径小。这样，下段的容积就是碎浆时的工作容积，而上段加下段的总容积则是稀释后放浆时的总容积。工作时段不同、工作的空间也不同，便能更有效地发挥设备的功效。

3. 底刀

底刀装在与转子叶片（飞刀）相对位置的底盘上，也可以位于筛板的面上。图 6-11 表示底刀的一种排列。底刀与飞刀配合使用形成一种剪刀关系，可以增强机械碎解作用。但是底刀更多是用在低浓水力碎浆机。底刀一般都设计成可装拆式的，而且使用高强度钢制造。在对着转子方向的刀刃上镶衬耐磨材料如 NiCr 钢。

4. D—形碎浆机

在高浓碎浆过程进入到浆料比较均匀状态的时候，如图 6-11 阴影部分所示的浆料有时会形成一个里面浆层之间不相对运动而自身作旋转运动的“料饼”。不少碎浆机在圆柱壁内侧增设 2~3 个挡浆块，可以有效地破坏“料饼”相对静止的状态，提高碎浆效率。而图 6-12所示的 D—形碎浆机的碎浆槽则是挡浆块的放大形式。D—形碎浆机能消除“同步”旋转的浆饼。

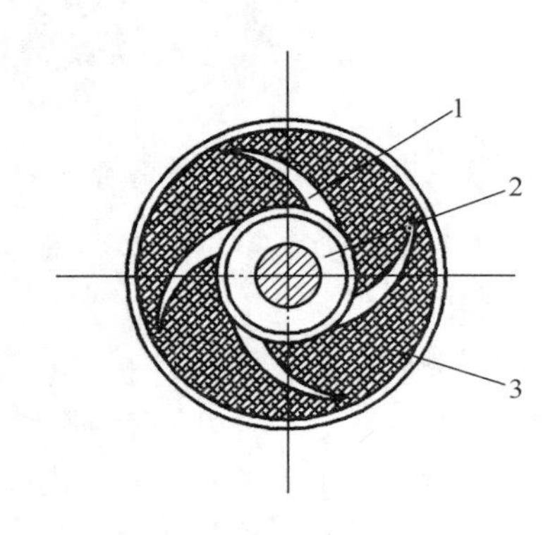

图 6-11　底刀的一种排列

1—底刀　2—飞刀转轴　3—筛板

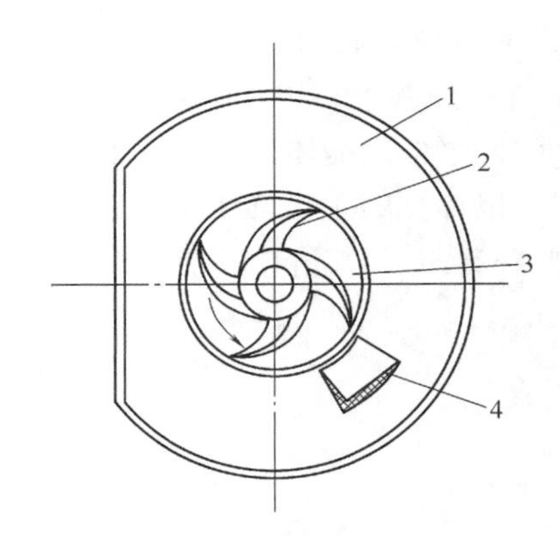

图 6-12　D—形碎浆机

1—槽体　2—转子（飞刀）　3—筛板　4—排渣口

（三）筛板

高浓碎浆机的筛板是废纸制浆一系列分离杂物过程的第一道工序。筛板的作用把大规格的杂物，特别是大部分塑料类和石头、铁块一类的杂物从粗浆中分离出去。这是浆料的初步净化过程，同时又使后续的设备例如粗浆泵、高浓除渣器等得到保护，免受粗重杂物的冲击及磨损。

废纸原料中常夹杂着金属、非金属废料。所以筛板要造得十分坚固，材质要选用坚硬耐磨的材料。筛板常常分成几片，用沉头螺栓紧固在支架上，以便于更换。

筛孔一般是圆孔，有些筛板的圆孔顶部还扩展成倒锥形，如图 6-13 所示。筛孔按连续等边三角形排列，可令筛板在保持最大开孔率的同时具有最好的强度和刚度。有的筛孔整个是锥形的，有的筛孔则是分级钻孔。这些筛孔有利于浆料的顺利通过。

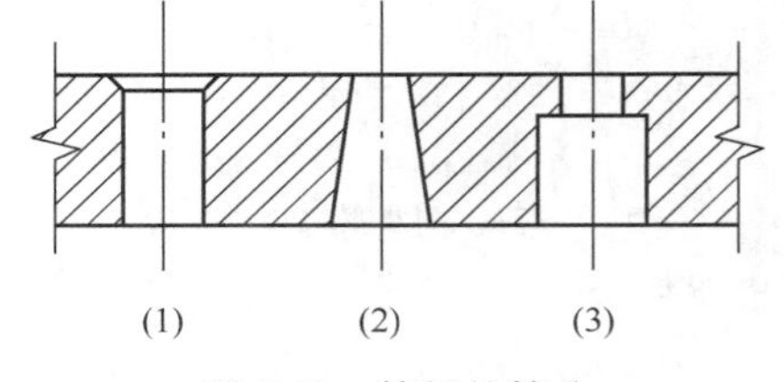

图 6-13　筛板的筛孔

（1）圆柱孔　（2）圆锥孔　（3）阶梯孔

三、转鼓碎浆机

转鼓碎浆机是近 20 年来应用越来越广的一种大型高效碎浆设备。其雏形是芬兰奥斯龙（Ahlstrom）公司一位机械工程师源自滚筒式洗衣机的工作原理而研制出来的。转鼓碎浆机基本结构是平卧的长圆筒。前段为碎浆段，工作浓度 15%~17%，后段为筛选段，工作浓度 3.5%~4.5%。由于转鼓碎浆机的机械作用不如立式水力碎浆机强烈，塑料薄膜类杂质倾向于保持原状而很少被撕碎，这样在筛选段的去除率更高。对于整个废纸制浆流程而言，前段分离杂物的数量越多，后段除渣设备的负担就越小，相应的效率以至最终总的除渣效果也会越高。

转鼓碎浆机的另一个优点是能耗低。转鼓碎浆机与水力碎浆机相比，吨浆装机容量低30%~40%。现在已有多家设备供应商研制出结构大致相同的转鼓碎浆机。图 6-14 是转鼓碎浆机的典型装配图。表 6-2 表示芬兰 Ahlstrom 公司的转鼓碎浆机规格。

表 6-2　　　　**芬兰 Ahlstrom 公司转鼓碎浆机系列**

型号	FF225	FF250	FF275	FF300	FF325	FF350	FF375	FF400
直径/m	2. 25	2. 50	2. 75	3. 00	3. 25	3. 50	3. 75	4. 00
长度/m	12. 3	13. 6	16. 3	17. 6	21. 8	23. 2	28. 0	28. 5`
生产能力/(t/d)	50~80	80~160	140~200	180~240	220~330	320~450	450~650	600~900
装机容量/kW	75	132	160	250	355	500	630	2×500
比能耗/(kW·h/t)	15~20							

（一）碎浆段

碎浆段是直径 3~4m，工作长度 10~20m 的圆筒，水平倾角 1°。壁厚约 20mm，内壁焊提升板。进到筒内的废纸与连续加入碎浆段的稀释水、化学药品一起随圆筒旋转，被提升板带到顶部掉下来。通过反复的摔打，绝大部分纸片碎解成单根纤维。圆筒的转速要使筒内物料的圆周速度所产生的离心力不大于重力，否则过高的转速会令物料附在筒壁上掉不下来，影响碎浆效果。碎浆段工作原理见图 6-15。

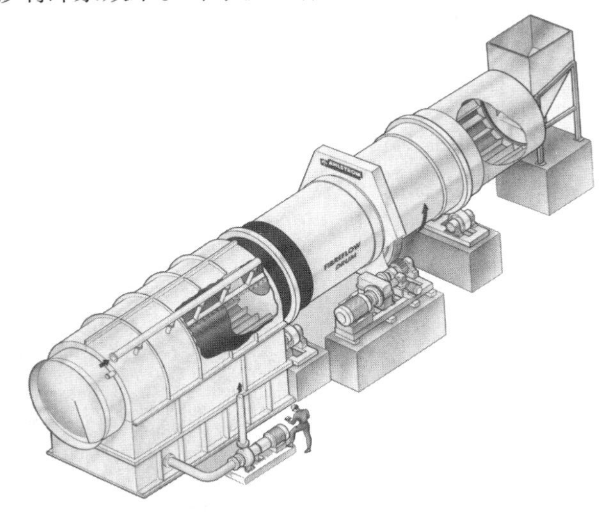

图 6-14　转鼓碎浆机

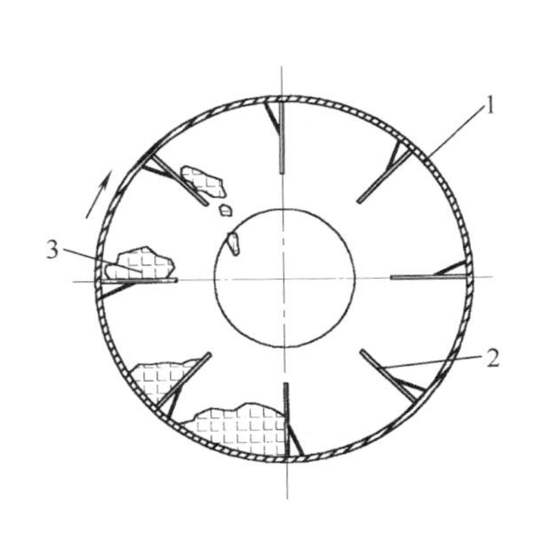

图 6-15　碎浆段工作原理
1—圆筒　2—提升板　3—粗浆

（二）筛选段

筛选段（图 6-16）是同直径的圆筒形筛板，直接焊在碎浆段筒体的出口端上。这样，圆筒形筛板是悬臂在碎浆段上的。根据废纸原料种类的不同，筛孔直径 6~10mm 不等。由于筛选段处理的粗浆已经是均匀的物料，运转中很少冲击，筛板的厚度可以比碎浆段薄得多。而且筛选圆筒也和碎浆段一样有 1°水平倾角以利于粗浆和粗渣向前移到排渣口。

有的转鼓碎浆机基于碎浆与筛选功能的不同，将筛选段与碎浆段分离，分别传动。这样，它们的倾角和转速，甚至直径都可以造成不一样，可以更好地发挥各自的工艺特长。但结构就变得复杂了。

筛选段附带一到两根稀释水管，使用制浆过程的滤液或澄清水将15%浓度的浆料稀释到3.5%~4.5%。这既是浆料顺利通过筛孔所需要的浓度，也是粗浆在浆槽中搅拌和泵送到下一工序的正常浓度，稀释水管的喷淋作用同时可以起冲洗筛孔的作用。

（三）粗浆槽

经过碎浆和筛选，粗浆便落到粗浆槽，然后用泵送往后工段。由于在筛选区的前后段筛出来的浆浓度会有很大差异，在粗浆槽装有搅拌器。较大规格转鼓碎浆机的浆槽可以装两台搅拌器。

粗浆槽同时提供了碎浆过程与浆料泵送之间的物料平衡空间。因此，在浆泵出口的管线上要安装液位控制阀。

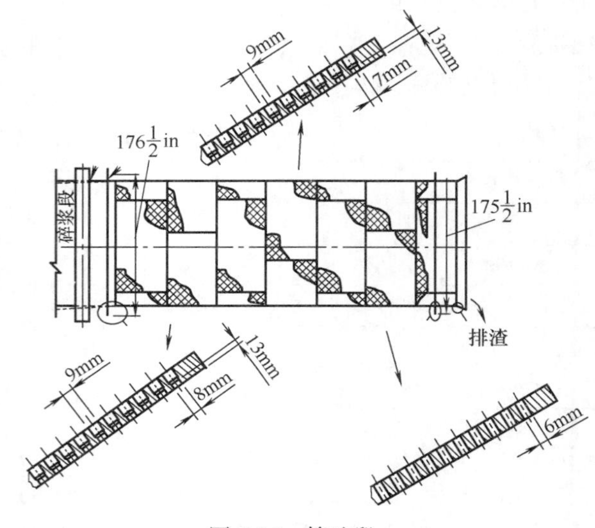

图6-16　筛选段

粗浆槽通常使用316不锈钢材质。如同其他槽体一样，粗浆槽安排有排污口和溢流口。

粗浆槽的上部配有机罩，以便挡住喷淋水在筛选圆筒上的飞溅，同时保护操作人员不会与转动的圆筒接触。在机罩上会安排若干个检查门。粗浆槽与机罩的两端与筛选圆筒之间有迷宫式密封，如图6-17所示。

（四）落料斗

落料斗将运输机送来的废纸原料导入碎浆段，因此落料斗的一端与板式运输机或带式运输机相接，另一端与旋转的碎浆圆筒相接。两者之间用橡胶密封绳密封。从图6-18可以看见用于张紧密封绳的重锤4。落料斗需要有支架支承到与碎浆机入口同高。落料斗要承受大件纸捆的冲击，因此需要有足够的强度和刚度。

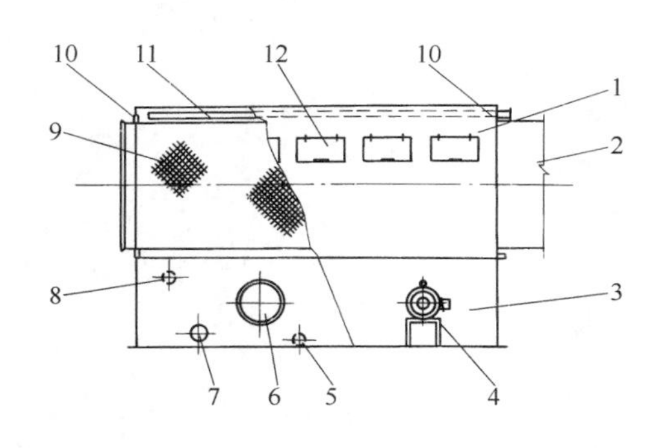

图6-17　浆槽和机罩

1—机罩　2—碎浆段　3—浆槽　4—搅拌器　5—排污口　6—人孔　7—粗浆出口　8—溢流口　9—筛选段　10—迷宫式密封　11—喷水管　12—检查门

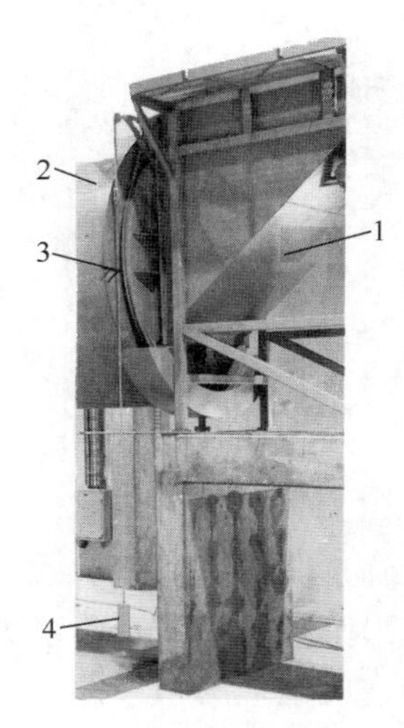

图6-18　落料斗

1—料斗　2—转鼓碎浆段　3—密封绳　4—张紧重锤

（五）排渣口

在筛选段的出口端焊接一块大直径（与圆筒内壁相接）小螺距的封板，以便让粗渣均匀地排出圆筒，同时又能封住尚存的少量粗浆，不让它们随粗渣排走。

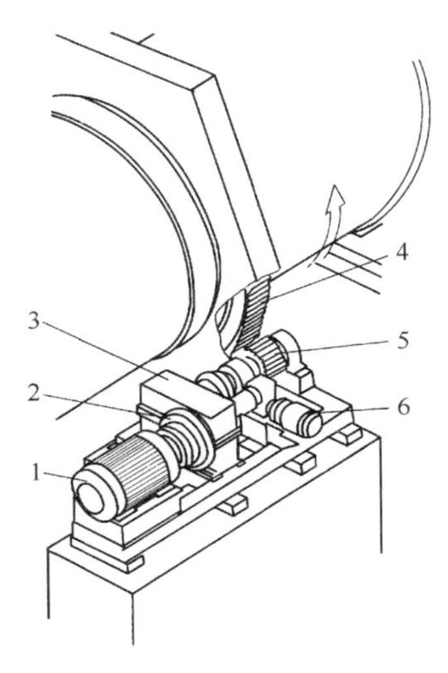

图 6-19　转鼓碎浆机传动系统
1—电动机　2—液压联轴器　3—减速箱　4—大齿圈　5—小齿轮　6—低速运行电机

（六）传动和润滑

1. 传动及支承

转鼓碎浆机的质量很大，转速又低，加上要考虑带物料满负荷起动的可能，其传动系统要充分考虑大惯量的起动力矩。典型的转鼓碎浆机传动系统是：马达—液压联轴器—减速箱—齿轮传动。（见图 6-19）。

使用液压联轴器（图 6-20），具有起动力矩大，传动稳定，可吸收负荷变动的冲击等特点。液压联轴器里充满了液压油。图示的左半边相当于一台油泵，右半边相当于一台液压马达。马达的输入功率在左半边令液压油升压，流到右半边推动后半联轴器。

减速箱可使用普通的齿轮减速箱。而齿轮传动的小齿轮就装在减速箱的低速轴上。大齿轮分成 4 或 5 段铸造，然后拼在一起进行机加工。大齿圈通过弹簧钢板焊在碎浆段圆筒上。见图 6-21。弹簧钢板有足够的强度支承大齿圈，传递巨大的扭矩，同时又可吸收碎浆段运行时的低频重级震动。但是，较大型的转鼓碎浆机由于焊缝强度不足而取消了弹簧钢板，大齿圈直接固定在转鼓的筒体上。

偌大的转鼓碎浆机由两对直径约 600mm，面宽 200mm 的滚轮支撑着两个大滚圈。另有一个扁锥形的平面滚轮抵着前滚圈，作为轴向止动机构，抵消设备 1°倾角所产生的轴向窜动。如图 6-22 所示。

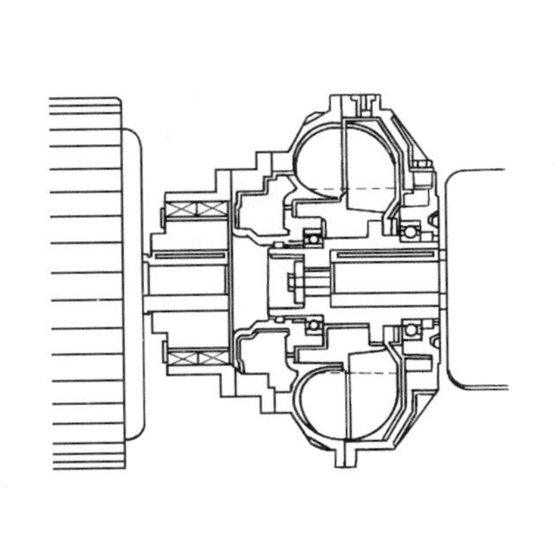
图 6-20　液压联轴器

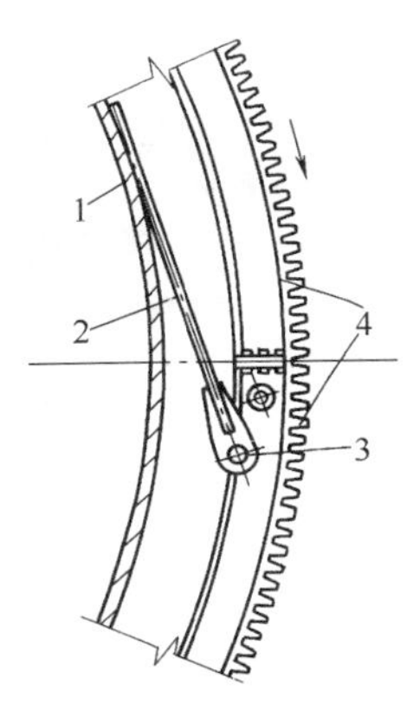

图 6-21　大齿圈
1—碎浆板筒体　2—弹簧钢板　3—柱销　4—分段的齿圈

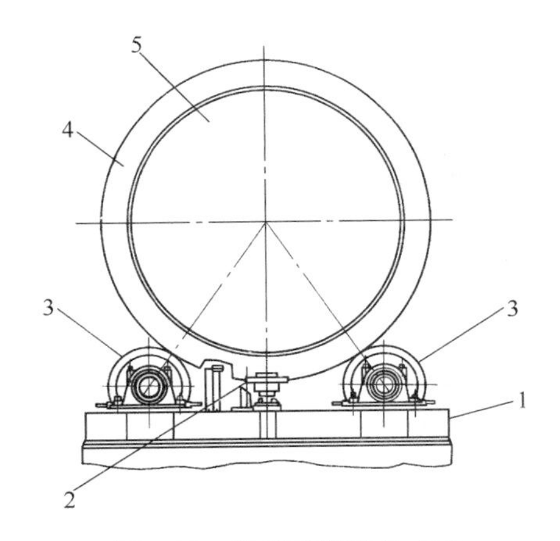

图 6-22　转鼓碎浆机的支承
1—机座　2—平面滚轮　3—滚轮　4—滚圈　5—碎浆机筒体

2. 润滑

在转鼓碎浆机庞大的运转系统中，两组支撑滚轮里的轴承、滚轮，包括平面滚轮与滚圈的接触面，大小齿轮的啮合面，大齿轮的安装销轴，都需要使用指定牌号的润滑脂进行周期性的润滑。因此，各种型号的转鼓碎浆机都配有一套自动控制的润滑系统，保证各润滑点得到充分的润滑。

（七）其他类型的转鼓碎浆机

1. 美卓（Metso）公司的轮胎传动转鼓碎浆机

图 6-23 表示美卓公司新研制的转鼓碎浆机。这种碎浆机的特点是：

① 设计的系列化和模块化。美卓公司的转鼓碎浆机只有一个工作直径，4000mm。按照生产能力的不同，设备在长度和相应部件上有系列性的变化。如图所示，当设计产量为500、1000、1500t/d 时，该型碎浆机的碎浆段和筛选段分别是一个模块，两个模块和 3 个模块的组合。

② 使用轮胎代替齿轮传动。这种传动方式噪声小，吸收冲击负荷好，维护简单。但是摩擦传动的效率毕竟要比齿轮传动低。该转鼓碎浆机碎浆段和筛选段的内部结构则与前述奥斯龙公司的设计相仿。

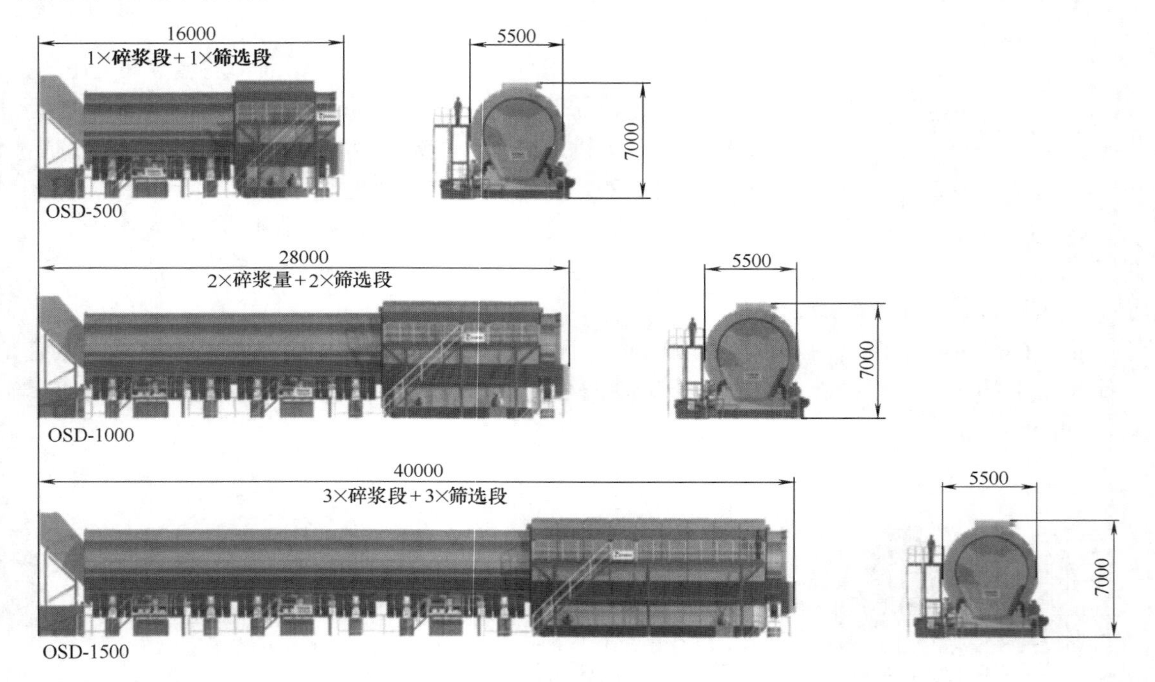

图 6-23　美卓公司的转鼓碎浆机

2. 福伊特公司的分段式转鼓碎浆机

福伊特公司把转鼓碎浆机的筛选段和碎浆段分成两台设备，支撑和传动也就分成两套，见图 6-24。碎浆段内更增设了导浆通道，导浆通道令半碎解了的废纸和废纸浆在转鼓中的提升效率更高。福伊特公司的转鼓碎浆机传动系统与奥斯龙公司的大致相同。

四、其他形式碎浆机

（一）卧式水力碎浆机

图 6-25 表示一种卧式水力碎浆机的结构。卧式水力碎浆机的主要工作部件槽体是一个水平放置的圆筒，顶部开落料口。水、化学药品和废纸原料都是从落料口进入槽体。碎浆机

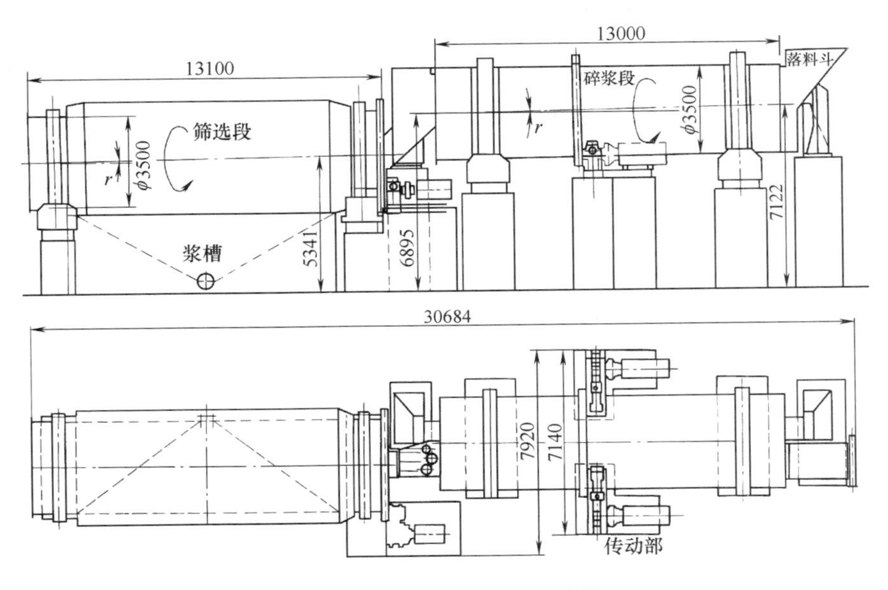

图 6-24　福伊特公司的转鼓碎浆机

的飞刀和底刀都是垂直安装的。飞刀的转速约为 300～500r/min。其工作原理与高浓水力碎浆机的转子相似，通过飞刀的高速转动将大部分的动能传递给浆料。同时让浆料沿槽体轴向推进，令槽内的物料得到充分的搅拌。纸片的碎解部分依靠飞刀的冲击以及飞刀与底刀之间的剪碎作用，而更主要的是依靠水力的剪切、润胀和撕碎作用。卧式水力碎浆机基本上是间歇式操作方式，曾经是水力碎浆机的一种原型。卧式水力碎浆机具有结构简单、运转可靠、造价低廉的特点，适用于中小型废纸生产线。

（二）纤维分离机（Fiberizer）

纤维分离机是水力碎浆机的补充碎浆设备。纤维分离机刀盘的转速比水力碎浆机高，工作浓度则比水力碎浆机的低。纤维分离机本身是以连续碎浆作为运转方式的，图 6-26 表示纤维分离机的基本构型。

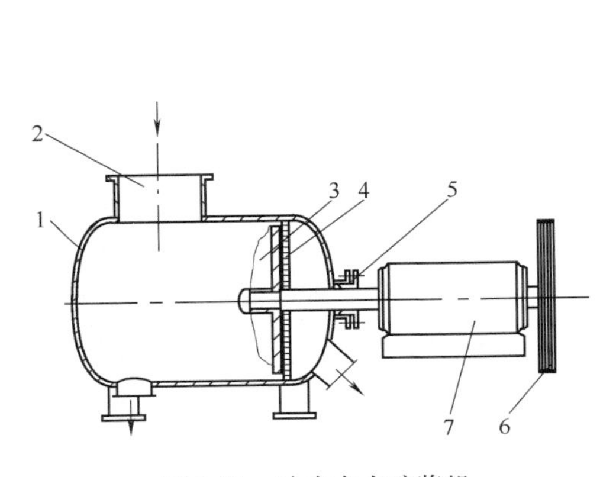

图 6-25　卧式水力碎浆机

1—槽体　2—落料口　3—飞刀　4—筛板
5—填料函　6—三角皮带轮　7—轴承副

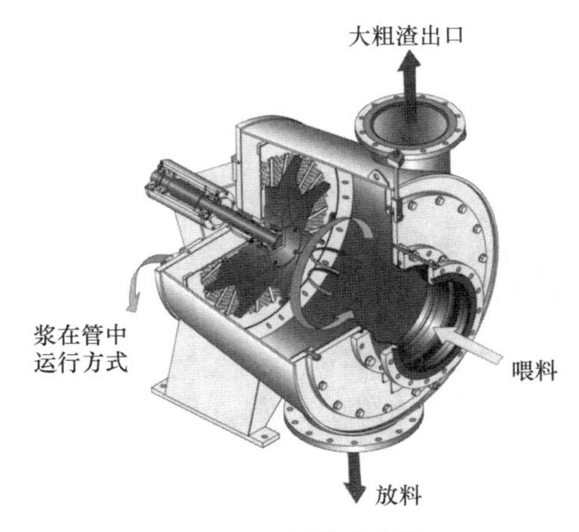

图 6-26　纤维分离机

纤维分离机在工作中由于良浆穿过筛板从良浆出口排出，粗渣在粗浆里的比例逐渐增加，对槽体内壁的磨蚀加大，因此纤维分离机的钢制槽体内壁要镶衬耐磨衬板。衬板可以是 NiCr 钢板，也可以是非金属的花岗岩石板。由于飞刀的高速旋转，类似于水力碎浆机的碎浆作用在这里继续进行。逐渐积累的重质粗渣通过程序控制的排渣阀定期地排出，而由于离心力作用分离出来的轻质杂质则聚集在槽体的中心区，由轻质排渣管排出。筛板的筛孔通常为 8~12mm。纤维分离机规格如表 6-3 所示。

表 6-3　　纤维分离机规格示例（福伊特公司的产品）

型　　号	装机容量/kW	体积/m^3	筛孔直径/mm	通过量/(L/min)
F1—T·S	90	0.6	16—20	3200
F2—T·S	160	1.1	16—20	4800

纤维分离机的前端盖设计成易于打开的，以便当处理粗渣含量很高的废纸原料时可以经常打开分离机进行人工清除。

（三）疏解机

疏解机用于废纸经碎解后进一步处理未完全消失的纸片或浆团。有些疏解机结构与锥形精浆机非常相似，只是磨浆的磨盘齿形不同，而且疏解的浓度比精浆的浓度高，大约为 5%~6%。图 6-27 是一种疏解机的结构。

疏解机的功能可以看成是碎解机的补充，而本身的装机容量要小得多。因此两种设备搭配使用，可以有效地缩短碎解机的工作周期。一方面可以充分发挥两种设备各自的功效，提高生产能力，另一方面又可以降低整个碎浆系统的能耗。

为了保护疏解机的磨盘，流程中将疏解机安排在第一道粗筛或者高浓除渣器的后面。

（四）疏解泵

疏解泵（Deflaker pump）在泵送粗浆的过程中可以对尚未完全碎解的纸片进一步处理。疏解泵将泵的叶轮前缘加长，并且前缘造得比较锋利。图 6-28 表示疏解泵的基本结构。

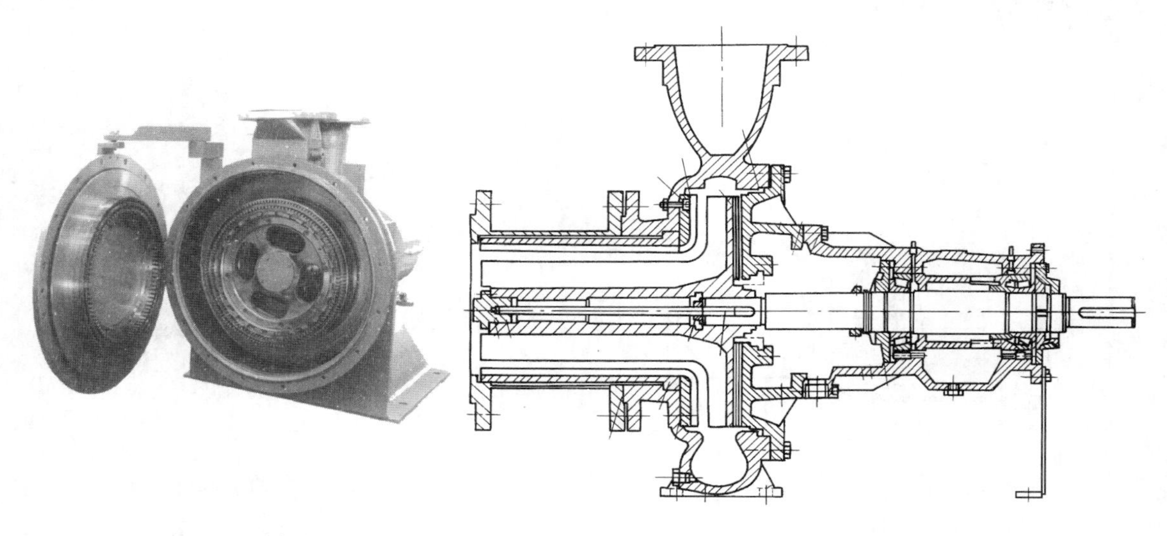

图 6-27　疏解机　　　　图 6-28　疏解泵

第四节　废纸浆筛选净化设备

由于废纸制浆过程中的筛选净化设备处理对象是制浆造纸工艺过程靠前段的粗糙物料，这些筛选净化设备与传统造纸过程的筛选与净化设备（第六章）应有不同。例如，与物料接触的部分要很耐磨，筛孔筛缝的规格尺寸较大。这里只介绍应用于废纸制浆过程中的筛选净化设备。

通常孔筛位于废纸制浆流程的前端，又称为粗筛（coarse screen），而缝筛位于流程的中段或末段，又称为精筛（fine screen）。

从图 6-29 可以了解压力筛的基本结构。大部分的压力筛无论是孔式或是缝式都具有相似的结构：a. 筛体，包括出、入口，上盖，支座。b. 筛框，筛框的加工方法，加工精度。c. 转子，转子的形式。d. 轴承副和机械密封。

为了使大规格的杂质有效地从粗浆中分离出去，需要把浆料稀释到合适的较低的浓度。浓度越低，筛分的效果越好。但是浓度过低，筛前的泵送和筛子本体的功率消耗都会增大。因此，近代的筛子特别是孔式粗筛都尽量往较高的工作浓度发展。现在用于处理二次纤维的粗筛能在 3.5%~4%的浓度下正常工作。

一、孔类压力筛

（一）外流式压力筛

图 6-29 表示较常见一种外流式压力筛的结构。压力筛的进浆与浆泵连接，浆流的压头是浆料穿过筛孔的动力之一。压力筛转子的旋翼也提供了一定的筛选动力。浆料从进浆口切线方向进入筛体，先经过分布室，粗重杂质停留在分布室，然后粗浆进入筛分区。浆料在筛框穿过筛孔的动力既来自进浆压力，也来自高速旋转的旋翼前缘的挤压。由于单根纤维的尺寸比筛孔小得多，大多数良浆得以穿过筛孔，沿着筛框外侧流到良浆出口。而被截留下来的粗渣随同部分好的浆料在筛框内侧向下移动并从排渣口排出。

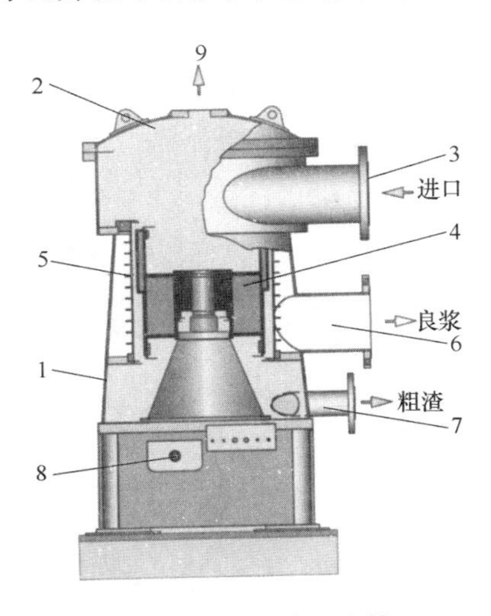

图 6-29　外流式压力筛
1—外壳　2—盖子　3—进浆口　4—转子　5—筛框　6—良浆出口　7—排渣口　8—稀释水入口　9—排气口

在筛选过程中，特别是在浆料打浆度很低，浆料疏水性很强的情况下，留在筛框内侧的浆料和粗渣浓度会很快提高。为了维持筛选过程的正常进行，帮助粗渣顺利排出，需要从稀释水入口补充足够的水。

开有筛孔或筛缝的筛框是压力筛最重要的功能部件。筛孔和筛缝的几何尺寸既要保证良浆顺利通过，又要能有效地截留住不同段落的粗大杂质。用于废纸浆生产的孔类筛框筛孔一般为 ϕ1.2~2.0mm，筛缝的缝宽为 0.1~0.3mm。选择筛孔几何尺寸的最重要因素是筛子所处理的物料的性质，包括纤维的种类，纤维平均长度和宽度，滤水性能，需要筛分的代表性杂质的情况。为了有效地截留最大限度的杂质，往往要让相当一部分好纤维留在粗渣中。这就是筛子的排渣率的选用问题。通常压力筛的排渣率为 15%~25%。其次是筛框的开孔面积，这是筛框上所有开孔的面积的总和。一般浆料通过筛孔的速度选 0.1~0.5m/s，开孔面积便决定该筛的生产能力。筛框的第三个重要参数是开孔率，即开孔面积占整个筛框表面积的比例。开孔率大，也就是孔或缝更密集。在保持足够的机械强度和耐磨蚀量的前提下，开孔率直接关系到该筛的工作效率。

（二）内流式压力筛

内流式压力筛的工作原理和基本结构都与外流式压力筛相似，在废纸制浆过程中偶有应用。这里只列出如图 6-30 所示的奥斯龙公司产品，其结构与原理与通用的内流式压力筛一样。

（三）卧式压力筛

美国 GL&V 公司的压力筛设计成卧式布置，如图 6-31 所示。实际上早期不少低浓的圆筛也是卧式布置的。水平放置的筛框和转子有拆装方便的优点，而且配套的电动机是基本型的电机，令设备投资明显节约。

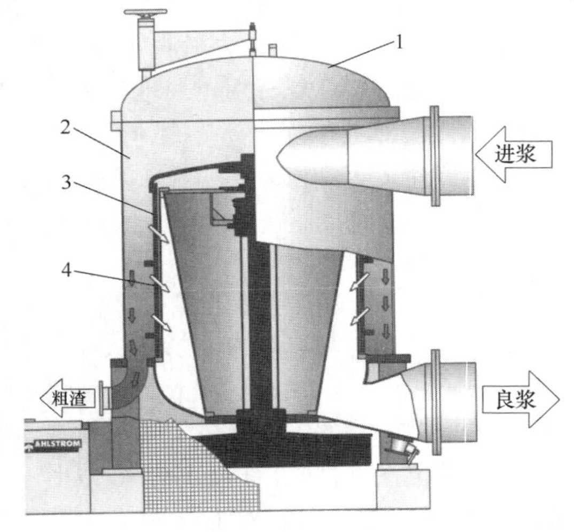

图 6-30　内流式压力筛

1—盖子　2—筛体　3—转子　4—筛框

图 6-31　卧式压力筛

（四）CR 系列压力筛

CR 压力筛属内流式压力筛类型。这种压力筛没有转子，转轴带动筛框转动。在筛框内侧排列若干等距离布置的脉冲板。脉冲板的作用是利用转动筛框对脉冲板相对运动，浆料在脉冲板的前缘对筛孔产生反冲洗脉冲，从而连续清洗筛孔。这种筛的最大优点是筛出来的粗渣留在筛框外，很容易收集并排出筛体外面。而且相当于转子旋翼的脉冲板是位于良浆区内，不存在被粗渣磨损的问题。图 6-32 表示 CR 型压力筛的结构。CR 筛可在 3%~5%的浓度范围内工作，筛框的孔径一般为 2.0mm。CR 筛规格（Ahlstrom 公司）见表 6-4。

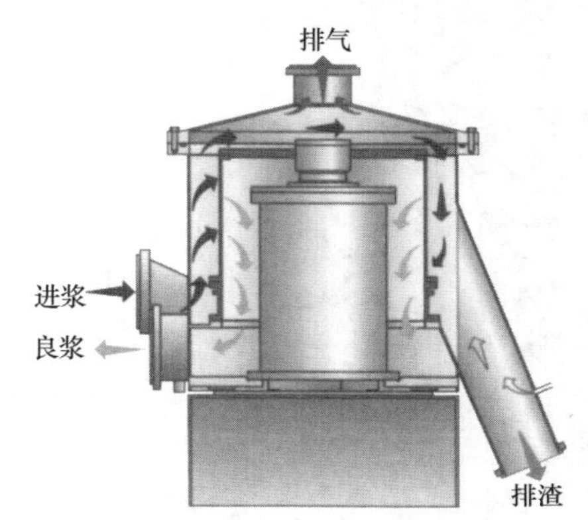

图 6-32　CR 型压力筛

表 6-4　　CR 筛规格（Ahlstrom 公司）

型　　号	电机/[kW/(r/min)]	通过能力/(L/s)	产量/(t 风干浆/d)
C2R	30/1500	20	60
C4R	45/1000	50	150
C6R	90/1000	100	300
C9R	132/1000	170	500

二、缝类压力筛

缝类压力筛与孔类压力筛一样常用于废纸制浆过程。针对废纸纤维的细长形状，几何尺寸和柔软的特性，缝类压力筛筛框和开缝截面会有不同的设计和制作工艺。

（一）普通缝筛

不少供应商都倾向于将他们的产品系列化、标准化。他们把缝筛与孔筛合并成同一系列的设计，而两者之间的差异仅仅是孔型筛框换成缝型筛框，因此，缝筛的结构和分类实际上与前述孔筛是相同的。但是，缝筛少有内流式的构型。

对于缝筛要考虑纤维分级（fractionation）问题，特别是在处理游离度较高的浆料尤其要注意。由于筛缝的几何尺寸越来越小，在缝筛的筛选过程中部分长纤维往往来不及穿过筛缝而滞留在筛框内，与粗渣混在一起。结果一方面会影响筛选效率，增加粗渣比例。另方面会令粗渣区的浓度迅速上升，由于堵塞而影响生产正常运转。处理这类浆料的时候，一个办法是加大稀释水加入量，另一个办法是选择有较大脉冲压力的转子。

（二）多级筛

基于全新的可持续发展工艺概念，一种多级筛已经研制成功并投入使用。它把 2~3 级筛的转子和筛框都装在一个筛体里，粗浆进入筛体里的第一段筛选段后，良浆从良浆口引出，而粗渣则在筛体内直接导向第二段筛选段。如此延续，如图 6-33 所示。把几段筛造成一体，对部件的材质，装拆设计，轴的支撑，段间流量控制等都有更高的要求。但是节约了大量的能耗。

（三）复合筛

与多段筛相似的设计思路，供应商发展了另一种复合筛。如图 6-34 所示，粗浆导入筛体后，首先在底部转动的筛板上进行筛选。良浆穿过筛板从良浆出口排出，留下来的粗渣拐弯向上进行第二次筛选。这样的组合同样有节约能耗和设备空间的优点。

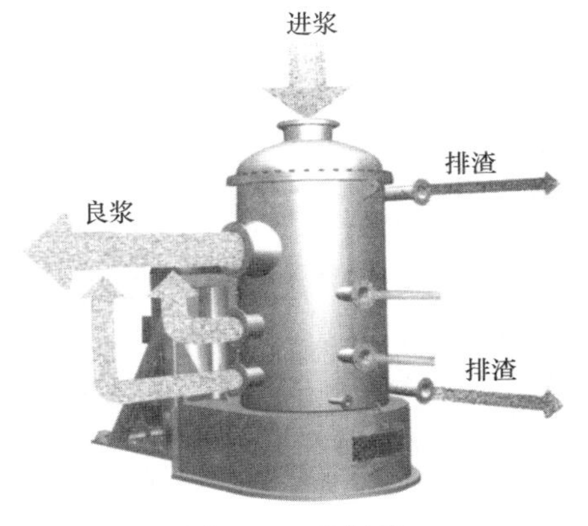

图 6-33　多级筛

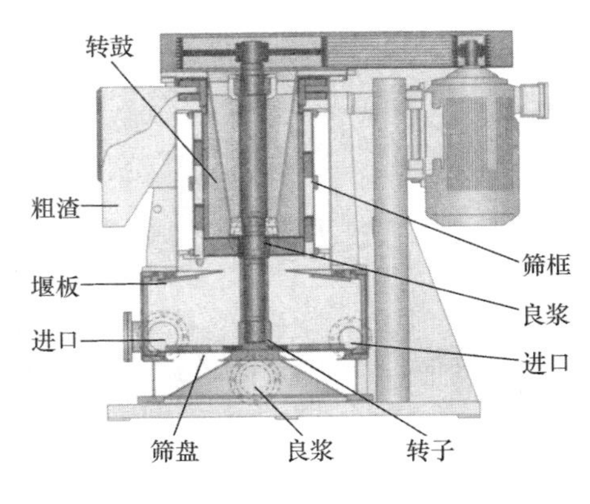

图 6-34　复合筛

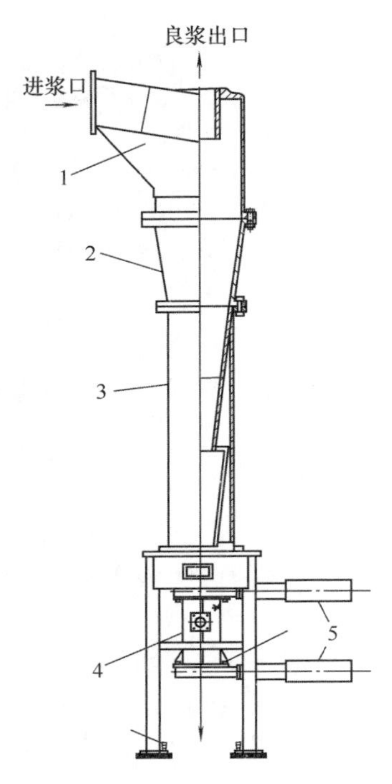

图 6-35　TBC 公司高浓除渣器
1—进浆头　2—上锥体　3—下锥体　4—集渣筒　5—气动闸阀

三、高浓除渣器

高浓除渣器通常位于废纸碎浆后的第一工序，重点除去夹带在废纸原料中 4mm 左右粒径以下的重质杂质。这些重质杂质典型种类有碎石、砂石、砂子、玻璃碎、书钉、小铁片等。由于这些杂质的比重为 1.5~8.0，在浆料浓度甚高（至 3.5%~4%）的环境中仍能由于离心力很大的缘故穿越浆层而得以有效分离。相对密度越大的杂质，分离的效率越高。图 6-35 表示 TBC 公司的高浓除渣器。浆料从切线方向进入进浆头，并且沿着导流头形成旋转的浆流。由于进浆口与出浆导管之间的压差，粗浆在旋转的同时向下、向心移动，而由于高速旋转而获得较大离心力的重质杂质就以垂直于锥体内壁的方向移动，又在重力的作用下相继聚集在锥体的下部，进入集渣室。集渣室的上下端各有一台气动闸阀，通过程序控制这两个闸阀联合动作完成间歇排渣功能。这种高浓除渣器把分离锥体做成两段，令杂质分离效果更好。这种高浓除渣器由铸铁制成锥体外壳，下锥体由于要与密集的杂质连续摩擦，因此衬有硬度很高耐磨性能很强的陶瓷套管。为了平衡浆料的冲击、减少设备的振动，这种高浓除渣器还在锥体的外壳灌注混凝土。

另一种高浓除渣器用不锈钢材料制成。图 6-36 是 Andritz 公司的高浓除渣器。可以看到，主要的工作部分与 TBC 公司的高浓除渣器很相似，下锥体也衬陶瓷套管。而上锥体和进浆头则在不锈钢的壳体内衬耐磨的镍铬合金钢。表 6-5 为几种高浓除渣器举例。

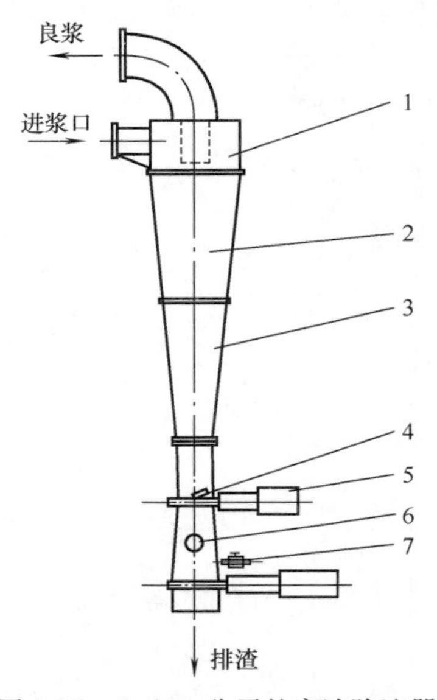

图 6-36　Andritz 公司的高浓除渣器
1—涡流头　2—上锥体　3—下锥体　4—冲洗水阀　5—气动闸阀　6—视镜　7—节浆水阀

表 6-5　几种高浓除渣器举例

供应商	型号	能力 /(L/min)	进口管径 /mm	出浆口管径 /mm	设备高度 /mm
TBC	No. 20	7570—10700	DN250	DN200	4362
ANDRITZ	DR400/15	3100—4100	DN150	DN250	3347

第五节　废纸浆浮选脱墨槽

一、浮选槽概述

浮选槽是废纸脱墨过程的核心专业设备。随着脱墨浆的广泛应用，对脱墨浮选槽的研究开发也与脱墨工艺研究齐头并进。各式实用型的浮选槽层出不穷。

浮选脱墨是移植浮法选矿工艺而发展起来的一门应用技术。由于大部分的印刷油墨是油基性物质，油墨粒子有明显的疏水性。通过表面活性剂的作用令大小不一的油墨粒子能被气泡捕集并浮托到浆面上，从而达到把油墨从浆料中分离出去的目的。

大部分浮选槽由一段和二段组成。随着油墨从粗浆分离出来，经过一个浮选槽浆料白度可增加1~4个百分点，而在第一个浮选槽由于油墨分离的绝对量最大，白度增值也最大。到了第五、第六个浮选槽，由于浆中的油墨含量已经很小，浮选脱墨后的白度增升已经很小。在后面再增加槽体已经没有实际运行意义。因此，通常第一段浮选槽是由5~6个槽体串联。浮选白度增益曲线见图6-37。一段浮选槽排出来的油墨浮渣带有相当数量的纤维，把这些浮渣送到第二段浮选槽再进行浮选，二段浮选槽的良浆送到一段浮选的入口与未脱墨的粗浆合并，可以有效回收纤维。而二段浮选槽的油墨排渣就送往污泥脱水。

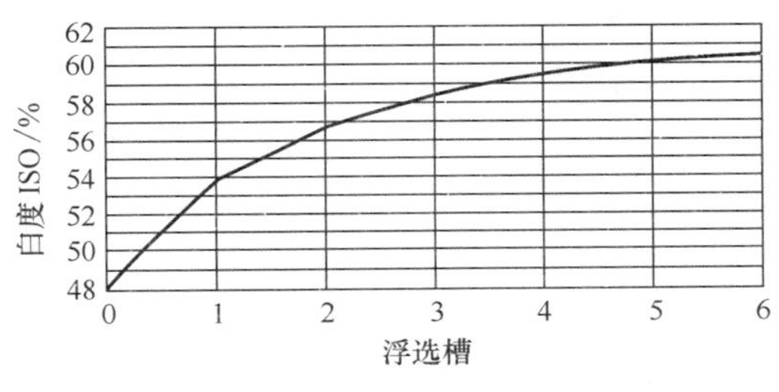

图6-37　浮选白度增益曲线

浮选脱墨是一种连续的物理化学过程，一般浆料在完成一次浮选需要30~40s的停留时间，这是浮选槽容积设计的基本依据。在保持足够大的工作容积的同时，还要求有相应大的浆料面积，以便浮起来的油墨渣子不至于太厚。

二、加气装置

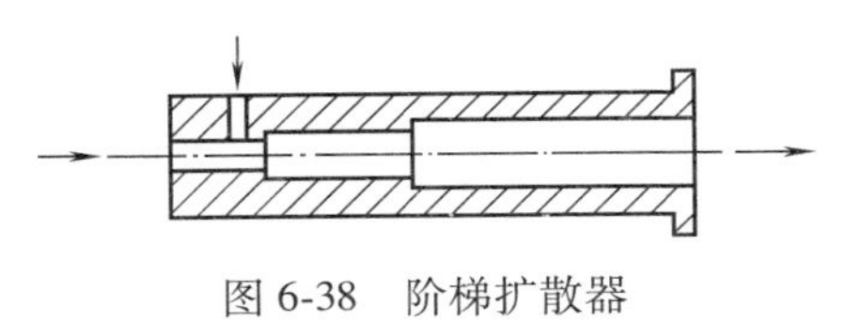
图6-38　阶梯扩散器

实用的加气装置主要有文丘里管型、孔板型和阶梯扩散型几种，而这几种装置都源于同一工作原理：利用高速浆流形成的负压把空气吸进浆料中。通过实验和生产实践的不断改进，这些装置能令空气与浆料充分均匀地混合，并且能形成理想比例的大中小气泡。图6-38，图6-39和图6-40分别表示几种加气装置的剖面结构。利用浆流的速度引入空气具有结构简单、节约能源、容易控制等优点。

图6-38所示阶梯扩散器（step diffuser）是一种常见的加气装置。不少大型浮选槽制造商如E・W公司（Escher Wyss），Beloit公司的加气装置都采用这种形式，浆料在流过第一级高速管道时吸入空气，在后续的2~3级的扩散管，浆料由于流道截面的突然扩大而产生强烈的湍流。这就令抽入的空气迅速分散成数量巨大的小气泡。大部分小气泡直径在10~50μm。图中的空气吸入管接到浮选槽的空气总管，而空气总管则安装流量计和控制阀，以便按照工艺需要改变吸入空气对浆料流量的比例。图中的扩散器底部是一个直角的急转弯。在上部形成的大规格气泡在撞击作用下可以破碎成更有效率的小气泡。

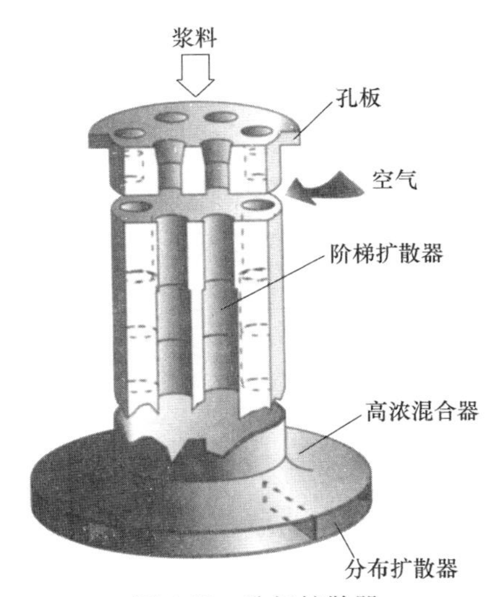

图6-39　孔板扩散器

孔板扩散器的工作原理与孔板流量计相同。当浆料以一定速度流过孔板时，在圆孔的下游即产生明显负压。利用这一负压把空气吸入浆料中。孔板的厚度和开孔直径要依据浮选槽工作能力、浆料流速、孔板

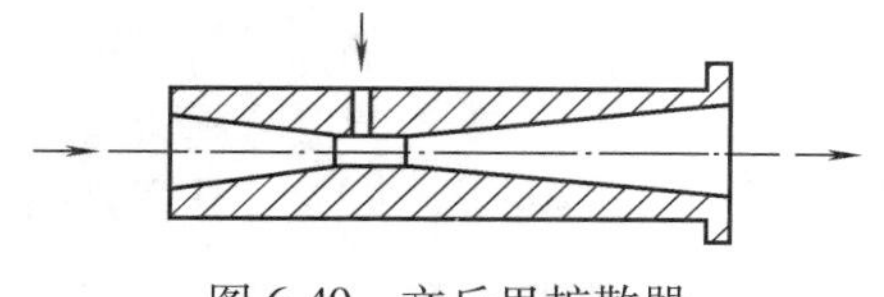

图 6-40　文丘里扩散器

前后压力差等工艺参数的设定进行精密计算。在孔板的后面还要安排一些分布元件，以便利用浆流的强烈冲击获取合适的气泡分布。图 6-39 是福伊特公司的孔板扩散器。单个扩散器的典型流量为 70～100L/s。装在一个浮选槽里的扩散器数量是根据生产线总流量的实际需要进行安排的。最大型的生产线甚至在一个浮选槽里安装 10 个扩散器。

文丘里管是广泛应用于化工过程的一种混合器，也有不少制造商把文丘里管用在浮选槽的加气装置。不同公司根据各自研究成果，在吸入空气的文丘里管后面也会设有具体的气泡分布元件。

几乎所有的加气装置都是造成有一定通过能力的基本单元，然后，按照总处理量的需要以几个一组的形式组合在一个浮选槽上。这首先是满足让含气浆料均匀地分布到体积颇大的浮选槽的需要，同时又能对加气装置进行精细设计、便于控制。

三、槽　　体

大多数浮选槽是敞开的结构。图 6-41 是现代应用较多的一种浮选槽。这种浮选槽的前身是圆形截面，近 10 年改为椭圆形的截面，一方面令物料液面加大，同时槽体的结构也得到了加强。椭圆形的截面还令进浆口与泡沫溢流的堰板距离拉大，这一点对提高浮选槽整体脱墨效果起了很好的作用。浮选槽主体部分的体积依据浆料停留时间确定。一般停留时间为 30～60s。计算公式为：

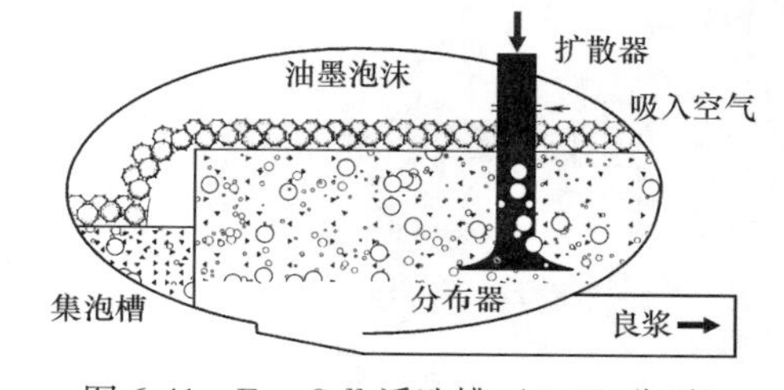

图 6-41　Eco-Cell 浮选槽（Voith 公司）

$$V=q_V \cdot t \tag{6-3}$$

式中　V——槽体的工作体积，m^3

q_V——浆料流量，m^3/min

t——停留时间，min

这种槽体的堰板可调节高度，以便适应不同工艺的需要。由于堰板尺寸比较大，在堰板的中部还造成菱形的加固条以增加堰板的刚度。

这种浮选槽将同一段的 5～6 个槽体连成一体，把每个槽体两端的封板合并成为一块隔板，既节约了材料，又节约了安装空间。在隔板靠近槽底的位置开设 500mm×400mm 的方孔，使成为相邻槽体之间浆料局部循环的通道。

良浆出口安排在槽底与泡沫槽相对的位置，这就令油墨的分离更加充分。

表 6-6 是 Eco-Cell 浮选槽的规格系列。Eco-Cell 浮选槽尤其适用于日产 200t 以上的大型脱墨生产线。两排浮选槽可以叠在一起安装。槽体的材料全部是 316 不锈钢。

表 6-6　Voith 公司 Eco-Cell 浮选槽系列

规　格	1/38	2/38	3/38	4/38	5/41	6/44	8/44
喷射器个数及槽体长度/m	1	2	3	4	5	6	7
椭圆长径/m	3. 8	3. 8	3. 8	3. 8	4. 1	4. 4	4. 4
生产能力/(t/d)	80	160	240	320	520	750	1000

图6-42是德国E·W公司CF型浮选槽的结构。这种浮选槽的扩散器分成4组，分别在切线方向将混合了气泡的浆料送进圆形的浮选槽里。槽体中间是一条$\phi 400 \sim 600$的溢流管。浮到浆面的油墨渣从溢流管漫出去。良浆管则从槽底接出。CF浮选槽一般是上下两个槽叠在一起。新发展起来的浮选槽从改善工作环境考虑，造成基本上封闭的直立圆筒，内部结构则与原型相似，还增加了旋转的喷水清洗装置。

另一种OK—浮选槽结构比较简单，图6-43表示OK—浮选槽的工作情况。图中转子类似离心风机叶轮。压缩空气通过转子的中空轴喷出，被高速转动的叶轮击碎并且与浆料充分混合。上浮的大小气泡便将油墨粒子带往槽体表面，所形成的油墨泡沫从边缘溢出。此种浮选槽浆料停留时间大约是10min。

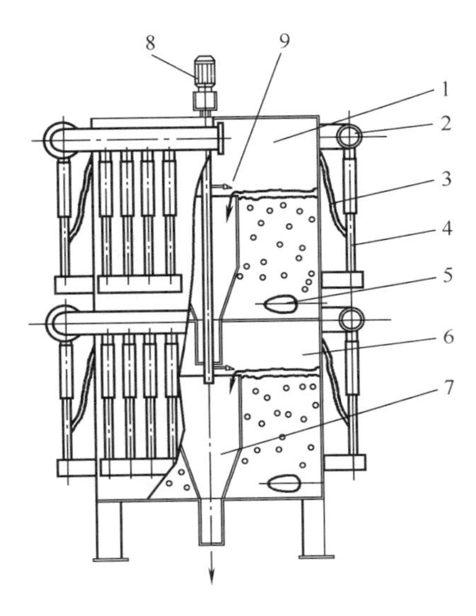

图6-42　CF型浮选槽

1—上槽体　2—进浆管　3—进气管
4—扩散器　5—良浆出口　6—下槽体
7—泡沫管　8—转动喷水管电机　9—喷嘴

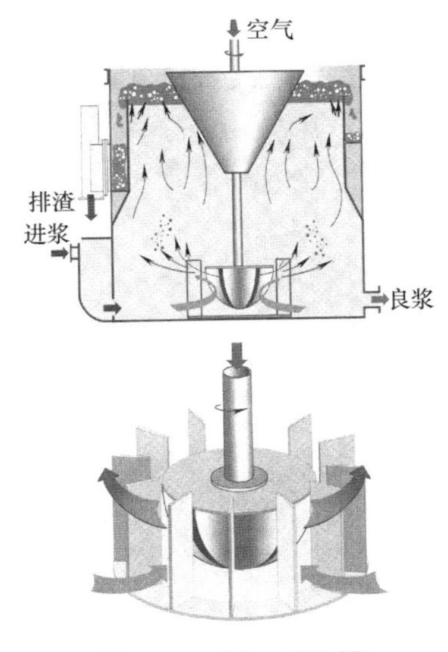

图6-43　OK—浮选槽

MAC浮选槽是Verticel浮选槽的更新产品，据称能十分有效地去除广谱的油墨颗粒和胶黏物。一台MAC浮选槽可替代2~3台串连的SA或DA Verticel浮选槽，与常规的浮选槽相比，一台可相当4~6的脱墨能力。这种浮选槽具有如下特点：

① 除了去除油墨颗粒外，还能有选择性地除去一些胶、胶乳颗粒和填料。

② 泡沫浓度最高可达8%，泡沫中基本不含纤维。

③ 最终粗渣中空气含量很低。

④ 整个浮选槽不需清洁，没有死角，没有喷水管，故没有清水消耗。

⑤ 良浆质量的可调性，仅需调节泡沫出口处阀门的大小即可调节泡沫的流量和纸浆的质量。

⑥ 整个浮选槽是全封闭的，没有溢流，低噪声，空气可循环使用。

⑦ 安装费用低，仅需一台浮选槽即可满足需要，且所需容量较小［$<0.5m^3/(t \cdot d)$］，占地面积仅$0.16m^2/(t \cdot d)$。

⑧ 动力消耗要比Verticel浮选槽低40%。

⑨ 在相同得率条件下 MAC 浮选槽出来的纸浆白度要高出常规浮选槽 1%～15%。

MAC 浮选槽的运行原理如图 6-44 所示。槽体由上往下被隔板分成几个浮选区，隔板上每隔一段距离有一条缝隙（沿半径方向），各浮选区之间通过缝隙相通，下一级浮选区的泡沫通过缝隙上升到上一级的浮选区，直至顶部泡沫区。第一级（从上往下）进料管以一个方向切入槽体内，第二级进料管以另一方向切入槽体内，交错布置，每层泡沫通过隔板缝隙上升至上一层，良浆流入内侧的管道，再泵入下一个浮选区，最后的良浆经过高位箱后排出，使槽内始终充满物料。这种浮选槽是全封闭的，通过可调节的微量超压（140kPa）将浮在液面上的泡沫排出，同时使浆面保持平稳，控制并防止纤维被泡沫带走而造成的纤维损失。MAC 浮选槽不需要设置二段浮选来回收纤维。

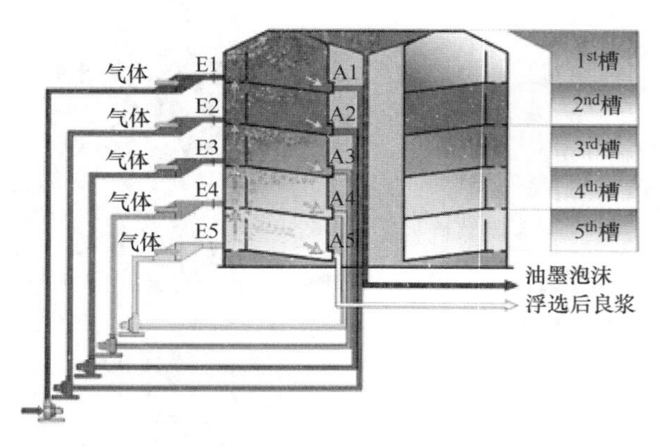

图 6-44　MAC 浮选槽结构原理图

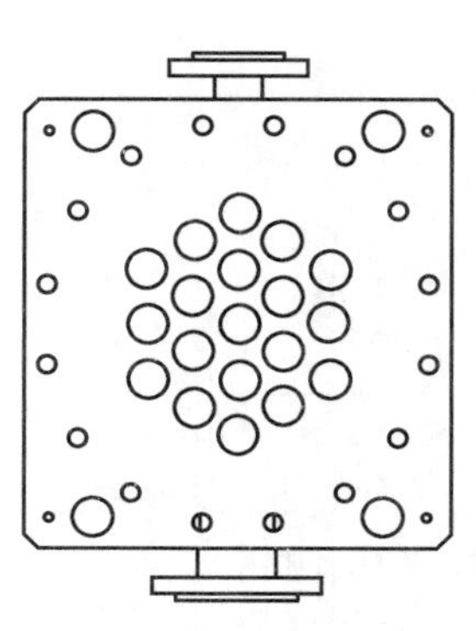

图 6-45　MAC 浮选槽气泡发生器

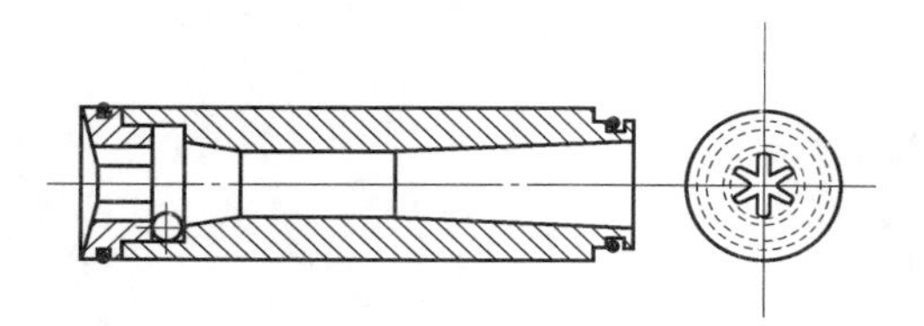

图 6-46　MAC 浮选槽气泡发生器中的喷射器

空气的加入通过一个内部装有自清洁功能的空气喷射器的特殊容器进行，其气泡发生器见图 6-45，气泡发生器由多只喷射器（见图 6-46）组成，采用文丘里原理吸气，空气以切线方向进入母管，然后进入喷射器入口，与浆料混合产生微小气泡进脱墨槽，实现浮选脱墨。母管的另一侧有清水入口，便于内部的清洗。该容器与浮选槽的分离便于调节浮选槽的空气量。一个特殊的空气/纸浆混合室（活化室）使得从空气喷射器出来的空气泡能更好地和油墨颗粒相吸附，空气是循环使用的。

还有一种 Must 浮选槽（图 6-47），工作原理与 OK—浮选槽相似。它把 6 个浮选槽的单体排列在一个圆形的槽体中。浆料用泵送入第一个槽体，被安装在底部的叶轮和进入槽体的压缩空气混合。在每个槽体中，浆料沿导流板上下翻动。部分浆料在槽内循环，其余则进入下一个槽体并且由该槽体的底

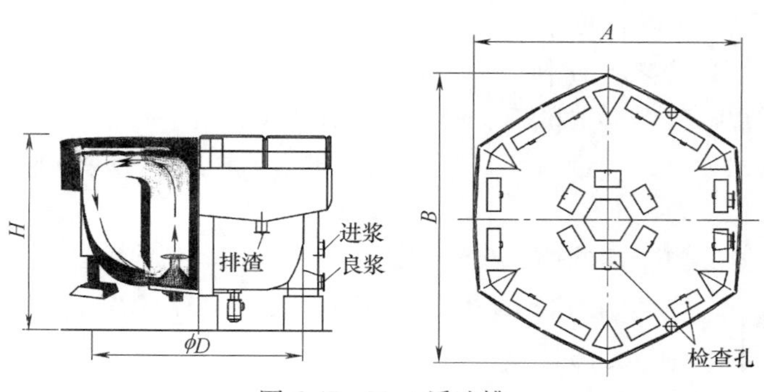

图 6-47　Must 浮选槽

部叶轮加入新的压缩空气，一个大浮选槽实际上就是串联的六个浮选槽，但是只需一台送浆泵。因此这种浮选槽是比较节能的。

在大多数开放式浮选槽设计以外，美国 Beloit 公司曾推出一种压力式浮选槽（见图 6-48）。当时美国流行过一系列压力式制浆设备，诸如压力筛、压力洗浆机、压力精浆机等。压力式浮选槽也应运而生。其工作压力为 0.1MPa 左右。实际上，液面上空的压力与液面下压缩空气的附加压力存在相互抵消的情况。因此，压力概念的优势并不明显，反而由于槽体要按压力容器标准进行设计而增加了设备费用。

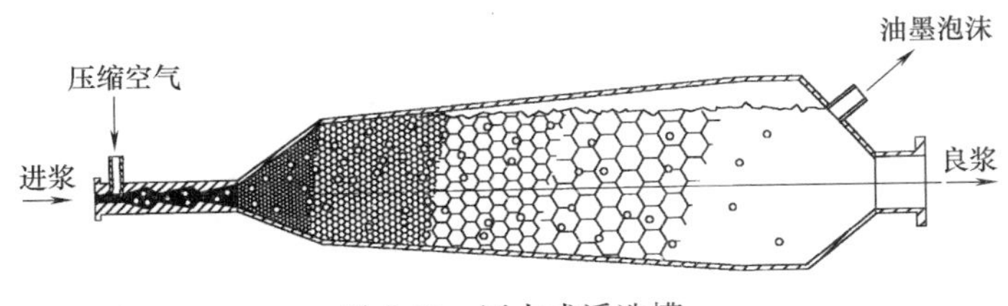

图 6-48　压力式浮选槽

四、附属部件

（一）喷水管

浮选槽的喷水管是用来压抑泡沫的。在一段浮选槽第一个槽体及二段浮选槽的泡沫是最黏稠的。各种形式的浮选槽都把喷水管装在浮选槽的泡沫槽上方。

（二）刮板

与立式和卧式浮选槽匹配，用于清扫槽壁或堰板上缘的刮板也有垂直安装与水平安装之分。刮板的转速一般为 2～15r/min，直径大的转速小。轴和支撑板均使用不锈钢材质。支撑板上装有塑料或者橡胶的软性刮板。垂直安装的刮板用于清洁槽壁的边缘，而图 6-49 的螺旋刮板则是为了把浮选槽液面上浓度和黏度都比较高的泡沫层刮到泡沫槽去。

（三）消除泡沫的除渣器

一些浮选系统在把一段浮选的油墨泡沫送往二段浮选槽之前、先经过一台类似于除渣器的除泡设备。图 6-50 表示这种除泡装置的结构：尚未消泡的油墨泡沫连同部分良浆在切线方向进入锥体顶部。在离心力作用下，泡沫由于总比重比水轻而聚集在除泡装置的中线顶部。在这里一个高速转动的叶轮将泡沫连续击碎、释出空气。一部分油墨泡沫单独排出，消除了泡沫的油墨与纤维的混合物就可以顺利地泵送到二段浮选槽。

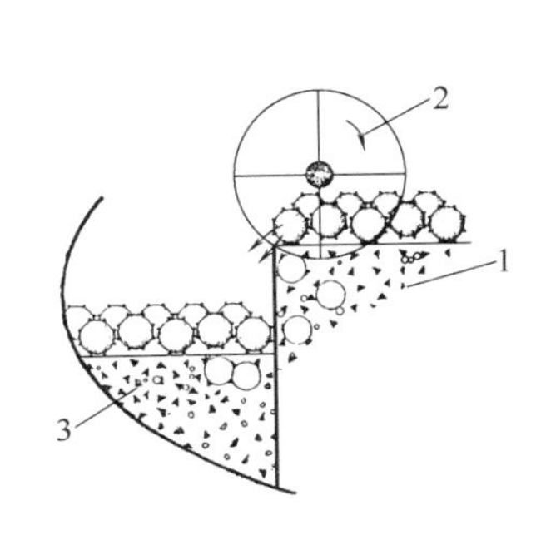

图 6-49　水平安装的刮板

1—脱墨槽　2—旋转的刮板　3—污泥槽

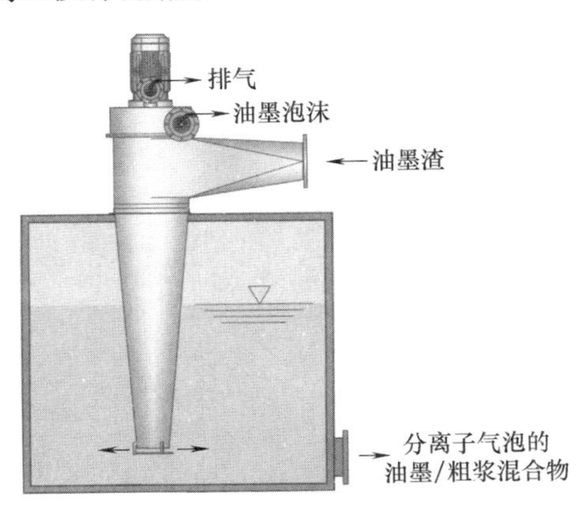

图 6-50　除泡装置

第六节　热分散机和磨浆机

废纸制浆工艺研究的重要成果之一是发现在高浓（30%～35%）、高温（80～120℃）的条件下，用类似精浆机的设备对浆料进行强烈的搓揉可以有效地分散残存油墨粒子、热熔物和塑料类残存轻质杂质。热分散过程同时可以令浆料获得轻度精磨的处理效果从而改善浆料的均整程序和物理强度。用热分散机处理混合办公室废纸、电脑打印纸等非油性油墨粒子的浆料，可以有效提高后浮选的油墨粒子去除率。高浓是为了消除水载体的润滑作用，保证浆料以及油墨粒子类固体可以获得强烈的摩擦剪切。高温是为了使热熔胶、塑料片、油墨粒子等残存杂质软化，更容易经受分散作用。

热分散过程同时是一个能量传输的过程。通常热分散的功率输入量为 60～80kW・h/t。这个数值随着处理浆料种类的不同，也随生产中工艺条件的变动而不同，是热分散机总体设计的最基础数据。现代的热分散机可有三种运行控制模式：定功率输入，比功率输入和人工手动控制。对热分散机的这三种基本控制模式也是针对功率传输的。定功率输入模式是将设备的功率消耗作为一个固定的给定值。不管运行中送进热分散机浆料的浓度、流量的变化，系统根据电动机的瞬时电流讯号对磨片的进刀量或者搓揉机出口截面大小进行调整，保持过程的功率消耗亦即功率传输为恒定值。比功率输入模式则是将单位物料（吨）的功率消耗作为给定值，系统根据对进入热分散机浆料检测得到的流量、浓度和电流讯号来控制磨片的进刀量或者搓揉机出口截面大小。此时，系统的总功率输入是随浆料的绝干通过量变化而变化的，并且单位物料的功率消耗是维持恒定的。人工手动的模式则是放弃自动控制，人为地改变和设定进刀量或者出口截面。

有漂白工序跟随在后的热分散机会在热分散机的进浆口加入漂白用的化学药品，利用热分散机的充分拌和功能同时起混合器的作用。

热分散机分成盘式和辊式两种类型。盘式热分散机的结构与盘磨机很相似。但是由于工作浓度高得多，传输的功率又很大，主要的工作部件定子和转子磨盘以及磨盘的齿要比普通磨浆机的磨盘强度要大得多。辊式的热分散机又分双辊和单辊两种。由于辊式热分散机的主要部件——啮齿形辊筒转速较慢，浆料在机体内蠕动也较慢，辊式热分散机又叫做搓揉机。两者之间的差异包括：盘式热分散机操作温度在 90～130℃ 间，而搓揉机操作温度低于 100℃。盘式热分散机的功率传输较高，为 50～80（甚至 120）kW・h/t，而搓揉机为 30～60（最高 80）kW・h/t。定盘和转盘之间的速差，盘式热分散机是搓揉机的 4 倍。只有两者的工作浓度都是 25%～35%。

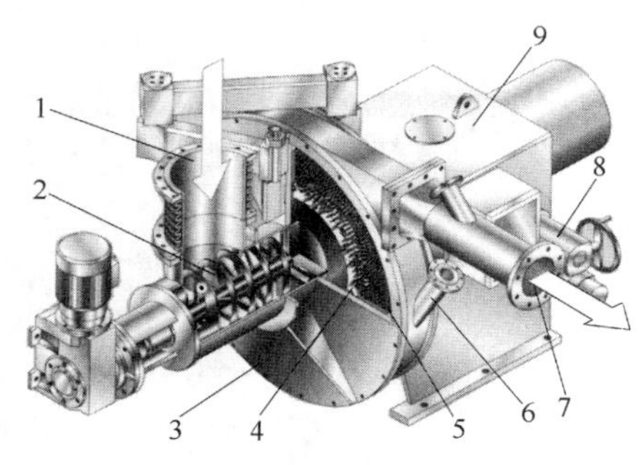

图 6-51　盘式热分散机

1—进浆口　2—喂料螺旋　3—壳体　4—定盘　5—转盘　6—稀释水　7—出浆口　8—转盘进退机构　9—主轴和轴承付

一、盘式热分散机

盘式热分散机的结构见图 6-51。需要进行热分散的浆料经过浓缩和加热，浓度达到 30%～35%，而温度达到 85～100℃。由于进浆浓度高，在进入分散区前需要安装喂料螺旋。喂料螺旋造成中空的，可便于分散区浆料温度继续升高时局部产生的蒸汽能有泄放的通道。浆料从定盘的中心孔进入分散区，通过分散齿的强烈剪切和搓揉而完成热分散作用。浆料在热分散区径向向外移出。如果需要在热分散之后降低浓度，可通过稀释水管注入稀释水。

为了调节热分散的功率输入，大中型热分散机的转盘和主轴可在调节电机驱动下前后移动。这种调节系统根据主电机的功率输出（或工作电流）的信号，通过 DCS 系统与给定值对比后，控制调节电机的正转或反转，驱动转盘向定盘靠近或退出。

有些热分散机将加热蒸汽接到靠近定盘浆料的入口处。这种设计可省下整台加热螺旋。

有些浆料的热分散温度高达 110℃。这时热分散机的壳体就要按照压力容器的要求进行设计。

（一）转盘和定盘

盘式热分散机转盘的转速通常为 1500r/min，转盘和定盘的直径为 500～1000mm，均用球墨铸铁、镍铬钢等耐磨材料制成。

齿盘的齿型与疏解机的齿型很相似，靠近圆心的齿尺寸大一些，间距也大些，而靠近外圆的齿尺寸小，间距也小。齿盘结构如图 6-52 所示。

图 6-52　热分散机的齿盘

定盘和喂料螺旋都装在有铰链的端盖上。卸下端盖边缘上的紧固螺栓可以把端盖连同定盘和喂料螺旋旋开，以便检查和清洗齿盘。

转盘则装在底盘上。为了使动盘在浆料流量和浓度可能存在变化而引致动力的波动时保持稳定，底盘会造得比较厚。传动轴实际直径比按功率计算所需要的直径大得多，这样可以令整个转盘具有足够大的惯量。

（二）机壳和机座

传统的热分散机机壳都使用铸钢材料。使用铸钢的好处是部件质量大，吸收振动能力强，内表面更耐磨。最近有供应商生产的热分散机机壳改用合金钢板焊接而成。这种机壳质量轻得多，机加工量较少，但是对高频噪声的阻隔作用不如铸钢材料。

功率大的热分散机会在机壳上安装振动测量装置作为设备正常运转的保护装置。有些热分散机的机座上还安装间隙指示装置，帮助判断设备运行情况。

（三）转盘进退系统

在高速转动的主轴上有一个用润滑油润滑的轴套，轴套外圆做成是蜗轮螺纹并且与机座上的导轨配合，而轴套的两端面则镶嵌在主轴的限位轴颈上。当步进电机按照控制系统的输出信号正转或者反转的时候，电机带动蜗杆蜗轮系统转动，并且通过螺纹付令铜轴套向前或向后移动，从而实现主轴连带转盘向定盘靠近或离开。当转盘和定盘越靠近，浆料在齿盘之间的空间越小，浆料经受齿盘的机械磨浆作用以及浆料自己的摩擦搓揉作用迅速上升，主电机的功率输入也随之上升。根据热分散工艺的需要，可以通过定功率输入，比功率输入和人工手动控制三种操作模式来控制电机功率与转盘的位置。

在主轴作上述水平移动时，主轴联轴器要作出相应的补偿。一般热分散机采用齿式联轴器以解决这种补偿的需要。

（四）喂料和稀释系统

1. 喂料螺旋

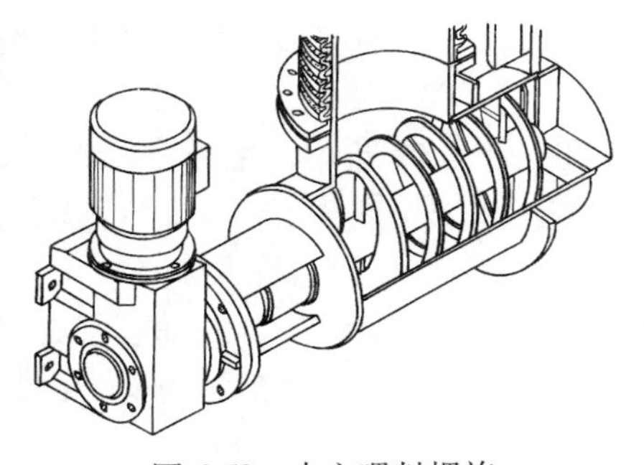

图 6-53　中空喂料螺旋

盘式热分散机的喂料螺旋把浓度为 30%～35%的浆料连续送入磨盘。有些喂料螺旋如同普通的运料螺旋，中间是一条悬臂的轴，轴上铸出或焊上螺旋叶片。另外一些喂料螺旋则是在外圆边上只有螺旋叶片，中轴的位置空出来让浆料前进，如图6-53所示。后一种喂料螺旋的叶片无论是强度、刚度和耐磨性能方面，制作要求更高，但是输送浆料的效率也更高。

喂料螺旋的工作直径一般为 250～400mm，螺旋转速 350～500r/min。

2. 稀释系统

如前所述，热分散机的工作浓度一般在 28%～35%之间。热分散机的稀释有在分散区前和分散区后两种情况。在分散区前的稀释水管接在定盘中空的进料口前面。这种稀释是工艺和运行的控制手段之一。对中小型热分散机，在没有配备自动进退转盘装置的情况下，前稀释水阀由主电机工作电流进行控制，通过加入稀释水量的多少可以改变分散区内浆料的浓度，从而维持热分散过程稳定的功率输入。

在分散区后的稀释是为了适应下工段浆料浓度的需要，稀释水管接在机壳的顶部或者背部。但是，如果热分散后要求稀释水量较大时，在热分散机本体上也只能做初步的稀释。否则，大量的稀释水加入会造成机壳温差的波动，水力冲击也会造成额外的机壳振动。如果热分散机的后工序仍然需要高浓度的，就不配置稀释系统。表 6-7 列出热分散机几项技术指标。

表 6-7　　Voith 公司热分散机部分规格

规　　格	HTD 150	HTD 250	HTD 450	HTD 700
生产能力/(t/d)	30～150	100～250	200～450	400～700
装机容量/kW	550	900	1500	2500
转速/(r/min)	1500	1000	1000	1000

二、辊式热分散机

辊式热分散机又叫搓揉机，工作原理与盘式热分散机相同。但是辊式热分散机的工作部件转速比盘式热分散机的转盘要慢得多。图 6-54 是一台打开了盖子以后的辊式热分散机俯视图。可以看见这种热分散机的外壳壁厚很厚，很牢固。主要的工作部件是一对互相啮合的反向螺旋。当这两条螺旋由减速箱出轴带动以相同的速度，相反方向旋转时，高温高浓的浆料在受到强烈的搓揉而完成对残余油墨的分散作用。两条螺旋在把动力传输给浆料的同时，还把浆料从落料口向出料口方向推进。

（一）啮齿的双辊

由于辊式热分散机的两条螺旋辊子传递的功率很大，单根螺旋的轴功率为 200～1000kW，而转速约为750～900r/min，因此主轴本身就造得很粗。大直径大质量的主轴可以有惯量大、吸收振动和负荷波动的功能。

双辊的前段对着浆料入口的部件是喂料螺旋（见图 6-54 中 3）。这些螺旋的螺距比较大，用作将高浓的浆料均匀地往分散区压送。

相啮合的螺旋沿径向切割成等分的缺口，如图 6-55 所示。这些缺口提供了浆料翻动搓揉、摩擦和剪切以及向出料口移动的空间。这些螺旋齿在连续运转传递功率的过程中要经过巨大的摩擦，因此，螺旋齿造成轴套形式，用键或者压入的办法装在主轴上，以便在大幅度磨损的情况下可以更换。两个大型止动螺母是为紧固这两个螺旋齿的。齿面还进行渗碳处理，以延长螺旋齿的工作寿命。

从图 6-54 可以看到，双辊的轴承副是位于机壳的外面，在运转中两条轴的位置是固定的。

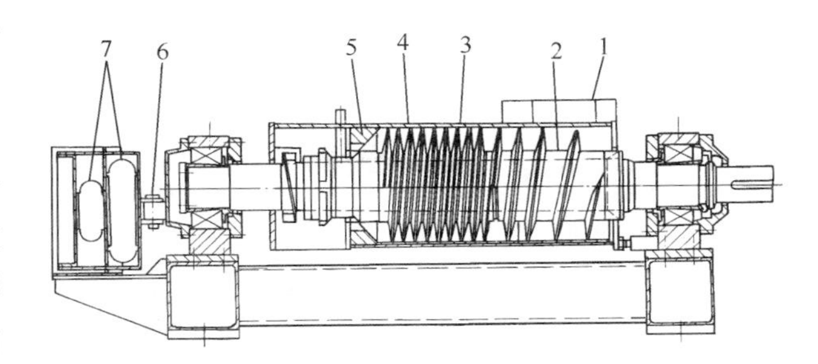

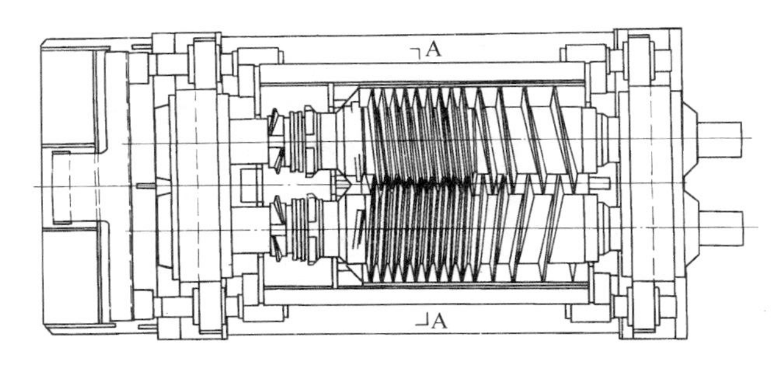

图 6-54　辊式热分散机

1—进料口　2—主轴　3—啮合的螺旋齿　4—机壳
5—挡浆耐磨环　6—销轴　7—加压和泄压气囊

（二）调压系统

辊式热分散机的外壳装在两侧的滑动杆上，可以沿着两条螺旋齿的轴向移动。在热分散机入轴的相对端安排了加压气囊和退压气囊（图 6-54 中 7）。根据 DCS 控制系统的设定，当热分散过程需要加压（或加大功率输入）时，加压气囊充气，推动机壳连同上盖向入轴端移动，令出料口的截面变小，浆料排出受阻，留在机体内的浆料密度加大，分散过程强化。当热分散过程需要卸压或者准备停机时，加压气囊逐渐泄压，气囊对机壳的压力下降，机壳便自动向反方向移动，令出料口截面变大。浆料在机体内的约束包括密度下降，前进速度上升，功率消耗降低。退压气囊则是用于将机壳推向出料口截面最大的位置，这也是设备的空车位置。

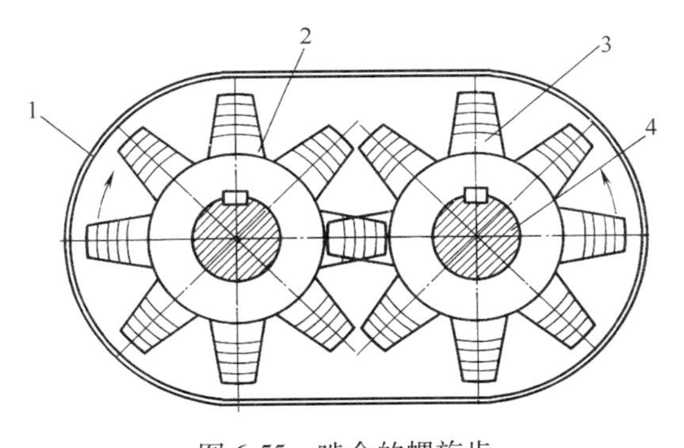

图 6-55　啮合的螺旋齿

1—机壳　2—左旋的啮合齿　3—右旋的啮合齿　4—主轴

（三）机身

1. 底座

由于热分散机的功率很大，处理高浓浆料的过程中振动的频率和振幅都很大，设备的底座要做得很牢固，并且用地脚螺栓固定在质量相当于设备质量数倍的混凝土基础板上。在基础板与基础之间还要放进经过计算选型的橡胶隔震块。

2. 机壳

如前所述，辊式热分散机的机壳造得很厚实。在保证足够强度的同时，还具有耐磨损、吸收震动的功能。

在浆料出口处，机壳镶衬着可拆换的耐磨块。浆料的入口套管和出口套管分别用耐温橡胶管与物料管连接。一方面是阻隔设备的震动，同时又允许机身沿轴向轻微移动。

3. 轴承付

轴承应选用重级系列的，而且在机外配套强制油润滑系统，以保证轴承得到充分的润滑。

（四）单轴搓揉机

图 6-56 是一台单轴搓揉机。图示的主要部件结构与双辊热分散机很相似，但是主轴转速更慢，仅为 300~400r/min。高浓浆料由主轴前段的螺旋送往分散段，经过巨型齿形对浆料进行强烈的搓揉而达到热分散的效果。工作过程的功率传输也是由改变出料口大小进行调节。

图 6-56　单轴搓揉机

三、低温分散机

与大量应用的热分散机不同，低温分散机不用蒸汽加热浆料。工作历程比热分散机要柔和。这种分散机通过特殊设计的叶片将分散在浆料中（特别是 OCC 原料）的黏胶物质揉成较大的絮团，这些规格较大的絮团在后续的缝筛可以得到有效的分离。有时可以在低温分散机中段加入化学药品以帮助热熔胶的聚合，改善浆料在分散机中的脱水和浓缩。图 6-57 表示这种低温分散机的结构。该分散机把工作段分成 3 段，目的是节约设备空间，降低分段的装机容量，同时可以令浆料有更好地混合。

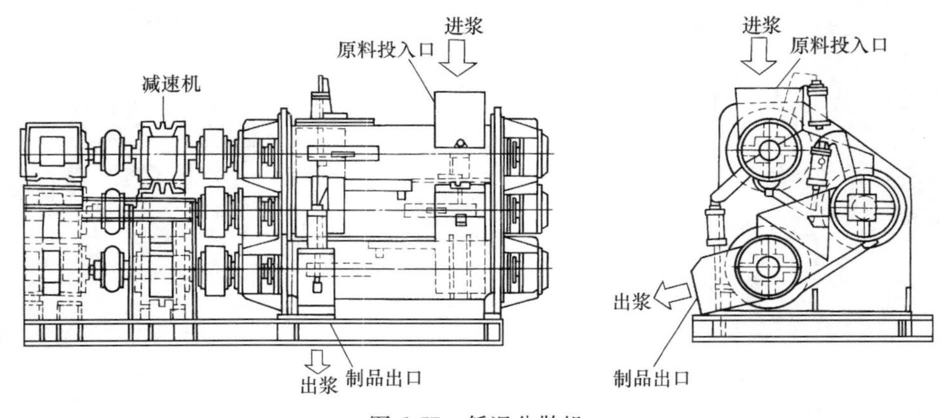

图 6-57　低温分散机

四、磨　浆　机

废纸浆磨浆机与木片磨浆机的结构很相似。但是由于不需要克服木片中纤维间巨大的黏结能量，单位物料所需要的功率转移远小于木片磨浆机。图 6-58 是一种用于废纸浆的磨浆机的结构图。从图可以看到，废纸浆磨浆机的主要工作部件也是定盘和转盘。浆料进入磨浆机的浓度约为6%~12%。由于工作浓度较低，进浆口不需要喂料螺旋，而是直接接到送浆管道。浆料在定盘的中心进入磨浆区并且向四周流出。转盘的转速一般为1450r/min。转盘和主轴装有调节机构，可以按照需要调节盘片之间的间隙，从而改变磨浆的压力和负荷。

美卓公司的Opti Finer磨浆机把定子和转子做成很大锥度的磨盘。图6-59是这种盘浆机的结构。锥形结构的磨盘令磨浆区面积更大，大大提高了设备的工艺效率。此外，盘面与磨浆机主轴成一个夹角α，齿盘间隙的调整就更加精密。因为当调节机构令主轴向前或向后移动一个单位距离A的时候，定盘和转盘之间的间隙只移动$A \cdot \sin\alpha$的距离。这是锥形齿盘磨浆机一个很突出的优点。

图6-58　磨浆机

1—转盘　2—定盘

图6-59　Opti Finer锥形磨浆机

1—转盘　2—定盘

磨浆机的调节与前述盘式热分散机原理和结构都是一致的。也可以有定功率输入，比功率输入和人工手动控制三种操作模式。

第七节　废纸制浆漂白设备

废纸浆的漂白当今比较流行的是使用氧化剂——过氧化氢进行漂白。过氧化氢漂白的主要工艺条件包括漂白浓度、温度、pH、化学品的种类和用量、漂白时间。从设备的角度主要是考虑材质——耐腐蚀的问题和容积——停留时间的问题。对于高浓漂白过程，还包括浆料与化学品混合的混合器和高浓浆料顺利排出的卸料器。作为塔体，无论废纸浆是高浓或是中浓的过氧化氢漂白都是在常压下进行的，因此，漂白塔的塔体都以常压容器的标准进行设计。但是大型生产线塔体会高于10m，在塔的底部槽体要承受0.1MPa以上的压力。此时，塔体的设计施工需按压力容器标准进行管理。

在第七章将详细讨论纸浆漂白设备，由于篇幅原因这里将不再介绍。

第八节　废纸制浆造纸过程的水循环利用

废纸制浆生产过程需要大量的水作为载体，而废纸原料中夹带的可溶性和不溶性废物，以及部分小纤维和填料都随同水在系统中运转。有效地分离这些杂质，不但是保证废纸浆质量的重要保证，经过处理后的清液还可以大部或全部回用，从而节省大量的水资源。常规的废水和污泥处理设备将在上册第十章和下册第十三章介绍，在此就不再赘述。

图6-60是脱墨浆生产线典型的水平衡图。连同抄纸生产在内，整个系统清水耗用为

10～15m^3/t 纸。废纸原料一般干度为 88%～90%，在进入碎浆系统的时候，需要加入 24～25m^3/t 浆的水，以便在碎浆筛选后浆料稀释到 3.5%～4%的泵送浓度。在后续的工序浆料需要陆续稀释，这些稀释水可以在水处理的前回路得到补充。后回路的水质量更好。从图中还可以看到，流程中每浓缩一次，便有 10～20m^3/t 浆的滤液分离出来。这些数量巨大的滤液既可以直接送到前端使用，也可以经过气浮处理成为澄清水再重复使用。

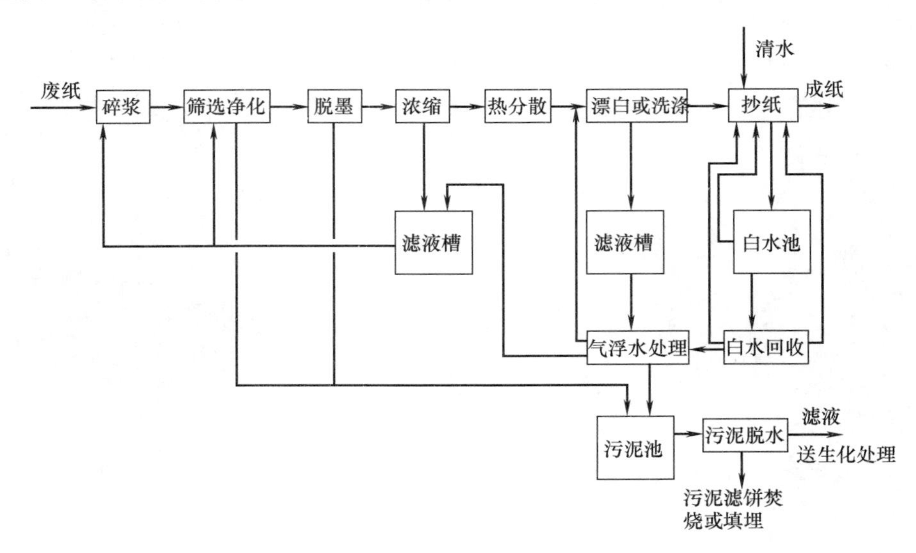

图 6-60　废纸脱墨浆生产水平衡

非脱墨废纸浆生产线的水处理与脱墨浆生产线的大体相似，水载体在循环使用的过程中，首先在碎浆工序起稀释和成浆的作用，在经过各种筛选、净化之后的浓缩过程起洗涤的作用。在水处理过程中除了起到将固体废料排出系统之外，还令生产污水得以澄清再生而回用。

山东华泰纸业股份有限公司对脱墨生产线进行全面改造升级，并在 10 号纸机增加了施胶机及压光设备等，由新闻纸向文化纸转产，该条生产线改造投运后，可生产高档双胶纸、微涂纸、无碳复写原纸、淋膜原纸等低克重产品。生产线在改造过程中，更加注重废纸脱墨制浆和造纸生产过程的水循环系统优化，提高过程用水的重复利用率，达到降低水耗、减轻水污染的目的，废纸脱墨制浆和造纸生产过程的水循环系统如图 6-61 所示。

生产工艺流程中采用生产用水封闭循环，设置白水回收，并回收纤维及填料，充分利用处理后的纸机白水，减少清水用量，提高水的重复利用率。水的回用途径有内部回用、直接或处理后再回用和混合废水经外部处理后回用于生产系统。回收设备主要采用多盘浓缩机和微气浮池。微气浮池是废纸脱墨浆为原料生产低定量涂布纸系统重要的白水处理回收装置，并在其中加入具有聚集和絮凝作用的化学品以提高处理效率。

如图 6-61 所示，水循环系统大体可以分为三个部分，分别以三个多圆盘浓缩机作为分界，包括：

① 废纸碎浆、净化、筛选和前浮选的水循环为第一循环回路，1#多圆盘浓缩机分离的白水，主要用于废纸的碎浆处理，以及浆料的净化、筛选和前浮选时稀释所用；

② 漂白和后浮选部分的水循环为第二循环回路，2#多圆盘浓缩机的白水经过 2#微气浮池处理后，澄清水供漂白和后浮选等处稀释纸浆所用；

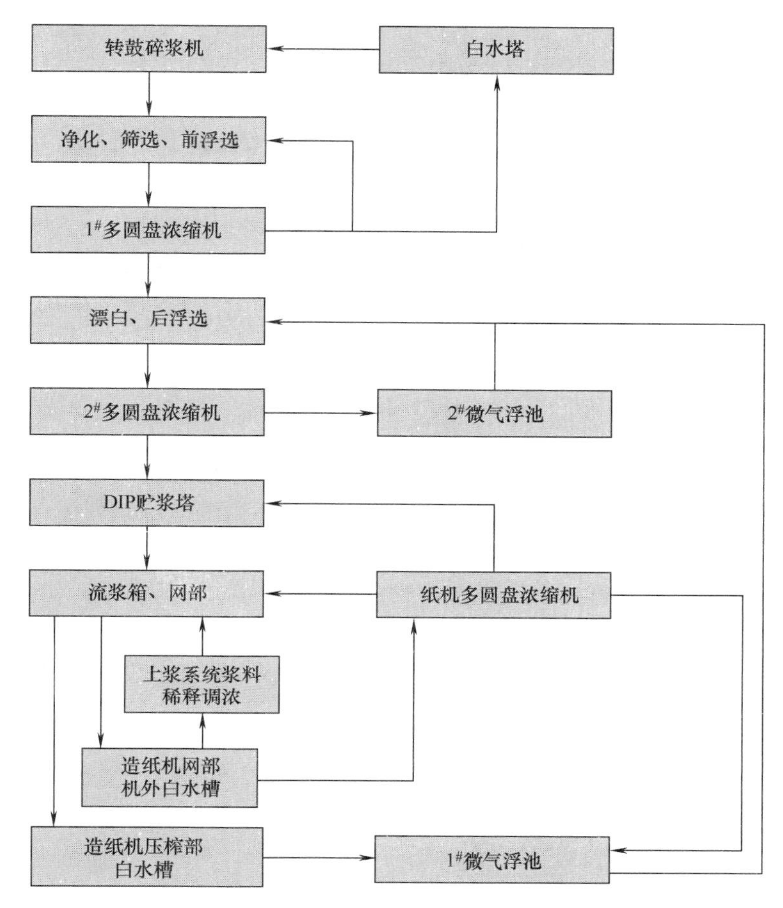

图 6-61　废纸脱墨制浆和造纸生产过程的水循环系统图

③ 造纸机网部多余白水处理的循环为第三循环回路，造纸机网部的浓白水首先用于上浆系统的上网纸浆稀释调浓，此部分白水浓度较大。多余部分和稀白水经收集后，送入纸机多圆盘浓缩机处理，得到的清液除了用于造纸机网部的喷淋清洗之外，亦供打浆工段和制浆工段稀释用水。纸机压榨部的稀白水经过 1#微气浮池处理后，抄纸车间多余白水用于制浆车间，补充到漂白和后浮选等处，供调节浆料浓度所用，减少清水用量。同时将这三部分循环回路过量的废水和纸机、脱墨生产线其他部位的废水混合在一起，经废水处理厂处理后再进入生产系统。

正常生产过程中，在废纸脱墨制浆和低定量涂布纸生产线的白水循环系统选取 7 个取样点（参考图 6-61），分别为 1#微气浮池的进口和出口、2#微气浮池的进口和出口、造纸机网部机外白水槽、压榨部白水槽和制浆白水塔，检测白水的 pH、TS、DCS、DS 值以及不同取样点白水所含 DCS 的物理化学性质，根据水循环系统各个单元白水的 DCS、DS、TS 及导电率，优化白水回用流程，提高水重复利用率。

第九节　原料和废渣处理设备

废纸原料在收集和分拣之后，为了节省运输空间，总是用打包机几百公斤一捆地打包成捆。打包的时候，一方面松散的废纸连同可能夹杂的各种废料一起被紧缩得很紧密，同时还要用 2~3mm 直径的铁丝紧紧地捆牢。当这些纸捆被运到废纸生产线准备投料的时候，首先要剪除铁丝，其次要把松紧不一的纸捆弄散。捆绑纸捆的铁丝要尽可能彻底地除去，以免对碎浆机后的浆泵和其他制浆设备造成损伤。生产规模小的可以人工剪除，而日产 400~500t 乃至 1000t 的废纸生产线就难以用人力去处理这大量费力的工作。处理纸捆的专用设备已经实际应用在生产中。

与专用设备代替人力处理大宗废纸原料相对应，废纸生产线排出的废渣也由于数量和体积的庞大，特别是在日产 500t 以上的大型废纸生产线，同样很难想象使用大群人力去进行处理，也需要有专用设备进行脱水和压缩打包。

一、剪 铁 丝 机

现代化的剪铁丝设备是一种全自动的操作装置。当纸捆被放在进料的皮带上后，纸捆自动行进到工作位置并停下。像锯齿一般的铡刀从顶面和一个侧面压向纸捆，捆绑纸捆的铁丝便被一一铡断。接着在纸捆前后两面的铁勾伸出并缩回，便将铁丝扯离纸捆并带进绕丝的小室。在小室长短不一的铁丝被一个高速转动的机械手绕成小卷。陆续排出的铁丝卷还可以集中压缩、打包成紧密的铁丝块。去除了铁丝的纸捆又被自动地送到装料的运输机去。图 6-62 是剪铁丝机的一种。该型设备的生产能力可达到每小时剪 140 捆，处理的纸捆最大尺寸可达 900mm×900mm×500mm。

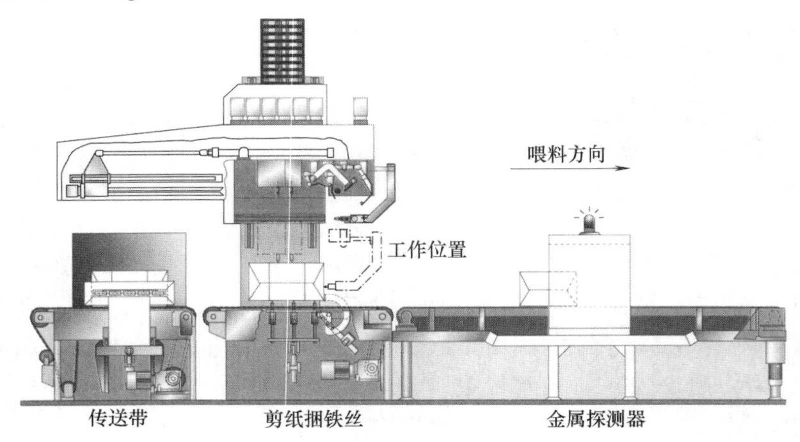

图 6-62　剪铁丝机

二、纸捆松散装置

图 6-63 表示一种纸捆松散装置。减速箱带动造型扭曲的松散辊以很低的速度转动。粗犷的翻滚和剪切作用令黏得很紧的纸碎松散分离，较小规格和松散的纸片便从辊筒之间的间隙掉下，而更大的纸团继续在辊面翻动直至松散到足够小的规格。

三、纸层铺平器

在废纸装载到运输机上去的时候，纸层会有堆垛不平、厚薄不均的情况。为了维持送到碎浆机去的废纸流量更加均匀，在运输机上可以安装一个纸层铺平装置，如图 6-64 所示。这种铺平装置的主体是一个转速约为 5r/min 的转鼓。转鼓的表面焊有若干铁棒。转鼓就装在运输机的上空。如果纸层太厚时，慢速转动的转鼓可以把高出的部分推向后方，直至填补较薄的纸层。

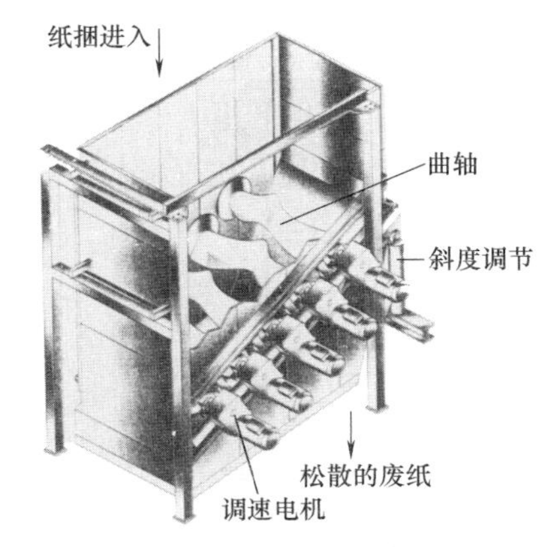

图 6-63　纸捆松散装置

图 6-64　纸层铺平器

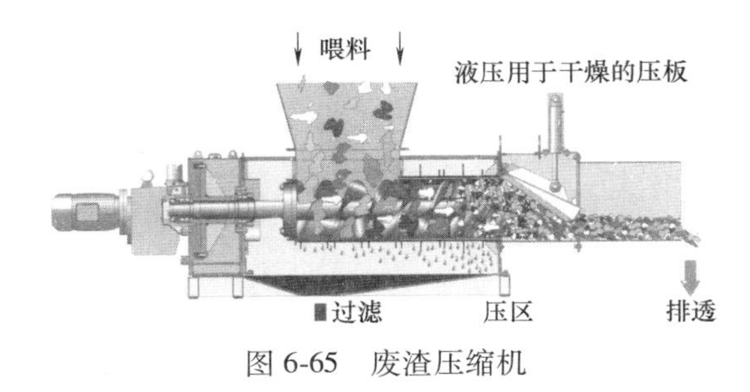

图 6-65　废渣压缩机

大型废纸浆生产线每天要产生几十吨轻重杂质。有些塑料类的轻质杂质很松散，在运出厂区之前需要经过压缩和脱水。图 6-65 表示一种废渣压缩机。通过变螺矩螺旋和筛框的配合首先把废渣夹带的水分挤出去。在废渣出口处有一块液压控制的挤压板，可以把松散的杂质压榨得很紧密。有的压缩机设计成板框过滤机的模式。往复移动的活塞可以把松散和有弹性的废渣打包成非常紧密的。

第十节　废纸制浆生产实例

一、浙江景兴纸业股份有限公司 250t/d 混合办公废纸脱墨浆生产线

浙江景兴纸业股份有限公司的 250t/d 混合办公室废纸脱墨生产线，主要为该公司 PM15 生产白面牛卡提供面浆和衬浆。

热分散系统由福伊特提供，生产线的其他设备均采用安德里茨的设备。图 6-66 表示该生产线的主要流程：转鼓碎浆机（FFD300E）—三台高浓除渣器（RB300HD6-3）—卸料塔—粗筛系统（采用一段 F40 粗筛，二段 F20 粗筛，然后分别采用 F50，F30，F20 一级三段筛）—低浓重质除渣（采用一级四段除渣）—精筛（采用 A73LC、F50、F30 一级三段精筛）—1#浮选（SFL3D，一级两段）—细筛—1#多盘浓缩机（ANDRITZ 制造的 DF5709/08 型多盘过滤机）—1#热分散系统（福伊特 Thune™螺旋挤浆机 SP70SLP、快速加热器 PMLS-24、分散机 KRD85-LC/MC）—2#浮选（SFL3D，一级两段）—2#多盘浓缩机（ANDRITZ 制造的 DF5708/07 型多盘过滤机）—2#热分散系统（福伊特 Thune™螺旋挤浆机 SP70SLP、快速加热器 PMAS-24、分散机 KRD85-HC）—高浓漂白塔—3#浮选（SFL1D，一级两段）—3#多盘浓缩机（ANDRITZ 制造的 DF3807/06 型多盘过滤机）—还原漂白塔。

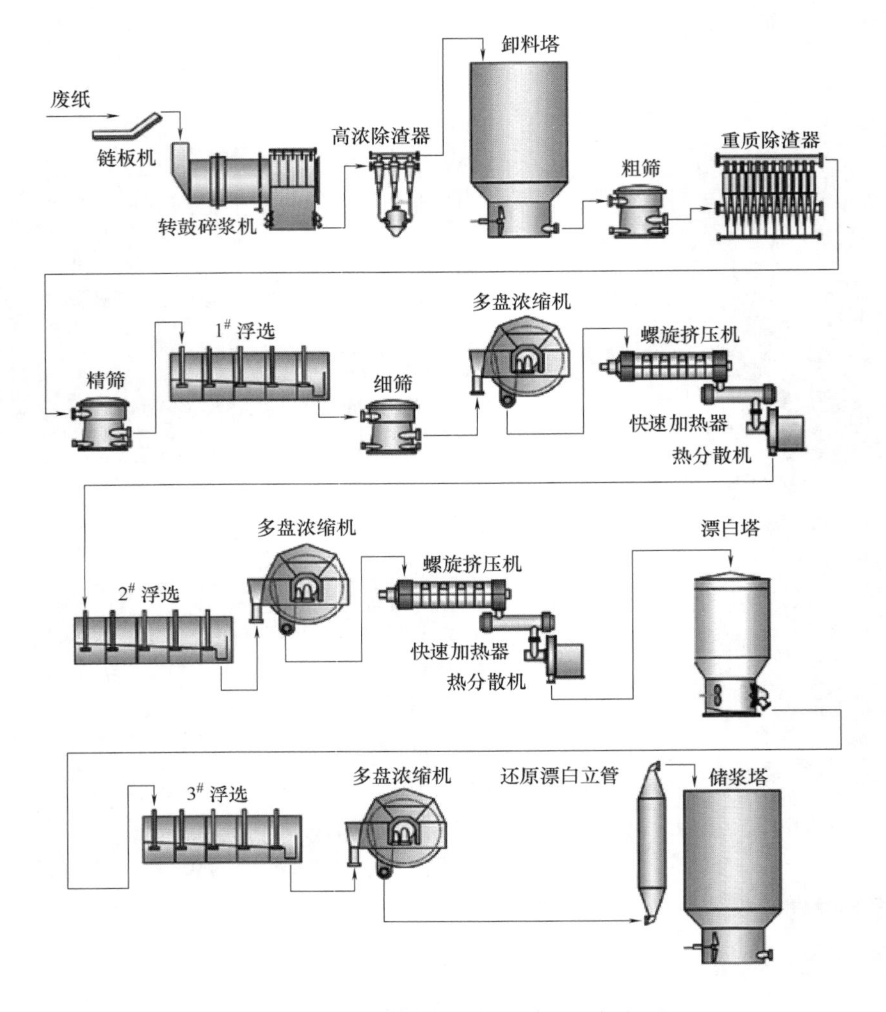

图 6-66　浙江景兴办公废纸脱墨生产流程

该生产线设计采用 1/3 的 37#美国办公废纸+1/3 本地办公废纸+1/3 日本办公废纸为废纸原料生产脱墨浆，原料纸浆的白度为 61%～65%（ISO），用于替代木浆作为生产涂布纸面层浆时的产能为 80t/d，浆料白度为 79%～83%（ISO），用作其他卡纸的衬浆时的产能为 170t/d，浆料白度为 73%～77%（ISO）。该生产线于 2009 年投产，采用三次浮选脱墨，两次热分散，第三次浮选的前后各有一道过氧化氢漂白和还原（FAS）漂白，使得浆料达到能够替代商品木浆的质量。有生产厂家采用两次浮选，两次热分散，两次漂白达到相同的效果，但生产规模、吨浆成本、浆料得率等都需要具体分析。在 2005 年至 2010 年期间，国内美国办公废纸、双氧水价格处于低位，与商品木浆有一定价差，采用办公废纸脱墨浆替代商品木浆有一定经济优势，所以这期间国内兴建了一些办公废纸脱墨线，但是在 2008 年金融危机后商品木浆价格降低，且美国废纸和双氧水价格升高，一些办公废纸脱墨线出现亏损就关闭运行。景兴纸业的这条混合办公废纸脱墨线既考虑了生产高白度高质量浆替代商品木浆用于白面牛卡的面浆，也可以用于衬浆生产，具有很好的灵活性。图 6-66 为浙江景兴办公废纸脱墨生产流程。

所采用的转鼓碎浆机 FFD300E（图 6-67）进料量为 330t/d，良浆量为 324t/d，碎浆浓度为 15%~18%，碎浆时间为 20~25min，筛选时间为 4~5min，转鼓直径为 3050mm，净重约为 45t，带料运行质量达到 75t，旋转速度为 13.8r/min。

浮选槽 SFL3D（图 6-68）有 2 个一段小室和 5 个二段小室，第一段小室气液比约为 60%，排渣率为 9%~15%，第二段小室气液比约为 120%，排渣率为 5%~6%，槽内停留时间大于 3min。浮选槽采用一体式的泡沫收集盘，小室两侧为可调溢流堰板，检查孔和进料口在小室的顶盖上。加固式槽体由不锈钢 316L 制造，槽体壁厚 3mm，采用叠放布置。

热分散系统采用福伊特公司的 Thune™ 紧凑热分散系统（图 6-69）。挤浆机入口浆浓为 10%，热分散机出口浓度大于 27%，出口温度大于或等于 95℃。

图 6-67　FibreFlowDrum 系列碎浆机

图 6-68　SelectaFlot 浮选槽现场布置图

图 6-69　Thune™ 紧凑热分散系统的螺旋挤浆机

二、福建南平纸厂 500t/d 脱墨浆生产线

南平纸厂日产 500t 脱墨浆生产线为配合该厂新建成 5600mm 新闻纸机的供浆需要而建成。2002 年 8 月试车投产。这条生产线是南平纸厂的第二条大型脱墨生产线。主要设备的搭配包括：奥斯龙公司 FF375 转鼓碎浆机，福伊特·苏尔寿公司的 Ominisortor 粗筛和复合筛，福伊特公司的 ECO—浮选槽，0.15mm 筛缝的精筛。浓缩设备包括 DF5219/18 多盘浓缩机（盘面直径 5.2m）和 SCP1407 型螺旋挤浆机。采用福伊特·苏尔寿公司的 HTD700 型盘式分散机。150m^3漂白塔，漂白浓度为 30%，漂白后面的后浮选槽规格比前浮选小一些，与

前浮选槽叠起来安装。本系统为了提高纸浆的白度，采用两级浮选，即前浮选加后浮选，每级浮选又分为两段浮选。一段前浮选和一段后浮选分别采用6个和5个E5/41型浮选槽串联组合而成，二段前浮选和二段后浮选均采用2个E4/38型浮选槽组合。对于新闻纸脱墨来说，一般前浮选浆料白度可提高10%ISO，后浮选可提高3%～4%（ISO）。为了减少占地面积，布置设计时将两级浮选槽叠加排列，后浮选槽置于前浮选槽之上，上下浮选槽用螺栓固定。

三、广州造纸股份有限公司1360t/d脱墨浆生产线

为了配合新安装的年产新闻纸40万t的广纸9#纸机的投产运行，广州造纸股份有限公司在广州市的南沙区内，兴建了一条1360t/d的大型废纸脱墨生产线（图6-70）。该生产线的设备是由德国Vioth公司和奥地利Andritz公司提供，以性价比最优为原则，取两家公司的强项作为供货范围。在2007年12月19日，与广纸9#纸机同步建成投产。

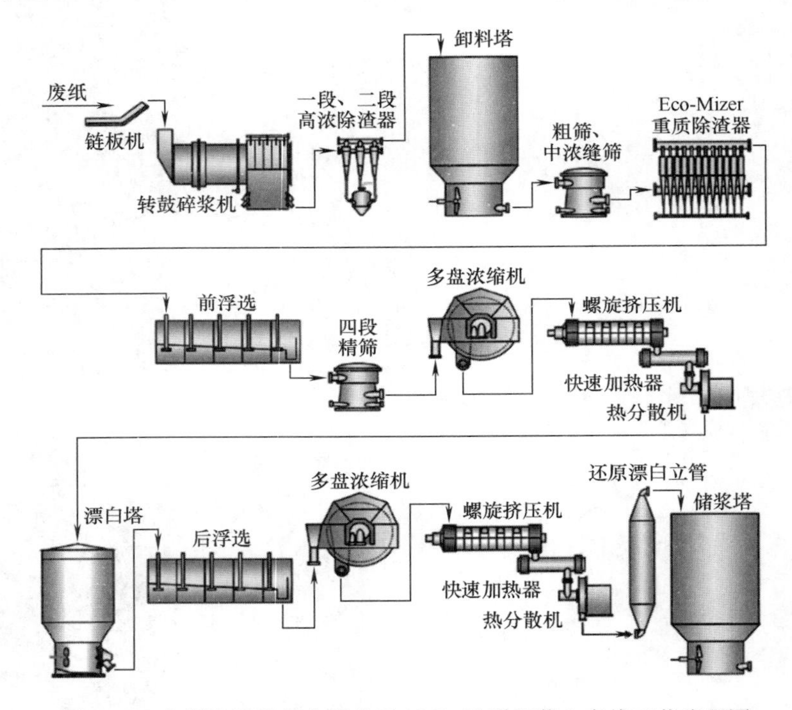

图6-70　广州造纸股份有限公司1360t/d脱墨浆生产线工艺流程图

该生产线废纸原料采用进口（美国或欧洲）的旧报纸（ONP）和旧杂志纸（OMG），各为50%的配比。随着废纸供应来源的情况也考虑使用部分中国香港特区当地的及大陆地区的国内旧报纸和部分由国内外供应的办公废纸。

采用安德里茨公司FibreFlowDrum系列FFD425E型转鼓碎浆机，转鼓直径为4250mm，转鼓长度为34945mm，内部划分有碎浆区和筛选区，筛选区长度为13140mm，约占总长度的37.6%。它由一台电压为10kV，功率为1350kW的电动机带动，通过齿轮变速箱使转鼓的转速为11r/min。另外还有一台电压为380V，功率为22kW的电动机，提供转鼓的爬行速度（0.25r/min），供转鼓在维修时使用。

采用福伊特公司的Eco Cell浮选脱墨槽（图6-71）。在生产流程中，装有第一主浮选

图 6-71　Eco Cell 浮选槽现场布置图

段，共两列，每列有 5 个 ECC8/44P 浮选槽，第二段装有一列共三个 ECC8/44P 浮选槽。专门用于除去废纸中的印刷油墨，是脱墨线关键的脱墨设备。

参 考 文 献

[1]　陈克复，主编. 制浆造纸机械与设备（上）[M]. 3 版. 北京：中国轻工业出版社，2011.

[2]　[加拿大] G. A. 斯穆克，著. 制浆造纸工程大全 [M]. 曹邦威，译. 北京：中国轻工业出版社，2001.

[3]　张辉. 我国制浆造纸装备科学技术的发展 [J]. 中国造纸，2011，30（4）：55-63.

[4]　王向华. 浮选槽的结构机理及其应用研究 [D]. 广州：华南理工大学，2009. 11.

[5]　[芬兰] Ulrich Höke，等著. 回收纤维与脱墨——中芬合著：造纸及其装备科学技术丛书（中文版）第二十一卷 [M]. 付时雨，等著译. 北京：中国轻工业出版社，2018.

[6]　陈庆蔚. 当代废纸制浆技术 [M]. 北京：中国轻工业出版社，2005.

[7]　刘秉钺，韩颖. 再生纤维与废纸脱墨技术——现代纸生产技术丛书 [M]. 北京：化学工业出版社，2005.

[8]　王双飞，骆莲新，著. 废纸回用过程中胶黏物障碍与控制—造纸科学与技术专著丛书 [M]. 北京：中国轻工业出版社，2009.

[9]　陈奇峰，栗娜，陈克复，等. 浮选槽曝气方式及气泡分布对废纸脱墨的影响 [J]. 中国造纸，2007（05）：8-10.

[10]　叶世城. 日产 500t 脱墨浆生产线的设计 [J]. 中华纸业，2002，023（002）：14-17，18.

[11]　杨飞，陈克复，杨仁党，等. 全再生浆涂布白卡纸的生产实践 [J]. 中华纸业，2010（10）：76-77.

[12]　齐春松. 浮选脱墨流体分析与实验研究 [D]. 上海：上海交通大学，2016.

[13]　王雄波. 一条大型废纸脱墨生产线的设备配置 [J]. 造纸科学与技术，2007（6）：8-13.

第七章 漂白机械与设备

第一节 概　　述

漂白过程是向纸浆加入漂白剂，使其脱去残余木素等发色物质或是改变发色基团，从而获得具有一定白度和适当的物理及化学性能的纸浆。

纸浆漂白的方法可分为两大类，一类是溶出木素式，即通过漂白剂的氧化作用使木素溶出以实现漂白的目的，常用的漂白剂有漂白粉、氯、次氯酸盐、二氧化氯、氧、臭氧、过氧化氢等，当对纸浆白度要求较高时，就采取这种方法；另一类是保留木素式，漂白剂的主要作用是使发色基团脱色，这种方法漂白的损失很小，并保持了纸浆的特性，一般用于高得率浆的漂白，常用的漂白剂有过氧化氢、连二亚硫酸盐等。其中，过氧化氢既能改变木素的发色基团而作为“表面漂白剂”，也能脱出木素而作为氧化漂白剂。

一、漂白过程的段与序

纸浆漂白的过程因纤维原料、制浆方法及对纸浆白度的要求不同，需要采用不同的漂白剂进行漂白，每进行一次漂白就是一个漂白段。由于单独一段漂白很难使化学纸浆漂白到需要的白度，往往采用多个漂白段串联对纸浆连续进行漂白，不同漂白段的组合流程我们称为漂序。

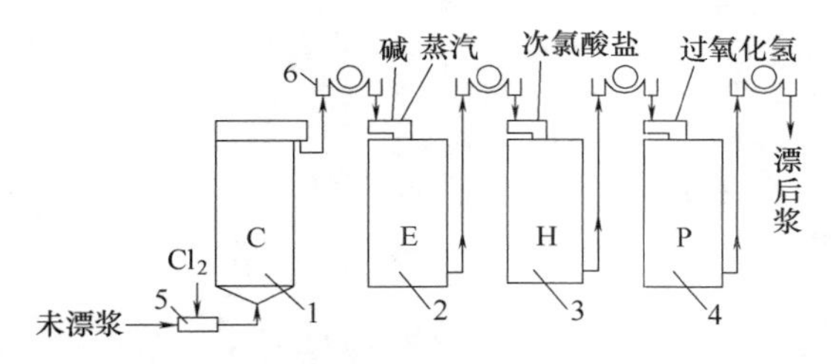

图 7-1　传统的含氯气漂白流程（C-E-H-P）

1—C 段氯化塔（升流式）　2—E 段碱处理塔（降流式）　3—H 段次氯酸盐漂白塔（降流式）　4—P 段过氧化氢漂白塔（降流式）　5—浆氯混合器　6—洗浆机

图 7-1 是传统的含氯气漂白流程，图7-2是典型的无元素氯漂白流程，图 7-3 是全无氯漂白流程。图中的代号见表 7-1，这些符号是在造纸工业中国际通用的纸浆漂白代号。

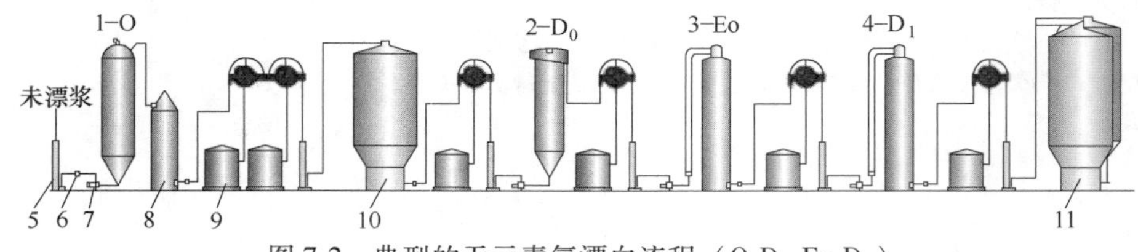

图 7-2　典型的无元素氯漂白流程（O-D_0-Eo-D_1）

1—O 段氧脱木素　2—D_0段二氧化氯漂白　3—Eo 段氧强化碱处理　4—D_1段二氧化氯漂白　5—中浓浆泵　6—蒸汽加热器　7—中浓混合器　8—喷放锅　9—滤液槽　10—过渡浆槽　11—贮浆塔

传统的含氯气漂白在我国已被淘汰，目前工业中常用的漂白段顺序组合的漂白系统如表 7-2 所示。对于特定的纸浆漂白，采用哪种漂序，要根据工艺条件及要求进行认真的选择。此外，采用低浓条件下漂白还是中浓或高浓条件下漂白，也要根据工艺条件、设备情况、漂白段的适用范围等来决定。

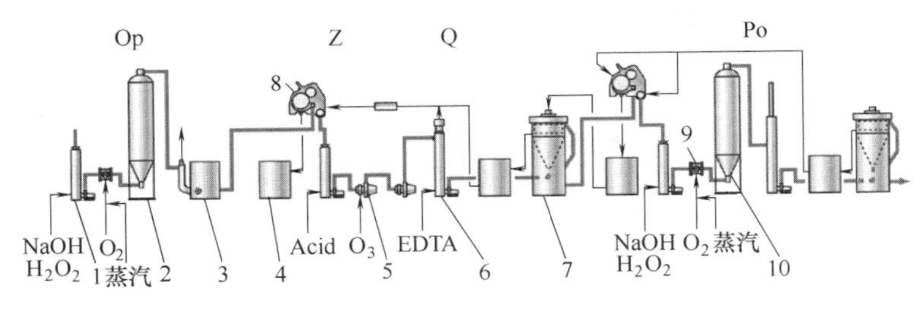

图 7-3　全无氯漂白流程（Op-Z/Q-Po）

1—中浓浆泵　2—Op 段强化氧脱木素塔（升流式）　3—喷放锅　4—滤液槽　5—中浓混合器　6—Zq 段臭氧反应塔　7—洗涤设备　8—洗浆机　9—蒸汽加热器　10—Po 段压力过氧化氢漂白塔（升流式）

表 7-1　漂白段代号

代号	名称	代号	名称
C	氯化段	Z	臭氧漂白段
E	碱处理段	R	连二亚硫酸盐漂白段
H	次氯酸盐漂白段	Op	在氧脱木素段加入过氧化氢
P	过氧化氢漂白段	Eo	在碱处理段加氧
D	二氧化氯漂白段	Ep	在碱处理段加过氧化氢
O	氧脱木素段	Eop	在碱处理段加氧及过氧化氢
Q	螯合剂处理段	Po	在过氧化氢段加入氧

表 7-2　漂序与适用的纸浆种类

原料类型	纸浆类型	白度要求	漂白流程
稻麦草、蔗渣、芦苇等非木材	漂白化学浆	≥80%(ISO)	DED;ODEop;ODED;OQPo
		≥85%(ISO)	DEDD;DEDP;OODED;OZQP
竹子,木材	漂白化学浆	≥85%(ISO)	ODED;ODEDD;ODEDP
		≥88%(ISO)	OODEDED;OZE_0DD;OAZePD
木材,非木材	化学机械浆	≥70%(ISO)	P;PP
木材,非木材	商品本色浆	≥50%(ISO)	O;OO
废纸	废纸脱墨浆	≥60%(ISO)	P;PR

二、漂白段的基本配备

上述各种漂白段的配备基本上都是由洗涤浓缩设备、纸浆输送设备、纸浆与漂白剂及助剂的混合设备、漂白反应塔、漂白剂制备系统等组成，这些设备同漂白段中的纸浆浓度有关。就某段漂白或整条漂白生产线来说，漂白可以在低、中、高三种不同的纸浆浓度下进行。从工程实例看，通常认为纸浆浓度 3.5%～6%时为低浓漂白，7%～15%时为中浓漂白，而在 25%～30%时就为高浓漂白；由于低浓漂白废水量大、污染负荷重，目前工程上主要采用中、高浓度漂白。

对于不同漂白段组成的漂白流程放在下面各节中详细讨论，不同浓度的漂白段所配用的漂白塔用升流式还是降流式或升-降结合式，由表 7-3 所示。

三、纸浆漂白技术的发展

传统的低浓 CEH 三段漂白，漂白剂为元素氯或含氯化合物，漂白过程产生大量的氯化

表 7-3　　不同浓度下的升、降流式漂白塔的使用

浓度范围	漂白塔中纸浆流向	被采用的漂白段	备注
中浓	升流	任何漂白段	O 段一般用升流式漂白塔
	降流	E、Ep、D、P、R、H	目前次氯酸盐漂白(H)已较少应用
	升-降流	D、P、Eo、Eop	—
高浓	降流	P、Z、O	目前高浓氧脱木素(O)已很少应用

木素等有机污染物，导致废水量大、废水毒性高，排出废水中含具有致癌、致畸、致突变作用的可吸附有机卤素（AOX）等有毒有害污染物，对水环境产生严重污染。有资料报道，CEH 传统三段漂白生产每吨风干浆排放 4.5~8kg 的 AOX，对用氯量较多的制浆厂，其排放的 AOX 量会更高。国外造纸先进国家在 20 世纪 90 年代就已对 AOX 实行严格限制，我国在《GB 3544—2008　制浆造纸工业水污染物排放标准》中，也对 AOX 的排放限量做了严格要求，国际上有关造纸行业环境指标 AOX 与国家标准的比较如表 7-4 所示。

表 7-4　　国际上有关造纸行业环境指标 AOX 的排放限量表

浆种	标准或规范	单位/(kg/风干 t)	浆种	标准或规范	单位/(kg/风干 t)
世行		0.40	加拿大:B.C 省/Quebec 省		0~0.8
欧盟(月平均最大值)		0~0.25	Alberta 省		0.40
其中:德国(日平均最大值)		0.35	中国-制浆企业	GB 3544—2008	0.60
奥地利(日平均最大值)	IPPC 1999	0.50	中国-制浆和造纸联合生产企业	GB 3544—2008	0.48
法国		1.00	日本		0.80
瑞典和芬兰		0.20	巴西(参照瑞典标准)		0.20
美国 EPA-NSPS 标准(月平均)		0.272			

2015 年 4 月，国家出台《水污染防治行动计划》（简称“水十条”），明文要求造纸行业全面淘汰含氯气漂白工艺，规定“2017 年底前，造纸行业力争完成纸浆无元素氯漂白改造或采取其他低污染制浆技术”。

因此，现代漂白技术，尽量取消低浓条件下漂白，实现中浓或高浓纸浆漂白，实现无氯气漂白，工业界称为无元素氯漂白（ECF）或全无氯漂白（TCF），这样可减少用水量，减少漂白剂和助剂的消耗，简化流程，节能降污，大幅度减少 AOX 的排放量。

纸浆在中浓、高浓条件下进行的以 D 漂白为主的漂白，就是无元素氯漂白，如表 7-2 中的 DED、ODED、ODEDD、DEDP 等漂白顺序均属于无元素氯漂白；纸浆在中浓、高浓条件下进行的以 O、P、Z 等漂白为主的漂白，就是全无氯漂白，主要是采用环境友好的漂白剂漂白纸浆，如表 7-2 所示的为 OZQP、PP 等漂白段以及由它们组成的漂白顺序均属于全无氯漂白。

根据目前工业上常用的漂白流程，本章按流程顺序，重点介绍氧漂白（O）设备、二氧化氯漂白设备（D）、过氧化氢漂白（P）设备、臭氧漂白（Z）设备、碱处理（E）设备。

第二节　中高浓纸浆氧漂白设备

纸浆氧脱木素可在中浓（一般 10%~15%）或高浓（一般 30%~35%）条件下进行，在高浓条件下进行氧漂白，存在氧与纸浆的混合问题，进行搅拌混合动力耗费过大，也存在容易氧化燃烧的隐患。近些年来，由于中浓氧脱木素工艺及设备相对高浓较安全和较容易实现，在工程实际中纸浆均在中浓条件下进行氧漂白。中高浓纸浆氧漂白段同样标记为O，属无氯漂白。

纸浆在中浓条件下用氧作为漂白剂进行漂白，具有如下的优点：

① 由于氧作为对环境友好的漂白剂，漂白后所产生的废液可逆流回到碱回收系统进行资源化处理，无污染，非常环保。

② 漂白剂费用低，由于制氧所耗电力比制造次氯酸盐和二氧化氯所耗电力要低得多，特别对电费昂贵的国家和地区，以氧作为漂白剂就显得更为便宜。

③ 漂白后纸浆返色少，强度也与传统多段漂白浆一样。

由于氧漂白的基本原理是利用分子氧的强氧化剂作用并在碱性介质中对纸浆中木素进行氧化降解而溶出木素，因此，在工程上通常称为氧脱木素，设置在蒸煮工段之后。氧脱木素技术已经成为生产高白度漂白化学浆的必需工序。漂白后纸浆返色少，强度也与传统多段漂白浆一样。

目前，多数国家使用氧漂白的目的，在于降低漂白的废液对环境污染负荷。中浓纸浆经氧漂白或氧脱木素后，再用其他漂白剂进行漂白以达到高白度。氧脱木素作为蒸煮的继续及漂白的起始，与传统含氯气漂白比较，BOD可减少30%~40%，COD可减少40%~50%，色度降低60%~75%，而且废液不含毒性物质，AOX大幅度减少，符合国家环保要求。

一、中浓纸浆氧漂白的流程及所需设备

图7-4所示的是中浓纸浆氧漂白段流程的一种形式。纸浆经洗涤浓缩后，已达到中浓，进入蒸汽加热器升温后，投入中浓浆泵的立管，经中浓浆泵输送到中浓混合器，与氧气混合后，从氧漂白塔底部进入升流式氧漂白塔，最终达到塔顶漂白完毕；由于氧漂白是带压漂白，故纸浆可在塔顶喷放排出进入喷放塔，或在塔顶经稀释水稀释成为低浓度后喷放入贮浆塔，再泵送去洗涤。

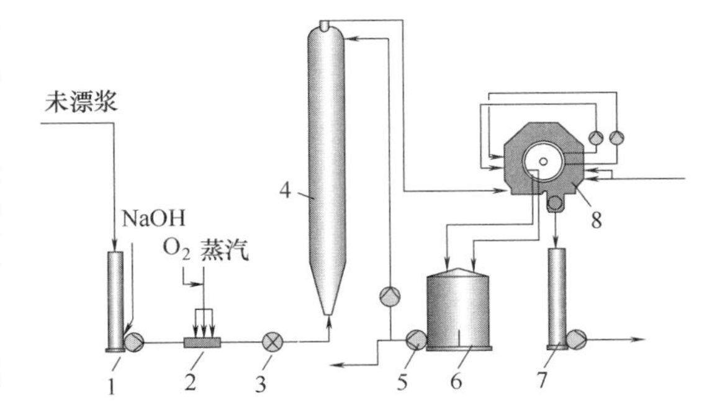

图7-4　中浓纸浆氧漂白段流程
1—中浓浆泵　2—蒸汽加热器　3—中浓混合器
4—氧漂白塔（升流式）　5—浆泵
6—滤液槽　7—中浓浆泵　8—洗涤浓缩机

这一流程所需的设备有：中浓浆泵，蒸汽加热器，中浓混合器，升流式氧漂白塔，洗涤浓缩机等。

图7-5所示的是中浓纸浆氧漂白段流程的另一种形式，常称为双氧漂白塔流程，纸浆在中浓条件下经在第一氧漂白塔漂白后，由于压力的推动，从塔顶排出并进入第二中浓高剪切混合器，与氧及补充的蒸汽混合后从第二氧漂白塔底部进浆口进入第二漂白塔，再从塔顶带压喷放入喷放塔，经稀释后由安装于喷放塔底部的浆泵抽送去洗涤。

与第一种流程相比，两段氧漂白流程可大幅度提高脱木素率，据资料报道，可达到60%~70%，但这种氧漂白技术，不管从工艺到设备，都具有更高的技术性；对中浓浆泵，中浓混合器及氧漂白塔等装备的技术指标要求很高。在国内，华南理工大学已成功开发出双

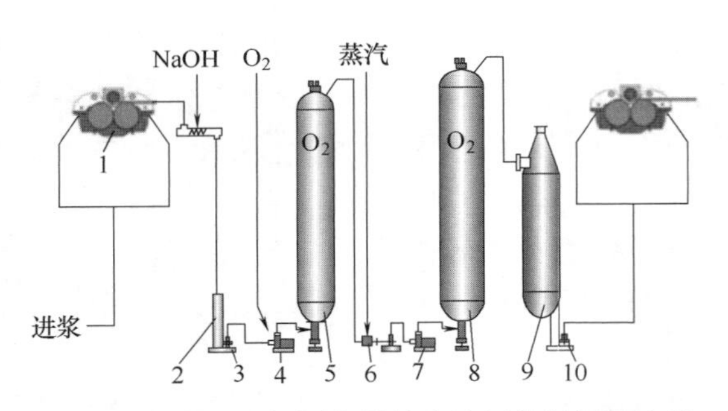

图 7-5　具有两个氧漂白塔的中浓纸浆氧漂段流程
1—洗浆机　2—中浓浆泵立管　3—中浓浆泵　4—第一台中浓高混合器　5—第一氧漂白塔（升流式）　6—蒸汽加热器　7—第二台中浓混合器　8—第二氧漂白塔（升流式）　9—喷放塔　10—浆泵

塔氧脱木素技术并已推广。

二、中浓氧漂白塔

（一）氧漂白塔基本结构

中浓氧漂白塔为带压的升流式漂白塔，其外形如图 7-6 所示。同时，图 7-6 显示了用于氧漂白的升流塔内部结构情况。从图中可以看出，氧漂白塔除塔体以外，还在塔底安装有纸浆分散器，在塔顶安装卸料器以及喷浆管。对于直径较小（塔径<2500mm）的氧漂白塔，可用锥形下封头结构，代替布浆器；塔顶可以不设置卸料器。

（二）塔顶带压卸料器

目前在市场销售的塔顶带压卸料器主要有耙臂式和转子式两种形式，分别如图 7-7 和图 7-8 所示。图 7-7 是耙臂式的卸料器，其中（a）是一个带有耙形刮板的卸料器，在耙形刮板旋转过程中，就把塔顶周围纸浆刮入塔中心区域，并从塔顶排浆口喷出；（b）是一个具有伞形刮板的卸料器，在伞形刮板旋转过程中，把纸浆从塔周围刮入塔中心区域，并从塔顶轴心排浆口喷出。这两种卸料器都会引起一定的压力降，增加了中浓浆泵的负载。

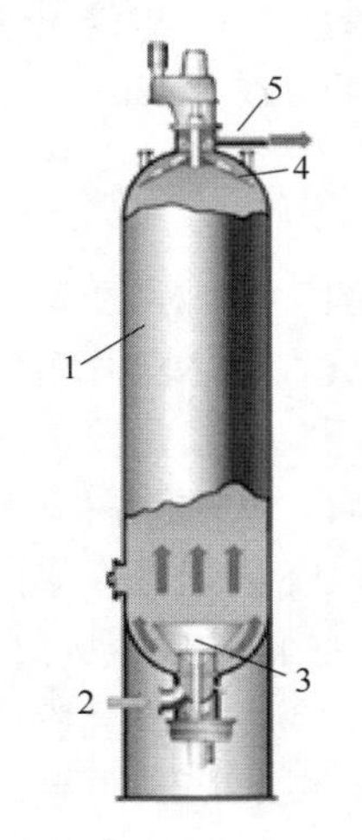

图 7-6　升流式氧漂白塔外形
1—塔体　2—进浆口　3—纸浆分散器　4—卸料器　5—喷浆管

图 7-8 是旋转式卸料器，这种卸料器的工作原理与中浓浆泵相似，均是通过转子上安装湍流发生器，加以高速旋转，使转子对纸浆产生高强剪切作用，破坏纤维之间的网络结构，让中浓浆“塞体”瓦解，纸浆获得像水一样的流动性能。其次，这种中浓浆泵还具备化学品的混合功能，如烧碱等氧漂化学品在漂白塔顶部加入，通过卸料器能与纸浆均匀混合。但是卸料器本身不会产生压力，必须通过中浓浆泵把纸浆压向卸料器，再通过卸料器的剪切使纸浆维持流体化，更容易实现管道分流。

（三）纸浆分散器

安装于塔底的纸浆分散器也有多种形式，但主要为下面两种结构形式。

1. 转盘式纸浆分配器

这种纸浆分配器的结构如图 7-9 所示。纸浆进入塔底后，由于塔底转盘的回转，就把纸浆通过转盘与塔底所形成的锥形通道均匀分布于塔底四周，保证纸浆在塔横截面上具有一致的升流速度。

2. 旋转臂式纸浆分配器

这种纸浆分配器如图 7-10 所示。纸浆进入塔底后就被送入旋转臂，旋转臂在不断旋转同时就把纸浆输送到塔底四周，同时也保证纸浆在塔内具有一致的升流速度。因此也可把旋转臂称为纸浆分配臂。

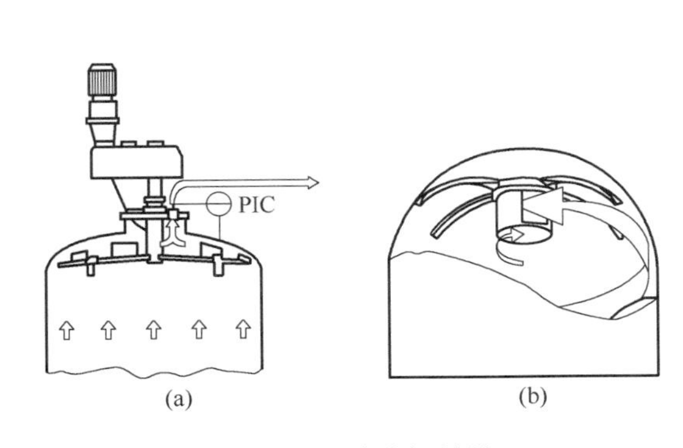

图 7-7　耙臂式卸料器
（a）具有耙形回转体的卸料器
（b）具有伞形刮板的卸料器

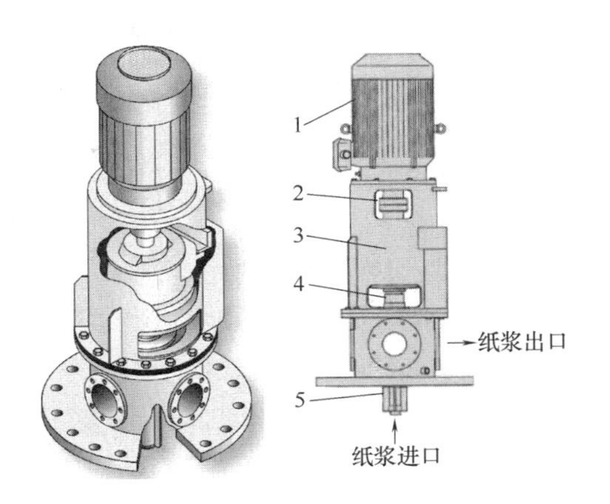

图 7-8　旋转式卸料器（Sulzer）
1—电机　2—联轴器　3—轴承箱
4—机械密封　5—转子及湍流发生器

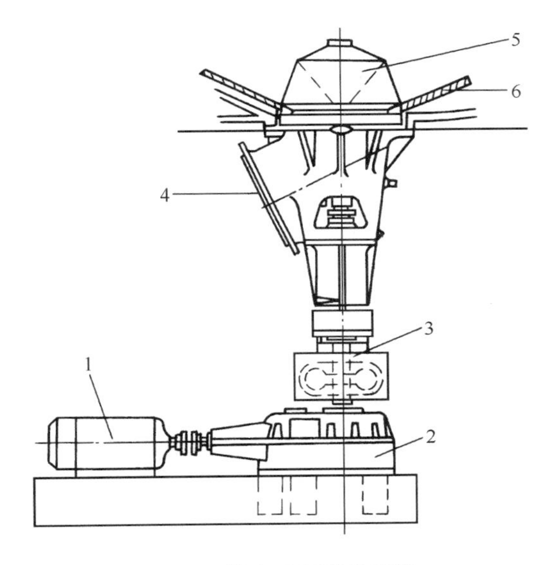

图 7-9　转盘式纸浆分配器
1—电机　2—传动系统　3—轴　4—纸浆进口　5—锥形转盘　6—塔底

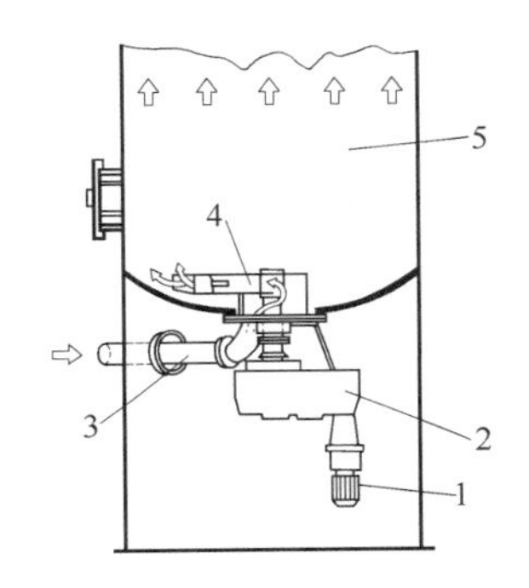

图 7-10　旋转臂式纸浆分配器
1—电机　2—传动系统　3—进浆管　4—旋转臂　5—塔体

三、中浓混合器

中浓混合器主要是用于液态漂白剂与纸浆的混合，亦称化学品混合器，因而放在第三节进行讨论，至于用于中浓氧漂白的中浓混合器，因为氧气与纸浆混合的特殊性，与液态漂白剂与纸浆的混合尽管原理、结构大致相同，但要求更高。

（一）气液质量传递

由于中浓纸浆纤维细胞腔和细胞壁中含有 40%以上的水分，氧气在与纤维接触之前，必须经过一个气液质量传递过程，氧气先溶于纤维表层的水中，然后通过中浓混合器的作用，与纤维细胞腔和吸附于细胞壁的水进行快速的交换，氧气又溶于交换出来的水中，重复循环，直到纤维完全被溶于水中的氧包围为止。

（二）对在高剪切作用下介质的湍流强度要求更高

氧气泡的大小直接影响到扩散速率，氧气泡越小，越有利于扩散，有利于混合。但要实现更小体积的氧气泡，主要决定于气、液、固三相的湍动程度，从而也取决于中浓混合器所产生的剪切应力。

（三）满足带压混合的要求

由于氧漂白是带压漂白，因此用于氧漂白的中浓混合器是在压力场中工作，所有机件要满足压力条件的要求，特别是密封件。

从上面分析可以看出，尽管中浓氧漂白仍然可以用下节所述的中浓混合器作为纸浆与氧的混合设备，但必须加以改进，以满足压力、湍流强度等要求。

四、蒸汽加热器

为了取得好的漂白效果，氧漂白温度通常在90℃以上，高的可到120℃。因此，需要对纸浆进行加热，所使用的设备是蒸汽加热器（亦称蒸汽混合器），常用的有辊式蒸汽加热器、直接蒸汽加热器、套管式蒸汽加热器。

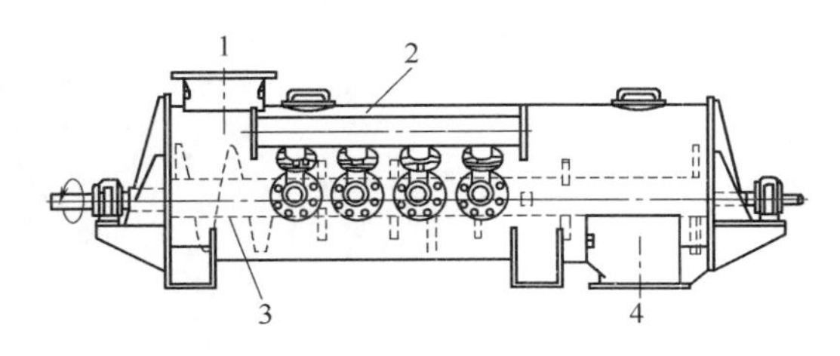

图 7-11 辊式蒸汽加热器（Ingersoll-Rand）
1—纸浆进口 2—蒸汽进口 3—螺旋轴 4—纸浆出口

（一）辊式蒸汽加热器

辊式蒸汽加热器在筒体内安装有旋转轴，如图 7-11 所示。工作原理是，纸浆借住重力由洗浆机下料管落入蒸汽加热器上端口，并被给料螺旋推动进入筒体，筒体内安装有一根旋转轴，轴上装有 V 形销钉，筒壁上也装有固定的圆柱形销钉，低压蒸汽喷嘴安装在筒壁侧面，旋转轴转动，使轴上的销钉和固定的销钉相互剪切，把浆料打碎，并搅拌浆料，使之于低压蒸汽相混合而被加热，混合的浆料从蒸汽加热器下端口排出。

（二）直接蒸汽加热器

直接蒸汽加热器，实际上就是在中浓泵和中浓混合器之间一段管道，管道上沿筒壁开有若干个非对称喷嘴，上面连接蒸汽管，蒸汽管上安装有调节阀，中压蒸汽由筒壁上的喷嘴直接喷射进入纸浆中。由于采用中压蒸汽，氧气可以和中压蒸汽一同混合进入加热器。安德里兹公司的蒸汽加热器就是这种类型，如图 7-12 所示。

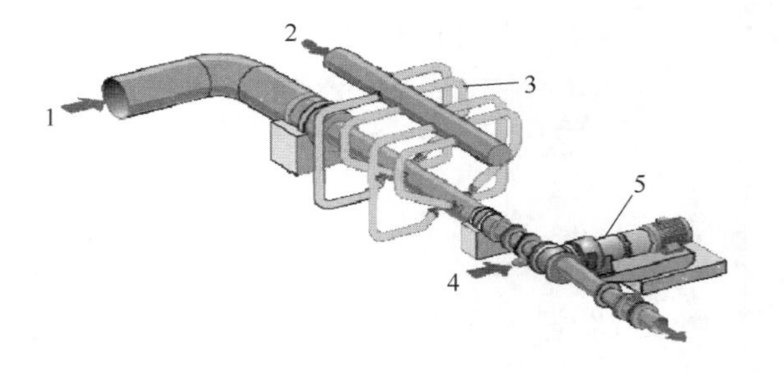

图 7-12 直接蒸汽加热器（Andritz）
1—纸浆进口 2—蒸汽和氧气 3—蒸汽加热器 4—H_2O_2 加入口 5—中浓混合器

直接蒸汽加热器工作原理是，刚开始通汽加热时，蒸汽自动调节阀轮流启动，以确保缓慢升温加热，直到蒸汽加入流量满足进氧漂塔浆料温度的要求。中压蒸汽的加入压力（1MPa）要比浆线的压力大，以防止纸浆进入蒸汽管线；同理，氧气的加入压力（1.25MPa）要比蒸汽管线的压力大。

（三）套管式蒸汽加热器

华南理工大学开发了一种套管式蒸汽加热器，结构如图 7-13 所示，主要由壳体、套管、浆料进口圆管、浆料出口圆管和加强筋组成；壳体为空腔结构，套管为圆管，设置在壳体的空腔内，套管的一端与壳体焊接在一起，另一端与壳体保持适当的间隙，套管与壳体之间通过多级分隔的加强筋连接；在壳体上，沿套管轴向，两端开口并焊接有浆料进口圆管和浆料出口圆管，壳体上沿套管径向，开有 3 个蒸汽接口。纸浆从接管的一端进入，进气管来的蒸汽通过环形缝隙进入纸浆，实现了纸浆在管道内的快速升温，具有成本低、加热量大、振动小的特点，保证了生产工艺的稳定运行。

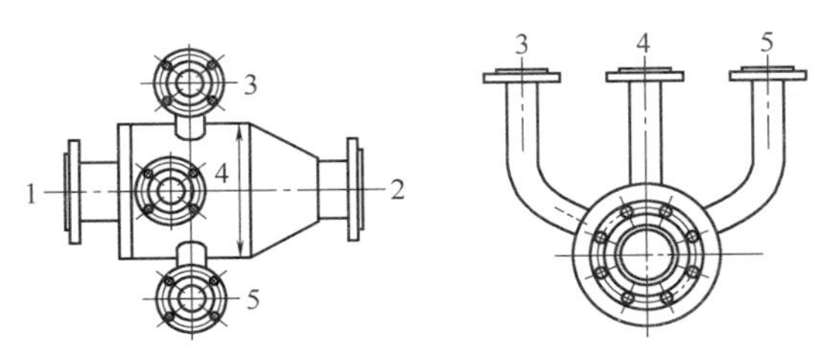

图 7-13 套管式蒸汽加热器

1—纸浆进口 2—纸浆出口 3~5—蒸汽进口

五、氧漂白塔的结构设计与计算

中浓纸浆氧漂白是在一定压力下进行的，工艺上一般要求塔顶表压力在 0.4MPa 以上，因此氧漂白塔就属于压力容器。在设计氧漂白塔时，除了工艺设计以外，还要进行结构设计计算，以保证氧漂白塔在运行时具有可靠性和安全性。

氧漂塔的结构示意图如图 7-14 所示，在结构设计中，主要包括塔体设计、上/下封头设计。在强度设计计算中，主要是圆筒体部分的壁厚计算。如读者希望了解有关更详细的内容，可参考《压力容器》及《化工机械手册》等教材及著作。

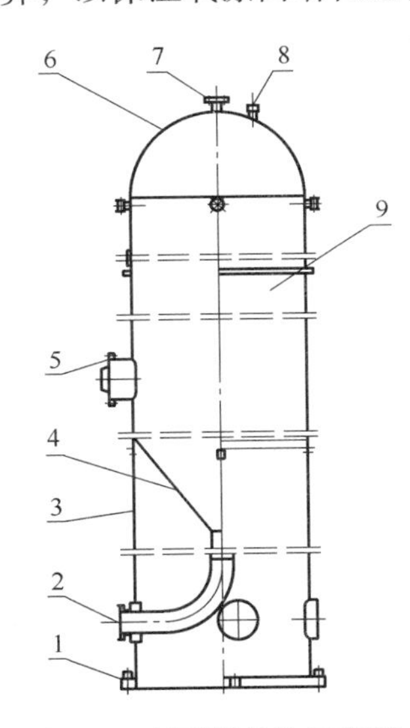

图 7-14 氧漂塔结构示意图

1—地脚螺栓座 2—纸浆进口 3—裙座 4—锥形下封头 5—接管 6—上封头 7—纸浆出口 8—安全阀接口 9—圆筒体

（一）塔体设计

氧漂白塔作为塔类反应容器，一般分为变直径等壁厚、等直径变壁厚及变直径变壁厚 3 种情况，从加工难易程度及所耗钢材的角度出发，可选用等直径变壁厚塔体结构。

塔体材料的选择必须耐腐蚀，常用的材料为 00Cr17Ni14Mo2（316L），属于奥氏体铬镍不锈钢，钼作为合金元素加入，具有很好的耐酸耐碱性和耐晶间腐蚀性能，同时具有优良的冷加工和焊接性能。

1. 塔体壁厚设计公式

氧漂白塔是按 I 类压力容器设计，在工程设计中，通常运用第一强度理论计算其塔体部分壁厚。由于氧漂塔塔体部分可被看为内压圆筒体，根据第一强度理论，内压圆筒体的强度条件为：

$$\frac{pD}{2\delta} \leqslant [\sigma] \tag{7-1}$$

式中 p——设计压力，MPa

δ——内压圆筒体壁厚，mm

D——压力容器的壁厚中间面直径，mm

［σ］——压力容器所用材料的许用应力，MPa

关于［σ］的数值，可查《机械设计手册》上册。

考虑到圆筒体焊缝处强度的降低，设计时引入焊缝系数 ϕ（$\phi \leqslant 1$），则式（7-1）就成为：

$$\frac{pD}{2\delta} \leqslant \varphi[\sigma] \tag{7-2}$$

若以圆筒体内径 D_0（$D=D_0+\delta$）表示，如图 7-15 所示。

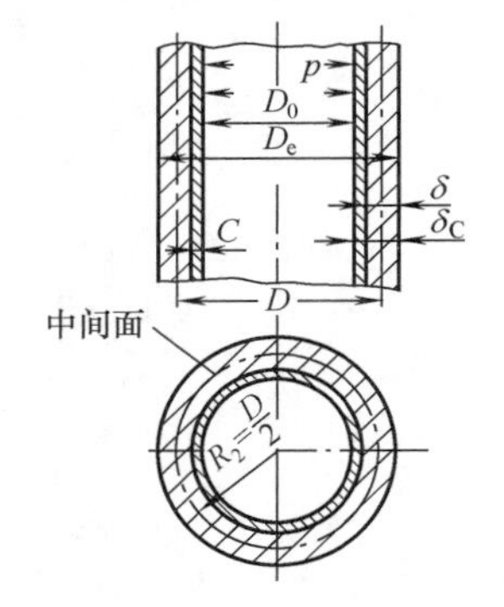

图 7-15　受内压的圆筒体

则式（7-2）就可改写为：

$$\delta = \frac{pD_0}{2[\sigma]\varphi - p} \tag{7-3}$$

若考虑到介质对圆筒的腐蚀作用，以及钢板厚度的不均匀和制造过程中的损耗等原因，在最后确定所计算的壁厚时，要增加一壁厚附加量 C。则按第一强度理论设计计算内压圆筒体的壁厚为：

$$\delta_C = \frac{pD_0}{2[\sigma]\varphi - p} + C \tag{7-4}$$

式中　D_0——圆筒体内径，mm

δ_C——考虑了腐蚀裕度时圆筒体设计壁厚，mm

φ——焊缝系数

C——壁厚附加量，mm

其他符号意义同式（7-1）。

根据式（7-4），在已知有圆筒体容器的壁厚、材料及内径，求最大允许工作压力时，就可得到：

$$p = \frac{2[\sigma]\varphi(\delta_C - C)}{D_0 + (\delta_C - C)} \tag{7-5}$$

式中　p——设计压力，MPa

2. 设计公式中各参数的确定

（1）设计压力

最大允许工作压力是指压力容器在工作过程中可能产生的最高表压力，由工艺过程的技术指标确定，那么，一般设计压力 p 就取略高于最大允许工作压力。

如氧漂白塔使用了安全阀，就取设计压力为最大工作压力的 1.05～1.10 倍。对一般反应容器，当操作压力由于化学反应等原因会突然上升时，按其升压速度的快慢，取最大允许工作压力的 1.15～1.30 倍作为设计压力。

（2）设计温度

温度在计算公式中没有直接反应出来，但它对选择材料及选取许用压力有直接关系。设计温度一般取压力容器工作过程中，在相应的设计压力下容器壁可能达到的最高或最低的温度，而且只有在-20°C 以下时，设计温度才取最低温度。

（3）许用应力［σ］

在设计温度下的许用应力［σ］^{t}值，许用应力是按材料各项强度数据分别除以相应的安全系数，取其中的最小值，即取下式中的最小值，可以根据不同材料查有关《材料手册》或《化工机械手册》。

$$[\sigma]^t=\begin{cases}\dfrac{\sigma_b}{n_b}\\ \dfrac{\sigma_s}{n_s}\text{或}\dfrac{\sigma_s^t}{n_s}\\ \dfrac{\sigma_D^t}{n_D}\text{或}\dfrac{\sigma_n^t}{n_n}\end{cases}\tag{7-6}$$

式中　σ_b——材料抗拉强度，MPa

σ_s、σ_s^t——分别为在常温和设计温度下的屈服极限，MPa

σ_D^t——设计温度下材料的持久强度极限，MPa

σ_n^t——设计温度下材料的蠕变极限，MPa

n_b、n_s、n_D、n_n——安全系数，可从《材料手册》或《化工机械手册》中查到

（4）焊缝系数 φ

设计计算中所取焊缝系数的大小，主要是根据压力容器受压部分的焊缝位置、焊接接头和焊缝的无损探伤检验要求而定的。可从表 7-5 中查到。

表 7-5　　焊缝系数 φ

焊接接头形式	焊缝系数 φ		
	100%无损探伤	局部无损探伤	不作无损探伤
双面焊或相当于双面焊的全焊透对接焊缝	1.0	0.85	—
单面焊的对接焊缝，在焊接过程中，沿焊缝根部全长有紧贴基本金属的垫板	0.90	0.80	—
无法进行探伤的单面焊环向对接焊缝，无垫板	—	—	0.60

（5）厚度附加量 C

厚度附加量按式（7-7）确定：

$$C=C_1+C_2\tag{7-7}$$

式中　C_1——钢板厚度负偏差，mm（可从有关手册中查到）

C_2——腐蚀裕量，mm，根据介质的腐蚀性和容器的使用寿命决定。对于碳素钢和低合金钢，取 C_2 不小于 1mm；对不锈钢，当介质的腐蚀性极微时，取 $C_2=0$

（二）上、下封头设计

封头的选择有球形封头、椭圆形封头、蝶形封头、锥形封头及平板形封头等。由于氧漂白塔属 I 类压力容器，塔底计算压力约为 1.2~1.4MPa，平板形封头由于受力状态不好，所需壁厚较大，在压力容器中应用较少。

1. 下封头的设计

当塔径 $D>2.0$m，塔底有布浆器时，宜选球形封头；如无布浆器，则宜选椭圆形封头或锥形封头。当塔径 $D<2.0$m，大都采用无布浆器的锥形封头。对于锥形封头来讲，半锥角的设计很重要，过大易导致封头内回流和滞留区域增大，过小封头高度相应增加导致氧塔高度及氧塔制造成本增加，因此通常情况下半锥角选用 25°~30°之间。

2. 上封头的设计

上封头的设计一般不选用锥形封头，对于中浓纸浆来说，锥形渐缩流道很容易使纸浆失水而产生堵塞现象，同时由增加了整个塔体的高度，一般选择球形封头或是标准椭圆形封头

（曲面高度与直径之比为 1∶4）。由于球形封头制造成本较高，可采用椭圆形封头加球冠形封头组合形式，如图 7-16 所示。

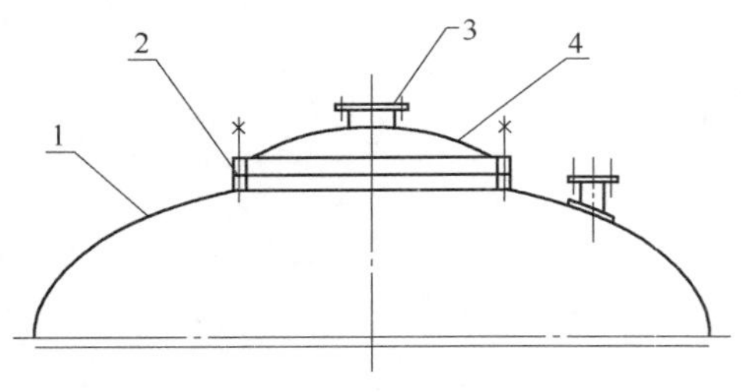

图 7-16　组合式上封头
1—标准椭圆形分头　2—凸缘
3—出口管　4—球冠形封头

上封头出口管径的设计相当重要，为减少阀门成本并保证喷放管畅通，设计时一般采用一段较小直径出口管，然后渐扩到较大的管径，使喷放阀的开度控制在 50%左右。为保持塔顶压力恒定，根据伯努利方程及波德海曼（Bodenheimer）中浓纸浆管路压头损失计算公式，可以推算出出口管径的大小。

$$\begin{cases}\dfrac{\Delta p}{\gamma}=h_z+\dfrac{\Delta u^2}{2g}h_{f1}+h_{f2}\\ h_{f1}=1.64\times10^{-2}u^{0.15}w^{2.5}d^{-1}\end{cases}\tag{7-8}$$

式中　p——塔顶计算压力，N/m²

γ——纸浆的重度，N/m³

u——纸浆流速，m/s

h_{f1}——出口管压头损失，与出口管径有关，m/100m（即每 100m 管长的管路压力损失）

h_{f2}——喷放时的变径及管件的压头损失，包括阀门和弯头等管件的压头损失，m/100m

h_z——氧塔出口到喷放锅入口的高度差，m

w——纸浆浓度，%

d——出口管径，m

当塔体纸浆较大时，要保证氧塔均匀出料，较好的办法是在塔顶安装卸料器，见图 7-7 和图 7-8。

六、高浓纸浆氧漂白

纸浆在高浓度条件下，用氧、过氧化氢及臭氧等进行漂白，就分别为高浓纸浆氧漂白、高浓纸浆过氧化氢漂白及高浓纸浆臭氧漂白。目前工程上应用得多的是高浓纸浆过氧化氢漂白及高浓纸浆臭氧漂白。对高浓纸浆氧漂白，虽已逐步被中浓纸浆氧漂白替代，但在国际上还有些制浆厂仍采用高浓氧漂白技术。

由于氧漂白是带压漂白，漂白塔顶部的压力常在 0.4~0.6MPa 范围，因此高浓纸浆氧漂白流程及设备与常压高浓漂白设备相比，就具有一定的特点。

（一）高浓纸浆氧漂白流程

图 7-17 表示了高浓纸浆氧漂白流程。纸浆以 4%的浓度进入双辊挤浆机，通过脱水压榨使纸浆浓度达到高浓，然后用输送螺旋将纸浆送到单转子高浓浆泵的纸浆立管中，纸浆被泵送出来后进入螺旋送浆器并形成料塞，由于料塞的作用，已完全封闭塔内氧气，保持漂白塔内反应压力。纸浆料塞被安装于塔顶的旋转叶轮松散器疏解分散，送入降流式漂白塔，纸浆从塔顶向塔底下落。氧漂白塔的另一特点在于塔下部有稀释区，而氧气在该区上方送入塔内并逆纸浆向下运行方向朝上流动，与纸浆充分混合并进行漂白反应。

在高浓漂白塔内，高浓纸浆越处于漂白塔的朝下位置，就越会被其上层纸浆的重力所压实而渐失其松散状态，这会影响纸浆与氧气的完全反应。塔下部的稀释区还起着封闭氧气、保持塔内反应压力的作用。也就是说，带压漂白的高浓纸浆氧漂白塔，其塔内压力就靠上部料塞及下部稀释区的密封来保持。

（二）漂白塔内结构

由于纸浆与氧的混合是靠在塔内的对流混合，所以为了实现更充分混合，高浓纸浆氧漂白的漂白塔与其他漂白的漂白塔相比就有特殊的结构。

例如卡米尔型高浓氧漂白塔，就在其塔内反应区内设有 12 条装在塔壁上的分段的轴向隔板，把塔内面积分割成 12 条扇形空间，在隔板条的间断处，有若干块安装在中心轴上的圆盘，每块圆盘都有一个相应于扇形空间截面大小及形状的缺口，而且每块圆盘上的缺口都是相互错开的。当中心轴转动带动圆盘时，圆盘上的缺口就逐一与上面的扇形空间对接使每个圆盘上方的 12 个扇形空间内的高浓纸浆逐一通过圆盘缺口，逐渐地下降。这样纸浆就同氧气能充分地进行反应，使漂白塔需要的反应时间缩短。

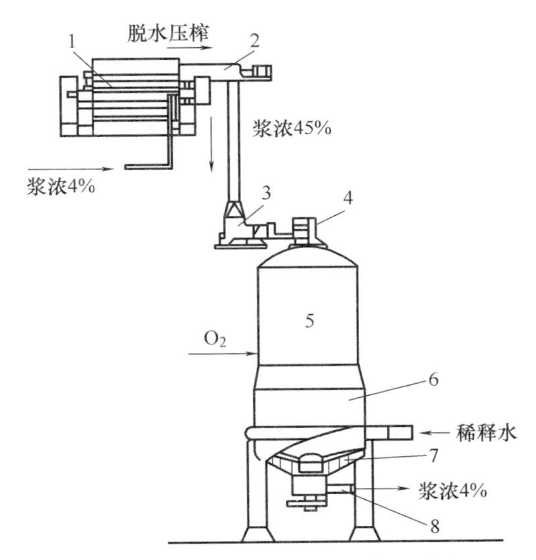

图 7-17　高浓纸浆氧漂白的流程
1—双辊挤浆机　2—螺旋送料器　3—单转子高浓浆泵　4—旋转叶轮疏解机（或绒毛化器）　5—臭氧漂白塔　6—稀释区　7—卸料器　8—排浆口（低浓）

（三）漂白塔的塔顶装置

高浓纸浆氧漂白塔的塔顶装置如图 7-18 所示。

螺旋送浆器是逆压送浆，在螺旋末端已形成料塞，直立螺旋送浆器又把料塞管的纸浆破碎后送入松散器，进一步疏解分散纸浆。松散器有多种形式，根据与中浓高剪切混合器一样的原理，采用了类似的结构。

（四）漂白塔的底部稀释区

高浓纸浆氧漂白塔底部稀释区的结构形式如图 7-19 所示，氧气进口设在高浓卸料器上方，纸浆被高浓卸料器卸下后就掉进稀释区域，在循环推进器作用下，与稀释液混合稀释，

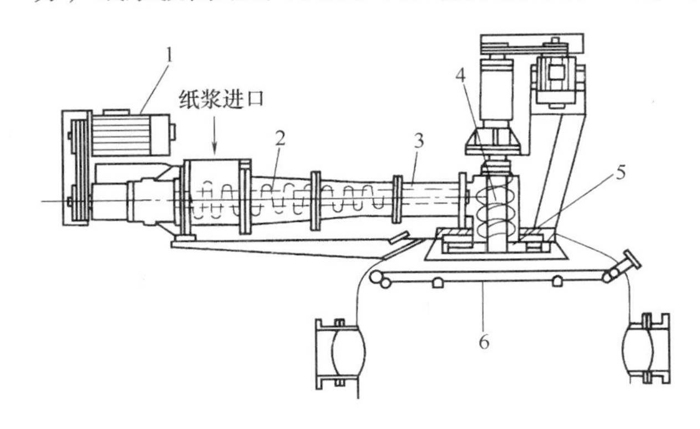

图 7-18　高浓纸浆氧漂白塔的塔顶装置
1—电机　2—螺旋送浆器　3—料塞管　4—直立螺旋送浆器　5—旋转叶轮松散器　6—漂白反应塔

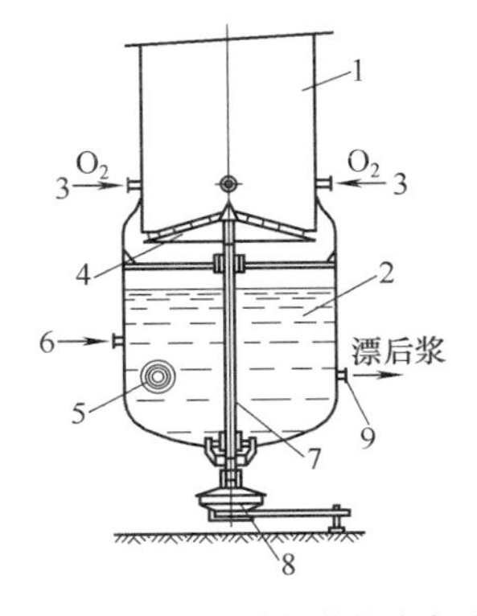

图 7-19　高浓纸浆氧漂白塔的底部稀释区域
1—漂白反应塔　2—稀释区　3—氧气进口　4—高浓卸料器　5—循环推进器　6—稀释液进口　7—传动轴　8—传动部件　9—排浆口

经排浆口排出。

第三节　中浓纸浆二氧化氯漂白设备

为了降低纸浆漂白废液中有机卤化物含量，现代制浆造纸厂已普遍应用中浓纸浆二氧化氯漂白技术。特别在 ClO_2 用于补充漂白时，纸浆白度和强度及白度稳定性好，在多段漂白中得到广泛应用。中浓纸浆 ClO_2 漂白段标记为 D，属于无元素氯漂白。

一、中浓纸浆二氧化氯漂白段流程及所需设备

（一）中浓纸浆二氧化氯漂白段流程

图 7-20 所示的为典型的中浓纸浆 ClO_2 漂白段流程，纸浆在低浓状态下进入洗涤浓缩机，经浓缩后纸浆浓度已达中浓，送入蒸汽加热器。经与蒸汽混合后，温度已达到工艺要求的漂白温度，投入中浓浆泵的立管，由中浓浆泵送到中浓混合器，与 ClO_2 混合。混合后的纸浆送入升-降流漂白塔的升流管（也称预反应管），在升-降流漂白塔内，纸浆与 ClO_2 得到充分的反应，最终在降流塔底部，经稀释后由低浓浆泵抽出，并送去下一台洗涤浓缩机。

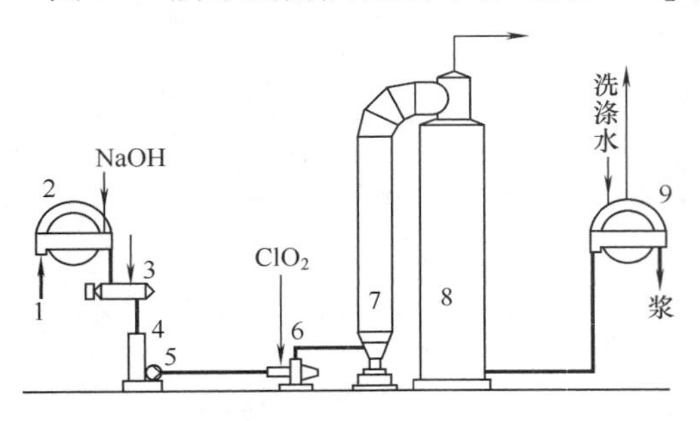

图 7-20　中浓纸浆二氧化氯漂白段流程
1—纸浆　2—洗涤浓缩机　3—蒸汽加热器　4—中浓浆泵立管　5—中浓浆泵　6—中浓混合器　7—升流漂白管　8—降流漂白塔　9—洗涤浓缩机

（二）纸浆二氧化氯漂白段所需设备

从流程中可以看出，该段流程所需主要设备有：中浓浆泵、中浓混合器、蒸汽加热器、漂白塔、洗涤浓缩机等。

二、中浓二氧化氯漂白塔

中浓纸浆二氧化氯漂白塔是常压容器，常用三种形式，一种为升流式反应塔，一种为升-降流式，即由升流式预反应塔与降流塔组合（图 7-20），另一种形式就是直接用降流塔，如图 7-21 所示，此时升流管就成为一般纸浆输送管道。

目前，对于中小型规模的化学浆生产线，多采用升流式二氧化氯漂白塔，如图 7-22 所示。升流式反应塔采用锥底进料，锥底结构可以使进浆均匀分布在塔中。在塔顶设置有卸料器，在卸料的同时，将纸浆稀释到 2%~3%，从而可以直接将反应的纸浆通过自流送到后续的洗涤设备，减少了中间泵送或螺旋输送环节。

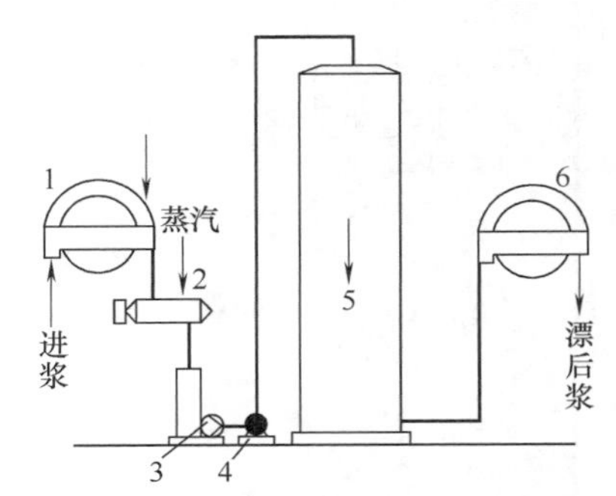

图 7-21　二氧化氯降流式漂白流程
1,6—洗浆机　2—蒸汽加热器　3—中浓浆泵　4—中浓混合器　5—降流漂白塔

对于大型和超大型化学浆生产线，二氧化氯漂白主要使用升-降流式反应塔，升-降流式漂白塔，也称为具有预反应室的降流塔。一般升流塔部分的直径较降流塔小得多，故普遍称这种升流塔为升流管。与 ClO_2 混合后的纸浆从升流管的底部中央进入上升，开始进行漂白反

应，到达顶部后转入降流塔顶部，并从塔中央投入，在降流塔内继续进行反应，直至降流塔底部，完成漂白后的纸浆经稀释水稀释后由低浓浆泵抽送去洗浆机。因此，升-降流式漂白塔基本上由升流管和降流塔两部分组成。

1. 升流管

升流管的进浆口与排浆口均为圆锥体，排浆口与降流塔的塔顶相连，升流管筒体部分的直径一般应小于降流塔直径的一半。由于升流管直径不大，故管底可不设导流片，管顶也不设卸料器。

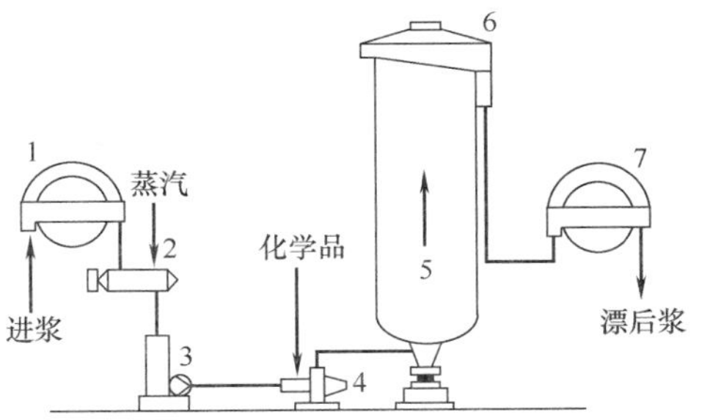

图 7-22　中浓过氧化氢漂白段的升流式流程
1—洗涤浓缩机　2—蒸汽加热器　3—中浓浆泵　4—中浓混合器　5—漂白塔　6—塔顶排料装置　7—下一段洗涤浓缩机

2. 降流塔

二氧化氯漂白的降流塔的容积和高度可根据工艺要求和条件来决定，一般为非标定制，所使用的塔壁材料或内壁衬里材料必须具有能耐二氧化氯腐蚀的材质。

纸浆与药液充分混合后从塔顶中心进入塔内进行漂白反应，塔的下部装有环形水管及针形阀，可进行喷水稀释纸浆，稀释后纸浆在推进器推动下循环流动，并于塔底出浆口由浆泵抽送至洗浆机洗涤。

三、中浓混合器

中浓制浆漂白技术始于 20 世纪 70 年代，到 80 年代初人们研究了中浓纸浆在高剪切作用下具有“流体化”状态的原理，从而成功设计出各种形式的中浓浆泵和中浓混合器，才极大地推动了中浓技术的应用和推广。中浓浆泵用为输送设备在第八章进行讨论，这里只讨论中浓混合器。

中浓混合器主要用在中浓纸浆二氧化氯漂白段，中浓纸浆氧漂白段，中浓纸浆过氧化氢漂白段等作为纸浆同 ClO_2、O_2、H_2O_2 等漂白剂的混合设备。目前，制浆造纸企业也把中浓浆泵和中浓混合器应用于中浓碱处理段和中浓次氯酸盐漂白段。

1976 年，瑞典 kamyr 公司首先开发出中浓混合器，1980 年瑞典 kamyr 和芬兰 Ahlstrom 公司（2000 年并入瑞士 Sulzer）联合发展了中浓泵技术，奥地利 Andritz 公司和 Beloit 公司相继研制出中浓泵，1981 年瑞典 Sunds-Defibrator 公司和 1982 年芬兰 Rauma-Repola 公司（1999 年与 Valmet 合并组建 Metso）相继开发了不同型号的中浓泵和中浓混合器。之后，随着中浓纸浆流体化理论研究的不断发展，其成果也不断推进中浓技术与装备的发展，目前，奥地利 Andritz 公司、芬兰 Valmet 公司、瑞士 Sulzer 公司成为中浓浆泵、中浓混合器等领域的著名企业。

此外，国内华南理工大学等单位生产的中浓混合器，有 150t、200t、350t 等系列规格，混合效果也很好，可替代进口产品。

（一）中浓混合器的混合原理

从中浓浆泵输送来的纸浆，由于中浓浆泵的特殊结构，仍处于“流体化”的状态，在进入中浓混合器时，高强脉动的纸浆与漂白药剂汇合，产生对流混合。由于动盘（转子）和定盘（定子）的相对运动，形成高剪切区域，对纸浆产生了高剪切作用，从而使纸浆被进一步疏解分散，达到纤维级的更加高强的脉动，表面积迅速增加，创造了纤维与漂白剂微

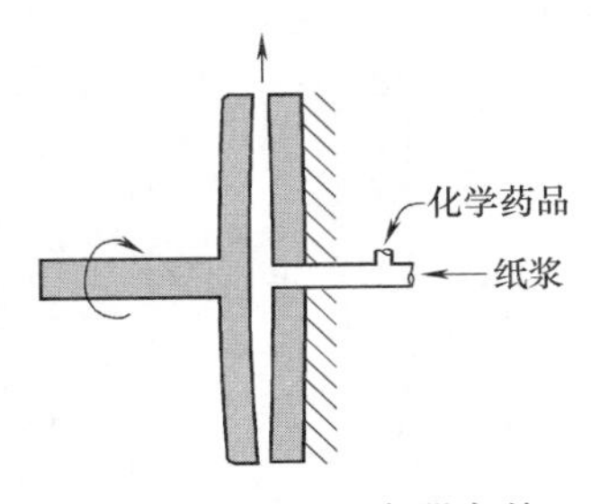

图 7-23　中浓混合器高剪切混合机理示意图

细液滴（气泡）直接接触的条件，使其完成充分的混合，如图 7-23 所示。

因此，中浓混合器的设计一般要求：

① 提供足够的剪切应力，使多相物质达到流体化状态；

② 中浓混合器的混合腔的空间大小决定了纸浆在混合器内的停留时间，时间越长，混合的效果越好；

③ 中浓混合器是一种管道连续混合器，要对纸浆的浓度、流量和添加的漂白助剂流量在宏观上要保持恒定；

④ 中浓混合器壳体设计一般选择 1.6MPa 的管道承压等级，在成本增加不多的前提下，扩大单台混合器的适用范围；

⑤ 材质选择，根据使用的场合不同有所变化，对于氧脱木素和过氧化氢漂白，可选择 SS304 或 SS316L；对于二氧化氯漂白，则选择钛合金钢（如 TA8 或 TA10）。

（二）卡米尔（kamyr）中浓混合器

卡米尔中浓混合器的结构如图 7-24 所示，由进浆管、壳体、湍流发生器、动盘和静盘组成。湍流发生器上有 4 块叶片，进浆管内壁上也有 4 条凸筋，其作用是为了提高纸浆所受到的剪切力，提高进来纸浆的“流体化”程度。为了进一步激发纸浆的高强脉动，动盘上设有 4 块筋板，静盘上也有相应的筋板。

图 7-25 表示了卡米尔中浓混合器的混合作用机理，纸浆由进浆管引入，漂白剂及其他助剂由加入口 11、12、13 引入；纸浆与漂白剂在进浆管内初步混合后，又在动盘与静盘之间进一步混合，由于动、静盘的相对运动及其盘面上筋板的作用，纸浆与漂白剂就实现了高剪切混合，最后从排出口排出。

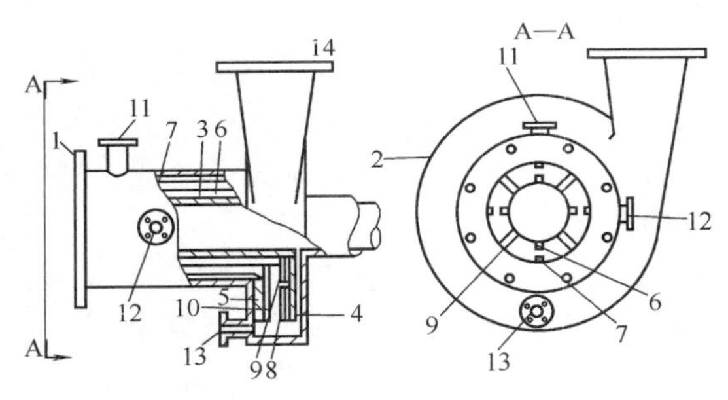

图 7-24　卡米尔中浓混合器

1—进浆管　2—壳体　3—湍流发生器　4—动盘
5—静盘　6—叶片　7—凸筋　8～10—筋板
11～13—漂白剂及其他助剂加入口　14—排出口

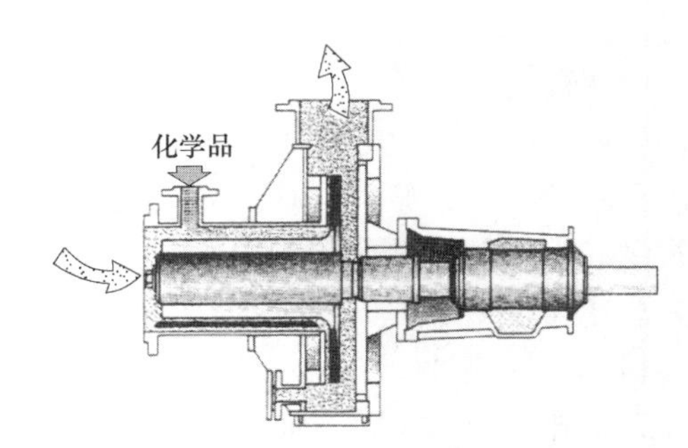

图 7-25　卡米尔中浓混合器原理图

卡米尔中浓混合器可用于纸浆同氧气、二氧化氯、过氧化氢及次氯酸盐等的混合，也可以在加入漂白剂的同时加入蒸汽进行加热，或直接作为蒸汽加热器。不过用于不同环境要考虑其材质的适应性。这种混合器的动盘与静盘之间距离为 20mm，电耗为 4～5kW · h/t 浆，同时还可产生 0.07～0.2MPa 的泵送压头，这一点与有压头损失的混合器有较大不同。

（三）SM 型中浓混合器

SMB 中浓混合器是原瑞典 Sunds 公司研制的，其结构如图 7-26 所示。气体或液体漂白剂从入口通入并喷到转子的中心处，同从进浆口进入的纸浆汇合，并在转子离心力的作用下向外甩出，然后，该混合流被强制通过转子与静环之间的环向间隙，受到高强剪切力，产生激烈的湍动，获得了充分的混合。后来，芬兰 Valmet 公司对 SMB 混合器的转子结构进行了优化设计，在保持混合效率的基础上，可节能 20%～25%。

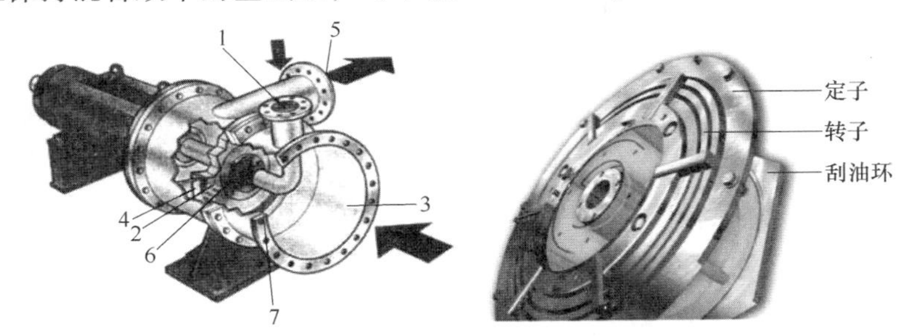

图 7-26　SMB 中浓混合器及改进的转子结构

1—漂白剂入口　2—转子　3—进浆口　4—静环　5—出浆口　6—转子中心　7—环向间隙

SMF 中浓混合器是 Valmet 公司开发的最新一代多合一中浓混合器，据公开资料，其外形结构如图 7-27 所示。该混合器集蒸汽加热器和化学品混合器于一体，可同时实现蒸汽、化学品和中浓纸浆的混合，高效节能。

SMF 型中浓混合器采用 ED 型双平衡机械密封及现代的“后拉式”维护系统构建，可根据应用调整混合强度，可满足高达 6400 风干 t/d 的高产量范围。目前，SMF 型中浓混合器有 6 种型号两种规格，其主要技术参数如表 7-6 所列。

图 7-27　SMF 中浓混合器（Valmet 公司）

1—化学品入口　2—纸浆进口　3—蒸汽进口　4—转子　5—纸浆出口

表 7-6　SMF 型中浓混合器主要技术参数

型号	SMF-1525B	SMF-1525T	SMF-3040B	SMF-3040T	SMF-4050B	SMF-4050T
材料	316	钛	316	钛	316	钛
轴径/mm	60	60	100	100	120	120
最大转速/(r/min)	1800	1800	1800	1800	1800	1800
最高温度/℃	200	120	200	120	200	120
最小压力/MPa	-0.1	-0.1	-0.1	-0.1	-0.1	-0.1
最大压力/MPa	1.8	1.8	1.8	1.8	1.8	1.8

（四）Rauma-Repola 中浓混合器

Rauma-Repola 中浓混合器有分别应用于纸浆与 O_2、ClO_2 漂白剂混合的形式，主要有 600 型和 1200 型两种，最大产量可达 1200t/d。根据漂白剂的腐蚀性，其材料分别用 316 不锈钢（用于与 O_2、H_2O_2 漂白剂）、钛（用于 ClO_2 漂白剂）。

Rauma-Repola 中浓混合器的结构如图 7-28 所示，其混合元件是固定有许多锥形铆钉或锯齿形板条的转盘和若干固定在壳体上的筋条。工作原理是：纸浆从中心进浆管送入，漂白剂从进浆管侧面喷入浆中。纸浆和漂白剂在混合器内受到高剪切力的作用，产生激烈的湍动，实现了纤维的高强脉动，使漂白剂能充分附在每根纤维上，促进了纤维与漂白剂的反应。混合后的纸浆从壳体的径向排出。这种中浓混合器的特点是不容易堵塞。

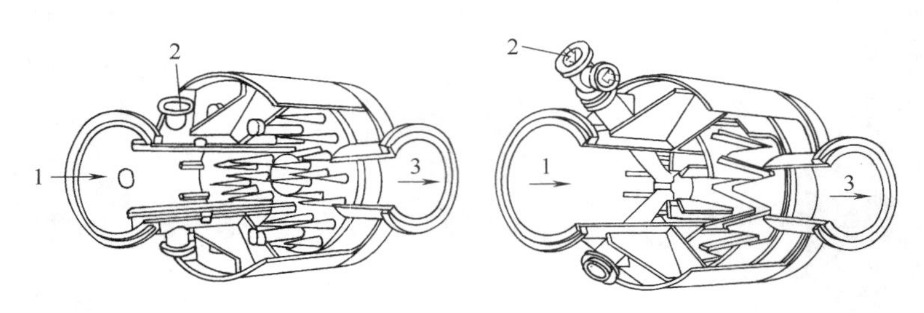

图 7-28　Rauma-Repola 中浓混合器

1—纸浆进口　2—漂白剂进口　3—纸浆出口

（五）管道全通式中浓混合器

常规的混合器是使浆料进入非常狭窄的隙缝中，利用高剪切力使之与化学品混合均匀，纸浆进口与出口方向不同，需耗费较高的动力。为了降低能耗，国内外造纸装备厂商开发了管道全通式的混合设备，化学药品在混合器之前的管道上加入，然后再进入混合器混合，简化了设计，比如安德里兹 Andritz AMix 中浓混合器、苏尔寿 Sulzer SX 中浓混合器、以及华南理工大学开发的中浓混合器，均属于这类。

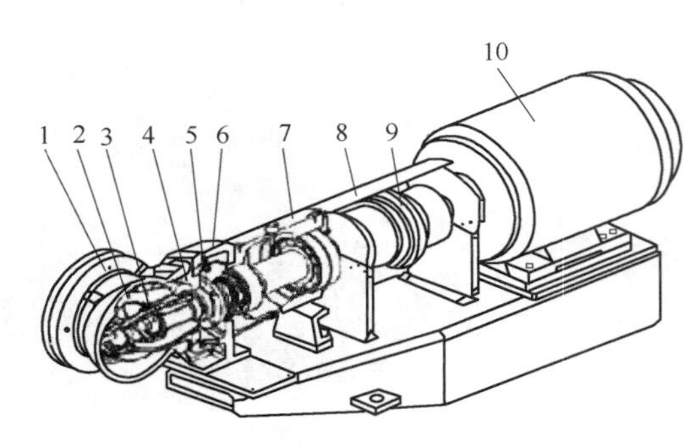

图 7-29　Amix 中浓混合器（Andritz 公司）

1—机匣　2—转子　3—转子螺母　4—填料函外壳　5—机械密封　6—转接头　7—轴承　8—防护罩　9—联轴器　10—电机

据公开资料，安德里兹 Amix 中浓混合器像阀门一样进出口用法兰连接到浆管上；体内两个椭圆环转子使通过管道的浆流产生高湍流并把气泡打碎达到良好的混合，如图 7-29 所示。用于日产 1000t 浆的一段混合时，Amix 中浓混合器只需 50kW 电力负荷，而传统的中浓高剪切混合器则需要 100～150kW 电力负荷。

Amix 中浓混合器采用约翰克兰机械密封及现代的“后拉式”维护系统构建，可根据应用调整混合强度，可满足高达 6400 风干 t/d 的高产量范围。目前，Amix 中浓混合器有 6 种型号两种规格，其主要技术参数如表 7-7 所列。

表 7-7　Amix 中浓混合器主要技术参数

型　号	AC15-10/FS	AC20-15/FS	AC25-20/FS	AC30-25/FS	AC40-25/FS	AC50-30/FS
产能/(风干 t/d)	100～450	400～800	700～1200	1100～1700	1600～2500	2300～4400
最大转速/(r/min)	3000	1800	1800	1200	1200	—
质量/kg	250	236	294	498	522	—

图 7-30 显示了华南理工大学开发的一种中浓混合器。据公开资料，该中浓混合器具有独特的湍流发生器，采用可靠、简化且高负荷的轴承座，且设备采用后拉出设计，维修方便。该中浓混合器结构紧凑，体积小，可紧跟在一台中浓泵之类的设备后面安装，灵活方便，性价比高。

图 7-31 表示了管道全通式中浓混合器的混合作用机理。由中浓浆泵送来的浆料，呈湍

动状态，化学品（O_2、ClO_2 等）在与混合器相连的锥形管道中先与中等尺度的纤维涡旋微团对流混合，然后再进入转子搅拌混合区。在混合区，转子搅拌器产生高剪切应力，使涡团逐步破裂成纤维尺度的涡旋，中浓纸浆处于流体化状态，从而使化学品均匀分布在各种尺度的纸浆涡旋中。混合后的浆料从混合器另一锥形端排出。

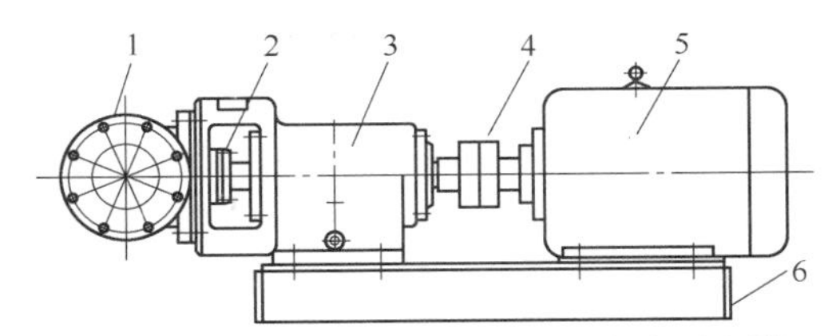

图 7-30　华南理工大学研制的中浓混合器
1—混合室　2—机械密封　3—轴承箱
4—联轴器　5—电机　6—底座

中浓高剪切混合器还有其他形式。在应用时可根据工艺条件、混合器的技术指标及使用范围进行选择，当然还要顾虑另一个重要因素，即价格。由于基于相同的混合原理，各种中浓高剪切混合器的混合效果类同，因此购买价格过于高昂的混合器是没有必要的。

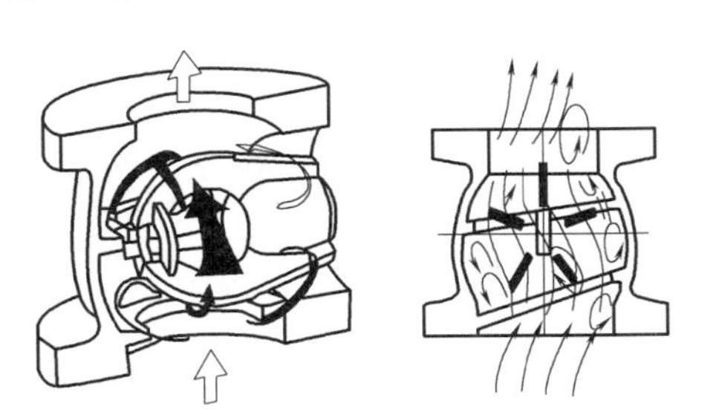

图 7-31　管道全通式中浓混合器原理图

四、二氧化氯制备系统

二氧化氯是 ECF 无元素氯漂白的主要漂白剂，目前广泛应用于化学法制浆厂中浓纸浆的漂白。由于二氧化氯不便运输和储存，因此纸浆厂都需要配套二氧化氯制备系统。

二氧化氯的制备方法有多种，概括起来可分为三大类，即还原法、氧化法和电解法。工业上应用较多的是氧化法，即人们所说的 R 法，包括拉普生（Rapson）法，索尔维（Solvay）法，凯斯汀（Daykesting）法等多种方法。我国于不同时期先后引进了 R_3、R_6、R_8 等几种制备方法，这里仅针对这三种方法做简要的介绍。

（一）R_3 法及其工艺流程

R_3 法其反应原理是以 NaCl 为还原剂，在 H_2SO_4 的强酸性介质中将 $NaClO_3$ 还原，按以下反应式进行反应，主产品是 ClO_2，副产品是 Cl_2 和 Na_2SO_4。

主反应：$NaClO_3+NaCl+H_2SO_4 \longrightarrow$

$$ClO_2\uparrow+\frac{1}{2}Cl_2\uparrow+Na_2SO_4+H_2O$$

副反应：$NaClO_3+5NaCl+3H_2SO_4 \longrightarrow$

$$3Cl_2\uparrow+3Na_2SO_4+3H_2O$$

R_3 法制备二氧化氯的工艺流程如图 7-32 所示，从图可以看出，R_3 法所需要的主要装备为 ClO_2 发生器，ClO_2 吸收塔，氯碱吸收塔，冷凝器等。其制备原理是：按比例配好 $NaClO_3$ 及 NaCl 水溶液（即 R_3 溶液）从轴流进口侧加入系统，蒸汽也供应到热交换器，相对低酸的溶液通过蒸汽加热的再沸器并提高温

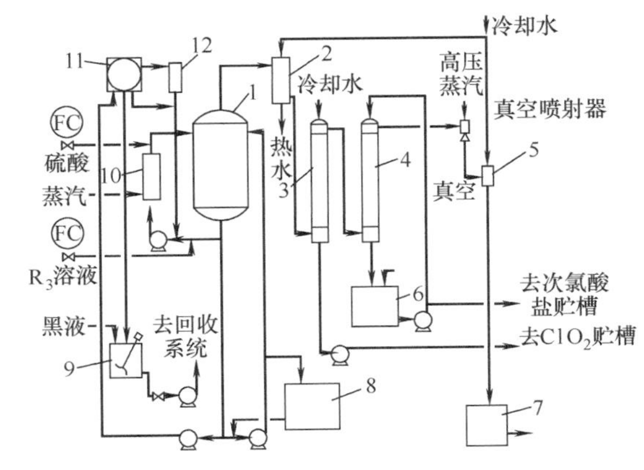

图 7-32　R_3 法工艺流程

1—ClO_2 发成器　2—间接冷凝器　3—ClO_2 吸收塔　4—氯碱吸收塔　5—气压冷凝器　6—洗气罐　7—热水井　8—接收槽　9—淤浆槽　10—再沸器　11—芒硝过滤器　12—分离器

度后与送入的 H_2SO_4 混合并发生反应。反应混合物进入发生器后，在继续反应的同时，在真空条件下发生溶剂水的闪蒸和溶液中 Na_2SO_4 的浓缩结晶，水蒸气取代了传统工艺中的空气作为 ClO_2 的稀释剂，将 ClO_2 稀释到安全限以下。ClO_2 和 Cl_2 气体通过间冷器，将水蒸气部分冷凝，使 ClO_2 的浓度提高，继而进入吸收塔，塔顶水流量通过在线光学浓度测定器加以调整以制备所需浓度的 ClO_2。离开 ClO_2 吸收塔的 Cl_2 在氯碱吸收塔内被吸收，产生次氯酸盐溶液。发生器、间接冷凝器及 ClO_2 吸收塔靠蒸汽喷射器或真空泵保持适宜的真空状态。

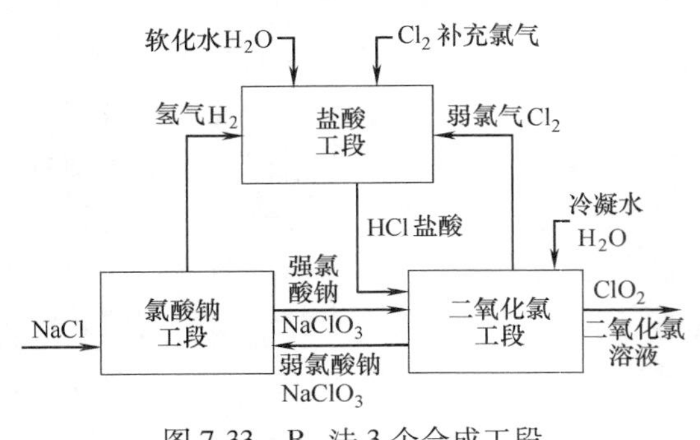

图 7-33　R_6 法 3 个合成工段

（二）R_6 法及其工艺流程

R_6 法又称为综合法，发生器是在微负压下工作，所用原料仅为 NaCl、Cl_2、H_2O 和电，其制备 ClO_2 系统主要由 3 个既相互联系、又相对独立的工段：氯酸钠合成工段、盐酸合成工段和二氧化氯合成工段组成，如图 7-33 所示。反应方程式为：

NaCl 电解：$2NaCl + 6H_2O + 电 \longrightarrow 2NaClO_3+6H_2\uparrow$

HCl 合成：$H_2+Cl_2 \longrightarrow 2HCl$

ClO_2 合成：$2NaClO_3+4HCl \longrightarrow 2ClO_2\uparrow+Cl_2\uparrow+2NaCl+2H_2O$

其总反应式：$Cl_2+4H_2O \longrightarrow 4H_2\uparrow+2ClO_2\uparrow$

① 氯酸钠工段。作用是电解食盐水生成氯酸钠。主要由电解槽、氢气除气器、氯酸钠反应器、电解质冷却器、浓氯酸钠过滤器、浓氯酸钠冷却器、氢气洗涤器、氢气洗涤器循环液冷却器等组成。

② 盐酸工段。作用是合成盐酸。主要由三合一或四合一盐酸合成炉、氢气冷却器、氢气除雾器、氢气阻火器、盐酸贮存槽及其吹扫系统和自动点火系统组成。

③ 二氧化氯工段。作用是生成二氧化氯。主要由二氧化氯发生器、再沸器、循环泵、稀氯酸盐加热器、气体分离器、二氧化氯冷凝器、二氧化氯吸收/汽提塔、真空喷射器、喷水冷凝器、二氧化氯溶液贮存槽等组成。

由此可以看出，R_6 法需要的主要设备为：ClO_2 发成器、ClO_2 吸收塔、电解槽、盐酸合成装置、氯酸钠反应器、弱氯酸蒸发器等，其工艺流程如图 7-34 所示。

R_6 法制备原理是：电解食盐水产生的浓 $NaClO_3$ 在发生器循环泵之前加入，然后在再沸器中加热，加热后的 $NaClO_3$ 与喷射进入的 HCl 在发生器内反应，闪蒸释放出 ClO_2、Cl_2 和水蒸气，水蒸气将 ClO_2 稀释到分解浓度以下；ClO_2 和 Cl_2 气体通过冷凝器冷却，继而进入吸收塔。在此系统中，NaCl 和 Cl_2 只是在开始时加入，过程中循环使用，并少量补充过程损失；制备二氧化氯所

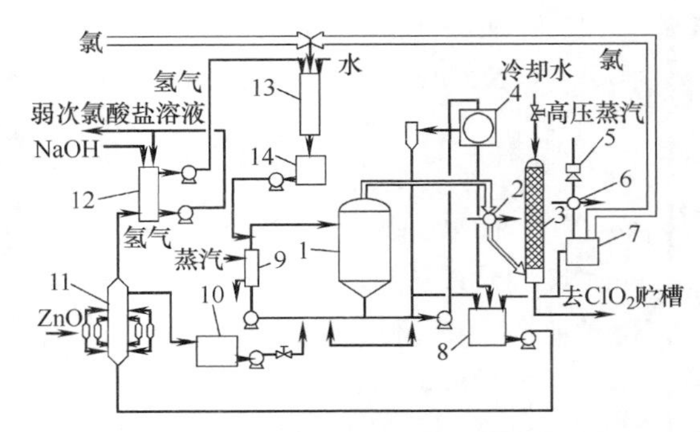

图 7-34　R_6 法工艺流程

1—ClO_2发生器　2—冷凝器　3—ClO_2 吸收塔　4—过滤器　5—真空喷射器　6—冷凝器　7—分离器　8—氯化钠溶解槽　9—再沸器　10—氯酸钠贮罐　11—电解槽　12—气体洗涤器　13—盐酸燃烧炉　14—32%盐酸贮槽

需的氯酸钠、盐酸以及电解所需的食盐全部从生产系统内提供，整个生产系统达到内部的平衡。对缺少以上化工原料供应的漂白纸浆厂来说，选用这样方法尤感适宜，此法还能降低所制备的二氧化氯费用。特别是与 R_8 法比较，生产成本大为降低，因此是目前应用较多的方法之一。但是，R_6 法因生产装备组合较复杂，有电解食盐和盐酸合成这附加的两个部分，就造成初期投资费要比其他的 R 法要高，例如 R_6 法比上述 R_3 法和下面所介绍的 R_8 法其初期投资要高出一倍左右。

（三）R_8 法及其工艺流程

R_8 法又称为甲醇法，以甲醇作为还原剂，利用 $NaClO_3$ 与 CH_3OH 在酸性条件下反应生成 ClO_2，同时生成副产品倍半硫酸钠（酸性芒硝），化学反应方程式为：

$$9NaClO_3+2CH_3OH+6H_2SO_4 \longrightarrow 9ClO_2+3Na_3H(SO_4)_2+\frac{1}{2}CO_2+\frac{3}{2}HCOOH+7H_2O$$

R_8 法制备二氧化氯的工艺流程如图 7-35 所示，从图可以看出，R_8 法所需要的主要装备为 ClO_2 发生器、ClO_2 吸收塔、再沸器、冷凝器等。其制备原理是：首先将外购 $NaClO_3$ 原料在溶解槽充分溶解，沉淀后泵送至贮存槽，再用泵抽出送过滤器，然后在循环泵作用下进入再沸器；甲醇用泵从贮槽抽出，经过滤器过滤后进入再沸器；浓硫酸也用泵从贮槽抽出，经过滤器过滤后从再沸器后文丘里管处雾化后加入到 ClO_2 发生器。三者混合后，进入发生器，ClO_2 发生器生产的 ClO_2 释放出来，经冷却后到 ClO_2 吸收塔吸收成 ClO_2 溶液，用泵送到 ClO_2 溶液贮槽贮存备用，反应余液及副产品沉下 ClO_2 发生器底部，成为发生器液体，由循环泵抽出与加入的氯酸钠、浓硫酸、甲醇混合，再进入 ClO_2 发生器反应，为此循环不断生成 ClO_2 气体。

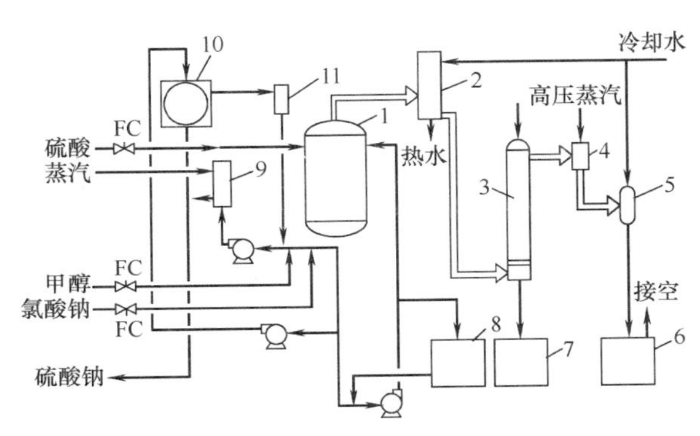

图 7-35　R_8 法工艺流程

1—ClO_2 发生器　2—间接冷却器　3—ClO_2 吸收器　4—真空喷射器　5—气压冷凝器　6—热水井　7—ClO_2 溶液槽　8—接收槽　9—再沸器　10—过滤器　11—分离器

关于副产品酸性芒硝的提取，由于硫酸钠在 ClO_2 生成的同时不断地在发生器内结晶，可通过过滤机供给泵将部分发生器反应余液送至过滤机将硫酸钠晶体过滤出来。

R_8 法制备二氧化氯，由于投资成本低、反应余液可循环利用、副产品硫酸钠等可用于综合利用等优点，因而应用也较为广泛。但是，如果厂内没有综合利用，就要顾虑所产生硫酸钠和其他副产品必须进行再处理的问题。

（四）关键设备

不管是 R_3 法、R_6 法或 R_8 法，从流程中可以看出，ClO_2 发生器及 ClO_2 吸收塔是其关键设备，图 7-36 显示了 R_8 法的发生器及吸收塔。由于这两台设备的工作原理及结构涉及化学工程等多方面知识，故这里只作简单介绍。

1. 二氧化氯发生器

二氧化氯发生器是一种立式或卧式的钛制容器，其工作原理是，甲醇（CH_3OH）和浓硫酸（H_2SO_4）从再沸器后的文丘里管加入发生器系统。原料氯酸钠充分溶解后从发生器循

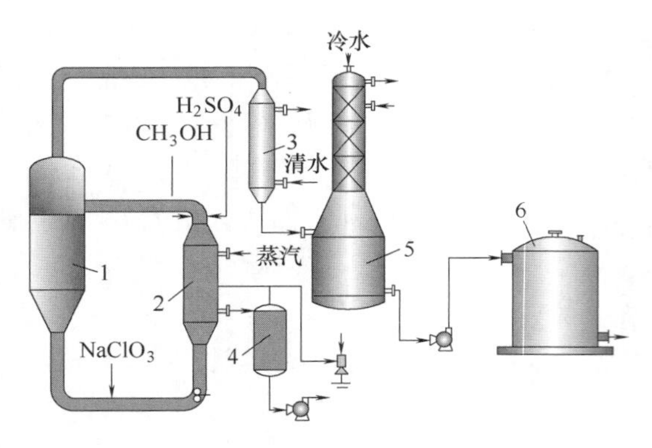

图 7-36　R_8 法二氧化氯制备中的 ClO_2 发生器及 ClO_2 吸收塔

1—ClO_2 发生器　2—再沸器　3—间接冷凝器　4—冷凝水槽　5—ClO_2 吸收塔　6—ClO_2 贮罐

环管下段加入，在循环泵的作用下进入再沸器，再进入发生器。生成的 ClO_2 释放出来，反应余液及副产品沉下发生器底部，成为发生器液体。液体在循环泵的作用下不断地在再沸器与发生器之间循环，并与不断地加入的 $NaClO_3$ 溶液、CH_3OH、H_2SO_4 混合，持续产生稳定的二氧化氯混合气。

2. 吸收塔

ClO_2 吸收塔通常采用填料塔，它由塔体、填料、塔内件组成，其中塔内件包括液体喷淋装置、再分布装置、栅板、压板及捕沫器等设备。

ClO_2 和少量的氯气从塔下部进口进入塔体，并向上流动，在填料层中与从塔上部加入到吸收塔向下流动的冷冻水相遇，进而被冷冻水吸收而产生二氧化氯溶液，此溶液含有二氧化氯及少量的次氯酸，并从塔底部排除，未被吸收的气体从塔顶排出。

① 冷却水喷淋装置。喷淋装置主要有喷洒型、溢流型、满流型、冲击型等四种。目的是使冷却水沿塔横截面分布良好，保证填料分离效果充分发挥。常用的有莲蓬头喷洒器及溢流型盘式分布板等。

② 冷却水的再分布装置。再分布装置使水流经一段距离后再分布一次，保证水均匀喷淋，并使溶液重新混合，消除径向浓度差，以利传质。

③ 填料支撑板与压板。主要是支撑填料，板缝以不漏填料为度，强度应满足载荷要求。

④ 除沫器。常用的是丝网除沫器，它可以分离大于 5μm 的液滴，效率达 99%，适用于清净气体。

五、对中浓纸浆二氧化氯漂白的评价

中浓纸浆二氧化氯漂白属于无元素氯漂白，与低浓氯漂白相比，大幅度降低了漂白废液的 AOX 含量及废水量，加上 ClO_2 在对纸浆中木素有强烈溶解作用的同时，很少损伤碳水化合物和纸浆的强度，对纸浆的降解很少，因此已广泛应用于纸浆漂白中。

但由于 ClO_2 本身的特殊品质，使得中浓纸浆二氧化氯漂白中需要注意以下问题。

（一）ClO_2 对设备的腐蚀问题

由于 ClO_2 具有很强的腐蚀性和剧毒性，在漂白纸浆时，ClO_2 的浓度大于标准态，漂白温度又高，这就加速了 ClO_2 对设备的腐蚀。对中浓二氧化氯漂白，如解决不好设备的耐腐蚀性问题，必然会使设备使用寿命缩短，并增加维修量，增加设备投资。

从国外进口的设备常用钛钢制造，特别是中浓混合器、漂白塔、洗浆机等关键设备，价格相当昂贵，这是阻碍中浓二氧化氯漂白发展的原因之一。目前，随着对二氧化氯漂白深入认识及材料的发展，双相不锈钢 2205（国标 00Cr22Ni5Mo3N，合金是由 22% 铬，3% 钼及 5%~6% 镍氮合金构成的复式不锈钢）因具有高强度、良好的冲击韧性以及良好的整体和局部的抗协强腐蚀能力，替代钛钢用于二氧化氯漂白设备，投资成本得以大幅降低。另外，在国内，应用高强度的非金属材料衬里制造二氧化氯漂白塔，只有部分管道、阀门等采用钛钢或双相钢制造，设备成本得以有效控制，推动了二氧化氯漂白在国内的发展。

（二）关于 ClO_2 制备

由于 ClO_2 容易分解，且浓度越高，分解速度越快，具有爆炸性，这就决定了 ClO_2 需要现场生产。早期，我国生产 ClO_2 设备全都从国外引进，价格昂贵，企业难以承受，这也是阻碍中浓二氧化氯漂白技术在我国发展的另一个主要原因。

近年来，二氧化氯制备设备全国产化取得了显著进展，发展了以 R_6 综合法和 R_8 甲醇法为代表的二氧化氯发生器，已逐步替代进口产品，目前单套发生器产量可达 35t/d，能满足百万吨级制浆生产线的需要。

第四节　中高浓纸浆过氧化氢漂白设备

在工程实际中，中高浓纸浆 H_2O_2 漂白作为独立漂白段应用于多段漂白系统，并常作为末段漂白以提高纸浆白度及白度稳定性，保护纸浆强度，并达到降低有效氯的用量，减少漂白废水对环境污染的目的。在化学浆补充漂白中，一般采用中浓常压过氧化氢漂白，当过氧化氢作为主要漂白时，通常加入氧气进行压力过氧化氢漂白，这时需要使用带压漂白设备；在化学机械浆漂白中，则采用高浓常压过氧化氢漂白。

中高浓纸浆 H_2O_2 漂白段同样标记为 P，在化学浆漂白中，P 段与 D 段组成 ECF 漂白顺序，与 O 段、Z 段组成 TCF（无氯漂白）漂白顺序；在化学机械浆漂白中，一般只采用单段 P 漂白或两段 PP 漂白。

一、中浓纸浆过氧化氢漂白段流程及所需设备

（一）中浓纸浆过氧化氢漂白段流程

中浓纸浆过氧化氢漂白段流程可采用升-降流式、降流式和升流式等好几种形式，对于中浓常压过氧化氢漂白，可以采用与中浓二氧化氯漂白同样的流程，如图 7-20、图 7-21 或图 7-22 所示，但由于过氧化氢作为漂白剂，要有多种化学药品作为漂白助剂，如 $MgSO_4$、EDTA 等，而按工艺要求，漂白助剂应比 H_2O_2 先加入纸浆中，因此在中浓立管前的螺旋输送机上应有化学药品进口。

对于中浓压力过氧化氢漂白，则可采用升流式、升-降流式两种形式，其中，升流式流程可采用与中浓氧漂白同样的流程，如图 7-4 所示；升-降流式流程如图 7-37 所示。对于升-降流式流程，纸浆往中浓高剪切混合器与漂白剂及漂白助剂充分混合后，就靠本身所具有的压力进入漂白塔底部，由底部按设计流速上升，到塔顶后，溢流排出进入常压降流塔，降流塔可兼用作为 P 段的贮浆塔，通过控制降流塔的液位，可灵活调节漂白时间，浆料在塔底稀释后，泵送去下一段的洗涤机。

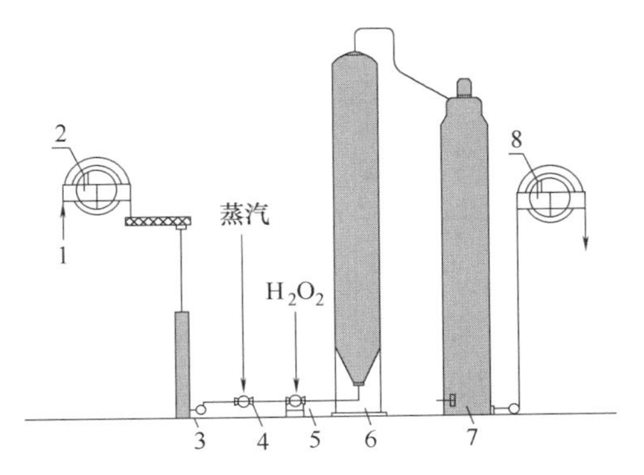

图 7-37　中浓过氧化氢漂白段的升-降流式流程
1—进浆　2—洗涤浓缩机　3—中浓浆泵　4—蒸汽加热器　5—中浓混合器　6—升流漂白塔　7—降流漂白塔　8—下一段洗涤浓缩机

（二）中浓纸浆过氧化氢漂白段所需设备

中浓过氧化氢漂白段不管采用哪种形式的

流程，都需要如下设备：a. 洗涤浓缩机；b. 蒸汽加热器；c. 中浓浆泵；d. 中浓混合器；e. 漂白塔。中浓混合器和蒸汽加热器已在第三节进行了详述，另外由于降流式漂白不利于过氧化氢的渗透，漂白效果不好，一般很少采用，这里就重点介绍升流式过氧化氢漂白塔。

二、中浓过氧化氢漂白塔及卸料器

升流式中浓过氧化氢漂白塔可采用氧漂白塔的结构，但与氧漂白塔不同，由于是常压漂白，因此其塔的内部结构及内件就不会完全一样，特别是塔顶卸料器。

（一）卸料器

中浓过氧化氢常压升流式漂白塔塔顶卸料器如图 7-38 所示。其中图（a）所示的为适用浓度小于 12%纸浆的排浆装置。漂白后纸浆到达塔顶就被臂式刮浆器在回转中逐渐刮入稀释槽，稀释到低浓后由排浆口流出。臂式刮降器的转动由装于塔顶的传动系统控制。图（b）所示的为适用于浓度小于 18%纸浆的排料装置。这种排浆装置不设稀释槽，纸浆直接由臂式刮板刮入排浆口。这样，相对于塔体中心轴线，排浆装置是偏心安装的。臂式刮板的转动同样由传动系统控制。

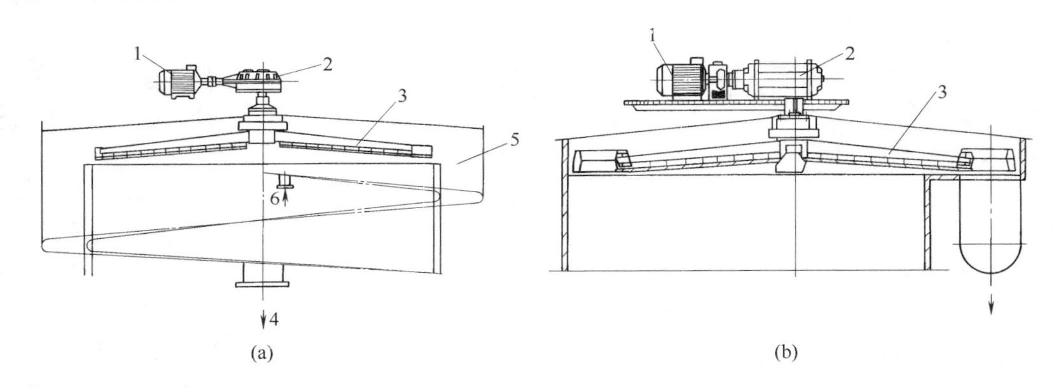

图 7-38　常压升流式漂白塔塔顶卸料器

（a）带稀释槽　（b）不带稀释槽

1—电机　2—传动系统　3—臂式刮板　4—排浆口　5-—稀释槽　6—稀释液进口

图（a）所示的排浆装置有多种规格，如表 7-8 所列。表中 A 为短臂的长度，B 为长臂的长度，TD 为漂白塔内径，C 为塔顶边到传动部件底座垂直距离。

表 7-8　臂式刮浆器规格　单位：mm

规格	3002	3252	3752	4002	4252	4502	4752	5002	5252	5502	5752	6002	6252	6502	6752	7002	7252	7502
TD	3000	3250	3750	4000	4250	4500	4750	5000	5250	5500	5750	6000	6250	6500	6750	7000	7250	7500
A	1365	1490	1740	1865	1990	2115	2240	2365	2490	2615	2740	2865	2990	3115	3240	3365	3490	3615
B	1565	1690	1940	2065	2190	2315	2440	2565	2690	2815	2940	3065	3190	3315	3440	3565	3690	3815
C	705	915	975	980	1000	1015	1025	1045	1055	1105	1115	1125	1135	1145	—	—	—	—

（二）纸浆分配器

如果漂白塔直径大于 2. 5m，一般就要在塔底部加设纸浆分配器，关于纸浆分配器，可采用中浓氧漂白的分配器形式。

三、高浓纸浆过氧化氢漂白段流程及所需设备

（一）高浓纸浆过氧化氢漂白段流程

高浓纸浆过氧化氢漂白主要用于 CTMP、APMP 等化学机械法纸浆的漂白，其流程示意图如图 7-39 所示。目前，这一流程也用于化学木浆及废纸脱墨浆的高浓过氧化氢漂白。

（二）高浓纸浆过氧化氢漂白段所需设备

高浓过氧化氢漂白段所需关键设备有：a. 高浓洗涤浓缩设备；b. 高浓混合器；c. 降流式漂白塔；d. 高浓卸料器。作为能通用的高浓纸浆浓缩设备已在第四章第四节做了讨论，但目前常用于漂白工程的有双网挤浆机及置换压榨洗浆机。对于螺旋挤浆机、双辊挤浆机、压力挤浆机等，由于在挤浆过程中，纤维过多的流失而必须设置滤液纤维回收机，或使滤液回用，以减少纤维流失所造成的损失。

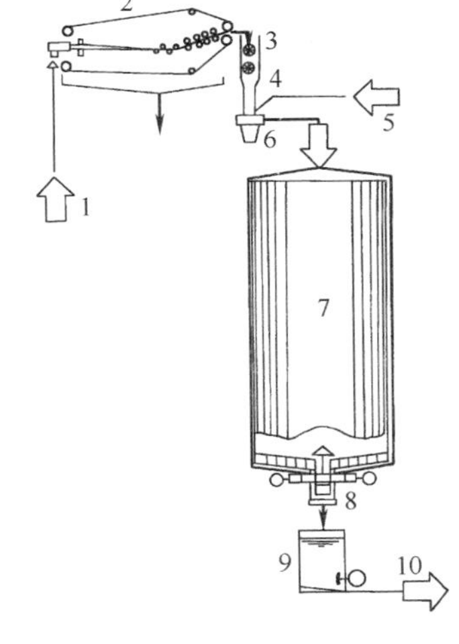

图 7-39　高浓过氧化氢漂白流程图
1—进浆　2—双网挤浆机　3—疏解机
4—螺旋输送机　5—漂白剂及漂白助剂
6—高浓混合器　7—降流式漂白塔
8—高浓卸料器　9—纸浆稀释塔
10—漂后纸浆送去 P 段洗涤机

四、高浓过氧化氢漂白塔及卸料器

高浓过氧化氢漂白常用降流式高浓漂白塔，因为是常压漂白，与高浓氧漂白比较其结构就要简单得多，其特点是纸浆同漂白液混合后自塔顶进入，在塔内下降过程中进行反应。如使反应时间均匀一致且反应充分，须塔底均匀地出浆。塔内浆料液位根据工艺需要决定。

（一）塔的尺寸计算

降流塔的尺寸计算如式（7-9）：

$$V=\frac{0.069q_m \cdot t}{w \cdot \rho} \tag{7-9}$$

$$H=u \cdot t \tag{7-10}$$

$$D=\sqrt{\frac{4V}{\pi H}} \tag{7-11}$$

式中　V——漂白塔的有效容积，m^3

q_m——生产能力，t/d

t——在塔内的反应时间，min

w——纸浆浓度，%

ρ——塔中纸浆平均密度，t/m^3

u——纸浆在塔内降流的平均流速，m/min

D——塔内径，m

H——塔的有效高度，m

在生产能力及漂白时间由工艺条件确定以后，塔的尺寸主要就由流速来决定了。纸浆降落速度越快，塔就越高，塔内径就越小，反之塔就越矮，内径越大。因此，在决定塔高 H，内径 D 及纸浆在塔内降落速度 u 时要考虑多方面因素，如厂房结构、占地面积及塔加工条

件等。

（二）塔结构

图 7-40 所示的国产矩锥台形高浓降流塔。由于从高浓混合器排出的纸浆具有一定动能，就在高浓降流塔的进浆喷口前方设有如图示的三块挡板，把喷出的浓度 25%～30%的纸浆分三股挡住，形成三处自然落浆的纸浆堆，而塔底的三台水平并列的变直径芯轴螺旋送浆器把纸浆均匀送到出浆口，进入塔内的空气与少量蒸汽自塔顶排出。

矩锥台形高浓降流塔不适于大生产能力的 P 段。目前，大型的 P 段高浓降流塔常采用圆柱形塔，如图 7-41 所示，有不同大小的直径，最大的直径可达 6m。在其塔顶的进浆喷口前也有挡板使塔内形成均匀松散的自然浆料堆，塔底有旋转的刮板卸料器使反应后的纸浆由塔内周被刮向中心排出。圆柱形高浓降流塔一般为非标设备，其塔高和容积一般根据产能进行确定，有多种规格，如表 7-9 所示。

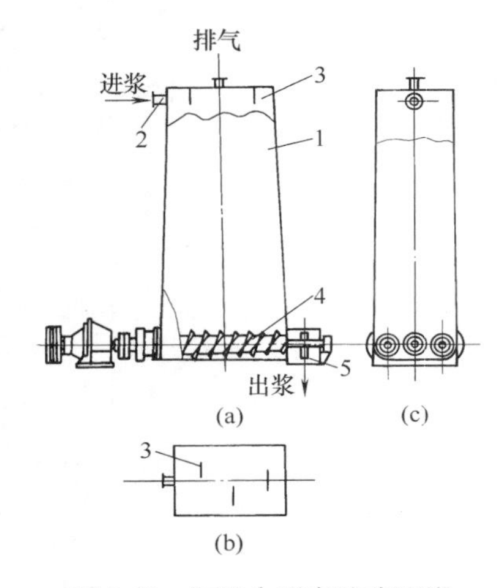

图 7-40　矩锥台形高浓降流塔

（a）立面简图　（b）俯视示意图　（c）侧视图

1—塔体　2—进浆喷口　3—挡浆板　4—出浆螺旋　5—出浆口

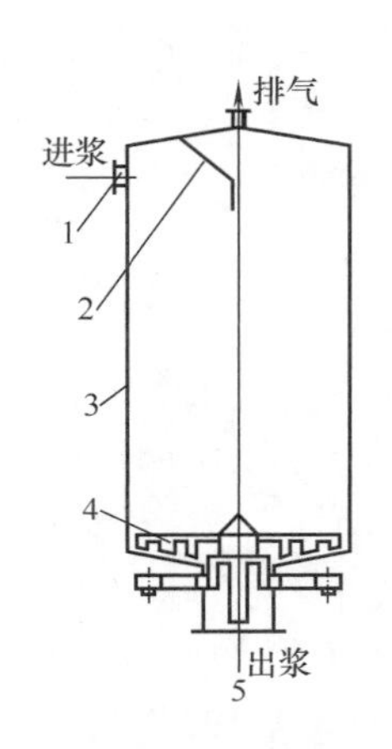

图 7-41　圆柱形高浓降流塔

1—进浆口　2—挡板　3—塔体

4—刮板卸料器　5—排浆口

表 7-9　高浓漂白塔规格（Valmet 公司）

型号 \ 高度/m	14	15	16	17	18	19	20	21	22	23	24	25	26	27
4000(容积)	133	144	165	166	178									
5000(容积)	209	227	245	262	280	298	315	333	351	369	386			
6000(容积)					408	433	459	484	509	535	560	586	611	637

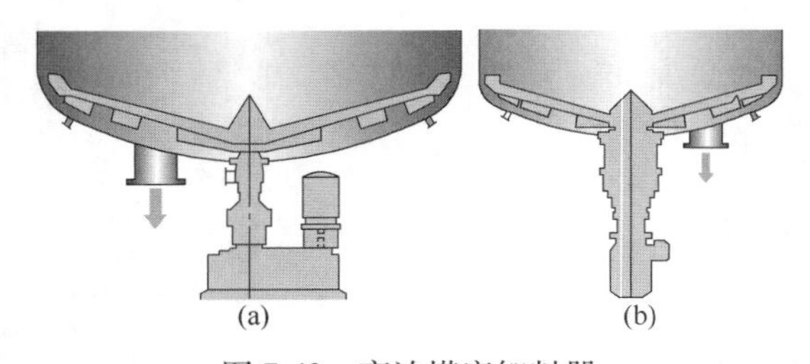

图 7-42　高浓塔底卸料器

（a）固定式传动装置　（b）悬吊式传动装置

（三）高浓卸料器

高浓卸料器装于高浓过氧化氢漂白塔的底部，通常是由 2～3 根耙臂和若干条螺旋组成，其结构如图 7-42 所示。耙臂实际上是压在整个漂白塔的纸浆底下，转速很慢，一般每分钟数转，缓慢旋转的耙臂把漂白塔底部的高浓纸浆推向落浆口，同时令纸浆在小范围内得到翻动，由落料口跌落。

由于纸浆浓度高，耙臂所承受的压力很大，因此把臂的根部造得很粗，从而具有足够的抗弯强度。

高浓卸料器可以不经过稀释把反应后高浓纸浆送出漂白塔，或是将高浓纸浆稀释到中浓度，然后用中浓泵送到下一个洗涤浓缩机。对于大直径的漂白塔，其塔底卸料器一般采用固定式传动装置，而对于小直径的漂白塔，其卸料器的传动装置可采用悬吊式。

高浓塔底卸料器也有多种规格，如表 7-10 所示。表中 D_A 为高浓塔底部内直径，D_B 为卸料器的直径，h_C 为卸料器和落料口的中心距，h_D 为卸料器耙臂的高度。

表 7-10　　高浓漂白塔规格（Sulzer 公司）

型号	MC-3000	MC-3000-D	MC-4000	MC-4000-D	MC-6500	MC-6500-D
D_A/mm	3100~4300	3100	4400~6600	4400	6700~13000	6700
D_B/mm	3000	3000	4290	4290	6510	6510
h_C/mm	850~950	850~950	1150~1300	1150~1300	1250~1400	1250~1400
h_D/mm	540	540	755	755	1410	1410

五、高浓混合器

高浓纸浆与漂白剂 H_2O_2 及漂白助剂组成的漂液的混合是通过高浓混合器来实现的，这是高浓过氧化氢漂白段的专用关键设备，与中浓混合器一样，它的质量优劣决定了纸浆漂白的效果。

浓度为 30%~35%的高浓纸浆属黏弹性体，当它被破碎螺旋输送机及高浓纸浆浓缩设备的疏解机破碎成小团块之后，纸浆团之间就有大量的空隙，在浆团内部纤维之间也存在大量的微小间隙，纸浆显得松懈，具有很强的吸湿性。在直接加入漂白液时可能形成局部过湿现象，即局部吸入漂白液过量而另一些局部只吸入少量漂白液或甚至接触不到漂白液。这就与中浓纸浆与漂白剂混合时一样，要求在加入漂白液的混合过程中把纸浆团完全疏解、打散，并使漂白液能均匀地分散到纸浆中，迅速浸入纤维之间的空隙，实现漂白液与纤维的均匀分布。另外，还要求高浓混合器运行时流量稳定，具有一定充满系数。

因此，高浓混合器需满足下列基本条件：

① 纸浆经过混合器后其质量特性不变，对纸浆不起切断作用；

② 纸浆在高浓条件下能与漂白液充分均匀混合；

③ 电耗低；

④ 运行稳定。

目前在生产上使用的高浓混合器有盘式高浓混合器和转子高浓混合器，其中盘式高浓混合器还分为立式和卧式两种形式。

（一）立式盘式高浓混合器

立式盘式高浓混合器的基本结构如图 7-43 所示。它有一个动盘和静盘，动盘中心部分有若干叶片来进一步疏解打散纸浆和分散漂白液，漂白液与纸浆从中心上方的进料管加入。当漂白液落到动盘中心部位时，被叶片均匀地向四周甩出，分散到连续降落的纸浆中，然后进入由动盘与静盘之间的间隙进行混合。

如图 7-44 所示，动盘和静盘上有许多齿形磨纹，其排列形式类似于盘磨的磨纹排列，间隙内大外小，沿径向逐渐缩小，且是可调节的；而且齿形磨纹是开放型的。在动盘的外围

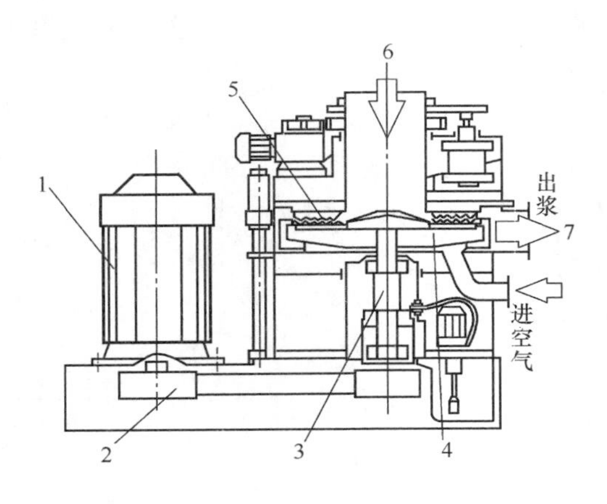

图 7-43　立式盘式高浓混合器
1—电机　2—皮带轮　3—主轴　4—动盘
5—静盘　6—漂液与纸浆进口　7—出浆口

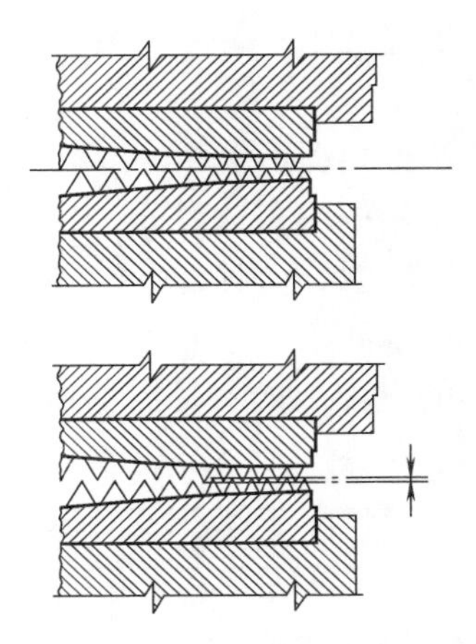

图 7-44　动盘与静盘间的齿纹间隙

装有若干刮浆用叶片，随着动盘的转动，把混合后的纸浆送进出浆口，排出高浓混合器。

表 7-11 列出了两种生产上常用的立式盘式高浓混合器技术指标。

表 7-11　两种型号的高浓混合器技术参数

技术参数 \ 型号	MCM_2	MCM_3
生产能力/(t/d)	160~250	250~350
功率/kW	160~250	250~350
电耗/(kW·h/t)	18~20	18~20

（二）卧式盘式高浓混合器

卧式盘式高浓混合器的原理、结构与立式基本相同。但由于是立式送浆改为卧式送浆，就必须在进浆口加设螺旋进浆器，把纸浆和漂白液“强迫”送入动盘中心部位处。其结构如图 7-45 所示。

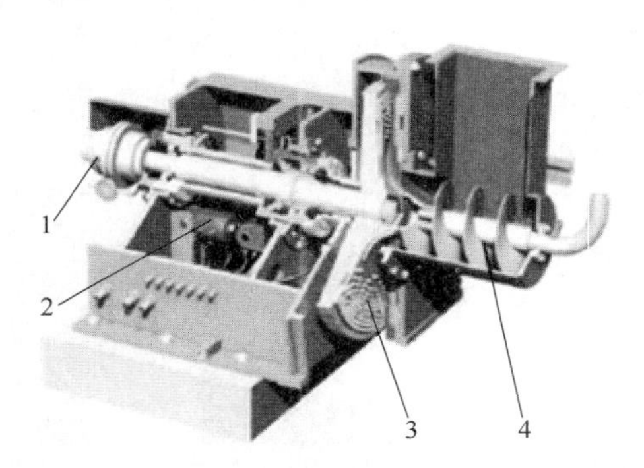

图 7-45　卧式盘式高浓混合器
1—驱动系统　2—液压间隙调整系统
3—动、静磨盘　4—进料螺旋

卧式盘式高浓混合器主要由驱动系统、液压间隙调整系统、动静磨盘、进料螺旋等四部分组成。在驱动系统中，电机和主轴通过联轴器直联，进料螺旋装在动盘上；油缸带动动盘可快速、平稳地缩小或张开，从而使动静盘间隙得以调整。工作时，浆液由供料螺旋输送进入混合区，漂白剂通过两根独立的静止管，由计量泵定量送入混合区，被直接喷洒进入浆液。带漂白剂的浆液在动静盘之间剪切、搓揉，使纤维与漂白剂大面积接触从而彻底混合。油缸可根据进料的多少和物料特性自动调整动静盘的间隙，不影响纤维性质。此高浓混合器适用的纸浆浓度可以高达 23%~50%。

（三）转子高浓混合器

目前工程生产上还应用一种转子高浓混合器，结构形式如图 7-46 所示。对这种单转子高浓混合器，其水平轴靠进料口的一端有一段推浆用的螺旋，靠出浆口一侧的轴上有4个拨浆叶片，轴的中间部分有二个互作45°相位角错开装置的转子，这样纸浆不会直接从转子上的扇形缺口处通过。转子的四周面有4块磨片，其磨片的磨纹为斜齿状。在混合器混合区壳体的整个内表面上也布满斜齿状磨纹。纸浆与漂白液在转子外壳之间的混合区内受到交替的挤压、搓揉和减压松散作用而获得充分混合。

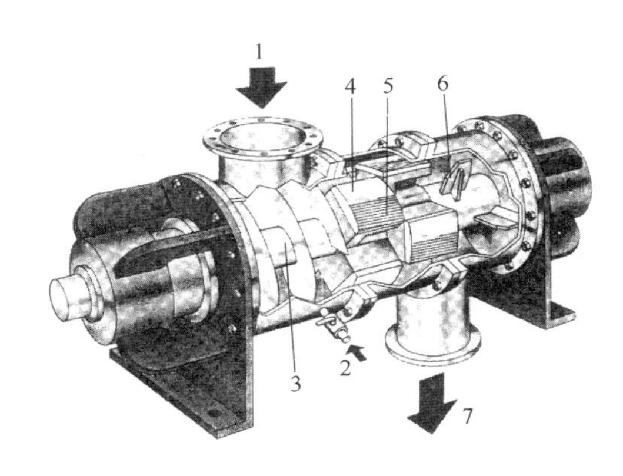

图7-46　单转子高浓混合器

1—进浆口　2—漂液进口　3—送浆螺旋　4—转子　5—转子上磨片　6—拨浆叶片　7—出浆口

单转子高浓混合器最大型号的配用功率为750kW，转速750r/min，生产能力为400t/d，纸浆浓度20%~45%，一般电耗20~30kW·h/t，比盘式高浓混合器的要大些。

工程上还常把辊式热分散机作为高浓纸浆与漂白剂的混合机使用。辊式热分散机作为高浓混合机应用时，其混合原理与双辊混合近似。高浓纸浆掉进浆口后，被推浆螺旋推入双辊齿盘高速转动所产生的高强混合区，与漂白剂得到充分的混合。双转子高浓混合器其结构与双辊混合器近似，高浓纸浆掉入进浆口后，被推浆螺旋推入双辊齿盘高速转动所产生的高强混合区，与漂白剂得到充分的混合。

第五节　中高浓纸浆臭氧漂白设备

用臭氧作为漂白剂对纸浆进行漂白，也是无污染的漂白方法。在TCF漂白中，如果没有臭氧，只用氧脱木素和过氧化氢对硫酸盐木浆进行漂白是达不到高白度的要求的。但是，由于臭氧发生器和臭氧漂白装置的投资费用及操作费用较高，直到现在国内才刚开始把臭氧漂白技术应用于纸浆漂白工程中。

纸浆用臭氧漂白时其浓度非常重要，实验证明，纸浆在低浓条件下进行臭氧漂白没有实用价值，因此在生产实践中，纸浆常在中高浓条件下进行臭氧漂白。先前认为，纸浆浓度在40%~55%的超高浓条件下臭氧漂白能达到最大的脱木素效果，但发现漂后纸浆的降解较为严重。研究证明，中浓臭氧漂白完全可以达到高浓时的漂白效果，而且纸浆的黏度较高，降解较少，即使采用高浓臭氧漂白，纸浆浓度也不必达到超高浓程度。中浓臭氧漂白段和高浓臭氧漂白段均标记为Z段。

一、中浓纸浆臭氧漂白流程及所需设备

（一）中浓纸浆过氧化氢漂白段流程

目前中浓纸浆臭氧漂白的流程常见于图7-47所示形式。这种流程可以认为与中浓纸浆氧漂白流程类似，纸浆经过洗涤浓缩机后，在中浓条件下被投入中浓浆泵的立管，并用H_2SO_4酸化后由中浓浆泵送到中浓高剪切混合器，在混合器的预混合区，输入臭氧，经中浓混合器混合后再从臭氧漂白塔底部进浆口送入漂白塔，升流漂白后到达塔顶经卸料器进入中浓降流塔，然后送去洗涤机。

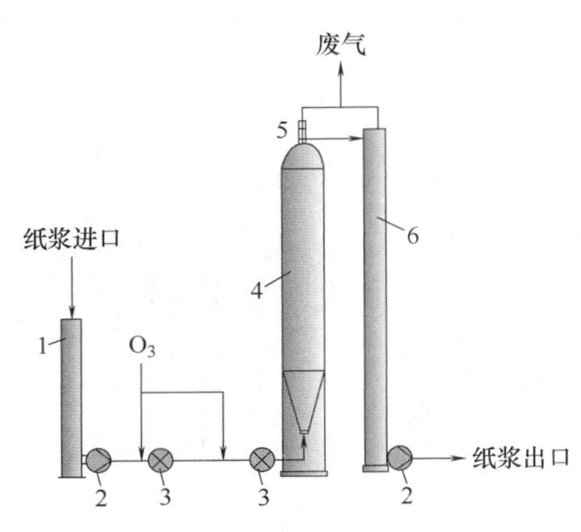

图 7-47　中浓臭氧漂白段流程
1—中浓浆泵立管　2—中浓浆泵　3—中浓混合器　4—臭氧漂白塔（升流式）　5—塔顶卸料器及排气装置　6—中浓降流管

臭氧漂白与氧漂白不同之处在于：臭氧中带有未反应完全的 O_2，而 O_2 同样对纸浆有脱木素作用。另外，臭氧漂白前纸浆需用 H_2SO_4 酸化。

（二）中浓纸浆臭氧漂白段所需设备

中浓臭氧漂白段与氧漂白段一样，属于带压漂白，需要下列设备：a. 洗涤浓缩机；b. 中浓浆泵（包括立管）；c. 中浓高剪切混合器；d. 升流式漂白塔。

臭氧与氧一样，在中浓漂白时，臭氧浓度高（10%以上），压力大（1MPa），而纸浆通过高剪切混合器实现了纤维级高强脉动，使臭氧充分与纸浆接触，实现了高均匀度混合。如果不采用中浓高剪切混合器，中浓纸浆也不易实现绒毛化，单靠臭氧的“溶解”和“扩散”都很难实现较好的混合。因此，中浓高剪切混合器在臭氧漂白中是必不可少的设备。

臭氧漂白的升流漂白塔、喷放阀及喷放锅均可以采用与氧漂白一样的结构与形式，这里就不再详细讨论。

二、高浓纸浆臭氧漂白流程及所需设备

（一）高浓纸浆臭氧漂白流程

高浓臭氧漂白也是带压进行的。纸浆在高浓条件下，经绒毛化器实现绒毛化，使纸浆内部纤维之间空隙增大，臭氧就容易为纤维所吸收并与纤维中的木素进行反应。图 7-48 所示的为高浓臭氧漂白段流程。

纸浆先通过洗浆机洗涤，以减少有机物质转移到臭氧漂白段，然后与酸及螯合剂混合，使纸浆在低浓条件下 pH 达 2~3，然后经浆泵输送到高浓挤浆机，浓度达到 30%~40% 的范围，高浓度纸浆经疏解机疏解后，纸浆呈绒毛化，纤维絮聚团尺寸减少，并使气-固相互接触表面积增加。最后，纸浆进入两根臭氧漂白器（管），实行逆向漂白，即在漂白管中纸浆的输送方向与从漂白管排浆口处进入的臭氧流动方向相反；残余的气体在反应器进浆口处溢出，并经净化器净化后送回臭氧发生器。纸浆经臭氧漂白后被送入接收塔并稀释，由浆泵送至过滤机。

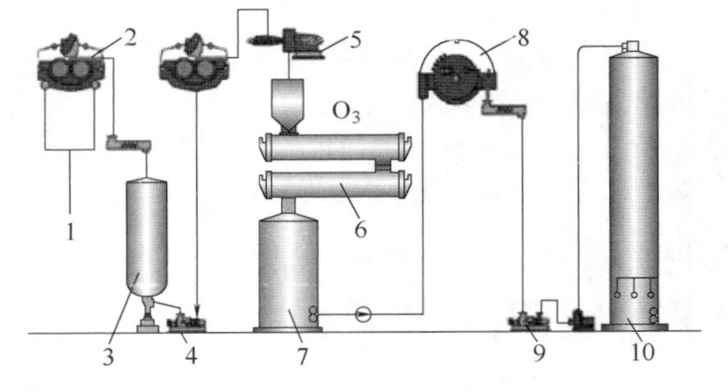

图 7-48　高浓臭氧漂白段流程
1—纸浆进口　2—高浓挤浆机　3—酸化塔　4—浆泵　5—纤维疏解机　6—臭氧反应管　7—接收塔　8—真空洗浆机　9—浆泵　10—碱处理塔

高浓臭氧漂白段也可以采用如图 7-17 所示的塔式高浓纸浆氧漂白流程，臭氧也必须从塔下部送入，残余气体从塔顶排出。

（二）高浓臭氧漂白段关键设备

Z 段所需要的关键设备如高浓浓缩设备（双网挤浆机、双辊挤浆机）、疏解机、臭氧漂

白管等。双网挤浆机已在第四章第三节作了讨论，疏解机放在本章第八节《辅助设备》中讨论，这里只介绍臭氧漂白管。

三、高浓臭氧漂白管

臭氧漂白管也称叶片输送反应器，其结构如图 7-49 所示，漂白管除纸浆进出口外，主要是内装一根具有混合及输送功能的搅拌辊，搅拌辊是在回转轴上装置多块叶片，叶片按螺旋向安装。在搅拌辊转动时，已绒毛化的高浓纸浆松散的分布于漂白管内，逆流而上的臭氧就会充满于纤维之间的空隙而裹住纤维，为纸浆的漂白反应创造最有利条件。

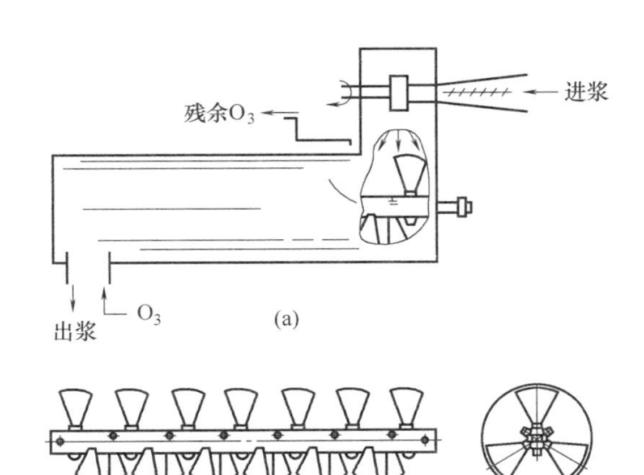

图 7-49　臭氧漂白管的结构
（a）臭氧漂白管　（b）搅拌辊

第六节　中浓纸浆碱处理设备

在多段纸浆漂白流程中，D 漂白和 Z 漂白是酸性漂白，O 漂白和 P 漂白是碱性漂白。在酸性漂白过程中，降解的木素只有一部分能溶于漂白形成的酸性溶液中，还有一部分难溶的木素需在热碱溶液中溶解，碱处理（E）的作用主要就是除去酸不溶木素和有色物质，并溶出一部分树脂。

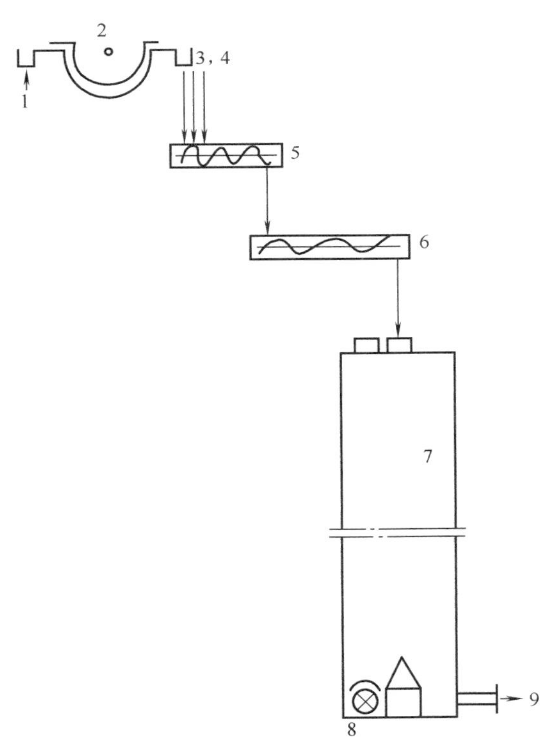

图 7-50　常规碱处理段流程（降流式）
1—纸浆进口　2—洗浆机　3—蒸汽　4—药液
5—双辊混合器　6—螺旋输送机
7—碱处理塔　8—推进器　9—纸浆出口

碱处理纸浆浓度一般为 8%～15%，但趋向于上限浓度。碱处理时，可以添加 H_2O_2、O_2 等助剂加强脱木素作用，并可还原或氧化碳水化合物的羧基末端基，减少剥皮反应，降低碳水化合物降解反应的发生。

一、中浓纸浆碱处理流程及所需设备

（一）中浓纸浆碱处理流程

中浓纸浆碱处理段流程如图 7-50 所示，纸浆碱处理通常采用降流式；如果采用压力碱抽提，比如 Eo 或 Eop，则需要采用升流式，或是配置升流管的降流塔，即升-降流式。

对于常规降流式碱处理，纸浆经过混合机与药液及蒸汽混合后，从塔顶投入，由塔底部抽出；通过针形阀注入稀释水，

在推进器的搅动下，稀释到一定低浓度后泵送至洗浆机进行洗涤。对于压力碱处理，可采用与中浓氧漂白或中浓过氧化氢漂白相同的升流塔或升-降流漂白塔，如图 7-4、图 7-37 所示。

（二）中浓纸浆碱处理所需设备

从图 7-50 的降流式处理流程中可以看出，碱处理所需设备为：浆泵、混合器、碱处理塔、推进器（作搅拌器用）、针形阀和洗涤浓缩设备。洗涤浓缩设备及浆泵已在另章讨论，推进器及针形阀放在第八节介绍，本节只讨论降流式反应塔。

二、中浓碱处理塔及混合器

（一）中浓碱处理塔

我国有降流式碱处理塔的定型产品，图 7-51 表示了 ZPT 系列的碱处理塔结构。ZPT 系列降流式碱处理塔结构为钢制敞开式直立容器，由塔底、塔体、塔顶、循环推进器、针形阀、液位指示器等组成，并用法兰通过螺栓连接而成，塔体衬胶，塔顶内衬有如 304 型号的

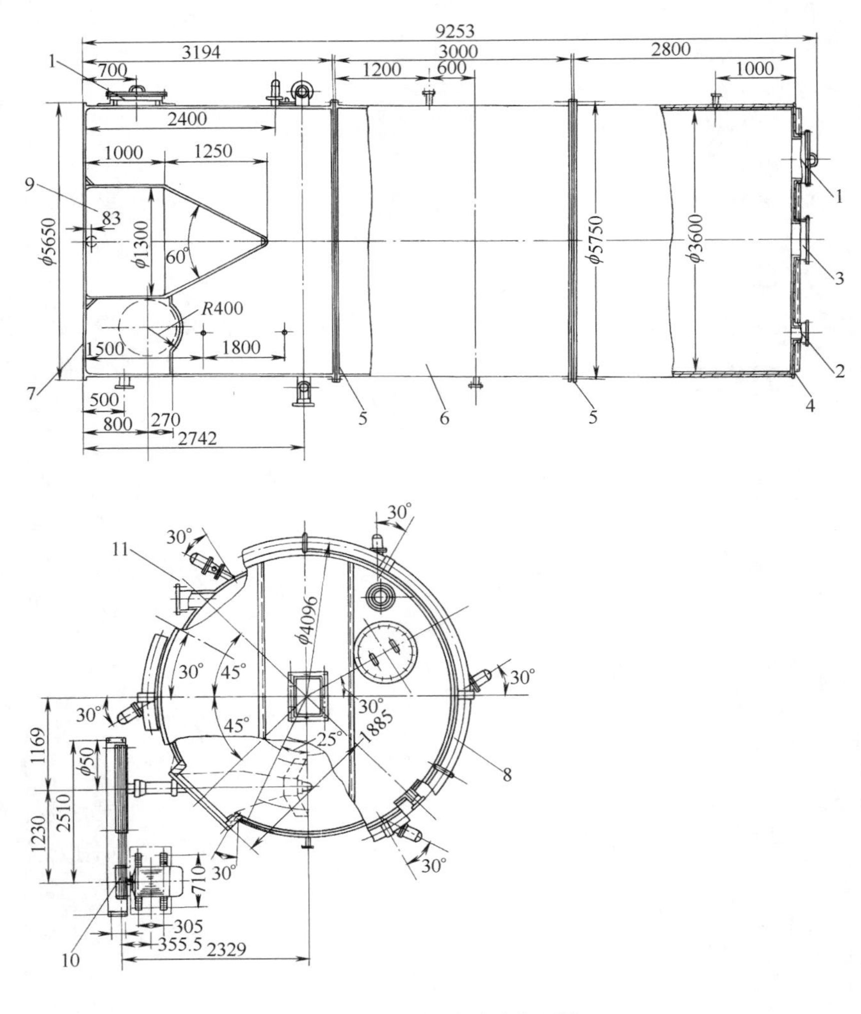

图 7-51　ZPT 系列碱处理塔

1—人孔　2—排气孔　3—进浆口　4—塔顶　5—连接法兰　6—塔体　7—塔底　8—稀释水管　9—锥柱体　10—推进器　11—排浆口

不锈钢板，可防止塔内碱液纸浆液位的变动，使部分金属表面经常与空气接触，产生锈迹影响纸浆质量，塔顶并设有排气孔，用来排除游离出来的废气。ZPT 系列碱处理塔直径和高度，根据不同工艺要求进行选择。

近年来，随着我国造纸行业的发展和产业结构调整的深入，对新建或改扩建化学制浆企业起始规模要求越来越高，其中化学草浆不低于 5 万 t/a，化学竹浆不低于 10 万 t/a，化学木浆不低于 30 万 t/a。因此，相应的漂白设备需要适应的产能规模也越来越大，但设备结构还是基本一样的。

（二）辊式混合器

混合设备是漂白的关键设备，漂白剂与纸浆混合得均匀与否，将直接影响纸浆的漂白质量。对于 E 段及 H 段漂白，可以采用本章第三节介绍的中浓混合器外，还可以采用传统的辊式混合器，比如单辊混合器（亦称单螺旋混合器）或双辊混合器。

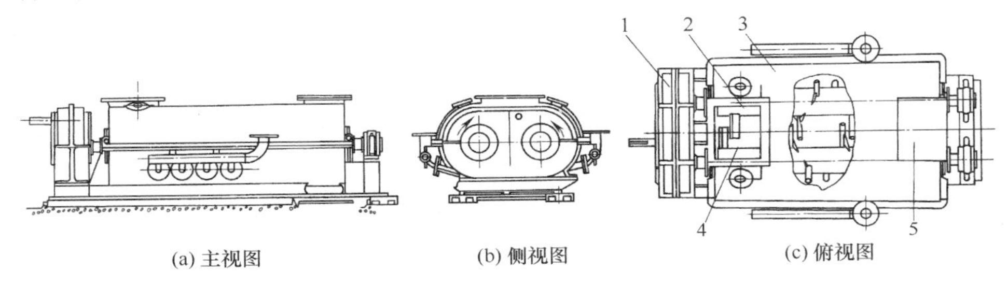

图 7-52　双辊混合器

1—传动件　2—搅拌辊　3—外壳　4—纸浆进口　5—纸浆出口

双辊混合器如图 7-52 所示，可用于碱处理段和次氯酸盐漂白段的化学药液与纸浆的混合。浆料从混合器传动件的一端上方进口加入，通过搅拌辊端的螺旋叶片将浆料强行向前推进，进入搅拌区，在此区，两搅拌辊上的搅拌齿对向旋转并转速不一致，加强混合效果；混合机两侧设有蒸汽管，可通入蒸汽，对浆料进行加热，以保证浆料达到反应所需温度；混合后的浆料从另一端下方排出。凡与纸浆和化学药液相接触的表面视化学药液的性质而采取相应的防腐措施。目前，国产的双辊混合机 ZPH25，生产能力可达 350t/d，适于浆浓 10%～18%，配套电机功率 37kW×2，搅拌辊转速 238r/min 和 258r/min，设备质量 3450kg。

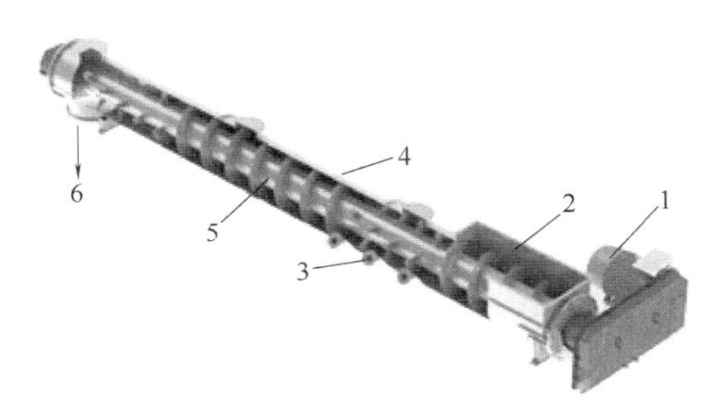

图 7-53　单辊混合器

1—传动电机　2—纸浆进口　3—药剂或蒸汽加入口　4—外壳　5—搅拌辊　6—纸浆出口

除双辊混合器外，还有单辊混合器（图 7-53），在结构上除把两根搅拌辊改为一根搅拌辊外，其他没有区别。

第七节　中高浓多段漂白流程与设备

上面各节讨论了纸浆各类中高浓漂白段的流程及关键设备，但就漂白工艺来说，仅应用某一漂白段是很难达到纸浆的白度要求，纸浆只有通过由不同段数组合的多段漂白系统的漂白，纸浆才能达到工艺上所要求的白度和强度。本节就通过工程实例，讨论常用的多段漂白流程及设备。

一、常规 DED 短序漂白流程及设备

DED 短序漂白生产线，由 D_0段、E 段、D_1段组成。这一短序漂白生产线，用二氧化氯全部替代氯气，取代传统 CEH 三段漂白，降低了污染，能获得高白度纸浆，从而得到较普遍的应用和推广，但由于纸浆中残余木素主要靠二氧化氯脱出，因此二氧化氯药剂消耗大，仍会产生较多的 AOX。

（一）漂白流程

D_0ED_1短序标准流程如图 7-54 所示，全线纸浆浓度均为中浓。

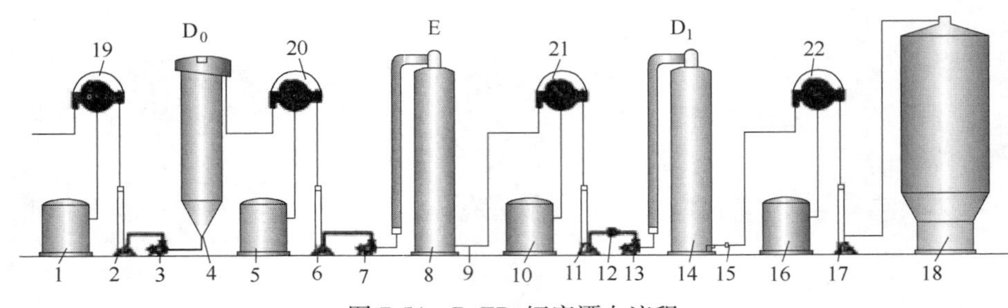

图 7-54　D_0ED_1短序漂白流程

1,5,10,16—滤液槽　2,6,17—中浓浆泵　3,7,11,13—中浓混合器　4—D_0段漂白塔（升流式）　8—E 段升-降流碱处理塔　9,15—浆泵　12—蒸汽加热器　14—D_1段升-降流漂白塔　18—贮浆塔　19~22—洗涤浓缩机

（二）关键设备

1. 洗浆机

全生产线的每段漂白段漂后纸浆均配 1 台洗浆机洗涤并浓缩。根据产能大小，可选用真空洗浆机、DD 洗浆机、双辊洗浆机等。若采用真空洗浆机，喂料浓度 1%，出浆浓度 14%，稀释因子 2. 5，主传动电机为变频调速电机。

2. 中浓浆泵

由于全生产线由中浓漂白段组合，因此进入各段漂白塔的纸浆必须由中浓浆泵输送，出浆浓度≥14%，并具有一定的扬程，D 段、E 段漂白塔均为常压，但考虑到管阻损失及中浓高剪切混合器的阻力损失，也需要≥0. 6MPa 的输出压力，输出能力由漂白生产线产量决定。

3. 中浓混合器

每一个漂白段配 1 台中浓高剪切混合器，进浆浓度≥14%，使中浓纸浆与化学药品通过高强湍动达到完全的混合，处理能力由漂白生产线产量决定。

4. 蒸汽加热器

随着漂白的进行，纸浆温度有所降低，为了获得较高的纸浆温度，达到第二段二氧化氯漂白（D_1）反应要求，需要配 1 台蒸汽加热器对纸浆进行加热。

5. D_0漂白塔

升流式，常压，材质可用碳钢衬防腐砖，或用钛钢与碳钢的复合钢板，纸浆漂白后在塔顶溢流稀释排出，塔的容积由工艺条件决定。

6. E 碱处理塔

升-降流式，可采用中浓二氧化氯漂白塔或中浓过氧化氢漂白塔的形式，材质用SS316L，由工艺条件确定塔的容积。

7. D_1漂白塔

升-降流式，升流管材质用玻璃钢或钛-碳钢复合钢板，降流塔材质为碳钢内衬防腐砖，或钛-碳钢复合钢板，同样由工艺条件确定塔的容积。

二、无元素氯（ECF）漂白流程及设备

随着各国环保政策越来越严格，对漂白废液中 AOX 的排放量均实行了限制。由于氧漂白可脱出 50%的残余木素，减少 40%的污染，因此已成为无元素氯漂白的关键工序，上节讨论的 DED 短流程改为 ODEopDP 或 ODEopD_1D_2。除了这两种漂白程序外，无元素氯漂白程序还有 ODEDED，OODEDD，以及含臭氧漂白段的 OZEPD、OZEoD、OZeDP、OQOpZqPo 等。

（一）漂白流程

下面以 ODEoDD 漂白程序为例，讨论无元素氯漂白生产线的流程及关键设备。ODEoDD 漂白生产线，由 O 段、D 段、Eo 段、D_1段及 D_2 段组合而成，其流程由图 7-55 所示。

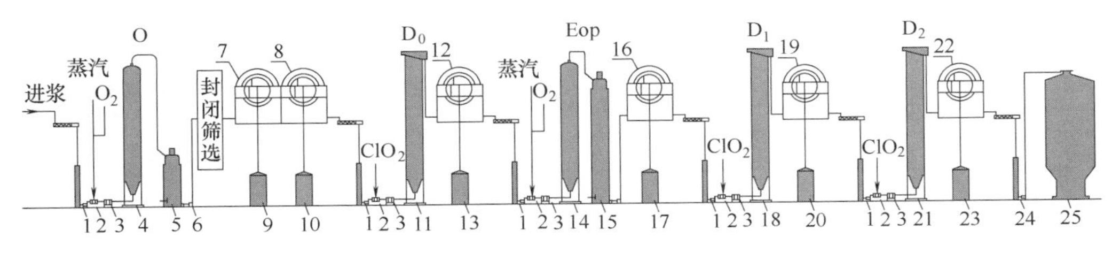

图 7-55　O-D-Eop-D_1-D_2 多段漂白生产线

1,24—中浓浆泵　2—蒸汽加热器　3—中浓高剪切混合器　4—O 段漂白塔（升流式）　5—喷放塔　6—浆泵　7,8,12,16,19,22—洗浆机　9,10,13,17,20,23—滤液槽　11—D_0段漂白塔（升流式）　14—Eop 段碱处理升流塔　15—Eop 段碱处理降流塔　18—D_1 段漂白塔（升流式）　21—D_2 段漂白塔（升流式）　25—贮浆塔

经黑液提取、除节筛选来的未漂浆，先进行氧脱木素处理，并采用 2 台洗浆机进行洗涤，滤液逆流循环，进入提取工段，最终进入碱回收系统。洗涤后的氧脱木素浆料由中浓浆泵送至中浓混合器，与二氧化氯发生器来的 ClO_2 混合后进入 D_0段漂白塔进行反应，纸浆漂后经塔顶排出，并经洗浆机洗涤，排去酸性废液，洗涤后纸浆又与适量 NaOH 混合后又用中浓浆泵输送至中浓混合器，通氧混合后送至强化碱处理塔（Eop 塔），经碱处理后，Eop 废液经贮槽送至 ClO_2 预热器回收热能，碱性废液从预热器排出，纸浆在塔顶用热白液或热水（来自 Eop 段洗涤水加热器）洗涤后与 ClO_2 混合后进入 D_1漂白塔漂白，纸浆在 D_1漂白塔漂白后在 D_1漂白塔顶添加 NaOH 液喷淋，滤液经 D_1滤液槽送到 D_0段漂白塔作洗涤用水，在 D_1塔顶洗涤后纸浆经中浓浆泵与 ClO_2 混合后送 D_2 漂白塔。在 D_2 漂白段顶部用热水洗涤，滤液经 D_2 滤液槽后送 D_1段塔顶部作洗涤水用。D_2 段漂白后纸浆送贮槽备用。

（二）关键设备配置

ODEoD_1D_2 无元素氯漂白流程与 DEoD 短流程相比，主要是增加了氧脱木素段（O）与 D_2 漂白段。因此 D_0段漂白塔可由升流式改为升-降流式，与其他 D 段的结构形式及尺寸一

样，并可减少一台中浓混合器，D_2 段的漂白塔也可取与 D_1 段完全一样的结构形式及尺寸。由于各关键设备已在各章节中另有详述，这里不再重复讨论。

采用该漂白流程，可使化学木浆白度达到 85% ISO 以上，如果经 O 段后纸浆脱木素程度能达 45%以上，经后面四段漂白后，化学木浆白度还可达到 90% ISO，白度比较稳定。

三、全无氯（TCF）漂白流程及设备

生产上已应用的全无氯高白度漂白的漂白剂，基本上是氧（O），臭氧（Z）和过氧化氢（P）。但 O 段、Z 段及 P 段如何组合，将会影响到漂白结果。几组常用的组合方案为：

（一）漂白流程

1. OQPo 短序漂白系统

组合程序中 Q 为螯合剂处理段，利用 OQPo 漂白系统，针叶木硫酸盐浆漂后白度可达 70%~75%（ISO），碱法蔗渣浆漂白后白度可达 80%~85%（ISO），碱法麦草浆漂白后白度可达 78%~82%（ISO）。OQPo 漂白系统如图 7-56 所示。

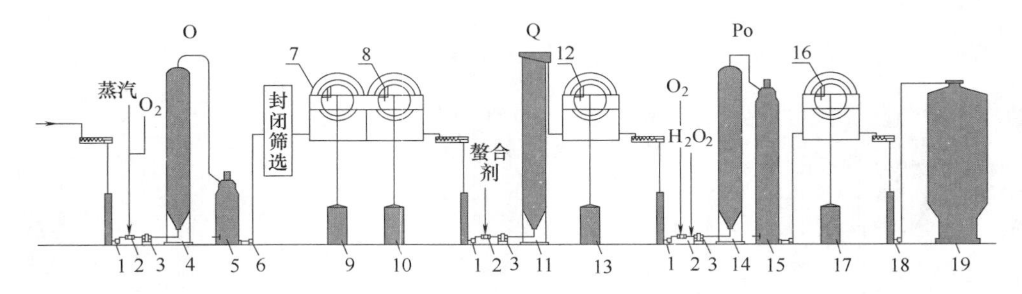

图 7-56 OQPo 全无氯漂白生产线

1,18—中浓浆泵 2—蒸汽加热器 3—中浓混合器 4—O 段氧漂白塔（升流式） 5—喷放塔 6—浆泵 7,8,12,16—洗涤浓缩机 9,10,13,17—滤液槽 11—Q 段螯合剂处理塔（升流式） 14，15—Po 段压力过氧化氢漂白塔（升-降流式） 19—贮浆塔

2. OAZqPo 漂白系统

含臭氧的纸浆高白度 TCF 漂白流程，经过多年的发展，也得到不断的优化，目前用来进行 TCF 全无氯漂白浆的新型流程为 OAZqPo，经这一漂白系统漂白后，可取得高白度纸浆，其漂白流程如图 7-57 所示。

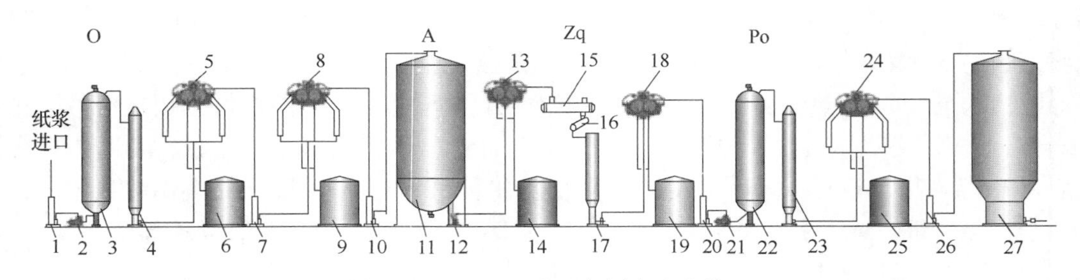

图 7-57 OAZqPo 全无氯漂白生产线

1,7,10,12,20,26—中浓浆泵 2,21—中浓混合器 3—O 段氧漂塔（升流式） 4,23—喷放锅 5,8,13,18,24—双辊洗浆机 6,9,14,19,25—滤液槽 11—酸化塔 15—Z 段臭氧漂白管 16—混合器 17—螯合处理塔 22—Po 段过氧化氢漂白塔 27—贮浆塔

未漂纸浆先经过氧脱木素（O 段），经 2 段洗涤后的纸浆被泵送入 A 段进行酸化处理；酸化后的纸浆在洗涤浓缩后进入 Zq 段，即进行臭氧漂白，臭氧漂白是在高浓条件下进行，随后纸浆与螯合剂 EDTA 或 DTPA 等混合，进行螯合处理；处理后纸浆经洗涤浓缩后掉入 Po 段中浓浆泵立管，经碱性调节后在氧压条件下进行 Po 压力过氧化氢漂白；最后，纸浆经洗涤浓缩后，送入中浓贮浆塔。

（二）关键设备配置

OQPo 漂白系统的关键设备主要有：氧漂白塔、螯合处理塔、洗涤浓缩机、过氧化氢漂白塔、中浓浆泵、中浓混合器等；OAZqPo 漂白系统除了 OQPo 所用设备外，还有臭氧漂白管、酸化塔等。

第八节 中高浓纸浆漂白系统的辅助设备

一、洗 浆 机

在多段漂白系统中，每经过一段漂白后，都须经过一次彻底的洗涤，以除去反应产物及残余漂白剂。常用的洗涤浓缩机已在第四章中作了讨论，但应用于漂白系统时，还需注意洗浆机种类的选择及安装的位置。

真空洗浆机通常须安装在 10m 以上高度的楼面上，所以大多数应用于采用降流塔的漂白段，在纸浆进塔前的洗浆机多选用真空洗浆机；对于采用升流塔的漂白段，进塔前的洗浆机可选用对安装位置无特殊要求的洗浆机，对低浓升流漂白塔，可采用落差式浓缩机；对中浓升流漂白塔，可选用压力洗涤浓缩机、鼓式置换洗涤机等。对高浓降流漂白塔，那就必在塔顶楼面上安装双网挤浆机、压力挤浆机、双辊挤浆机等洗涤设备。

二、疏 解 机

疏解机是用于分散成片状或团状的中高浓纸浆，其结构如图 7-58 所示。通过双网挤浆机或其他浓缩设备的成片状（团状）纸浆，进入定刀与动刀所组成的间隙，受到高速回转的动力剪切作用被疏解分散，成为松散状纤维悬浮体，有利于输送。

疏解机的动刀有多种形式，在回转辊表面上焊上有规则排列的棒条或钉子，也可以在回转辊表面上焊上螺旋刀片。动刀设计的关键是棒条的排列规则，以及动刀与定刀的相互间隙。

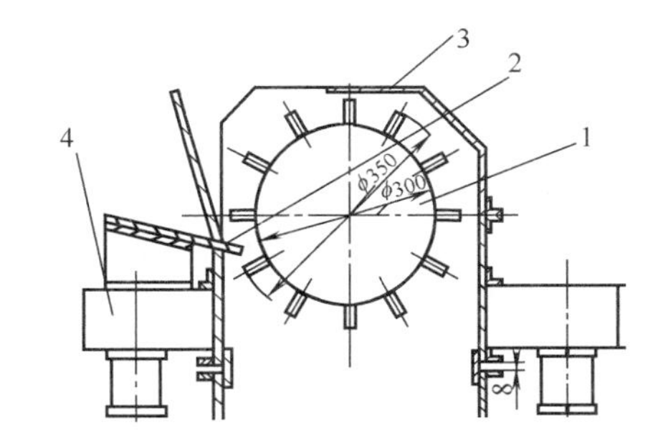

图 7-58 疏解机
1—动刀 2—定刀 3—外壳 4—支承架

三、针 形 阀

稀释环上的针形阀是各种降流塔的一个主要配件，用于塔底部的稀释注水，有时也用于升流漂白塔塔顶的稀释环上，它由一个单向阀与注水喷嘴组成，如图 7-59 所示。

当阀体内的水压低于某一范围时，阀头借弹簧之力紧压在喷嘴上，阀体处于关闭状态，阻止塔内纸浆倒流入阀体。若阀内压力足以克服弹簧之力时，橡胶隔膜活塞被推退后，喷水口被打开，针阀开始往塔内注水。注水压力和流量可通过弹簧的压力调节，特别是用于带压力的漂白塔，弹簧的压力调节就更为重要。

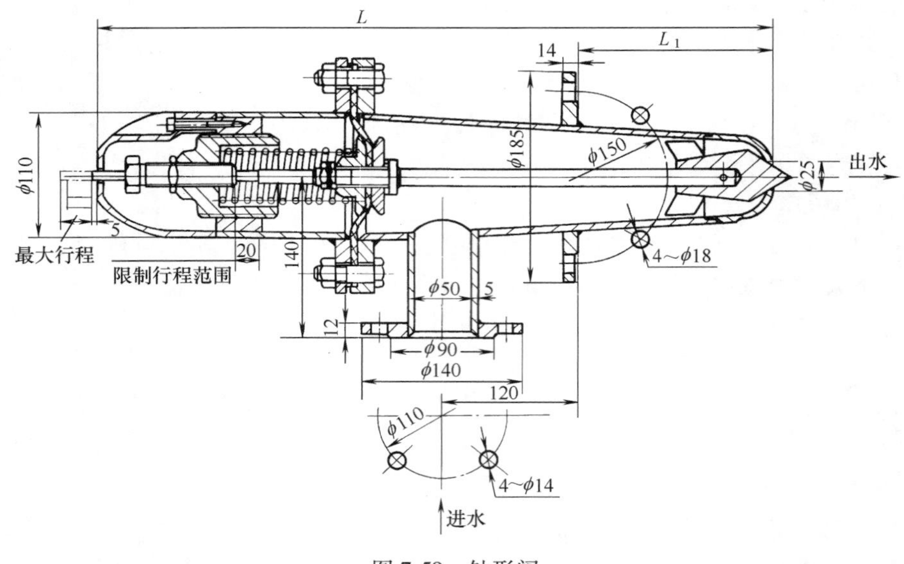

图 7-59　针形阀

四、循环推进器

用于降流塔底的循环推进器也是漂白塔的一台辅助设备，常用的国产循环推进器有 ZPF 型螺旋桨式推进器和 ZPF 型轴流式推进器，放在第八章详细讨论。但在使用中应注意到轴流式推进器的叶轮圆盘面较大的特点，虽然效率较高，可以加剧纸浆的循环和混合，但往往也会加剧纤维的絮聚，不适应混合长纤维的纸浆。对长纤维的纸浆漂白塔，只能应用螺旋桨式推进器。

第九节　漂白设备的防腐蚀

一、漂白设备的防腐蚀

漂白过程中所用的含氯漂剂及漂后废液，都具有很强烈的腐蚀性。ClO_2 腐蚀性比 Cl_2 的腐蚀性大，而且气态 ClO_2 的腐蚀性比液态大得多，故 D 段漂塔顶部和洗浆机气罩的腐蚀也比其他部位严重。

E 段的碱性最强，且不存在氧化剂，故其腐蚀性最小；H 段是在碱性条件下进行漂白的，故腐蚀性较弱，但当 E 段加入 O_2 和次氯酸盐时，腐蚀性就大得多。

因此，在纸浆漂白生产线中有关设备的防腐蚀是相当重要的问题，必须根据所用漂白剂对设备的不同腐蚀程度，采用相应的设备材质。

二、常用耐腐蚀金属材料

（一）不锈钢

一般泛指的“不锈钢”是不锈钢、耐酸钢、耐热钢的通称。严格来说，不锈钢是在空气中不锈，耐酸钢是在某些化学腐蚀介质中抗腐蚀的钢；耐热钢抗高温氧化、蠕变。耐酸钢、耐热钢一般均具有不锈的性质。

1. 304 钢

304 钢对硝酸、冷磷酸及其他无机酸、许多盐及碱的溶液、有机酸、海水、蒸汽、湿空气和一系列石油产品的耐腐蚀性好。对硫酸、盐酸、氢氟酸、溴、沸腾的蚁酸、草酸、工业铬酸，融溶的苛性钾及碳酸钠等化学稳定性差。此外 304 钢由于含碳量低，抗晶间腐蚀性能较 1Cr18Ni9 好。0Cr18Ni9Ti 抗晶间腐蚀性能更好。

2. 316，316L

316 及 316L 钢对硝酸（浓度<15%）、室温的硫酸（浓度<50%）和盐酸（浓度<20%）、碱溶液、沸腾的磷酸、蚁酸、加压下的亚硫酸及 SO_2、海水、湿蒸汽耐腐蚀性高。

3. 2205 双相不锈钢

双相不锈钢 2205 合金是由 22%铬、2. 5%钼及 4. 5%镍氮合金构成的复式不锈钢，它具有高强度、良好的冲击韧性以及良好的整体和局部的抗应力腐蚀能力，在氧化性及酸性的溶液中，对点腐蚀及隙腐蚀具有很强的抵抗能力。

与 316L 和 317L 奥氏体不锈钢相比，2205 合金在抗斑蚀及裂隙腐蚀方面的性能更优越，它具有很高的抗腐蚀能力，与奥氏体相比，它的热膨胀系数更低、导热性更高。

（二）有色金属

1. 铝及铝合金

铝在大气中和淡水中耐腐蚀性很高，但在海水中不耐腐蚀。铝在硝酸中，当浓度大于 30%时腐蚀速度随浓度增加而减小，当浓度超过 99%时稳定性很高，超过 1Cr18Ni9。铝在稀硫酸或发烟硫酸中稳定，在中等和高浓度的硫酸中不稳定。铝在盐酸和碱中不耐腐蚀。

2. 铜及铜合金

（1）铜

铜在稀的和中等以下浓度的盐酸、硫酸以及柠檬中有较高的稳定性。浓度大于 50%、温度高于 60℃的硫酸对铜的腐蚀严重，通常铜不用于硫酸中。铜在盐酸中腐蚀速度比在硫酸中的大，在氢氟酸中较稳定。室温下，铜在任何浓度下的醋酸中均稳定。氧化性酸（硝酸及铬酸）对铜有强烈作用，在室温下，各种浓度的硝酸均可使铜迅速腐蚀，生成 $Cu(NO_3)_2$。在苛性碱及中性盐溶液中，铜相当稳定。在氨、铵盐及氰化钾水溶液中均强烈腐蚀。在有 Cl_2、Br_2、I_2、SO_2、H_2S、CO_2 的气体中，铜也受腐蚀。

（2）青铜

青铜的耐腐蚀性能与纯铜相似。铝青铜的耐腐蚀性能比纯铜和锡青铜好，它在非氧化性的酸类，如盐酸、磷酸、醋酸、柠檬酸和其他有机酸中是耐腐蚀的。

（3）黄铜

在大气中黄铜腐蚀非常缓慢。在水中，氟化物对黄铜的影响很小，氯化物影响较大，碘化物影响严重。盐酸和硝酸对黄铜腐蚀严重，但硫酸对铜的作用较缓和。黄铜可耐 NaOH 溶液。

3. 钛

钛具有相对密度小、强度高、耐蚀性高、难熔等特点，在许多强浸蚀介质、高温、高压等条件下，一般非金属和不锈钢远远满足不了要求，钛却能够胜任，因此钛是一种有发展前途的新型化工耐蚀金属材料。我国钛资源较丰富，应大力开展试用推广工作。

（三）钛的物理机械性能

钛是一种熔点高、密度小（约为铁的 60%），导热系数小（纯铝的 1/16，纯铁的 1/6），热膨胀系数小（约为奥氏体不锈钢的50%）的金属。钛具有较高的强度极限和屈服极限，但相对于不锈钢，它的塑性较差。

钛是一种化学活性高的金属，其标准电极电位为-1.21V。它与氧结合生成的惰性氧化膜的稳定性，远高于铝及不锈钢的氧化膜，而且受机械损伤后能很快修复，故对很多活性介质极耐腐蚀。尤其对氧化性介质、含氯、氯化物及氯酸盐等物质，其耐蚀性超过高铬镍不锈钢及镍钼合金等。

一般情况下，钛不产生腐蚀，也不产生晶间腐蚀（氧化氮含量大于20%的发烟硝酸例外）。在许多介质中（发烟硝酸例外），特别在金属氯化物中，未发现钛有应力腐蚀破裂。但是，钛在非氧化性介质中耐腐蚀性差，这是因为这些介质能浸蚀覆盖在钛表面上的极坚固的保护镆；若在介质中加入氧化性抑制剂，如硝酸，则会降低介质的腐蚀作用，甚至会使介质不产生腐蚀作用，因氧化性抑制剂能修复氧化膜，并使钛表面纯化。钛不适于氢氟酸。钛能抗腐蚀疲劳，但有缝隙腐蚀，特别是在湿氯气中。

钛的耐腐蚀和不耐腐蚀的介质列于表7-12中。

表7-12　　钛的耐腐蚀和不耐腐蚀的介质

耐腐蚀的	不耐腐蚀的	耐腐蚀的	不耐腐蚀的
硝酸，铬酸 醋酸、蚁酸 <10%硫酸 <5%盐酸 王水，乳酸 无机氯化物	赤色发烟硝酸 氢氟酸，草酸 >10%硫酸 >5%盐酸 沸腾蚁酸 三氯醋酸	次、亚氯酸盐 溶融尿素 潮湿氯气 二氧化氯 熔融硫	10%以上三氯化铝 35°以上磷酸 氟化物 溴

三、常用的耐腐蚀非金属材料

非金属材料在耐腐蚀方面有其优点，但往往耐温差、强度低。因此在选择非金属材料时，要考虑下面各点：

① 所选材料在工艺要求的温度和浓度下是否耐介质腐蚀；

② 在要求的温度下，所选材料的强度和刚度如何；

③ 能否承受在操作时的介质压力；

④ 是否会污染介质或与介质中各化学物质起化学作用；

⑤ 能否满足承受工艺上可能出现的冲击振动；

⑥ 所选材料是否用于传热（非金属材料中只有石墨导热性较好）；

⑦ 施工、维修是否方便；

⑧ 要考虑使用寿命及价格。

（一）漂白车间常用的非金属耐腐蚀材料

1. 各种工程塑料

漂白车间常用的工程塑料包括：硬聚氯乙烯塑料（简称硬PVC）；软聚氯乙烯塑料（简称软PVC），聚偏二氟乙烯（简称PVDF或PVF_2）；聚四氟乙烯塑料（简称F-4）；聚丙烯（简称PP）及聚乙烯塑料（PF）等。

2. 各种耐腐蚀衬里

如硬质橡胶衬里，耐酸砖衬里和玻璃钢衬里等。玻璃钢包括呋喃树脂玻璃钢，酚醛树脂玻璃钢和聚酯树脂玻璃钢等。国产 3301 双酚 A 不饱和聚酯树脂是一种优良的耐 ClO_2、Cl_2 和 H_2O_2 腐蚀的树脂。

（二）漂白车间常用非金属耐腐蚀材料的特性

漂白车间常用非金属耐腐蚀材料的特性如表 7-13 及表 7-14 所示。

表 7-13　塑料耐腐蚀特性

序号	防腐材料	适用温度℃	优　点	缺　点
1	硬聚氯乙烯（硬PVC）	-15～+60（不受负荷可达+90）	能耐大部分酸、碱、盐、碳氢化合物、有机溶剂等介质的腐蚀，对中等浓度的酸碱耐蚀性最好	①不耐强氧化剂（如浓硝酸、发烟硫酸等）芳香族（如苯、二甲苯等）、氯代碳氢化合物（如二氯乙烷、氯化苯等）和酮类介质； ②耐温性差；机械强度低，不耐冲击； ③导热系数小；线膨胀系数小
2	软聚氯乙烯（软PVC）	80	①耐腐蚀性良好； ②较富弹性，可耐一定冲击	不宜用于负压衬里
3	聚丙烯塑料（PP）	-10～+120	①耐酸碱腐蚀性好，耐溶剂性（特别是丙酮，乙醇等极性溶剂）好； ②耐温比硬聚氯乙烯高； ③无毒； ④价格较低	①不耐发烟硫酸、浓硝酸、氯磺酸等强氧化性介质； ②热膨胀系数大（比硬聚氯乙烯大一倍以上）； ③成型收缩率较大； ④低温时性脆； ⑤热成型困难（软化区很窄）； ⑥刚度较差
4	聚四氟乙烯塑料（F-4）	-195～+250	①耐化学腐蚀性好； ②耐温性好； ③吸水性极小，不黏性好； ④电绝缘性好； ⑤摩擦系数低，自润滑性好	①强度及刚度较差，受外力作用易蠕变； ②热膨胀系数大，导热性差； ③未加填料时耐磨性差； ④加工性能及黏结性能差，高温下不流动，熔融黏度极大，难于焊接
5	聚乙烯塑料（PF）	-70～+80	①耐化学腐蚀性好； ②耐磨； ③吸水性极小； ④电绝缘性好； ⑤无毒； ⑥价格较低	①不耐浓硝酸，在较高温度下溶于脂肪族、芳香族及其他卤素衍生物； ②黏结困难； ③耐温较低； ④强度低，刚性差

表 7-14　玻璃钢的耐腐蚀特性

序号	防腐材料	适用温度℃	优　点	缺　点
1	玻璃钢	随品种而定	①耐化学腐蚀性较好； ②质轻，比强度（抗拉强度/相对密度）高于铝合金，与高级金属钢相仿； ③耐温尚高（但衬里用于100℃以下）； ④电绝缘性好； ⑤施工方便，周期短，造价较低	①弹性模数低，整体刚性较差； ②衬里遇高温度易脱层，负压高易抽瘪； ③手糊法质量不稳定； ④有些固化剂、交联剂有毒； ⑤光照有老化现象； ⑥耐磨性较差

续表

序号	防腐材料	适用温度℃	优　点	缺　点
2	酚醛树脂玻璃钢	120	①耐酸、耐溶剂性好； ②成本较低	①耐碱性差； ②收缩率较大； ③机械性能较差
3	呋喃树脂玻璃钢(糠酮、糠醇、糠酮—甲醛)	<180	①耐酸、碱、溶剂性好； ②耐较高温度	①机械强度较差； ②性脆、与钢壳黏结力差； ③工艺性差
4	聚酯树脂玻璃钢	90	①耐稀酸性、耐油性好，尤以双酚 A 型耐腐蚀较好； ②施工方便(可冷固化)； ③韧性好； ④机械性能较好； ⑤品种多	①耐温较差； ②收缩率大； ③耐碱性差(双酚 A 型可耐稀碱)； ④常用的交联剂苯乙烯有毒
5	环氧—酚醛玻璃钢	<100~140	耐酸、碱及溶剂性均较好	耐温较酚醛低
6	环氧—呋喃玻璃钢	<100~180	①耐酸、碱、溶剂性均较好； ②改善了呋喃性脆、黏结力差的缺点； ③比环氧玻璃钢造价低	耐温较呋喃低

四、漂白设备的材料选择

由于漂白设备常处于腐蚀性介质中工作，因此对于漂白设备的材料选择就十分重要。在材料选择时，要考虑设备工作条件下与材料耐用腐蚀性能关系，特别在下列三个方面：

① 温度。常腐蚀速度随温度升高而增大。

② 压力。压力越高，对材料耐腐蚀性要求也越高。在承受压力的设备中，可能产生晶向腐蚀，应力腐蚀；缝隙腐蚀，腐蚀疲劳等。

③ 介质腐蚀性。介质腐蚀程度越高，对材料要求也同样越高。

漂白系统及漂白剂制备系统的设备及其附属装置的常用材料分别见表 7-15 及表 7-16。

表 7-15　　漂白设备及其附属装置的材料选择

设备名称	漂白段	材料选择
漂塔	E	碳钢，碳钢内衬 304L
	H	碳钢衬硬橡胶，混凝土衬耐酸砖(聚酯树脂贴砖、勾缝)
	D	碳钢衬聚酯玻璃钢，混凝土衬聚酯玻璃钢，混凝土衬耐酸砖(聚酯树脂贴砖、勾缝)；双相不锈钢 2205
	Eo，O	316L，304L
	P	316L，304L，碳钢衬聚酯玻璃钢，混凝土衬聚酯玻璃钢
塔顶刮料器	D	316L，镍基合金，含 4.5%钼的不锈钢，钛合金；双相不锈钢 2205
漂后来洗浆料输送泵	D	镍基合金，钛合金，含 4.5%钼的不锈钢；双相不锈钢 2205
	E，Eo，H，P，O	316L，304L
针型阀	D	镍基合金，钛合金，含 4.5%钼的不锈钢；双相不锈钢 2205
	E，Eo，H，P，O	316L，304L

续表

设备名称	漂白段	材料选择
气罩	E,H,D,P	聚酯玻璃钢
塔底分散器搅拌器	D	镍基合金,含4.5%钼的不锈钢;钛合金;双相不锈钢2205
	E,Eo,H,O,P	316L,304L
洗浆设备浆槽及洗鼓	D	聚酯玻璃钢衬里,含4.5%钼的不锈钢;钛合金;双相不锈钢2205
	E,Eo,H,D,P	316L,304L
喷水管	E,H,D,P	316L,317L,304L,含4.5%钼的不锈钢,PVC/FRP,CPVC/FRP
加漂剂前的浆料输送泵	E,Eo,H,D,P,O	铸铁泵壳,不锈钢叶轮
管道与阀门:加漂剂前的输送管道及阀门	E,Eo,H,D,P,O	碳钢,304L;双相不锈钢2205
漂后未洗浆料输送管道及阀门	D	316L,镍基合金,含4.5%钼的不锈钢,钢管衬聚酯玻璃钢,PVC/FRP,CPVC/FRP,PVF_2/FRP
	E,Eo,H,P,O	316L,304L

表7-16　　漂剂及其制备系统的材料选择

设备名称	材料选择
次氯酸盐漂液制备设备	304L,耐碱硅酸盐水泥,硬质橡胶或聚酯玻璃钢衬里,混凝土内衬瓷砖
次氯酸盐输送管道	PVC/FRP,304L,钢管衬硬橡胶
二氧化氯制备系统:二氧化氯吸收塔,氯吸收塔,氯酸钠高位槽、贮存槽,盐酸高位槽、贮存槽,二氧化氯发生器排污槽,氯酸过滤器壳体	PVC/FRP,CPVC/FRP,PVF_2/FRP,PTFE,PP聚酯玻璃钢衬里,瓷砖,耐酸砖或玻璃衬里,镍基合金
二氧化氯输送泵	镍基合金,钛合金,含4.5%钼的不锈钢,聚酯玻璃钢衬里泵壳
H_2O_2贮槽、输送泵及输送管道、阀门	316L,304L,碳钢衬聚酯玻璃钢,混凝土衬聚酯玻璃钢

参考文献

[1]　陈克复，主编. 制浆造纸机械与设备（上）[M]. 3版. 北京：中国轻工业出版社，2011.
[2]　陈克复，主编. 中高浓制浆造纸技术的理论与实践 [M]. 北京：中国轻工业出版社，2007.
[3]　陈克复，等编. 制浆造纸关键技术理论与实践 [M]. 广州：华南理工大学出版社，2016.
[4]　陈嘉翔，编著. 高效清洁制浆漂白新技术 [M]. 北京：中国轻工业出版社，1996.
[5]　C. W. Dence and D. W. Reeve. Pulp Bleaching：Principles and Practice [J]. TAPPI Press，Atlanta 1996.

第八章　纸浆输送机械与贮存设备

第一节　纸浆在输送管道中的压头损失及浆泵扬程

一、纤维网络及纸浆浓度

（一）纸浆的纤维网络

在静止状态或流速较低时，不管浓度高低，纸浆中纤维总交织成连贯的网络，纤维网络是否稳定并具有一定的强度，其基本条件主要在以下三个方面：

1. 浓度

纤维网络全靠纤维相互交缠而成，如果纸浆中纤维含量少，纤维所交织的网络就不稳定。只有纸浆中纤维含量达到一定值以后，纤维网络就具有稳定的性质，且具有一定的强度。纸浆浓度越高，纤维含量越多，纤维网络就越稳定，所具有的强度越大。

因此，纸浆浓度是纤维网络形成的前提，也是决定纤维网络是否稳定及网络强度大小的主要因素。

实验研究表明，0.6%以下的浓度，纸浆难以形成稳定的网络，0.7%以上的浓度纸浆中所形成的纤维网络具有一定的稳定性，7%以上浓度的纸浆，纤维网络显示出明显的强度，没有一定的高强剪切力就不能使它分散。

2. 流速

纸浆在管道中的流速也是纤维网络能否稳定的条件。流速的大小体现了管壁剪切应力的大小。对一定浓度的纸浆，流速越低，纤维所形成的网络就越稳定；流速越高，作用在纤维网络表面的剪切力越大，纤维网络的稳定性就越差，网络随时都会受到破坏瓦解而分散。

3. 湍动

纸浆在湍动状态下，纤维不具有相互交织和碰撞的动力，一旦纸浆由湍动状态衰减下来，已相互交织的纤维就逐渐形成连贯稳定的网络体。

纸浆在输送过程中，通过管件，阀门和输送机械时，由于外加剪切力增大和流向发生改变，分散了纤维网络，使纸浆引起局部或全部的湍动，但纸浆离开这些局部位置以后，如果平均流速较低，纤维又重新形成连贯的网络。可以认为，纸浆在经过管路局部位置时，要经历分散纤维网络，纤维重新交织和形成稳定纤维网络三个阶段。

（二）纤维网络强度

纤维网络具有一定的剪切强度，有抵抗被分散压缩的能力，也就是说，具有一定的固体性能。纤维网络内的每根纤维都处于其他纤维强加于它的拉力作用之中，加上纤维表面相互间的摩擦力和连结力，就是纤维网络具有强度的根本原因。

纸浆浓度既是纤维网络形成的基本条件，又是纤维网络强度的基本标志。浓度越高，纤维网络的稳定性就越好，抵抗变形和分散的能力就越大，网络强度还受到纤维刚度、柔韧度、纤维长度等因素的影响，一般来说，纤维越长，越柔韧，刚度好，所形成网络的强度就越大，反之就越小。实验证明，打浆度和温度对纤维网络强度的影响不大。对工程上使用的纸浆输送管道来说，管内纤维的交织能力已不再受管内空间的限制，管径不再影响纤维网络的强度。

纤维网络的强度大小直接影响到分散纤维网络或挤压纤维网络的作用力。因此，在纸浆输送中，网络强度就直接影响到纸浆通过浆泵、阀门、附件和直管时所消耗的压头及浆泵所需要的功率。

（三）纸浆浓度

纸浆浓度高低对纸浆流动特性影响最大，如图 8-1 所示，从而在纸浆输送中，也是选择输送机械和贮存设备的关键因素。

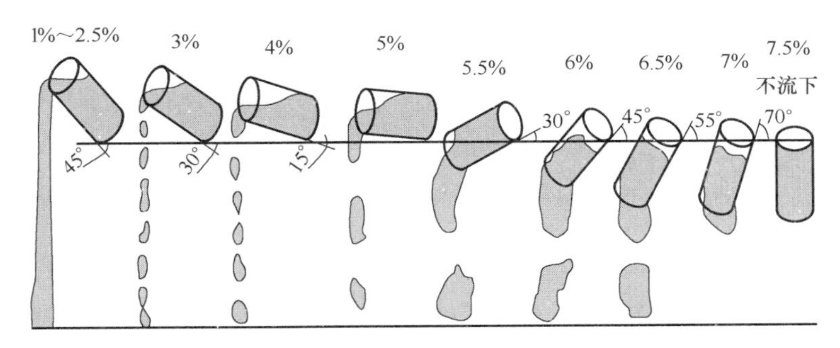

图 8-1　纸浆浓度与流动关系的对比关系

在工程上，纸浆浓度在 7%以下时，具有较好的流动性，可用普通离心浆泵输送；纸浆浓度大于 7%时，具有明显的黏弹性质，已基本上丧失了自身流动性。但实验证明，当纸浆浓度在 15%以下，在高强剪切力场中，由于高强剪切应力的作用，纸浆就具有近似于水流的流动性能，实现“流体化”，可用特制的湍流离心式中浓浆泵进行输送。而浓度大于 15%的纸浆，目前还无法通过上述的方法实现流体化而提供湍流离心式中浓浆泵输送的条件，目前只能用容积式高浓浆泵进行输送。

因此，目前在对纸浆进行输送和贮存时，就根据不同的浓度把纸浆区分为三种范围，即

① 浓度<7%，称为低浓度纸浆，简称低浓浆；

② 浓度在 7%~15%，称为中浓度纸浆，简称中浓浆；

③ 浓度>15%，称为高浓度纸浆，简称高浓浆。

其相应的输送机械，就有低浓浆泵、中浓浆泵、高浓浆泵等；相应的贮存设备就有低浓浆池、中浓贮浆塔等。

二、纸浆纤维悬浮液的特点

纸浆纤维悬浮液主要由纤维、水和空气所组成，是典型的固、液、气三相共存的分散体系，其流动特性区别在于水和固液两相流体，而且其流动特性也随纤维浓度、流速等因素的不同而不断变化。从流体动力学的角度看，其流动形态主要取决于水和纤维，而浆料中含有的气体所起的作用非常小，可不予考虑。

纤维悬浮液容易絮凝，形成纤维网络。在浆流浓度不大时，浆流中的纤维网络会分裂成许多纤维网络片或块分别地移动，流动条件一旦改变，就会马上分散。在造纸过程中，“絮凝”通常指的是一群纤维聚集在一起，且有时需要区分硬絮凝和软絮凝，硬絮凝结合得非常牢固，一旦被破坏，下次便不能再形成这种牢固的纤维，而软絮凝过程是可逆的，可以很

快重新形成。有许多不同的力影响絮凝的牢固程度，其中包括弹性弯曲纤维的互锁所引起的作用力。

纸浆悬浮液的边界层主要分为三种流动区域：滚动摩擦塞流区、层流环塞流区和湍流环塞流区。而对于主体纸浆悬浮液流，在临界浓度（一般在 0.1%）以下时，低速的浆流呈现平稳的流动状态，纤维排列有序，近似于水的层流；临界浓度以上的纸浆悬浮液，随着纸浆流速的增加，流动状态也不断发生变化，可以分为塞流、混流和湍流三种流动状态，如图 8-2 所示。塞流的浆流中，纤维网络的整体移动和水环流同时存在；混流的浆流中，纤维网络越来越细，而湍动的水环越来越厚，纤维网络没有完全瓦解；浆流处于完全的湍流状态时，纤维网络全部瓦解，所有的纤维卷入湍流之中。

一般认为，纸浆悬浮液在圆管中流动时，广义雷诺数在 1500 与 2500 之间的为过渡流，大于 2500 的为湍流。由于纸浆悬浮液作为非牛顿流体中的黏塑性流体，使流动状态发生变化的广义雷诺数会不一样。临界雷诺数的大小不仅与管径、纸浆速度、纸浆黏度有关，还与纸浆浓度有关，所以广义雷诺数会因为纸浆纤维浮液的种类不同以及工作条件不同而改变。

纸浆悬浮液塞流的近壁影响，认为在低速时，速度增加会使摩擦损失按比例增加，管子中心有纸浆塞，是滚动摩擦区，在纸浆塞和管壁之间有絮凝体和水环存在。在这个滚动摩擦区，速度增加，絮凝体也在增加，当速度达到摩擦损失曲线中的最大速度时，絮凝程度会降低。在塞流和管壁之间，有明显的层流水环存在。采用粒子图像测速法（PIV）测量了管子中近壁区（离管壁 2mm）的速度和纤维浓度，拍摄的纸浆浓度为 2.7%，如图 8-3 和图 8-4 所示。

另外，在纤维悬浮液的黏弹性方面，一般浓度为 2%～15% 的纸浆纤维悬浮液具有黏弹性，因此在高剪切纤维悬浮液的模拟流动中应该考虑黏弹性的存在。

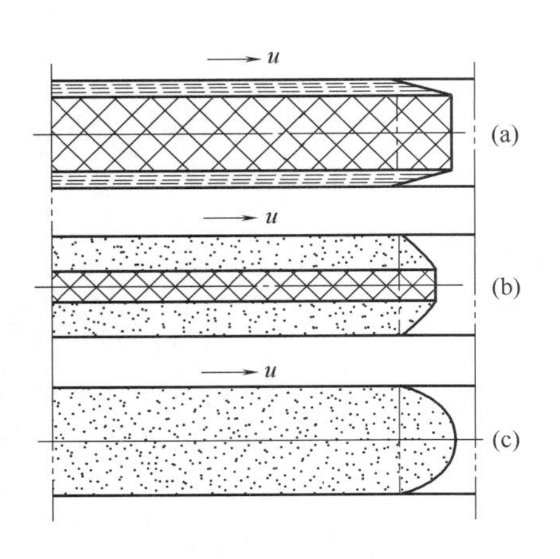

图 8-2　纸浆的 3 种流动状态

（a）塞流　（b）混流　（c）湍流

u—流速

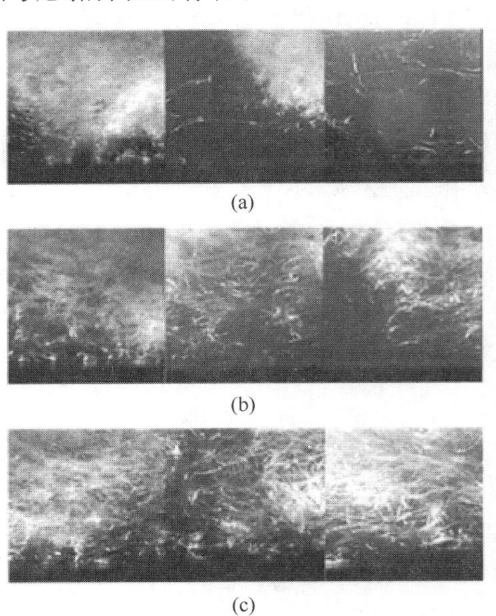

图 8-3　塞流的滚动摩擦区中存在的絮凝体和水环

（a）主体速度为 0.37m/s　（b）主体速度为 1.05m/s　（c）主体速度为 1.74m/s

三、低浓浆输送管路中压头损失的预测

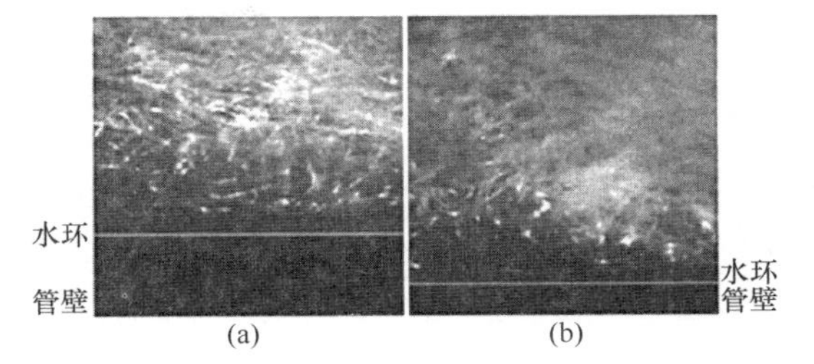

图 8-4　纸浆絮凝体和管壁之间的水环

（a）纸浆浓度为 2.2%　（b）纸浆浓度为 2.7%

低浓纸浆的流动特性为其输送系统工程设计提供了理论基础，纸浆在输送管道中的压头损失值是计算浆泵扬程的关键数据，也是确定浆泵功率的重要数据，因此，本节只讨论如何预测输送管路中压头损失值这一问题。

实践证明，可以通过三种途径来预测纸浆输送管路中压头损失值，即通过实验测定，查阅现有的图表和利用现有的计算公式进行计算。下面介绍相关图表和计算公式。

（一）预测压头损失的常用图表

国际造纸科技工作者进行了大量实验，得出了可用于工程设计的相关图表，如图 8-5 至图 8-12 所示。根据不同的纸浆种类和不同管理，可以用这些图表查出相应的压头损失值。为了比较，各图中还标示同样流动条件下的水流压头损失曲线。

查阅图 8-5 至图 8-12 时要注意：

① 图中横坐标以流量（输送量）q_V（m^3/h）表示，若 q_V 以（L/min）表示或以流速 u（m/s）表示，都必须换成 q_V（m^3/h）。

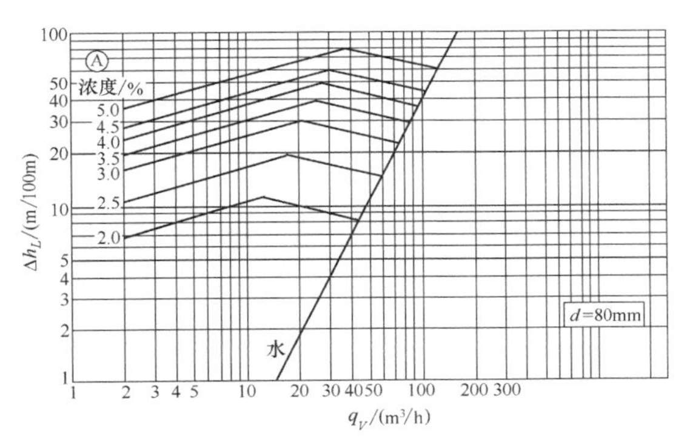

图 8-5　管内径 80mm 的压头损失值

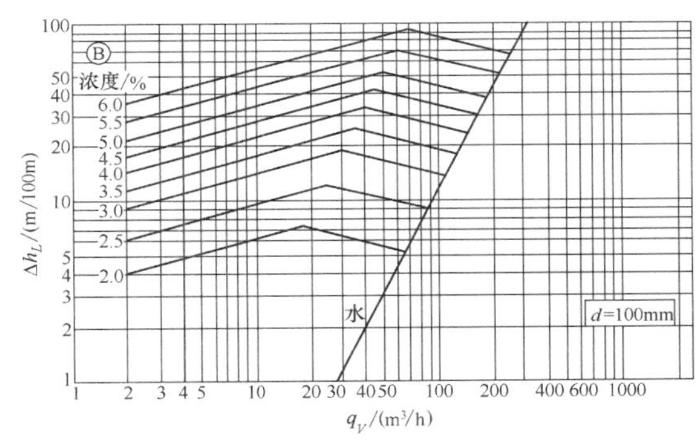

图 8-6　管内径 100mm 的压头损失值

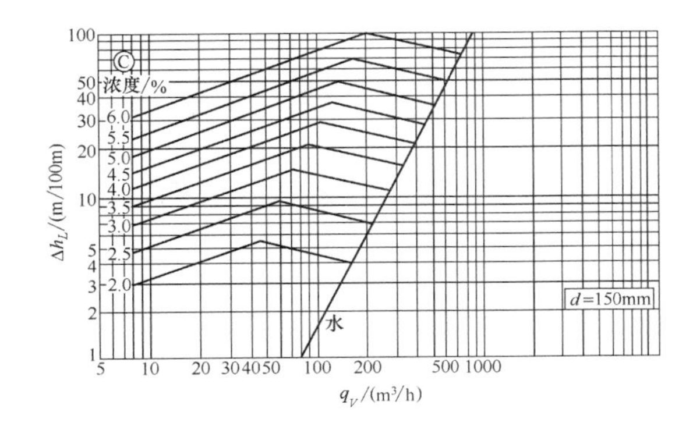

图 8-7　管内径 150mm 的压头损失值

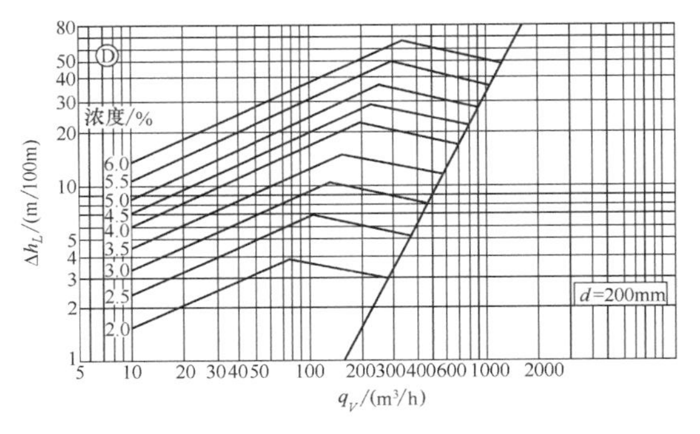

图 8-8　管内径 200mm 的压头损失值

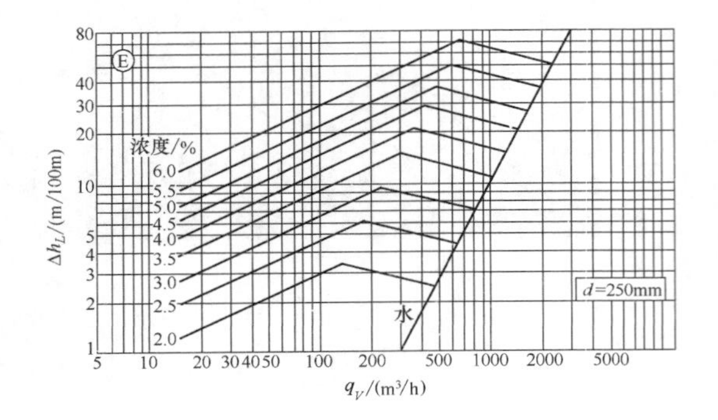

图 8-9　管内径 250mm 的压头损失值

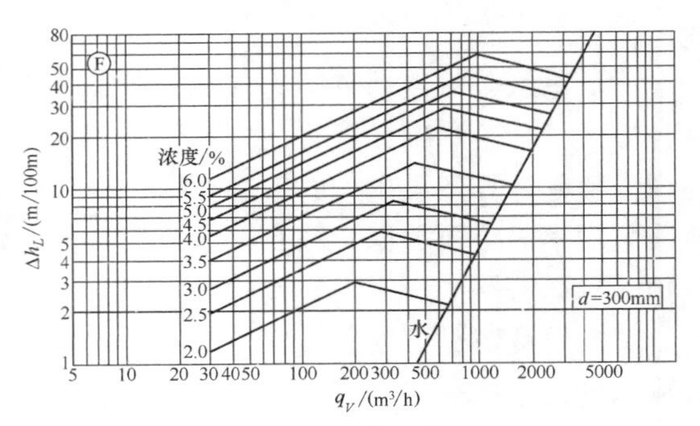

图 8-10　管内径 300mm 的压头损失值

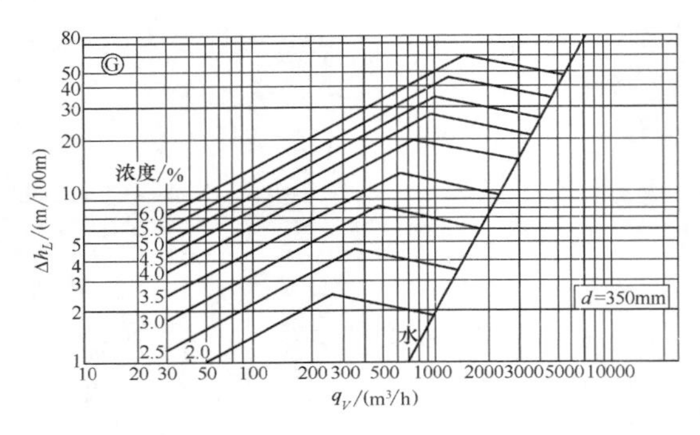

图 8-11　管内径 350mm 的压头损失值

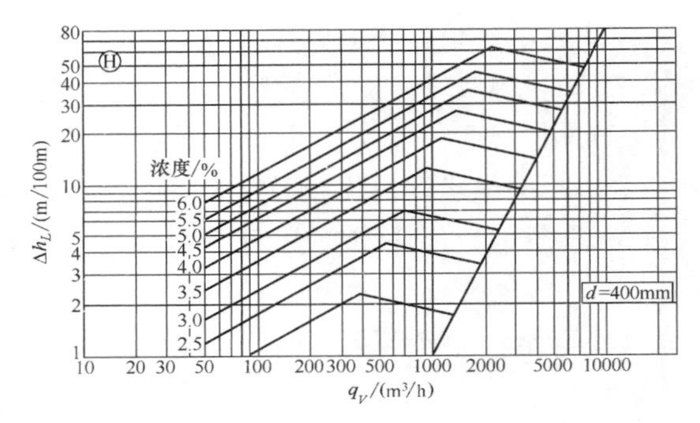

图 8-12　管内径 400mm 的压头损失值

② 图中纸浆浓度限于 2%～6%，属于低浓浆输送范围，至于浓度<2%的纸浆，例如造纸机流浆箱中纸浆，可用别的方法预测压头损失值。

③ 对于浓度刚好与图中特性曲线所表示的浓度不一样，可近似采用插入法计算。

④ 图中所示压头损失值只适用于光滑管道，例如非金属材料管，对于普通钢管，或不锈钢管，应乘以 1.1。

⑤ 对于化学木浆、机械木浆、化学非木浆及废纸浆，在同样浓度和同样流动条件下，其压头损失值是不同的，其中机械木浆的压头损失相比要大一些，而化学非木浆的要小些。因此，有资料建议，从图中查得的压头损失值，如用于机械木浆要乘以系数 1.2，如用于化学非木浆，就乘以 0.9。

为了便于计算和查阅，图 8-13 表示了纸浆输送管路的输浆量 q_V（m^3/h）与流速 u（m/s）及管径 d（mm）的关系。

每小时输浆量 q_V（m^3/h）与每天绝干浆输送吨数 q_m（t/d）及浓度 w（%）之间的关系如图 8-14 所示。

因此，可按下列步骤预测压头损失值：

① 根据每天需要的绝干浆输送吨数 q_m（t/d）和纸浆浓度 w（%）按图 8-14 查出纸浆输送量 q_V（m^3/h）。

② 根据纸浆输送量 q_V（m^3/h）和管道内最佳平均流速 u（m/s）按图 8-13 查出管道内径 d（mm）。在确定管道内径 d（mm）时要考虑工艺技术条件，并对 d（mm）进行修正。

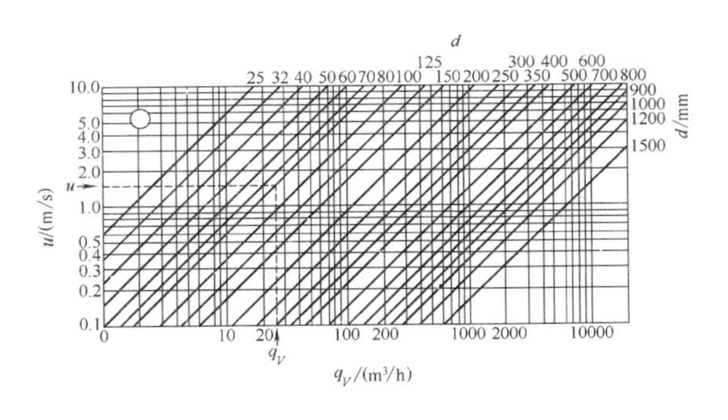

图 8-13　流量 q_V 与流速 u、管内径 d 之间的关系

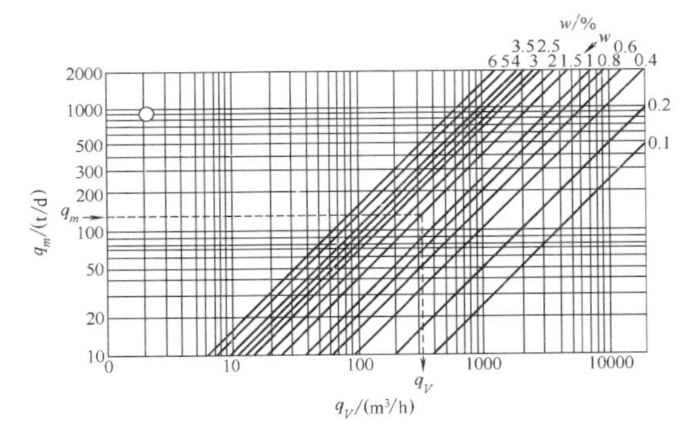

图 8-14　流量 q_V 与绝干浆输送量 q_m 及浓度 w 之间的关系

③ 从图 8-5 至图 8-12 中选择与管径 d 和浓度 w 相适应的特性曲线，再根据输浆量 q_V（m^3/h）查出每 100m 管长的压头损失 Δh_L（m 浆柱或近似写为 m 水柱，简写为 m）。

④ 根据管道材料类别及纸浆种类修正 Δh_L（m）值。

⑤ 按输浆管道的直管总长度 L（m）就可得出直管部分的总压头损失值。

（二）输浆管道的压头损失计算公式

在制浆过程的纸浆输送中，纸浆浓度均在 2%以上，因此下面所提供的计算公式均适合于实际输送的纸浆浓度范围。但是，纸浆流动特性较为复杂，纸浆的物理特性和流动条件也对压头损失值有一定影响。因此，只有当纸浆的物理特性等与计算公式的应用范围完全符合时，应用该计算式才能得到较准确的数值，否则将会出现一定的误差。

1. 里格（Rigeel）的压头损失计算式

里格压头损失计算式由式（8-1）所示：

$$\Delta h_L = 1442u^{0.364}w^{1.89}d^{-1.33}k_1 \tag{8-1}$$

式中　Δh_L——每 100m 管长的压头损失值，m 水柱/100m 管长

u——纸浆在管道内的平均流速，m/s

d——管内径，mm

w——浓度，%

k_1——纸浆种类较正系数，由表 8-1 所示

表 8-1　　**k_1 与纸浆种类的关系**

纸浆种类	k_1	纸浆种类	k_1
未漂亚硫酸盐木浆	1.0	磨木浆	1.4
漂白亚硫酸盐木浆	0.9	化学机械浆	1.1
硫酸盐木浆	0.9	漂白草浆	0.9

公式（8-1）适合范围为：

纸浆浓度　2%~6%；纸浆在管道内的平均流速为 0.3~3m/s。

2. 达菲（Duffy）的压头损失计算式

达菲通过试验得出了压头损失计算公式，也可供纸浆输送工程设计中参考。

① 漂白硫酸盐木浆

$$\Delta h_L = 1295u^{0.31}w^{1.81}d^{-1.34} \quad (d>100\text{mm}) \tag{8-2}$$

② 本色硫酸盐木浆

$$\Delta h_L = 1124u^{0.33}(w-0.65)^{1.33}d^{-1.16} \tag{8-3}$$

③ 磨木浆

$$\Delta h_L = 71.54u^{0.27}w^{2.37}d^{-0.85} \tag{8-4}$$

④ 新闻纸废纸浆（配有 20%硫酸盐木浆）

$$\Delta h_L = 113.4u^{0.36}w^{1.91}d^{-0.82} \tag{8-5}$$

上述各式的符号代表意义与式（8-1）的相同。

（三）局部位置压头损失的预测

在纸浆输送系统工程设计中，除了考虑直管部分的压头损失外，也要考虑局部位置的压头损失值。输送系统中，一般对安装于管路中的有关配套设备及附件，生产厂家都会标明纸浆通过时的压头损失值。如果没有标明，可以按式（8-6）计算：

$$\Delta h_{\sum L} = \sum L_e \Delta h_L \tag{8-6}$$

式中　$\Delta h_{\sum L}$——管道中所有附件引起的压头损失值，m 水柱

$\sum L_e$——管道中所有附件的当量长度之和，由表 8-2 所示，表中 d 为管道内直径

表 8-2　　管道附件的当前长度 L_e（浆管为无缝钢管，阀门和闸门全开）

附件类型 \ 纸浆浓度/%	2	3	4	5
90°弯头	$16d$	$12d$	$10d$	$6d$
侧流三通	$24d$	$16d$	$12d$	$9d$
直流三通	$2d$	$2d$	$2d$	$2d$
40°扩散管	$14d$	$10d$	$6d$	$4d$
浆闸门（闸板）	3.3(m)	2.9(m)	2.5(m)	2.1(m)
旋转阀门	3.3(m)	2.9(m)	2.5(m)	2.1(m)

四、中浓浆的流动特性和压头损失值的预测

中浓浆在管道中作稳定流动时其压头损失与同样流动条件下低浓浆的压头损失相比要大得多，二者的比值随浓度 w 的幂级数的比值而增加；例如，在流速较低时，纸浆浓度由 4%提高到 12%，即提高 3 倍，在同样流动条件下，压头损失要提高 13.5 倍。主要原因是由于浓度的提高，增大了纤维网络的强度，中浓浆在管道输送时需要消耗较大的能量来克服与管壁的摩擦阻力。

对中浓浆输送管道压头损失值的预测常推荐下列的计算公式：

1. 波德海曼（Bodenheimer）公式

根据波德海曼等的研究，浓度 18%以下的纸浆可用式（8-7）来预测直管部分的压头损失：

$$\Delta h_L = 164u^{0.15}w^{2.5}d^{-1} \tag{8-7}$$

式中的符号代表意义与式（8-1）相同

2. 应用外推法使用低浓浆的相关计算公式

在工程设计中，有的设计者应用上面所讨论的低浓浆压头损失计算公式外推应用到中浓浆。

例如对磨木浆，用达菲的计算式（8-4）为：

$$\Delta h_L = 71.54u^{0.27}w^{2.37}d^{-0.85}$$

若设 $u=0.3\text{m/s}$，$d=150\text{mm}$

那么，当浓度 $w=4\%$时，

$$\Delta h_L = 71.5(0.3)^{0.27}(4)^{2.37}(150)^{-0.85}$$
$$=19.45(\text{m 水柱/100m 直管长})$$

当浓度 $w=12\%$时

$$\Delta h_L = 71.5(0.3)^{0.27}(12)^{2.37}(150)^{-0.85}$$
$$=262.8(\text{m 水柱/100m 直管长})$$

可以看出，

$$\frac{\Delta h_{L2}}{\Delta h_{L1}} = \frac{w_2^{2.37}}{w_1^{2.37}} = 13.51$$

对于其他种类的纸浆，同样可用低浓浆相应计算式来预测中浓浆的压头损失值。

五、浆泵的扬程

由于纸浆在输送管道中存在一定的压头损失，为了给纸浆提供相应的能量，以克服纸浆压头损失值，并同时满足输浆系统中其他工艺条件的要求。浆泵（不管是低浓浆泵、中浓浆泵及高浓浆泵）在输送纸浆时，就称浆泵输送的单位质量纸浆从进入浆泵到出口处能量的增值为浆泵的扬程，常记为 H。

单位同样以 m 浆柱或近似地以 m 水柱表示，记为 m，可用式（8-8）确定浆泵扬程，即：

$$H=(1.1\sim1.3)(H_L+H_O+H_P+H_V) \tag{8-8}$$

式中　H_L——为管道的总压头损失，包括整条管道的直管部分压头损失和局部位置的压头损失，以及附属流通设备的压头损失，m

H_O——纸浆经过输送管道系统后经压头的升高，m

$$H_O=h_2-h_1 \tag{8-9}$$

h_2，h_1——纸浆经浆泵输送前后的液位，m

H_P——纸浆静压头的增加，m

$$H_P=\frac{p_2}{\gamma}-\frac{p_1}{\gamma} \tag{8-10}$$

式中　γ——纸浆重度，N/m^3，可取 $\gamma=104$（N/m^3），即近似于水的重度

p_1，p_2——纸浆进入输送管道系统前后的压强，Pa

H_V——纸浆动压头的增大，且

$$H_V=\frac{u_2^2}{2g}-\frac{u_1^2}{2g} \tag{8-11}$$

式中　g——重力加速度，m/s^2

u_1，u_2——纸浆进入输送管道系统前后的平均流速，如纸浆在输送前为静止，则有 $\Delta u=u_2$

如果属于常压输送纸浆，且忽略动压头的变化，浆泵扬程 H 就成为

$$H=(1.1\sim1.3)(H_L+H_O) \tag{8-12}$$

式（8-8）和式（8-12）中的 1.1～1.3 为富余量系数，可根据实际情况进行选择。

第二节　纸浆输送机械

一、输浆泵的分类及性能参数

（一）概述

本章所讨论的纸浆输送机械是指实现纸浆在管道中输送的机械，按其作用原理和结构特点，纸浆输送机械可分为：a. 输浆泵；b. 螺旋输送机械；c. 风动输送机械。

本章在纸浆输送机械中只讨论输浆泵，对于螺旋输送和风动输送机械与输送固态物料的机械基本相同，读者可参阅其他有关的教材，不列入本章讨论的内容。

输浆泵简称浆泵，在制浆造纸工业中是最重要的纸浆输送机械。与纸浆按浓度分类相对应，工程上常把输送低浓纸浆的浆泵称为低浓浆泵，输送中浓纸浆的浆泵称为中浓浆泵，输送高浓纸浆的浆泵称为高浓浆泵。

在工程实际应用中，浆泵是根据其结构形式来分类的，具体的分类如表 8-3 所示。

表 8-3　浆泵按结构形式的分类

结构形式	浆泵名称	输浆浓度	应用场合
离心式	普通离心式浆泵	低浓	各种低浓纸浆输送
	冲浆泵	低浓	造纸机流浆箱流送系统
	斜浆泵	低浓	蒸煮后化学浆输送，废纸浆及木片悬浮液输送
	湍流离心式中浓浆泵	中浓	中浓纸浆（8%～15%）漂白系统，中浓纸浆输送
轴流式	轴流浆泵	低浓	低浓纸浆输送
混流式	混流浆泵	低浓	低浓纸浆输送
齿轮式	齿轮式高浓浆泵	中浓、高浓	输送中浓及高浓纸浆（15%以上）
双螺杆式	螺杆式高浓浆泵	高浓	输送高浓纸浆
单转子式	转子式高浓浆泵	高浓	输送高浓纸浆

（二）浆泵的性能参数

浆泵的主要性能参数为：

① 输浆浓度 w（%）；

② 浆泵单位时间内输出的纸浆量，简称流量，体积流量的单位为 L/S 或 m^3/s 等，质量流量单位用 kg/s 或 t/min 等；

③ 单位时间内所输送的绝干浆质量 m；

④ 扬程 H，单位为 m；

⑤ 浆泵转子或叶轮转速 n，单位为 r/min；

⑥ 功率 P，指浆泵的输入功率，单位为 kW；

⑦ 浆泵的有效功率 P_e，P_e可由式（8-13）计算：

$$P_e = \frac{\gamma q_V H}{1000} \quad (\text{kW}) \tag{8-13}$$

式中　γ——纸浆重度，N/m^3

q_V——体积流量，m^3/s

⑧ 浆泵的效率 η，即有效功率 P_e 与输入功率 P 之比。

$$\eta=\frac{P_e}{P}\times100(\%) \tag{8-14}$$

⑨ 吸上真空度 H_S 和浆泵允许安装高度 h_S，H_S 可由式（8-15）计算：

$$H_S=h_S+\frac{u_S^2}{2g}+\sum h_{LS}\quad(\mathrm{m}) \tag{8-15}$$

式中　h_S——浆泵允许安装高度，m

u_S——吸入口的平均流速，m/s

$\sum h_{LS}$——纸浆在吸入管路中的压头损失，m

在工程上，为了避免汽蚀，H_S 不得超过制造厂规定的允许吸上真空度［H_S］，即

$$h_S\leqslant[H_S]-\left(\frac{u_S^2}{2g}+\sum h_{LS}\right) \tag{8-16}$$

浆泵的性能参数是选购浆泵及使用浆泵时所依据的数值，也是鉴别一台浆泵性能是否优良的标志。

二、低浓浆泵

（一）低浓离心式浆泵

低浓离心式浆泵简称离心浆泵，其结构与普通离心水泵基本相同。轴流浆泵和混流浆泵，也和轴流水泵及混流水泵基本一样。因此，本教材对轴流浆泵及混流浆泵就不作讨论，对普通离心浆泵只作简单介绍。

离心浆泵一般为单吸的，由泵体、叶轮、轴、轴的密封件等组成。泵体分为整体式和部分式两种；叶轮有闭式、开式和半开式三种结构形式，闭式叶轮前后侧有盖板，使流道的前后是封闭的，半开式叶轮则其一侧有完整的盖板，而开式叶轮没有盖板或侧壁，仅在叶片间设加强筋（如图 8-15 所示）。闭式叶轮按流道由中心朝圆周方向的宽度变化又可分为收缩型、平行型和扩散型三种（如图 8-16）。在选购离心浆泵时必须根据输送工艺条件，即纸浆浓度 w、纸浆种类、流量 q_V、扬程 H、安装高度 h_S 等参数来选择，但对于离心浆泵的叶轮，要根据纸浆的种类和浓度来选用叶轮结构形式。浓度低于 1.5%的细浆，可选用收缩型的闭式叶轮，浓度高于 1.5% 的细浆，采用平行型与扩散的闭式叶轮，对浓度更高的如 3%~4%的细浆，应采用扩散型的闭式或半开式叶轮，如输送粗浆或浓度接近于中浓的（例如浓度 5%~6%）细浆，应采用开式或增压叶片的半开式叶轮。关于离心浆泵的规格与参数，可参阅生产厂家的产品样本。

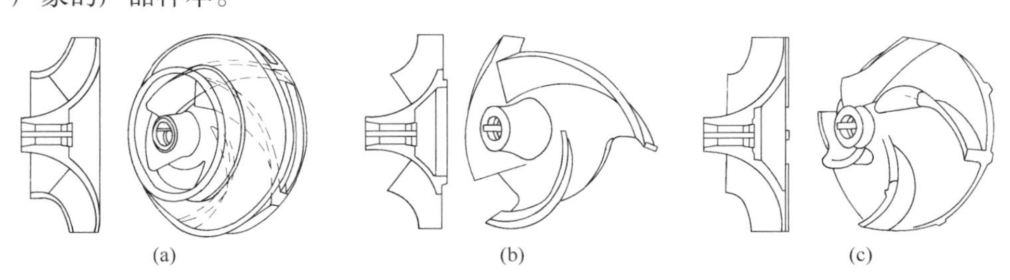

图 8-15　闭式、开式、半开式叶轮

（a）闭式叶轮　（b）开式叶轮　（c）半开式叶轮

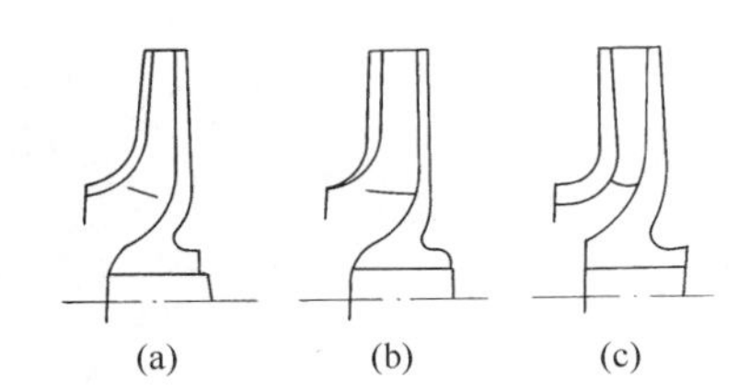

图 8-16　闭式叶轮的三种形式
（a）收缩型　（b）平行型　（c）扩散型

（二）冲浆泵

冲浆泵通常设计为双吸，轴向剖分的离心泵，广泛用于上网浆料输送及纸机前的筛选、除渣等工段，输送浓度很低（一般浓度≤1%），有使纸浆均匀搅拌的任务，流速一般不低于 3～4.5m/s。如图 8-17 为冲浆泵的剖视图，泵的蜗壳设计成对开式结构，其上部及下部可使介质具有理想的流向，可将速度能量转变为压力能；由耐酸铸不锈钢材料制成的双叶轮将介质从进口向出口方向运送，如图 8-18 是一种典型的叶轮结构；轴承将叶轮、轴密封和联轴器固定，并将动能传给叶轮及介质，通常采用脂润滑，而轴承室用骨架油封密封。在冲浆泵的泵轴上有机械密封，可设计成双机械密封，需要提供密封水；同时密封泵轴的还有填料密封，在填料中间有一个密封水环。

冲浆泵的叶轮旋转过程中，每个叶片在经过泵体上隔舍时都会产生一个压力脉冲，该压力脉冲的频率与叶片转动频率一致。叶片转动频率可以用公式（8-17）计算得到：

$$f_z = \frac{Z \times n}{60} \tag{8-17}$$

式中　f_z——叶片频率，Hz

Z——叶片数量

n——泵转速，r/min

目前造纸行业里，各大造纸设备制造商通常的要求是冲浆泵在额定点工作时叶片频率下压力脉冲峰峰值不超过 1000～1500Pa。

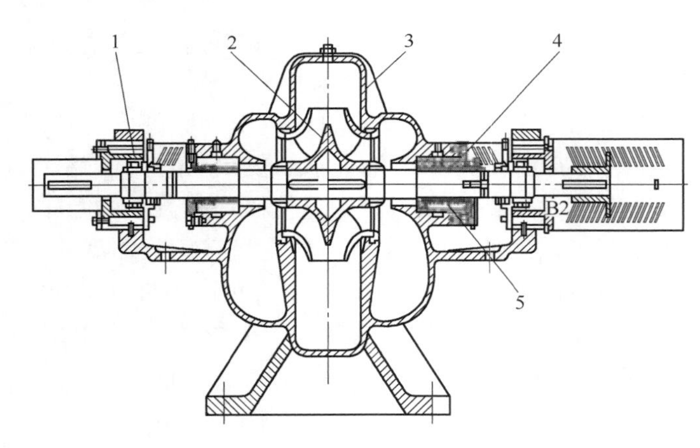

图 8-17　冲浆泵的剖视图
1—轴承　2—叶轮　3—泵蜗壳　4—填料密封　5—机械密封

图 8-18　冲浆泵的叶轮

由于要求向造纸机的网部输送的浆料量一定要连续稳定，流浆箱喷射到网上的纸浆速度保持连续一致，纸浆纤维分布均匀，从而保证纸张成品的匀度及其他物理性能，所以要求冲浆泵的压力波动不能太大。而整体的压力波动受到很多现场条件和其他影响因素的制约，对于叶片转动频率下的压力脉冲的控制和改善，有助于提高冲浆泵整体压力波动性能，所以冲浆泵的压力脉冲性能是纸张成品质量重要的影响因素之一。

（三）斜盘泵

斜盘泵又称为倾斜转子泵，是离心式粗浆泵，如图 8-19 所示，适用于输送刚蒸煮出来的化学浆、木片悬浮液、废纸浆等，且输送浓度较高可达 5%～8%，接近于中浓。

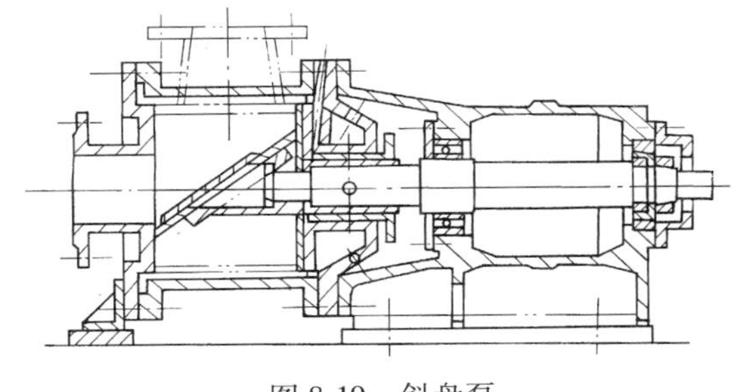

图 8-19　斜盘泵

1. 斜盘泵的叶轮和泵体

泵的叶轮和泵体具有自身的特点。叶轮是一个与泵轴线倾斜成 30°～40°角的椭圆形平板，称为斜盘，相当于具有两个叶片的开式叶轮。叶轮旋转时对纸浆产生不同的轴向作用力，在轴间对纸浆起搅拌作用，而圆周力则使纸浆产生离心的作用，从而使纸浆获得输送扬程所必要的能量。斜盘泵的泵体更为简单，是一个圆柱形筒体，在适当方向上开长形孔作为排浆口，并接出浆管。

泵体可以是整体的，也可以是剖分式的。

2. 斜盘泵的扬程、流量及功率计算

由于斜盘泵的工作原理与离心泵相近，因此也符合离心泵的相似定律。

斜盘泵的扬程 H（m）、流量 q_V（m^3/h）和功率 P（kW）可用下列公式计算：

$$H=K_H n^2 D_2^2 \quad (m) \tag{8-18}$$

$$q_V=K_Q n D_2^2 \quad (m^3/h) \tag{8-19}$$

$$P=\frac{q_V H \gamma}{3.6\times10^6 \eta} \quad (kW) \tag{8-20}$$

式中　n——泵的转速，r/min

D_2——斜盘在垂直于轴线的平面上投影直径，m

K_H——系数，$K_H=(1.2\sim1.4)10^{-4}$

K_Q——系数，$K_Q=3\sim4.5$

η——效率，$\eta=0.36\sim0.38$

γ——纸浆黏度，N/m^3

3. 斜盘泵的功能

斜盘泵不但具有输送浓度接近于中浓的粗浆的能力，而且通过适当的改造，斜盘泵还具有对纸浆疏解的能力。如果把斜盘泵做成带齿的，即斜盘旋转时在其外径周边所在的圆柱面上车出等距的环形齿沟，泵壳内镶嵌一个带相应环形齿沟的套筒，这就说斜盘泵增加了一个十分重要的功能——粉碎与疏解作用，因此有的文献称这种带齿的斜盘泵为泵送——碎磨机。

在多数情况下，斜盘泵把输送和粉碎、疏解及混合作用结合在一起，这就是它具有一定实用价值之所在。尽管斜盘泵的输送效率低，但由于具有这种双重作用，往往是减少能耗的设备。

三、中浓浆泵

（一）中浓浆的流体化技术

纸浆中纤维对流动性的影响与固体微粒对流动性的影响极为相似，中浓浆在没有特殊条件下不可能具有较好的流动性，而低浓浆泵又不能泵送中浓浆。要像输送低浓浆一样输送中浓浆，就必须对中浓浆施加足够的剪切应力，使纤维网络完全分散，使中浓浆完全处于湍流的状态，从而具有与水流近似的流动性。

中浓浆输送技术所要解决的第一个关键问题就是要使中浓浆流体化，使其能具有与低浓浆近似的流动性。

中浓浆流体化的临界剪切应力

根据浓度 w 在中浓浆实现流体化中的关键作用，可以用式（8-21）来表达中浓浆实现流体化的临界剪切应力 τ_d 与浓度 w 的对应关系，即

$$\tau_d = Kw^a \tag{8-21}$$

式中，K 与 a 对特定的纸浆是常数，可通过实验测定。

芬兰的格里森（John Gulliichsen）通过对中浓浆流体化的实验，得出了如表 8-4 所示的 K 与 a 值，并得出了如图 8-20 所示的中浓浆特性曲线图。

表 8-4　　几种中浓浆的 K，a 实验值

纸浆种类	K	a	纸浆种类	K	a
漂白硫酸盐木浆	27.3	1.98	未漂白硫酸盐木浆	18.9	2.04
半漂白硫酸盐木浆	27.3	1.98	磨木浆	6.7	2.43

利用表 8-4 和公式（8-21）可计算出相关中浓浆实现流体化的临界剪切应力 τ_d。

从图 8-20 中也可以看出，当对纸浆施加高强剪切力的转子转速达到一定值时，转子所产生的临界转矩 M_d 所具有的临界剪切应力 τ_d 就足以破坏纤维网络使纸浆进入湍流区，转子转速进一步加大，与扭矩的关系曲线就与水流的基本一致，说明了已具备了与水流近似的流动特性。

陈克复等通过上述同样的中浓浆流体化实验，得出了公式（8-21）中对应于各种纸浆的 K、a 值，如表 8-5 所示，也得出如图 8-21 所示的中浓浆的特性曲线图。

中浓浆实现流体化的临界剪切力随纸浆浓度的提高而迅速增大，如图 8-22 与图 8-23 所示，也就是说，浓度 w 越高，为了实现中浓浆流体化，以便于输送，其施加高强剪切应力的特制转子转速就越高。这种特制转子，在中浓浆泵中，就是湍流发生器。

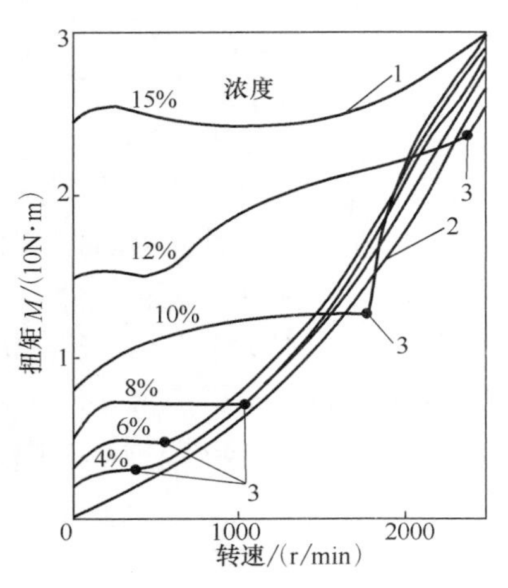

图 8-20　高强剪切力场中转子的转速与扭矩 M 的关系曲线

1—纸浆关系曲线　2—水流关系曲线
3—进入湍流区，见每条曲线上的转折点（黑点）

表 8-5　　7 种纸浆的 K，a 值

序号	纸浆种类	K	a
1	未漂白磨石磨木浆	0.4	3.49
2	未漂白马尾松硫酸盐木浆	5.38	2.52
	已漂白马尾松硫酸盐木浆	5.74	2.52
	未漂白亚硫酸盐芦苇浆	1.61	2.84
	已漂白亚硫酸盐芦苇浆	1.7	2.76
	未漂白稻草浆	1.35	2.90
	未漂白废纸浆	0.15	3.80

（二）中浓浆泵的结构特点

目前国内外制造的中浓浆泵主要是湍流离心式中浓浆泵，适用输送浓度 w=7%～15%的中浓纸浆。

图 8-24 所示为湍流离心式中浓浆泵（简称中浓

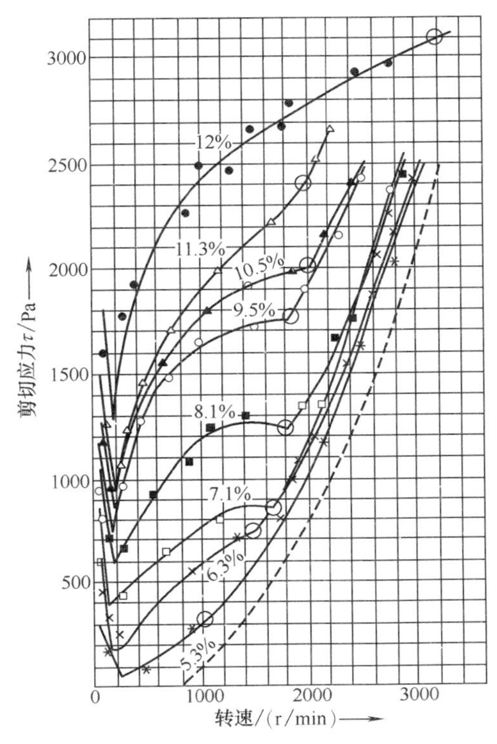

图 8-21　已漂白硫酸盐马尾松木浆 τ—n 关系曲线

----水流　——纸浆　—○—湍流开始关

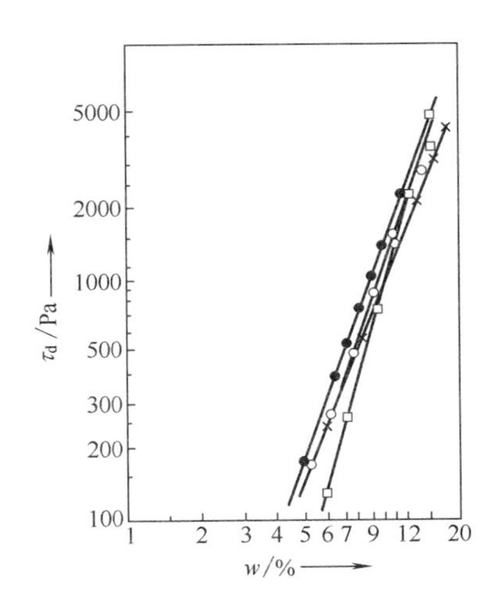

图 8-22　木类浆流体化的临界剪切应力 τ_d 与浓度 w 的关系曲线

浆泵）的外形图，从图中可以看出，中浓浆泵其实是一台输送装置，主要由四大部分组合，即贮浆立管、传动部分、脱气部分及泵送纸浆部分，图 8-25 为中浓浆泵的泵送纸浆部分结构简图，它具有的主要部件有湍流发生器、叶轮、机械密封脱气管等。

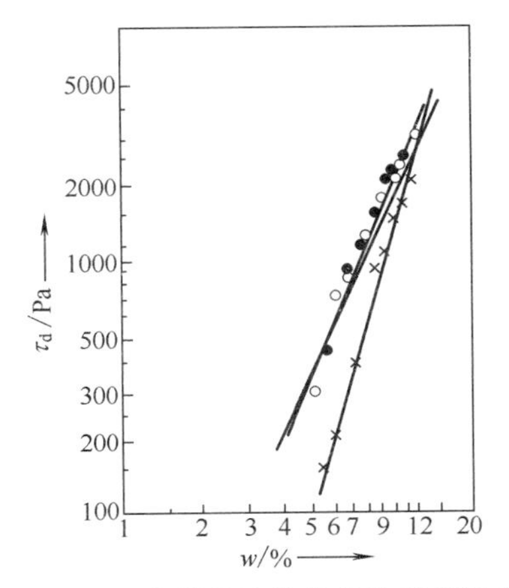

图 8-23　草类浆流体化的临界剪切应力 τ_d 与浓度 w 的关系曲线

1. 湍流发生器

湍流发生器是由装在主轴上的 3 片伸入进浆管内呈螺旋形的后倾叶片和进浆管壁上的若干块半圆形凸筋组成。这种湍流发生器在较高转速下（例如：2000r/min 以上），对本身丧失自由流动性能的中浓纸浆产生高强剪切作用，使它实现流体化，具有近似于水流的特性。在湍流发生器作用下，纸浆在做高速环向流动和高频径向脉动的同时产生径向流动，中浓纸浆在此区域中处于三维湍流状态。

2. 叶轮

叶轮使中浓纸浆继续保持湍流状态，并使纸浆获得动能，也就是说，叶轮把机械能传递给纸浆，使纸浆具有足够的动能。叶轮一般设计成具有前倾叶片的形式，利用纸浆在泵腔内产生旋流使纸浆继续流体化，并防止了纸浆在泵内堵塞。

图 8-26 所示为国外中浓浆泵的叶轮，图中（a）为瑞典卡米尔（kamyr）公司制造的叶

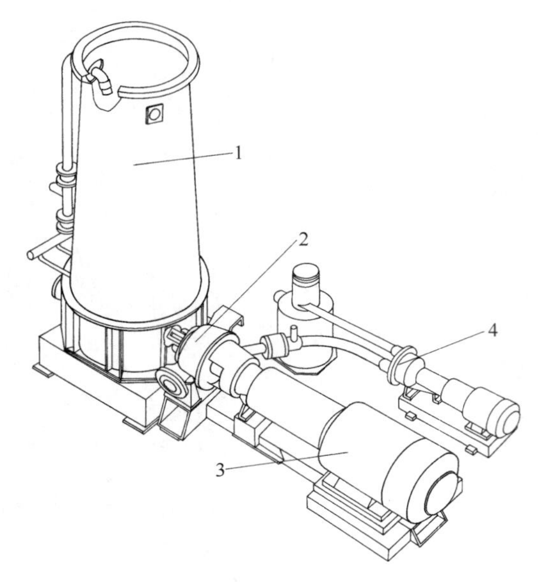

图 8-24　中浓浆泵外形图

1—贮浆立管　2—泵送纸浆部分

3—传动部分　4—脱气部分

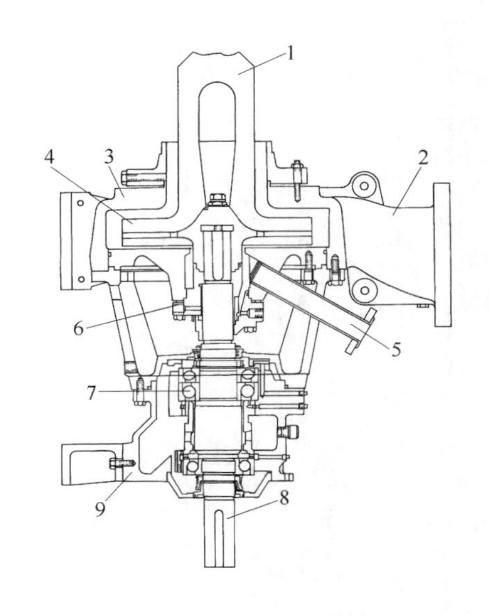

图 8-25　中浓浆泵结构简图

1—湍流发生器　2—泵壳出浆口　3—泵体

4—叶轮　5—脱气出口　6—机械密封

7—轴承　8—转动　9—轴承座支架

轮结构，它把湍流发生器与叶轮设计成一体，而图中（b）为瑞典松茨（sunds）公司的叶轮结构，其叶轮与湍流发生器是分开的。

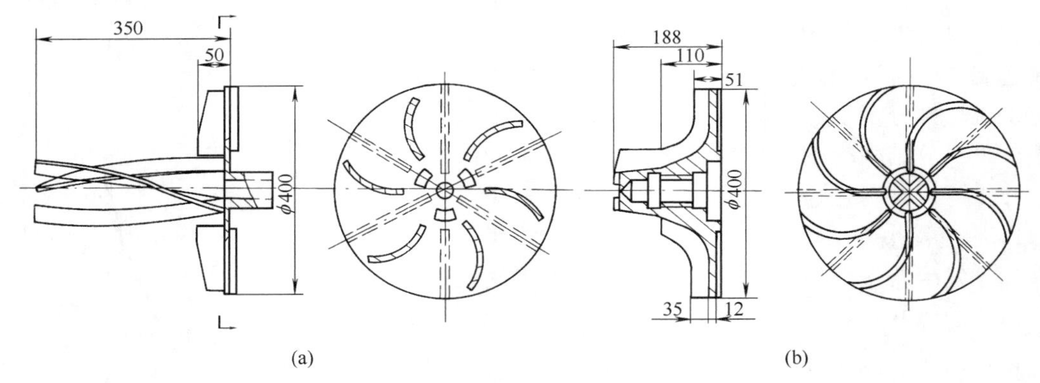

(a)　(b)

图 8-26　国外中浓浆泵叶轮

（a）卡米尔公司中浓浆泵叶轮　（b）松茨公司中浓浆泵叶轮

3. 脱气装置

中浓纸浆中含有大量空气，它会在浆泵叶轮中心处积聚，若不随时排出就会影响泵的正常运行。图 8-25 中的脱气出口 5 与真空泵抽气管相连，把积聚在叶轮中心的空气排出，参阅图 8-24。

4. 泵体

中浓浆泵一般采用旋流泵的离心泵体作为泵体。旋流泵的主要特点是圆柱形泵壳和开式叶轮，叶轮同心安装在泵壳内一侧，进入泵内的所输送流体介质能作环向流动。从图 8-27 中可以看出，进入泵入口处的流体介质一开始就呈纯漩涡状，并通过整个泵内腔传播开来，因而促使流体介质在泵内逐渐加速，流体介质在叶轮作用下就可继续保持湍流状。采用这种泵体作为中浓浆泵的泵体，和叶轮一起，稍作修改，就能使离开湍流发生器的中浓纸浆保持湍流状态，并连续不断地获得动能，为正常输送创造了条件。

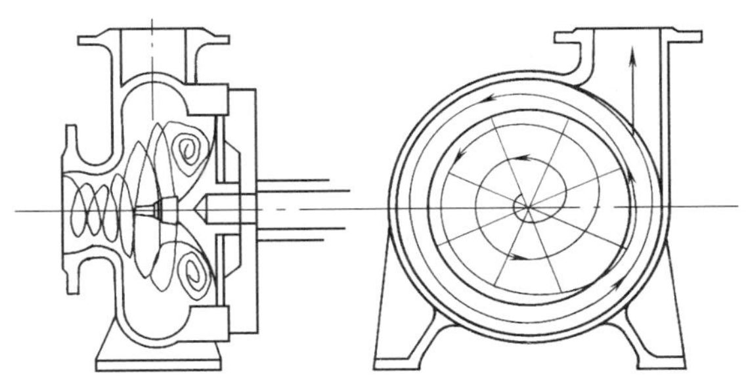

图 8-27　旋流泵的水流原理图

（三）中浓浆泵的工作原理

离心泵输送流体的先决条件是流体本身具有很好的流动性，想用离心式浆泵输送中浓纸浆，首先就要使中浓纸浆流体化。因此，所有的中浓浆泵均在入口处装有湍流发生器，在湍流发生器的作用之下，中浓纸浆在进浆泵之前就已处于湍流状态，实现了流体化。但是，置身于装有湍流发生器的浆泵入口处的中浓纸浆，尽管已实现了流体化，但一旦离开湍流发生器的作用区域，或湍流发生器停止运转，中浓纸浆的纤维就会重新交织成网络塞体，在极短的时间内湍动强度完全衰减，而且中浓纸浆的气体含量又高，离心浆泵就又无法输送了。可以说，解决中浓纸浆利用离心浆泵输送的核心问题除湍流发生器的作用之外，就是设计一个使经过湍流发生器的作用之后已处于湍流状态的纸浆继续保持流体化、对纸浆中仍有少量气体不十分敏感。且流道宽而不易堵塞的离心泵，特别是要把叶轮和泵体设计为中浓纸浆能量传递和转换的特殊部件。

为了给中浓纸浆施加足够剪切应力，湍流发生器的转速必须大于使中浓纸浆实现流体化的临界转速，一般都在 2000r/min 之上。因此，中浓浆泵必须具有承受高速运转的能力，即使在高达 3000r/min 的情况下也相当平稳，满足湍流发生器高速运转的要求。

由于中浓纸浆中含有大量空气，一般具有 12%体积含量，这些空气是均匀地分布于纸浆中，在高速旋转的湍流发生器和特制开式叶轮的作用下，进入浆泵的纸浆作高速环向流动，使纸浆中的空气逐渐释放，并在叶轮中心聚集，形成气团。气团对纸浆的有效输送起了阻碍作用，使浆泵不能有效地工作，出现与离心水泵同样的“气搏”现象。因此，中浓浆泵就必须设置有脱气系统，及时地把聚集在叶轮中心处的空气不断排出，使中浓纸浆能连续地被输送出去。

中浓纸浆在叶轮作用下，具有轴向和径向的速度，在流向出口的过程中，其动能和静压能都得到了迅速增加，到了泵壳压出室，大部分动压头转换成静压头，然后克服浆泵出口阻力输送出去，这时，湍流发生器的进浆口处则由于纸浆被吸到叶轮处而形成低压区，致使其周围的纸浆在液面压力作用下迅速地流向湍流发生器的进浆口区域。这样，中浓纸浆就不断地被吸入又不断地被输出。

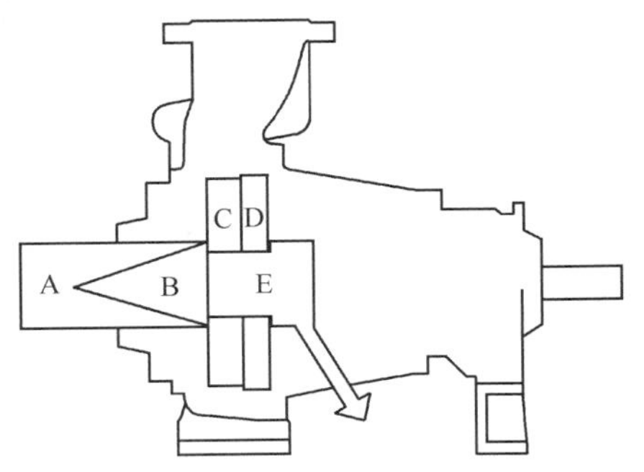

图 8-28　中浓浆泵工作区

（四）中浓浆泵的工作区

根据中浓浆泵的工作原理及其结构，可以分为 5 个不同的工作区，如图 8-28 所示。

① A 区：湍流发生器作用区。由于湍流发生器的作用，纸浆受强烈的湍动而流体化，从而能在压力差的作用下顺利地被吸入离心泵腔内。

② B 区：气体聚集区。湍流发生器使纸浆中纤维相挤压，并出现脉动，依附于纤维壁的气泡被压

缩破裂，分离的气体就自然聚集于低压区 B 区。

③ C 区：离心泵送区。已经基本分离出气体后的纸浆进入叶轮的作用区，在叶轮作用下，已流体化的纸浆带着一定的动能被输送到纸浆排出区。

④ D 区：纸浆返回区。部分纸浆带着少量气体从气体聚集区 B 区返回到泵送区 C 区。

⑤ E 区：气体排出区。排气系统不断地把聚集于 B 区的气体抽出，以保证中浓浆泵的正常工作。

（五）中浓浆泵的特性曲线

中浓浆泵的主要性能参数同样如本节一中（二）所述，即有浓度 w、流量 q_V、绝干输浆量 m、转速 n、吸上真空度 H_S、功率 P 及效率 η，吸上真空度与流量之间的关系反映了吸入性能，绝干输浆量是由浓度及流量派生的，反映其生产能力，对于普通浆泵，其性能曲线主要包括在一定条件下的扬程-流量曲线（$H—q_V$）、功率-流量曲线（$P—q_V$）和效率-流量曲线（$\eta—q_V$）。每一个流量均有相对应的扬程、功率和效率，它代表浆泵的一种工作状况简称工况点。

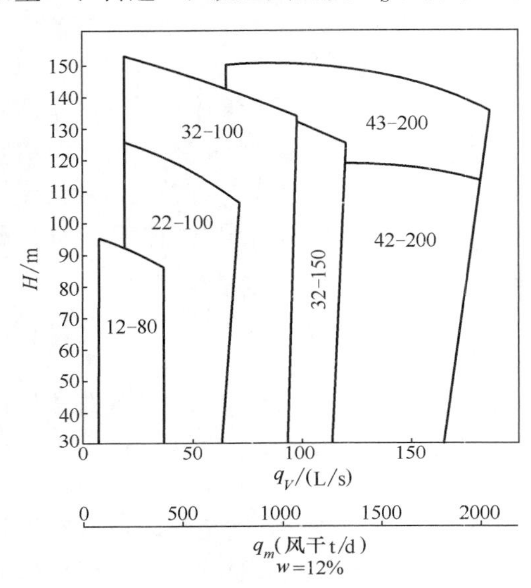

图 8-29　MCA 系列中浓浆泵性能曲线

由于目前中浓浆泵的使用量还远远不及低浓浆泵，而且种类及型号也不多，因此，只用在一定浓度下的扬程-流量（或输浆量）的关系曲线来标志每一台中浓浆泵的特性。图 8-29 所示的是奥斯龙（Ahlstrom）公司生产的 MCA 系列中浓浆泵特性曲线。其 MCA 系列各型号的中浓浆泵有关尺寸如图 8-30 及表 8-6 所示。

图 8-31 所示的为我国佛山肯富来安德里兹有限公司生产的 SF 系列中浓浆泵，SF 系列中浓浆泵的主要技术数据如表 8-7 所示。

表 8-6　MCA 系列中浓浆泵相关尺寸（表中字母表示意义，由图 8-30 表示）

泵型号	DN	1. D	$DN2$	A	A_1	F	X	B_2	B_3	C	N	H_1	H_2	H_3	H_4	L_1	L_2	L_3
MCA12-80	800	618	80	565	1620	510	180	720	1050	800	520	225	330	370	4100	1700	75	900
MCA22-100	800	618	100	600	1660	590	250	780	1050	800	520	250	380	370	4100	1950	100	900
MCA32-100	800	618	100	655	2210	780	300	940	1050	1100	650	315	460	460	4300	2520	125	900
MCA32-150	1000	720	150	755	2310	780	300	940	1260	1100	650	315	460	460	4300	2520	125	1100
MCA42-200	1000	720	200	805	2360	840	300	1020	1260	1100	650	400	600	460	4300	2680	150	1100
MCA43-200-	1000	720	200	740	2360	905	300	1070	1260	1100	650	425	630	460	4300	2750	150	1100

表 8-7　SF 系列中浓浆泵的技术数据

泵型号	生产能力/(t/d)	电机功率/kW	泵型号	生产能力/(t/d)	电机功率/kW
SF 100~250	20~200	30~75	SF 150~330	300~1000	75~315
SF 120~280	100~500	45~132	SF 200~400	700~1500	110~400

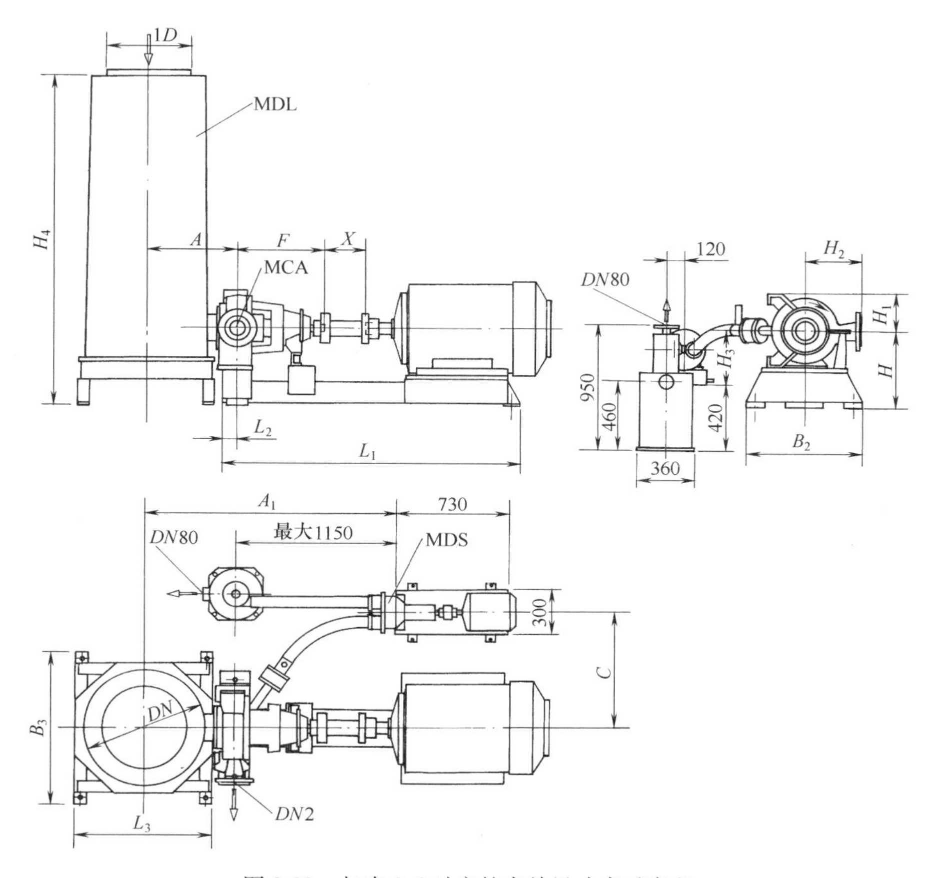

图 8-30　与表 8-6 对应的有关尺寸表示意义

（六）中浓浆泵的贮浆立管液位控制

从图 8-24 所示的中浓浆泵的外形图可以看出，中浓浆泵主要由贮浆立管、传动部分、脱气部分及泵送纸浆部分组成，其中贮浆立管的液位控制非常重要，方式可分为手动控制或自动控制。手动控制即 DCS 操作人员人为地调控中浓浆泵转速或者中浓浆泵阀门开度以控制纸浆的流量。此种方法需专人值守，时刻关注中浓立管液位的变化，效率低，易发生事故，一般仅在开机或生产调试时使用。中浓立管液位自动控制方式主要有两种：

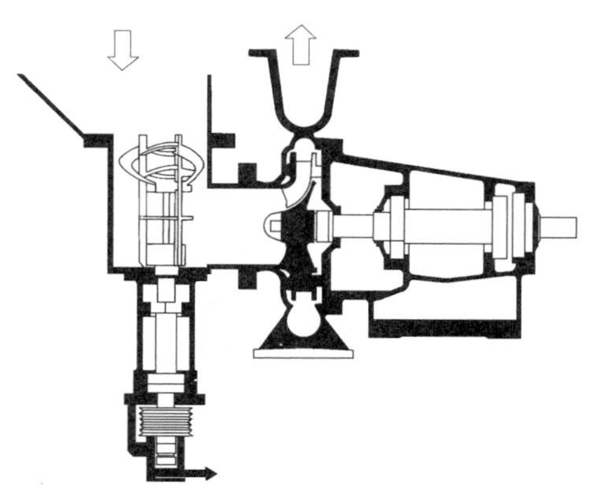

图 8-31　SF 系列中浓浆泵

① 中浓浆泵转速调节。固定阀门开度，通过连锁中浓立管液位与变频器的频率值调整中浓浆泵的转速，液位高于设定值时加大转速，液位低于设定值时降低转速。

② 中浓浆泵阀门开度调节。固定中浓浆泵转速，通过连锁中浓立管液位与泵出口阀调整中浓浆泵的转速，液位高于设定值时加大阀门开度，液位低于设定值时降低阀门开度。

自动液位控制系统一般使用 PID 算法进行调节，根据中浓立管液位实际值与设定值的

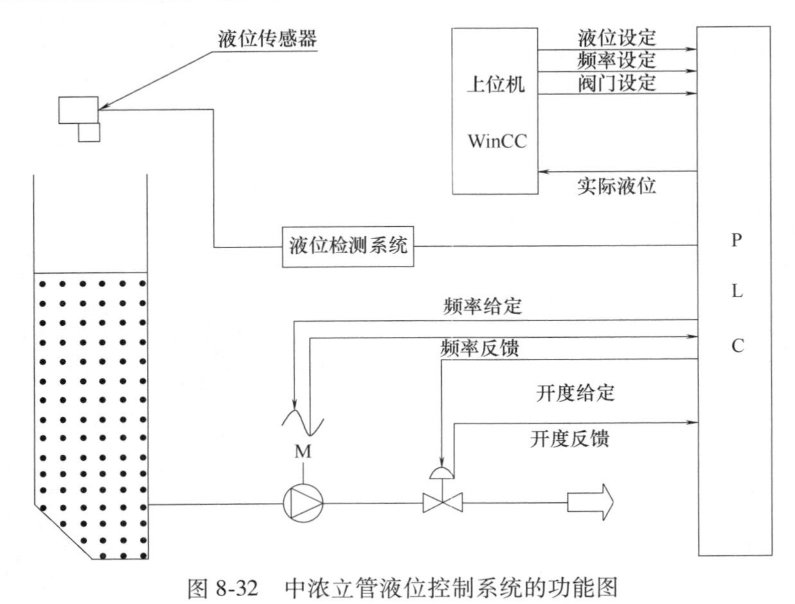

图 8-32　中浓立管液位控制系统的功能图

偏差来改变中浓浆泵的转速或者中浓浆泵阀门的开度大小，控制输送流量，达到稳定液位的目的。中浓立管液位控制系统的功能图如图 8-32 所示。从图中可以看出，中浓立管液位控制系统所包含原件并不多，主要由液位检测机构、液位控制 PLC、中浓浆泵（变频器为执行机构）和气动阀组成。操作人员通过上位机设置目标液位，液位传感器将测得的液位信号输入 PLC 经过换算后返回给上位机。PLC 经过 PID 算法运算后输出信号至变频器或气动阀以调整液位至目标值。

（七）中浓浆泵的应用及注意事项

1. 中浓浆泵的应用

中浓浆泵已广泛应用于国内外造纸厂的制浆车间，其应用场合主要为下列四个方面。

（1）应用于中浓纸浆漂白段中的纸浆输送

在中浓纸浆无氯或少氯漂白段中，中浓浆泵把从洗浆机或浓缩机下来的纸浆输送给中浓混合器，与漂白剂及漂白助剂混合后直接送入漂白塔，由于有些漂白段为升流式漂白，中浓浆泵就需要提供足够的扬程，特别是中浓纸浆氧脱木素段，由于氧脱木素是在一定压力下进行，就对中浓浆泵的输浆过程提出更高的要求，图 8-33 所示的是中浓浆泵在氧脱木素段、D/C 段、EO 段及 D 段的应用示意图。图 8-34 所示的为中浓浆泵与中浓混合器之间的管连接情况。

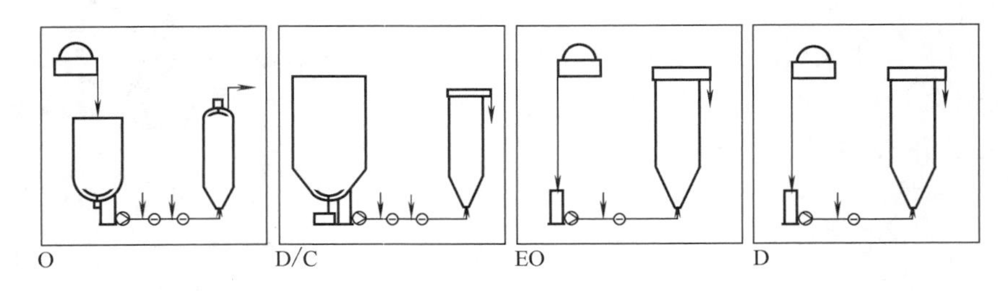

图 8-33　中浓浆泵在中浓纸浆少氯漂白生产中的应用示意图

（2）应用于中浓贮浆塔及漂白塔的卸料

中浓浆泵应用于中浓贮浆塔和漂白塔的卸料，如图 8-35 所示，塔内纸浆通过卸料器刮入中浓浆泵的贮浆主管，由中浓浆泵送到下一个操作单元。

（3）中浓浆泵作为增压泵

中浓浆泵在纸浆距离输送中作增压泵使用，也是现代制浆厂中常见的，在这种情况下，

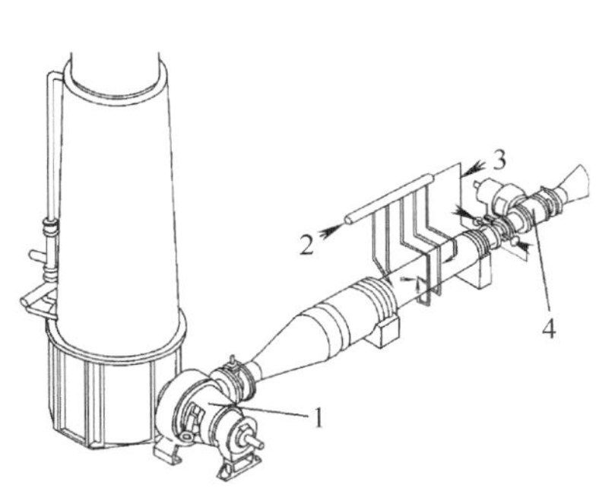

图 8-34　中浓浆泵应用于漂白段时与中浓混合器之间的管道连接示意图
1—中浓浆泵　2—蒸汽进管　3—氧气进口管　4—中浓混合器

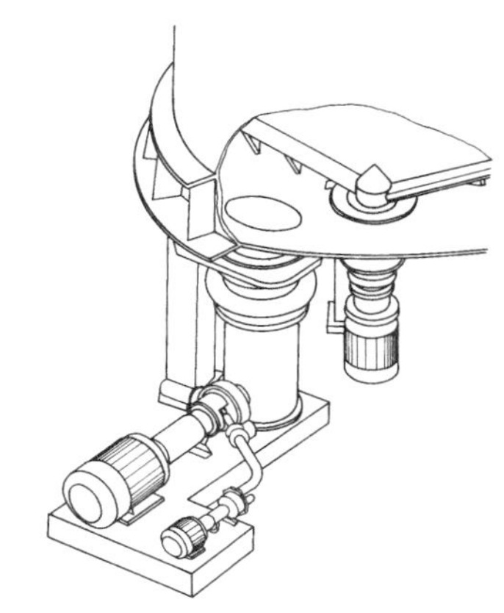

图 8-35　中浓浆泵应用于贮浆塔和漂白塔的卸料

中浓浆泵不但具有增压作用，还可以作为分配纸浆到 2~3 个操作单元的分配器使用，如图 8-36 所示，

2. 中浓浆泵使用注意要点

① 为了使纸浆能充满于浆泵入口，使湍流发生器直接作用于纸浆，贮浆主管或进浆管相对于中浓浆泵的位置应形成灌注式进浆，而且贮浆主管或进浆管的纸浆必须具有一定的位能（≥2m）。

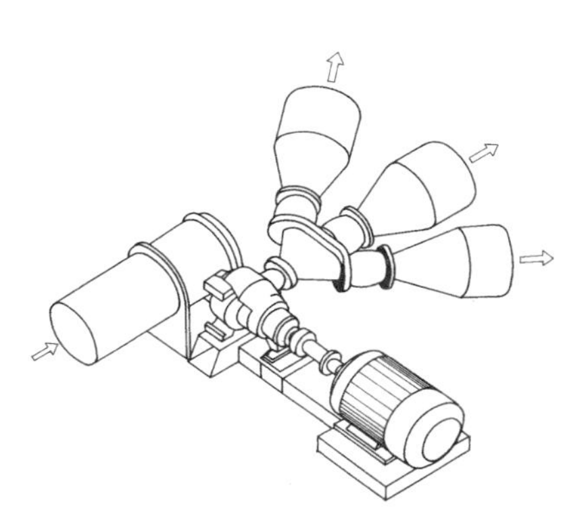

图 8-36　中浓浆泵作为增压泵及分配器使用

② 为避免纸浆堵塞抽气管，在启动浆泵和真空泵后，必须等空气在叶轮中心处积聚后才能打开压气室和抽气管间的排气阀门（约 10 多秒之后）。千万不能先打开排气阀门。关机时也要先关闭真空泵或排气阀门，然后才关闭浆泵。

③ 浆泵的排气室内的真空度只能在一定范围内调节。真空度太小，浆泵的运行不稳定，真空度小到一定程度，浆泵就会丧失工作能力；真空度太大，增加纸浆中纤维从抽气管的流失，易堵塞抽气管。真空度的合适范围同所输送纸浆的性质有关，是试验值或经验值。初用时，只能在运行中通过试验逐步探索确定最佳值。

四、高 浓 浆 泵

目前国内外所应用的高浓浆泵大部分为容积式，容积式高浓浆泵根据结构的特征不同又可分为齿轮式、双螺杆式和单转子式三种，都可以用于输送浓度 15%以上的高浓度纸浆，其中，齿轮式高浓浆泵也可用于输送中浓纸浆。

（一）齿轮式高浓浆泵

齿轮式高浓浆泵是目前应用较多的一种高浓浆泵。

1. 结构特征及工作原理

图 8-37 表示了齿轮式高浓浆泵的结构，它有喂料螺旋、转子、叶片、外壳及传动系统等主要部件。

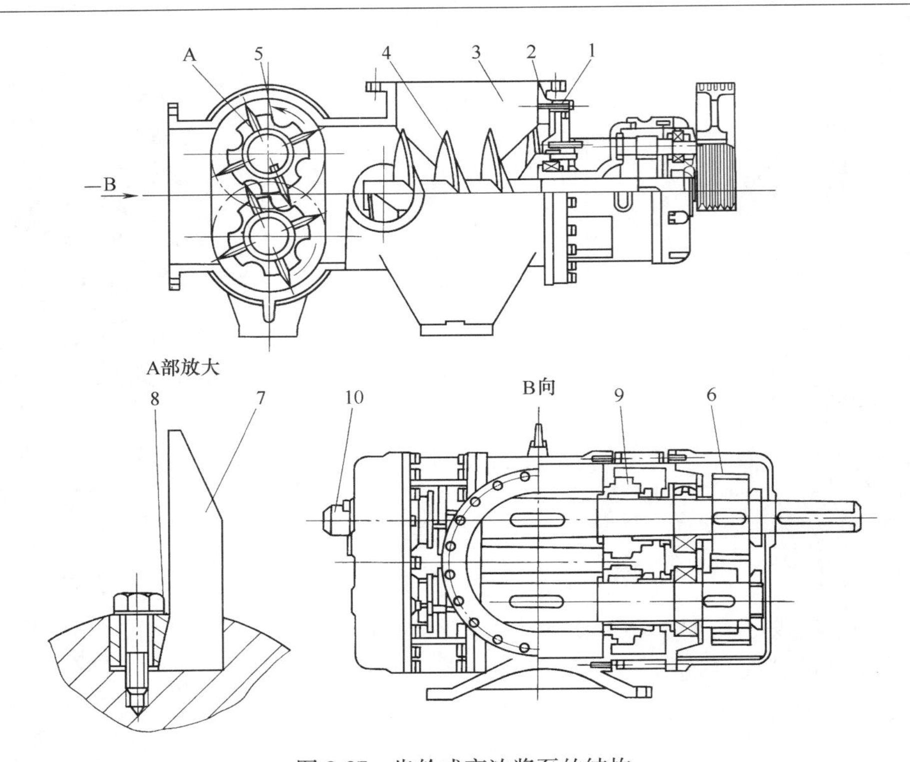

图 8-37　齿轮式高浓浆泵的结构

1—压环　2—缓冲垫　3—纸浆入口　4—喂料螺旋　5—转子　6—同步齿轮
7—叶片　8—楔形压块　9—转子两侧填料套　10—转速继电器

纸浆从上方进浆口落入高浓浆泵的喂料螺旋中，被送到装在平行轴上的两个转子的叶片之间，这两个转子被看作为两个特殊的齿轮，作角速度 1∶1 的相对运动，一个转子的叶片尖端部分与另一转子的凹槽，在理论上作等间隙的“共轭”啮合，这样，就像齿轮泵一样将纸浆输送出去。

2. 主要技术参数

齿轮式高浓浆泵的主要技术参数如表 8-8 所列。其中，输浆浓度、输浆能力、出口压力及额定功率是表示高浓浆泵技术性能的最主要参数。

表 8-8 中所谓额定输浆量（t/d）是指在额定浓度（10%）、额定转速和额定出口压力的条件下每日输送的绝干浆量，当浓度转速、出口压力变化时，输浆量将发生变化，可按下面所讨论的公式计算。

3. 输送量和轴功率的计算

由于转子叶片间的容积接受由喂料螺旋送来的纸浆时不可能完全充满，另外，泵出口侧的纸浆在出口压力作用下，从转子叶尖与“共轭”凹槽之间以及转子与泵壳之间的密封间隙中泄漏到泵的进口侧，因而实际输浆量 q_m 低于理论输浆量 q_{m0}，二者的关系为：

$$\begin{cases} q_m = \chi q_{m0} \\ \chi = \chi_1 \chi_2 \end{cases} \tag{8-22}$$

式中　χ——容积系数

　　χ_1——充满系数，它主要取决于纸浆浓度，推荐经验公式（8-23）：

$$\chi_1 = 0.2 + \frac{4}{w} \tag{8-23}$$

χ_2——泄漏系数，由经验公式（8-24）求得：

$$\chi_2=\sqrt{1-\frac{10^{-2}P}{(3+5w^5 10^{-5})V_0 n}} \tag{8-24}$$

表 8-8　　国产 ZBG1-3 型齿轮式高浓浆泵的主要技术参数

型号	ZBG_1	ZBG_2	ZBG_3
出口直径/mm	φ200	φ300	φ400
进口直径/mm	φ250	φ350	φ400
每转理论输送容积/m^3	0.0065	0.016	0.023
输浆浓度范围/%	7~20	7~20	7~20
输浆能力/(t/d)	30~80	50~200	100~300
额定输浆量/(t/d)	50	125	200
额定出口压力/MPa	0.3	0.35	0.4
允许出口压力/MPa	0.4	0.45	0.5
泵轴额定转速/(r/min)	140	115	115
主电机额定功率/kW	13	30	55

齿轮式高浓浆泵的实际日输浆量可用式（8-25）进行计算：

$$q_m=14.4V_0 nw\chi\rho \quad (t/d) \tag{8-25}$$

齿轮式高浓浆泵运转时所耗功率（不包括喂料螺旋所耗功率），即轴功率 P，主要由两部分组成：

$$P=P_1+P_2 \tag{8-26}$$

式中　P_1——克服泵出口压力作用在转子上的不平衡扭矩所消耗的功率

P_2——机械损耗的功率，由如下部分组成：a. 转子与纸浆摩擦所耗功率；b. 转子叶尖切割纸浆纤维所耗功率；c. 轴承、盘根、同步齿轮传动所耗功率

通过理论分析和试验研究，得出轴功率 P 是出口压力、纸浆浓度及理论输送量的函数这一结论。通过大量试验数据，近似地求得经验公式（8-27）：

$$P=(0.0175p+0.55w+2)V_0 n \quad (kW) \tag{8-27}$$

上面各式中　q_m——输浆量，t/d

V_0——每转理论输送容积，m^3/r

χ——容积系数，当浓度 $w=16\%\sim20\%$时，$\chi=0.65\sim0.9$

n——转速，r/min

w——浓度，%

ρ——在浓度 w 时的纸浆密度，t/m^3

p——浆泵出口工作压力，kPa

（二）双螺杆高浓浆泵

在图 8-38 所示的双螺杆泵中高浓浆料从上方长方形入口落入两个螺杆转子之间，各为左右旋向两螺杆转子将浆料送至螺旋槽中，通过两个转子的相互共轭关系，形成一些密封的小间隙，把出口高压端与入口低压端隔离开来，并连续而均匀地把浆料从低压端送至高压端。传动齿轮为 1∶1 同步齿轮，保证两个转子具有一定间隙的相对运动。双螺杆高浓浆泵是在齿轮式高浓浆泵的基础上改进研制的，它的优点较多，它的输送量按泵轴每转输送的理论容积计算如式（8-28）：

$$V_0=(A_1-2A_2)S \quad (m^3) \tag{8-28}$$

式中　A_1——泵壳横截面面积，m^2

A_2——螺杆横截面实体部分面积，m^2

S——螺杆的导程，m

而其需用功率的经验计算公式（8-29）如下：

$$P=(0.0175p+0.75w+2)V_0 n \quad (kW) \tag{8-29}$$

式中各符号的意义与式（8-27）相同。

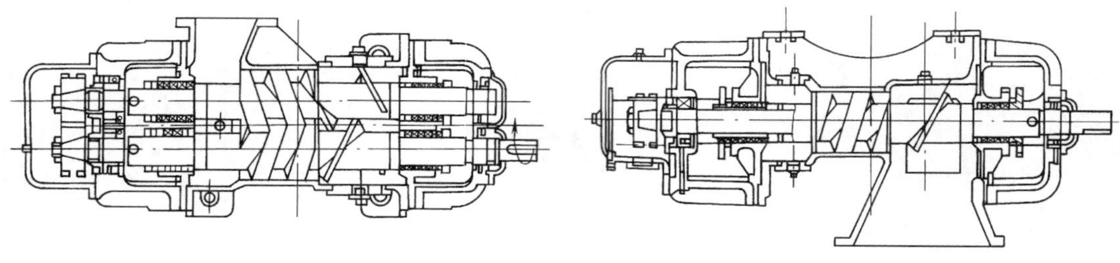

图 8-38　双螺杆高浓浆泵

（三）单转子高浓浆泵

单转子高浓浆泵是 20 世纪 70 年代美国 ZMP 公司的产品，它是针对前面两种高浓浆泵存在的问题而研制的。其原理及结构如图 8-39所示。其结构简介如下：高浓浆料从方形入口落到喂料螺旋上，被螺旋推向图中右侧进入螺旋转子的螺旋凹槽中。转子逆时针旋转，进入转子凹槽的浆料被带至高压侧出口。当转子继续旋转时，螺旋形凹槽中的浆料被梅花瓣状的刮片阻挡而刮出，不会随转子转回。

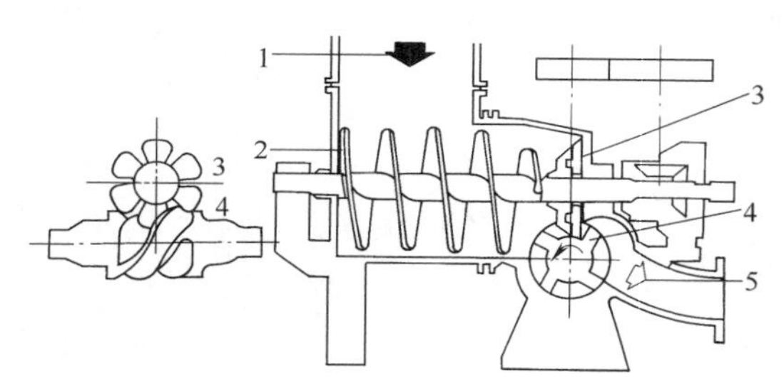

图 8-39　单转子高浓浆泵示意图
1—纸浆入口　2—喂料螺旋　3—刮片　4—螺旋转子　5—出口

（四）高浓浆泵的选型核算

高浓浆泵的选型应先按要求掌握输浆系统管路图的有关数据，然后根据要求的输送量初选浆泵的型号。要按等于或大于泵的出口直径来初定输浆管径，然后核算输浆系统的总压头损失。如核算结果大于泵的额定出口压力，可加大管径重新核算，直到低于额定出口压力为止。然后还要按有关算式核算各可能浓度下的输浆量和泵轴功率。核算发现不能满足要求时应选较大规格的浆泵。

高浓浆泵的使用维护应按照制造厂的说明实施。

第三节　纸浆贮浆设备

纸浆贮存设备包括贮存容器和推进器。纸浆贮存容器有贮浆池和贮浆塔。贮浆池一般由钢筋混凝土砌成，内壁砌上釉瓷砖成为光滑的内表面，这对纸浆的均匀流动和降低摩擦阻力很有好处；贮浆塔一般由碳钢制造，内壁同样砌上釉瓷砖或由不锈钢制造；装设于纸浆贮存容器底部的推进器是为了保持纸浆循环流动以保持纸浆处于悬浮状态且浓度均匀。

一、低浓贮浆池

低浓贮浆池分卧式和立式两类，截面有圆形、矩形和方形等形状，常配备螺旋桨推进器，下面介绍常用的低浓贮浆池。

1. 立式贮浆塔

立式贮浆塔占地面积小而贮浆能力大，且贮浆塔内的纸浆状态与其他的低浓贮浆容器是不同的，即是被贮的纸浆只在输出前被充分搅拌混合均匀达到输送与使用要求，而在贮浆塔底部混合区以上的相当多部分被贮纸浆处于缓慢流动的贮存状态中。

立式贮浆塔常用碳钢或钢筋混凝土建成，并在内壁衬上上釉瓷砖成为光滑内表面，在结构上都把搅拌装置如螺旋桨推进器设置在纸浆输出的部位，并位于贮浆塔的底部。常用的立式贮浆塔有两种形状，一种为上下直径相等的圆柱形塔，底部有坡度，如图 8-40（a）所示，另一种在有圆柱形本体、底部有锥形过渡区及直径较小的混合区，如图 8-40（b）所示。

在图 8-40（b）锥底混合区贮浆塔的基础上，发展的钢结构立式贮浆池一般是由筒体（上筒体、锥体、下筒体）、衬板、顶盖、池底、犁头、底环、排污口、排气口、人孔、检查孔、接口管及其法兰等组成，如图 8-41 所示。其中不锈钢衬里是整个贮浆塔的难点，既要使不锈钢衬板与碳钢壁贴合又要保证衬板之间的焊缝严密可靠，同时不影响不锈钢衬板的抗腐蚀性能。如果选用 2mm 不锈钢板作为衬里材料，对比塞焊与搭接焊两种形式，采用衬里搭接焊接的形式更能满足浆池的防腐要求，衬板的焊接施工更有把握。

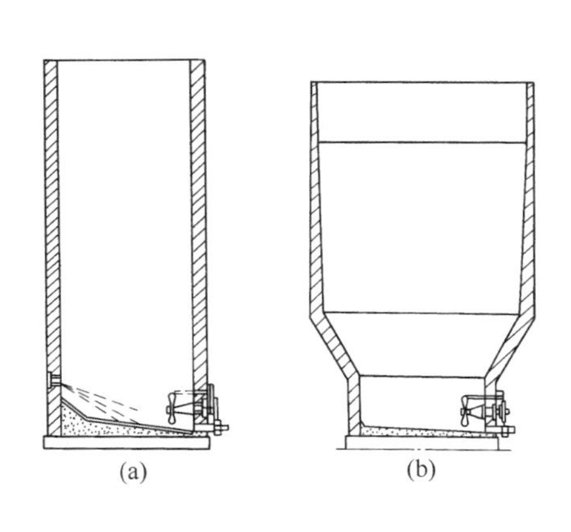

图 8-40　立式贮浆塔（低浓）

（a）圆柱型贮浆塔　（b）锥底混合区贮浆塔

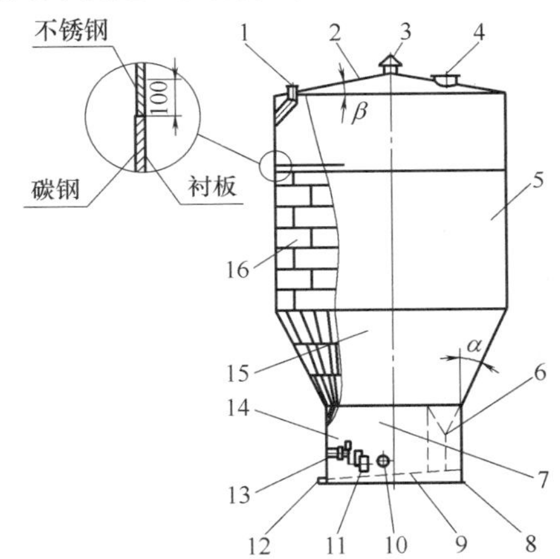

图 8-41　钢结构立式贮浆池示意图

1—进浆管　2—顶盖　3—排气口　4—检查孔　5—上筒体　6—犁头　7—仪表孔　8—底环　9—池底　10—出浆管　11—人孔　12—排污口　13—搅拌器　14—下筒体　15—锥体　16—衬板

2. 衬里贮浆塔的进浆方式

贮浆塔进浆方式主要有三种：塔顶直接进浆、浆塔上部侧面切线进浆、塔底进浆。

（1）塔顶直接进浆

如图 8-42（a），浆料对塔壁基本不会造成冲击，但塔内浆料液位较低时进浆对塔底冲击力极强，极易造成塔底衬里损坏。

（2）浆塔上部侧面切线进浆

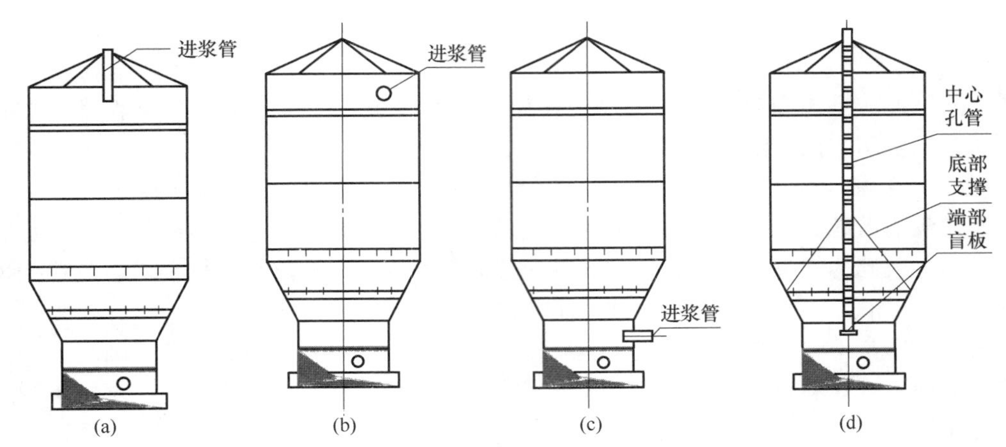

图 8-42　衬里贮浆塔的进浆方式

（a）塔顶进浆　（b）上部侧面进浆　（c）底部进浆　（d）中心孔管进浆

如图 8-42（b），浆料对塔底基本不会造成冲击，但对进浆点切线处附近的侧壁内衬造成冲击，久而久之会造成侧壁衬里局部损坏。

（3）塔底进浆

如图 8-42（c），浆料对塔底和塔壁造成的冲击都不大，但有一个致命的问题是连续进浆、连续出浆的状态下浆塔上部的浆料始终处于“死浆”状态，极易形成腐浆，严重危害生产。

（4）中心孔管进浆方案

前面三种进浆方式都有一定的局限性，因此改进结构为如图 8-42（d）所示，其结构由中间孔管、端部盲板和底部支撑三部分组成。中间孔管的开孔方向为间隔 90°的四面开孔，开孔的大小依据中心管的直径确定。当浆塔开始进浆时，浆料运行到中心管底部，由底部的若干孔低速流入塔内，此时底部支撑起着缓冲浆料对端部盲板的冲击作用。随着塔内浆料液位的逐步提升，中心孔管的出浆点也逐步提升，新进入的浆料始终保持均布在塔内浆料的最上方，既不对塔壁内衬形成冲刷又不会形成腐浆，是对传统贮浆塔进浆方式的改进，可使贮浆塔衬里损坏率降到最低。

3. 圆形不锈钢贮浆池

圆形不锈钢贮浆池，如图 8-43 所示，整体均选用不锈钢焊制，并采取池壁承重、池壁外表面加焊竖、横向补强肋板的结构设计，为防止用水冲洗浆池外表面时造成横向肋板处积水，所以将此处设计成一定坡度，即选用 3mm 厚的不锈钢板将桶壁与横向肋板的上口焊接，从而形成坡水板。另外，在安装搅拌器的开孔处加焊补强圈板，有效保证了固定搅拌器位置处的桶壁强度。将浆池口直径缩小、顶部段设计为锥形，可有效防止高液位贮浆时纸浆飞溅。贮浆池底部设计为 2 个角度（10°+40°）构成的大坡度池底，起到了助推和分散浆流的作用，

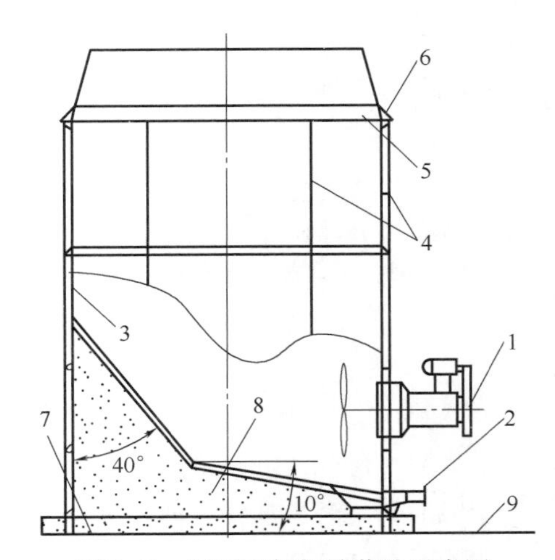

图 8-43　圆形不锈钢贮浆池示意图

1—搅拌器　2—抽浆口　3—浆池壁　4—竖向肋筋　5—横向肋筋　6—坡水板　7—钢筋混凝土基础　8—浆池底部填充混凝土　9—车间地面

并在坡底底面下空腔内灌注混凝土，使浆池更稳固。该贮浆池的贮浆浓度在 3.0%～4.5% 时。该贮浆池具有占地面积小、容积大、抗腐蚀性强、池壁光滑不挂浆、易清洗、建设施工期短等特点。

二、中浓贮浆塔

中浓贮浆塔能适合制浆过程中中浓技术的实施，又简化了配套工程，减少占地面积，降低水及电能的消耗。

立式贮浆塔用于贮存中浓度纸浆，就是中浓贮浆塔。贮浆浓度一般在 8%～12% 范围，根据塔内纸浆不同的输出方法，又可分为带稀释装置低浓泵送和不带稀释装置中浓泵送二种中浓贮浆塔。

1. 低浓泵送的中浓贮浆塔

这种中浓贮浆塔具有锥底混合区，混合区设有稀释装置把中浓纸浆稀释成低浓纸浆，以利搅拌混合均匀后输出。因此，这种中浓贮浆塔底部输浆部位装有螺旋桨推进器。

低浓度泵的中浓贮浆塔一般为钢筋混凝土结构，内衬瓷砖或者内涂二层环氧树脂制成的敞开式直立容器，其塔的容积和高度可根据工艺要求来决定。目前已有系列产品。表 8-9 列出了 ZPT 型号的中浓贮浆塔的系列产品有关技术参数。

表 8-9　　ZPT 系列中浓贮浆塔

型　号	ZPT31	ZPT32	ZPT33	ZPT34
所配套的生产线能力/(t/d)	20～30	40～60	70～90	100～120
纸浆浓度/%	8～12	8～12	8～12	8～12
容积/m^3	由设计决定	由设计决定	由设计决定	由设计决定
高度/m	由设计决定	由设计决定	由设计决定	由设计决定
塔底部内径/mm	ϕ2500	ϕ2800	ϕ3200	ϕ4000
材质	钢筋混凝土衬瓷砖或涂树脂	同左	同左	同左
螺旋桨直径/mm	600	600	750	750
螺旋桨推进器功率/kW	18.5	18.5	22	37
螺旋桨推进器配用台数	1	1	1	2

图 8-44 所示的是 ZPT 型号中浓贮浆塔结构简图。

另外还有一种中浓贮浆塔，也是采用低浓泵输送，其本体为圆柱形，底部有锥形过渡区及直径较小的混合区，可称为“锥底混合区”浆塔。浆塔主要由塔体和搅拌器组成（见图 8-45），塔体从上到下分为贮存区、过渡区和稀释混合区。其中上部贮存区和中部过渡区的浆料均为中浓浆料，下部混合区为低浓浆料，它的侧面装有搅拌器，并配有稀释浆料的稀释装置。搅拌器高速旋转时自桨叶排出高速液流，使低速或静止的液体被携带进入高速液流区，从而起到混合作用。同时由于螺旋桨搅拌过程除产生轴向推动力形成轴向力以外，还产生法向推动力形成非轴向流，以利用器壁和塔底的反作用力增加不规则的液体循环量，将从上部落入的中浓浆料与加入的稀释水在较短的时间里充分混合到工艺要求的输送浓度，继而由低浓浆泵输送到下一工序。在低浓浆料用浆泵连续稳定的输出时，塔顶的中浓浆料就像“塞子”一样，基本上没有交混状态地向下连续稳定地移动。

2. 中浓泵送的贮浆塔

中浓泵送的贮浆塔解决了中浓卸料问题，不用采用传统的稀释、低浓浆泵泵送、脱水的

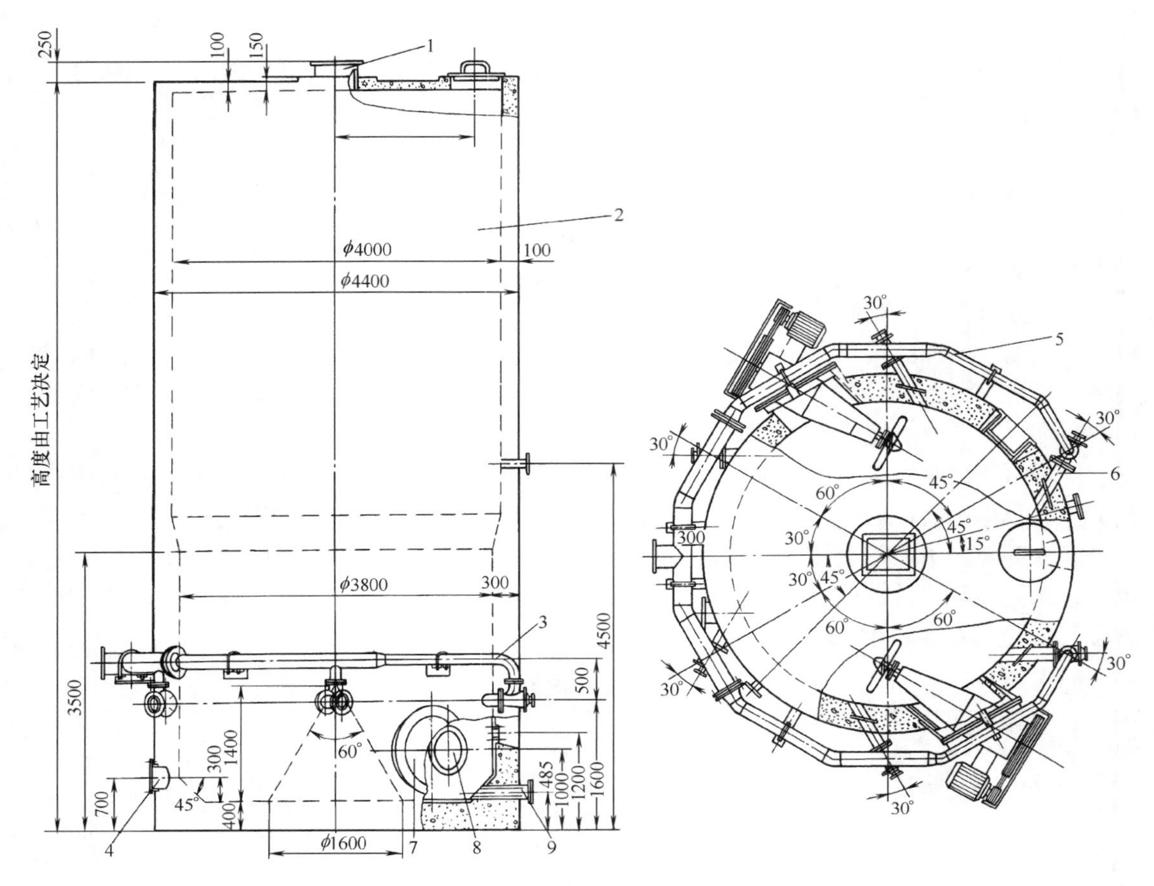

图 8-44　ZPT 型号中浓贮浆塔结构简图

1—纸浆进口　2—塔体　3—稀释水进口　4—纸浆出口　5—环形稀释水管

6—针形阀　7—推进器接口　8—人孔　9—排出口

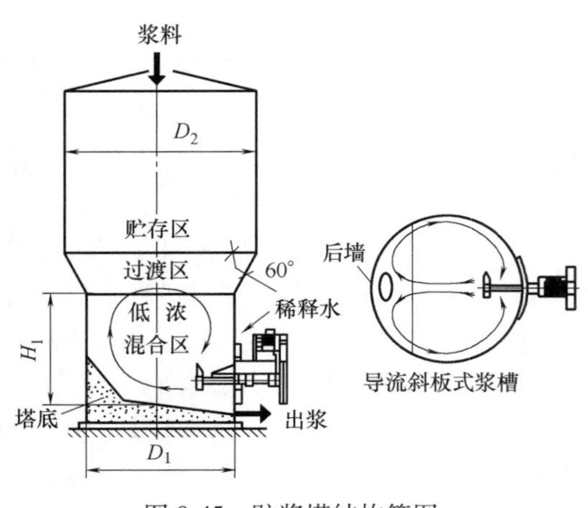

图 8-45　贮浆塔结构简图

工艺流程，真正展示中浓贮存的优越性。

中浓泵送的贮浆塔由内装于底部的中浓浆泵直接把纸浆泵送出来，在工程实际中，塔底中浓浆泵有两种不同安装方法，一种是利用安装于塔底部的刮浆器把纸浆刮到中浓浆泵的贮浆立管，再由中浓浆泵泵送出去。如图8-46所示。

另一种是把中浓浆泵的湍流发生器直接立式安装于贮浆塔的底部，可把湍流发生器直接插入到卸料口内的纸浆中，高速旋转的湍流发生器就会在其干扰范围内产生高强剪切力场，使纸浆流体化，并通过分离空气后，由中浓浆泵抽出，如图 8-47 所示。

但是，中浓贮浆塔采用中浓浆泵直接泵送纸浆，还有一个关键问题，就是必须正确的设计塔下端的锥体部分。如把中浓贮浆塔下端锥体部分设计接近于半球形，在卸料口上方的塔内壁处，会出现局部的滞流区。为了避免这一现象，可推荐一种简便的方法：针对目前的应用中的中浓贮浆塔卸料口尺寸（中浓浆泵安装尺寸），贮浆塔锥体部分高度应近似地等于塔筒体部分直径与卸料口径之差。

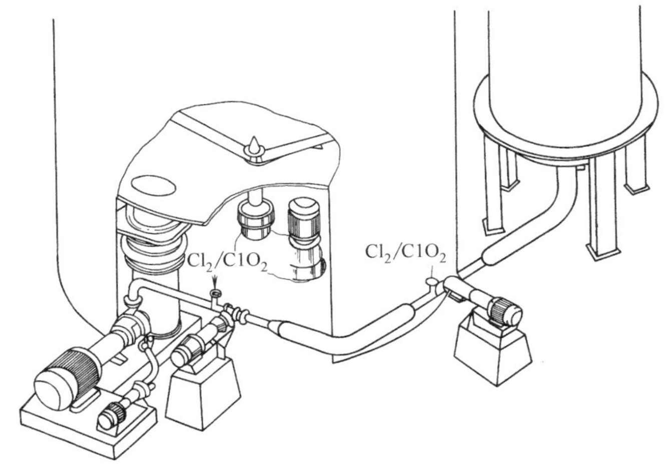

图 8-46　配置有刮浆器和中浓浆泵的中浓贮浆塔

三、推进器和搅拌器

为了使贮浆池中纸浆在循环流动中保持悬浮状态且浓度均匀，贮浆池应配有适当的推进器或搅拌器。立式贮浆塔（包括低浓贮存和中浓贮存低浓泵送）常采用螺旋桨推进器或轴流式推进器。至于中浓浆泵送的贮浆塔，就不必装置推进器或搅拌器，直接由中浓浆泵抽送。

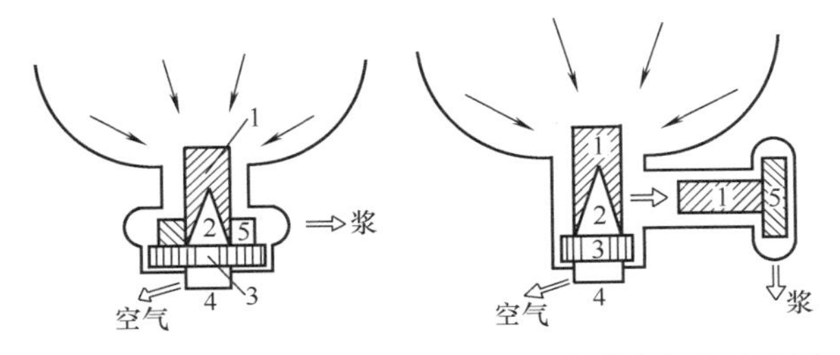

图 8-47　中浓浆泵直接安装于中浓贮浆塔底部的示意图
1—湍流发生器　2—空气分离器　3—纤维分离器
4—空气排出区　5—纸浆泵送区

（一）螺旋桨推进器

螺旋桨推进器是效率高、搅拌效果好的贮浆池搅拌器。试验结果表明，当贮浆池纸浆浓度为3%时，螺旋桨推进器平均最高效率比涡轮推进器高23%；当纸浆浓度为5%时高80%。

螺旋桨推进器叶轮通常有 3 片螺旋叶，有时采用 4 叶。叶的螺旋角有固定和可调的两种。图 8-48 所示的为固定螺旋角的叶轮。

螺旋桨推进器由叶片、叶片座、立轴、轴承、外壳、皮带轮等零部件组成。桨叶与叶轮座为 ZGIG18Ni9Ti 不锈钢制成，外壳用 Q235-A 碳素钢制成，其与纸浆接触的表面涂环氧树脂或衬橡胶，以防腐蚀。图 8-49 所示的为 ZPF 系列推进器结构简图。这种推进器桨叶可拆卸，角度可以调节，可根据纸浆搅拌混合的状况调节其角度，并适合于较长纤维纸浆的循环与混合。

表 8-10 列出了 ZPF 系列的螺旋桨推进器的主要规格及性能。

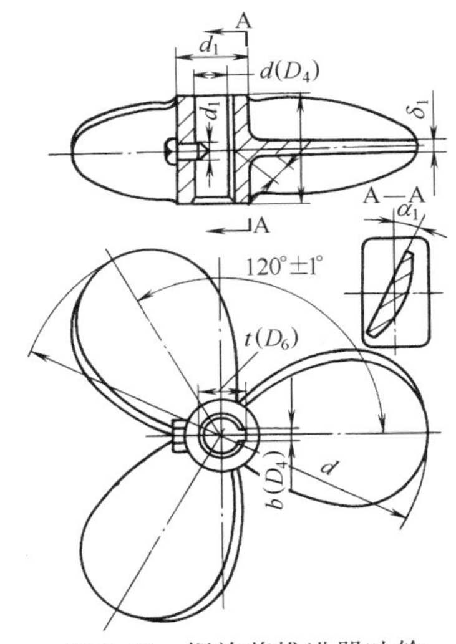

图 8-48　螺旋桨推进器叶轮

（二）轴流式推进器

轴流式推进器适用于各种立式贮浆塔中作循环纸浆用。由叶轮、主轴、轴承、外壳以及传动装置等部件组成。其结构如图 8-50 所示。

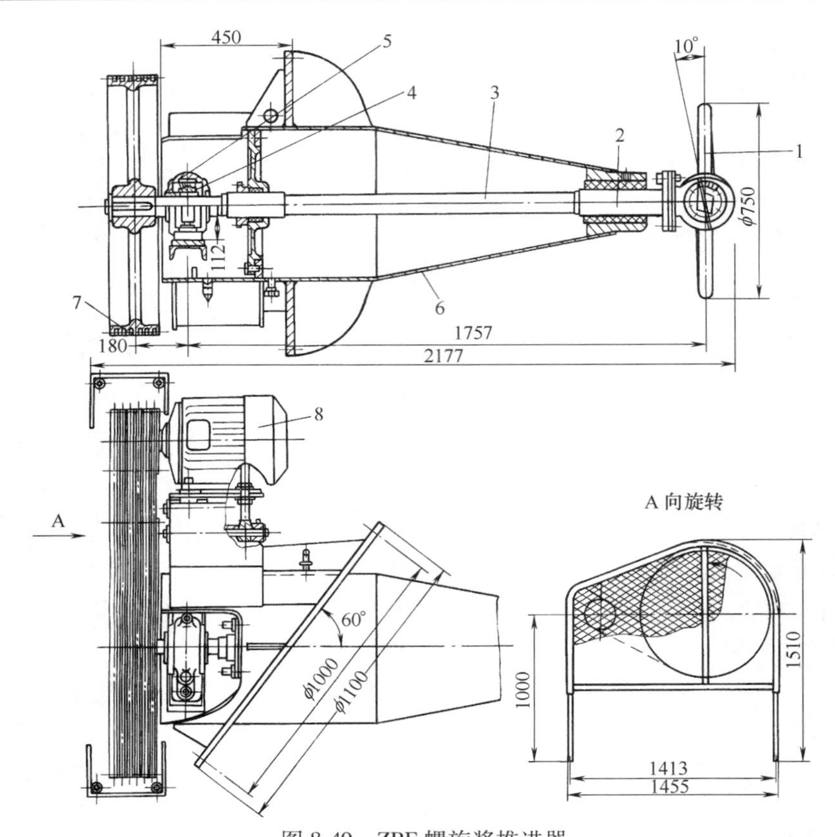

图 8-49　ZPF 螺旋桨推进器

1—叶片　2—叶片座　3—立轴　4—轴承　5—轴承座　6—外壳　7—皮带轮　8—电机

表 8-10　　ZPF 系列螺旋桨推进器主要技术特征

技术特性	ZPF5	ZPF5J	ϕ1000 型	ϕ1500 型
叶轮形式及叶数	螺旋桨式(3 叶)	螺旋桨式(3 叶)	螺旋桨式,角度可调(4 叶)	螺旋桨式,角度可调(4 叶)
叶轮直径/mm	ϕ750	ϕ750	ϕ1000	ϕ1500
叶轮转速/(r/min)	230	230	205~308	119
电机功率/kW	11	11	30　45	75
质量/kg	783	791		
外型尺寸(长×宽×高)/mm	2180×1460×1510	2235×1460×2410	1800×1250×1250	3800×1770×1450

轴流式推进器的特点是叶轮圆盘面较大，效率较高，因而可以加剧纸浆的循环和混合。但正因为叶轮采用大盘面，在混合过程中往往会加剧纤维团的形成，故不适用于混合长纤维的纸浆，表 8-11 列出 ZPF 系列轴流式推进器的技术指标。

表 8-11　　ZPF 系列轴流式推进器技术指标

型号 \ 技术指标	叶轮直径/mm	叶轮形式	转速/(r/min)	电机功率/kW	材料	外形尺寸(长×宽×高)/mm
ZPF1 ZPF_{1J}	ϕ600	轴流式 4 叶	350	18.5	HT200 HT200(衬胶)	2175×1960×750
ZPF2 ZPP_{2J}	ϕ750	轴流式 4 叶	300	33	HT200 HT200(衬胶)	2400×2250×1200

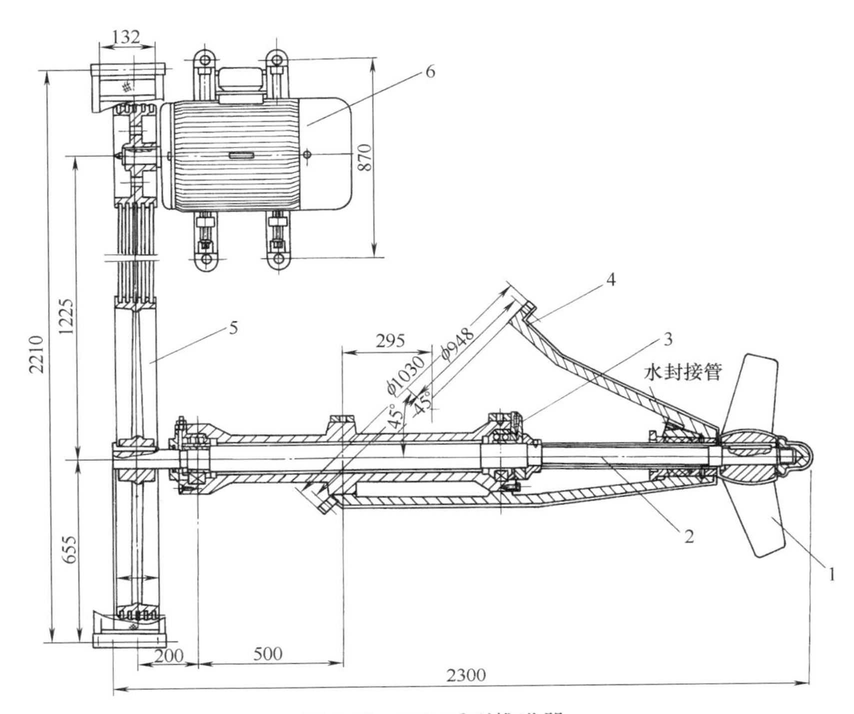

图 8-50　ZPF 系列推进器

1—叶轮　2—主轴　3—轴承　4—外壳　5—皮带轮　6—电机

（三）螺旋桨搅拌器

方浆池中纸浆的循环和混合常应用螺旋桨搅拌器，如图 8-51 所示，螺旋桨搅拌器与推进器的区别仅在于螺旋桨叶的结构及螺旋角的大小。其主要技术指标为表 8-12 所列。

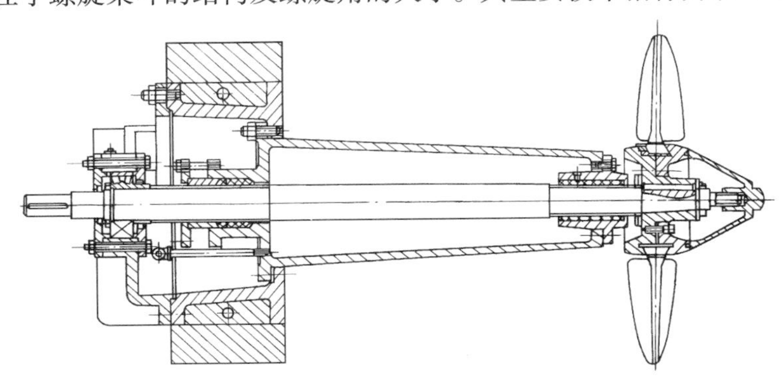

图 8-51　用于方浆池的螺旋桨搅拌器

表 8-12　　**螺旋桨搅拌器的主要技术指标**

螺旋桨		设计性能			配用电动机功率/kW	
直径/mm	转速/(r/min)	通过流量 q_V/(m^3/h)	扬程 H/m	轴功率/kW	浓度≤3%	浓度≤4.5%
ϕ500	419	1287	1.5	6.6	7.5	11
		1498	0.9	4.9		

续表

螺旋桨		设计性能			配用电动机功率/kW	
直径/mm	转速/(r/min)	通过流量 q_V/(m^3/h)	扬程 H/m	轴功率/kW	浓度≤3%	浓度≤4.5%
φ700	294	3240	1.3	14.2	18.5	22
		3637	0.7	9.2		
φ1000	233	4520	1.6	23.8	30	37
		5370	0.9	17.5		
φ1250	170	7794	1.4	35.5	45	55
		9066	0.85	26.2		
φ1500	120	10202	1.44	46.3	55	75
		11379	1.06	40.4		

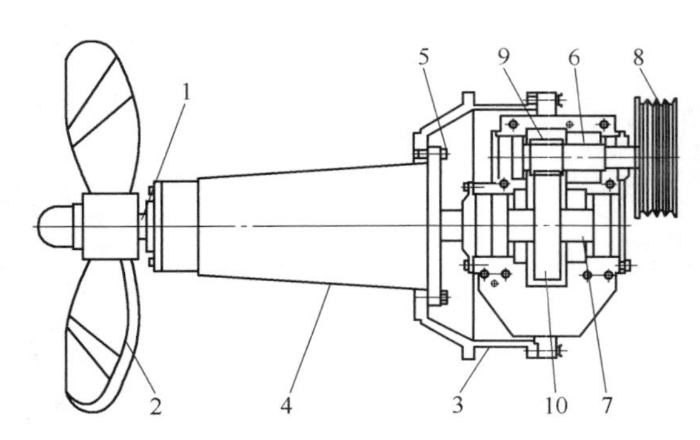

图 8-52 大包角三角带的推进器的结构
1—主轴 2—叶轮 3—箱体 4—锥形套管 5—螺栓 6—输入轴 7—输出轴 8—三角带轮 9—主动齿轮 10—从动齿轮

（四）大包角三角带的推进器

目前的推进器受到一些条件的制约，在使用中尚存在一些问题，主要是三角带包角小、易磨损。此问题由于推进器的皮带轮直径受安装条件限制无法加大、三角带长度也不易加长、皮带轮直径难以增加而未很好解决。如图 8-52 所示，提供了一种结构紧凑、变速范围大、耐用的推进器。该推进器包括主轴，主轴两端分别连接有叶轮和动力传动装置，动力传动装置包括箱体和锥形套管，锥形套管通过螺栓可拆卸连接在箱体外，箱体内转动设有输入轴和输出轴，输入轴一端设有位于箱体外的三角带轮，主轴一端穿过锥形套管并与输出轴同轴固定连接，输入轴上设有主动齿轮，输出轴上设有与主动齿轮啮合连接的从动齿轮。任意两个部件之间的转动连接均采用轴承。在工作时，电机通过三角带与三角带轮传动连接，三角带轮通过二级齿轮传动带动主轴高速旋转，主轴端部的叶轮推动浆料在浆池内循环。这种推进器结构紧凑，变速范围广，采用的三角带包角大、耐用，主轴支承稳定，通用性强。

（五）鳍形推进器

汶瑞机械（山东）有限公司在对老式推进器结构改进的基础上，开发制造从推进器中心轴加入稀释水和桨叶角度可调节的新型推进器（结构见图 8-53），图 8-54 为老式的推进器的叶片。新型推进器具有以下特点：

① 采用鱼类鳍形叶片，根据流体力学原理设计，避免了由固有频率及其形变和振动所引起的叶片变形、磨损等现象，减少了由于叶片转动形成湍流对叶片的损坏，比老式推进器效率高，消耗功率低；

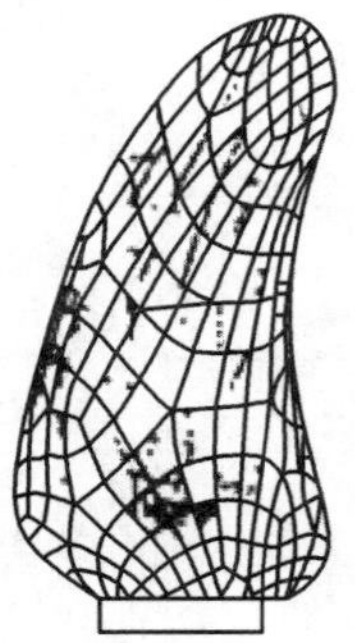

图 8-53 新式推进器鱼类鳍形叶片

② 采用中心轴稀释装置，不但可提高浆料的稀释效率，而且运行平稳，可有效避免叶片受到较大扭矩，延长设备使用寿命；

③ 叶轮角度可调，适应浆种和浓度范围比较广，并便于设备组件的维修与更换；

④ 分体式填料压盖，利于盘根的更换，便于压盖的维护；

⑤ 电机直接安装在托架上，不需另建基础，结构紧凑；

⑥ 导流板既保护了轴，又提高了搅拌效率。

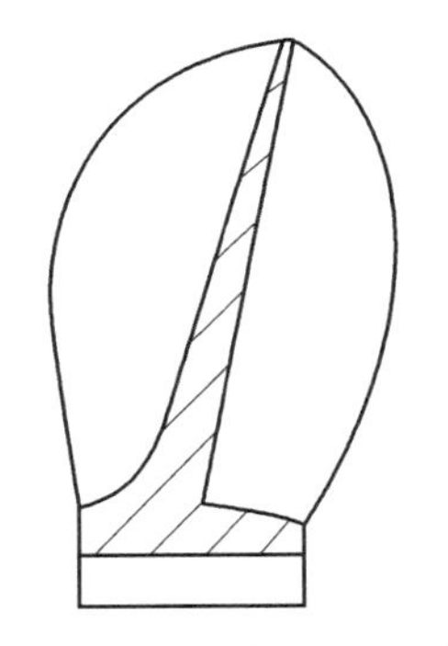

图 8-54　老式推进器叶片

第四节　浆料输送设备的能耗分析

一、浆料的输送和贮存过程的节能节水

在浆料的输送和贮存过程中，节能节水的途径是工艺技术的进步、装备的改进以及管理水平的提高。

从工艺技术上讲，在较低浓度下的浆料进行输送会使流量较大，可提高工艺过程浓度来减少用水，进而降低电耗、汽耗，系统浆料在不同浓度时用水量与体积的变化见表 8-13。因此，工艺技术方面将低浓输送改为中浓输送，中浓纸浆（7%～15%）与低浓纸浆（≤ 7%）不同，其本身已失去流动性能，只有在高剪切应力作用下才能流动。纸浆浓度越高，需要的高剪切应力临界值越大。现有的中浓技术，其浓度多在 9%～13%范围。要输送中浓纸浆，必须使其处于湍流状态，即达到流态化，此时中浓浆泵和混合器所产生的剪切应力必须大于实现中浓纸浆流态化时的临界剪切应力，从而工艺技术的改进促进了设备的创新。

从装备的改进以及管理水平的提高方面来讲，可通过下面的途径实现节能降耗：

表 8-13　　**浆料在不同工艺浓度时水量与体积变化表**

浆浓/%	吨绝干浆对应含水量/t	绝干浆与水量比	含水量对比	减少用水量/t	节水比例/%
0.8	124.0	1 : 124	100	0	0
1.0	99.0	1 : 99	79.8	25.0	20.2
2.0	49.0	1 : 49	39.5	75.0	60.5
3.0	32.3	1 : 32.3	26.1	91.7	73.9
7.0	13.3	1 : 13.3	10.7	110.7	89.3
9.0	10.1	1 : 10.1	8.2	113.9	91.8

注：含水量比、减少用水量（t）及节水比例（%）均是以浆浓为 0.8%时为基准进行对比的。

① 调节机台和机台之间生产负荷的衔接分配，尽可能做到满负荷和均衡生产；

② 加强设备的维修和保护管理，包括减少正常摩擦耗能，杜绝异常摩擦耗能。可采取加强润滑管理，加强旋转件的对中、平衡、水平、垂直等校验工作；

③ 装备更新改造；

④ 保持喷水的喷嘴通畅，无污物和结垢；阻隔或拆除多余的管网；安装水表于用水设备上，以便测量跟踪和流量分析；对于清洗用水宜采用高压、低流量。

二、泵系统可采用的有效节能技术

通常制浆造纸厂各类泵电耗占生产过程总电耗的20%~30%；泵生命周期费用中，投资成本约占2.5%，电耗成本约95%。另外，浆泵受工作环境影响，冲刷磨损、气蚀、腐蚀等问题较为突出，对企业的运行成本造成严重影响，而且磨损一旦产生不仅泵效大幅下降，同时能耗也大幅增加，所以材料的合理使用可以大幅提高效能（5%~8%），从而降低能耗。

泵的节能是一项系统工程，通常改善泵系统能效的有效技术方法有以下几种：

① 系统方法。在运行过程中，采用较好的泵能效测量，千方百计设法减少泵送阻力，升级优化系统。减少泵送阻力与检查：主要包括泵送管道尺寸、管道表面涂层、可调的流速、流量与压力等。

② 加强泵系统维护。包括磨损环和叶轮的及时更换、适合的润滑系统、轴承振动测量与控制。据国外应用报告，以上三项可节能达7%。

③ 减少泵数量。包括中间槽的安装、消除旁路回流、降低系统静压等优化设计配置，可节能达20%以上。

④ 多种泵配置。泵的使用要适应负荷的变化。制浆造纸过程常常有生产负荷波动变化，小功率泵用于正常、稳定负荷状态下运行；大功率泵作为备用于高峰负荷下运行。

⑤ 机械密封代替水环密封可节约用水量。

⑥ 泵系统材料的合理使用，根据输运不同的浆料选择不同的材料。

三、电机系统采用有效的节能技术

所有浆料的输送和贮存过程都需要电机，电机实现了节能，也就是浆料的输送和贮存过程实现了节能，其有效的节能方法如下：

① 电机节能重要且有效的方法是采用系统方法：包括电机的能需和能供两个方面，主要为在电机配置大小适合度、电机维护史、修理和更新费等方面综合评估。通过经常性的评估可提出有效的能效改进措施。

② 电机系统可采用的适用节能技术及节能量，见表8-14。

表8-14　　电机系统节能措施及节能量

电机系统节能措施	典型节能量/%	电机系统节能措施	典型节能量/%
高效电机或超高效电机	2~5	电能质量控制	0.5~3
正确选型，合理负载匹配	5~30	高效泵等	3~15
调速驱动、调压节能、功率因数补偿	10~50	高效管网	结合实际情况
高效机械传动/减速器	2~10		

③ 变频调速实现节能，电机功率与转速的3次方成正比。定速与变速下的电机功率比较见图8-55。图中很明显在非满负荷或波动负荷下工作时，变频调速所需电机功率明显减少，在实际生产过程中较多的是这种情形。

四、冲浆泵的变频节能

以冲浆泵作为代表，分析其变频节能的效果。冲浆泵通过安装变频控制系统，能适应不

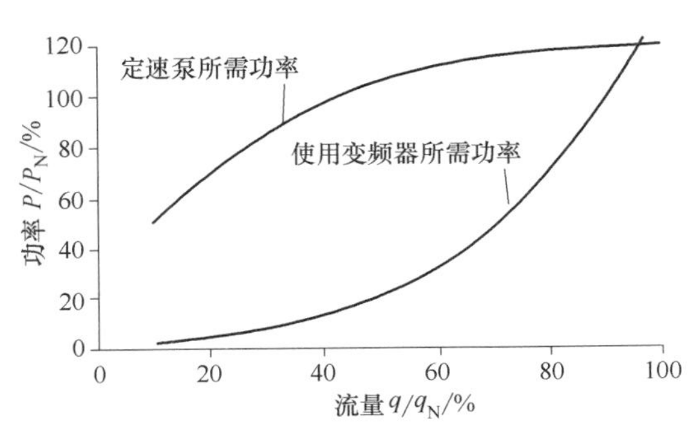

图 8-55　定速与变速下的功率比较

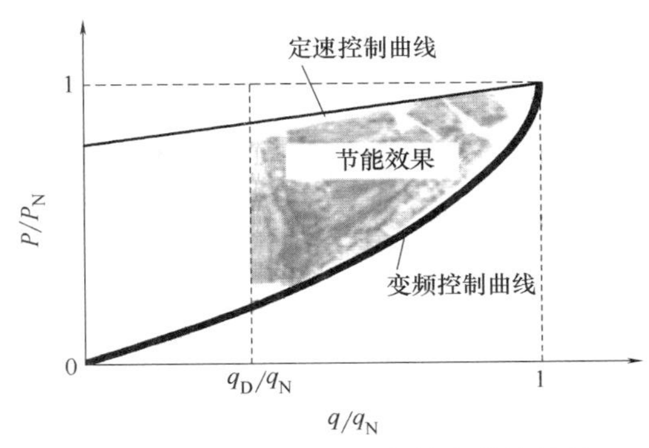

图 8-56　冲浆泵应用变频技术节能效果

P—应用变频后实际功率，kW　P_N—定速所需的功率，kW
q—应用变频后实际输送流量，m^3/s　q_N—设计输送流量，m^3/s　q_D—启动时的流量，m^3/s
q/q_N 的比值范围在 q_D/q_N 至 1 之间

同车速、不同品种的用量变化，使其运行始终处于高效状态，大大稳定了工艺条件。使用变频器调速替代阀门调节浆流量，使冲浆泵的能耗降低，节能率在 30%以上。

冲浆泵的变频调速是一项有效的节能降耗技术，其节电率很高，几乎能将因设计冗余和用量变化而浪费的电能全部节省下来。在常规的阀门控制中，如电机转速不变，则多余的电能以流量控制阀挡板的能量损耗掉；而变频控制，它根据工艺要求来自动调节冲浆泵转速，基本没有多余损耗的能量，见图 8-56。图 8-56 中的阴影部分就是变频控制所节省的能量。

参 考 文 献

[1]　陈克复，主编. 制浆造纸机械与设备（上）[M]. 3 版. 北京：中国轻工业出版社，2011.

[2]　陈克复，曾劲松，李军，等. 纸浆纤维悬浮液的流动和模拟 [J]. 华南理工大学学报，2012，40（10）：20-27.

[3]　Helena Fock，Julia Claesson，Anders Rasmuson，et al. Near wall effects in the plug flow of pulp suspensions [J]. Can J Chem Eng，2011，89（5）：1207-1216.

[4]　陈克复，主编. 中高浓制浆造纸技术的理论与实践 [M]. 北京：中国轻工业出版社，2007. 7.

[5]　胡楠，主编. 轻工业技术装备手册 [第 2 篇：制浆造纸设备，第 19 章：浆料输送贮存设备（陈克复编）] [M]. 北京：机械工业出版社，1994.

[6]　隆言泉，主编. 造纸原理与工程 [M]. 北京：中国轻工业出版社，1995.

[7]　赵黎，等. “锥底混合区” 中浓贮浆塔的设计和推进器的配置 [J]，纸和造纸，29（5）：9-11，2010.

[8]　王庆涛，等. 衬里贮浆塔进浆方式及其进浆管路设计 [J]，中华纸业，35（8）：68-69，2014.

[9]　张辉. 制浆造纸装备节能节水结构原理与评析 [J]，中国造纸，26（5）：52-58，2007.

[10]　张辉. 造纸工业能耗与先进节能技术装备 [J]，中国造纸，32（4）：58-62，2013.

第九章　碱回收机械与设备

目前碱法制浆已基本占领整个化学浆生产领域，碱回收成了化学浆厂组成中不可分割、不可缺少的一部分。各种原料，包括木材、蔗渣、芦苇、麦草的碱法制浆均配有碱回收，它通过浓缩、燃烧、回收主要化学药品，并将制浆废液中有机物变成制浆系统自给有余的能源。因此，碱回收在治理黑液、保护环境、节约资源和能源，实现我国造纸工业的可持续发展中起到了特别重要的作用。

碱回收处理还具有显著的节能效益。首先，燃烧有机污染物可产生大量热能用于发电，其次，蒸煮白液的余热还可回收。两项总计可回收 1t 烧碱，形成 0.5t 标准煤的节能能力。加上化工厂每生产 1t 烧碱，其平均能耗为 1.6t 标准煤，则造纸厂每回收 1t 烧碱，可形成 2.1t 标准煤的节能能力。此外，碱回收还可节约大量用水。

碱回收处理另一显著效益是治理污染。一般情况下，碱回收装置投产后，木浆黑液提取率达 95%，碱回收率达 90%；草浆厂黑液提取率达 85%，碱回收率达 75%时，其排入江河的污染物也分别下降 90%和 75%，从而使造纸厂的污染大大降低。

第一节　碱回收系统概述

一、碱回收概述

碱回收就是从碱法制浆废液（即黑液）中回收化学品和能源。目前最为成熟和有效的方法是燃烧法。主要过程是：先将从浆料中分离出来的黑液浓缩到燃烧所需要的浓度，一般为 60%~65%以上。随后把黑液送入碱回收炉燃烧，将有机物燃烧，以蒸汽、电能的形式回收其能量，剩下钠和硫的无机物被还原成碳酸钠和硫化钠（草浆黑液还有硅酸钠）。最后把它们和石灰液反应，使碳酸钠（包括硅酸钠）苛化成氢氧化钠，从氢氧化钠和硫化钠的混合液（统称白液）中分离出碳酸钙和硅酸钙（即白泥）。把苛化生成的碳酸钙煅烧成生石灰称为白泥回收。现代化的木浆厂碱回收的效率一般为 95%~98%，草浆厂碱回收的效率一般为 85%~90%。图 9-1 为硫酸盐法制浆和碱回收工艺流程示意图。

碱回收所包括的工序如下：

① 在多效蒸发器中黑液浓缩，形成浓黑液。

② 黑液氧化、除硅等（据工艺需要决定是否采用）。

③ 黑液进一步浓缩成碱回收炉要求的“浓黑液”（补充的芒硝可在此处加入）。

④ 在碱回收炉中焚烧黑液。

⑤ 溶解从碱回收炉出来的熔融物，形成绿液（补充碱损失的纯碱可在此处加入）。

⑥ 用石灰苛化绿液形成白液（补充碱损失的烧碱可在此处加入）。

⑦ 焙烧白泥回收石灰。

本章将结合工艺流程，针对蒸发、燃烧、苛化、白泥回收四项内容，着重讨论碱回收过程的工艺设备。

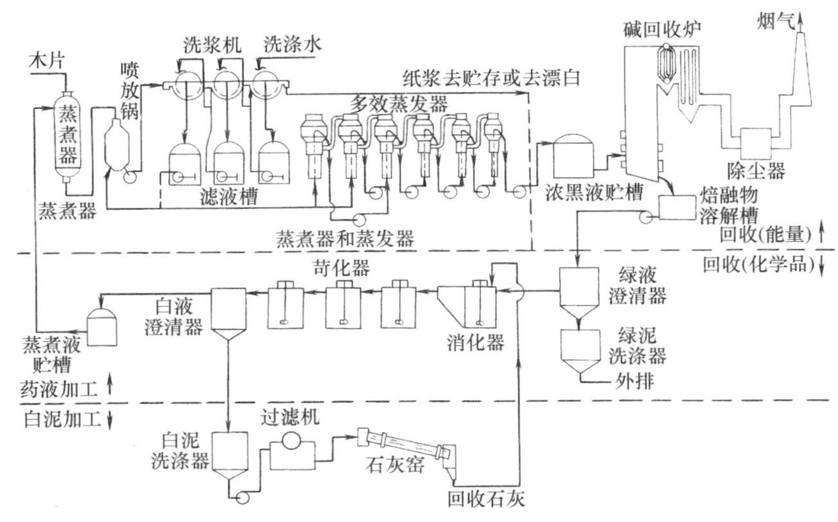

图 9-1 硫酸盐法制浆和碱回收工艺流程示意图

二、碱回收工序

（一）蒸发处理

蒸发的目的是将草浆稀黑液（固形物含量 7%～10%之间）及木浆稀黑液（含固形物 14%～19%之间）蒸发浓缩达到黑液固形物燃烧的浓度（草浆黑液要求在 48%，木浆黑液要求在 65%）以上。这个固形物含量的差别，说明有大量的水需要经济地蒸发掉，以便从燃烧过程最大限度地实现净燃烧值。

我国的纸浆原料较为复杂，且是以草类为主。不同的原料，其黑液的成分和特性差别很大，在碱回收过程中采用不同的工艺方案、设备处理各种不同原料的黑液。在过去我国的标准做法是：通过多效蒸发器系统，将含硅量较少的木浆黑液直接浓缩到入炉燃烧所需要的 65%的浓度；而将含硅量较大的草浆黑液浓缩到固形物含量 40%～45%，然后利用碱回收炉的烟汽，在直接接触蒸发器中进一步浓缩到 45%～50%，再送碱回收炉燃烧。近年做法是：蒸发站采用了降膜蒸发器蒸发浓缩新技术，能较好解决由于黑液浓度增加、黏度增加、沸点升高、易结垢、难以达到入炉燃烧浓度等问题，很容易一次得到入炉燃烧浓度（55%～65%）的浓黑液，直接送碱回收炉燃烧。这样在燃烧工段可以取消直接接触蒸发器，减少臭气污染。

黑液蒸发的主要设备包括蒸发器、预热器、冷凝器、汽水分离器、扩容器、汽提塔等。

（二）燃烧处理

黑液燃烧就是利用热解的方法，使黑液中无机盐与有机物分离，回收其钠盐和有机物燃烧时放出的热。

碱回收蒸发工段送来的浓黑液经再次蒸发浓缩后，用黑液喷枪高压喷入高温燃烧的碱回收炉进行燃烧。其作用一方面是使浓黑液的有机物和碳被充分燃烧掉，其中的有机钠碳酸化后形成熔融物，送入溶解槽形成绿液，被送往苛化工段；另一方面黑液在碱炉燃烧产生大量的热量，热能在碱回收炉内产生蒸汽，可直接回用或经汽轮发电机发电后回用于制浆造纸系统。

目前使用的黑液燃烧设备是碱回收燃烧炉，也称为碱炉。黑液燃烧辅助设备有圆盘蒸发器和静电除尘器。

（三）苛化处理

将石灰加入绿液中使 Na_2CO_3 转化为 NaOH 的过程称为苛化。绿液苛化目的是再生蒸煮药液供给蒸煮工段使用。

连续式苛化流程包括绿液澄清、石灰消化、绿液苛化、白液澄清和过滤、绿泥和白泥洗涤、辅助苛化等工序。普遍使用的设备有石灰消化器、苛化器、澄清器、白泥/绿泥洗涤器、白泥过滤机等。

苛化流程要达到的目标是：适当高的苛化率，以减少碳酸钠在系统内循环；足够的白液浓度；白液保持一定的温度，以节约蒸汽；白液澄清好，以免蒸发等传热面产生钙结垢；白泥残碱量和干度达到石灰回收的要求。

（四）白泥回收处理

白泥的主要成分为 $CaCO_3$。白泥回收就是在 1100~1200℃的高温下，把苛化工段产生的白泥转化成为 CaO，以便重新用于苛化过程。这个反应叫作煅烧。

生产 1t 纸浆所产生的黑液在碱回收过程中可产生 0.5~0.65t 的白泥。采用回转炉煅烧法回收石灰，由于其第一解决了固体废物排放的污染问题，第二保证了回收石灰的质量，所以木浆类白泥可以采用煅烧石灰的方法进行回收，这是木浆碱回收特有的阶段。

而草浆黑液回收产生的白泥中硅含量较高，烧出的石灰难以进行良好的消化，还会造成硅积累等问题。虽然暂时解决了碱回收的问题，但留下了固体废物的积累问题，这是草浆碱回收面临的严峻的环境问题。

白泥的煅烧方法有回转炉、流化床沸腾法及闪急炉法等。

三、木浆与草浆碱回收系统的区别

木浆黑液的碱回收通常分为四个阶段：黑液的蒸发、燃烧、苛化和白泥回收。而草浆黑液的碱回收由于白泥回收会造成硅积累等问题，故白泥一般随绿泥一起排出，不在本系统内循环。所以草浆黑液碱回收一般不包括白泥的回收，通常分为蒸发、燃烧和苛化三个阶段。

木浆与麦草浆碱回收在蒸发、燃烧和苛化系统都存在着一些明显区别，见表 9-1 至表 9-3。

表 9-1　木浆与麦草浆碱回收在蒸发系统的主要区别

	出效黑液浓度/%	污冷凝水	不凝气
木浆	60~65	采用污冷凝水清浊分流措施：①使用带自身汽提的低 BOD 蒸发器；②利用汽提塔对浊污冷凝水进行汽提	处理后引入石灰回转窑或碱回收炉烧掉，回收热能，消除臭气污染
麦草浆	45~48	没有采用污冷凝水的清浊分流措施	基本没有处理

表 9-2　木浆与麦草浆碱回收在燃烧系统的主要区别

	提高进炉黑液浓度的措施和黑液浓度	碱炉结构		空气预热	产热参数	碱灰处理
		炉膛结构	水冷壁管			
木浆	用结晶蒸发增浓，73%~75%	矮胖型	较窄的间距，有利于生产蒸汽	蒸汽-空气。一级预热到 150℃	产热蒸汽 6.8MPa，480℃	碱灰与浓黑液混合，送碱炉燃烧

续表

	提高进炉黑液浓度的措施和黑液浓度	碱炉结构		空气预热	产热参数	碱灰处理
		炉膛结构	水冷壁管			
麦草浆	用圆盘蒸发增浓,50%~55%	瘦高型,提高黑液喷枪高度	较宽的间距,提高炉膛温度	蒸汽-空气,烟气-空气。二级预热到250℃	饱和蒸汽1.3MPa,191.5℃	碱灰送熔融物溶解槽进苛化系统

表 9-3　　木浆与麦草浆碱回收在燃烧系统的主要区别

	对绿泥、绿砂的处理	对白泥的处理	白泥的回收
木浆	排出苛化系统外	单独洗涤,回收利用	煅烧石灰,系统内循环利用
麦草浆	与白泥混合排出系统外	与绿泥、绿砂混合排出系统外	填埋或系统外利用

以平衡1t绝干浆为基准，对木浆、麦草浆碱回收的蒸发、燃烧和苛化系统能耗的结果见表9-4。

表 9-4　　碱回收系统能耗对比

制浆原料		木浆	麦草浆
蒸发系统	蒸发系统蒸发的水量/(t水/t浆)	6.79	9.39
	蒸发单位水所消耗的冷却水量/(t水/t水)	7.71	5.96
	蒸发系统所消耗的新鲜蒸汽量/(MJ/t浆)	3453.22	7325.11
	蒸发系统所消耗的电能/(kW·h/t浆)	30.50	103.86
燃烧系统	产汽量/(MJ/t浆)	23476.43	19145.57
	自用汽/(MJ/t浆)	4869.69	3637.30
	自用电/(kW·h/t浆)	68.05	97.83
	毛效率/%	73.53	65.07
	净效率/%	58.28	52.71
	纯效率/%	57.83	52.09
苛化系统	平衡1t浆生产的碱量/(t碱/t浆)	0.550	0.257
	苛化用水量/(t水/t浆)	5.7(10.36t水/t浆)	3.8(14.79t水/t浆)
	苛化消耗蒸汽量/(MJ/t浆)	166.86(303.86MJ/t浆)	425.91(1657.24MJ/t浆)
	苛化消耗电能/(kW·h/t浆)	4.05(7.36kW·h/t浆)	15.05(58.56kW·h/t浆)

第二节　黑液的蒸发设备

黑液蒸发系统一般由以下设备组成。

① 蒸发器。蒸发系统的主体设备，一般由加热器和分离室以及循环装置组成，其作用是提高黑液的浓度，以满足碱回收炉燃烧的要求。由于黑液蒸发以多效蒸发为主，所以蒸发系统使用多台蒸发器。

② 预热器。其作用是提高进入蒸发器的黑液温度。一般用在黑液进入系统前或黑液由后效进到前边效之前。前者称稀黑液预热器，后者称半浓液预热器。

③ 冷凝器。冷凝末效蒸发器产生的二次蒸汽及回收其热量。

（二）长管升膜蒸发器

长管蒸发器是国内应用较广泛的一种蒸发器，因为它效率高，运行可靠，并且在蒸发木浆和苇浆黑液方面有许多的实践经验。至今仍得到普遍的应用。

长管蒸发器按黑液在管内的流动方向不同，可分为升膜式、降膜式、升膜和降膜组合式三种。长管升膜蒸发器按其结构又可分为分离器在外的升膜蒸发器、分离器在上的单程升膜蒸发器、分离器在上的双程升膜蒸发器三种形式。

1. 长管蒸发器结构

长管蒸发器由分离器、加热室和加热管列等组成。常用的加热管外径为57mm，壁厚为2~3.5mm，管长7000mm，每根管的加热面积约为$1m^2$。垂直的管列一般用涨管方式固定在两端的花板上。在加热管出口的上方装有折流板，用以破坏泡沫、改变黑液和二次蒸汽的流动方向。焊接结构的二次蒸汽分离室具有二次蒸汽出口、黑液出口、人孔、视孔和雾沫分离器。加热蒸汽室采用碳钢制造。高浓效的黑液浓度和温度较高，有腐蚀性，故与黑液接触部分，即二次蒸汽分离室的底部采用不锈钢材料，加热管最好也采用不锈钢材质。不锈钢加热管外径50.8mm，长7.3~9.8m。

2. 常见的长管蒸发器

长管升膜蒸发器内的黑液是靠它本身产生的水蒸气攀升的，流速都较低。且一般不使用自然或强制循环，要增加流速只能采用双程液流实现。

黑液入口管的横截面积比管束的总面积小得多，使黑液进入液室的速度远远快于黑液在加热管内上升的速度。这个速度差的后果是形成了涡流和沟流，会导致黑液在加热管内分布不均匀。

长管升膜蒸发器中汽液分离室有两种安装方式，一种是蒸发器顶部汽液混合物通过保温导管与蒸发器外的汽液分离器相连接，称为分离器在外的升膜蒸发器。这种蒸发器的优点是便于安装和检修，对于易结垢的料液较适用。另一种是分离室直接安装于蒸发器顶部，称为分离室在上的升膜蒸发器。这种蒸发器结构紧凑，结构简单，阻力温度损失较小，但安装和检修困难，用于结垢少的料液较合适。

（1）分离器在外的长管升膜蒸发器

分离器在外的长管升膜蒸发器见图9-3。它由加热室和分离器两部分组成，两者之间用方形接管连接。

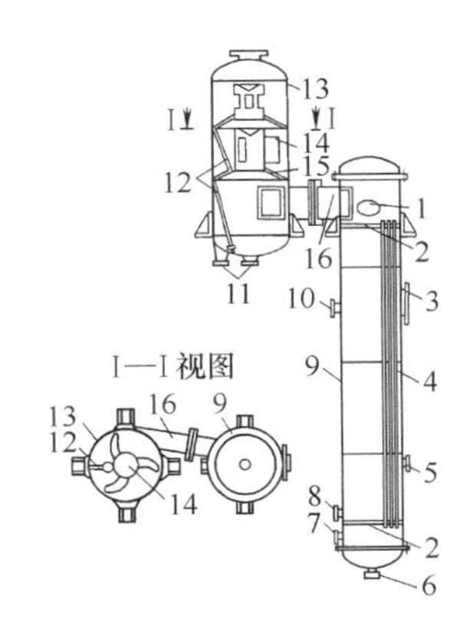

图9-3　分离器在外的长管升膜蒸发器

1—人孔　2—管板　3,10—加热蒸汽进口　4—加热管　5—不凝性气体出口　6—排污口　7—黑液进口　8—冷凝水出口　9—加热室外壳　11—黑液出口　12—排液管　13—分离器外壳　14—中央管及径向管　15—隔板　16—方形接管

加热室是一个加热管长约7m的列管式加热器，外壳由筒体和上下盖构成，筒内有上下管板（也称花板），管板之间有管束。

分离器是一个被两层伞形隔板分成三层的圆筒形容器。下隔板中央有一直管，称为中央管。管的上端封闭，下端与底层相通。中央管的周面上装有三根蒸汽出口管，这三根管称为径向管，它从中央管径向引出，转一角度后切向引入分离器的中层。上隔板上亦有一中央管，在管的周面也有四个蒸汽出口，中央管上端封闭，下端与中层相通。

黑液先预热到接近沸点温度，然后送入加热室的底部，并维持较低的液位，液位高度一般不超过加热管长的1/4。

黑液在加热管的不同高度传热情况并不相同。黑液位于最低位置未达到沸点时，管子与黑液的传热主要是对流；当黑液被加热到沸点后，逐渐产生很多小汽泡，小汽泡又汇集成大汽泡，大汽泡又串成中心汽柱，汽流上升速度加快将黑液拉成一层薄膜沿管壁上升。这时，黑液得到很好的加热。到达加热管的出口端时，黑液已全部成为含悬浮小液滴的汽液混合物，并以极快的速度冲出管口。

来自加热室的汽液混合物经方形接管切向进入分离器的底层，借助离心力进行第一道汽液分离，然后再经径向管进行第二道分离，最后经第二隔板中央管的四个蒸汽出口进入上层，借助惯性力进行最后一道分离。分离出来的黑液由分离器底层的两个黑液出口管排出。

多效蒸发系统中，在每一效的二次蒸汽压力是不一样的，比热容也随之变化，为了维持二次蒸汽在分离器的各部分具有合适的流速，加热室和分离器的接管每一效是不一样的，接管的截面积随蒸汽压力下降而加大。每个分离器内的径向管装有可调出口大小的闸门，开机前，凭经验和每一效的压力大小先行调整。加热室与分离器的接管亦装有闸门，通过调整闸门，可以获得黑液和蒸汽的合适流速。

这种蒸发器各效为不等加热面积（但是等流通断面），各效传热系数也不同，在混流进液流程中，进Ⅰ、Ⅱ效因黑液浓度高、黏度大、易结垢，传热系数小，单台传热面积应比后三效大 1.15~1.2 倍才能保证足够的传热量，以产生足够的二次蒸汽供给后几效。可是各效黑液流通断面相等，Ⅰ、Ⅱ效液量少、流速低、传热系数也低。而提高进汽温度（压力），会加速管壁结垢，因而限制了蒸发能力的提高。

这种蒸发器主要用于蒸发硫酸盐木浆黑液、硫酸盐苇浆黑液。对黏性大的其他草浆黑液不适用，现已不再生产，被新的分离器在上的长管升膜蒸发器所替代。

(2) 分离器在上的长管升膜蒸发器

1) 分离器在上的单程升膜蒸发器

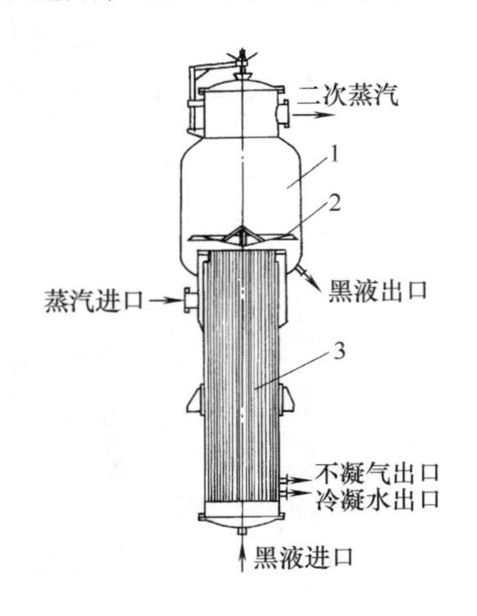

图 9-4　分离器在上的长管升膜蒸发器（单程加热器）
1—分离室　2—分离板　3—加热室

这种蒸发器的分离器设置在加热室的上方（图 9-4），简化了接管，结构紧凑，可减少占地面积，节省建筑费用，减轻二次蒸汽阻力。加热室花板上方有一锥角 154°的圆锥形分离板，汽液相混合物溢流过花板并撞击到锥形壁上，在锥形壁上的离心运动可使大滴的黑液分离。分离板用不锈钢制成，分成可折的两半，以便检修加热室和更换管子。分离器的顶部一般安装筛网或碰撞式消沫器作为雾沫分离用。分离器本身基本上是一个空的壳体，比老式的分离器结构简单，减少了二次蒸汽阻力。考虑到二次蒸汽比体积在每一效并不一样，以及为了维持一个比较适当的流速，后面几效的分离器的尺寸要比前面几效大一些。

加热室的蒸汽入口在加热室的顶部，入口处装有蒸汽分布环，把蒸汽导向加热室的顶部，由此均匀地沿着加热管间空隙向下输送，避免了蒸汽直接冲击加热管。老式蒸发器是在中间进汽、两端排不凝性气体，在加热管束里面留出通汽道而使排管的数目减少。新式蒸发器不凝性气体是由加热器底部排出，这样加热均匀，传热好。

加热室的冷凝水排出管的最低点，不低于下管板的上平面，使冷凝水能及时和彻底地排除。不凝性气体在加热室也不容易积聚，在一定程度上改善了传热条件。一般用在蒸发系统的Ⅲ效、Ⅳ效、Ⅴ效。

2）分离器在上的双程升膜蒸发器

为了提高黑液在管子内的流速，把加热室的管子分成两组或两组以上串联起来，这种蒸发器称为双程或多程蒸发器，如图 9-5 所示。有些把管子分成用途不同的三组，第一组用于预热黑液，第二组把黑液加热至高于沸点 2~3℃，转入第三组时黑液马上剧烈沸腾，以液膜方式快速上升，这种蒸发器称为升降膜蒸发器。它克服了普通升膜式蒸发器入口流速低所引起的沉积和容易结垢等缺点。但这种企图以高液流速度获得高传热系数的设想在某种程度上是对蒸发器内热传导的错误理解，混淆了预热器和加热器的作用。这种蒸发器一般用于多效系统的高浓高温效，如Ⅰ效或Ⅰ效和Ⅱ效。

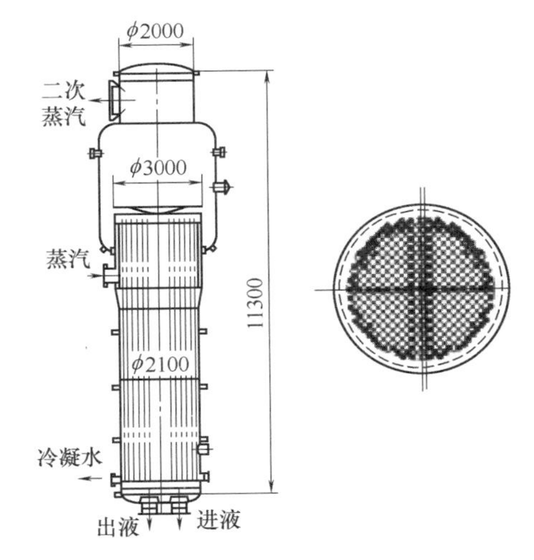

图 9-5　分离器在上的双程升膜蒸发器

3. 常用规格

当降膜蒸发器还是一种新型设备时，升膜蒸发器在北美洲大量使用，在我国老的木浆及苇浆蒸发系统中也在大量使用。新建的中、小型厂及草类浆黑液蒸发，也建议使用，所以它是一种使用较为普遍的蒸发器。常用的长管升膜蒸发器的规格见表 9-5。

表 9-5　长管升膜蒸发器规格

型号/图号	每效加热面积/m^2	效数	各效加热面积/m^2	常用材质
ZHZ_1/AQZ_{215345}	200	4	Ⅰ效、Ⅱ效 210m^2，Ⅲ效、Ⅳ效 180m^2	全碳钢，或Ⅰ效、Ⅱ效用不锈钢管；Ⅲ效、Ⅳ效、Ⅴ效用 A_3 管
ZHZ_2/AQZ_{215346}	300	5	Ⅰ效、Ⅱ效 330m^2，Ⅲ效、Ⅳ效、Ⅴ效 280m^2	
ZHZ_3/T_{15350}	400	5	Ⅰ效、Ⅱ效 440m^2，Ⅲ效、Ⅳ效、Ⅴ效 380m^2	
ZHZ_4/T_{15550}	550	5	Ⅰ效、Ⅱ效 610m^2，Ⅲ效、Ⅳ效、Ⅴ效 510m^2	
ZHZ_5/T_{15370}	700	6	Ⅰ效、Ⅱ效 780m^2，Ⅲ效、Ⅳ效、Ⅴ效 680m^2	

（三）管式降膜蒸发器

降膜蒸发器一般具有液流分布系统、传热单元、二次蒸汽室和汽液分离装置。一般装有黑液循环泵把一部分黑液从蒸发器的底部送到顶部，以利于调整蒸发能力和控制传热速度。

管式降膜蒸发器是在升膜式蒸发器基础上发展起来的一种蒸发器，也可以把它看成是一个倒装的升膜式蒸发器。管式降膜式蒸发器的加热室在上，分离器在下。黑液泵从二次蒸汽室的底部把黑液送入加热室上部，经过分配器均匀分布在各加热管上，在加热管内流下成膜，管外用蒸汽经管壁加热使黑液膜沸腾。由于二次蒸汽在管内流速很大，将黑液拉薄成薄膜下降。液膜流至加热管底部，滴入分离器，二次蒸汽由分离器上部排出，浓缩黑液由下部排出。

黑液循环管可以设在蒸发器体内（图 9-6），或设在蒸发器体外（图 9-7）。内循环管式蒸发器的循环管是设在蒸发器内部的中心管，黑液从进液口进入，上升到分配器流出。这种布置比顶上进料或侧面进料的外循环管式蒸发器有更多的优点。如循环管不需保温，可以降低造价，且更利于均匀布液。

降膜式蒸发器与升膜蒸发器不同之处在于：降膜式蒸发器的二次蒸汽，黑液流向与重力

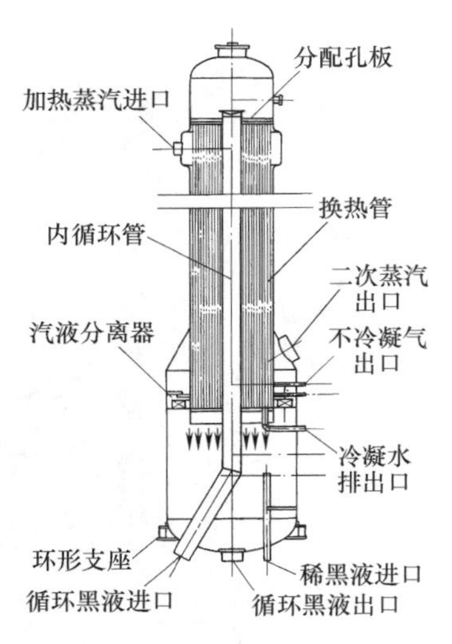

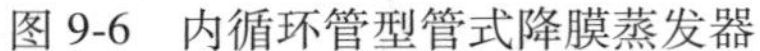
图 9-6　内循环管型管式降膜蒸发器

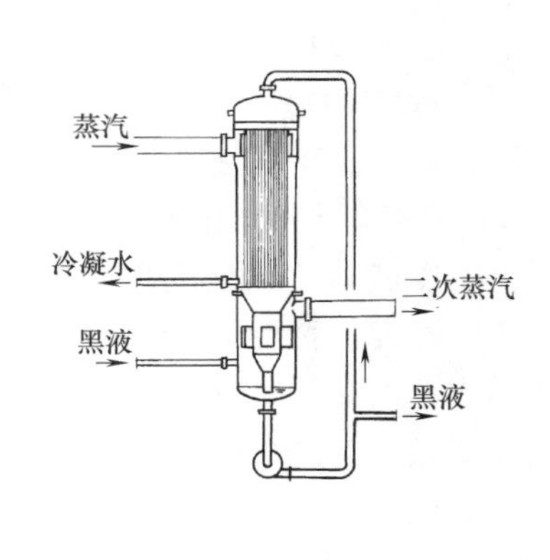

图 9-7　外循环管型管式降膜蒸发器

同向，而升膜式蒸发器的二次蒸汽、黑液流向与重力反向。升膜式蒸发器将黑液拉拽成上升的液膜，必须克服重力及料液与管壁的摩擦力。因此，黏度较大的黑液就不易上升成膜，而降膜蒸发器不必克服液体上升的重力，反而可以借助重力拉拽成膜。所以它一般作为蒸发系统的高浓效和增浓效使用。可把黑液蒸浓至含固形物 60%~70%的浓度。

降膜式蒸发器每效均需要配置进液泵或循环泵，把部分黑液从蒸发器底部送到顶部，这种黑液的循环有利于调整蒸发能力和控制传热速度。黑液的均匀分布是降膜蒸发器的决定因素，要求非常严格。单效进液浓缩比不能太高，每一根管分配的液量应适当。进液量过大，造成黑液泵动力的浪费；过小，管下部会造成缺液干固晶析、结垢等情况而不能正常运行。降膜式蒸发器必须配置循环泵，同时黑液要提升的位差比升膜式蒸发器大，因此电力消耗较不需循环泵的升膜式蒸发器大。但黑液循环量只有强制循环蒸发器的 10%，所以能耗较强制循环蒸发器的小。

（四）板式降膜蒸发器

板式降膜蒸发器是我国 20 世纪 80 年代运用的高效节能蒸发设备，由于其传热效率高、不易结垢、容易清洗、运行周期长、耗电量低、出液浓度高（木浆黑液浓度可达 70%，草浆黑液 43%~48%）、操作弹性大等优点，广泛用于造纸的废液回收、化工、食品、酒精等行业，是蒸发浓缩黏度和含硅量较大液体的理想设备。采用低 BOD 设计的板式降膜蒸发站更体现了其他类型蒸发站无法比拟的低污染的环保优势。

板式降膜蒸发器与管式降膜蒸发器除了加热元件不同外，液膜和二次蒸汽的流动方式也不同：管式的黑液是在管内流动，产生的二次蒸汽与黑液一起全部从管底排出。而板式的下降液膜是在加热板面布膜，二次蒸汽向上升流动，通过雾沫分离器后引入下效，二次蒸汽与液膜之间没有干扰。

1. 板式降膜蒸发器结构

如图 9-8 所示板式降膜蒸发器是由壳体、加热元件组、分配箱、除沫器等构成。

（1）壳体

壳体是按压力容器设计，并考虑到在真空状态下受外压时壳体的稳定性。壳体材料根据介质性质或使用要求，分为碳钢或不锈钢两种形式。浓黑液蒸发效的液室被浓碱腐蚀较严重，一般采用全不锈钢壳体。或至少底部以上 1～1.5m 为不锈钢，其余为碳钢。

蒸发器的壳体内设有框架，用来支承加热元件，加热元件呈悬挂状装在筒体内，可以自由伸缩。筒体内还可以设置专门隔板或使加热元件分组通汽来实现蒸发工艺所要求的不同目的。例如，设置闪蒸室，在蒸发站的后三效使黑液连续闪蒸三次，约可蒸发后三效总蒸发水量的10%。又如在筒体的底部设置隔板和在加热板组上部增加黑液分配箱，可使该蒸发器具有预热和蒸发的两种功能。将加热元件分成独立的两组置于蒸发器内，可通入不同的汽体，能同时起到加热和冷凝作用。

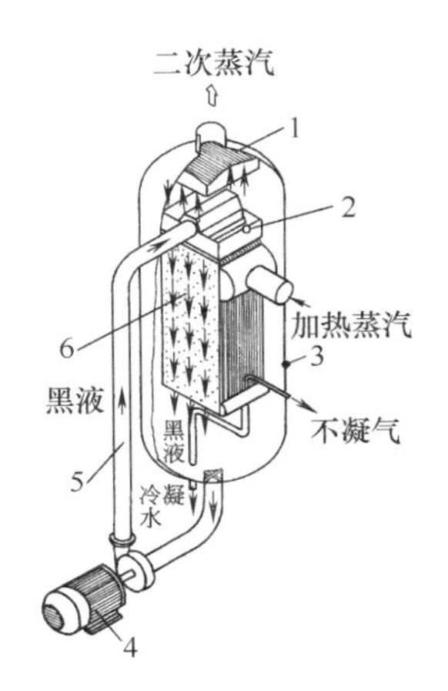

图 9-8　板式降膜蒸发器

1—除沫器　2—分配箱　3—壳体　4—循环泵　5—循环管　6—加热元件组

（2）加热元件

加热元件是由两块不锈钢薄板经周边缝焊，并在大型专用设备中鼓胀成型，中间有规则地相隔一定距离点焊加强，形成一个中空的均布焊点和鼓泡的板式加热元件（图 9-9）。再将多块加热元件由联箱并联，组成加热元件组。

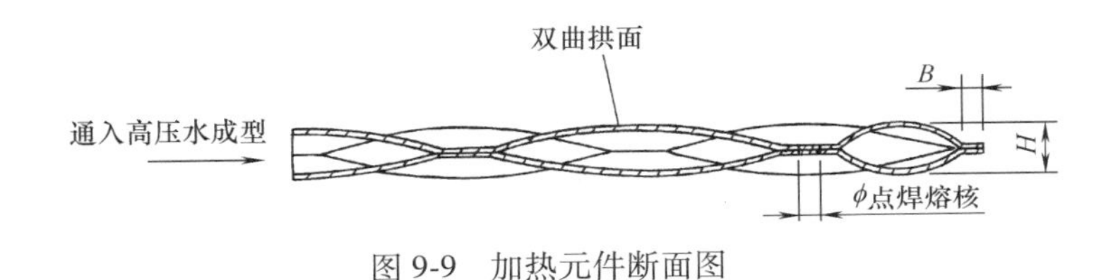

图 9-9　加热元件断面图

加热蒸汽由联箱进入加热元件内部，黑液则由黑液循环泵送至分配箱再由分配箱均匀分配到各加热元件上部，沿着加热元件的表面成膜状流下，同时进行传热蒸发。由于加热元件表面的特殊形状，使流下的液体形成湍流，减少了液体滞流层的厚度，降低了传热热阻。由于是液膜蒸发，没有由于静液位压力引起的沸点升高，用于加热的有效温差高。黑液液膜在加热板上没有局部沸腾现象，没有干斑点使污垢开始积集。即使在加热元件上形成结垢也是结构疏松的片状结垢，极易因黑液冲刷或黑液浓度变化而自然脱落，极易清除和清洗。所以，板式降膜蒸发器的传热系数和热效率均高于传统的蒸发器。

若用隔板将蒸发器隔成二室或三室，实现在同一个蒸发器中蒸发不同浓度的黑液，或不停机轮换清洗。蒸发后黑液的浓度和连续运转的周期都大为提高。

（3）分配箱

分配箱（如图 9-10）是将黑液均匀分布于加热元件表面的部件。稀黑液由泵送到板式蒸发器加热元件上部的分液短管，再流到接液槽，溢流至分配箱。使得进分配箱的循环黑液经多次缓冲，以保证黑液的分布均匀。由于介质的性质不同，以及各效蒸发器黑液的黏度变化，其结构尺寸也相应改变。

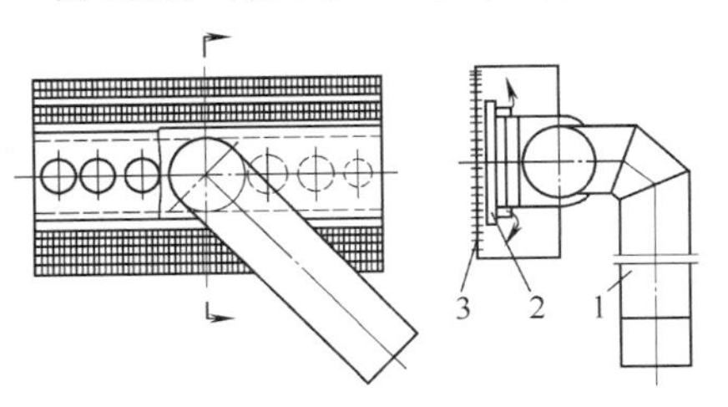

图 9-10　分配箱

1—分液短管　2—接液槽　3—分配箱

分配箱的布液原理如图 9-11（a）所示。它的底板上沿纵横向整齐地排列着许多直径相同的小孔。这些孔的直径大小同黑液浓度有关，浓度高则孔径大，

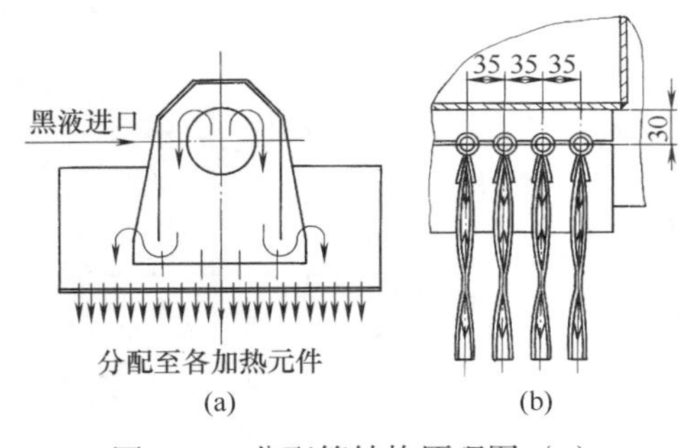

图 9-11　分配箱结构原理图（a）及其与加热元件的连接（b）

其相互关系如表 9-6 所示。横向小孔的排数与加热元件的数目相同，每排小孔的中心轴线都在其下方相对的加热板副的板片焊接接触面的延伸面上，见图 9-11（b）。每副加热板在顶部都有一个小圆管，黑液通过各排小孔自流到这小管上，然后呈薄膜状覆盖着整个加热板的两外表面成膜状均匀地流下，同时与加热板内的加热蒸汽进行传热蒸发。

（4）除沫器

除沫器位于板式蒸发器筒体内上方，又称气液分离器，其结构形式有多种，如图 9-12 所示。它设置在蒸发器的分离室二次蒸汽出口处，使黑液蒸发时产生的二次蒸汽中所夹带的大量泡沫消除并将二次蒸汽中夹带的液滴、杂质等分离出来，以减少蒸发时碱的损耗及防止黑液带入冷凝水中造成对冷凝水的污染。冲击式、球盖式、离心式三种结构为常见的，多用于管式蒸发器。折流式除沫器则多用于板式蒸发器，它是由多片经折弯且表面有凹凸肋的、厚 0.4~0.6mm 的不锈钢板片相隔一定的间隙组合而成。二次蒸汽经过除沫器的间隙时，所夹带的雾滴撞击板片被截流下来。这种除沫器的优点是除雾效果好，阻力小，易清洗，寿命长。

表 9-6　分配箱底板上的孔径与黑液浓度的关系

黑液浓度/%	22	26	30	35	45	65	70
孔径/mm	16	17	17	17	19	20	22

板式降膜蒸发器在用于黑液蒸发站的各效时，各效的结构有所不同，其中第Ⅰ、Ⅱ效通常有较大的加热面积，Ⅰ效蒸发器中设有三个加热元件板组（室），其余包括Ⅱ效在内的各效则只有一或两个加热板组。

对Ⅰ效设置较大的加热面积，是为了确保以后各效蒸发黑液所需要的热量。在“一板 4 管”或“一板 5 管”串联组合的蒸发站中，板式、管式蒸发器的单台加热面积比可取为（1.5~1.7）∶1。

用作Ⅰ效的板式蒸发器的三室中，有两个室作为增浓蒸发室，也称工作室，而另一个室则作为洗涤室。工作室和洗涤室每工作 4~8h 切换一次，这样可使三个室的加热元件表面保持清洁而无须停机清洗。

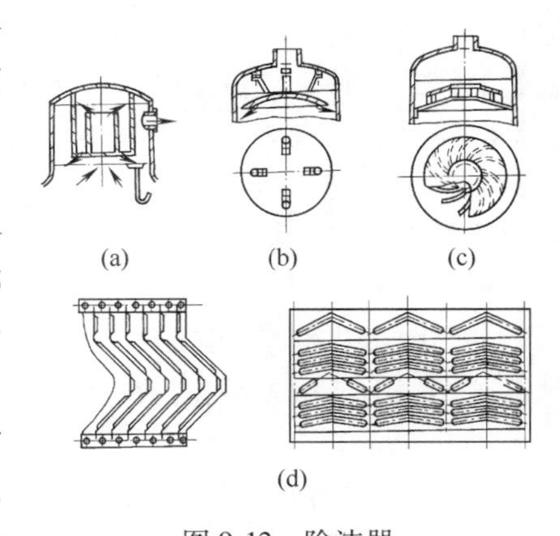

图 9-12　除沫器
（a）冲击式　（b）球盖式
（c）离心式　（d）折流式

2. 板式降膜蒸发器特点

板式降膜蒸发器与管式降膜蒸发器相比，有如下特点：

① 传热效率高。在蒸发器内，加热元件金属薄板之间的间距只有 7~19mm，黑液和二次蒸汽在此窄缝中的流速比在管内快，因而传热系数大。

② 不易发生结垢堵塞。管式加热器的圆形加热断面是形成结垢的有利几何形状，圆形

的垢层相对于板状结垢而言结垢坚固得多，且在金属管支撑圈保护下很难自行脱落，其垢层越厚则增加越快，极易堵塞。而板式加热元件表面结垢为平板状，没有支撑圈保护作用，加上运行中汽液两相压力持续的微小变化，造成了加热元件的振动，使块状垢层很易脱落。且蒸发器为三个室，各室可分别轮流生产，黑液浓度的交替变化及用稀黑液连续不停机冲刷，所以基本上解决了结垢、堵塞问题。

③ 电耗低。因在相同的加热面积下，板式比管式结构具有较大的流通截面积，且摩擦阻力小，在相同流速时，板式可采用流量较小和扬程低的循环泵，同时仅一部分黑液循环，黑液靠重力自上而下流动，故动力消耗小。循环液量只有强制循环蒸发器的10%~15%，也只有管式降膜蒸发器的30%，因而电耗低。

④ 环境污染少。6效蒸发站在Ⅴ、Ⅵ效和表面冷凝器的结构上采用了低BOD设计（即效内自身汽提）。实现了冷凝水的清浊分流，只需将分离出的极小部分浓度高的污水送去汽提塔处理，汽提出的不凝气（即臭气）送石灰回转窑燃烧，实现了污染的零排放。

⑤ 在多效板式蒸发站中，每台板式蒸发器都有相对独立调节进效液量和浓度的能力，而不受系统干扰，能适合生产能力的波动，操作方便。

⑥ 板式降膜蒸发器可以在正常负荷25%的情况下运行。在进料量少蒸发量小的情况下运行，传热面不会因断液而结垢。

⑦ 有自控仪表控制，不易发生冒液和干管现象；开停机迅速，易于改变蒸发负荷。

⑧ 板式蒸发器的加热元件成型焊接技术要求较高，焊接部分容易开裂，损坏后不易更换及维修。

⑨ 价格较昂贵。

板式降膜蒸发器可作为增浓器与现有升膜式长管蒸发器配套，降低长管蒸发器的出效浓度，以降低黏度，实现长管升膜，然后由板式增浓器增浓，新蒸汽以较高压力引入增浓器，降低压力后又引入长管蒸发器，这样组合可供大中型草浆厂采用。降膜板式蒸发器也可作多效蒸发站，通常第Ⅰ效多采用三室的蒸发器，后几效蒸发器是单室或双室，最后两效可作效内汽提。目前国内已能生产260~1000m^{2}不同加热面积和一室、二室、三室不同规格的系列产品，可供选用。

在使用板式蒸发器时还应注意以下两个问题：一是送蒸发的黑液必须滤除其中的纸浆纤维，方法是设置黑液过滤机；二是板式蒸发器在运行中，从加热板片上自动剥落于黑液中的垢片必须即时除去。否则，这些纤维和垢片将会造成加热板片顶部黑液分配盘孔眼堵塞而影响蒸发作业的正常进行。解决办法是在加热板片下部设置过滤、除垢部件，将掉下的大块垢片从蒸发器中去除；三是板式蒸发器的加热元件必须是薄的不锈钢板，以减少腐蚀和提高传热系数。蒸发器外壳最好也是全不锈钢制，为了减少投资，至少后2~3效用全不锈钢外壳，而1~2效底部1m为不锈钢而其余部分为碳钢。

（五）增浓器

目前碱回收的趋势是取消直接接触蒸发器。对木浆而言，管式升膜蒸发站只能生产浓度不超过45%~50%的浓黑液，而燃烧要求将固形物含量增加到65%~70%。这种特别设计的以提高浓度为目的的单段或多段间接加热式蒸发器，称之为“增浓器”。由于在高固形物浓度时黑液黏度太高，且无机钠盐会沉析出来，发生严重的结垢现象，必须泵入相当大量的黑液以减少管壁沉淀，带循环的降膜式增浓器大概是最常用的形式。在该设计中，最关键的是黑液能均匀地分布在加热元件表面上，促使蒸发作用发生在黑液表面而不是在加热元件表面。许多增浓器均设置有两个以上的加热室，在多效蒸发器系统将流程中的低固形物效与增浓器相结合，以使增浓器的每个室能定期被低固形物黑液所“清洗”。有的也采用其他降黏、防垢技术。总之，增浓器设计的主要目的仍是将堵塞和结垢降到最低。

常用作增浓的蒸发器类型是：有3~4个加热单元组合件的，配独立循环泵的多室板式降膜蒸发器、强制循环蒸发器、结晶增浓蒸发器。

1. 用作增浓器的板式降膜蒸发器

用作增浓器的板式降膜蒸发器是把Ⅰ效分成三室（或三体），并使它们在不同的浓度下运行，通过切换它们的运行顺序使其中一室始终在低于结晶点的浓度运行，低于结晶点运行的室就溶解在加热面上形成的盐垢。这是奥斯龙（AHLSTROM）公司20世纪70年代开发的保持蒸发器持续运行的“连续洗涤法”，这种技术成功地用于把黑液蒸发到76%的浓度而蒸发器保持长时间的洁净。

详细内容见有关板式降膜蒸发器章节。

2. 结晶增浓蒸发器

结晶黑液的浓度根据制浆原料、蒸煮条件和工厂化学药品的平衡等因素而变化很大，一般结晶开始产生是在黑液浓度45%~62%的范围。在蒸发器加热面上形成结晶会降低蒸发能力。

根据强制循环原理，结晶增浓蒸发器抑制管内沸腾，避免不溶解的沉淀物沉集在管壁上产生污垢．结晶增浓蒸发器可以把黑液浓度由65%提高到75%~80%的浓黑液，运行时很少有污垢问题。结晶增浓蒸发器的关键在于控制碳酸钠的过饱和度，防止在加热面上形成干斑。

图9-13表示一种结晶增浓蒸发器的典型结构，这种蒸发器的使用已相当成熟。它有两个卧式（也可以是立式）加热器。这种增浓蒸发器的原理是，黑液中的无机物盐类超过其溶解度时会结晶析出沉淀，产生一种泥浆状的黑液。如加入无机物结晶作为晶核，将促进结晶在晶核上形成和增长并成为泥浆型浓黑液。碱回收炉和静电除尘器的碱灰已被证实是较为理想的晶种物质，可以加入黑液中作为晶体生长必须的晶种。此外，增浓器需要有160~170℃的操作温度，以降低黑液黏度。同时泥浆型黑液必须保持高速的循环，防止了局部过饱和状态，使管束加热面内黑液的沸腾受到限制。也由于剪切力作用，降低了黏度，提高了传热系数。要抑制在加热管内发生沸腾的另一个方法是在加热器的顶部保持一定的黑液静压，这样加热蒸汽与黑液之间的传热温差较小，不会沸腾。黑液发生自蒸发作用进行增浓主要是在二次蒸汽室中，故加热管中污垢较少。

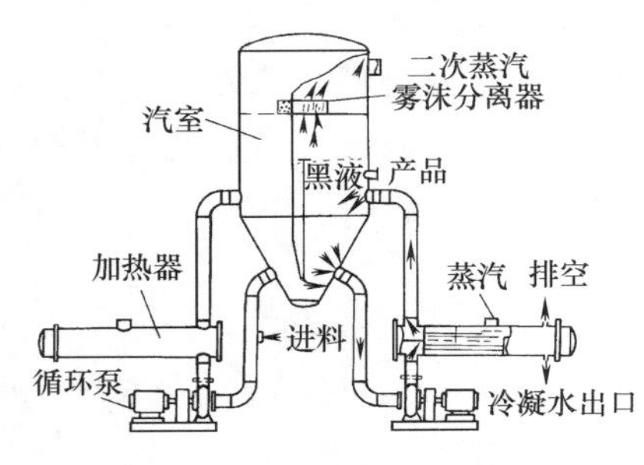

图9-13　结晶增浓蒸发器

结晶增浓蒸发器还可采用双程或多程的、立式或卧式的加热器，较新的设备有两条循环回路共用一个二次蒸汽室，并间隔成为两个贮液室，但黑液可由一室流到另一室。并且液流回路可以切换，让一条回路进行洗煮。当一条回路进行洗煮时，结晶增浓蒸发器并不停机。

结晶增浓蒸发器黑液循环需要的能耗大，但由于黑液蒸发时产生的剪切力降低了高浓黑液的黏度，降低黏度的优点补偿了能耗大的缺点。

3. PFR增浓蒸发器

PFR 增浓蒸发器，用于一些老式的蒸发系统中。这个名词来源于液体的三种流通性质。即：P，预热段；F，降膜段；R，升膜段。这种蒸发器实际上就是增加了循环系统的双程管式蒸发器。它在上下花板处有隔板装置，将煮沸器液室分成了三个部分，如图 9-14 所示：黑液在其中分别完成了预热、沸腾、汽化或闪急蒸发过程。第三部分的加热管内充满了汽液混合物，并以极快速度上升进入分离器，改善了长管升膜蒸发器可能出现的不利条件，热损失也较小。当黑液浓度在55%以上时，要加大循环量，以求减少因浓度高而产生的黏度大和污垢性强等问题．加大循环量需要增加循环泵的能耗，但可促进管内的膜沸腾和减少形成局部的干斑。因为当预热段和沸腾段流速过低时，管壁易黏附细小纤维、树脂或析出硫酸盐，管内沸腾不可避免地会产生污垢。

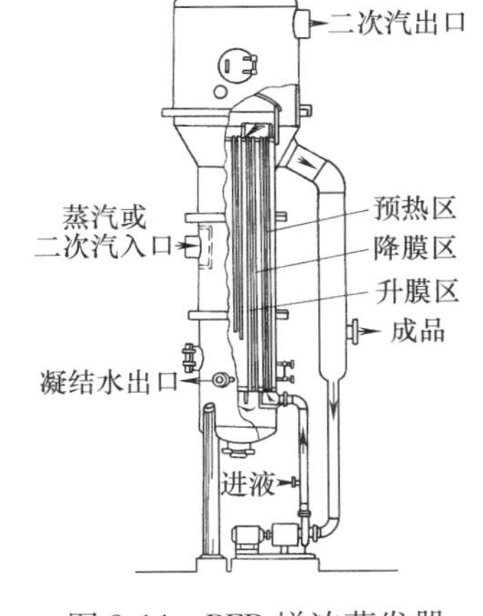

图 9-14　PFR 增浓蒸发器

加热器可以是立式或卧式。卧式加热器一般采用双程．一些 PFR 增浓蒸发器，有两条循环回路，可以进一步提高传热系数和减少污垢。

因管垢问题无法妥善解决，这种蒸发器现也很少使用。但污垢问题却促进了另一种蒸发器的开发，如结晶增浓蒸发器。

4. 蒸汽循环降膜蒸发器（Falling Stream Concentrator）

这是一种经过改良的管式降膜蒸发器，也是管壳式，黑液走管内。适用作普通蒸发站后的黑液再浓缩，特别是高黏度黑液的增浓。

普通的降膜蒸发器液流速度与湍流程度和重力成正比，但随着黏度增加液流速度降低。当黑液黏度降到 50~100mPa·s 时，传热系数急剧降低，限制了浓黑液的进一步蒸发浓缩。要提高传热系数，只有增加液流速度。由西班牙人 Epytek 开发，瑞典 Kvaerner 公司生产制造的蒸汽循环降膜蒸发器，一般采用 3~4 体串联组成一个 3~4 段的 I 效增浓蒸发系统（如图 9-15 所示的四体四段 I 效增浓器）。其增浓原理是每段都通入新蒸汽进行加热，第一段产生的二次蒸汽送入第二段，第二段产生的二次蒸汽送入第三段，第三段产生的二次蒸汽送入第四段。因此，各段管内的蒸汽量和蒸汽流速不断增加，拖动降膜黑液加速向下流动，由此改进了传热过程，其蒸发强度是一般管式强制循环蒸发器的两倍。每段配有黑液循环泵使部分黑液循环，部分黑液送往下一效。管内的高速蒸汽会使黑液分散成液滴，悬浮在二次蒸汽中。蒸汽与液滴混合物的黏度，比黑液本身的黏度低得多。因此，这种增浓器可以处理黏度高达 500mPa·s 的浓黑液（这也是可以用泵送的黑液最高黏度）。经四段蒸发后浓黑液送燃烧，末段的二次蒸汽送入蒸汽分离器分离出黑液液滴后，二次蒸汽送入增浓前的主蒸发系统回用。目前，该蒸发器仅用于木浆黑液蒸发，还没有用于草浆黑液蒸发的先例，但理论上可以将草浆黑液由 42%~45%增浓到 60%~65%。

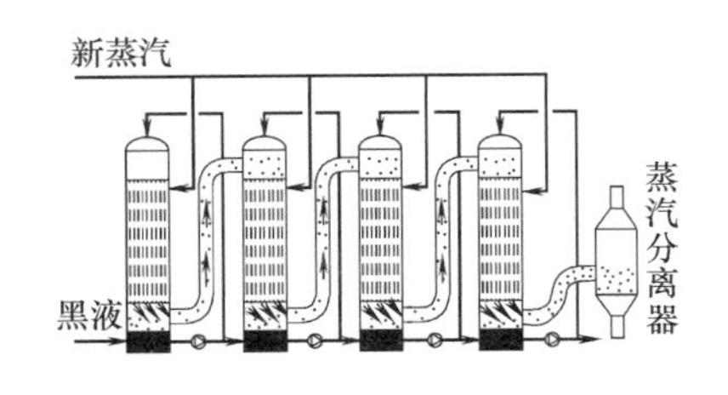

图 9-15　分段蒸汽循环降膜蒸发器增浓系统汽流示意图

5. 超级增浓器

这种能将浓度提高到 80%固形物的超级增浓器实际就是高压的板式降膜蒸发器，它具

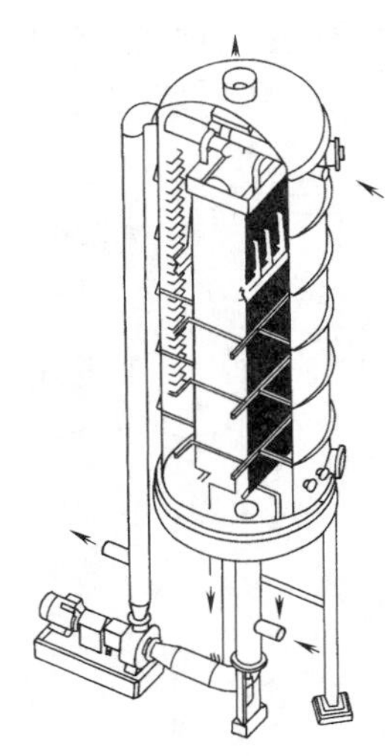

图 9-16　超级增浓器

有薄片的加热表面（图 9-16），和闪蒸罐一起构成蒸发系统。它与普通板式降膜蒸发器的不同之处是：供给蒸发器的蒸汽压力为 1.10MPa，整个系统在 0.45MPa 的压力下运行，黑液温度达 170℃；由于在高温高压下运行，高温碱腐蚀较严重，加热元件必须能耐高压和有较高地耐腐蚀性，不锈钢 304 或 316 已不能满足它的要求，需要用一种特殊的合金。

在主要的蒸发列里生产的黑液在芒硝黑液混合槽中以较低的浓度（65%）贮存，超级增浓器布置在芒硝混合槽与燃烧炉之间，蒸发后将 80%的高浓黑液直接送碱回收炉燃烧。该蒸发系统采用等式高温降黏技术，降膜蒸发器的黑液侧和闪急槽均保持相当高的压力，以便保持较高的温度，以适应 200mPa · s 以下的可以泵送的黑液黏度。也设置了将黑液循环返回到混合槽的装置。闪急槽可在降膜蒸发器清洗时，用作高固形物黑液的暂存。

现在的超高浓蒸发技术往往是多种蒸发技术和蒸发设备的组合与应用，如超级增浓器与黑液热处理技术、压力贮存技术结合使用，可达到 85%～90%的浓度。应据实际需要设计蒸发工艺流程。

在高浓蒸发器的使用与维护中应注意加热元件的清洗，保证加热元件的清洁。也要注意设备以及管道的耐腐蚀问题。高浓蒸发的输送管道应采用蒸汽伴管保温，在停机时应及时用蒸汽吹扫黑液管道，以防止堵塞。设备的加热面也应用洗液清洗。

（六）预蒸发设备

随着能源价格的上涨，对能够提高能源利用率的黑液浓缩系统的发展，起了很大的推动作用。黑液的预蒸发就是综合利用全厂的热力资源，在进行系统蒸发之前，提高进蒸发站的黑液浓度，以降低能耗或生产高浓黑液。这些浓缩方法包括利用压缩二次汽的蒸汽，利用喷放热量的蒸发，以及利用闪急蒸汽的蒸发。

总的来说，利用压缩二次汽的蒸发、利用喷放热的蒸发、闪急蒸汽蒸发器、多极闪急蒸发器都非常适合于浓缩稀黑液，因而最好用作预蒸发器。它们可以处理掉相当一部分的总蒸发负荷。一台预蒸发器可以将黑液从 14%浓缩到 18%，即相当于将黑液蒸发到 65%固形物所要除去的总水量中，约有 30%的水量可从预蒸发器中除去。但预蒸发器必须置于普通蒸发器之后，即黑液先经预蒸发器蒸发，然后再送入多效蒸发站蒸发，以生产出所需的最终固形物含量的黑液。

在多效蒸发器后面带预蒸发器，将对多效蒸发器有若干影响。最明显的影响是减少了蒸发负荷。而且主蒸发器的所有各效均将在高固形物含量下运行。这将使每效的沸点升高和黏度增加（从而降低传热系数）。因热推动力和传热系数降低，传热效率将下降。但蒸发所需传热量也减少了，因此，预蒸发设备的应用存在优缺点。

二、蒸发辅助设备

（一）黑液预热器

黑液预热器将黑液加热至接近该效蒸发器工作压力下的沸点的温度后，再进入升膜式蒸发器。黑液从低温效进入高温效之前也要预热。

在黑液蒸发站中主要采用列管式预热器和螺旋式预热器。

1. 列管式预热器

列管式预热器具有单位体积传热面积大，结构紧凑、坚固，传热效果好，耐高温、高压和生产能力大等特点。一般用饱和蒸汽作为加热介质进行预热，多用于稀黑液及半浓黑液的加热。

列管式有立式和卧式两种，卧式预热器预热效果较好，但因结构不紧凑，占地面积大，维修不便而较少采用。立式预热器因克服了卧式的缺点而使用较多，它有单程和多程两种结构。立式多程预热器在中、小型厂多采用，加热面积一般为 20~55m^2，大型厂也有采用加热面积 100m^{2}的。黑液蒸发站中用的预热器的主要特征如表 9-7 所示。

表 9-7　　黑液蒸发用列管式预热器

型号	结构特征	加热面积/m^2	加热管尺寸/mm	管数	工作压力/MPa	蒸汽进口直径/mm	黑液进口直径/mm
ZHR_1	立式、双程	30	ϕ57×3.5×4000	46	0.25	125	125
ZHR_2	立式、双程	50	ϕ57×3.5×6712	52	0.25	200	100

2. 螺旋式预热器

螺旋式预热器是由两块很薄的不锈钢板按螺旋线卷成的圆筒，利用圆筒内形成的两条螺旋通道进行热交换。有逆流和错流两种形式。逆流式螺旋加热器适用于半浓黑液的加热，而错流式则多用于冷凝水与清水间的热交换。黑液预热一般采用新蒸汽。

螺旋式预热器的直径一般在 1.5m 以内，板宽 200~1200mm，板厚 24mm。两板间的距离 5~25mm，常用材料为不锈钢和碳钢。优点是传热系数高，允许的温差值较低；单位体积的传热面积约为列管式的 3 倍，结构紧凑，制作简便，不易堵塞。这些特点特别适用于利用低温热源换热的场合。黑液蒸发站用螺旋式热交换器见表 9-8 所示。

表 9-8　　黑液蒸发站用螺旋式热交换器

主要用途	加热用			冷凝用					
结构特征	逆流式			单层错流			双层错流		
型号	ZHR_{14}	ZHR_{16}	ZHR_{17}	ZHR_{31}	ZHR_{35}	ZHR_{32}	ZHR_{33}	ZHR_{36}	ZHR_{34}
加热面积/m^2	30	40	50	60	80	110	120	160	220
螺旋板宽/mm	1100			1100					
螺旋流道宽/mm	8.14		8.14	8.10					
工作压力/MPa	3	4.5	4.5	0.25					
黑液进出口直径/mm	125		150						
蒸汽进口直径/mm	125		150	200	2502	300	500	600	650
冷凝水出口直径/mm	80			80					
二次汽出口直径/mm							250	300	
不凝气出口直径/mm				125	150				
冷水及热水进出口直径/mm				125					

（二）冷凝器

冷凝器的作用是将多效蒸发系统最后一效的二次蒸汽全部冷凝成水后排出，同时由于蒸汽的体积变小，冷凝器内产生了蒸发系统所必须的真空。此外，还可以利用冷凝器回收二次蒸汽的部分热量，例如使冷水变成温水，经补充加热后，用于洗涤纸浆或苛化白泥。

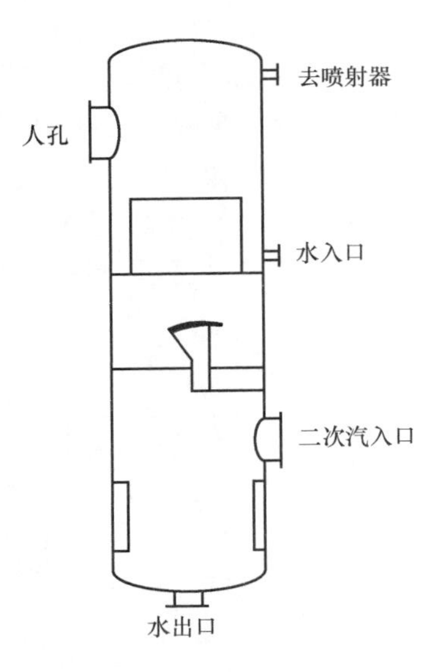

图 9-17 逆流式冷凝器

纸浆厂的蒸发器系统，常采用直接接触冷凝器和表面冷凝器。直接接触冷凝器也称大气压冷凝器，可以是逆流的（见图 9-17）或顺流的（喷射器式的），因为设备价格低，并可在低温差条件下运行，在过去的老蒸发站曾得到广泛采用。需配真空泵排出不凝气。缺点是耗水量大。

现在绝大多数的蒸发系统采用表面冷凝器。表面冷凝器有管式、螺旋式或板式三种，以后两种使用较多。表面螺旋冷凝器采用错流式，可以由两台串联组成双层螺旋冷凝器。一般蒸发站采用双层和单层螺旋冷凝器各一台串联组成二级冷凝系统。第一级冷凝器冷凝二次蒸汽量的 85%，其中只含有少量的臭气和 BOD 物质，冷凝水污染负荷较低。第二级的冷凝水为需送汽提的重污冷凝水。

目前新建的蒸发站均采用传热系数高，冷凝效果好的板式降膜冷凝器。由于水是在常压下在加热元件上自由流下，所以对水压水质要求不高。板式降膜冷凝器可设有内部汽提装置，将冷凝水分离成重污冷凝水和轻污冷凝水，见图 9-18。近来多数工厂用水环式真空泵代替喷射式真空泵。水环式真空泵的价格虽高，但运行费用低。

因为冷凝的蒸汽有腐蚀性，表面冷凝器中与二次蒸汽接触部分采用不锈钢材质。一般采用常温的清水作为冷却水，经热交换得到 45℃左右的热水供全厂使用。也有的厂采用冷却塔循环回用冷凝器的冷却水。

蒸发式冷凝器见图 9-19。具有表面冷凝器和冷却塔的两种作用。它通过排风机把循环冷却水的热量传给空气，与表面冷凝器和冷却塔系统相比投资较少。

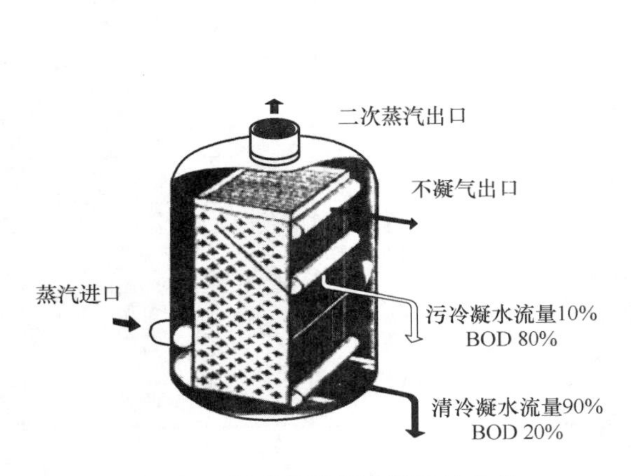

图 9-18 板式蒸发器冷凝液的分离

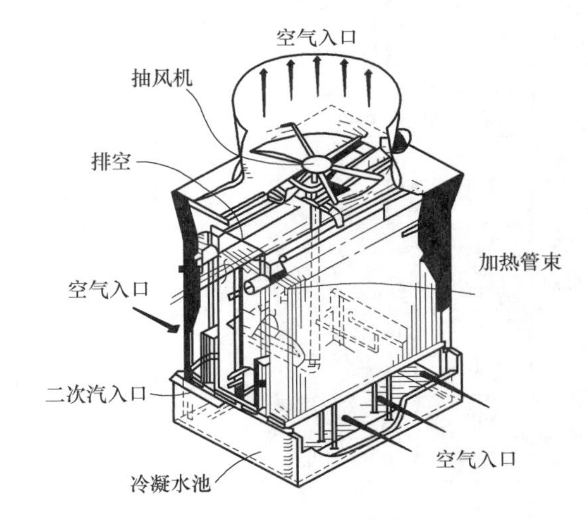

图 9-19 蒸发冷凝器

（三）真空装置

真空装置是黑液进行减压蒸发作业所必须的，它布置在冷凝器后，且连续地抽出不凝气体。黑液蒸发站的真空装置可采用的真空泵主要有：水环式真空泵、喷射式真空泵、罗茨真空泵。

水环式真空泵和水力喷射泵为通用的设备。水环式喷水真空泵是具有引、喷水循环功能的水环式真空泵，它可以使真空度达到较高的值，和一般水环式真空泵比较，它结构紧凑、体积小、耗电量低、附属设备少，不需要分离罐，只要有一个深度不小于1300mm的低位水封槽。真空泵的吸水管和喷水管分别插入水封槽内。启动前先将水封槽灌满水，用引水管注水启动真空泵，运转正常后，可关闭引水管阀，由真空泵的吸水管和喷水管进行循环，从而大大节约工作用水。为了吸移热的不凝气，应补充少量的冷清水来降低工作水的温度。水封槽通过溢流将相应的热污水排走。缺点是工作环境差。所以从环保的角度出发，多采用有分离罐的水环式真空泵。

（四）汽提塔与臭气处理

板式降膜蒸发站在蒸发器结构和工艺流程的设计上都突出了低BOD的特点并采用汽提塔处理重污冷凝水，也配置臭气处理系统把臭气送往石灰转窑燃烧，使蒸发站的污染得到有效的控制。

1. 汽提系统和汽提塔

（1）汽提系统

汽提系统主要由汽提塔、重污冷凝水预热器、塔后冷凝器等组成。塔后冷凝器可以是单独的冷凝设备，用清水冷却汽提塔的二次蒸汽，经热交换后得到的热水用于洗浆等；也可以内置在Ⅱ效蒸发器中成为一组加热元件蒸发黑液。如图9-20所示（也可参照图9-27Ⅵ效板式降膜蒸发站工艺流程）。

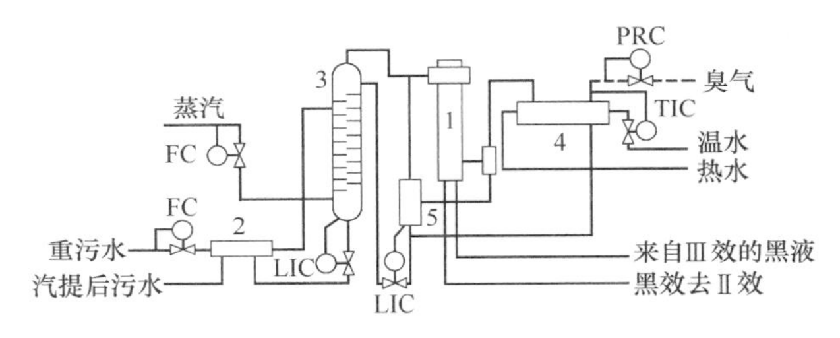

图9-20　汽提系统

1—黑液预热器　2—重污冷凝水预热器　3—汽提塔
4—冷凝器　5—冷凝水闪蒸罐
PRC—压力记录调节　TIC—温度指示调节
FC—流量调节　LIC—液位指示调节

（2）汽提塔

汽提塔常布置在Ⅰ、Ⅱ效蒸发器之间。重污冷凝水用泵经过塔前的重污冷凝水预热器预热到接近沸点后从顶部送入汽提塔。如图9-21所示，汽提塔是具有多层泡罩或浮阀塔盘（一般有20层）的设备，重污冷凝水进入汽提塔后由上而下逐个经塔盘流下。在塔底通入Ⅰ效的二次蒸汽或新蒸汽，汽提蒸汽从塔体底由下向上流动。向下流动的重污水与上升的蒸汽接触而沸腾，污水中易挥发的硫化氢、硫醇、甲硫醇等随二次蒸汽从塔顶排出。二次蒸汽作为Ⅱ效与Ⅲ效之间的黑液预热器的热源，用来加热黑液（也可送入Ⅱ效蒸发器专设的加热元件蒸发黑液）；仍没有冷凝的汽体送入塔后冷凝器用清水冷凝。二次蒸汽冷凝水重新返回重污冷凝水系统。不凝气用蒸汽喷射泵送石灰回转窑烧掉。在汽提塔汽提后的洁净冷凝水集于塔底，用泵送入重污冷凝水预热器来预热重污冷凝水后，进入二次冷凝水槽，可用于纸浆洗涤和苛化。污冷凝水汽提较早是使用泡罩塔，如图9-22所示，每块塔盘上设有多个泡罩。目的是增加汽提蒸汽与重污冷凝水的接触面积，使沸点低的污染物质被汽提出来。泡罩塔的工作原理是：塔板上开有若干个孔，孔上焊有短管作为上升汽体的通道。管上覆以泡罩，泡罩下部周边开有许多齿缝。液体横向流过塔板，靠溢流堰保持一定厚度的液层，齿缝浸没于

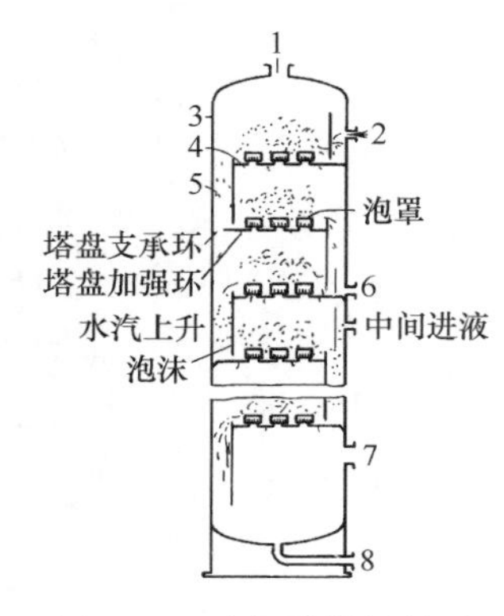

图 9-21 汽提塔结构简图

1—汽体出口 2—污冷凝水进口 3—塔壳
4—塔板 5—降硫管 6—出口溢流堰
7—加热蒸汽入口 8—净化冷凝水出口

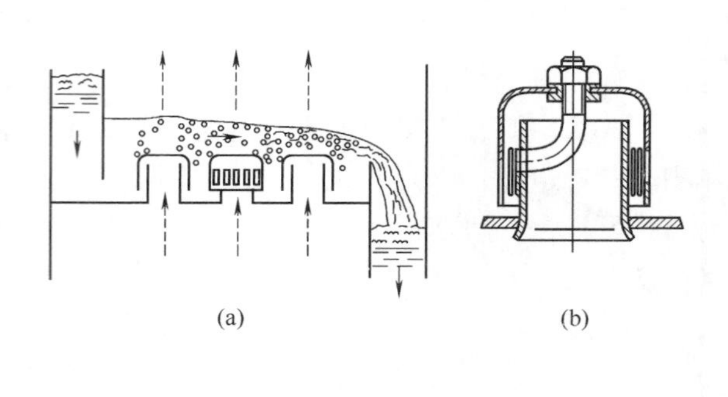

图 9-22 泡罩塔板

（a）泡罩塔板示意图 （b）圆形泡罩

液层之中形成液封。上升气体通过齿缝进入液层时被分散成许多细小的气泡或流股，在板上形成了鼓泡层和泡沫层，为汽液两相提供了大量的传热界面。泡罩塔因结构复杂、造价高、板上较厚的液层限制了气流速度的提高，故泡罩被浮阀代替。

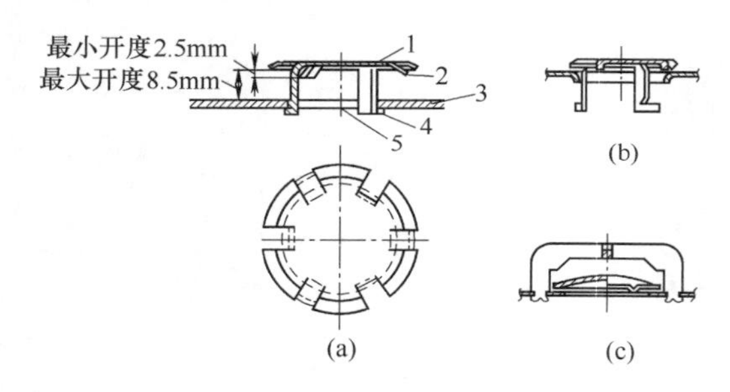

图 9-23 几种浮阀型式

（a）F1 型浮阀 （b）V-4 型浮阀 （c）T 形浮阀
1—阀片 2—定距片 3—塔板 4—底脚 5—阀孔

浮阀如图 9-23 所示。浮阀塔工作时较薄的液层浸没浮阀形成液封，气体的气压增大可冲开浮阀，形成气液对流；随着气压降低浮阀重新回到液封状态。浮阀塔开孔率高、阀片可自由升降以适应气量的变化；上升气体以水平方向吹入液层，汽液接触时间较长，板效率高；是理想的汽提设备。

在正常情况下，汽提蒸汽用蒸发站的 I 效蒸发器的部分二次蒸汽，只有当蒸发站能力低时，I 效的二次蒸汽压力也低，难以克服汽提塔自身的压力降，才用新蒸汽。

重污冷凝水经过汽提后，污染负荷大幅度降低，其中硫化物去除率 99.7%，酚去除率 96.4%，COD 去除率 90.7%，BOD 去除率 92.7%。

2. 臭气处理系统

汽提塔和真空系统的高浓臭气（即不凝气）的成分主要有硫化氢、甲硫醇、二甲硫醚、二甲二硫醚等。臭气在一定的浓度、温度下是有毒、易爆、易燃的，所以汽提塔臭气和真空泵臭气在进石灰转窑燃烧之前，需分别处理。

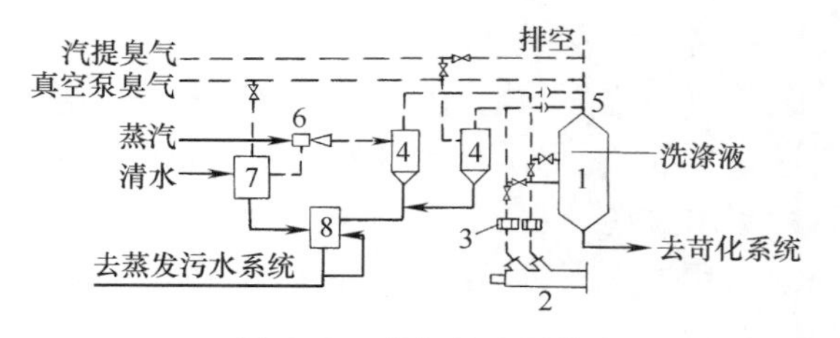

图 9-24 臭气处理系统

1—洗涤器 2—燃烧器 3—阻火器 4—分离器
5—防爆片 6—抽汽器 7—水封器 8—收集槽

臭气处理系统中安装了水封槽、防爆膜片、阻火器等安全措施。参见图 9-24。汽提塔臭气先进入旋风分离器除掉臭气中

④ 汽水分离器、扩容器、汽提塔等。用于处理二次蒸汽冷凝水，以及回收其热量或者降低其污染负荷。

此外，还有用于蒸发过程所涉及各种物质的输送和循环的泵类，贮存蒸发过程所涉及的各种物质的槽类，指示和记录各种物质流量、浓度、温度、压力等的仪表类，较大型的蒸发系统还有自动控制测量仪表。

一、蒸发器的类型

黑液蒸发器按其液流情况，以及加热面的设计、蒸发器结构、目的用途等不同，可以分成许多类型。而这些不同类型又交错组合，形成了各种各样的蒸发器，因此难以对蒸发器的类型进行界线清晰的划分。

黑液蒸发是通过热传递来实现的，而流动的液体经过传热面有三种运动方式：升膜式、降膜式和强制循环式。故按黑液运动方式可分为升膜式蒸发器、降膜式蒸发和强制循环蒸发器三类。黑液运动方式相同的蒸发器其加热面的设计也有较大的差别：若按加热部件结构的不同可分为管式和板式蒸发器两大类；因管式加热部件又有短管和长管之别，故有短管和长管蒸发器之分。而长管蒸发器又据分离器的结构位置不同分为分离器在外的和分离器在上长管蒸发器两种；据液室是否隔成几个部分又分为单程、双程或多程管式蒸发器。再有，据蒸发器的用途等不同又有蒸发器、增浓器、结晶蒸发器等之分。

为了便于讨论与比较，本章就国内外常用的短管蒸发器、长管升膜蒸发器、管式降膜蒸发器、板式降膜蒸发器、黑液增浓器、预蒸发设备等进行介绍。

（一）短管蒸发器

短管蒸发器是一种比较古老的蒸发器，用来蒸发黑液已经有较长的历史。把循环管布置在加热室内部的称为内循环蒸发器，把循环管布置在加热室外面的称为外循环蒸发器。

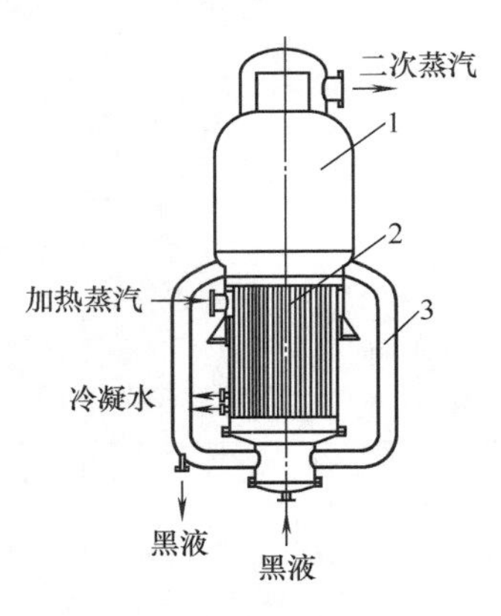

图 9-2 外循环短管蒸发器
1—分离室 2—加热室
3—外循环管

现在应用比较广泛的是外循环式短管蒸发器，图 9-2 是国内用于蒸发蔗渣浆黑液的外循环短管蒸发器。它由分离室、加热室和外循环管组成。上部的分离室直径大于下部加热管直径，以便黑液从外循环管返回下部，并有利于改善汽液分离效果。加热室由竖式管束组成，上下有两个汽环，并有合理的蒸汽管道，使加热蒸汽分布均匀。黑液由加热室的底部通过锥形多孔挡板均匀地分布到加热管内，加热后上升到分离器的下部，在分离器内把二次蒸汽中的液沫分离后，二次蒸汽从顶部排出。浓缩后的黑液一部分送到下一效，一部分回循环管。循环管的截面积一般不小于加热管总截面积的 1/3。黑液的流动主要由加热管与循环管内黑液的密度差推动，因此进效黑液流量对加热管内流速的影响不大。它适合于单效温差较大下运行，故蒸发站的效数不宜多，以 3~4 效为宜。

由短管蒸发器组成的蒸发站，在我国糖厂以蔗渣为原料的硫酸盐制浆小型碱回收车间仍有应用。蒸发站多为 4 效，加热管均用碳钢，外径为 42mm，壁厚为 3mm，管长为 2500mm。

短管蒸发器的优点是结构简单，操作稳定，管子结垢易洗刷。缺点是管内流速低，传热系数小，蒸发强度不高。现只在中、小型草类浆的纸厂中采用。

的水，然后进入燃烧器到石灰转窑内烧掉。真空泵臭气先进入水封槽，然后用抽汽器（蒸汽喷射泵）赋予一定压力，再经旋风分离器去掉水分后，进入石灰转窑。

（五）闪蒸罐

闪蒸罐可用于黑液和冷凝水的闪急蒸发。其工作原理是由于液体进入闪蒸罐后压力、温度骤然下降，从而使水分蒸发。黑液及冷凝水自蒸发产生的蒸汽可以回用于蒸发。

从蒸发站最浓效排出的黑液对常压来说是过热的。这种50%～60%固形物含量的浓黑液在送入贮槽之前，额外的二次汽应在浓黑液闪急槽中汽化，黑液浓度可提高1%～2%。自蒸发产生的蒸汽引入下一效蒸发器或用于预热黑液等。

各效排出的冷凝水也应送冷凝水闪蒸罐闪蒸，回收的蒸汽与本效的二次蒸汽一起送下一效蒸发黑液，同时污冷凝水的闪蒸可以使污染物汽化，净化了冷凝水。

三、黑液蒸发站

由多个蒸发器组成的蒸发站已被视为一个整体设备，也是蒸发工段中最主要的设备。

蒸发站的技术发展目标是：能把黑液蒸发到80%～90%，甚至90%以上的浓度，蒸发站能连续生产，且不需要停机进行洗涤。随着黑液除硅、黑液降黏技术发展以及高浓蒸发燃烧设备的开发，任何原料的高浓或超高浓黑液都可以在多效蒸发器系统中一次完成浓缩过程。

用多个蒸发器串联使用，使黑液能逐渐蒸发增浓。这个系统的每个蒸发器被称为“体”，蒸发站中的蒸发器按蒸汽流经的顺序被称为“效”，即新蒸汽首先进入第一效蒸发器，再依序地进入以后各效。而每一效蒸发器可以有一个以上的体。蒸发站还配置有必要的辅助装备，如各种分离器、冷凝器、热交换器、预热器、泵和生产控制系统的仪表与执行机构、阀门等。

黑液蒸发站应根据黑液的特性、燃烧工段要求的黑液浓度进行设计。蒸发站可以在压力下工作，也可以在真空下操作。但由于压力下操作的蒸发站的黑液容易过热和分解，形成管垢，并且腐蚀严重，耗汽量大，设备费用高，因此很少采用。绝大部分的蒸发站都是采用真空蒸发。

蒸发过程是能量的转变过程，影响蒸发效率的因素有蒸发器的传热面积、总温差及整体的传热系数。当蒸发器的类型确定之后影响蒸发效率的主要因素为总温差及液体的物理性质，总温差关系到传热过程的推动力，理论上总温差与推动力成正比关系，总温差高将有利于蒸汽和黑液进行热交换，提高蒸发效率。而黑液的物理性质随着固形物含量的增加，其沸点、黏度也相应提高，黑液也易结垢，影响到蒸发效率的提高。

蒸发站可以在压力下工作，也可以在真空下操作，除了高浓或超高浓黑液的蒸发使用中压蒸汽外，目前将黑液蒸发到55%～70%浓度的多效蒸发站多采用250～300kPa低压蒸汽加热，以及最后一效真空度为87～93kPa的真空蒸发系统。

蒸发站的效数选择除了要考虑有效温差（总温差值与总沸点升高值之差）外，更要从设备投资费用、蒸汽成本和技术上的合理性几个方面考虑决定。采用多效蒸发站，意味着蒸汽的多次重复利用。故多效蒸发站的最大优点是节汽效率高。如Ⅶ效蒸发站每使用1kg蒸汽可蒸发掉高达5.5kg的水，而Ⅵ效只能蒸发掉5kg的水。但效数越多、则分配到每一效的温差就越小，温度损失也越多，总的有效温差就越小，这些对传热来说是不利的，同时设备投资费用也随之增大，当设备投资大于节约的蒸汽和因此增加的运行成本时，蒸发站效数的选择将是不合理的。国内蒸发站通常采用的是4~6效蒸发站。

在多效蒸发系统中，黑液、蒸汽、冷凝水、不凝性气体等都有一套一般通用的工艺流程。

（一）黑液蒸发站流程

1. 黑液流程

稀黑液在进效前一般需要用浓黑液或半浓黑液调节到适合的浓度，一般为18%~19%。

黑液的供料流程有三种：顺流式、逆流式和混流式。

① 顺流供液：黑液流程与蒸汽流程相同，即均由第一效流至最后一效。顺流的优点是设备和管线安装简单，操作与控制方便，黑液从前一效到下一效可借效间压差输送，无须安装黑液泵。缺点是浓度及黏度逐效增加而温度逐效降低，使温差及传热系数逐效降低，难以生产较高浓度的黑液。所以顺流有时只在洗刷蒸发器时用。

② 逆流供液：黑液的流动方向与蒸汽流动方向完全相反，即黑液先进入最后一效，然后逆向而上，浓黑液由第一效送出，而蒸汽则由第一效进入。逆流的优点是随着黑液浓度逐效提高，温度也逐效提高，黑液黏度增加较慢，总的传热系数较大，可以生产较高浓度的黑液，加热面积可比顺流减少30%~40%。缺点是：各效之间必须用泵输送黑液。动力消耗大；需用预热器加热黑液，操作复杂，必须有完善的控制测量仪表，否则很难稳定运行；辅助设备较多，投资较大，维修量大。

③ 混流供液：混液兼有顺流和逆流的优点，因此在实际生产中多用混流供料流程。此法由中间效进液，顺流到未效再返回Ⅰ、Ⅱ效。

以Ⅴ效蒸发站为例，有以下两种混流流程：

稀黑液—预热器—Ⅲ—Ⅳ—Ⅴ—除皂—Ⅰ—Ⅱ—浓黑液；

稀黑液—预热器—Ⅲ—Ⅳ—Ⅴ—除皂—Ⅱ—Ⅰ—浓黑液。

这两种流程可一次出浓黑液，也可采用大循环出半浓黑液，小循环出浓黑液的操作方法。大循环时用低温半浓黑液和稀黑液调节浓度后进效，经Ⅲ、Ⅳ、Ⅴ效后，撇除皂化物，再送入Ⅰ效和Ⅱ效，半浓液送入高温半浓液槽。小循环时用高温半浓液和稀黑液调浓后以较小流量泵入后三效蒸发，送入中间槽再泵入前两效蒸发成浓黑液。

大、小循环交替有利于在大循环时借稀黑液洗涤Ⅰ、Ⅱ效蒸发器加热元件，但操作不便。国内一些小型木浆厂和草浆厂蒸发黑液多采用这种方式。

树脂含量高的木浆的黑液含有较多的皂化物。皂化物的存在给黑液蒸发和燃烧均带来严重的障碍，必须在蒸发工段有效撇除。当黑液浓缩时，皂化物开始从黑液中沉析出来。沉析皂化物的最大固形物浓度为25%~28%，所以宜在半浓黑液槽撇除皂化物。草类浆黑液因不含树脂酸等物质，在蒸发流程中不必除皂。

2. 蒸汽流程

在多效蒸发过程中，无论采用哪一种黑液流程，蒸汽均采用顺流流程。新蒸汽送入Ⅰ效，Ⅰ效产生的二次蒸汽送入Ⅱ效，依此顺序向后，最后一效的二次蒸汽进入冷凝系统。有的蒸发站设了两个Ⅰ效蒸发器，则新蒸汽同时引入ⅠA及ⅠB两效，所产生的二次蒸汽均引入Ⅱ效。其目的是增加以下各效的热源。此种做法称为双Ⅰ效。也有的蒸发站设计了加热面积较其他各效大许多，且具有ABC三个独立加热室的Ⅰ效。目的除了达到各效间的热平衡外，更主要的目的是在两个加热室连续生产浓黑液的同时，用稀黑液或清洗液清洗第三个加热室，有效防止和消除浓黑液蒸发时在加热元件表面的结垢，提高蒸发效率。当蒸发站生产能力较大时，也常将Ⅰ效分为三体结构，即三台蒸发器组成Ⅰ效，也能达到同样目的。这时，新蒸汽同时引入Ⅰ效各加热室（体）。黑液预热器可使用新蒸汽或二次蒸汽，将由整个蒸发站的热平衡设计决定。

作为辅助的副流程，新蒸汽也引入各效和汽提塔，在非正常生产时使用。

3. 冷凝水流程

Ⅰ效蒸发器和其他用新蒸汽作为热源的设备，排出的冷凝水是清洁的新蒸汽冷凝水，经阻汽疏水器或经冷凝水闪蒸罐闪蒸排出，送动力锅炉回用。其余各效二次蒸汽冷凝水通过U形管或节流孔板逐效往下流到末效。为了降低污染，目前新设计的板式降膜蒸发站的冷凝水流程均考虑实现清浊分流。方法是蒸发站的末几效和表面冷凝器的内部采用了有自汽提作用的低BOD（生物耗氧量）设计，将二次蒸汽冷凝水分流为两部分，轻污冷凝水可用于洗浆、白泥等洗涤用途。重污冷凝水送汽提塔，经汽提除去污染物质后并入二次冷凝水贮存槽，蒸发站实现了无污染排放。

4. 不凝气（臭气）流程

各效汽室内的不凝气体，一般都从各汽室分别引入总管接到汽水分离器，经分离后的不凝气排入冷凝及真空系统。为了减轻不凝气臭味的污染，以前的做法是在真空泵内以稀白液作水环吸收臭气，饱和后仍可返回苛化使用，但这种流程的缺点一是稀白液以这种方式吸收臭气的效率极有限，二是仅能吸收硫化氢气体，不能消除其他污染物质，如甲醇、甲硫醇等。

目前的设计是新蒸汽的乏气直接排空，将不凝气也分为低浓臭气和高浓臭气两部分：黑液槽、重污水槽乏气并入全厂的低臭气系统，送入碱回收工段经液滴分离器分离液滴，再经低压蒸汽加热器加热后，由风机喷入三次风风口入碱炉燃烧（最好送入动力锅炉燃烧）。二效以后蒸发器的乏气送入表面冷凝器再次冷凝。真空系统和汽提系统的不凝气为高浓臭气，处理方法：一是将高浓臭气汽提系统的汽提汽送入甲醇塔蒸馏，蒸馏后的汽体进入初冷凝器冷凝大部分水蒸气，剩余气体送入最后冷凝器液化成甲醇溶液回收，排出的不凝气和表面冷凝器排出的臭气一起，分别用各自专用的管道由蒸汽喷射泵送苛化工段的石灰回转窑燃烧。二是不回收甲醇，直接用蒸汽喷射泵，经独立的管道，将真空系统和汽提系统的浓臭气送石灰回转窑燃烧。值得注意的是高浓臭气含甲醇等易燃易爆物质，遇明火有爆炸的危险，不能用以电机驱动的风机输送，应使用蒸汽喷射泵安全输送。

（二）几种典型的蒸发站流程

1. 四效短管蒸发站

典型的短管蒸发站工艺流程见图9-25，多用于中小型纸厂，投资低、易操作。

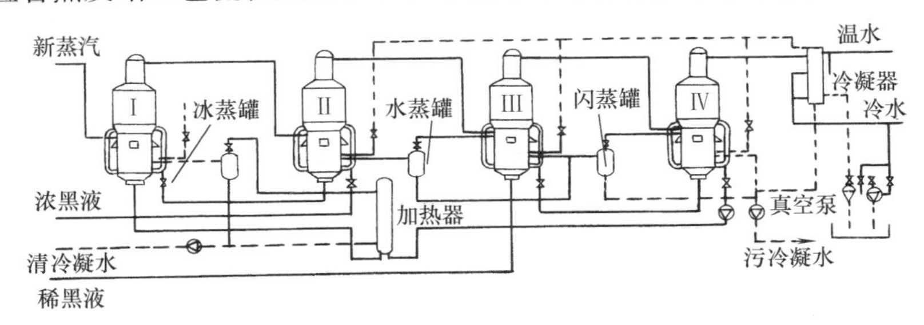

图9-25　短管蒸发站流程图

Ⅰ—Ⅰ效蒸发器　Ⅱ—Ⅱ效蒸发器　Ⅲ—Ⅲ效蒸发器　Ⅳ—Ⅳ效蒸发器

短管蒸发器通常采用4效流程，黑液流程采用混流。新蒸汽进入Ⅰ效的加热室，黑液被加热后在分离室内蒸发，二次蒸汽通过二次蒸汽管进入Ⅱ效的加热室。Ⅰ～Ⅳ效依次串联，Ⅳ效的二次蒸汽通过冷凝器进行冷凝。冷凝器可采用直接冷凝器或间接冷凝器。直接冷凝器用水量大，而且会造成水的二次污染；而间接冷凝器因冷却水与二次蒸汽不直接接触，因而可得到大量清洁的热水，将二次蒸汽的热量回收利用。黑液则采用混流流程。

2. 五效长管升膜蒸发站及其蒸发流程

图9-26是一个以分离器在上的长管升膜蒸发器为主体的五效真空蒸发系统。这套设备由于在流程、设备结构和配套设备方面作了改进，与国内其他蒸发站比较，具有效率高、运行稳定、操作简单、潜力大等特点。

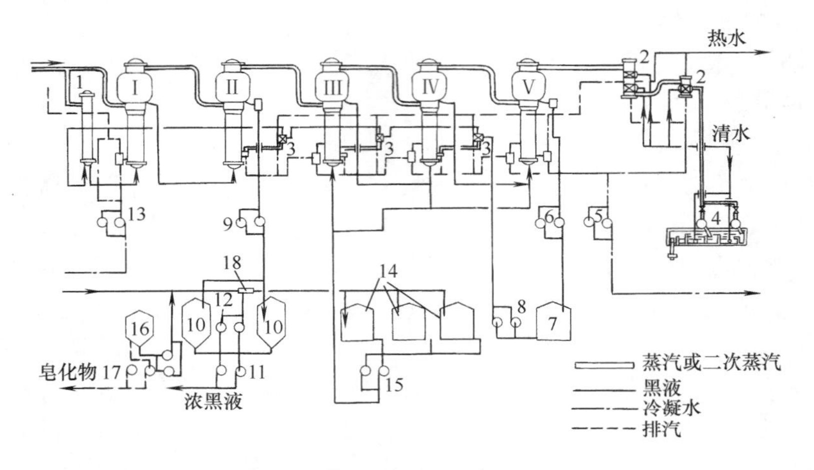

图9-26　5效长管升膜蒸发站工艺流程

1—辅助加热器　2—表面冷凝器　3—螺旋热交换器　4—真空泵　5—污冷凝水泵　6—Ⅴ效泵　7—半浓黑液槽　8—半浓黑液泵　9—Ⅰ效泵　10—浓黑液槽　11—浓黑液槽输送泵　12—浓黑液循环泵　13—新鲜冷凝水泵　14—稀黑液槽　15—稀黑液泵　16—皂化物槽　17—皂化物泵　18—稀浓黑液混合器

（1）流程

用浓黑液将稀黑液调至合适的进效浓度后，按一定的流量比例，如6∶3∶1，分别送入Ⅲ、Ⅳ、Ⅴ效。从Ⅴ效分离器出来的半浓黑液，用泵送至半浓黑液槽。半浓黑液槽经过三个串联的螺旋换热器和一个辅助加热器加热后。进入Ⅰ效，借助于压差，由Ⅰ效进入Ⅱ效。从Ⅱ效出来的黑液达到了最终浓度。

新蒸汽进入Ⅰ效，Ⅰ效产生的二次蒸汽进入Ⅱ效，如此重复以前一效的二次蒸汽加热下一效的黑液，依次到Ⅴ效。最后一效的二次蒸汽不再采用以往的直接接触冷凝的方法，把大气压冷凝器改为一个双体螺旋换热器和一个单体的螺旋换热器串联组成的表面冷凝器，冷凝二次蒸汽。与大气压冷凝器比较，既可以节约大量用水，又可充分利用二次蒸汽的余热和获得大量的干净热水，并减少了污水的排放量。经过表面冷凝器冷凝后的少量蒸汽和不凝性气体用喷射式真空泵抽走。Ⅰ效加热室的冷凝水经汽水分离后，送回锅炉房循环使用。Ⅱ、Ⅲ、Ⅳ效冷凝水经分离后，产生的废汽分别送入三个螺旋换热器，用来依次加热来自半浓黑液槽的黑液，使半浓黑液升温后，再进入辅助加热器。Ⅱ、Ⅲ、Ⅳ效出来的冷凝水和螺旋换热器排出的冷凝水共同进入相应的冷凝水闪蒸罐。闪急蒸发产生的二次蒸汽用作下一效加热室的补充热源。蒸发器的冷凝水逐效依次流向Ⅴ效冷凝水分离器，汇合后用泵抽走。

由于合理布置流程，再加上双程蒸发器的两组黑液加热管是可以相互切换的，即黑液先经Ⅰ组然后经Ⅱ组的流程，在工作一段时间后可切换为先经Ⅱ组然后再经Ⅰ组的流程，就能产生清洗管壁的作用，减少管垢，而又不影响黑液蒸发的生产能力和降低黑液的浓度。结垢现象虽然仍不可完全消除，但不很严重，可用定期轮换清洗办法来解决。

（2）设备特点

蒸发器是蒸发站的主体设备，Ⅰ、Ⅱ效是蒸发站的高浓效，它的加热室采用双程结构。Ⅲ、Ⅳ、Ⅴ效作为低浓效，它的加热室采用单程结构。Ⅰ、Ⅱ效加热面积比Ⅲ、Ⅳ、Ⅴ效略大，约为7∶6，这样就弥补了黑液在高浓度时，黏度增大、传热系数降低、蒸发强度下降的缺陷，使各效蒸发能力趋于合理。由于Ⅰ效蒸发器加热面积和黑液流速的增大，二次蒸汽增多，使Ⅱ效蒸发器加热室得到较多的蒸汽，提高了蒸发能力。如此类推，整个蒸发站的能力就能充分发挥。此外，采用双程结构，提高了黑液流速，避免了Ⅰ、Ⅱ效黑液过热和产生干结的现象。

二次蒸汽管道的排列有了明显的改进，在Ⅰ效和Ⅴ效之间增设了一根直径渐增的横向汽管，它与各效的汽管和阀门连接，可以停止向任何一效蒸发器通入蒸汽，进行检修。当启动蒸发站时，可以开启接通各效分离室的汽管阀门预热各效蒸发器，这对生产操作带来了很多方便。Ⅱ效和Ⅴ效黑液出口装有浮子式液位调节装置，用以控制稳定液位，保证黑液不带走蒸汽，避免黑液输出泵抽空。由于该蒸发站操作条件稳定，保证了黑液、冷凝水以及不凝性气体流量的均匀。各效之间的黑液管路、各效自蒸发器的冷凝水管路、Ⅴ效分离室顶部和Ⅳ效螺旋换热器的不凝性气管线上均采用控制流量的孔板，使结构趋于简化。同时各效之间的黑液管不用U形管，改用孔板控制阻力，达到不“窜效”的目的。这样的设计布置紧凑，比U形管优越。

该系统用于草浆黑液蒸发时，由于草浆黑液含硅量高、浓度低、黏度大和易结垢，再加上黑液黏度随浓度的增加而增加，当达到一定浓度后，会出现突变点，即浓度增加不多，而黏度迅速增长，突变点前后黏度差异很大。草浆黑液不仅黏度大，其突变点比木浆低，所以草浆黑液的出效浓黑液的浓度应控制在突变点以下（固形物含量35%以下）。然后用增浓的办法适当提高浓度。大、中型厂可采用板式降膜蒸发器增浓，即采用管板结合形式的蒸发站。其中，管式蒸发器出半浓黑液，板式作增浓效出浓黑液。

3. 6效全板式降膜蒸发站及其蒸发流程

6效板式降膜蒸发站的工艺流程见图9-27。它是一种新型的碱回收蒸发系统，具有热效率高、节能、运行方便可靠、污染少、一次出浓黑液等特点。

由于蒸发站全部采用板式降膜蒸发器，整个蒸发站的传热系数和有效温差都得到很大的提高，且没有静压头损失，热效率也得到较大的提高。所以，能量消耗可降至最低。采用全逆流流程，各效的温差也得到了较为合理的分配。黑液流程为先经后3效顺流闪蒸：Ⅳ→Ⅴ→Ⅵ，然后再逆流蒸发的流程：Ⅵ→Ⅴ→Ⅳ→半浓槽→Ⅲ→Ⅱ→Ⅰ。见图9-27，从制浆车间来浓度为15%~16%的稀黑液进入稀黑液槽静置贮存，初步分离皂化物后，利用浓黑液把供料浓度调整到18%左右泵送入第Ⅳ效蒸发器闪蒸室，利用效间温差闪蒸。经闪蒸后自流到第Ⅴ效闪蒸室，再闪蒸后自流进入第Ⅵ效，从第Ⅵ效开始转为逆流流程。黑液在Ⅵ效蒸发后依顺序泵回Ⅴ效，然后送Ⅳ效加热室蒸发，出Ⅳ效后得到浓度为25%~30%，温度为70~80℃的半浓黑液。这是最佳的除皂浓度与温度，因为当黑液浓度为20%~30%时，皂化物的溶解度最低。故将半浓液送入半浓黑液槽静置贮存，进一步除去皂化物。稀黑液槽和半浓黑液槽

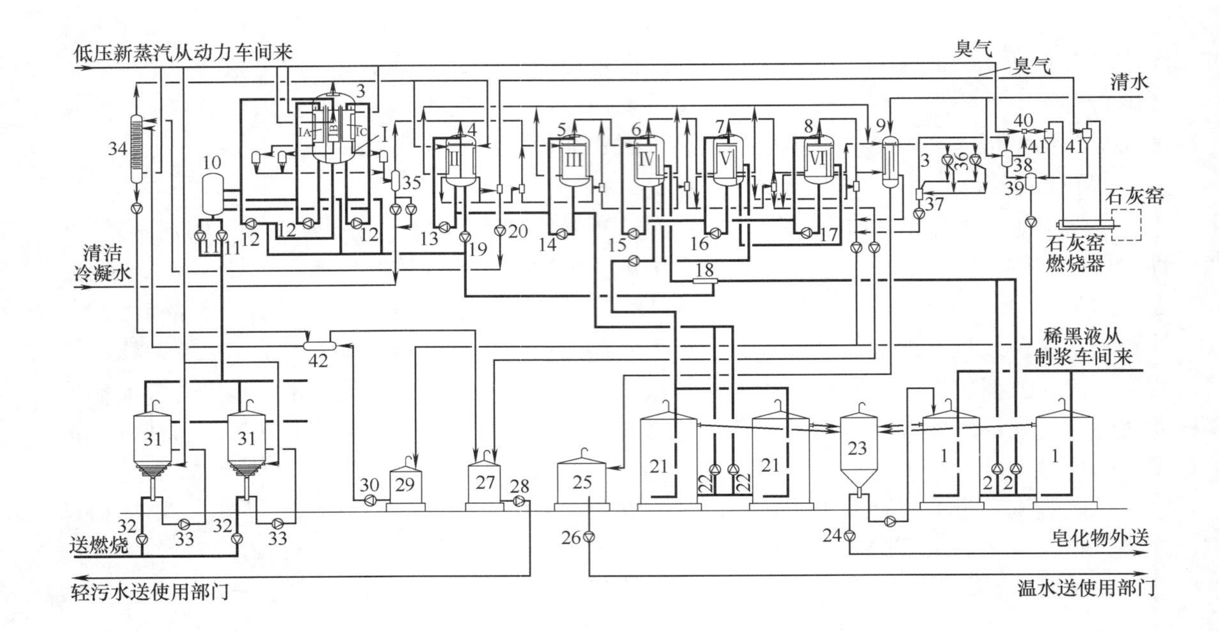

图 9-27　Ⅵ效板式降膜蒸发站工艺流程

1—稀黑液槽　2—稀黑液泵　3~8—Ⅰ、Ⅱ、Ⅲ、Ⅳ、Ⅴ、Ⅵ效板式降膜蒸发器　9—表面冷凝器　10—浓黑液闪蒸罐　11—浓黑液送出泵　12—Ⅰ效循环泵　13—Ⅱ效循环泵　14—Ⅲ效循环泵　15—Ⅳ效循环泵　16—Ⅴ效循环泵　17—Ⅵ效循环泵　18—黑液混合器　19—送Ⅰ效黑液泵　20—重污水泵　21—半浓黑液槽　22—半浓黑液泵　23—皂化物槽　24—皂化物泵　25—温水槽　26—温水泵　27—轻污水槽　28—轻污水泵　29—重污水槽　30—重污水泵　31—浓黑液槽　32—浓黑液泵　33—浓黑液槽循环泵　34—汽提塔　35—清洁冷凝水闪蒸罐　36—真空泵　37—收集槽　38—臭气水封槽　39—污冷凝水收集槽　40—蒸汽喷射器　41—旋风分离器　42—污冷凝水预热器

撇出的皂化物送入皂化物槽，再泵送塔罗油回收工段。已除皂的半浓黑液由泵送到Ⅲ效，蒸发后再由Ⅲ效循环泵送入Ⅱ效，同样由Ⅱ效循环泵送入Ⅰ效。Ⅰ效分为加热面积相等的 A、B、C 三个室，采用定期切换顺序的串联流程，即由 ABC 变为 BCA、CAB，最后又回到 ABC。每 4h 左右倒换一次，通过改变各室黑液的浓度来清洗加热元件，保持加热元件表面的清洁。一旦发生结垢现象时，出现结垢的室由仪表切换进入清洗状态，不参与生产浓黑液。出Ⅰ效的浓黑液浓度可达 65%以上，而连续运转的周期也大为延长。经浓黑液闪蒸罐闪蒸后泵送至浓黑液槽贮存，再泵送燃烧工段。

蒸汽流程为顺流，即新蒸汽首先送入Ⅰ效加热，产生的二次蒸汽作为热源送入下一效，依此类推，末效的二次蒸汽送入板式冷凝器冷凝。

在污冷凝水 BOD、COD 含量最高的Ⅴ、Ⅵ效和表面冷凝器都采用了低 BOD 设计，在冷凝水系统中实现了轻（清）、重（浊）分流。前 3 效（Ⅰ、Ⅱ、Ⅲ效）的二次蒸汽凝水中，由于黑液中易挥发物含量低，作为轻污凝水单独收集，可用于洗涤或苛化。后 3 效（Ⅳ、Ⅴ、Ⅵ效）的二次蒸汽凝水中，由于 BOD 含量较高，经过Ⅴ效、Ⅵ效和表面冷凝器自汽提处理后，有 90%以上的污凝水可变成轻污凝水（BOD 除去率约 80%），可贮存于轻污凝水槽中供各部门使用。重污凝水量只占总量的 10%以下，贮存于重污凝水槽。重污凝水泵至预热器预热后送汽提塔处理。汽提塔热源由Ⅰ效二次蒸汽或新蒸汽供给，汽提塔顶排出的二次蒸汽和臭气进入Ⅲ效的一组独立的加热元件冷凝。这组加热元件起到了汽提后置冷凝器的作用。不凝气（即臭气）由蒸汽喷射器送至石灰回收工段烧掉。汽提塔底部排出的是高温低污染冷凝水，进入预热器间接加热送入汽提塔的重污凝水后，并入轻污凝水槽贮存，供洗浆和白泥洗涤使用。这样，可将蒸发站的臭气和冷凝水的污染降至最低。

此外，蒸发站也考虑了三种水洗流程：后3效水洗（前3效继续出浓黑液）、前3效水洗（后3效继续出半浓黑液）、全程水洗。

4. 两板三管组合的5效蒸发站及其蒸发工艺流程

为了克服草浆黑液含硅量高，蒸发时易结垢，不能提高出站黑液浓度的缺点，现设计上采用两板三管组合的5效蒸发站。该组合能利用板式蒸发器及管式蒸发器的特点，可将草浆黑液浓度提高到48%以上，无须再使用圆盘蒸发器，直接入炉燃烧。

板式降膜与管式升膜相结合的流程，基本上与长管升膜蒸发站流程（图9-28）相同。在浓度较低的Ⅲ、Ⅳ、Ⅴ效采用长管升膜蒸发器，而在浓度较高的Ⅰ、Ⅱ效采用板式降膜蒸发器。黑液流程采用Ⅲ—Ⅳ-Ⅴ-Ⅱ-Ⅰ混流式。管式升膜蒸发器的投资和运行费用都较低，在较低的黑液浓度时使用能充分发挥其特长，但在黑液浓度较高时其流速降低、黏度提高，传热系数大大降低，故出末效黑液的浓度不宜高于22%~25%。板式降膜蒸发器在高浓度高黏度的情况下，黑液可以在加热元件板面均匀布膜，不易局部缺液而因过热产生结垢，即使有了结垢，这种片状结垢也比环状结垢疏松得多，被液膜冲刷时极易脱落，极易用稀黑液清洗加热面，无需停产也能保持较高的传热系数。Ⅰ效蒸发器采用A、B、C三室结构的板式降膜蒸发器，分别以ABC、BCA、CAB的顺序进半浓液出浓黑液，以减轻和消除结垢，提高黑液浓度。也可以一个室进半浓液、一个室出浓液、第三个室用稀黑液或清洗液清洗，在连续生产中维持加热面的清洁。

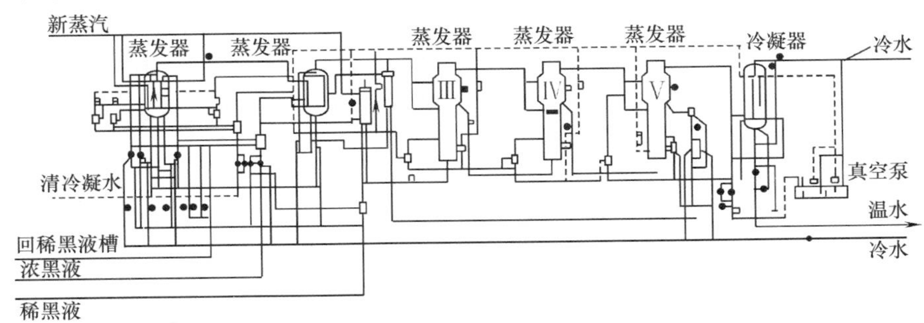

图9-28　两板三管组合蒸发站流程图

5. 高浓（超高浓）蒸发站及其蒸发工艺流程

黑液的高黏度特性是影响黑液浓度提高的关键因素，它使得黑液难以泵送和处理。国外某公司已开发出黑液热处理和压力储存黑液的技术（结合结晶蒸发技术）。该技术经实践证明能获得80%高浓黑液。

（1）具有黑液热处理系统的高浓黑液蒸发站工艺流程

热处理技术是让黑液在反应器的高温环境（180~190℃）进行热裂解，通过黑液热处理的裂解作用，使黑液黏度降低。对木浆黑液而言，热处理使常压下80%浓度的黑液黏度降低到200~300mPa·s，这是离心泵可以安全泵送的黏度范围。黑液热处理技术最有吸引力的应用是：当用于处理草浆黑液，草浆黑液黏度降低的效果比木浆大得多，蒸发的草浆黑液浓度可以从目前的45%~50%升高到60%~65%的水平，无需再经圆盘蒸发器而直接进入低臭型燃烧炉燃烧。

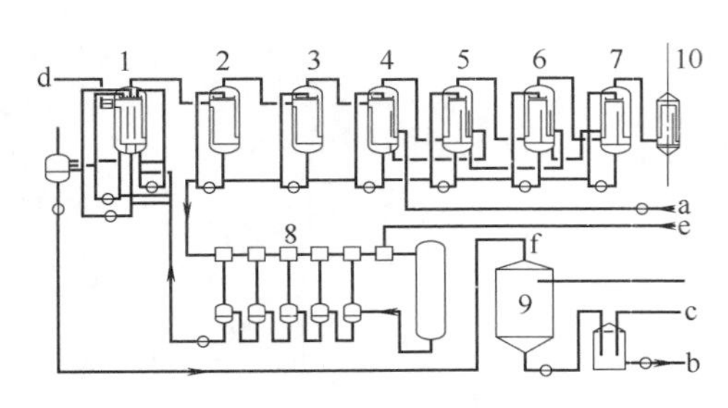

图 9-29　具有黑液热处理系统的 7 效高浓黑液蒸发站

1—板式增浓蒸发器　2~7—Ⅰ~Ⅵ效板式降膜蒸发器　8—黑液热处理系统　9—常压黑液槽　10—表面冷凝器　a—进效稀黑液　b—送碱回收炉的超高浓黑液（81%~83%）　c—碱灰　d—低压蒸汽　e—高压蒸汽　f—高浓黑液（80%）

如图 9-29 所示的 7 效蒸发流程已于 1989 年在芬兰运行。热处理系统由一系列闪蒸罐、黑液间接加热器及一台反应器组成。热处理通常放在蒸发站的Ⅰ效蒸发（增浓）器之前，即经热处理后再进行增浓蒸发。蒸发站的黑液流程是：由黑液提取系统来的稀黑液调浓后进入Ⅳ效闪蒸室闪蒸，然后依次进入Ⅴ、Ⅵ效闪蒸室，闪蒸后进入Ⅶ效，由Ⅶ效开始进行Ⅶ-Ⅵ-Ⅴ-Ⅳ-Ⅲ-Ⅱ效的板式蒸发站典型的逆流蒸发流程，得到浓度为 45%~50%的黑液。用泵将黑液送入一系列加热器中，用高压蒸汽逐级加热到 180~190℃后，进入反应器保温 1~2h，黑液在反应器内进行裂解。处理后的黑液送至蒸发罐逐级减压并发生自蒸发，产生的二次蒸汽送加热器作为加热热源。由于热裂解，黑液中的木素大分子、半纤维素大分子等发生降解，使黑液黏度不可逆转地降低 65%~75%。热处理后的低黏度黑液送入普通的三室的板式降膜蒸发器增浓到 75%~80%，不需用高压黑液储存器，高浓黑液经浓黑液闪蒸罐闪蒸后泵入浓黑液储存槽在常压下贮存后，仍以传统方式泵送到芒硝黑液混合槽，在混合槽中与芒硝、碱灰等混合后，泵送入低臭型碱回收炉燃烧。

（2）利用压力储存黑液技术的高浓黑液蒸发站工艺流程

压力下储存黑液的蒸发技术是基于在高温下黑液的黏度显著降低，温度在 140~150℃时，80%浓度黑液的黏度在 200~300mPa·s 的黏度范围内，黑液可以用泵安全输送。蒸发得到的浓黑液在送到黑液喷枪的过程中，所有的贮槽管线都处于压力状态。

图 9-30 是一个带黑液压力储存的蒸浓器的流程。首先在一列传统的蒸发站里将稀黑液蒸发到 65%浓度，超过 Na_2SO_4 和 Na_2CO_3 的结晶点；蒸发站的Ⅰ效的三体通过切换洗涤保持加热面洁净；将 65%的浓黑液储存在常压贮存槽，再送入混合槽与碱炉的飞灰、静电除尘器的碱灰混合。混合后进入超浓蒸发器，通过使用中压蒸汽把黑液温度升到足够高的水平以降低黑液黏度，并补偿高浓黑液的沸点升高，最终将黑液蒸发到需要的浓度。蒸发出来的高浓黑液通过闪蒸罐闪蒸，降低压力和温度后，把黑液储存于一个压力储存槽里。控制储存槽的压力使黑液保持一定的温度以降低黏度，再泵送进碱炉燃烧。

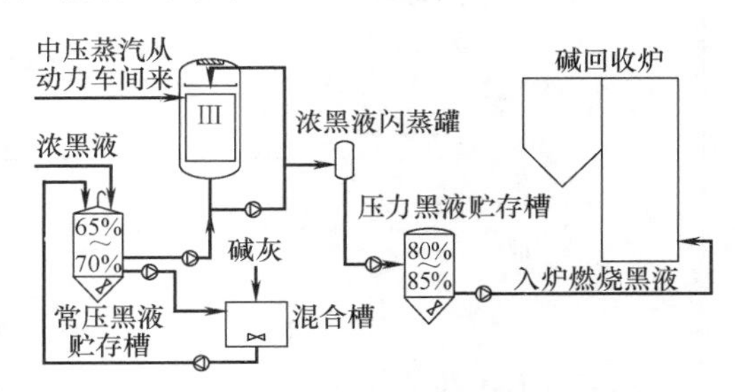

图 9-30　采用压力贮存黑液技术的蒸发器

以上两个技术相比较，各有技术优势：热处理技术能使 75%~80%浓度的黑液可以在常压下储存；在大多数情况下，碱灰和芒硝仍以传统方式在黑液进碱炉前与黑液混合；黑液热处理也降低了Ⅰ效蒸发器的洗涤需求；最大的好处还是在碱炉，经热处理的黑液既使在稍低的浓度下，也能使碱炉达到高效率、少积灰以及稳定运行的效果。而黑液压力储存技术能蒸发 80%以上浓度的黑液；黑液进碱炉前不需要很麻烦的间接加热系统；在新建工程中，使用压力储存技术蒸发高浓黑液所需的投资低；但对改造工程，黑液热处理会更有吸引力。

第三节　黑液的燃烧设备

一、黑液燃烧炉

目前使用的黑液燃烧设备是碱回收炉。碱炉是碱回收车间的心脏，碱炉的功能：一是回收热能，通过黑液中有机物的燃烧，产生工艺需要的蒸汽；二是回收黑液中的碱，供蒸煮使用，同时消除了黑液的污染。

一台性能良好的碱回收炉应在安全生产的前提下，具有高的碱回收率、芒硝还原率、热利用率、硫的保留率，并且尽可能减少对大气的污染。

（一）碱回收炉的分类

碱炉的种类很多，根据黑液的干燥方式和炉子本身的结构特点，碱回收炉的类型基本上可划分如下：

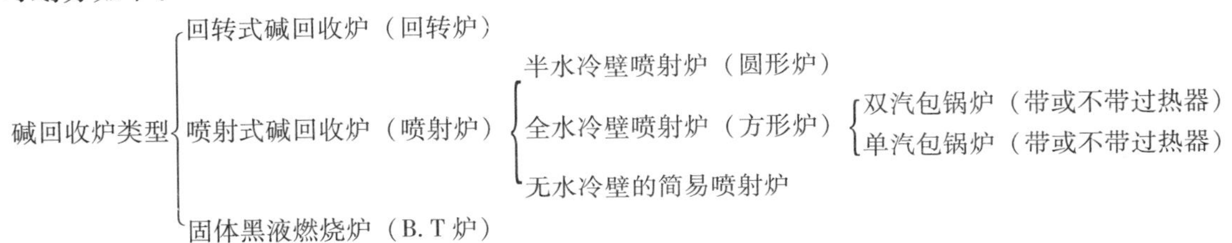

回转炉因有生产能力小、碱回收率低、芒硝还原率低、热效率极低等缺点，现已淘汰。而半水冷壁喷射炉（圆形炉）也因由于熔炉衬砖烧蚀快、检修频繁、检修费用高以及热效率低等原因，目前新建项目一般不再选用。这里只介绍全水冷壁喷射炉（方形炉）。

（二）全水冷壁喷射炉（方形炉）

目前全水冷壁喷射炉主要有两种类型：一种是碱回收炉后无直接蒸发器，而装有大面积省煤器的，即所谓低臭喷射炉，也称为北欧型，如 J. M. W. 型。优点是热效率高，因采用静电除尘器除尘效率高，且对大气污染业较小。缺点是结构复杂，价格昂贵。另一种是碱回收炉后配备有直接蒸发器的，称为北美型，如 B&W 型、C. E. 型等。优点是结构简单、设备投资省；由于采用直接蒸发，在超负荷运行时有较大的补偿能力；但当烟气与黑液直接接触蒸发时会散发恶臭气体，严重污染大气。为消除直接蒸发对大气造成的污染，1968 年起北美型碱炉也向除臭式回收炉方向改进，不再安装直接接触蒸发器。有的采用大面积省煤器代替直接蒸发器的回收系统，用锅炉的高温高压水循环预热空气；有的采用间接接触蒸发的碱回收系统：黑液不用烟气直接接触蒸发，而用烟气加热空气，再由热空气与黑液接触蒸发。

1. 国外喷射炉的几种主要类型

国外喷射炉主要类型：
- B&W 型喷射炉：B&W（Babcock and Wilcox）公司制造
- C. E. 型喷射炉：C-E（Combustion Engineering）公司制造
- J. M. W. 喷射炉

（1）B&W 型喷射炉

B&W 型喷射炉是出现较早的大型喷射炉之一，其组成和配置如图 9-31 所示。

从蒸发站送来的黑液，浓度为 45%~55%，经过文丘里-旋风蒸发器浓缩到 55%~60%的浓度。黑液在芒硝黑液混合器里与芒硝混合后，用喷枪喷射到炉壁上，干燥后成为黑灰掉进炉子的底部成为垫层，并燃烧成熔融物。燃烧用的空气通过烟气加热后送进炉子，但也有采用蒸汽加热的。这种炉子也可以用圆盘蒸发器代替文丘里-旋风蒸发器。

我国自己设计制造的一些碱回收炉和这种炉子比较接近。

（2）C. E. 型喷射炉

C. E. 型喷射炉是一种比较现代化的大型喷射炉，其组成和装置与 B&W 炉相似，如图 9-32 所示。

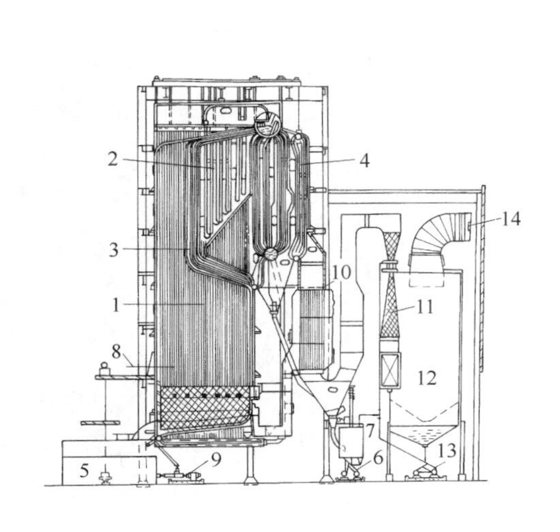

图 9-31　B&W 型喷射炉

1—带水冷管的炉膛　2—过热器　3—防护管束　4—锅炉及其省煤器　5—溶解槽　6—黑液泵　7—芒硝黑液混合器　8—黑液喷枪　9—绿液泵　10—空气预热器　11—文丘里管　12—旋风蒸发器　13—循环泵　14—烟气出口

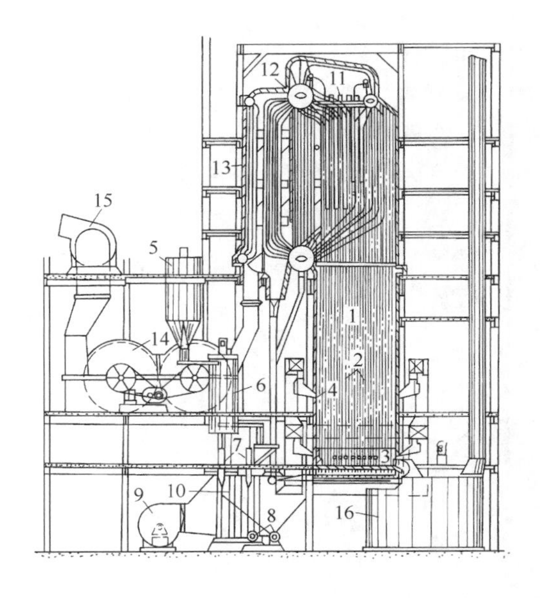

图 9-32　C. E. 型喷射炉

1—炉体　2—黑液喷枪　3—一次风口　4—二次风口　5—芒硝料斗　6—芒硝黑液混合器　7—预热器　8—泵　9—鼓风机　10—蒸汽加热器　11—过热器　12—锅炉　13—热水省煤器　14—圆盘蒸发器　15—抽风机　16—溶解槽

C. E. 型喷射炉要求进炉黑液的浓度和温度较高。它配有圆盘蒸发器可使进炉黑液浓缩到 60%~70%的浓度，温度达 115℃，直接喷入炉膛内进行悬浮干燥和燃烧。C. E. 型喷射炉炉膛水冷壁的水管排列紧密，管外不敷设保护层，热效率较高，耗电少，但价格比较昂贵。

C. E. 型喷射炉与 B&W 型喷射炉相比较大的区别是没有三次风系统；干燥方法是喷洒干燥（固形物自由落到炉床），而后者是壁干燥（固形物从壁落到炉床）。

近年的 C. E. 型喷射炉也作了较多的改进，诸如稳态燃烧、三次风系统、单汽包设计、加强型炉体框架、炉体防腐的改进、以及可进行高固形物燃烧等。

（3）J. M. W. 型喷射炉

J. M. W. 型喷射炉是一种高热效率的碱回收炉。这种炉子不带直接接触蒸发器。喷入炉内的黑液由蒸发站一次蒸发至入炉所需浓度。采用所谓的“低臭”炉设计：设有大型的省煤器来回收烟气中的热量，冷却出口烟温至静电除尘器要求的温度。有些 J. M. W. 炉还利用通过省煤器的烟气来加热空气。

不带直接接触蒸发器的碱炉，只要控制好燃烧条件，即使燃烧未经过氧化的黑液也不会散发出恶臭的气体，排出气体含硫化氢的浓度可控制在 1mL/kL 以下。在环保要求越来越高的今天，该系统备受关注。图 9-33 为 J. M. W. 型喷射炉的一个示例。

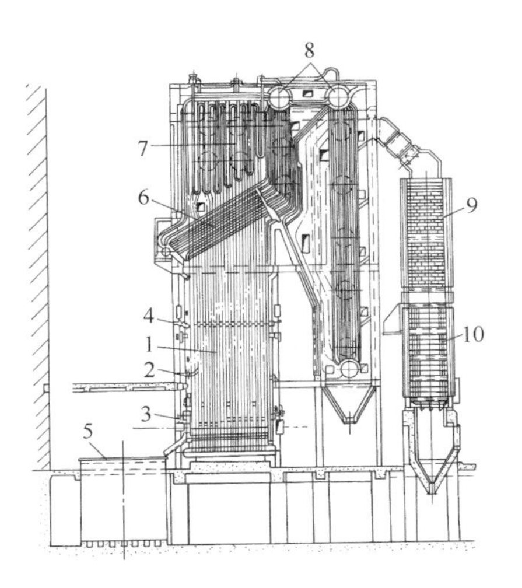

图 9-33　J. M. W. 型喷射炉

1—炉体　2—喷枪　3—一次风口　4—二次风口　5—溶解槽　6—凝渣管　7—过热器　8—锅炉　9—热水省煤器　10—空气预热器

各种类型的碱回收炉多年来一直围绕着提高热效率、提高生产能力、减少化学品流失和环境保护等方向进行技术改进，互相取长补短，在结构上已逐渐接近。

2. 国产喷射炉的几种主要类型

国产喷射炉主要类型：
- SZ 型喷射炉
- WGZ 型喷射炉
- 新型麦草浆碱炉

(1) SZ 型喷射炉

SZ 型喷射炉是国内设计的半水冷壁喷射炉，又称为圆炉。由于熔炉衬砖烧蚀快、检修频繁、检修费用高以及热效率低等原因，目前新建项目一般不再选用。

(2) WGZ 型喷射炉

WGZ 型喷射炉也是我国设计制造的全水冷壁碱炉，在我国已有十多年的生产运行经验，经不断改进已逐步完善，产品已成系列化，其规格为日处理黑液固形物 40~450t，压力 1.27~3.82MPa，温度 194~450℃。该炉的碱的回收率、芒硝还原率、热效率都较 SZ 型碱炉高，生产过程的自动化程度达到较高水平；成为黑液碱回收炉的首选，是我国目前使用最广泛的一种炉型。WGZ 型喷射炉的结构见图 9-34。

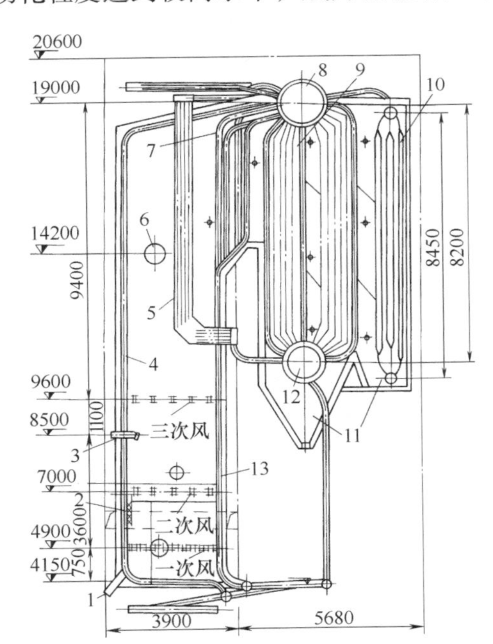

图 9-34　WGZ50-12/13-Ⅲ型喷射炉

1—溜槽　2—炉衬　3—喷枪　4—前水冷壁　5—水冷屏　6—防爆门　7—凝渣管　8—上汽包　9—锅炉管束　10—省煤器　11—灰斗　12—下汽包　13—后水冷壁

(3) 新型麦草浆碱炉

木材资源贫乏的我国利用麦草造纸已有悠久的历史，经过 20 多年不懈的努力，全麦草浆的碱回收及麦草浆黑液燃烧技术已成为有中国特色的技术，麦草浆碱炉的设计与制造不断完善，日趋成熟。

麦草浆黑液具有含硅量高、黏度高、不易蒸发、入炉浓度低、热值低、含灰量大、易积灰的特点，有些特性不仅与木浆黑液存在着较大的差别，也与竹、苇等非木材纤维黑液有所不同，曾经认为麦草浆黑液不宜搞碱回收。麦草浆碱炉最初是在木浆碱炉的基础上，作了提高喷枪位置，改变黑液雾化及干燥方式，增设高位一次风等方面的应付式的改进。真正系统的、大规模的研究与改进始于 20 世纪 80 年代，如加高炉膛，增设人字形水冷屏，降低炉膛出口烟温，提高喷枪喷液位置，改进配风等。于 20 世纪 90 年代中期，武汉锅炉集团有限公司终于开发成功了高温供风碱炉，使浓度为 45%~48%的麦草浆黑液在炉内能不用油助燃而稳定地燃烧。

高温供风碱炉有双汽包和单汽包布置，全悬吊结构。单、双汽包布置的主要差别在于单汽包布置时，取消了下汽包，并将上汽包移到前水冷壁上方非受热区，原对流管束区用沸腾管屏或省煤器管屏代替。单、双汽包布置的差异原本是为了当介质的工作压力由低压变化到高压时，其加热升温吸热量份额与蒸汽汽化吸热量份额的比例不同而产生的。麦草浆碱炉一般是中压参数以下锅炉，而麦草浆黑液燃烧较易积灰，采用单汽包的布置目的一是减轻下汽包背上的积灰，其二是当布置有过热器时，使烟气能有效地冲刷过热器受热面。由于碱炉运行方式、吹灰方式的不断完善，对于低参数尤其是仅生产饱和蒸汽的碱炉，本身需要有足够的对流蒸发汽化受热面，故宜采用双汽包布置方式。单汽包碱炉因需要大量的高压不锈钢无缝钢管，故其造价也不比双汽包碱炉低。

如图 9-35 所示，为麦草浆双汽包碱回收炉和单汽包碱回收炉。

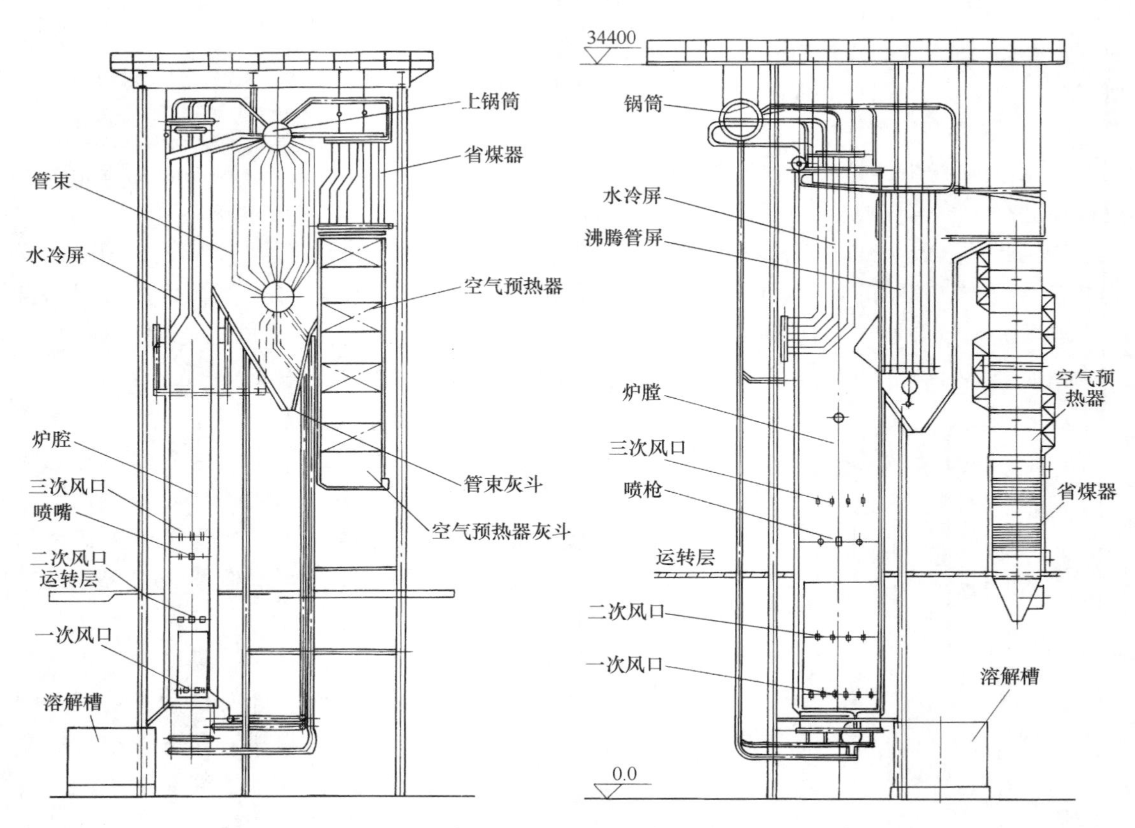

图 9-35　双汽包碱回收炉（左）和单汽包碱回收炉（右）

新型麦草浆碱炉，是武汉锅炉集团有限公司近年研制成功的一种全水冷壁喷射炉，能适应入炉黑液浓度在较大范围内的波动，具有很好的燃烧稳定性及运行经济性。如图 9-36 所示。

新型麦草浆碱炉保持了双汽包布置，全悬吊结构。碱炉由炉膛、水冷屏、对流管束、水包墙省煤器、板式空气预热器组成。炉膛为正方形，膜式水冷壁。

新型麦草浆碱炉的设计具有以下的特点：

① 采用了被证明适合麦草浆黑液的瘦高型炉膛，面积热负荷大，体积热负荷小，利于

水分含量大的劣质燃料燃烧。

② 设置了合适的炉膛下部覆盖铬质涂料的高度。

③ 选取了较宽的水冷壁管节距，降低炉膛的水冷程度。

④ 提高黑液喷枪，延长了干燥行程。通常麦草浆黑液喷枪高度比其他类黑液要高 1.5~2.5m，距离炉底 6.8m 以上。

⑤ 采用了结构上更为简便的水包墙省煤器。

⑥ 选用了新型烟气——板式空气预热器，使供风温度提高到 280℃，提高了炉膛的干燥区、燃烧区的环境温度和熔融区温度。

⑦ 露天布置的碱炉采用以彩板为材料的紧身封闭结构，平台扶梯采用热浸锌防腐，减少了碱尘及酸雾腐蚀。

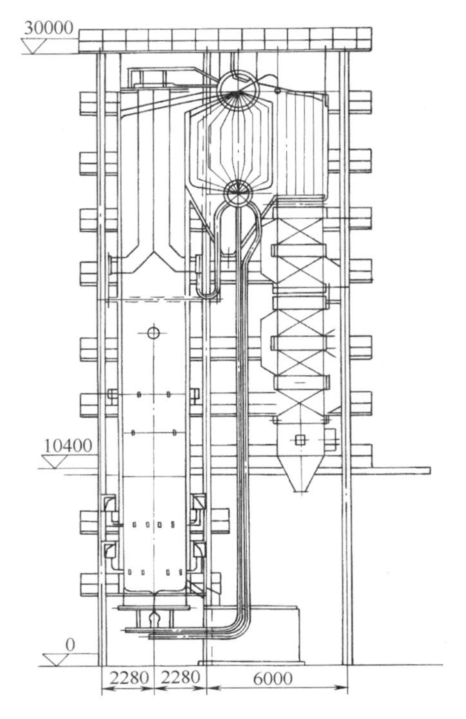

图 9-36　新型 100t/d 麦草浆碱炉示意图

二、碱回收炉的结构

碱回收炉本体主要由锅炉及炉膛两部分组成。炉膛是黑液干燥燃烧和放出热的设备，熔融物由底部流入溶解槽，高温烟气进入锅炉。进入锅炉的高温烟气将热量传给锅炉中的水，使水变成蒸汽，所以锅炉是吸收热量产生蒸汽的设备。

（一）锅炉

锅炉部分可以看作是蒸汽发生器。燃烧黑液时放出的热量通过锅炉产生蒸汽加以回收，碱回收炉配制的锅炉基本上与动力锅炉相似，但结构较复杂，运行条件比较恶劣，发生爆炸的危险性较大。它由上下汽包、锅炉对流管束、水冷壁管、水冷屏或凝渣管、过热器、省煤器、吹灰器等组成。

锅炉也可以看作是烟气、固形物的冷却器。烟气挟带的固形物在与过热器管接触以前冷却到熔化温度以下是非常重要的，这样碱灰与尘粒就不会牢固地黏附在管上并形成一个隔离层。

1. 水冷屏

水冷屏一般布置在炉膛上部，连到炉膛后墙，使过热器与燃烧区隔开，保护过热器免受炉膛下部的直接辐射，同时也冷却烟气并保证其后的受热面不结焦堵灰。水冷屏的结构有“人”形和“L”形两种结构，如图 9-37 所示。对仅产生饱和蒸汽的喷射炉，水冷屏通常布置成“人”形。

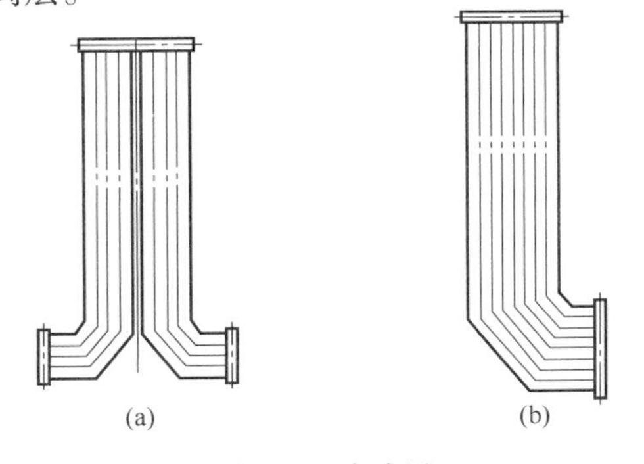

图 9-37　水冷屏
（a）“人”形水冷屏　（b）“L”形水冷屏

结构上为了有利于热膨胀及安装方便：通常水冷屏不做成膜式壁形式，而是紧密管排形式，即管子之间为切圆布置，管间不留间隙。为了避免屏间结渣“搭桥”，每片屏之间的距离不宜太小。由于水冷屏的泄漏与水冷壁一样会给碱炉带来致命危险，其管材及对焊的制造质量必须严格要求。

2. 凝渣管

锅炉管束前的受热面包括水冷凝渣管和过热器（或者只有过热器）。设计该受热面的目的是控制进入锅炉管束的烟气温度并保证过热蒸汽的温度符合要求。凝渣管（图 9-38）是布置在炉膛上部靠出口的一组管束，装在炉膛上部过热器的前面。它的功用是：降低从炉膛出来进入过热区的烟气温度和使烟气具有均匀温度和流速。另一个作用是保护过热器免受炉膛下部直接的辐射。碱炉的飞灰和粉尘灰分的软点及其“黏点”温度较低，若凝渣管降温能力不够足而炉气温度高于 550～700℃时，飞灰粒子溶化，与较冷的传热面接触将凝固，黏在传热面上成为硬的积灰，尤其是管子比较密集的锅炉管束部分容易发生污垢，就要增加水冷屏作为凝渣管的补充，保证进入锅炉管束的烟气温度低于灰分的黏点温度。

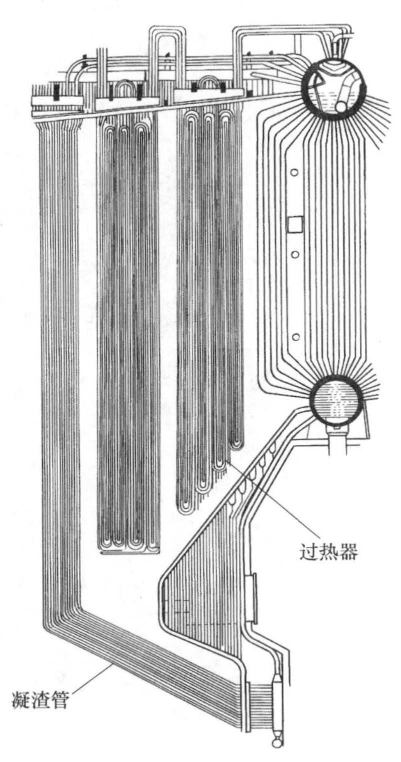

图 9-38　水冷凝渣管图

3. 过热器

过热器是把汽包中来的饱和蒸汽加热成过热蒸汽的一个部件。对于低压的喷射炉，一般产生饱和蒸汽供生产上使用，所以设备内一般不设这一部件。对于大型的中压和高压喷射炉均带有过热器，可以产生过热蒸汽供发电用。喷射炉多采用立式对流过热器，即由细长蛇形管组成，悬吊于燃烧室上部，位于锅炉管束的前面，以吸收烟气的对流热和辐射热。

过热器由一系列相互交织的管子组成，有分管式和屏式两种。分管式过热器的管子相互间隔一定的间距，传热更有效但易积灰；屏式过热器的管子相互切接，交错编排成屏式，避免了灰分污垢包裹管子，也易于用吹灰器清除积灰。

过热器由一级过热器及二级过热器串联组成。中间插有减温段，可以喷水以保证出口的过热蒸汽温度。饱和蒸汽先进入一级过热器，然后再进入二级过热器，进一步提高过热度。过热器中蒸汽流通方式有顺流（与烟气流动同方向）、逆流（与烟气逆向）、顺流逆流相结合三种（图 9-39）。逆流可以获得较高的过热度，但过热器内外温度过高，管子易受高温积灰的碱腐蚀而损耗大；顺流则正好相反。最保守的布置方式是：过热器管内蒸汽的流动方向与烟气流动方向平行，把温度低的蒸汽放在烟气温度最高的地方，如此往返，尽量保护过热器管子免受损耗。

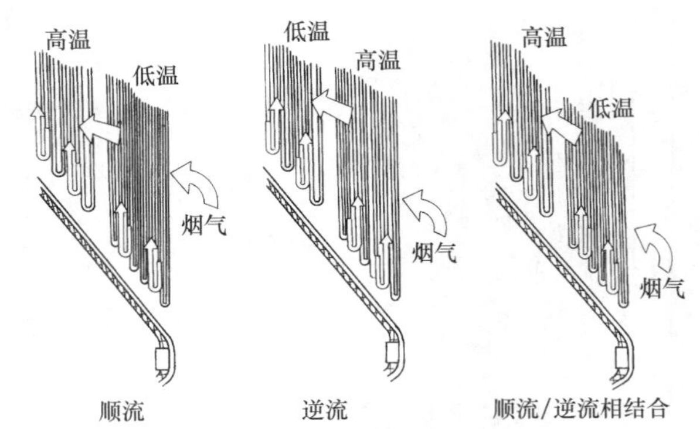

图 9-39　过热器蒸汽流向的各种布置

4. 汽包

双汽包碱炉的上、下汽包是碱炉的

主要产汽部件，都是一个两端有封头的圆筒形高压容器。上汽包连接给水管道、出汽管道与对流管束、凝渣管等受热管束。上汽包内储存有一定数量的饱和蒸汽，当外界负荷变动时，能减少锅炉参数的波动，增加锅炉运行的安全性。汽包内有净化蒸汽阀、压力表、水位表以及高水位警报器等。下汽包与上汽包相似，与若干管束接连，供给和循环炉内水分。并起定期排污的作用。

单、双汽包碱炉的汽包结构相似，汽包中有旋风分离器或隔板，使汽水分离，尽量减少蒸汽中夹带的水滴。

5. 锅炉管束

锅炉管束又称对流管束，是产生蒸汽的主要部件。它与水冷壁和凝渣管结合，平衡生产蒸汽所需的传热面积。

双汽包型碱炉：对流管束上部与上汽包相连，下部与下汽包相连（均采用胀接）。烟气的流动是单通道、错流。由于受热情况的不同，对流管束分为上升管和下降管。靠近燃烧室处在高温烟气中受热较强的管束为上升管，而远离燃烧室处在降温烟气中受热较弱的管束为下降管。因而在对流管束中形成了上汽包—下降管—下汽包—上升管—上汽包的水循环路线。碱回收炉的碱尘飞扬严重，为了减少堵灰和便于吹灰，对流管束的管间距离较大，一般在 120mm 以上。

单汽包型碱炉：锅炉管束用翅片管组成管屏，与较小的上、下联箱焊接在一起。与汽包连接的管子也不用胀接，管屏放在蒸汽中。这种设计避免了炉水通过胀口漏入炉膛。单汽包锅炉管束，像水冷壁和凝渣管一样，由汽包的下降管供水，炉水进入管屏的下联箱，靠自然循环作用通过管子，再流到顶部的上联箱出来。

凝渣管和过热器主要靠辐射传热，而锅炉管束（和省煤器）则是靠对流传热，故管子比较密集，以产生足够的烟气流速，且管子与烟气流垂直，从而得到有效的传热。较高的烟气流速，会提高管子表面的积灰速度，加上密集的管子，使锅炉管束成为锅炉最容易积灰的地方。

单汽包碱炉的锅炉管束采用烟气的气流方向与管子平行，减少了污垢集结。图 9-40 为单、双汽包锅炉管束简图。

6. 省煤器

省煤器的作用是利用锅炉尾部烟气的热量加热给水，以降低烟气温度，提高热效率。省煤器一般采用纵向冲刷的立式直管结构。配有烟气直接接触蒸发器的碱炉采用较小的省煤器，而新式低臭碱回收炉采用大型省煤器。为降低烟气温度，提高热效率，一般采用多程烟气通道的省煤器。降低排烟温度可以提高热效率，但省煤器低温部分腐蚀较大。一般省煤器排烟温度约为 176～190℃。但低臭麦草浆碱炉省煤器的出口烟气温度设计时要充分考虑到空气预热器出口的出口热风是否达到预定的温度。

排烟温度较低时，消除省煤器低温腐蚀的有效方法是将给水温度控制在 121～135℃。

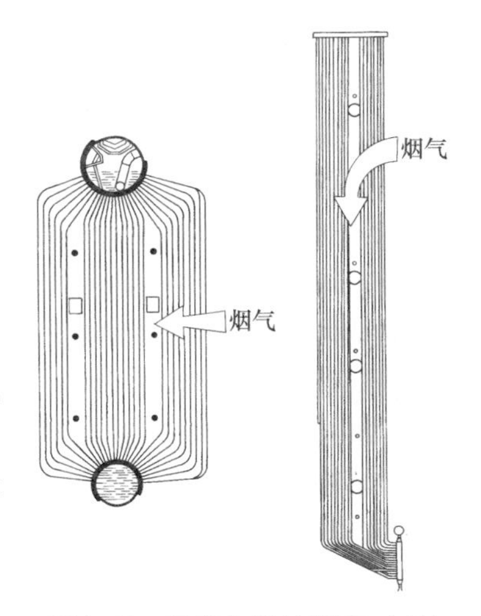

图 9-40　双汽包锅炉管束（左）和单汽包锅炉管束（右）

7. 吹灰器

细小的液滴、碱尘为炉气所带走，造成所谓机械飞失，部分的钠盐和其他化学组分在高温条件下升华被烟气带走，造成所谓化学飞失。烟气出炉膛后，由于温度的降低和气流速度及方向的改变，锅炉各组管子及挡墙的阻挡，烟气中的碱尘便析出凝结且黏附在锅炉管子及挡墙的表面，造成所谓的堵灰。为了保持锅炉受热面的清洁，烟气的畅通和回收飞失的碱尘，需要定期和不定期地把堵灰吹落。水冷屏区是炉膛烟气首先接触的地方，此处灰渣的性质是塑性的，在后段灰渣将会由塑性到硬性转化，同时形成颗粒状的 Na_2CO_3 及 Na_2SO_4，故过热器及受热面应经常使用高压蒸汽清扫。我国常用的机械吹灰器有固定式和伸缩式两种。

碱炉目前多采用横跨炉体的长伸缩式吹灰器，具有在线清灰能力。这种吹灰器（图9-41）有一条丝杠装在炉子外面。在不吹灰时，吹灰器停在炉外的丝杆上；当吹灰器运行时，喷枪吹管自动插入并沿着炉体断面往返移动，也可以绕本身轴线旋转。在喷枪吹管末端有两个大的喷嘴，以便进行高压力、大容量的吹灰。这种吹灰器的优点是管子不会长期被高温灼烧，适宜于高温区域吹灰。在省煤器区如不能用长伸缩式吹灰器，也可以用半伸缩式吹灰器。一般采用高压过热蒸汽吹灰。

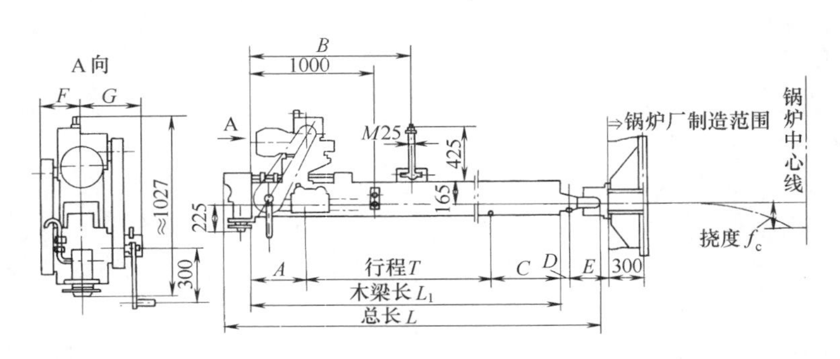

图 9-41　长伸缩式吹灰器

为弥补电动吹灰器吹灰的不足，视需要可增设手工压缩空气吹灰枪吹灰。炉内万一发生灰渣堵塞，吹灰应从最后部的烟道开始，随着烟气流向清扫，这样碱灰不会从吹灰孔逸出。

8. 碱炉的水汽运行路线和供风系统

锅炉部分也可以看作是冷却介质为水的烟气及其固形物的冷却器。

（1）水汽运行路线

各种喷射炉配置的锅炉，其水汽运行路线大致相同。现以 WGZ12/13-I 的水汽运行系统加以说明（图 9-42）。

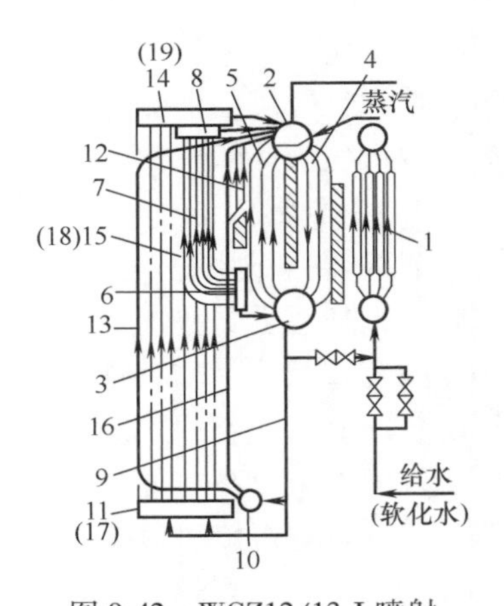

图 9-42　WGZ12/13-I 喷射炉水汽运行线路

1—省煤器　2—上汽包　3—下汽包　4，5—对流管束　6—水冷屏下联箱　7—水冷屏管　8—水冷屏上联箱　9—下降管　10—前后侧水冷壁下联箱　11—左侧水冷壁下联箱　12—凝渣管　13—前侧水冷壁管　14—左侧水冷壁上联箱　15—左侧水冷壁管　16—后侧水冷壁管　17—右侧水冷壁下联箱　18—右侧水冷壁管　19—右侧水冷壁上联箱

锅炉用水首先用泵送至省煤器 1，然后进入上汽包。上汽包的水沿着对流管束 4 进入下汽包 3。下汽包的水一部分进入对流管束 5，另一部分进入水冷屏的下联箱 6，再有一部分沿下降管 9 分别进入前后侧水冷壁共同的下联箱 10、左侧下联箱 11 及右侧水冷壁下联箱 17。前后水冷壁共同的下联箱中的水，一部分进入后侧水冷壁管 16 和凝渣管 12，变成汽水混合物回到上汽包，另一部分水进入炉底水冷壁管和前侧水冷壁管 13 变成汽水混合物回到上汽包。左侧水

冷壁下联箱 11 的水，经过左侧水冷壁管 15，变成汽水混合物进入左侧水冷壁上联箱 14，回到上汽包；右侧水冷壁下联箱 17 的水，经右侧水冷壁管 18 变成汽水混合物进入右侧水冷壁上联箱 19，回到上汽包。水冷屏下联箱 6 的水，经过水冷屏管 7 变成汽水混合物进入水冷屏上联箱 8，回到上汽包。

所有进入上汽包的汽水混合物，在上汽包内分离成水和饱和蒸汽，水继续循环，蒸汽由上汽包引出经上汽管送出。

（2）供风系统

碱炉的供风系统由鼓风机、空气预热器、风道和风嘴组成。所有风嘴供给炉内燃烧的空气量应为理论空气量的 105%，太高的过剩空气量会引起沸腾管壁区内产生难以去除的堆积物，太低则会造成燃烧不完全，增加化学品的损失。新式碱炉的供风系统是三层供风系统。一般一、二次风是在空气预热器里用蒸汽将空气预热到 130~150℃，通过风道和一组风嘴送入炉膛；三次风为常温入炉，有的也预热到 130~150℃ 入炉。因麦草浆黑液入炉浓度低，所以麦草浆碱炉的已预热到 150℃ 的一、二次风需再经燃烧炉尾部的烟气-空气板式换热装置将风温进一步提高到 280℃ 再入炉，以保证黑液在炉内有一个较高的环境温度。

一次风口距炉底约 700~1000mm。一次风的作用是供给垫层中游离碳燃烧所需空气，使垫层中有足够的热量，保证无机盐和芒硝的还原反应。一次风量要适当。若一次风量过大，会使垫层温度过高，垫层燃烧过快，不能保持适当高度的垫层，供给芒硝还原反应的碳量或 CO 量减少，不利于芒硝的还原，降低芒硝还原率和碱回收率。而且还会促使钠盐升华或热分解，在锅炉尾部形成盐类沉积，在一定条件下甚至会使过热器管发生严重腐蚀。但也不能过小，否则会使挥发性硫的损失增大、炉温过低和还原率降低。一般一次风以占空气量的 45%~50% 为宜。一次风送入时的气流不能扰动垫层以免产生过多的飞灰，风速应小些。典型的一次风系统由许多小的布置紧密的风嘴分布在炉膛的四周。

二次风的作用是燃烧由垫层中挥发出来的可燃气体，并产生高温烟气，以加速黑液液滴的干燥，并控制垫层高度。因此二次风的位置应高于垫层，在喷枪口下一定距离（喷液口向下），或者在喷枪口附近（喷液口向上），使加入二次空气燃烧放出的热量能充分用于黑液液滴的蒸发干燥。并要求二次风与可燃气体充分混合均匀，因此二次风气流必须穿透炉膛，风压风速要大一些，但二次风的设计应避免在炉膛中心形成高速上升的烟气柱，避免扰动垫层或增加垫层表面局部氧气浓度，避免产生过多的黑液飞失。典型的二次风系统具有较少的大风口，布置在炉膛的左右两侧。一些大型碱炉炉膛前后墙上也布置二次风。

三次风位于喷枪之上，它除了帮助烧尽可燃气体之外，还有压飞灰和调节、均匀烟温的作用。三次风必须有强烈的湍流，使空气与炉膛产生的气体密切混合，故要求风速大些。

为了送入的二、三次风和烟气较好混合并使各个方位燃烧均匀，在风嘴的方位布置和密度，以及进风角度、方向等问题上，有不同的方法。一种方法是应促使炉内气体形成旋转气流以利于混合均匀。；如采用同心三次风系统（图 9-43 左图），即将 4 个风箱装在炉膛四角由 4 个风嘴射流送入，使炉膛中心产生同心的旋转气流；实现

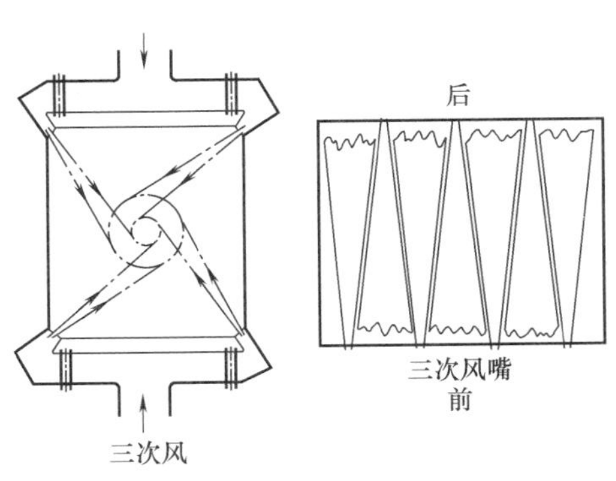

图 9-43　同心三次风系统（左）和交错三次风系统（右）

气体的湍流混合。另一种方法是采用二、三次风口均匀对称布置，或采用小风口多风嘴的交错三次风系统（图 9-43 右图）。

空气供应可以采用一台、两台或 3 台鼓风机。一般纸浆厂的生产规模在 500t/d 以下采用一台风机较经济；500～1500t/d 用两台，一般采用需预热的一、二次风共用一台，也有二、三次风共用一台风机的设计；1500t/d 以上采用三台鼓风机。

（二）炉膛

在炉膛内，黑液的燃烧过程可大致分为三个不可分割的过程：靠炉内的热量干燥喷入炉内的黑液；有机固形物热分解和可燃气体的完全燃烧；垫层黑灰充分燃烧和无机物的熔融、芒硝的还原。所以也据此将碱炉划分为干燥区、燃烧区（氧化区）、熔融区（还原区）。由于黑液含水分较大，黑液中固形物的发热量低，存在烧成物碱尘的飞扬、钠的升华、灰分大，容易在碱炉的各部分造成严重的积灰；碱性黑液和高温的熔融物对炉膛和其他部分有较强的腐蚀作用。因此，在熔炉及燃烧室的燃烧条件、结构设计、材质都必须满足上述要求。

炉膛是由炉底及四面炉壁、炉顶组成的方形密封空腔。炉底、炉壁、炉顶均由水冷壁管组成的碱炉，称为全水冷壁碱炉。膛壁上适当标高处设有一、二、三次风孔，黑液喷液枪孔和观火孔等，还在适当部位设有防爆孔。在前水冷壁接近炉底处设有熔融物出口，也称为溜子口。熔融物顺着溜子口流入熔融物溶解槽溶解。

炉膛断面尺寸要满足两方面的要求：一是要有合理的断面热负荷，能保持黑液熔炉区的较高温度，使燃烧稳定；另一方面又要能容纳下在额定负荷时的垫层的燃烧体积。过大的断面，常因炉膛“太冷”而无法维持正常燃烧。另外，由于一次风口的标高一般变化不大，为了一次风口不易堵塞，垫层的高度也不宜大高，这样，垫层的容积量多少，就取决于断面大小。因此，只有同时满足上述两个要求的炉膛断面，才是合理的炉膛断面。

炉膛高度要满足几方面的要求。从炉底到黑液喷枪处，此段高度要满足黑液液滴悬浮干燥的要求。麦草浆黑液入炉后干燥所需的热量份额为木浆的三倍，比竹、苇浆黑液也高出许多，因此麦草浆碱炉此段高度的选取要比其他浆种高 1.5～2.5m，一般距离炉底 6.8m 以上。从喷枪到炉膛出口，即水冷屏入口处，此段高度的选取也要根据两方面要求选定。一是控制炉膛出口处的烟温，避免在水冷屏及管束进口处结焦；另一方面烟气在上升过程中携带有部分飞失的黑灰，应有足够的高度使其能在炉膛上半部与补充的三次风混合后燃尽再飞出炉膛。炉膛上部设有水冷屏，其高度主要满足水冷屏的布置要求即可，而水冷屏的高度则可由热力计算所需的受热面积及结构来确定。

炉膛四周及炉底、炉顶的水冷壁有翅片式和膜式两种结构形式（图 9-44）。翅片式水冷壁是由两侧带有翅翼的、内径和壁厚相同的无缝锅炉钢管并排组成的，翅片之间有缝隙。一旦向火的一面的耐火涂料有裂缝，烟气会渗漏到管排后面即炉膛之外；就会发生腐蚀。所以新设计的碱炉，均采用膜式水冷壁。膜式结构的主要特点是把水冷壁管的翅片直接对焊起来。中间不留

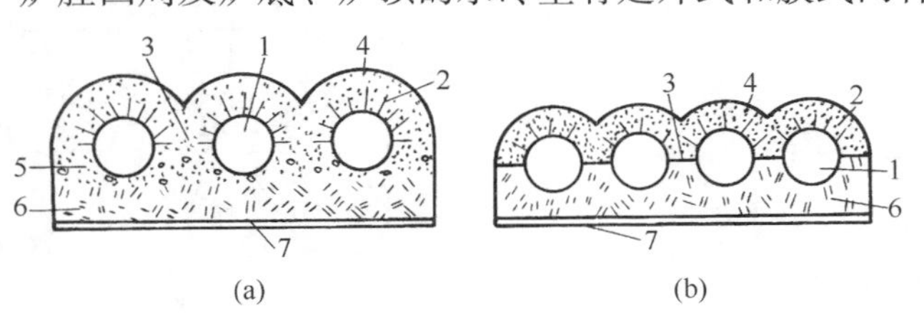

图 9-44 水冷壁结构示意图
（a）翅片式 （b）膜式
1—水冷壁管 2—销钉 3—翅板 4—炉衬
5—耐热混凝土 6—保温层 7—护板

缝隙，连接成一个膜屏。膜式水冷壁一般采用两种结构。一种采用外经为63.5mm的管子，管中心距为76.2mm。另一种采用外经为76.2mm的管子，中心距为101.6mm。

燃烧室两侧水冷壁管与其上、下联箱相接。前、后水冷壁的上端直接接入上汽包，下端分别用联箱与下汽包降流管相接，成为锅炉的一部分。

为稳定炉温及保护水冷壁管，在炉膛内必须覆盖一层衬里。国内常用的炉衬材料，按其成分分为铬镁矿耐火材料、铝镁矿耐火材料和普通硅黏土耐火材料。全水冷壁喷射炉的炉衬常用铬镁矿耐火材料，再配以3%的黏土造成骨料，水玻璃为黏结剂，用盐水溶液或其他一些改善黏度的物料为附加剂配制而成。除衬里外，在水冷壁管面还加销钉、涂铬质涂料、管外焊金属化表层、铬化、或采用双金属管防腐。

有的喷射炉在炉膛的出口处，位于后水冷壁的上部，还设计了炉膛的收缩部（俗称象鼻子）。它的功用是遮挡炉膛的辐射热，保护过热器，同时促使烟气更均匀地进入过热器管束。

（三）黑液喷枪

浓黑液经蒸汽直接加热（新式碱炉已改用间接加热）后，通过黑液喷枪喷入炉内。与大多数液体燃料燃烧相反，黑液不能雾化过细。大部分液滴直径应在4~5mm。喷出的黑液液滴不全部在炉膛悬浮燃烧，而要落到垫层上燃烧。这样可以减少烟气中的碱尘飞失。这种飞失会很快使过热器、锅炉管束积灰和堵塞烟气通道。

黑液喷枪有多种形式，如图9-45所示。目前国内使用较多的黑液喷枪有反射板式（也称折流板式）和旋流式两种。反射板式、扁平式喷枪对黑液的温度、压力和黏度不很敏感，喷液较稳定，粒度较粗，有利于合理形成垫层和减少细小黑液粒子的飞失。它多用于射壁干燥，也可以用于悬浮干燥。旋流式用于悬浮干燥。麦草浆碱炉一般采用悬浮干燥形式，配置旋流式黑液喷枪。

喷枪是把黑液喷到炉内的装置。它应满足下面几点工艺要求：

① 流量稳定：黑液的流量是炉子运行的一个主要参数，稳定流量是稳定生产的一个前提。根据工艺要求，喷枪的流量应能在一定的范围内调节。

② 分布均匀：喷出的黑液在悬浮状态或挂壁干燥时分布要均匀，达到同样的干燥程度，黑灰落到熔炉内所形成的垫层也应分布均一。

③ 粒度均整：喷出的黑液粒度要均整，分散度要适当，这样的黑液就容易蒸发水分，减少碱尘的机械飞失。一般认为喷枪喷出的液滴，其直径大部分在4~5mm为宜。

反射板式黑液喷枪由枪杆、喷嘴和反射板组成（图9-46）。

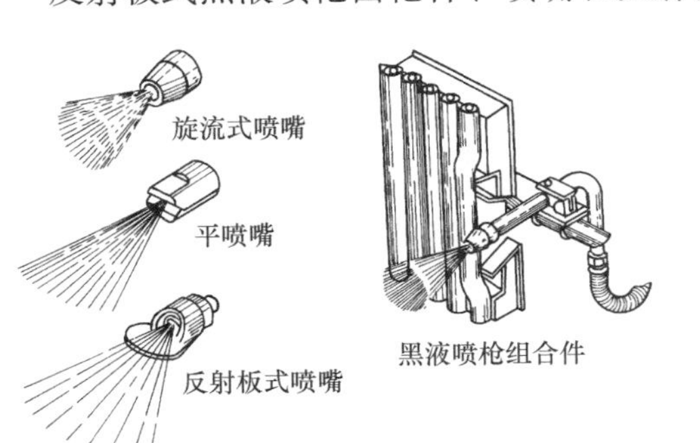

图9-45　黑液喷嘴的型式

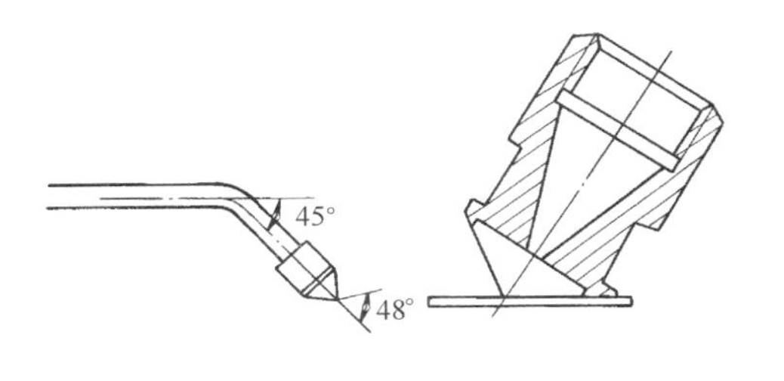

图9-46　反射板式黑液喷枪

三、黑液燃烧炉的辅助设备

从喷射炉出来的烟气温度约200~300℃，并带有大量的碱尘和硫化物的气体。若不进一步回收热量和化学药品，不仅是很大的浪费，并且会造成环境的污染和加速设备的腐蚀。目前生产上有下面几种烟气净化及回收系统：

锅炉—文丘里系统—烟囱

锅炉—圆盘蒸发器—静电除尘器—烟囱

锅炉—静电除尘器—烟囱

前两种系统利用烟气对黑液进行直接接触蒸发，其优点是把烟气的降温、除尘、黑液增浓结合起来，还可以吸收烟气中的二氧化硫及三氧化硫气体；缺点是由于汽提作用而使黑液pH降低，又会散发出很多恶臭的H_2S和CH_3SH气体，加重了对空气的污染。第三种系统只能除去烟气的碱尘即钠盐，起不到回收热及吸收恶臭气体的作用，但是可以加大省煤器面积，使烟气温度降低到150℃，再进入静电除尘器，只要控制好碱回收炉的燃烧条件，可以把恶臭气体的浓度降到很低。

本节主要讨论圆盘蒸发器和静电除尘器。

（一）圆盘蒸发器

圆盘蒸发器是一种黑液与烟气直接接触式的蒸发器。它利用碱回收炉尾部排烟中的热能，对蒸发站送来的黑液直接蒸发，使黑液浓度达到入炉要求，兼有除尘和吸收硫化物气体的作用。圆盘蒸发器结构简单，能耗较低，使用管理方便，所以在采用静电除尘器进行补充除尘的工艺流程中仍广泛应用。其外形如图9-47所示。

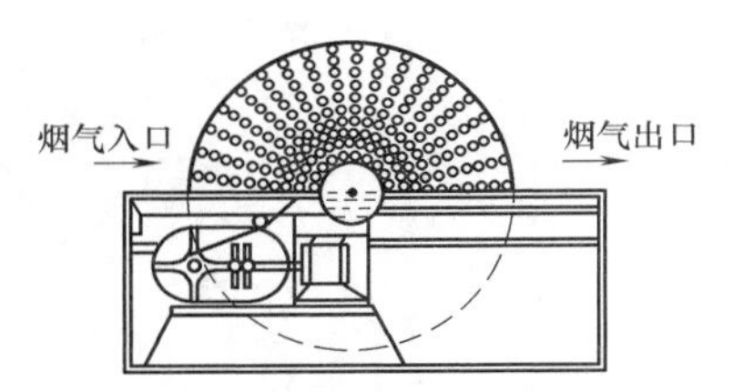

图9-47　圆盘蒸发器

圆盘蒸发器由一个大的圆形管箱构成，管箱是由几个管板轮上穿以一定数量的$\phi76$管子均布构成，管子按同心圆排列，管距约180mm。管箱与转轴组成一个转子，整个转子安置在一个密闭的半圆形槽体内，槽内保持1~1.5m液位。转盘转速为4~6r/min。

运行时，槽内黑液液面在轴中心线下方，当管箱在槽内缓慢转动时，黑液附着在管箱的管壁上，继而转出液面，轮鼓的大半个表面暴露在烟气之中，高温烟气横向流过黏有黑液的管子，黑液中的水分被蒸发，变浓了的黑液又回到槽内，周而复始地又转动浸没在黑液中，最后蒸发器槽体内的黑液达到适于燃烧的稳定浓度。圆盘蒸发器的生产能力与烟气的温度、流速和黑液的浓度有直接的关系。一般每平方米、每小时可蒸发水分10~12kg。圆盘蒸发器的优点是运转可靠，动力消耗低，并且烟气通过圆盘蒸发器的压力损失也很小，一般只有980Pa，最大的缺点是与黑液直接接触蒸发散发臭味，污染环境。

（二）静电除尘器

1. 静电除尘器的基本结构

静电除尘器是利用静电力量，从烟气中分离悬浮的粉尘离子。其作用是净化烟气、回收碱尘、提高碱回收率，减少烟气对大气的污染。目前碱回收炉、回转石灰窑大都配备静电除尘器净化烟气。静电除尘器对于颗粒直径小的尘埃有较高的集尘效率，总的除尘率一般可达90%以上。由于烟气阻力小，电耗也不高，但静电除尘器不能兼有回收热量的作用，而且设备投资费用较大。

静电除尘器的工作原理就是在电场的负极加上直流高压电源而将正极接地，在负极周围形成“电晕”，产生带电离子。当含尘气体通过电场时，尘粒与带电离子相碰撞并充电而成为荷电粉尘，在强电场的电位差作用下，迫使荷电粉尘向正极运动而被吸附于接地正极板上，再通过振打落到下面灰斗中而被收集。常见的线板布置如图 9-48 所示。

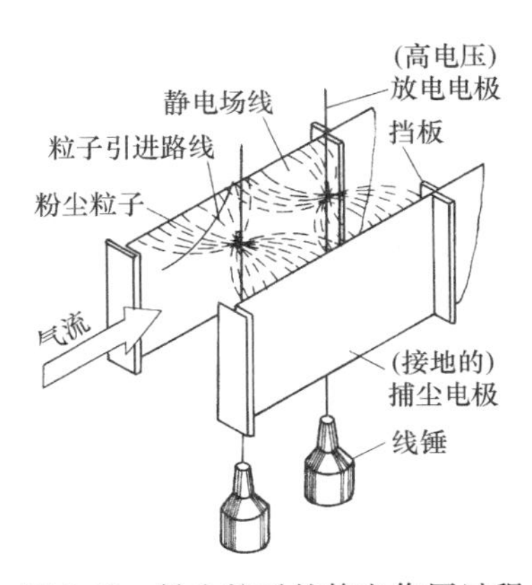

图 9-48　粉尘粒子的静电作用过程

静电除尘器的结构如图 9-49 所示，由电源部分和除尘室部分组成。

电源部分都是采用晶闸管高压整流器，把 380V 交流电整流成 50～80kV 直流电后输到除尘室的阴极（电晕极，又称放电极）上去。

除尘器内部有匀流器、电场和集尘装置等。匀流器设置在烟气进入除尘器电场前，烟气经分布转向板和多孔板，以保证烟气以均匀流通沿截面通过电场。电场由交错排列的电晕极（阴极）和集尘极（阳极）组成，两者间距约 250mm。阳极的接地线用扁钢制成。集尘极结构有 C 形、鳞形、棒形等多种，在碱回收工程中采用 C 形较为普遍。电晕极结构也有直线形、星形、棱形、螺旋线形、单芒刺型和双芒刺型等多种形式，以螺旋管芒刺型被使用得较多。

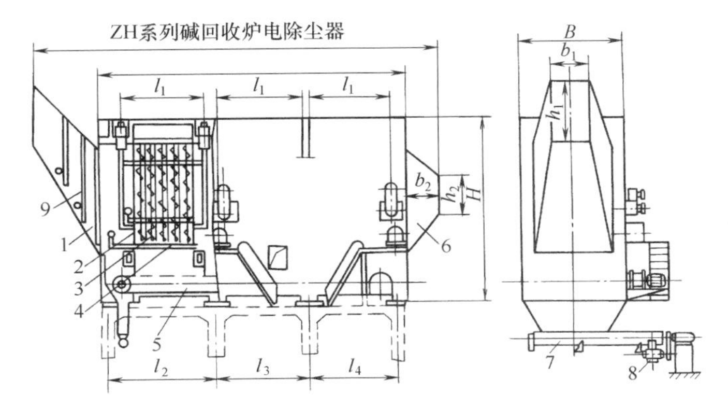

图 9-49　国产 ZH 系列碱回收炉静电除尘器

1—烟气进口　2—集尘极　3—电晕极（放电极）　4—振打装置　5—刮板机　6—烟气出口　7—埋刮板输送机　8—镇气器　9—匀流器

静电除尘器有单室和双室两种，每个室常采用 2～3 个电场。每个电场都设有集尘极和电晕极的振打装置。

静电除尘器的集尘装置由排灰阀（即锁气器）与输送机组成。输送机可以是埋刮板输送机、平面刮板输送机、螺旋输送机。排出的碱灰送去与黑液混合供碱炉燃烧用。静电除尘器的外壳有水泥及钢板两种结构，水泥外壳上建施工难度大，预留孔、预埋件不易准确，安装较困难，但能耐腐蚀。钢板外壳的容易安装，但易被腐蚀，且钢外壳的漏风系数较混凝土的高。

静电除尘器的底部结构有平底和双面锥斗两种。

2. 静电除尘器的振打装置

影响电除尘效率的因素很多，如粉尘的黏附性、比电阻、极线极板的清灰效果等。其中清灰是电除尘器运行过程中的一个重要环节。如清灰不力，将导致极板极线上粉尘越积越多，电晕放电效果大大下降，导致除尘效率下降。因此，作为电除尘器本体部分的重要结构部件，阴、阳极振打系统的设备及振打方式对电除尘器可靠运行及效率的保证极为重要。目前国内使用的电除尘器据振打方式来分大致分为两种：一种为侧向旋转绕臂机械振打方式的

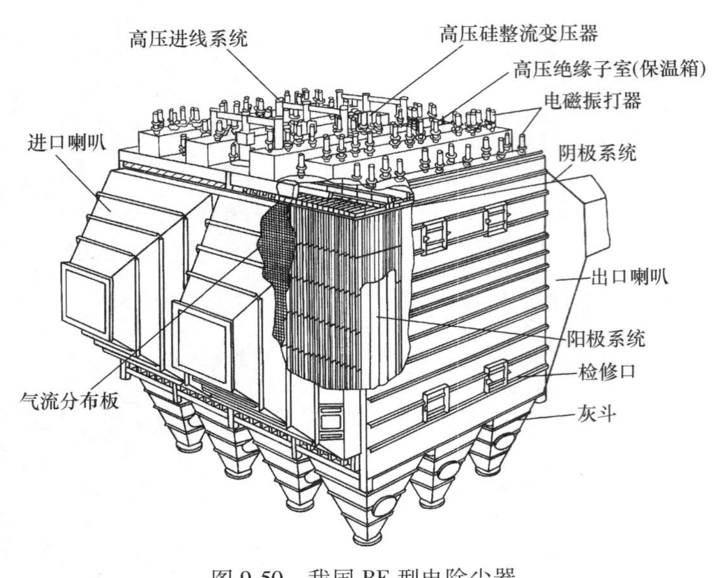

图 9-50　我国 BE 型电除尘器

电除尘器（图 9-49）；另一种为顶部电磁锤振打方式的电除尘器（图 9-50）。国内从开始使用电除尘器至今，一直以侧向旋转挠振打为主流。

振打的目的是使极板、极线上收尘下来的粉尘通过振打后把灰尘清理下来，从而保证极板、极线洁净，有利于电晕放电和极板收尘。振打要克服粉尘的黏力、电场力和万有引力，所以要求极板、极线上具有足够合适的振打力，才能使粉尘脱离，达到清灰目的。振打力的产生必须通过物体之间的合适力度的碰撞撞击。此外，还必须具有良好的振打力传递，才能保证极板、极线每一点都有足够的振打力。理想的清灰应该是能够将具有各种不同特性的粉尘成块地从极板极线上振落下来，与此同时又不致引起电除尘器运行上的问题，诸如粉尘二次飞扬，反电晕或极板，极线等过快损坏。

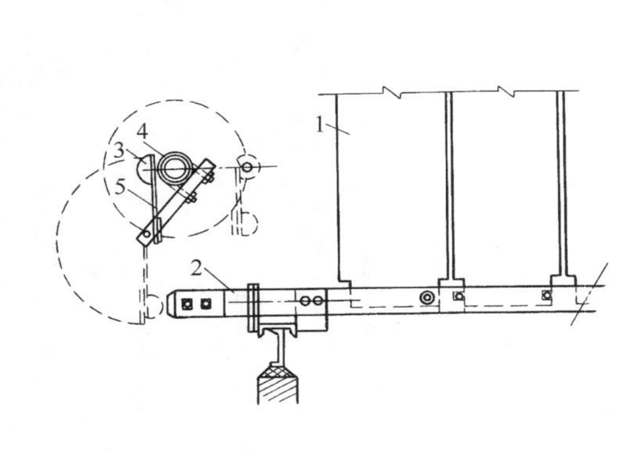

图 9-51　集尘极（阳极）振打装置示意图
1—集尘极　2—集尘极的振打杆　3—振打锤
4—振打轴　5—振打锤柄弹簧钢板

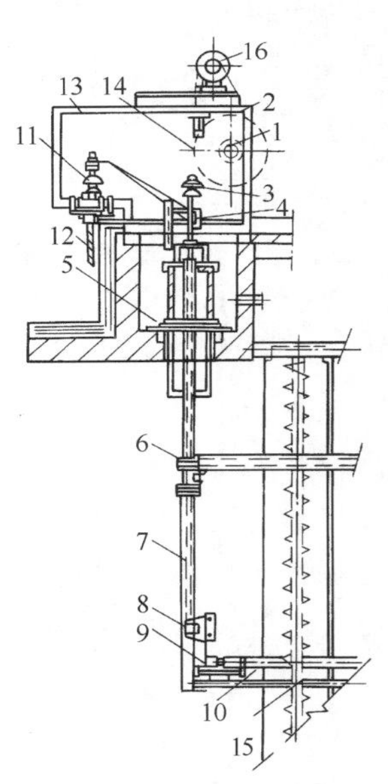

图 9-52　电晕极（阴极）振打装置示意图
1—偏心轮　2—滑轮　3—活动绝缘子　4—振打装置
5—支持绝缘子　6—吊管　7—拉杆　8—提升装置
9—振打锤　10—放电极框架　11—电缆头
12—高压放电　13—绝缘子室　14—传动
链条　15—放电极　16—电动机

目前常用的有集尘极（阳极）振打装置和电晕极（阳极）振打装置，分别为图 9-51 和图 9-52 所示，集尘极振打装置是采用旋转的锤头振打装置（如图 9-51）。它由一台减速电动机和链条传动，带动伸入电场的一根 ϕ60mm 的转轴，以 1r/min 的转速回转。在每一排电极的中心线位置的轴上固定有弹簧钢板制成的活动锤柄（各锤相隔 22°空间角度）。转动时，锤有规律的敲击极板下的支架的振打头，使电极板发生振动，使碱尘从集电极板面上脱落下来。集尘极和电晕极的振打周期由小同步电机定时器来调节，以达到较为合理的振打次数和减少机械损耗，借以提高除尘效率。

电晕极的振打装置设在高压绝缘小室内，通过一台减速电机驱使。在慢速轴上装有偏心轮用链条通过绝缘子与振打器连接，转轴的转动，使链条做上下往复运动。提升振打器的钩，通过拉杆使锤子提升到一定高度，当锤子被带到上部位置时，提升杆的钩脱扣，锤子被放开，借自重落下，敲击装在穿心件的振打头上，这样就引起电极转移和振动，使碱尘脱落。为了保证机械传递和电气绝缘，在振打的链条与放电极的振打装置中间装置有高压悬式瓷瓶，使直流高压与地绝缘。

四、黑液燃烧工艺流程

（一）木浆黑液燃烧工艺流程（以单汽包低臭式碱回收炉为例）

如图 9-53 所示：将蒸发工段来的浓度约为 65%的浓黑液送入浓黑液槽贮存，然后送到芒硝黑液混合器与芒硝充分混合，经黑液加热器加热至 110℃后泵送碱回收炉燃烧。黑液喷枪一般采用炉侧固定对喷的形式，且压力不宜超过 0. 2MPa（表压）。在碱回收炉的炉膛内，黑液经过高温烟气干燥，其中的有机固形物发生燃烧，而无机固形物熔化后则留在炉膛底部的炉床上。碱回收炉可以是紧身封闭或半露天布置的形式。为减少积灰和恶臭气体排放，炉

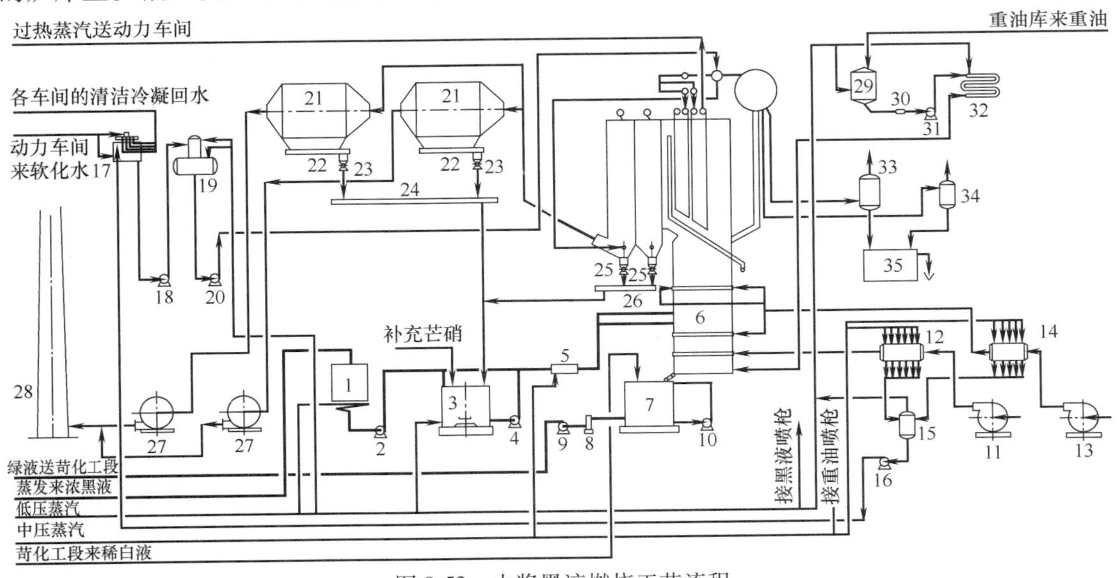

图 9-53 木浆黑液燃烧工艺流程

1—浓黑液槽 2—黑液泵 3—芒硝黑液混合器 4—入炉泵 5—黑液加热器 6—碱回收炉 7—溶解槽 8—绿液过滤器 9—绿液泵 10—消音泵 11—一次风机 12—一次风加热器 13—二、三次风机 14—二、三次风加热器 15—闪蒸罐 16—冷凝水泵 17—软化水槽 18—给水泵 19—除氧器 20—电动给水泵 21—静电除尘器 22,24,26—输送机 23,25—锁气器 27—引风机 28—烟囱 29—重油贮存槽 30—过滤器 31—重油泵 32—重油加热器 33—定期排污膨胀器 34—连续排污膨胀器 35—降温井

子采用较先进的低臭式单汽包喷射炉。

黑液固形物经过燃烧，停留在炉膛底部的无机熔融物顺着溜槽流入溶解槽内，用稀白液溶解成绿液，经过滤后连续泵送苛化工段。为降低熔融物到达溶解槽液面之后的噪音，溶解槽应配有绿液及蒸汽消音装置，绿液浓度可根据蒸煮要求的白液浓度进行控制。高温熔融物在溶解槽溶解时会产生大量含有碱尘的蒸汽，因此，溶解槽排汽需经过洗涤器洗涤后，再由排气风机送往高处排放。

碱回收炉给水品质要求较高，因此主要使用纸厂各车间的清洁冷凝回水，不足部分由动力车间送来的脱盐软化水补充。软化水和收集的清洁冷凝水先进入软化水槽贮存，经高压除氧器除氧后由电动给水泵送碱回收炉的锅炉部分使用，同时配备有气动给水泵在停电时使用。利用黑液中有机固形物燃烧产生的热量所生产的过热蒸汽，经过喷水减温处理达到要求的温度后，送动力车间并汽发电，喷水式的减温器一般要求采用汽包蒸汽冷凝水为减温水。碱回收炉的热效率在65%以上。

为了使炉内黑液正常均匀地燃烧，保证炉膛底部有较高和较均匀的温度，提高芒硝还原率，燃烧所需空气分三次送入炉膛。一次风系统有一台单独的风机，二、三次风系统共用一台风机，一般给风均由以中压蒸汽为热源的加热器加热到150~180℃再送入炉内。一、二、三次风的分配比例为：一次风40%~45%；二次风45%~50%；三次风10%~15%。

为了减少大气污染排放，烟气除尘系统采用静电除尘的方式，除尘效率为≥99%，烟气含尘浓度≤100mg/Nm^3。处理后的烟气经带调速装置的引风机送入高度为80m以上烟囱排放。

纸浆厂的碱回收率一般为92%~96%（草浆的低一些），碱的损失部分常采用芒硝补充。外来补充芒硝先经过反击式破碎机粉碎，成为20mm以下的粒度后，由斗式提升机送到芒硝筛筛选，再进入芒硝仓贮存。经给料器均匀给料，芒硝由埋刮板输送机输送，与静电除尘器、省煤器下部收集的碱灰一起送入芒硝黑液混合器与黑液均匀混合。

碱回收炉配置点火油枪和负荷油枪及火焰检测器。使用重油作为开、停炉及特殊情况下的燃料，设置了重油加热器，将重油加热到接近沸点，再由油枪喷入碱炉燃烧，油枪可根据需要采用蒸汽雾化或机械雾化的形式。

（二）麦草浆黑液燃烧工艺流程（以双汽包麦草浆碱回收炉为例）

麦草浆黑液燃烧工艺流程以实现稳定的燃烧为目的，必须要考虑到麦草浆黑液发热量低、黏度大、含硅量高、半纤维素含量高、杂细胞多、易变质、易产生沉淀等特性。因此，麦草浆还原与木浆黑液燃烧在流程设计上有明显不同：首先是进风温度不同。麦草浆燃烧时进炉的一、二、三次风先经空气加热器加热，使风温提高到150℃后，一、二次风再经燃烧炉尾部的板式换热器使入炉风温达到280℃。目的是提高炉膛干燥区、燃烧区的环境温度和熔融区温度，弥补单靠垫层的储热量不能建立利于稳定燃烧的熔炉区高温环境的不足，使黑液经雾化、干燥后能完全燃烧，含硅量高的熔融物能顺利流出。其次，麦草制浆多采用烧碱法，故无须木浆黑液燃烧的芒硝补充系统。木浆碱灰是先在碱灰溶解槽溶解，碱灰液再送入芒硝黑液混合器，然后入炉燃烧，碱灰只在燃烧本系统内处理。麦草浆碱灰处理采用把碱灰直接送入溶解槽。静电除尘器排出的碱灰先进入碱灰溶解槽溶解成碱灰液后，也泵入溶解槽，再一起送苛化工段。目的是避免大量的碱灰液在燃烧炉、碱灰溶解槽、黑液中间槽内循环、沉淀，影响流程的通畅。再次，麦草浆黑液入炉燃烧的浓度与木浆不同。木浆黑液的入炉浓度一般要求在55%~65%，有的甚至在70%以上，浓度越高黑液的燃烧越稳定。但麦草浆的黑液黏度比木浆的高出几倍，输送困难，更重要的是当浓度超过50%时，麦草浆黑液在炉内的雾化效果极差，造成干燥不良、燃烧不充分等后果，生产实践也表明入炉浓度并非越高越好。麦草浆黑液入炉燃烧最佳浓度是45%～48%，温度105℃。

麦草浆黑液燃烧流程如图9-54所示：从蒸发工段来的麦草浆黑液浓度一般为40%～43%，温度为80℃，送入黑液槽1，再通过黑液泵送入圆盘蒸发器2，与烟气直接接触蒸发到45%～48%浓度，95～110℃温度后进入黑液中间槽3。再由入炉黑液泵泵至黑液加热器加热至110～115℃，通过喷枪喷入燃烧炉5燃烧，多余的黑液通过回流管返回黑液中间槽3。燃烧得到的熔融物通过溜槽排入溶解槽6，绿液（和碱灰混合液）经绿液过滤器7过滤后，泵送苛化工段。辅助燃料重油从储油罐17中用油泵18送重油加热器19用蒸汽间接加热，再通过母管及重油燃烧器从一、二次风口进入炉内。采用母管回油，多余的重油返回储油罐。一、二次风由一、二次风风机13送入空气加热器14，用蒸汽加热到150℃后，进入碱回收炉的烟气-空气预热器加热，风温可达250～280℃，再分别进入一、二次风道，经风嘴送进炉膛。三次风由三次风风机15送进空气加热器16用蒸汽加热至150℃进入三次风道，经风嘴进入炉膛。三次风也可使用室温空气。燃烧生成的烟气从碱回收锅炉尾部烟道出来，进入圆盘蒸发器2，再经过圆盘阀进入并联的两台静电除尘器8，除尘后的烟气由引风机11引入烟囱12排空。下汽包及尾部排出的碱灰通过灰斗送入溶解槽6，而静电除尘器排出的碱灰经埋挂板输送机9送入碱灰溶解槽10，溶解成碱灰液后也泵入熔解槽6与绿液混合。从除氧器及水箱20来的软化水由给水泵送进碱炉省煤器，在炉内通过热交换产生的蒸汽送使用部门。

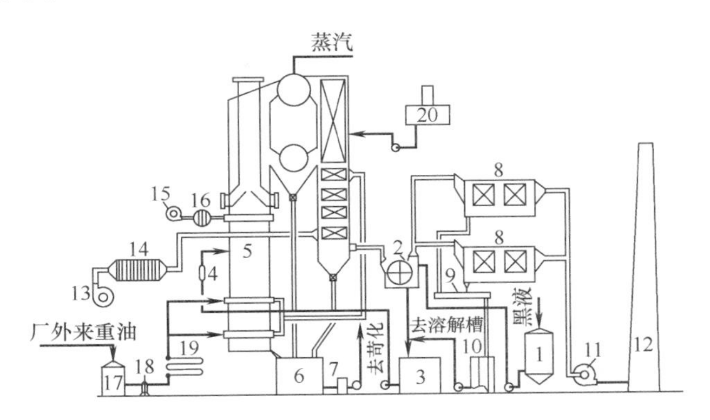

图9-54　麦草浆黑液燃烧工艺流程图（武汉院，碱36）
1—黑液槽　2—圆盘蒸发器　3—黑液中间槽　4—黑液加热器　5—碱回收炉　6—溶解槽　7—绿液过滤器　8—静电除尘器　9—埋挂板输送机　10—碱灰溶解槽　11—引风机　12—烟囱　13——、二次风风机　14、16—空气加热器　15—三次风风机　17—储油罐　18—油泵　19—重油加热器　20—除氧器及水箱

草浆碱回收炉是在吸取木浆碱回收炉的基础上，根据草浆黑液的特点，发展而来的，所以其在设计上有很多特殊的地方。新型草浆碱回收炉的设计具有如下特点：

①采用了被证明适合草浆黑液的瘦高形炉膛，并且提高了黑液喷枪，延长了干燥行程。由于麦草浆的入炉状态达不到着火燃烧条件，需要先脱水干燥，而这一过程要在炉内进行。麦草浆干燥所需的热量份额为木浆的3倍，而黑液的蒸发干燥又是在下落的过程中完成的，所以在炉膛结构上要有足够的高度来保证所需的干燥时间。

②选取了较宽的水冷壁管节距，降低了炉膛的水冷程度。麦草浆黑液与其他浆种相比，其液滴的表面张力较大，不利于水分蒸发。而表面张力与液滴所处的环境温度成反比。因此，可以通过选取较宽的水冷壁节距来减少水冷壁面积措施以实现较高的环境温度。

③选用了新型烟气——板式空气预热器，提高供风温度。由于草浆黑液垫层的黑灰体积质量比较大，再加上需要更高的炉温来干燥黑液液滴，因此一、二次风的温度不宜小于250℃。草浆黑液的一、二次风，由鼓风机先送进蒸汽——空气预热器，加热到150℃后，进入碱回收炉的烟气—空气预热器加热，风温可达250℃以上。

第四节　绿液的苛化设备

黑液在碱回收炉燃烧后所得的绿液主要成分为碳酸钠和硫化钠（硫酸盐法）或碳酸钠（烧碱法），还不能直接用于蒸煮。目前工厂通过连续苛化方法将绿液、石灰同时连续不断地加入消化器中，而后通过在一系列设备中进行反应和加工过程，使碳酸钠转化为氢氧化钠、沉淀物（碳酸钙、也称白泥）从苛化液中分离。所得澄清液称为白液，即蒸煮药液，送往蒸煮车间，白泥则送白泥回收设备煅烧，回收使用。

连续苛化工艺流程大致可分为：绿液澄清、石灰消化和绿液苛化、白液澄清和过滤、绿泥和白泥洗涤、辅助苛化等部分。采用的主要设备有石灰消化器，苛化器，白液、绿液的澄清过滤设备等。

一、石灰消化器和苛化器

（一）石灰消化器

目前，常用的石灰消化器是石灰消化提渣机，供石灰消化制取石灰乳液之用。石灰消化提渣机由消化器和提渣机两部分组成，前者用于绿液消化石灰，后者用于把石灰乳液中的渣子分离。可再在同一设备中进行消化、分离和提渣。石灰消化提渣机主要有两种形式，一种是转鼓式，另一种是搅拌槽式，两者皆可配备提渣机。

1. 转鼓式石灰消化提渣机

转鼓式石灰消化提渣机（见图9-55）石灰消化部分是一个回转圆筒，它支承在托轮上，通过齿轮传动，转速为3～5r/min。石灰及绿液由一端送入，乳液及未消化的石灰渣由另一端排出。转鼓内部有角钢制成的翅片，沿螺旋形的位置焊在转鼓内壳上，其作用是使石灰与绿液混合均匀。同时，借助转鼓的转动将未消化的石灰块和渣子向前推动至出口处进入提渣部分。

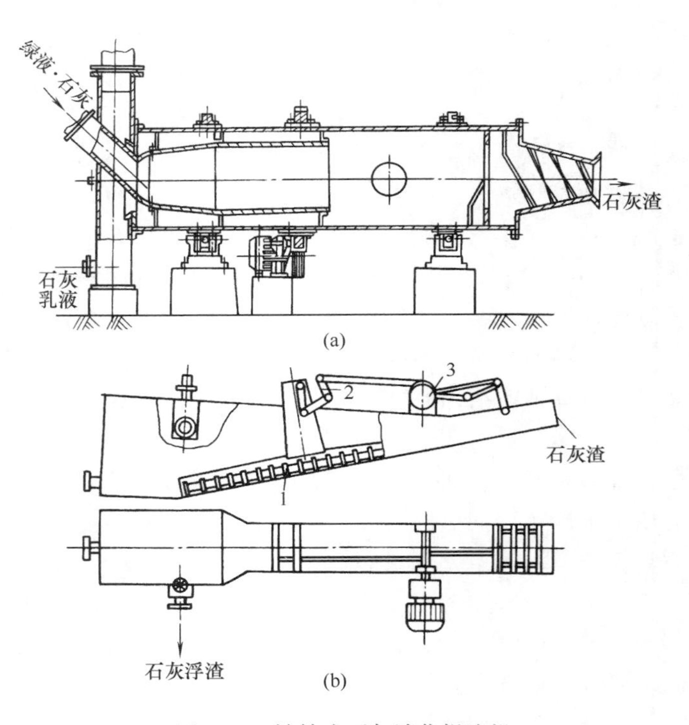

图9-55　转鼓式石灰消化提渣机
（a）转鼓式消化器　（b）提渣机
1—耙齿　2—曲轴连杆　3—电机

提渣部分的进口设有一斜置的筛子，大的石块在此被除去。其余的渣子在提渣机中沉集到底部，由耙子（或螺旋）沿提渣机斜底扒至出口排出，在出口处设有一清水管。对渣子进行清洗后再排出。以减少碱损失，除渣后的乳液由出口管排出，并送至苛化器。使用这种石灰消化提渣机制备的石灰乳液质量较好，含渣量小，已为国内大多数纸厂碱回收车间采用。

2. 搅拌槽式石灰消化提渣机

搅拌槽式石灰消化提渣机（图 9-56）石灰消化部分为圆筒形搅拌槽。提渣部分的结构基本相同。消化槽有的为单层，有的分上、下两层。上层的中央与下层相通，每一层都装有立轴搅拌器，下垂的桨叶悬吊在搅拌器的横梁上，桨叶离底约 20~40mm。

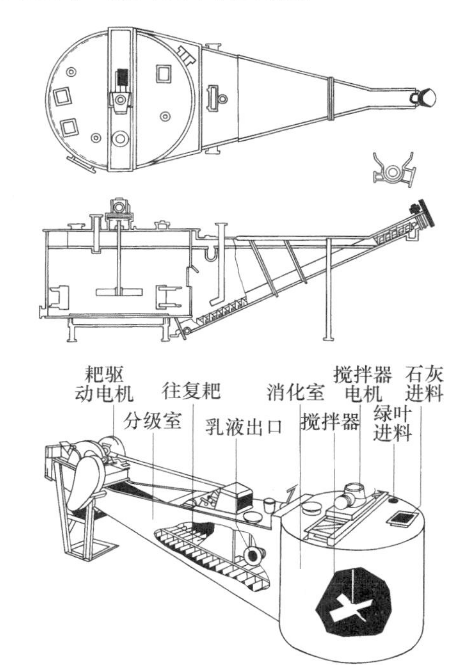

图 9-56　石灰消化提渣机

石灰和绿液由槽的顶部加进去，双层式搅拌槽消化后带有渣子的乳液从中央的圆孔溢流到下层。圆筒外连接分级提渣器，消化后的物料，由下层通向提渣器。分级器可以是耙式或螺旋式，以除去绿砂和不消化的杂质。绿砂经洗涤后排出。分级器内各室的洗液浓度不同，在绿砂提升排出过程中可得到逆流洗涤。

大块的石渣容易沉积在槽中不易排走而影响正常操作，需定期停机清渣。

（二）苛化器

苛化反应通常在苛化器中连续进行，苛化器为消化后的乳液提供良好的苛化条件，使苛化反应进行得比较彻底。苛化器分为连续苛化器和三室连续苛化器。

1. 连续苛化器

连续苛化器如图（图 9-57）所示，它的高度与直径相等，内设蒸汽加热蛇管及搅拌器。搅拌器转速为 68~84r/min，依直径而定。搅拌器底部有轴承支承。为了使搅拌作用良好，在器壁四周有固定的若干直立挡板，以防滑流而形成苛化死角。苛化器的顶盖应设有排气管接至室外。连续苛化流程中常将三台苛化器布置成阶梯形排列，串联运行。三台苛化器的进出口都在上部，按溢流进入下一台。各个苛化器可控制不同温度。苛化乳液在器中共停留 90~120min 左右。

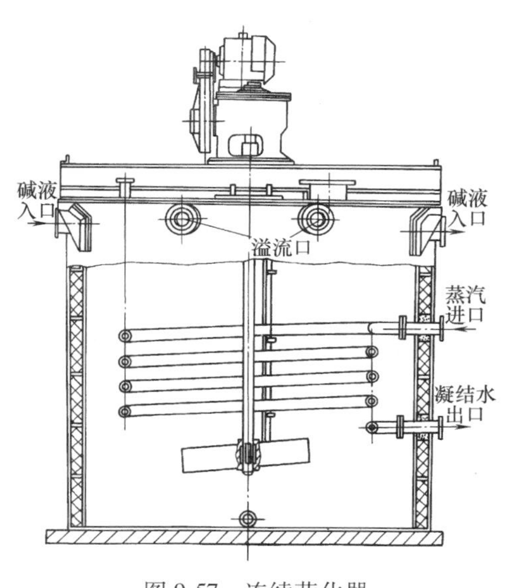

图 9-57　连续苛化器

混合是苛化器的首要功能。以前的消化器和苛化器的搅拌器，曾采用径向流叶轮，它产生双重液流，没有充分利用搅拌的功率使液体和悬浮颗粒混合。也采用过类似泵作用的轴向流叶轮，这种叶轮减少了很多剪切力。新型的苛化器改用水力叶片式叶轮：叶片前端是水平的，与槽底平行，尾端倾斜，产生泵送作用。这种叶轮的直径较大，转速较低，一般小于 100r/min。叶片式叶轮的优点是：进一步降低能耗和伴生的剪切力。即使在大槽中，水力叶片式叶轮也能在液面上产生一定的流型。由于它的高速泵送作用，在液面上产生一个旋涡，使液流进入槽中，不能直接流向出口，消除了短路。而在槽体的下部，产生足够的挡板作用，使整个液流和全部的悬浮颗粒混合均匀上升到出口处排出。

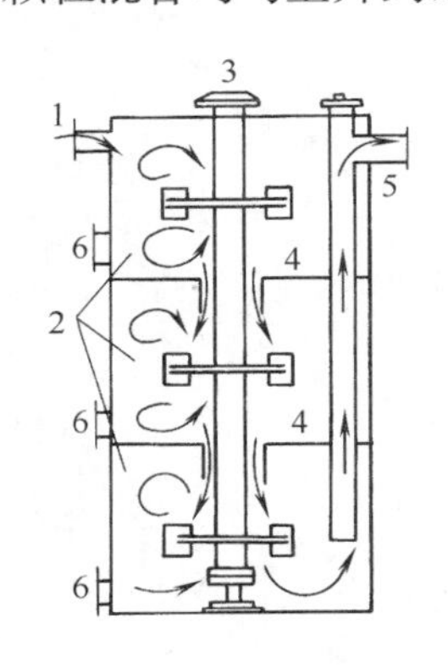

图 9-58　三室连续苛化器

1—入口　2—反应室
3—搅拌器　4—隔板
5—出口　6—人孔

2. 三室连续苛化器

三室连续苛化器（图 9-58）是从单室连续苛化器发展来的。目前在国际上已被普遍应用，它具有结构紧凑、苛化效率高、占地小等优点。

三室连续苛化器内部分为上、中、下三层，中间有隔板。第一层有蛇管加热，各层共一根总轴，每层一个搅拌器。消化乳液由顶层通过隔板的中心套环逐层向下流动，由底层的出液管引到位于顶层的出口管流出；为保持规定液位，设有虹吸抽液管。这种装置由于消除了短路问题，容积效率较高。但此装置不如单室苛化器灵活，因为一旦搅拌器失灵，系统就要停机。

二、澄清、洗涤与过滤设备

从碱炉、溶解槽送来的绿液中含有很多杂质（绿泥），在苛化前要澄清并分离出清液；绿泥再经洗涤，尽量洗除残留的碳酸钠后排掉；绿液经苛化后生成的乳液也要经澄清或过滤分离出白液、白泥；白液送去蒸煮纤维原料，白泥也要再经洗涤过滤，溶解出残碱并提高干度后送石灰回收工段燃烧。上述各个过程均应采用澄清或过滤设备来完成。

（一）澄清器

澄清器的工作原理是借助重力的作用，使相对密度较大的绿泥或白泥沉降在下部，上层为澄清液，从而达到分离的目的。影响绿液澄清的因素有绿液的含硅量和碱回收炉的运行工况等。影响白液澄清的因素有苛化时的石灰质量及过量石灰的数量、白泥颗粒大小、滤液的浓度和温度等。

澄清器又按圆筒内部分隔的层次分为多层澄清器和单层澄清器。多层澄清器有平行式进液（一般用于绿液、白液澄清及白泥洗涤）和逆流式进液（用于绿泥洗涤）两种。逆流式进液多层澄清器也称绿泥洗涤器，将其归入洗涤器作介绍。

1. 平行式进液多层澄清器

图 9-59 为一台三层澄清器简图。三层澄清器是锥形底的圆柱形贮槽，由两个锥形隔板分成三层。各层均设有与分隔板有一定间距的四根转臂，板状耙齿就固定在转臂上由中心轴带动。每块隔板中间有与中心轴同心的下渣管，使二室相通，上层排泥可进入下层，最终排至底层被膜泵定期抽出。其作用是不使上层沉渣下来的泥渣与下层清液相混。在下渣管之外有一圆套管，被澄清的乳液进入位于槽边外的分配槽后，由各层进液管导入各层中心的圆套管，使大部分泥渣从中央降下以免同清液相混。各层上部的澄清液通过管子集中到清液槽连续排出。为保持各层流量的均匀，在各层溢流管处设调节套管，使下层的管口高些，以达到各管溢出的清液量均匀一致为准。澄

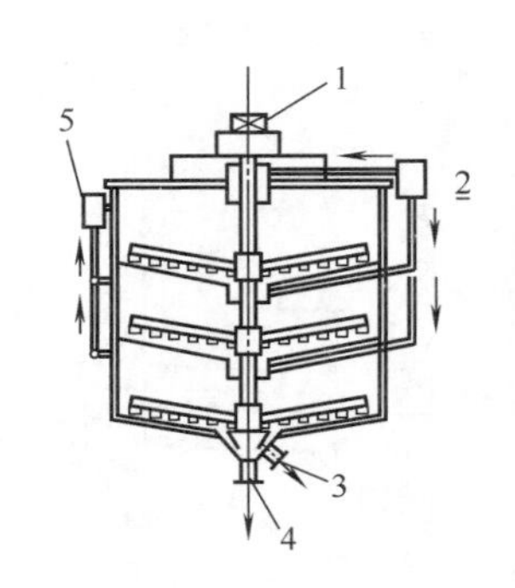

图 9-59　多层澄清器简图

1—传动装置　2—进液箱　3—抽泥　4—排污　5—清液收集箱

清器的主轴转动和升降决定于泥层的厚度和紧密程度。如果泥层过厚过密，耙齿转动时需要的功率增大，主轴自动升降装置能根据电流负荷自动将主轴连向耙齿提起或降落，避免设备损坏。为避免升降过度，把耙子主轴的升降上、下极限位置装有限位开关控制。

草浆厂由于原料比较复杂，绿液的质量差别很大，含硅量又高，故其白泥的沉降速度也大大降低。为此，在选择澄清器面积时要偏大一些，对于苇浆、麦草浆，澄清器的生产能力仅为生产木浆时的1/2～1/3。

2. 单层澄清器

单层澄清器是现在常用的白液澄清及白泥洗涤设备。它是近年在使用多层澄清器的基础上发展起来的新设备，取消了中间各层的隔板和耙子。结构简图如图9-60所示。它是利用悬浊液中固相沉降后形成的泥层本身作为过滤介质，对由泥层下部进入的悬浮液起到过滤层作用而达到固液分离的目的。实践证明，单层澄清器由于清液层的加厚而大大加强了清液层的稳定性，同时白泥层也相应加厚形成滤层，提高了清液的澄清度。

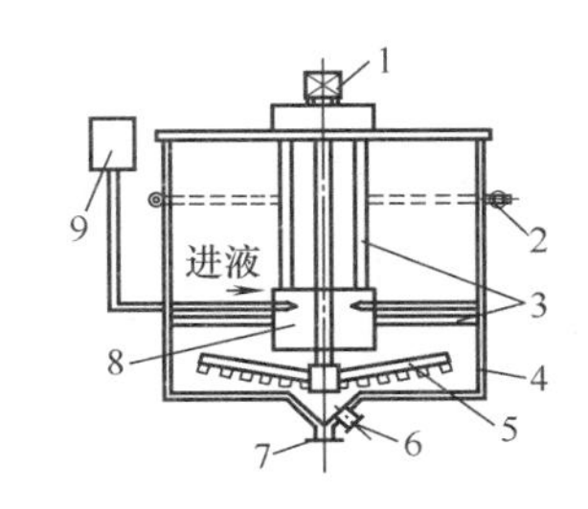

图9-60　单层澄清器简图
1—传动装置　2—清液溢流环管　3—上支吊架　4—槽体　5—大耙　6—抽泥　7—排污　8—中央进液旋风筒　9—进液箱

单层澄清器的主轴、耙齿、传动机构、提升机构与多层澄清器结构相同。由苛化器来的乳液进入分配箱，再进中央旋风进液筒，其下出口一般距底600～700mm，以耙齿升到最高点不相碰为宜。进液旋风筒的主要作用是削弱进液冲力，使进液速度减慢，泥层不受到进液冲击而破坏。清液由澄清器上部溢流到白液贮存槽，沉积在底部的白泥用膜泵由底部管连续抽出。

3. 绿液澄清贮存槽

现在常用的绿液净化设备是单层沉清贮存槽，也用于澄清白液。它的上部是清液贮存槽，下部是澄清器。结构如图9-61所示。澄清器装有由电机带动的耙子，把沉集下来的绿泥慢慢耙向槽的中心而不会搅动。绿泥用底流泵抽出。进料通过切向进料口进入浸没式进料井中，进料井使进料流动的动量消失，整个液流进入沉降区。浸没式进料井悬挂在桥架上，并用拉杆与槽壁相连。溢流的清绿液通过浸没在槽中的溢流管流出槽外。溢流管装在进料管之上。

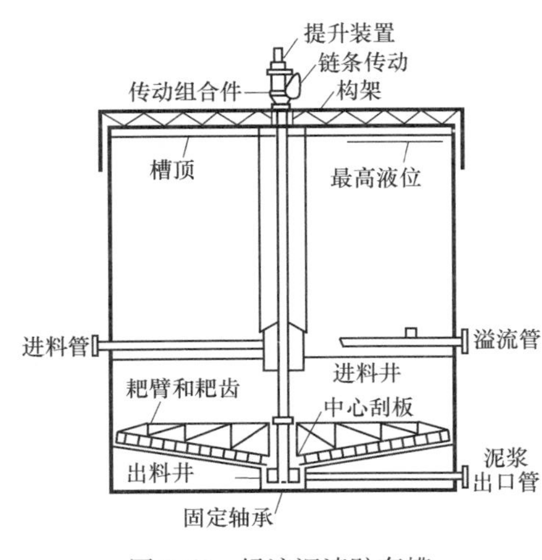

图9-61　绿液沉清贮存槽

进料井、拉杆及所有的管子均采用不锈钢材料。耙子用碳钢制作，耙臂的转轴外包不锈钢。因绿液中含有硫化钠，在气-液界面上易发生腐蚀，绿液澄清器上部采用不锈钢衬里或不锈钢板制造。

要求绿液有较高的澄清度，否则，绿泥一旦被带入消化器，会产生轻轻的绒毛状的白泥，在白泥澄清器和白泥洗涤器中难以沉降和浓缩。为了提高澄清度，将绿液沉清贮存槽作了两种修改：一是改成没有贮存槽部分的单层沉清器。在沉清槽槽壁上装溢流槽，溢流通过堰板低速地流进溢流槽，清液从溢流槽中排出。这样可以获得较高的澄清度，但需另增加一台绿液贮存槽。二是把绿液沉清贮存槽改成固体颗粒接触式沉清器：设置两根分别传动的同心轴，内层轴与上传动机构连接类似沉清器耙子的传动轴。外层轴与下传动机构相连接，传动轴上装有叶轮，叶轮转动时产生泵的作用，把已经下沉的悬浮颗粒扬上来与进料混合。进料绿液中的绿泥与扬上来的悬浮颗粒接触，相互胶着，有助于悬浮颗粒的凝聚，增加悬浮颗粒的粒度，促进其沉降。

（二）带式真空过滤机

带式真空过滤机是滤布运动行进的真空鼓式过滤机。其特点是：滤布在完成过滤和洗涤后离开转鼓，卸除滤饼后进入滤布洗涤槽将滤布清洗干净，然后回到转鼓上，滤布每过滤一次就清洗一次，故能始终保持滤布清洁和过滤能力。一些纸厂采用该机过滤苛化白液和洗涤白泥滤饼，以替代传统的白液澄清器和白泥洗涤器。由于滤液质量受滤布材质影响很大，白液澄清度往往不够理想或不太稳定。

该机用于草浆厂的碱回收有较好的适应性。草浆黑液含硅量高，在白液中的硅酸钙胶凝体澄清困难，用带式真空过滤机代替澄清器有较好效果且占地面积小，尤其适用于老厂改造工程。

带式真空过滤机结构简图如图9-62所示。它由真空转鼓、吸滤槽、清洗槽、搅拌机构等部分组成。苛化后的乳液由进液管送到吸滤槽内，在转鼓的真空作用下，液体经过滤布过滤后流入鼓内，经轴端分配阀流出，留在滤布上的白泥滤饼，经喷淋洗涤脱水后在卸料辊处落入螺旋出料机送出。装在槽底部的搅拌机构由无级变速器和偏心轮带动连杆推动作往复摆动。

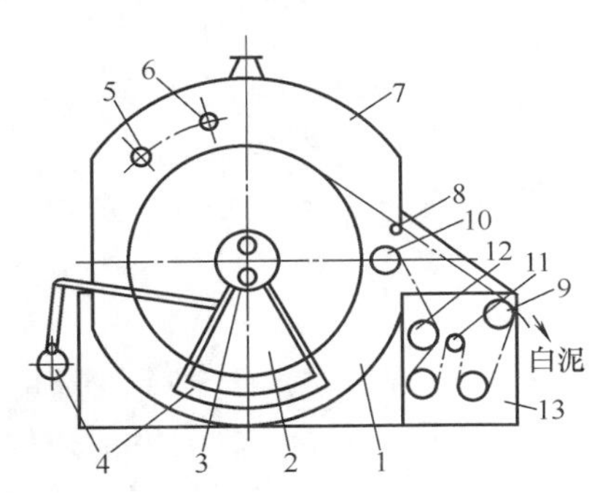

图9-62 带式真空过滤机

1—吸滤槽 2—真空转鼓 3—真空分配阀 4—搅拌装置 5—循环热水管 6—清热水管 7—气罩 8—弧形辊 9—卸料辊 10—舒展辊 11—张紧辊 12—校正辊 13—清洗槽

（三）压力过滤器

压力过滤器是目前国际上新型的白液过滤设备，主要设备类型有管式压力过滤器和盘式压力过滤机。管式压力过滤器又分为A、B型两种结构。A型用于过滤苛化白液和白泥洗涤液，B型用于纯化已过滤的白液。盘式压力过滤机用于过滤苛化白液。

管式压力过滤器与传统的白液澄清器相比较有如下优点：a. 澄清度高，可大大减少白液中碳酸钙等固形物含量而获得质量较高的白液，能减轻蒸煮及蒸发系统管线及设备结垢程度，提高热效率和纸浆质量。b. 占地面积小，仅为传统澄清器的7%左右。c. 设备质量可降低到相同能力澄清器质量的30%左右。d. 白液温度高，对环境污染低。压力过滤器是一个密封的系统，而普通澄清器的出料收集箱通常不是密封的，敞开出料使温度高的蒸汽夹杂着含硫气体进入空气，一方面造成热损失；另一方面污染环境。压力过滤器送蒸煮的白液温度可提高8~10℃。主要缺点是：压力过滤器的生产能力调节幅度不大，在设备选型时必须考虑到今后的发展。另一缺点是需要进行酸洗和更换滤布。

1. A型压力过滤器

（1）结构及工作原理

A型压力过滤器（图9-63）是一个立式锥底圆筒形钢制容器，采用管式过滤单元。容器上部有一隔板，隔板把压力过滤器分成上下两部分，上部为常压区，下部为压力区，压力区工作压力为 0.3MPa。过滤元件挂在隔板上，过滤元件（图 9-63）是多孔钢管，外套由涂有不黏层的聚丙烯无纺布过滤套组成。隔板上方是滤液收集室，它被分隔成若干个扇形区，每区都有一个滤液导出管接到环形白液总管引出。分区是为了查找破损过滤元件，同时也便于酸洗和水洗。隔板下方是进液室和卸料区，卸料区供白泥沉集和暂时贮存。底部装有一缓慢转动的耙形搅拌器，转速为 1.43r/min，从而保证锥底的抽泥接口均匀地排出白泥。

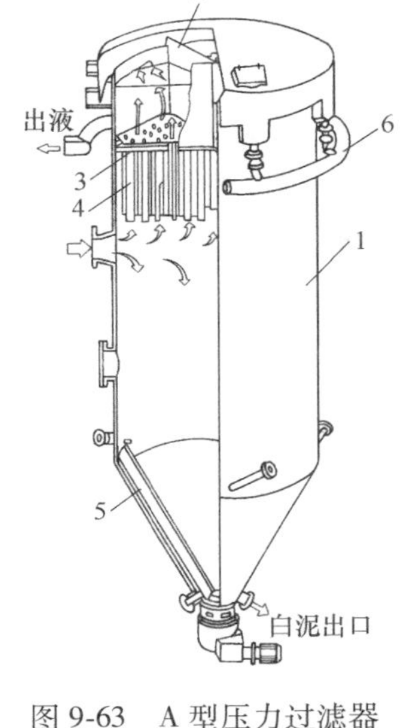

图 9-63　A 型压力过滤器
1—筒体　2—绿液收集室
3—管板　4—过滤元件
5—搅拌耙子　6—各扇
形收集区的滤液出口管

乳液由进液口进入壳体，由泵送压力在壳体内形成正压，在该压力的作用下，乳液中悬浮粒子在通过毡套时被截留于毡套表面形成滤饼，溶液中的小分子则通过毡套进入清液区，并溢流到出料管。

A 型压力过滤器的工艺运行过程分为三个阶段：过滤、反冲洗、沉降。工作程序的时间设定为：

① 过滤时间为 0 到 240s。过滤时间短，会影响单位时间内过滤器的生产能力；过滤时间长，白泥在压力逐渐升高的情况下，吸附在滤套上的滤层受压时间长，结构越来越紧密，在反冲时难以脱离滤套。一般设为 180 到 200s。

② 反冲时间为 0 到 12s。反冲时间是根据过滤器液位在反冲时下降 300~350mm 高度而设定。反冲时间短，吸附在滤套上的白泥层不能充分脱离滤套；反冲时间长，就会使部分乳液又溢流回到喂料槽（或稀释槽）作无用循环，从而降低生产能力。一般在新滤套时可设定为 0.6 到 1.5s，滤套使用半年后，即可设定为 1.5 到 2.0s。

③ 沉淀时间为 0 到 60s。沉淀时间短，反冲时脱离滤套的白泥还来不及沉淀到过滤器底部，尚处在过滤器上部时就与新泵入的乳液混合在一起，再次被过滤，从而使乳液含泥量越来越多，过滤阻力越来越大。同时造成器底部排出白泥密度较低，白泥含碱液多，致使下道工序洗涤困难，导致碱损失增加。沉淀时间长，虽然没有上述的问题，但在单位时间内总过滤时间所占的比例就少，影响了生产能力。一般设为 30s 到 45s，若在低额定负荷运行时，只要不影响前道工序的正常运行，沉淀时间越长越好。

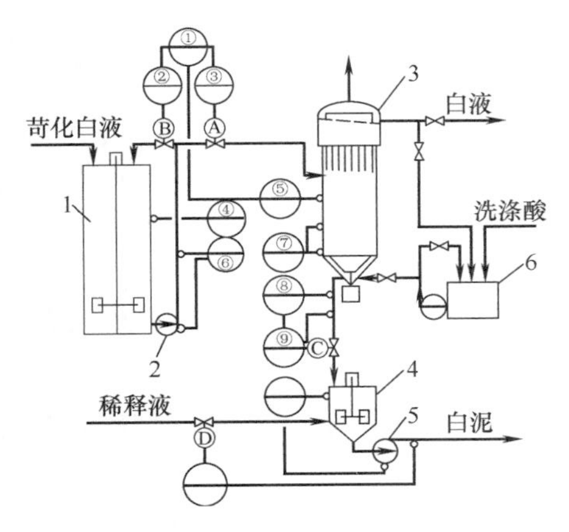

图 9-64　A 型压力过滤器系统
①—KJ　②⑦—DR　③⑧—DRC　④—LICA
⑤—PRA　⑥⑨—FRC
1—供料槽　2—供液泵　3—过滤器
4—白液混合槽　5—白泥泵　6—酸洗槽
A，C—回流阀门，HS　B，D—供料阀门，HS

在实际生产中还要依据生产的具体条件来确定各个阶段的设定时间。

（2）过滤系统控制

A 型压力过滤器系统的配套装备有供料槽、供液泵、白液混合槽、白泥泵及酸洗槽等，其自动控制系统如图 9-64 所示。

接到筒体中部的进液管上有两个阀门，由泵出来的管就接到这两阀之间，见图 9-64 中的 A 阀、B 阀，A 阀开即向过滤器供液，B 阀开即回流至白液供料槽。两阀均由时间控制器来操纵。在过滤阶段，供液泵以 100~200kPa 的压力送白液入筒体，此时 B 阀门关闭，A 阀门打开。在压力作用下，通过过滤元件的清液上升到收集室流出，过滤元件外表形成滤饼，并逐渐加厚。通常过滤饼的压力降为 76kPa 左右。反冲洗阶段中 A、B 两阀门都打开，泵送来的乳液被返回供料槽，过滤器内压力消除，依靠上部收集室里的白液的静压力反冲过滤元件外的滤饼使其脱落，并且有少量白液穿过滤袋回到过滤器体内，也有一部分液体流回乳液槽。沉降排渣阶段中 B 阀开而 A 阀关，泵送来的乳液全部返回到供料槽，过滤器中没有液体流动，卸下的白泥沉积在下部卸料区内，并被排出。

压力过滤器有压力和时间控制：时间控制器 KJ 带有三个定时装置，可按过滤、反冲、沉降三个阶段所需时间进行调定。但压力若超过给定值，则压力控制器 PRA 能触动 KJ，提前打开回流阀门②，使过滤阶段自动停止，进行反冲洗卸除滤饼。如果压力持续高于允许值，会自动报警，表示需要进行酸洗。在筒体下部设置压差式浓度仪表 DR，对白泥液位进行监视。白泥排除靠过滤器自身压力来实现，流量由 FRC 来控制。供料槽设有 LICA 液位指示控制报警器，串联到流量控制器 FRC 的控制给定点上，通过变频器来调节供料泵的速度，达到控制流量的目的。

（3）操作与维护

① 压力。过滤器的过滤压力一方面在过滤、反冲、沉淀过程中会作周期性的变化，另一方面随着运行时间的延长，滤套逐渐被堵塞，压力也会逐渐升高。周期性变化中最高压力不得超过 150kPa。否则过滤管容易产生变形，影响过滤效果。周期性的压力变化最高与最低之差一般在 20~30kPa 为正常。小于此压力差时，可能是因为生产流量少，或乳液苛化度低，或是使用新的过滤套。大于此压差时，可能是因为生产流超额定量，或是过量灰太大，滤套被堵塞，或是滤套处在酸洗周期的末期，或滤套已接近使用寿命（滤套使用寿命为 8~10 个月，国外较长寿命为 1 年）。

② 密度。压力过滤器内的乳液密度应在一定范围内波动，超过该范围都有可能使生产运行不正常。正常范围是：白液压力过滤器平均密度 1.25~1.37kg/dm^3，排泥密度 1.4~1.5kg/dm^3，白泥洗涤器平均密度 1.25~1.36kg/dm^3，排泥密度 1.4~1.5kg/dm^3，平均密度与排泥密度的变化成正比关系。当排泥密度低于平均密度，说明乳液过量灰大，白泥颗粒细小，沉淀慢；此时应延长沉淀时间，否则反冲时脱离滤套的白泥可能会重新附到滤套上，增加过滤阻力，最终将使滤套堵塞。如上述处理无效，可适当降低生产能力。排泥密度太大时，说明排泥量不足，应增加排泥量；排泥密度太小时，应减少排泥量；这样才能降低稀白液的含碱浓度，减少碱损失。

③ 白液质量。白液压力过滤器出现质量问题往往不是控制失调，澄清液跑混等常规问题，而通常是过滤套破损，并且这是生产中容易产生的问题，在正常生产中，生产固形物含量应低于 20mg/kg，过滤套破损以及其他原因使白泥进入清洁的白液，造成白液浊度升高影响白液的质量，这样要迅速查找哪个扇形区出了问题，如果找出了哪一个扇形区出了问题，最简单的处理方法是关闭这个扇形区的出料阀门，使这个扇形区的液位升高，然后通过溢流管线返回到乳液槽，但是这样做会降低过滤器的生产能力。通常用一个取样器来查找有问题的过滤元件，取样器与扇形区的尺寸一致。把取样器放入被检查的扇形区时，每个过滤元件都插入了一个取样管，每个取样管都编有号码，当液位升高时，从每个取样管流出过程中能

很容易找到破损的元件。

（4）过滤器的水洗、酸洗和水冲

① 水洗。压力过滤器经过一段时间的运行，滤套逐渐被白泥堵塞，过滤压力逐渐升高。当压差达到 60~70kPa 时，即应停止运行，对滤套进行酸洗处理，一般连续运行 1 个月左右，就需要对滤套酸洗一次。在酸洗前必须对滤套进行较彻底的水洗，避免器内残留白泥和碱液混入酸液，而致使中和酸液，降低酸性强度，减弱酸洗效果。压力过滤器有 246 个滤套，分装在 6 个扇形区内。逐格水洗，每格水洗时间不少于 15min，水温应在 65℃以上，才能保证水洗干净。

② 酸洗。水洗完毕，即可对压力过滤器进行酸洗。酸液应临时制备，因为所用的酸是氨基磺酸（H_2NSO_3H），该溶液的贮存时间非常有限，18~20h 后将会快速失效。氨基磺酸溶液容易挥发出有毒的氨气味气体，因此在酸液制备时或在酸洗过程中，务必将该溶液挥发出的气体排出或用蒸汽抽走，以保证安全。酸液浓度控制在 10%，即在 $3m^3$ 水中加入 300kg 氨基磺酸粉末和缓蚀剂（若丁 Rodine），温度 60~75℃。为了保证酸洗效果，每格至少要酸洗 25min 以上。

③ 水冲。由于酸洗后过滤器内或多或少地残留酸液，所以必须再用热水冲 1 至 2 遍，将器内残酸洗去。水冲后，即可投入生产运行。如果某种原因无须立即生产运行，应将两台压力过滤器灌满热水，以防器内滤套干燥。因为倘若滤套上还残留白泥颗粒，涸干后就再难于脱离滤套，滤套会发硬，不利于液体过滤。在正常生产运行中，若是短时间停止运行，但不准备酸洗或水洗处理时，也应该将液体灌满压力过滤器，以防滤套干燥。

（5）影响压力过滤器运行的因素

① 温度的影响。碱溶液的黏度大，过滤阻力大，过滤速度慢，而且会将乳液中的白泥颗粒黏附在滤套上而影响碱液的通过。提高碱溶液的温度就可以降低其黏度。一般要求碱回收喷射炉送来的绿液温度在 85~90℃，苛化后的乳液温度在 100~104℃，进入系统中的稀释水温度应不低于 65℃，这样才有利于运行。

② 苛化度和过量灰。压力过滤器的滤套对苛化反应过程中加入的石灰量特别敏感。加灰量越少，乳液中的过量灰和含泥量越少，对滤套的堵塞程度越低，则对运行越有利。但加灰量是由绿液浓度和苛化度，以及成品白液活性碱（AA）浓度所决定的。为了保证成品白液中的活性碱浓度（130~140g/L 以 NaOH 计），达到蒸煮要求，苛化要求有一定的过灰量。而乳液中的过量灰越少越好。这样只有提高绿液总碱浓度（TTA，即可滴定总碱），适当降低苛化度。因此要求在运行中的绿液总碱浓度应稳定在 160~170g/L（以 NaOH 计），进入压力过滤器时，苛化度在 80%~82%，过量灰 1%以下。

③ 绿液和石灰。绿液的浊度也是影响压力过滤器滤套使用寿命的关键因素。绿液中的绿泥呈黑色，颗粒小而黏度大，非常容易将滤套孔眼堵塞，而且绿泥难溶或不溶于水和碱液，与酸也难于起化学反应。因此应尽量除去，绿液中的含泥量应不高于 150mg/L。石灰质量的稳定也是重要的。石灰的活性 CaO 的含量决定石灰质量的高低。一般要求含活性 CaO 为 80%以上，含 $CaCO_3$ 为 2%~4%。欠烧或过烧石灰对压力过滤器的运行都有不利的影响。特别是欠烧石灰含活性 CaO 少，为了达到一定的苛化度，欠烧石灰势必要加入更多的数量，才能满足苛化反应的需求。这样就造成苛化后的乳液含有更多的固体物质，从而使压力过滤器的过滤阻力升高、过滤速度降慢，缩短运行周期。

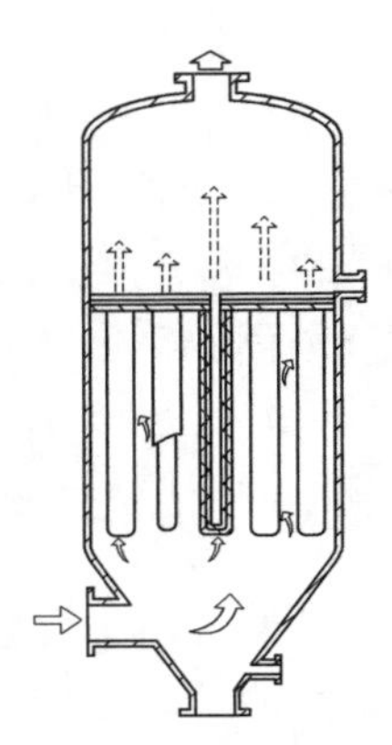

图 9-65　B 型压力过滤器

2. B 型压力过滤器

B 型压力过滤器是 A 型压力过滤器的简化，如图 9-65，它只有压力过滤部分，收集室也不分隔成扇形室，不设白泥沉降增浓的部位；反冲下来的白泥马上排到器外的澄清器或带式真空过滤机里去。由于白泥很少，10~24h 才排渣一次。它可以装在澄清器或带式真空过滤机与蒸煮工段之间的管线上，作业可全部自动化。其过滤阶段时间决定于白液的含泥量和流量。B 型压力过滤器还可以用来过滤绿液。

3. 盘式压力过滤机

盘式压力过滤机常用来过滤苛化乳液，也可以用于绿液的过滤，但需预挂一层白泥作为滤层。它的结构如图 9-66 所示，结构特点是：有一根水平的中心轴，上装有许多立式过滤圆盘，在卧式的压力室内回转。每个圆盘分成几块，每块用聚丙烯滤布包裹，方式与管式过滤器相同。通过过滤圆盘的滤液，从中心轴中的通道流到一端的出料阀门排出，进入贮存槽储存。滤液带出来的空气经分离器分离，气体用水环式压缩泵，送回过滤器压力室内。过滤圆盘内外都有压力，盘外的压力即进料侧的压力，大于盘内的压力，压差为 138kPa，这是过滤的推动力。循环的气体原是空气，但其中的氧气在循环中消耗掉了，剩下的主要是氮气。

图 9-67 表示盘式压力过滤器的生产流程。苛化乳液用泵送入盘式压力过滤器的壳体中。在壳体的底部装有多孔管，从水环式空气压缩机来的部分空气，从管孔中吹出，搅拌壳体中的苛化乳液。由于过滤圆盘内外压力差的推动，滤液通过滤布从中小轴流入滤液槽。

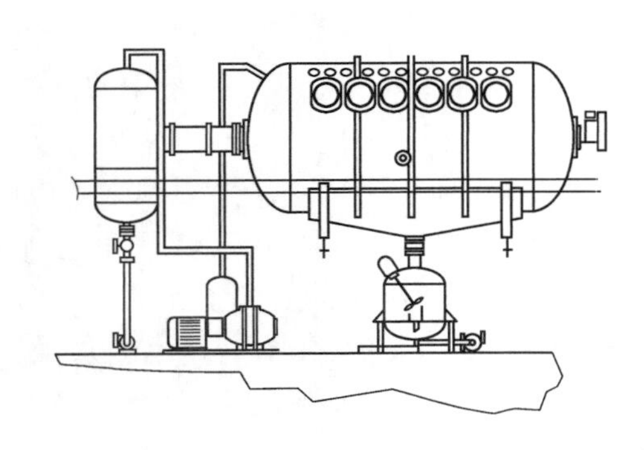

图 9-66　盘式压力过滤器

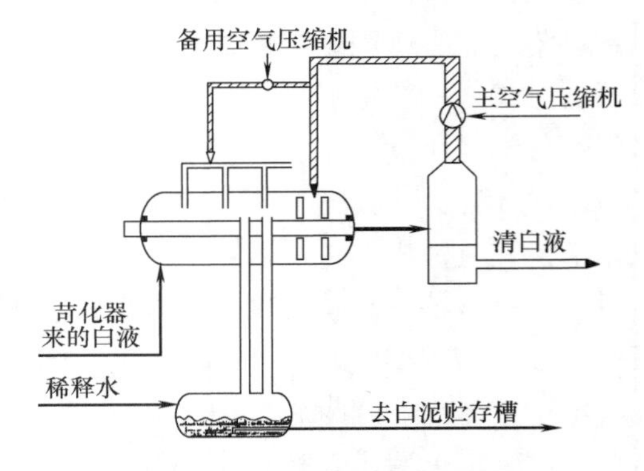

图 9-67　盘式白液压力过滤器流程图

盘式压力过滤器的每片圆盘的两侧装有慢进刮刀，由刮刀把过滤圆盘外面的白泥滤饼连续刮下来，通过溜槽进入混合槽与热水混合，用泵送入白泥贮存槽。当过滤圆盘进入壳体内苛化乳液液面以下时，发生过滤作用，白泥又附在滤布上，得到的滤液浊度为 20~30mg/kg。排出的白泥干度为 75%。

（四）洗涤器

1. 绿泥洗涤器

绿泥洗涤器又称逆流式多层澄清器，主要用来洗涤绿泥，回收其中残碱，以减少碱损失。其结构与平行式多层澄清器相类似，分为数层，其作用是增加沉降面积。洗涤器通常采用多次逆流洗涤的原理操作。绿泥经打散器稀释后直接从顶层中央进入，而洗涤热水由底部进入。泥渣由上逐层往下降，洗涤水由下向上升，即用下一层的澄清液洗涤上一层的泥渣的逆流洗涤的方式，最后的澄清液由顶层排出。

洗涤器不同于澄清器之处是在每层底部的中央有一个排渣阻水器，如图 9-68 所示。使排渣时洗涤液不致上下两层相串通，从而达到较好的洗涤效果。

排渣阻水器由与每层隔板连在一起的不动圆筒和与主轴相连的转动圆筒所组成。转筒外侧的拨爪把沉渣推到两圆筒之间，而转筒内侧的螺旋叶片向上推而旋转进入固定圆筒内落下，经上升的洗涤水稀释、扩散并分离清液而沉淀到该层底板上。

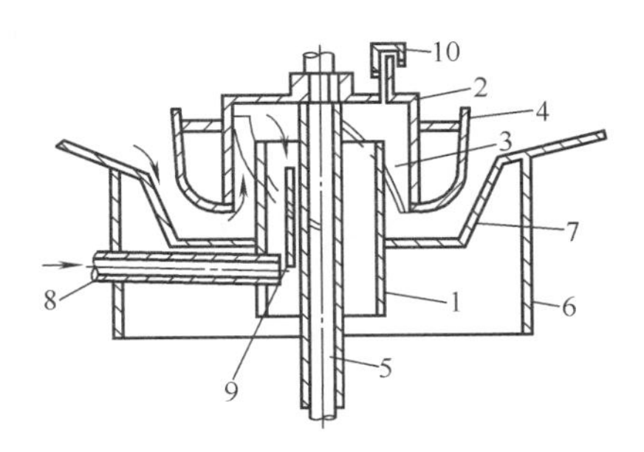

图 9-68　排渣阻水器

1—不动圆筒　2—转动圆筒　3—螺旋叶片　4—拨爪　5—中心转轴　6—外壳圆筒　7—隔板　8—洗涤液入口　9—挡板　10—排气管

2. 真空洗渣机

真空洗渣机专用来洗涤苛化澄清下来的白泥，经它过滤洗涤后的白泥含残碱在 1%以下。当白泥作为石灰回收原料时，残碱含量最好在 0.5%左右。白泥干度越干越好。真空洗渣机洗后的白泥干度一般在 50%左右。

真空洗渣机在结构上（图 9-69）与真空洗浆机甚为相似，但其槽体内下部设有摆动搅拌器，以防泥浆沉降。其滤鼓及分配阀等则基本上与真空洗浆机相同。运行时，在滤鼓网面上形成 10~15mm 厚的泥饼，滤液沿流道由分配阀连续排出。随着滤鼓的旋转，泥饼转出液面，在第一干燥区的真空下脱水到 50%~60%干度。继而进入洗涤区，喷淋 60~80℃温水洗涤泥饼，除去白泥的残碱。在第二干燥区再脱水到 50%~60%的干度，最后进入吹落区，由分配阀引入压缩空气将泥饼吹离鼓面，经刮刀将滤饼剥落，送到石灰回收系统煅烧。滤鼓在再生区排出其格仓内的气体，又进入过滤区开始新的过程。

真空洗渣机常用的配套设备有高位冷凝器和真空泵，其流程如图 9-70 所示。

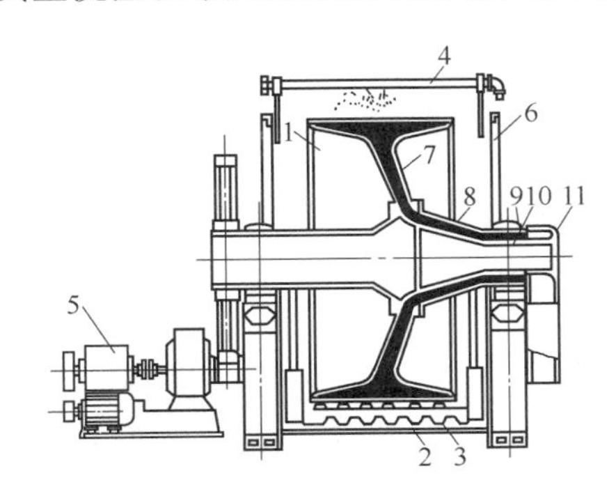

图 9-69　真空洗渣机

1—滤鼓　2—槽体　3—搅拌器　4—喷淋洗涤管　5—洗鼓传动　6—弧形架　7—扇形格仓　8—空心轴　9—动片　10—定片　11—分配头

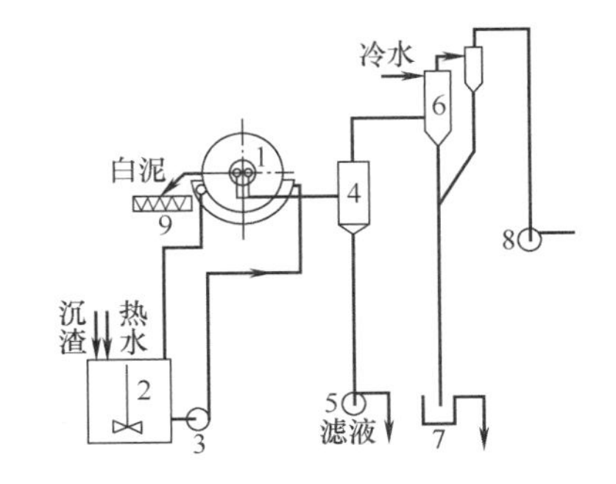

图 9-70　真空洗渣机配套设备及流程

1—真空洗渣机　2—搅拌槽　3—泥渣泵　4—滤液收集器　5—滤液泵　6—高位冷凝器　7—水封槽　8—真空泵　9—螺旋输送机

3. 预挂式真空过滤机

预挂式真空过滤机是 20 世纪 80 年代国际上较普遍采用的白泥洗涤过滤设备，其特点是在滤网上预挂一层白泥（即由被过滤物料本身形成的滤饼）作为过滤体的滤层，用来过滤经过稀释后浓度为25%~35%白泥乳液。用这种装备所截留的白泥，其干度高达70%以上，含残碱低于0.5%（以NaO_2计），可直接供应作石灰回收用。与传统设备相比有生产能力大、白泥干度高、残碱低、运行稳定、操作方便、节约能源、降低消耗等优点。但用于过滤草浆白泥时，过滤速率比木浆白泥低，单位面积的过滤能力只有过滤木浆时能力的40%左右。

预挂式真空过滤机在结构和原理上同真空洗渣机基本相似（图9-71）。但在开机前首先将浓度为30%~35%的白泥浆注入槽体，随着滤鼓的转动和真空的形成，在滤网表面就逐渐形成了一层厚约15~20mm的预挂层。预挂层由粒度在4~5μm左右的白泥颗粒构成，颗粒之间就形成了无数微孔，在较高的真空作用下（5.8kPa左右）可以得到较好的过滤效果。

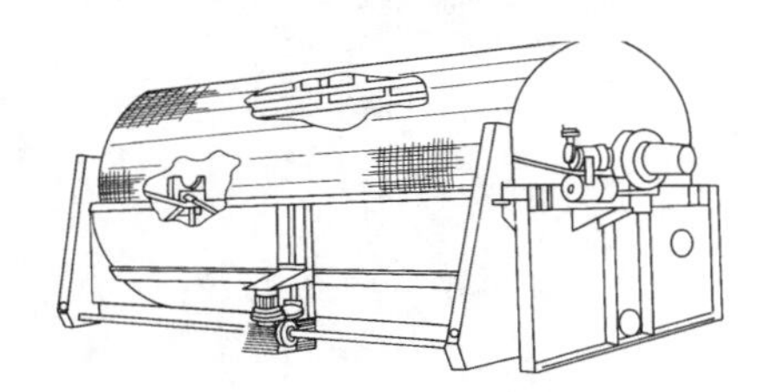

图9-71　预挂式真空过滤机

多数白泥预挂过滤机用碳钢制造，内部管线采用不锈钢。

白泥预挂过滤机的缺点是滤布要定期酸洗（用改性酸液），另一个缺点是需要定期全部剥落、更换预挂层，引起入回转石灰窑的白泥干度波动。

4. 连续更新白泥预挂洗涤机

连续更新白泥预挂洗涤机（图9-72）是在预挂白泥过滤机的基础上开发出的白泥洗涤设备，它在原预挂式真空过滤机上装上了一套连续更新白泥装置。该过滤机由槽体、搅拌器、搅拌器驱动装置、转鼓、白泥刮板、机罩、连续更新白泥装置组成。特点是：可在正常洗涤操作中连续除去一小片挂层，而不用将预挂白泥层全部剥离，从而减少对石灰回收窑操作的干扰和总还原硫排放增加；白泥连续出料且干度始终维持在75%以上的水平，降低了油耗；白泥干度波动小，对石灰窑操作干扰小；滤布在运转中可以清洗，不需要酸洗滤布。

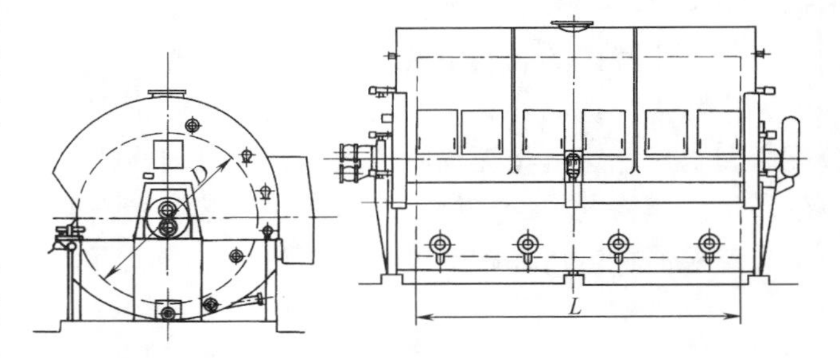

图9-72　连续更新白泥预挂洗涤机

三、绿液苛化流程

苛化工艺有两种流程，一种是间歇苛化、另一种是连续苛化。间歇苛化多在中小型厂使用，本章不作讨论。

1. 木浆碱回收的连续苛化流程

木浆碱回收的连续苛化流程示例如图9-73所示：燃烧工段送来的绿液先进入绿液稳定槽，使绿液的流量与浓度变化得以平衡，波动较为稳定后，泵送绿液澄清器。绿液澄清器由澄清区（下部）和贮存区（上部）组成，在澄清区绿泥与绿液分离开，绿泥下沉到澄清器底部。汇集在澄清器底部的绿泥泵送预挂式绿泥过滤机进行洗涤和脱水后送出车间。澄清的绿液泵送至石灰消化器与回收石灰一起进行消化，消化乳液送入三台连续苛化器，苛化后的

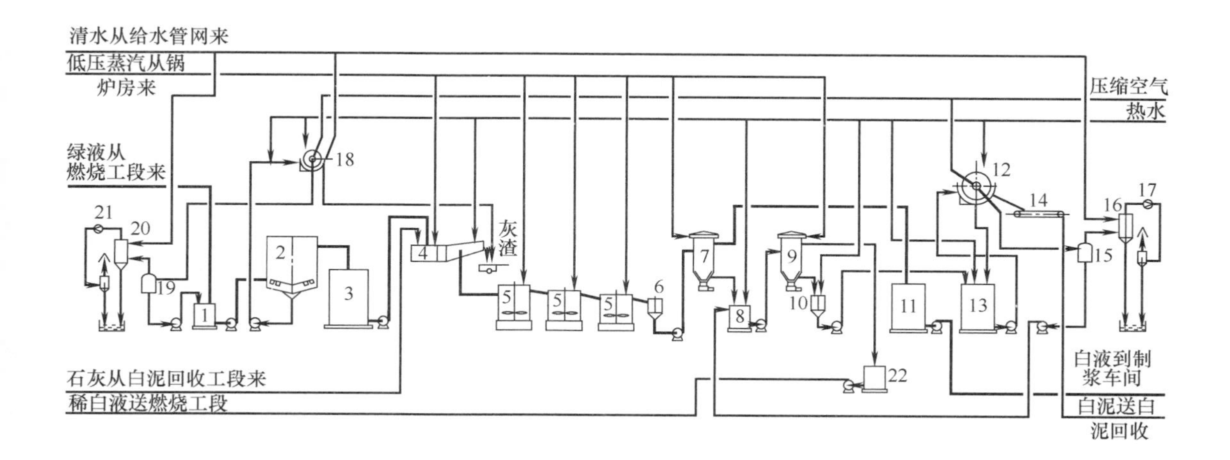

图 9-73　苛化工艺流程

1—绿液稳定槽　2—绿液澄清器　3—绿液贮存槽　4—石灰消化器　5—连续苛化器　6—苛化乳液槽　7—白液过滤器　8—白泥稀释槽　9—白泥洗涤器　10—白泥混合槽　11—白液贮存槽　12—预挂式白泥过滤机　13—白泥贮存槽　14—输送机　15,19—真空槽　16,20—冷凝器　17,21—真空泵　18—预挂式绿泥过滤机　22—稀白液贮存槽

乳液自流到苛化乳液槽，然后泵送白液压力过滤器。澄清白液自流到白液贮存槽并泵送制浆车间，这时的白液澄清度一般≤30mg/kg。白液过滤器过滤元件上的白泥则定期反冲洗，汇集到过滤器的锥底，经刮泥刀连续均匀地流送至白泥稀释槽，稀释后泵送白泥洗涤器，所得稀白液自流到稀白液贮存槽并泵送燃烧工段溶解槽。白泥则送至白泥贮存槽，经调浓后送预挂式白泥过滤机进行洗涤和脱水。洗涤浓缩后的白泥干度为 70%～78%，残碱含量在 0.5%以下（Na_2O 计），由输送机直接送白泥回收工段。

2. 麦草浆苛化流程图

麦草浆苛化流程图如图 9-74 所示。麦草浆连续苛化工艺流程与传统的流程有所区别，该流程特点如下。

① 绿液先澄清再送苛化处理，可去除绿液中的各种有害物质，有利于苛化后白液的澄清和白泥洗涤以提高白液澄清和提高白泥质量。

② 消化和苛化分别进行，即石灰先进行消化分离，除去石灰中的砂砾，不带入后续处理的苛化器中。

③ 采用 3 台苛化器串联，使反应温度逐渐升高以达到满意的苛化反应结果。

④ 从苛化器出来的乳液进入白液澄清器，澄清器的 2 号泵膜抽泥进入 1 号真空洗渣机，其滤液回到白液澄清器入口，滤饼入搅拌槽后，送入白泥洗涤器，可使进入稀白液的碱量大大减少，使稀白液浓度下降，白泥含量下降。

⑤ 采用 2 号真空洗渣机洗涤白泥，用热水喷淋可进一步降低残碱。

⑥ 由于麦草浆黑液硅含量高，苛化后分离的白泥中硅的含量也非常高；为防止硅的积累造成硅干扰，沉淀的白泥一般不回收，直接排放。

⑦ 绿液澄清器中的绿液经加热后送至消化器（绿泥数量很少，不需要单独再进行洗涤），而绿泥则直接经 1 号膜泵泵入白泥搅拌槽，与白泥一起洗涤，需要设置辅助苛化器。由于绿泥没有单独洗涤液也就没有稀绿液产生，这样流程较为简单。

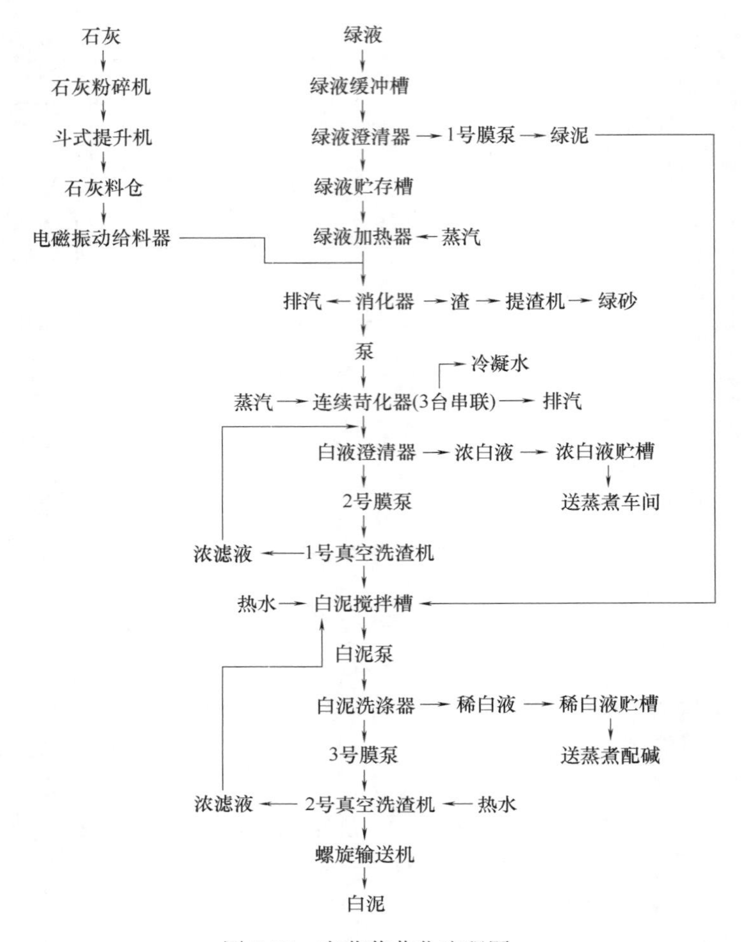

图 9-74　麦草浆苛化流程图

第五节　白 泥 回 收

传统的石灰窑仍然是最为普遍的焙烧方法。但有少数工厂使用流化床系统；闪急焙烧系统则被认是另一个方案。这里重点讨论转窑法。

典型的石灰窑焙烧工序包含有三个阶段：a. 干燥白泥；b. 将白泥温度提高到焙烧反应所需的水平（约 800℃）；c. 维持足够的高温时间以完成吸热反应。

转窑法是传统的生产方法。主体设备是石灰煅烧转窑。近年来在技术和装备上有较多的改进，故被广泛采用。整个石灰窑系统如图 9-75 所示。

自苛化系统来的白泥，要求其干度在 60%～80%，白泥中残碱含量在 0.5%左右，用白泥螺旋给料器 3 送入转窑 1 的窑尾。进入转窑的补充石灰石量约占石灰总量的 15%左右。石灰石在沉降室 2 顶部溜入窑尾与白泥相混合。白泥与石灰石在窑内经历干燥、预热和煅烧而生成球状石灰，其粒度在 30mm 左右。

转窑常用的燃料有两种：重油和液化气。重油火焰的温度要比液化气高得多，而且燃油的火焰亮度比液化气大近三倍。

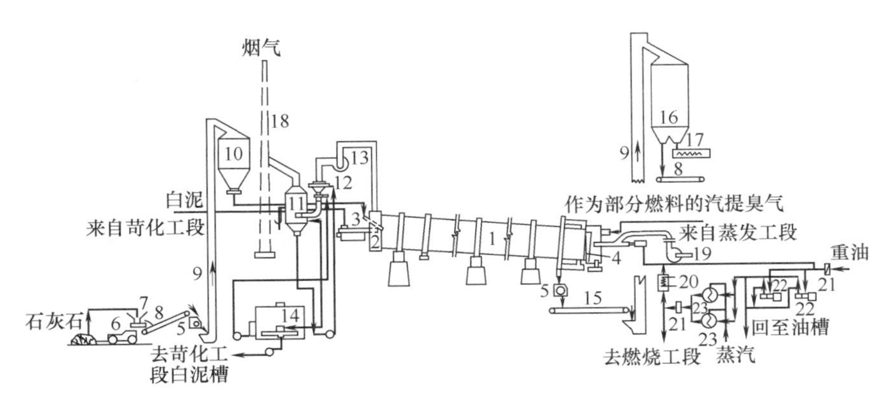

图 9-75　转窑法石灰回收系统

1—转窑　2—沉降室　3—白泥螺旋给料器　4—燃烧器　5—粉碎机　6—石灰石铲车　7—加料斗　8—带式输送机　9—斗式提升机　10—石灰石仓　11—分离器　12—文丘里装置　13—引风机　14—粉尘增浓器　15—耐热带式输送机　16—石灰仓　17—螺旋输送机　18—烟囱　19——次风机　20—电加热器　21—滤油器　22—螺杆油泵　23—重油加热器

重油燃烧器由碱炉工段和石灰回收工段共用的重油系统供油，重油用蒸汽间接加热。对于常用的 200 号重油其温度约 170～220℃。

烟气净化设备可用静电除尘器或文丘里旋风分离装置。

一、回转石灰窑

回转石灰窑可以分为两类：传统的回转石灰窑和使用窑外气浮干燥的现代石灰窑。传统的石灰窑一般较长，也称为长窑。配置了气浮干燥器的现代石灰窑取消了窑内干燥区，它的长度只有传统长窑的 70%，故也称之为短窑。

长窑可以分为干燥、加热、煅烧、冷却 4 个功能区来表示由白泥转化为回收石灰的 4 个阶段。第一段是白泥干燥段，干度为 60%以上的湿白泥进入回转石灰窑的挂链区，已吸收烟气热量的挂链加热白泥，白泥的水分被蒸发，干度达到 95%。第二段是干白泥加热段。装在窑壳上的翻板和提升器作为传热装置，搅拌白泥，使它与烟气密切接触。有的回转石灰窑的加热区装有混合盾牌和钢条，进一步改善传热作用。第三段是白泥煅烧区。在 815～1150℃的温度范围内，白泥煅烧分解为二氧化碳和氧化钙颗粒。第四段是冷却段。石灰颗粒在燃烧器下通过，进入石灰窑的出料端。热的石灰颗粒被二次风冷却。

短窑由于采用了窑外白泥干燥技术，进入气浮干燥器的白泥干度要求达到 70%～80%（所以短窑常与连续更新白泥预挂洗涤机、或白泥预挂过滤机配套使用）。该系统可以替代长窑的整个干燥区和部分加热区，从而大大缩短了石灰窑的长度。短窑的其他结构部件与长窑基本相同，因此可以在原有长窑上安装白泥气浮干燥系统（LDM），原石灰窑的长度不变，而将长窑改造成比原石灰窑的生产能力大得多的现代石灰窑。也就是说把传统石灰窑改造成为生产能力更大的 LDM 石灰窑。

回转石灰窑的各种装置如图 9-76 所示，主要由窑体、窑衬、支承装置、传动装置、冷却器、燃烧器等组成。

（一）窑体

窑体是横卧倾斜安装的两头开敞的钢筒，它是用 26mm 厚度的平炉静 A3 钢板卷制成多节的圆筒焊接而成，烧成带和轮带筒节过度部分厚度为 32mm，轮带筒节为 44mm。低的一

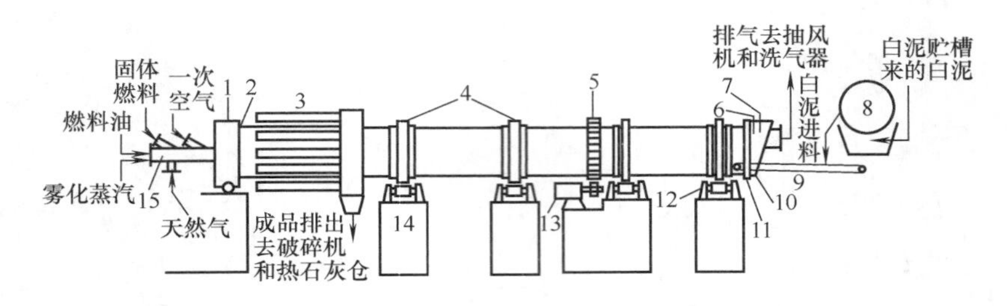

图 9-76　回转石灰窑简图

1—燃烧罩　2，11—气封　3—外附成品冷却器　4—环圈　5—主传动齿轮　6—后部测氧仪　7—后部温度计　8—白泥预挂过滤机　9—皮带输送机　10—进料端外罩　12—承压轮　13—驱动电机和减速器　14—支墩　15—燃烧器

端为窑头，高的一端称为窑尾。倾斜度为 2%～4%。窑体自尾至头分为进料挂链区、加热区、煅烧区和出卸料区几个区段。

（二）窑体内部衬里和内部热交换装置

窑体内部有隔热和耐热衬里。石灰窑常用的内部热交换装置有链条系统、挡坝、扬料板、提升棒、混合盾牌。

回转窑是煅烧石灰的一个窑炉，煅烧石灰的温度高达 1300℃，因此筒体内必须设置窑衬，保护窑体。窑衬在热过程中，吸收炉气的热量，然后又以不同的方式把热量传给物料，促进热交换。窑衬的另一个作用是可以减少回转窑的散热损失。

窑衬受炉内产生的坚硬如球状物料的摩擦作用，以及化学腐蚀、火焰烧蚀与冲刷、热应力、机械振动、筒体变形应力的作用。因此，窑衬材料应具有较高的耐火性、高温下的结构强度、化学稳定性以及抗冲击、耐磨性能。

回转石灰窑常用的炉衬有两种：一种是由一层耐火砖和一层保温砖组成的双层砖窑衬；另一种是现场捣制的耐火混凝土。窑内不同的功能区采用材料和形状均不同的炉衬，如图 9-77 所示。燃烧区和加热区不同厚度的保温砖和硬面耐火砖的两层砖窑衬，且靠近火焰的高温区耐火砖用 70%高含铝砖材料，以抵抗该区域的高温和化学腐蚀。低温区改用 40%含铝砖。

（三）窑头装置

窑头（即出料端）装置主要由燃烧器、火罩等组成，如图 9-78 所示。

1. 火罩

石灰窑的出料端封闭在火罩或防火盾牌内。火罩内有隔热材料衬里，采用迷宫式的曲径隔间密封装置。罩上设有检查孔和人孔，用来观察火焰燃烧情况和处理窑内大块石灰。罩上还有燃烧器及温度计接口。火罩上面装有滑轮，或是下面装有轮子。在石灰窑更换窑衬时，可把火罩和防火盾牌整体移走。也可以采用分裂式或“仓门式”火罩。正常生产时，分裂式火罩的门是封闭的，检修时，它上面的滑轮与轨道可以让火罩门移开。

2. 燃烧器

燃烧器是回转窑的重要部件之一。燃烧器使燃料雾化，与空气混合着火燃烧，并形成适当的火焰形状。

燃烧器及其火焰形态，对窑炉生产能力、效率、成品质量，以及窑衬使用寿命均有很大影响。火焰温度越高，窑的生产能力与效率也越高。但温度太高，对窑衬不利，且易生成过烧的、反应性能差的石灰成品。

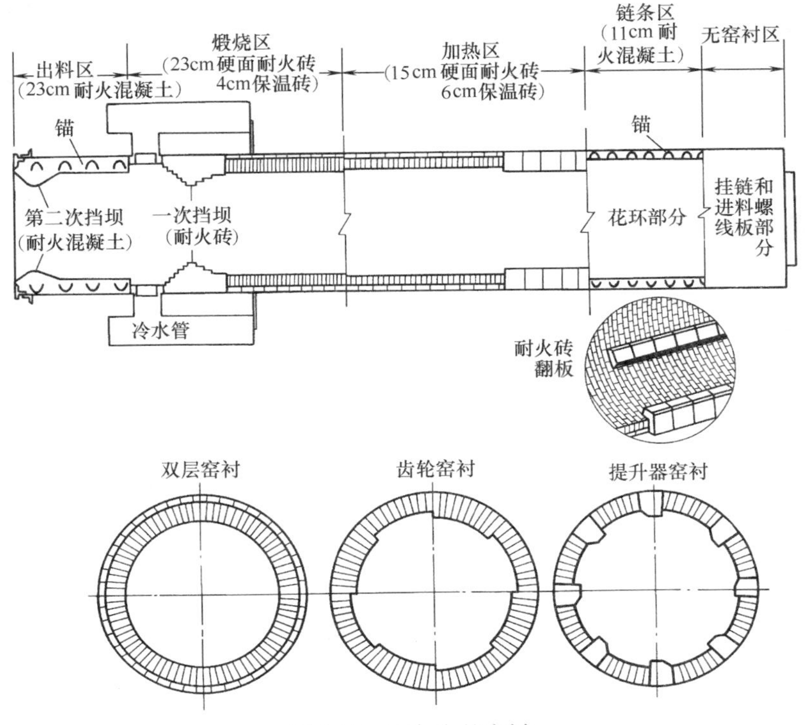

图 9-77　石灰窑的窑衬

研究表明火焰的形状和长度都只受空气动力学的影响。图 9-79 表示几种不同的火焰形态以及一次风、二次风的进风位置。当一次风量过大时，会造成强烈的混合，形成粗短和强烈的火焰。短火焰温度太高，虽然可提高产量和燃料效率，但易烧坏耐火砖和使石灰过烧。长火焰的传热作用不良，会造成白泥煅烧不完全，对控制成品质量不利，且影响产量和效率。一般认为，火焰的长度为窑体直径 3~4 倍，宽度为窑内径的 70%左右的中长火焰，对效率和耐火砖寿命均能兼顾。在任何时候，千万不能将火焰碰触到耐火层。

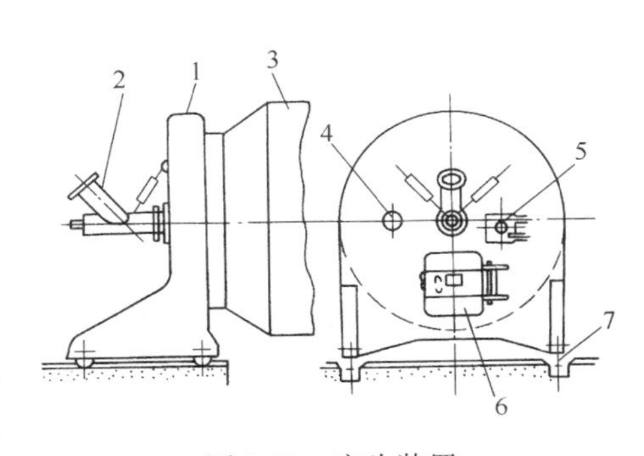

图 9-78　窑头装置

1—点火防护罩　2—燃烧器　3—回转窑　4—温度计接口　5—检查孔　6—人孔　7—钢轨

国内采用的燃烧器主要是重油蒸汽雾化燃烧器(图 9-80)。一次风从燃烧器的外套管送入，二次风由于窑内有一定的抽吸力，可以从多管冷却器经热交换后进入窑内。

许多燃烧器还可以燃烧重油、臭气、天然气多种燃料。如重油臭气燃烧器。重油臭气燃烧器可用从碱回收工程蒸发工段汽提污凝水所得的臭气来作为部分燃料。它要求重油黏度降至 $(6.2\sim16.2)\times10^{6}\,m^{2}/s$ 后用蒸汽雾化进行燃烧。燃烧器的主要结构是一个同心多层套管，燃油和雾化蒸汽由中心管进入，经长达 3~4m 行程的混合，燃油得到充分雾化后由喷嘴旋转喷出。助燃空气的一部分作为一次风进入第二层管而其余进入最外层套管，一次风量约占总风量的 10%，在第二层和最外层风管上设有分配挡板，用来控制火焰形状。

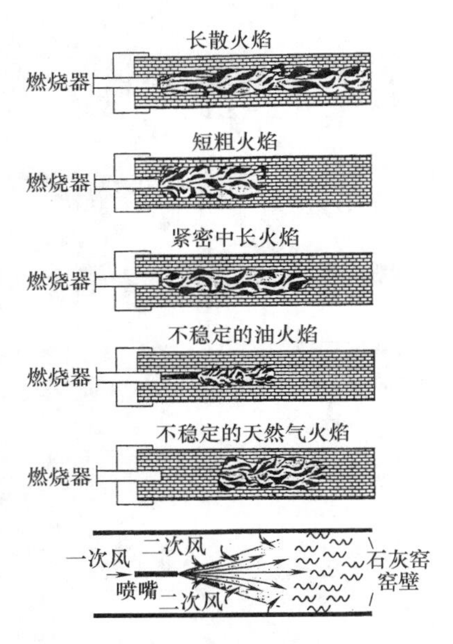

图 9-79　石灰窑中火焰的形状和石灰窑内壁空气的流动情况

燃烧器的运行对石灰窑的运转至关重要。燃烧器运行不正常，火焰的形状就难以控制，就不可能安全、有效地控制石灰窑的工艺过程。烧嘴中空气分布方式也将决定氧氮化污染物的排放量。良好的雾化也是燃烧稳定和取得最佳温度分布的保证，新的喷枪燃料是用通过两组小孔出来的蒸汽雾化，实现了稳定的燃烧及最佳的温度分布曲线。现代先进的石灰窑要求喷枪从形成短而高温的火焰，到长而均热的火焰，都能控制自如。

（四）石灰冷却器

冷却器实际是一种换热器，把进到冷却器的近1000℃的石灰，冷却到190℃左右，同时把入窑的二次风（约为总风量的70%）由室温加热到300℃左右。

冷却器有筒式冷却器和分区式冷却器两类。筒式的也有单筒式（多用于中小型窑炉）和多筒式两种。多筒式又分顺流式和逆流式：冷却器中物料的移动方向与窑内物料的移动方向相同者为顺流式，相反者为逆流式。

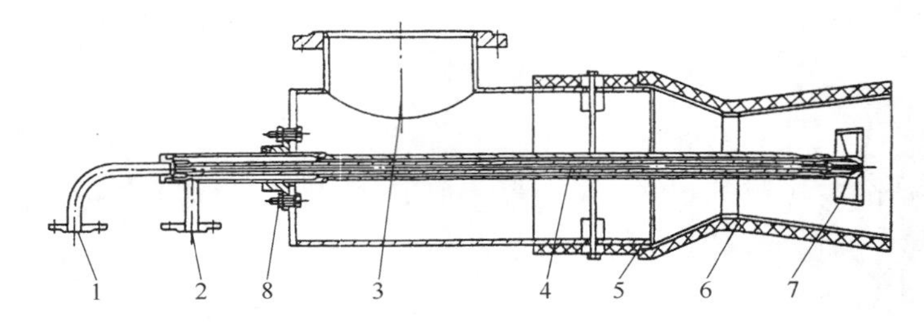

图 9-80　重油蒸汽雾化燃烧器

1—燃油进口　2—蒸汽进口　3—热风进口　4—油　5—扩散管　6—稳性器　7—旋流器　8—螺栓

早几年使用较多的是多筒式逆流冷却器。多筒式冷却器通常由6~12个冷却筒组成，它们对称地固定在窑体外圆周上，随窑转动。所以也把它形象地称为卫星式冷却器。它的结构如图9-81所示。冷却筒外壳用10mm厚的耐热钢板制成。冷却筒进料口处装有炉栅，用以限制进入冷却器物料的尺寸。烧成的石灰从出料端落入冷却器，石灰在冷却器内逆流，并被吹入的二次风冷却。如图9-82所示：石灰进入冷却器后改变流动方向，上移到冷却器的另一端，并冷却到要求的温度，由排料装置送出。二次风从冷却器出料端的开口吸入，与石灰接触被预热后进入炉内，与燃料、一次风混合。此外，管式冷却器也采用散热冷却。

多筒式冷却器构造简单，固定在窑体上占地较小，无需配备鼓风机和单独的传动装置，回转窑的电耗比较低，也不用专人看管。用以冷却石灰的空气全部吸入窑内呈负压操作，操作环境比较好。二次空气由窑的四周经冷却器进入窑内，分布均匀，便于看火。缺点是增加了窑体头部负荷，冷却筒与窑体的连接结构较复杂，旋转时小的不对称性引起了周期性的压力变化，并且容易损坏。窑体周圈有限的位置也不允许安装过多的卫星冷却器，限制了冷却能力的提高。石灰窑的冷却器有整体管式冷却器和用单个冷却器现场组装的冷却器两种。

分区冷却器是新型的冷却器，它克服了卫星式冷却器的缺点，且热传递效率也比卫星冷却器的高。分区冷却器的结构见图9-83。分区冷却器的原理与卫星冷却器的相似：它是一个

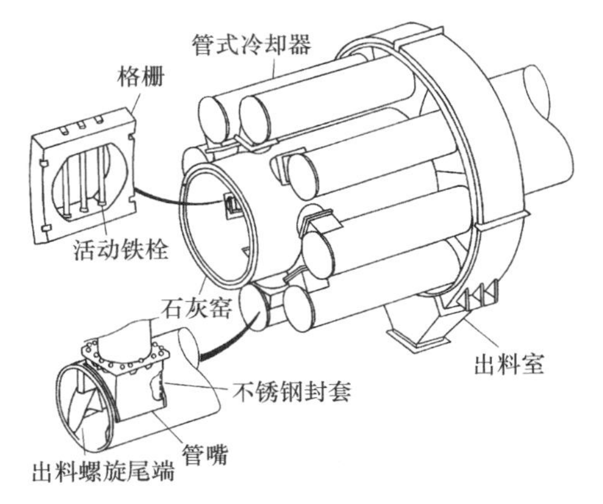

图 9-81　管式冷却器

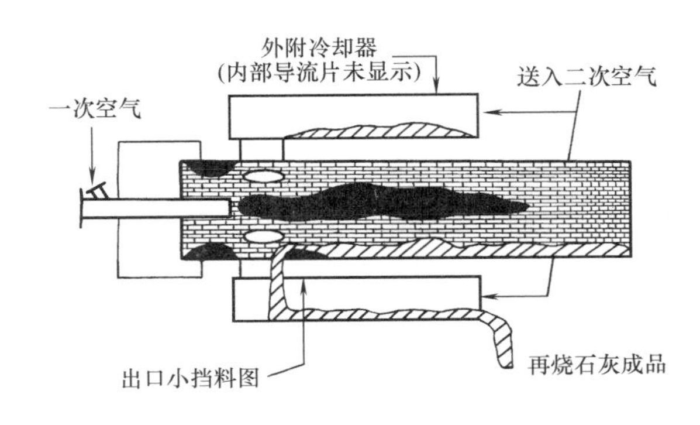

图 9-82　成品石灰流经冷却器的示意图

直接接触、逆流的热交换器，进石灰窑的二次风因吸收煅烧石灰的热能而被加热。

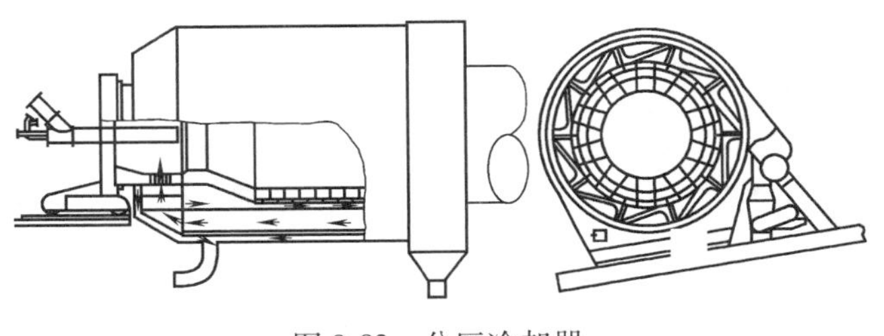

图 9-83　分区冷却器

冷却器由直径不同的两个钢圆筒组成，它们与石灰窑筒体同心安装，内外紧邻放置。两个筒体间被划分成若干分区，在前端由卸料管与石灰窑体固定，石灰从卸料管排入冷却器；在后端用滑动支撑与石灰窑体连接，这样就容许钢结构的热膨胀。整个冷却器被一个固定不动的护罩包着。

煅烧石灰通过排料铁栅进入冷却器，铁栅起粗筛石灰的作用；随着石灰窑的旋转，石灰被斜料棒（与卫星冷却器的类似）输送到冷却器分区内；在出料口，石灰再次被筛选，大块进粉碎机而小块直接上石灰输送机。

二次风从石灰窑的燃烧端进入冷却器，在石灰窑的壳体与分区冷却器的内筒体之间向纵深方向流动；通过石灰出料圈的二次风再进入冷却器的各分区，与煅烧石灰逆向流动经过冷却器，经排料铁栅进入石灰窑体内。一次风从冷却器与固定外护罩间的夹缝抽取。

与相同能力的卫星冷却器石灰窑相比，分区冷却器显著地降低了石灰窑头的质量；而且，冷却器的旋转对称结构消除了周期性的压力变化。固定护罩的温度比卫星冷却器的低，减少了热散失。现在新建或改造的 LMD 石灰窑都使用新型的分区冷却器。

（五）白泥进料系统

白泥经过白泥预挂过滤机脱水后，干度可达 75%~85%。石灰窑进料端的白泥输送有三种不同的方案：a. 采用螺旋给料器进料；b. 采用皮带给料器进料；c. 采用皮带给料器和短螺旋给料器结合进料。

螺旋给料器是最先应用于输送白泥入窑的设备，从 20 世纪 80 年代起，皮带给料器代替了螺旋给料器。

近年的新窑（无论是长窑还是短窑）都采用组合系统：一台固定的皮带输送机把白泥预挂过滤机卸落下来的白泥通过一个短的、大直径的重型结构螺旋给料器送入窑内。这种超大规格（直径 0.5~0.7m）螺旋给料器横截面大，可以防止堵塞，降低能耗，减少漏风、减少清扫工作量。

（六）进料室

进料室是一座分别连接白泥给料器和石灰窑的固定的构筑物。用途是排除窑内的烟气和把白泥送入窑内。进料室的关键问题是如何防止或减少漏风。漏风是石灰窑的排烟系统漏入了常温空气，增加了引风机的负荷，使引风机不能顺利排走窑内烟气，也使排烟温度测量数据失真。

进料室采用密封装置以减少漏风。方法是将进料端的窑壳直径缩小，减少了空气流通截面，再用密封装置包围在窑壳直径缩小部分。由于石灰窑转动及温度的变化，密封面位置随之产生浮动。有的采用浮动式密封，但难以真正做到密封，如采用非浮动式密封，则密封区出现磨损。目前减少漏风的一种新方法是采用“鳞片式”或叶片式密封，可以与石灰窑的进料端适当密接。如图 9-84 所示。

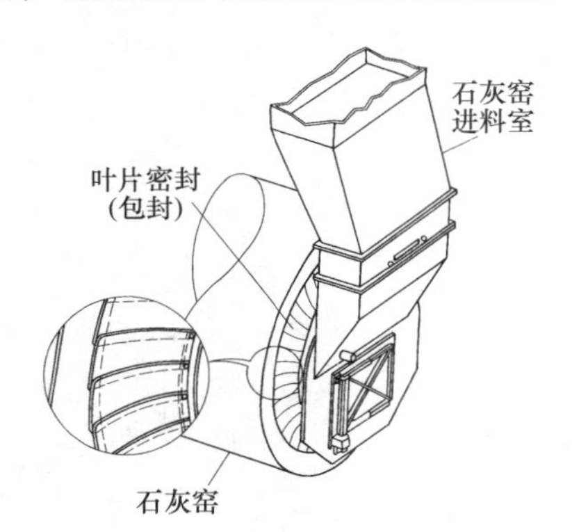

图 9-84　石灰窑进料端的磷片式密封

（七）支撑装置

支撑装置包括窑的支座和止推机构，它除了起承重作用外，还对窑体起轴向和径向的定位作用，使窑体能平稳地运转。支撑装置由套装在筒体上的滚圈、托轮、挡轮和底座几部分组成。支撑的数量取决于窑体的总长度，以及每个支撑所能承担的荷重。一般回转窑的支承数目为 3~4 个，一个支撑配一对挡轮来对斜置的窑体作轴向的支承。

（八）传动装置

石灰回转窑配有主传动和辅助传动，主传动供生产用，装在止推托圈附近。当主传动发生故障或修理时，应立即启动辅助传动系统。使之缓慢转动，避免筒体变形损坏。

二、白泥回收系统辅助设备

（一）排烟系统

排烟系统由引风机和烟气净化设备组成。烟气净化流程通常分为干式、湿式两种。石灰窑的烟气在排入大气之前，用以水为工作介质的洗涤器洗涤，回收粉尘，称为湿式；用电除尘器集尘，则为干式。排烟系统采用的设备有：文丘里湿式洗涤器、旋风分离器、电除尘器。

1. 文丘里湿式洗涤器

文丘里湿式洗涤器有：气体雾化（高压降）、喷嘴雾化（低压降）、空气雾化（压缩空气）三种形式。各种文丘里洗涤器的工作过程相同：高速的洗涤水进入文丘里管，分散成液滴，洗涤烟气。然后洗涤水和烟气一起，沿切线进入分离器，水、气分离，净化的烟气从分离器顶上排出。其中气体雾化型文丘里洗涤器是早期使用的烟气洗涤系统。

（1）喷嘴雾化型文丘里洗涤器

图 9-85 表示喷嘴雾化型文丘里洗涤器是为了满足废气排放标准要求，在老式的气体雾化型文丘里洗涤器基础上开发的一种设备，它也叫低压洗涤器。该系统采用压力为 2MPa 的高压洗涤水通过喷嘴喷入文丘里的喉管中，雾化成小水滴。喷嘴形成了对烟气的抽吸负压，具有引风作用，故引风机所需功率小。文丘里管前后的压降为 12. 5kPa。

烟气中的石灰颗粒进入循环的高压洗涤水中，会堵塞喷嘴。因此，在洗涤水循环过程中设置了一台小型澄清器分离石灰颗粒。

该系统的缺点是：当石灰窑粉尘过多时，将影响系统的设备运行。

（2）空气雾化洗涤器

空气雾化洗涤器是新开发的设备，如图 9-86 所示。该系统的特点是使用压缩空气雾化洗涤水，无需用泵加压，能耗小，设备也简单。压缩空气及雾化后的洗涤水采用与烟气的流动相反的方向喷入文丘里的喉管洗涤烟气。文丘里管前后的压降为 3.3～3.8MPa。

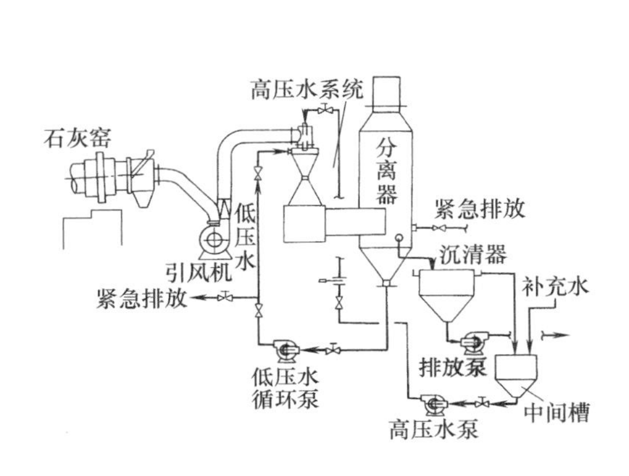

图 9-85　喷嘴雾化型文丘里洗涤器

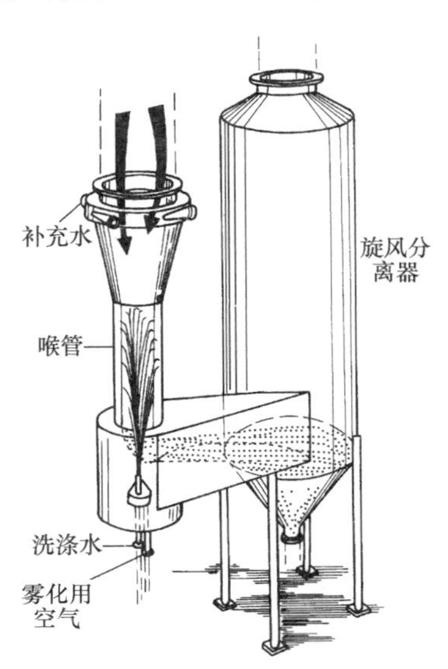

图 9-86　空气雾化洗涤器

因烟气含有二氧化硫，会造成石灰窑烟气的洗涤系统湿部腐蚀，故洗涤器的湿部应用不锈钢制造。可以在洗涤水中加入少量的碱，进一步脱除烟气中的二氧化硫。

2. 电除尘器

电除尘器是一种高效的除尘设备，可以去除文丘里湿式洗涤器不能收集的粒度很细的钠和石灰烟雾，能耗也较洗涤器低。但电除尘器不能减少二氧化硫的排放。电除尘器收集的石灰粉尘直接送入石灰窑中。

电除尘器的规格、型号据烟气流量、集尘效率或粉尘负荷、烟气温度、烟气湿度、进气的粉尘浓度和粉尘的电阻选定。

电除尘器的详细内容参见本章第三节三中黑液燃烧辅助设备中的静电除尘器部分。

3. 旋风分离器

目前许多石灰窑都采用旋风分离器作为烟气洗涤和除尘前的集尘处理设备。一般将旋风分离器装在湿式洗涤器的前面（常布置在石灰窑进料室的房顶），收集到的粉尘直接回到石灰窑中。如图 9-87 所示。

使用旋风分离器可以减少进入湿式洗涤器的粉尘负荷，净化石灰窑的排烟。经净化的烟气含粉尘少，可以减轻引风机的磨损。原来能力不足的湿式洗涤器，加装旋风分离器可以提高原系统的整体烟气净化能力，满足生产的要求。

4. 气浮干燥系统

窑外白泥干燥主要是采用了一套气浮干燥系统（称 LMD 干燥系统）。一般而言，当白

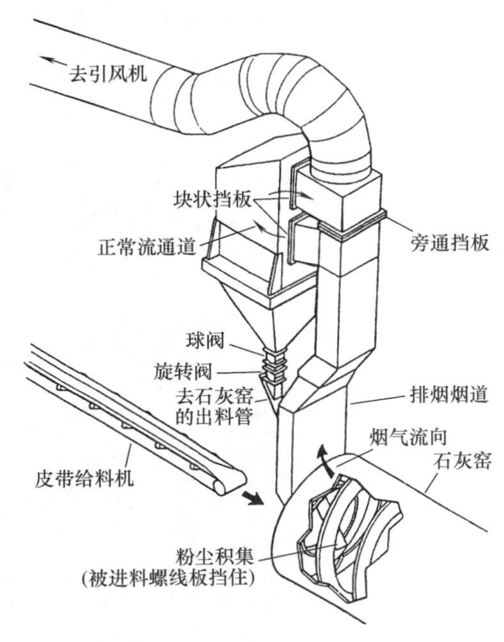

图 9-87　石灰窑的粉尘收集系统

泥干度超过 70%就可以给石灰窑装备 LMD 系统；达到约 80%的白泥干度，就可以控制出口烟气温度，因为热能用于白泥中水分的蒸发了。

图 9-88 表示了 LMD 石灰窑干燥系统的运行。从过滤机预挂层刮下的白泥落到输送带上，再送到螺旋喂料机，短螺旋把白泥分配到 LDM 干燥器（图 9-89）的高温烟气中。在进料高度上，有一个垂直墙把烟气道分成两部分并装备一个调节挡板，用来调节烟气流速，以便把白泥向上分到干燥系统和向下进到石灰窑。

在高温烟气中，白泥的水分迅速汽化，在极短的时间内（通常只有几秒钟）使白泥干燥。干白泥被烟气流带到旋风分离器后从烟气中分离出来，再由锥底的转子给料机排出，最后通过一段直管进入石灰窑。旋风分离器后的烟气进入静电除尘器净化，收集的粉尘返回进入石灰窑。LMD 石灰窑配备的静电除尘器比传统石灰窑的更小，因为进来的烟气温度和粉尘含量都降低了。

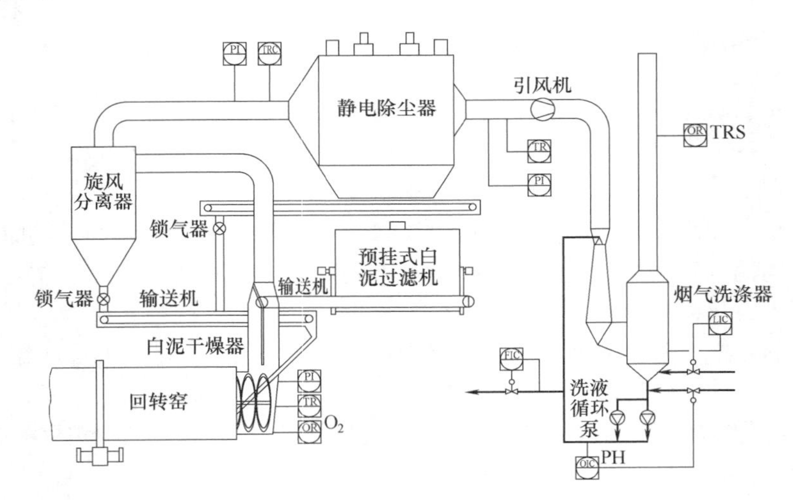

图 9-88　白泥气动干燥系统图

如果因停机需要把过滤机预挂层全部吹落时，湿白泥就排入石灰窑的进料端。进料端装备有螺旋式的进料翼片，它与石灰窑体一起转动以保证白泥进入石灰窑内。

（二）回收石灰输送系统

回收石灰输送系统，包括从冷却器出来（如没有冷却器，则是石灰窑的出料料仓）到贮料仓之间的回收石灰输送。回收石灰贮仓一般设置在苛化工段的消化器附近，输送距离较长。输送系统包括石灰破碎机、热石灰出料斗、石灰输送机、石灰仓等。

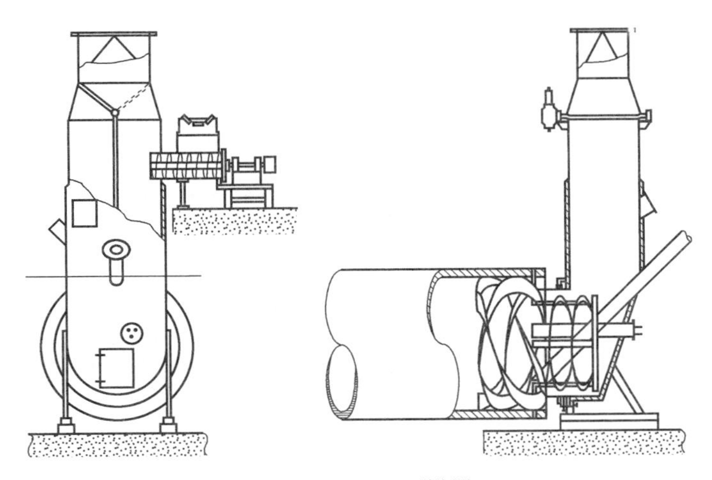

图 9-89　LDM 干燥器

三、白泥回收流程

白泥回收流程示例如图 9-90 所示：苛化工段的白泥由输送机送至生料螺旋输送机，与补充石灰石以及静电除尘器、旋风分离器收集的粉尘一齐进入白泥干燥器，进一步脱除水分后，从尾部进入石灰窑。在窑内，物料迎着高温烟气沿倾斜方向向下翻滚，先后经链条干燥区、加热区至煅烧区，煅烧区的温度控制在 1050~1250℃范围。煅烧好的成品灰由窑头的卸料端排出，至冷却器冷却，经埋刮板输送机送至锤式粉碎机，与外来补充石灰一起粉碎后，形成粒度约为 10mm 的成品灰，经斗式提升机送入石灰仓贮存，供苛化工段绿液消化使用。

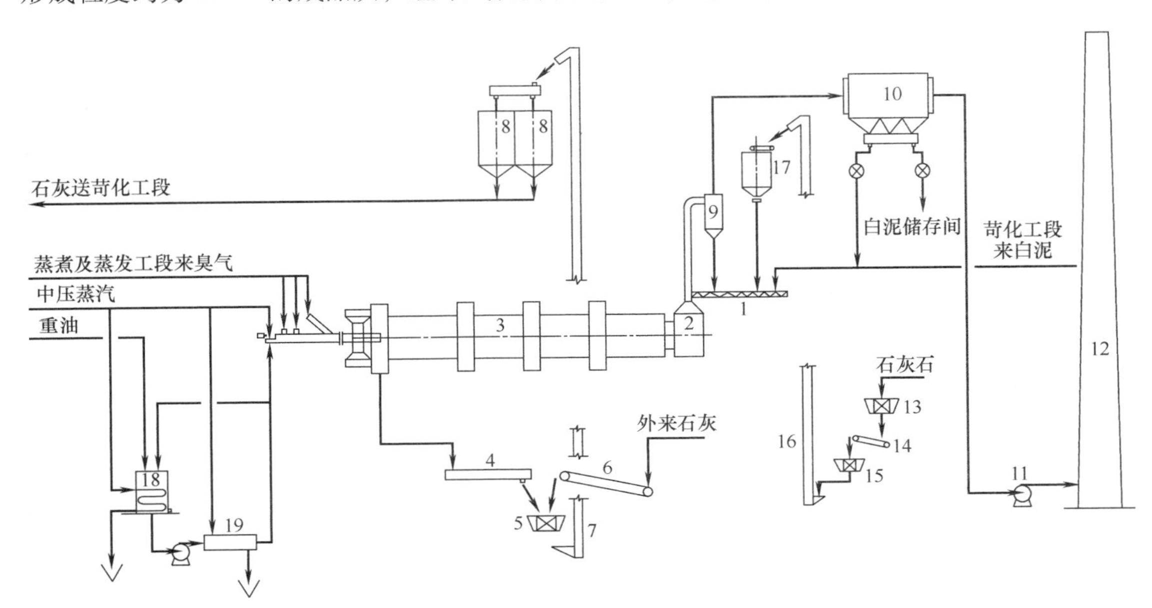

图 9-90　石灰回收工艺流程

1—生料螺旋输送机　2—白泥干燥器　3—石灰窑　4—埋刮板输送机　5—锤式粉碎机　6—胶带输送机　7—斗式提升机　8—石灰仓　9—旋风分离器　10—静电除尘器　11—引风机　12—烟囱　13—颚式破碎机　14—胶带输送机　15—二次粉碎机　16—斗式提升机　17—石灰石仓　18—重油贮槽　19—重油加热器

石灰窑燃烧产生的高温烟气在窑尾的干燥器加热干燥白泥后，经旋风分离器分离出已干燥的白泥。烟气再进入静电除尘器进一步除去细小粉尘，达到环保要求后由引风机送至烟囱排放。石灰窑焙烧石灰所用的燃料一般为重油，并可烧掉蒸煮工段和蒸发工段收集来的高浓臭气。重油宜采用中压蒸汽加热及雾化，才能达到良好的燃烧效果。

石灰回收所需补充的石灰石一般需经过颚式破碎机及二次粉碎机双程处理后，方能达到煅烧所要求的0~15mm粒度。粉碎好的石灰石由斗式提升机送至石灰石仓贮存，使补充的石灰石量能连续均匀地送入石灰窑，以保证最佳的石灰煅烧效果。

第六节　碱回收仪表控制系统概述

一、碱回收过程控制系统概述

在碱回收过程中，必须对各种工艺参数进行测量、计算、显示、控制，以及对工艺设备进行现场或远距离操作与控制，因此必须包含各种各样的测量仪表及其与控制阀门组成的控制回路。仪表控制系统在纸厂的应用，大大简化了生产操作，减少了工人的劳动强度，使生产操作更安全，同时使工艺参数的控制更迅速、更精确，这里仅对碱回收常用的控制仪表及控制回路作简单的介绍。

碱回收常用的控制仪表按自动化程度可分为两种：常规仪表控制和人工智能仪表。人工智能仪表按控制方式的不同又分为PLC（可编程控制器）和DCS（集散控制系统）。现代化的纸厂以PLC或DCS控制为主。

（一）可编程控制器（PLC）

可编程控制器称作可编逻辑控制器（Programmable Logic Controller），简称PLC，是计算机控制系统家族的一员。随着技术的发展，以及为了满足更广泛的工业领域控制的要求，PLC的功能已经大大超过了逻辑控制的范围。PLC实质是一种专用于工业控制的计算机，其硬件与微机相同，都是由中央处理器（CPU）、存储器及电源组成，但它采用了一种不同于一般微机的运行方式——扫描技术。PLC的主要特点有：高可靠性、丰富的I/O接口模块、采用模块化结构、编程简单易学、安装简单且维修方便。PLC的主要功能有：逻辑控制、定时控制、计数控制、步进（顺序）控制、PID控制、数据控制、通信和联网以及其他特殊功能，如定位、显示等。

（二）集散控制系统（DCS）

在工业过程控制中模拟量的监控是必不可少的参数，随着计算机技术的发展，PLC系统的后期出现了专门作为模拟量控制的DCS系统——集散控制系统。由于模拟量信号的运算及控制需要大型计算机的支持，因而造价也较高。

由于工业生产过程是一个分散系统，因此工艺过程的控制方式最好是分散进行，而监视、操作、最佳化管理则以集中为好。随着工业生产规模的不断扩大，控制管理的要求不断提高，过程参数日益增多，控制回路越加复杂。DCS是集计算机技术、控制技术、网络通信技术和图形显示技术于一体的控制系统。与常规的集中式控制系统相比有显著的优点：a. 实现了分散控制。它使得系统控制危险性分散、控制的可靠性高、投资减少、维修方便。b. 实现集中监视、操作和管理。使得管理与现场分离，管理更能综合化和系统化。c. 采用网络通信技术。这是DCS的关键技术，它使得控制与管理都具实时性，并解决系统的扩充与升级问题。

在计算机快速发展的今天，计算机的运算速度大大提高，价格却不断下降。使得的 PLC 系统和 DCS 系统有了互通有无，取长补短的可能。即 PLC 系统不断增强其模拟量信号的处理能力，而 DCS 系统也不断加入了数字量处理的功能。今天的 PLC 由于将逻辑控制系统与计算机技术有机地结合起来，并把专用的数据高速公路改成通用的网络，并逐步将 PLC 之间的通信规约靠拢，使得 PLC 有条件和其他各种计算机系统和设备实现了集成，以组成大型的控制系统，这使得 PLC 系统具备了 DCS 的形态。因此，PLC 和 DCS 两种智能控制系统目前在国内外都得到了广泛的应用。

（三）碱回收车间仪表选型

由于碱回收车间介质复杂多变，因此主要仪表选型时应作充分考虑，根据多处介质易堵、易腐蚀及易结晶的特点，选择合适、正确的类型。主要仪表选型见表 9-9 主要现场仪表选型。

表 9-9　主要现场仪表选型

项目＼介质	清水、蒸汽	黑液、白液	绿液
温度	热电阻、热电偶	热电阻	热电阻
压力	压力变送器	法兰式压力变送器	法兰式压力变送器
流量	节流装置+差压变送器	电磁流量计	
液位	差压变送器	法兰式压力变送器	法兰式压力变送器
浓度		折光仪、γ 射线仪	折光仪、γ 射线仪

注：① 处于真空状态、易汽化的液体宜采用浮筒式仪表。

② 蒸发器液位宜采用充液法配合压差变送器进行测量。

③ 绿液流量调节宜采用调速泵进行调节。

二、蒸发工段控制系统概述

（一）蒸发工段主要过程联锁要求（以全板式降膜蒸发站为例）

① 当工段内的任何一效蒸发器循环泵因故停机时，在 10~15min 内，系统将自动关闭主蒸汽管上的控制阀门。

② 第一效蒸发器当液位因故低于下限值时，自动关闭进入本室的蒸汽阀；当液位因故高于上限值时，自动关闭进入本室的进液阀。

③ 第一效蒸发器一般为多室结构，为达到轮换清洗、蒸发浓液的目的，蒸汽阀、进液阀、轮换阀、出液阀、洗液进液阀、洗液出液阀需进行联锁切换，如表 9-10 所示（以一效 ABC 三室为例）。

表 9-10　I 效蒸发器 A、B、C 三室控制阀联锁切换表

项目	蒸汽阀			进液阀			轮换阀			出液阀			洗液进液阀			洗液出液阀		
	A	B	C	A	B	C	A-B	B-C	C-A	A	B	C	A	B	C	A	B	C
	HC	HC	HC	HS	HS	HS	HS	HS	HS	LIC	LIC	LIC	HS	HS	HS	LIC	LIC	LIC
ABC	25%+S	50%+S	100%+S	O	C	C	O	O	C	C	C	T	C	C	C	C	C	C
CAB	50%+S	100%+S	25%+S	C	C	O	O	C	O	C	T	C	C	C	C	C	C	C
BCA	100%+S	25%+S	50%+S	C	O	C	C	O	O	T	C	C	C	C	C	C	C	C
AB	50%+S	100%+S	0%+S	O	C	C	O	C	C	C	T	C	C	C	O	C	C	T
CA	100%+S	0%+S	50%+S	C	C	O	C	C	O	T	C	C	C	O	C	C	T	C
BC	0%+S	50%+S	100%+S	C	O	C	C	O	C	C	C	T	O	C	C	T	C	C

注：T 为调节；C 为关闭；O 为打开；25%+S 为 25%开度，可调。

（二）蒸发工段主要过程控制（以全板式降膜蒸发站为例）

① 实施新蒸汽流量、进效稀黑液流量、进第一效洗涤黑液流量、进表面冷凝器冷却水流量控制。

② 对蒸发器、冷凝器、闪蒸罐、液位罐的液位进行指示、报警及控制。

③ 对出第一效黑液的浓度进行指示和报警；对进效稀黑液的浓度进行指示和根据需要配液调浓。

④ 控制进入第一效汽室的蒸汽压力，使蒸汽压力不大于0.25MPa（表压），以避免由于加热蒸汽温度过高，而产生加速结垢现象。

⑤ 第一效蒸发器产生的清洁冷凝水和蒸发系统产生的轻污冷凝水设置电导自控装置，该装置将测定到的电导值比照预先设定值后，自动将冷凝水分类输送至相应的贮存槽内。

⑥ 第一效蒸发器一般为多室结构，且为高浓效，为了有效清除结垢，可通过测定循环黑液和清洁冷凝水温度及温差，当温差达到报警值时，即时轮换清除。

三、燃烧工段控制系统概述

（一）燃烧工段主要过程联锁要求

① 当引风机因故停机时，系统将自动关闭一、二、三次鼓风机及入炉黑液泵。

② 当碱灰总输送机因故停机时，系统将自动关闭各分部碱灰输送机。

③ 对于额定蒸发量大于或等于2t/h的碱回收炉，应设置高低水位报警及低水位联锁保护装置，并且，低水位联锁保护装置最迟应在最低安全水位时动作。

④ 对于额定蒸发量大于或等于6t/h的碱回收炉，应装蒸汽超压的报警和联锁保护装置，而且，超压联锁保护装置动作整定值应低于安全阀较低整定压力值。

⑤ 碱回收炉电动给水泵应采用双回路供电系统，当一个回路出现故障时，自动启动另外一个供电回路，以保障炉子正常安全供水。

（二）燃烧工段主要过程控制

（1）给水自动调节系统

给水自动调节系统的任务是改变给水量，使之适应锅炉的蒸发量，将汽包水位保持在正常的范围内。对于碱回收炉，普遍采用具有蒸汽流量前馈信号、给水流量反馈信号和汽包水位主信号的三冲量双回路给水自动调节系统。其工作原理是系统采用给水流量调节器和汽包液位调节器两个独立的比例积分调节器，对蒸汽流量和给水流量进行不断的协调，维持这两个参数间的正确关系。通过对给水流量调节器的整定使给水流量调节回路具有较快的动态响应特性；通过对汽包液位调节器的整定，使汽包液位调节回路具有较慢的动态响应特性，从而获得独立、灵活、稳定的调整，使汽包液位维持在正常的要求值上。

（2）过热蒸汽温度自动调节系统

对于生产过热蒸汽的碱回收炉，过热蒸汽温度自动调节系统的任务是维持过热器出口蒸汽温度在允许的范围内，并保护过热器使其壁温不超过允许的工作温度。碱回收炉一般采用喷水式减温器过热蒸汽温度自动调节系统，减温水宜采用汽包蒸汽形成的冷凝水。

（3）汽压调节系统

汽压调节系统的作用是使入炉黑液量与蒸汽蒸发量相适应，以维持碱回收炉的蒸汽压力稳定。

（4）给风调节系统

碱回收炉的给风系统可采用与入炉黑液比例调节的方式送风，以保持送风量与入炉黑液量相适应，维持最佳的过剩空气系数，使黑液在炉膛内充分燃烧。

（5）炉膛负压调节系统

虽然碱回收炉在微正压下仍可运行，但维持炉膛负压在－70～20Pa（－7～－2mmH_2O），对碱回收炉稳定燃烧、安全运行最为有利。可采用调速引风机来达到。

（6）火焰检测器

碱回收炉均配备油燃烧系统，为检测燃油燃烧情况，其燃烧器最好带有火焰检测器。

（7）熔融物溶解槽液位控制系统

碱回收炉的熔融物经溜槽进入溶解槽，在稀白液中溶解生成绿液，为保证溶解槽的安全运行，应对槽内液位进行指示、报警和调节。

（8）除氧器液位、压力控制系统

为保证除氧器的安全运行除氧水的质量，应对槽内液位、压力进行指示、报警和调节。

（9）芒硝黑液混合器液位、温度控制系统

为稳定入炉黑液量及入炉黑液温度，应对芒硝黑液混合器液位、温度进行指示、报警和调节。

四、苛化工段控制系统概述

（一）苛化工段主要过程联锁要求

以使用白液压力过滤器、白泥压力洗涤器的流程为例：

① 白液压力过滤器、白泥压力洗涤器的供液泵采用变频调速电机，供液泵的出口流量宜与电机联锁，根据所需泵的出口流量调整电机转速。

② 白液压力过滤器、白泥压力洗涤器的供液泵采用变频调速电机，供液泵宜与供液槽液位联锁，根据供液槽内液位调整电机转速，当供液槽内液位低于液位最低下限时，应自动关闭供液泵。

③ 白液压力过滤器、白泥压力洗涤器的密封水应设置流量指示报警，并与容器底部的刮泥刀电机联锁，当密封水流量因故中断时，系统将关闭刮泥刀电机。

④ 白液压力过滤器、白泥压力洗涤器的供液阀与回流液阀联锁切换控制系统、白液压力过滤器、白泥压力洗涤器经过一段时间的过滤操作后，要求定期进行反冲洗及静置处理，其供液阀与回流液阀之间进行联锁，以完成过滤、反冲洗及静置沉淀过程；同时两个阀与过滤器、洗涤器内的白液压力测定值进行联锁，当压力值处于高位报警时，两阀自动切换开关，从而避免堵塞。

⑤ 白泥预挂式过滤机宜与其供液泵联锁，当白泥预挂式过滤机因故停机时，系统将自动关闭其供液泵。

⑥ 绿泥预挂式过滤机宜与其供液泵联锁，当绿泥预挂式过滤机因故停机时，系统将自动关闭其供液泵。

⑦ 石灰供料螺旋输送机宜采用变频调速电机，并与送消化绿液量联锁，根据送消化绿液量自动调整电机转速，以达到控制石灰供应量的目的。

⑧ 预挂式白泥过滤机转鼓电机采用变频调速，并与预挂式白泥过滤机液位联锁，当预挂式白泥过滤机液位出现波动时，可根据机内液位高低调整预挂式白泥过滤机的变频调速电机转速，使液位恢复正常。

（二）苛化工段主要过程控制

以使用白液压力过滤器、白泥压力洗涤器的流程为例：

① 绿液稳定槽液位控制系统。绿液稳定槽的作用是稳定绿液的浓度和温度，应对槽内液位进行指示、报警和调节，使槽内液位维持在一个稳定的液位上，以保证由此送出的绿液浓度和温度波动不大。

② 消化器入口绿液温度控制系统。一般要求消化器入口绿液温度为80~90℃，应对该处绿液进行加热升温，并对其温度进行指示、报警和调节，使之达到要求的数值。

③ 消化器绿液流量控制系统。一般要求消化时间为15~30min，应对进入消化器的绿液流量进行记录和调节，以满足绿液必需的消化时间。

④ 消化器石灰流量控制系统。一般要求有石灰回收的苛化石灰过灰量为2%以下，应根据进入消化器的绿液流量对石灰供应量进行比例调节。

⑤ 绿液苛化温度控制系统。一般要求绿液苛化温度（最后一个苛化器）为100~102℃，应对该处绿液进行加热升温，并对其温度进行指示、记录和调节，使苛化度达到要求的数值。

⑥ 白液压力过滤器、白泥压力洗涤器的供液槽液位控制系统。白液压力过滤器、白泥压力洗涤器一般要求有较恒定的供液流量和压力，应对其供液槽液位进行指示、报警和调节。

⑦ 白液压力过滤器、白泥压力洗涤器的排泥流量控制系统。为防止碱的流失，白液压力过滤器、白泥压力洗涤器一般要求有较严格的排泥流量控制，应对其排泥流量进行指示和调节。

⑧ 预挂式白泥过滤机供液浓度控制系统。预挂式白泥过滤机一般要求有较恒定的供液浓度，应对其供液浓度进行指示和调节。

⑨ 预挂式白泥过滤机供液流量控制系统。预挂式白泥过滤机一般要求有较恒定的供液流量，应对其供液流量进行指示、记录和调节。

⑩ 预挂式白泥过滤机真空控制系统。预挂式白泥过滤机一般要求定期更新白泥预挂层，因此需要有一套完善的手动/自动真空切换控制系统。

五、石灰回收工段控制系统概述

（一）石灰回收工段主要过程联锁要求

① 当引风机因故停机时，系统将自动关闭一、二次鼓风机及白泥给料输送机。

② 对于烟气处理系统中的粉尘输送设备，当石灰粉尘总输送机因故停机时，系统将自动关闭除尘器下各分部石灰粉尘输送机。

③ 石灰回转窑的传动应采用双回路供电系统，当一个回路出现故障时，自动启动另外一个供电回路，或采用备用自发电设备，当外电回路出现故障时，自动启动备用自发电设备，以保障回转窑正常转动，防止发生永久性变形。

（二）石灰回收工段主要过程控制

（1）窑尾真空控制系统

窑尾出口处烟气的真空度一般要保持在100~150Pa（10~15mmH_2O），以保证炉内良好的焙烧效果，可根据要求调整变频调速引风机的转速来实现。

（2）燃油流量及温度控制系统

回转窑石灰焙烧一般采用燃油为热源，需要对燃油的流量进行记录、积算和控制；对燃油的入窑温度进行指示和控制，以期达到良好的雾化和燃烧效果。

（3）燃油雾化用蒸汽压力控制系统

燃油一般采用中压蒸汽雾化，因此蒸汽的压力对燃油雾化效果影响很大，可采用测量燃油与蒸汽的压差值自动调整蒸汽压力，以期达到良好的雾化效果。

（4）给风调节系统

在控制燃烧过程中，为使燃油完全燃烧，应有一定量的过剩空气，可以通过测定窑尾烟气含氧量来控制系统给风流量。

（5）电子打火器及火焰检测器

石灰窑在窑头设有油燃烧器，为安全操作点火及检测燃油燃烧情况，油燃烧器最好配备电子打火器及火焰检测器。

（6）窑体温度监测系统

为更好的控制燃烧，应设置窑体温度监测装置，如热电偶测温仪等。

第七节　碱回收的发展趋势

一、碱回收技术的发展趋势

当前碱法制浆已基本占领了整个化学浆生产领域。尤其是硫酸盐法制浆，因得益于蒸煮、洗涤、筛选、漂白技术的飞速发展，以及占有环境保护方面的优势，在纸浆生产中占据了绝对的主导地位，目前硫酸盐纸浆产量已占纸浆总产量的绝大部分。碱回收成为了浆厂必不可少的组成部分。在我国各种原料，包括木材、蔗渣、竹子、芦苇、芒秆、麦草制浆均配备有碱回收，它在治理黑液污染、保护环境、节约资源能源，实现我国造纸工业的可持续发展起到了非常重要的作用。

目前全世界硫酸盐制浆厂大约每年排放 1 亿 t 黑液固形物。除了将其燃烧回收化学药品和热量外，其他任何可能的替代办法在目前看来都是不太现实的。因此硫酸盐法回收工艺自从它在 1884 年获取专利至今，在基本方法上并没有大的改变，但在工艺过程上已演变和改进成为了一系列界限明确的单元工序。可以说，碱回收工业的发展在大体上甚至快于制浆造纸工业技术。概括起来，现代碱回收技术正朝着如下几个方向发展。

1. 黑液浓度越来越高

高浓黑液给碱炉运行和环境保护带来了极大的好处：提高了碱炉的运行的稳定性、安全性和经济性；提高了芒硝还原率；高浓黑液在碱炉中燃烧，温度可大大提高，钠吸收二氧化硫而生成硫酸钠，这意味着二氧化硫飞失可实际上降至零，降低了烟气中 SO_2 和硫化物的排放；无需加辅助燃料；高固形物含量黑液燃烧，飞灰的化学组分将变为偏碱性，飞灰不会黏结在加热表面，加热面较为清洁不易堵塞，可提高碱炉燃烧固形物的能力，增加碱炉蒸汽产量和增加汽轮机发电量。高浓蒸发显得越来越具吸引力。

20 世纪 70 年代，蒸发后木浆浓黑液的最高固形物含量为 60%～65%，80 年代提高到 68%～73%。黑液浓度提高的主要制约因素是黑液的高黏度，它使得黑液难以泵送、蒸发器结垢等。尤其是草浆黑液的高黏度和高含硅量，给蒸发、燃烧、苛化都带来了极大的干扰，常规的蒸发技术难以再进一步提高黑液的浓度。目前，国际先进水平是非木浆黑液浓度在 60%以上，木浆黑液浓度在 70%以上。

超级增浓技术的开发与应用，使高浓或超高浓蒸发成为可能。超级增浓技术大致归为以下6项：a. 黑液热处理技术（芬兰ANDRITZ）；b. 高浓黑液的结晶蒸发技术（芬兰ANDRITZ）；c. 压力储存技术（芬兰ANDRITZ）；d. 带蒸汽发生器的超级增浓系统；e. 蒸汽循环降膜蒸发器的超级增浓技术（瑞典Kvaerner）；f. TuBEL units^{TM}增浓技术（芬兰Tampella）；如木浆黑液经热处理，能使常压下80%浓度的黑液黏度降低到200~300mPa·s，可用离心泵安全地输送。通过黑液热处理的裂解作用，草浆黑液黏度降低效果比木浆更显著，使出蒸发站的蔗渣黑液浓度达到65%，很难蒸发的麦草浆黑液出站浓度也能保证在62%以上。未经热处理的麦草浆浓黑液入炉燃烧浓度一旦超过50%，雾化较为困难。而经过黑液热处理，使麦草浆黑液中的高相对分子质量有机残余物裂解，产生不可逆转的降黏，雾化困难的问题得以解决，麦草浆黑液也能显现高浓燃烧的优点。

总之，先进的高浓黑液蒸发技术，正朝着90%以上的黑液浓度而蒸发器加热面却能连续生产无须中断来洗涤的目标迈进。

2. 碱回收设备的规模越来越大，效率越来越高

制浆技术的发展，如氧气脱木素和深度脱木素技术可将漂白前卡伯值从30降到15；如采用活化氧气脱木素技术，将卡伯值降到10是可能的。可以预期今后10年左右，完全的无氯漂白会成为现实。既然硫酸盐法制浆技术发展的总趋势是无氯深度脱木素，在有氯化合物漂白前脱除的木素越多，则碱和有机溶出物就越多，这一趋势表明碱回收系统和设备必须具备比以往更大的吨浆固形物处理能力。

促使碱回收规模增大的另一原因是纸厂建设的规模效益。国际上碱回收锅炉的生产能力从20世纪60年代的每天处理1000t固形物，增至70年代的每天2000t。2004年，ANDRITZ公司的一台日处理固形物4400t的碱炉在芬兰投产。2015年，黑液燃烧能力达到日处理固形物11600t的碱回收炉在印尼投入安装运营。除碱炉外，其他碱回收设备的最大生产能力的发展也有相似趋势。如目前较大的蒸发站的蒸发能力已达1500m^3/h以上。由于规模效益，碱回收设备的规模越来越大，而吨浆投资却越来越低。

另一点就是设备效率的提高。而提高设备效率也等于提高产量。如苛化工段的绿液、白液的澄清，传统是采用静置的方法，现在多用压力过滤的方法。据报道更有效的布袋式滤饼压榨过滤已研制成功并将投放市场。又如蒸发工段，传统是用低压蒸汽蒸发黑液，而现在国际上使用中压蒸汽蒸发高浓黑液，大大提高了蒸发效率。

3. 污染越来越少

不可否认，目前投资、能耗、环境是碱回收技术发展的主要影响因素和动力。现代的碱回收工艺及设备，在降低污染方面都取得了显著的效果：1980年，带自汽提的板式蒸发站建成，其加热元件组合采用了冷凝水自汽提设计，在蒸发站内把二次冷凝水分成大量的干净冷凝水和少量的污冷凝水，实现了清浊分流。把重污水送汽提塔汽提成为清洁冷凝水，汽提出来的臭气送石灰窑烧掉，消除了污染；一次性将黑液蒸发到适于入炉燃烧的浓度，避免了黑液与烟汽直接接触蒸发对大气造成的污染；当送碱回收炉燃烧的黑液浓度达72%~75%以上时，碱炉中的燃烧温度大为提高，从而使产生的钠蒸汽吸收SO_2而生成硫酸钠，大大减清甚至消除了SO_2对大气的污染。采用效率更高的电除尘器和苛化的压力过滤器、更有效的不凝气燃烧系统和气体洗涤器；碱回收炉的设计更科学，为了达到更稳定、高效的燃烧效果，多年来许多方面进行了深入的研究与实践。如送风层面的增减比较；水平切线送风、正向变量送风，甚至垂直送风方面的研究与改进等。目的都是使黑液燃烧和芒硝还原效果更

好，从而在源头上减少或消除污染，变污染的被动处理为主动遏制和消除。

4. 仪表自动控制水平越来越先进

20世纪60年代前碱回收车间生产采用常规仪表控制。60年代初，开始用能合理地进行逻辑控制的电子模拟控制器，称为程序逻辑控制系统（早期的PLC）。60年代末期，主控电子计算机用来控制整台大型工艺设备，如造纸机。也用来进行工艺过程的控制，但并不可靠。70年代中期，首先出现了集散控制系统（DCS）。这些系统用一次微机基础单回路控制网络连接到各操作控制点。微机功能的改进推动了开发多功能多回路控制器的发展；它可以运用许多回路，给监控系统提供了更多的、更直观的补充，如电视图像与动画结合，实现在线显示、控制。目前，PLC结合计算机也能达到DCS的控制效果。面对碱回收生产需控制的变量、工艺参数多而复杂，信号反馈滞后严重的现实，智能化控制系统将发挥其重要的作用。随着计算机技术及网络技术的飞速发展，生产控制系统必将紧随造纸新技术的发展并为新技术的应用提供必要的保证。

5. 能耗少，效益高

碱回收工艺具有显著的节能效益。首先，燃烧有机污染物可生成大量热能，用于发电，蒸煮白液余热还可以回收。两项总计，回收1t烧碱，可形成0.5t标准煤的节能能力。加上化工厂每生产1t烧碱，其平均能耗为1.6t标准煤，则造纸厂每回收1t烧碱，可形成2.1t标准煤的节能能力。还可以节约大量的水资源。

碱回收处理最重要的效益在于它不仅回收了资源，治理了污染，而且在经济上也是可行的。处理木浆的碱回收，其回收1t碱成本约600元；麦草浆由于硅含量高，碱回收难度大，成本高，按我国目前水平成本也可控制在1t碱约1000元。按商品碱价格至少1300元算，即每回收1t碱，可减少支出300~700元。这样仅回收烧碱一项，浆厂每年可减少不小的支出。此外，由于燃烧黑液产生蒸汽，不仅节能、节电、节水，亦可减少一笔不小的支出，获得较好的利润。

6. 发电——自给自足

碱回收是化学浆厂自产能源的重要组成部分，自产能源在制浆造纸工业中的作用是绝不可低估的。自给能力的高低说明了能源利用和能源节约的水平。

碱回收炉的首要任务是回收有价值的制浆化学药品，回收工艺已成熟；另一个主要任务是利用黑液在碱炉燃烧产生大量的热量，主要是产生蒸汽供其他设备使用。现在碱回收炉的尺寸已比过去10年增大很多，目前典型的现代化碱回收炉的能力超过了3000t（固形物)/d，根据黑液的总发热值，入炉的热量已增加到650MW，相当于蒸汽量150kg/s以上。在现代化的浆厂，工艺用汽量在降低，因此过剩的备压蒸汽是可以利用的。就目前的电价而言，如何利用这个热量尤为重要。因此，用碱回收炉来为造纸企业的生产提供发电量就具有重要经济效益。现在，黑液发电在我国多家纸厂均有应用。

一般来说一个纯针叶木制浆厂的热电能源自给有余，但实际外卖的电量占总自产电量的比例较小。浆厂的热电车间，比单纯以煤为燃料的电厂还具有如下优点：a. 一般冷凝式电厂热利用率为40%左右，浆厂由于热电联产，可以高达80%。b. 浆厂热电联产实际上是废物利用，起到保护环境的作用，同时还可再生能源。c. 现代木浆厂的碱回收炉燃烧的黑液固形物浓度高达80%，排气中SO_2含量很少，远低于一般煤发电产生的SO_2，因此是一种较清洁的能源。d. 一般电厂产生大量煤灰，而浆厂的碱回收炉不产生煤灰，因此不形成二次污染。可以说浆厂热电联产生产的能源是一种高效的清洁能源，是国家鼓励发展的能源。

二、碱回收炉的发展趋势

碱回收炉是碱回收车间的心脏。目前造纸发达国家的碱回收炉向着大型化、环保节能型、安全自控型的方向发展。碱回收炉的设计在不断改进完善，新的炉型也在不断地开发，当今国际上碱回收炉的发展趋势为：

1. 单台碱回收炉的生产规模向大型化发展

随着碱法制浆造纸企业规模的扩大，碱回收炉的生产能力也不断增大。

① 我国在20世纪60年代末最大的木浆碱回收炉生产能力为日处理黑液固形物150t；20世纪80年代初达到450t；20世纪90年代初达到1000t。20世纪70年代初，我国草浆碱回收炉生产能力为日处理黑液固形物5~15t；80年代初达到50t；90年代达到75~100t；现在国产的单台最大碱回收锅炉2200t/d已投入使用，从国外购买的大型碱回收锅炉日处理黑液固形物5000t/d以上。

② 国外的制浆造纸厂，20世纪五六十年代碱回收炉生产能力小于1000t/d黑液固形物；20世纪80年代，新碱回收炉的设计能力为3000t/d黑液固形物，这在当时被视为是最大生产能力；而到了90年代，有超过10%的碱回收炉以日处理2500~3500t黑液固形物在运转；现在碱回收炉的日处理设计能力已超10000t以上。

2. 碱回收炉向高参数方向发展

由于碱法制浆造纸厂对动力的需要量越来越大，为了取得热电平衡，碱回收炉不断提高过热蒸汽参数和燃烧黑液浓度。这一趋势在能源不足的北欧国家更为明显。

① 我国在20世纪60年代末设计的碱回收炉过热蒸汽压力3.82MPa，过热蒸汽温度450℃，燃烧黑液浓度55%，20世纪90年代达到6.7MPa，450℃或480℃，燃烧黑液浓度65%~68%；目前，我国运行的大型碱回收炉达到8.4MPa，480℃，燃烧黑液浓度72%~80%。

② 在国外，例如芬兰20世纪70年代设计的碱回收炉过热蒸汽压力6.4MPa，过热蒸汽温度460℃，燃烧黑液浓度65%，20世纪90年代碱回收炉过热蒸汽压力达到8.5MPa，过热蒸汽温度480℃，燃烧黑液浓度75%。美国在20世纪90年代的碱回收炉过热蒸汽压力8.5MPa，过热蒸汽温度480℃，燃烧黑液浓度75%。当前由于考虑水冷壁管壁温的限制，碱回收锅炉额定工作压力9.8MPa，过热蒸汽温度最高为500℃。

3. 碱回收炉向无臭型方向发展

为了使烟气排放符合国家对环境保护的要求，需提高入炉黑液浓度，提高黑液浓度可使黑液稳定和无故障地燃烧，控制H_2S的形成和氧化成SO_2，这样可减少烟气中H_2S、SO_2等有害气体的排放，以便达到环境保护的要求。

4. 碱回收炉结构设计上的改进趋势

① 炉型趋向于瘦高型，即较大的面积热负荷和较小的体积热负荷；

② 采用长方形横断面、左右宽、前后窄，喷枪左右对喷；

③ 改进供风；

④ 采用固定式喷嘴悬浮干燥。

5. 开发新炉型

例如瑞典Gtaverken公司开发的单汽包碱回收炉；加拿大纸厂采用流化床燃烧器以补充碱炉能力的不足；瑞典还开发了NSP法，在立式炉旁另设一台旋风机等。

参 考 文 献

[1] 陈克复，主编. 制浆造纸机械与设备（上）[M]. 3版. 北京：轻工业出版社，2011.
[2] 张珂，俞正千，主编. 麦草浆碱回收技术指南 [M]. 北京：轻工业出版社，1999.
[3] E. W. 马科隆，T. W. 格雷斯，著. 最新碱法制浆技术 [M]. 曹邦威，译. 北京：中国轻工业出版社，1998.
[4] [加拿大] G. A. 斯穆克，著. 制浆造纸工程大全 [M]. 2版. 曹邦威，译. 北京：轻工业出版社，2001.
[5] 黄石茂，伍健东，主编. 制浆与废纸处理设备 [M]. 北京：化学工业出版社，2002.
[6] 潘锡五，编译. 碱法制浆化学药品的回收 [M]. 3版. 北京：轻工业出版社，1998.
[7] 刘秉钺，主编. 制浆黑液的碱回收 [M]. 北京：化学工业出版社，2006.
[8] 刘秉钺，平清伟，主编. 制浆造纸节能新技术 [M]. 北京：中国轻工业出版社，2010.
[9] 林文耀. 近期我国制浆碱回收系统生产线概况 [J]. 纸和造纸，2010，29（6）：63-68.
[10] 刘秉钺，张楠，尉志苹. 对中国木浆和麦草浆碱回收能耗自给的分析 [J]. 中华纸业，2011，32（20）：6-9.
[11] 杨懋暹. 制浆工业的热电联产及相关的重大技术发展 [J]. 中国造纸，2007，26（7）：56-58.

第十章　制浆废水处理设备

第一节　概　　述

制浆过程中，将产生大量废水（废液）、废气和废固物。通常来说，主要的是制浆废水排放与处理。但随着碱回收白泥和不断增加的废纸利用产生的废渣总量的增加，而形成的固废物的处理已显得很重要。因此，制浆废水处理站是现代制浆造纸厂必不可少的组成部分。

一、制浆废水常用处理方法、原理及特点

制浆废水大体上可分为备料废水、制浆废水（蒸煮工段废液）和中段废水（洗涤净化水与漂白废水），其中最主要的是黑液、中段废水。

目前制浆废水的处理方法主要有物理法、化学法、物理化学法、生物法及其组合处理法。随着制浆废水处理技术的不断发展和逐步成熟，我国造纸工业水污染处理从“二级生化”逐渐升级至“物理—生化—物化”的三级处理主流技术。要使制浆造纸废水达到《GB 3544—2017 制浆造纸工业水污染物排放标准》，应在原有的二级生化处理基础上新增高级氧化处理技术等的深度处理综合技术。

（一）物理法

物理法就是采用重力沉降法、离心分离法、气浮法及筛滤法等。

制浆废水中含有树皮、纤维、纤维碎屑、填料、涂料、油墨粒子等悬浮物，还有泥、砂等非原料杂物。常采用三类简明的方法对这些杂物进行分离：对于相对密度较大的可用重力沉降法；对于相对密度较轻的采用气浮法；对形状较大的可采用筛滤法。为提高分离效率常采取措施加大与水之间相对密度差，如气浮、离心沉降、絮凝沉降等。常在各种沉淀池（澄清池）、气浮机和筛网、格栅、过滤设备中完成。

（二）化学法

化学法主要有调节酸碱度法、化学沉淀法和化学氧化法。

化学氧化法包括臭氧氧化法、光催化氧化法、超声空气法、超临界水氧化法和化学还原法等。对于常含有发色物质、毒性物质及耗氧物质的制浆废水，通过选择一定的化学氧化剂，或破坏发色基团，或降解有毒污物，或氧化降解耗氧物质，而达到脱色、消除有毒物质和减少耗氧物质的目的。

化学法一般在混合器或反应罐中完成，具有运行灵活性大、适应范围广、工艺简单和运行稳定的特点，常被用来作废水的预处理或后续深度处理。但是采用化学处理工艺时，如果投药量较大则运行成本较高。

（三）物理化学法

物理化学法主要有中和法、吸附法、萃取法、混凝沉淀法及混凝气浮法、离子交换法、膜分离法等，主要作用是降低废水的 COD、BOD、SS 及脱色等。物化法主要是去除废水中的悬浮物和纤维。一般通用的物化法配套的设备包括斜网过滤、初级沉淀、浅层气浮装置等。

吸附法是利用多孔性固体物质——吸附剂，去吸附污染物，达到去除臭味、有机物、胶体、微生物及余氯的目的。吸附法的特点是：处理效果好、吸附剂可以再生。

膜分离法是用特殊的膜对水中污染物进行选择性分离。制浆废水常用反渗透法与超滤法。膜法可以充分脱色，分离水中污物，也可以把制浆废液中固体成分木素磺酸盐与糖类和无机物分开，得到90%~95%高纯度的木质素产品。

（四）生物处理法

制浆造纸废水中最主要污染物就是有机物，有机物在水体中为耗氧物质而降低水中氧造成污染。生物处理废水的原理是让混合微生物群体来转化溶解性有机物成为新的细胞物质，通过微生物使废水中有机物发生氧化分解作用。用微生物处理废水，将有机物转变为微生物的步骤有：a. 将有机物（即食物）通过细胞质膜进入细胞质中；b. 细胞呼吸产生能量，氧化有机物基质，使生成高能量的含磷化合物，作为能源；c. 由基质合成蛋白质和其他细胞成分，并将废物从细胞排出细胞外。

根据废水中氧存在情况，生物处理法分好氧法生物处理、厌氧法生物处理和厌氧—好氧法生物处理。

好氧生物处理技术包括：不同改进型号活性污泥法、生物转盘、生物滴滤池、SBR、接触氧化、氧化塘、氧化沟、曝气稳定塘等。目前最常用的是活性污泥法，好氧活性污泥法对制浆造纸末端废水的COD、BOD_5、SS的去除率分别达到78%、88.5%、85%，处理成本低。生物滴滤池等厌氧生物法包括厌氧塘、厌氧滤池、厌氧流化床、UASB上流式厌氧污泥床等。

好氧处理工艺与厌氧处理工艺的结合，具有以下优点：比单一的好氧处理效果好；厌氧预处理产生沼气，可作为能源；污泥量少，为单独好氧处理的20%；占地面积小，废水中大部分有机物在厌氧段被降解，好氧段的处理负荷轻。

二、废水处理设备的分类

环保设备规范的分类包括类别、亚类别、组别和型别四个层次。其中，类别是按所控制的污染对象分为大气污染控制及除尘设备、水污染治理设备、噪声与振动控制设备、固体废弃物处理处置设备、放射性与电磁波污染防护设备；亚类别是按环保设备的原理和用途划分为化学法处理设备、物理法处理设备、物理化学法处理设备、生物法处理设备和组合式处理设备；组别是按环保设备的功能原理分；型别是按环保设备的结构特征和工作方式划分。

针对上述制浆废水常用处理方法，都有相应的废水处理设备。

造纸工业制浆废水处理设备主要类型见表10-1。

表10-1　造纸工业制浆废水处理设备主要类型

序号	类别	组　别	形　式	特　点
一	物理法处理设备	沉淀装置 sedimentation tank	沉砂装置	减少悬浮物，回收纤维，去除部分BOD、COD和色素，污泥脱水困难
			辐流式沉淀装置	
			平流式沉淀装置	
			竖流式沉淀装置	
			斜管（板）沉淀装置	
			压力涡流沉淀装置	

续表

序号	类别	组　别	形　式	特　点
一	物理法处理设备	澄清装置 clarifier tank	机械循环澄清装置	同上
			水力循环澄清装置	
			脉冲澄清装置	
			悬浮澄清装置	
		气浮分离装置 flotation separator	溶气气浮装置	捕集悬浮物、回收纤维与化学絮凝法结合可以脱色除去部分COD、BOD
			真空气浮装置	
			分散空气气浮装置	
			电解气浮装置	
			泡沫分离器	
		离心分离装置 centrifugal separator	水力旋流分离器	用于颗粒固液分离和污泥脱水
			鼓型离心分离机	
			卧螺式离心分离机	
		筛滤装置 screen filter	平板式筛网	减少悬浮物,回收纤维
			旋转式筛网	
			粗格栅	
			弧形细格栅	
			捞毛机	
		过滤装置 filter	石英砂过滤器	进一步去除SS,小部分COD
			多层滤料过滤器	
		压滤和吸滤装置 dewatering device(filter)	真空转鼓污泥脱水机	使浓缩污泥进一步脱水成泥饼,便于后道处理和运输
			滚筒挤压污泥脱水机	
			板框压滤污泥脱水机	
			折带压滤污泥脱水机	
			真空吸滤污泥脱水机	
二	化学法处理设备	酸碱中和装置 nutralization tank	中和槽	调整pH
			膨胀式中和塔	
		混凝装置 coagulatio basin	机械反应混凝装置	使废水与药剂混合反应,为去除SS、COD、部分BOD和部分脱色创造条件
			水力反应混凝装置	
			管道混合器	
三	物理化学法处理设备	吸附装置 adsorber	活性炭吸附装置	去除有色物质和部分COD,BOD
			大孔树脂吸附装置	
			硅藻土吸附装置	
		离子交换装置 ion exchanger	固定床离子交换装置	较有效脱色
			移动床离子交换装置	
			流动床离子交换装置	
		膜分离装置 membrace separator	超滤装置	
			反渗透装置	
			微滤装置	

续表

<table>
<tr><th>序号</th><th>类别</th><th>组　别</th><th>形　式</th><th>特　点</th></tr>
<tr><td rowspan="26">四</td><td rowspan="26">生物法处理设备</td><td rowspan="11">好氧处理装置
aerobic digester</td><td>鼓风曝气活性污泥处理装置</td><td rowspan="15">去除 BOD</td></tr>
<tr><td>机械表面曝气活性污泥处理装置</td></tr>
<tr><td>吸附生物氧化处理装置(AB)法</td></tr>
<tr><td>超深层曝气装置</td></tr>
<tr><td>序批式(SBR)活性污泥处理装置</td></tr>
<tr><td>间歇循环延时曝气处理装置</td></tr>
<tr><td>生物接触氧化装置</td></tr>
<tr><td>生物转盘</td></tr>
<tr><td>生物滤塔</td></tr>
<tr><td>生物活性炭处理装置</td></tr>
<tr><td>活性生物滤塔(ABF)</td></tr>
<tr><td rowspan="4">供氧曝气装置
aerator</td><td>机械表面曝气装置</td></tr>
<tr><td>鼓风曝气器</td></tr>
<tr><td>射流曝气器</td></tr>
<tr><td>曝气转刷</td></tr>
<tr><td rowspan="8">厌氧处理装置
anaerobic digester</td><td>上流式污泥床厌氧反应器</td><td rowspan="8">去除 BOD 产生 CH_4、H_2、CO_2,H_2S,制浆废水中众多的低相对分子质量的有机物易被厌氧菌代谢</td></tr>
<tr><td>厌氧流化床反应器</td></tr>
<tr><td>厌氧膨胀床反应器</td></tr>
<tr><td>管式反厌氧反应器</td></tr>
<tr><td>两相式厌氧反应器(产酸相与产沼气相)</td></tr>
<tr><td>厌氧生物转盘</td></tr>
<tr><td>厌氧生物滤塔</td></tr>
<tr><td>污泥消化装置</td></tr>
<tr><td rowspan="3">厌氧—好氧处理装置
aerobic-anaerobic digester</td><td>厌氧—好氧活性污泥处理装置</td><td rowspan="3">具有厌氧和好氧的特点。能量利用率高,容积负荷大</td></tr>
<tr><td>缺氧—好氧活性污泥处理装置(A/O)</td></tr>
<tr><td>厌氧—缺氧—好氧活性污泥处理装置(A^2/O)</td></tr>
</table>

第二节　物理法处理设备

一、沉 淀 装 置

沉淀法是制浆造纸水处理中最基本的方法之一。它是利用水中悬浮颗粒在重力场作用下下沉，达到固液分离的一种方法。在典型的制浆造纸污水处理工艺中，沉淀法一般应用在以下几个装置中。

① 污水预处理装置。在制浆造纸特别是废纸制浆废水中主要去除水中无机颗粒的沉砂装置。其主要类型有平流式沉淀装置和曝气沉砂装置。

② 污水进入生物处理前的初次沉淀装置和生物处理后的二次沉淀装置。前者主要去除进水中的悬浮固体，后者将生化反应中的微生物从水中分离出来，使水澄清。沉淀装置的主

要类型有平流式、辐流式、竖流式和斜管（板）式沉淀装置。其四种类型的特点及基本适用场合见表 10-2。

③ 污泥处理阶段的污泥浓缩装置。

表 10-2　　各类沉淀装置的特点及基本适用条件

类　型	优　　点	缺　　点	适用条件
平流式	沉淀稳定效果好 对水量和温度的变化有较强的适应能力 处理流量大小不限 施工方便 可兼作上浮去除废物功能	池子配水不易均匀 采用多斗排泥时，每个泥斗需单设排泥管排泥，操作工作量大；采用机械排泥时，设备和机件浸没于水中，易锈蚀；占地面积大	适用地下水位较高和地质条件较差的地区 大、中、小型水厂和污水处理厂均可采用 适宜粗大颗粒
辐流式	对大型制浆废水处理流量 $Q>$ 5 万 m^3/d 比较经济适用 机械排泥设备已定型化，排泥较方便	排泥设备复杂，要求高水平的运行管理 施工质量要求高	适用地下水位较高地区 适用于大、中型水厂和污染水处理厂
竖流式	占地面积小 排泥方便，运行管理简单	池深大，施工困难 对水量和温度的变化适应性较差 池子直径不宜过大	适用于小型污水处理厂
斜管（板）式	占地面积小，沉淀效率高	造价高，沉泥浓度稀	适用大、中、小水厂，细颗粒沉淀

（一）基本沉砂装置

沉砂装置主要去除制浆废水中密度较大的无机颗粒，如泥砂、煤渣等。沉砂装置中污水的流速较快，只有密度较大的无机颗粒下沉而有机悬浮颗粒随水流出。

1. 沟流式沉砂池

沟流式沉砂池是最常见的一种形式，其截留效果好，运行稳定，构造简单，如图 10-1 所示。池上部为一个加宽了的明渠，两端设有闸门以控制水流；池底部设置 1~2 个贮砂斗，下接排砂管。主要控制参数如下：

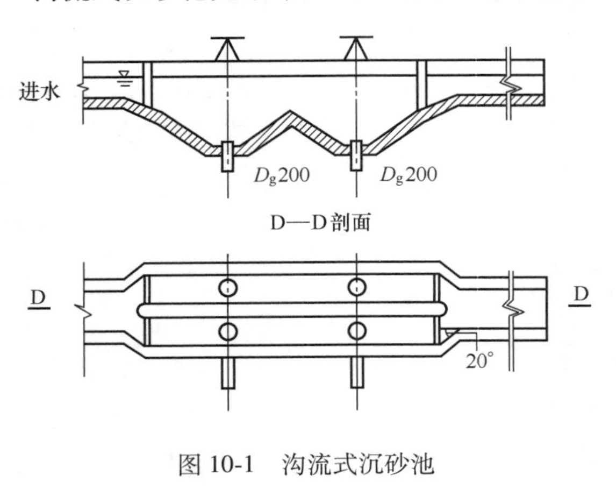

图 10-1　沟流式沉砂池

① 污水的水平流速一般<0.3m/s，>0.15m/s；

② 最大流量时，污水在池中的停留时间不少于 30s，一般为 30~60s；

③ 有效水深 h_2 应不大于 1.2m，池宽不小于 0.6m；

④ 进水处应采取消能和整流措施，使其平稳；

⑤ 池底坡度一般为 0.01~0.02，如配除砂设备时，可根据设备要求考虑池底形状，除砂设备参见“曝气沉砂池”。

2. 曝气沉砂池

沟流式沉砂池常带有 15%左右的有机物，易于腐化。曝气沉砂池因设置了曝气设备，装置中的水流呈螺旋旋转状态，污水中的悬浮颗粒相互摩擦、碰撞，使黏附在无机颗粒表面的有机物被洗刷下来，最终沉淀的无机颗粒中有机物的含量低于5%，有利于下道工序处理。同时，该装置还具有预曝气、脱臭、除泡等作用。

（1）曝气沉砂池构造

曝气沉砂池的构造见图10-2，是一个矩形渠道。沿整个长度的渠道壁一侧设置曝气装置，曝气头距池底约0.6～0.9m；池底沿渠长设有一集砂槽，池底以坡度 $i=0.1\sim0.5$ 向集砂槽倾斜；吸砂机或刮砂机安置在集砂槽内。

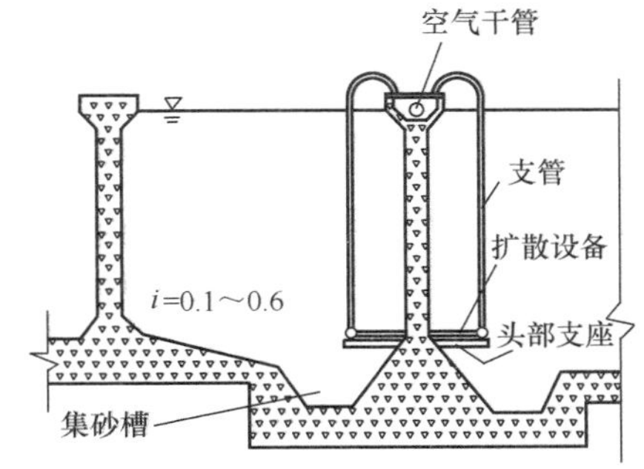

图10-2　曝气沉砂池的构造

（2）曝气沉砂池的主要设计参数

① 废水在曝气沉砂池过水断面周边的最大旋流速度为0.25～0.3m/s，水平前进流速为0.08～0.12m/s，考虑预曝气作用，可将池过水断面增大3～4倍；

② 最大设计流量时，污水的停留时间为1～3min，如考虑预曝气，停留时间为10～30min；

③ 无偏流或死角，有效水深2～3m，宽深比为1～1.5，长宽比可取5；

④ 进水方向应与池中水的旋流方向一致，出水方向则应与池中水的旋流方向垂直，出水口为淹没式（可设置挡板）；曝气头穿孔管常用 $\phi=2.5\sim6$mm，曝气量可按0.2m^3（空气）/m^3（污水）计算，或按表10-3计算。

利用刮砂机或吸砂机将砂粒等从沉砂装置中排出。

表10-3　单位池长需空气量

曝气管水下浸没深度/m	最小空气用量/[m^3/(m池长·h)]	达到良好除砂效果最大空气量/[m^3/(m池长·h)]
1.5	12.5～15.0	30
2.0	11.0～14.5	29
2.5	10.5～14.0	28
3.0	10.5～14.0	28
4.0	10.0～13.5	25

（二）辐流式沉淀池

1. 基本构造

如图10-3为中心进水辐流式沉淀池，直径一般为10～60m以上，最大可达100m以上，中心深2.5～5.0m，周边深1.5～3.0m。水由中心管上的孔口流入，在穿孔挡板的作用下，均匀地沿池半径向四周辐射流动，出流区设在池周，出水堰常用三角堰或淹没出流孔，由于 $D:H$（径深比）大，且是辐射状流动，水流过水断面逐渐增大，而流速逐渐减小。周边进水、中心出水（或周边出水）沉淀池，水流进入沉淀池主体前迅速扩散，以很低的速度，从池周边进入澄清区。由于速度很小，能避免通常高速进水时伴有的短流现象，提高了池子的容积利用系数。

沉淀的污泥由刮泥机缓慢旋转刮入中心底槽泥斗，再借静压力通过排泥管排出，或由刮板刮入中心底槽，采用吸泥泵吸出。还有向心辐流式沉淀池（中心进水周边出水）。

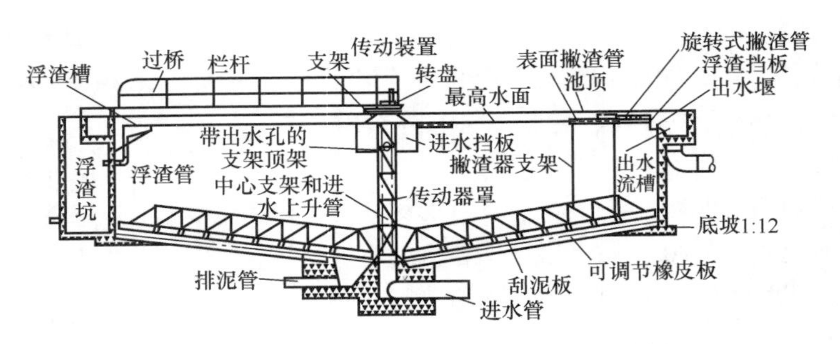

图 10-3　中心进水辐流式沉淀池结构示意图

2. 辐流式沉淀池的主要控制参数

① 表面负荷：一般采用 1.5~3m³/(m²·h)；

② 沉淀时间：初沉 1~2h，二沉 1.5~2.5h；

③ 有效水深：<6m，直径与有效水深之比约为 6~12；

④ 池底坡度一般为 0.05（坡向中心），中心泥斗坡度 0.12~0.16。

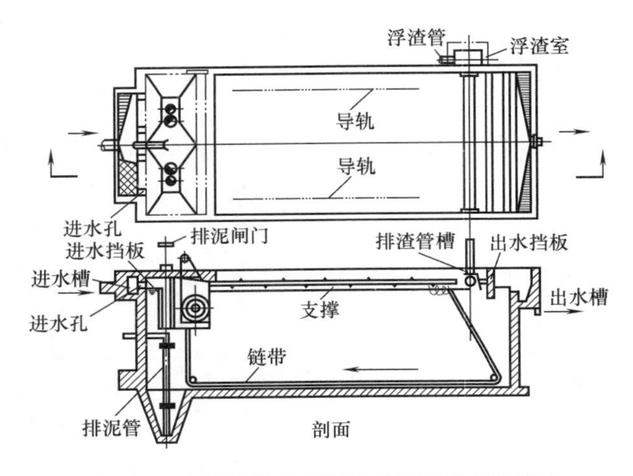

图 10-4　配有链带式刮泥机械的平流式沉淀池

（三）平流式沉淀装置

1. 基本结构、原理

图 10-4 所示为带有链带式刮泥机械的单斗式平流式沉淀池。分进水端、沉淀区和出水端三部分。水通过进水槽和孔口流入池内，水在沉淀区内均匀地缓缓流动，可沉悬浮物逐渐沉向池底。出水端设有溢流堰和出水槽，沉淀区出水溢过堰口，通过出水槽排出池外。如水中有浮渣，堰口前需设挡板及浮渣收集设备。在沉淀区设有一个或多个污泥斗，池底污泥被刮泥机刮入污泥斗内，开启排泥管上的闸阀，在静水压力（1.5~2m 水头）的作用下，斗中的污泥由排泥管排出池外，排泥管管径采用至少 200mm，池底坡度 0.01~0.02，倾向污泥斗。如不设污泥斗，则采用吸泥机将池底的污泥吸出排除。

2. 平流式沉淀装置的主要控制参数

① 表面负荷：初沉一般取 1.5~2.9m³/(m²·h)，二沉则为 1~2m³/(m²·h)；

② 流速：最大流量时，水平流速为 5~7mm/s；

③ 沉淀时间：初沉一般取 1~2h，二沉一般取 1.5~2.5h；

④ 沉淀区有效水深：2~4m。

⑤ 出流挡板水深为 0.3~0.4m，距溢流堰 0.25~0.5m。

（四）斜板（管）沉淀装置

1. 基本结构、原理

斜管亦称蜂窝管。斜板（管）沉淀池是根据浅池理论，在沉淀区加设斜板或斜管而形成，目的在于提高沉淀效率。其基本构造与平流式或辐流式基本相同，污泥的排放亦可采用刮泥机或吸泥机等设备。

由于污水中杂质较多，易造成斜板（管）堵塞而影响沉淀效果，故斜板（管）沉淀装置在一般污水处理中使用越来越少，但在杂质含量较少的某些工业废水中应用较多。

目前污水处理中主要采用（水流）升流式异向斜板（管）沉淀装置。其进水方向有三种，如图 10-5 所示，其中（b）（c）两种进水方向较好，（a）种进水直接冲击斜板（管），使颗粒不易从斜管上滑至污泥区。

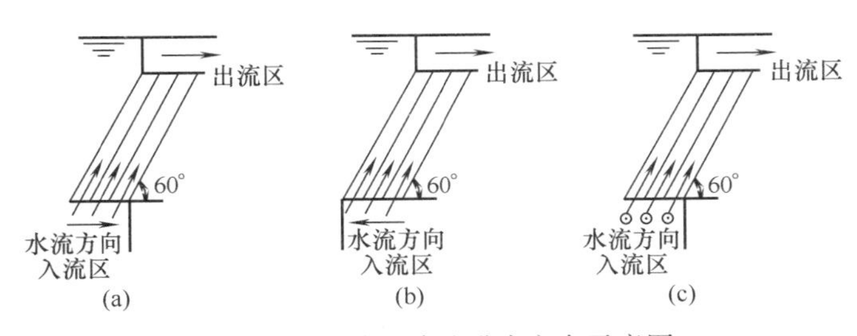

图 10-5　斜管沉淀池进水方向示意图

2. 斜板（管）沉淀装置的主要控制参数

① 为了使水流能均匀进入斜管下的配水区，提高沉淀效果在入口处应考虑整流措施，原理类似纸机流浆箱布浆器。可采用缝隙栅条配水，缝隙前窄后宽；也可用穿孔墙。整流配水孔的流速<0. 15m/s。

② 斜板（管）倾斜角一般为 60°，斜板（管）长度取 1. 0m。

③ 斜板间距为 50~150mm，斜管管径>50mm，斜板（管）材质多为玻璃钢、塑料等。

④ 某些工业废水采用升流式异向斜板（管）沉淀装置处理，造纸行业一般为二沉池—斜管和混凝沉淀—斜管类型。其基本参数表面负荷率 3. 4 ~ 3. 5m^3/(m^2 · h)，管径 25 ~ 30mm，长度 1000mm，倾角为 60°。

（五）竖流式沉淀装置

1. 竖流式沉淀池结构原理

图 10-6 为圆形竖流式沉淀池结构图。水由中心管的底端流出，通过反射板的拦阻向四周布入池中于整个水平断面上，缓缓向上流动。沉速超过上升流速的颗粒下沉到污泥斗中，澄清后的水由池周的堰口溢出池外。其沉淀效果比平流式沉淀池低得多。污泥斗倾角为 50°~60°，排泥管直径为 200mm，排泥管静水压力为 1. 5~2. 0mm。

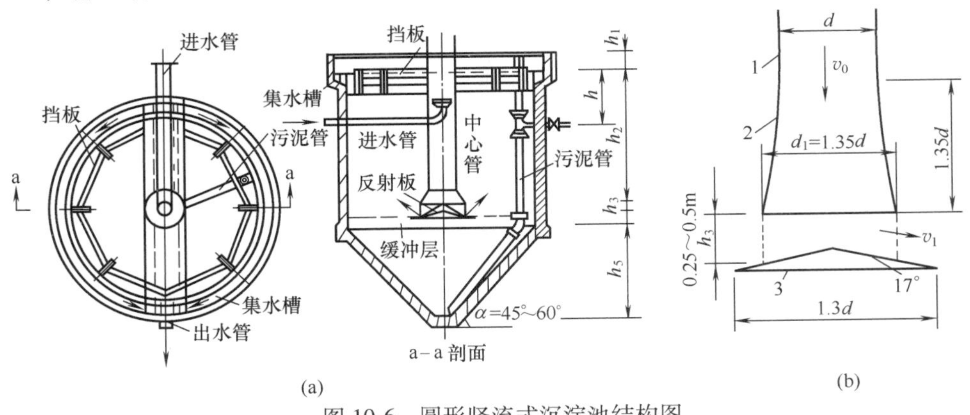

图 10-6　圆形竖流式沉淀池结构图

（a）沉淀池结构　（b）中心管结构

由于水流分布口在中心管附近，竖流式沉淀装置的直径≯10m，径深比值≯3，故池较深，污泥区浓缩效果较好，尤其适用于污泥浓缩、分离絮凝性颗粒等场合。

竖流式沉淀装置也可做成方形，相邻池壁可合用，布置较紧凑。

2. 装置的主要控制参数

① 最大流量时，污水上升流速通常采用 1.5~3.0m/h；

② 沉淀时间，约为 1~2h；

③ 污水流速，在中心管中<30mm/s，在中心管与反射板间流出的速度<20mm/s。

二、澄清装置

（一）概述

1. 澄清装置基本原理

澄清装置是一种将絮凝反应过程与澄清分离过程综合于一体的水处理装置，在造纸废水处理中广为应用。

在澄清装置中沉泥被提升起来并呈均匀分布的悬浮状态，在池中形成高浓度的稳定的活性泥渣层称为浓缩污泥。其浓度为 3~10g/L。废水在澄清装置中自下而上流动时，活性泥渣层由于重力作用可在上升水流中处于动态平衡状态。当废水通过活性泥渣层时，利用接触絮凝原理，废水中的悬浮物便被活性泥渣层阻留下来，使水获得澄清。清水在澄清装置上部被收集、排出。

2. 澄清装置分类与比较

澄清装置可分为泥渣悬浮型澄清装置和泥渣循环型澄清装置两大类。前者包括脉冲澄清装置和悬浮澄清装置，后者包括机械循环澄清装置和水力循环澄清装置。各种澄清装置的比较见表 10-4。

表 10-4　　各种澄清装置的比较

类型	优　点	缺　点	适用条件
机械循环澄清装置	单位产水量大，处理效率高 处理效果稳定，适应性较强	配机械搅拌设备 维修复杂	进水悬浮物含量<5.0g/L，短时间允许 5~10g/L 适用于大、中型水厂
水力循环澄清装置	无机械搅拌设备 构筑物较简单	投药量较大 水头消耗大 对水质、水温变化敏感	进水悬浮物含量<2g/L，短时间允许 5g/L 适用于中、小型水厂
脉冲澄清装置	混合充分，布水较均匀 池浅，有利于平流式沉淀池改建	要配真空设备 虹吸式水头损失较大，脉冲周期较难控制 对水质、水温变化敏感 操作管理要求较高	适用于大、中、小型水厂
悬浮澄清装置（无穿孔底板）	构造较简单 能处理高浊度水（双层式加悬浮层底部开孔）	配气水分离器 对水量、水温较敏感，处理效果不够稳定 双层式池深较大	进水悬浮物<3g/L，宜用单池 进水悬浮物 3~10g/L，宜用双池 流量变化每小时<10%，水温变化每小时<1℃

3. 各种澄清装置的主要设计参数

各种澄清装置的主要设计参数见表 10-5。

表 10-5　　各种澄清装置的主要设计参数

类　型		清水区(分离室)		悬浮层高度/m	总停留时间/h（反应室）
		上升流速/(mm/s)	高度/m		
机械循环澄清装置		0.8~1.1	1.5~2.0	—	1.2~1.5
水力循环澄清装置		0.7~1.0	2.0~3.0	3~4(导流筒)	1.0~1.5
脉冲澄清装置		0.7~1.0	1.5~2.0	1.5~2.0	1.0~1.3
悬浮澄清装置	单层	0.7~1.0	2.0~2.5	2.0~2.5	0.33~0.5(悬浮层) 0.4~0.8(清水区)
	双层	0.6~0.9	2.0~2.5	2.0~2.5	—

（二）机械循环澄清装置

1. 基本结构、原理

机械搅拌澄清池如图 10-7。它集混合、絮凝反应及沉淀功能综合于一池。池中央设有一个转动叶轮，将废水和加入的药剂同澄清区沉降下来的回流泥浆混合，促进较大絮体的形成。泥浆回流量为进水量的 3~5 倍，可通过调节叶轮开启来控制。为保持池内悬浮层浓度稳定，要排除多余的污泥，所以在池内设有 1~3 个泥渣浓缩斗。当池直径较大或进水含砂量较高时，需装设机械刮泥机。

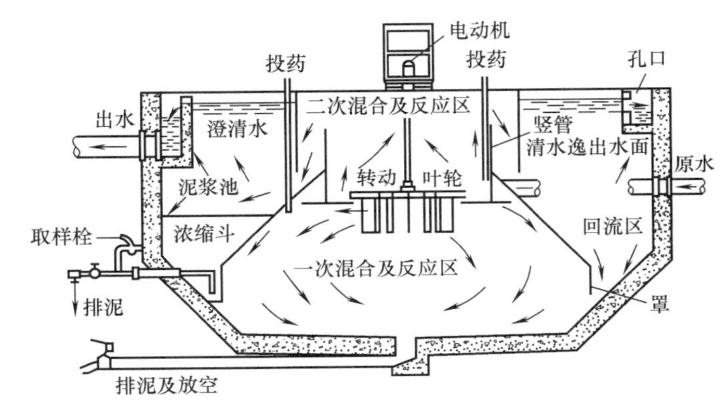

图 10-7　机械搅拌澄清池结构示意图

2. 主要特点

效率较高且稳定；对废水水质（如浊度、温度）和处理水量的变化适应性较强；操作运行比较方便，用途广泛。

3. 主要控制参数

除表 10-5 所列之值外，机械搅拌澄清装置其他参数为：

① 进水管流速约 1m/s，配水槽和缝隙流速均采用 0.4m/s；

② 总停留时间 1.2~1.5h，第一、第二反应室和分离室的容积比为 2∶1∶7；

③ 上升流速为 0.8~1.1mm/s；处理低温低浊水时采用 0.7~0.9mm/s；

④ 出口处集水方式可选用淹没孔或三角堰集水槽，集水槽中流速为 0.4~0.6m/s，出水管流速为 1.0m/s。

（三）水力循环澄清装置

1. 基本结构、原理

图 10-8 为水力循环澄清池。废水由底部进入池内，经喷嘴喷出，喷向上面的喉管和第一反应室。喷嘴和混合室组成一个射流器，喷嘴高速水流把池子锥形底部含有大量絮凝体的水吸进混合室内和进水掺合后，经第一反应室喇叭口溢出来，进入第二反应室中。吸入的流量称为回流量，约为进口流量的 2~4 倍。第一反应室和第二反应室构成了一个悬浮层区，

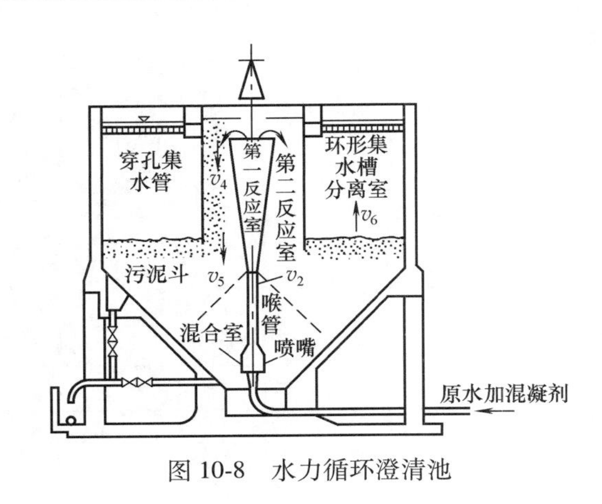

图 10-8　水力循环澄清池

第二反应室出水进入分离室，相当于进水量的清水向上流向出口，剩余流量则向下流动，经喷嘴吸入与进水混合，再重复上述水流循环过程。

2. 主要特点

无机械搅拌设备，运行管理较方便；锥底角度大，排泥效果好。缺点是反应时间较短，造成运行不太稳定，不宜大水量处理。

三、气浮分离装置

制浆造纸废水除含有密度比水大的悬浮固体（可利用沉淀装置去除）和密度小于水的污染物（可用上浮分离装置处理）外，还含有大量细小纤维、胶填料及一些可溶性高分子絮聚污染物，其密度非常接近甚至略小于水的密度时，利用上述两类分离装置都无法取得满意的处理效果。此时，可利用气浮分离装置。

1. 气浮技术基本原理

基本原理向水中通入空气，在气浮分离装置中，产生大量微小的气泡并黏附于杂质颗粒上，使杂质颗粒整体上形成密度小于水的浮体而升至水面，从而将杂质从水中分离出去。利用气浮分离工艺必须具备三个基本要素：

① 向废水体中提供足够量的较稳定的微小气泡（一定小的直径足够的表面张力）；

② 使废水中的污染物质形成悬浮状态，必要时可采用混凝剂；

③ 使气泡与杂质颗粒产生两相张力引起的黏附作用（可采用表面活性剂等对颗粒进行改性）。

2. 气浮分离技术应用

气浮分离工艺广泛应用于制浆造纸污水处理中：如去除水中的油滴、纤维及其他悬浮状颗粒等；回收污水中的有用物质（如纸浆纤维等）；替代二次沉淀池，分离活性污泥；用于有机及无机污水的物化处理工艺中。气浮分离工艺还可以替代重力浓缩装置，对造纸污水处理厂的剩余活性污泥进行气浮浓缩，效果较佳。

3. 气浮分离装置的类型

主要有：压力溶气气浮装置、真空气浮装置、分散空气气浮装置和电解气浮装置等，其中压力溶气气浮装置的应用最广泛。

（一）压力溶气气浮装置

1. 基本原理

造纸厂用得较多的是压力溶气气浮法。其原理是利用在一定的压力情况下，溶入水中的空气量较常压大，并达到指定压力状态下的饱和值，然后将过饱和水突然降至常压，这时溶解在水中的空气即以非常细小的气泡形式逸浮出来分布于水体中。这些数量众多的细微气泡与欲处理制浆污水中呈悬浮状态的颗粒杂物产生黏附作用，使这些夹带了无数细微气泡的颗粒的密度小于水而产生上浮作用。

常用空压机将空气压入压力溶气罐，在设定的压力状态下溶入水中［见图 10-9（a）］；也可采用射流器将空气吸入压力溶气罐［见图 10-9（b）］；还曾有用压力循环泵前插管式。

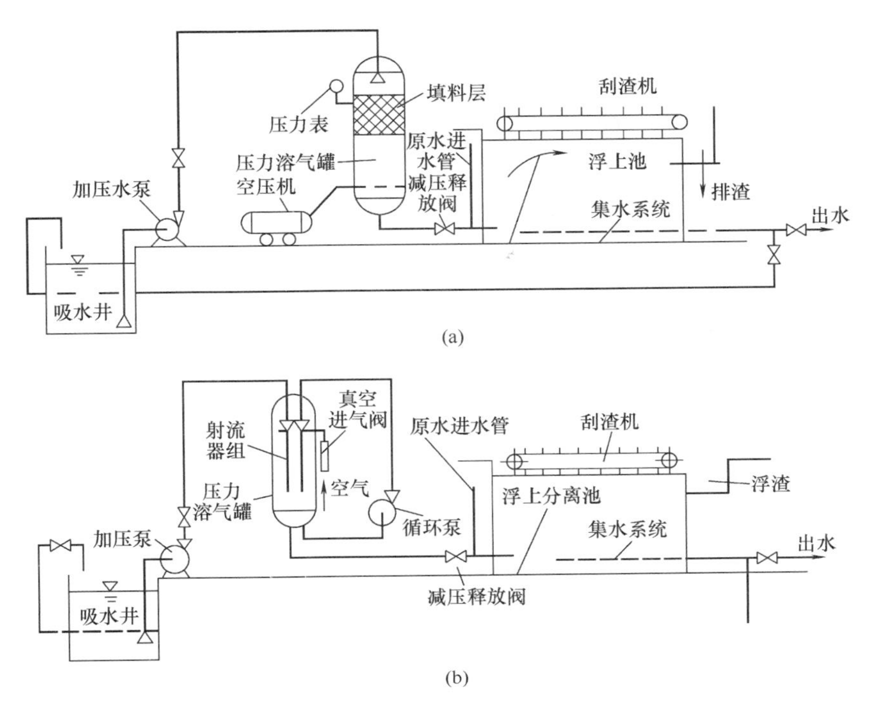

图 10-9　压力溶气气浮装置
（a）空压机式　（b）射流器式

2. 主要优点

与其他方法相比，压力溶气气浮法具有以下优点：

① 在加压条件下，空气的溶解度大，供气浮用的气泡数量多，能够确保气浮效果；

② 溶入的气体经骤然减压释放，产生的气泡不仅微细、粒度均匀、密集度大，而且上浮稳定，对液体扰动微小，因此特别适用于制浆造纸废水对疏松絮凝体、细小颗粒的固液分离；

③ 工艺过程及设备比较简单，便于管理、维护。

3. 压力溶气气浮分类

压力溶气气浮分为三种类型：全溶气式［图 10-10（a）］、部分溶气式［图 10-10（b）］和部分加压回流溶气式［图 10-10（c）］。部分回流加压溶气式的处理效果稳定，并能大量节约能耗，在制浆造纸废水污水处理工艺中应用得最多。

4. 压力溶气气浮装置主要组成

压力溶气气浮装置主要由压力溶气水生成系统、溶气水释放系统及废水气浮分离系统 3 部分组成。

（1）压力溶气系统

包括水泵、空压机（或射流器）、压力溶气罐等。其中压力溶气罐是关键设备。

压力溶气罐的主要参数见表 10-6。

目前，广泛采用能耗低、溶气效率高的空气压缩喷淋式填料罐。填料压力溶气罐的主要控制参数：过流密度为 3000～5000$m^3/(m^2 \cdot d)$；造纸废水常用回流比为 10%～20%；填料层高度为 0.8～1.3m；液位控制高度从罐底计为 0.6～1.0m；溶气罐承压>0.6MPa，工作压力为 0.2～0.4MPa。

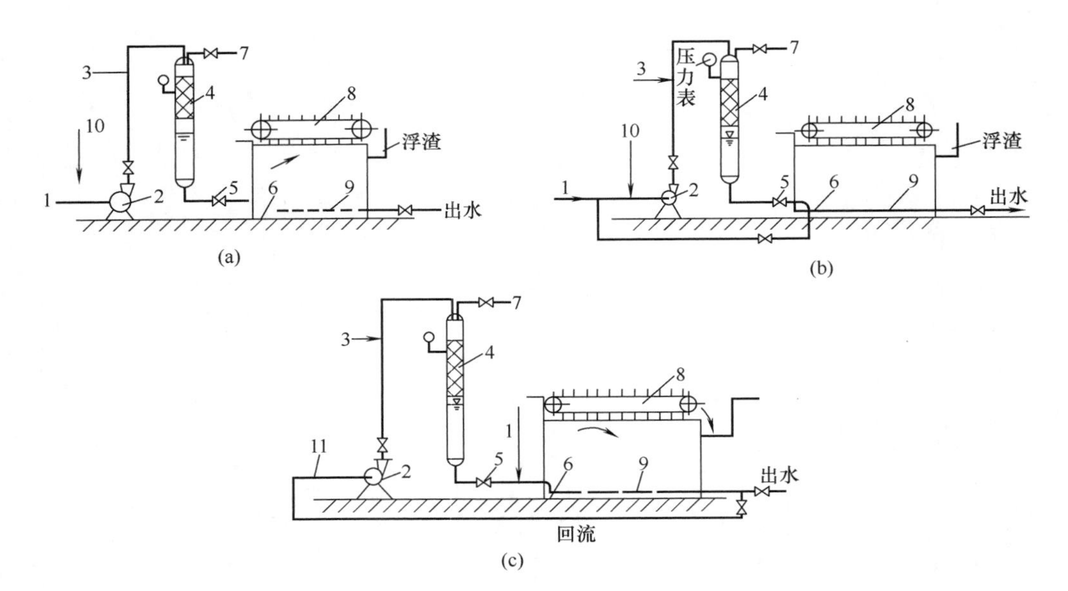

图 10-10　压力溶气气浮装置主要类型

（a）全溶气式　（b）部分溶气式　（c）部分加压回液压溶气式

1—废水进入　2—加压泵　3—空气进入　4—压力溶气罐（含填料）　5—减压阀　6—气浮池　7—放气阀　8—刮渣机　9—集水系统　10—化学药剂　11—回流清水管

表 10-6　　压力溶气罐的主要参数

型　号	罐直径/mm	适用流量/(m^3/h)	使用压力/MPa	进水管径/mm	出水管径/mm	罐总高(含支脚)/mm
TR-2	200	3~6	0.2~0.5	40	50	2550
TR-3	300	7~12	0.2~0.5	70	80	2580
TR-4	400	13~19	0.2~0.5	80	100	2680
TR-5	500	20~30	0.2~0.5	100	125	3000
TR-6	600	31~42	0.2~0.5	125	150	3000
TR-7	700	43~58	0.2~0.5	125	150	3180
TR-8	800	59~75	0.2~0.5	150	200	3280
TR-9	900	76~95	0.2~0.5	200	250	3330
TR-10	1000	96~118	0.2~0.5	200	250	3380
TR-12	1200	119~150	0.2~0.5	250	300	3510
TR-14	1400	151~200	0.2~0.5	250	300	3610
TR-16	1600	201~300	0.2~0.5	300	350	3780

（2）溶气释放系统

一般由释放器（老式为穿孔管、减压阀）及溶气水管路组成。

溶气释放器的功能是将压力溶气水通过消能、减压，使溶入水中的气体以微气泡的形式释放出来形成浮白色的溶气水，并能迅速而均匀地与水中杂质相黏附。

溶气释放器的主要控制参数：释放器前管道流速为<1m/s，释放器的出口流速为 0.4~0.5m/s，冲洗时狭缩缝隙的张开度为 5mm，每个释放器的作用范围为 30~110cm。

目前，常用的释放器有 TS 型、改良型 TJ 型、TV 型专利溶气释放器。其特点在 0.15MPa 以上释放的溶气量达 99%，净水效果好，电耗低；汽泡微细，平均直径 20~40/mm，气泡密集，附着性能好。常用的释放器见图 10-11。TS 型的主要性能：型号 TS-Ⅰ~Ⅴ，溶气水支管直径 ϕ15~25mm，压力 0.1~0.5MPa，流量 0.25~4.92m^3/h，作用直径 25~70cm。TJ 型的主要性能：型号 TJ-Ⅰ~Ⅴ，规格 8×(15~40) cm，溶气水支管直径 ϕ25~65mm，压力 0.15~0.5MPa，流量 0.98~11.75m^3/h，作用直径 5~110cm。TV 型的主要性能：型号 TV-Ⅰ~Ⅲ，规格 ϕ20~25cm，溶气水支管直径 ϕ25~40mm，压力 0.15~0.5MPa，流量 0.95~6.64m^3/h，作用直径 40~80cm。

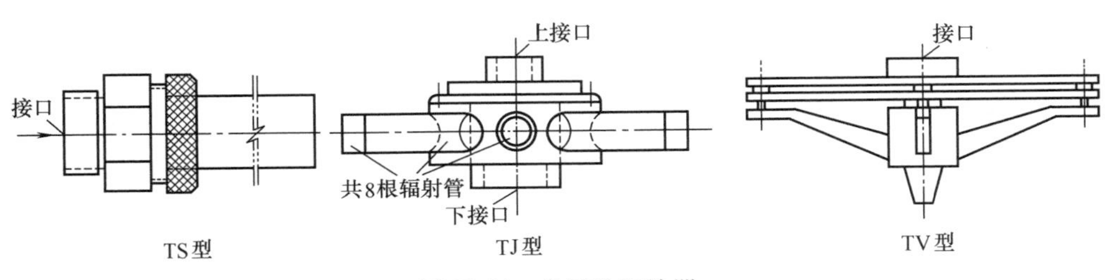

图 10-11　常用的释放器

(3) 气浮分离系统

气浮分离系统布置可分为 3 种类型，即：平流式与竖流式 [见图 10-12 (a)、图 10-12 (b)]、方形与圆形及气浮与反应、气浮与沉淀、气浮与过滤等综合式。其功能是确保一定的容积与池表面积，使微气泡群与水中絮凝体充分混合、接触、黏附，并使带絮凝体与清水分离。对不投加药剂的气浮，可取消反应池。

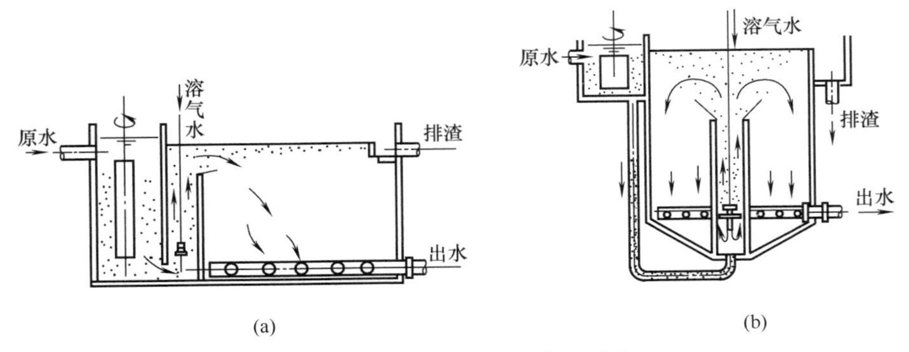

图 10-12　气浮分离系统布置形式

(a) 平流式气浮池　(b) 竖流式气浮池

气浮池的形式，应根据处理水质的要求，处理工艺与前后处理单元构筑物的衔接、施工难易程度以及造价等因素综合考虑。目前在制浆造纸废水处理中平流式较广泛，圆形池用于污泥浓缩。反应池宜与气浮池合建，为减少打碎絮体，在水流的衔接和流速的控制方面更加注重。

根据实际处理的废水情况，如制浆废水污泥浓缩、制浆黑液综合气浮处理等，考虑到气浮处理负荷较大，也有采用子母气浮池方式，即一大一小捆绑串联，合用第二个小池中的清水回流。武汉邬氏气浮池就属这一类。

气浮分离系统的主要控制参数：

① 接触室必须对气泡与絮凝体提供良好的接触条件，其宽度还应考虑易于安装和检修的要求，进入接触室的流速小于 0.1m/s，水流上升流速一般取 10~20mm/s，水流在室内的停留时间不宜小于 60s；

② 气浮分离室需根据带气絮体上浮分离的难易程度选择水流（向下）流速，一般取 1.5~3.0mm/s，即分离室的表面负荷率取 5.4~10.8$m^3/(m^2 \cdot h)$；

③ 气浮池的有效水深一般取 2.0~2.5m，池中水流停留时间一般为 10~20min，若用于污泥浓缩，则时间较长；

④ 气浮池的长宽比无严格要求，一般以单池宽度不超过 10m，池长不超过 15m 为宜；

⑤ 气浮池排渣，一般采用刮渣机定期排除，集渣槽可设置在池的一端、两端或径向，刮渣机的行车速度宜控制在 5m/min 以内；

⑥ 气浮池集水力求均匀，常采用穿孔集水管，水的最大流速宜控制在 0.5m/s 左右。

常见的刮渣机有桥式和行星式刮渣机。

（二）分散空气气浮装置

目前在造纸工业使用的有两种不同形式的分散空气式气浮工艺，即微气泡曝气气浮工艺和剪切气泡气浮工艺。

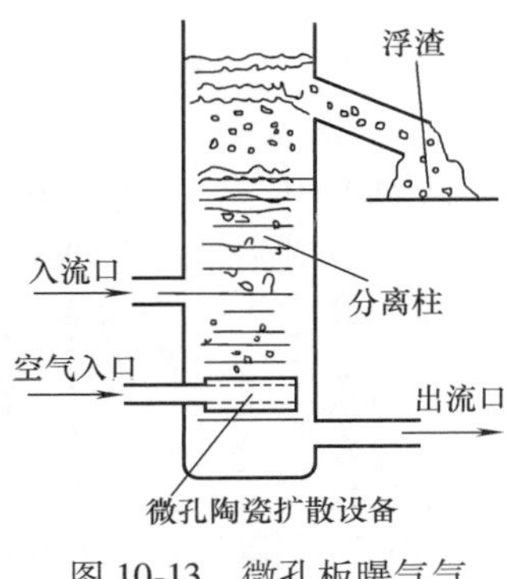

图 10-13　微孔板曝气气浮装置示意图

1. 微气泡曝气气浮

图 10-13 为微孔板曝气气浮装置示意图。压缩空气引入到靠近池底部的由粉末冶金、陶瓷或塑料制成的微孔板，并被微孔分散成细小气泡，小气泡在上升过程中与流入的悬浮颗粒相黏附，夹带气泡的颗粒则浮升至液面而被去除，经处理后的水由设在池底的排水管排出。

2. CAF 涡凹气浮

图 10-14 为 CAF 涡凹气浮装置工作原理图。

废水在投加化学絮凝剂后进入混合槽，使废水和絮凝剂充分混合，以便废水中亲水性悬浮物（如纤维、填料）变为疏水性悬浮物，再进入涡凹曝气机下部的充气区，污水在上升过程中通过充气段，在这里与曝气机产生的微气泡充分混合。曝气机底部的散气叶轮高速旋转，在水中形成一个真空区，液面上的空气通过与曝气机转轴同心的空气输送管进入水中填补真空区，空气进入真空区后，又被高速旋转的散气叶轮切割成微气泡，同废水一起呈螺旋形上升到液面。在上升过程中，微气泡会附着在废水中疏水性悬浮物上，使悬浮物比重变轻，并迅速上升浮于液面，当悬浮物在液面上积累到一定厚度，被气浮装置的链条刮泥机推到出口端的污泥排放管，由污泥排放管内的螺旋输送器输入污泥收集槽。处理后的废水，通过污泥放管下方进入溢流槽，从出水口排出。

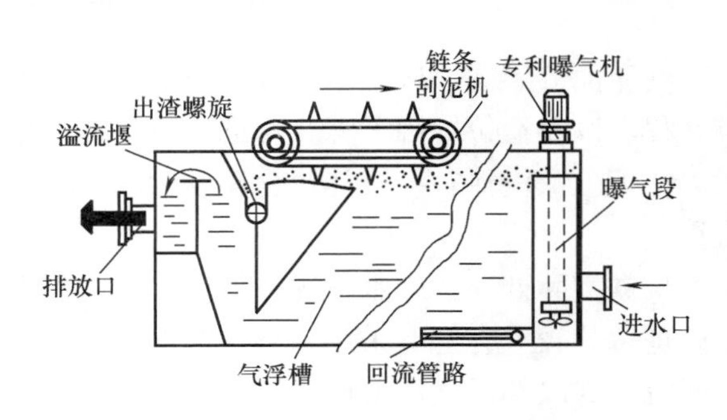

图 10-14　CAF 涡凹气浮装置工作原理图

（三）真空气浮装置

真空气浮装置中，气浮分离池是一个密闭的池子。在运行时，先将需要处理的水在常压下曝气，让空气达到饱和溶解状态，然后再从气浮分离池抽气，使其呈真空状态，这时溶解在水中的空气因气浮池表面的压力低于常压，溶于水中的空气遂以细微气泡溢出来，溢出的空气量则取决于气浮池表面负压的大小。

真空气浮工艺受到能够达到的真空度限制，一般运行真空度在0.04MPa，故可溢出的微气泡数量很有限；其次是保持分离区的真空状态设备复杂，给运行与维护都带来困难。因此，该法已逐步由压力溶气气浮工艺所取代。

四、离心分离装置

物体高速旋转能够产生离心力场，场中的各质点都将承受较其本身重力大许多倍的离心力，离心力的大小则取决于该质点的质量和向心加速度。离心分离的方法常用于造纸废水处理中的粗重杂物预处理和污泥浓缩。

1. 离心分离装置分类

离心分离装置可分为以下两种类型：

① 由水流本身旋转产生离心力的旋流分离器，原理类似除渣器。如水力旋流器、旋流沉淀池。其特点是器体固定不动，而由沿切向高速进入器体内的物料产生离心力。

② 由设备旋转同时也带动液体旋转产生离心力的离心分离机。其特点是由高速旋转的转鼓带动物料产生离心力。离心分离机根据操作原理的不同可分为过滤式离心机和沉降式离心机。

2. 影响离心分离的因素

① 分离因素。分离因素越高，分离性能也越好。

② 水中悬浮物的性能。如果悬浮颗粒粒径越细，密度与水溶液的密度越接近，水的动力黏滞度越大，则越难分离。

③ 进水流量和水在离心分离装置中的停留时间等。

一般旋流分离器在水处理中用得较少，而离心机则广泛用于废水的固液分离及污泥脱水过程中。

（一）水力旋流分离器

根据产生水流旋转的能量来源，水力旋流分离器可以分为压力式和重力式两种。

压力式水力旋流分离器如图10-15所示。要分离的液体用水泵提供能量以切线方向高速进入机内，流速为6~10m/s。液体进入水力旋流分离器后沿器壁下旋，再上旋，较为粗大的颗粒被甩向器壁，并在其本身重力的作用下沿壁下滑，从底部的排渣口连续排出，而较清的液体则通过上部出水管排出。

（二）过滤式离心分离机

过滤式离心分离机在离心力的作用下利用过滤介质（滤网、滤布等）来分离液体中的悬浮物质。它对颗粒和液体的密度差没有要求，但不宜于小颗粒、纤维状或胶体可压缩固体物质的分离（例如废水污泥的处理），因为这些物质会堵塞过滤介质。它适用于悬浮液浓度较高（可达50%~60%）、粒度适中以及母液较黏的场合。如果要求提高分离固体的干燥效果或它的洗涤效果，也宜于过滤式离心分离机。

（三）沉降式离心分离机

沉降式离心分离机是利用离心沉降法来分离悬浮液，常用的是卧螺式离心分离机。工作原理如图10-16所示。悬浮液由轴上的进料孔进入机内，在离心力的作用下转鼓内形成一环形液池，重相固体粒子沉降到转鼓内表面形成沉渣，由于螺转叶片与转鼓的相对运动，沉渣被送到转鼓小端的干燥区，澄清液由大端的溢流孔流出。

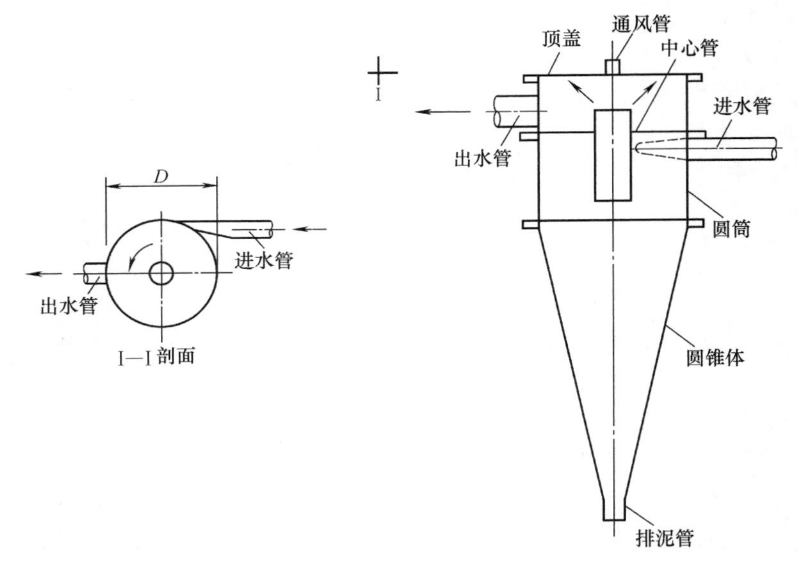

图 10-15　压力式水力旋流分离器

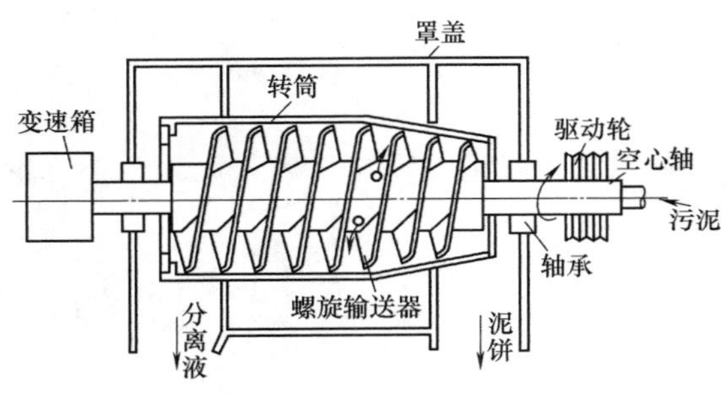

图 10-16　卧螺式离心分离机工作原理图

五、筛滤装置

在制浆造纸废水处理过程中，筛滤装置是一种简单的拦污装置，用于清除污水及污水处理厂（站）进水中含有的较大的悬浮物，保护后续处理设施能正常运行，以及降低其他处理设施的处理负荷。筛滤装置包括格栅、滤网、捞毛机等。

（一）格栅

格栅通常是由一组或多组平行的用金属栅条制成的，框架倾斜甚至直立设置在进水流经的渠道中，或设置在进水泵站集水井口处，以拦截污水粗大的悬浮物及杂质。按照格栅上所截留污染物的清除方法不同，可分为人工清除的格栅和机械格栅。

（二）筛网

在制浆造纸排出的废水中含有大量的长约 1～180mm 的纤维类杂物。这种呈悬浮状的细小纤维不能用前述的格栅加以去除，也很难通过沉淀达到处理的目的；不加以清除，则可能使排水管道堵塞，甚至还会缠绕在水泵的叶轮上而逐渐破坏水泵的正常工作，造成运行上的困难。筛网和捞毛机就是一种能有效截留这类悬浮物的机械装置。它具有简单、高效、不必投加化学药剂、运行费用低、占地面积小及维修方便等特点。

应用于废水处理或短小纤维回收的筛网主要有固定平面式筛网和旋转式筛网。

典型的平面式筛网如图 10-17（斜筛），旋转式筛网如卧式微滤机（如图 10-18）。

六、过滤装置

（一）过滤的定义与作用

① 过滤的定义。过滤通常是指将悬浮液中的固液两相加以分离。这里过滤的定义是

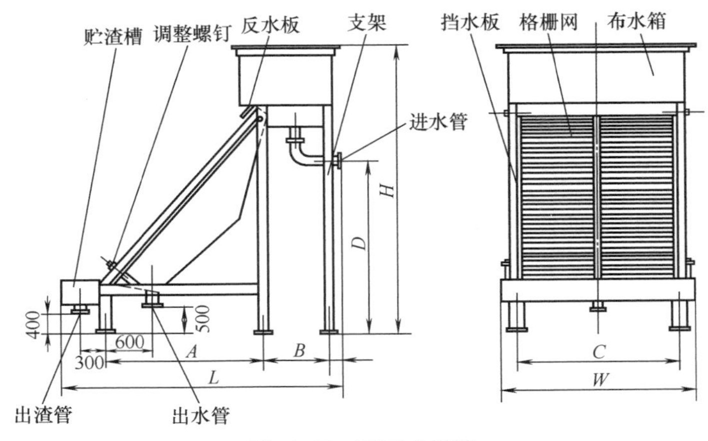

图 10-17　平面式斜筛

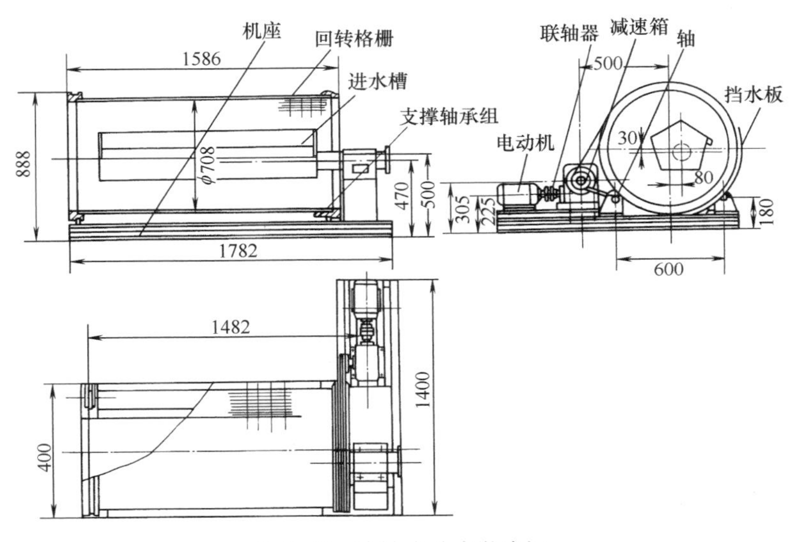

图 10-18　旋转式卧式微滤机

使水通过粒状滤料滤床，去除水中悬浮物和胶体杂质等不溶性污染物的一种物理化学过程。

② 过滤的作用。去除经生物絮凝和化学絮凝后不能沉降的颗粒和胶体物质；增加对 SS、浊度、P、BOD、重金属、石棉、细菌、病毒以及其他一些污染物质的去除效果；克服生物和化学处理过程中水质的变化，保证连续操作，使出水水质稳定，提高处理厂的全面可靠性；保护后续装置。在要求较高的制浆造纸废水处理中常用到。

（二）过滤装置分类

通常，过滤装置分快滤池和慢滤池，两者的过滤机理是不同的。过滤装置按过滤驱动力可分为重力式过滤器和压力式过滤器等。

① 慢滤池。也称表层过滤，主要利用顶部的滤膜截留悬浮固体，同时发生微生物对水质的净化作用。这种滤池生产水量少、滤速慢（<10m/d）、占地大，在滤料表面易出现泥封；而当加大过滤水头时，则容易发生污染物穿透现象，应用较少。

② 快滤池。也称深层过滤池，滤速较快（>100m/d），其构造如图 10-19 所示。在过滤

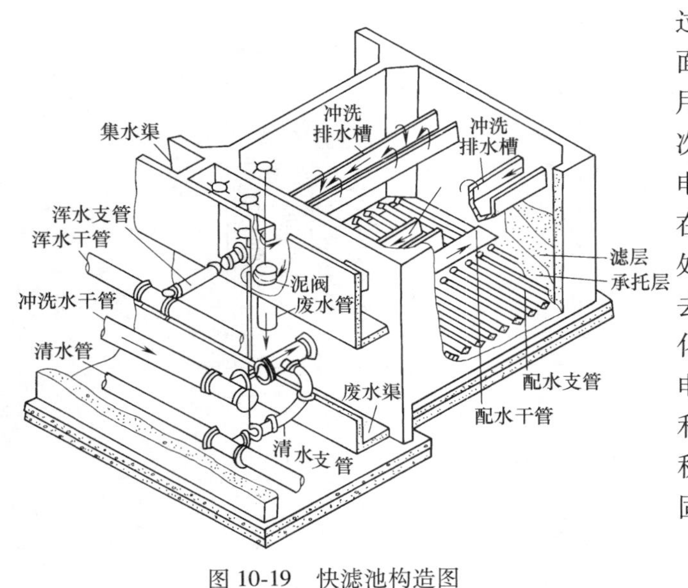

图 10-19 快滤池构造图

过程中，悬浮颗粒能吸附在滤料表面，即“接触絮凝”起了主要作用，而其他作用如截留和沉降处于次要地位。由于滤料表面通常带负电，要使也带负电的悬浮颗粒附着在滤料表面，必须对滤前水进行预处理，通常是化学混凝处理（如果去除对象是生物污泥絮体，则不需化学混凝），以改变悬浮颗粒所带电荷。因此，快滤池可以定义为：利用滤层中粒状材料所提供的表面积截留水中已经过混凝处理的悬浮固体设备。

图 10-20 为重力式无阀滤池。

（三）滤料

① 滤料的最基本功能。提供黏着水中的悬浮固体所需要的面积，至于悬浮固体的可黏着性可以由絮凝过程来实现。

② 滤料种类。滤料本身的性质并不重要，除使用的天然石英砂以外，还有加工成符合规格的颗粒材料，如无烟煤、大理石、白云石、钛铁矿等；一些无机材料经烧结、破碎后也可以做滤料，如陶粒滤料和陶瓷滤料；也可以用人工合成的粒状材料，如纤维球、塑料球等。在选择滤料时应满足足够的机械强度，足够的化学稳定性，合适的颗粒粒径级配和空隙率，较低的成本。

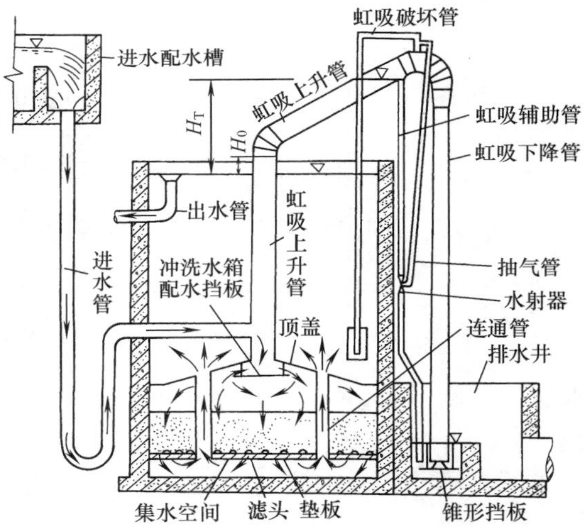

图 10-20 重力式无阀滤池

七、压滤和吸滤装置

（一）基本原理

1. 作用

制浆造纸废水处理后的污泥中含有大量水分，一般 95%～97%。为便于后续处理，污泥应尽量脱水以减小体积。机械脱水是污泥脱水常用的方法，污泥脱水干度<85%。

2. 污泥机械脱水基本原理与方法

机械脱水基本原理是以过滤介质两面的压力差作为推动力，污泥中的水分（即滤液）被强制通过过滤介质，固体颗粒（滤饼）则被截留在介质上，从而达到脱水的目的。造成压力差的方法有：依靠污泥水本身厚度的静压力——重力过滤法；在过滤介质的一面造成负压——真空吸滤法；对污泥加压把水分压过过滤介质——压滤法；造成离心力——离心过滤法。各种脱水方法效果比较见表 10-7。

表 10-7　　各种污泥脱水方法效果比较表

脱水方法	自然干化	机械脱水				干燥法	焚烧法
		真空吸滤法	压滤法	滚压带滤法	离心过滤法		
脱水装置	干化场	转鼓真空脱水机	板框压滤机	滚压带压机	离心脱水机	干燥设备	焚烧设备
干泥干度/%	70~80	60~80	45~80	78~86	80~85	10~40	0~10
脱水后状态	泥饼状	泥饼状	泥饼状	泥饼状	泥饼状	粉状、灰状	灰状

3. 污泥脱水装置种类

目前国内应用的主要有转鼓真空脱水机、圆盘真空脱水机、板框压滤脱水机、滚压带式脱水机和离心脱水机。

4. 调理与过滤脱水

① 污泥调理机理。污泥调理与废水絮凝的机理是不同的，前者注重絮体的密实和脱水能力，而后者更注重絮体的大小和沉降能力。由于高效调理污泥疏水性与稳定性调理药剂的出现，机械脱水装置有从真空脱水机和板框压滤脱水机向带式压滤机和离心脱水机发展的趋势，特别是在处理造纸废水含有机物较多的生物污泥时。

② 调理剂种类。对污泥的有效脱水是很重要的。常用的污泥调理剂有铝盐、铁盐、生石灰和聚丙烯酰胺等。有机调理剂产生的絮体粗大、投加量少，但价格较贵，常用于带式压滤机和离心脱水机。对有机物含量高的污泥，有效的主要是阳离子有机高分子调理剂。无机调理剂产生的絮体细小、投药量大，更适合用于真空脱水机和板框压滤机。

（二）真空转鼓污泥脱水机

真空转鼓污泥脱水机主要用于初沉池污泥及污泥的脱水。其优点是能够连续操作，运行平衡，可自动控制，滤液澄清率高，单机处理量大；主要缺点是附属设备较多，占地面积大，滤布消耗多，更换清洗麻烦，工序复杂，运行管理费用较高，现已逐步被其他的污泥脱水机种代替。

真空转鼓污泥脱水机的结构与工作原理类似于制浆车间用的真空洗浆机，在此不再详述。

（三）板框压滤机

1. 板框压滤机工作原理

板框压滤机由板和框相间排列而成，其工作原理和构件如图 10-21 所示。在滤板两面包有滤布，用压紧装置把板和框压紧，使板和板之间构成压滤室，被加压的污泥进入后，滤液在压力作用下通过滤布，并由孔道从滤板排出，达到脱水的目的。

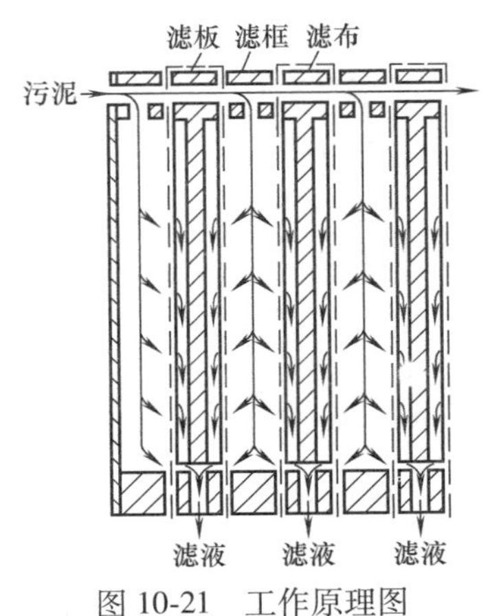

图 10-21　工作原理图

2. 板框压滤机特点

结构较简单，操作容易且稳定，故障少，保养方便，机器使用寿命长；过滤推动力大，所得滤饼的含水率低；过滤面积的选择范围较宽，且单位过滤面积占地较少；对物料的适应性强，适用于各种污泥；由于滤饼过滤，可得到澄清的滤液，固相回收率高。其缺点是不能连续运行，处理量小，滤布消耗大。因此，它更适合于中小型污泥处理场合。

3. 板框压滤机种类

分人工板框滤机和自动板框滤机两种，前者劳动强度大、效率低，后者不需要很多的人工管理。

（四）带式污泥脱水机

1. 滚压带式污泥脱水机

① 滚压带式污泥脱水机结构原理。基本上由辊和带组成。其结构原理如图 10-22（a）所示。压榨辊有两种辊压方式：相对辊方式，滚压辊上下相对，辊间接触面积小，压榨时间短，但压力大，适用于无机疏水的污泥脱水；水平辊方式，利用滚压辊施于滤带的张力压榨污泥，滤带同辊的接触面较宽，压榨时间长，虽压力较小，但在滚压过程中对污泥有一种剪切作用，可促进泥饼的脱水。通过辊与带的不同组合，可以得到各种形式的滚压带式污泥脱水机。根据辊与带的不同组合，在不同区域污泥脱水分重力脱水、压力脱水和剪力脱水方式 3 种机理，见图 10-22（b）。

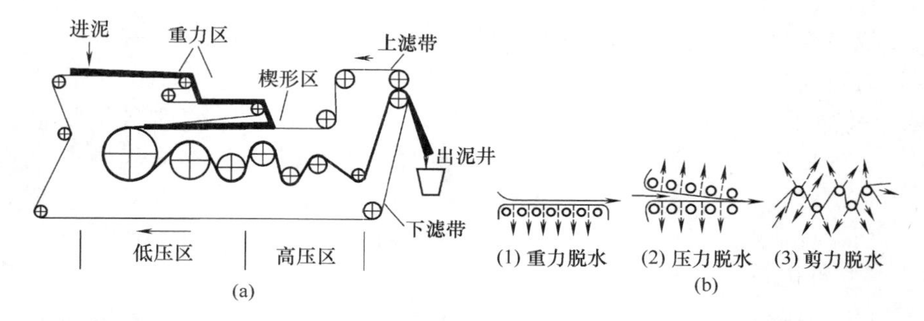

图 10-22　带式污泥脱水机工作原理图（a）及三种脱水机工作原理图（b）

② 滚压带式污泥脱水机的特点。a. 在滤带上施加压力，利用滤带的张力和压力使污泥脱水，并不需要真空或加压设备，动力消耗少，可以连续生产；b. 操作简便，可维持稳定的运转，其运行仅仅决定于滤带的速度和张力，即使运转中负荷有了变化，也能稳定脱水；c. 结构紧凑、简单，低速运转，易保养；d. 处理能力高、耗电少，允许负荷有较大的范围的变动；e. 无噪声和振动，易于实现密闭操作。

③ 滤带材料。现在所采用聚酯纤维或尼龙，编织方式较厚（如螺旋网），既保证一定的滤水性又尽可能减少污泥流失。

④ 带式污泥脱水机应用。近年来在制浆造纸废水处理中用得十分广泛。主要原因是：a. 合理而又简单的结构；b. 与之配套使用的高分子絮凝剂的研制成功。高分子絮凝剂对污泥的预处理很重要。它的主要处理对象是废水中经物化生物处理后的污泥。

2. 真空带式污泥脱水机

真空带式污泥脱水机以真空吸力作为过滤推动力，其过滤面呈现水平状态。吸滤过程中，加到滤带上的污泥受到真空盒的吸引过滤，滤渣留在滤带上形成滤饼，滤液则经过滤带排出。真空吸滤脱水机适用于粗颗粒、高浓度的处理。

真空吸滤脱水机类似于制浆车间水平带式真空洗浆机，只不过在底网上侧与之对应的还有一条顶网，两者压紧配合，实现脱水。真空带式污泥脱水机在造纸厂较少使用。

3. 圆盘污泥脱水机

圆盘污泥脱水机是一种连续作业的真空脱水机设备。它借助于真空的作用把污泥中的固体颗粒吸附在过滤盘两侧形成滤饼，滤饼在卸料区由吹风卸落。其工作原理如图 10-23 所示。该机适用于固体颗粒小于 0.5mm，沉降速度不超过 18mm/s 的污泥。其优点是：占地面积小，过滤面积大，处理量大；更换滤布容易。缺点是：滤饼裂缝，从而降低真空度；滤布容易堵塞。

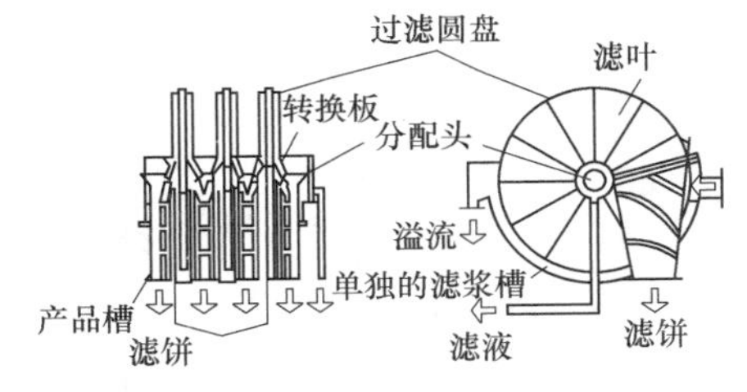

图 10-23　圆盘污泥脱水机工作原理图

第三节　化学法处理设备

一、概　　述

根据我国造纸工业废水排放标准，允许排放废水的 pH 应在 6~9 之间。凡废水含有酸碱而使 pH 超出规定范围的都应加以处理。

造纸工业废水往往含酸或碱，且酸碱的量差别往往很大。在碱性制浆蒸煮废水中含碱性；而在黑液木质素利用废液中通常将酸的含量大于 3%~5%的废水称为废酸液；将碱的含量大于 1%~3%的废水称为废碱液。废酸液和废碱液应尽量加以回收利用，但低浓度的含酸废水和含碱废水，回收的价值不大，可采用中和法处理。

制浆废水中和法常常是利用工业废酸、石灰乳液中和酸性、碱性废水；有时也用生产过程中酸性、碱性废水混合部分中和，以调整废水的 pH 处于中性范围。需要投加的酸或碱中和剂的量，理论上可按化学反应式进行计算。但是实际废水的成分比较复杂，干扰酸碱平衡的因素较多。

二、酸碱中和装置

（一）中和槽

采用投加药剂中和法时，中和设备由中和槽、投配器、泵等组成，图 10-24 是石灰中和酸性废水的装置示意图。因石灰经济，易取且使用方便，二次污染小，用石灰乳中和造纸工业酸性废水较常用。

中和反应在中和反应槽内进行。由于反应时间较快，可将混合池和反应池合二为一，采用隔离板式或机械搅拌，停留时间 5~20min。

造纸废水中和中石灰的投加可以采用干法和湿法。干法是将石灰粉直接计量投入池中。较多使用的是湿投法。当石灰用量少时，可如图 10-24 所示；中和药剂用量多时，可采用图 10-25 所示的石灰乳配制系统。

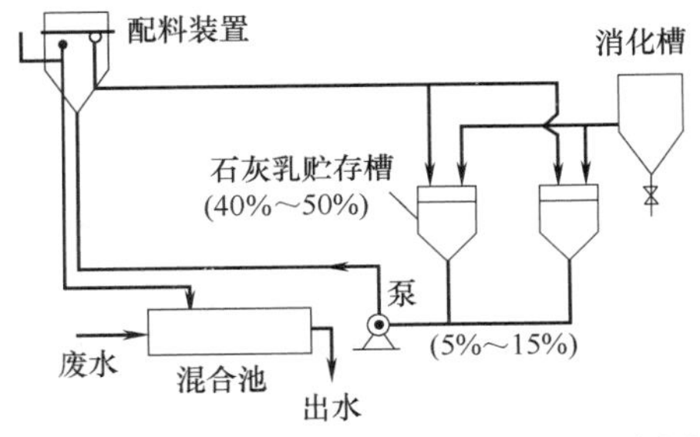

图 10-24　石灰中和酸性废水的装置示意图

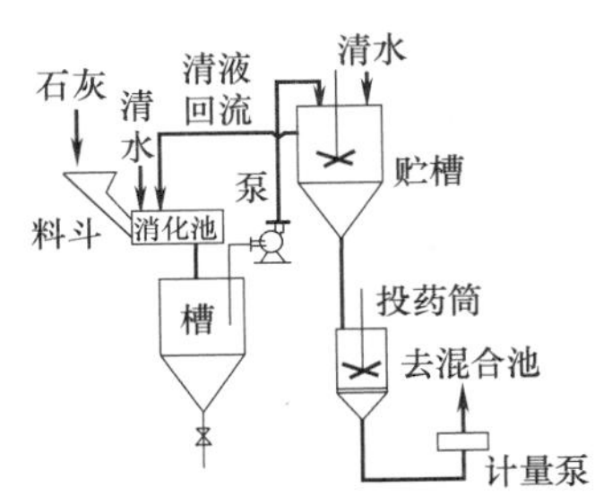

图 10-25　石灰乳配制系统

（二）膨胀式中和塔

当中和剂为颗粒（如碱性滤料石灰石、大理石、白云石等）时，常采用过滤的形式使废水和中和剂充分接触而得到中和，普通中和滤池有升流式和降流式两种，大多采用升流式。用普通中和滤池处理含硫酸的酸性废水时，滤料表面易形成硫酸钙外壳，使滤料失去中和作用。采用升流式膨胀中和滤塔（池）可改善硫酸废水的中和过滤，中和处理。

三、混凝装置

混凝装置在造纸废水处理中几乎是不可缺少的处理方法之一。很多造纸污水处理、污泥脱水都用到混凝技术。混凝过程的好坏，直接影响后续处理如沉淀、过滤、脱水的效果。

为了完成混凝沉淀过程，必须设置投加混凝剂的设备、使混凝剂与废水迅速混合的设备、使细小矾花不断增大的反应设备。

一般混合过程在10~30s内就可完成，至多不超过2min；混凝剂在废水中的水解反应速率非常快，混凝剂应在尽量短时间内与废水快速均匀混合，使水中的全部胶体杂质均能和药剂发生作用。目前，大多采用泵前加入混合和管道混合两种方法。国外也采用机械混合的方法。

（一）机械混合混凝装置

机械混合可采用桨板式搅拌机（见图10-26），这是我国常用的一种搅拌器。叶轮呈‘+’字形安装，一根旋转轴共安装8块桨板。搅拌速度可调，搅拌功率的大小决定于旋转时各桨板的线速度和桨板面积。该法混凝效果好，但要有一套机电设备，多耗电能，并增加维修和管理的工作量。

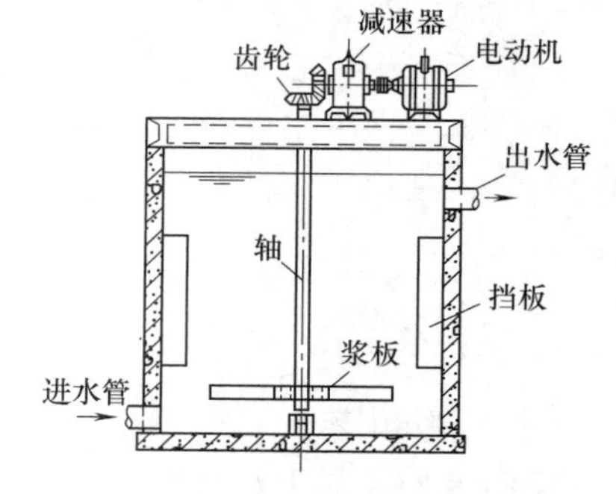

图10-26　桨板式搅拌机

（二）水力混合和管道混合

1. 水力混凝器

最简单的是一只装有单个喷射进口管的水池，这种形式不要求效率很高，特别是在混凝作用的最后阶段，因为能量主要消耗在喷嘴而与池子容积无关。池内液体可以转动起来，这样进入的液流和池内液体的相对流速差就减小了，局部的过大剪切力减轻了，从而得到了更为有效的消除漩涡的方法。当体积减小时，情况更趋向接近于理想渠道条件，就是让喷射紊流占满了整个空间。

2. 管道混合器

管道混合器在造纸废水中较常用。在管道中用推流混合比搅拌池中的回流混合优越。回流混合搅拌池并不能达到反应的要求。现在，通常的趋势是把絮凝剂加注于接触室或絮凝室上游的管道或水渠中，即泵后投加。应用管内锯齿曲折形挡板，借助管内水流紊动，使混凝剂与废水充分混合。为了保证在管内有合适的混合条件，投药点宜选在距反应池50m至100m处。如距离过短，混合不够充分；反之，则在出水管段内水流停留过长（大于2min）会形成可见颗粒矾花，当这些矾花进入反应池时即被打碎，呈尖状而悬浮于水中不易下沉；要使这些尖状矾花再次产生絮凝，就必须适当增加投药量，从而增加药耗。

水泵出水管内具有一定压力，如果在出水管段上投加混凝剂有困难时投药点也可选在反应池进水口处，但反应池进水口处必须设有专门的混合设备，否则会影响混凝效果，增加耗药量。

第四节　物理化学处理设备

一、吸附装置

现代制浆厂废水中污染色度、有机物胶体、微生物及余氯都可借助于吸附装置完成。吸附装置分有压力式、重力式；上向流、下向流；填充床或膨胀床；单个并联或分组串联。

（一）活性炭吸附装置

1. 活性炭吸附装置特征

① 活性炭功能性质。活性炭比表面积大约 1000~2000m^2/g，是应用最早的一种活性炭吸附剂，具有微孔结构，吸附能力很强，对水中许多有机污染物都具有很强的吸附能力。可以除臭、脱色及去除微量有害物质。

② 活性炭制作。制作活性炭的材料很多，如木材、胡桃壳、椰子壳、烟煤、褐煤以及石油残渣等。以不同原料制成的活性炭或同一原料而不同处理温度制成的不同规格的活性炭，其微孔结构往往不一样，表面活性及吸附能力也有区别。

活性炭形状可以是粉末状或是颗粒状。粉末状的吸附能力强，制备容易，价格较低，但再生困难，一般不能重复使用。颗粒状的活性炭价格较贵，但可再生后重复使用，并且使用后的劳动条件较好，操作管理方便。因此，在水处理中较多采用颗粒状活性炭。

③ 活性炭吸附装置分类。按吸附设备又可分为：静态吸附和动态吸附。静态吸附是在搅拌吸附装置中进行的；动态吸附是被处理的水在流动条件下进行的。常用的动态吸附有：固定床、移动床和流动床。

2. 固定床活性炭吸附装置

这是以活性炭等吸附剂作为填充层，流体从上方或下方连续地流入并进行吸附反应的方法。由于这种吸附设备中吸附剂在操作过程中是固定不动的，故称为固定床。

图 10-27 为降流式固定层吸附塔构造示意图。图 10-28（a）（b）（c）分别是单塔、串联、并联下向注流固定床吸附装置。（b）图中，当最末一根柱子穿透时，第一根柱子与进水浓度平衡，以便达到最大的炭吸附能力。将第一根柱子再生或用新的炭替换后，就把它装在最后，变成最后一级，以此类推。（c）图为多根柱并联工作，其出水相混以达到最后要求的水质，其中有的柱很快即可再生或替换，其出水的 COD 很高；而有的柱刚换过新鲜炭（或再生过），出水的 COD 很小。各出水相互混合后即可达到预期效果。

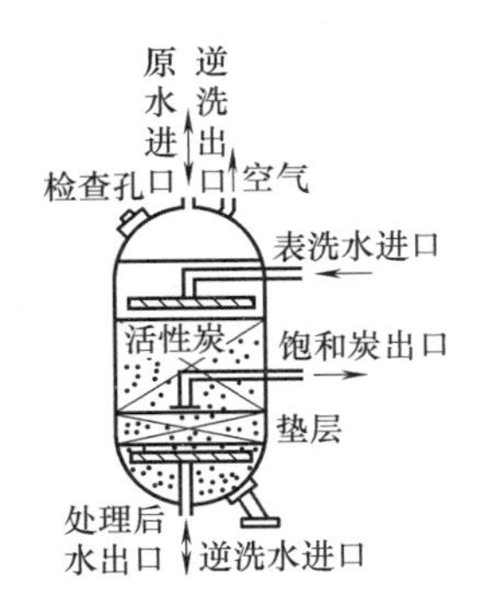

图 10-27　降流式固定层吸附塔构造示意图

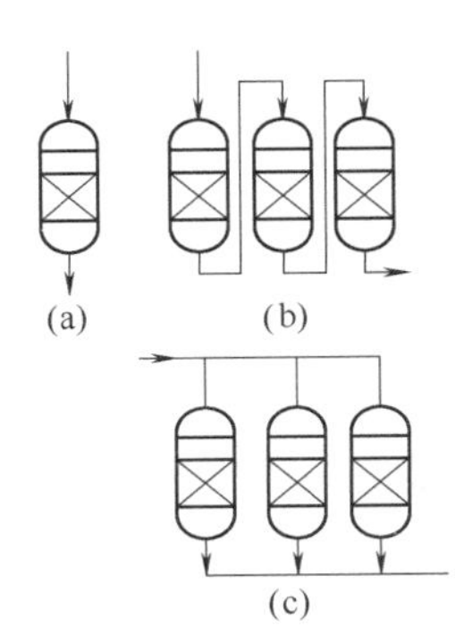

图 10-28　固定床吸附装置操作图
（a）单塔　（b）串联下流　（c）并联下流

图 10-29　移动床吸附装置示意图

3. 移动床活性炭吸附装置

移动床吸附装置有使活性炭连续移动的方法和间歇移动的方法。通常所说的移动床吸附装置是指间歇式移动吸附方式，如图 10-29 所示。

移动床的特点是：装置可以小型化，设备占地面积小，处理水水质经常保持稳定等。

移动床的缺点是装置复杂，操作运行复杂，活性炭的吸附能力下降快。

4. 流动床活性炭吸附装置

活性炭在塔内形成膨胀层，并在层内慢慢下降的同时，与从炭塔底部进入的废液相接触，然后连续地被排出塔外。在这种吸附方式中，如果废液流速过大，则塔内活性炭膨胀率增大，不能保持层状移动，所以必须严格进行流量调节。

（二）树脂吸附装置

大孔树脂吸附装置是从 20 世纪 60 年代初期开始研制的。同一般的凝胶型交换剂不同，大孔型离子交换剂没有离子交换基因，不论它是水合状态还是干燥状态，都具有比较强的内孔结构。这种内孔结构具有真实可测量的孔隙度，因此，在交换剂用于非水溶剂系统时，单位质量或单位体积的交换剂中，大孔型离子交换剂总是具有大比例的、易于接近的官能团位置。其结果是，大孔型离子交换剂比一般凝胶型离子交换剂所达到的选择性与交换吸附的速率要好得多。一般凝胶型离子交换在大多数非水方面的应用都是不合适的，因为它的动力学性能差，机械破损严重。

某些合成树脂对于吸附有机物是很有效的，特别是用来吸附制浆造纸废水中的有色物质。人们已对各种树脂及处理方法进行了研究，Rohm-haas 发明了一种树脂，是高交联度的不含离子交换基团的亲水性多孔聚合物，用于处理漂白废水达到了生产规模。

二、膜分离装置

（一）膜分离技术

利用膜的选择透过性进行分离或浓缩水中的离子或分子的方法，在制浆造纸废水处理领域中占有一席之地。

1. 膜分离法类型

最常用的是电渗析、反渗透、超滤法，其次是微滤和扩散渗析。在制浆造纸工业废水处理中，应用较多的是反渗透法与超滤法，今后如能大型规模化，对造纸工业废水处理具有划时代意义。

2. 膜分离技术特点

① 在分离浓缩过程中，不发生相变化和化学反应，耗能少（反渗透技术特点更突出），同时不需加入化学药品；

② 根据膜的选择性和孔径大小不同，可将不同粒径的物质分开，大分子和小分子分开，使物质分离纯化，可回收有价值的物质资源；

③ 膜分离工艺不损坏对热有敏感和对热不稳定的物质，可以使其在常温下得到分离，这对药制剂、酶制剂等分离浓缩非常适用；

④ 膜分离工艺适用性强，处理规模可大可小，操作及维护方便，易于实现自动化控制。

3. 膜分离装置的发展动向

① 继续研制各种性能优良的膜品种——复合膜、超薄膜、压渗透膜和电荷膜等，对膜性能具有高通量、高去除要求外，还应有耐酸碱、抗氧化、耐污染、耐清洗等功能；

② 研制各种类型大容量的膜组件和单机的容量；

③ 双膜塔的研究，利用不同性能的两种膜，对相适应的组分进行分离，提高总体分离能力；

④ 连续塔的研究，这种装置类似精馏塔的提馏段和浓缩段，并采用回流操作。

（二）反渗透装置

1. 反渗透分离原理

反渗透分离原理见图 10-30，其中（a）表示当废水被一张半透膜隔开时，纯水透过半透膜和废水侧扩散渗透，渗透的推动力是渗透压；（b）表示扩散渗透使废水侧溶液液面升高，直到达到动态平衡为止，此时，半透膜两侧溶液的液位差被称为渗透压 π，这种现象称为正渗透；（c）表示在废水侧施加一个外部压力 p，当 $p>\pi$ 时，废水侧的水分子将渗透到纯水侧，这种现象称为反渗透。

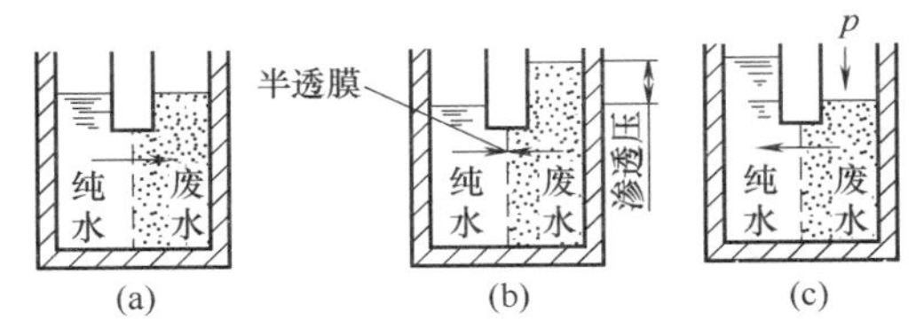

图 10-30　反渗透分离原理图

2. 反渗透膜组件的结构形式及技术特点

（1）反渗透膜类型

有醋酸纤维素膜、芳香族聚酰胺膜、脂肪族聚酰胺膜等。表 10-8 是几种反渗透膜的性能。

表 10-8　几种反渗透膜的性能

品种	测试条件	透水量/[m³/(m²·d)]	脱盐率/%
CA25 膜	1%XaG,5066.3kPa	0.8	99
CA3 超薄膜	海水,10132.5kPa	1.0	99.8
CA3 中空纤膜	海水,6079.5kPa	0.4	99.8
醋酸丁酸纤维素膜	海水,10132.5kPa	0.48	99.4
CA 混膜	3.5%NaCl,10132.5kPa	0.44	99.7
磺化聚苯醚膜	苦碱水,7599.4kPa	1.15	98
醋酸丙酸纤维素膜	3.5%NaCl,10132.5kPa	0.48	99.5
芳香聚酰胺膜	3.5%NaCl,10132.5kPa	0.64	99.5
聚乙烯亚胺膜(异氰酸酯改性膜)	3.5%NaCl,10132.5kPa	0.81	99.5
聚苯并咪唑膜	0.5%NaCl,4053kPa	0.65	95

（2）膜组件及结构类型

膜组件是指将膜以某种形状和一定面积置于一容器中，组成单元设备，在外压下能实现溶质与溶剂的分离。膜组件有板框式、管式、螺旋卷式和中空纤维式 4 种结构形式。各种膜组件构造见图 10-31 至图 10-34。

① 板框式反渗透装置。将渗透膜贴在多孔透水板的单侧或两侧，再紧黏在不锈钢或环氧玻璃承压板两侧，构成一个渗透元件。然后将几块或几十块元件层层叠合，用长螺栓固定

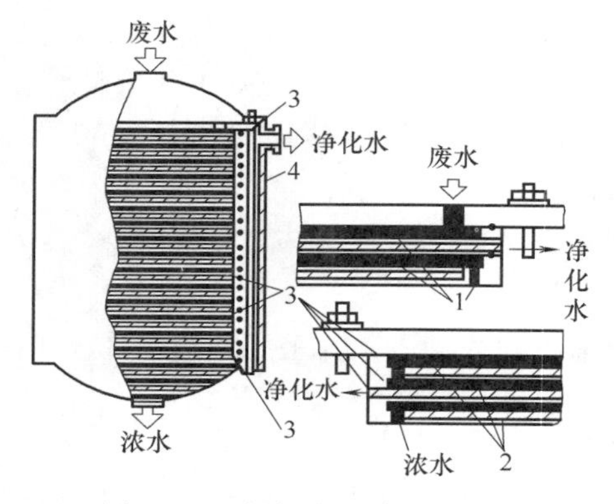

图 10-31 板框式反渗透膜组件

1—反渗透膜 2—多孔板 3—O 形密封圈 4—系紧螺栓

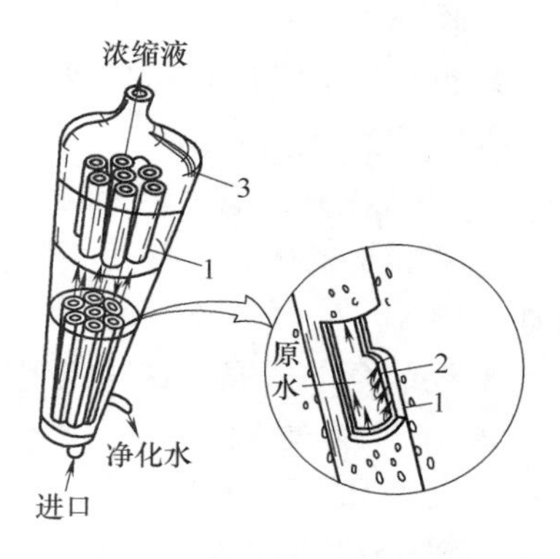

图 10-32 内压管式反渗透膜组件

1—玻璃纤维管 2—反渗透膜 3—外壳

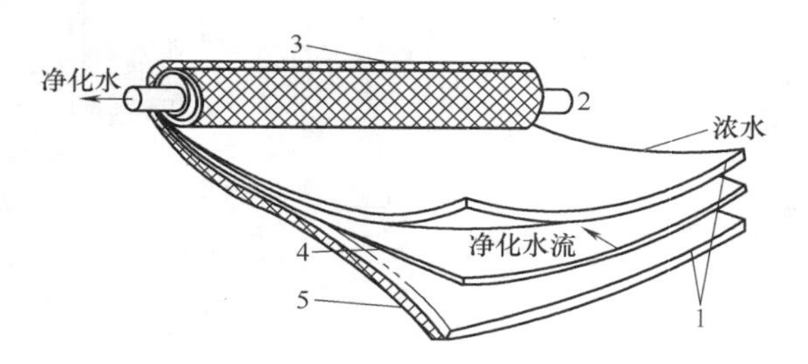

图 10-33 卷式反渗透膜组件

1—反渗透膜 2—中心管 3—卷式膜组
4—多孔支撑材料 5—进料料隔网

后装入密封耐压容器内。

② 管式反渗透装置。把反渗透膜装在耐压微孔承压管的内侧或外侧，制成管状膜的元件，然后将很多管束装配在筒形耐压容器内。

③ 螺旋卷式反渗透装置。在两层渗透膜中间夹一层多孔的柔性格网，再在下面铺一层供废水通过的多孔透水格网，然后将它们的一端粘贴在多孔集水管上，绕管卷成螺旋卷筒，并将另一端密封，就成为一个反渗透元件。

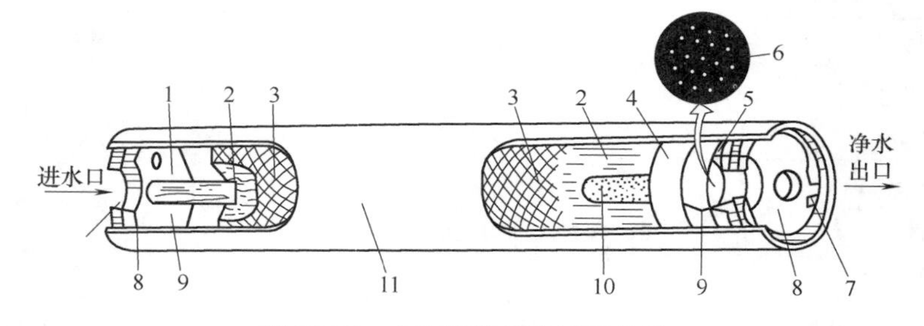

图 10-34 中空纤维反渗透膜组件

1—浓水排出口 2—中空纤维束 3—导流 4—环氧树脂管柱 5—多孔支撑圆盘 6—纤维束开口端
7—弹性挡圈 8—端板 9—O 形密封圈 10—多孔进水分布管 11—壳体

④ 中空纤维式反渗透装置。将制造反渗透膜的原料空心纺丝制成中空纤维管。纤维管的外径为 50~100μm，壁厚 12~25μm。将几十万根中空纤维弯成 U 形装在耐压容器内，即组成反渗透器。

表 10-9 和表 10-10 分别列出上述 4 种膜组件的特点和适用范围。

（三）超滤装置

1. 超滤基本原理

超过滤法在制浆造纸废水处理中较有用，与反渗透法相似，也是依靠膜和压力来完成分离任务的。但作用的实质与反渗透法不相同。超过滤法是利用机械隔滤的原理。薄膜具有一

表 10-9　各种膜组件的特点

组件类型	主要优点	主要缺点	适用范围
板框式	结构紧凑，密封牢固能承受高压，成膜工艺简单，膜更换方便，较易清洗，有一张膜损坏不影响整个组件使用	装置成本高，水流状态不好，易堵塞，支撑体结构复杂	适用于中小型处理规模，要求进水水质较好
管式	膜的更换方便，进水预处理要求低，适用于悬浮物和黏度较高的溶液。内压管式水力条件好，很容易清洗	膜装填密度小，装置成本高，占地面积大，外压管式不易清洗	适用于中小型规模水处理，尤其适用于废水处理
螺旋卷式	膜的装填密度大，单位体积产水量高，结构紧凑，运行稳定，价格低廉	制造膜组件工艺较复杂，级件易堵塞且不易清洗，预处理要求高	适用于大规模的水处理，进水水质较高
中空纤维式	膜的装填密度最大，单位体积产水量高，不需要支撑体，浓差极化可以忽略，价格低廉	成膜工艺复杂，要求预处理最高，非常容易堵塞，且很难清洗	适用于大规模水处理，且进水水质较好

表 10-10　各种反渗透组件技术特性

组件类型	膜装填密度 /(m^2/m^3)	操作压力 /($\times10^5$Pa)	水通量 /[$m^3/(m^2 \cdot d)$]	单位体积产水量 /[$m^3/(m^3 \cdot d)$]
板式	492	54.9	1.00	502
内压管式	328	54.9	1.00	335
螺旋卷式	656	54.9	1.00	670
中空纤维式	9180	27.5	0.073	670

定大小的孔隙，比孔隙粗的分子或粒子就不能透过薄膜。因此，膜孔大小是超过滤法的主要控制因素，超滤膜的孔径最细为 2~3μm，粗孔可达 1μm 以上，比反渗透膜的孔径大。

超过滤法截留或废水能够透过滤膜，要克服通过滤膜的阻力，因此也要加压，但这个压力比反渗透法要小，一般为 101.3~709.3kPa。

超过滤所分离物质的相对分子质量较大，一般在 500~500000 之间。在废水处理中，目前主要用于分离有机的溶液。

2. 超过滤的膜组件

同反渗透膜组件类似，可分为板式组件、管式组件、卷式组件和中空纤维式组件，还有毛细管式膜组件。这种毛细管比中空纤维粗，外径为 1.3~1.8mm。内径为 0.9~1.2mm，其操作压力适用于 0.25MPa 以下。

超滤膜包括：二醋纤维类膜（CA）、聚砜膜（PS）、聚砜酰胺膜（PSA）等。国外已建立了工业性装置。

第五节　生物法处理及设备

一、概　　述

废水的生化处理，就是利用广泛存在于自然界中的依靠有机物生活的微生物，氧化分解废水中的有机物并将其转化为无机物的过程和方法。

按微生物的代谢形式，生物法处理分为好氧和厌氧两大类。由于好氧性生物处理效率高，使用广泛，已成为生物法处理的主流。按微生物的生长方式可分为悬浮生物法和生物膜法。好氧生物处理又分为活性污泥法和生物膜法。

废水的生化处理设备是在采取一定的人工措施基础上，创造有利于微生物生长、繁殖的环境，使微生物大量增殖，以提高微生物氧化分解有机物效率的设施。

处理设备由反应设备和附属设备两部分组成。反应设备是直接为微生物生长创造的环境设施；附属设备是满足反应设备正常运行所需的条件的设备。

造纸工业中污染物浓度较低的废水一般可用好氧生物处理法以减少其中的 BOD_5，同时还可消除对水生物的毒性。制浆造纸工业废水中最普通的好氧生物处理法包括：大型贮存氧化塘系统、曝气稳定塘系统、不同改进型活性污泥系统及土地处置系统等。对规模小的纸厂，也可用生物转盘、生物滴滤池、接触氧化等系统。

二、好氧生物处理装置

（一）好氧生物处理主要类型

1. 鼓风曝气活性污泥法

鼓风曝气活性污泥法。其曝气系统由加压设备、扩散设备和连接两者的管道系统三部分组成。加压设备一般有：回转式鼓风机、离心式鼓风机、罗茨鼓风机，还有用于污水处理的空气压缩机。

2. 机械表面曝气活性污泥法

机械表面曝气活性炭污泥处理是通过机械曝气装置达到充氧的一种活性装置。最常用的机械曝气装置为曝气叶轮，由于其常安装在池面，称为表面曝气。

表面曝气叶轮的充氧是通过下述三部分实现的：

① 叶轮的提水和输水作用，使曝气池内液体不断循环流动，从而不断更新气液接触面和不断吸氧；

② 叶轮旋转时在其周围形成水跃，使液体剧烈搅动而卷进空气；

③ 叶轮叶片后侧在旋转时形成负压区吸入空气。

3. 吸附生物氧化法

吸附生物氧化法即吸附生物降解法（adsorption-biodegradation process 简称 AB 法）。该法是以传统的两段活性污泥法和高负荷活性污泥法为基础研究发展起来的超高负荷活性污泥法。

AB 法具有处理效率高、运行稳定、工程投资和运行费用低的特点，是一种非常有效的生物处理方法。对 BOD、COD、SS、磷和氨氮去除率均高于传统活性污泥法。

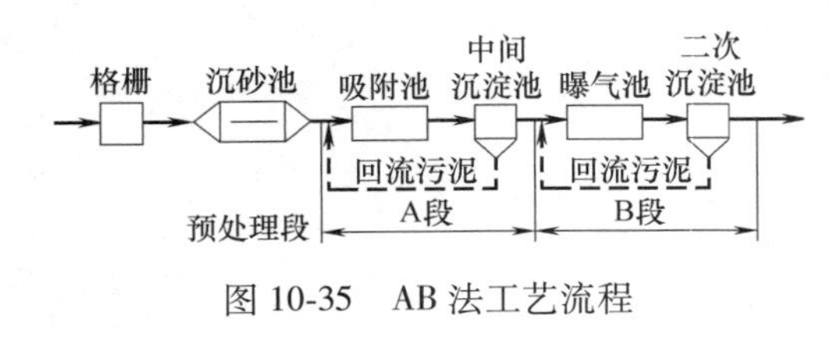

图 10-35　AB 法工艺流程

AB 法工艺流程见图 10-35。流程特征：整个系统不设初沉池；A 段由吸附池和中间池组成；B 段由曝气池和二次沉淀池组成；A 段和 B 段各自有单独的回流系统。A 段负荷高，达 2~6kgBOD/[kg（MLSS）·dB]，为常规活性污泥法的 10~20 倍；泥龄短为 3~5d；BOD 去除率达 40%~70%；吸附某些重金属和难降解物质、具有脱氯除磷功能，有利于 B 段处理。B 段负荷低为 0.15~0.3kgBOD/[kg（MLSS）·dB]，使水处理稳定。

4. 序批式活性污泥法

序批式活性污泥处理法（Sequencing Batch Reactor）又称间歇式活性污泥法，英文缩写为 SBR 法。这是一种 20 世纪 80 年代发展起来的活性污泥运行方式。由于它具有一系列优于传统活性污泥法的特征，因而作为制浆造纸废水生物处理技术受到推广应用。

（1）序批式活性污泥法的工艺流程及其特点

图 10-36（a）为序批式活性污泥法的工艺流程。

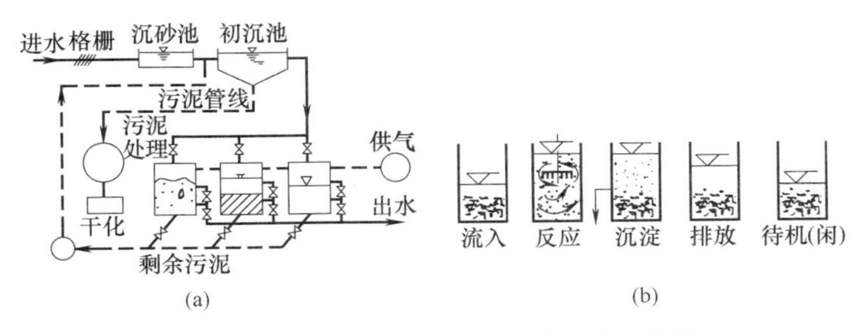

图 10-36　SBR 法工艺流程图及五道工艺图

（a）五道工艺图　（b）工艺流程图

由图可见，与连续式活性污泥法相似，该工艺系统组成简单，在工艺上的特征主要有：不设二次沉淀池，曝气池兼具二沉池功能；不设污泥回流设备；在多数情况下无设置调节池的必要；总容积小于连续式，建设费用和运行费用都较低；SVI 值较低，污泥易于沉淀，在一般情况下，不产生污泥膨胀现象；易于维护管理，运行管理得当，处理水水质将优于连续式；通过对运行方式的适当调节，在单一的曝气池内能够取得脱氮和除磷的效果；该工艺的各操作阶段以及各项运行指标都能够通过计算机加以控制，易于实现系统优化运行的自动控制。

（2）序批式活性污泥系统的工作原理和操作

序批式活性污泥法的主要反应器——曝气池的运行操作是由流入、反应、沉淀、排放和待机（闲置）等 5 个工序所组成。这 5 个工序都是在曝气池内进行、实施，如图 10-36（b）所示。

5. 氧化沟法

氧化沟（或氧化渠）是荷兰卫生工程研究所开发的，是活性污泥法的一种。第一座氧化沟是在 1954 年由荷兰帕斯维尔（Pasveer）博士设计投入运行的。

氧化沟内所用 BOD 负荷较低，类似延时曝气活性污泥法，处理水质良好；对水温、水质和水量的变动有较好的适应性；污泥产率低且性质稳定；污泥龄长达 15~30d，为传统活性污泥法的 3~6 倍。在反应器内能促进硝化菌的生长，具有脱氧氮功能。

氧化沟的曝气装置采用转刷、表面曝气器等。

6. 生物转盘

基本流程包括：初次沉淀池、生物转盘和二次沉淀池。生物转盘在系统中是核心构筑物，主要由盘片、转轴和驱动装置、接触反应槽三部分所组成。

生物转盘的构造：生物转盘的构造可用表 10-11 图 10-37 说明。

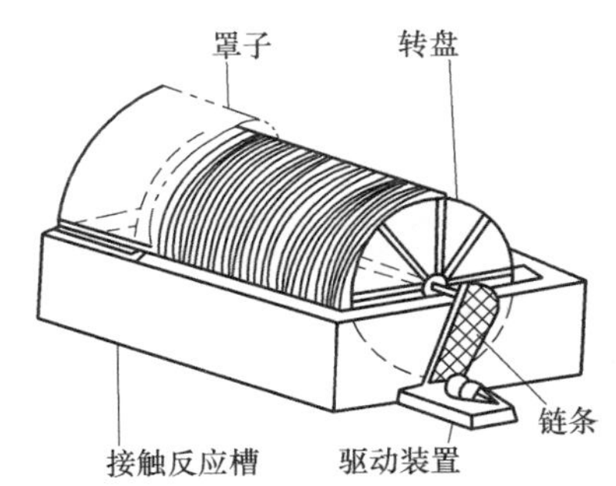

图 10-37　生物转盘构造示意图

表 10-11　　生物转盘的构造

名　称	形　式	说　明
盘体	盘体由若干圆形盘片所组成	盘片一般用塑料板、玻璃钢板或金属板制成
氧化槽	平面形状呈矩形，断面形状呈半圆形的水槽，槽两边设有进出水设备，槽底设有排泥和排空管	大型氧化槽一般用钢筋混凝土浇制。中、小型氧化槽可用钢板焊制
转动轴	采用实心钢轴或无缝钢管等	轴长控制在 5.0~7.0m 之间
驱动装置（动力设备与减速装置）	动力设备分电力机械传动、空气传动和水力传动	国内目前大多用电力—机械传动

7. 生物接触氧化法

① 生物接触氧化法的基本原理和特点。生物接触氧化法又称为淹没式生物滤池或接触曝气法，是一种介于活性污泥法与生物滤池之间的生物膜法工艺。部分微生物以生物膜的形式固着生长于填料表面，部分则是絮状悬浮生长于水中，生物膜自长自落。特点是：生物量高，附着生物膜可达 8000~40000mgMLVSS/L，有机物的去除能力强；对冲击负荷的适应能力强；污泥少，颗粒大易于沉淀，不造成污泥膨胀；操作简单、运行方便、易于管理。

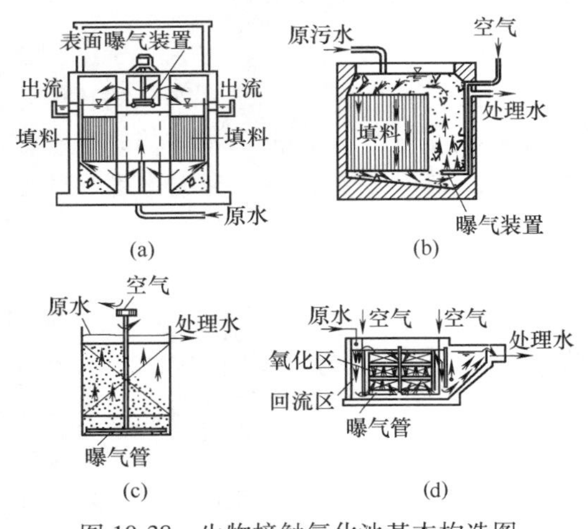

图 10-38　生物接触氧化池基本构造图

② 生物接触氧化池的构成。接触氧化池由填料、池体、支架、曝气装置、进出水装置以及排泥管道组成。池体为圆形、矩形或方形。池内填料高度 3.0~3.5m，底部布气高 0.6~0.7m，顶部稳定水层高 0.5~0.6m，总高度约 4.5~5.0m。如图 10-38 所示。(a) 图为带有表面曝气装置的中心曝气型接触氧化池；(b) 图为鼓风曝气单侧曝气式接触氧化池；(c) 图为鼓风曝气直流式接触氧化池；(d) 图为外循环直流式接触氧化池。

8. 活性生物滤塔

活性生物滤塔也称 ABF 法（Activiated Biofilter Process）。是由生物滤塔和曝气池串联组成的新的二段生物处理工艺。其相关见图 10-39。由图可见，存在两个回流系统，一是滤塔出水回流到滤塔的回流系统；二是二沉池污泥回流到滤塔的回流系统。因而，ABF 系统不是简单通常的生物滤塔和曝气池的二段串联系统，而是一种混合系统。生物滤塔进入的废水不仅同生物膜接触反应，而且还和活性污泥接触反应。

活性生物滤塔的构造特征：生物滤塔由于活性污泥的回流，使流入生物滤塔的悬浮固体浓度很高，为了防止堵塞，滤塔滤料采用水平木板条。其断面尺寸为 20mm×(15~20) mm×20mm，板条间净距约 2cm。在滤床中，这些水平木板条逐层交错排列，也可用塑料蜂窝滤料，但孔径>25cm。

（二）供氧曝气装置

曝气是将空气中的氧用强制的方法溶解到混合液中的过程。曝气除起供气作用外，还起搅拌作用，使活性污泥处于悬浮状态，保证和废水充分接触、混合，以利于微生物对废水中有机物的吸附和降解。

1. 鼓风曝气器

在好氧生物处理过程中，鼓风设备是非常重要的装备，它是关系到污水处理厂运行好坏的关键设备之一，它是将空气流通过管道系统送入曝气池中空气扩散装置上并以气泡形式扩散到混合液中。常用的鼓风设备在市面上均可购买，下面只介绍应用注意事项。

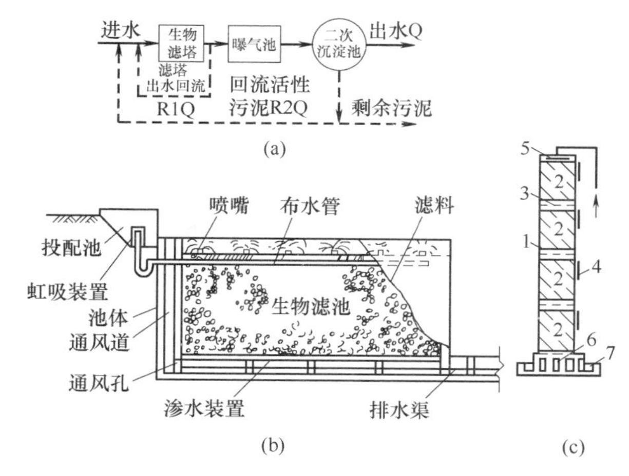

图 10-39　活性生物滤塔生物处理图
（a）工艺流程图　（b）普通生物滤池构造图　（c）塔式生物滤池构造图
1—池壁　2—滤料　3—滤料撑板　4—塔身　5—布水器　6—通风口　7—排水槽

罗茨鼓风机可以适用于所有鼓风曝气的好氧生物处理装置。罗茨鼓风机属容积回转式鼓风机，其最大特点是压力在允许范围内加以调节时，流量变动较小；压力的选择范围很宽，且输送气体基本不含油质。但罗茨鼓风机噪声大，需采取消音、隔音措施。

离心式鼓风机广泛应用于大中型污水处理厂中。离心式鼓风机具有空气性能稳定、振动小、噪声低的特点。离心式鼓风机分多级低速、多级高速和单级高速等形式。在结构上，多级高速和多级低速离心鼓风采用电动机直接驱动，通过多级叶轮串联的方式逐级增压；单级高速和多级高速离心鼓风机需通过增速机构传动的方式提高风压。

空气压缩机也可用作鼓风设备，空气压缩机的送风量为 $1000 \sim 125000 m^3/h$（$16.7 \sim 2083 m^3/min$）。

空气压缩机的主要特点：在恒速运转下，可变空气流量，能够连续地向下调节至 45%；整个工作范围效率高，运行成本低；无压力脉冲，使得该机具有低噪声，又设计了整体消音罩，将压缩机整体封闭，用于消除压缩机和电动机整体噪声，使整体噪声降低 15 ~ 20dB；设计紧凑，质量轻，厂房空间小，安装成本低；输出空气不含油。

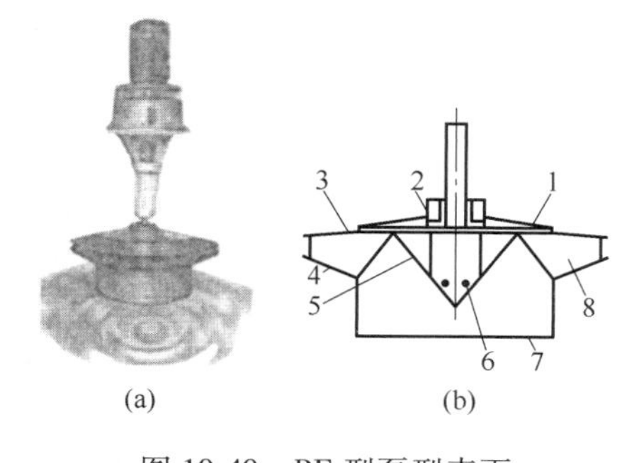

图 10-40　BE 型泵型表面曝气机叶轮结构图
（a）外形图　（b）叶轮
1—上平板　2—进气孔　3—上压罩　4—下压罩　5—导流锥顶　6—引气孔　7—进水口　8—叶片

2. 机械曝气器械

（1）机械表面曝气机（竖轴式机械曝气机）

① PE 型泵机械表面曝气机。高强度表面曝气机曝气叶轮，适用于大中型污水处理厂的曝气。其规格及性能见表 10-12。泵型表面曝气机叶轮结构图见图 10-40。

② BE 型泵叶轮表面曝气机　BE 型泵型叶轮表面曝气机采用立式恒速传动，适用于中小型污水处理厂的曝气池，也可用于预曝气、曝气沉砂。规格及性能见表 10-13。

③ DY 型倒伞型叶轮表面曝气机　DY 型倒伞型

叶轮表面曝气机的外形见图 10-41。DY 型倒伞型叶轮表面曝气机的性能及其规格见表 10-14。

表 10-12　PE 型泵型（E）表面曝气机的性能和规格

型号	叶轮直径/mm	转速/(r/min)	清水充氧量/(kg/h)	提升力/N	电机功率/kW	外形尺寸(长×宽×高)/mm	质量/kg
PE076	760	38~126	34~23	1530~4530	7.5	1993×884×2120	1522
PE100	1000	67~95	14~38	2690~7820	13	2120×1100×2229	1543
PE124A	1240	54~79.5	21~62.5	4180~13470	22	2505×137×2430	2750
PE150A	1500	44.5~63.9	30~82.5	6180~18280	30	2674×1665×2533	2966
PE172	1720	39~54.8	39~102	8190~22990	40	3155×1909×2722	3819
PE193	1930	34.5~49.3	48~130	10370~29930	55	3353×2143×2806	4171
PE076L	760	8~123.5	8.4~21.8	1720~4260	7.5	972×844×2834	1289
PE100L	1000	67~93	15.5~48.7	2690~7270	13	1110×1110×3063	1345
PE124C	1240	70	43.5	9160	17	2400×1377×2408	2583
PE150C	1500	55	54.5	11680	22	2544×1605×2611	2726
PE172C	1720	49	74	16260	30	2995×1909×2758	3594
PE100LC	1000	84	27	5400	10		

表 10-13　BE 型泵叶轮表面曝气机的性能和规格

型　号	叶轮直径/mm	叶轮转速/(r/min)	电动机功率/kW	充氧量/(kgO_2/h)	质量/kg
BE85	1000	72	18.5	45	1900
850	86	11	40	1200	BE180
105	9	36	1100	BE160	1800
7.5	27.5	85	BE140	1600	48
18.8	800	BE130	1400	56	40
720	BE120	1300	56	30	77.2
BE100	1200	63	22	55	2300

表 10-14　DY 型倒伞型叶轮表面曝气机的性能和规格

型　　号	叶轮直径/mm	叶轮转速/(r/min)	浸没度/mm	电动机功率/kW	充氧量/(kgO_2/h)	质量/kg
DY85	850	112	100	7.5	9	700
DY100	1000	95	100	9	10	800
DY140	1400	68	100	11	202	1350
DY200	2000	48	100	22	35	2300
DY250	2500	38	100	30	30	2800
DY300	3000	33	100	40	75	3200

④ FS 型浮筒式叶轮表面曝气机　FS 型浮筒式叶轮表面曝气机规格和性能见表 10-15。外形见图 10-42。

表 10-15　浮筒式叶轮表面曝气机的性能和规格

型号	叶轮转速/(r/min)	叶轮直径/mm	增氧效率/[kgO_2/(kW·h)]	功率/kW	质量/kg
FS~650	156	650	13	1.5	900

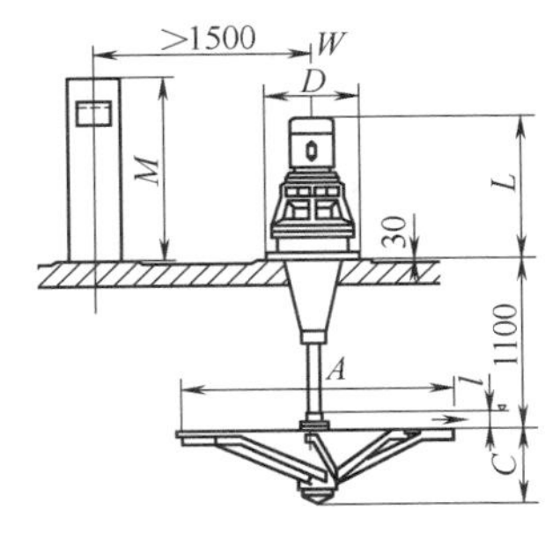

图 10-41　DY 型倒伞型表面曝气机叶轮结构图

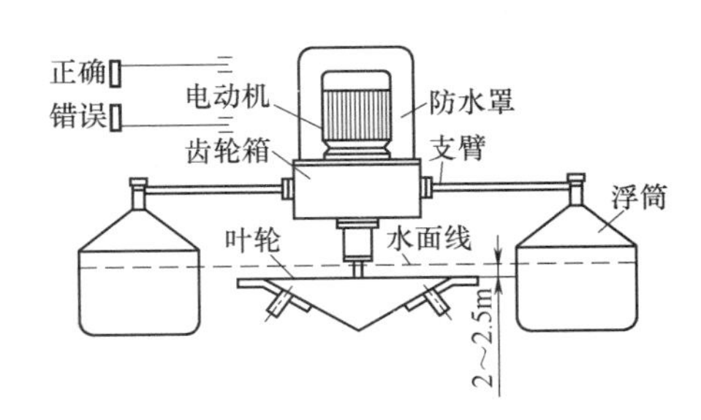

图 10-42　FS 型浮筒式叶轮表面曝气机

（2）曝气转刷

曝气转刷有桨板式曝气和尼龙式曝气转刷两种，都呈发散状排列。可应用于氧化沟、表面曝气等好氧生物废水处理装置中。其作用是由于转刷的旋转引起桨板或尼龙式刷在水表面的拍打、搅动而向污水中充氧，推动污水在反应器中循环流动以及防止活性污泥沉淀，使有机物和氧充分混合接触，净化水质。曝气转刷的专用螺旋圆锥—圆柱齿轮减速器用以驱动曝气转盘。

主要技术参数：电动机功率，18.5～45kW，转刷直径 1m；转刷长度 3～9m；充氧能力 3～8kg O_2/min；增氧效率，1.8～2.5kg O_2/(kW·h)。

3. 扩散装置

扩散装置同空压机、管道一起组成了鼓风曝气系统。扩散装置是好氧生物处理中与鼓风机配套的关键设备，扩散性能的好坏直接影响好氧生物处理的处理效果以及氧转移效率和动力效率等关键参数。扩散装置可分为微气泡型、中气泡型、大气泡型、水力剪切型、水力冲击型和空气升液型等。现用得较多的有以下几种。

（1）扩散板、扩散管、扩散盘——微气泡型扩散装置

扩散板如图 10-43 所示，是用多孔性材料制成的薄板，有陶土的，也有多孔塑料或其他材料（如尼龙）的。其形状可做成方形或长方形。方形尺寸通常为 300mm×300mm×(25～40) mm。扩散板的通气率一般为 1～1.5m^3/(m^2·min)，其安装面积约占池面积的 5%～10%。扩散板安装在池底一侧的预留槽上或预制和长槽形水泥匣上（见图 10-44），空气由竖管进入槽内，然后通过扩散板进入混合液。

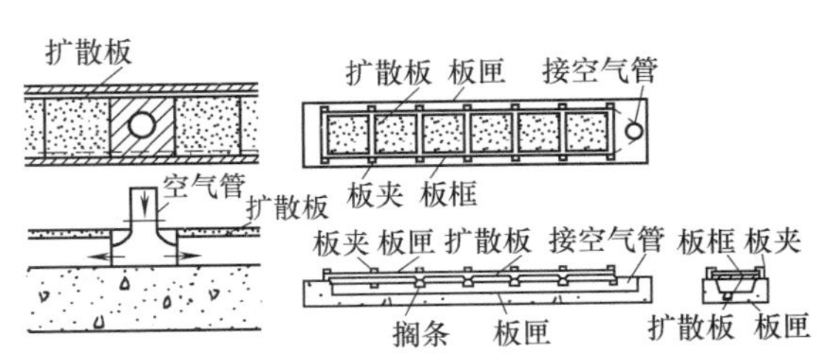

图 10-43　扩散板空气扩散装置

扩散管和扩散盘的扩散装置（见图 10-44）。陶土扩散管内径为 44～75mm，壁厚 10～15mm，长 0.5～0.6m，有多种通气规格（12～15m^3/h）。其直径为 18mm，清洗时易拆除。

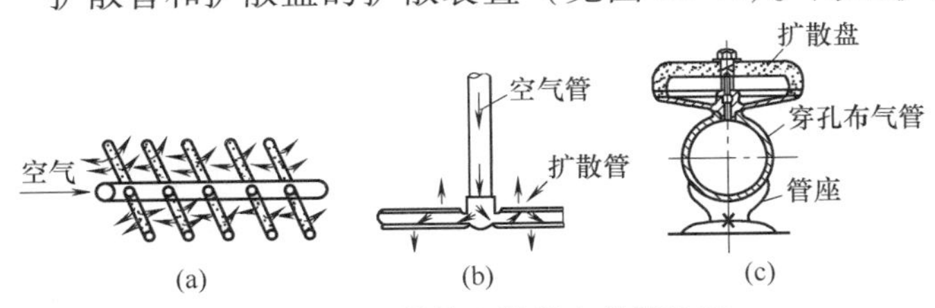

图 10-44　扩散管和扩散盘扩散装置
（a）扩散管组　（b）扩散管　（c）扩散盘

（2）穿孔管——中气泡曝气装置

穿孔管是穿有小孔的钢管或塑料管，孔直径一般为 3～5mm，

间距 50~100mm，孔开于管下侧与垂直面成 45°夹角处，空气由孔眼溢出。穿孔管常设于曝气池一侧高于池底 100~200mm 处，也有按编织物的形式安装遍布池底。如图 10-45 所示。穿孔管的布置排数由曝气池的宽度及空气用量而定，可用2~3 排。穿孔管结构简单，比扩散管阻力小，不易堵塞，氧转移效率在 4%~8%之间，动力效率为 2.3~3kg O_2/(kW·h)，故国内采用较多。

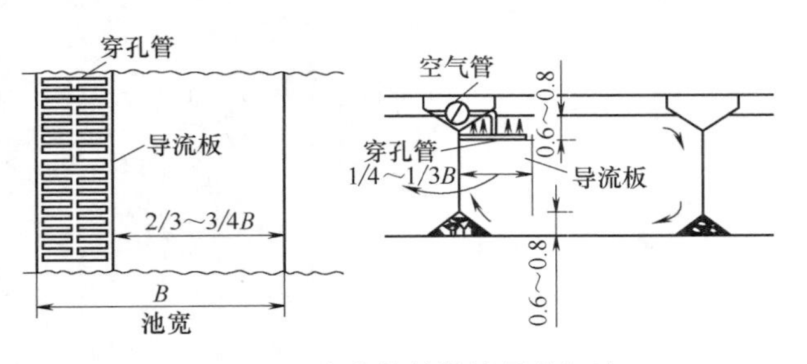

图 10-45　穿孔管扩散浅层曝气池

根据浅层曝气的理论，气泡形成时的氧转移效率要比气泡上升时高好几倍，在氧转移效率相同时，浅层曝气的电耗较省。为了降低空气压力，穿孔管时也有采用如图 10-45 所示的浅层曝气布置方式，即将穿孔管成栅状，悬挂在池子一侧距水面 0.6~0.8m 处。在浅层曝气的穿孔栅管旁侧设导流板，其上缘与穿孔管齐，下缘距池底 0.6~0.8m，曝气池混合液沿导流板循环流动。浅层曝气供气量一般比普通曝气的大 4~5 倍，但空气压力小，动力效率仍在 2~3kg O_2/(kW·h) 之间。

（3）竖管——大气泡扩散器

竖管曝气是在曝气池的一侧布置以横向总管分支成若干根竖管最后分解成密集的梳形的布气竖管，竖管口径>15mm 以上，离池底 150mm 左右，图 10-46 为一种竖管扩散装置示意图。

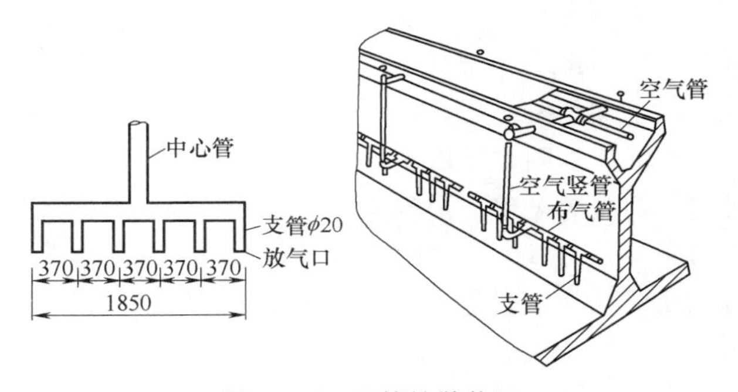

图 10-46　竖管扩散装置

这种大气泡在上升时形成较强的紊流并能够剧烈地翻动水面，强化了气泡液膜层的物流和状态变换，有利于从大气中吸氧，尽管气体总体接触面积比小气泡和中气泡的要小，较穿孔管低，但氧转移效率可达 6%~7%之间，动力效率 2~2.6kg O_2/(kW·h)。因其构造简单，无堵塞问题，管理方便，国内一些曝气池采用了这种形式。

（4）水力剪切型空气扩散装置

水力剪切扩散装置是利用其结构设计成能产生水力剪切作用，将空气从装置吹出之前由大气泡切割成小气泡。

1）倒盆式空气扩散装置

见图 10-47。倒盆扩散器由盆形聚乙烯塑料壳体、橡皮板、塑料螺杆及压盖等组成。曝气时空气从橡皮板四周吹出，呈一般喷流旋转上升。由于旋流造成的剪切作用和紊流作用，使气泡尺寸变得较小（<2mm），液膜更新较快，效果较好。当水深为 5m 时氧转移效率可达 10%，4m 时为 8.5%，每只通气量为 12m³/h。倒盆式扩散器阻力较大，动力效率不高为 1.75~2.88kg O_2/(kW·h)。由于停气时橡皮板与倒盆紧密贴合，无堵塞问题，近年来国内已开始采用。

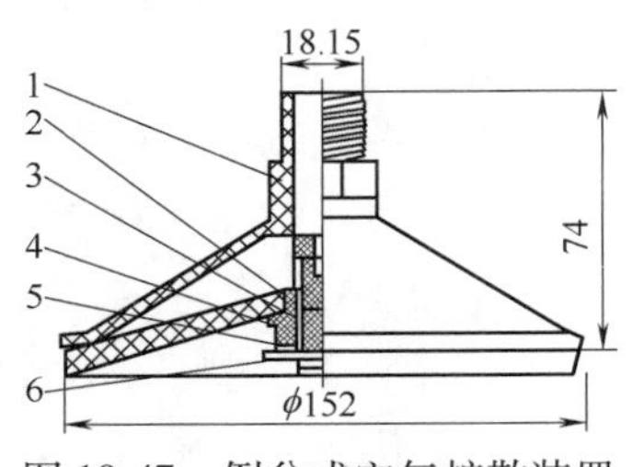

图 10-47　倒盆式空气扩散装置
1—盆形塑料壳体　2—橡胶板　3—密封圈　4—塑料螺杆　5—塑料螺母　6—不锈钢开口销

2）固定螺旋空气扩散装置

由圆形外壳和固定在内部的螺旋叶片组成。每个螺旋叶片的旋转角度为180°，在同一节中螺旋叶片的旋转方向相同，相邻两节中的螺旋叶片放置方向相反。固定螺旋曝气器安装在水中，无转动部件。空气通过布气管从底部进入装置内向上流，因壳体内外混合液的密度差产生提升作用，使混合液在壳体内不断循环流动，气液不断激烈掺混，接触面积不断增加，空气泡在上升过程中被螺旋叶片反复切割成小气泡。

该类曝气器有单螺旋、双螺旋和三螺旋三种，如图10-48所示。固定螺旋曝气器是国外20世纪70年代发展起来的一种新型曝气混合装置，一般每台由三节组成，如水深较浅（3m左右），也可采用两节。螺旋曝气器每节有两个圆柱形通道（又称三通道），三螺旋曝气器则有三个圆柱形通道（又称三通道）。每个通道内均有180°扭曲的固定坚固螺旋叶片。节与节之间的圆柱形通道相错90°或60°角，并有椭圆表过渡室，用以收集、混合和分配流体，每台曝气器由一对支架支撑。

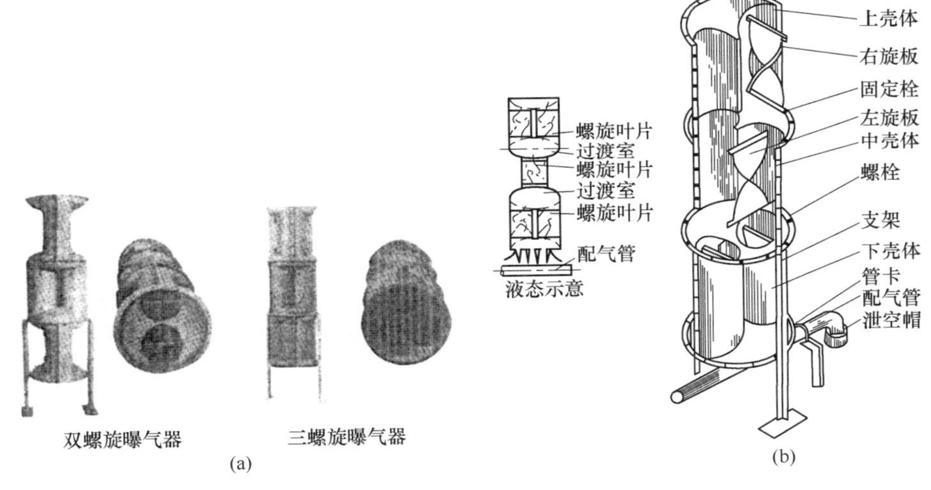

图10-48　固定螺旋曝气装置

（a）外形图　（b）构造原理

固定双螺旋曝气口与穿孔管相比，在水深为3m时，处理效果可提高15%~20%或空气量节省20%左右；当水深为5.2m时，两者达到同样的效果，但可节省空气量50%左右。

该曝气器的特点是：结构简单；氧转移效率较高，电耗较小；阻力小，提升和搅拌作用好，曝气均匀。它适用于活性污泥法的曝气处理。FTJ型固定螺旋曝气器主要性能指标见表10-16。

表10-16　FTJ型固定螺旋曝气器主要性能指标

型　号	直径×长度/mm	技术性能（清水试验数据）				阻力损失/Pa	质量/(kg/个)
		适用水深/m	服务面积/m^2	氧利用率/%	动力效率/[kgO_2/(kW·h)]		
FTJ-1-200	200×1500	3.4~4.6	3~9	7.4~11.1	2.24~2.48	<2000	30.8
FTJ-2-200	2×200×1740	3~8	4~8	4.5~11	1.5~2.5	<2500	26
FTJ-3-180	3×180×1740	3.6~8	3~8	8.7	2.2~2.6	<2500	28.3
FTJ-3-185	3×185×1740	3.6~8	3~8	8.7	2.2~2.6	<2500	28.3

3）穿孔散流空气扩散装置

DZ 穿孔散流曝气器由进气管、气室、锯齿形布气头、带有锯齿的散流罩、进气管和锁紧螺母组成，如图 10-49 所示。该曝气器制作材料是采用高抗冲击、抗水性强的不饱和树脂制成玻璃钢材质。其充氧工作原理为：由进气管集束出来的气泡，全部被气室破碎，然后经锯齿形曝气头切割，再经带锯齿形的散流罩边缘破碎扩散；由于气泡带动周围静止水体上升，密度差强化了气泡破碎和混渗作用，形成均匀的较小直径气泡，增加了气液接触面积，因此，氧的利用率高于一般大、中气泡曝气设备。

其主要参数为：供气量 $35\sim50m^3/h$，氧利用率为 8.2%～11.24%，服务面积 $A=2.25\sim4.5m^2$，水深 $H=4.5m$。

（5）射流式空气扩散装置——水力冲击式

如图 10-50 所示，射流式扩散装置是利用水泵打入的泥、水混合液的高速水流为动能，吸入大量空气。泥、水、气混合液在喉管中强烈混合搅动，使气泡粉碎成雾状，在扩散管中细小微气泡进一步受到压缩，从而强化了氧的转移过程，氧迅速转移到混合液中；氧的转移效率可提高到20%以上，氧转移速率 100～150mg/h，与纯氧曝气相当，故生化反应速率有较大提高；但动力效率不高。

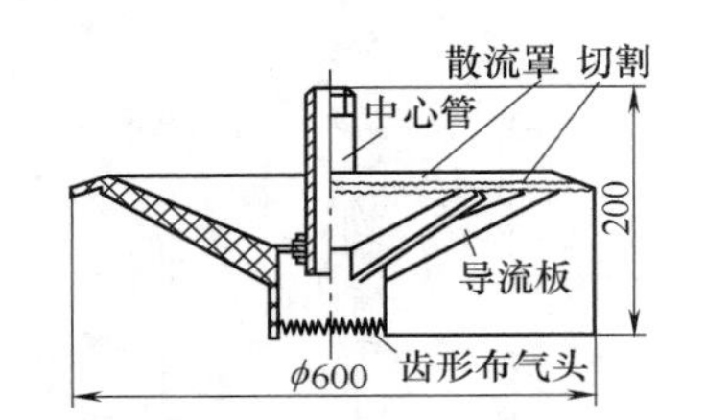

图 10-49　穿孔散流空气扩散装置

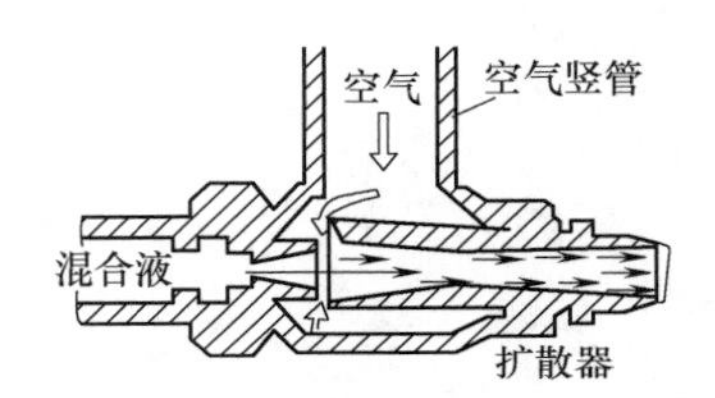

图 10-50　射流式空气扩散装置

4. 填料

填料是生物膜的载体，是接触氧化池、生物滤池、生物滤塔和厌氧生物滤池的核心部位，直接影响到这些生物处理装置的运行效果和处理效率。填料的费用在生物膜处理系统中占有很大比重。填料的作用是提供微生物附着生长的表面和悬浮生长的空间。

（1）对填料的要求

① 水力特性。比表面积大，有利于增加生物膜上生物固体的总量；空隙率高，有利于截留并保持大量的悬浮生长的微生物，并防止生物反应器堵塞和生物载体结垢；水流畅通、阻力小、流速均一，具有足够的机械强度，不易破损或流失。

② 生物膜附着性。生物膜附着性能好，有利于生物膜附着生长。如表面粗糙的填料比表面光滑的好。

③ 化学和生物稳定性。不易受废水中化学物质的侵蚀和微生物的分解破坏，无有害物质溶出产生二次污染，经久耐用。

④ 经济性。价廉易得，以利于降低生物膜反应器的基建投资。

（2）填料分类

① 按性状分。蜂窝形、波纹形、筒形、束形、板形、网形、盾形、圆环辐射形等。

② 按材质分。硬性、软装上性、半软性等。

③ 按形状分。塑料、玻璃钢、纤维等。

（3）常用填料

① 硬性合成填料。这类填料比表面积大（133~360m^2/m^3），空隙率大（97%~98%）。主要用作为生物接触氧化池、生物滤塔、生物转盘的微生物载体。其主要特点是：有机容积负荷高于活性污泥法，因此缩小了占地面积；不需要污泥回流，能耗降低、管理简化；所产污泥沉降性能好，有利于后段悬浮固体去除；适应性强，对水质、水量突变的冲击负荷有较强的忍耐力，故能维持稳定的处理效果；质轻强度高，无死角，衰老生物膜易于脱落。其缺点是对布气布水均匀性要求较高，否则易堵塞。

② 纤维软性填料。该产品由栓接绳和纤维束组成，这类软性填料的特点是：质轻，物理、化学性能稳定；比表面积大，生物附着能力强，污水与生物膜的接触效率高；在曝气强度不足时，纤维易于下垂结团，处理效率明显下降。它主要适用于生物接触氧化池，其组装式一般为梅花式和方格式。对于制浆造纸废水较适用的纤维软性填料主要型号及技术指标列于表 10-17。

表 10-17　　制浆造纸废水较适用的纤维软性填料产品技术指标

型　　号	A2	B2	C2	A3	B3	C3
纤维束长度/mm	40	80	100	80	100	120
纤维束量/（束/m）	9259	3906	2000	9259	3906	2000
束间距离/mm	30	40	50	30	40	50
安装间距/mm	60	80	100	60	80	100
空隙率/%	>99	>99	>99	>99	>99	>99
理论比表面积/[m^2/m^3（池积）]	9891	5563	3560	11188	6954	4273

③ 半软性纤维填料。半软性纤维填料又称组合填料，由 40~60mm 塑料环扣高醛化维纶纯丝制成。该产品适用于生物接触氧化池填料，它耐腐蚀、耐光照，在生物接触氧化池内使用，比表面积大，空隙可变，耐生物降解，对有机物去除率高，传质效果好，但仍有结团现象。其产品技术指标见表 10-18。

表 10-18　　半软性纤维填料技术指标

填料直径/mm	束间距离/mm	单位质量/[kg/m^3（池积）]	成膜后质量/[kg/m^3（池积）]	安装距离/mm
120	40	8.2	108	120
120	60	6	90	120
120	80	4.9	78	120
120	100	4.2	67	120

④ 弹性填料。弹性立体填料是由高分子聚合物经特殊拉丝而成。具有比表面积大，空隙可变，特别是在用于生物接触氧化池时，具有节约动力、易挂膜、长期使用不结球、无须反冲洗等优点。该填料所配套的填料框架费用较高，一般为填料本身的 1~2 倍；施工期长，钢材易腐，维修困难，并造成二次污染。自由摆动弹性填料是弹性立体填料的改进，无须固定支架，填料下端固定在池底，上端系于浮球，随池中水位升降浮动，安装方便，检修容易。它可用于接触氧化池，膜藻法氧化沟、氧化塘等好氧和厌氧工艺中。

⑤ 悬浮填料是采用高分子聚合物注塑而成的，根据注塑模型的不同，分为雪花片填料、平面网全塑填料、多面球填料、阶梯环填料、异状体填料、网格外壳心多孔球形填料（SNP 填料）和辐射片圆柱填料等。这类填料既克服了现有软性、半软性填料、弹性填料需要固定安装、维修管理困难和软性料易结球、堵塞，布气布水要求高等缺点，又克服了石英砂、

陶粒等载体动力消耗高、比表面积小等不足。特别适用于生物接触氧化法中。

三、厌氧处理装置

（一）厌氧生物处理装置的基本原理

1. 厌氧生物处理的基本原理

厌氧生物处理过程又称为厌氧消化，是在厌氧条件下由多种微生物共同作用，使有机物分解并生成 CH_4（甲烷）、CO_2（二氧化碳）、H_2O（水）、H_2S（硫化氢）和 NH_3（氨）的过程。

2. 厌氧消化三阶段理论

第一阶段为水解、发酵阶段。是在微生物作用下复杂有机物进行水解和发酵的过程。

第二阶段为产氢、产乙酸阶段。是由一类专门的细菌，称为产氢、产乙酸菌，将脂肪酸（丙酸、丁酸等）和乙醇等转化为 CH_3COOH、H_2 和 CO_2。

第三阶段为产甲烷阶段。由产甲烷细菌利用 CH_3COOH、H_2 和 CO_2 产生 CH_4。

3. 厌氧生物处理具有以下主要特征（与好氧生物处理相比较）

① 能量需求大大降低，还可产生能量；

② 污泥产量极低，沉降性能好；

③ 对温度、pH 等环境因素更为敏感；

④ 处理后废水有机物浓度高于好氧处理；

⑤ 可处理好氧微生物所不能降解的一些有机物对其进行降解（或部分降解）；

⑥ 有机容积率高，营养盐需要量少。处理过程的反应较复杂。

在造纸工业废水处理中应用得较好的有 UASB 法。

（二）上流式污泥床反应器（Upflow Anaerobic Sludge Blanket，简称 UASB）

UASB 反应器亦称升流式厌氧污泥床，是荷兰学者莱汀戈（Lettinga）等人于 20 世纪 70 年代初研究开发的，其结构原理如图 10-51 所示。

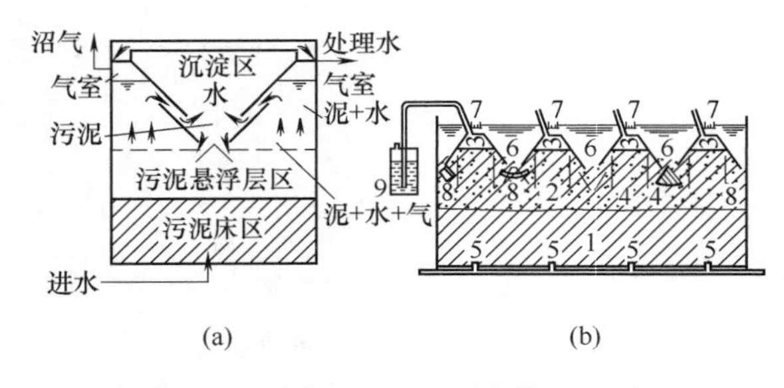

图 10-51　UASB 反应器结构原理图

（a）工作原理　（b）构造图

1—污泥床　2—悬浮污泥层　3—气室　4—气体挡板　5—配水系统　6—沉降区　7—出水槽　8—集气罩　9—水封

1. UASB 反应器的工作原理

反应器的上部设置气、固、液三相分离器，下部为污泥悬浮层区和污泥床区，废水从反应器底部流入，向上升流至反应器顶部流出。废水由配水系统从反应器底部进入，通过反应区经气、固、液三相分离器后进入沉淀区；气、固液三相分离后，沼气由气室收集，再由沼气管流向沼气柜；固体（污泥）由沉淀区沉淀后自行返回反应区；沉淀后的处理水从出水槽排出。UASB 反应器内不设搅拌设备，上升水流和沼气产生的气流足可满足搅拌要求。

2. UASB 反应器特点

① 高的污泥浓度。由于混合液在沉淀区进行固液分离，污泥可自行回流到污泥床区，污泥床区污泥浓度可保持很高。

② 污泥颗粒化。UASB 能在反应器内实现污泥颗粒化，颗粒污泥的粒径一般为 0.1～

0.2cm，密度为1.04~1.08g/cm^3，具有良好的沉降性能和很高的产甲烷活性。污泥颗粒化后，反应器内污泥的平均浓度可达50g（VSS）/L左右，污泥龄一般在30d以上，而反应器的水力停留时间比较短。

③ 容积负荷高。一般达10~25gCOD/(m^3·d)，水力停留时间短。UASB反应器不仅适于处理高、中浓度的有机废水，也适用于处理低浓度有机废水。

④ 设备简单紧凑。集生物反应与沉淀于一体，结构紧凑。不需要填料的机械搅拌装置，便于管理。

3. UASB的构造

（1）UASB反应器主要组成

① 进、配水系统。其功能主要是确保废水分配均匀，同时产生水力搅拌。系统有树枝管、穿孔管与多点多管等形式。

② 反应区。包括颗粒污泥床区和悬浮污泥层区。是反应器的主体部位，有机物主要在这里被厌氧菌所分解。

③ 三相分离器。由沉淀区、回流缝和气封组成。其功能是把气体（沼气）、固体（污泥）和液体三相分开。固体经沉淀后由回流缝回到反应区，气体分离后进入气室。三相分离效果将直接影响反应器的处理效果。三相分离器的形式有多种，其三项主要功能为：气液分离、固液分离和污泥回流；主要组成部分为气封、沉淀区和回流缝。图10-52三相分离器构造图，其中（b）为较完善的一种构造形式。

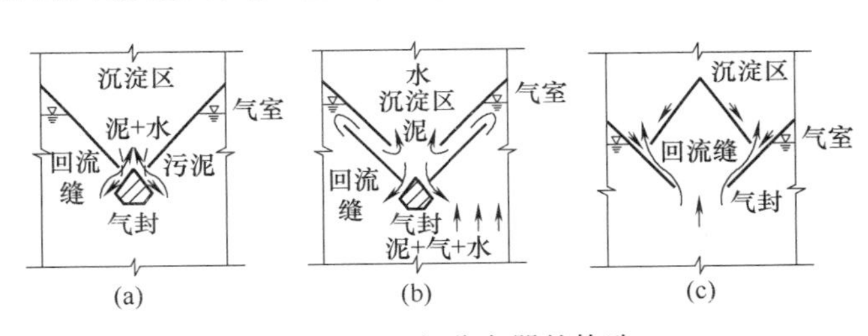

图10-52　三相分离器的构造

④ 出水系统。收集沉淀区表面处理过的水，排出反应器。

⑤ 气室（集气罩）。作用是收集沼气。

⑥ 浮渣清除系统。其功能是清除沉淀区液面和气室液面的浮渣。

⑦ 排泥系统。均匀地排除反应区的剩余污泥。

（2）UASB物结构形式

主要可分为两种，见图10-53（a）（b）。

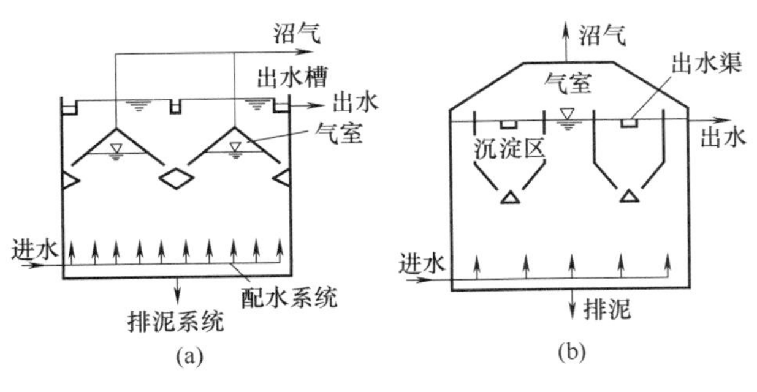

图10-53　UASB反应器构造类型

（a）敞开式　（b）封闭式

① 敞开式UASB反应器。其特点是反应器的顶部不加密封，出水水面是开放的，或加一层不密封的盖板。主要适用于处理中低浓度的有机废水。这种形式反应器构造比较简单，易于施工安装和维修。

② 封闭式UASB反应器。其特点是反应器的顶部加盖密封，在液面与池顶之间形成一个气室，可以同时收集反应区和沉淀区产生的沼气。这种形式反应器适用于处理高浓度有机废水或含硫酸盐较高的有机废水。此种形式反应器的池盖也可为浮盖式。

UASB 反应器的横断面通常为圆形或矩形，常为钢结构（圆形横断面）或钢筋混凝土结构（矩形横断面）。考虑三相分离构造要求，采用矩形横断面便于设计和施工。

UASB 反应器处理废水可利用废水本身的水温。如果需要加热提高反应的温度，则采用与消化池相同的加热方法。反应器一般都采用保温、防腐措施。

（三）厌氧生物转盘

1. 厌氧生物转盘的构造工作原理

其构造如图 10-54 所示。类似于好氧生物转盘，不同之处在于上部加盖密封，以收集沼气和防止液面上的空间有氧存在。厌氧生物转盘由盘片、密封的反应槽、转轴及驱动装置组成。盘片分为固定盘片（挡板）和转动盘片两种，相间排列，以防盘片间生物膜粘连堵塞，固定盘一般设在起端。转动盘片串联，中心穿以安装在反应器两端的支架上的转轴。对废水的净化靠盘片表面生物膜和悬浮在反应槽中的厌氧完成。由于盘片转动，作用在生物膜上的剪力可将老化的生物膜剥落。剥落下的生物膜在水中呈悬浮状态，随水流出槽外。沼气从反应槽顶排出。

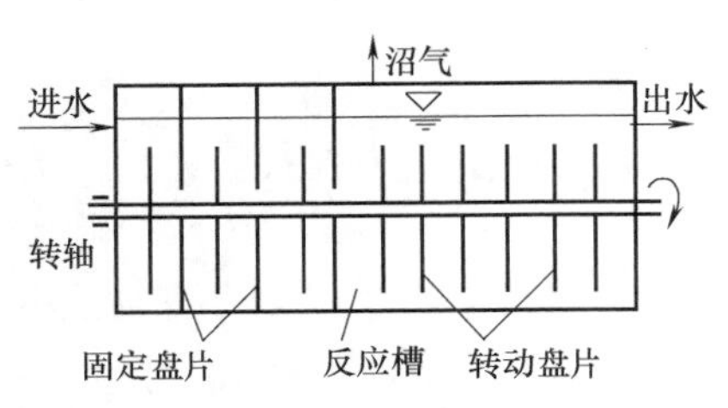

图 10-54　厌氧生物转盘的构造图

2. 厌氧生物转盘的特点

微生物浓度高，可承受较高的有机物负荷；废水水平流动，无需回流，节约能源；转动的转盘能使老化的生物膜脱落而保持生物膜的活性；可采用多级串联，使各级微生物处于最佳的生存状态。

第六节　典型废水处理单元配置

一、物化生化法处理新闻废纸制浆废水

（一）废水特征及处理效果（4212t/d 新闻纸废纸制浆废水）

1. 废水特征

COD_{Cr} 5500mg/L，SS 5000mg/L，BOD_5 900mg/L。

2. 效果

经一级处理后　COD_{Cr} 1100mg/L（去除率 80%），BOD_5 500mg/L（去除率 44%），SS 30mg/L（去除率 99%）；

经二级处理后 COD_{Cr} 200（去除率 82%），BOD_5 30（去除率 94%）；

经三级处理后，COD_{Cr} 80mg/L（去除率 60%），BOD_5 10mg/L（去除率 67%），SS 15mg/L。

（二）主要流程及单元设备配置

图 10-55 为物化生化法处理新闻废纸制浆废水单元配置。

二、活性污泥法处理硫酸盐木浆厂中段废水

（一）废水特征及处理效果（日处理 18000m³/d 废水）

1. 废水特征

进水 COD_{Cr} 958mg/L，BOD_5 277mg/L，SS 426mg/L，AOX 22mg/L，pH 4。

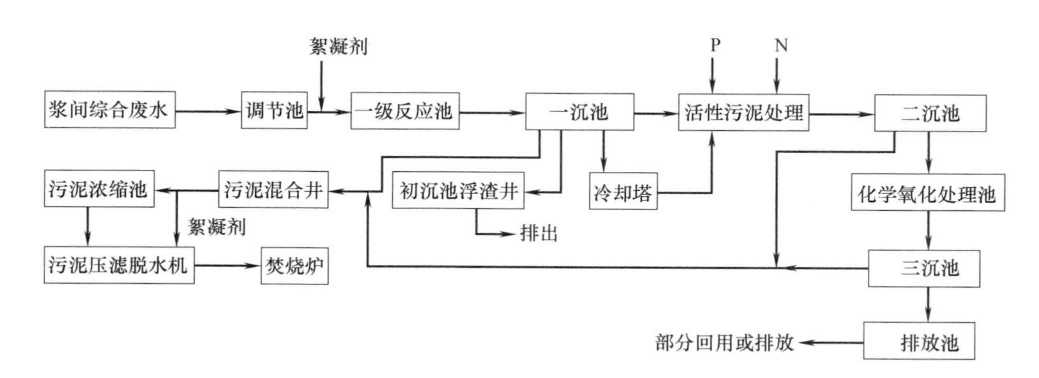

图 10-55　物化生化法处理新闻废纸制浆废水单元配置

2. 效果

处理后 COD_{Cr}383mg/L（去除率 60%），BOD_5 20mg/L（去除率 93%），SS 31mg/L（去除率 93%），AOX 11mg/L（去除率 50%），pH 6~9。

（二）主要工艺流程及单元设备配置

图 10-56 为活性污泥法处理硫酸盐木浆厂中段废水单元配置。

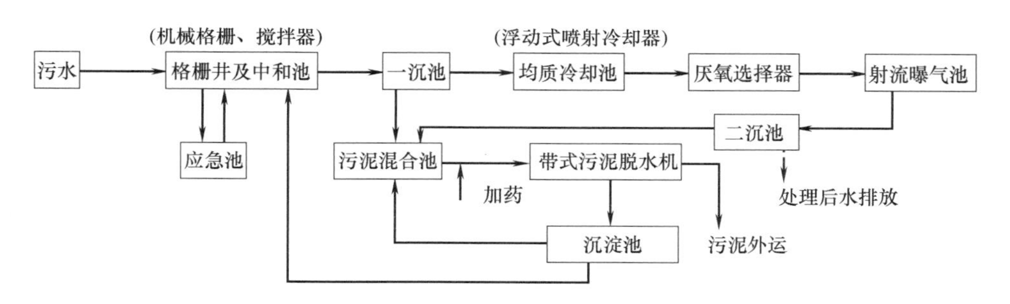

图 10-56　活性污泥法处理硫酸盐木浆厂中段废水单元配置

三、物理化学法处理松木化学机械浆制浆造纸混合废水

（一）废水特征及处理效果（日处理 15000m^3/d）

1. 处理前

COD_{Cr} 3692mg/L，BOD_5 1877mg/L，SS 1538mg/L，pH 6.5~7。

2. 处理后

COD_{Cr} 614mg/L（去除率 83.4%），BOD_5 287（去除率 84.7%），SS 100mg/L（去除率 93.5%），pH 5.8~7.4。

（二）主要流程及单元设备配置

图 10-57 为物化生化法处理松木化学机械浆制浆造纸混合废水处理单元配置。

四、物化法处理箱纸板废水

（一）废水特征及处理效果

以废纸、商品浆板为原料的制浆与抄造废水。

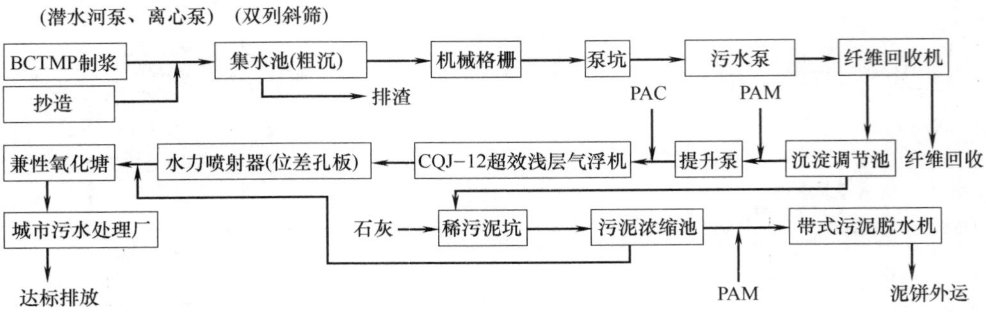

(潜水河泵、离心泵)
(双列斜筛)
BCTMP制浆
抄造
集水池(粗沉)
排渣
机械格栅
泵坑
污水泵
纤维回收机
PAC
PAM
兼性氧化塘
水力喷射器(位差孔板)
CQJ-12超效浅层气浮机
提升泵
沉淀调节池
纤维回收
城市污水处理厂
石灰
稀污泥坑
污泥浓缩池
带式污泥脱水机
达标排放
PAM
泥饼外运

图 10-57 物化生化法处理松木化学机械浆制浆造纸混合废水处理单元配置

1. 处理前

COD_{Cr}1100～1400mg/L，BOD_5 300～400mg/L，SS 1000～1200mg/L，pH 8～10。

2. 处理后

COD_{Cr}130～150mg/L，SS<50mg/L，BOD_5 90mg/L，pH 6.5～7.2。

（二）主要流程及单元设备配置

图 10-58 为物化生化法处理箱纸板废水处理单元配置。

制浆废水
抄造废水
机械格栅
废浆回收
集水井
提升泵
60目筛网
纤维回收
调节池(风机+曝气管)
絮凝剂
絮凝剂
混凝剂
带式污泥脱水机
浓缩气浮
污泥池
CAF-180涡凹气浮机
混凝反应池(分格、机械搅拌)
污泥填坑
调节池
出水

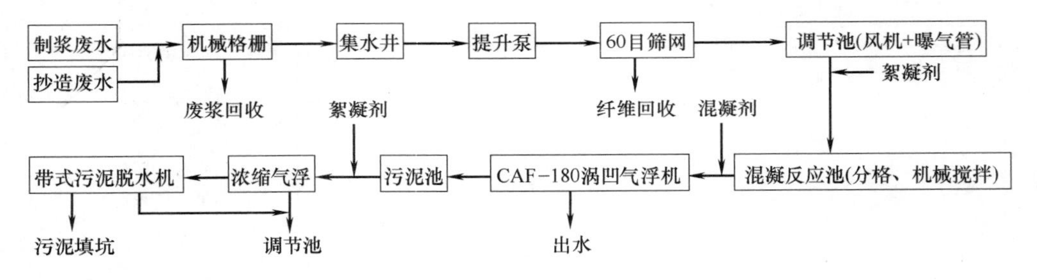

图 10-58 物化生化法处理箱纸板废水处理单元配置

参 考 文 献

[1] 陈克复，主编. 制浆造纸机械与设备（上）[M]. 3 版. 北京：中国轻工业出版社，2011. 6.
[2] 武书彬，编著. 造纸工业的污染控制与治理技术 [M]. 北京：化学工业出版社，2000.
[3] 张辉. 造纸环保装备原理与设备 [D]. 南京：南京林业大学，2014. 2.
[4] 陈克复，主编. 中国造纸工业绿色化进展及其工程技术 [M]. 北京：中国轻工业出版社，2015.
[5] 华文. 废水 Fenton 处理污泥的处置与铁盐回收利用技术研究 [D]. 广州：华南理工大学，2017.
[6] 万金泉. 当代制浆造纸废水深度处理技术与实践 [J]. 中华纸业. 2011，(03)：18-23.
[7] 王双飞. 造纸废水资源化和超低排放关键技术及应用 [J]. 中国造纸，2017，(8)：51-59.
[8] 韩颖，等编著. 制浆造纸污染控制 [M]. 2 版. 北京：中国轻工业出版社，2016.
[9] 万金泉，等编著. 造纸工业废水处理技术及工程实例 [M]. 北京：化学工业出版社，2008.